Leitfaden der Technischen Wärmelehre

nebst Anwendungsbeispielen

Von

Dr.-Ing. habil. Hugo Richter

Gummersbach

Mit 384 Abbildungen
1 Diagramm und 104 Zahlentafeln
im Text und Anhang

Springer-Verlag Berlin Heidelberg GmbH
1950

Additional material to this book can be downloaded from http://extras.springer.com

ISBN 978-3-642-53187-3 ISBN 978-3-642-53186-6 (eBook)
DOI 10.1007/978-3-642-53186-6

Vorwort.

Aufgabe dieses *Leitfadens* ist es, dem Leser ein abgerundetes Bild von der *technischen Wärmelehre* und ihren rechnerischen Verfahren unter besonderer Berücksichtigung der *Thermodynamik* gas- und dampfförmiger Stoffe zu vermitteln. Es erschien mir dabei als angebracht, den Lehrstoff in einen *theoretischen Teil A* für das naturwissenschaftliche und mathematische Rüstzeug und in einen *praktischen Teil B* aufzuteilen, in dem die wichtigsten Anwendungen in der Technik beschrieben werden. Zum Zwecke einer kurzen und übersichtlichen Darstellung habe ich auf die Wiedergabe der geschichtlichen Entwicklung bis zum heutigen Stande verzichtet und die zugrunde liegende experimentelle Forschung und ihre theoretische Auswertung nur in den wichtigsten Ergebnissen angeführt. Für das eingehendere Studium sind Literaturhinweise gemacht.

Der Leitfaden setzt *keine Vorkenntnisse* in der Wärmelehre voraus, er ist sowohl für das *Selbststudium* als auch zur Grundlage und Ergänzung des *Unterrichts an den technischen Schulen* geeignet. Außerdem soll der Leitfaden dem in der Praxis Stehenden bei der *Wiederauffrischung* und *Erweiterung* seiner Kenntnisse zur Hand gehen. Für die Zusammenstellung wichtiger Zahlenwerte in Tafeln ist deshalb breiterer Raum gelassen, das übrigens auch, um dem derzeitigen Mangel an Fachliteratur zu begegnen. Der Leitfaden soll zugleich ein *praktisches Handbuch* sein. Bei den Ableitungen der theoretischen Grundsätze ist die Differential- und Integralrechnung zwar nicht zu entbehren, schon nicht wegen der gebotenen Kürze im Text, doch sind schwierige mathematische Berechnungen im Rahmen dieses Leitfadens nicht erforderlich.

In den Text sind zahlreiche charakteristische *Berechnungsaufgaben* eingestreut, und am Schlusse der Abschnitte befinden sich, soweit erforderlich, größere zusammengefaßte Anwendungsbeispiele, die zur Erläuterung und Ergänzung dienen. Manche Aufgaben lassen sich vorzugsweise zeichnerisch lösen. Die zeichnerische Behandlung wird durch viele *Diagramme* im Text erleichtert. Bei Berechnungen an Wasserdampf wird dem Leser empfohlen, Dampftafeln zu benutzen. Derartigen Tafeln ist meist ein größeres Mollier-(i,s)-Diagramm beigegeben. Für Wasserdampf-Luft-Gemische liegt am Ende dieses Buches ein Mollier-(I,x)-Diagramm in größerem Maßstabe an. Die Berechnungen an technischen Kraft- und Arbeitsprozessen im Teil B erstrecken sich in der Hauptsache auf die thermodynamischen Zusammenhänge. Sie sollen beispielhaft zeigen, in welcher Weise die *theoretischen Erkenntnisse von praktischem Nutzen* sind.

Ich habe für die wichtigsten Stoffwerte Angaben der *DIN-Blätter* benutzt und einheitliche Bezeichnungen und Abkürzungen, ebenfalls unter Beachtung der DIN-Blätter, gewählt. Der Leser wird so mit der heute allenthalben üblichen Schreibweise bekannt gemacht. Die Formelzeichen sind in einer besonderen Aufstellung erläutert.

Ich habe das *technische Maßsystem* streng in m-, kg- und s-Einheiten durchgeführt, um Unklarheiten von vornherein zu vermeiden. Allerdings sind dabei einige Abweichungen erforderlich, wie sie in der Praxis allgemein üblich sind. Es handelt sich um Maßangaben in Atmosphären bei Drücken und in Stunden bei Zeiten. Solche Abweichungen sind im Text besonders hervorgehoben. Des weiteren muß ich hier noch vorausschicken, daß ich zur Erleichterung für den weniger geübten Leser den Faktor $A = 1/427$ kcal/mkg, das ist der Umrechnungswert des mechanischen Wärmeäquivalents, in der Rechnung mitgeführt habe, so daß die Abkürzung für die Größe Arbeit stets in mkg und die für die Größe Wärme nur in kcal zu verstehen ist. Überdies wird der Leser durch wiederholte Angaben von Dimensionen geleitet.

Ich hoffe, daß der Leitfaden ein *brauchbarer Helfer* für den Studierenden und ein Handbuch von Wert für den praktischen Ingenieur sein wird.

Gummersbach, Januar 1950.

HUGO RICHTER.

Inhaltsverzeichnis.

A. Allgemeine Grundlagen der technischen Wärmelehre.

Seite

I. Allgemeine physikalische Grundlagen . . . 1

Einleitung . . . 1
1. Grundbegriffe . . . 2
2. Zustandsgrößen und Zustandsänderungen . . . 10
3. Aufbau der Stoffe . . . 11
4. Aggregatzustände . . . 13

II. Feste und flüssige Körper . . . 16

5. Zusammenhang zwischen den drei Zustandsgrößen . . . 16
   a) Feste Körper . . . 16
   b) Flüssigkeiten . . . 19
6. Spezifisches Gewicht und spezifisches Volumen . . . 20
7. Spezifische Wärme . . . 23
8. Zähigkeit von Flüssigkeiten . . . 28
9. Schmelzpunkte und Schmelzwärmen . . . 32
10. Siedepunkte und Verdampfungswärmen . . . 35

III. Vollkommene Gase . . . 36

11. Allgemeines Gasgesetz . . . 36
12. Normzustand . . . 44
13. Gesetz von Avogadro . . . 47
14. Energie und Arbeit . . . 49
15. Spezifische Wärme . . . 55
16. Kinetische Gastheorie . . . 59

IV. Der 1. Hauptsatz der mechanischen Wärmetheorie . . . 62

17. Mechanisches Wärmeäquivalent . . . 62
18. Inhalt des 1. Hauptsatzes . . . 64
19. Rechnen mit Energiedifferenzen . . . 65

V. Wirkliche Gase . . . 66

20. Abweichungen vom idealen Gaszustand . . . 66
21. Einfluß der Reibung . . . 70
22. Ansatz der Quantentheorie . . . 72
23. Zähigkeit der Gase . . . 73
24. Wahre spezifische Wärme . . . 76
25. Mittlere spezifische Wärme . . . 77
26. Werte der mittleren spezifischen Wärme . . . 78
27. Innere Energie . . . 83

VI. Zustandsänderungen von Gasen . . . 84

28. Allgemeine Beziehungen für die Zustandsänderungen von Gasen . 84
29. Zustandsänderung bei unveränderlichem Druck . . . 86
30. Zustandsänderung bei gleichbleibendem Volumen . . . 91
31. Zustandsänderung bei gleichbleibender Temperatur . . . 93
32. Zustandsänderung ohne Wärmeaustausch . . . 95
33. Polytropische Zustandsänderung . . . 98

Seite

VII. Kreisprozesse von vollkommenen Gasen . . . 106
34. Allgemeines . . . 106
35. Besondere Kreisprozesse . . . 108
a) Prozeß zwischen zwei Isobaren und zwei Isochoren . . . 108
b) Prozeß zwischen zwei Isobaren und zwei Adiabaten . . . 109
c) Prozeß zwischen zwei Isochoren und zwei Adiabaten . . . 111
d) Prozeß zwischen zwei Isothermen und zwei Adiabaten . . . 112
e) Kreisprozesse als Vergleichsprozesse . . . 116

VIII. Der 2. Hauptsatz der mechanischen Wärmetheorie . . . 118
36. Vom Wesen der Energie . . . 118
a) Arbeitsfähigkeit der Energie . . . 118
b) Verteilungsstreben der Energie und natürliche Richtung . . 120
c) Konvergenz der Temperatur und Entropie . . . 122
d) Allgemeine Wärmegleichung . . . 123
e) Gerichtete und zerstreute Energie . . . 126
f) Nullpunkt der absoluten Temperatur . . . 126
g) Entropie und Zeit . . . 127
37. Inhalt des 2. Hauptsatzes der mechanischen Wärmetheorie . . 128
38. Über das Wesen der beiden Hauptsätze . . . 129

IX. Entropie der vollkommenen Gase . . . 130
39. Allgemeine Beziehungen für die Entropie . . . 130
40. Wärmediagramm . . . 132
41. Entropie bei besonderen Zustandsänderungen . . . 134
a) bei unveränderlichem Druck . . . 134
b) bei unveränderlichem Volumen . . . 135
c) bei unveränderlicher Temperatur . . . 137
d) bei unveränderlicher Entropie . . . 138
42. Polytropische Zustandsänderung allgemeiner Art . . . 139

X. Umkehrbare Kreisprozesse der Gase im Wärmediagramm . . . 140
43. Besondere Kreisprozesse . . . 140
a) CARNOTscher Kreisprozeß . . . 140
b) Prozeß zwischen zwei Isobaren und zwei Adiabaten . . . 142
c) Prozeß zwischen zwei Isothermen und zwei Isobaren . . . 143
d) Prozeß zwischen zwei Isochoren und zwei Adiabaten . . . 144
e) Prozeß zwischen einer Isobare, zwei Adiabaten und einer Isochore 145
44. Allgemeine Bemerkungen . . . 147

XI. Entropie anderer als gasförmiger Körper . . . 151
45. Entropie der Körper im festen und flüssigen Zustand . . . 151
46. Entropie im Umwandlungszustand . . . 152

XII. Wärmeinhalt der Gase bei konstantem Druck . . . 154
47. Allgemeine Beziehungen . . . 154
48. Beziehungen für die Arbeitsfähigkeit der Energie . . . 158
49. i, s-Diagramm . . . 161
50. Arbeitsfähigkeit im i, s-Diagramm . . . 162

XIII. Nichtumkehrbare Vorgänge . . . 165
51. Allgemeine Erscheinungen . . . 165
52. Energiebilanz . . . 168
53. Nichtumkehrbare Kreisprozesse . . . 169
54. Nichtumkehrbare Zustandsänderungen . . . 171
55. Drosselvorgänge bei Gasen . . . 176
56. THOMSON-JOULE-Effekt . . . 180

XIV. Dämpfe . . . 183
57. Allgemeines über das Verhalten der Dämpfe . . . 183
58. Gesättigter Wasserdampf . . . 188
a) Dampfdruckkurve . . . 188
b) p, v-Diagramm . . . 188
c) T, s-Diagramm . . . 192

Seite
d) T, v-Diagramm . . . 193
e) Exakte und statistisch ermittelte Beziehungen . . . 194
f) Gleichung der Dampfdruckkurve . . . 195
g) Gleichung der oberen Grenzkurve . . . 196
h) Flüssigkeitswärme . . . 197
i) Verdampfungswärme . . . 197
k) Volumen des Wasser-Dampf-Gemisches . . . 201
l) Linien gleicher Dampffeuchte . . . 202
m) Entropie der Wasser-Dampf-Gemische . . . 202
n) CLAPEYRONsche Gleichung . . . 203
o) Zustandsänderung im Sättigungsgebiet bei gleichem Druck und gleicher Temperatur . . . 205
p) Zustandsänderung im Sättigungsgebiet bei gleichem Volumen 206
q) Adiabatische Zustandsänderung im Sättigungsgebiet . . . 207
r) Zustandsänderung im Sättigungsgebiet bei gleichem Wärmeinhalt (Enthalpie) . . . 210
59. Überhitzter Wasserdampf . . . 214
a) Zustandsänderungen gleichen Druckes und gleicher Temperatur im Heißdampfgebiet . . . 214
b) VAN DER WAALSsche Gleichung . . . 215
c) Andere Näherungsformen der Zustandsgleichung im Heißdampfgebiet . . . 216
d) Spezifische Wärme von Wasserdampf . . . 219
e) Entropie im Heißdampfgebiet . . . 221
f) Zähigkeit von Wasserdampf . . . 222
g) Adiabatische Zustandsänderung im Heißdampfgebiet . . . 226
h) i, s-Diagramm für Wasserdampf . . . 230
i) Zustandsänderung im Heißdampfgebiet bei gleichem Wärmeinhalt (Enthalpie) . . . 235
60. Wasserdampftafeln . . . 236
61. Kritisches Gebiet bei Wasserdampf . . . 243
62. Wasserdampf bei Temperaturen unter 0° C . . . 245
63. Dämpfe verschiedener Stoffe . . . 247
XV. Mischungen . . . 258
64. Allgemeines . . . 258
65. Mischung flüssiger Körper . . . 259
66. Verdampfung eines Zweistoffgemisches . . . 259
67. Mischung gasförmiger Körper . . . 262
a) Mischungstemperatur . . . 262
b) Raum- und Gewichtsanteile von Mischungen . . . 262
c) DALTONsches Gesetz . . . 264
d) Spezifische Wärme von Gasgemischen . . . 265
e) Zähigkeit von Gasgemischen . . . 268
68. Mischung von Gas und Dampf . . . 272
a) Allgemeines . . . 272
b) Grundgleichungen für Luft-Wasserdampf-Gemische . . . 274
c) MOLLIER-I, x-Diagramm für Luft-Wasserdampf-Gemische . . 278
d) Zustandsänderung von Luft-Wasserdampf-Gemischen durch Abkühlung oder Erwärmung bei gleichbleibendem Wassergehalt 281
e) Zustandsänderung von Luft-Dampf-Gemischen bei Veränderung des Feuchtigkeitsgehaltes . . . 283
f) I, x-Diagramm für verschiedene Drücke . . . 285
g) Mischung verschiedenartiger feuchter Luft bei annähernd gleichem Druck . . . 286
h) Randmaßstab des I, x-Diagrammes . . . 290
i) Verdunstung . . . 292
XVI. Strömende Bewegung von Gasen, Dämpfen und Flüssigkeiten . 296
69. Allgemeine Grundlagen . . . 296
70. Exakte Bewegungsgleichungen . . . 299
71. Mechanische Ähnlichkeit von Strömungsvorgängen . . . 301

Seite
72. Strömung in geraden Rohren . . . 303
a) Beziehungen für den Druckabfall . . . 303
b) Laminarströmung . . . 305
c) Turbulente Strömung in glatten Rohren . . . 306
d) Turbulente Strömung in rauhen Rohren . . . 308
73. Beziehungen für das praktische Rechnen . . . 309
a) Geschwindigkeit, Menge, Rohrdurchmesser . . . 309
b) Widerstandszahlen . . . 310
c) Überschlagsformeln für den Druckabfall . . . 311
d) Genauere Formeln für den Druckabfall . . . 312
e) Einzelwiderstände . . . 312
74. Ausfluß aus Behältern . . . 314
a) Energiegleichung . . . 314
b) Reibungslose Strömung . . . 315
c) Natürliche Strömung . . . 318
d) Verlust an Arbeitsfähigkeit durch Reibung . . . 320
e) Nichtstrahlförmig ausgebildete Ausflußöffnungen . . . 321

XVII. Wärmeübertragung . . . 322
75. Allgemeines . . . 322
76. Wärmeübertragung durch Wärmeleitung . . . 323
a) Allgemeines Wärmeleitungsgesetz . . . 323
b) Wärmeleitung durch eine ebene Platte . . . 325
c) Wärmeleitung durch eine zusammengesetzte ebene Platte 327
d) Wärmeleitung durch eine zylindrisch gebogene Wand . . . 328
e) Mit der Temperatur veränderliche Wärmeleitzahlen . . . 329
77. Wärmeübertragung durch Wärmemitführung . . . 330
78. Mechanische und thermische Ähnlichkeit bei erzwungener Konvektion . . . 332
79. Allgemeines Wärmeübertragungsgesetz bei erzwungener Konvektion 334
80. Wärmeübergang in technisch rauhen Rohren . . . 337
a) Gase und Dämpfe . . . 337
b) Flüssigkeiten . . . 338
81. Andere praktisch bedeutsame Fälle bei turbulenter Strömung 339
82. Wärmeübergang bei freier Konvektion . . . 340
83. Wärmeübergang bei kondensierendem Dampf . . . 343
84. Wärmedurchgang . . . 343
a) bei gleichbleibender Temperatur . . . 343
b) bei veränderlicher Temperatur . . . 346
85. Wärmeübertragung durch Strahlung . . . 349
a) Allgemeines . . . 349
b) Strahlung des absolut schwarzen Körpers . . . 350
c) Stefan-Boltzmannsches Gesetz . . . 352
d) Strahlung grauer Körper . . . 352
e) Ausbreitung der Strahlung . . . 353
f) Wärmestrahlung von einer Fläche an eine Fläche . . . 354
g) Quasi-schwarzer Körper . . . 355
h) Die Wärmeübergangszahl bei Strahlung . . . 355
i) Die Strahlung der Gase und Dämpfe . . . 356

XVIII. Verbrennung . . . 359
86. Verbrennungsvorgang . . . 359
a) Allgemeines . . . 359
b) Verbrennungsreife . . . 361
c) Zündung . . . 362
d) Zündgeschwindigkeit . . . 363
87. Brennstoffe . . . 364
a) Allgemeines . . . 364
b) Feste Brennstoffe . . . 365
c) Flüssige Brennstoffe . . . 367
d) Gasförmige Brennstoffe . . . 368

Seite

88. Verbrenungsgleichungen . . . 368
  a) Grundsätzliches . . . 368
  b) Grundgleichungen . . . 369
  c) Luftbedarf fester und flüssiger Brennstoffe . . . 370
  d) Luftbedarf gasförmiger Brennstoffe . . . 372
89. Abgase bei vollkommener Verbrennung . . . 372
  a) Feste und flüssige Brennstoffe . . . 372
  b) Gasförmige Brennstoffe . . . 373
  c) Abgasmenge und Luftüberschuß . . . 373
  d) Verbrennungsdreieck . . . 375
90. Abgas bei unvollkommener Verbrennung . . . 377
  a) Verbrennungsgleichungen . . . 377
  b) Verbrennungsdreieck . . . 379
91. Verbrennungswärme . . . 380
  a) Allgemeines . . . 380
  b) Unterschied der Verbrennungswärme bei konstantem Volumen und bei konstantem Druck . . . 381
  c) Oberer und unterer Heizwert . . . 381
  d) Heizwert chemischer Verbindungen . . . 383
  e) Heizwertumrechnung . . . 384
92. Verbrennungstemperatur . . . 385
  a) *I*, *t*-Diagramm . . . 385
  b) Dissoziation . . . 386
  c) Berechnung der Verbrennungstemperatur . . . 387
  d) Allgemeines *I*, *t*-Diagramm . . . 388
  e) Wärmeverluste . . . 392

Zahlentafeln I—XXI im Anhang . . . 401

B. Die wichtigsten technischen Anwendungen.

Kraftprozesse.

I. Arbeitsweise der Dampfkraftmaschinen . . . 420
1. Theoretischer Arbeitsprozeß . . . 420
2. Wirklicher Arbeitsprozeß der Dampfkraftmaschinen . . . 426
3. Vergleichsprozeß mit Vorausströmung . . . 434
4. Wirkungsgrade und Dampfverbrauch . . . 436
5. Verbesserung des Dampfkraftprozesses . . . 443
  a) durch Speisewasservorwärmung . . . 443
    1. Vorwärmung durch Kesselabgase . . . 443
    2. Vorwärmung mittels Anzapfdampf . . . 444
    3. Vorwärmung durch Abdampf . . . 446
  b) durch Zwischenüberhitzung . . . 447
  c) durch Steigerung der Arbeitsfähigkeit des Dampfes . . . 448
6. Anwendungsbereich der Dampfkraftmaschinen . . . 449

II. Arbeitsweise der Verbrennungskraftmaschinen . . . 450
7. Wärmemotoren . . . 450
  a) Verpuffungsverfahren . . . 450
  b) Gleichdruckverfahren . . . 455
8. Verbrennungsturbinen . . . 460
  a) Allgemeines . . . 460
  b) Verpuffungsverfahren . . . 461
  c) Gleichdruckverfahren . . . 463
    α) offener Prozeß . . . 463
    β) geschlossener Prozeß . . . 468

III. Vergleichende Betrachtungen zu den Wärmekraftmaschinen . . . 469
9. Wärmeverbrauch . . . 469
10. Indizierter Druck . . . 470

Arbeitsprozesse.

Seite

IV. Gasverdichter . . . 472
11. Allgemeines . . . 472
12. Ermittlung von Arbeitsaufwand und Kühlung . . . 473
13. Wirkungsgrade . . . 476
14. Mehrstufige Verdichtung . . . 479
15. Kreiselverdichter . . . 481

V. Kältemaschinen . . . 483
16. Allgemeines . . . 483
17. Kompressionskältemaschinen . . . 483
a) Kaltluftmaschinen . . . 483
b) Kaltdampfmaschinen . . . 488
α) Gesättigte Dämpfe (nasses Arbeiten) . . . 488
β) Ungesättigte Dämpfe (trockenes Arbeiten) . . . 495
18. Wasser als Kältestoff . . . 504
19. Absorptionskältemaschinen . . . 507

VI. Wärmepumpen . . . 509
20. Allgemeines . . . 509
21. Gas- und Dampfwärmepumpen . . . 510

VII. Gasverflüssigungsanlagen . . . 512
22. Allgemeines . . . 512
23. Lindesches Luftverflüssigungsverfahren . . . 515
24. Arbeitsaufwand beim Lindeschen Verfahren . . . 520
25. Arbeitsbedarf beim verlustlosen Prozeß . . . 522
26. Mehrbedarf an Arbeit beim Lindeschen Verfahren . . . 523
27. Verbesserungen des Verfahrens . . . 526
a) Lindesches Verfahren mit Umlaufkühlung . . . 527
b) Verfahren mit teilweiser Fremdkühlung . . . 529
28. Kohlensäuregefrieranlagen . . . 531

VIII. Anlagen zur Trocknung mit Luft . . . 532
29. Allgemeines . . . 532
30. Einstufige Trocknung . . . 533
31. Mehrstufige Trocknung . . . 537
32. Mischlufttrocknung . . . 539
33. Trocknungsanlage mit Wärmerückgewinnung . . . 542

IX. Rückkühlanlagen . . . 543
34. Verdunstungskühlung . . . 543

Meßverfahren.

X. Messung der Luftfeuchtigkeit . . . 550
35. Relative Feuchtigkeit . . . 550
36. Absolute Feuchtigkeit . . . 550

XI. Durchflußmessung mit Drosselgeräten . . . 557
37. Allgemeines . . . 557
38. Messung mit genormten Blenden . . . 561
39. Messung mit genormten Düsen . . . 565

Vergasung von festen Brennstoffen.

XII. Gasgeneratorprozesse . . . 567
40. Allgemeines . . . 567
41. Vergasung von reinem Kohlenstoff . . . 570
42. Vergasung technischer Brennstoffe . . . 583
43. Gleichgewicht bei chemischen Reaktionen . . . 590

Anlage I, II und Zahlentafeln III—XIV im Anhang . . . 598

Sachverzeichnis . . . 614

Verzeichnis häufig gebrauchter Abkürzungen.

l Länge in m
λ Wellenlänge in m
x, y, z Abstand im m
h, H örtliche Höhe in m
h Druckhöhe in m, mm WS, mm QS, Torr
U Umfang in m
d Durchmesser in m
D Durchmesser in mm
r Halbmesser in m
s Dicke in m
s Hub in m
e mittlere Höhe der Rauhigkeitserhebungen in m
$\varepsilon = e/r$ relative Rauhigkeit
F Fläche in m^2
F/U hydraulicher Radius in m
α Längenausdehnungszahl in m/m·Grad
β Raumausdehnungszahl in m^3/m^3·Grad
m Flächenverhältnis in m^2/m^2
V Volumen in m^3 oder m^3/h
r Raumanteil (R.T.) in m^3/m^3
$\alpha, \varepsilon, \psi$ Raumverhältnisse in m^3/m^3
M Molekulargewicht
m, n Mengenverhältnisse (in Molen)
G Gewicht in kg oder kg/h
D Dampfgewicht in kg oder kg/h
D Dampfverbrauch in kg/PSh oder kg/kWh
L Luftgewicht in kg oder kg/h
W Wassergewicht in kg oder kg/h
B Brennstoffgewicht in kg oder kg/h
C Brennstoffverbrauch in kg oder kg/h oder kg/PSh oder kg/kWh
K Kraft in kg
g Gewichtsanteil (G.T.) in kg/kg
x Dampfgehalt in kg/kg
y Flüssigkeitsgehalt in kg/kg
x Dissoziationsgrad in kg/kg
l Arbeit in mkg/kg ($dl = P\,dv$), $L = Gl$ in mkg
l' Arbeit in mkg/kg ($dl' = v\,dP$), $L' = Gl'$ in mkg (Betriebsarbeit)
E Energie in mkg
h PLANCKsches Wirkungsquantum in Erg·s
P Druck in kg/m^2 oder mm WS
p Druck in kg/cm^2 oder at
τ Schubspannung in kg/m^2
E Elastizitätsmodul in kg/cm^2
γ spezifisches Gewicht in kg/m^3
δ Relativgewicht (Luft = 1)
v spezifisches Volumen in m^3/kg, $V = Gv$ in m^3

Z Zeit in s oder h
n Drehzahl in min^{-1}
ν Frequenz in s^{-1}
w_{Zeiger} Einzelgeschwindigkeit in m/s
w mittlere Strömungsgeschwindigkeit in m/s
$\overline{w}$ Querkomponente der Geschwindigkeit in m/s
g Fallbeschleunigung in m/s^2
m Masse in kg s^2/m
ϱ Dichte in kg s^2/m^4
N Leistung in mkg/s, kW, PS
η dynamische Zähigkeit in kg s/m^2
ν kinematische Zähigkeit in m^2/s
$\varphi = 1/\eta$ Fluidität in m^2/kg·s
t Celsiustemperatur in Grad (° C)
T absolute Temperatur in Grad (° K)
t_k Kühlgrenze in Grad
τ Taupunkt in Grad
R (spezielle) Gaskonstante in mkg/kg·Grad = m/Grad
q Wärmemenge in kcal/kg, $Q = Gq$ in kcal
u innere Energie in kcal/kg, $U = Gu$ in kcal
i Wärmeinhalt bei konstantem Druck (Enthalpie) in kcal/kg, $I = Gi$ in kcal
r Verdampfungswärme in kcal/kg
ϱ innere Verdampfungswärme in kcal/kg
ψ äußere Verdampfungswärme in kcal/kg
c spezifische Wärme(kapazität) in kcal/kg·Grad
C spezifische Wärme(kapazität) für andere Mengen
$\varkappa = c_p/c_v$ Adiabatenexponent
n Polytropenexponent
s Entropie in kcal/kg·Grad, $S = Gs$ in kcal/Grad
g Thermodynamisches Potential (freie Enthalpie) in kcal/kg
φ Thermial in kcal/kg·Grad, $\Phi = G\varphi$ in kcal/Grad
$A = 1/427$ kcal/mkg mechanisches Wärmeäquivalent
α Wärmeübergangszahl in kcal/m^2h·Grad
λ Wärmeleitzahl in kcal/m·h·Grad (abgekürzt kcal/mhGrad)
k Wärmedurchgangszahl in kcal/m^2h·Grad
e Emission in kcal/m^2h, E in kcal/h
i Intensität in kcal/m^3h, I in kcal/mh
C Strahlungszahl in kcal/m^2h·Grad[1]
a Temperaturleitfähigkeit in m^2/h

H Heizwert in kcal/kg oder für andere Mengen
H spezifische Heizleistung in kcal/kWh
K spezifische Kälteleistung in kcal/kWh
W Wärmebedarf in kcal/kWh
α Kontraktionszahl
α Durchflußzahl
φ Geschwindigkeitszahl
ε Expansionszahl
μ Ausflußzahl
Re Reynoldssche Zahl $= wd/\nu$
λ Widerstandszahl
η Wirkungsgrad
η_{th} thermischer Wirkungsgrad
ε Leistungsziffer
φ relative Feuchtigkeit
ψ Sättigungsgrad
λ Luftüberschußzahl
σ Brennstoffkennzahl für Sauerstoff
ν Brennstoffkennzahl für Stickstoff
α Anteil des verbrannten Brennstoffes
ε Schwärzegrad
$a, b, c, \ldots, k, A, B, C, \varkappa, \varphi, \psi$, Faktoren und Konstanten
m, n Exponenten, Zahlen
i Zylinderzahl, Stufenzahl
φ Winkel, desgleichen α, β, ψ, in Grad
f Verhältniszahl (mit Zeiger)

In den Abschnitten über Verbrennung und Vergasung:
c, h, o, n, s, w, a Gehalt eines Brennstoffes an Kohlenstoff, Wasserstoff, Sauerstoff, Stickstoff, Schwefel, Wasser und Asche in kg/kg
CO_2, O_2, CH_4, N_2 ... Gehalt von Brenngasgemischen oder trockenem Abgas an den betreffenden Einzelgasen in m^3/m^3
O_{min}, L_{min} die zur vollkommenen Verbrennung der Mengeneinheit des Brennstoffes erforderliche Sauerstoff- oder Luftmenge in Nm^3 oder kmol

Zeiger

a Abgas
a Anfangs-
a außen
ad adiabatisch
ClR Clausius-Rankinescher Prozeß
D Dampf
dyn dynamisch
e End-
e effektiv
E Eis
E Entspanner
f Flüssigkeits-
f feucht
f fühlbar
g Güte
ges gesamt
G Gas
h stündlich
i innen
i, n beliebig
i indiziert
i das i-te Glied
inv Inversions-
is isothermisch
k kritisch
k Kühlgrenze
K Kompressor
l in l-Richtung
L Luft
m Mittel
m mechanisch
M Motor
max maximal
min minimal
n nutzbar
N Normal-
o oberer
o (im Sinne von Null) verlustlos
o (im Sinne von Null) untere Temperaturhaltung, zu 0° C gehörig
P Pumpe
r Rest-
R Rest-
R Reibungs-
s Sättigungs-
s Strahlungs-
S schwarzer Körper
S Schall
t bei t Grad
t trocken
th thermischer
u Umgebungs-
$ü$ Überhitzungs-
$ü$ Wärmeübergangs-
v Verlust
VDI Verein deutscher Ingenieure
w wirtschaftlich
W Wand
W Wasser
x in Entfernung x
z zersetzt, dissoziiert
p, v, t, i, u, s als Zeichen, daß diese Größe konstant bleibt
$1, 2, 3 \ldots$ / $a, b, c \ldots$ / $A, B, C \ldots$ } Zustände
$'$ vor dem Prozeß
$'$ Flüssigkeitszustand
$''$ Dampfzustand

Sonstige Abkürzungen

QS Quecksilbersäule
WS Wassersäule
ZT Zahlentafel
arabische Zahlen ZT im Text
römische Zahlen ZT im Anhang

A. Allgemeine Grundlagen der Technischen Wärmelehre.

I. Allgemeine physikalische Grundlagen.

Einleitung.

Wärme ist eine Form von *Energie*. Das sei hier zunächst vorausgesetzt. Die *Lehre von der Wärme* befaßt sich mit den *mechanischen* Äußerungen dieser Energie, wie sie am sinnfälligsten bei Änderungen von Temperatur, Druck und Raum zu beobachten sind.

Im Lehrgebäude der *Physik* nimmt die Lehre von der Wärme ein Teilgebiet ein. Die Physik lehrt ganz allgemein die Erscheinung und den Wandel der Körper unserer Welt, soweit sich dabei der Stoff selbst nicht ändert, aus dem die Körper bestehen[1]. Die Betrachtungen der *allgemeinen Wärmelehre* haben *feste, flüssige* und *flüchtige Körper* zum Gegenstand. Wiederum ein Teilgebiet der Wärmelehre ist die *Thermodynamik* der flüchtigen Körper, das sind die dampf- und gasartigen Stoffe. Wie schon der Name sagt, befaßt sich die Thermodynamik mit Bewegungsvorgängen, die durch Wärme hervorgerufen werden.

Während sich nun die *exakte Wärmetheorie* gemeinhin mit dem Wesen der Wärmewirkung abgibt, ist es Aufgabe der *Technischen Wärmelehre* und als Teil davon der *Technischen Thermodynamik*, die Erkenntnisse der strengen Wissenschaft auf die Probleme der Technik anzuwenden, wobei dann allerdings auch gewisse chemische Vorgänge, insbesondere solche der Physikalischen Chemie, mit in den Kreis der Betrachtungen gezogen werden. Die Eigenart und Vielfalt der technischen Probleme und die Notwendigkeiten zu ihrer Lösung haben zu einer breiten und außerordentlich fruchtbaren Forschungstätigkeit geführt, von deren wichtigsten Ergebnissen in den folgenden Kapiteln die Rede sein wird.

Es sei hier zum besseren Verständnis der Unterschied zwischen einem physikalischen und einem chemischen Vorgang herausgestellt. Länge, Breite, Raum, Ge-

[1] Nicht eingeschlossen ist die Änderung der chemischen Zusammensetzung der Stoffe (Materie). In das Lehrgebiet der Physik rechnen außerdem nicht die Lehre von den außerirdischen Körpern (Astronomie) und von den Lebewesen (Biologie).

wicht, Druck, Geschwindigkeit, Temperatur, Zähigkeit, Härte, Rauhigkeit, Glanz, Farbe, magnetisches Verhalten, elektrische Ladung, Spannung sind physikalische Begriffe und beschreiben den *Zustand* eines Körpers. Physikalische Vorgänge umfassen die Änderung im Körperzustand. So ist die Ausdehnung eines Körpers, sei es durch Verminderung des Druckes oder Zufuhr von Wärme, ein physikalischer Vorgang, ebenso etwa die Kondensation eines Dampfes infolge von Abkühlung. Bei einem chemischen Vorgang hingegen kommt es zu einer Änderung des Stoffes selbst. Dem Verbrennungsvorgang z. B. liegt die chemische Vereinigung eines Stoffes mit Sauerstoff zugrunde, wobei chemische Energie umgesetzt wird. Bei der Verbrennung spielt sich aber gleichzeitig ein physikalischer Prozeß ab, wie beim Zerfall des Brennstoffstückes, der Ausdehnung der Verbrennungsgase, der Licht- und Wärmestrahlung, dem Abströmen der Verbrennungsgase und in anderen Erscheinungen. Bei den folgenden Betrachtungen sollen chemische Wandlungen der Stoffe ausgeschlossen sein, es sei denn, daß es sich um Verbrennungsvorgänge handelt, die in einem besonderen Abschnitt beschrieben werden. Außerdem sollen magnetische und elektrische Erscheinungen ohne Betracht bleiben.

Wenn man vor der Aufgabe steht, einen bestimmten physikalischen Vorgang zu berechnen, so muß man sich zunächst darüber klar werden, welches Ziel die Rechnung haben soll. Bei technischen Berechnungen wünscht man in den weitaus meisten Fällen zu wissen, in welchem Zustand sich der Stoff zu Anfang und zu Ende des Vorganges befindet und wie sich der Stoff dabei insgesamt äußert: er gibt Wärme ab oder nimmt welche auf, oder er leistet mechanische Arbeit oder, was der entgegengesetzte Fall ist, der Vorgang kann nur ablaufen, wenn auf irgendeine Weise von außen her mechanische Arbeit aufgewandt wird. Man kann solche Berechnungen an Hand von breiten Versuchserfahrungen vornehmen. Demgegenüber kann man sich die Aufgabe aber auch so stellen, daß man den Vorgang genau und in allen Einzelheiten und Zwischenstadien zu berechnen sucht, was natürlich ungleich schwieriger ist und nur in einfach gelagerten Fällen und unter mehr oder weniger vereinfachenden Annahmen zum Ziele führt.

Es ist Aufgabe der *exakten Wärmetheorie*, alle Erscheinungen im Zusammenhang mit Wärme zu ergründen. Soweit dieser exakte Weg für technische Zwecke gangbar ist, soll er auch in diesem Leitfaden verfolgt werden. Im übrigen aber kommt man angesichts der schwierigen Hindernisse, die sich auf dem exakten Wege auftürmen, nur weiter, wenn man den Weg der statistischen Erfahrung einschlägt, ohne den Mechanismus in den einzelnen Phasen des Vorganges selbst genau zu kennen. Die Verfahren der *statistischen Wärmelehre* oder speziell der *statistischen Thermodynamik* der Gase und Dämpfe sind zu großer Reife entwickelt worden. Sie bilden zusammen mit den technisch wichtigen Erkenntnissen der exakten Theorie die Grundlage der Technischen Wärmelehre.

1. Grundbegriffe.

Es ist allgemein üblich, bei wärmetechnischen Berechnungen das *technische Maßsystem* anzuwenden und die Einheiten Meter (m), Kilogramm (kg) und Sekunden (s) als *Grundeinheiten* zu wählen. Aus mehreren gleichen oder verschiedenen derartigen Grundeinheiten sind die *abgeleiteten Einheiten* zusammengesetzt.

Wege[1], *Flächen* und *Räume* (Volumina) gelten, sofern nichts anderes bemerkt ist, in m, m^2 und m^3, *Gewichte*[2] und *Kräfte* in kg und *Zeiten*[3] in s.

Wirken einzelne Kräfte oder eine gleichmäßig verteilte Last auf eine (starre) Fläche, so verursachen die zur Fläche senkrechten Komponenten eine *Druckspannung*[4]. Man kann sich nun vorstellen, daß ein flüssiger oder ein flüchtiger Stoff, z. B. ein Gas, in einem Zylinder unter einem gewissen Druck eingeschlossen ist. In diesem Idealzylinder befindet sich ein beweglicher, stoffdicht und reibungsfrei gehender Kolben. Das Gas füllt den Zylinder zwischen Deckel und Kolben, der in einer bestimmten Stellung festgehalten sein möge. Die begrenzenden (unnachgiebig gedachten) Wände von Zylinder, Deckel und Kolben verhindern die erstrebte Ausdehnung des Gases und üben auf das Gas in gleichem Maße einen Druck aus, wie das Gas auf die Wände drückt. Wenn der Zustand bereits so lange anhält, daß das ganze System völlig zur Ruhe gekommen ist, also ein stationärer oder *Beharrungszustand* herrscht und damit auch die Änderung des Druckes mit der Zeit an allen Stellen des betrachteten Raumes gleich Null ist, so zeigt sich, daß der Druck über die gesamte Oberfläche des gasförmigen Körpers und auch im Gase selbst gleichmäßig verteilt ist (siehe hierzu Abb. 1).

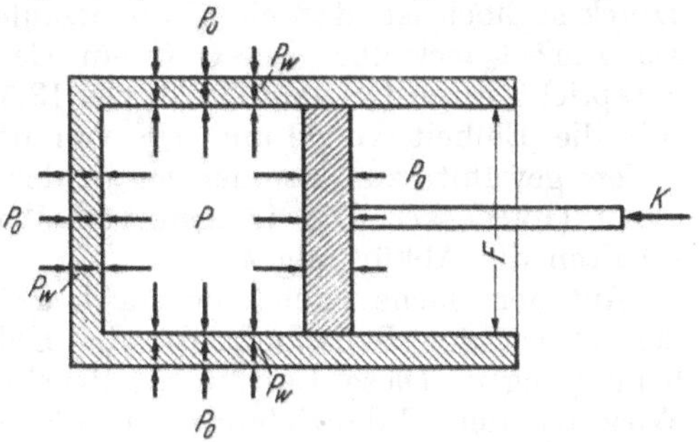

Abb. 1. Kraft- und Druckwirkungen an einem Zylinder mit Kolben, in dem ein Gas unter Druck eingeschlossen ist. Gasdruck P, äußerer Luftdruck P_0, Druck der Wand auf das Gas $P_0 + P_W = P$.

Im Beharrungszustand herrscht Gleichgewicht; es heben sich alle Druckspannungen auf. Bei den feststehenden Wänden müssen die Spannungen durch den inneren Gasdruck mit dem äußeren Luftdruck und den Zug- oder Druckspannungen im Werkstoff der Wände im Gleichgewicht sein. Am beweglichen Kolben sind die beiderseits wirkenden Kräfte ebenfalls gleich groß: Kolbenstangenkraft $K +$ + Kraftwirkung des äußeren Luftdruckes $P_0 \cdot F =$ Kraftwirkung des inneren Gasdruckes $P \cdot F$. Wird der Kolben unter Anwendung einer bestimmten zusätzlichen an der Kolbenstange angreifenden Kraft weiter in den Zylinder geschoben, so erhöht sich der Druck des Gases und damit die gleichmäßig verteilte Wandspannung. Wendet man eine sehr kleine Kraft dK an, so steigt der Innendruck ebenfalls um ein sehr kleines Maß dP und gilt

$$K + dK + F \cdot P_0 = F \cdot (P + dP).$$

Die Kraft K wird in kg gemessen, und F ist die Kolbenfläche in m^2. Demnach wird der Druck, unter dem das Gas oder ein sonstiger Körper steht, in kg/m^2 angegeben.

---

[1] Erdmeridianquadrat $\times 10^{-7} = 1$ m; genau ist die als 1 m vereinbarte Länge um rund 0,19 mm kleiner (Urmeter Paris).

[2] Das Urkilostück ist mit großer Annäherung = Gewicht von 1 dm^3 destilliertem gasfreiem Wasser von 4° C (Pariser Normalien).

[3] Dauer einer Erdrotation (mittlerer Sonnentag) = 24 h = 24 · 60 min = 24 · 60 · 60 s, durch öffentlichen Zeitdienst festgelegt. 1 Jahr = 8760 h.

[4] Definition DIN 1314: Unter Druck wird das Verhältnis einer auf eine kleine Fläche drückenden Kraft zu der Größe dieser Fläche verstanden (Kraft je Flächeneinheit).

Die Druckeinheit von 1 kg/m² entspricht dem Druck, den eine *Wassersäule* von 1 mm Höhe auf ihre Unterlage hervorruft. Das ist leicht einzusehen, wenn man bedenkt, daß 1 m³ Wasser (von 4° C) 1000 kg wiegt. Dieser Wasserwürfel von 1000 mm Höhe drückt auf seine Grundfläche mit 1000 kg/m², eine Schicht von 1 mm Höhe demnach mit 1 kg/m². Druckangaben in mm WS (Wassersäule von 4° C) sind also gleichbedeutend mit Angaben in kg/m². Es ist dies eine verhältnismäßig kleine Druckeinheit.

In der Technik ist es daher auch üblich, Drücke durch die Höhe einer *Quecksilbersäule* (QS) anzugeben, besonders dann, wenn der Druck so hoch ist, daß eine Wassersäule unhandlich lang sein müßte. Da 1 m³ Quecksilber bei 0° C ein Gewicht von 13595 kg aufweist, entspricht 1 mm QS dem Druck von 13,595 mm WS oder 13,595 kg/m². Für die Einheit von 1 mm QS von 0° C hat man die Bezeichnung *1 Torr* gewählt, zur Erinnerung an den italienischen Forscher TORRICELLI (1608—47). Die Längen von Wasser- oder Quecksilbersäulen erhalten die Abkürzung h.

Auf der Suche nach einer noch größeren Druckeinheit hat man den Druck der *Luftschicht*, die die Erde umgibt, als Vergleichsmaß herangezogen. Diese Luftschicht drückt auf die Erdoberfläche unter Wirkung der Erdanziehung im allgemeinen mit etwas mehr als 10000 kg/m², schwankend je nach den Witterungsverhältnissen. Ein Mittelwert für diesen *Luftdruck*, den man mit einem *Quecksilberbarometer* zu messen gewohnt ist, wurde in Meereshöhe zu 760 Torr gefunden[1]. Man nennt diesen Druck *1 Atmosphäre*; der kommt 10332 kg/m² gleich[2]. Die unrunde Zahl ist nicht bequem. Als Einheit für technische Rechnungen hat man statt dessen 10000 kg/m² = 735,56 Torr gewählt und in der Dimension 1 kg/cm² mit 1 Atmosphäre bezeichnet.

Zum Unterschied von dieser *technischen Atmosphäre* nennt man die der ursprünglichen Vereinbarung *physikalische Atmosphäre*[3]. Als Abkürzung für die technische Atmosphäre hat sich seit langer Zeit der Buchstabe p eingebürgert in kg/cm² oder at. An sich wurde später durch DIN festgelegt[4], bei technischen

---

[1] In der Meteorologie hat sich neuerdings für den Druck das Bar b und das Millibar mb an Stelle des systemfremden Torr eingeführt. Das Bar ist eine Druckgröße im absoluten Maßsystem:

$$1\ \text{b} = 10^6\ \text{dyn/cm}^2 = 750{,}06\ \text{Torr} \approx 1\ \text{at},$$
$$1\ \text{mb} = 10^3\ \text{dyn/cm}^2 \approx {}^3/_4\ \text{Torr}.$$

[2] Erhebt man sich über die Meereshöhe, so nimmt der Luftdruck nach eine Exponentialfunktion ab. Wenn in 0 m Höhe über dem Meeresspiegel gerade der Druck von 760 Torr verzeichnet wird, so entspricht dem in höheren Lagen folgender Druck:

100 m Höhe	751 Torr	1000 m Höhe	671 Torr
200 m Höhe	740 Torr	2000 m Höhe	593 Torr
300 m Höhe	732 Torr	5000 m Höhe	409 Torr
400 m Höhe	723 Torr	10000 m Höhe	220 Torr
500 m Höhe	714 Torr	20000 m Höhe	64 Torr
800 m Höhe	688 Torr	50000 m Höhe	0,2 Torr

[3] Durch DIN 1314 festgelegt: 1 physikalische oder alte Atmosphäre = 1 Atm = 760 Torr, 1 technische oder metrische Atmosphäre = 1 at = 1 kg/cm² = 735,56 Torr. 1 Torr = 13,5951 kg/m² = 1 mm QS von 0° C.

[4] DIN 1345, Formelgrößen und Einheiten der Wärmelehre und Wärmetechnik.

Rechnungen die auf eine Einheit (m^2, kg) bezogenen Größen im m-, kg-, s-System mit kleinen Buchstaben zu bezeichnen. Das ist in der Folge auch weitgehend durchgeführt. Beim Druck in kg/m^2 wurde jedoch wie bis dahin üblich mit P ein großer Buchstabe gewählt, damit nicht Unklarheiten gegenüber der allgemein eingeführten Bezeichnung p in kg/cm^2 entstehen. Es ist

$$P \text{ in } kg/m^2 = 10^4\, p \text{ in } kg/cm^2. \tag{1}$$

Wie ein Druck von 1 kg/cm^2 wirkt auch eine Wassersäule von 10 m Höhe, denn 10 m oder 10000 mm WS sind gleichbedeutend mit 10000 kg/m^2.

Der Druck P, unter dem das Gas im Zylinder Abb. 1 steht, kann größer, gleich oder kleiner sein, als der Druck der umgebenden Luft P_0 ist ($P \gtreqless P_0$). Solange der Zylinderinhalt irgendwie mit der Atmosphäre in Verbindung steht, wird sich der Druck bei Veränderung der Kolbenstellung im Zylinder mit der Umgebung nach einer gewissen Zeit stets wieder ausgleichen, wobei der anfängliche *Druckunterschied* verschwindet. Wenn aber das Gas dicht eingeschlossen ist (und sich seine Temperatur nicht ändert), so gehört zu jeder Kolbenstellung, also zu jedem Raum, der der gegebenen Gasmenge zur Verfügung steht, eine andere Kolbenstangenkraft und ein anderer Gasdruck, der $P \gtreqless 10000\, kg/m^2$ oder $p \gtreqless 1\, kg/cm^2$ sein kann. Man spricht bei $p > 1\, kg/cm^2$ oder 1 at von *Überdruck* und bei $p < 1$ at von *Unterdruck.* Wird der Kolben bei genügend langem Zylinder immer weiter herausgezogen, so sinkt der Gasdruck immer mehr und konvergiert gegen 0 at. In einem absolut leeren Raum würde der Druck 0 at herrschen. Diesem Druck von 0 at oder 0 kg/m^2 oder 0 kg/cm^2 ordnet man den *absoluten Nullpunkt des Druckes* zu, von dem aus alle absoluten Druckangaben rechnen.

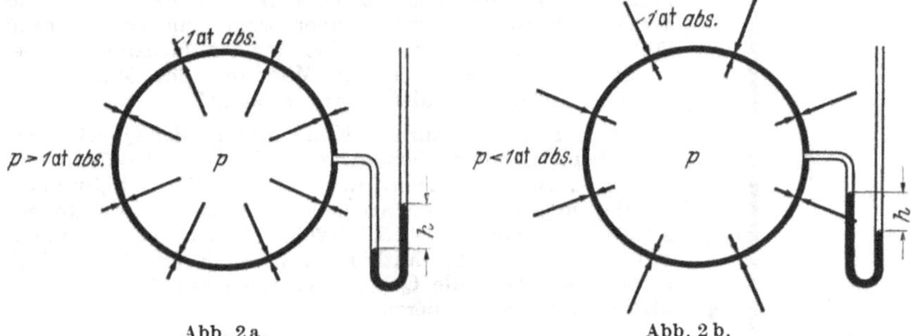

Abb. 2a. Abb. 2b.

Abb. 2a Überdruck und Abb. 2b Unterdruck in einer Gasleitung. Der Unterschied zwischen dem Innendruck p und dem äußeren Luftdruck $p_0 \sim 1$ at abs. setzt sich in eine Belastung des Rohrwerkstoffes um. Die Pfeile für die Kräfte im Rohrwerkstoff sind fortgelassen.

Zum Unterschied von Über- und Unterdrücken, also bezogenen Drücken oder Druckunterschieden, wurde die nähere Bezeichnung 1 kg/cm^2 = 1 at abs. (abs. = absolut) eingeführt[1]. Der mittlere Umgebungsdruck ist mithin 1,0332 at abs. Es hat sich außerdem in der Technik der Brauch herausgestellt, unter der Druckbezeichnung „Atmosphäre" den Überdruck über dem Umgebungsdruck zu verstehen. Wenn man landläufig sagt, in einem Gefäß herrschen 2 Atmosphären Druck,

[1] In der Technik ist es vielfach üblich, die Bezeichnung at abs. mit ata abzukürzen (nicht in die DIN aufgenommen).

so meint man Druck *über* dem atmosphärischen Druck, wie er zur Berechnung der Festigkeit des Gefäßes maßgebend ist. Man schreibt in diesem Falle 2 at Überdruck[1], was dasselbe ist wie $p = 3$ at abs. (genau im Mittel 3,0332 at abs.).

In Abb. 2 sind zwei gasführende Rohrleitungen im Schnitt dargestellt. In der einen herrscht ein Druck $p > 1$ at abs. Die Meßflüssigkeit im U-Rohr wird um h mm hochgedrückt, siehe Abb. 2a. Dann geben h mm Flüssigkeitssäule den Überdruck über den atmosphärischen Druck an, der gerade zur Zeit der Beobachtung wirksam ist. Genau genommen trifft das nur zu, wenn dabei das Gewicht der Gassäule vernachlässigbar klein gegenüber dem Gewicht der Flüssigkeitssäule ist. Im anderen Falle muß man das Gewicht der Gassäule von dem der Flüssigkeitssäule abziehen, um den genauen Überdruck zu erhalten.

In der anderen Leitung steht das Gas unter Unterdruck oder *Vakuum* (Abb. 2b, $p < 1$ kg/cm²). Man spricht von h mm Flüssigkeitssäule Unterdruck. Stärkere Unterdrücke mißt man in Torr und gibt vielfach die Länge der Quecksilbersäule in Prozenten vom äußeren Luftdruck, ebenfalls in Torr gemessen, an[2].

Beispiel 1. In einem Gefäß befindet sich ein Gas unter 90 vH Vakuum. Welches ist der absolute Druck, wenn der atmosphärische Luftdruck 750 Torr ist?

Der Unterdruck ist $h = 0{,}90 \cdot 750 = 675$ Torr, der absolute Druck ist $0{,}1 \cdot 750 = 75$ Torr. 75 Torr entsprechen $75 \cdot 13{,}595 \cdot 10^{-4} = 0{,}1020$ at abs. (oder 1020 kg/m²)[3].

Beispiel 2. Der Gasdruck (voriges Beispiel) wird so weit heraufgesetzt, daß $h = +\,14{,}76$ Torr angezeigt werden. Wie groß ist dann der absolute Druck des Gases?

$h = +\,14{,}76$ Torr entsprechen $14{,}76 \cdot 13{,}595 \approx 200$ kg/m², der Außendruck ist $P_0 = \frac{750}{735{,}6} \cdot 10^4 = 10196$ kg/m², der absolute Gasdruck mithin $10196 + 200 = 10396$ kg/m² oder 1,0396 at abs. Wäre das anzeigende U-Rohr mit Wasser gefüllt, so würde sich eine Wassersäule von $h = +\,200$ mm einstellen.

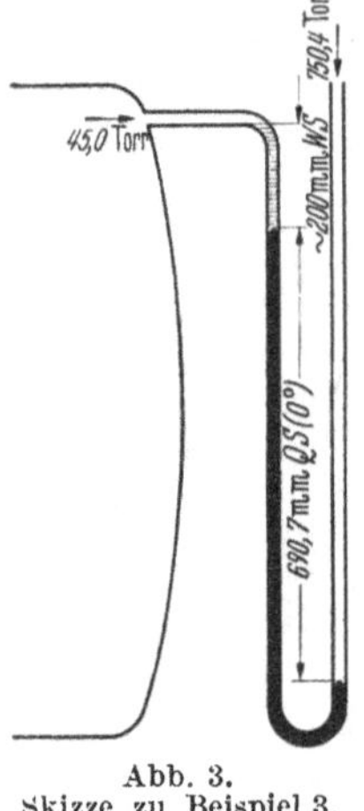

Abb. 3. Skizze zu Beispiel 3.

Beispiel 3. Das Vakuum im Kondensator einer Dampfturbine ist 94 vH. Wie hoch ist die Säule eines Quecksilbermanometers bezogen auf 0° C, wenn der Barometerstand 750,4 Torr ist und wenn über dem Quecksilber rund 200 mm hoch Kondensat, also Wasser (spezifisches Gewicht = 1000 kg/m³) bis zur Mündung des Manometerschenkels in den Kondensatorraum steht?

Ohne Rücksicht auf das Kondensat ist der Quecksilberfaden bei 0° C entsprechend Abb. 2b: $0{,}94 \cdot 750{,}4 = 705{,}4$ mm lang. Dem Innendruck wird durch $750{,}4 - 705{,}4 = 45{,}0$ mm QS die Waage gehalten. Mit Kondensat drücken auf der Innenseite des Schenkels $h + 45{,}0 + 200/13{,}6$ und auf der Außenseite 750,4 mm QS. Mithin ist $h = 750{,}4 - 45{,}0 - 14{,}7 = 690{,}7$ mm QS, alle Quecksilbersäulen auf 0° C bezogen, also in Torr. Siehe hierzu Abb. 3.

Beispiel 4. Das Röhrenfedermanometer an einem Preßluftbehälter zeigt 7,24 at Überdruck über der umgebenden

[1] at Überdruck ist vielfach zu atü zusammengezogen.

[2] Das gewöhnliche Quecksilberbarometer ist nichts weiter als ein U-Rohr, dessen einer Schenkel verschlossen und über der Flüssigkeit luftleer ist. Auf den Flüssigkeitsspiegel im anderen Schenkel drückt die umgebende Luft. Der Höhenunterschied der beiden Flüssigkeitsspiegel, umgerechnet auf 0° C, gibt den absoluten Luftdruck in Torr an.

[3] Die Ablesegenauigkeit einer Flüssigkeitssäule ist im allgemeinen $^1/_{10}$ mm. Beim Quecksilber entspricht das $^4/_3$ kg/m². Angaben in at, nach Messungen mit Quecksilbersäulen, sind bis zur 3. Stelle nach dem Komma genau, die 4. Stelle ist unsicher.

Atmosphäre an. Der Barometerstand ist 754,3 Torr. Wie groß ist der absolute Druck für Preßluft?

$$p = \frac{754{,}3}{735{,}6} + 7{,}24 = 1{,}03 + 7{,}24 = 8{,}27 \text{ at abs.}$$

In wärmetechnischen Rechnungen setzt man im allgemeinen den absoluten Druck ein. Die praktischen Grenzen für den Druck kann man mit 0 at abs. und einigen 1000 at angeben, doch sind Drücke über etwa 300 at weniger gebräuchlich. Theoretisch kann der Druck unbegrenzt groß sein.

Die *Temperatur* wird allgemein in *Graden* gemessen. In Deutschland ist die Gradstufung nach CELSIUS zur gesetzlichen erhoben worden, bei der der Gefrierpunkt des Wassers gleich 0° C und sein Siedepunkt unter mittlerem atmosphärischem Druck gleich 100° C gesetzt wurde[1]. Die Temperatur wird allgemein mit t bezeichnet.

Die Annahme der Umwandlungspunkte des Stoffes Wasser als 0° C und 100° C, also vom Eispunkt aus zu rechnen, ist willkürlich. 0° C ist lediglich eine in der Umgebung auftretende markante Temperatur[2], genau wie beim Druck der atmosphärische Luftdruck. Tatsächlich gibt es ja auch Grade unter 0° C, die man mit negativen Werten angibt. Wie später näher erläutert wird, gibt es aber eine *untere Temperaturgrenze*, die man aus natürlichen Gründen nicht unterschreiten und die man mit −273° C, genauer −273,16° C beziffern kann. Man nennt diesen Punkt −273° C den *absoluten Nullpunkt* der Temperatur und bezeichnet ihn mit 0° K dem Physiker KELVIN (1824—1907) zu Ehren. Für die von 0° K an rechnenden *absoluten Temperaturen*, deren Intervalle ebenso groß wie bei den *Celsius*graden vereinbart wurden, verwendet man[3] den Buchstaben T. Es ist also

$$\boxed{T = 273 + t} \quad \text{in °K.} \tag{2}$$

Bei Temperaturdifferenzen sind Verwechslungen nicht möglich und ist einfach ° als Abkürzung[4] für Grad zu schreiben, gleichviel ob es sich um Differenzen von absoluten oder von Celsiusgraden handelt ($dt = dT$).

[1] Nach der Einteilung von RÉAUMUR siedet das Wasser bei 80° R; der Gefrierpunkt ist ebenfalls zu 0° gewählt. In den angelsächsischen Ländern rechnet man nach FAHRENHEIT, indem der Gefrierpunkt bei — 32° F und der Siedepunkt des Wassers bei + 212° F angenommen wird. Umrechnung:

$$t\ °\text{C} = 0{,}8 \cdot t\ °\text{R} = 1{,}8 \cdot t + 32°\ \text{F},$$
$$t\ °\text{R} = 1{,}25 \cdot t\ °\text{C} = 2{,}25 \cdot t + 32°\ \text{F},$$
$$t\ °\text{F} = 0{,}556\,(t - 32)°\ \text{C} = 0{,}444\,(t - 32)°\ \text{R}.$$

[2] Unter Umgebungstemperatur schlechthin versteht man + 20° C. Umgebungsdruck ist 1 at abs. Beide Größen zusammen kennzeichnen den Umgebungszustand.

[3] Nach DIN 1304 ist, wenn die Begriffe Temperatur und Zeit in der Rechnung zusammentreffen, der Buchstabe t für die Zeit zu wählen. Die *Celsius*temperatur soll dann mit ϑ und die absolute Temperatur mit Θ bezeichnet werden. Bei den folgenden Ausführungen wird jedoch die Zeit nur an wenigen Stellen gebraucht. Zur Klarheit wurde deshalb für die Temperatur der Buchstabe t bzw. T durchweg beibehalten und die Zeit mit Z abgekürzt.

[4] Es ist auch für die Celsiustemperatur üblich, einfach ° zu schreiben (z. B. DIN 1947).

Die obere Temperaturgrenze bei technischen Prozessen ist etwa 4000° C. Daß man noch darüber hinausgehende Temperaturen gemessen hat, wie die der Sonne mit etwa 6000 °C, sei am Rande vermerkt[1].

Für den *Raum* in m³ verwendet man den Buchstaben V (Volumen). Besondere Bedeutung hat der Raum, den 1 kg des Stoffes einnimmt. Man nennt ihn *spezifisches Volumen*[2] v mit der Dimension m³/kg. Je nach der Höhe von Druck und Temperatur nimmt 1 kg *des Stoffes* einen ganz verschiedenen Raum ein. Wenn man *verschiedene Stoffe* miteinander vergleicht, so sind ihre spezifischen Volumina im allgemeinen verschieden groß, auch wenn Druck und Temperatur gleich groß sind. Für Vergleichszwecke hat man sich zu bestimmten *Normalzustandsgrößen* verstanden, und zwar zu 760 Torr als *Normdruck* und zu 0° C als *Normtemperatur.* Soweit es zur Klarheit nötig ist, weist der Zeiger N auf den *Normzustand* hin, in den man sich die zu vergleichenden Stoffe versetzt denkt. Das *Normvolumen*[3] hat die Dimension Nm³. Mithin ist

V_N ein Raum in Nm³,

$V_{P,t}$ ein Raum in m³ beim Druck P und der Temperatur t.

Anteilige Räume[4] von Gas- und Flüssigkeitsgemischen gibt man mit r in m³/m³ an, was dasselbe ist wie Nm³/Nm³. Die Rechnung im Normzustand ist nur bei gas- und dampfförmigen Stoffen, die sich stark mit Druck und Temperatur im Raume ändern, von Bedeutung. Auch für den Raum gibt es keine Grenzen; flüchtige Stoffe nehmen jeden Raum ein, der ihnen geboten wird.

Die *Zeit* wird in Sekunden s gemessen, verschiedentlich auch in Stunden h.

Die *Geschwindigkeiten* geben zurückgelegte Wege in der Zeiteinheit an, sie erhalten im allgemeinen das Kurzzeichen w und gelten in m/s. *Beschleunigungen,* die Geschwindigkeitsänderungen in der Zeiteinheit vorstellen, führen die Dimension m/s². Die *Fallbeschleunigung* ist in unseren Breiten genügend genau mit $g = 9{,}81$ m/s² angegeben[5].

Das *Gewicht* der Körper, mit G in kg abgekürzt, ist in Wirklichkeit eine wandelbare Größe, je nachdem in welcher Entfernung sich der Körper vom Erdmittelpunkt (Gravitationszentrum) befindet. Die von der Erdanziehung unabhängige Größe ist die *Masse,* mit m bezeichnet,

$$m = \frac{G}{g} \text{ in kg s}^2/\text{m}. \tag{3}$$

---

[1] Mit 6000° ist keineswegs die obere Grenze genannt. Die Temperatur der „weißen Sterne" ist rund 30000°. Bei Atomumwandlungen werden noch wesentlich höhere Temperaturen erreicht. Eine theoretische Grenze nach oben gibt es nicht.

[2] Nach DIN 1304 Räumigkeit genannt.

[3] Nach DIN1343 ist als physikalischer Normzustand festgelegt 0° C und 760 Torr, als technischer Normzustand 20° C und 1 kg/cm², jedoch mit der Forderung, daß das Normvolumen als Mengenmaß immer auf den physikalischen Normzustand zu beziehen ist. Außerdem setzt der Normzustand voraus, daß der Stoff trocken ist. Andere als diese vereinbarten Zustände heißen Bezugs- oder Betriebszustände, z. B. 10° C und 1 kg/cm². Siehe auch DIN 524.

[4] Raumanteile, abgekürzt R.T.

[5] Nach DIN 1314 beträgt der Normwert der Fallbeschleunigung 9,80665 m/s². In Meereshöhe unter 45° geographischer Breite macht die Fallbeschleunigung 9,80629 m/s² aus.

Bei unveränderlich angenommener Fallbeschleunigung ist das Gewicht G von eindeutigem Wert[1]. Diese Annahme ist für wärmetechnische Rechnungen angesichts der erreichbaren Genauigkeit in der Regel zulässig. Das Gewicht der Raumeinheit des Stoffes, aus dem der Körper besteht, heißt *spezifisches Gewicht*[2] γ in kg/m³, die *spezifische Masse* heißt *Dichte* ϱ in kg s²/m⁴.

Außer mit diesen absoluten Gewichten rechnet man noch mit Relativgewichten, die auf eine bestimmte Schwere, z. B. die der Luft oder des Sauerstoffes, bezogen sind. Anteilige Gewichte in einem Gemisch werden mit g in kg/kg bezeichnet[3].

Die *Wärmemenge*, über deren Wesen später ebenso wie über den damit eng in Zusammenhang stehenden Begriff der Temperatur noch nähere Angaben zu machen sind, wird in *Kilokalorien* (kcal) gemessen und im allgemeinen mit Q bezeichnet. Unter 1 kcal versteht man die Wärmemenge, die einem kg reinem Wasser zuzuführen ist, um dessen Temperatur von 14,5 auf 15,5° C zu steigern (sog. 15°-Kalorie)[4]. Für die auf 1 kg des wärmetragenden Stoffes bezogene Wärmemenge verwendet man sinngemäß das Zeichen q in kcal/kg, wenigstens dann, wenn zwischen einer auf eine beliebige Gewichtsmenge bezogenen Wärmemenge und einer auf die Gewichtseinheit bezogenen zu unterscheiden ist. Von besonderer Bedeutung ist eine Wärmemenge, die man zu- oder abführen muß, um die Temperatur von 1 kg des Stoffes um 1° zu ändern. Man nennt diese Wärmemenge *spezifische Wärme*, abgekürzt c mit der Dimension kcal/kg · Grad. Für andere Mengen schreibt man C.

Es gibt verschiedene Formen von *Energie*. Neben der Wärmeenergie tritt bei wärmetechnischen Rechnungen besonders die *mechanische Energie* hervor, und zwar als *potentielle Energie* sowie als *kinetische Energie*. Ihre Bezeichnung ist E, ihr Maß mkg. Zwischen der Wärmeeinheit kcal und der mechanischen Einheit mkg besteht ein ganz bestimmtes Verhältnis, das *mechanisches Wärmeäquivalent* genannt wird und den Wert $A = 1/427$ kcal/mkg besitzt. Man kann alle Arten von Energie in kcal oder mkg angeben.

Mit der Größe Energie steht die Größe *Arbeit* eng in Zusammenhang, die auf einem bestimmten Weg in m gegen einen bestimmten Widerstand in kg geleistet wird. Sie hat auch die Dimension mkg. Energie ist Arbeitsvermögen. Eine Energieform kann in eine andere übergehen. Die Umsetzung geht über Arbeit vor sich. Energie zu besitzen, ist eine Eigenschaft, Arbeit setzt Energie voraus. So kann man z. B. mit in Wasserdampf aufgespeicherter Wärmeenergie Arbeit leisten, indem man den Dampf in einer Dampfmaschine arbeiten läßt. Über diese Arbeit wird Wärmeenergie in mechanische Energie umgeformt, deren

---

[1] Ein kg ist nach DIN 1314 die Kraft, mit der ein Einkilogrammstück an einem Ort, wo die Fallbeschleunigung gleich 9,80665 m/s² ist, auf seine Unterlage drückt.

[2] Nach DIN 1304 Wichte genannt, auch als Einheitsgewicht bezeichnet, $\gamma = \varrho \cdot g$.

[3] Gewichtsanteile, abgekürzt G.T.

[4] Durch Reichsgesetz vom 7. August 1924 geregelt. $^1/_{1000}$ kcal gleich 1 cal (Grammkalorie).

Träger die bewegten Massen der Dampfmaschine und der angeschlossenen Arbeitsmaschinen sind. Arbeit ist stets in irgendeiner Weise mit Bewegung verbunden. Es ist notwendig, die Begriffe Energie und Arbeit auseinanderzuhalten.

Weil der Buchstabe A für den Umrechnungswert des mechanischen Wärmeäquivalents, wie üblich, gebraucht wird, verwendet man für die Arbeit als Ausweichzeichen (nach den DIN-Bestimmungen) allgemein die Abkürzung L. Arbeit in der Zeiteinheit ist eine *Leistung*. Wird eine Leistung eine Zeitlang vollbracht, so ist das eine Arbeit. Einheiten sind neben dem mkg die Pferdekraftstunde (PSh) und die Kilowattstunde (kWh)[1].

2. Zustandsgrößen und Zustandsänderungen.

Der *innere Zustand eines Stoffes*[2] kann durch die Größen *Druck, Raum und Temperatur* beschrieben werden; eindeutig ist diese Beschreibung aber noch nicht. Wenn man weiß, daß ein Körper bei normalem Druck (1 at abs.) und bei normaler Temperatur (20° C) einen Raum von 1 m³ einnimmt, so kann man noch nicht sagen, um was für einen Körper es sich überhaupt handelt. Mindestens eine der *drei Zustandsgrößen* muß also auf die Eigenart des Stoffes Bezug nehmen. Geeignet hierfür ist der Raum. Die Zustandsgrößen sind

P, t Druck und Temperatur — unabhängig vom Stoff,
v spezifisches Volumen — abhängig vom Stoff,

oder, in der mathematischen Form der *allgemeinen Zustandsgleichung* verknüpft,

$$\boxed{F\,[P, t, v = f\,(\text{Stoff})] = 0}\;; \tag{4}$$

darin sind F und f Abkürzungen für Funktion von ...

Die exakte Lösung dieser Beziehung ist bis heute nur für wenige Sonderfälle möglich, wie für vollkommene Gase. Darüber hinaus muß die Wärmelehre den strengen Weg verlassen und die Erfahrung zu Rate ziehen, eine Aufgabe, die der *phänomenologischen Wärmelehre*[3] zufällt.

[1] 1929 wurde auf der Londoner Dampftafelkonferenz beschlossen, als Beziehung zwischen der Wärmemenge von 1 kcal und der Arbeit von 1 kWh zugrunde zu legen 1 kcal = 1/860 internationale kWh.
Für die in Deutschland übliche 15°-Kalorie gilt
1 kcal = 1/860,4 internationale kWh.
In England rechnet man mit einer mittleren Kalorie, die gleich $^1/_{100}$ der Enthalpie (Wärmeinhalt bei konstantem Druck) des Wassers bei 100° C ist.
1 kcal = 1/860,2 internationale kWh.
Die in den USA übliche mittlere kcal ist gleich 1/859,7 internationale kWh.

[2] Man unterscheidet zwischen dem *inneren Zustand*, in dem sich der Stoff oder ein Körper als eine bestimmte Stoffmenge an sich befindet, und dem *äußeren* oder *Bewegungszustand*, der beschreibt, ob der Körper in relativer Ruhe oder in Bewegung begriffen ist. Unter dem Zustand schlechthin ist weiterhin der innere Zustand zu verstehen. In diesem Sinne ist die Geschwindigkeit eines Körpers keine Zustandsgröße.

[3] (τὸ) φαινόμενον = das in Erscheinung Getretene, die (Natur-) Erscheinung; in der Mehrzahl vielfach in der Bedeutung „Himmelskörper" verwendet. Ein anderer Ausdruck ist wegen der Auswertung statistischer Beobachtungen auch Statistische Wärmelehre.

Es entsteht nun die Frage, was geschieht, wenn eine oder mehrere der drei Zustandsgrößen geändert werden. Als Folge davon kommt es zu einer *Zustandsänderung*, und es erhebt sich die weitere Frage, welches der Zustand nach Ablauf der Änderung, also nach Eintritt des neuen Beharrungszustandes ist. Diese Fragen, die von hervorragender praktischer Bedeutung sind, lassen sich beantworten, wenn man die Zustandsgleichung und damit auch die *Gesetze der Zustandsänderungen* kennt.

Es ist die Aufgabe der phänomenologischen Wärmelehre, die natürlichen Begleiterscheinungen bei Zustandsänderungen irgendwie zu messen und die Ergebnisse in gesetzmäßigen Beziehungen zu erfassen und nach exakten Begründungen zu suchen. Auf diesem Wege ist es in vielerlei Hinsicht gelungen, unter statistischer Auswertung von Beobachtungen und unter gewissen idealisierenden Annahmen Beziehungen aufzustellen, die der Wirklichkeit ziemlich nahe kommen, wie z. B. die Gesetze der Dämpfe. Auf anderen Gebieten dagegen, wie dem der Wärmeübertragung, bieten sich noch erhebliche Schwierigkeiten. Immerhin hat die Erkenntnis heute einen so hohen Stand erreicht, daß die meisten und vor allem die wichtigsten Probleme mit maßgeblicher Beteiligung von Wärmeenergie in befriedigender Weise gelöst werden können. Bevor die allgemeine Zustandsgleichung (4) weiter entwickelt werden kann, ist es nötig, noch weitere Grundbegriffe herauszustellen.

Beim Vergleich zweier Zustände empfiehlt es sich, *Bilanzen* zu ziehen. Als grundlegende Naturgesetze gelten hierbei die Gesetze von der *Erhaltung der Masse* und von der *Erhaltung der Energie*. Das erste der beiden Gesetze kann in der abgewandelten Form als Gesetz von der *Erhaltung des Gewichts*, unveränderliche mittlere Fallbeschleunigung vorausgesetzt, angenommen werden. Diese beiden Gesetze beziehen sich auf physikalische und chemische Zustandsänderungen in einem *abgeschlossenen System*[1] von gleichartigen oder verschiedenen Körpern. Energie kann weder zusätzlich erzeugt noch vernichtet werden, ebensowenig kann Masse oder Gewicht anwachsen oder schwinden. Es heißt dies, daß die einzelnen *Grundstoffe* vor und nach der Änderung im gleichen Gewicht vorhanden sind. Als Grundstoffe sind die chemischen Elemente anzusehen, deren Unveränderlichkeit angenommen wird. Man nennt solche auf einzelne beteiligte Stoffe abgestellte Bilanzen *Stoffbilanzen*, die Teile einer *Gesamtbilanz* sind.

Das Gesetz von der Erhaltung der Energie sagt aus, daß die Summe der Energiemengen, die hier in Form von Wärmeenergie, mechanischer und chemischer Energie auftreten können, vor und nach der Zustandsänderung gleich groß ist. Der Umwandlungsvorgang kann an Hand von *Energiebilanzen* verfolgt werden.

3. Aufbau der Stoffe.

Bei den Überlegungen der Wärmelehre kann man die *atomistische Betrachtungsweise* nicht entbehren. Unter den *Atomen*[2] eines Grundstoffes stellt man sich kleinste, nicht mehr trennbare Teilchen gleicher

---

[1] Ein abgeschlossenes System ist ein System von einem oder mehreren gleichen oder verschiedenen Körpern, das von einer undurchlässigen Begrenzung umgeben ist, durch die weder Stoff noch Energie gehen kann.

[2] Atom (griechisch), aus α-privativum (verneinend) und von τεμνειν, trennen, schneiden, also soviel wie untrennbar.

Größe und gleicher chemischer und physikalischer Beschaffenheit vor[1]. Aber auch diese außerordentlich kleinen massigen Stoffteilchen haben einen ganz bestimmten, jedem Stoffe eigentümlichen komplizierten Aufbau. Sie bestehen aus einem im wesentlichen positiv geladenen Kern, um den sich negativ geladene Elektronen, deren Größe den Bruchteil eines Atoms ausmacht, in ganz bestimmten geschlossenen Bahnen wie Weltkörper um ihre Sonne bewegen. Die Kernladung steht im Zusammenhang mit dem *Atomgewicht*. Die Zahl der Elektronen ist bei jedem Stoff eine andere, je nachdem, wie groß die Kernladung und damit das Anziehungsvermögen des Kernes ist, der aus Gründen des elektrischen Gleichgewichts eine Anzahl Elektronen zu binden bestrebt ist. Die Elektronen denkt man sich dabei als kleinste Einheiten der Elektrizität.

Die Stoffe im natürlichen Vorkommen sind bis auf wenige aus *Molekülen*[2] zusammengesetzt. In erster Linie interessiert hier der molekulare Aufbau von Gasen und Dämpfen. Beim Sauerstoff O_2 z. B. treten zwei gleiche Atome zu einem Molekül zusammen, ebenso beim Stickstoff N_2, Wasserstoff H_2 u. a. Zwei verschiedenartige Atome bilden z. B. Moleküle beim Kohlenoxyd CO, Stickoxyd NO u. a. Solche Stoffe nennt man *zweiatomige*. *Mehratomige* Stoffe sind z. B. Kohlendioxyd CO_2 und Wasser H_2O (3atomig), Methan CH_4 (5atomig). Einige Stoffe bestehen aus selbständigen Atomen, z. B. die Edelgase Argon Ar und Helium He, die man *einatomige* nennt[3].

Ebenso, wie im Weltall die verschiedenen Sonnensysteme aufeinander anziehend wirken, unterliegen auch die einzelnen Moleküle einer *gegenseitigen Anziehung* (Kohäsion). Die Anziehungskräfte lassen mit dem Quadrat der Entfernung der Moleküle voneinander nach.

Die Gewichte der Moleküle werden in der Rechnung als Relativgewichte eingesetzt. Man ist (willkürlich) übereingekommen, das *Molekulargewicht*, allgemein mit M bezeichnet und in der Dimension einer Zahl, bei Sauerstoff[4] zu 32,0000 festzulegen. Im Vergleich hiermit haben alle anderen Stoffe bestimmte Molekulargewichte, wie z. B. $H_2 = 2{,}0156$, $N_2 = 28{,}06$, $CH_4 = 16{,}03$, $C_{10}H_8$ (Naphthalin) $= 128{,}06$ usw. Statt mit diesen genauen Vergleichszahlen genügt es in der Regel, mit Rücksicht auf die Genauigkeit der übrigen Rechnung, mit ganzzahligen, *abgerundeten Molekulargewichten* zu rechnen. Siehe die *Gastafel* im Anhang (Tafel I.)

Für ein Gewicht, das so viel kg beträgt, wie das Molekulargewicht zahlenmäßig ausmacht, hat man die Bezeichnung *Kilomol* (kmol) eingeführt. 1 kmol Stickstoff z. B. wiegt 28 kg.

[1] Die Theorie, daß die Atome unwandelbar sind, kann nicht in ihrer ganzen Tragweite aufrechterhalten werden. Von Erscheinungen des Atomzerfalls aber wie bei Uran und Thorium der radioaktiven Gruppe soll hier abgesehen werden. Bemerkenswert ist, daß beim Zerfall der radioaktiven Stoffe Energie abgestrahlt wird (α-Strahlen) und sich die Masse ändert.

[2] Molekül (französisch) oder Molekel (lateinisch), von moles, Masse. Molekel ist die Verkleinerungsform.

[3] Zu den einatomigen Stoffen gehören auch Metalldämpfe.

[4] Sauerstoff ist das verbreitetste aller Elemente.

4. Aggregatzustände.

Beispiel Wasser. Es ist geläufig, daß der Stoff Wasser H_2O in der Natur in drei verschiedenen Formen erscheint:

in *festem* gefrorenem Zustand als Eis,
in *tropfbar flüssigem* Zustand als Wasser und
in *flüchtigem* Zustand als Dampf.

Bekannt ist auch, daß man den einen Zustand in den anderen durch Erwärmung oder Abkühlung überführen kann, etwa durch Auftauen von Eis, Kochen von Wasser oder Niederschlagen von Dampf. Unter gewöhnlichem Druck von 760 Torr ist der CELSIUSschen Gradeinteilung gemäß der *Schmelzpunkt* von Wasser bei 0° und der *Siedepunkt*, bei dem das Wasser kocht und in Dampfform übergeht, bei 100°. Der aus einem offenen Gefäß mit kochendem Wasser aufsteigende Wasserdampf hat denselben Druck wie die umgebende Atmosphäre; er verteilt sich schnell und entschwindet dem Auge. Würde er auf seinem Weg in die Umgebung an einer kalten Oberfläche entlangziehen, etwa an einer Fensterscheibe, so würde er sich so weit abkühlen, daß er wieder als flüssiges Wasser hervortritt — die Fensterscheibe beschlägt. Man nennt jene drei Erscheinungsformen die *Aggregatzustände* des Wassers.

Die Temperatur des Stoffes Wasser nimmt bei der Erwärmung zu, jedoch nicht stetig, sondern mit gewissen Haltepunkten. Erwärmt man Eis, so steigt die Temperatur bis zum Umwandlungspunkt von 0° C. Trotz weiterer Wärmezufuhr verhält jetzt die Temperatur so lange, bis alles Eis geschmolzen ist. Die dazu erforderliche Wärmemenge heißt die *Schmelzwärme*.

Nachdem alles Eis geschmolzen ist, steigt die Temperatur wieder an, und zwar bis zum nächsten Umwandlungspunkt, wo das Wasser zu sieden beginnt und die sog. *Verdampfungswärme* aufzuwenden ist. Wenn man nun den Dampf nicht entweichen läßt, sondern in einem Gefäß auffängt und weiter erhitzt, so wird man feststellen, daß die Temperatur wieder ansteigt. Man bezeichnet solchen Dampf, der wärmer als im Siedezustand ist, *überhitzten Dampf*.

Ob zwei Körper verschieden warm sind, kann man fühlen. Man unterscheidet geradezu zwischen *fühlbarer Wärme* und zwischen *gebundener Wärme*. Soweit sich die Wärmezufuhr in einer Steigerung der Temperatur auswirkt, wird der Gehalt des Körpers an fühlbarer Wärme erhöht. Die *Umwandlungswärme* hingegen wird im Stoff gebunden, d. h. unfühlbar aufgespeichert. Im Falle des Wärmeentzugs, also bei Abkühlung, wird die Umwandlungswärme wieder frei. Kühlt man z. B. Wasserdampf ab, so gewinnt man die Verdampfungswärme zurück, die man dann *Kondensationswärme* nennt, wobei die Temperatur beim Siedepunkt wieder so lange verharrt, bis aller Dampf niedergeschlagen oder *kondensiert*, und beim Schmelzpunkt, bis alles Wasser gefroren ist.

Bei anderen Drücken als 760 Torr treten andere Temperaturen und Wärmemengen bei der Umwandlung auf. Bei 100 at abs. z. B. siedet Wasser erst bei rund 310° C, während der Schmelzpunkt des Eises geringfügig erniedrigt wird; bei höherem Druck spannt sich das Gebiet der Flüssigkeit weiter.

Andere Stoffe. Es zeigt sich, daß alle Stoffe in der Natur, die nicht bei oder unterhalb ihrer Umwandlungstemperaturen chemisch verändert werden, die drei Aggregatzustände annehmen können, und zwar in Richtung auf Verdampfung durch Wärmezufuhr und in Richtung auf Verfestigung durch Wärmeentzug.

Während Wasser bei gewöhnlicher Temperatur und atmosphärischem Druck flüssig ist, sind andere Stoffe flüchtig wie Luft oder fest wie Metall. Nun, die gasartige Luft ist nichts weiter als Luftdampf, der bei Umgebungstemperatur *hoch überhitzt* ist. Man kann das schon daran erkennen, daß trockene Luft an einer kalten Fensterscheibe keineswegs zum Kondensieren neigt, dazu ist auch die Temperatur einer Fensterscheibe bei sehr kalter Witterung noch viel zu hoch. Wenn eine Scheibe beschlägt, so verursacht das gemeinhin nur der in der Luft anwesende Wasserdampf, der austaut. Luft ist bekanntlich ein Gemisch aus mehreren Gasen, und zwar vornehmlich aus Sauerstoff und Stickstoff. Diese beiden Stoffe sind aber bei sehr tiefen Temperaturen gar nicht mehr gasartig, sie haben unter 760 Torr Druck Siedepunkte bei —183 bzw. —196° C und sind unterhalb davon flüssig wie Wasser. Bei Umgebungstemperatur von +20° C sind diese Dämpfe mithin um 203 bzw. 216° über ihre Entstehungstemperatur überhitzt. Man bezeichnet solche bei gewöhnlichem Druck hochüberhitzten Dämpfe als *Gase* und ihren Zustand als *gasförmig*. Bei den Metallen hingegen, die im allgemeinen als feste Stoffe erscheinen, liegt der Schmelzpunkt weit über der Umgebungstemperatur. Wenn man sie genügend hoch erhitzt, kann man sie verflüssigen und schließlich auch verdampfen.

Äußere Kennzeichen des *festen Zustandes* sind bestimmter Raum und bestimmte Gestalt, zu deren Änderung eine erhebliche Kraft nötig ist. Im *flüssigen Zustand* erfüllen die Stoffe ebenfalls einen bestimmten Raum, können aber leicht eine beliebige Gestalt annehmen. Ihre Zähigkeit, d. h. der Widerstand gegen Zerteilen, ist mehr oder weniger gering, was man mit dünn- oder zähflüssig beschreibt. Demgegenüber zeichnet sich der *flüchtige Zustand* durch unbestimmte Gestalt der Stoffe und durch unbestimmten Raum aus, was so viel heißt, daß die Stoffe im flüchtigen Zustand jeden Raum annehmen, der ihnen zugewiesen wird. Ihre Trennung oder Gestaltänderung erfordert nur mehr geringe, aber immerhin noch merkliche Kräfte, wie z. B. die Erscheinung des Luftwiderstandes bei schnellen Fahrzeugen lehrt.

Weitere Merkmale sind, daß feste und flüssige Stoffe gegen die Atmosphäre durch Oberflächen abgegrenzt sind, während flüchtige Stoffe keine Oberfläche haben[1]. Auch hinsichtlich dem Einfluß von Druck und Temperatur bestehen Unterschiede. Gase und Dämpfe hängen dem Raum nach stark von Temperatur und Druck ab. Feste und flüssige Körper dehnen sich bei der Erwärmung verhältnismäßig wenig aus und sind fast nicht zusammendrückbar.

Molekularer Zustand. Es ist ohne weiteres verständlich, daß der *molekulare Zustand* der Stoffe bei verschiedener Aggregatform auch unterschiedlich ist. An sich haben alle Stoffe den natürlichen *Drang*, sich *auszudehnen*. Diesem Expansionsdrang stehen die Anziehungskräfte entgegen. Je wärmer nun ein Stoff ist, um so schneller bewegen sich die Moleküle und um so energischer streben sie nach Ausdehnung. In *festem Zustand* können die Moleküle naturgemäß nur rotierende und schwingende Bewegungen vollführen, wobei sie sich gegenseitig durch starke Anziehungskräfte derart festhalten, daß ihre Schwerpunkte am

---

[1] Das heißt, sie haben keine freie Oberfläche. Die zwangsläufige Oberfläche ergibt sich durch die stoffliche Begrenzung wie die Behälterwände.

Ort und ihre gegenseitige mittlere Entfernung unverändert bleiben. Jedenfalls sind diese *Anziehungskräfte* (Kohäsionskräfte) viel *größer als der Expansionsdrang.* Die Wucht der mit Wä meenergie beladenen Moleküle ist nicht groß genug, um die gegenseitige Anziehung zu überwinden und sich voneinander zu lösen. Im *flüssigen Zustand* hingegen vermag der Schwerpunkt auch fortschreitende geradlinige oder wirbelige Bewegungen auszuführen. Die *Anziehungskräfte* sind jetzt nur noch um *weniges größer als der Drang zur Expansion.* Tatsächlich wechseln die Moleküle ihren Standort unablässig, und zwar mit wachsender Temperatur in immer schnellerer Folge, ohne dabei aber ihren mittleren Abstand voneinander, der mit der Temperatur etwas zunimmt, zu ändern. Man kann sich vorstellen, daß wohl die Anziehungskräfte zweier Moleküle, nacheinander wechselnd, überwunden werden, aber nicht gleichzeitig auch die der übrigen Moleküle. Mit der *Verdampfung übersteigt das Expansionsbestreben die anziehende Wirkung.* Die Moleküle sind beweglicher als bei der Flüssigkeit und setzen sich so weit voneinander ab, wie das der verfügbare Raum zuläßt. Wenn man z. B. Wasser bei atmosphärischem Druck verdampft, so werden aus 1 m^3 Flüssigkeit über 1700 m^3 Dampf, was eine ganz gewaltige Vergrößerung des molekularen Abstandes bedeutet. Vergrößert man den Raum, den der Wasserdampf einnimmt, so füllt er sofort auch den zusätzlichen Raum aus, wobei der Druck fällt und der molekulare Abstand noch größer wird. Mit der Überhitzung nehmen Temperatur und Raum der Dämpfe weiterhin zu und verringert sich die anziehende Wirkung der Moleküle noch mehr.

Idealer Gaszustand. Für den dritten Aggregatzustand gibt es offensichtlich zwei Grenzfälle, den der gerade noch im Höchstmaß wirkenden molekularen Anziehungskräfte im Zustand der Verdampfung und den anderen im Zustand hoher Überhitzung, bei dem man sich schließlich die Anziehungskräfte als verschwindend klein oder nicht mehr vorhanden vorstellen kann. Den anziehungslosen Zustand nennt man *idealen Gaszustand.* Je größer die Ausdehnung bzw. Verdünnung des Dampfes ist, also bei großer Überhitzung und kleinem Druck, desto näher ist der wirkliche Zustand dem idealen Gaszustand, der theoretisch beim Drucke $p = 0$ at abs. erreicht werden würde. Sauerstoff und Stickstoff mit rund 200° Überhitzung und unter atmosphärischem Druck in der umgebenden Luft verhalten sich praktisch genau wie ideale oder *vollkommene Gase.*

Wenn die molekulare Anziehungskraft verschwindend klein wird, folgen die Gase verhältnismäßig einfachen physikalischen Gesetzen, im Gegensatz zu dem Verhalten im mehr dampfförmigen Zustand bei niedriger Überhitzung. Es zeigt sich glücklicherweise, daß man alle gemeinhin als gasförmig angesehenen Stoffe mit genügender Genauigkeit als vollkommene Gase betrachten kann, solange sie nicht unter zu hohem Druck stehen. Welche Abweichungen sonst durch den Druck auftreten, wird später erklärt werden. Hier sei nur schon gesagt, daß diese für die meisten technischen Prozesse vernachlässigbar klein sind. Oft genug kann man auch mehr dampfförmige Stoffe noch als vollkommene Gase ansprechen, wenn die Unterlagen für die Rechnung sowieso weniger genau sind, was dann als *quasigasförmiger Zustand* vermerkt wird. Aber auch die Gebiete stärkerer und nicht mehr vernachlässigbarer Anziehungskraft sind für die technisch wichtigen Stoffe zum guten Teil erforscht. Die recht eigenartigen, zwar für die einzelnen Stoffe in ihren Grundzügen kaum voneinander abweichenden, aber wertmäßig ziemlich unterschiedlichen Zusammenhänge im Dampfgebiet wurden für Stoffe wie Wasser, Sauerstoff, Kohlendioxyd und Ammoniak nicht nur weitgehend geklärt, sondern überdies wurden recht genaue Unterlagen in handlicher Form tabellarisch und zeichnerisch für das technische Rechenwesen bereitgestellt.

Gasverflüssigung. Die Verflüssigung der hochüberhitzten Stoffe wie Sauerstoff und Wasserstoff u. a. über den dampfförmigen Zustand hinweg gelingt nur, wenn man sie unter eine bestimmte *kritische Temperatur* abkühlt. Diese ist bei Wasser $+374°$ C, bei Kohlendioxyd $+31{,}1°$ C, bei Sauerstoff $-118{,}8°$ C, bei Wasserstoff $-239{,}7°$ C und am tiefsten bei Helium mit $-268°$ C, also nur mehr $5°$ über dem absoluten Nullpunkt der Temperatur von $-273°$ C. Solange man diese tiefen Temperaturen nicht erreichen, geschweige denn unterschreiten konnte, blieben Verflüssigungsversuche ohne Erfolg. Man nannte daher die tiefsiedenden Stoffe in Unkenntnis der Zusammenhänge permanente Gase — heute ein überholter Begriff. Wenn die Temperatur über der kritischen liegt, ist es nicht möglich, die Gase zu verflüssigen, selbst nicht unter Anwendung auch noch so hoher Drücke.

II. Feste und flüssige Körper.

5. Zusammenhang zwischen den drei Zustandsgrößen.

Bei den festen und flüssigen Körpern ist die Abhängigkeit des Volumens vom Druck im Rahmen der Betrachtungen, die die technische Wärmelehre anzustellen hat, vernachlässigbar klein. Merklichen Einfluß hat dagegen die Temperatur auf das Volumen. Es ist eine fast allgemeine Eigenschaft aller Körper, daß sie sich bei Erwärmung ausdehnen, wobei der Umfang der Ausdehnung für die einzelnen Arten von Stoffen verschieden ist.

a) Feste Körper.

Längenausdehnung. Wenn man die Temperatur, z. B. eines Metallstabes oder eines Rohres, heraufsetzt, so nimmt die Länge entsprechend um ein bestimmtes Maß zu. Durch eine sehr kleine Temperaturänderung dt erfährt er eine Dehnung

$$dl = \alpha l \, dt \tag{5}$$

in m, mit l als Länge in m. Nimmt die Temperatur um dt ab, so schrumpft der Stab um dasselbe Stück. Der Wert des Faktors α ist dabei für die einzelnen Stoffe verschieden und nimmt im allgemeinen mit der Temperatur zu. Bei endlichem Temperaturwechsel erhält man über

$$\ln l = \alpha t + \text{konst.}$$

die Beziehung

$$\frac{l_2}{l_1} = e^{\alpha (t_2 - t_1)} \tag{6}$$

oder

$$l_2 - l_1 = l_1 \left[e^{\alpha (t_1 - t_2)} - 1 \right],$$

aus der man die Längenänderung nur ermitteln kann, wenn der Zusammenhang $\alpha = f(t)$ bekannt ist.

Für technische Rechnungen ist weniger der *wahre* Wert von α bedeutungsvoll, wie er zu einer bestimmten Temperatur gehört, als vielmehr der *mittlere* Wert zwischen zwei Temperaturen t_1 und t_2. Die Längenänderung in m je m bei 1 Grad Temperaturunterschied nennt man *Längenausdehnungszahl* α, ihr Mittelwert ist $[\alpha_m]_{t_1}^{t_2}$. Da die Längenänderung $l_2 - l_1$ nur klein gegen die Länge l_1 des Stabes ist, setzt man

$$l_2 - l_1 = l_1 [\alpha_m]_{t_1}^{t_2} (t_2 - t_1). \tag{7}$$

Unter Anwendung von mittleren Ausdehnungszahlen $[\alpha_m]_0^t$ zwischen 0 und $t°$ kann man dafür schreiben:

$$\boxed{l_2 - l_1 = l \{[\alpha_m]_0^{t_2} t_2 - [\alpha_m]_0^{t_1} t_1\}} \tag{8}$$

Genau genommen ist darin l die Länge des Stabes bei 0° C. In Zahlentafel 1 sind eine Anzahl Werte $[\alpha_m]_0^t\, t$ für verschiedene Stoffe angegeben. Sie sind mit $\frac{m}{m \cdot \text{Grad}}$ Grad dimensionslos.

Zahlentafel 1.

Werte der mittleren Längenausdehnungszahl × Temperaturspanne von 0 bis t° C.

$10^3 [\alpha_m]_0^t \cdot t$	Temperatur t in °C						
	− 190	+ 100	+ 200	+ 300	+ 400	+ 500	+ 1000
Aluminium	− 3,43	2,38	4,94	7,68	10,60	13,70	—
Kupfer	− 2,66	1,65	3,38	5,18	7,07	9,04	—
Messing	− 3,11	1,84	3,85	6,03	8,39	—	—
Stahl	− 1,64	1,17	2,45	3,83	5,31	6,91	—
Gußeisen	− 1,61	1,04	2,19	3,45	4,82	6,31	—
Porzellan	− 0,32	0,30	0,66	1,03	1,41	1,82	4,31
Jenaer Glas 59III .	− 0,82	0,59	1,20	1,83	2,47	3,12	—
Quarzglas	0,0	0,06	0,12	0,18	0,24	0,30	0,58

Ferner bei $t = 1200$ °C: Schamottesteine 7,8; Silikatsteine 12,0. Die Tafelwerte geben gleichzeitig die Längenänderungen in mm/m an.

Aluminium dehnt sich rund doppelt so stark aus wie Stahl, während sich Porzellan nur wenig und Quarzglas fast gar nicht ausdehnt.

Raumausdehnung. Das Volumen V in m³ eines Körpers dehnt sich entsprechend um

$$dV = \beta V dt \tag{9}$$

aus. β ist darin die *Raumausdehnungszahl*, das ist die Raumänderung in m³ je m³ des festen Körpers, wenn sich seine Temperatur um 1 Grad ändert. Bei homogenen, d. h. bis ins Kleinste gleichartig zusammengesetzten Körpern kann man

$$\boxed{[\beta_m]_0^t = 3 [\alpha_m]_0^t} \tag{10}$$

in m³/m³ · Grad setzen. Ein Würfel ändert sein Volumen von l_1^3 auf l_2^3. Für $(1 + [\alpha_m]_0^t t)^3$ ist genau genug $1 + 3 [\alpha_m]_0^t t$ zu schreiben unter Fortlassung des quadratischen und kubischen Gliedes. Das Volumen V_1 dehnt sich mithin aus auf

$$\begin{aligned} V_2 &= V_1 \{1 + [\beta_m]_{t_1}^{t_2} (t_2 - t_1)\} \approx V_1 \{1 + 3 [\alpha_m]_{t_1}^{t_2} (t_2 - t_1)\} \\ &= V_1 \{1 + 3 ([\alpha_m]_0^{t_2} t_2 - [\alpha_m]_0^{t_1} t_1)\}. \end{aligned} \tag{11}$$

Beispiel 1. Ein Messinglineal zeigt bei 100° C eine bestimmte Länge als $l_1 = 1000$ mm an. Wieviel mm würde es anzeigen, wenn das Meßgerät mit dem Lineal 200° C warm wäre?

Es ist $[\alpha_m]_0^{100}\,100 = 1{,}84 \cdot 10^{-3}$ und $[\alpha_m]_0^{200}\,200 = 3{,}85 \cdot 10^{-3}$, damit $[\alpha_m]_{100}^{200}\,(200 - 100) = 2{,}01 \cdot 10^{-3}$. Was 1,000 m auf dem Lineal bei 100° C lang ist, ist bei 200° C länger, nämlich $l_2 = 1{,}000\,(1 + 0{,}00201) = 1{,}002$ m. Die fragliche Länge würde am Lineal nicht mehr als 1000 mm, sondern als 1000/1,002 = 998 mm angezeigt.

Beispiel 2. Ein Stahlmaß zeigt bei + 20° C richtig an. Wie groß wäre die verhältnismäßige Abweichung bei + 60° C und bei — 20° C? Bei linearer Interpolation aus Zahlentafel 1 sei

$$[\alpha_m]_0^{20} \cdot 20 = 0{,}24 \cdot 10^{-3}, \quad [\alpha_m]_0^{60} \cdot 60 = 0{,}72 \cdot 10^{-3}$$

$$\text{und } [\alpha_m]_0^{-20} \cdot (-20) = -0{,}21 \cdot 10^{-3}.$$

$$\text{Abweichung bei } +60°\text{: } 100\,\frac{l\,(0{,}72 - 0{,}24)\,10^{-3}}{l} = 0{,}048 \text{ vH},$$

$$\text{bei } -20°\text{: } 100\,(-0{,}21 - 0{,}24)\,10^{-3} = -0{,}045 \text{ vH},$$

also je m rund $^1/_2$ mm.

Beispiel 3. Ein Stahlrohr ist bei 0° C 40 m lang (verschweißt). Um wieviel dehnt es sich bis 500° C Betriebstemperatur aus? Mit Zahlentafel 1 ist $\Delta l = 40 \cdot 6{,}91 \cdot 10^{-3} = 0{,}276$ m. Man nimmt solche Dehnungen durch Ausgleichbogen auf.

Beispiel 4. Eine Wand aus Schamottesteinen, die bei gewöhnlicher Temperatur 6,00 m³ Rauminhalt hat, wird auf 1200° C erwärmt. Welchen Raum nimmt sie dann ein?

$$V_2 = 6{,}00\,(1 + 3 \cdot 7{,}8 \cdot 10^{-3}) = 6{,}14 \text{ m}^3.$$

Auf derartige Ausdehnungen muß durch Dehnungsfugen im Mauerwerk Rücksicht genommen werden.

Wie eingangs erwähnt wurde, ist der Zusammenhang zwischen dem Raum, oder besser gesagt, zwischen dem spezifischen Volumen

$$\boxed{v = G/V} \tag{12}$$

in kg/m³ und der Temperatur fast unabhängig vom Druck. Man kann die Ausdehnungzahlen praktisch bei beliebigem Druck messen, ohne merklich unterschiedliche Werte zu erhalten. Die allgemeine Zustandsgleichung (4) heißt bei gleichbleibendem Druck

$$f\,(v, t)_p = 0 \tag{13}$$

und nimmt für feste Körper nach (9) genau genug die Form

$$\frac{dv}{dt} = \beta v \tag{14}$$

an. Der Einfluß der Temperatur auf den Druck bei konstantem Volumen

$$f\,(p, t)_v = 0 \tag{15}$$

ist hingegen recht groß, wie folgendes Beispiel zeigt.

Beispiel 5. Unter welchen Druck würde das Rohr von Beispiel 3 geraten, wenn es in einem geraden Stück ohne Ausgleichbogen zwischen zwei Festpunkten eingebaut wäre?

Die Drucksteigerung wäre unabhängig von der Rohrlänge

$$\Delta p = \alpha E (t_2 - t_1)$$

in kg/cm², wenn E den (linearen) Elastizitätsmodul des Stahls (rund $1{,}5 \cdot 10^6$ kg/cm²) bedeutet. Eine so enorme Druckerhöhung von

$$\Delta p = 6{,}91 \cdot 10^{-3} \cdot 1{,}5 \cdot 10^6 = \text{rund } 10000 \text{ kg/cm}^2$$

würde sich allerdings nicht einstellen können, weil die Druckfestigkeit des Stahls ganz erheblich überschritten werden würde. Der Rohrbaustoff würde zusammengestaucht werden, und die Leitung würde ausknicken.

b) Flüssigkeiten.

Raumausdehnung. Bei Flüssigkeiten ist naturgemäß nur die Raumausdehnungszahl β von Bedeutung. Sie nimmt Werte zwischen 180 und $1800 \cdot 10^{-6}$ m³/m³ · Grad an und ist damit erheblich größer als bei festen Körpern (unter $70 \cdot 10^{-6}$, Metalle zwischen 30 und $70 \cdot 10^{-6}$).

Zahlentafel 2. *Werte der wahren Raumausdehnungszahl β einiger Flüssigkeiten bei 20° C in m³/m³ · Grad.*

Flüssigkeit	$10^6\beta$	Flüssigkeit	$10^6\beta$
Äther[1]	1600	Olivenöl	721
Alkohol[1]	1100	Teer	rund 600
Benzol	1060	Quecksilber	181
Petroleum rund	1000	Wasser	180

Einen Überblick, wie sich die wahre Raumausdehnungszahl mit der Temperatur ändert, gibt Zahlentafel 3.

Wasser hat bei 0° C einen negativen Wert. Das liegt daran, daß sich Wasser, von 0° C ausgehend, bei der Erwärmung zunächst zusammenzieht, bei 4° C seine größte Dichte erreicht, um sich dann wieder auszudehnen. Alkohol siedet bei 78,5° C, deshalb sind die Angaben nur bis 60° C gemacht. Die Änderung beim Quecksilber zwischen 0 und 100° C (etwa 1,8 vH) ist sehr gering.

Zahlentafel 3. *Werte der Raumausdehnungszahl $10^6 \cdot \beta$ von Wasser und Alkohol bei verschiedenen Temperaturen t in m³/m³ · Grad.*

t °C	Wasser	Alkohol
0	(−64)	1073
20	180	1100
40	390	1133
60	520	1173
80	640	—
100	740	—

Fadenkorrektur bei Quecksilberthermometern. Eine Flüssigkeit in einem Glasrohr z. B. längt sich bei Quarzglas mehr als bei Jenaer Glas, weil sich Quarzglas weniger stark ausdehnt. Von besonderer Bedeutung ist die Ausdehnung des Quecksilbers in Glasgefäßen von Thermometern und Barometern. Wenn das Quecksilber in einer Quarzglasröhre eingeschlossen ist, so ist die *scheinbare Raumausdehnungszahl*, die sich in der Verlängerung des Quecksilberfadens bemerkbar macht, bei etwa Umgebungstemperatur rund $180 \cdot 10^{-6}$, weil auch die Quarzglasröhre im Umfange etwas zunimmt. Demgegenüber steht die wahre Raumausdehnungszahl β mit $181 \cdot 10^{-6}$ und das wahre Volumen nach (6) mit

$$V_t = V_0 \cdot e^{0{,}00018092\ t}. \tag{16}$$

In einer Röhre aus Jenaer Glas 59^{III} ist die scheinbare Raumausdehnungszahl wegen der größeren Glasdehnung nur $164 \cdot 10^{-6}$. Angenommen, in dem Raum, dessen Temperatur zu messen ist, herrschen t°, und n Grade des Quecksilberfadens ragen aus dem Meßraum heraus und haben eine mittlere Temperatur t_m, gemessen mit einem zweiten Thermometer, dessen Kugel sich in halber Höhe des herausragenden Fadens befindet, so wird offenbar der Faden um $n \cdot \beta \cdot (t - t_m)$ Grade zu kurz abgelesen, wenn $t > t_m$ ist, oder zu lang, wenn $t < t_m$ ist.

[1] Unter Äther ist Diäthyläther und unter Alkohol schlechthin Äthylalkohol zu verstehen.

Beispiel. Die Temperatur von Wasser wird zu scheinbar $t = 82{,}4°$ C gemessen. Eine Fadenlänge von 40° ragt aus dem Wasser heraus und hat eine mittlere Temperatur von 52,4° C. Das Thermometerrohr ist aus Jenaer Glas 59^{III}. Es ergibt sich eine Korrektur von $n \cdot \beta \cdot (t - t_m) = 40 \cdot 0{,}000164 \cdot (82{,}4 - 52{,}4) = 0{,}197 \approx 0{,}2°$, d. h. das Wasser ist tatsächlich 82,6° warm.

Reduktion des Barometerstandes. Bei der Umrechnung oder Reduktion des Standes von $t°$ beim Quecksilberbarometer auf 0° C, zwecks Angabe in Torr, ist die Aufgabe in umgekehrtem Sinne gestellt. Mit Rücksicht auf die Ausdehnung des Quecksilbers, des Glases und des Messingstabes zum Ablesen ergeben sich die folgenden Korrekturen:

Zahlentafel 4. *Abzüge vom Barometerstand bei t° C in mm QS um den reduzierten Barometerstand bei 0° C in Torr zu erhalten.*

t ° C	Barometerstand bei t° C abgelesen in mm QS								
	700	710	720	730	740	750	760	770	780
5	0,57	0,58	0,59	0,60	0,61	0,61	0,62	0,63	0,64
10	1,14	1,16	1,17	1,19	1,21	1,22	1,24	1,26	1,27
15	1,71	1,74	1,76	1,79	1,81	1,84	1,86	1,89	1,91
20	2,28	2,31	2,34	2,38	2,41	2,44	2,47	2,51	2,54
25	2,85	2,89	2,93	2,97	3,01	3,05	3,09	3,14	3,18
30	3,41	3,46	3,51	3,56	3,61	3,66	3,71	3,75	3,80
35	3,98	4,03	4,09	4,14	4,20	4,26	4,32	4,37	4,43
40	4,54	4,60	4,67	4,73	4,80	4,86	4,93	5,00	5,07

(Abzug bei $t > 0°$, Zuschlag bei $t < 0°$.)

Anders liegt der Fall, wenn die Länge des Quecksilberfadens nicht an einem Messingmaßstab abgelesen wird, sondern wenn ein Maßstab unmittelbar in das Glas eingeätzt ist. Dann fällt die Korrektur für die Ausdehnung des Messings bei einer mittleren Ablesełänge von 750 mm oder 0,750 m mit rund $+ 0{,}750 \cdot 17 \cdot 10^{-6}\, t$ weg und ist eine Korrektur von rund $0{,}750\,(17{,}0 - 6{,}0) \cdot 10^{-6}\, t$ für Jenaer Glas anzubringen, zusammen von rund $+ 8 \cdot 10^{-6}\, t$ in m oder $0{,}008 \cdot t$ in mm. Die Werte der Zahlentafel 4 sind in diesem Falle um $0{,}008 \cdot t$ zu vergrößern.

Beispiel 1. Der Barometerstand von 745,6 mm QS bei $t = 25°$ C ist in Torr anzugeben. Es ist $745{,}6 - 3{,}03 = 742{,}6$ Torr.

Wie groß ist der reduzierte Barometerstand, wenn $t = -25°$ C ist? Er ist $745{,}6 + 3{,}03 = 748{,}6$ Torr.

Beispiel 2. Der Barometerstand wird bei 22° C mit 752,4 mm QS gemessen. Wie groß ist der auf 0° C reduzierte Stand? Die Interpolation nach Zahlentafel 4 ergibt zu 752,4 mm

bei 20° C 2,447 und bei 25° C 3,060.

Die Interpolation zwischen diesen beiden Werten ergibt einen Abzug von 2,693 mm QS, womit man $752{,}4 - 2{,}7 = 749{,}7$ Torr erhält.

6. Spezifisches Gewicht und spezifisches Volumen.

Spezifisches Gewicht. Dadurch, daß man das spezifische Gewicht des Wassers bei $+4°$ C willkürlich zu $\gamma = 1000\ \mathrm{kg/m^3}$ setzt, sind die spezifischen Gewichte der übrigen Stoffe genau so festgelegt, wie das beim Molekulargewicht der Fall ist (siehe S. 12). Je nachdem, ob die festen Körper leichter oder schwerer als Wasser sind, also schwimmen oder untersinken, ist ihr spezifisches Gewicht $\gamma \lesseqgtr 1000\ \mathrm{kg/m^3}$. Das

Zahlentafel 5. *Einige spezifische Gewichte fester Stoffe bei 0° C und 760 Torr, Mittelwerte von γ in kg/m³.*

Aluminium	2700	Schlacke	2500—3500
Blei	11340	Hölzer, lufttrocken	320—1390
Kupfer	8930	Eiche	690—1030
Messing	8400—8700	Kiefer	320—760
Silber	1040—1060	Hölzer, frisch	600—1250
Stahl	rund 7860	Kork	200—350
Gußeisen	rund 7250	Asbest	2100—2800
		Papier	700—1150
Diamant	3500—3600	Baumwolle, lufttrocken	1470—1500
Graphit	1900—2300		
Anthrazit	1400—1700	Eis aus Wasser	880—920
Steinkohle	1200—1500	Glas	2400—3900
Braunkohle	1200—1500	Fensterglas	2400—2600
Torf	650—850	Quarzglas	2200
Holzkohle, luftfrei	1400—1500	Porzellan	2250—2600
„ lufterfüllt	400	Schamotte	2500—2700
Paraffin	870—910	Silika	2320—2430
Naphthalin	1150	Beton	1800—2450
Pech	1070—1100	Ziegelmauerwerk	1400—1500
Fette	920—940	Kesselstein	um 1900
Natürliche Steine	1800—3200		

Zu unterscheiden ist das spezifische Gewicht der Stoffe und das Gewicht eines m³ von Haufwerk, wie z. B.

Einige Schüttgewichte fester Stoffe, Werte in kg/m³.

Steinkohlen	750—950	Trockene Erde	1300—1900
Braunkohlen, lufttrocken und in Stücken	650—780	Glasgespinst	möglichst 200
Semmelbriketts aus Braunkohle	820	Schlackenwolle	möglichst 200
Torf, lufttrocken	325—410	Schamottesteine	1850—2200
Holzkohle	150—220	Schnee, lose, frisch gefallen	60—200
Stückkoks	360—530	Flugkoks	460—600
Koksgrus	1000	Steinkohlenstaub	600—900
Asche, Schlacke	900, 750	Braunkohlenstaub	450—500

Zahlentafel 6.
Einige spezifische Gewichte flüssiger Stoffe bei 20° C und 760 Torr, Werte γ in kg/m³.

Äthylalkohol	786	Benzol	878
Methylalkohol	809	Olivenöl	920
Schmieröle	900—930	Seewasser	1020
Benzine	670—690	Quecksilber	13546,2
Petroleum	790—820		

Zahlentafel 7.
Spezifisches Gewicht von Quecksilber bei verschiedener Temperatur, Werte γ in kg/m³.

t° C	γ_t	t° C	γ_t	t° C	γ_t
0	13596	40	13497	100	13352
10	13571	50	13473	150	13232
20	13546	60	13448	200	13113
30	13522	80	13400	250	12994

spezifische Gewicht erhält man mit

$$\boxed{\gamma} = \frac{\text{Gewicht}}{\text{Raum}} = \boxed{\frac{G}{V}} \text{ in kg/m}^3. \tag{17}$$

In Zahlentafel 5 sind einige spezifische Gewichte genannt, ebenfalls in Zahlentafeln 6, 7 und 16. In diesen Übersichten drückt sich die Mannigfaltigkeit der natürlichen und künstlichen Stoffe aus. Der schwerste Stoff ist Platin mit 21500 kg/m³ Gewicht.

Beispiel 1. Das spezifische Gewicht von Benzol ist 878 kg/m³ bei 20° C, wie groß ist es bei 50° C (mittlere Raumausdehnungszahl $[\beta_m]_0^{20} = 1060 \cdot 10^{-6}$ und $[\beta_m]_0^{50} = 1300 \cdot 10^{-6}$ m³/m³ · Grad)?

$$V_{20°} = 1 \text{ m}^3; \quad V_{50°} = 1[1 + (1300 \cdot 50 - 1060 \cdot 20) \cdot 10^{-6}] = 1{,}044 \text{ m}^3,$$

$$\gamma_{50°} = \frac{878}{1{,}044} = 841 \text{ kg/m}^3.$$

Beispiel 2. Wasser von 0° C hat das spezifische Gewicht $\gamma_W = 999{,}8$ und Eis von 0° C $\gamma_E = 920$ kg/m³. Um wieviel vH dehnt sich das Wasser beim Gefrieren aus? Mit $v = 1/\gamma$ in m³/kg ist

$$100 \cdot \frac{\frac{1}{\gamma_E} - \frac{1}{\gamma_W}}{\frac{1}{\gamma_W}} = (1{,}0870 - 1{,}0002)\frac{999{,}8}{10} = 8{,}7 \text{ vH}.$$

Spezifisches Volumen. Das spezifische Volumen $v = \frac{V}{G} = 1/\gamma$ interessiert technisch bei festen Stoffen weniger. Bei Wasser, als dem wichtigsten der flüssigen Stoffe, ergibt sich der folgende Zusammenhang mit Druck und Temperatur.

Zahlentafel 8. *Spezifisches Volumen $10^6 \cdot v$ in m³/kg von Wasser abhängig von Temperatur und Druck.*

Druck in kg/cm²	Temperatur t° C			
	0	20	40	80
1	1000,2	1001,8	1007,9	1029,0
100	993,6	995,8	1002,1	1022,8
200	987,5	990,3	996,7	1017,2
1000	957,9	963,1	970,1	989,7
2000	926,1	932,8	940,4	958,6
10000	—	—	796,7	811,6
$[\Delta v]_{1\,\text{at}}^{2000}$	−74,1	−69,0	−67,5	−70,4

Man erkennt, daß man unter gewöhnlichen Verhältnissen die Abhängigkeit des Volumens vom Drucke vernachlässigen kann. Die Zusammendrückbarkeit zwischen 1 und 2000 at ist rund 7 vH. Im üblichen technischen Bereiche, wo der Druck nicht über 200 bis 300 at geht, läßt sich Wasser um etwa 1 vH zusammendrücken. Die Abhängigkeit von der Temperatur aber ist genauer zu untersuchen. Wie schon erwähnt, hat Wasser bei 4° C seine größte Dichte, eine in der Natur sehr bedeutsame Eigenschaft. Nach Maßgabe der Raumausdehnungszahl β nimmt das spezifische Volumen v bei Wasser zwischen 0° C und dem kritischen Zustand mit 374° C folgende Werte an:

Zahlentafel 9.
Spezifisches Volumen des Wassers in l/kg bei verschiedenen Temperaturen.

t °C	v l/kg	t °C	v l/kg	t °C	v l/kg
0	1,0002	50	1,0121	250	1,2512
4	1,0000	100	1,0435	300	1,4036
10	1,0004	150	1,0906	350	1,747
20	1,0018	200	1,1565	374	2,790

Unter atmosphärischem Druck ist Wasser nur bis 100° C flüssig. Bei höheren Temperaturen bis zum kritischen Zustand ist Wasser nur flüssig, wenn der Druck größer als als 1 at abs. ist, siehe Abschnitt Dämpfe.

7. Spezifische Wärme.

Wahre spezifische Wärme. Die Stoffe in der Natur sind in verschiedenem Maße aufnahmefähig für die Wärme. Damit ihre Temperatur um 1 Grad erhöht wird, ist die spezifische Wärmemenge c kcal/kg anzuwenden, und zur Erwärmung von t_1 auf t_2 Grad ist die Wärmemenge

$$\boxed{Q_{12} = G \cdot c \cdot (t_2 - t_1)} \quad \text{in kcal} \tag{18}$$

erforderlich. Die *Wärmezufuhr* soll hier und künftig stets als *positiv*, die *Wärmeabfuhr* als *negativ* in den Gleichungen stehen. In der Form von (18) wird demnach die vom Zustand 1 bis zum Zustand 2 zuzuführende Wärmemenge positiv ausgewiesen, wenn $t_2 > t_1$ ist. Auch die spezifische Wärme c ist bei festen und flüssigen Körpern praktisch nur von der Temperatur und nicht vom Druck abhängig.

Gl. (18) ist nur dann genau, wenn die spezifische Wärme im betrachteten Temperaturintervall nicht von der Temperatur abhängt oder ihre Veränderlichkeit vernachlässigt werden kann. Wenn das nicht der Fall ist, dann muß man die Wärmezufuhr für kleinere Intervalle ermitteln und die Summe über alle Intervalle bilden. Beim Übergang zu unendlich kleinen Temperaturspannen stellt sich (18) in der Form

$$\boxed{dQ = G \cdot c \cdot dt} \tag{19}$$

dar und ist

$$Q_{12} = G \int_1^2 c\, dt, \tag{20}$$

wobei die Zeiger 1 und 2 auf die Zustände 1 und 2 hindeuten. Die Dimensionen sind Q in kcal, G in kg, c in kcal/kg · Grad und t in Grad. Die Größe c ist die *wahre spezifische Wärme*, die allgemein bei jeder Temperatur einen anderen Wert hat.

Einen Einblick in die Veränderlichkeit der wahren spezifischen Wärme mit der Temperatur gewährt Abb. 4, in der Messungen von

NERNST wiedergegeben sind[1]. Die spezifischen Wärmemengen sind dort für 1 kmol (Kilomol), also für so viel kg aufgetragen, wie das Molekulargewicht zahlenmäßig angibt. Etwa von 273° K = 0° C an ist die spezifische *Molwärme* für diese verschiedenen Stoffe seltsamerweise einheitlich[2] rund 6 kcal/kmol · Grad. Diese Beobachtung ist als DULONG-

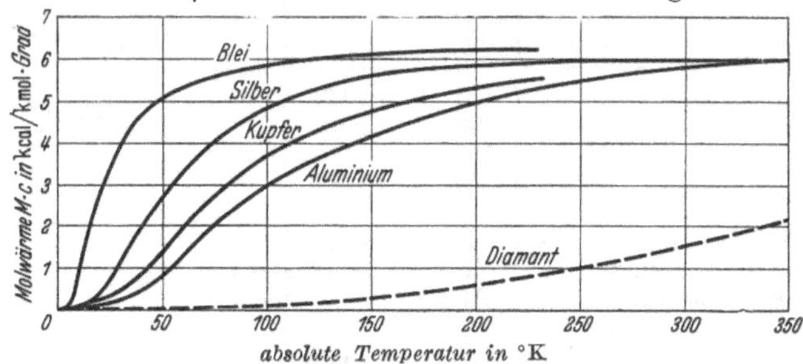

Abb. 4. Spezifische Molwärme einiger Metalle und von Diamant in Abhängigkeit von der Temperatur (nach Messungen von NERNST).

PETITsches Gesetz bekannt. Unter 0° C ist das Verhalten der Metalle zwar grundsätzlich ähnlich, aber dem Wert nach verschieden. Im absoluten Nullpunkt (bei 0° K) geht die spezifische Wärme bei allen Metallen auf Null zurück. Daneben ist die Kurve für Diamant eingetragen, die erst bei höheren Temperaturen den Wert 6 zu erreichen scheint ($M \cdot c = 3{,}64$ bei 520° K oder 247° C und $M \cdot c = 5{,}51$ bei 1258° K oder 985° C). Ähnlich verhält sich Graphit.

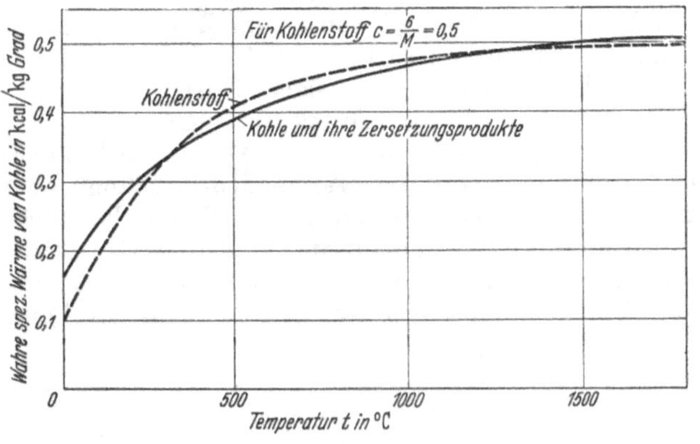

Abb. 5. Spezifische Wärme von reinem Kohlenstoff und von Kohle (einschließlich ihrer Zersetzungsprodukte) je kg in Abhängigkeit von der Temperatur.

Wenn man beim Aufwärmen eines Stoffes gleichmäßig eine gewisse Wärmemenge zuführt, so steigt die Temperatur um so schneller an, je kleiner die spezifische Wärme ist. Bei Wasser (von 4° C) ist zur Temperaturerhöhung um 1 Grad 1 kcal/kg aufzuwenden. Wollte man die Temperatur z. B. von Kupfer um 1 Grad erhöhen, so brauchte man bei

0° C nur $q_{12} = c =$ 0,090 kcal/kg		−200° C nur $q_{12} = c =$ 0,042 kcal/kg	
— 50	0,086	−220	0,026
−100	0,079	−250	0,005
−150	0,066		

[1] Nach W. SCHÜLE: Technische Thermodynamik I, 1, S. 53. Berlin 1930.

[2] Nichtmetalle zeigen größere Abweichungen, die sich jedoch mit den Mitteln der Quantentheorie zwanglos erklären lassen (Abschnitt 22).

Die Wärmemenge, um von 0° K auf 1° K (—273 auf —272° C) zu gelangen, ist wegen des asymptotischen Charakters der Kurve in Abb. 4 außerordentlich klein. Im Grade des Wärmebedarfs drückt sich die Neigung der Natur aus, Stellen mit tiefer Temperatur auf Umgebungstemperatur zu bringen, und zwar um so nachdrücklicher, je tiefer die Temperatur ist.

In welcher Weise sich die wahre spezifische Wärme von Kohle und Kohlenstoff als Hauptbestandteil von Kohle mit der Temperatur erhöht, zeigt auch Abb. 5. Kohlenstoff (Diamant, Graphit) mit „einatomigem" Verhalten wie die Metalle in Abb. 4, hat das Atomgewicht 12 und strebt somit der spezifischen Wärme 0,50 kcal/kg zu, wenn Molekulargewicht M (hier gleich Atomgewicht) mal spezifische Wärme c, also

$$M \cdot c \left(\text{in } \frac{\text{kg}}{\text{kmol}} \cdot \frac{\text{kcal}}{\text{kg} \cdot \text{Grad}} = \frac{\text{kcal}}{\text{kmol} \cdot \text{Grad}}\right) = 6$$

nach dem DULONG-PETITschen Gesetz gilt.

Mittlere spezifische Wärme. In derselben Art, wie bei der Ausdehnungszahl α, Gl. (8), ist es vorteilhaft, mit der mittleren spezifischen Wärme $[c_m]_{t_1}^{t_2}$ oder $[c_m]_1^2$ zu rechnen, wobei

$$Q_{12} = G \cdot [c_m]_1^2 \cdot (t_2 - t_1) \tag{21}$$

anzusetzen ist.

Einige Werte für die mittlere spezifische Wärme fester Körper zwischen 0 und 100° C sind:

Zahlentafel 10.

Mittlere spezifische Wärme $[c_m]_0^{100}$ in kcal/kg einiger fester Stoffe.

Stoff	Atomgewicht	Spez. Wärme c_m	Stoff	Atomgewicht	Spez. Wärme c_m
		Metalle			
Aluminium	rd. 27	0,218	Zink	rd. 65	0,093
Gußeisen	—	0,131	Messing	—	0,092
Stahl	—	0,115	Silber	108	0,056
Eisen	56	0,107	Zinn	119	0,055
Nickel	59	0,109	Platin	195	0,032
Kupfer	64	0,093	Blei	207	0,031
Mineralien und Umwandlungsprodukte			*Stoffe von Pflanzen und Tieren*		
Kohlenstoff		0,213	Eichenholz, trocken		0,57
Graphit		0,20	Kork		0,49
Kohle		0,20	Fichtenholz, trocken		0,33
Koks		0,20	Papier		0,30
Asche		0,20	Torf		0,45
Schlackenwolle		0,18			
Kochsalz		0,20	Wolle		0,41
Asbest		0,20	Baumwolle		0,32
Natürliche Steine		0,20			
Beton		0,2—0,3	Paraffin		0,78
Ziegelmauerwerk		0,22			
Glas		0,20	Wassereis (bei 0° C)		0,5
Glaswolle		0,19—0,21			
Porzellan		0,19			

Man kann hier zunächst zwei große Gruppen unterscheiden. Es sind dies einmal die Metalle und dann die Mineralien. Die Metalle brauchen verhältnismäßig wenig Wärme zur Temperatursteigerung. Man erkennt eine Staffelung nach dem Atomgewicht, wie nach dem DULONG-PETITschen Gesetz zu erwarten ist. Demgegenüber haben die Mineralien und ihre Umwandlungsprodukte einheitlich eine mittlere spezifische Wärme von 0,2 kcal/kg · Grad. Daneben steht eine dritte Gruppe von Stoffen jüngerer Entstehung mit Werten von 0,3 bis 0,6.

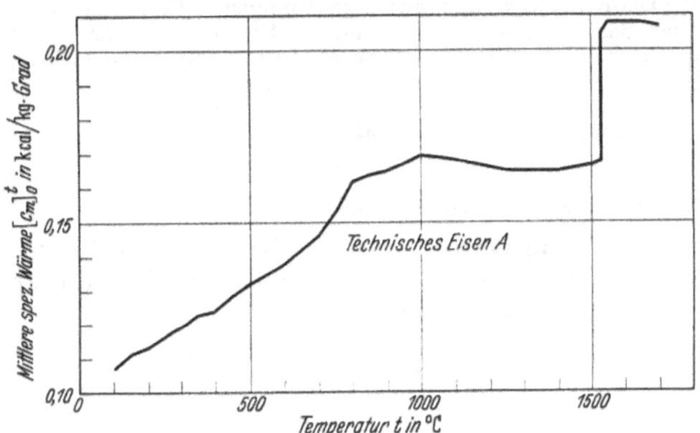

Abb. 6. Mittlere spezifische Wärme für ein technisches Eisen Sorte A (nach Messungen von OBERHOFFER).

Je dichter und schwerer die Stoffe sind, um so geringer ist der Wärmebedarf zur Temperatursteigerung. Mit Aufwand von 1 kcal/kg kann man die Temperatur bei

Blei	um 32,3°	Mineralien	um 5,0°
Kupfer	10,8	Papier	3,3
Eisen	9,3	Wolle	2,5
Aluminium	4,6	Eichenholz	1,8

erhöhen.

Bei den „einatomigen" Metallen erhält man eine mittlere Molwärme aus Zahlentafel 10 zwischen 0 und 100° C zu

Blei	$M \cdot c = 6{,}42$	Kupfer	5,92
Platin	6,25	Eisen	5,99
Silber	6,05	Aluminium	5,89

also ziemlich genau von 6,0.

In den Abb. 6 und 7 ist der Zusammenhang zwischen der mittleren spezifischen Wärme und der Temperatur für 3 Sorten von technischem Eisen aufgeführt.

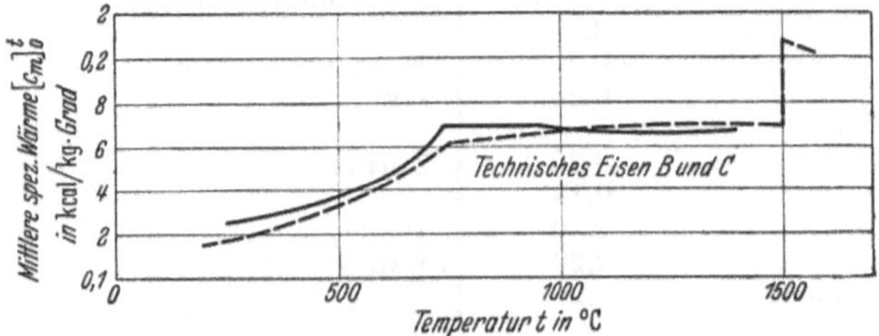

Abb. 7. Mittlere spezifische Wärme für zwei Sorten B und C von technischem Eisen (nach Messungen von OBERHOFFER).

Man sieht, wie unterschiedlich die Werte sind. Eine Zahlenangabe hat nur Sinn, wenn man genau weiß, um was für eine Eisensorte es sich handelt. Durch Umwandlungen im festen Zustand, die die Eisenkohlenstofflegierung oberhalb 720° C durchmacht, erklärt sich das eigenartige Verhalten[1].

Im allgemeinen steigt die spezifische Wärme mit der Temperatur an. Aber auch einheitliche Stoffe zeigen dabei in gewissen Temperaturbereichen ein abweichendes Verhalten. Wasser z. B. hat die folgenden Werte für die mittlere spezifische Wärme:

Zahlentafel 11. *Mittlere spezifische Wärme* $[c_{pm}]_0^t$ *bei unveränderlichem Druck* p *und Werte* $[c_{pm}]_0^t \cdot t =$ *Wärmeinhalt* i *bei konstantem Druck in kcal/kg für Wasser nach VDI-Dampftafeln 1937* (*von* W. KOCH).

t Grad	$[c_{pm}]_0^t$ $\frac{\text{kcal}}{\text{kg} \cdot \text{Grad}}$	$i = [c_{pm}]_0^t \cdot t$ $\frac{\text{kcal}}{\text{kg}}$	t Grad	$[c_{pm}]_0^t$ $\frac{\text{kcal}}{\text{kg} \cdot \text{Grad}}$	$i = [c_{pm}]_0^t \cdot t$ $\frac{\text{kcal}}{\text{kg}}$
0	(1,0050)	—	150[2]	1,0060	150,9
20	1,0015	20,03	200	1,0175	203,5
40	0,9995	39,98	250	1,0368	259,2
60	0,9990	59,94	300	1,0700	321,0
80	0,9994	79,95	350	1,1397	398,9
100	1,0004	100,04	374	1,3048	488

Von 0 bis etwa 65° C nimmt c_{pm} ab, von da an wieder zu. Die gesetzlich festgelegte sogenannte 15°-Kalorie ist an sich die mittlere spezifische Wärme $[c_m]_{14,5}^{15,5} = 1{,}0000$ für 1 kg (1,0000 cal für 1 g). Sie deckt sich wertmäßig praktisch genau mit der „mittleren Kalorie“, die durch die mittlere spezifische Wärme $[c_m]_0^{100} = 1{,}0004$ gegeben ist (siehe Zahlentafel 11). Die wahre spezifische Wärme des Wassers $c = dq/dt$ beträgt bei

0° C rund 1,01 kcal/kg · Grad (Nullpunktskalorie),
15° C rund 1,00 kcal/kg · Grad

und erreicht bei etwa 37° C ein Minimum, um dann wieder langsam anzusteigen (bei 250° C rund auf 1,1), siehe auch Abb. 125. In der Technik rechnet man allgemein mit der 15°-Kalorie.

Die mittlere spezifische Wärme der meisten Flüssigkeiten zwischen 0 und 100° C liegt in den Grenzen von 0,2 bis 0,6, nur Wasser und Ammoniak haben höhere Werte um 1,0 kcal/kg · Grad.

Zahlentafel 12.
Mittlere spezifische Wärme $[c_m]_0^{100}$ *in kcal/kg · Grad einiger Flüssigkeiten.*

Naphthalin[1] . . .	0,33	Benzine . .	0,50	Äther.	0,54
Maschinenöl . .	0,40	Petroleum .	0,50—0,52	Alkohol. . . .	0,68
Olivenöl	0,47	Teer . . .	0,45—0,50	Ammoniak . .	1,00
Benzol	0,44	Wasser . .	1,0004	Quecksilber . .	0,0332

Für die Kältetechnik ist die spezifische Wärme von Salzlösungen (Solen) von Bedeutung. Siehe hierzu auch Zahlentafel VII, Teil B.

---

[1] Nach OBERHOFFER: Stahl und Eisen 1927, S. 582 — Das technische Eisen. Berlin 1925 (Abb. 7). — Nach SCHWARZ: Archiv f. d. Eisenhüttenwesen Bd. 7 (1933) S. 285 (Abb. 6) — Mittelwerte f. techn. Eisen. — Siehe auch H. ESSER und E.-F. BAERLECKEN: Die wahre spezifische Wärme von reinem Eisen und Eisenkohlenstoff-Legierungen von 20° C bis 1100° C. Düsseldorf 1941.

[2] Über 100° C ist Wasser nur bei höherem Druck flüssig.

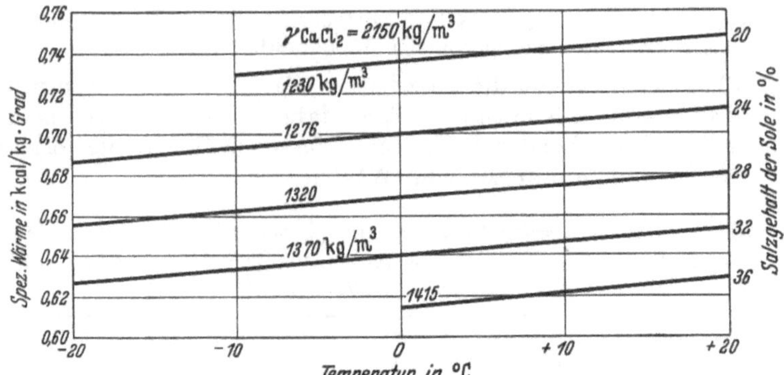

Abb. 8. Zusammenhang zwischen spezifischer Wärme und Temperatur für verschiedengrädige Chlorkalziumsolen.

Beispiel. In einem eisernen Gefäß mit Glaseinsatz werden 2 kg Wasser von 0° C auf 100° C erwärmt. Das Eisengefäß wiegt 1,0 kg, der Einsatz 0,5 kg. Wieviel Wärme ist zuzuführen, wenn nach der Umgebung keine Wärme abgegeben wird?

$$Q_{12} = (1{,}0 \cdot 0{,}115 + 0{,}5 \cdot 0{,}20 + 2{,}0 \cdot 1{,}0004) \cdot 100$$
$$= 11{,}5 + 10{,}0 + 200{,}08 = 221{,}6 \text{ kcal}.$$

8. Zähigkeit von Flüssigkeiten.

Dynamische Zähigkeit. Flüssigkeiten setzen ihrer *Gestaltänderung* einen merklichen *Widerstand* entgegen. Man unterscheidet *zähflüssige* und *dünnflüssige* Körper, Eigenschaften, die bei den physikalischen Vorgängen der Strömung und insbesondere der Wärmeübertragung durch Konvektion (Wärmemitführung durch bewegte Stoffe) eine Rolle spielen. Ein Maß für die *Zähigkeit* ist die Geschwindigkeit, mit der sich die Flüssigkeiten unter der Wirkung eines bestimmten Druckes verformen. Feste Körper haben eine sehr große Zähigkeit, die hier weniger interessiert, flüssige und flüchtige Stoffe eine mehr oder weniger geringe; siehe hierzu Abschnitt 23 und 59f.

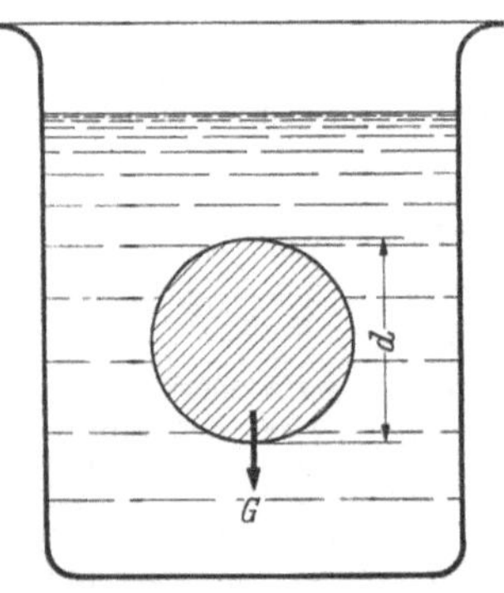

Abb. 9. Eine Steinkugel sinkt in einer Flüssigkeit unter und zerteilt sie.

Man denke sich z. B. ein mit Wasser gefülltes Gefäß, Abb. 9, in das vermöge ihres Eigengewichts G eine Steinkugel mit Durchmesser d unter einem Druck $P = \frac{4 \cdot G}{\pi \cdot d^2}$ in kg/m² gesenkt wird. Die Kugel muß beim Absinken die Gestalt der Wassermasse dauernd ändern und braucht eine gewisse Zeit, um auf den Boden des Gefäßes zu gelangen. Wiederholt man den Versuch z. B. mit dickflüssigem Öl von annähernd demselben spezifischen Gewicht wie Wasser, so daß der Auftrieb derselbe ist, so wird die Kugel bedeutend längere Zeit zum Absinken benötigen, weil das zähe Öl seiner Gestaltänderung einen viel größeren Widerstand entgegensetzt und damit eine geringere Formänderungsgeschwindigkeit zuläßt als gas dünnflüssigere Wasser.

[1] Bis 80° C fest.

Zur rechnerischen Erfassung der Zähigkeit denkt man sich eine Flüssigkeitsmenge zwischen zwei sehr große ebene Platten eingeschlossen, die sich parallel und relativ zueinander mit einer Geschwindigkeit w_l verschieben (siehe Abb. 10). Die Flüssigkeit haftet an den Plattenwänden, weil der Verschiebewiderstand zwischen der äußersten Flüssigkeitsschicht und der festen Wand größer ist als der Widerstand der Flüssigkeitsteilchen aneinander. Zerlegt man die ganze Flüssigkeitsmenge in einzelne Schichten parallel zu den Platten, so findet man, daß die Schichtgeschwindigkeit mit wachsendem Abstand von der langsameren Platte *linear* bis zur Geschwindigkeit der schneller bewegten Platte zunimmt. Daraus kann man schließen, daß die einzelnen Schichten aufeinander gleich große Schubkräfte ausüben und daß diese Schubkräfte durch Reibung der Schichten aneinander entstehen. Die Reibungswirkungen in der Flüssigkeit selbst bezeichnet man als *innere Reibung* oder Zähigkeit.

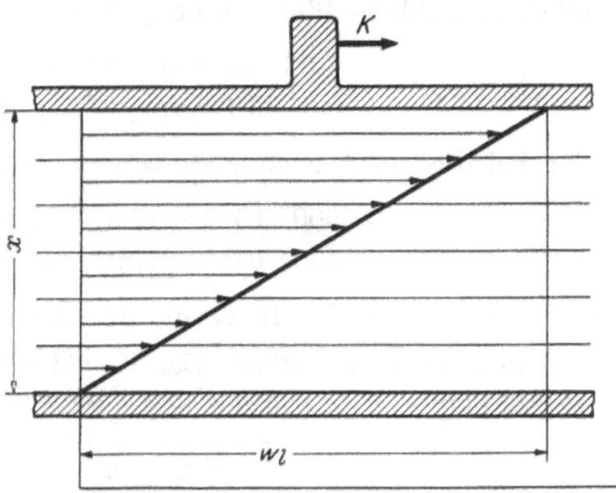

Abb. 10. Zwei ebene glatte Platten bewegen sich parallel zueinander. Geschwindigkeitsverteilung in der eingeschlossenen Flüssigkeitsschicht.

Die Kraft, die nötig ist, um die eine Platte über die andere wegzuziehen, ist um so größer, je zäher die Flüssigkeit ist. Die Gesamtschubkraft K ist dem Geschwindigkeitsgefälle w_l/x und der Oberfläche der Platten F proportional, wobei x den Abstand der Platten voneinander bedeutet. Dieses Gesetz wurde zuerst von Newton erkannt:

$$K = F \cdot \tau = \eta \cdot F \cdot \frac{d w_l}{d x} \tag{22}$$

oder

$$\tau = \eta \cdot \frac{d w_l}{d x}. \tag{23}$$

τ ist eine *Schubspannung* in kg/m².

Die Wirkung der Schubkräfte ist deutlich fühlbar, wenn man eine Blechtafel parallel zu der Tafelebene in einer Flüssigkeit mit verschiedener Geschwindigkeit bewegt. Die nötige Zugkraft ist um so größer, je schneller das Blech bewegt wird und je größer dessen Oberfläche ist.

Mißt man K in kg, F in m², w_l in m/s und x in m, so hat der Proportionalitätsfaktor η die Dimension kg·s/m². η stellt das gesuchte Zähigkeitsmaß dar; es wird *dynamische Zähigkeit* oder kurz Zähigkeit der betreffenden Flüssigkeit genannt[1]. η ist ein absolutes Maß und gibt die Kraft an, die zwei Flüssigkeitsschichten im Abstand 1 m und von der Fläche 1 m² aufeinander ausüben, wenn sie sich relativ zu-

[1] Nach DIN 1342.

einander mit einer Geschwindigkeit von 1 m/s bewegen. Die Zähigkeit η hängt in starkem Maße von der Temperatur ab, eine bei Ölen bekannte Erscheinung. Der Druck hat bei tropfbaren Flüssigkeiten wiederum keinen nennenswerten Einfluß. Eine Reibung der Ruhe gibt es bei Flüssigkeiten nicht. Jede noch so kleine Kraft kann eine Bewegung einleiten. Zahlenmäßig nimmt η Werte an, z. B. bei Wasser, von:

$$1{,}03 \cdot 10^{-4}\ \mathrm{kg\,s/m^2} \text{ bei } 20^\circ\,\mathrm{C} \text{ und}$$
$$0{,}57 \cdot 10^{-4}\ \mathrm{kg\,s/m^2} \text{ ,, } 50^\circ\,\mathrm{C}$$

oder bei dickem Maschinenöl von

$$500 \cdot 10^{-4}\ \mathrm{kg\,s/m^2} \text{ bei } 20^\circ\,\mathrm{C} \text{ und}$$
$$100 \cdot 10^{-4}\ \mathrm{kg\,s/m^2} \text{ ,, } 50^\circ\,\mathrm{C},$$

also ganz verschieden in Größe und Temperaturabhängigkeit.

Kinematische Zähigkeit. Das Verhältnis der Zähigkeit η zur Dichte $\varrho = \gamma/g$ nennt man *kinematische Zähigkeit*:

$$\boxed{\nu = \frac{\eta}{\varrho} = \frac{\eta \cdot g}{\gamma}} \text{ in } \mathrm{m^2/s}. \tag{24}$$

Da auch das spezifische Gewicht im fraglichen Bereich nur äußerst wenig vom Druck abhängt, ist auch ν wenig veränderlich. Bei der Berechnung von Strömungsvorgängen ist es vorteilhaft, die Zähigkeit des Stoffes in der Form der kinematischen Zähigkeit einzusetzen (siehe Abschnitt XVI).

Die Zähigkeit der Flüssigkeiten fällt mit der Temperatur ab, was man für die kinematische Zähigkeit durch die Form

$$\nu = \frac{\nu_0}{1 + a \cdot t + b \cdot t^2} \text{ in } \mathrm{m^2/s} \tag{25}$$

erfassen kann.

Bei *reinem luftfreiem Wasser* nimmt die Zähigkeit folgende Werte an:

Zahlentafel 13. *Kinematische Zähigkeit von reinem luftfreiem Wasser.*

t °C	$10^6 \cdot \nu$ m²/s	t °C	$10^6 \cdot \nu$ m²/s	t °C	$10^6 \cdot \nu$ m²/s	t °C	$10^6 \cdot \nu$ m²/s
0	1,789	20	1,007	55	0,5146	150	0,202
2	1,670	22	0,9650	60	0,4781	200	0,159
4	1,565	24	0,9160	65	0,4445	250	0,14
6	1 468	26	0 8785	70	0 4154	300	0 14
8	1,385	28	0,8419	75	0,3892	350	0,14
10	1,306	30	0,8054	80	0,3659	374	0,14
12	1,235	35	0,7248	85	0,3449	ab 150° C wahrscheinliche Werte, siehe Abb. 128.	
14	1,172	40	0,6584	90	0,3274		
16	1,112	45	0,6017	95	0,3099		
18	1,060	50	0,5563	100	0,2943		

Der Zusammenhang ist aus Abb. 11 für 0 bis 30° C bei gewöhnlichem Druck ersichtlich, während die folgenden Werte die Abhängigkeit vom Druck veranschaulichen.

Zahlentafel 14 enthält die prozentuale Änderung der Zähigkeit η bei 400 at gegen 1 at. In der Nähe von 32° C wird η durch eine Drucksteigerung um 400 at nicht geändert. Aus Zahlentafel 15 ist ersichtlich, wie die Zähigkeit bei hohem Druck verändert wird.

Zahlentafel 14.
Abhängigkeit der Zähigkeit η des Wassers vom Druck bei verschiedenen Temperaturen.

t °C	$\frac{\eta_{400\,at} - \eta_{1\,at}}{\eta_{1\,at}} \cdot 100$	t °C	$\frac{\eta_{400\,at} - \eta_{1\,at}}{\eta_{1\,at}} \cdot 100$
18	−1,6	51	+1,6
29	−0,3	56	+2,1
31	0,0	70	+2,5
33	0,0	80	+2,6
36	0,0	90	+3,4
40	+0,7	98	+3,6

Flußwasser oder verschmutztes Wasser ist meist etwas zäher als reines und luftfreies Wasser. Steht Wasser oder eine andere tropfbare Flüssigkeit mit Luft oder einem anderen löslichen Gas durch freie Oberfläche genügend lange Zeit in Berührung, so löst sich ein gewisses Gasvolumen im Wasser. Es sei vorweggenommen, daß bei Gasen, gleichbleibende Temperatur vorausgesetzt, das Volumen mit abnehmendem Druck anwächst. Das *Lösungsvermögen des Wassers* vermindert sich entsprechend, so daß nur ein kleineres Gasgewicht gelöst bleiben kann. Bei unveränderlichem Druck nimmt das Volumen eines Gases mit der Temperatur

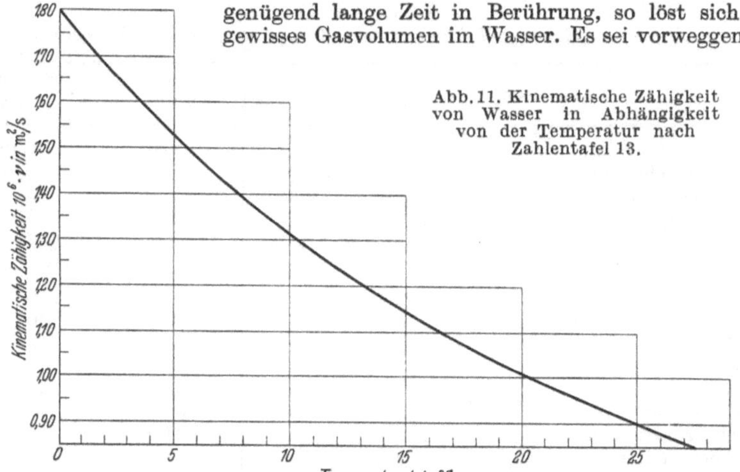

Abb. 11. Kinematische Zähigkeit von Wasser in Abhängigkeit von der Temperatur nach Zahlentafel 13.

Zahlentafel 15. *Dynamische Zähigkeit η des Wassers bezogen auf 1 at und 0°C in Abhängigkeit von Temperatur und Druck.*

Druck at	0° C	30° C	75° C
1	1,000	0,488	0,222
1000	0,921	0,514	0,239
2000	0,957	0,550	0,258
5000	1,218	0,720	0,333
10000	—	1,058	—

ab, daraus folgt größere Lösungsfähigkeit dem Gewicht nach bei geringerer Temperatur. Wasser kann bei 760 Torr folgende Luftmengen in Nm^3/m^3 aufnehmen:

t Grad	0	10	20	30	50	70	100
V Nm^3/m^3	0,029	0,023	0,019	0,016	0,013	0,012	0,011

Lufthaltiges Wasser ist weniger zähe. 1 m^3 Wasser löst bei 20° C und 760 Torr

Ammoniak	683 Nm^3	Sauerstoff	0,03145 Nm^3
Schwefeldioxyd	39,37	Kohlenoxyd	0,0232
Azetylen	1,03	Luft	0,01871
Kohlendioxyd	0,878	Wasserstoff	0,01819
Äthylen	0,122	Stickstoff	0,01572
Methan	0,03308		

Das spezifische Gewicht und die kinematische Zähigkeit einiger anderer Stoffe können aus Zahlentafel 16 entnommen werden. In welchem Maße die Zähigkeit der rohen Erdöle von der Temperatur abhängt, erkennt man daran, daß z. B. persisches Öl zwischen 10 und 50° C einen Abfall in der Zähigkeit von 100 vH bis auf 2 vH aufweist, das ist von $600 \cdot 10^{-6}$ auf $11 \cdot 10^{-6}$ m^2/s.

Zahlentafel 16.

Spezifische Gewichte und kinematische Zähigkeiten einiger Flüssigkeiten.

Stoff	γ (15,6° C) kg/m^3	$10^6 \cdot \nu$ (20° C) m^2/s
Deutsches Petroleum	816	1,790
Amerikanisches Petroleum	800	2,970
Russisches Petroleum	824	2,568
Galizisches Petroleum	809	2,789
Gasolin	680—737	0,43—0,75
	γ (0° C)	$10^6 \cdot \nu$ (20° C)
Erdöl aus Burma	889	18,90
Heizteer (Dünnteer)	1120	60,8
Heizteeröl	1080	19,8
Masut	910	37,3
Argentinisches Öl	970	67,7
Maschinenöle	890—900	95—320
Chlorkalziumsole rein	1200	1,695
Desgleichen handelsüblich	1200	1,923

Für Chlorkalziumsole mit 1000 bis 1200 kg/m^3 Gewicht bei 0° C sind in Abb. 12 die Kehrwerte der kinematischen Zähigkeit eingetragen. Die Zähigkeit von handelsüblicher Sole weicht bis zu 60 vH von der der reinen Sole ab.

9. Schmelzpunkte und Schmelzwärmen.

Die Temperaturen, bei welchen die verschiedenen Stoffe schmelzen, sind ebenfalls sehr unterschiedlich und vom Drucke nur wenig abhängig. In der folgenden Zusammenstellung sind die Schmelzpunkte und Schmelzwärmen einiger Stoffe bei 760 Torr Druck angegeben. Unter der Schmelzwärme ist dabei diejenige Wärmemenge zu verstehen, die 1 kg des Stoffes zuzuführen ist, um ihn bei Schmelztemperatur vom festen in den flüssigen Zustand zu bringen. Beim Erstarrungsvorgang wird dieselbe Wärmemenge wieder frei.

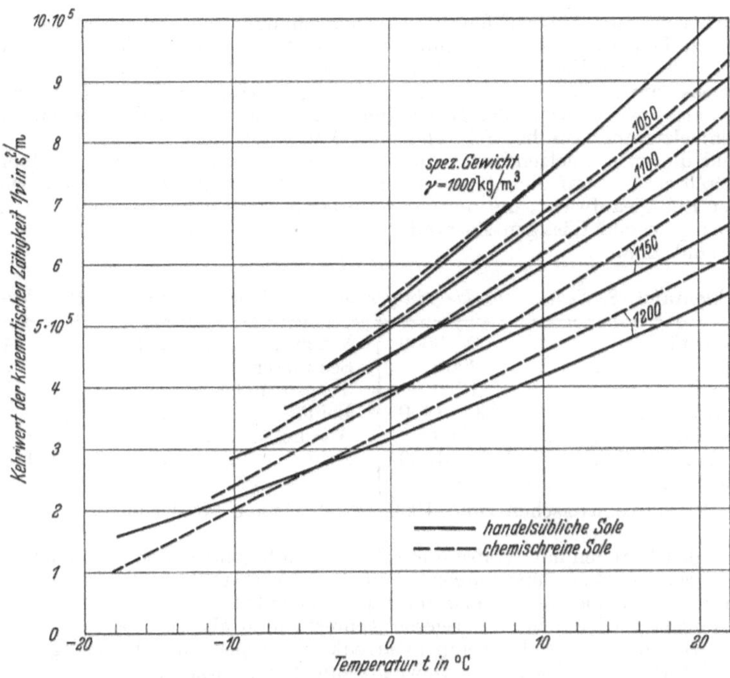

Abb. 12. Kehrwerte der kinematischen Zähigkeit von chemisch reiner und von handelsüblicher Chlorkalziumsole.

Die geringfügige Abhängigkeit vom Drucke ist uneinheitlich. Wassereis schmilzt unter 1 at abs. bei 0° C, unter 130 at abs. bei —1° C. Erinnert sei hier an einen bekannten Versuch aus der Experimentalphysik. Wenn man um einen

Zahlentafel 17.
Schmelzpunkte und Schmelzwärmen verschiedener Stoffe in kcal/kg bei 760 Torr Druck.

Stoff	Schmelzpunkt °C	Schmelzwärme kcal/kg	Stoff	Schmelzpunkt °C	Schmelzwärme kcal/kg
Platin	1773	27	Paraffin	50—55	35
Nickel	1450	73	Phosphor (gelb) .	44	4,7
Stahl 0,44 vH C	1400	60	Benzol	5,5	30,1
Gußeisen, grau .	1200	23	Wasser	0	79,5[1]
Elektrolyt. Eisen	1530	64,4	Quecksilber . .	— 38,9	2,8
Hochofen-			Kohlendioxyd .	— 78,5	—
schlacke . . .	1300—1430	50—150	(5,28 at abs.)[2].	— 56,6	45
Kupfer	1084	49	Ammoniak . . .	— 77	81
Silber	961	25	Methan	—183	14
Kochsalz . . .	800	124	Kohlenoxyd . .	—205	7,13
Aluminium . . .	658	94,5	Stickstoff . . .	—210	6,15
Blei	327	5,7	Sauerstoff . . .	—218	3,3
Schwefel	113	9,4	Wasserstoff . .	—260	14
Naphthalin . .	80	36			

[1] Nach neueren amerikanischen Messungen 79,69 kcal/kg.
[2] Siehe Abb. 153 und Anm. 2, S. 248.

Eisblock von etwa 0° C ein feines Drahtseil schlingt, so schmilzt das Eis bei genügend großem Gewicht und damit Druck des Seiles auf das Eis. Das Drahtseil wandert durch den Eisblock, und über dem Seil friert das Eis nach der Entlastung wieder zusammen. Eis von Kohlendioxyd hingegen schmilzt erst bei höherer Temperatur als —56° C, wenn der Druck über 5,28 at abs. liegt, desgleichen wächst die Schmelztemperatur bei Schwefel und Wachs mit dem Drucke.

Sind die zu schmelzenden Stoffe kälter, als ihrem Schmelzpunkt entspricht, so müssen sie erst auf diese Temperatur erwärmt werden. Die Schmelzwärme ist nur der Energieaufwand, um die Moleküle bei Schmelztemperatur aus der festen Verfassung in den flüssigen Zustand zu überführen. Die Schmelzpunkte anderer Stoffe sind z. B.:

Zahlentafel 18. *Schmelzpunkte einiger weiterer Stoffe in ° C bei 760 Torr.*

Kohlenstoff	3500—3600	Wachs	64
Tonerde	2000	Seewasser	— 2,5
Porzellan	1550	Terpentinöl	— 10
Schamottesteine	1650—1750	Leinöl	— 20
Silikasteine	1700	Alkohol	—114
Glas	1000—1200	Äther	—118
Emaille	960		

Kohlenaschen rund 1000—1700 je nach Kohlensorte.

Von den Metallen hat Wolfram mit 3450 einen besonders hohen Schmelzpunkt.

Legierungen (Verschmelzungen) schmelzen meist unter, teilweise auch über der mittleren Schmelztemperatur ihrer Komponenten.

Lösungen gefrieren bei niedrigeren Temperaturen als das Lösungsmittel. Bei starker Verdünnung ist die Temperatursenkung proportional der Menge der gelösten Substanzmoleküle in der Gewichtseinheit der Lösung.

Die Flüssigkeiten lassen sich, besonders wenn sie gasfrei sind, etwas unter den Schmelzpunkt abkühlen, ohne daß sie erstarren (Erstarrungsverzug). Der Zustand der unterkühlten Flüssigkeit ist labil, geringe Erschütterungen verursachen dann eine plötzliche Erstarrung, ebenso die Berührung mit einem festen Körper des gleichen Stoffes, z. B. Eis bei Wasser. Die Flüssigkeit erwärmt sich dabei sofort auf Schmelztemperatur, teilweise flüssigen, teilweise festen Zustand annehmend.

Beispiel 1. Durch langsame erschütterungsfreie Abkühlung wird Wasser in tropfbarer Form bei —5° C hergestellt. Wieviel bezogen auf 1 kg dieses Wassers gefriert durch Einwerfen von einem Stück Eis? Wenn die Temperatur auf 0°C ansteigt, werden dem Wasser nach (18) rund $1 \cdot (-5) = -5$ kcal/kg entzogen. Die Erstarrungswärme von 1 kg Wasser zu Eis ist gleich der Schmelzwärme — 80 kcal/kg. Demnach gefrieren $5/80 = 0{,}0625$ kg/kg Wasser.

Beispiel 2. Auf 1 kg gestoßenes Eis von —2°C werden 4 kg Wasser von 60°C gegossen. Welche Temperatur stellt sich nach Ausgleich ein, wenn kein Wärmeaustausch mit der Umgebung stattfindet?

Das Eis nimmt bis zur Mischungstemperatur t_m an Wärme auf:

$$\begin{aligned} &\text{bis } 0^\circ \quad Q_{12} = 1 \cdot 0{,}5 \cdot [0 - (-2)] = 1 \text{ kcal},\\ &\text{bei } 0^\circ \quad Q_{23} = 1 \cdot 80 = 80 \text{ kcal},\\ &\text{bis } t_m^\circ \quad Q_{34} = 1 \cdot 1 \cdot (t_m - 0) = t_m \text{ kcal}. \end{aligned}$$

Das Wasser gibt ab

$$\text{bis } t_m^\circ \quad Q_{54} = 4 \cdot 1 \cdot (60 - t_m) = 240 - 4 \cdot t_m \text{ kcal}.$$

Wärmeaufnahme und Wärmeabgabe sind gleich groß, wenn keine Wärme nach außen abgegeben wird.

$$1 + 80 + t_m = 240 - 4 \cdot t_m \quad \text{und} \quad t_m = 31{,}8^\circ \text{ C}.$$

10. Siedepunkte und Verdampfungswärmen.

Einen Überblick über die Mannigfaltigkeit der stofflichen Eigenschaften gibt auch noch die folgende Aufstellung:

Zahlentafel 19. *Siedepunkte in ° C und Verdampfungswärmen in kcal/kg bei 760 Torr.*

Stoff	Siedepunkt °C	Verdampfungswärme kcal/kg	Stoff	Siedepunkt °C	Verdampfungswärme kcal/kg
Zinn	2275	621	Äther	34,6	89
Silber	1955	517	Schwefeldioxyd .	— 10	94
Blei	1730	220	Ammoniak . . .	— 33,4	327
Zink	918	475	Kohlendioxyd[1] . .	— 78,5	138
Schwefel	445	70	Azetylen	— 83,6	198
Quecksilber . . .	357	72	Sauerstoff	—183	51
Naphthalin . . .	218	75	Kohlenoxyd . . .	—190	50
Wasser	100	539	Luft	—194	47
Benzol	80,5	94	Stickstoff	—196	48
Alkohol	78,5	200	Wasserstoff . . .	—252,7	109

Im großen und ganzen erkennt man, daß die Wärmemenge für die Überführung der Moleküle aus dem flüssigen in den dampfförmigen Zustand, die sog. Verdampfungswärme r in kcal/kg, um so größer ist, je höher der Siedepunkt liegt, wenn auch mit vielen Abweichungen. Blei z. B. fällt bei den Metallen heraus, Wasserstoff bei den tiefsiedenden Stoffen. Auch Ammoniak, Wasser und Alkoho passen nicht in die Reihe. Die Flüssigkeitsbereiche sind recht verschieden breit, z. B. Zinn von 232 bis 2275° C oder fast 2000°, Silber von 961 bis 1955° C oder fast 1000°, Wasser 100° und Wasserstoff von —260 bis —252,7° C oder 7,3°. Die Verdampfungswärmen werden bei der Verflüssigung wieder frei. Siedepunkte anderer Stoffe sind noch:

Zahlentafel 20. *Siedepunkte verschiedener Stoffe in ° C bei 760 Torr.*

Stoff	°C	Stoff	°C
Nickel	3075	Leinöl	316
Gold	2700	Paraffin	300
Kupfer	2310	Phosphor	287
Aluminium	2270	Terpentinöl	159
Wismut	1500	Kochsalz, gesättigte Lösung	108
Fette	300—325	Seewasser	103
Schwefelsäure	325		

Auf die Vorgänge bei der Verdampfung wird im Abschnitt über die Gesetze der Dämpfe Näheres ausgeführt. Beim Vergleich von Zahlentafel 19 und 17 zeigt sich, daß die Verdampfungswärmen ein Mehrfaches der Schmelzwärmen betragen.

[1] Sublimationswärme.

III. Vollkommene Gase.

11. Allgemeines Gasgesetz.

Bei flüchtigen Körpern ist neben der Temperatur auch der Druck von wesentlichem Einfluß auf den Zustand. Dadurch wird die Aufgabe, Berechnungen an Stoffen in flüchtigem Zustand anzustellen, an sich schwieriger gemacht. Die Naturbeobachtung hat aber zu der Erkenntnis geführt, daß wenigstens für gasförmige Körper mit vernachlässigbarem Einfluß der molekularen Anziehungskräfte die allgemeine Zustandsgleichung $F(P, t, v) = 0$ in einfacher Weise weiterentwickelt werden kann. Genau gelten diese Beziehungen für vollkommene Gase, auf wirkliche Gase kann man sie jedoch mit gewissen Einschränkungen gut anwenden. Je kleiner der molekulare Abstand ist und je mehr man einen flüchtigen Körper als Dampf denn als Gas ansprechen muß, um so weniger gut spiegeln die Beziehungen das Verhalten der wirklichen Stoffe wider.

Gasgesetz von Gay-Lussac (französischer Physiker und Chemiker, 1778—1850). Es ist bekannt, daß sich ein Gas ausdehnt oder zusammenzieht, wenn man seine *Temperatur erhöht oder erniedrigt,* ebenso wie das bei festen und flüssigen Körpern der Fall ist. Solche Raumänderungen durch Wärme sind bei gasförmigen Körpern aber ungleich umfangreicher. Der Druck soll dabei konstant gehalten werden, um seinen Einfluß auszuschalten, indem man den Raumvergleich z. B. unter atmosphärischem Druck anstellt.

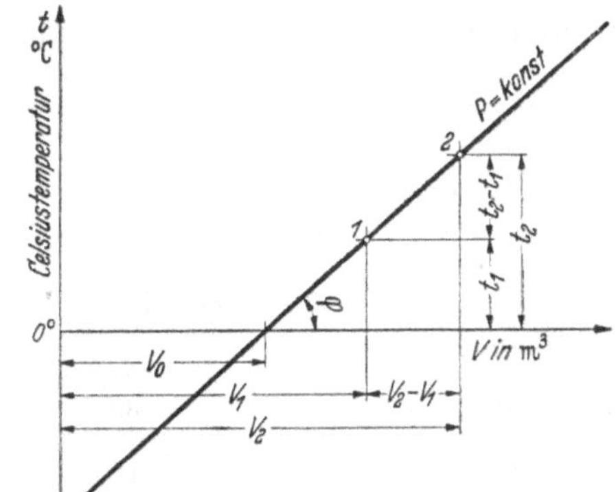

Abb. 13. Vollkommene Gase. Änderung von Temperatur und Volumen bei demselben Druck (t, V-Diagramm).

Bestimmt man zur jeweiligen Temperatur den Raum des Gases und trägt man die Wertepaare in einem Diagramm auf, so liegen die einzelnen *Zustandspunkte* auf einer Geraden, wie Abb. 13 zeigt, die die Ordinate im absoluten Nullpunkt der Temperatur bei $-273°$ C schneidet. Diese *Zustandsgerade* gibt alle möglichen Zustandsänderungen einer bestimmten Gasmenge bei unveränderlichem Druck ($P =$ konst.) wieder. Angenommen, eine Gasmenge hat bei einer Temperatur t_1 das Volumen V_1. Das Gas wird auf t_2 Grad erwärmt, wobei es sich auf V_2 m³ ausdehnt. Nach Abb. 13 ist dann

$$\frac{t_2 - t_1}{V_2 - V_1} = \frac{273}{V_0} = \operatorname{tg} \varphi \tag{26}$$

oder

$$V_2 - V_1 = \frac{V_0}{273}(t_2 - t_1). \tag{27}$$

V_0 ist dabei das Volumen des Gases bei $t_0 = 0°$ C. Man sieht: *für jeden Grad Temperaturänderung wird das Gasvolumen um 1/273 kleiner oder größer.* Verglichen mit (9) und (11) kann man sagen, daß die Raumausdehnungszahl der Gase bei unveränderlichem Druck gleich groß ist im Werte von 1/273 = 0,003663, und zwar unabhängig von der Höhe der Temperatur und des Druckes, oder mit anderen Worten, alle Gase dehnen sich bei gleich großer Erwärmung auch in gleichem Verhältnis aus. Mithin ist

$$V_1 = V_0 (1 + t_1/273) \tag{28}$$

und

$$V_2 = V_0 (1 + t_2/273) \tag{29}$$

Bei + 273° C ist das Volumen doppelt so groß wie bei 0° C. Aus Abb. 13 folgt weiter

$$\frac{V_1}{V_2} = \frac{273 + t_1}{273 - t_2} = \frac{T_1}{T_2} \tag{30}$$

oder kurz

$$\frac{V}{T} = \text{konst.}\,, \tag{31}$$

was besagt, daß sich die *Volumina wie die absoluten Temperaturen verhalten,* wenn der Druck unveränderlich ist.

Zu der Behauptung, daß das Gesetz (31) für alle Gase gilt, sind einige Bemerkungen nötig. Die Meßpunkte werden im t/V-Diagramm nur dann mit aller Schärfe auf einer geraden Zustandslinie liegen, wenn zwei Forderungen streng erfüllt sind:

1. Das Gas muß von homogener, d. h. völlig einheitlicher physikalischer und chemischer Beschaffenheit sein. Dazu gehört, daß alle Gasteilchen zum Zeitpunkt der Messung gleiche Temperatur angenommen haben und unter gleichem Druck stehen. Was für V m³, die G kg wiegen, gilt, trifft auch für das Volumen von 1 kg des Gases zu, nämlich für $v = V/G$ in m³/kg. Auf 1 kg des Gases abgestellt gelten die obigen Beziehungen, wenn man v_0, v_1 und v_2 an Stelle von V_0, V_1 und V_2 setzt. Mithin ist auch

$$\frac{v}{T} = \text{konst.}\,. \tag{32}$$

Außer vom Druck ist die Konstante jetzt nicht mehr von der Größe des Volumens, sondern allein von der Eigenart des Gases abhängig.

2. Das Gas muß sich im Meßbereich genau wie ein vollkommenes Gas verhalten. Für wirkliche Gase gelten diese Beziehungen genügend genau bei gewöhnlicher Temperatur und darüber, wenn der Druck nicht zu hoch ist. Bei — 273° C müßte das Gasvolumen $v = 0$ werden. Tatsächlich trifft das ohne Zweifel nicht zu. Bei sehr niedriger Temperatur weichen die natürlichen Gase vom idealen Gaszustand ab, weil sich die molekularen Anziehungskräfte in zunehmendem Maße bemerkbar machen.

Stellt man nun den Versuch bei einem anderen Druck P = konst. an, so findet man eine andere Zustandsgerade, die wieder die Eigentümlichkeit hat, vom absoluten Nullpunkt der Temperatur ($v = 0$, $T = 0$) auszugehen, siehe Abb. 14. Über die Art des Gases ist dabei kein Vorbehalt gemacht. Alle idealen Gase haben solche Zustandsgeraden P = konst., nur daß ihre Neigungswinkel φ je nach Druck und Art des Gases verschieden sind.

In Abb. 14 sind die Zustandsgeraden für drei verschiedene Drücke eingetragen, dazu eine Linie unveränderlichen Volumens (V = konst.). Vergleicht man die Drücke und Temperaturen, so stellt sich heraus, daß

$$P_1 : P_2 : P_3 = (t_1 + 273) : (t_2 + 273) : (t_3 + 273)$$

ist[1], also daß sich bei *gleichbleibendem Volumen die Drücke wie die absoluten Temperaturen* verhalten. Es besteht das *Druckzunahmegesetz*

$$\frac{P_1}{P_2} = \frac{p_1}{p_2} = \frac{T_1}{T_2} = \frac{273 + t_1}{273 + t_2}. \qquad (33)$$

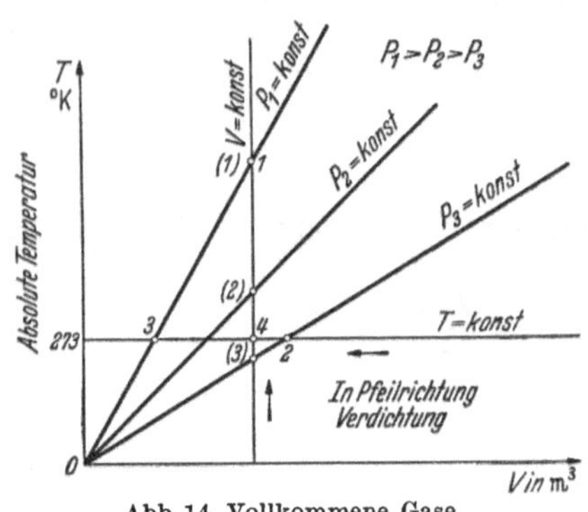

Abb. 14. Vollkommene Gase. Zustandsänderungen im T/V-Diagramm ($V = Gv$, $T = 273 + t$).

Schließlich kann man noch eine Beziehung für das spezifische Gewicht des Gases aufstellen. Es ist γ in kg/m³ der Kehrwert vom spezifischen Volumen v in m³/kg. Damit kann man das GAY-LUSSACsche Gesetz (32) auch in der Form

$$\frac{\gamma_2}{\gamma_1} = \frac{T_1}{T_2} \qquad (34)$$

oder

$$\boxed{\gamma T = \text{konst.}} \qquad (35)$$

schreiben. Das spezifische Gewicht verhält sich umgekehrt wie die absolute Temperatur, wenn der Druck konstant ist.

Beispiel 1. 30 m³ eines vollkommenen Gases werden von $-$ 10° C auf $+$ 100° C erwärmt, wobei der Druck derselbe bleibt. Welchen Raum nimmt das Gas bei 100° C ein[2]?

$$(30) \qquad V_2 = 42{,}5 \text{ m}^3.$$

Beispiel 2. Ein vollkommenes Gas hat bei $+$ 10° C ein spezifisches Gewicht von $\gamma_1 = 1$ kg/m³. Wie groß ist das spezifische Gewicht bei 500° C, wenn sich das Gas bei unverändertem Druck ausdehnt?

$$(34) \qquad \gamma_2 = 0{,}366 \text{ kg/m}^3.$$

Zustandsänderungen. Die Geraden P = konst. verlaufen um so steiler, je größer der Druck ist, wie Abb. 14 zeigt. Verdichtet man das Gas bei gleichbleibender Temperatur, Linie T = konst., in Pfeilrichtung, so wird das Volumen kleiner. Bei Erwärmung ohne den Raum zu ändern, V = konst., steigt der Druck ebenfalls, und zwar in der senkrechten Pfeilrichtung, an.

Der Gasdruck kann also in verschiedener Weise erhöht werden. Verdichtet man ein Gas, indem man seinen Raum verkleinert, etwa durch Verschieben des Kolbens in einem Zylinder (Abb. 1), so rücken die Gasteilchen wider Willen enger zusammen, und die Begleiterscheinung ist, daß der Druck ansteigt. Man kann aber den Druck des Gases auch ohne Verdichtung erhöhen, indem man Wärme zuführt, also die Temperatur heraufsetzt und dabei den Raum unverändert läßt.

[1] Die Zustandspunkte 1, 2, 3 längs der Linie V = konst. sind in Abb. 14 durch die Punkte (1), (2), (3) gekennzeichnet.

[2] Vorgestellte eingeklammerte Zahlen bedeuten die Gleichungsnummer.

Der Kolben im Zylinder bleibt dabei an seiner Stelle. Bei Erwärmung wollen sich die Gasteilchen ausdehnen, woran sie jedoch durch die begrenzenden Wände gehindert werden. Als Folge davon steigt der Druck genau so wie bei dem zwischen zwei Festpunkten eingespannten Stahlrohr in Beispiel 5, Seite 18.

Besondere Zustandsänderungen. Abb. 14 soll für ein ganz bestimmtes Gas gezeichnet sein. Der Zustand des Gases in den Punkten 1, 2, 3 und 4 ist eindeutig durch die Zustandsgrößen $P_1\,T_1\,v_1$, $P_2\,T_2\,v_2$ ... festgelegt. Wenn man nun das Gas von einem Zustand in einen anderen bringen will, so kann man das auf einem beliebigen Weg tun. Man kann sich aber auch so bewegen, daß immer eine der Zustandsgrößen unverändert bleibt. Von 1 nach 2 z. B. kann man mit genau demselben Ergebnis mit einem Abkühlungsvorgang bei $P =$ konst. (1—3) und einem zweiten Schritt mit Drucksenkung bei $T =$ konst. (3—2) kommen, wie man das durch Drucksenkung bei $v =$ konst. (1—4) und dann bei $T =$ konst. (4—2) erzielen kann. Man erkennt, daß die rechnerische Verfolgung der Gesamtänderung wesentlich einfacher ist, wenn man den Weg über solche besondere Zustandsänderungen wählt, die sich in jedem Falle finden lassen, auch wenn die wirkliche Zustandsänderung, deren Ende man berechnen will, einen beliebigen anderen Weg nimmt.

Gasgesetz von Boyle (englischer Physiker und Chemiker, 1627—91) **und Mariotte** (französischer Physiker, 1620—84). Ebenso einfache Zusammenhänge ergeben sich bei *gleichbleibender Temperatur* für *Druckänderungen* der vollkommenen Gase. Versuchsmäßig ermittelte Wertepaare für Druck und Volumen bei $T=$konst. liegen im Druck/Volumen-(P, v)-Diagramm auf gleichseitigen Hyperbeln, die um so näher an den Ursprung heranrücken, je tiefer die Temperatur ist (Abb. 15). Verfolgt man eine Linie $P =$ konst., so nimmt das Volumen mit sinkender Temperatur ab, wie es schon aus Abb. 13 hervorgeht. Andererseits ließ schon Abb. 14 erkennen, daß bei $T =$ konst. mit wachsendem Volumen der Druck fällt. Das leuchtet ein, wenn man sich das Gas in einen Zylinder eingeschlossen denkt (Abb. 1), dessen Kolben so langsam herausgezogen wird, daß sich die Temperatur des Gases stets mit der Umgebungstemperatur ausgleicht. Der mathematische Ausdruck für die gleichseitige Hyperbel ist

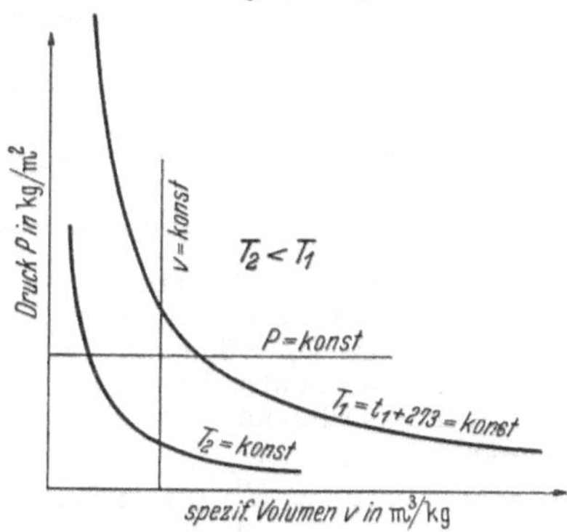

Abb. 15. Vollkommene Gase. Änderung von Druck und Volumen bei unveränderlicher Temperatur (P, v-Diagramm).

$$\boxed{P \cdot v = \text{konst.}} \quad \text{oder} \quad \boxed{P_1 v_1 = P_2 v_2}\,, \tag{36}$$

was besagt: Bei unveränderlicher Temperatur behält das *Produkt aus Druck und Volumen für alle möglichen Gaszustände denselben Wert.* Das Produkt $P \cdot v$ für ein bestimmtes Gas ist nur von der Temperatur abhängig, $P \cdot v = f(T)$; es ist für andere Temperaturen von anderem Wert. In der Form

$$\boxed{\frac{P_1}{P_2} = \frac{p_1}{p_2} = \frac{V_2}{V_1} = \frac{v_2}{v_1}} \tag{37}$$

besagt das Gesetz, daß sich bei *gleichbleibender Temperatur die Volumina umgekehrt verhalten wie die absoluten Drücke.*

Mit dem spezifischen Gewicht $\gamma = 1/v$ geht (36) über in

$$\boxed{\frac{P}{\gamma} = \text{konst.}} \quad \text{oder} \quad \boxed{\frac{P_1}{\gamma_1} = \frac{P_2}{\gamma_2}}. \tag{38}$$

Bei konstanter Temperatur ist also das Verhältnis von absolutem Druck P zum spezifischen Gewicht γ unveränderlich.

Beispiel 1. Ein Gas nimmt bei 1 at abs. den Raum von 10 m³ ein. Es wird ohne Temperaturänderung auf 10 at abs. zusammengedrückt. Welchen Raum nimmt es dann ein?

$$(36) \qquad V_2 = \frac{V_1 p_1}{p_2} = \frac{10 \cdot 1}{10} = 1 \text{ m}^3.$$

Beispiel 2. 2 m³ Gas von 3 at Überdruck werden in einen Behälter geschoben, wobei die Temperatur unverändert bleibt. In dem Behälter von 10 m³ Inhalt befindet sich bereits Gas unter 60 vH Vakuum, Barometerstand 745 Torr. Welcher Enddruck stellt sich ein?

$$P_0 = \frac{745}{735{,}6} \cdot 10000 = 10128 \text{ kg/m}^2,$$

$$P = 0{,}40 \cdot 10128 = 4051 \text{ kg/m}^2,$$

$$(36) \qquad P_2 = \frac{P_1 V_1}{V_2} + P = \frac{(3+1) \cdot 10000 \cdot 2}{10} + 4051$$

$$= \text{rund } 12000 \text{ kg/m}^2 \text{ oder } 0{,}2 \text{ at Überdruck.}$$

Beispiel 3. $V_1 = 1000$ m³/h von 8 at abs. strömen durch eine Rohrleitung. Welchen Durchmesser d_1 muß die Leitung haben, wenn die mittlere Strömungsgeschwindigkeit $w_1 = 6$ m/s nicht überschreiten soll? Am Verwendungsort wird die Luft auf 5,4 at abs. bei unveränderlicher Temperatur gedrosselt. Wie groß ist der lichte Rohrdurchmesser d_2 nach dem Drosselorgan bei ebenfalls $w_2 \leqq 6$ m/s zu wählen?

$$V_1 = \frac{\pi d_1^2}{4} \cdot w_1 \cdot 3600;$$

$$d_1 = 0{,}243 \text{ m } (250 \text{ mm } \varnothing).$$

$$P \cdot V = \text{konst.}; \quad V_2 = \frac{V_1 p_1}{p_2} = \frac{1000 \cdot 8}{5{,}4} = 1480 \text{ m}^3/\text{h},$$

$$d_2 = 0{,}296 \ (300 \text{ mm } \varnothing).$$

Beispiel 4. Der Anlaßdruckluftkessel von 0,60 m³ Fassungsvermögen einer Dieselmaschine wird durch Preßluft aus Stahlflaschen bei der Inbetriebnahme aufgefüllt. Jede Stahlflasche hat 0,03 m³ Inhalt und enthält Preßluft von 100 at. Wieviel Flaschen werden gebraucht, um den Behälter auf 17 at. abs. aufzufüllen, wenn die Temperatur unverändert bleibt?

Bei 1 Flasche $0{,}60 \cdot 1 + 0{,}03 \cdot 100 = 0{,}63 \cdot p_1; \quad p_1 = 5{,}7$ at abs.

bei n Flaschen $0{,}60 \cdot 1 + n \cdot 0{,}03 \cdot 100 = (0{,}60 + n \cdot 0{,}03) \cdot 17;$

$n = 3{,}86$ Flaschen. Es werden 4 Flaschen gebraucht.

Beispiel 5. In einem Zylinder ist 1 l eines Gases bei atmosphärischem Druck eingeschlossen. Der Kolben geht langsam zurück, bis der Zylinderinhalt auf 1,8 l angewachsen ist. Welcher Druck stellt sich ein, wenn die Temperatur unverändert bleibt und der Barometerstand 748,9 Torr ist?

$$p_1 = \frac{748{,}9}{735{,}6} = 1{,}018 \text{ at abs.}; \qquad p_2 = 1{,}018 \cdot \frac{1}{1{,}8} = 0{,}565 \text{ at abs.}$$

Vereinigung der beiden Gesetze. Die beiden Gasgesetze von Gay-Lussac (32) und Boyle-Mariotte (36),

$$\frac{v}{T} = f(P) \quad \text{und} \quad P \cdot v = f(T),$$

lassen sich zu einem *allgemeinen Gesetz* für vollkommene Gase vereinigen, das Auskunft über Anfang und Ende von *beliebigen* Änderungen der Zustandsgrößen P, v, T gibt. Will man gemäß Abb. 14 vom Zustand 1 nach 2 kommen und wählt man z. B. den Weg von 1 nach 3 bei P = konst. und von 3 nach 2 bei T = konst., so erhält man mit

$$P = P_1 = P_3 = \text{konst.}, \qquad \frac{v}{T} = \text{konst.} \qquad \text{und} \qquad v_3 = v_1 \cdot \frac{T_3}{T_1}$$

die Form

$$P_3 \cdot v_3 = P_1 \cdot v_1 \cdot \frac{T_3}{T_1},$$

weiter mit $T = T_3 = T_2$ = konst. und $P \cdot v$ = konst. die Form

$$P_3 v_3 = P_2 v_2 = P_1 v_1 \cdot \frac{T_3}{T_1} = P_1 \cdot v_1 \cdot \frac{T_2}{T_1}$$

und

$$\frac{P_3 \cdot v_3}{T_3} = \frac{P_2 \cdot v_2}{T_2} = \frac{P_1 \cdot v_1}{T_1} = \text{konst.}$$

Bei vollkommenen Gasen geht die allgemeine Zustandsgleichung $F(P, v, T) = 0$ über in

$$\frac{P \cdot v}{T} - \text{konst.} = 0.$$

Zwar sind Druck P und Temperatur T unabhängig von der Art des Gases, nicht aber das spezifische Volumen v. Daraus folgt, daß auch die Konstante von der Eigenart des Gases abhängen muß. Man setzt

$$\boxed{\frac{P v}{T} = \text{konst.} = R} \tag{39}$$

und nennt R die *Gaskonstante*[1].

Schreibt man (39) in der Form

$$P v = R T,$$

so gilt allgemein für kleine Zustandsänderungen

$$d(P v) = R\, dT$$

oder

$$P\, dv + v\, dP = R\, dT.$$

[1] Unter R wird hier und im folgenden stets die spezielle Gaskonstante bezogen auf 1 kg des betreffenden Gases verstanden (DIN 1345, Abs. 4), siehe auch S. 55.

Teilt man durch Pv, so findet man

$$\frac{dv}{v} + \frac{dP}{P} = \frac{R}{Pv} dT$$

oder

$$\boxed{\frac{dv}{v} + \frac{dP}{P} = \frac{dT}{T}} \tag{40}$$

als Ausdruck für das vereinigte GAY-LUSSACsche und BOYLE-MARIOTTEsche Gasgesetz.

Die Gaskonstante R hat für jedes Gas einen bestimmten unveränderlichen Wert. Ihre Dimension ist mkg/kg · Grad (oder gekürzt m/Grad).

Zahlentafel 21. *Gaskonstante R in mkg/kg · Grad für einige Gase.*

Gasart		Molekulargewicht M	Gaskonstante R
Wasserstoff	H_2	2,0156	420,6
Helium	He	4,002	212,0
Methan	CH_4	16,03	52,90
Kohlenoxyd	CO	28,00	30,29
Stickstoff	N_2	28,016	30,26
Luft	—	(28,964)	29,27
Sauerstoff	O_2	32,0000	26,50
Kohlendioxyd	CO_2	44,00	19,27

Je kleiner das Molekulargewicht ist, um so größer ist die Gaskonstante. Bildet man das Produkt $M \cdot R$, so erhält man in allen Fällen merkwürdigerweise den Wert 848.

Für beliebige Volumina ist $V[\mathrm{m}^3] = G[\mathrm{kg}] \cdot v[\mathrm{m}^3/\mathrm{kg}]$ zu setzen und ist

$$\boxed{PV = GRT}\,. \tag{41}$$

Man erhält eine bemerkenswert einfache Beziehung allgemeiner Natur, nunmehr zwischen allen drei Zustandsgrößen und für beliebige Mengen, die für vollkommene Gase gilt und für wirkliche Gase insoweit zutrifft, wie sich die molekularen Anziehungskräfte vernachlässigen lassen. Man nennt diese Zustandsgleichung das

allgemeine Gasgesetz

der vollkommenen Gase. Wenn zwei Zustandsgrößen bekannt sind, so kann man die dritte berechnen. Bringt man ein Gas in einen anderen Zustand, so kann man zwei Größen wählen, die dritte ist dann gegeben. Die drei besonderen Zustandsänderungen (Abb. 14 und 15) bei $P =$ konst., $v =$ konst. und $T =$ konst. gehen aus der allgemeinen Zustandsgleichung $F(P, v, T) = 0$ hervor in den Formen

$$f_1(v, T)_P = 0 \quad \text{oder} \quad \frac{v}{T} = \text{konst.}, \tag{42}$$

$$f_2(P, T)_v = 0 \quad \text{oder} \quad \frac{P}{T} = \text{konst.}, \tag{43}$$

$$f_3(P, v)_T = 0 \quad \text{oder} \quad P \cdot v = \text{konst.}, \tag{44}$$

wobei die Zeiger P, v, T bedeuten, daß die betreffende Zustandsgröße bei dem Vorgang unverändert bleibt. Die allgemeine Zustandsgleichung besagt: *Bei jedem Gas steht in jedem möglichen Zustand das Produkt aus Druck und spezifischem Volumen zur absoluten Temperatur im selben festen Verhältnis.*

Das spezifische Gewicht ergibt sich aus

$$\boxed{\gamma = \frac{P}{R \cdot T}} \quad \text{in kg/m}^3, \tag{45}$$

wobei wiederum nur R auf den betreffenden Stoff Bezug nimmt. In Zahlentafel I im Anhang sind weitere Werte für die Gaskonstante angegeben.

Beispiel 1. Wie groß ist das spezifische Volumen der Luft bei 745 Torr und 20° C? Gaskonstante $R = 29{,}27$ nach Zahlentafel 21.

$$(39) \qquad v = \frac{R \cdot T}{P} = \frac{29{,}27 \cdot 293 \cdot 735{,}6}{10000 \cdot 745} = 0{,}847 \text{ m}^3/\text{kg}.$$

Beispiel 2. Wieviel wiegen 0,5 m³ Luft von 0,01 at abs. (rund 99 vH Vakuum) und 20° C?

$$(41) \qquad G = \frac{0{,}01 \cdot 10^4 \cdot 0{,}5}{29{,}3 \cdot 293} = 5{,}82 \cdot 10^{-3} \text{ kg}.$$

Beispiel 3. Welchen Raum nehmen 5 kg Sauerstoff bei 10 at abs. und 10° C ein?

$$(41) \qquad V = \frac{G \cdot R \cdot T}{P} = \frac{5 \cdot 26{,}50 \cdot 283}{10 \cdot 10000} = 0{,}375 \text{ m}^3.$$

Dabei ist $R = 26{,}50$ aus Zahlentafel 21. Das Gefäß, in dem sich der Sauerstoff befindet, wird von der Sonne bestrahlt. Die Innentemperatur steigt auf 55° C. Wie groß wird dann der Druck des Gases (Gefäßausdehnung unberücksichtigt)?

$$(33) \qquad p_2 = \frac{T_2 \cdot p_1}{T_1} = \frac{328 \cdot 10}{283} = 11{,}6 \text{ at abs.}$$

Beispiel 4. 4 m³ eines Gases werden auf 1 m³ verdichtet. Anfangsdruck und -temperatur sind 1 at abs. und 20° C. Wie groß ist der Enddruck p_2, wenn die Temperatur nach der Verdichtung 70° C ist?

$$(39) \qquad p_2 = \frac{1 \cdot 4 \cdot 343}{293 \cdot 1} = 4{,}68 \text{ at abs.}$$

Beispiel 5. Wie groß ist die Gaskonstante von Wasserstoff, wenn 10 kg davon bei 24° C und 1 at abs. einen Raum von 125 m³ füllen?

$$(41) \qquad R = \frac{10000 \cdot 125}{10 \cdot 297} = 421 \text{ mkg/kg} \cdot \text{Grad}.$$

Beispiel 6. Mit einem Luftmesser wird eine Luftmenge von 304 m³ gemessen unter einer Temperatur von 27° C und einem Überdruck von 11 mm WS. Der Barometerstand ist 752,0 mm QS bei 12° C. Wie groß ist die Luftmenge in kg? Reduzierter Barometerstand 752—1,47 = 750,5 Torr.

$$(41) \qquad G = \frac{P \cdot V}{R \cdot T} = \frac{\left(750{,}5 + \frac{11}{13{,}6}\right) \cdot 10^4 \cdot 304}{735{,}6 \cdot 29{,}27 \cdot 300} = 354 \text{ kg}.$$

Beispiel 7. Ein Windkessel mit 20 m³ Fassungsvermögen enthält Preßluft von 7,2 at Überdruck und 20° C. Nach einiger Zeit ist den Verbrauchern so viel Preßluft zugeführt worden, daß der Druck auf 3 at Überdruck und die Temperatur auf 0° C abgesunken ist. Wieviel Luft wurde abgegeben?

$$G_1 = \frac{P_1 V}{R T_1} = \frac{8{,}2 \cdot 10^4 \cdot 20}{29{,}3 \cdot 293} = 191\,\text{kg}, \tag{41}$$

$$G_2 = \frac{P_2 V}{R T_2} = \frac{4 \cdot 10^4 \cdot 20}{29{,}3 \cdot 273} = 100\,\text{kg}. \tag{41}$$

Es sind $G_1 - G_2 = 91$ kg Luft abgeströmt.

Beispiel 8. Preßluft von 8 at Überdruck und 30° C wird durch eine Rohrleitung in einen 1200 m tiefen Schacht geleitet. Das Manometer über Tage zeigt genau 8,020 at Überdruck an. Welchen Überdruck würde ein Manometer unter Tage anzeigen, wenn keine Luft entnommen wird, die Lufttemperatur gleichmäßig 30° C und der Barometerstand 740 Torr ist?

$$p_1 = 8{,}020 + \frac{740}{735{,}6} = 9{,}026\ \text{at abs.}$$

Der Druck, den ein Teilchen an der Stelle x in Abb. 16 von der Höhe dx auf die darunter befindliche Luftsäule ausübt, ist

$$p + dp = p + \gamma \cdot 10^{-4} dx$$

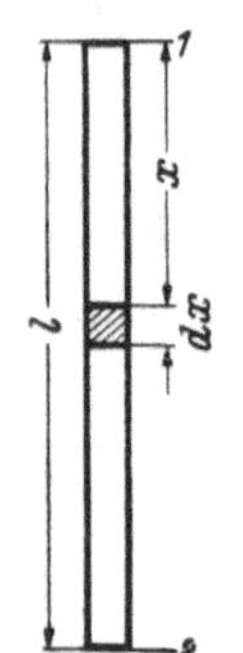

Abb. 16. Skizze zu Beispiel 8.

mit dem spezifischen Gewicht γ an der Stelle x, was sofort klar wird, wenn man die Gleichung der Kräfte oder Gewichte mit dem Rohrquerschnitt F in m² anschreibt (beachte Gl. 1):

$$F(P + dP) = FP + \gamma F\, dx.$$

Mit $\gamma = P/RT$ folgt aus $dp = \gamma 10^{-4} dx$

$$dp = \frac{p}{RT} dx$$

und

$$\int_{p_1}^{p_2} \frac{dp}{p} = \frac{1}{RT} \int_0^l dx$$

und integriert

$$\ln(p_2/p_1) = \frac{1}{RT} l = \frac{1200}{29{,}3 \cdot 303} = 0{,}1352\,.$$

Daraus

$$p_2/p_1 = 1{,}145 \quad \text{und} \quad p_2 = 10{,}332\ \text{at abs.}$$

Der Luftdruck nimmt ebenfalls auf etwa $1{,}145 \cdot 1{,}006 = 1{,}152$ at abs. zu, so daß das Manometer auf der Sohle $p_2 = 10{,}332 - 1{,}152 = 9{,}180$ at Überdruck anzeigt.

12. Normzustand.

Mit dem allgemeinen Gasgesetz kann man, wie es zur besseren Vorstellung und für vergleichsfähige Mengenangaben nützlich ist, beliebige Gasmengen auf Normkubikmeter umrechnen. Es seien P, V und T die beliebigen Zustandswerte eines Gases. Die Frage geht nach den Größen im Normzustand P_N, V_N, T_N. Das *Normvolumen* ergibt sich aus

$$\boxed{\frac{P_N \cdot V_N}{T_N} = \frac{P \cdot V}{T}} \tag{46}$$

zu

$$V_N = \frac{T_N}{P_N} \cdot \frac{P \cdot V}{T} = 0{,}0264 \frac{P \cdot V}{T} \tag{47}$$

und

$$V_N = 264 \frac{p \cdot V}{T}$$
$$v_N = 264 \frac{p \cdot v}{T} \tag{48}$$

in Nm^3 bzw. Nm^3/kg mit $T_N = 273°$ K und $P_N = 10332\ kg/m^2$ oder, wenn der Überdruck h in Torr und der Barometerstand b in Torr gemessen wird,

$$V_N = \frac{273}{760} \cdot \frac{(b+h) \cdot V}{T} = 0{,}359 \frac{(b+h) \cdot V}{T} \tag{49}$$

in Nm^3. Wenn nun G kg eines Stoffes mit der Gaskonstanten R gegeben sind, so ist das Normvolumen

$$V_N = \frac{G \cdot R \cdot T_N}{P_N} = 0{,}0264 \cdot G \cdot R \tag{50}$$

in Nm^3, entsprechend $v_N = 0{,}0264 \cdot R$ in Nm^3/kg.

Das *Normkubikmetergewicht* γ_N ergibt sich mit (46) zu

$$\gamma_N = \frac{P_N}{R \cdot T_N} = \frac{37{,}85}{R} \text{ in } kg/Nm^3 . \tag{51}$$

Daraus folgt, daß die Normkubikmetergewichte verschiedener Gase im umgekehrten Verhältnis zu ihren Gaskonstanten stehen, ebenso wie die allgemeinen Kubikmetergewichte bei gleichen Drücken und Temperaturen, also

$$\frac{\gamma_{N1}}{\gamma_{N2}} = \left(\frac{\gamma_1}{\gamma_2}\right)_{P,T} = \frac{R_2}{R_1} . \tag{52}$$

Zahlentafel 22. *Normkubikmetergewichte verschiedener Gase γ_N in kg/Nm³.*

Sauerstoff	1,429	Kohlendioxyd	1,977
Stickstoff	1,251	Kohlenoxyd	1,250
Luft	1,293	Methan	0,717
Wasserstoff	0,0899	Helium	0,179

Siehe hierzu auch Zahlentafel I. Statt auf Wasser = 1000 (1 m³ ≙ 1000 kg) kann man auch das Gewicht auf *Luft* = 1 beziehen, das man *bezogenes Gewicht* δ oder bezogene Dichte des Gases nennt. Es ist mit Zeiger L für Luft

$$\delta = \left(\frac{\gamma}{\gamma_L}\right)_{P,T} = \frac{R_L}{R} = \frac{29{,}27}{R} . \tag{53}$$

Die Zeiger P, T bedeuten, daß beide Werte γ beim selben Druck und bei der gleichen Temperatur verglichen werden. Das Gas ist also *unter denselben Umständen* δ mal so schwer wie Luft, wobei $\delta \gtreqless 1$ sein kann.

Zahlentafel 23. *Bezogene Gewichte δ (Luft = 1) verschiedener Gase.*

Sauerstoff	1,105	Kohlendioxyd	1,529
Stickstoff	0,967	Kohlenoxyd	0,967
Wasserstoff	0,0695	Methan	0,555

Weitere Werte siehe Zahlentafel I.

Von Zahlentafel 23 sind Sauerstoff und Kohlendioxyd schwerer als Luft, die übrigen Gase leichter. Da dieser Zusammenhang für alle Drücke und Temperaturen gilt, wenn sie nur gleich groß sind, gibt δ ebenso eine eindeutige Eigenschaft für jedes Gas an wie die Gaskonstante R.

Beispiel 1. 10 m³ eines vollkommenen Gases stehen unter 1,7 at abs. und sind 312° C warm. Welches Normvolumen nimmt das Gas ein?

(48) $$V_N = 264 \cdot \frac{1{,}7 \cdot 10}{273 + 312} = 7{,}67\ \text{Nm}^3.$$

Beispiel 2. Mit einem Luftmesser werden 80 m³ Luft bei 22 Torr Unterdruck und 25° C gemessen. Der Barometerstand ist 762 Torr. Wie groß ist das Normvolumen?

(49) $$V_N = 0{,}359\, \frac{(762 - 22) \cdot 80}{273 + 25} = 71{,}32\ \text{Nm}^3.$$

Beispiel 3. Welches Normvolumen haben 12 kg Sauerstoff?

(50) $$V_N = 0{,}0264 \cdot 12 \cdot 26{,}50 = 8{,}39\ \text{Nm}^3.$$

Beispiel 4. Von einem Gas ist die Gaskonstante mit $R = 20$ bekannt. Ist dieses Gas schwerer oder leichter als Luft?

(53) $$\delta = 29{,}27/20 = 1{,}464 > 1.$$

Es ist erheblich schwerer als Luft.

Beispiel 5. 1 m³ Luft von 120 at abs. und 30° C wiegt 135,5 kg. Wieviel wiegt 1 m³ Wasserstoff unter denselben Umständen?

(52) $$\gamma = \frac{135{,}5 \cdot 29{,}27}{420{,}6} = 9{,}43\ \text{kg/m}^3.$$

Beispiel 6. Wie groß ist das Normkubikmetergewicht eines Gases mit der Gaskonstanten $R = 20$?

(51) $$\gamma_N = 37{,}85/20 = 1{,}893\ \text{kg/Nm}^3.$$

Beispiel 7. Ein Freiballon mit offenem Füllansatz, durch den sich der Druck in der Hülle mit dem äußeren Luftdruck ausgleichen kann, wiegt 1080 kg (Korb, Hülle, Pilot und Ballast) und faßt vollgefüllt 2500 m³. Er wird bei 750 Torr und 10° C Lufttemperatur mit 1800 m³ Leuchtgas ($\delta = 0{,}45$) von derselben Temperatur gefüllt. Wie groß sind Tragkraftüberschuß, Anfahrbeschleunigung und Steighöhe bis zur Gleichgewichtslage, wenn trübes Wetter herrscht und die Temperatur unverändert bleibt? Der mitfahrende Pilot wiegt mit Ausrüstung 200 kg. Wie hoch steigt der Ballon, wenn der Pilot nach dem Einfahren in die Gleichgewichtslage abspringt? (Rechnung ohne Rücksicht auf Luftfeuchtigkeit.)

Luftdruck am Boden $P = \frac{750}{735{,}6} \cdot 10^4 = 10200\ \text{kg/m}^2$,

Luftgewicht am Boden $\gamma = P/R \cdot T = \frac{10200}{29{,}3 \cdot 283} = 1{,}23\ \text{kg/m}^3$,

Tragkraftüberschuß $1800 \cdot 1{,}23 \cdot (1 - 0{,}45) - 1080 = 138$ kg,

Gasgewicht $1800 \cdot 1{,}23 \cdot 0{,}45 = 995$ kg,

Anfahrbeschleunigung $\frac{138 \cdot 9{,}81}{995 + 1080} = 0{,}652\ \text{m/s}^2$,

Auftrieb 0 in Steighöhe x m

$$\frac{P_x \cdot 2500}{29{,}3 \cdot 283}(1 - 0{,}45) - 1080 = 0,$$

$$P_x = 6500\ \mathrm{kg/m^2},$$

$$\text{Steighöhe } x = R \cdot T \cdot \ln \frac{P}{P_x} = 29{,}3 \cdot 283 \cdot 0{,}451 = 3740\ \mathrm{m}.$$

(Siehe hierzu Berechnungsweise von Beispiel 8, S. 44.) Beim Überfahren der Gleichgewichtslage beginnt Gas durch den Füllansatz zu entweichen (Ballon prall, Auftrieb 0). Nach dem Absprung geht der Ballon auf die Steighöhe y m.

$$\frac{P_y \cdot 2500}{29{,}3 \cdot 283}(1 - 0{,}45) - 880 = 0,$$

$$P_y = 5310\ \mathrm{kg/m^2},$$

$$\text{Steighöhe } y = R \cdot T \cdot \ln \frac{P}{P_y} = 29{,}3 \cdot 283 \cdot 0{,}652 = 5410\ \mathrm{m}.$$

13. Gesetz von Avogadro.

Man hat nun die merkwürdige Beobachtung gemacht, daß alle Gase, die sich wie vollkommene Gase verhalten, in einem Raum bestimmter Größe *in derselben Anzahl* von Molekülen versammelt sind, wenn Druck und Temperatur gleich sind. Dessenungeachtet haben aber die einzelnen Gase je nach Art verschiedene Gewichte:

$$G_1 = \frac{P \cdot V}{R_1 T}, \quad G_2 = \frac{P \cdot V}{R_2 T}, \quad \ldots$$

Weil nun das Gewicht G das n-fache des Molekulargewichtes ist, so gilt auch

$$n_1 \cdot M_1 \cdot R_1 = n_2 \cdot M_2 \cdot R_2 = \cdots \tag{54}$$

Bei gleichviel Molekülen ist $n_1 = n_2 = \cdots$ und

$$M_1 R_1 = M_2 R_2 = \cdots \tag{55}$$

Für Sauerstoff z. B. ist die Größe von Molekulargewicht M mal Gaskonstante R

$$32{,}00 \cdot 26{,}50 = 848{,}00,$$

für Kohlenoxyd 848,12, Kohlendioxyd 847,88, Wasserstoff 847,76, Methan 847,99 usf., also so gut wie genau 848. Allgemein ist

$$\boxed{MR = 848}, \tag{56}$$

weshalb man 848 in mkg/kmol · Grad als *allgemeine Gaskonstante* bezeichnet, die keine dem einzelnen Gase eigentümliche Größe mehr ist. Die für alle Gase allgemeingültige Zustandsgleichung, auf das Gewicht M in kmol abgestellt, lautet

$$\boxed{PV = MRT = 848\,T} \tag{57}$$

Mit *Molvolumen* bezeichnet man den Raum, den 1 kmol des Gases einnimmt, also ein Gasgewicht von M kg. Das Molvolumen ist mit (57)

$$V = 848 \frac{T}{P}. \qquad (58)$$

Es ist dies eine wichtige Erkenntnis. Wenn eine Gasmenge gerade so viel kg wiegt, wie der Zahl des Molekulargewichts entspricht, dann nimmt sie in jedem Zustand (P, T) einen bestimmten Raum ein, ganz gleichgültig, um was für ein Gas es sich handelt. Unter Normumständen beträgt der Raum

$$\boxed{V_N = 848 \frac{T_N}{P_N} = 22{,}407 \approx 22{,}4\ \mathrm{Nm}^3} \qquad (59)$$

Man nennt diesen Raum das Norm-Molvolumen oder kurz das *Normvolumen* der Gase[1]. Um es nochmals klar zu sagen:

Alle Gase nehmen unter gleichen Umständen je kmol denselben Raum ein, und zwar im Normzustand den Raum von 22,4 m³.

Handelt es sich nicht um 1 kmol, sondern um n kmol, so erfüllen sie ein Volumen von

$$V_N = 22{,}4\, n\ \mathrm{Nm}^3.$$

Ein beliebiges Normvolumen enthält somit

$$n = V_N/22{,}4 = 0{,}0446\ V_N\ \mathrm{kmol}.$$

Die Zahl der Moleküle in 22,4 Nm³, die bei allen (vollkommenen) Gasen dieselbe ist, läßt sich messen. Man hat sie experimentell auf verschiedene Weise und übereinstimmend zu $6{,}06 \cdot 10^{26}$ nachgewiesen. Sie ist bekannt als *Avogadrosche Zahl*[2]. Damit findet man das Gewicht eines Moleküls zu $M/6{,}06 \cdot 10^{26}$ kg. Für ein Sauerstoff-Molekül (O_2) ergibt sich mit $M = 32{,}00$ rund $5{,}3 \cdot 10^{-26}$ kg, für ein Wasserstoffatom $1{,}65 \cdot 10^{-27}$ kg.

Der mittlere Raum, der jedem Gasmolekül unter Normumständen zur Verfügung steht, ist

$$\frac{22{,}4 \cdot 10^9}{6{,}06 \cdot 10^{26}} \approx 3{,}7 \cdot 10^{-17}\ \mathrm{mm}^3.$$

Man kann daraus auf den hier besonders interessierenden Abstand von Molekülmitte bis Molekülmitte schließen und erhält

$$\sqrt[3]{37} \cdot 10^{-6} \approx 3{,}3 \cdot 10^{-6}\ \mathrm{mm}$$

der Größenordnung nach[3].

Bei einem Abstand solcher Größenordnung ist die Wirkung der molekularen Anziehung erfahrungsgemäß vernachlässigbar klein.

---

[1] Als genaue Zahl ist im DIN-Blatt 1343 aufgenommen 22,4145 Nm³ bei $T_N = 273{,}16°$ K.

[2] Amedeo Avogadro di Quaregna, italienischer Physiker (1776—1856). Eine neuere Zahl heißt $6{,}0244 \cdot 10^{26}$. Man nennt diese Zahl auch nach dem deutschen Physiker Josef Loschmidt (1821—1895), der sie mit $27 \cdot 10^{18}$ Molekülen je cm_N^3 angab. Siehe hierzu auch Abschnitt 16.

[3] 3,3 $\mu\mu$ sind im Verhältnis zu 1 mm soviel wie 3,3 mm auf 1 km. Mit Hilfe der v. d. Waalsschen Gleichung (siehe Abschnitt 20) läßt sich berechnen, daß z. B. ein Wasserstoff- oder ein Sauerstoff-Molekül selbst nur den 1000. Teil dieses Raumes erfüllen. Damit ergibt sich ihr Durchmesser der Größenordnung nach zu $3 \cdot 10^{-7}$ mm, also soviel wie $^1/_3$ mm auf 1 km.

Das Gesetz von AVOGADRO heißt mit anderen Worten: *Bei beliebigen, aber gleichen Drücken und Temperaturen stehen die Gewichte verschiedener (vollkommener) Gase im Verhältnis ihrer Molekulargewichte.* Aus (52) und (55) folgt

$$\left(\frac{\gamma_1}{\gamma_2}\right)_{P,T} = \frac{M_1}{M_2}. \tag{60}$$

Ein Nm^3 wiegt γ_N kg, 22,4 m^3 wiegen M kg, damit ist

$$\boxed{\gamma_N = M/22{,}4} \tag{61}$$

in kg/Nm^3. Tatsächlich ist das *Molvolumen* bei den wirklichen Gasen etwas von 22,4 Nm^3 verschieden, weil die Forderung des idealen Gaszustandes nicht streng erfüllt wird; aber wie man aus Zahlentafel I erkennt, erstaunlich wenig, so daß die AVOGADROsche Regel von großem Nutzen ist. Mit (53) und (60) folgt (L Zeiger für Luft)

$$\boxed{\delta = \frac{M}{M_L} = \frac{M}{28{,}96} = 0{,}0345 \cdot M} \tag{62}$$

eine Beziehung, die anzugeben gestattet, wie schwer ein Gas im Verhältnis zur Luft ist, wenn man nur sein Molekulargewicht kennt.

Beispiel 1. Aus der Analyse eines Gases ist das Molekulargewicht mit $M = 26$ bekannt. Ist dieses Gas leichter oder schwerer als Luft?

$$(62) \qquad \delta = 0{,}0345 \cdot 26 = 0{,}9 < 1.$$

Es ist leichter.

Beispiel 2. Wie groß ist das Normkubikmetergewicht dieses Gases?

$$(61) \qquad \gamma_N = \frac{26}{22{,}4} = 1{,}16 \text{ kg/Nm}^3,$$

oder mit $\gamma_{NL} = 1{,}293$ ist

$$(53) \qquad \gamma_N = 0{,}9 \cdot 1{,}293 = 1{,}16 \text{ kg/Nm}^3.$$

Da der genaue Wert des Molvolumens mehr oder weniger von 22,4 Nm^3 abweicht, ist diese Berechnung nur in erster Annäherung richtig.

Beispiel 3. Wie groß ist das Normvolumen von 10 kmol eines Gases?[1]

$$V_N = 10 \cdot 22{,}4 = 224 \text{ Nm}^3.$$

Ein beliebiges Normvolumen sei 2413 Nm^3. Wieviel Kilomol des Gases sind vorhanden?

$$n = 0{,}0446 \cdot 2413 = 107{,}6 \text{ kmol}.$$

14. Energie und Arbeit.

Mechanische Gasarbeit. Eine bestimmte Gasmenge G nimmt unter bestimmten Umständen (Druck P und Temperatur T) einen bestimmten Raum V ein. Wenn sich dieses Gas ausdehnt, so muß es seine bisherige Begrenzung zurückdrängen, die dem einen gewissen Widerstand entgegensetzt. Das Gas leistet bei seiner *Ausdehnung* eine *Arbeit*, deren Umfang von der Größe der Ausdehnung und der widerstehenden Kräfte

[1] Allgemein wird durch den Zeiger N bei V, P und T auf den Normzustand hingewiesen. Beim Volumen ist der Hinweis an sich doppelt, wenn die Menge außerdem in Nm^3 angegeben ist.

abhängt. Es sei angenommen, daß das Gas, das in seinem Raum ein *System* von Molekülen bildet, vor der Zustandsänderung selbst und mit seiner nächsten Umgebung im Gleichgewicht ist, d. h. im Zustand völliger Beruhigung. Das Gas muß durch *Energiezufuhr* in den Stand gesetzt werden, Arbeit zu leisten. Die Energiezufuhr verursacht eine Störung des Gleichgewichts, und es stellt sich am Ende der Zustandsänderung ein neuer Gleichgewichtszustand ein. Die *Ausdehnungsarbeit* muß aus der Energiezufuhr bestritten werden. Frage ist nun, welcher Zusammenhang zwischen dem Energiegehalt des Gases, der Zu- oder Abfuhr von Wärmeenergie und dem Aufwand oder der Leistung (Hergabe) von mechanischer Arbeit besteht. Dabei gilt als vereinbart, daß Wärme*zu*fuhr mit $+Q$ in kcal und Wärme*ab*fuhr mit $-Q$ angesetzt werden, vom Gas *abgegebene* Arbeit mit $+L$ in mkg und *aufgenommene* Arbeit mit $-L$. *Ausdehnungsarbeit* ist vom Gase nach außen geleistete mechanische Arbeit $+L$, *Verdichtungsarbeit* ist von außen aufgewendete Arbeit $-L$. In Abb. 17 ist das System angedeutet.

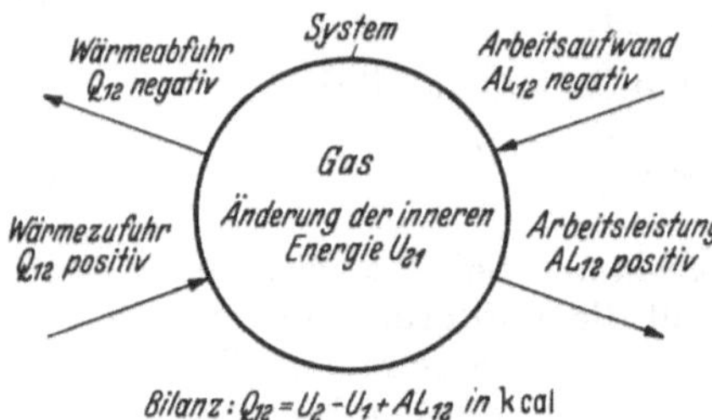

Abb. 17. Gas als Energieträger. Wärmezufuhr $+Q$, Wärmeabfuhr $-Q$, Leistung von äußerer mechanischer Arbeit in Wärmemaß $+AL$, Aufnahme von mechanischer Arbeit $-AL$. Änderung der gespeicherten inneren Energie bei der Zustandsänderung von 1 nach 2 ist U_{21}, sämtlich in kcal. A ist das mechanische Wärmeäquivalent $= 1/427$ kcal/mkg.

Zur näheren Aufklärung denke man sich das Gas in einen Idealzylinder wie Abb. 1 eingeschlossen, auf dessen Kolben der äußere Luftdruck und irgendwelche Kräfte ruhen, die zusammen durch die Kraft K zum Ausdruck gebracht sein mögen. Das Gas steht mithin unter dem Druck $P = K/F$, siehe Abb. 18. Das ganze System soll sich im Gleichgewicht befinden.

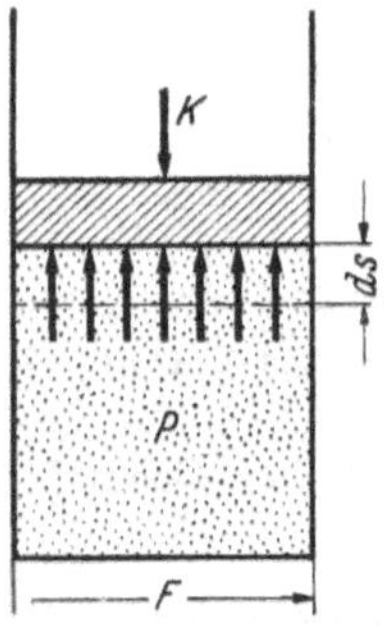

Abb. 18. In einem Idealzylinder eingeschlossene Gasmenge, die sich um den kleinen Raum $F ds$ ausdehnt.

Dem Gas möge nun eine Wärmemenge Q zugeführt werden, wobei es sich erwärmt und ausdehnt und der Kolben gegen den Widerstand K vorgeschoben wird. Die Wärme soll dabei so langsam und gleichmäßig zugeführt werden, daß es nicht zu tumultuarischen Vorgängen kommt. Bei jeder kleinen Verschiebung des Kolbens um den Weg ds leistet das Gas die äußere Arbeit

$$dL = K ds = P F ds = P dV$$

in mkg. Die Arbeit auf dem Wege von einer Kolbenstellung 1 bei Beginn der Ausdehnung bis zu einer Stellung 2 nach deren Beendigung ist

$$L_{12} = \int_{V_1}^{V_2} P \, dV. \tag{63}$$

Innere Energie. Wenn nun ein Gas erwärmt wird und dadurch sowohl seine Temperatur steigt, als auch sein Volumen zunimmt, so heißt das: Ein Teil der zugeführten Wärmeenergie wird im Gase aufgespeichert, und mit dem anderen Teil leistet das Gas eine Arbeit. Daraus folgt die außerordentlich wichtige Feststellung, daß *Wärmeenergie imstande ist,* äußere *mechanische Arbeit* zu leisten. Die im Gas verbleibende Wärmemenge wird mit *innerer Energie* bezeichnet. Man kürzt diese Größe mit u in kcal/kg, also für die Gewichtseinheit, ab. Für eine beliebige Menge von G kg schreibt man $U = Gu$ in kcal. Siehe hierzu auch Abschnitt 27. Die innere Energie setzt sich zusammen aus der fühlbaren Wärme und aus gebundener Energie (Umwandlungswärme). Bei Zustandsänderungen im gasförmigen Aggregatzustand ändert sich nur die fühlbare Wärmeenergie mit der Temperatur als Maßstab.

Allgemeine Wärmegleichung. Man kann sich vorstellen, daß einer bestimmten Gasmenge vom Gewicht G und von bestimmtem Zustand eine sehr kleine Wärmemenge dQ zugeführt wird. Die Folge davon sei eine beliebige Zustandsänderung, bei der sich das Gas erwärmt und ausdehnt. Die Steigerung der inneren Energie sei dU. Mit der Ausdehnung sei die äußere mechanische Arbeit $P\,dV$ verbunden.

Um eine Energiebilanz aufstellen zu können, muß man alle Energieänderungen in gleichem Maßstab ansetzen. Wärmemengen sind Größen in kcal. Wenn man die Bilanz im Wärmemaß berechnen will, muß man die mechanische Energie mit dem $A = 1/427$ kcal/mkg-fachen multiplizieren. Daß man dazu berechtigt ist, sei vorweggenommen. Der Nachweis hierfür wird im Abschnitt 18 erbracht. Die Energiebilanz lautet dann

$$\boxed{dQ = dU + A\,P\,dV}, \qquad (64)$$

oder mit allgemeinen Worten: *Der Wärmeaustausch bei einer beliebigen Zustandsänderung ist gleich der Änderung der inneren Energie und dem Wärmeäquivalent der dabei geleisteten äußeren mechanischen Arbeit.*

Man kann nun hier einflechten, daß diese Energiebilanz nicht etwa nur für Gase zutreffend ist, sie gilt ebenso für Körper mit beliebigem Aggregatzustand. Auch ein fester oder flüssiger Körper erwärmt sich und dehnt sich bei Aufnahme von Wärmeenergie aus. Die Energiebilanz gilt auch dann, wenn der Körper seinen Aggregatzustand wechselt. Während des Schmelzens und des Verdampfens wird wohl die fühlbare Wärme beibehalten ($dt = 0$), aber es wird Wärme gebunden, und die innere Energie wächst an. Beim Schmelzen wird Arbeit aufgewandt, die der äußere Druck verrichtet, und $P\,dV$ ist negativ einzusetzen. Bei der Verdampfung hingegen nimmt das Volumen stark zu. Die Beziehung (64) hat allgemeine Gültigkeit und gibt grundsätzlich Aufschluß über die Wechselbeziehungen zwischen Wärme und Arbeit, gleichviel, welcher Art die Zustandsänderung ist. Man bezeichnet deswegen diese Energiebilanz als *allgemeine Wärmegleichung.* Der Leser wird später auch noch andere allgemeine Wärmegleichungen kennenlernen.

Für eine beliebig große Wärmezufuhr gilt

$$\boxed{Q_{12} = U_2 - U_1 + A\int_1^2 P\,dV}\,. \tag{65}$$

Handelt es sich um 1 kg des Stoffes, so schreibt man

$$q_{12} = u_2 - u_1 + A\int_1^2 P\,dv \tag{66}$$

oder

$$\boxed{dq = du + A\,P\,dv}\,. \tag{67}$$

Mit dem allgemeinen Symbol L in mkg oder l in mkg/kg für die äußere mechanische Arbeit ist auch

$$\left.\begin{array}{l} \boxed{dQ = dU + A\,dL} \\ \text{oder} \\ \boxed{dq = du + A\,dl}\,. \end{array}\right\} \tag{68}$$

Man kann bei dieser Schreibweise sofort erkennen, ob sich die Werte auf eine beliebige Menge oder auf 1 kg des Stoffes beziehen.

Grenzfälle für die Arbeit. Zur Lösung von Gl. (68) ist offenbar von Bedeutung, wie sich die Kraft K am Kolben während der Ausdehnung verhält. Im allgemeinen Falle wird sie sich in Abhängigkeit vom Kolbenwege nach irgendeinem Gesetz ändern, das man kennen muß, um das Arbeitsintegral lösen zu können.

Angenommen, die Belastung des Kolbens bestünde nur aus dem äußeren Luftdruck oder einer anderen gleichbleibenden Belastung, so ist die Kraft K und damit der Gasdruck P unveränderlich, die Ausdehnung geht unter *konstantem Druck* vor sich. (65) vereinfacht sich dann zu

$$\left.\begin{array}{l} Q_{12} = U_2 - U_1 + A\,P\,(V_2 - V_1), \\ \text{und für 1 kg} \\ \boxed{q_{12} = u_2 - u_1 + A\,P\,(v_2 - v_1)} \end{array}\right\} \tag{69}$$

in kcal.

In einem anderen besonderen Falle kann man annehmen, der Widerstand K sei unendlich groß und ließe keine Kolbenbewegung zu. Dann kann sich das Gas nicht ausdehnen und wird keine äußere Arbeit geleistet. Bei einer Zustandsänderung *konstanten Volumens* wird die *gesamte Energiezufuhr im Gase aufgespeichert.*

$$dQ = dU = G\cdot du,$$

$$A\,L_{12} = 0$$

und

$$\boxed{Q_{12} = U_2 - U_1 = G\,(u_2 - u_1)}\,. \tag{70}$$

Die beiden Zustandsänderungen bei $P =$ konst. und bei $V =$ konst. sind Grenzfälle, zwischen welchen unzählig viele andere Zustandsänderungen möglich sind. Man erkennt, daß die Wärmezufuhr, die für die Erwärmung des Gases bis auf eine bestimmte Temperatur nötig ist, bei *gleichbleibendem Druck größer* ist als bei *gleichbleibendem Volumen*, und zwar um die *mechanische Ausdehnungsarbeit.*

Arbeitsdiagramme. Die Arbeit als Produkt aus Druck P und Volumen V läßt sich in einem P, V-Diagramm (Ordinate P, Abszisse V) als *Fläche* darstellen. In Abb. 19 ist der Ausdehnungsvorgang bei unveränderlichem Druck $P_1 = P_2$ wiedergegeben. Die schraffierte Fläche entspricht der Arbeit $P(V_2 - V_1)$. Wenn die widerstrebende Kraft K und damit der Gasdruck P veränderlich ist, so nimmt die Zustandsänderung einen anderen Verlauf. In Abb. 20 z. B. ist angenommen,

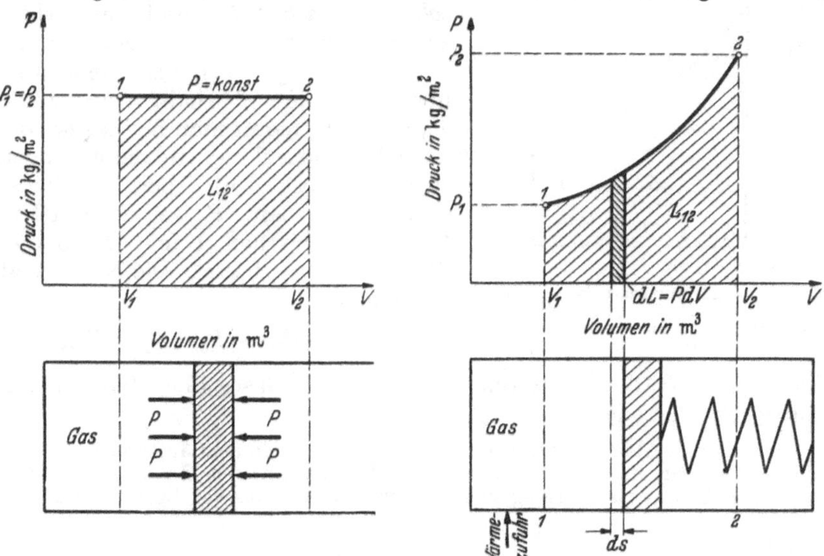

Abb. 19. Absolute Ausdehnungsarbeit L_{12} eines Gases bei konstantem Druck P.

Abb. 20. Absolute Ausdehnungsarbeit L_{12} eines Gases bei zunehmendem Gegendruck.

daß das wärmer werdende Gas in zunehmendem Maße an der Ausdehnung durch einen federnd abgestützten Kolben gehindert wird. Der Gasdruck steigt mit fortschreitender Verdrängung des Kolbens an, um den wachsenden Widerstand K überwinden zu können. Wenn man den Zusammenhang zwischen Federkraft bzw. Widerdruck und der Kolbenstellung bzw. dem Raum des Gases, $P = f(V)$, in einer bestimmten, hinreichend einfachen mathematischen Form ausdrücken kann, so findet man die Arbeit L_{12} durch Integration zwischen den Grenzen 1 und 2, d. h. durch rechnerische Summierung der einzelnen sehr schmalen Flächenstreifen $dL = P\,dV$. Im anderen Falle kann man die Arbeit durch Planimetrieren der Diagrammfläche und Multiplizieren mit den Maßstäben (1 cm $\triangleq \cdots$ kg/m², 1 cm $\triangleq \cdots$ m³) finden, wobei man die Kurve der Zustandsänderung von 1 nach 2 punktweise nach der Natur eintragen muß. Der Eigenschaft wegen, daß Arbeiten durch Flächen dargestellt werden, nennt man die *Druck/Volumen-Diagramme* (abgekürzt P, V-Diagramm, oder für 1 kg auch P, v-Diagramm) auch *Arbeitsdiagramme*.

Technisch von Bedeutung sind in erster Linie Vorgänge, bei welchen sich Gase vermöge ihres Energiegehaltes ausdehnen, wobei der Druck fällt, wie in Abb. 21—23.

Die Fläche für die *absolute Gasarbeit* reicht bis zur Linie $P = 0$ (Abszisse) herunter, was zu beachten ist, wenn der Druckmaßstab nicht bei 0 beginnt. In Abb. 21 ist dargestellt, wie sich ein Gas vom Druck P_1 und Volumen V_1 ausdehnt, wobei der Druck auf P_2 fällt. P_1 und P_2 seien größer als der äußere Luftdruck P_0. Die Differenz zwischen der *absoluten Gasarbeit* L_{12} und der Arbeit zur Überwindung des äußeren Luftdruckes $P_0(V_2 - V_1)$, also die schraffierte Fläche oberhalb der Linie $P_0 =$ konst., nennt man *Nutzarbeit*. Bei einer Kraftmaschine wird man danach streben, diese Nutzarbeit möglichst groß zu machen. P_m sei der mittlere Gasdruck zwischen 1 und 2, so daß $P_m(V_2 - V_1) = L_{12}$ ist. Die Nutzarbeit ist dann

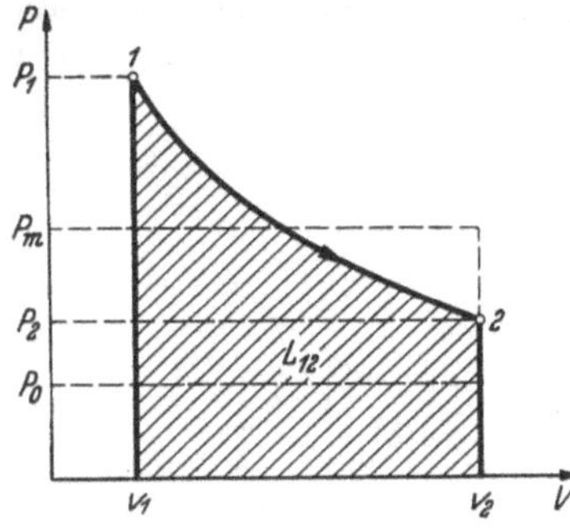

Abb. 21. Ausdehnungsarbeit L_{12} eines Gases vom Druck P_1 auf P_2. Mittlerer Gasdruck P_m, äußerer Luftdruck $P_0 < P_m$.

$$L_n = (P_m - P_0)(V_2 - V_1),$$

worin $P_m - P_0$ den mittleren Überdruck des Gases über den äußeren Luftdruck P_0 bedeutet.

Im Fall von Abb. 22 ist der mittlere Gasdruck gleich dem äußeren Luftdruck und die Nutzbarkeit $L_n = 0$. Wenn $P_m < P_0$ ist, ergibt sich der in Abb. 23 dargestellte Fall. Das Gas vermag sich nur auszudehnen, bis der Druck von P_1 bis

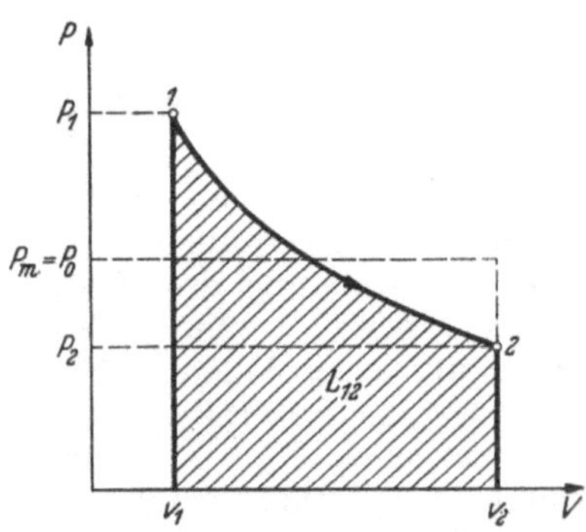

Abb. 22. Ausdehnungsarbeit L_{12} eines Gases vom Druck P_1 auf P_2. Mittlerer Gasdruck P_m = äußerem Luftdruck P_0.

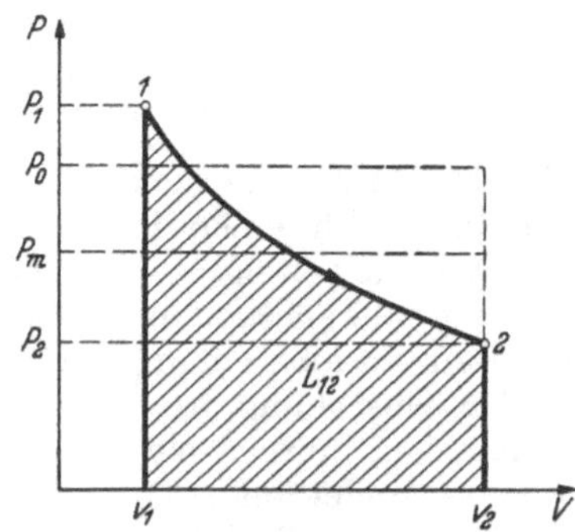

Abb. 23. Ausdehnungsarbeit eines Gases L_{12} vom Druck P_1 auf P_2. Mittlerer Gasdruck $P_m <$ äußerer Luftdruck P_0.

auf P_0 gefallen ist. Eine weitere Ausdehnung des Gases kann nur erreicht werden, wenn der Kolben aus dem Zylinder mit einer Kraft zunehmend auf $-K = (P_2 - P_0)F$ gegen die Wirkung des äußeren Luftdruckes herausgezogen wird.

Wenn das Gas in umgekehrtem Vorgang nicht entspannt, sondern verdichtet wird, wird keine Nutzarbeit gewonnen, sondern muß man eine *Betriebsarbeit* aufwenden. Dieser Fall liegt z. B. bei einem Luftverdichter (Luftkompressor) vor. Zustandsänderungen bei konstantem Volumen ($dV = 0$) bilden sich im P, V-Diagramm als eine Senkrechte zur Abszisse ab, wobei Arbeitsfläche und Arbeit Null sind, gemäß Gl. (70).

Beispiel. Welchen Raum nehmen 2 kg Wasserstoff bei 100° C und 770 Torr ein? Um wieviel vergrößert sich das Volumen des Wasserstoffs bei Erwärmung unter unveränderlichem Druck auf 2000° C? Welche Ausdehnungsarbeit wird dabei geleistet?

$$(41) \quad V_1 = 30{,}0\ \text{m}^3; \qquad (30) \quad V_2 = 183{,}0\ \text{m}^3;$$

$$L_{12} = P(V_2 - V_1) = GR(t_2 - t_1) = 2 \cdot 420{,}6 \cdot 1900 = 1{,}6 \cdot 10^6\ \text{mkg}.$$

Gaskonstante als Arbeitsbegriff. Mit der Feststellung, daß der Ausdruck $\int P\,dv$ eine Arbeit darstellt, ist auch die mechanische Bedeutung der Gaskonstanten R beleuchtet. Aus der allgemeinen Gasgleichung (39) in der Form

$$\int_1^2 P\,dv = R(t_2 - t_1)$$

folgt, daß R diejenige Arbeit ist, die je kg des Stoffes und je Grad Temperaturunterschied geleistet wird, wie auch aus der Dimension mkg/kg · Grad hervorgeht. Auf 1 kmol bezogen ist diese Arbeit nach (56) für alle Gase gleich groß, und zwar 848 mkg/kmol · Grad. In Wärmemaß mit $A = 1/427$ kcal/mkg ergibt sie sich zu 1,986 kcal/kmol · Grad.

15. Spezifische Wärme.

Es entsteht nun die Frage, wieviel Wärme man einem Gas zuführen muß, um seine Temperatur um ein gewisses Maß heraufzusetzen, und um wieviel sich dabei die innere Energie vergrößert.

Man kann die Wärmeaufnahme von G kg des Gases leicht berechnen, wenn man die spezifische Wärme c kennt, also diejenige Wärmemenge, die das Gas je kg Gewicht und je Grad Temperaturerhöhung aufnimmt. Mit unveränderlicher spezifischer Wärme erhält man dieselbe Gleichung wie (18) für feste und flüssige Stoffe, nämlich

$$\boxed{Q_{12} = Gc(t_2 - t_1) = Gc(T_2 - T_1)} \tag{71}$$

in kcal. Im allgemeinen aber ist die spezifische Wärme nicht konstant. Ihre Abhängigkeit vom Druck kann man vernachlässigen, nicht aber ihre Temperaturabhängigkeit. Zur Berechnung der Wärmeaufnahme muß man dann schrittweise mit

$$\boxed{dQ = Gcdt = G\,c\,dT} \tag{72}$$

nach (19) vorgehen.

Man erkennt zunächst, daß diese Gleichung ohne irgendwelche Voraussetzungen hinsichtlich Art und Vorkommen des Stoffes besteht. Sie hat allgemeine Bedeutung, gleichviel, ob es sich um feste, flüssige oder gasförmige Stoffe handelt. Sie gilt auch dann, wenn der Aggregatzustand wechselt, wobei $dt = 0$ und $c = \infty$ ist. In (71) und (72) hat man eine weitere *allgemeine Wärmegleichung* vor sich.

Für gasförmige Stoffe ist es allerdings notwendig, noch nähere Angaben über die Art der Zustandsänderung zu machen, weil die Wärmezufuhr nach den Ausführungen im vorigen Abschnitt ja ganz verschieden groß ist, je nachdem, wie sich Druck und Volumen ändern, also welche mechanische Arbeit vom Gas geleistet wird.

Welche Unterschiede im Wärmeaufnahmevermögen der einzelnen Stoffe bei Umgebungszustand bestehen, geht aus den folgenden Zahlen hervor. 1 m³ des Stoffes benötigt bei 0° C (und 760 Torr) zur Steigerung der Temperatur um 1 Grad bei

Wasser rund	1000 kcal	Quecksilber	450
Eisen	900	Olivenöl	430
Beton	550	Kohle	260
Eis	450	Gase	0,2 bis 1,0 (bei $P =$ konst.)

Dabei brauchen 2 m³ doppelt soviel wie 1 m³, 2 kg doppelt soviel wie 1 kg. Allgemein gesagt brauchen gleich große Teile eines Körpers auch gleichviel Wärme, wobei sich die an einer Stelle zugeführte Wärme über den ganzen Körper gleichmäßig verteilt. Bei allen Stoffen ist die Wärmezufuhr mit einem Temperaturanstieg verbunden, soweit nicht Wärme im Umwandlungszustand gebunden wird und die Temperatur stehenbleibt, niemals aber ein Temperaturabfall, weshalb die spezifische Wärme nur positive Werte zwischen 0 und ∞ annehmen kann.

Spezifische Wärme bei konstantem Volumen. Bei den vollkommenen Gasen ist die Größe der inneren Energie ausschließlich eine Frage der Temperatur. Diese Erkenntnis geht auf den englischen Physiker JOULE (1818—99) zurück. Damit sind auch die Änderungen der inneren Energie nur von der Temperatur abhängig in der Form

$$u_{21} = \text{konst.}(t_2 - t_1) = \text{konst.} f(t).$$

Die Konstante ist bei verschiedenen Stoffen naturgemäß verschieden groß.

Wenn man sich nun eine Wärmezufuhr bei unveränderlichem Volumen vorstellt, wobei keine äußere Arbeit verrichtet wird, so kommt die gesamte Wärmezufuhr Q_{12} der inneren Energie zugute und ist entsprechend (71)

$$\boxed{q_{12} = u_{21} = c_v (t_2 - t\ )}\,. \tag{73}$$

Der Zeiger v bei c soll andeuten, daß das Volumen konstant bleibt. Man spricht von *spezifischer Wärme bei konstantem Volumen* c_v. Für eine sehr kleine Änderung der inneren Energie ist

$$du = c_v\, dt = c_v\, dT \tag{74}$$

und

$$c_v = \left(\frac{du}{dt}\right)_v. \tag{75}$$

Läßt man nun die Einschränkung, daß das Volumen bei der Wärmezufuhr unverändert bleibt, wieder fallen, so erhält man mit (67)

$$dq = du + A\,P\,dv$$

für eine allgemeine Zustandsänderung die Form

$$\boxed{dq = c_v\, dt + A\,P\,dv}\,, \tag{76}$$

oder in Worten: Der Wärmezufluß dq führt im allgemeinen zu einer Vermehrung der inneren Energie $du = c_v\,dt$, die gebildet wird aus dem Produkt zwischen der spezifischen Wärme bei konstantem Volumen und dem Temperaturanstieg, und zur Leistung der mechanischen Ausdehnungsarbeit $P\,dv$ in Wärmemaß. Bei Wärmeabfuhr gilt sinngemäß eine Verminderung der inneren Energie bzw. der Temperatur unter Leistung der äußeren mechanischen Verdichtungsarbeit $-P\,dv$.

Spezifische Wärme bei konstantem Druck. Es erhebt sich jetzt die Frage, was geschieht, wenn die Zustandsänderung bei gleichbleibendem Druck vor sich geht. In diesem Fall soll die spezifische Wärme mit c_p in kcal/kg · Grad bezeichnet werden und gilt

$$q_{12} = i_{21} = c_p\,(t_2 - t_1). \tag{77}$$

Man hat eine der inneren Energie u als Wärmeinhalt bei konstantem Volumen entsprechende Größe i eingeführt, die man *Wärmeinhalt bei konstantem Druck* nennt. Ihre Dimension ist gleichfalls kcal/kg, und ihre Änderung umfaßt sowohl die Änderung der inneren Energie als auch die Arbeit bei der Änderung des Gasvolumens, wenn dabei der Druck unverändert bleibt (siehe Abschnitt XII). Solche Vorgänge sind in der Technik sehr häufig, gedacht sei nur an alle diejenigen, die bei praktisch atmosphärischem Druck verlaufen.

Beziehungen zwischen den beiden besonderen spezifischen Wärmen. Mit $dq = du + A\,P\,dv$ folgt für $P = \text{konst.}$

$$c_p = \left(\frac{dq}{dt}\right)_P = \left(\frac{du}{dt}\right)_v + A\,P\left(\frac{dv}{dt}\right)_P.$$

Nun ist mit der allgemeinen Gasgleichung $P \cdot v = RT$, und bei $P = \text{konst.}$, auch $P \cdot dv = R \cdot dt$ oder

$$P\left(\frac{dv}{dt}\right)_P = R$$

und mit (56) und (75)

$$\boxed{c_p - c_v = A \cdot R} = \frac{1}{427} \cdot \frac{848}{M} = \frac{1{,}986}{M}. \tag{78}$$

Die Zahl 1,986 wurde bereits bei der Beurteilung der allgemeinen Gaskonstanten am Ende des vorigen Abschnitts angetroffen. Die Differenz der beiden spezifischen Wärmen für 1 kmol, nämlich $M(c_p - c_v) = C_p - C_v$ ist die Arbeit im Wärmemaß, die bei allen Gasen während der Ausdehnung bei konstantem Druck je kmol zu leisten ist, wenn die Temperatur um 1 Grad steigt. Es ist rund

$$\boxed{c_p - c_v \approx \frac{2}{M}} \tag{79}$$

für 1 kg oder

$$C_p - C_v \approx 2 \tag{80}$$

für 1 kmol oder 22,4 Nm^3 und

$$C_p - C_v \approx \frac{2}{22{,}4} = 0{,}0893 \tag{81}$$

für 1 Nm^3.

Bei vollkommenen Gasen ist die spezifische Wärme *unabhängig von der Temperatur*, oder, genauer gesagt, vom Gaszustand.

Für 1atomige Gase, wie Helium und Argon, ist die spezifische Wärme **je kmol**

$$C_p \approx 5 \quad \text{und} \quad C_v \approx 3 \tag{82}$$

und für 2atomige, wie Sauerstoff und Stickstoff,

$$C_p \approx 7 \quad \text{und} \quad C_v \approx 5. \tag{83}$$

Die 3atomigen Gase liegen nicht geschlossen genug, um einen brauchbaren Mittelwert angeben zu können. **Je Nm³** gilt entsprechend bei

$$\left.\begin{array}{lll} \text{1atomigen Gasen} & C_p \approx 0{,}223 & C_v \approx 0{,}134 \\ \text{2atomigen Gasen} & C_p \approx 0{,}312 & C_v \approx 0{,}223 \end{array}\right\} C_p - C_v = 0{,}089,$$

was mit gemessenen Werten an den wirklichen Gasen gut übereinstimmt.

Zahlentafel 24. *Zusammenstellung von spezifischen Wärmen (bei 0° C und 0 at abs.)*[1].

Gasart	Atomzahl	C_p	C_v
		kcal/Nm³ · Grad	
Argon	1	0,226	0,138
Helium	1	0,223	0,135
Sauerstoff	2	0,312	0,224
Stickstoff	2	0,311	0,222
Wasserstoff	2	0,306	0,217
Kohlenoxyd	2	0,310	0,221
Stickoxyd	2	0,317	0,231

Nicht nur die Differenz, auch das Verhältnis der spezifischen Wärmen zueinander, $\varkappa = c_p/c_v$, nimmt für 1- und 2atomige Gase besondere Werte an. Nach (82) und (83) ist für

$$\text{1atomige Gase} \quad \varkappa = \frac{c_p}{c_v} \approx \frac{5}{3} = 1{,}67 \tag{84}$$

und für

$$\text{2atomige Gase} \quad \varkappa = \frac{c_p}{c_v} \approx \frac{7}{5} = 1{,}40. \tag{85}$$

Da c_v immer größer wird, je mehr Atome das Gas hat, wird $\frac{c_p}{c_v}$ immer kleiner und konvergiert gegen 1, wie auch aus

$$\frac{c_p}{c_v} = 1 + \frac{A\,R}{c_v} \tag{86}$$

eindeutig hervorgeht.

[1] Es sei hier schon bemerkt, daß die spezifische Wärme der wirklichen Gase nicht unabhängig von der Temperatur ist, ein Umstand, dem im folgenden besondere Bedeutung zukommt. Die Angabe 0 at abs. am Kopf der Tafel soll darauf hinweisen, daß sich die wirklichen Gase im Zustand verschwindend geringer molekularer Anziehung befinden sollen und sich dadurch praktisch wie vollkommene Gase verhalten.

Zahlentafel 25. *Verhältnis c_p/c_v bei verschiedenen Gasen bei* 0° C.

Gasart	c_p/c_v	Atomzahl	Gasart	c_p/c_v	Atomzahl
Argon	1,65	1	Azetylen	1,24	4
Helium	1,65	1	Ammoniak	1,30	4
Sauerstoff	1,40	2	Methan	1,32	5
Stickstoff	1,40	2	Äthylen	1,25	6
Wasserstoff	1,41	2	Äthan	1,20	8
Kohlenoxyd	1,40	2	Propan	1,13	11
Stickoxyd	1,38	2	Butan	1,096	14
Wasserdampf	1,33	3	Benzoldampf	1,11	12
Kohlendioxyd	1,30	3			
Schwefeldioxyd	1,27	3			

In Abb. 24 ist der Zusammenhang zwischen den Werten $\varkappa = c_p/c_v$ und den Atomzahlen eingezeichnet. Das Diagramm gestattet in erster Annäherung die Werte C_p und C_v für 1 kmol und für 1 Nm³ zu berechnen, wenn man nur die Atomzahl kennt, zu der man $\varkappa$ entnehmen kann. Für 1 kmol gilt:

$$\frac{C_p}{C_v} = \frac{C_p}{C_p - 2} = \varkappa \quad \text{und} \quad C_p = \frac{2\varkappa}{\varkappa - 1}. \tag{87}$$

Beispiel. Wie groß sind die spezifischen Wärmen für ein 10 atomiges Gas? Aus Abb. 24 ist $\varkappa \approx 1,2$. Mit (87) folgt $C_p = 12$ kcal/kmol · Grad und damit $C_v = 12 - 2 = 10$. Je Nm³ ist $C_p = 0,54$ und $C_v = 0,45$. Um die spezifischen Wärmen c_p und c_v für 1 kg zu ermitteln, muß man das Molekulargewicht kennen.

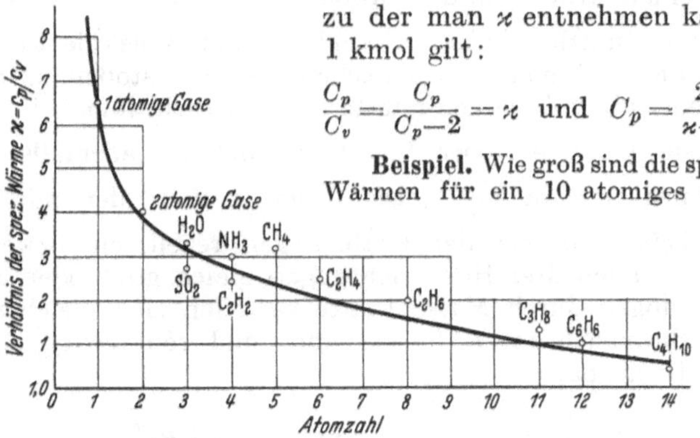

Abb. 24. Abhängigkeit des Verhältnisses $\varkappa = C_p/C_v$ von der Atomzahl der Gase bei 0° C.

Aus $c_p - c_v = A\,R$ und $c_p/c_v = \varkappa$ folgen die Beziehungen

$$\frac{A\,R}{c_v} = \varkappa - 1 \quad \text{und} \quad \frac{A\,R}{c_p} = \frac{\varkappa - 1}{\varkappa} \tag{88}$$

sowie

$$c_v = \frac{A\,R}{\varkappa - 1} \quad \text{und} \quad c_p = A\,R\,\frac{\varkappa}{\varkappa - 1}, \tag{89}$$

die im weiteren Verlauf der Ausführungen noch mehrfach gebraucht werden. Es sei aber darauf hingewiesen, daß die Beziehungen nur gelten, wenn das allgemeine Gasgesetz $P \cdot v = R \cdot T$ genügend genau befolgt wird.

16. Kinetische Gastheorie.

Man kann die Gesetze der vollkommenen Gase durch theoretische Überlegungen ableiten. Die Gasmoleküle führen neben ihren drehenden Bewegungen ständig auch *fortschreitende Bewegungen* aus, die um so energischer, d. h. schneller sind, je mehr Wärmeenergie in ihnen aufgespeichert ist, also je *wärmer* sie sind. Die Gasmoleküle speichern die zugeführte Wärmeenergie in Form von (innerer) Bewegungsenergie auf. Wenn andererseits das Gas Wärme abgibt, so geht das auf Kosten der molekularen Bewegungsenergie und führt zu einer Verlangsamung der Bewegungen, was sich als Temperaturabfall bemerkbar macht. Die kinetische Gastheorie setzt *geradlinige*, nicht durch die Anziehung beeinflußte Bahnen der Moleküle voraus und stellt sich die Moleküle als *vollkommen elastische* Körper vor. Diese Bedingung ist gleichbedeutend mit der Vorstellung, daß man sich das Gas als *reibungsfreien* Körper ohne Zähigkeit denkt.

Betrachtet man, unbeschadet der allgemeinen Gültigkeit der Überlegungen, ein würfelförmiges Gefäß, gefüllt mit Gas, von 1 m Kantenlänge, so ist eine Gasmenge von γ kg/m³ Gewicht oder γ/g kg s²/m⁴ Masse enthalten. $\gamma/g = \varrho$ ist die Dichte des Gases. Die auf die Wände des Gefäßes (und aneinander) in ständiger Folge prallenden Moleküle verursachen einen Druck von der Größe $\frac{\gamma}{g} \cdot \frac{w^2}{2}$ in kg/m². Dabei ist w die resultierende (mittlere) Geschwindigkeit aller Moleküle in m/s[1]. Die Moleküle des vollkommen elastischen Körpers stoßen sich von der Wand wieder ab und werden mit derselben Geschwindigkeit reflektiert, mit der sie ankamen. Der Reaktionsdruck ist ebenfalls $\frac{\gamma w^2}{g 2}$, der Gesamtdruck mithin $\frac{\gamma w^2}{g}$. Die Komponenten der mittleren Geschwindigkeit sind bei der unablässigen regellosen Bewegung der Moleküle in allen drei Hauptrichtungen gleich groß oder auch: Die Druckwirkungen durch Massenkräfte verteilen sich gleichmäßig[2] auf die drei Hauptrichtungen (längs, quer und senkrecht), also zu $^1/_3$ in jeder Richtung.

$$\frac{1}{3} \cdot \gamma \cdot \frac{w^2}{g} = P \quad \text{und} \quad w = \sqrt{3\,P \frac{g}{\gamma}}\,. \tag{90}$$

Die mittlere Geschwindigkeit w der Moleküle beläuft sich immerhin auf mehrere 100 m/s.

Bei Luft im Normzustand errechnet man $w = 486$ m/s, und für Wasserstoff ergibt sich 1840 m/s. Mit

$$w = \sqrt{3\,R\,T\,g}$$

ist die mittlere Geschwindigkeit w für doppelte Temperatur das 1,4fache. Es sei aber hier schon darauf hingewiesen, daß in Wirklichkeit so große Geschwindigkeiten nicht erreicht werden, weil die Annahme von vollkommener Elastizität nicht haltbar ist, oder, was dasselbe bedeutet, wegen der inneren Reibung, die hier vernachlässigt ist.

---

[1] Es genügt hier, in erster Annäherung mit dem Quadrat der mittleren Geschwindigkeit zu rechnen. Genau genommen ist die Summe der Quadrate aller Einzelgeschwindigkeiten einzusetzen, die im allgemeinen etwas verschieden von w^2 ist. Die mittlere kinetische Energie der Moleküle äußert sich als mittlere Gastemperatur. Schnellere Moleküle sind wärmer, langsamere kälter.

[2] Äquipartitionsprinzip, Gleichverteilung der Energie bis auf die kleinsten Teilchen.

Folgt man den Gedankengängen der kinetischen Gastheorie weiter, so geht aus (3) und

$$\frac{g}{\gamma} = \frac{gV}{G} = \frac{V}{m}$$

hervor:

$$w^2 = 3\,\frac{PV}{m}$$

oder

$$PV = \frac{2}{3}\,\frac{mw^2}{2}. \tag{91}$$

Es bedeutet dies, daß die Arbeitsgröße PV gleich $^2/_3$ der gesamten durchschnittlichen Bewegungsenergie ist.

Bei einer Zustandsänderung gleicher Temperatur bleibt $w = f(T)$ unverändert. Da auch die Masse unveränderlich ist, muß $PV =$ konst. sein. Man hat damit die Regel von Boyle-Mariotte vor sich.

Erwärmt man ein bestimmtes Volumen des Gases ohne Raumänderung, so wächst der Stoßdruck proportional der kinetischen Energie $mw^2/2$ oder der absoluten Temperatur wie beim *Druckzunahmegesetz*. Ebenso findet man das Gay-Lussacsche Gesetz, wenn der Druck bei der Erwärmung unverändert bleibt.

Das Gesetz von Avogadro hat man sofort aus (91), wenn man für zwei verschiedene (vollkommene) Gase in gleichem Zustand P, V, T schreibt:

$$m_1 w_1^2 = m_2 w_2^2.$$

Diese Beziehung muß für je ein Molekül genau so gelten wie für n Moleküle, und kann nur bestehen, wenn $n_1 = n_2$ ist, siehe (54) und (55).

Die mittlere Wucht der Moleküle ist nach (91) und (41)

$$\frac{m \cdot w^2}{2} = \frac{3}{2} \cdot P \cdot v = \frac{3}{2} R \cdot T$$

von jedem kg des Gases. Diese innere Energie versteht sich in mkg In Wärmemaß ausgedrückt hat man $u = {^3/_2}ART$ in kcal/kg. Berücksichtigt man, daß $MAR \approx 2$ kcal/kmol · Grad ist [nach (56) und (80)] so folgt für die spezifische Wärme für 1 kmol bei konstantem Volumen also in kcal/kmol · Grad

$$C_v = \frac{dU}{dT} = \frac{3}{2} MAR \approx 3 \tag{92}$$

und

$$C_p = C_v + MAR \approx 5.$$

Diese Werte gelten gemäß (82) bei einatomigen Gasen.

Die Bewegungsmöglichkeit eines solchen Atoms ist geradliniger Fortschritt in den drei Hauptrichtungen, abgesehen von der Eigendrehung des Atoms, bei der nur verschwindend wenig Energie aufgenommen wird. Man spricht von drei Freiheitsgraden, die in der Zahl 3 der Gleichung (92) Ausdruck finden. Bei mehratomigen Molekülen kommen noch Drehbewegungen um die gemeinsame Achse der Atome hinzu. Zweiatomige Moleküle haben eine gemeinsame Achse, die eine Drehbewegung in zwei Hauptrichtungen gestattet, entsprechend zwei weiteren, zusammen fünf Freiheitsgraden. Bei derartigen Gasen ist (wenigstens bei Umgebungstemperatur) ziemlich genau

$$C_v = \frac{5}{2} MAR = 5. \tag{93}$$

Mehratomige Moleküle haben mehr als eine gemeinsame Achse und können mehr Wärmeenergie speichern, soweit sie nicht gestreckt auf einer Achse angeordnet sind (wie Kohlendioxyd und Azetylen).

Nach dieser kinetischen Gastheorie[1] müßte die spezifische Wärme der Gase unabhängig von der Temperatur sein, was jedoch mit dem Verhalten der wirklichen Gase nicht übereinstimmt. Tatsächlich ist die Zähigkeit der Gase, also ihre innere Reibung, doch so groß, daß die Annahmen von geradlinigen Bewegungen der Moleküle, gleicher Energieverteilung und vollkommener Elastizität abwegig sind. Die Beobachtungen über die Reibungserscheinungen in Gasen haben die klassische kinetische Gastheorie zu Fall gebracht, obwohl sie eine Anzahl von Naturvorgängen überraschend gut zu erklären vermag. An ihre Stelle ist unter Berücksichtigung der Quantenmechanik eine kinetische Theorie der realen Gase getreten.

IV. Der 1. Hauptsatz der mechanischen Wärmetheorie.

17. Mechanisches Wärmeäquivalent.

Wie die bisherigen Überlegungen zeigen und die allgemeine Erfahrung lehrt, kann durch *Wärme* mechanische Arbeit geleistet werden. Wärme scheint dazu ebensogut befähigt zu sein wie eine der Formen von mechanischer, elektrischer oder anderer Energie. Daraus erhellt, daß Wärme eine Form von Energie sein muß und daß füglich eine Beziehung zwischen den Maßeinheiten von Wärme und Arbeit besteht. Schon bei den Betrachtungen über die Eigenbewegungen der Moleküle wurde bemerkt, daß Wärme in Form von innerer Bewegungsenergie aufgespeichert wird.

Ursprünglich stellte man sich die Wärmeänderung eines Körpers als mit einem Stoffaustausch, d. h. einem „Wärmestoff" verknüpft vor. Die Theorie von der Reibungswärme[2] verdrängte die Stofftheorie. Das Verdienst, als erster nachgewiesen zu haben, daß eine Gleichheit zwischen Wärme und mechanischer Energie und damit Arbeit tatsächlich besteht, gebührt dem württembergischen Arzt Robert Mayer, der 1842, angeregt durch die Probleme, die die Ausnutzung des Dampfes in der Dampfmaschine aufrollte, seine aufsehenerregende Schrift über die Kräfte der unbelebten Natur veröffentlichte[3] und bereits einen Näherungswert für die Umrechnung angab[4]. Diese Entwicklung, die heute als so selbstverständlich erscheint, war für jene Zeiten von unerhörter und weittragender Bedeutung, wurden doch sämtliche Zweige der Naturwissenschaft davon berührt und manche bis dahin herrschende

[1] Deren Begründer der deutsche Physiker L. Boltzmann, 1844—1906, ist.

[2] Vornehmlich der zwischen festen Körpern.

[3] Julius Robert Mayer (1814—1878), Bemerkungen über die Kräfte der unbelebten Natur. Liebigs Ann. Bd. 42 (1842) S. 239.

[4] Siehe hierzu auch W. Gerlach: 100 Jahre Gesetz der Erhaltung der Energie. Z. VDI Bd. 86 (1942) S. 561, und H. Schimank: Die erste Bestimmung des mechanischen Wärmeäquivalents und die Umgestaltung der Wärmetheorie durch Julius Robert Mayer im Jahre 1842. Wärme Bd. 65 (1942) S. 385.

Auffassung vom Ablauf der Naturereignisse mußte fallengelassen werden. In der Folge wurde die fundamentale Feststellung ROBERT MAYERS von zahlreichen Forschern bestätigt. Als wahrscheinlicher Umrechnungswert wurde auf Grund der verschiedenartigsten Messungen bei $g = 9{,}80665\ \mathrm{m/s^2}$ Fallbeschleunigung der in DIN 1309 festgelegte Wert

$$\boxed{1\ \mathrm{kcal} = 426{,}99\ \mathrm{mkg}}$$

gefunden. Den Kehrwert 1/426,99 kcal/mkg nennt man das *mechanische Wärmeäquivalent* und bezeichnet[1] ihn mit A. Es ist üblich, mit dem *abgerundeten Wert von 1/427* zu rechnen. Die Brücke nach dem absoluten Maßsystem, insbesondere nach den in der Elektrotechnik gebräuchlichen Einheiten, bildet die Äquivalenz[2] *1 kWh = 860 kcal*, wie aus den Beziehungen zum technischen Maßsystem über die Gleichwertigkeit von 1 kW und 102 mkg/s oder 1 kWh und 367 300 mkg unschwer berechnet werden kann. Ein weiterer Umrechnungswert zwischen Arbeits- und Wärmemaß sei noch für die Arbeit einer Pferdekraftstunde angeführt mit 1 PSh = 75 mkg/s · 3600 s = 270000 mkg und 1 PSh = 270000/427 = 632,3 kcal.

Die Messung des Wertes A scheint einfach zu sein, wenn man, der allgemeinen Wärmegleichung $Q_{12} = U_{21} + AL_{12}$ gemäß, einem Stoff eine Arbeit L_{12} zuführt und damit die innere Energie U_{21} des Stoffes vom Zustand 1 auf den Zustand 2 heraufsetzt, ohne dabei einen Wärmeaustausch vorzunehmen, $Q_{12} = 0$. Dieser Fall liegt vor, wenn man eine Kraftmaschine mit einer Wasserwirbelbremse oder einem PRONYschen Raum abbremst und die mechanische Energie über Reibungsarbeit restlos in Wärme umsetzt, was sich in einer Erwärmung des Kühlwassers auswirkt. Je PSh werden dann 632,3 kcal oder je kWh werden 860 kcal aufgenommen. Allein diese Methode hätte zu viele Fehlermöglichkeiten, denn die Forderung $Q_{12} = \pm 0$ dürfte praktisch wegen des unvermeidlichen Wärmeaustausches mit der Umgebung kaum zu erfüllen sein. Es sei hier aber z. B. an die Beziehungen (51) und (78 u. 88) erinnert, wonach für Gase gilt:

$$\frac{c_p - c_v}{R} = A = \frac{c_p}{R} \cdot \frac{\varkappa - 1}{\varkappa} = \frac{\gamma_N}{37{,}85} \cdot c_p \cdot \frac{\varkappa - 1}{\varkappa},$$

sofern der ideale Gaszustand genügend genau erfüllt ist. Sowohl γ_N als auch c_p und $\varkappa$ lassen sich versuchsmäßig unabhängig voneinander ziemlich einfach und mit hinreichender Genauigkeit bestimmen. Mit den Werten von Zahlentafel I würde man so für Luft finden:

$$A = \frac{1{,}2928}{37{,}85}\, 0{,}240\, \frac{0{,}40}{1{,}40} = \frac{1}{426{,}96} \approx \frac{1}{427}\,\frac{\mathrm{kcal}}{\mathrm{mkg}}.$$

Das mechanische Wärmeäquivalent $A = 1/427$ hat sich bei Ermittlung nicht nur in verschiedenster Weise, sondern auch mit den mannigfaltigsten Stoffen und in verschiedenen Zuständen als physikalischer Festwert erwiesen.

[1] In der neueren Rechnungsweise der Technik wird ebenso wie in den Rechnungen der technischen Physik der Umrechnungswert A fortgelassen, indem man entweder alle Arten von Energie und Arbeit in Wärmemaß (kcal) oder in Arbeitsmaß (mkg) ausdrückt. Man bezeichnet dort mit A die Arbeit. Zur Klarheit ist in diesem Leitfaden der Wert A als Umrechnungswert im Rechnungsgang stets mit aufgeführt und die Arbeit nicht A, sondern L genannt. Die Größe L führt stets die Dimension mkg. Der Arbeitswert der Kalorie hat nach DIN 1345 das Zeichen J. Es ist $J = 427$ mkg/kcal.

[2] Genau 860,2. 860 kcal/kWh ist gesetzlich festgelegt (Reichsgesetz v. 7. 8. 1924) und durch DIN 1309 bindend gemacht.

18. Inhalt des 1. Hauptsatzes.

Es ist jetzt möglich, den Satz von der *Erhaltung der Energie* in seinem vollen Ausmaß zu würdigen. Er besagt, daß *Energie weder geschaffen noch vernichtet* werden kann. Im Weltall muß folglich ein ganz bestimmter *Vorrat an Energie* vorhanden sein, dessen Umfang sehr groß und nicht bekannt ist, der weder zu- noch abnimmt. Der Molekulartheorie zufolge kann nur Masse, also Stoff (Materie), Träger von Energie sein. Energie ist in den Stoffen des Weltalls, deren Menge nach dem Gesetz von der Erhaltung der Masse ebenfalls unveränderlich ist, in verschiedenem Maße und in verschiedener Art aufgespeichert. Jede Energie kann ihre Form ändern; die einzelnen Energiearten lassen sich in andere Arten umwandeln, und die Energie kann von Körper zu Körper übergehen; die Gesamtenergie muß jedoch gleich groß bleiben.

Der Inhalt des ersten Hauptsatzes kann zusammengefaßt werden: *Wärme und Arbeit sowie alle Energieformen können gleichermaßen bewertet werden. Der Gesamtbestand an Energie in einem abgeschlossenen System oder in der Natur überhaupt ist unveränderlich.*

Seinen mathematischen Ausdruck findet der 1. Hauptsatz in der allgemeinen Wärmegleichung

$$dQ = dU + A\,dL,$$

worin dQ den Wärmeaustausch eines Systems mit seiner Umgebung, dU die Änderung der inneren Energie und dL die während des Vorganges nach oder von außen geleistete Arbeit bedeuten. Wenn bei einem Vorgang irgendwie Energie zu verschwinden oder aufzutauchen scheint, so stellt man bestimmt an anderer Stelle ein gleich großes Mehr oder Weniger an Energie fest. Der 1. Hauptsatz besagt aber auch, daß es nicht möglich ist, aus einem System Energie zu entnehmen oder hinzuzufügen, ohne den Zustand der Körper zu ändern, es sei denn, daß man währenddem eine genau gleiche Energiemenge zuführt oder entzieht.

Beispiel 1. Eine Wasserkraftmaschine treibt einen Stromerzeuger. Wie groß ist die theoretische Leistung, wenn 800 kg/s Wasser mit 6 m Gefälle verfügbar sind? Die kinetische Energie der Kraftmaschine wird über Arbeit zu $^4/_5$ in elektrische Energie und zu $^1/_5$ in Reibungswärme umgesetzt. Mit der elektrischen Energie wird Luft bei konstantem Druck von 20 auf 80° C erwärmt. Welche Luftmenge kann stündlich erwärmt werden, wenn die elektrische Energie restlos in Luftwärme umgewandelt wird?

$$N = G \cdot h = 800 \cdot 6 = 4800 \text{ mkg/s der Kraftmaschine},$$

$$N = \frac{4}{5} \cdot G \cdot h = 3840 \text{ mkg/s des Stromerzeugers}.$$

$$Q = \frac{3840 \cdot 3600}{427} = 32400 \text{ kcal/h für Lufterwärmung},$$

$$V = \frac{Q}{C_p \cdot \Delta t} = \frac{32400}{0{,}31 \cdot 60} = 1740 \text{ Nm}^3\text{/h Luftmenge}.$$

Beispiel 2. Das Wärmemaß im englischen Maßsystem ist die BThU (British Thermal Unit) mit der Vereinbarung, daß 1 BThU gleich der Wärmemenge ist, die imstande ist, 1 englisches Pfund (1 lb = 0,4536 kg) Wasser um 1° Fahrenheit zu erwärmen (0° C = 32° F; 100° C = 212° F). Wieviel kcal gehen auf 1 BThU? Wie groß ist das mechanische Wärmeäquivalent im englischen Maßsystem (1 foot = 0,3048 m)?

$$1 \text{ BThU} \mathrel{\hat{=}} 0{,}4536 \text{ kcal} \cdot 0{,}556\,°\text{C}/°\text{F} = 0{,}252 \text{ kcal},$$

denn $180°\,\text{F} \mathrel{\hat{=}} 100°\,\text{C}$ und $1°\,\text{F} \mathrel{\hat{=}} 100/180 = 0{,}556°\,\text{C}$.

$$427 \text{ mkg} \mathrel{\hat{=}} 1 \text{ kcal} \mathrel{\hat{=}} 1/0{,}252 \text{ BThU} = 3{,}97 \text{ BThU}.$$

$$1 \text{ Fp} \mathrel{\hat{=}} 0{,}30{,}48 \cdot 0{,}4536 = 0{,}1384 \text{ mkg}, \quad 1 \text{ mkg} \mathrel{\hat{=}} 7{,}23 \text{ Fp}.$$

$$427 \text{ mkg} \mathrel{\hat{=}} 3090 \text{ Fp} \mathrel{\hat{=}} 1 \text{ kcal} \mathrel{\hat{=}} 3{,}97 \text{ BThU}.$$

Daraus $1 \text{ BThU} \mathrel{\hat{=}} 0{,}252 \text{ kcal} \mathrel{\hat{=}} 778 \text{ Fp} \mathrel{\hat{=}} 107{,}7 \text{ mkg}$.

19. Rechnen mit Energiedifferenzen.

Der gesamte Energievorrat des Weltalls übersteigt alle Grenzen der Meßbarkeit.

Bei Energieumsetzungen handelt es sich stets um Energiedifferenzen. Es ist dabei gar nicht nötig, den absoluten Nullpunkt der Gesamtenergie zu kennen. Die allgemeine Wärmegleichung

$$dQ = dU + A\,P\,dV$$

enthält nur Differenzen. Die Integration wird zwischen zwei Zuständen vorgenommen, daher die Schreibweise

$$Q_{12} = U_2 - U_1 + A \int_1^2 P\,dV.$$

Es ist aber nur für die *Zustandsgrößen* gleichgültig, auf welchem Wege 1 bis 2 der Zustand 2 erreicht wird; sie sind *wegunabhängig*. Für die

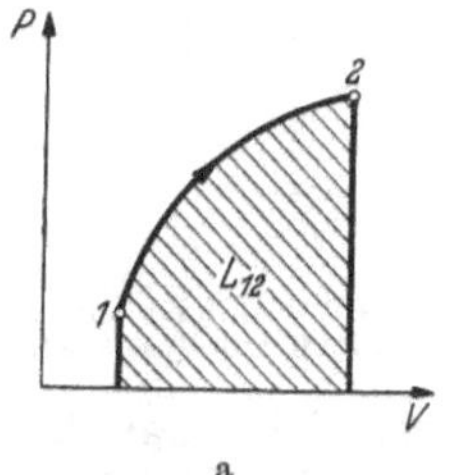

a

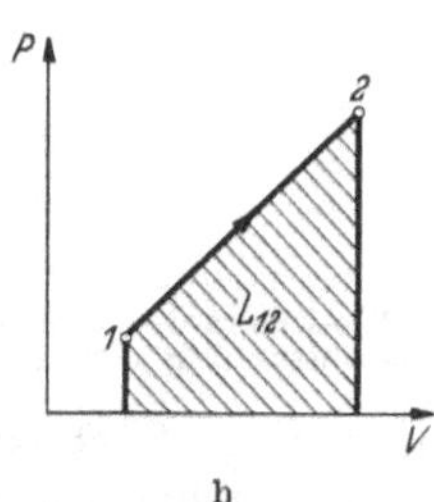

b

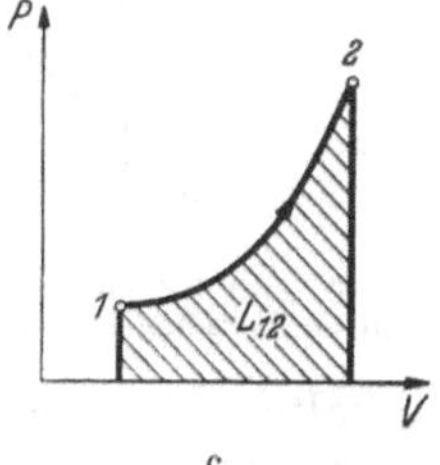

c

Abb. 25a bis c. Arbeit ist wegabhängig. Bei den drei verschiedenen Wegen, auf welchen man im Beispiel vom Zustand 1 nach Zustand 2 gelangen kann, ist die Arbeit L_{12} verschieden groß, während sich Druck, Temperatur und Volumen in allen drei Fällen gleichermaßen ändern.

Arbeit hingegen und ebenso für die Wärme ist der Weg von maßgeblicher Bedeutung, wie die Arbeitsflächen im P, v-Diagramm, Abb. 25, zeigen. Arbeit, und demzufolge auch Wärmeaustausch, sind vom Wege abhängig.

Bevor näher auf die Verfahren eingegangen werden kann, die zur Umformung von Wärmeenergie in mechanische Energie angetan sind, ist es nötig, die Gesetze der wirklichen Gase und späterhin auch der Dämpfe sowie das Wesen des 2. Hauptsatzes der mechanischen Wärmetheorie kennenzulernen.

V. Wirkliche Gase.

20. Abweichungen vom idealen Gaszustand.

T, v-Diagramm bei wirklichen Gasen. Das allgemeine Gasgesetz für vollkommene Gase gilt nach den Beobachtungen in normalen Grenzen von Druck und Temperatur bei den natürlichen Gasen praktisch genau. Es hat sich aber herausgestellt, daß bei tiefen Temperaturen und hohen Drücken erhebliche Abweichungen vorkommen. In Abb. 26 ist das

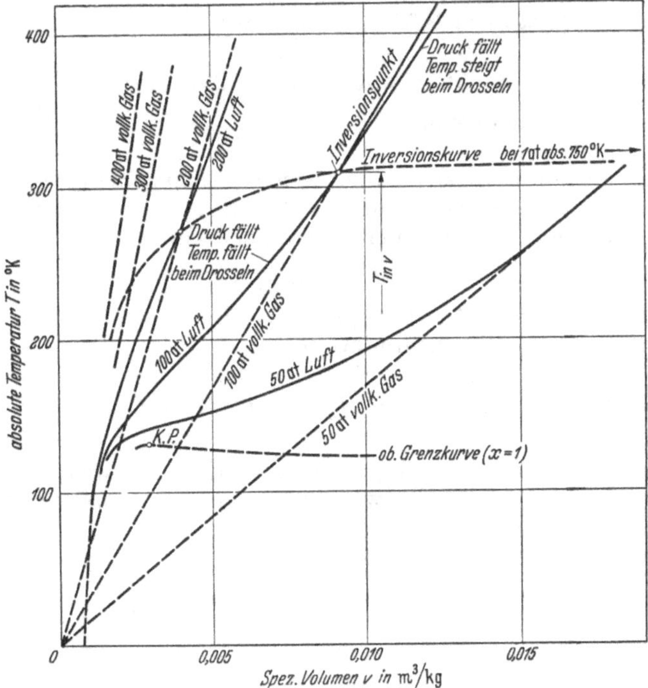

Abb. 26. Luft bei hohen Drücken im T, v-Diagramm. Linien p = konst. für wirkliche Luft und ein vollkommenes Gas gleicher Gaskonstante $R = 29{,}27$ (nach Messungen von HAUSEN).

Verhalten von Luft wiedergegeben. Dort ist das wirkliche Gas Luft mit einem vollkommenen Gas gleicher Gaskonstante $R = 29{,}27$ verglichen. Bei 0° K hat die erstarrte Luft ein Volumen in der Größenordnung von vermutlich etwas über 0,001 m³/kg (>1 l/kg). Die Zustandslinien gleichen Druckes liegen bei niedrigen Temperaturen dicht beisammen, die Volumina unterscheiden sich wenig. Der Einfluß des Druckes auf das Volumen ist bei der Luft, die in diesem Temperaturbereich fest oder flüssig ist, nur gering. Dann schwenken die Kurven auf die Zustandslinie des vollkommenen Gases zu[1].

[1] Die Schwenkung vollzieht sich um den kritischen Punkt ($p_k = 38$ at abs., $T_k = 132°$ K oder $t_k = -141°$ C, $v_k = 2{,}86$ l/kg, oder 0,00286 m³/kg). Näheres hierzu siehe Abschnitt Dämpfe. Die Drücke der Kurven 50, 100 und 200 at sind überkritisch.

Sie schneiden mit zunehmender Erwärmung die gestrichelten Linien des vollkommenen Gases bei bestimmten Temperaturen (Inversionspunkte). Jenseits dieser Linien verlaufen die Kurven des wirklichen Gases in zunehmendem Abstand[1]. Die prozentualen Abweichungen sind bei großen Drücken stärker als bei geringeren. Bei Drücken < 20 at fallen sie oberhalb 200° K kaum noch ins Gewicht.

Die Schnittpunkte sind für die drei eingezeichneten Kurven gleichen Druckes (50, 100 und 200 at) verbunden. Längs dieser Verbindungslinie (Inversionskurve) verhält sich Luft *genau* wie ein vollkommenes Gas. Die Schnitte sind um so flacher, je niedriger der Druck ist. Bei $p < 20$ at folgt die Luft zwischen etwa $-50°$ C und mehreren $+100°$ C *praktisch* genau dem allgemeinen Gasgesetz. Der Inversionspunkt bei 1 at abs. liegt um 480° C. Theoretisch verhalten sich die Luft und die anderen Gase bei $p = 0$ at abs. im ganzen Bereich hinsichtlich Ausdehnung und Temperatur wie ein vollkommenes Gas.

Eine andere Darstellung der Abweichungen bei Luft gibt Abb. 27, in der die Gleichung des wirklichen Gases in der Form

$$\frac{P \cdot v}{R \cdot T} \gtreqless 1 \tag{94}$$

zur Wiedergabe benutzt wird, siehe Gl. (39).

Ähnlich wie Luft verhalten sich auch andere Gase. In Abb. 27 sind als Beispiel auch die Abweichungen bei Wasserstoff angedeutet. Während Luft bei 0° C und im Druckbereich des Diagramms sich noch unterhalb

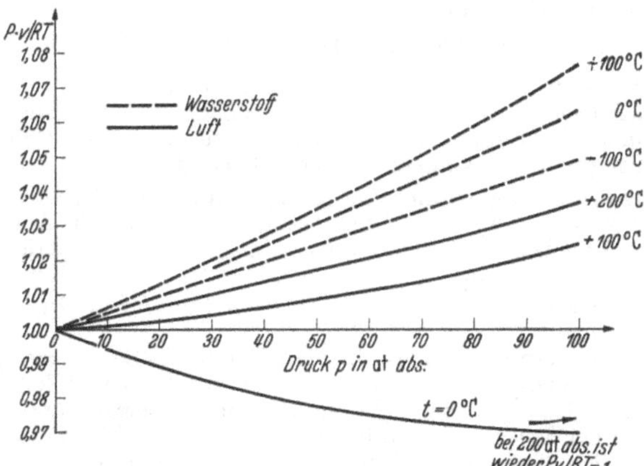

Abb. 27. Bei einem vollkommenen Gas ist $Pv/RT = 1{,}00$. Wirkliche Gase, hier Luft und Wasserstoff, weichen insofern vom allgemeinen Gasgesetz ab, daß $Pv/RT \neq 1$ ist. Im Bereiche der Darstellung weicht Wasserstoff in anderem Sinne wie Luft ab (nach Messungen von HAUSEN).

der Inversionsgrenze befindet, liegt Wasserstoff in diesem Bereich (mit einer tieferen kritischen Temperatur von $-240°$ C) bereits darüber. Daher sind die Abweichungen bei Wasserstoff mit ansteigender Temperatur nur zunehmend.

[1] Über Inversion siehe Abschnitt 56, über Grenzkurve siehe Abschnitt 57.

Auch andere Stoffe, die bei normaler Temperatur dampfförmig oder flüssig (oder fest) sind, zeigen ein ähnliches Verhalten, wenn sie nur genügend hoch erhitzt (verdampft und überhitzt) sind. Ein Beispiel hierfür bietet der Wasserdampf, wie in Abb. 108 im Temperaturbereich bis 600° C gezeigt wird.

Es sei nochmals betont, daß im üblichen Bereiche der technischen Verwendung von Luft und anderen Gasen die Abweichungen vom idealen Zustand unbedeutend sind. Anders verhält es sich mit physikalischen Größen wie der spezifischen Wärme und der Zähigkeit der Gase, die auch dann vom Idealzustand erheblich abweichen, wenn die allgemeine Gasgleichung als gültig angenommen werden kann[1].

VAN DER WAALSsche Gleichung. Aus der Erkenntnis heraus, daß der bedeutungsvolle Abstand der Moleküle voneinander mit dem Raum im Zusammenhang steht, der dem Gase geboten ist, und daß die Anziehungskräfte einerseits, der Expansionsdrang andererseits, mit dem Quadrat der Annäherung wachsen, kann man den Einfluß dieser Kräfte auf den Druck durch ein Glied a/v^2 erfassen. Dabei ist a in m^4/kg eine Konstante und v das spezifische Volumen. Je größer v und damit die Verdünnung ist, um so geringer sind die Massenkräfte. Denkt man sich die Moleküle selbst als nicht zusammendrückbar, so nehmen diese ein bestimmtes Volumen b in m^3 je Gewichtseinheit des Gases ein. Der übrige Raum $v - b$ ist die Summe aller Zwischenräume. Nach VAN DER WAALS (holländischer Physiker 1837—1923) geht damit die allgemeine Gasgleichung $Pv = RT$ über in die Gleichung

$$\left(P + \frac{a}{v^2}\right) \cdot (v - b) = R \cdot T \tag{95}$$

der wirklichen Gase.

Diese einfache Gleichung vermag tatsächlich die Zustände der wirklichen Luft recht gut wiederzugeben. Die Versuchskurven von HAUSEN[2] in Abb. 26 folgen ziemlich genau einer Gleichung

$$(P + 20/v^2)\,(v - 1{,}58 \cdot 10^{-3}) = RT, \tag{96}$$

und zwar weit besser, als man für die eigenartigen Verhältnisse bei einer so einfachen Zustandsgleichung erwarten sollte. Bei kleinen Drücken und großen Volumina verschwindet der Einfluß der beiden Korrekturglieder. Im Gebiete normaler Drücke und Temperaturen können sie vernachlässigt werden.

Korrekturfaktor bei gewöhnlicher Temperatur. Nach DIN 1871, dem Blatt für die Normalkubikmetergewichte der technischen Gase, ist das abweichende Verhalten der wirklichen Gase in der folgenden Form berücksichtigt: In Nm^3 ist

$$V_N = \frac{273}{273 + t}\,\frac{h + b}{760}\,V_{v,t}\,[1 - \varkappa_0\,(h + b - 760)] \tag{97}$$

mit b als Barometerstand und h als Überdruck in Torr. Die Werte $\varkappa_0$ sind in der Zahlentafel I im Anhang angegeben. Sie gelten für 0° C und können mit ausreichender Genauigkeit zwischen 0° C und Raumtemperatur angesetzt werden. Die Abweichung bei Sauerstoff z. B. bei 20° C und $h = 400$ Torr bei $b = 745$ Torr ist dann durch den Klammerausdruck 1,00050 zu ermitteln, das ist so gering, daß es für die übliche Rechengenauigkeit ohne Belang ist. Bei 100 at aber wird der Klammerfaktor zu 1,1. Ohne Korrektur würde man um 10 vH falsch rechnen. Wie schon aus Abb. 26 ersichtlich ist, kann die Kurve des wirklichen Gases auf der einen oder der anderen Seite von der idealen Zustandgeraden liegen. Im Temperaturstreifen von 0 bis 20° C = 273 bis 293° K ist die Abweichung der wirklichen Gase und damit der Wert $\varkappa_0$ um so größer, je geringer ihre Überhitzung

[1] Die Abweichung dieser Größen macht sich nur stärker bemerkbar als die von Druck und Volumen (schärferes Kriterium).

[2] HAUSEN, H.: VDI-Forschungsheft Nr. 274 (1926). Siehe auch W. SCHÜLE: Technische Thermodynamik, Bd. I, 1. Teil, S.347. Berlin 1930.

ist, wie aus dem Verhalten der hochatomigen Kohlenwasserstoff-Verbindungen, z. B. Butan-n mit $\varkappa_0 = - 54{,}0 \cdot 10^{-6}$, hervorgeht. Bei starker Überhitzung wie bei Luft ist $\varkappa_0 = - 0{,}8 \cdot 10^{-6}$, bei noch stärkerer nimmt $\varkappa_0$ positive Werte an wie bei Wasserstoff mit $+ 0{,}8 \cdot 10^{-6}$. Bei sehr hohen Drücken (200 at und mehr) ist $\varkappa_0$ allerdings bei Luft auch schon im Bereiche von normaler Temperatur positiv, wie Abb. 26 erkennen läßt. Jenseits 100 at fällt die Inversionskurve.

Gasthermometer. Die *Temperaturmessung* mittels flüssigen Quecksilbers hat unterhalb vom Erstarrungspunkt $-38{,}9°$ C ein Ende. Grundsätzlich eignet sich zur Temperaturmessung ein Stoff, dessen physikalische Eigenschaften besonders stark mit der Temperatur veränderlich sind. Hierzu gehören die Gase, deren Raum- oder Druckänderung durch die Wärme groß und leicht meßbar ist. Vor allem sind Wasserstoff und Helium geeignet, weil man damit bis zu sehr tiefen Temperaturen messen kann (Wasserstoff, Siedepunkt bei 760 Torr $-253°$ C, Helium $-269°$ C, also nur wenig oberhalb des absoluten Nullpunktes von $-273°$ C). Wasserstoff — leichter erhältlich und besser erforscht als Helium — wird im *Wasserstoffthermometer*[1] benutzt. Gasförmiger Wasserstoff verhält sich von 0° C bis 500° C sehr genau wie ein vollkommenes Gas mit der Gaskonstante $R = 420{,}6$. Wasserstoff und Quecksilber dehnen sich bei der Erwärmung sehr gleichmäßig aus, wie durch feinste Messungen erwiesen werden konnte. Es entsprechen $+50{,}002°$ C am Wasserstoffthermometer $+50{,}000°$ C am Quecksilberthermometer z. B., wenn ihre Anzeige bei 0° C übereinstimmt. Ebenso verhalten sie sich beim Schrumpfen durch Abkühlung. Gasthermometer werden so gestaltet, daß bei der Temperaturmessung entweder mit konstantem Druck und veränderlichem Volumen oder umgekehrt mit konstantem Volumen und veränderlichem Druck gearbeitet wird. Die letztgenannte Ausführung wird aus meßtechnischen Gründen bevorzugt; ein Gasthermometer dieser Art ist in Abb. 28 im Prinzip dargestellt. Der absolute Gasdruck ist bei jeder Temperatur und damit bei jedem Stand der Flüssigkeit ein anderer. Bei sehr niedrigen Temperaturen muß der Druck im Gasthermometer sehr klein sein, damit das Gas dem Gesetz $PV = GRT$ folgt, z. B. bei Wasserstoff 30 Torr, um 10,5° K messen zu können. Unter diesem niedrigen Druck (rund 96 vH Vakuum) verhält sich Wasserstoff bei 10,5° K = $-262{,}5°$ C zwar nicht genau, aber hinreichend genau wie ein vollkommenes Gas. Bei 760 Torr kann man ab 253° K oder $-20°$ C hinreichend genau messen.

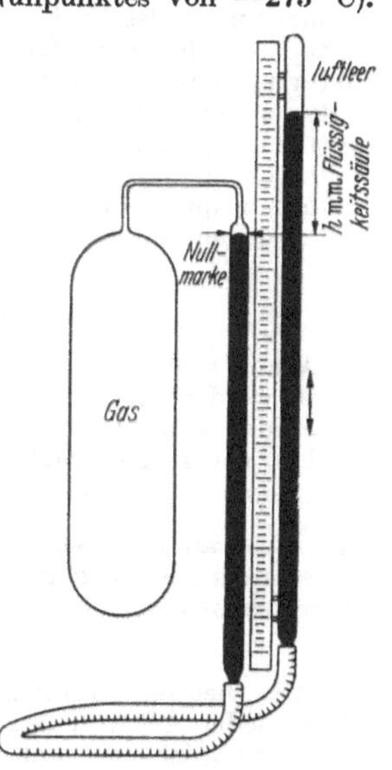

Abb. 28. Prinzip des Gasthermometers.

Man kann so eine gasthermometrische Skala entwickeln. Zu praktischen Temperaturmessungen in der Technik werden aber solche Gasthermometer kaum benutzt; sie dienen meist nur zu Eichzwecken.

Theoretisch ist eine exakte Skala unter Anwendung eines unbeschränkt vollkommenen Gases denkbar (sog. *thermodynamische Skala*). Für praktische Zwecke hat man danach einige Umwandlungspunkte von wirklichen Stoffen möglichst genau bestimmt und damit eine Temperaturskala aufgebaut, der man Gesetzeskraft verlieh[2]. Der Gefrierpunkt des Wassers (0° C) und sein Siedepunkt bei 760 Torr (100° C) sind die Hauptpunkte der Skala.

---

[1] Stickstoffthermometer in landläufigem Sinne sind Quecksilberthermometer mit Stickstoff-Füllung, die unter Druck eingebracht ist, um den Siedepunkt des Quecksilbers (357° C bei 760 Torr) heraufzusetzen. Unter 50 at Stickstoff kann man bis etwa 700° C messen.

[2] Reichgesetz vom 7. 8. 1924. Die theoretische Skala ist weniger zweckmäßig, weil es in der Tat kein vollkommenes Gas gibt, das zur praktischen Messung dienen könnte.

Zahlentafel 26. *Punkte der gesetzlichen Skala nach der PTR (PTR = Physikalisch-Technische Reichsanstalt in Berlin), Druck 760 Torr.*

Siedepunkt des Heliums	—268,88° C
Siedepunkt des Wasserstoffs	—252,78
Siedepunkt des Stickstoffs	—195,81
Siedepunkt des Sauerstoffs[1]	—182,97
Sublimationspunkt des Kohlendioxyds	— 78,52
Erstarrungspunkt des Quecksilbers	— 38,87
Schmelzpunkt des Eises[1]	0,000
Siedepunkt des Wassers[1]	100,000
Siedepunkt des Naphthalins	218,0
Schmelzpunkt des Zinns	231,8
Erstarrungspunkt des Wismuts	271,0
Schmelzpunkt des Zinks	419,45
Siedepunkt des Schwefels[1]	444,60
Erstarrungspunkt des Antimons	630,5
Erstarrungspunkt des Silbers[1]	960,5
Erstarrungspunkt von Gold[1]	1063,0
Erstarrungspunkt von Kupfer	1083,6
Erstarrungspunkt von Palladium	1557,0
Erstarrungspunkt von Platin	1773,0

21. Einfluß der Reibung.

Arbeit und Reibung. Bei allen natürlichen Umwandlungen von Energie über Arbeit werden Körper bewegt und entsteht Wärme durch Reibung. So muß beim Aufwinden einer Last der Aufzugswelle mehr kinetische Energie E_K zugeführt werden, als dem Zuwachs an Lageenergie E_L entspricht.

$$E_K = E_L + Q_R/A.$$

Das Mehr an kinetischer Energie wird bei der Umsetzung zu Reibungswärme. Q_R ist stets positiv, ganz gleich, in welcher Richtung der Prozeß verläuft, in der beschriebenen oder in der Richtung

$$E_L = E_K + Q_R/A.$$

Bei erneuten Umsetzungen tritt erneut Reibung auf. Sie ist ein ständiger Begleiter jeder Art von Arbeit.

Reibung ist eine ganz bekannte Erscheinung in der Mechanik. Während man aber bei nur mechanischer Betrachtung den Mehraufwand an Energie einfach als „Verlustarbeit" abtun kann, muß man sich bei Untersuchungen über Auswirkung und Verbleib der Wärmeenergie genauer mit dem Wesen der Reibungswärme befassen.

Arbeit ist stets mit einer Relativbewegung von Molekülen der beteiligten Körper verbunden. Absolut glatte Berührungsflächen der Körper gibt es in der Natur nicht. Bei der Bewegung kommt es zu Hemmungen, hervorgerufen durch die anziehende Wirkung der Moleküle beim Durchgang durch ihre Kraftfelder, was sich als das äußert, was man gemeinhin Reibung nennt. Es ist dabei gleichgültig, ob es sich um gleichartige oder verschiedene Stoffe desselben oder eines anderen Aggregatzustandes handelt. Das leuchtet ein, wenn man sich die molekulare Relativbewegung an der Körpergrenze vorstellt, wobei die Natur den Weg des kleinsten Widerstandes bevorzugt. Strömt z. B. ein Gas (oder eine Flüssigkeit) an einer festen Wand entlang, wie in Abb. 29 dargestellt, so ist die anziehende Wirkung der festen Moleküle auf die gasförmigen größer als die der gasförmigen untereinander, d. h. der Reibungswiderstand bei der Bewegung zwischen Gas und fester Wand ist größer als der bei der Verschiebung von Gasschichten gegeneinander, weil ja die Freiheit der Gasmoleküle größer und ihre Anziehung geringer ist als die der festen Wand.

[1] Gesetzliche Festpunkte.

Die äußerste Gasschicht von molekularer Dicke haftet an der festen Wand, und die Relativbewegung findet nur zwischen Gasmolekülen statt. In Abb. 30 ist der Vorgang bei einem vollkommenen (reibungsfrei gedachten) Gas gezeigt, das wirklichkeitsfremd eine gleichmäßige Geschwindigkeit über den ganzen Querschnitt haben würde. Das wirkliche Gas dagegen zeigt eine Geschwindigkeitsverteilung nach Abb. 29, die von der max. Geschwindigkeit nach Maßgabe einer Parabel bis auf Null abklingt. Wegen ihres gleichartigen Verhaltens spricht man in der Strömungsmechanik geradezu von tropfbaren und gasförmigen Flüssigkeiten.

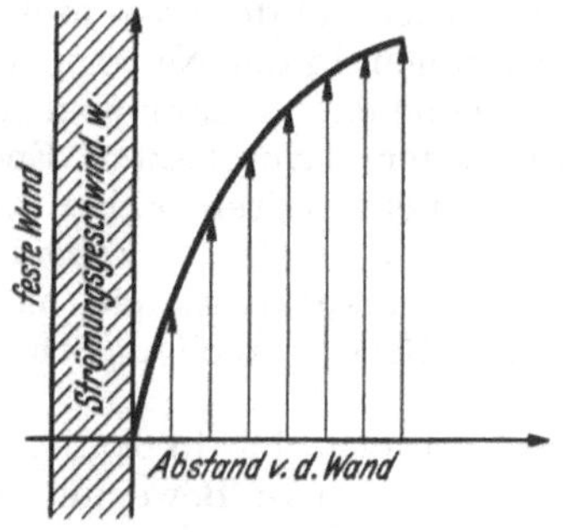

Abb. 29. Strömung eines wirklichen Gases an einer festen Wand entlang.

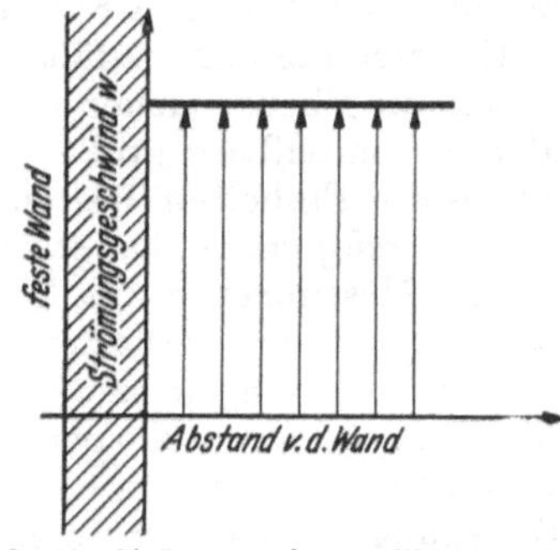

Abb. 30. Strömung eines vollkommenen (reibungsfrei gedachten) Gases an einer festen Wand entlang.

Ein Maß für die anziehende Wirkung der Moleküle ist die *Zähigkeit* der Stoffe. Der Verschiebewiderstand kann sogar bei Gasen, die praktisch genau dem allgemeinen Gasgesetz $Pv = RT$ folgen, recht erheblich sein. Wenn man z. B. eine bestimmte Gasmenge in der Zeiteinheit durch eine Rohrleitung unveränderlichen Querschnitts schicken will, so ist ein mehr oder weniger großer Gegendruck zu überwinden und eine Arbeit zu leisten, die restlos in Reibungswärme übergeht.

Zunahme der Wärmeenergie. Was sich als Reibungswärme bei mechanischer Arbeit dartut, zeigt sich auch bei Umsetzungen anderer Energieformen, wie als Wärme bei der Überwindung des Fortleitungswiderstandes von elektrischem Strom oder Reaktionswärme bei chemischer Energie. Eine Ausnahmestellung nimmt die Wärmeenergie selbst ein. Angenommen, ein erwärmter Körper ist von der Außenwelt völlig isoliert. Die innere Bewegung klingt nicht durch Reibung ab, weil die entstehende Reibungswärme gleichermaßen anfachend auf die innere Bewegung wirkt. Wenn nun bei allen Energieumsetzungen Reibungswärme entsteht, so muß der Anteil der Wärmeenergie am gesamten Energievorrat der Welt auf Kosten der anderen Energieformen zunehmen, was auch tatsächlich der Fall ist.

Ideale und wirkliche Flüssigkeiten und Gase. Die abstrakte Mechanik der früheren Zeiten stellte sich Flüssigkeiten und Gase ihrer scheinbar hemmungslosen Beweglichkeit wegen als praktisch reibungslose Stoffe vor. Diese Theorie mußte verlassen werden, weil sie von der Natur offensichtlich dann widerlegt wurde, wenn es sich um Bewegungsvorgänge handelte. So konnte die Theorie den Druckabfall bei der Strömung durch Reibung als von technisch hervorragendem Interesse nicht erklären. Bei festen Körpern war der Einfluß der Reibung sowieso nicht wegzudenken.

Dampf- und gasförmige Stoffe zeichnen sich im Unterschied zu den Flüssigkeiten durch eine noch weit geringere Zähigkeit aus. Die immer mehr verfeinerte Versuchstechnik ließ erkennen, daß die natürlichen reibungsbehafteten Stoffe in mancher Hinsicht ganz anderen Gesetzen folgen, und zwar um so mehr, je größer ihre Zähigkeit und damit die Summe aller Bewegungswiderstände ist.

22. Ansatz der Quantentheorie.

Die heutige Ansicht vom Wesen der Wärmeenergie geht nach wie vor von der Vorstellung aus, daß alle Stoffe in der Natur aus kleinsten, nicht mehr aufspaltbaren Teilchen, den Atomen und Molekülen, zusammengesetzt sind. Die Vermutung, daß diese Teilchen je nach ihrer Beladung mit Wärmeenergie in lebhafter Bewegung begriffen sind, grenzt nach dem heutigen Stand der Erkenntnis und der wissenschaftlichen Erforschung der vielfältigen Erscheinungen in der Natur nahezu an Gewißheit. Ebenso sicher scheint auch die neuere Annahme zu sein, daß der unvorstellbare große Energievorrat der Natur letzten Endes aus kleinsten Einheiten besteht, die nicht mehr weiter teilbar sind, den sog. *Energiequanten*. Die statistische Mechanik, gestützt auf *Quantentheorie* und Messungen durch Mittel der Molekularspektroskopie, hat es zuwege gebracht, das Verhalten der wirklichen Gase, so auch hinsichtlich der spezifischen Wärme, zu berechnen.

Ein absolut kalter Körper ($T = 0°$ K) befindet sich in Ruhe. Mit der Erwärmung nimmt er eine immer stärkere innere Bewegung auf. Die Bewegungsfreiheit der Moleküle wird mit jeder Umwandlung größer, bis im gasförmigen Zustand in allen Richtungen fortschreitende (translatorische), ferner drehende (rotatorische) und schwingende (oszillatorische) Bewegungen möglich sind. Je mehr Atome zu Molekülen vereint sind, um so komplizierter sind diese Bewegungen.

Die kinetische Gastheorie nahm nun an, daß die Energie völlig gleichmäßig verteilt ist (Äquipartitionstheorem, Gleichverteilungsgesetz) und nicht in Quanten. Ferner kannte sie die schwingende Bewegung nicht. Tatsächlich überlagern sich die Schwingungen den anderen Bewegungen, allerdings erst bei hohen Temperaturen in meßbarem Ausmaß.

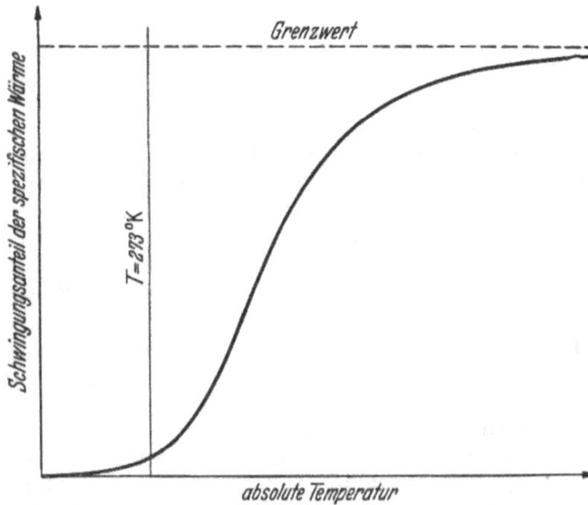

Abb. 31. Anstieg der Schwingungsenergie infolge von innerer Reibung mit wachsender Temperatur, vgl. hierzu Abb. 4.

Man wußte schon länger, daß die spezifische Wärme der zwei- und mehratomigen Gase bei zunehmender Temperatur im gesamten Beobachtungsbereich von -200 bis über $+2000°$ C anwächst, was Ausdruck dieser bisher nicht beachteten Schwingungsenergie sein muß. Wegen der kleinen Dichte der Gase waren diese Messungen aber schwierig und unsicher. Erst die spektroskopischen Messungen zeigten, daß die in der schwingenden Bewegung aufgespeicherte Energie von 0° K an nach Art von Abb. 31 zunimmt, um einem Grenzwert zuzustreben. Man kann annehmen, daß die *Schwingungen* bei der molekularen Bewegung durch die *innere Reibung* verursacht werden.

Von MAX PLANCK (1858—1947) stammt der Hinweis (vor etwa 50 Jahren) auf das Unwahrscheinliche des Gleichverteilungsgesetzes. Nach der von ihm begründeten *Quantentheorie* ist nicht nur der Stoff, sondern auch die Energie atomistisch zu betrachten und jede Energiemenge als ein ganzzahliges Vielfaches des sog. Wirkungsquantums $h \cdot \nu$ anzusehen. Unter h wird ein Festwert, PLANCK*sche Konstante* genannt, verstanden, ν ist die Schwingungsfrequenz der Moleküle[1]. Die Schwingungsenergie läßt sich berechnen, wenn man die Schwingungen messen kann. Da optische (spektroskopische) Messungen sehr genau anzustellen sind, gelingt die Ermittlung von Frequenz und Amplitude.

Die Erkenntnisse aus der PLANCKschen Quantentheorie, mit einem neuen Bild von Energie und Masse, führen weiter zu Problemen der EINSTEIN*schen Relativitätstheorie*, welche im letzten Schlusse für die beiden Gesetze von der Erhaltung der Masse und der Energie ein allumfassendes Naturgesetz erkennen läßt, das die Masse als Funktion der Energie ansieht.

23. Zähigkeit der Gase.

Die Zähigkeit der Gase nimmt mit der *Temperatur* zu, während sie bei Stoffen in flüssigem Zustand abnimmt. Abb. 32 zeigt den grundsätzlichen Zusammenhang. Der Grund für diese Erscheinung wird bei der Abhandlung über Dämpfe klar werden; siehe Abb. 127.

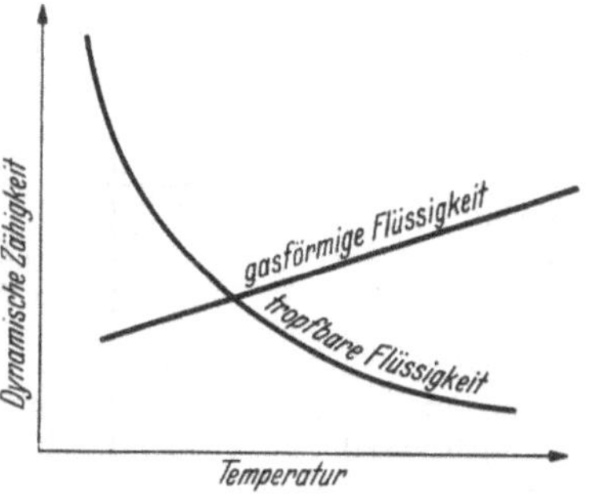

Abb. 32. Grundsätzlicher Zusammenhang zwischen Zähigkeit und Temperatur von tropfbaren und gasförmigen Flüssigkeiten.

Druckabhängigkeit. Bei Gasen kann man die Änderung der dynamischen Zähigkeit mit dem *Druck* dann nicht mehr vernachlässigen, wenn eine gewisse Grenze für den Druck überschritten wird. Bei Luft liegt diese Grenze bei 20 at. Luft nimmt bei der Drucksteigerung von 1 at abs. auf

40	80	120	160	200 at abs. um rund
6	15	35	60	90 vH

in der dynamischen Zähigkeit zu. Bis 20 at kann man den Einfluß des Druckes praktisch vernachlässigen. Bei Dämpfen, insbesondere in der Nähe des Sättigungsgebietes, ist die Veränderlichkeit der Zähigkeit mit dem Drucke noch wesentlich größer, wie Abb. 127 zeigt.

[1] *Grundsatz:* Alle Energie besteht aus elektromagnetischer Schwingungsenergie. Die Energiequanten als kleinste unteilbare Einheiten sind verschieden groß, je nach der Schwingungszahl ν. Ein Quant bei doppelter Schwingungszahl ist doppelt so groß wie bei einfacher. Das Verhältnis von kleinster Energiemenge zu Schwingungszahl, h, ist ein physikalischer Festwert. Das durch Messung festgestellte elementare Wirkungsquantum h gibt vervielfacht mit der Schwingungszahl ν die Energiemenge 1 Quant an, ebenso wie 1 Atom 1 Stoffquant und 1 Elektron 1 Elektrizitätsquant ist.

$$h = \frac{\text{Energie}}{\nu} = 6{,}55 \cdot 10^{-27}\ \text{Erg} \cdot s$$

hat eine Dimension von Energie × Zeit. 1 Erg $= 1{,}02 \cdot 10^{-8}$ mkg. Die Frequenz ist abhängig von der Art des Stoffes.

Formeln für die Zähigkeit. Der Zusammenhang der dynamischen Zähigkeit in kg s/m² mit der Temperatur kann durch folgende Gleichungen ausgedrückt werden:

$$\left.\begin{aligned}\eta_t &= \eta_1(1 + a_1 \cdot t) = \eta_0(1 + a_0 \cdot t),\\ \eta_t &= \eta_1(1 + b_1 \cdot t)^n = \eta_0(1 + b_0 \cdot t)^n,\end{aligned}\right\} \quad (98)$$

$$\eta_t = \eta_1 \sqrt{\frac{T}{T_1}}\,\frac{1 + C/T_1}{1 + C/T} = \eta_0 \sqrt{\frac{T}{T_0}}\,\frac{1 + C/T_0}{1 + C/T}. \quad (99)$$

Dabei gehören durch Messungen bekannte Werte η_0, a_0, b_0 zu $T_0 = 273°$ K oder $t_0 = 0°$ C, und η_1, a_1, b_1 gehören zu einer bestimmten Temperatur T_1 bzw. t_1. η_t ist die gesuchte Zähigkeit bei $t°$. Während die Gl. (98) im allgemeinen nur für einen engen Temperaturbereich brauchbare Annäherungen darstellen, gibt (99), die nach SUTHERLAND[1] benannte Formel, für sehr verschiedene Temperaturen brauchbare Zähigkeitswerte. Es ist umgeformt

$$\eta_t = B\frac{\sqrt{T}}{1 + C/T}$$

in kg s/m². Die Gültigkeitsbereiche und die Beiwerte dieser Formel gehen aus Zahlentafel 27 hervor.

Zahlentafel 27. *Beiwerte der* SUTHERLAND*schen Formel für die Zähigkeit von Gasen.*

Stoff	$10^8 B$	C	im Bereiche von $t°$ C		$10^6 \eta_{0°C}$ kg s/m²
Äther	9,28	325	0 bis	+ 200	0,70
Äthylen	10,95	239	− 40	+ 252	0,97
Ammoniak	18,38	626	+ 20	+ 450	(0,92)
(Benzol)	(10,14)	(380)	+ 15	+ 250	(0,70)
Helium	14,88	78,2	− 70	+ 100	1,91
Kohlenoxyd	14,05	101	− 78	+ 250	1,69
Kohlendioxyd	16,89	274	0	+ 100	1,39
Luft	17,31	172,6	+250	+1000	—
Luft	15,34	123,6	0	+ 400	1,74
Sauerstoff	17,82	138	− 79	+ 200	1,97
Stickstoff	14,05	103	− 78	+ 250	1,70
Methan	11,04	198	0	+ 100	1,02
Schwefeldioxyd	18,20	416	0	+ 120	1,19
(Wasserdampf)	(19,10)	(699)	+ 20	+ 400	(0,89)
Wasserstoff	6,84	83	− 40	+ 250	0,86

Zahlenwerte für die Zähigkeit. Für den wichtigsten gasförmigen Stoff, die Luft, gelten folgende Zähigkeitswerte als zuverlässig:

Zahlentafel 28. *Zähigkeit trockener Luft* $10^6 \eta$ *in kg s/m²*.

$t°$ C	$10^6 \eta$	$t°$ C	$10^6 \eta$	$t°$ C	$10^6 \eta$	$t°$ C	$10^6 \eta$	$t°$ C	$10^6 \eta$
−150	(0,89)	100	2,22	350	3,19	600	3,96	850	4,63
−100	(1,20)	150	2,43	400	3,36	650	4,10	900	4,76
− 50	1,50	200	2,65	450	3,51	700	4,23	950	4,88
0	1,74	250	2,83	500	3,66	750	4,37	1000	5,00
+ 50	2,00	300	3,01	550	3,81	800	4,50	1200	5,44

[1] SUTHERLAND, W.: The viscosity of gases and molecular force. Philos. Mag. Bd. 36 (1893) S. 507. H. RICHTER: Rohrhydraulik, S. 17. Berlin 1934.

Diese Werte werden ziemlich genau dureh dic SUTHERLANDsche Formel wiedergegeben. Sie sind in Abb. 33 im Bereiche von —50 bis +1000° C aufgetragen.

Die kinematische Zähigkeit berechnet sich nach der Beziehung

$$\nu = \frac{\eta g}{\gamma}.$$

Für Luft mit atmosphärischem Druck ist sie ebenfalls mit in Abb. 33 angegeben. Wenn der Druck der Luft gegeben ist, so folgt bis etwa 20 at genügend genau

$$\nu_p = \frac{\nu_{1\,\mathrm{at}}}{p} \text{ in m}^2/\text{s}. \tag{100}$$

Die vorstehenden und die im Anhang in Zahlentafel II und III aufgeführten Zahlenwerte gelten für *trockene Gase*. Die Zähigkeit ändert sich mit zunehmendem

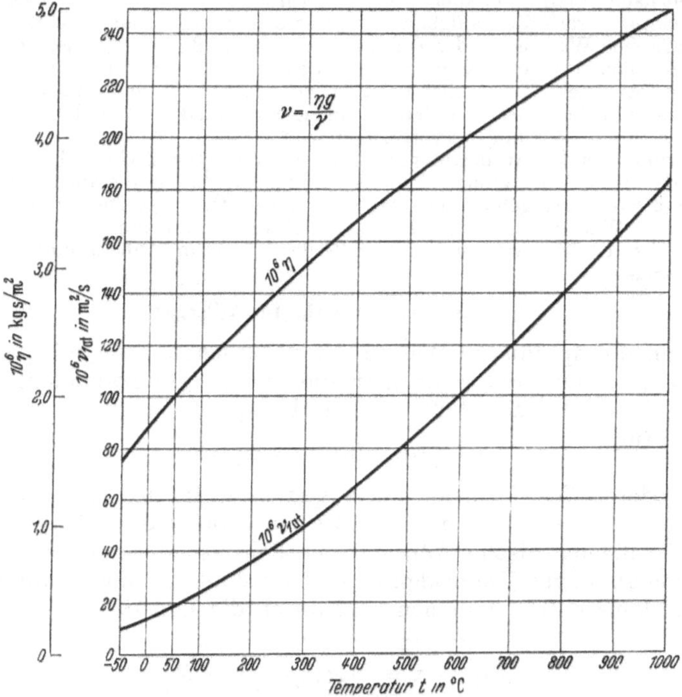

Abb. 33. Zähigkeit $10^6 \cdot \eta$ und kinematische Zähigkeit $10^6 \cdot \nu$ bei atmosphärischem Druck (p = 1 at abs.) von Luft im Bereiche von −50 bis +1000° C, nach Zahlentafel 28.

Feuchtigkeitsgehalt nur wenig, so bei Luft z.B. nach völliger Sättigung mit Wasserdampf und bei Umgebungstemperatur nur um —0,8 vH. Die Zähigkeit von trockener und bis zu 60 vH feuchter Luft unterscheiden sich fast gar nicht, bei 20° C um weniger als 0,3 vH.

Das Verhalten der verschiedenen Gase ist grundsätzlich gleichartig; aber genau wie Flüssigkeiten verschieden zähe sind, sind es auch die Stoffe im gasförmigen Zustand. Beim Vergleich der Tafelwerte muß man berücksichtigen, daß die Gase verschieden hoch überhitzte Dämpfe sind. Das vorliegende Zahlenmaterial gestattet z. B. einen Vergleich bei 200° Überhitzung:

Zahlentafel 29. *Zähigkeit $10^6 \cdot \eta$ der zweiatomigen Gase bei 200° Überhitzung und 760 Torr.*

Stoff	Siedepunkt bei 760 Torr in °C	Um 200° überhitzt bei t° C	$10^6 \cdot \eta_t$
Wasserstoff	—253	—53	0,74
Luft	—194	+ 6	1,78
Sauerstoff	—183	+17	2,06
Stickstoff	—196	+ 4	1,74
Kohlenoxyd	—190	+10	1,74

An sich wäre zu erwarten gewesen, daß alle zweiatomigen Gase etwa dieselbe dynamische Zähigkeit haben, wenn sie sich im Zustande je einer gleich starken Überhitzung um 200° befinden. Der Druck mit 1 at abs. ist in jedem Falle kleiner als $^1/_{10}$ des kritischen Druckes. Bei den zweiatomigen Gasen fällt jedoch Wasserstoff weit nach unten und Sauerstoff nach oben heraus. Wenn nun die Behauptung richtig sein soll, daß die Zähigkeit oder innere Reibung Ursache für den Anstieg der spezifischen Wärme mit der Temperatur ist, so muß dieser Anstieg bei Wasserstoff wesentlich geringer und bei Sauerstoff etwas größer als bei den übrigen zweiatomigen Gasen sein. Tatsächlich trifft das zu, wie Abb. 37 zeigt, worin man einen Beweis dafür erblicken kann, daß der schwingende Teil der molekularen Bewegung durch die innere Reibung hervorgerufen wird.

Mit zunehmender Atomzahl verringert sich die dynamische Zähigkeit, wobei sowohl die Anzahl der zum Molekül versammelten Atome als auch die Art des Molekülaufbaues maßgeblich ist. Der Anstieg der Zähigkeit und damit auch der spezifischen Wärme mit der Temperatur ist bei mehratomigem Gas erheblich kräftiger als bei den zweiatomigen, wie Zahlentafel II im Anhang und Abb. 37/38 erkennen lassen.

24. Wahre spezifische Wärme.

Wenn die spezifische Wärme der natürlichen Gase mit der Temperatur zunimmt, und wenn man die geringe Druckabhängigkeit zunächst einmal beiseite läßt, so hat die spezifische Wärme bei jeder Temperatur

$$c = f(t) \quad \text{in} \quad dq = c\,dt$$

einen anderen Wert, der als *wahre spezifische Wärme* bezeichnet wird, wie bereits bei den festen und flüssigen Stoffen bemerkt wurde. Bei Gasen ist die spezifische Wärme wesentlich vom Verlauf der Zustandsänderung abhängig. Die beiden besonderen Fälle bei konstantem Druck und bei konstantem Volumen sind durch die Gl. (78)

$$\boxed{c_p - c_v = AP\left(\frac{\partial v}{\partial t}\right)_P = AR}$$

verbunden. Wie zu erwarten ist, hängt die spezifische Wärme bei konstantem Druck im selben Maße von der Temperatur ab wie bei konstantem Volumen, nur liegt sie um einen bestimmten additiven Beiwert $AR = 1{,}986/M \neq f(t)$ höher, entsprechend der zu leistenden mechanischen Ausdehnungsarbeit; siehe Abb. 34. Das ist wichtig, weil die Wärmezu- oder -abfuhr bei konstantem Druck leichter, am bequemsten bei atmosphärischem Druck, zu ermitteln ist, als wenn man genötigt ist, das Volumen konstant zu halten. Von den c_p-Werten kann man einfach auf die c_v-Werte umrechnen.

Durch innere Reibung geraten die Moleküle in Schwingungen. Von den *einatomigen* Gasen ist bekannt, daß sich ihre kleinsten Teile nur fortschreitend bewegen. Dabei treten im technischen Temperaturbereich nur außerordentlich geringfügige Schwingungen auf, so daß ihre spezifische Wärme praktisch unabhängig von der Temperatur zu sein scheint. Anders ist es bei *zweiatomigen* Gasen, deren Moleküle sich zudem drehend um eine Achse bewegen. Bis rund 700° C hat man für Luft Werte gemessen, die sich etwa durch die Gleichung

$$c_p = 0{,}241 + 0{,}004 \frac{t}{100} \qquad (101)$$

in kcal/kg · Grad wiedergeben lassen. Da $A \cdot R$ für Luft mit 29,27/427 = 0,0686 ist, ergibt sich für

$$c_v = 0{,}172 + 0{,}004 \frac{t}{100} \qquad (102)$$

je kg. Der Einfluß der Temperatur ist merklich, Anstieg der spezifischen Wärme von 0° C bis 700° C um rund 16 vH (nämlich auf 0,172 + 0,028 = 0,200). Über 700° C hinaus verlangsamt sich der Anstieg.

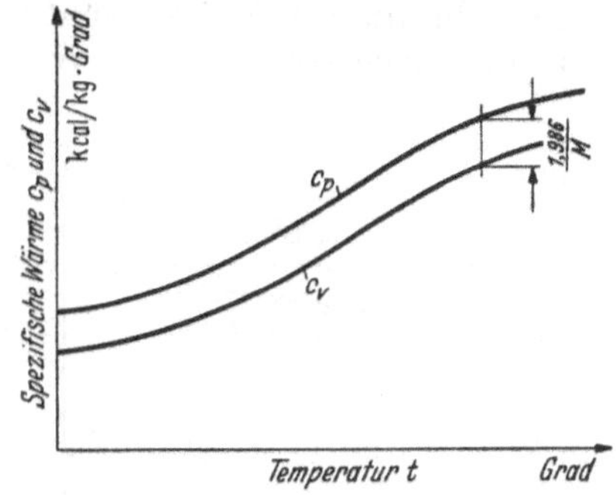

Abb. 34. Zusammenhang zwischen wahrer spezifischer Wärme bei konstantem Druck und bei konstantem Volumen mit der Temperatur.

Die Bewegungen bei den drei- und mehratomigen Gasen sind verwickelter, ihre innere Reibung ist größer, und der Anstieg der spezifischen Wärme mit der Temperatur ist kräftiger. Allgemein ist

$$c_v = \text{konst.} + f(t)$$

und

$$c_p = \text{konst.} + f(t) + A \cdot R.$$

Hochatomige schwerere Moleküle nehmen bei der Beschleunigung mehr Energie auf als wenigeratomige; die Konstante ist um so größer, je mehr Atome zu einem Molekül vereint sind. Das Reibungsglied $f(t)$ richtet sich nach Temperatur, Atomzahl und Atomanordnung.

25. Mittlere spezifische Wärme.

Bei technischen Rechnungen, auf die es die thermodynamischen Erkenntnisse abzustellen gilt, sind nicht so sehr die wahren, sondern viel mehr die mittleren *spezifischen Wärmen* $[c_{pm}]_0^t$ und $[c_{vm}]_0^t$, d.h. zwischen 0 und t° C von Bedeutung, wobei die Werte zwischen den Temperaturen t_1 und t_2 leicht aus der Differenz der spezifischen Wärmen von 0° C bis t_2 und von 0° C bis t_1 gebildet werden können, wie das bei den Ausdehnungszahlen α und β auch der Fall ist. Aus

$$q_p = \int_1^2 c_p\,dt \qquad \text{und} \qquad q_v = \int_1^2 c_v\,dt$$

in kcal/kg wird dann bei veränderlicher spezifischer Wärme

$$q_{p\,12} = [c_{pm}]_0^{t_2} \cdot t_2 - [c_{pm}]_0^{t_1} \cdot t_1$$

und

$$q_{v\,12} = [c_{vm}]_0^{t_2} \cdot t_2 - [c_{vm}]_0^{t_1} \cdot t_1 .$$

Soweit die spezifische Wärme geradlinig mit der Temperatur ansteigt, vergrößert sich die mittlere spezifische Wärme geradlinig und halb so stark, wie aus Abb. 35 ersichtlich ist. Da $dq = c \cdot dt$ ist, stellen die Flächen im Diagramm die Wärmemenge dar. Bei der wahren spezifischen Wärme handelt es sich dabei um die unter der Kurve liegende Fläche, bei der mittleren spezifischen Wärme um das Rechteck $[c_m]_0^t \cdot t$. Die enger schraffierten Zwickel sind flächengleich. Nun, in größerem Temperaturbereich steigt die Kurve nicht mehr geradlinig an, sondern wie in Abb. 36, s. Abb. 37. Man kommt von der Kurve der wahren spezifischen Wärme zu der Kurve der mittleren spezifischen Wärme von 0 bis $t°$, indem man das Flächenstück von 0 bis $t°$ planimetriert und die Flächen durch t teilt.

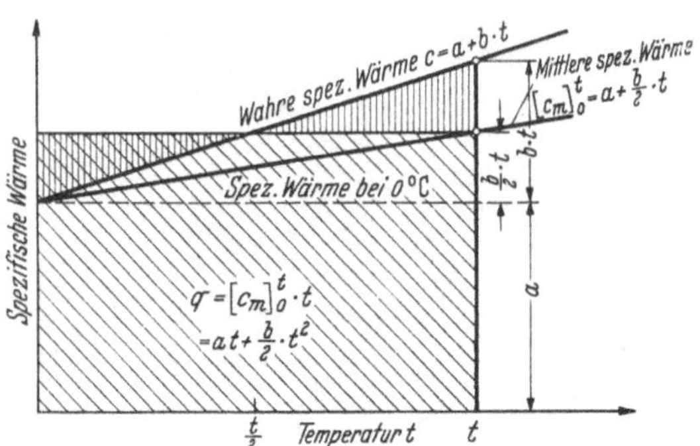

Abb. 35. Wahre spezifische Wärme c und mittlere spezifische Wärme c_m zwischen 0 und $t°$ bei verschiedener Temperatur in linearer Abhängigkeit.

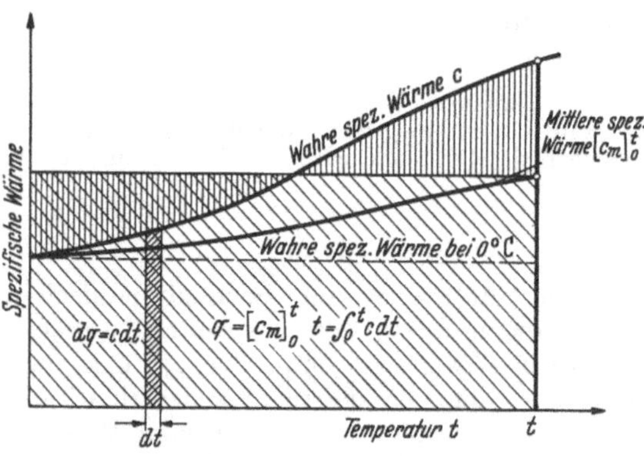

Abb. 36. Wahre spezifische Wärme c und mittlere spezifische Wärme c_m zwischen 0 und $t°$ bei verschiedener Temperatur in nichtlinearer Abhängigkeit.

Multipliziert man (78) mit dt

$$c_p\, dt - c_v\, dt = \frac{1{,}986}{M}\, dt$$

und integriert man zwischen den Grenzen 0 und $t°$

$$[c_{pm}]_0^t \cdot t - [c_{vm}]_0^t \cdot t = \frac{1{,}986}{M} \cdot t,$$

so findet man, daß auch

$$[c_{pm}]_0^t \cdot t - [c_{vm}]_0 \cdot t = \frac{1{,}986}{M} = A \cdot R = \text{konst.} \quad (103)$$

ist. Dasselbe ist beim M-fachen der Fall,

$$[C_{pm}]_0^t - [C_{vm}]_0^t = 1{,}986, \quad (104)$$

nämlich bei den spezifischen Wärmen für 1 kmol. Diese Gesetzmäßigkeiten für die temperaturveränderliche wahre spezifische Wärme gelten auch für die mittlere spezifische Wärme.

26. Werte der mittleren spezifischen Wärme.

Man hat die Frequenz der molekularen Schwingungen bei den wichtigsten technischen Gasen, dazu ihre Amplitude in Abhängigkeit von der Temperatur, gemessen und den Anteil der Energie berechnet, die in den

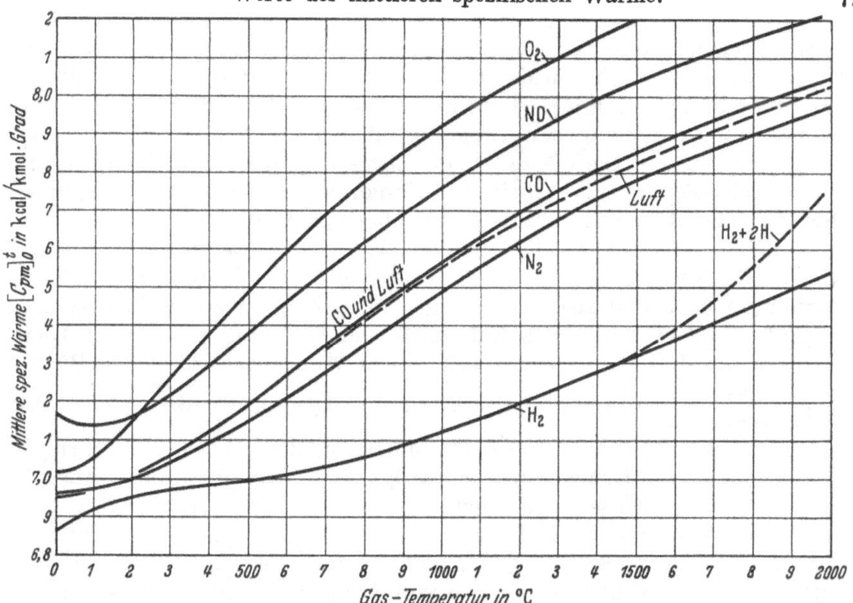

Abb. 37. Abhängigkeit der mittleren spezifischen Wärme für 1 kmol von der Temperatur für einige zweiatomige Gase bei kleinen Drücken (bis 50 at). Die spezifische Wärme von Wasserstoff H_2 steigt oberhalb 1500° C infolge von Dissoziation (Zerfall) des H_2 in 2H zunehmend an, gestrichelte Kurve (nach JUSTI).

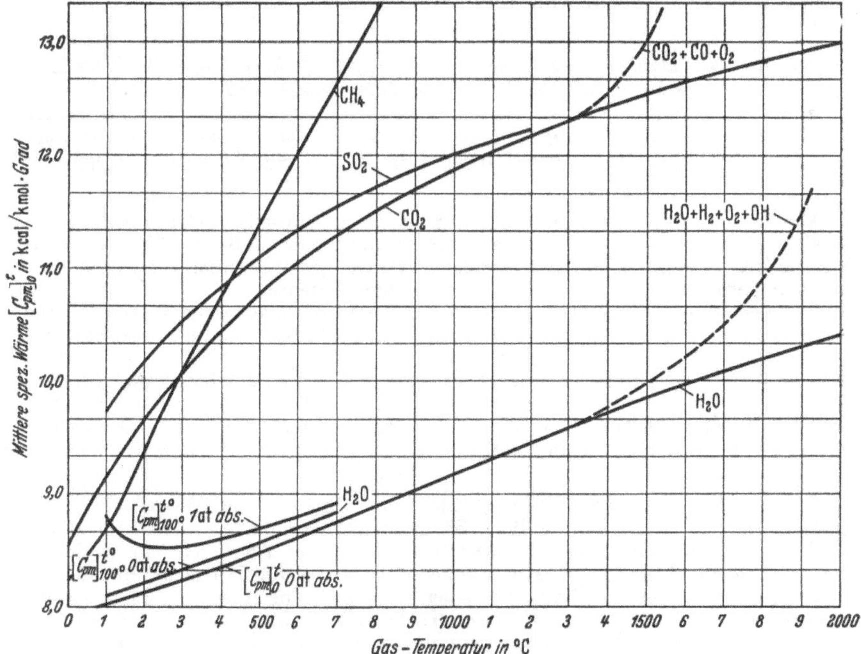

Abb. 38. Abhängigkeit der mittleren spezifischen Wärme für 1 kmol von der Temperatur für Wasserdampf, Kohlendioxyd, Schwefeldioxyd sowie für Methan. Gestrichelte Kurven Anstieg der spezifischen Wärme infolge von Dissoziation (Zerfall). Nach E. JUSTI, Fußnote 1, S. 80.

gedämpften erzwungenen Schwingungen aufgenommen ist[1]. Diese Schwingungen werden durch Zufuhr an Wärmeenergie erzwungen und durch innere Reibung gedämpft. Ohne hier näher auf den Gang von Messung und Berechnung einzugehen, sei gesagt, daß die Ergebnisse als recht genau gelten können. Die Werte für die mittlere spezifische Wärme C_{pm} für 1 kmol (Molwärme), als Arbeit und Zunahme der inneren Bewegungsenergie je Grad Temperatursteigerung bei konstantem Druck über den Bereich von 0° C bis t°, sind in Abb. 37 für die zweiatomigen und in Abb. 38 für die dreiatomigen Gase für den Fall sehr kleiner molekularer Anziehung ($p \approx 0$ at abs.) eingetragen. Die Zahlenwerte selbst stehen in Zahlentafel IV und V des Anhanges. Der Übergang zum realen Gaszustand bei 1 at abs. Druck wurde von JUSTI berechnet — Werte $\Delta C_{pm}\Big|_{0\text{ at abs.}}^{1\text{ at abs.}}$ für $t =$ konst. und 1 kmol. Der Druck nimmt nur sehr wenig Einfluß im Verhältnis zum Gesamtbetrag der spezifischen Wärme[2], er kann für kleine Drücke unbedenklich vernachlässigt werden. Das gilt bei zweiatomigen Gasen auch noch für Drücke bis 20 at, ja bis etwa 50 at (wie sie in Verbrennungskraftmaschinen auftreten), wenn die Temperaturen nicht wesentlich unter 0° C liegen. Für höhere Drücke, wie bei dem Verfahren der Hochdrucksynthese von Ammoniak mit Gasdrücken bis etwa 1000 at, müssen die Abweichungen infolge des kleineren Abstandes der Moleküle und stärkerer Anziehung berücksichtigt werden, sie sind dann erheblich. Einen Begriff von der Druckabhängigkeit der spezifischen Wärme vermittelt folgende Zusammenstellung.

Zahlentafel 30. *Mittlere spezifische Wärme* $[c_{pm}]_{20°C}^{100°C}$ *in kcal/kg · Grad für Luft bei verschiedenen Drücken. Nach Wärmetabellen PTR (1925).*

p	0	1	25	50	100	150	200	300 at abs.
$c_{pm} =$	0,240	0,241	0,249	0,255	0,269	0,282	0,292	0,303

Aus Abb. 37 geht hervor, daß die Kurven der zweiatomigen Gase auseinanderstreben. Man findet in der Literatur vielfach angegeben, daß man die spezifische Wärme der zweiatomigen Gase praktisch als bei jeder Temperatur gleich groß ansehen kann, was nur eine grobe Annäherung bedeutet.

Mit den optisch gemessenen Werten für die wahre spezifische Wärme c_p und mit $c_v = c_p - A \cdot R$ lassen sich die Änderungen des Wärmeinhalts bei konstantem Druck $\Delta i = \int_0^t c_p dt$ und der inneren Energie $\Delta u = \int_0^t c_v dt$ (ebenso die Entropie und der Dissoziationsgrad beim Zerfall gewisser hocherhitzter Gase) bei verschiedener Temperatur recht genau berechnen.

[1] JUSTI, E.: Spezifische Wärme, Enthalpie, Entropie und Dissoziation technischer Gase. Berlin: Springer 1938. Siehe auch Feuerungstechnik Bd. 26 (1938) S. 319 und Techn. Mitt. Essen Bd. 31 (1938) S. 112 mit Auszügen, die spezifische Wärme betreffend. Enthalpie ist ein anderer Ausdruck für Wärmeinhalt bei konstantem Druck (siehe Abschnitt 47). Über Entropie siehe Abschnitt 36, über Dissoziation siehe Abschnitt 92. Ergänzend: O. LUTZ: Enthalpien, Entropien und Gleichgewichtskonstanten von Verbrennungsgasen. Ing. Archiv 16 (1948) S. 377.

[2] In der unter [1] gemachten Literaturangabe sind Tabellen über die Druckkorrektur von 0 nach 1 at abs. angegeben.

Das Verhältnis $\varkappa = c_p/c_v$ ändert sich mit der Temperatur nach (86) mit

$$\frac{c_p}{c_v} = 1 + \frac{AR}{c_v} = 1 + \varphi(t).$$

Da c_v zunimmt, verkleinert sich c_p/c_v.

Zahlentafel 31. *Werte c_p/c_v bei verschiedenen Temperaturen für einige Gase.*

t °C	Sauerstoff O_2	Stickstoff N_2	Kohlenoxyd CO	Wasserstoff H_2	Kohlendioxyd CO_2	Wasserdampf H_2O (gasförmig)
0	1,40	1,40	1,40	1,41	1,30	1,33
500	1,33	1,36	1,36	1,39	1,20	1,28
1000	1,31	1,32	1,32	1,37	1,18	1,23
2000	1,28	1,30	1,30	1,31	(1,17)	(1,19)
3000	1,27	1,29	1,29	1,29	(1,16)	(1,18)

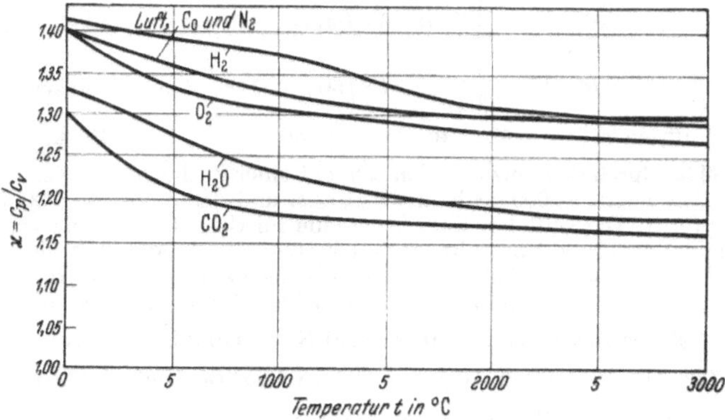

Abb. 39. Verringerung des Wertes c_p/c_v, dem Verhältnis der spezifischen Wärmen bei konstantem Druck und konstantem Volumen, bei zunehmender Temperatur.

Das Bild dieser Entwicklung zeigt Abb. 39. Es sei hier nochmals festgehalten, daß wohl die Differenz der spezifischen Wärmen $c_p - c_v = A \cdot R$ unabhängig von der Temperatur ist, nicht aber c_p und c_v selbst und ihr Verhältnis zueinander, gleichgültig ob für 1 kg, 1 kmol oder 1 m³.

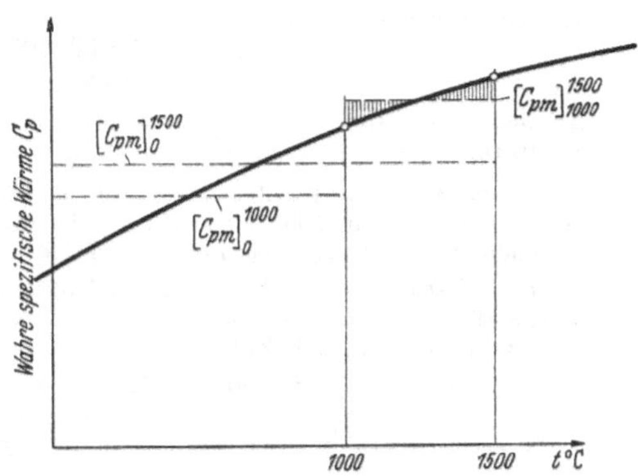

Abb. 40. Wahre und mittlere spezifische Wärme. Die Flächen geben Wärmemengen an: $Q = [C_{pm}]_0^t \cdot t$ in kcal/kmol.

In Zahlentafel VI im Anhang sind mittlere spezifische Wärmen für 1 kmol angegeben für verschiedene Rauchgase (siehe hierzu Abschnitte über Gasmischungen und über Verbrennung).

Beispiel 1. Die mittlere spezifische Wärme $M \cdot c_{pm} = C_{pm}$ für 1 kmol beträgt bei Kohlendioxyd 11,88 zwischen 0° C und 1000° C und 12,56 zwischen 0° C und 1500° C. Wie groß ist die mittlere spezifische Wärme C_{vm} zwischen

0° C und 1500° C für 1 Nm³? Wie groß ist die mittlere spezifische Wärme c_{pm} für 1 kg zwischen 1000° C und 1500° C? (Siehe hierzu Abb. 40.)

$$(104)\quad [C_{pm}]_0^{1500} = 12{,}56; \quad [C_{vm}]_0^{1500} = 12{,}56 - 1{,}99 = 10{,}57 \frac{\text{kcal}}{\text{kmol} \cdot \text{Grad}}.$$

$$(\text{ZT. I})\quad [C_{vm}]_0^{1500} = \frac{10{,}57}{22{,}26} = 0{,}475 \text{ kcal/Nm}^3 \cdot \text{Grad}.$$

$$(\text{ZT. I})\quad [c_{pm}]_0^{1000} = \frac{11{,}88}{44{,}00} = 0{,}270 \text{ kcal/kg} \cdot \text{Grad};$$

$$[c_{pm}]_0^{1500} = \frac{12{,}56}{44{,}00} = 0{,}286 \text{ für } 1 \text{ kg}.$$

$$(103/104)\quad 0{,}286 \cdot 1500 - 0{,}270 \cdot 1000 = [c_{pm}]_{1000}^{1500} \cdot (1500 - 1000);$$

$$[c_{pm}]_{1000}^{1500} = 0{,}318 \text{ kcal/kg} \cdot \text{Grad}.$$

Beispiel 2. Wieviel Wärme kann 1 Nm³ Rauchgas aus Steinkohle im Gemisch mit 20 vH Luft bei der Abkühlung in einer Heizanlage von 1500° C auf 300° C abgeben? Werte aus Zahlentafel VI.

$$\text{Reines Rauchgas } Q = \frac{1}{22{,}4} \cdot (8{,}46 \cdot 1500 - 7{,}61 \cdot 300) = 465 \text{ kcal/Nm}^3,$$

$$\text{Luft } Q = \frac{1}{22{,}4} \cdot (7{,}84 \cdot 1500 - 7{,}06 \cdot 300) = 430 \text{ kcal/Nm}^3,$$

$$\text{Rauchgas/Luftgemisch } Q = 0{,}8 \cdot 465 + 0{,}2 \cdot 430 = 458 \text{ kcal/Nm}^3.$$

Beispiel 3. Durch den einziehenden Schacht einer Zeche gehen zwei Druckluftleitungen, deren eine 20000 m³/h mit 8 at abs. und deren andere 1000 m³/h mit 150 at abs. führt. Die Luft hat über Tage eine mittlere Temperatur von 100° C. Im Schacht fallen 10000 Nm³/min frisches Wetter ein, die die Luft bis zum Füllort unter Tage um 50° abkühlen. Wieviel Wärme nehmen die Wetter auf, wenn sie über Tage mit 10° C einströmen? Um wieviel Grad werden sie dadurch wärmer?

$$[C_{pm}]_0^{100} = 6{,}96 \text{ kcal/kmol} \cdot \text{Grad} \mathrel{\hat{=}} 0{,}311 \text{ kcal/Nm}^3 \cdot \text{Grad bei } 8 \text{ at abs.}$$

$$[c_{pm}]_0^{100} = 0{,}282 \text{ kcal/kg} \cdot \text{Grad} \mathrel{\hat{=}} 0{,}282 \cdot 1{,}293 = 0{,}365 \text{ kcal/Nm}^3 \cdot \text{Grad bei } 150 \text{ at abs.}$$

$$(48)\quad V_N = 264 \frac{8 \cdot 20000}{373} = 113200 \text{ Nm}^3\text{/h bei } 8 \text{ at abs.},$$

$$V_N = 264 \frac{150 \cdot 1000}{373} = 106100 \text{ Nm}^3\text{/h bei } 150 \text{ at abs.}$$

Die Wetter nehmen

$$Q = (113200 \cdot 0{,}311 + 106100 \cdot 0{,}365) \cdot 50 = 3{,}7 \cdot 10^6 \text{ kcal/h}$$

auf und erwärmen sich um

$$\Delta t = \frac{3{,}7 \cdot 1000000}{60 \cdot 10000 \cdot 0{,}310} = 19{,}9°.$$

An sich müßte die spezifische Wärme zwischen 50 und 100° C berechnet werden. Sie unterscheidet sich jedoch nur wenig von derjenigen zwischen 0 und 100° C.

Beispiel 4. Ein Kupferwürfel von 1 m Kantenlänge wird bei gewöhnlichem Druck von 0° C auf 100° C erwärmt. Wie groß ist der Unterschied der spezifischen Wärmen c_{pm} und c_{vm} zwischen 0 und 100° C?

$V_0 = 1{,}00000$ m³; nach Zahlentafel 1 und nach (10) ist $V_{100} = 1(1 + 3 \cdot 1{,}65 \cdot 10^{-3}) = 1{,}00495$ m³. Äußere mechanische Arbeit $L = P(V_{100} - V_0) = 10000 \cdot 495 \cdot 10^{-5} = 49{,}50$ mkg/m³; nach Zahlentafel 5 ist $\gamma = 8930$ kg/m³ und damit

$$l = 49{,}50/8930 = 55{,}5 \cdot 10^{-4} \text{ mkg/kg},$$

$$[c_{pm}]_0^{100} - [c_{vm}]_0^{100} = \frac{Al}{100} = \frac{55{,}5 \cdot 10^{-4}}{427 \cdot 100} = 1{,}3 \cdot 10^{-7}$$

in kcal/kg · Grad. Diese Differenz ist so klein gegen den mittleren Wert $c = 0{,}093$, daß man den Unterschied der spezifischen Wärmen bei Kupfer (und bei allen übrigen Stoffen im festen und flüssigen Zustand) ohne weiteres vernachlässigen kann.

27. Innere Energie.

Innere Energie als Zustandsgröße. Mit den Zustandsgrößen Druck, spezifisches Volumen und Temperatur ist der Zustand eines Körpers eindeutig beschrieben. Festzustellen ist aber auch, daß der Körper in jedem Zustand eine ganz bestimmte Menge an Wärmeenergie gespeichert hat. Bei einem Gas setzt sich diese Wärmemenge wie folgt zusammen:

a) fühlbare Wärme zwischen 0° K und Schmelztemperatur im festen Zustand[1],

b) Schmelzwärme als gebundene Wärmeenergie,

c) fühlbare Wärme zwischen Schmelztemperatur und Siedetemperatur (Flüssigkeitswärme),

d) Verdampfungswärme als gebundene Wärmeenergie,

e) fühlbare Wärme zwischen Siedetemperatur und Gastemperatur (Überhitzungswärme).

Bei $T = 0°$ K ist die innere Energie reiner Stoffe $u = 0$. In jedem anderen Zustand hat sie einen bestimmten Wert $u > 0$, was bedeutet, daß die *innere Energie* auch eine *Zustandsgröße* ist.

Dementsprechend ist die Änderung der inneren Energie in der allgemeinen Wärmegleichung

$$q_{12} = u_2 - u_1 + A \int_1^2 P\,dv$$

bei einer beliebigen Zustandsänderung auch *nicht vom Wege*, d. h. von der Änderung des Druckes mit dem Volumen abhängig.

Als Zustandsgröße ist die innere Energie im allgemeinen eine Funktion zweier Zustandsgrößen, z. B.

$$u = f(p, t), \qquad (105)$$

weil die dritte Zustandsgröße, hier das spezifische Volumen v, schon eine Funktion der beiden anderen ist. Bei vollkommenen Gasen ist die innere Energie u nur von der Temperatur abhängig. Da die spezifische Wärme c_v bei vollkommenen Gasen selbst nicht von der Temperatur abhängt, ist die Änderung der inneren Energie dem Temperaturunterschied proportional; Gesetze von Joule und Kelvin. Bei wirklichen Gasen hingegen richtet sich c_v und damit die Änderung der inneren Energie $du = c_v\,dt$ auch etwas nach dem Druck, denn ihre spezifische Wärme ändert sich nicht nur mit der Temperatur, sondern auch mit dem Druck, und zwar um so stärker, je weniger vollkommen sich das Gas verhält. Die innere Energie von Dämpfen hängt stark vom Druck ab. Solange die wirklichen Gase hinreichend genau dem allgemeinen Gasgesetz folgen, ist die Änderung der spezifischen Wärme c_v und damit auch der inneren Energie praktisch allein eine Funktion der Temperatur, $u = f(t)$.

[1] Abgesehen von Wärmebindungen bei gewissen Umwandlungen innerhalb des festen Zustands.

Absolute innere Energie. Absolut genommen ist die innere Energie der gewöhnlichen Gase

$$u = \int_0^T c_v d\,T = [c_{vm}]_0^t\, t + C, \qquad (106)$$

wobei die Konstante C die Speicherung an Wärmeenergie zwischen $T = 0$ und $T = 273\,°$ K angibt. Es ist üblich, absolute Angaben für die innere Energie auf 0° C zu beziehen, weil die Änderung der spezifischen Wärme c_v mit der Temperatur unter 0° C im allgemeinen nicht bekannt ist. Bei mäßigen Temperaturen unter 0° C ist der Druckeinfluß auf die innere Energie der Gase noch vernachlässigbar klein. Die innere Energie bezogen auf 0° C wird dann negativ. Bei der Berechnung von Energieänderungen fällt die Konstante C heraus (bei u_{21}).

Neben der inneren Energie ist die Druckenergie der Gase von Bedeutung. Die Energie der Lage spielt nur eine untergeordnete Rolle. Die innere Energie umfaßt alle innere kinetische Energie. Von der äußeren kinetischen Energie infolge der äußeren gerichteten Bewegung des Gases ist der Gaszustand unabhängig.

VI. Zustandsänderungen von Gasen.

28. Allgemeine Beziehungen für die Zustandsänderungen von Gasen.

Die für die Zustandsänderungen vollkommener Gase gültigen Gesetze lassen sich mit Hilfe des allgemeinen Gasgesetzes $Pv = RT$ und der allgemeinen Wärmegleichung $dq = du + AP\,dv$ ableiten. Für die wirklichen Gase gelten diese Gesetze mit der Einschränkung, daß der Druck nicht über 50 at liegt und die Temperatur 0° C nicht wesentlich unterschreitet. Über diese Grenzen hinaus sind Abweichungen zu berücksichtigen. Mit Einsatz der spezifischen Wärme realer Gase kommt die Rechnung den wirklichen Zustandsänderungen sehr nahe.

Art der Zustandsänderung. Für eine beliebige Änderung vom Zustand 1 nach Zustand 2 geht der Druck von P_1 auf P_2, das spezifische Volumen von v_1 auf v_2 und die absolute Temperatur von T_1 auf T_2, was ebensoviel Grad ist, wie von t_1 auf t_2. Allgemein gilt

$$\frac{P_1 v_1}{T_1} = \frac{P_2 v_2}{T_2}. \qquad (107)$$

Eine dieser 2×3 Größen, die den Zustand des Gases bestimmen, kann berechnet werden, wenn die anderen bekannt sind. Die Bestimmung (107) sagt aus, daß man ein Gas vom Zustand 1 nicht in einen anderen ganz beliebigen Zustand 2 bringen kann. Für den gewünschten Zustand 2 kann man nur zwei Größen wählen, die dritte ist damit festgelegt.

Es gibt unendlich viele Möglichkeiten, um vom Zustand 1 nach Zustand 2 zu gelangen. In der Fülle dieser Möglichkeiten gibt es Zustandsänderungen, bei welchen jeweils eine der Zustandsgrößen gleich groß bleibt. Es sind dies Zustandsänderungen bei unveränderlichem Druck P, Raum v und Temperatur t bzw. T. Dazu kommen noch die Zustandsänderungen, bei welchen weder Wärme zu- noch abgeführt wird. Im Falle $dT = 0$, $T =$ konst. und konstanter innerer Energie u spricht man auch von *isothermischer*, bei $dq = 0$, $q_{12} = 0$ von *adiabatischer* Zustandsänderung, in letzterem Falle dann, wenn sich der Vorgang in einem abgeschlossenen Raum mit wärmeundurchlässiger Begrenzung abspielt (adiabatisches System).

Wenn eine der Zustandsgrößen unveränderlich bleibt, so geht (107) auf Beziehungen zwischen je zwei Größen über.

$$P_1 \cdot v_1 = P_2 \cdot v_2; \quad \frac{P_1}{T_1} = \frac{P_2}{T_2}; \quad \frac{v_1}{T_1} = \frac{v_2}{T_2}.$$

Dabei genügt es schon, drei der vier Größen zu kennen, die vierte kann berechnet und nicht mehr frei gewählt werden. Es ist, wie erinnerlich, ein Merkmal der Zustandsgrößen, daß ihre Größe wegunabhängig ist, was nicht für die Wärme Q und die mechanische Arbeit L gilt; siehe

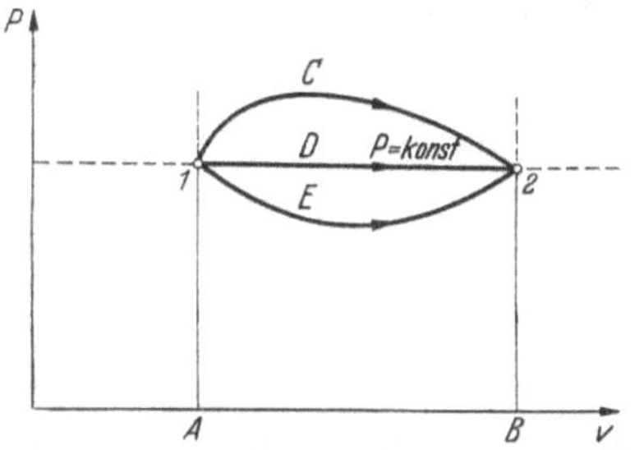

Abb. 41. Zustandsänderung $P_1 = P_2$ auf verschiedenem Wege.

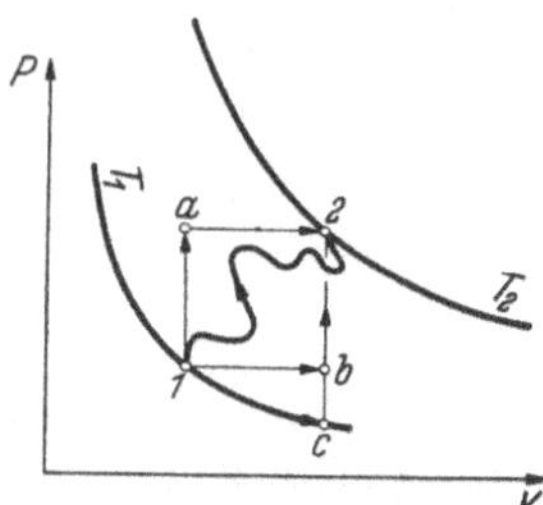

Abb. 42. Aufteilung einer beliebigen Zustandsänderung in zwei Änderungen, bei welchen eine der Zustandsgrößen konstant bleibt.

hierzu Abb. 25a—c. In Abb. 41 sind drei verschiedene Zustandsänderungen wiedergegeben, bei welchen $P_1 = P_2$ ist. Die mechanische Arbeit ist dabei ganz verschieden und durch die Flächen $A1C2BA$, $A1D2BA$, $A1E2BA$ dargestellt. In Abb. 42 ist eine beliebige Zustandsänderung von 1 bis 2 wiedergegeben, bei der man auch Wege $1a2$, $1b2$ oder auch $1c2$ u. a. gehen kann.

Wärmeaustausch. Wenn man die Abhängigkeit der spezifischen Wärme von der Temperatur vernachlässigen kann, sei es, weil es sich um kleine Temperaturänderungen handelt, sei es bei einatomigen Gasen, so ist

$$Q = G \cdot c_v \cdot (t_2 - t_1) + A \cdot L$$

(Q positiv bei Wärmezufuhr und negativ bei Wärmeentzug, L positiv bei Expansion und negativ bei Kompression).

Kennt man t_1 und t_2, so kann man bei veränderlicher spezifischer Wärme die mittlere spezifische Wärme einführen, nämlich

$$[c_{vm}]_{t_1}^{t_2} = [c_{vm}]_0^{t_2} - [c_{vm}]_0^{t_1},$$

wie aus Zahlentafel IV und V ermittelt werden kann. Ist nur eine von beiden Temperaturen bekannt, so muß man die andere schätzen, um die mittlere spezifische Wärme zu finden, und das Ergebnis gegebenenfalls durch mehrmalige Rechnung verfeinern. Mit *konstanter spezifischer Wärme* erhält man aus $Pv = RT$

$$t_2 - t_1 = T_2 - T_1 = \frac{1}{R}(P_2 v_2 - P_1 v_1)$$

und mit (89)

$$\frac{c_v}{R} = \frac{A}{\varkappa - 1}$$

die Wärmemenge in kcal/kg

$$\boxed{q = \frac{A}{\varkappa - 1}(P_2 v_2 - P_1 v_1) + A \cdot l} \,. \tag{108}$$

Bei *veränderlicher spezifischer Wärme* ergibt sich für sehr kleine Änderungen nach (76)

$$dq = c_v \cdot dT + A \cdot P \cdot dv$$

und mit

$$d(P \cdot v) = P \cdot dv + v \cdot dP = R \cdot dT$$

findet man

$$dq = \frac{c_v}{R}(P \cdot dv + v \cdot dP) + A \cdot P \cdot dv,$$

$$dq = A \cdot \left[P \cdot dv \cdot \left(\frac{1}{\varkappa - 1} + 1\right) + \frac{1}{\varkappa - 1} v \cdot dP\right],$$

$$\boxed{dq = \frac{A}{\varkappa - 1} \cdot (\varkappa \cdot P \cdot dv + v \cdot dP)} \,. \tag{109}$$

Die Wärmeänderung kann ganz allgemein durch $dq = c \cdot dT$ angegeben werden. Bei festen und flüssigen Körpern ist c so gut wie unabhängig von der Art der Zustandsänderung, im Gegensatz zu den Gasen, denn bei

$$\left.\begin{array}{llll} P = \text{konst.} & \text{ist} & c = c_p, & \\ V = \text{konst.} & \text{,,} & c = c_v, & \\ T = \text{konst.} & \text{,,} & c = \infty & (\text{weil } dT = 0 \text{ ist}), \\ Q = 0 & \text{,,} & c = 0 & (\text{weil } dQ = 0 \text{ ist}). \end{array}\right\} \tag{110}$$

Die spezifische Wärme der Gase liegt also je nach den Umständen zwischen 0 und ∞.

Es ist in der technischen Praxis üblich, die Berechnungen auf 1 kg des Gases zu beziehen. Bei einer anderen Menge sind Wärmeaustausch, Wärmeinhalt und geleistete oder aufgewandte Arbeit proportional. Für G kg gilt das G-fache, also $V = G \cdot v$, $U = G \cdot u$, $I = G \cdot i$, $Q = G \cdot q$, $L = G \cdot l$.

29. Zustandsänderung bei unveränderlichem Druck.

Mechanische Arbeit. Eine Zustandsänderung bei unveränderlichem Druck, die man auch *isobarische Zustandsänderung* nennt, ist in Abb. 43 angedeutet. Man kann sich vorstellen, daß in einem Idealzylinder ein widerstandslos beweglicher Kolben gleiten kann, so daß das Gas im Innern des Zylinders stets unter demselben Druck steht wie die umgebende Atmosphäre. Der Druck im Zylinder muß aber nicht notwendig gleich dem atmosphärischen sein. Man kann sich auch eine Zustandsänderung denken, bei der ein beliebiger Druck konstant gehalten wird, wobei so viel Energie und in solchem Maße von außen zugeführt werden muß, daß der Druck während der Ausdehnung nicht fällt. Umgekehrt muß bei einer Verdichtung durch Energieabfuhr dafür gesorgt werden, daß der Druck nicht ansteigt.

Es ist allgemein $P_1 = P_2 = P$. Für den Zustand 1 sind die Zustandsgrößen durch die Beziehung $P \cdot v_1 = RT_1$ verbunden; für den Zustand 2 gilt sinngemäß $P \cdot v_2 = RT_2$. Bildet man die Differenz der beiden Zustandsgleichungen, so ist

$$P(v_2 - v_1) = R(T_2 - T_1) \qquad (111)$$

und ergibt sich die mechanische Arbeit in mkg/kg zu

$$\boxed{l_{12} = \int_1^2 P\,dv = P(v_2 - v_1)}\,, \qquad (112)$$

die im P, v-Diagramm Abb. 43 durch die mit l_{12} bezeichnete Fläche unter der Zustandslinie (*Isobare*) 1—2 dargestellt ist.

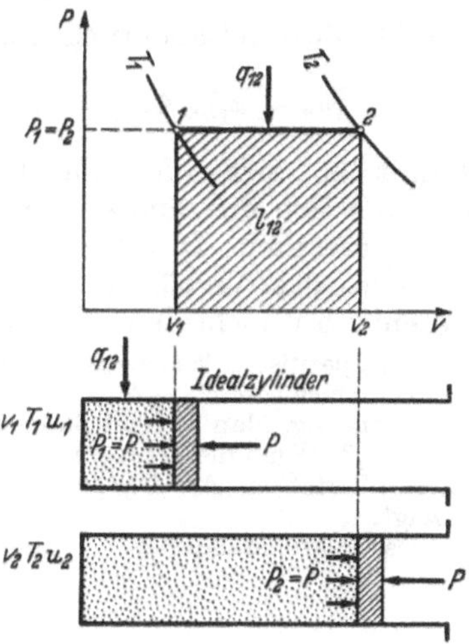

Abb. 43. Zustandsänderung gleichen Druckes im P, v-Diagramm.

Wenn man das spezifische Volumen des Gases im Normzustand, v_N, kennt, so läßt sich mit

$$\frac{R}{P} = \frac{v}{T} = \frac{v_N}{T_N}$$

für (111) weiterhin schreiben

$$v_2 - v_1 = \frac{v_N}{T_N}(T_2 - T_1)$$

und

$$\frac{v_2 - v_1}{v_N} = \frac{T_2 - T_1}{273} = \frac{t_2 - t_1}{273}. \qquad (113)$$

Im übrigen gilt nach dem GAY-LUSSACschen Gesetz auch die Beziehung, daß sich die Volumina wie die absoluten Temperaturen verhalten: $v_2/v_1 = T_2/T_1$.

Wärmeenergie. Der Bedarf an Energie bei der Zustandsänderung wird durch Wärmeenergie gedeckt. Aus der allgemeinen Beziehung (109) kann man die nötige Wärmemenge sofort angeben. Es ist für $P =$ konst.

$$q_{12} = A\frac{\varkappa}{\varkappa - 1} P \cdot (v_2 - v_1) = A\frac{\varkappa}{\varkappa - 1} R \cdot (T_2 - T_1) = \frac{\varkappa}{\varkappa - 1} A \cdot l_{12} \qquad (114)$$

und für zweiatomige Gase im besonderen mit $\varkappa = 1{,}4$ allgemein

$$Q_{12} = 3{,}5 \cdot A \cdot L_{12}. \qquad (115)$$

Die Wärmezufuhr bei isobarischer Ausdehnung muß erheblich größer sein, als die Ausdehnungsarbeit in Wärmemaß ausmacht. Neben der Raumzunahme kommt es zu einer Steigerung der inneren Energie, um den Druck aufrechtzuerhalten. Es ist

$$q_{12} = c_p(t_2 - t_1) = i_2 - i_1. \qquad (116)$$

Die innere Energie erhöht sich um

$$u_2 - u_1 = c_v(t_2 - t_1). \tag{117}$$

Da die Differenz zwischen der Wärmezufuhr q_{12} und der Zunahme der inneren Energie $u_2 - u_1$ die mechanische Arbeit erfaßt, nämlich

$$A \cdot l_{12} = (c_p - c_v) \cdot (t_2 - t_1) = A \cdot R \cdot (T_2 - T_1), \tag{118}$$

gilt für Zustandsänderung bei konstantem Druck:

$$q_{12} : (u_2 - u_1) : A\,l_{12} = c_p : c_v : (c_p - c_v) = \frac{\varkappa}{\varkappa - 1} : \frac{1}{\varkappa - 1} : 1. \tag{119}$$

Damit läßt sich sofort angeben, welche Wärmemenge zuzuführen ist und wie sich die innere Energie ändert, wenn eine bestimmte Arbeit bei konstantem Druck geleistet werden soll. Für alle zweiatomigen Gase ist das Verhältnis bei etwa gleicher Temperatur dasselbe, für wesentlich verschiedene Temperaturen nur angenähert, weil $\varkappa = f(t)$ ist.

Die spezifische Wärme ist oben als konstant angesehen. Bei größeren Temperaturunterschieden $t_2 - t_1$ ist das bei wirklichen zwei- und mehratomigen Gasen nicht zulässig. Man rechnet dann mit der mittleren spezifischen Wärme zwischen t_1 und t_2°. Wenn die Temperatur t_2 nicht bekannt ist, empfiehlt sich ein zeichnerisches Verfahren. Am Beispiel von Luft wird der Gang des Verfahrens in Abb. 44 gezeigt.

Der Wärmeinhalt ist

$$\begin{aligned} i_{21} = q_{12} &= \int_1^2 c_p\,dt \\ &= [c_{pm}]_0^{t_2} \cdot t_2 - [c_{pm}]_0^{t_1} \cdot t_1, \\ i_{21} &= i_{20} - i_{10}. \end{aligned} \tag{120}$$

Angenommen, die Luft hat anfangs einen Wärmeinhalt i_{10}, den man zu der Anfangstemperatur t_1 berechnen oder aus Abb. 44 abgreifen kann. Wird der Luft nun eine bestimmte Wärmemenge q_{12} zugeführt, so wird der Wärmeinhalt von jedem kg der Luft um i_{21} heraufgesetzt. Man kann dann die Endtemperatur sofort zu $i_{20} = i_{10} + i_{21}$ aus Abb. 44 entnehmen. Wenn bei einer anderen Aufgabestellung t_1 und t_2 gegeben sind, so entnimmt man $i_2 - i_1 = i_{21}$ aus dem Diagramm und kann sofort die Wärmemenge q_{12} angeben.

An der Tangente an die Kurve bei 0° C, die gleichbedeutend mit der Linie für $c_p \neq f(t)$, also c_p=konst. ist, und zwar mit c_p=0,240 kcal/kg · Grad bei 0° C, erkennt man, wie wenig sich die Abhängigkeit der spezifischen Wärme c_p von der Temperatur auswirkt. Für andere Gase als Luft liegt die Kurve ähnlich, aber nicht deckend.

Beispiel 1. 320 l Luft von 8 at abs. und 140° C werden bei unveränderlichem Druck auf 20° C abgekühlt. Auf welchen Wert verkleinert sich das Volumen, und welche Arbeit ist zu leisten? Wieviel Wärme ist abzuführen?

$$V_2 = \frac{T_2}{T_1} \cdot V_1 = \frac{293}{413} \cdot 320 = 227\,\text{l},$$

(112) $L_{12} = P \cdot (V_2 - V_1) = 8 \cdot 10^4 \cdot (227 - 320) \cdot 10^{-3} = -\,7440$ mkg,

$AL_{12} = -\,7440/427 = -\,17{,}43$ kcal,

(115) $Q_{12} = 3{,}5 \cdot A\,L_{12} = -\,61{,}00$ kcal.

Mit

(119) $U_2 - U_1 = \dfrac{1}{\varkappa - 1} \cdot A\,L_{12} = -\,2{,}5 \cdot 17{,}43 = -\,43{,}57$ kcal

gilt die Bilanz

$$Q_{12} = U_{21} + A\,L_{12}$$
$$-\,61{,}00 = -\,43{,}57 - 17{,}43.$$

Beispiel 2. 1000 kg Luft von 100° C werden bei konstantem Druck durch Wärmezufuhr von $Q_{12} = 200000$ kcal erwärmt. Wie groß ist die Endtemperatur?

$$i_{21} = I_{21}/G = \frac{200000}{1000} = 200 \text{ kcal/kg}.$$

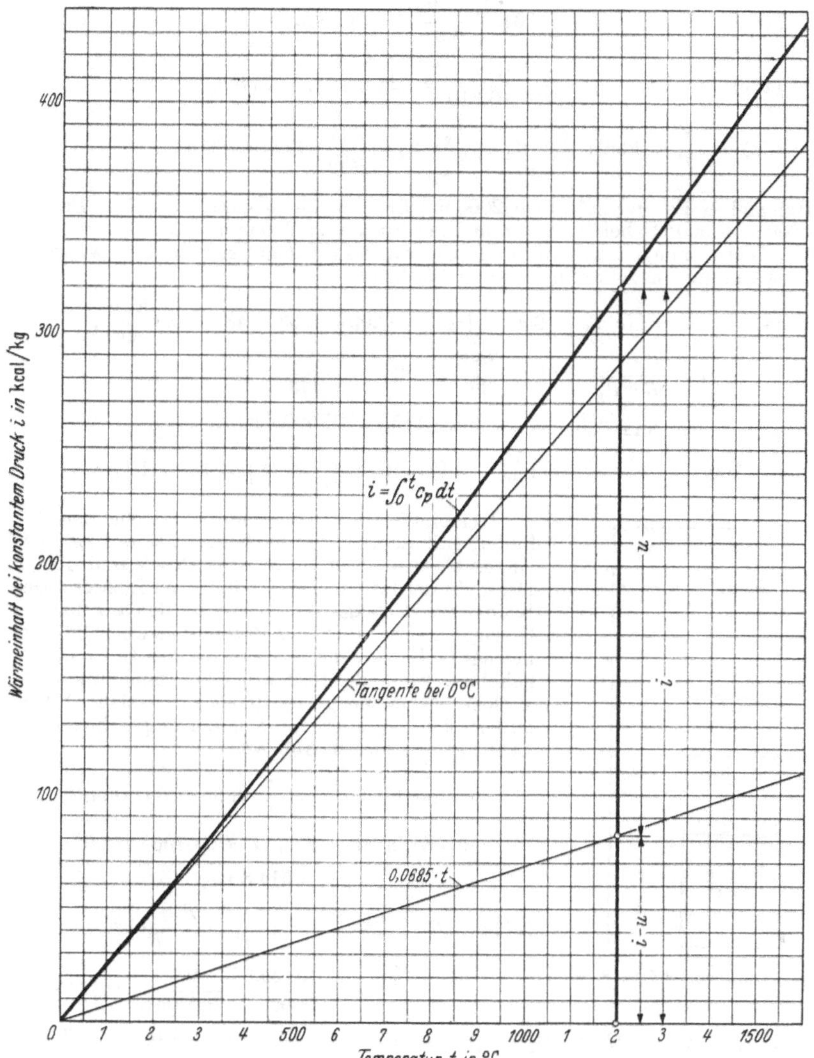

Abb. 44. Wärmeinhalt von Luft bei konstantem Druck in Abhängigkeit von der Temperatur.

Aus Abb. 44 folgt $i_{10} = 24$ kcal/kg zu 100° C und damit

$$i_{20} = 24 + 200 = 224 \text{ kcal/kg}.$$

Zu diesem Wärmeinhalt liest man aus Abb. 44 ab $t_2 = 870°$ C.

Beispiel 3. 400 m³ Luft von 20° C und 1,2 at abs. nehmen bei konstantem Druck eine Wärmemenge von 30000 kcal auf. Welches Endvolumen und welche Endtemperatur stellen sich ein?

$$\text{(ZT. I)} \qquad C_p = 0{,}310\ \text{kcal/Nm}^3 \cdot \text{Grad};$$

$$\text{(48)} \qquad V_N = 264\,\frac{1{,}2 \cdot 400}{293} = 432\ \text{Nm}^3;$$

$$\text{(116)} \qquad t_2 - t_1 = \frac{30000}{432 \cdot 0{,}310} = 224°; \quad t_2 = 244°\ \text{C};$$

$$\text{(34)} \qquad \frac{V}{T} = \text{konst.}; \quad V_2 = \frac{T_2}{T_1} \cdot V_1 = \frac{517}{293} \cdot 400 = 706\ \text{m}^3.$$

Beispiel 4. Es sind stündlich 2000 m³ Luft für einen metallurgischen Prozeß von 200 auf 900° C bei konstantem Überdruck von 200 mm WS zu erwärmen. Welche Wärmemenge ist zuzuführen? Um wieviel vH dehnt sich die Luft während der Erwärmung aus? Barometerstand 750 Torr.

$$\text{(Abb. 44)} \qquad i_{21} = [c_{pm}]_0^{900} \cdot 900 - [c_{pm}]_0^{200} \cdot 200 = 233 - 48 = 185\,\frac{\text{kcal}}{\text{kg}},$$

$$G = \frac{P \cdot V_1}{R \cdot T_1} = \left(10' \cdot \frac{750}{736} + 200\right) \frac{2000}{29{,}3 \cdot 473} = 1500\ \text{kg/h},$$

$$Q_{12} = G \cdot i_{21} = 1500 \cdot 185 = 277\,500\ \text{kcal/h},$$

$$100\,\frac{V_2 - V_1}{V_1} = 100\left(\frac{T_2}{T_1} - 1\right) = 100\left(\frac{1173}{473} - 1\right) = 148\ \text{vH}.$$

Beispiel 5. In einem senkrecht stehenden Zylinder, mit dem Deckel nach oben, sind 15 g Luft eingeschlossen unter 0,2 at abs. Druck und 40° C. Der Zylinderdurchmesser ist 0,3 m im Lichten. Der Kolben wiegt 50 kg. Wie groß muß das angehängte Gewicht x sein, wenn der Barometerstand 736 Torr beträgt? Um wieviel (H) m wird das Gewicht angehoben, wenn die Luft auf 0° C abgekühlt wird? Welche Wärmemenge ist dabei zu entziehen? Wie ändert sich die innere Energie der eingeschlossenen Luft? (Siehe hierzu Abb. 45.)

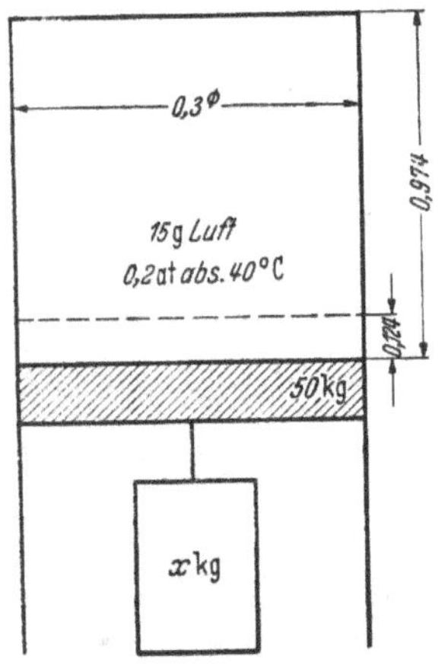

Abb. 45. Zu Beispiel 5 auf S. 90.

$$\text{Kolbenfläche } F = \frac{\pi}{4} \cdot 0{,}3^2 = 0{,}0706\ \text{m}^2,$$

$$0{,}0706 \cdot 2000 + 50 + x = 0{,}0706 \cdot 10000;$$

$$x = 514{,}8\ \text{kg},$$

$$\text{(111)} \qquad H = \frac{V_1 - V_2}{F} = \frac{G \cdot R}{P} \cdot \frac{T_1 - T_2}{F}$$

$$= \frac{0{,}015 \cdot 29{,}3}{2000} \cdot \frac{40}{0{,}0706} = 0{,}1245\ \text{m}.$$

$$\text{(ZT. I)} \qquad Q_{12} = G \cdot c_p \cdot (t_2 - t_1) = 0{,}015 \cdot 0{,}240 \cdot (-40) = -0{,}144\ \text{kcal}.$$

$$\text{(ZT. I)} \qquad U_{21} = G \cdot c_v \cdot (t_2 - t_1) = 0{,}015 \cdot 0{,}172 \cdot (-40) = -0{,}103\ \text{kcal}.$$

$$\text{Arbeit } L_{12} = P \cdot (V_2 - V_1) = 2000 \cdot 0{,}0706 \cdot (0{,}124) = -17{,}5\ \text{mkg}.$$

Bei abnehmendem Volumen ist die Arbeit vereinbarungsgemäß negativ. Es gilt folgende Bilanz:

$$Q_{12} = U_{21} + A\,L_{12}$$

$$-0{,}144 = -0{,}103 - 17{,}5/427 = -0{,}103 - 0{,}041.$$

30. Zustandsänderung bei gleichbleibendem Volumen.

Wenn bei einer Zustandsänderung der Raum ständig gleichbleibt, den das Gas einnimmt, so stellt sich dieser Vorgang im P, v-Diagramm wie in Abb. 46 dar. Man nennt eine solche Zustandsänderung auch eine isochorische und die Zustandskurve von 1 bis 2, die sich im P, v-Diagramm als senkrechte Gerade abbildet, *Isochore*.

Das Gas ist in einem bestimmten Raum eingeschlossen, der druckfest umrandet ist und seine Größe unabhängig vom Druck behält. Betrachtet man wiederum 1 kg des eingeschlossenen Gases, so gilt für die beiden Zustände $P_1 v = RT_1$ und $P_2 v = RT_2$ und für den Vorgang das Druckzunahmegesetz

$$\frac{P_2}{P_1} = \frac{p_2}{p_1} = \frac{T_2}{T_1} \tag{121}$$

Mechanische Arbeit wird bei gleichbleibendem Volumen nicht geleistet. Die Wärmezufuhr bewirkt infolgedessen nur eine Erhöhung der inneren Energie.

$$dq = du = c_v\, dt.$$

Soweit die Veränderlichkeit von c_v mit t vernachlässigt werden kann (oder die mittlere spezifische Wärme $[c_{vm}]_{t_1}^{t_2}$ eingesetzt wird), ist

$$q_{12} = u_2 - u_1 = c_v(t_2 - t_1), \tag{122}$$

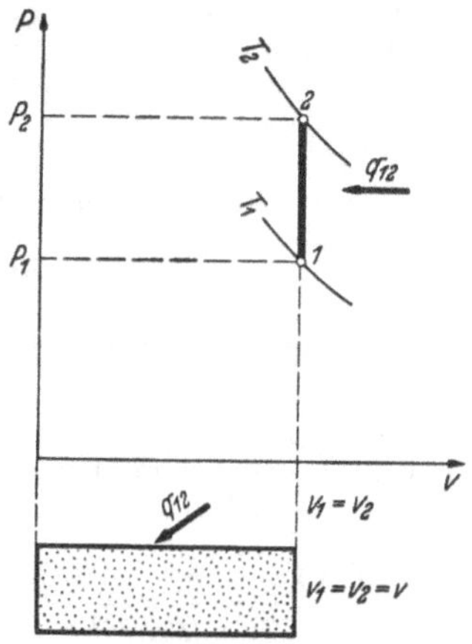

Abb. 46. Zustandsänderung gleichen Volumens im P, v-Diagramm.

und mit $Pv = RT$ umgeformt:

$$q_{12} = c_v \cdot \left(\frac{P_2 v}{R} - \frac{P_1 v}{R}\right) = \frac{c_v}{R} \cdot v \cdot (P_2 - P_1).$$

Mit der allgemeingültigen Beziehung $c_p - c_v = AR$ folgt daraus

$$q_{12} = A \cdot v \cdot \frac{c_v}{c_p - c_v} \cdot (P_2 - P_1)$$

und mit $\varkappa = c_p/c_v$

$$\boxed{q_{12} = \frac{A \cdot v}{\varkappa - 1}(P_2 - P_1)}\,. \tag{123}$$

Man kommt zu derselben Gleichung, wenn man in der allgemeinen Beziehung (109) $dv = 0$ setzt mit

$$dq = \frac{A}{\varkappa - 1} \cdot v \cdot dP,$$

$$q_{12} = \frac{A}{\varkappa - 1} \cdot v \cdot (P_2 - P_1).$$

Im besonderen Falle der zweiatomigen Gase wird mit $A = 1/427$ und $\varkappa = 1{,}4$

$$\begin{aligned} q_{12} &= 58{,}5 \cdot 10^{-4} \cdot v \cdot (P_2 - P_1) \\ &= 58{,}5 \cdot v \cdot (p_2 - p_1). \end{aligned} \tag{124}$$

Wenn ein Gas einmal bei konstantem Volumen und einmal bei konstantem Druck auf eine bestimmte Temperatur gebracht wird, so erhöht sich die innere Energie in beiden Fällen um denselben Betrag $c_v \cdot (t_2 - t_1)$. Der Mehraufwand bei unveränderlichem Druck dient nur zur Bewältigung der Ausdehnungsarbeit.

Wenn $c_v = f(t)$ zu berücksichtigen ist, kann auch hier das zeichnerische Verfahren von Abb. 44 angewandt werden. Der Unterschied zwischen i und u nach Wärmezufuhr bei konstantem Druck und konstantem Volumen von 0° C auf die Temperatur t ist $(c_p - c_v) \cdot t$; siehe (118). Für Luft findet man dafür $0{,}068 \cdot t$. Diese Beträge können im Diagramm für verschiedene Temperaturen durch die Ordinaten einer Geraden abgegriffen werden, und die Wärmezufuhr $q_{12} = u_2 - u_1$ ist mit dem Diagramm nunmehr leicht als Differenz zwischen der Kurve und der Geraden $i = 0{,}068 \cdot t$ zu bestimmen, wobei wieder $u_2 - u_1 = [u]_0^2 - [u]_0^1$ ist.

Beispiel 1. Welche Wärmemenge muß man Stickstoff bei konstantem Volumen zuführen, um seine Temperatur von 0° C auf 600° C zu steigern, d. h. an die heutige obere Grenze der Haltbarkeit von Druckbehältern aus Stahl?

(ZT. IV) $$Q = C_v \cdot (t_2 - t_1) = (7{,}21 - 1{,}99) \cdot 600 = 3132 \text{ kcal/kmol}.$$

Wie hoch steigt der Druck, wenn er anfangs 1 at abs. war?

(121) $$p_2 = p_1 \cdot \frac{T_2}{T_1} = 1 \cdot \frac{873}{273} = 3{,}2 \text{ at abs.}$$

Die Grenze der Haltbarkeit wird schon bei verhältnismäßig geringen Drücken erreicht.

Beispiel 2. 100 Nm³ Luft sind von 20° C auf 200° C zu erwärmen. Welche Wärmemenge ist zuzuführen, wenn die Zustandsänderung bei konstantem Volumen und wenn sie bei konstantem Druck vor sich geht?

(ZT. V) $$[C_{pm}]_0^{200} = 7{,}01 \approx [C_{pm}]_{20}^{200} \text{ für } 1 \text{ kmol},$$

$$[C_{vm}]_0^{200} = 7{,}01 - 1{,}99 = 5{,}02 \text{ kcal/kmol} \cdot \text{Grad}.$$

$$\text{Bei } V = \text{konst. ist } Q = \frac{100}{22{,}4} \cdot 5{,}02 \cdot 180 = 4030 \text{ kcal},$$

$$\text{bei } p = \text{konst. ist } Q = 4030 \cdot \frac{7{,}01}{5{,}02} = 5630 \text{ kcal}$$

Ausdehnungsarbeit bei p = konst. ist $L = 427\,(5630 - 4030) = 683000$ mkg.

Beispiel 3. In einem geschlossenen Behälter befindet sich Luft unter 10 vH Vakuum und 20° C, Barometerstand 765 Torr. Welche Wärmemenge ist der Luft zuzuführen, um sie auf 765 Torr zu bringen? Wie groß ist die Endtemperatur?

(ZT. I) $$c_v = 0{,}172 \text{ kcal/kg} \cdot \text{Grad};$$

$$T_2 = T_1 \cdot \frac{P_2}{P_1} = 293 \cdot \frac{1}{0{,}90} = 326^\circ \text{ K}; \quad t_2 = 53^\circ \text{ C};$$

$$q_{12} = 0{,}172 \cdot (53 - 20) = 5{,}68 \text{ kcal/kg}.$$

Beispiel 4. Welche Wärmemenge ist 1000 kg Luft bei der Erwärmung von 500 auf 1500° C bei konstantem Volumen zuzuführen?

(Abb. 44) $$Q = 1000\,(303 - 90) = 213000 \text{ kcal}.$$

Beispiel 5. Eine Gasflasche enthält Wasserstoff unter 25 at abs. Spannung bei 20° C. Inhalt der Flasche 40 l, siehe Abb. 47.

Die Festigkeit des Werkstoffs der Flasche

ist $k =$ 35	25	15	7 kg/mm²
bei $t =$ 400	450	500	550° C

Gas und Flasche werden erwärmt, wobei das Gasvolumen als unveränderlich angesehen werden soll (in Wirklichkeit dehnt sich die Flasche aus). Bei welcher Temperatur t_x reißt die Flasche auf?

$$\text{Umfangsspannung } \sigma = \frac{p \cdot d}{2 \cdot s}; \quad \frac{P}{T} = \text{konst.}; \quad p_x = p \cdot \frac{T_x}{T};$$

$$100\,\sigma_x = T_x \cdot \frac{p}{T} \cdot \frac{d}{2s} = T_x \cdot \frac{25}{293} \cdot \frac{229}{11{,}5} = 1{,}7\,T_x;$$

$t_x = 400 \quad 500 \quad 600°\,\text{C}$

$T_x = 673 \quad 773 \quad 873°\,\text{K}$

$\sigma_x = 11{,}42 \quad 13{,}12 \quad 14{,}82\ \text{kg/mm}^2.$

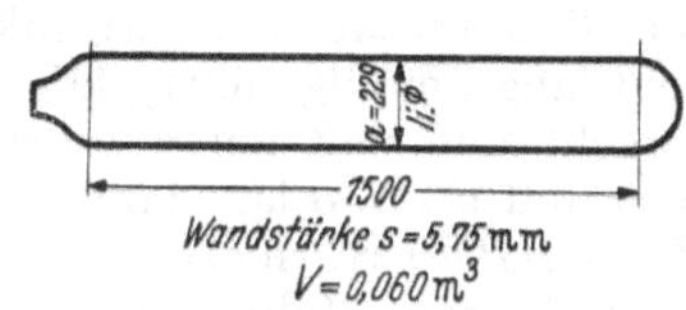

Abb. 47. Abmessungen der Stahlflasche zu Beispiel 5 von S. 92/93.

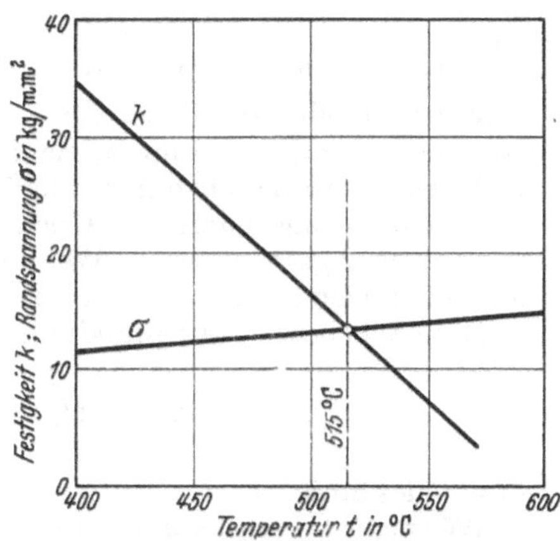

Abb. 48. Zeichnerische Lösung des Beispiels 5 von S. 92/93.

Die graphische Lösung nach Abb. 48 ergibt

$$t_x = 515°\,\text{C}.$$

Zu dieser Temperatur gehört ein Druck von $p_x = 67{,}2$ at abs.

31. Zustandsänderung bei gleichbleibender Temperatur.

Mechanische Arbeit. Bei der *isothermischen* oder Zustandsänderung gleicher Temperatur gilt für zwei Zustandspunkte 1 und 2 die Beziehung $P_1 \cdot v_1 = P_2 \cdot v_2 = R \cdot T$ = konst. Eine solche Zustandsänderung ist in Abb. 49 dargestellt. Die Zustandskurve (*Isotherme*) ist eine gleichseitige Hyperbel. Auf dem Wege von 1 nach 2 in Abb. 49 wird das Gas isothermisch verdichtet. Dabei ist eine mechanische Arbeit zu leisten, die durch die unter dem Kurvenstück 1—2 liegende Fläche $12AD1$ angegeben wird. Man kann die Fläche und damit die mechanische Arbeit berechnen und erhält für 1 kg des arbeitenden Gases

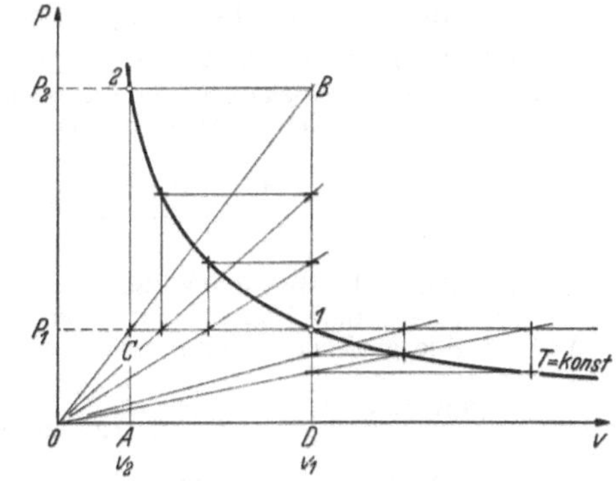

Abb. 49. Isothermische Zustandsänderung im P, v-Diagramm. Konstruktion der gleichseitigen Hyperbel vom Zustandpunkt 1 aus.

$$l_{12} = \int_1^2 P\,dv = \int_1^2 P \cdot v \cdot \frac{dv}{v} = \boxed{P_1 \cdot v_1 \ln \frac{v_2}{v_1} = P_2 \cdot v_2 \ln \frac{v_2}{v_1}} \tag{125}$$

oder auch

$$l_{12} = P_1 \cdot v_1 \ln \frac{P_1}{P_2} = P_1 \cdot v_1 \ln \frac{p_1}{p_2} = R \cdot T \ln \frac{p_1}{p_2} \quad \text{usf.} \tag{126}$$

Wie verabredet, ergibt sich die Gasarbeit positiv bei Ausdehnung ($v_2 > v_1$, $p_2 < p_1$) und negativ bei Verdichtung ($v_2 < v_1$, $p_2 > p_1$ wie in Abb. 49). In gewöhnlichen Logarithmen[1] geschrieben erhält man z. B. die Formen

$$\boxed{l_{12} = P_1 \cdot v_1 \cdot 2{,}303 \cdot \lg \frac{P_1}{P_2}} \quad \text{usf.,} \tag{127}$$

die geeignet zum Rechnen mit dem Rechenschieber sind.

Wärmeenergie. Im Falle von isothermischer Ausdehnung ist eine Wärmemenge q_{12} zuzuführen, damit die Temperatur nicht absinkt. Die Wärme wird dabei so gleichmäßig und langsam zugeführt, daß sie unmittelbar in mechanische Arbeit übergeht und daß keine Wärme nach außen abgegeben wird. Wenn $dt = 0$ und $du = 0$ ist, dann sind nach dem allgemeinen Gasgesetz $dq = du + AP\,dv$ Wärmezufuhr und geleistete Arbeit bzw. aufgewandte Arbeit und Wärmeabfuhr gleich groß:

$$q_{12} = A\,l_{12} = \int_1^2 AP\,dv\,. \tag{128}$$

Es folgt dies übrigens auch aus der allgemeinen Gl. (108) für $P_1 v_1 = P_2 v_2$. Der Wärmeaustausch kann mit den Formeln (125) und (126) durch Vervielfachung mit $A = 1/427$ ermittelt werden.

Man kann sich eine isothermische Zustandsänderung vorstellen, indem bei Ausdehnung dem Gase Wärme von einem sehr großen *Heizkörper* (HK) mit der Temperatur des Gases zufließt, dessen Temperatur dabei nicht absinkt. Im Falle der Verdichtung denkt man sich einen sehr großen *Kühlkörper* (KK) von der Temperatur des Gases, der Wärme ohne merkliche Temperaturzunahme aufnehmen kann.

Beispiel 1. 10 m³ Stickstoff von 120° C dehnen sich isothermisch aus. Am Ende sind 80 m³ Stickstoff von 1 at abs. vorhanden. Wie groß ist der Anfangsdruck und die geleistete Arbeit? Unabhängig von der Gastemperatur ist

$$p_1 = p_2 V_2 / V_1 = 1 \cdot 80/10 = 8 \text{ at abs.};$$

(126) $$L_{12} = 1 \cdot 10^4 \cdot 80 \cdot 2{,}303 \cdot \lg 8 = 1{,}665 \cdot 10^6 \text{ mkg}.$$

Beispiel 2. Es sind 600 kg Sauerstoff von 15° C und 1 at abs. isothermisch so zu verdichten, daß 1 kg O_2 den Raum von 12 l einnimmt. Wie hoch steigt der Druck? Wie groß sind Kompressionsarbeit und Wärmeentzug?

(39) $$p_2 \doteq \frac{26{,}50 \cdot 288}{0{,}012 \cdot 10000} = 63{,}6 \text{ at abs.};$$

(126/127) $$L_{12} = 600 \cdot 26{,}50 \cdot 288 \cdot 2{,}303 \cdot \lg \frac{1{,}0}{63{,}6} = -\,19{,}00 \cdot 10^6 \text{ mkg}$$ (Arbeitsaufwand);

(128) $$Q_{12} = -\,19{,}00 \cdot 10^6/427 = -\,44\,500 \text{ kcal (Wärmeabfuhr).}$$

---

[1] Logarithmus naturalis (ln) = 2,303 mal BRIGGSscher Logarithmus (lg). $\ln 10 = 2{,}30259$. $\ln x = 2{,}303 \cdot \lg x$.

32. Zustandsänderung ohne Wärmeaustausch.

Gleichung der Adiabate. Im Gegensatz zur isothermischen Zustandsänderung, bei der eine unendlich langsame Kolbenbewegung angenommen wurde, damit ständig ein völliger Temperaturausgleich mit der Umgebung stattfindet ($t =$ konst.), ist auch der andere Grenzfall eines so schnell ablaufenden Vorganges denkbar, daß es gar nicht zum Wärmeaustausch kommt, was einer Zustandsänderung in einem wärmedicht (adiabatisch — undurchlässig)[1] umschlossenen Idealzylinder gleichkommt.

Bei einem adiabatischen Vorgang ändern sich sowohl Druck und Volumen als auch die Temperatur. Wenn sich das Gas ohne Wärmezufuhr ausdehnt, so muß die Ausdehnungsarbeit l_{12} allein von der inneren Energie bestritten werden, die um u_{21} abnimmt.

$$dq = 0 = du + AP\,dv,$$

$$0 = c_v\,dT + AP\,dv,$$

$$0 = c_v \frac{d(P \cdot v)}{R} + AP\,v \frac{dv}{v}.$$

Teilt man durch $P \cdot v$ und erweitert man mit R/c_v, so erhält man mit $AR/c_v = \varkappa - 1$ die Beziehung

$$0 = \frac{d(P \cdot v)}{P \cdot v} + (\varkappa - 1)\frac{dv}{v},$$

deren Integration ergibt

$$\text{konst.} = \ln(P \cdot v) + (\varkappa - 1)\ln v$$

oder

$$\ln P \cdot v \cdot v^{\varkappa - 1} = \text{konst.}$$

und

$$\boxed{P \cdot v^{\varkappa} = \text{konst.}} \tag{129}$$

Es ist dies die Gleichung einer *allgemeinen Hyperbel*. Aus der allgemeinen Beziehung (109) erhält man für $dq = 0$ dieselbe Form.

Für zwei Zustände 1 und 2 des Gases folgt daraus der Zusammenhang

$$P_1 v_1^{\varkappa} = P_2 v_2^{\varkappa}$$

oder

$$\boxed{\frac{P_1}{P_2} = \left(\frac{v_2}{v_1}\right)^{\varkappa}}$$

oder auch

$$\boxed{\frac{v_1}{v_2} = \left(\frac{P_2}{P_1}\right)^{1/\varkappa}} \tag{130}$$

Die Beziehung zur Temperatur ergibt sich schließlich mit $P \cdot v = R \cdot T$ und

$$P \cdot v^{\varkappa} = \frac{R \cdot T}{v} \cdot v^{\varkappa} \quad \text{und} \quad T \cdot v^{\varkappa - 1} = \text{konst.}$$

[1] Gebildet aus α-privativum (verneinend) und διαβαίνειν = hindurchgehen.

zu
$$\boxed{\frac{T_1}{T_2} = \left(\frac{v_2}{v_1}\right)^{\varkappa-1} = \left[\left(\frac{P_1}{P_2}\right)^{1/\varkappa}\right]^{\varkappa-1} = \left(\frac{P_1}{P_2}\right)^{(\varkappa-1)/\varkappa}} . \tag{131}$$

Dabei kann man für P_1/P_2 auch stets p_1/p_2 und für v_2/v_1 auch V_2/V_1 setzen (P in kg/m², p in kg/cm², v in m³/kg, V in m³). Außerdem läßt sich für v auch $1/\gamma$ bezogen auf denselben Gaszustand einführen (spezifisches Gewicht γ in kg/m³).

Der Exponent $\varkappa$ ist nach (86) das Verhältnis der spezifischen Wärmen c_p/c_v, abhängig von Temperatur und Atomzahl. Dem Werte nach geht $\varkappa$ aus Zahlentafel I und Abb. 24 hervor. Gegebenenfalls ist der Zusammenhang von $\varkappa$ mit der Temperatur nach Abb. 39 zu berücksichtigen. Bei großen Temperaturunterschieden kann man angenähert setzen
$$\varkappa = \varkappa_0 - \alpha T, \tag{132}$$
wobei $\varkappa_0$ sich auf 0° C bzw. 273° K bezieht. Mit (131) ist
$$T \cdot v^{\varkappa-1} = \text{konst.} \quad \text{und} \quad T \cdot (\varkappa - 1) \cdot v^{\varkappa-2}\, dv + v^{\varkappa-1} \cdot dT = 0$$
und damit
$$\frac{dT}{dv} = (1 - \varkappa)\frac{T}{v} = (1 - \varkappa_0 + \alpha T) \cdot \frac{T}{v}$$
bzw.
$$\frac{dP}{dv} = -\varkappa \frac{P}{v} = -(\varkappa_0 - \alpha T)\frac{P}{v}.$$

Für zweiatomige Gase gilt nach SCHÜLE[1] mit gewisser Annäherung
$$\varkappa = 1 + \frac{1{,}986}{C_v} = 1 + \frac{1{,}986}{4{,}99 + 0{,}000532\, t},$$
$$\varkappa \approx 1{,}41 - 0{,}5 \cdot 10^{-4}\, T \tag{133}$$
für $t = 0°$ C bis 2000° C, während für reine Feuergase (das sind die wärmebeladenen Verbrennungsgase) gilt
$$\varkappa \approx 1{,}365 - 0{,}55 \cdot 10^{-4}\, T.$$

Nach Integration und Umwandlung findet man
$$\frac{T_1}{T_2} = \left(1 - \frac{\alpha T_1}{\varkappa_0 - 1}\right)\left(\frac{v_2}{v_1}\right)^{\varkappa_0 - 1} + \frac{\alpha T_1}{\varkappa_0 - 1}, \tag{134}$$
womit die fragliche Temperatur T_2 bei adiabatischer Zustandsänderung abgeschätzt werden kann. Für das Verhältnis der Volumina gilt
$$\frac{v_1}{v_2} = \left(\frac{T_2}{T_1}\,\frac{\varkappa_0 - 1 - \alpha T_1}{\varkappa_0 - 1 - \alpha T_2}\right)^{1/(\varkappa_0 - 1)} \tag{135}$$

Diese genauere Berechnung gewinnt erst Bedeutung, wenn die Temperatur 200 bis 300° C überschreitet.

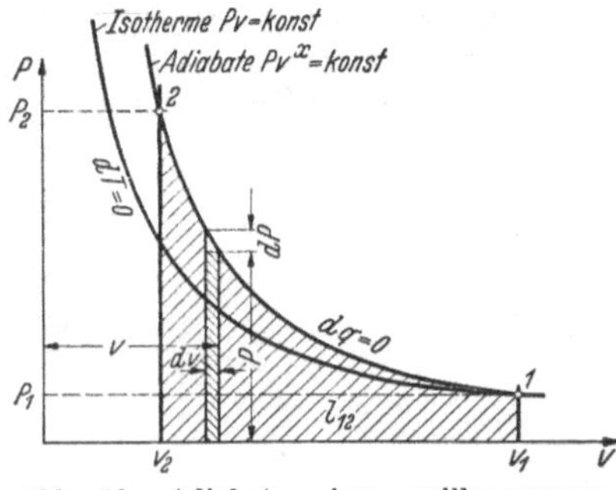

Abb. 50. Adiabate eines vollkommenen Gases im P, v-Diagramm. Zum Vergleich ist eine Isotherme vom gleichen Anfangszustand 1 aus eingezeichnet.

Mechanische Arbeit. In Abb. 50 ist eine Adiabate, gezogen vom Zustandspunkt 1, wiedergegeben. Die Adiabate steigt steiler an als die Isotherme. Die unter der Kurve liegende Fläche, die ein Maß für die *absolute Gasarbeit* darstellt, ist bei der Adiabate etwas kleiner als bei der Isotherme.

[1] SCHÜLE: S. 62, 70, 131. Zit. S. 24. Siehe auch: R. STROEHLEN: Die Ermittlung des Wärmegefälles und der Temperaturen der Adiabate für Luft und Rauchgas. Z. Brennst., Wärme. Kraft Bd. 1 (1949) S. 37.

Die mechanische Arbeit bei der Adiabate ist

$$A l_{12} = u_{12} = c_v(t_1 - t_2)$$

in kcal/kg oder

$$l_{12} = \int_1^2 P\,dv = \int_1^2 P v^{\varkappa} \frac{dv}{v^{\varkappa}} = \left[\frac{P v^{\varkappa} v^{1-\varkappa}}{1-\varkappa}\right]_1^2,$$

$$l_{12} = \frac{1}{\varkappa - 1}(P_1 v_1 - P_2 v_2) \tag{136}$$

entsprechend (108) für $q_{12} = 0$. In Abb. 50 ist der Fall von adiabatischer Verdichtung wiedergegeben. Da $P_1 v_1 < P_2 v_2$ ist (bei isothermischer Verdichtung wäre $P_1 v_1 = P_2 v_2$), ist $l_{12} < 0$, wie es verabredungsgemäß sein muß, weil zur Verdichtung ein Arbeitsaufwand nötig ist. Die Adiabate ist steiler, weil die Temperatur bei der Verdichtung ansteigt, $-A l_{12} = c_v(t_2 - t_1)$ und $t_2 > t_1$.

Wenn die absolute Gasarbeit bei einer adiabatischen Zustandsänderung, ausgehend vom Zustandspunkt P_1, v_1, berechnet werden soll, so genügt es, wenn man das Verhältnis von Druck, Volumen oder Temperatur kennt. Es ist

$$l_{12} = \frac{P_1 v_1}{\varkappa - 1}\left[1 - \frac{P_2 v_2}{P_1 v_1}\right] \tag{137}$$

und mit (130)

$$\boxed{\begin{aligned} l_{12} &= \frac{P_1 v_1}{\varkappa - 1}\left[1 - \left(\frac{P_2}{P_1}\right)^{(\varkappa-1)/\varkappa}\right], \\ l_{12} &= \frac{P_1 v_1}{\varkappa - 1}\left[1 - \left(\frac{v_1}{v_2}\right)^{\varkappa-1}\right] = \frac{P_1 v_1}{\varkappa - 1}\left[1 - \left(\frac{T_2}{T_1}\right)\right] \end{aligned}} \tag{138}$$

in mkg/kg mit positivem Ergebnis bei Ausdehnung und negativem bei Verdichtung. Wenn der Endzustand des Gases gegeben ist, gilt auch

$$l_{12} = \frac{P_2 v_2}{\varkappa - 1}\left[\left(\frac{P_1}{P_2}\right)^{(\varkappa-1)/\varkappa} - 1\right] = \frac{P_2 v_2}{\varkappa - 1}\left[\left(\frac{v_2}{v_1}\right)^{\varkappa-1} - 1\right]. \tag{139}$$

Die Werte für die Potenzen können aus Abb. 51 und 52 und Zahlentafel 34 entnommen werden. Im Falle von Verdichtung ist die Schreibweise

$$-l_{12} = \frac{P_1 v_1}{\varkappa - 1}\left[\left(\frac{p_2}{p_1}\right)^{(\varkappa-1)/\varkappa} - 1\right] = \frac{P_1 v_1}{\varkappa - 1}\left[\left(\frac{v_1}{v_2}\right)^{\varkappa-1} - 1\right] \tag{140}$$

vorteilhaft.

Beispiel 1. 2 m³ Luft von 15 at abs. und 160° C dehnen sich adiabatisch auf 1 at abs. aus. Wie groß sind Endtemperatur und Endvolumen? Welche Ausdehnungsarbeit wird geleistet?

(130) $V_2 = 13{,}84$ m³; mit Abb. 52 und (131) $T_2 = 200°$ K; $t_2 = -73°$ C;

(138) $L_{12} = 40{,}4 \cdot 10^4$ mkg.

Beispiel 2. Wie unterscheidet sich die absolute Verdichtungsarbeit bei adiabatischer und isothermischer Zustandsänderung, wenn 1 m³ Luft von 1 at abs. auf 8 at abs. zu bringen ist?

$$-L_{ad} = \frac{10000 \cdot 1}{0{,}4}(1{,}811 - 1) = 20300 \text{ mkg};$$

$$-L_{is} = 10000 \cdot 1 \cdot 2{,}3 \cdot \lg 8 = 20800 \text{ mkg}; \qquad L_s > L_{ad}.$$

Beispiel 3. Von einem Punkt P_1, v_1 im P, v-Diagramm gehen eine adiabatische und eine isothermische Zustandslinie aus. Es ist nachzuweisen, daß die adiabatische steiler ansteigt als die isothermische (Abb. 50).

Adiabate: $P = P_1\left(\frac{v_1}{v}\right)^\varkappa$; $\frac{dP}{dv} = P_1 v_1^\varkappa(-\varkappa)\frac{1}{v^{\varkappa+1}}$ und an der Stelle P_1, v_1:

$$\left(\frac{dP}{dv}\right)_1 = -\varkappa\frac{P_1}{v_1}.$$

Isotherme: $P = P_1\left(\frac{v_1}{v}\right)$; $\frac{dP}{dv} = P_1 v_1(-1)\frac{1}{v^2}$ und an der Stelle P_1, v_1:

$$\left(\frac{dP}{dv}\right)_1 = -\frac{P_1}{v_1}.$$

Es ist $\left|\varkappa\frac{P_1}{v_1}\right| > \left|\frac{P_1}{v_1}\right|$.

Beispiel 4. Die Temperatur am Ende der Kompression in einem Ottomotor darf $t_2 = 360°$ C nicht überschreiten, um Selbstzündung des Brennstoffes zu vermeiden. Die Kompression beginnt bei $p_1 = 0{,}98$ at abs. und $t_1 = 55°$ C. Wie groß ist der Kompressionsenddruck und welches ist der kleinste Wert für das Verhältnis des Verdichtungsraumes zum ganzen Zylinderinhalt bei adiabatischer Zustandsänderung?

(131) $p_2 = 10{,}0$ at abs.; (130) $100\,(V_2/V_1) = 19{,}3$ vH.

Beispiel 5. In einer Stahlflasche von 40 l Inhalt befindet sich Kohlendioxyd von 25 at abs. und 20° C. Ein Teil des Gases wird entnommen, der Rest dehnt sich adiabatisch aus und kühlt sich bis auf −15° C ab. Wieviel CO_2 ist ausgeströmt? Welche Wärmemenge nimmt das restliche Gas aus der Umgebung auf, bis es sich wieder auf 20° C erwärmt hat, und wie groß ist dann der Gasdruck in der Flasche?

(131) $p_2 = 14{,}39$ at abs. mit $\varkappa = 1{,}30$ und $\varkappa/(\varkappa - 1) = 4{,}33$;

(41) $G_1 = 1{,}772$ kg; $G_2 = 1{,}156$ kg; $G_1 - G_2 = 0{,}616$ kg;

(122) $Q_{23} = 6{,}11$ kcal;

(41) $p_3 = 16{,}32$ at abs.

Beispiel 6. Ein Dieselmotor saugt Luft von 80° C bei 1 at abs. an und verdichtet sie adiabatisch auf 700° C. Wie groß ist der Enddruck?

$v_1 = 29{,}3 \cdot 353/10000 = 1{,}035$ m³/kg;

(135) $v_1/v_2 = 15{,}58$; $v_2 = 0{,}0664$ m³/kg;

(107) $p_2 = 43{,}0$ at abs.

Mit $\varkappa$ = konst. = 1,4 gerechnet folgte bei einer Drucksteigerung von 1 auf 43 at:

(131) $T_2 = 1035°$ K; $t_2 = 762°$ C.

Tatsächlich werden nur geringere Temperaturen (700 gegen 762° C) erreicht, weil $\varkappa$ mit zunehmender Erwärmung kleiner wird.

33. Polytropische Zustandsänderung.

Allgemeine Hyperbel. Zwischen den beiden abstrakten Grenzfällen des unendlich langsamen isothermischen Vorganges und des äußerst schnellen adiabatischen Vorganges liegen zahllose Zustandsänderungen, die man als *polytropische Vorgänge* bezeichnet und durch die allgemeine Beziehung Pv^n = konst. erfassen kann. Der Exponent n der allgemeinen Hyperbel

$$\boxed{Pv^n = \text{konst.}}$$

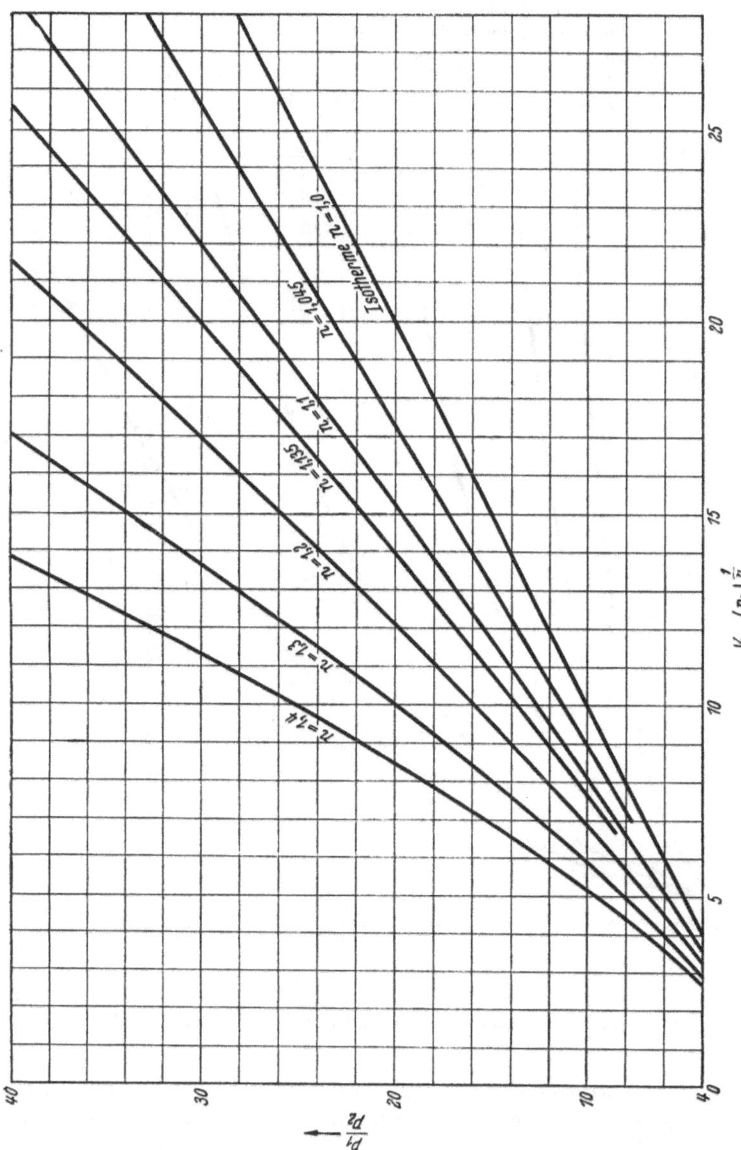

Abb. 51. Häufig gebrauchte Potenzen des Druckverhältnisses p_1/p_2. Siehe auch Zahlentafel 34.

nimmt für die einzelnen besonderen Zustandsänderungen folgende Werte an:

Zahlentafel 32. *Polytropenexponenten.*

$n = 0$	Isobare	$dP = 0$	$c = c_p$
$n = 1$	Isotherme	$dT = 0$	$c = \infty$
$1 < n < \varkappa$	Polytrope	—	$c < 0$
$n = \varkappa$	Adiabate	$dq = 0$	$c = 0$
$n = \infty$	Isochore	$dv = 0$	$c = c_v$

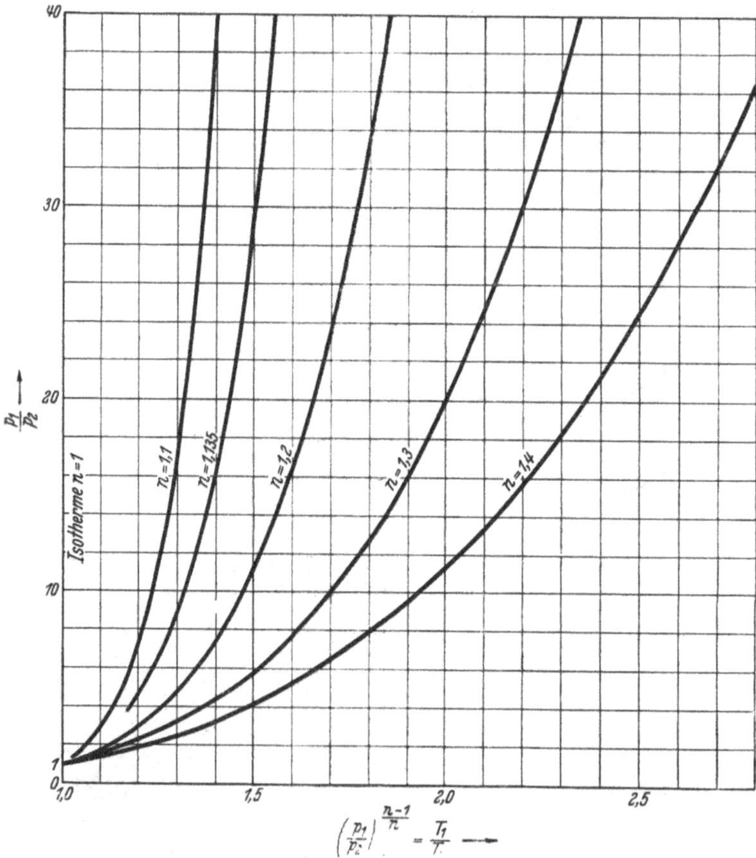

Abb. 52. Häufig gebrauchte Potenzen des Druckverhältnisses p_1/p_2. Siehe auch Zahlentafel 34.

Alle diese Zustandsänderungen sind Polytropen. Bleibt *eine der Zustandsgrößen konstant*, so handelt es sich um eine *besondere Polytrope*. Gewöhnlich werden Zustandsänderungen mit $1 < n < \varkappa$ als Polytropen bezeichnet. Daneben kommen aber bei wirklichen Zustandsänderungen von Gasen auch Polytropen mit $0 < n < 1$ und $\varkappa < n < \infty$ vor, deren Exponent nicht viel unter 1 oder über $\varkappa$ liegt.

Mechanische Arbeit. Bei polytropischen Zustandsänderungen kann die mechanische Arbeit mit den Beziehungen (138) bis (140) berechnet werden, wenn man den Exponenten n an Stelle von $\varkappa$ setzt.

Die immer wiederkehrenden Werte mit dem Exponenten n sind folgende:

Zahlentafel 33. *Häufig gebrauchte Werte in Verbindung mit dem Polytropenexponenten n.*

n	1,1	1,2	1,3	1,4
$n - 1$	0,1	0,2	0,3	0,4
$(n - 1)/n$	0,091	0,167	0,231	0,286
$1/n$	0,909	0,833	0,769	0.714
$1/(n - 1)$	10	5	3,3	2,5
$n/(n - 1)$	11	6	4,3	3,5

Aus Abb. 51 können die Werte

$$\left(\frac{p_1}{p_2}\right)^{1/n} = \frac{V_2}{V_1} \quad \text{zu} \quad \frac{p_1}{p_2}$$

entnommen werden für einen Bereich des Druckverhältnisses p_1/p_2 von 4 bis 40. (Die gleichfalls eingezeichneten Linien $n = 1{,}045$ und $n = 1{,}135$ sind für Rechnungen mit Dämpfen von Nutzen.) In der Rechnung kommen außerdem Werte

$$\left(\frac{p_1}{p_2}\right)^{\frac{n-1}{n}} = \frac{T_1}{T_2}$$

vor, die zu p_1/p_2 in Abb. 52 abgelesen werden können. Bei kleinen Druckverhältnissen entnimmt man die Potenzen besser aus einer Zahlentafel.

Zahlentafel 34. *Häufig gebrauchte Potenzen vom Druckverhältnis p_1/p_2* (für höhere Werte siehe Abb. 51 und 52).

p_1/p_2	$(p_1/p_2)^{1/n} = V_2/V_1$ zu $n =$				$(p_1/p_2)^{(n-1)/n} = T_1/T_2$ zu $n =$			
	1,1	1,2	1,3	1,4	1,1	1,2	1,3	1,4
1,1	1,090	1,083	1,076	1,070	1,009	1,016	1,022	1,028
1,2	1,180	1,164	1,151	1,139	1,017	1,031	1,043	1,053
1,3	1,269	1,244	1,224	1,206	1,024	1,045	1,062	1,078
1,4	1,358	1,323	1,295	1,271	1,031	1,058	1,081	1,101
1,5	1,445	1,401	1,366	1,336	1,038	1,070	1,098	1,123
1,6	1,533	1,479	1,436	1,399	1,044	1,081	1,115	1,144
1,7	1,620	1,557	1,504	1,461	1,050	1,092	1,130	1,164
1,8	1,706	1,633	1,571	1,522	1,055	1,103	1,145	1,183
1,9	1,791	1,706	1,638	1,581	1,060	1,113	1,160	1,201
2,0	1,879	1,782	1,705	1,641	1,065	1,123	1,174	1,219
2,2	2,048	1,929	1,834	1,756	1,074	1,140	1,200	1,253
2,4	2,217	2,074	1,961	1,869	1,083	1,157	1,224	1,285
2,6	2,384	2,217	2,085	1,979	1,091	1,173	1,247	1,314
2,8	2,550	2,358	2,208	2,086	1,098	1,187	1,269	1,342
3,0	2,715	2,498	2,330	2,193	1,105	1,201	1,289	1,369
3,2	2,879	2,636	2,447	2,295	1,112	1,214	1,308	1,395
3,4	3,042	2,773	2,563	2,397	1,118	1,226	1,327	1,419
3,6	3,204	2,908	2,679	2,497	1,124	1,238	1,344	1,442
3,8	3,366	3,043	2,794	2,595	1,129	1,249	1,361	1,465
4,0	3,527	3,177	2,907	2,692	1,134	1,260	1,378	1,487

Wärmeaustausch. Bei isothermischer Ausdehnung hatte sich gezeigt, daß die gesamte Wärmezufuhr in mechanische Arbeit übergeht und daß die innere Energie gleich groß bleibt. Im anderen Grenzfall der adiabatischen Ausdehnung ist die Wärmezufuhr Null und bestreitet allein die innere Energie die Ausdehnungsarbeit, wobei die Gastemperatur abfällt. Bei polytropischer Ausdehnung nun wird die gesamte Wärmezufuhr in mechanische Arbeit übergeführt; sie reicht aber noch nicht aus, so daß auch noch ein Teil der inneren Energie zur Arbeitsleistung herangezogen wird und die Temperatur absinkt. Erinnert sei ferner daran, daß bei der Zustandsänderung mit konstantem Volumen im Sinne einer Druckerniedrigung die gesamte Wärmeabfuhr von der inneren Energie genommen wird und die Arbeit Null ist. Im Falle von Ausdehnung bei konstantem Druck schließlich wirkt sich die zugeführte Wärme teils in einer Zunahme der inneren Energie, also Temperaturzunahme, teils in der Leistung der Ausdehnungsarbeit aus.

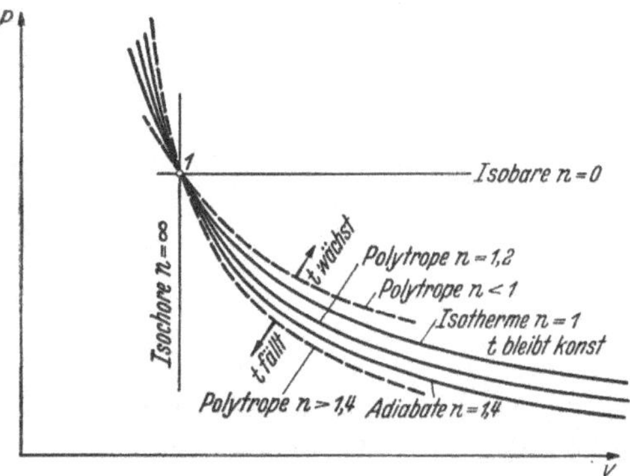

Abb. 53. Linien gleicher spezifischer Wärme im P, v-Diagramm.

Wie demnach aus Abb. 53 zu erkennen ist, steigt die Temperatur bei Ausdehnung unter konstantem Druck, während sie bei isothermischer Ausdehnung unverändert bleibt und bei polytropischer und adiabatischer Ausdehnung abfällt. Wird bei der Ausdehnung mehr Wärme zugeführt, als zur Bewältigung der Arbeit und zur Aufrechterhaltung der Gastemperatur erforderlich ist, so wird $n < 1$. Wenn während der Ausdehnung umgekehrt auch noch Wärme entzogen wird, so wird $n > \varkappa$ und fällt die Temperatur noch mehr als bei adiabatischem Vorgang.

Alle Kurven in Abb. 53 sind Linien gleicher spezifischer Wärme. Allgemein möge die spezifische Wärme bei polytropischem Vorgang mit c_n bezeichnet werden.

Es ist

$$P v^n = \text{konst.} \quad \text{und} \quad d(P v^n) = 0$$

oder

$$P n v^{n-1} dv + v^n dP = 0$$

und

$$P n\, dv + v\, dP = 0, \tag{141}$$

davon abgezogen

$$d(Pv) = R\, dT,$$

also

$$P\, dv + v\, dP = R\, dT,$$

ergibt

$$(n - 1)\, P\, dv = -R\, dT.$$

Andererseits ist nach der allgemeinen Wärmegleichung $dq = c_v dT + A P dv$ und somit

$$dq = c_v dT - \frac{A R}{n-1} dT,$$

$$dq = \left(c_v - \frac{A R}{n-1}\right) dT$$

und endlich mit $AR/c_v = \varkappa - 1$

$$dq = c_v \frac{n-\varkappa}{n-1} dT, \tag{142}$$

worin

$$\boxed{c_n = c_v \frac{n-\varkappa}{n-1}} \tag{143}$$

die gesuchte spezifische Wärme und

$$\boxed{n = \frac{c_p - c_n}{c_v - c_n}} \tag{144}$$

der Exponent der allgemeinen Hyperbel oder Polytrope ist. (144) gibt den Exponenten auch für alle besonderen Zustandsänderungen richtig an.

Für die mechanische Arbeit gilt die allgemeine Gleichung mit

$$\left.\begin{aligned} &q_{12} = c_n(t_2 - t_1) = u_2 - u_1 + Al_{12} \\ \text{und}\quad &u_2 - u_1 = c_v(t_2 - t_1) \\ \text{und}\quad &Al_{12} = (c_n - c_v)(t_2 - t_1), \\ \text{schließlich}\quad &\boxed{Al_{12} = c_v \frac{1-\varkappa}{n-1}(t_2 - t_1)}\,. \end{aligned}\right\} \tag{145}$$

Die spezifische Wärme $c_n - c_v$ ist negativ, wenn $1 < n$ ist. Bei der polytropischen *Ausdehnung* vom Zustand 1 aus, Abb. 53, mit $1 \gtreqless n < \varkappa$ ist $t_2 \gtreqless t_1$ und wird der Ausdruck $c_n(t_2 - t_1)$ und damit q positiv, ebenfalls $A l_{12} = (c_n - c_v)(t_2 - t_1)$. Bei $0 < n < 1$ ist $c_n > 0$ und $c_n - c_v > 0$ und steigt die Temperatur $t_2 > t_1$. Auch diese Zustandsänderung wird von (145) richtig wiedergegeben mit positiven Werten für q_{12} und l_{12}, denn bei $n < 1$ wird c_n positiv. Wenn endlich $n > 1{,}4$ bzw. $\varkappa$ ist, so wird $c_n > 0$. Da bei dieser „Überadiabate" die Temperatur fällt, also $t_2 \ll t_1$ ist, ist Wärmeabfuhr zu verzeichnen. $c_n - c_v$ ist < 0, $A l > 0$, wie es bei der Ausdehnung zutrifft.

Im Falle von *Verdichtung* ist für $1 \leqq n < \varkappa$ Wärme abzuführen, also q_{12} negativ. Ferner ist bei Verdichtung l_{12} negativ und $t_2 \geqq t_1$. Es ergibt sich bei negativem c_n richtig q_{12} und l_{12} negativ. Bei $n < 1$ sind q_{12} und l_{12} wegen $t_2 < t_1$ ebenfalls negativ, was auch durch (144) und (145) richtig angezeigt wird.

Eine *allgemeine Beziehung* für die *Wärmeänderung* ergibt sich weiterhin wie folgt:

$$q_{12} = c_v(t_2 - t_1) + Al_{12},$$

dazu aus (138)

$$Al_{12} = \frac{A \cdot R}{n-1}(t_1 - t_2) \quad \text{und} \quad t_2 - t_1 = -\frac{Al_{12}(n-1)}{A \cdot R},$$

$$q_{12} = \left(-c_v \frac{n-1}{A \cdot R} + 1\right) \cdot Al_{12}$$

und mit $\frac{c_v}{A \cdot R} = \frac{1}{\varkappa - 1}$

$$q_{12} = \left(\frac{1-n}{\varkappa - 1} + 1\right) \cdot Al_{12}$$

$$\boxed{q_{12} = \frac{\varkappa - n}{\varkappa - 1} \cdot Al_{12}} \quad \text{oder} \quad \frac{q_{12}}{Al_{12}} = \frac{\varkappa - n}{\varkappa - 1}. \tag{146}$$

Diese allgemeine Beziehung gibt richtig an:

(128)	$n = 1$	Isotherme	$q_{12} = Al_{12}$
	$n = \varkappa$	Adiabate	$q_{12} = 0$
(114)	$n = 0$	Linie $p =$ konst.	$q_{12} = \frac{\varkappa}{\varkappa - 1} \cdot Al_{12}$.

Dividiert man (141) durch $P \cdot v = R \cdot T$, so erhält man die allgemeine Form der Polytropengleichung

$$\frac{dP}{P} + n \cdot \frac{dv}{v} = 0, \tag{147}$$

die mit (40) zu vergleichen ist. Sie geht mit dem entsprechenden Exponenten n in die Gleichung der besonderen Zustandsänderungen über, z. B. mit $n = 0$ in die Gleichung der Isobare $dP = 0$ und mit $n = 1$ z. B. in die Gleichung

$$\frac{dP}{P} + \frac{dv}{v} = 0$$

der Isotherme.

In Abb. 54 möge eine allgemeine Hyperbel mit dem Exponenten n im P, v-Diagramm wiedergegeben sein. Die Tangente in einem Punkt A der Kurve ist

$$\operatorname{tg} \varphi = -\frac{dP}{dv} = n \cdot \frac{P}{v}$$

Andererseits ist

$$\operatorname{tg} \varphi = \frac{\overline{AB}}{\overline{BC}} = \frac{P}{\overline{BC}}$$

und damit

$$\overline{BC} = \frac{v}{n} \tag{148}$$

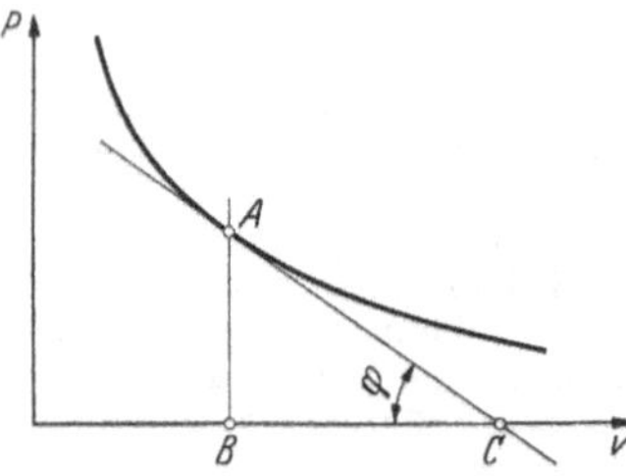

Abb. 54. Tangente an die Polytrope, Bedeutung der Strecke $\overline{BC}$.

Es heißt dies, daß bei der Polytrope die Subtangente $\overline{BC}$ für jeden Punkt der Zustandslinie gleich dem zugehörigen Wert für das Volumen geteilt durch den Polytropenexponenten ist. Was allgemein gilt, gilt auch für die besonderen Zustandsänderungen. Man kann damit beurteilen, ob bei der Zustandsänderung Wärme zu- oder abgeführt wird, wenn man bedenkt, daß bei der Ausdehnung

q positiv bei $n < \varkappa$ ist, also bei $v/\overline{BC} < \varkappa$,

q negativ bei $n > \varkappa$ ist, also bei $v/\overline{BC} > \varkappa$.

Bei der Verdichtung gilt sinngemäß das Umgekehrte.

Wenn ein Kurvenstück gegeben ist, etwa von einem Indikatordiagramm[1], und n ermittelt werden soll, so empfiehlt es sich, die Wertepaare in ein logarithmisches Diagramm einzutragen, siehe Abb. 56. Aus $p \cdot V^n =$ konst. folgt

$$\lg p_1 + n \cdot \lg V_1 = \lg p_2 + n \cdot \lg V_2,$$

wobei 1 und 2 zwei möglichst weit voneinander entfernt liegende Punkte der mittleren Geraden im logarithmischen Diagramm bedeuten. Es ist

$$n = \frac{\lg p_2 - \lg p_1}{\lg V_1 - \lg V_2}. \tag{149}$$

Der Neigungswinkel φ der Geraden ist 45° für $n = 1$, Isotherme, und größer als 45°, wenn $n > 1$ ist wie bei Polytrope und im besonderen Adiabate.

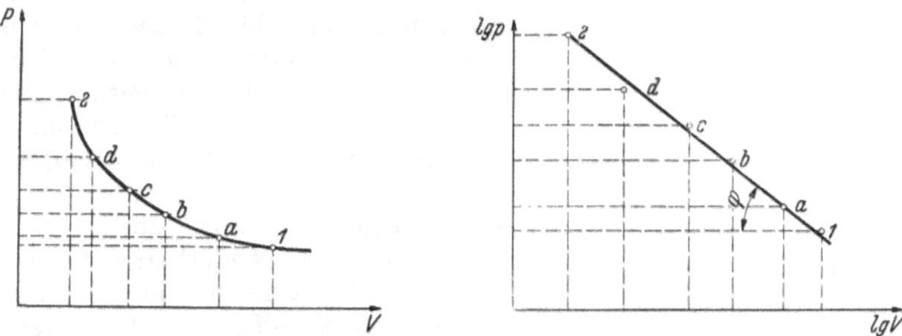

Abb. 55 und 56. Verfahren zur Bestimmung der Polytropenexponenten.

Beispiel 1. Ein vollkommenes Gas soll sich so ausdehnen, daß die spezifische Wärme c_n während der Zustandsänderung ständig gleich 1 kcal/kg · Grad ist. Welchen Wert hat dann der Exponent n der Polytrope, ausgedrückt durch c_p und c_v?

143) $$n - 1 = c_v n - c_v \varkappa; \quad n = (1 - c_p)/(1 - c_v).$$

Da c_p und c_v durch die Bestimmung $c_p - c_v = AR$ verbunden sind, ist für ein bestimmtes Gas mit einer der beiden besonderen spezifischen Wärmen c_p oder c_v der Exponent n der Polytrope bei gegebener spezifischer Wärme c_n festgelegt. Wenn andererseits der Polytropenexponent n gegeben ist, so ist auch c_n bestimmt. Bei $c_n = 1$ ist der Exponent n für Kohlenoxyd z. B. mit $c_p = 0{,}248$ und $c_v = 0{,}177$ für 1 kg aus Zahlentafel I

$$n = \frac{1 - 0{,}248}{1 - 0{,}177} = 0{,}914;$$

bei Ausdehnung mit $0 < n < 1$ ist $t_2 > t_1$ und $Q_{12} > 0$, Wärmezufuhr.

Beispiel 2. Von einer Kompressionslinie sind die beiden Punkte $p_1 = 0{,}612$ at Überdruck, $V_1 = 0{,}602$ m³, $t_1 = 55°$ C und $p_2 = 6{,}450$ at Überdruck, $V_2 = 0{,}184$ m³ bekannt. Es ist der Polytropenexponent und die Endtemperatur t_2 gesucht. Barometerstand 746,2 Torr.

$$p_1 = 0{,}612 + \frac{746{,}2}{735{,}6} = 1{,}626 \text{ at abs.};$$

$$p_2 = 6{,}450 + 1{,}014 = 7{,}464 \text{ at abs.};$$

(149) $$n = \frac{\lg 7{,}464 - \lg 1{,}626}{\lg 0{,}602 - \lg 0{,}184} = 1{,}286;$$

(107) $$T_2 = \frac{p_2 V_2 T_1}{p_1 V_1} = \frac{7{,}464 \cdot 0{,}184 \cdot (273 + 55)}{1{,}626 \cdot 0{,}602} = 460° \text{ K}; \quad t_2 = 187° \text{ C}.$$

[1] Siehe Abb. 100, ferner Teil B, Abschnitt I, II und IV.

VII. Kreisprozesse von vollkommenen Gasen.

34. Allgemeines.

Von besonderer technischer Bedeutung sind Energieumsetzungen mit dem Ziele, *mechanische Arbeit* zu gewinnen. Dabei handelt es sich neben der Aufgabe, mechanische und andere Energie nur umzuwandeln, in erster Linie um die Umformung von *Wärmeenergie in mechanische Energie.*

Am Beispiel einer Kolbenkraftmaschine, angedeutet durch Zylinder und Kolben wie in Abb. 57, erkennt man: die bei *einer* Zustandsänderung von 1 bis 2, das ist zwischen den beiden Endstellungen des Kolbens, geleistete Arbeit L_{12} ist verhältnismäßig klein. Im Punkt 2 der Zustandskurve ist die Umsetzung in Richtung Arbeitsgewinn zu Ende. Kehrte der Kolben wieder in seine Ausgangsstellung 1 zurück, so würde der alte Zustand wiederhergestellt werden, diesmal unter Aufwand der soeben gewonnenen Arbeit $-L_{21} = +L_{12}$. Genau so ginge es mit dem nötigen Wärmeaustausch. Die von 1 bis 2 zugeführte Wärmemenge Q_{12} müßte beim Rückgang von 2 bis 1 wieder abgeführt werden $-Q_{21} = +Q_{12}$. *Arbeit und Wärme sind wegabhängige Größen.* Wählt man einen *anderen Rückweg*, so sind Wärmeaustausch und Arbeit von anderer Größe, wie bereits in Abb. 25, 41 und 42 gezeigt wurde. Man kann die Zustandsänderungen also so führen wie in Abb. 57 unten, daß die absolute Gasarbeit beim Hingang $1a2$ größer als beim Rückgang $2b1$ ist und daß ein *Überschuß* an Arbeit $+L$ verbleibt. Im P, V-Diagramm Abb. 57 heißt das, einen geschlossenen Linienzug $1a2b1$ zu beschreiben. Die eingeschlossene Fläche bedeutet den Arbeitsüberschuß oder Arbeitsgewinn. Haben Hin- und Rückgang denselben Weg wie in Abb. 57 oben, so ist die umschriebene Fläche und der Arbeitsgewinn $L = 0$.

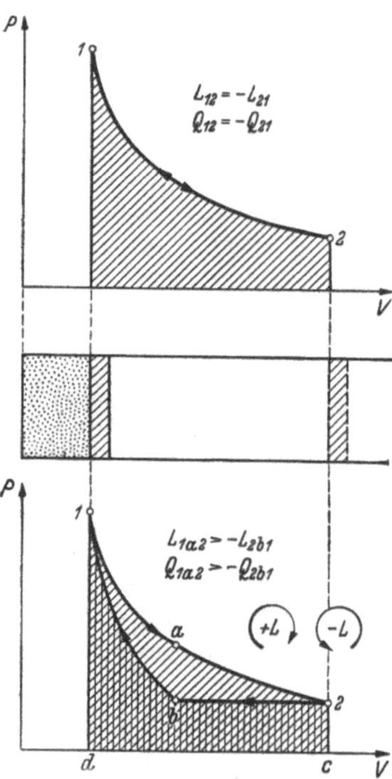

Abb. 57. Zustandsänderung bei gleichem und bei verschiedenem Hin- und Rückweg. Arbeitsgewinn $(1a2b1) = (1a2cd1) - (2b1dc2)$ bei Rechtslauf. Arbeitsaufwand $(2a1b2) = (2a1dc2) - (1b2cd1)$ bei Linkslauf.

Betrachtet man das Gas im Zylinder als Körpersystem für sich, so muß nach dem 1. Hauptsatz die insgesamt während eines Umlaufs oder Spiels $1a2b1$ zugeführte Wärmemenge $+Q$, das ist Zufuhr längs $1a2$ weniger Abfuhr längs $2b1$, gleich der insgesamt geleisteten Arbeit $+AL$ sein,

$$\boxed{Q = AL,} \tag{150}$$

während die innere Energie am Anfang und Ende des Spiels, U_1, gleich groß ist, ohne Rücksicht darauf, wie sie sich im Laufe des Spiels ändert[1].

Man nennt solche Prozesse *Kreisprozesse* oder auch Kreislaufprozesse. Sie können aus zwei oder mehr allgemeinen verschiedenartigen Zustandsänderungen 12 und 21 bestehen oder aus mindestens drei besonderen Zustandsänderungen, bei welchen jeweils eine der Zustandsgrößen unverändert bleibt. Damit ein geschlossener Kreislauf entsteht, muß bei wenigstens einer dieser besonderen Zustandsänderungen Wärme zu- und bei wenigstens einer Wärme abgeführt werden, wobei die Zufuhr überwiegen muß, wenn Arbeit gewonnen werden soll. Bei technischen Prozessen kommt es mit Rücksicht auf die technischen Möglichkeiten im Grunde genommen stets auf solche besonderen Zustandsänderungen heraus, auch wenn der praktische Prozeß gewisse Abweichungen aufweist.

Allgemein sind Kreisprozesse mit anderen Worten dadurch ausgezeichnet, daß der Zustand eines Körpers am Ende nach beliebigen physikalischen (oder auch chemischen) Zustandsänderungen wieder genau dem Anfangszustand entspricht. Nach der allgemeinen Wärmegleichung $dQ = dU + APdV$ oder $dQ = dU + A\,dL$ nach (68) ist

$$\left.\begin{aligned} &\boxed{\int_1^{n=1} dQ = A \int_1^{n=1} dL} \\ \text{und}\quad &\boxed{\int_1^{n=1} dU = 0} \end{aligned}\right\} \tag{151}$$

mit Anfangszustand 1 und Endzustand n. Der Stoff ist dabei nur als Wärmeträger beteiligt. Die Art des Stoffes ist gleichgültig, nur eignen sich die Stoffe wegen ihrer unterschiedlichen Fähigkeit, Wärme zu speichern, verschieden gut.

Die Kreislaufprozesse spielen in der Technik eine große Rolle. Man kann es so einrichten, daß sie im Uhrzeigersinn (*Rechtslauf*) oder entgegengesetzt (*Linkslauf*) zurückgelegt werden.

In Richtung $1a2b1$, Abb. 57 unten, also *rechts* herum durchlaufen, wird Wärmeenergie $(+Q)$ in mechanische Energie (des Triebwerkes) *unter Leistung von Arbeit* $(+L)$ umgesetzt. Solche Prozesse heißen *Prozesse mit Arbeitsgewinn* (oder Kraftprozesse). Kehrt man die Richtung um, indem man *links* herum laufen läßt, $1b2a1$, so ist die Arbeitsleistung (L_{1b2}) kleiner als der Arbeitsaufwand beim Rückgang (L_{2a1}), insgesamt wird *Arbeit* $(-L)$ *aufgewandt*. Die Wärmezufuhr (Q_{1b2}) ist kleiner als die Wärmeabfuhr (Q_{2a1}); insgesamt wird Wärme abgeführt $(-Q)$. Prozesse im Linkslauf heißen *Prozesse mit Arbeitsaufwand* (oder Arbeitsprozesse).

Bei den betrachteten Kreisprozessen bleibt das arbeitende Gas im Zylinder immer dasselbe und durchläuft die einzelnen Zustände in immer neuer Folge. Neben solchen *geschlossenen Prozessen* sind auch *offene Prozesse* möglich, bei welchen das Gas nach jedem Spiel ausgewechselt wird, was jedoch nicht von grundsätzlicher Bedeutung ist. Es ist außerdem für die theoretischen Überlegungen gleichgültig, ob der gesamte Prozeß in *einem* Zylinder abläuft, oder ob das Gas in *mehreren* Zylindern oder sonstigen Einrichtungen *nacheinander* arbeitet.

[1] Die Beziehung $Q = AL$ gilt nur für den vollständigen Kreisprozeß; für die einzelnen Zustandsänderungen (Elemente des Kreisprozesses) gilt sie nicht.

Die *Kraftmaschinen*, wie Preßluftmotoren, Dampfmaschinen und Verbrennungskraftmaschinen, und die *Arbeitsmaschinen*, wie Kompressoren, die, für sich betrachtet, Gase oder Dämpfe im offenen Prozeß verarbeiten, führen derartige Kreisprozesse viele Male in der Zeiteinheit aus, wobei es zu ansehnlichen Leistungen kommt. Im folgenden soll zunächst das Grundsätzliche am Verhalten der Gase geklärt werden. Auf die technischen Anwendungen geht der Teil B des Leitfadens ein.

35. Besondere Kreisprozesse.

Es ist vorerst die Aufgabe gestellt, zu untersuchen, wie man Arbeit aus Wärme gewinnen kann, wenn man ein vollkommenes Gas bestimmte Zustandsänderungen ausführen läßt, die sich zu einem Kreisprozeß schließen. Zur Verfügung stehen Isobaren ($p =$ konst.), Isochoren ($V =$ konst.), Isothermen ($t =$ konst.) und Adiabaten ($Q = 0$). Dabei sei angenommen, daß das Gas in einem Idealzylinder nach Abb. 1 arbeitet.

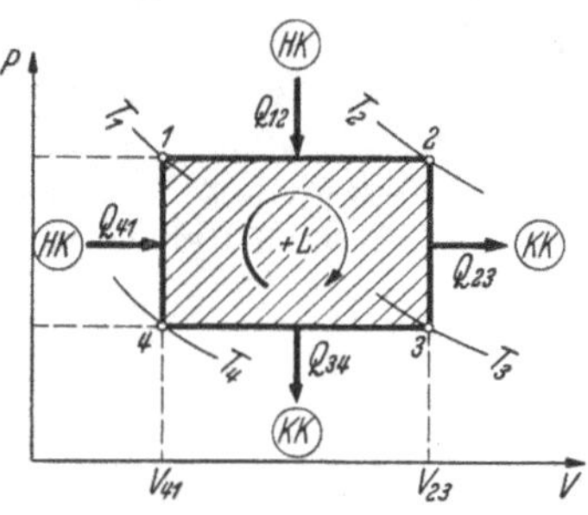

Abb. 58. Kreisprozeß eines Gases zwischen zwei Linien gleichen Druckes und zwei Linien gleichen Volumens. Wärmezufuhr $Q_1 = Q_{12} + Q_{41}$; Wärmeabfuhr $-Q_2 = Q_{23} + Q_{34}$; gewonnene Arbeit $AL = Q_1 - Q_2$. HK = Heizkörper, KK = Kühlkörper.

a) Prozeß zwischen zwei Isobaren und zwei Isochoren.

Eine Reihe von Zustandsänderungen, bei der 4 Elemente, und zwar zwei *Zustandsänderungen gleichen Druckes* 1—2 und 3—4 und zwei *Zustandsänderungen gleichen Volumens* 2—3 und 4—1 in geschlossenem Ablauf zu einem Kreisprozeß zusammentreten, ist in Abb. 58 dargestellt. In diesem Falle ist $P_1 = P_2 = P_{12}$ und $P_3 = P_4 = P_{34}$, ferner ist $V_2 = V_3 = V_{23}$ und $V_4 = V_1 = V_{41}$. Die vier Isothermen T_1, T_2, T_3 und T_4 sind angedeutet. Zugeführt werden im Rechtslauf die Wärmemengen $Q_1 = Q_{12} + Q_{41}$, und abgeführt[1] werden $-Q_2 = Q_{23} + Q_{34}$. Der Arbeitsgewinn je Spiel ist somit

$$\boxed{AL = Q_1 - Q_2}\,. \tag{152}$$

Im einzelnen kann man weiter angeben nach Abschnitt 29 und 30

Teil 1—2 $\quad L_{12} = P_{12}(V_2 - V_1)$ positiv, Arbeitsleistung,

$\quad Q_{12} = \frac{\varkappa}{\varkappa - 1} \cdot A \cdot P_{12}(V_2 - V_1)$ positiv, Wärmezufuhr,

Teil 2—3 $\quad L_{23} = 0$,

$\quad Q_{23} = \frac{1}{\varkappa - 1} \cdot A \cdot V_{23}(P_3 - P_2)$ negativ, Wärmeabfuhr,

---

[1] Beachte hier und auf den folgenden Seiten, daß Q_{23} und Q_{34} negativ ist. Die Wärmeabfuhr ist auch $Q_2 = Q_{32} + Q_{43}$.

Teil 3—4 $L_{34} = P_{34}(V_4 - V_3)$ negativ, Arbeitsaufwand,

$Q_{34} = \frac{\varkappa}{\varkappa - 1} \cdot A \cdot P_{34}(V_4 - V_3)$ negativ, Wärmeabfuhr,

Teil 4—1 $L_{41} = 0$,

$Q_{41} = \frac{1}{\varkappa - 1} \cdot A \cdot V_{41}(P_1 - P_4)$ positiv, Wärmezufuhr

ist. Die Summe allen Wärmeaustausches ist

$$Q = Q_1 - Q_2 = A(P_{12} - P_{34})(V_{23} - V_{41}) \tag{153}$$

und genau so groß wie

$$L = P_{12}(V_{23} - V_{41}) + P_{34}(V_{41} - V_{23}),$$
$$AL = A(P_{12} - P_{34})(V_{23} - V_{41}),$$

was gleichbedeutend ist mit dem Inhalt der umschriebenen Fläche 12341 in Abb. 58.

Der Prozeß würde in einer Wärmekraftmaschine folgendermaßen ablaufen: Zunächst würde der Kolben von seiner inneren Totlage 1 nach seiner äußeren 2 gehen, wobei sich das Gas unter Wärmezufuhr, die so groß ist, daß der Druck gleich bleibt, von V_1 auf V_2 ausdehnt und die Temperatur von T_1 auf T_2 ansteigt. In der Kolbenstellung 2 ist der Ausdehnungsvorgang beendet. Der Kolben verharrt in seiner Totlage so lange, bis der Druck durch Abkühlung von P_2 auf P_3 gefallen und die Temperatur von T_2 auf T_3 abgesunken ist. Der Kolben kehrt jetzt um und verdichtet das entspannte Gas von V_3 auf V_4, was mit einem Temperaturabfall von T_3 auf T_4 verbunden ist. Währenddem fließt so viel Wärme ab, daß der Gasdruck gerade erhalten bleibt. Am Ende dieses Vorganges ist das Anfangsvolumen $V_4 = V_1$ wieder erreicht. Der Kolben bleibt nun solange in der inneren Totlage stehen, bis durch die Wärmezufuhr Q_{41} der Ausgangsstand wiederhergestellt ist.

Es ist hier noch auf die Temperatur hinzuweisen, mit welcher die Wärme zugeführt und abgeleitet werden muß. Die Temperatur steigt längs den Zustandslinien 4—1—2 von T_4 bis T_2 an. Man muß also nach und nach eine Reihe von Wärmequellen (HK) anwenden, deren Temperatur von T_4 bis T_2 beträgt. Bei der Abkühlung von T_2 über T_3 bis auf T_4 ist es entsprechend nötig, eine Reihe von Wärmesenken (KK) anzusetzen mit von T_2 bis T_4 gestaffelten Temperaturen. Je feiner die Unterteilung nach der Temperatur ist, um so genauer würde sich die gewünschte Zustandsänderung einstellen.

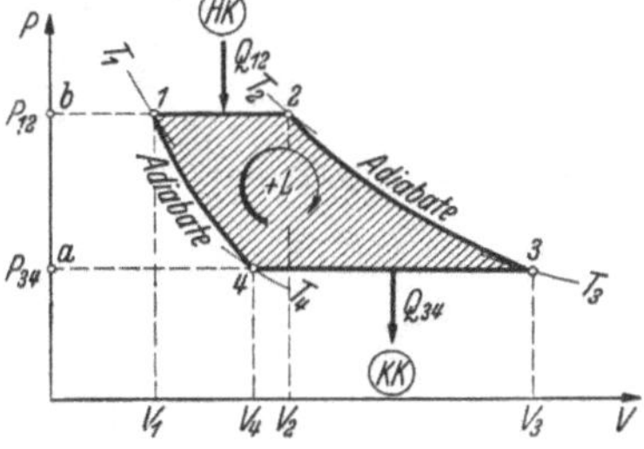

Abb. 59. Kreisprozeß eines Gases zwischen zwei Linien gleichen Druckes und zwei Adiabaten. Isobaren 1—2 und 3—4, Adiabaten 2—3 und 4—1. Wärmezufuhr $Q_1 = Q_{12}$; Wärmeabfuhr $-Q_2 = Q_{34}$; gewonnene Arbeit $Q = AL = Q_1 - Q_2 = Q_{12} + Q_{34}$.

b) Prozeß zwischen zwei Isobaren und zwei Adiabaten.

Der geschlossene Kreisprozeß in einem Idealzylinder zwischen 4 Elementen, von welchen *zwei Isobaren* 1—2 und 3—4, und *zwei Adiabaten* 2—3 und 4—1 sind, ist in Abb. 59 wiedergegeben.

Die Isothermen T_1, T_2, T_3 und T_4 sind angedeutet. Als obere Temperaturgrenze, die fernerhin mit T bezeichnet sei, findet man $T = T_2$, und als untere Grenze, fernerhin T_0 genannt, findet man $T_0 = T_4$.

Es ist wieder $P_1 = P_2 = P_{12}$ und $P_3 = P_4 = P_{34}$. Außerdem sind V_1 und V_2 gegeben, womit V_3 und V_4 bestimmt sind. Man kann sich vorstellen, daß sich das Gas von 1—2 bei gleichbleibendem Druck von V_1 auf V_2 ausdehnt, wobei im erforderlichen Maße nach und nach die Wärmemenge $Q_1 = Q_{12}$ zugeführt wird und die Temperatur von T_1 auf T_2 ansteigt. Bei 2 hört die Wärmezufuhr auf und schließt sich eine adiabatische Ausdehnung bis 3 an, also ohne Wärmeaustausch, wobei der Druck von P_2 auf P_3 und die Temperatur von T_2 auf T_3 fällt und das Volumen von V_2 auf V_3 zunimmt. Der Kolben kehrt dann um. Von 3 bis 4 wird das Gas bei unveränderlichem Druck und Wärmeabzug von V_3 auf V_4 verdichtet, wobei die Temperatur weiter bis auf T_4 fällt. Nach Unterbindung der Wärmeabfuhr in 4 schließt sich eine adiabatische Verdichtung auf den Ausgangszustand an, also wiederum ohne Wärmeaustausch. Die eingeschlossene Fläche 12341 ist wieder ein Maß für die mechanische Arbeit, die auf Kosten der Wärmeenergie je Umlauf am Kolben geleistet wird.

Es ist

$$Q_1 = Q_{12} = G \cdot c_p (T_2 - T_1) \quad \text{positiv, Wärmezufuhr,}$$

$$-Q_2 = Q_{34} = G \cdot c_p (T_4 - T_3) \quad \text{negativ, Wärmeabfuhr.}$$

Die mechanische Arbeit ergibt sich zu

$$AL = Q_1 - Q_2 = G \cdot c_p (T_2 - T_1 + T_4 - T_3). \tag{154}$$

Es ist also nicht so, daß man die gesamte Wärmezufuhr Q_1 in mechanische Arbeit umwandeln kann, sondern nur den Teil $Q_1 - Q_2$. Der Grund für diese Tatsache wird in den folgenden Abschnitten klar werden. Von Interesse ist zu wissen, wieviel von der zugeführten Wärme in Arbeit umgewandelt werden kann. Unter dem *thermischen Wirkungsgrad* η_{th} des Prozesses versteht man das Verhältnis von gewonnener Arbeit zu Wärmezufuhr.

$$\boxed{\eta_{th} = \frac{AL}{Q_1} = \frac{Q_1 - Q_2}{Q_1} = 1 - \frac{Q_2}{Q_1}}\,. \tag{155}$$

Im vorliegenden Falle ergibt sich

$$\eta_{th} = \frac{T_2 - T_1 + T_4 - T_3}{T_2 - T_1} = 1 - \frac{T_3 - T_4}{T_2 - T_1}. \tag{156}$$

Berücksichtigt man, daß wegen $(V/T)_p = \text{konst.}$

$$\frac{V_2}{V_1} = \frac{T_2}{T_1} \quad \text{und} \quad \frac{V_3}{V_4} = \frac{T_3}{T_4}$$

ist und daß

$$\frac{P_{12}}{P_{34}} = \left(\frac{V_3}{V_2}\right)^{\varkappa} = \left(\frac{V_4}{V_1}\right)^{\varkappa}$$

und daß

$$\left(\frac{P_{12}}{P_{34}}\right)^{\frac{\varkappa-1}{\varkappa}} = \left(\frac{V_3}{V_2}\right)^{\varkappa-1} = \left(\frac{V_4}{V_1}\right)^{\varkappa-1} = \frac{T_2}{T_3} = \frac{T_1}{T_4},$$

also

$$\frac{V_2}{V_1} = \frac{V_3}{V_4} = \frac{T_2}{T_1} = \frac{T_3}{T_4}$$

ist, so folgt aus (156) weiter

$$\eta_{th} = 1 - \frac{T_3\left(1 - \frac{T_4}{T_3}\right)}{T_2\left(1 - \frac{T_1}{T_2}\right)} = 1 - \frac{T_3}{T_2} = 1 - \left(\frac{P_{34}}{P_{12}}\right)^{\frac{\varkappa-1}{\varkappa}}. \tag{157}$$

Da $\eta_{th} = 1 - \frac{Q_2}{Q_1}$ ist, so folgt auch

$$\frac{Q_2}{Q_1} = \frac{T_3}{T_2}$$

und

$$AL = Q_1 - Q_2 = Q_{12}\frac{T_2 - T_3}{T_2} = Q_{34}\frac{T_3 - T_2}{T_3}. \tag{158}$$

Der thermische Wirkungsgrad eines solchen Kreisprozesses hängt allein vom Verhältnis der Temperatur zu Anfang und Ende einer der adiabatischen Zustandsänderungen oder vom Druckverhältnis ab.

Will man den Prozeß im *Linkslauf* gehen lassen, so gilt für den Arbeitsaufwand

$$\boxed{-AL = -Q_1 + Q_2} \tag{159}$$

und für die Wärmeabfuhr

$$\boxed{Q_1 = Q_2 + AL}\,. \tag{160}$$

Mit anderen Worten heißt das, es ist eine Arbeit AL aufzuwenden, um die zufließende Wärmemenge Q_2 von niedriger Temperatur auf eine höhere Temperatur zu heben. Man nennt hier das Verhältnis der Wärmezufuhr Q_2 zum Arbeitsaufwand AL, um die Wärme auf das höhere Temperaturniveau zu bringen und mit Q_1 abzuführen, *Leistungsziffer* ε. Beim vorliegenden Prozeß ergibt sich aus (158)

$$\varepsilon = \frac{Q_2}{AL} = \frac{T_3 - T_4}{T_2 - T_1 - T_3 + T_4} = \frac{T_3}{T_2 - T_3} = \frac{1}{\left(\frac{P_{12}}{P_{34}}\right)^{\frac{\varkappa - 1}{\varkappa}} - 1}. \tag{161}$$

Bei den Vorzeichen ist zu beachten, daß der Prozeß in umgekehrter Richtung durchlaufen wird.

c) Prozeß zwischen zwei Isochoren und zwei Adiabaten.

Für die Zustandsänderungen bei konstantem Volumen gilt mit (121)

$$\frac{T_4}{T_1} = \frac{P_4}{P_1} \quad \text{und} \quad \frac{T_3}{T_2} = \frac{P_3}{P_2} \tag{162}$$

und für die Adiabaten mit (131)

$$\frac{T_1}{T_2} = \left(\frac{P_1}{P_2}\right)^{\frac{\varkappa - 1}{\varkappa}} \quad \text{und} \quad \frac{T_4}{T_3} = \left(\frac{P_4}{P_3}\right)^{\frac{\varkappa - 1}{\varkappa}}. \tag{163}$$

Es folgt daraus, daß sowohl die Ausdrücke von (162) unter sich als auch die von (163) unter sich mit $V_2 - V_1 = V_3 - V_4$ oder $V_2/V_1 = V_3/V_4$ gleich groß sind, siehe Abb. 60.

Arbeit wird nur bei der adiabatischen Änderung geleistet, und zwar nach (138)

$$L_{12} = \frac{P_1 V_1}{\varkappa - 1}\left[1 - \frac{T_2}{T_1}\right] \quad \text{positiv, Arbeitsleistung}$$

und

$$L_{34} = \frac{P_4 V_4}{\varkappa - 1}\left[\frac{T_3}{T_4} - 1\right] \quad \text{negativ, Arbeitsaufwand.}$$

Der Arbeitsgewinn ist mit $V_1 = V_4$

$$L = \frac{V_1}{\varkappa - 1}\left\{P_1\left[1 - \frac{T_2}{T_1}\right] - P_4\left[1 - \frac{T_3}{T_4}\right]\right\},$$

$$L = \frac{P_1 V_1}{\varkappa - 1}\left[1 - \frac{T_2}{T_1}\right]\left[1 - \frac{P_4}{P_1}\right],$$

$$L = \frac{P_1 V_1}{\varkappa - 1}\left[1 - \left(\frac{V_1}{V_2}\right)^{\varkappa - 1}\right]\left[1 - \frac{P_4}{P_1}\right].$$

Den thermischen Wirkungsgrad erhält man mit

$$Q_1 = Q_{41} = \frac{A V_1}{\varkappa - 1}(P_1 - P_4),$$

$$Q_1 = A\frac{P_1 V_1}{\varkappa - 1}\left(1 - \frac{P_4}{P_1}\right)$$

zu

$$\eta_{th} = \frac{AL}{Q_1} = 1 - \frac{T_2}{T_1} = 1 - \left(\frac{V_1}{V_2}\right)^{\varkappa - 1}. \tag{164}$$

Andererseits ist

$$\eta_{th} = \frac{Q_1 - Q_2}{Q_1} = 1 - \frac{Q_2}{Q_1} = 1 - \frac{T_2}{T_1},$$

was besagt, daß bei diesem Kreisprozeß die Wärmezufuhr Q_{41} im Verhältnis zur Wärmeabfuhr Q_{23} steht wie T_1 zu T_2. Für die Arbeit folgt

$$AL = Q_1 - Q_2 = Q_{23}\frac{T_2 - T_1}{T_2} = Q_{41}\frac{T_1 - T_2}{T_1}, \tag{165}$$

d. h. der Arbeitsgewinn hängt nur von der Größe der Wärmezufuhr (oder -abfuhr) und vom Temperaturverhältnis ab.

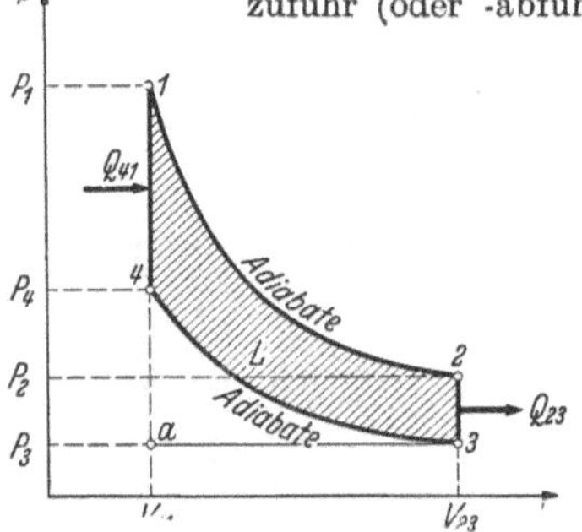

Abb. 60. Kreisprozeß eines Gases zwischen zwei Linien gleichen Volumens und zwei Adiabaten. Isochoren 2—3 und 4—1, Adiabaten 1—2 und 3—4. Wärmezufuhr $Q_1 = Q_{41}$; Wärmeabfuhr $-Q_2 = Q_{23}$; gewonnene Arbeit $Q = AL = Q_1 - Q_2 = Q_{41} + Q_{23}$.

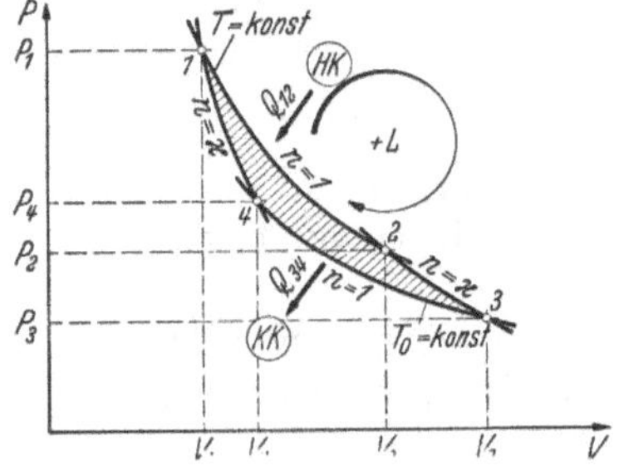

Abb. 61. Kreisprozeß eines Gases zwischen zwei Isothermen und zwei Adiabaten. Isothermen 1—2 und 3—4, Adiabaten 2—3 und 4—1. Heizkörper (*HK*) mit Temperatur $T = T_1 = T_2$, Kühlkörper (*KK*) mit Temperatur $T_0 = T_3 = T_4$ (CARNOTscher Kreisprozeß).

d) Prozeß zwischen zwei Isothermen und zwei Adiabaten.

Wirkungsgrad. Man kann sich einen Prozeß vorstellen, der bei isothermischer Wärmeaufnahme 1—2, adiabatischer Ausdehnung 2—3, isothermischer Wärmeabgabe 3—4 und adiabatischer Verdichtung auf den Ausgangszustand 4—1 verläuft, siehe Abb. 61.

Wenn das Gas in einem Zylinder arbeitet, würde das bedeuten, daß sich das Gas von V_1 bis V_2 isothermisch bei $T_1 = T_2 = T$ ausdehnt, wobei der Zylinder beheizt wird und der Druck von P_1 auf P_2 fällt. Danach hört jegliche Wärmezufuhr auf, und Druck und Temperatur sinken weiter bis auf P_3 und $T_3 = T_0$, während das Volumen bis auf V_3 anwächst. Beim Rückgang des Kolbens wird das Gas zunächst isothermisch bei gekühltem Zylinder bis auf V_4 verdichtet, unter Wärmeentzug bei $T_3 = T_4 = T_0$ und Druckanstieg bis auf P_4. Bei der weiteren Verdichtung ist die Wärmeabfuhr unterbunden, T_0 steigt auf T, P_4 auf P_1, und V_4 geht auf V_1 zurück.

Die gesamte Wärmezufuhr ist dann

$$Q_1 = Q_{12} = A \cdot R \cdot G \cdot T \ln \frac{V_2}{V_1} \quad \text{(positiv)}$$

und die gesamte Wärmeabfuhr ist

$$-Q_2 = Q_{34} = A \cdot R \cdot G \cdot T_0 \ln \frac{V_4}{V_3} \quad \text{(negativ)}$$

und die Wärmeumwandlung ergibt sich zu

$$Q = Q_1 - Q_2 = G \cdot A \cdot R \left(T \ln \frac{V_2}{V_1} - T_0 \ln \frac{V_3}{V_4} \right).$$

Nun ist

$$\left(\frac{V_3}{V_2}\right)^{\varkappa-1} = \frac{T}{T_0} = \left(\frac{V_4}{V_1}\right)^{\varkappa-1} \quad \text{und} \quad \frac{V_2}{V_1} = \frac{V_3}{V_4}$$

und damit

$$Q = G \cdot A \cdot R\,(T - T_0) \ln \frac{V_2}{V_1}. \tag{166}$$

Die gewonnene Arbeit folgt nun zu

$$L = \frac{Q}{A} = G \cdot R\,(T - T_0) \ln \frac{V_2}{V_1} = (P_1 V_1 - P_3 V_3) \ln \frac{V_2}{V_1},$$

was zu einem thermischen Wirkungsgrad von

$$\boxed{\eta_{th} = \frac{AL}{Q_1} = \frac{Q}{Q_1} = \frac{T - T_0}{T}}$$

oder

$$\boxed{\eta_{th} = 1 - \frac{T_0}{T}} \tag{167}$$

führt. Das Verhältnis der Zustandsgrößen an den Eckpunkten ist hierbei

$$\frac{T}{T_0} = \left(\frac{V_3}{V_2}\right)^{\varkappa-1} = \left(\frac{V_4}{V_1}\right)^{\varkappa-1} = \left(\frac{P_2}{P_3}\right)^{\frac{\varkappa-1}{\varkappa}} = \left(\frac{P_1}{P_4}\right)^{\frac{\varkappa-1}{\varkappa}}. \tag{168}$$

Mit dem Verhältnis der verfügbaren Temperaturen T/T_0 ist auch das Verhältnis von Drücken und Volumina festgelegt.

Vergleich mit anderen Prozessen. Wenn eine bestimme Wärmequelle mit der unveränderlichen Temperatur T und eine bestimmte Wärmesenke mit der unveränderlichen Temperatur T_0 gegeben ist, wie es vielen praktischen Anwendungsfällen entspricht, so ist offenbar der *Prozeß mit zwei Isothermen und zwei Adiabaten der bestmögliche.* Bei jeder anderen Art von Kreisprozeß muß Wärme auch bei anderen Temperaturen als T und T_0 ausgetauscht werden. Der thermische Wirkungsgrad aller Prozesse ist um so höher, je weiter die obere und die untere Temperaturgrenze auseinanderliegen. Daraus kann man schließen, daß die Wärmequelle um so mehr zum Gewinn von mechanischer Arbeit geeignet ist, d. h. die Wärme um so wertvoller ist, je höher die Temperatur ist. Das Umgekehrte gilt für die Wärmesenke, die um so mehr Arbeit zu gewinnen gestattet, je tiefer ihre Temperatur ist. Wenn man nun die Temperatur der Wärmequelle auf irgendeine Weise herabsetzen oder die der Senke erhöhen muß, um Wärmeaustausch bei wechselnder Temperatur zu ermöglichen, dann bedeutet das eine geringere Ausbeute an Arbeit.

Diese Tatsache drückt sich auch in den thermischen Wirkungsgraden der als Beispiel gewählten Kreisprozesse aus: Prozeß zwischen

2 Isobaren und 2 Adiabaten (Abb. 59) $\eta_{th} = 1 - \frac{T_3}{T_2} < 1 - \frac{T_0}{T}$,

weil $T_3 > T_4 = T_0$ ist,

2 Isochoren und 2 Adiabaten (Abb. 60) $\eta_{th} = 1 - \frac{T_2}{T_1} < 1 - \frac{T_0}{T}$,

weil $T_2 > T_3 = T_0$ ist.

Zum Zwecke eines möglichst guten Wirkungsgrades muß es also das Bestreben sein, die Temperaturspanne $T - T_0$ möglichst weit auseinanderzuziehen. Mit der Temperatur des Kühlkörpers (der Wärmesenke) T_0 ist man praktisch an die Umgebungstemperatur gebunden. Bei der oberen Grenze T muß man sich nach der Temperaturbeständigkeit der Baustoffe richten, die bei Eisen schon bei etwa 600° C liegt[1], während feuerfeste Steine noch um etwa 1000° mehr vertragen können.

Die Feststellung, daß man nur dann aus Wärme Arbeit gewinnen kann, wenn die *Wärme von höherer als Umgebungstemperatur* ist und daß der *denkbar günstigste Prozeß* bei *isothermischem Wärmeaustausch* und adiabatischen Zustandsänderungen vor sich geht, wenn die Wärme mit einer bestimmten Temperatur zur Verfügung steht, wurde schon zu Anfang der eigentlichen Wärmetechnik vor mehr als 100 Jahren von dem französischen Militäringenieur CARNOT[2] getroffen. Man nennt danach einen aus zwei Isothermen und zwei Adiabaten bestehenden Kreisprozeß einen *CARNOTschen Kreisprozeß*.

Werte des Wirkungsgrades beim CARNOT-Prozeß. Bei Umgebungstemperatur $t_0 = 20°$ C oder $T_0 = 293°$ K als untere Temperaturgrenze ergibt sich folgendes Bild für den thermischen Wirkungsgrad des CARNOT-Prozesses bei verschiedener Temperatur T des Heizkörpers.

Zahlentafel 35. *Thermischer Wirkungsgrad des CARNOTschen Kreisprozesses bei $t_0 = 20°$ C, $T_0 = 293°$ K und verschiedener Temperatur T der zugeführten Wärme.*

$t =$	100	200	300	400	500	600	1000	1500° C
$T =$	373	473	573	673	773	873	1273	1773° K
$\eta_{th} =$	21,4	38,1	48,9	56,5	62,1	66,5	76,9	83,4 vH

[1] Austenische Stähle vertragen bis etwa 650° C. Die Dauerstandsfestigkeit beträgt z. B. bei Remanit ATSW bei 600° C 18 kg/mm², bei 650° C 12 kg/mm² und bei 700° C noch 5 kg/mm².

[2] CARNOT, SADI: Réflexions sur la puissance motrice du feu et sur les machines propre à développer cette puissance. Paris 1824. (CARNOT war dabei noch der Meinung, daß Wärme ein Stoff sei.)

In Abb. 62 ist η_{th} in Abhängigkeit von T und T_0 aufgetragen. Diese Wirkungsgrade können tatsächlich durch keinerlei Maßnahmen, mögen sie auch noch so ausgesucht sein, übertroffen werden. Der CARNOT-Prozeß hat naturgesetzlich den besten Wirkungsgrad, der bei technischen Prozessen mit ihren vielen Unzulänglichkeiten freilich bei weitem nicht erreicht wird; er gilt als idealer Vergleichsprozeß.

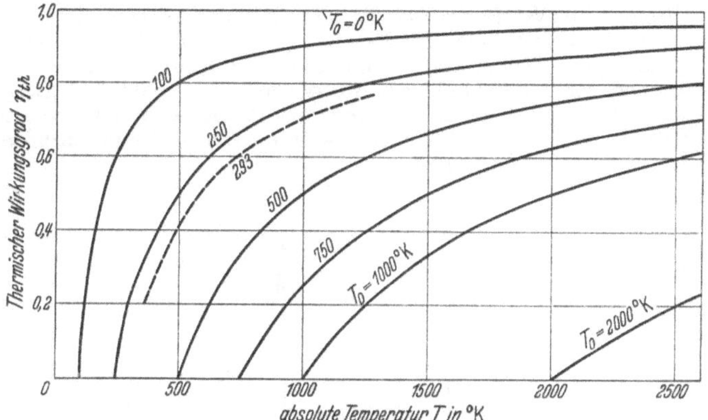

Abb. 62. Thermischer Wirkungsgrad des CARNOT-Prozesses abhängig von der oberen Temperatur T und der unteren Temperatur T_0 des Temperaturbereiches. Bei $T = 1000°$ K und $T_0 = 250°$ K z. B. ist $\eta_{th} = 0{,}75$, d. h. es können günstigstenfalls $^3/_4$ der zugeführten Wärmeenergie über mechanische Arbeit umgewandelt werden.

Linksumlaufender CARNOT-Prozeß. Die Leistungsziffer ε als Ausdruck dafür, wieviel Arbeit AL in kcal aufzuwenden ist, um eine bestimmte Wärmemenge Q_2 von der Temperatur T_0 auf die Temperatur T zu heben, ist beim CARNOT-Prozeß

$$\varepsilon = \frac{Q_2}{AL} = \frac{T_0}{T - T_0}. \qquad (169)$$

Zahlenmäßig bei einer oberen Temperaturhaltung von $T = 293°$ K, also Umgebungstemperatur $+20°$ C, ergeben sich folgende Leistungsziffern.

Zahlentafel 36. *Leistungsziffer ε des CARNOTschen Kreisprozesses bei $t = +20°$ C, $T = 293°$ K und verschiedener Temperatur T_0 der zugeführten Wärme.*

$t_0 =$	−50	−40	−30	−20	−10	0° C
$T_0 =$	223	233	243	253	263	273° K
$\varepsilon =$	3,19	3,88	4,86	6,33	8,76	13,65 $\frac{\text{kcal}}{\text{kcal}}$
oder =	7,5	9,4	11,4	14,8	20,5	32,0 $\frac{\text{kcal}}{1000\,\text{mkg}}$

Eine nach dem CARNOTschen Prozeß arbeitende Kältemaschine vermag also z. B. je 1000 mkg Arbeitsaufwand eine Wärmemenge von 14,8 kcal von −20° C auf +20° C zu bringen. Die Leistungsziffer ε nimmt im Gegensatz zu der gemeinhin als Wirkungsgrad bezeichneten Verhältniszahl auch größere Werte als 1 an.

e) Kreisprozesse als Vergleichsprozesse.

Man kann Kreisprozesse beliebig zusammenstellen. Von technischer Bedeutung sind allerdings in erster Linie die unter b) (Druckluftmotor-Rechtslauf, Gasverdichter-Linkslauf) und c) (Ottomotor-Rechtslauf) angeführten Prozesse mit gasartigen Stoffen. Dem Arbeitsverfahren des Dieselmotors entspricht ein in Abb. 63 angedeuteter Prozeß. Wegen der Berechnung dieses Prozesses wird auf Abschnitt 43e verwiesen.

In Wirklichkeit sind Kreisprozesse nicht durchführbar. Das liegt ausschließlich an den Erscheinungen im Gefolge der Reibung, wie in den folgenden Abschnitten erläutert werden wird. Kreisprozesse sind aber als Idealprozesse geeignet, die Güte zu beurteilen, mit der die aufgewandte Wärme oder Arbeit praktisch genutzt wird. Sie zeigen die Möglichkeiten zu neuartigen Prozessen und geben einen Anhalt über die Grenze des Erreichbaren. Soweit der ideale Vergleichsprozeß kein Carnotscher ist, steht er diesem nach.

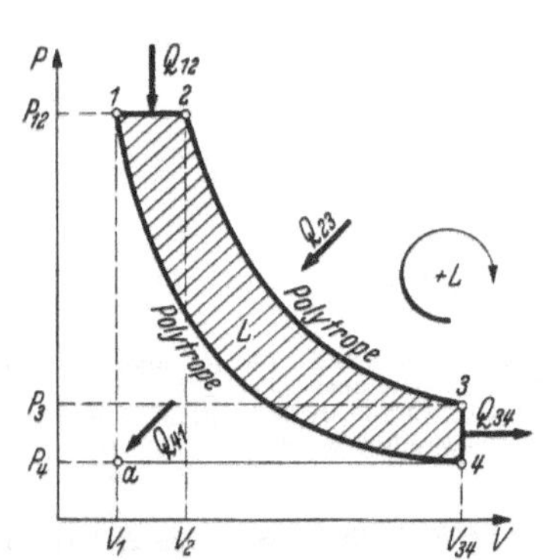

Abb. 63. Kreisprozeß eines Gases mit verschiedenartigen Elementen.

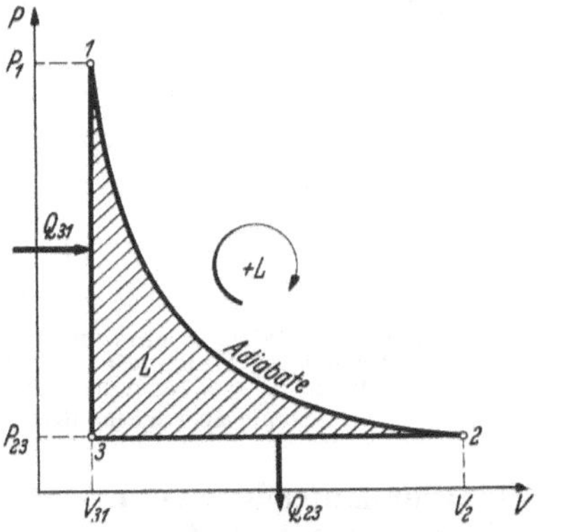

Abb. 64. Kreisprozeß aus drei Elementen. Zu Beispiel S. 116/117.

Beispiel. Eine Wärmekraftmaschine arbeitet mit einem zweiatomigen Gas ($\varkappa = 1{,}4$). $V_1 = 0{,}1\ \mathrm{m}^3$ dieses Gases mit $p_1 = 10$ at abs. und $T_1 = 800°$ K dehnen sich nach einem Prozeß von Abb. 64 adiabatisch aus und werden dann bei konstantem Druck so weit verdichtet, daß die Temperatur auf $T_3 = 300°$ K anlangt. Dann wird das Gas bei konstantem Volumen weiter verdichtet, bis es den Anfangszustand wieder erreicht. Es ist nachzuweisen, daß der thermische Wirkungsgrad dieses Prozesses kleiner ist als der des Carnotschen Prozesses zwischen den Temperaturen 800 und 300° K. Drücke, Volumina und Temperaturen an den drei Eckpunkten 1, 2 und 3 sind zu ermitteln, ebenfalls die je Spiel zuzuführende und abzuführende Wärmemenge. Welchen zahlenmäßigen Wert nimmt der thermische Wirkungsgrad an? Wie groß ist die Leistung der Kraftmaschine, wenn 1200 Spiele je Minute ausgeführt werden?

$$Q_1 = Q_{31} = \frac{A}{\varkappa - 1}\, G \cdot R \cdot (T_1 - T_3),$$

$$-Q_2 = Q_{23} = \frac{\varkappa}{\varkappa - 1}\, A \cdot G \cdot R\,(T_3 - T_2),$$

$$\eta_{th} = \frac{T_1 - T_3 - \varkappa\, T_2 + \varkappa\, T_3}{T_1 - T_3} = 1 - \varkappa\,\frac{T_2 - T_3}{T_1 - T_3}.$$

Dabei ist $T_1 > T_2 \gg T_3$, und der Wirkungsgrad des Carnot-Prozesses wäre im Temperaturbereich

$$\eta_{th\,c} = 1 - T_3/T_1.$$

Es ist $\varkappa \frac{T_2 - T_3}{T_1 - T_3} > \frac{T_3}{T_1}$ und damit $\eta_{th} < \eta_{thC}$, weil in

$$\varkappa \frac{T_3}{T_1} \cdot \frac{(T_2/T_3) - 1}{1 - (T_3/T_1)} > \frac{T_3}{T_1}$$

der Ausdruck $\frac{T_2}{T_3} - 1 > 1 - \frac{T_3}{T_1}$ ist. Aus $p_3/p_1 = T_3/T_1$ folgt

$$p_3 = 10 \cdot \frac{300}{800} = 3{,}75 \text{ at abs.} = p_2,$$

aus

$$\frac{T_1}{T_2} = \left(\frac{p_1}{p_2}\right)^{\frac{\varkappa-1}{\varkappa}} \quad \text{folgt} \quad T_2 = \frac{800}{2{,}67^{\frac{\varkappa-1}{\varkappa}}} = \frac{800}{1{,}322} = 605^\circ \text{ K},$$

aus

$$\frac{V_2}{T_2} = \frac{V_3}{T_3} = \frac{V_1}{T_3} \quad \text{folgt} \quad V_2 = \frac{T_2}{T_3} \cdot V_1 = \frac{605}{300} \cdot 0{,}1 = 0{,}202 \text{ m}^3$$

und $V_1 = V_3 = 0{,}1 \text{ m}^3$.

Der Wirkungsgrad ist

$$\eta_{th} = 1 - 1{,}4 \frac{605 - 300}{800 - 300} = 0{,}147,$$

$$\frac{T_2}{T_3} - 1 > 1 - \frac{T_3}{T_1}, \quad \text{nämlich} \quad \frac{605}{300} - 1 > 1 - \frac{300}{800}; \quad 1{,}02 > 0{,}625,$$

$$\eta_{thC} = 1 - T_3/T_1 = 0{,}625.$$

Man erkennt, daß dieser Prozeß ziemlich ungünstig ist, weil selbst bei völlig verlustloser Arbeitsweise nur

$$100 \frac{0{,}147}{0{,}625} = 23{,}5 \text{ vH}$$

des bestdenkbaren Prozesses Arbeitsgewinn zwischen T_1 und T_3 erzielt werden können.

$$Q_{31} = \frac{A}{\varkappa - 1} \cdot V_1 \cdot (P_1 - P_3) = \frac{0{,}1 \cdot 10^4 \cdot 6{,}25}{427 \cdot 0{,}4} = 36{,}60 \text{ kcal},$$

$$Q_{23} = \frac{\varkappa}{\varkappa - 1} A \cdot P_3 \cdot (V_1 - V_2) = -\frac{1{,}4 \cdot 10^4 \cdot 3{,}75 \cdot 0{,}102}{0{,}4 \cdot 427} = -31{,}35 \text{ kcal},$$

$$A L = 36{,}60 - 31{,}35 = 5{,}25 \text{ kcal} \mathrel{\hat{=}} 2250 \text{ mkg},$$

$$N = \frac{2250 \cdot 1200}{60} = 45000 \text{ mkg/s} \quad \text{oder} \quad \frac{45000}{102} = 440 \text{ kW}.$$

Die bei der adiabatischen Zustandsänderung geleistete Arbeit ist

$$L_{12} = \frac{P_1 V_1}{\varkappa - 1}\left(1 - \frac{T_2}{T_1}\right) = \frac{10^4 \cdot 10 \cdot 0{,}1}{0{,}4}\left(1 - \frac{605}{800}\right) = 6070 \text{ mkg}.$$

Die bei der isobarischen Zustandsänderung aufzuwendende Arbeit ist

$$L_{23} = P_1 \cdot (V_3 - V_2) = -3{,}75 \cdot 10^4 \cdot 0{,}102 = -3820 \text{ mkg}.$$

Der Arbeitsgewinn ist mithin $L = 6070 - 3820 = 2250$ mkg wie oben gemäß $A L = Q_1 - Q_2 = Q = Q_{31} + Q_{23}$.

VIII. Der 2. Hauptsatz der mechanischen Wärmetheorie.

36. Vom Wesen der Energie.

a) Arbeitsfähigkeit der Energie.

Daß man Wärmeenergie nur in beschränktem Umfang zur Leistung von mechanischer Arbeit nutzbar machen kann, ist eine merkwürdige Tatsache. Es entsteht die Frage nach dem tieferen Grund für diese Erscheinung und ob andere Energieformen ähnlichen Beschränkungen unterliegen, außerdem welcher Teil der Energie dazu angetan ist, Arbeit zu leisten, und was aus dem übrigen Teil der angewandten Energie wird.

Jede Energiemenge läßt sich als ein Produkt zweier Größen angeben, deren eine auf den *Energieträger* nach Menge und Eigenschaften Bezug nimmt und die *Kapazität*[1] des Energieträgers angibt, während deren zweite ein Maß für die *Intensität*[2] der aufgespeicherten Energie ist.

Man kann sich das leicht am Beispiel der potentiellen *Energie der Lage* klarmachen, die sich durch die Form

$$E = \int_0^H m \cdot g \cdot dH$$

angeben läßt. Träger der Energie (einer Anzahl von Energiequanten) ist in jedem Fall der Stoff. Ein Körper mit der Masse m und dem Gewicht $m \cdot g$ wird mit Lageenergie beladen, wenn er hochgehoben wird. Dabei wird natürlich auf irgendeine Weise Arbeit aufgewandt, und zwar um so mehr, je schwerer der Körper ist und je höher er gebracht wird. Hier ist der Zustand zu betrachten, wenn der Körper hochgehoben und mit Energie beladen ist. Die Kapazität des Körpers zur Aufnahme von Energie ist das Gewicht $m \cdot g$ in kg, genauer in mkg/m, und die Intensität dieser Energie oder die Stärke der Ladung ist die Hubhöhe H. Fällt der Körper wieder herunter, so vermag er dabei Arbeit zu leisten. Frage ist nun, läßt sich aus der gesamten oder nur aus einem Teil der Lageenergie Arbeit gewinnen. Derjenige Teil der Energie, der zur Arbeitsleistung herangezogen werden kann, soll als arbeitsfähige Energie bezeichnet werden.

Um die *absolute Arbeitsfähigkeit* der Lageenergie zu ermitteln, muß die Höhe H des Körpers vom absoluten Nullpunkt der Intensität aus gemessen werden, also vom Gravitationszentrum aus. Die *tatsächliche Arbeitsfähigkeit* ist jedoch beschränkt und erheblich geringer, weil die Höhe H nur bis zur Erdoberfläche ausgenutzt werden kann. Hat die Umgebung die absolute Höhe H_u, so ist die tatsächliche Arbeitsfähigkeit nur mit der Höhendifferenz $H - H_u$ im äußersten Falle gegeben. Ein

---

[1] Speicherfähigkeit, Aufnahmefähigkeit, Fassungsvermögen an Energie je m Höhe (mkg/m), je Grad Temperaturunterschied (kcal/Grad) usw.

[2] Spannung, Stärke wie m, Grad usw.

großer Teil der Lageenergie ist nicht arbeitsfähig (behinderte Arbeitsfähigkeit). Die Kapazität ist nicht konstant, sondern mit der Intensität (Höhe H) veränderlich. Für kleine Höhenunterschiede kann man hier die Abhängigkeit der Fallbeschleunigung g von der Höhe H als vernachlässigbar klein ansehen. Es ist dann

$$E_1 - E_2 = m \cdot g \cdot (H_1 - H_2) = G \cdot (h_1 - h_2),$$

wobei h_1 und h_2 relative Höhenangaben sind, z. B. auf Erdgleiche bezogen. Die tatsächliche Arbeitsfähigkeit ist erschöpft, wenn $h = h_2 = 0$ wird bzw. das Gewicht auf Erdgleiche herabgesunken ist. Man erkennt, daß die Lageenergie nur so lange Arbeit leisten kann, wie eine *Höhendifferenz* gegenüber der Umgebung, nämlich der Erdgleiche, besteht. Mit anderen Worten, die Lageenergie kann so lange Arbeit leisten, bis der Energieträger mit seiner Umgebung ins *Gleichgewicht* gekommen ist.

Ähnlich ist es bei der *Drucken*

$$E = G \int_0^P v\, dP$$

mit dem Volumen $V = Gv$ als Kapazität und dem Druck P als Intensität. Die absolute Arbeitsfähigkeit bezieht sich auf den absoluten Nullpunkt des Druckes $P = 0$. Der Teil

$$G \int_{P_u}^P v\, dP$$

ist tatsächlich arbeitsfähig gegenüber dem Umgebungsdruck P_u. Die Kapazität V ist wiederum von der Intensität, hier P, abhängig. Die Arbeitsfähigkeit der *chemischen Energie* z. B. hat ein Ende, wenn die chemischen Reaktionen, zu welchen die Energie befähigt ist, abgelaufen sind, wie etwa der Vergleich zwischen einem Brennstoff und seinen Verbrennungserzeugnissen erkennen läßt.

Was für die Energie im allgemeinen gilt, trifft auch für die *Wärmeenergie* zu. Aus der Form

$$U = G \int_0^T c_v\, dT$$

gehen die Speicherfähigkeit des Stoffes je Grad, Gc_v, als Kapazität, und die absolute Temperatur, T, als Intensität, hervor. Die tatsächliche Arbeitsfähigkeit ist erschöpft, wenn die Temperatur des Wärmeträgers auf Umgebungstemperatur T_u abgesunken ist (oder auf ein anderes künstlich herbeigeführtes Temperaturniveau T_0). Wohl hat auch ein Körper von der Temperatur T_u, absolut genommen, noch eine ganz erhebliche Wärmemenge aufgespeichert, aber da er keine Temperaturdifferenz gegenüber seiner Umgebung aufweist, ist seine tatsächliche Arbeitsfähigkeit Null. Im übrigen ist die Kapazität Gc_v auch bei der inneren Energie von deren Intensität T abhängig (Temperaturabhängigkeit der spezifischen Wärme).

Mit anderen Worten kann man sagen: *Befindet sich ein System von Körpern auf derselben Temperatur, so kann aus der Wärmeenergie innerhalb dieses Systems keine mechanische Arbeit gewonnen werden.*

b) Verteilungsstreben der Energie und natürliche Richtung.

Die Erfahrung lehrt ohne Ausnahme, daß zwei indifferente Körper von verschiedener Temperatur, miteinander in Berührung gebracht, nach gewisser Zeit eine gemeinsame Temperatur angenommen haben, derart, daß sich der kältere Körper bis auf diese einheitliche Temperatur aufwärmt und der wärmere Körper abkühlt. Das gilt ohne Rücksicht auf den Aggregatzustand. *In einem abgeschlossenen System von verschieden warmen Körpern strebt die Natur danach, die Wärmeenergie so zu verteilen, daß alle Körper die gleiche Temperatur annehmen.* Die Wärmemenge ist nach dem Ausgleich in den einzelnen Körpern durchaus verschieden, je nach ihrer spezifischen Wärme.

Das ist nicht überraschend. Zwei Preßluftbehälter mit Luft verschiedenen Druckes, miteinander verbunden, stehen in kurzer Zeit unter gleichem Druck[1]. Die arbeitsfähige Druckenergie sucht sich unter Wirkung des Druckgefälles ebenso auf größeren Raum auszubreiten, wie die Wärmeenergie, angetrieben durch das Temperaturgefälle, nach Verteilung auf mehr Stoff und (fast immer) mehr Raum strebt. Die Umsetzung von konzentrierter Energie in minderkonzentrierte ist *natürlich*; sie verläuft von selbst. Der entgegengesetzte Vorgang, daß der kältere Körper zugunsten des wärmeren Körpers Energie abgibt, ist ebenso *unnatürlich*, als wenn Druckenergie beim Verbinden der beiden Preßluftbehälter freiwillig vom niedrigeren zum höheren Druck übergeht, also am Ende der Druck in dem einen Behälter noch mehr abgefallen und in dem anderen noch höher ist. Ein solcher Vorgang könnte nur durch Arbeit erzwungen werden, etwa mit Hilfe einer Pumpe. Die Natur strebt unter Beseitigung aller Intensitätsunterschiede nach *Gleichgewicht.*

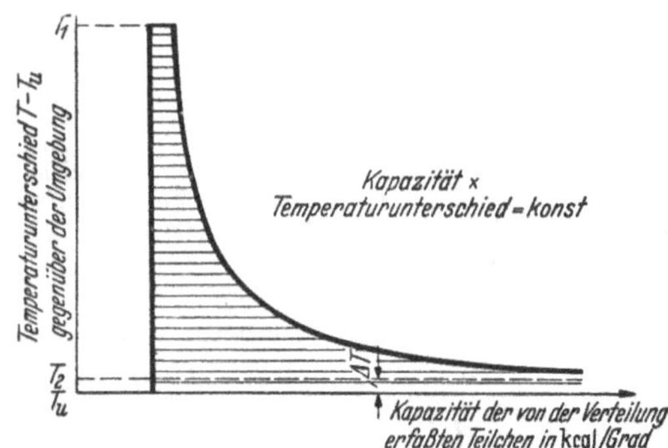

Abb. 65. Verteilung einer punktförmig gespeicherten Wärmemenge Q auf die Umgebung. T_1 Temperatur, unter der die Wärmemenge Q zugeführt wird. T_u Umgebungstemperatur vor der Verteilung, $T_u + \Delta T$ Umgebungstemperatur nach der Verteilung.

Es möge ein Stoffteilchen aus einer großen Menge anderer auf gleicher Temperatur T_u befindlicher Teilchen auf die Temperatur

[1] Daß bei dem Druckausgleich Gas von dem einen in den anderen Behälter übertritt, ist nebensächlich. Man kann sich ebensogut vorstellen, daß die Gasräume durch eine dichte, verschiebbare Wand voneinander getrennt bleiben, die so weit verschoben wird, bis der Gasdruck auf beiden Seiten gleich groß ist. Wesentlich ist, daß die von der Druckenergie in Anspruch genommene Kapazität, nämlich der Raum, den das Gas einnimmt, so weit vergrößert oder verkleinert wird, bis die Intensität, also der Druck, beiderseits gleich groß ist. Nach Ausgleich des Druckes ist die Zwischenwand ohne Bedeutung.

$T_1 > T_u$ durch Zufuhr von Wärme gebracht werden. Die Wärme teilt sich dann zunächst den benachbarten und dann den weiter entfernten Teilchen mit, bis alle die gleiche Temperatur $T_2 = T_u + \Delta T$ angenommen haben. Der ausgleichende Vorgang geht anfangs rasch (große Temperaturdifferenz), später immer langsamer vonstatten (Temperaturdifferenz konvergiert gegen Null); siehe Abb. 65. Die tatsächliche Arbeitsfähigkeit geht ebenfalls gegen Null.

In der Natur laufen derartige Vorgänge ständig und unter den vielfältigsten Umständen ab. Einen adiabatischen Vorgang, ohne jeden Wärmeaustausch mit der Umgebung, gibt es praktisch nicht; er ist nur an die Vorstellung einer völligen Isolierung gebunden. Die adiabatische Zustandsänderung ist eine Abstraktion.

Das Streben nach Verteilung (Verdünnung, Expansion, Dezentration) ist eine allgemeine Erscheinung bei jeder Art von arbeitsfähiger Energie. Die natürliche Richtung aller Vorgänge nimmt jeden Weg, der nach einem Ausgleich der Intensität führt. Die Ursache ist in der *Reibung* zu suchen. Man kann sich das am Verhalten der äußeren kinetischen Energie klarmachen. Ein auf einer Wasserfläche schwimmender Balken wird, angestoßen, unter Mitreißen der benachbarten Wasserteilchen, wieder zusehends langsamer, genau wie ein Luftstrahl die benachbarten Luftschichten mitzieht und sich verlangsamt, eine Stimmgabel abklingt oder eine Wellenbewegung verebbt. Bei alledem ist die Reibung am Werke, die jeder Bewegung Abbruch tut.

Ganz ähnlich geht es mit der Wärmeenergie, die von den Molekülen in Form von innerer Bewegungsenergie aufgespeichert wird. Je höher die Temperatur ist, um so schneller bewegen sich die Moleküle. Durch Reibung suchen sie benachbarte Teilchen, die kälter und langsamer sind, zu beschleunigen, bis alle Teilchen gleichschnelle Bewegungen ausführen. Das geht aus Gründen der Energiekonstanz naturgemäß auf Kosten von Energie der schneller bewegten wärmeren Teilchen.

Der erste Hauptsatz bekundet, daß die Gesamtenergie des Systems bei Energieumsetzungen unverändert bleibt. Arbeit und Wärme sind äquivalent.

$$AL = Q. \tag{170}$$

*Der zweite Hauptsatz gibt an, in welcher **Richtung** die Energieumsetzungen verlaufen.* Die natürliche Richtung ist der Reibungswärme zufolge

$$AL \rightarrow Q \tag{171}$$

und dem natürlichen Streben zuwider die Richtung

$$AL \leftarrow Q, \tag{172}$$

d. h. in Wirklichkeit kann Arbeit wohl restlos in Wärme umgesetzt werden, nicht aber Wärme in Arbeit. Für abstrakte reibungslose Bewegungen würde gelten

$$AL \rightleftarrows Q. \tag{173}$$

Man nennt einen Vorgang, der uneingeschränkt in beiden Richtungen verlaufen kann, *umkehrbar* oder reversibel. Ein solcher Vorgang wäre zum Beispiel, wenn ein verdichtetes Gas beim Entspannen genau dieselbe Arbeit leisten würde, die zu seiner Verdichtung aufzuwenden war.

Wirkliche Zustandsänderungen sind nicht umkehrbar, d. h. am Ende ist nicht mehr so viel arbeitsfähige Energie vorhanden, wie beim Verdichten zugeführt wurde. Die arbeitsfähige Energie im Endzustand reicht nicht aus, um den Vorgang wieder rückgängig zu machen. Je nachdem, ob der Reibungswiderstand bei dem Vorgang größer oder geringer ist, ist auch die „Nichtumkehrbarkeit" stärker oder schwächer. Man erkennt: Umkehrbare Vorgänge sind abstrakte Grenzfälle ohne Reibung. Absolut nichtumkehrbare Vorgänge sind auch nur abstrakte Grenzfälle. Alle natürlichen Vorgänge sind in mehr oder weniger starkem Maße nichtumkehrbar.

c) Konvergenz der Temperatur und Entropie.

In der Natur ist nur arbeitsfähige Energie imstande, sich in eine andere Form von Energie umzuwandeln. Durch die bei jeder Umwandlungsarbeit zu leistende Reibungsarbeit wird unvermeidlich ein Teil der arbeitsfähigen Energie in Wärmeenergie umgesetzt, so daß der Bestand an Wärmeenergie auf Kosten der übrigen Energie anwächst. Die Wärmeenergie trachtet nach Verteilung. Vorläufig ist erst ein gewisser Teil des Vorrats an arbeitsfähiger Energie abgebaut und in Wärmeenergie übergegangen, und davon hat wiederum erst ein gewisser Teil die heutige Umgebungstemperatur angenommen und die Arbeitsfähigkeit eingebüßt. Einmal in Umgebungszustand übergegangene Körper verharren dabei nicht. Die Reibung bewirkt, daß das Temperaturniveau durch energischere Körper dauernd gestört wird, wie der Wasserspiegel in einem Gefäß gestört wird, dem ständig noch Wasser aus höheren Lagen zufließt. Aber das Temperaturniveau sucht sich ebenso wie der Wasserspiegel unter stetigem Ansteigen unablässig zu glätten.

Bei einer einzelnen Zustandsänderung kann die Umgebungstemperatur, oder genauer gesagt, das örtlich und zeitlich mehr oder weniger unterschiedliche Temperaturniveau, freilich nur äußerst wenig ansteigen, denn die Kapazität der gesamten Umgebung ist über alle Maßen groß gegenüber der Kapazität des einzelnen energieabgebenden Körpers. Man ist daher berechtigt, von der *Umgebung* anzunehmen, daß sie Wärmeenergie in *isothermischem Vorgang* aufzunehmen vermag. Jede Menge an arbeitsfähiger Energie, die im Ablauf des natürlichen Geschehens zu *arbeitsbehinderter Wärmeenergie* von Umgebungstemperatur T_u wird, nimmt, weil sie ja an Stoff gebunden ist, eine bestimmte Kapazität der Umgebung in Anspruch. Man kann diese Kapazität leicht angeben, sie ist

$$\frac{\text{arbeitsfähige Energie}}{\text{Umgebungstemperatur}} \text{ in } \frac{\text{kcal}}{\text{Grad}}. \tag{174}$$

Clausius hat der Kapazität der Umgebung als Ausdruck für die Wirkungsbehinderung den Namen *Entropie*[1] gegeben. Man bezeichnet sie mit S. Bei jedem Naturprozeß vermindert sich die arbeitsfähige Energie mithin um $T_u \Delta S$.

Wir befinden uns inmitten einer Entwicklung, die die Grundlage alles Lebens berührt. Das Ende dieser Entwicklung läßt sich mit großer

[1] Von ἐντρέπειν = umwandeln oder verwandeln. Entropie = Verwandlungsfunktion.

Wahrscheinlichkeit absehen. *Die auf die heutige Umgebungstemperatur bezogene Entropie wird so lange zunehmen, bis die gesamte arbeitsfähige Energie des Weltalls umgesetzt ist.* Die *Temperatur* an allen Punkten des Weltalls *konvergiert indessen nach einer gemeinsamen Ausgleichstemperatur* T_x, die über der heutigen Umgebungstemperatur liegt.

Von LORD KELVIN stammt der bekannte Ausspruch: „Die Entropie des Weltalls strebt einem Maximum zu". Die absolute Arbeitsfähigkeit gegenüber $T = 0°$ K ist am Ende wohl so groß wie heute auch, denn der Gesamtvorrat an Energie bleibt ungeändert, aber die tatsächliche Arbeitsfähigkeit aller Energie ist Null geworden und alles Leben erloschen (Wärmetod der Welt).

d) Allgemeine Wärmegleichung.

Man kann nun feststellen, daß ein Körper in jedem Zustand eine ganz bestimmte Menge an Energie trägt. Er ist dabei aber nicht nur mit einer gewissen Gesamtmenge, sondern mit je einer ganz bestimmten Menge an den einzelnen Arten von Energie behaftet, als da sind Wärmeenergie, Druckenergie, chemische Energie, Lageenergie, oder feiner unterteilt, wie translatorische, rotatorische, oszillatorische Energie der Moleküle, weiter Energiemengen, die den Zusammenhalt der Protonen, Neutronen und Elektronen zu Atomen, Atomen zu Molekülen, ferner die gegenseitige Anziehung der Moleküle und ihren Expansionsdrang bewirken.

Durch die Aufnahme von Energie wird der Körper erst in seinen Zustand versetzt. Wenn er Zustandsänderungen durchmacht, so ändert sich auch sein Bestand an Energie. Zwei gleichartige Körper mit gleicher Masse und in gleichem Zustand können beim selben oder verschiedenartigen Übergang in einen anderen gleichen Zustand stets nur die gleiche Menge an Energie abgeben oder aufnehmen. Denkt man sich die Zustandsänderung bis zum Nullpunkt aller Intensität fortgesetzt, so gibt jeder der beiden Körper gleichviel Energie ab, worin man den Beweis dafür erblicken kann, daß beide auch im Ausgangszustand dieselbe Energiemenge gespeichert haben müssen.

Aus der Erkenntnis heraus, daß der Körper zur Aufrechterhaltung eines bestimmten Zustandes P, T, v eine bestimmte Menge an Energie gespeichert haben muß, folgt weiterhin, daß diese Energiemenge bezogen auf einen bestimmten Umgebungszustand zu einem bestimmten Teil arbeitsfähig bzw. wirkungsbehindert sein muß. Die Arbeitsfähigkeit in einem Zustand P, T, v ist demnach ebenso eine Zustandsbeschreibung wie die Entropieänderung als Maß für den wirkungsbehinderten Teil der Wärmeenergie. Es heißt dies nichts anderes, als daß auch die Entropie eine Zustandsgröße ist.

Nun ist Wärmeenergie innerhalb eines abgeschlossenen Systems ganz allgemein von dem Zustand an arbeitsbehindert, wenn alle Körper des Systems eine gleichmäßige Temperatur angenommen haben und *Gleichgewicht* herrscht. Diese Temperatur kann beliebig hoch sein, allgemein T. Jede kleine Wärmeänderung dQ innerhalb des Systems läßt sich nach dem Ausgleich als Produkt $T\,dS$ angeben.

Wenn sich nun ein Körper im Gleichgewichtszustand befindet, und es wird eine Wärmemenge dQ bei der Temperatur T von außen her oder nach außen hin zu- oder abgeführt, so ändert sich die Entropie um $+dS$ oder $-dS$. Es besteht die Beziehung

$$\boxed{dQ = T\,dS} \qquad (\text{oder} \quad -dQ = -T\,dS). \tag{175}$$

Bei einem endlichen Wärmeaustausch ändert sich im allgemeinen die Temperatur des Körpers. Es gilt dann

$$\boxed{Q_{12} = \int_1^2 T\,dS}, \tag{176}$$

denn die Entropieänderung ist abhängig von der Höhe der Temperatur T.

Gl. (176) sagt aus: Wenn man einem Körper Wärme zuführt, so ändert sich sein Zustand und vergrößert sich seine Entropie. Entzieht man Wärme, so verringert sich seine Entropie. Bei einer adiabatischen Zustandsänderung, ohne Reibung und ohne Wärmeaustausch, bleibt die Entropie unverändert.

Man kann ein Diagramm anlegen mit den Veränderlichen T und S, wie Abb. 66 zeigt. Es sei zunächst dahingestellt, wie man die Änderung der Kapazität S errechnet. In welcher Weise sich die Temperatur ändert, hängt vom Wege ab. Wie die allgemeine Wärmegleichung $dQ = dU + APdV$ aussagt, gibt es unendlich viele verschiedene Wege, je nach dem Verhalten von Druck und Volumen. Ein solches T, S-Diagramm ist geeignet, eine Wärmemenge als Fläche erscheinen zu lassen. Die unter jeder beliebigen Zustandslinie 1—2 liegende Fläche bis zur Abszisse $T = 0°$K entspricht dem Integral (176). Zur oberen Zustandslinie 1—2 gehört offensichtlich eine größere Zufuhr von Wärme als zur unteren. Trotzdem ändert sich der Energiegehalt des Körpers bei jedem Übergang vom Zustand 1 nach dem Zustand 2 um denselben Betrag. Man kann das einsehen, wenn man sich vorstellt, daß der Linienzug in Abb. 66 einen Kreisprozeß wiedergibt. Dann bleibt der Energiegehalt im Punkt 1 ebenso wie im Punkt 2 immer derselbe, gleichviel, wie man den Prozeß durch die Zustandspunkte 1 und 2 führt. Wohl aber wird dabei um so mehr Energie umgesetzt — beim Rechtslauf von Wärme in äußere mechanische Arbeit —, je größer die eingeschlossene Fläche ist[1].

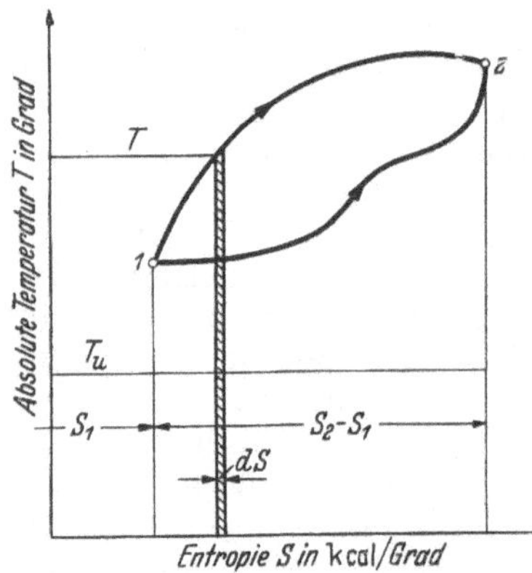

Abb. 66. Zwei beliebige Zustandsänderungen (ohne Reibung) von einem Zustand 1 nach einem Zustand 2 im T, S-Diagramm.

[1] Siehe hierzu weiter Abschnitt X.

Wenn ein Körper vom Zustand 1 eine Wärmemenge Q an einen anderen Körper vom Zustand a abgibt, so ändert sich der Zustand derart, daß die Entropie des abgebenden Körpers geringer und die des aufnehmenden Körpers größer wird.

Die Einwirkung der Reibung sei zunächst noch außer acht gelassen. Nach dem 1. Hauptsatz gilt die Energiebilanz

$$Q = \int_2^1 T\,dS = \int_a^b T\,dS. \qquad (177)$$

Die Gleichung $dQ = T\,dS$ ist eine weitere *allgemeine Wärmegleichung* für umkehrbare Vorgänge. Die Entropie S bezieht sich in dieser Gleichung auf die Wärmemenge in einem Körper von G kg Gewicht und versteht sich in kcal/Grad. Auf 1 kg des Stoffes bezogen setzt man s in kcal/kg · Grad. Es ist hervorzuheben, daß der Entropiebegriff ebenso auf feste und flüssige wie dampf- und gasförmige Körper anwendbar ist; bei den bisherigen Überlegungen wurde nirgends eine Einschränkung über den Körperzustand gemacht.

Die Überlegungen führen zu weiteren bedeutsamen Schlüssen, wenn man von der Einschränkung abgeht, daß es sich um eine umkehrbare Zustandsänderung handelt. In Wirklichkeit besteht ein solcher *skalarer Zusammenhang* der Größen Energiemenge, Temperatur und Entropie wie in (177) nicht. Die Arbeitsfähigkeit kann nicht beliebig herauf- oder heruntergesetzt werden. In der Form

$$dQ = T\,dS \qquad (178)$$

ohne Angabe einer bevorzugten Richtung kann (177) nur für unwirkliche umkehrbare Vorgänge zutreffen.

Bei allen natürlichen Zustandsänderungen verliert der abgebende Körper mehr an arbeitsfähiger Energie, als von dem empfangenden Körper aufgenommen wird. Die Differenz ist Reibungswärme, die wohl im Augenblick des Entstehens als arbeitsfähige Wärmeenergie anfällt, sich aber unverzüglich auf die beteiligten Körper und ihre engere und weitere Umgebung verteilt, um schließlich ihre Arbeitsfähigkeit einzubüßen. Durch die Bildung von Reibungswärme Q_R folgt, daß sich bei den *wirklichen reibungsbehafteten Stoffen die Entropie stärker ändert*, als wenn keine Reibung auftreten würde, und es gilt allgemein

$$\pm Q < \pm Q + Q_R \quad \text{und} \quad dQ < T\,dS. \qquad (179)$$

Wenn man bei *reibungsfrei gedachten* Stoffen den energieaufnehmenden und den -abgebenden Körper *gemeinsam* betrachtet, so ändert sich die arbeitsfähige Energiemenge nicht. Bei den *wirklichen* Zustandsänderungen und Arbeitsvorgängen hingegen nimmt die arbeitsfähige Energie ständig ab und die (arbeitsbehinderte) Wärmeenergie (von Umgebungstemperatur) zu. In gleichem Maße vergrößert sich die Entropie (als Kapazität für die arbeitsbehinderte Wärme) unaufhaltsam. In der Form

$$\boxed{dQ \leqq T\,dS} \qquad (180)$$

gilt diese *allgemeine Wärmegleichung* für Zustandsänderungen aller Art, wobei das Gleichheitszeichen auf Fälle ohne Richtungsvorschrift beschränkt ist[1].

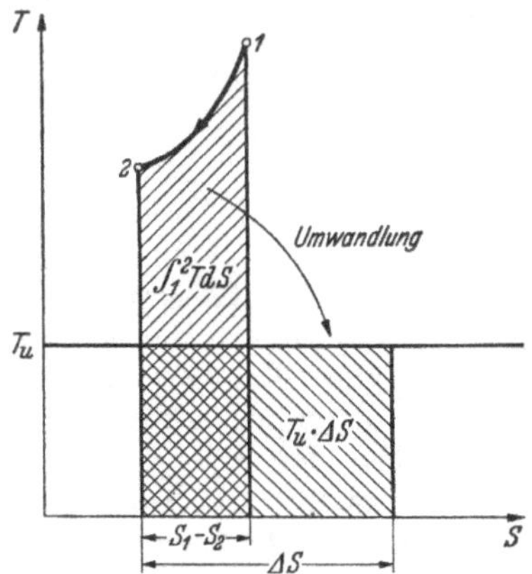

Abb. 67. Zunahme der Entropie beim Übergang auf den Umgebungszustand.

In Abb. 67 ist dargestellt, wie ein Körper eine Wärmemenge Q auf dem Wege von 1 nach 2 an die Umgebung abgibt. Die Entropie der Körperwärme verringert sich dabei von S_1 auf S_2. Im Umgebungszustand nimmt die umgewandelte Wärmeenergie eine Kapazität ΔS in Anspruch. Die schraffierten Flächen bedeuten Wärmemengen und sind gleich groß.

e) Gerichtete und zerstreute Energie.

Man hat viel über das Wesen der Wärmeenergie nachgedacht, und man stellt sich vor, daß die im Stoffe aufgespeicherte *Wärmeenergie* eine *ungeordnete Bewegung* der Moleküle hervorbringt, während alle *anderen Arten von Energie eine geordnete Bewegung* bewirken. Nun ist ohne Zweifel eine Unordnung, ein Chaos, natürlicher und der chaotische Zustand wahrscheinlicher als eine Ordnung. Es besteht das natürliche Bestreben, Ordnung in Chaos zerfallen zu lassen. Ordnung zu schaffen, fordert Energieaufwand — Reibungswärme in mechanische Arbeit zu wandeln, ebenfalls. Die ungeordnete Form ist die wahrscheinlichste aller Bewegungen überhaupt und das Zustandekommen geordneter Bewegungen an zahlreiche Bedingungen geknüpft[2]. In einem Gas verlaufen die translatorischen Wärmebewegungen in *regellosen* Zickzackkursen, gleich regellos, wie Ameisen in einem Ameisenhaufen zu laufen scheinen. Zu jeder anderen Form von Energie gehören *gerichtete* Bewegungen, z. B. bei der äußeren kinetischen Energie, gleichsam, als ob alle Ameisen in derselben Richtung marschieren würden. Der Neigung zum Chaos zufolge streben mechanische, elektrische, chemische Energie danach, in Wärmeenergie überzugehen.

Mit der Auflösung der Ordnung ist eine Entwertung der Energie verbunden. Bei jeder Energieumsetzung über mechanische Arbeit verliert ein Teil der Energie seine Richtung und geht in Chaos über, aus *gerichteter Energie* wird *zerstreute Energie.*

f) Nullpunkt der absoluten Temperatur.

Ursprünglich hatte man eine untere Grenze der Temperatur nicht für möglich gehalten oder sie zumindest als sehr tiefliegend vermutet. Die als GAY-LUSSACsches Gesetz bekannte Naturerscheinung ließ aber erwarten, daß der Temperatur von $-273°$ C eine besondere Bedeutung zukommt. Allein, eine Schrumpfung der Stoffe bis auf den Raum Null

---

[1] Mit 1 Clausius (1 Cl) bezeichnet man die Entropiezunahme, die ein Körper erfährt, wenn ihm bei der absoluten Temperatur T bei umkehrbarem Verlauf aller Vorgänge in ihm eine Wärmemenge von T cal zugeführt wird. 1 cal ist die Wärmemenge, um 1 g Wasser von 14,5° C auf 15,5° C zu erwärmen. 1 cal/1° K = 1 Cl; 1 kcal/1° K = 1000 Cl. 1 cal/1° K ist ebensoviel wie T cal/T° K (DIN 1345). Weitere Ausführungen siehe Abschnitt 51.

[2] PLANK, R.: Begriff der Entropie, Grenzen der Gültigkeit des 2. Hauptsatzes der Thermodynamik. Z. VDI Bd. 70 (1926) S. 841, 915. Siehe auch F. SASS: Die Entropie des Ingenieurs. Z. Konstruktion, Bd. 1 (1949) S. 128, Berlin: Springer.

mit abnehmender Temperatur schien wenig wahrscheinlich. Als man gelernt hatte, die für permanent gehaltenen Gase zu verflüssigen, gelangte man zu immer tieferen Temperaturen und erkannte, daß mit der Verringerung der Überhitzung und dem Wechsel des Aggregatzustandes erhebliche Abweichungen vom GAY-LUSSACschen Gesetz auftreten, so daß die Gewißheit schwand, in -273° C die absolut niedrigste Temperatur sehen zu müssen (siehe hierzu Abb. 26). Mit der verfeinerten Versuchstechnik drang man allmählich bis in die Nähe von -273° C vor und gewann schließlich durch Ausdehnung flüssigen Heliums, das unter atmosphärischem Druck bei $-268{,}9^\circ$ C siedet, bei geringerem Druck Temperaturen von rund -272° C. Da es bisher auf keine Weise versuchsmäßig möglich war, die Temperatur von -273° C (genauer $-273{,}16^\circ$ C) zu erreichen[1], geschweige denn zu unterschreiten, andererseits diese merkwürdige Temperatur allen Stoffen eigentümlich ist, sieht man sich doch zu der Annahme des absoluten Nullpunktes der Temperatur an dieser Stelle berechtigt. Ein von dem deutschen Physiker NERNST aufgestelltes Wärmetheorem lehrt, daß es unmöglich ist, den absoluten Nullpunkt zu erreichen, weil man sich dieser Temperatur nur asymptotisch nähern kann[2]. Erwähnt sei, daß nicht nur das GAY-LUSSACsche Gesetz, sondern noch eine Reihe anderer Naturbeobachtungen auf die markante Temperatur von -273° C hinweisen, wie z. B. die Gesetze der Wärmestrahlung[3].

g) Entropie und Zeit.

Die Zu- und Abnahme der in 1 kg eines Stoffes aufgespeicherten Wärmeenergie kann durch zwei verschiedene Formen der allgemeinen Wärmegleichung Ausdruck finden, nämlich

$$dq = c\,dT \tag{181}$$

und

$$dq = T\,ds \tag{182}$$

in kcal/kg. Daraus folgt, soweit die spezifische Wärme nicht von der Temperatur abhängt, über

$$ds = c\frac{dT}{T} \tag{183}$$

die Beziehung

$$s = c \ln T + C. \tag{184}$$

Die Entropie steht in logarithmischem Zusammenhang mit der Temperatur. So ist es auch schon nach Abb. 65 zu erwarten, wonach die Temperatur bei der Wärmeverteilung mit der Zeit immer langsamer abfällt. Die Temperatur klingt nach einer logarithmischen Funktion ab. Demgemäß nimmt die Entropie nach einer logarithmischen Funktion zu. Sie ist insofern ein Zeitbegriff, als sie mit der Zeit anwächst — zwar nicht so gleichmäßig, daß sie als Zeitmesser dienen könnte, weil die

[1] Mit siedendem Helium unter 0,004 Torr wurde $0{,}7^\circ$ K gemessen. Unter Beobachtung magnetischer Erscheinungen bei sehr tiefen Temperaturen hat man sich dem absoluten Nullpunkt bisher bis auf rund $0{,}004^\circ$ K nähern können.

[2] Siehe Abschnitt 46. [3] Siehe Abschnitt 85.

Prozesse je nach der antreibenden Temperaturspanne verschieden schnell verlaufen, aber stetig und unaufhaltsam.

Nach LUDWIG BOLTZMANN ist die Entropie in jedem Zustand dem Logarithmus naturalis der thermodynamischen Wahrscheinlichkeit

$$s = k \ln W \tag{185}$$

dieses Zustands proportional[1]. Je größer die Wahrscheinlichkeit des Zustands ist, je näher T an T_x heranrückt, um so größer ist die Entropie. Der Endzustand ist wahrscheinlicher als der Anfangszustand. Die Entropie ist ein Maß für die Wahrscheinlichkeit des Zustands.

37. Inhalt des 2. Hauptsatzes der mechanischen Wärmetheorie.

Der Wichtigkeit halber möge nochmals zusammengefaßt werden: Aus dem Energiegehalt eines Körpers kann nur insoweit *Arbeit gewonnen* werden, wie die *Energie arbeitsfähig* ist, oder anders gesagt, wie ein Unterschied in der Intensität (Temperatur, Druck, Höhenlage) gegenüber der Umgebung besteht. Durch die bei jedem Arbeitsvorgang zu leistende unvermeidliche *Reibungsarbeit* wird ein Teil der arbeitsfähigen Energie in *Wärmeenergie* umgesetzt, so daß der Bestand an Wärmeenergie auf Kosten der übrigen Energie anwächst.

Der Energiegehalt von Körpern, die Umgebungszustand angenommen haben, ist nicht mehr arbeitsfähig. Die von der nicht mehr arbeitsfähigen Wärmeenergie in Anspruch genommene Kapazität der Materie ist die *Entropie*. Diese ist aus zwei Gründen in *ständigem Zunehmen* begriffen. Einmal wird durch die *Vermehrung der Wärmeenergie* die Materie immer stärker mit Wärmeenergie beladen. Zum anderen sucht sich die Wärmeenergie so lange auf immer mehr Materie zu *verteilen*, bis sie Umgebungstemperatur angenommen hat und ihre *Arbeitsfähigkeit verschwunden* ist. Dadurch strebt die Temperatur der Körper im Weltall einer einheitlichen *Ausgleichstemperatur* zu, die als Umgebungstemperatur angesprochen wird und die unaufhörlich zunimmt. Im Endstadium wird diese Temperatur sowohl wie die Gesamtentropie einen *Höchstwert* erreicht haben, indem alle arbeitsfähige Energie zu Wärmeenergie geworden ist und alle Wärmeenergie ihre Arbeitsfähigkeit eingebüßt und Umgebungstemperatur angenommen hat. Die unaufhaltsame Zunahme der Entropie zeigt den Richtungssinn der Zeit an.

Der 2. Hauptsatz besagt, daß die *Umwandlung aller Art von arbeitsfähiger Energie in Wärmeenergie wahrscheinlich* ist und daß die *Entropie der Wärmeenergie nur zunehmen* kann. Die Natur strebt dem Zustand der größten Wahrscheinlichkeit zu.

Als Ausdruck für die Änderung der Entropie läßt sich die *allgemeine Wärmegleichung*

$$\boxed{dQ \leqq T\,dS} \tag{186}$$

aufstellen, welche aussagt: Bei reibungslosen Vorgängen bleibt die Summe aller Arbeitsfähigkeit der Energie unverändert. Wirkliche Zustandsänderungen unterliegen der Reibung. Bei ihrem Ablauf kann

[1] Näheres siehe z. B. W. H. WESTPHAL: Physik, S. 246. Berlin 1943.

die Gesamtentropie nur zunehmen. Nur reibungslose unnatürliche Vorgänge sind umkehrbar, wirkliche Vorgänge sind es in mehr oder weniger starkem Maße nicht. Die Zunahme der Entropie ist ein Maß für die Verminderung der tatsächlichen Arbeitsfähigkeit.

38. Über das Wesen der Hauptsätze.

Die beiden Sätze, die unter dem Namen *Hauptsätze der mechanischen Wärmetheorie* bekannt sind und die man kurz den

Satz von der Erhaltung der Energie

und den

Satz von der Verminderung der Arbeitsfähigkeit

oder der Zunahme der Arbeitsbehinderung der Energie oder auch den Satz von der Vermehrung der Entropie nennen kann, sind gemeinhin die Hauptsätze aller Naturwissenschaften. Sie gelten im besonderen für alle physikalischen Vorgänge, gleichviel, ob es sich um feste, flüssige oder flüchtige (dampf- oder gasförmige) Körper handelt und ob der Aggregatzustand wechselt.

Man nennt diese Hauptsätze auch die *Grundsätze der phänomenologischen Wärmelehre*, d. h. der Lehre von den Erscheinungen der Wärme. Sie sagen aus, wie sich eine große Zahl von Molekülen bei einer Zustandsänderung im Durchschnitt verhält, wie abweichend davon sich auch die einzelnen Moleküle benehmen mögen. Daß die Zustandsänderung einen bestimmten, vorauszuberechnenden mittleren Verlauf nimmt, ist um so *wahrscheinlicher*, je größer die Anzahl der beteiligten Moleküle ist. Bei der außerordentlich großen Zahl von Molekülen, aus welchen sich die Körper zusammensetzen, ist die absolute Wahrscheinlichkeit einer bestimmten Entwicklung als Folge eines bestimmten Anlasses so groß, daß man sie für *gewiß* halten kann. Die Hauptsätze bedürfen nicht der Stütze durch die Molekulartheorie. Diese an sich gut begründete Theorie kann falsch sein, die beiden Hauptsätze behalten doch ihre Gültigkeit.

Die Sätze stützen sich auf unzählige Erfahrungen. Allerdings muß man sagen, daß die Erfahrungen nicht so weit reichen, daß auch die Ansicht vom Ende der Entwicklung durch Erfahrung gesichert ist. Aber man kann die künftige Entwicklung im Energiehaushalt der Natur mit gutem Grunde vermuten — sie ist *wahrscheinlich*. Die Sätze sind nicht exakte, bis in alle Einzelheiten beweisbare Naturgesetze, in ihrem ganzen Umfang auch nicht Erfahrungssätze, sondern *Wahrscheinlichkeitssätze*[1]. Die Wahrscheinlichkeitsrechnung gibt die Handhabe, auf die vermutliche Entwicklung der Energieumwandlung und Verminderung der Arbeitsfähigkeit zu schließen, die bei der unvorstellbar großen Zahl von einzelnen Ereignissen gewiß zu sein scheint.

[1] Viele Naturvorgänge kann man nur in einem Ausschnitt des Bereiches genau beobachten, in dem sie sich zutragen. Die Gültigkeit der Sätze ist aber über diese Grenzen hinaus wahrscheinlich, auch wenn das nicht durch unmittelbare Beobachtung belegt ist. Man denke hier nur an die Gesetzmäßigkeiten der Fortbewegung, sei es allgemein von Körpern oder etwa des Schalls, des Lichtes und der Elektrizität. Zur Extrapolation solcher Sätze, die ihre Grundlage ebenfalls in den Hauptsätzen haben, über den Beobachtungsbereich hinaus fühlt man sich berechtigt, weil man die Gültigkeit für wahrscheinlich hält.

IX. Entropie der vollkommenen Gase.

39. Allgemeine Beziehungen für die Entropie.

Man gelangt zu allgemeingültigen Beziehungen für die Entropie von Gasen, wenn man die allgemeine Wärmegleichung (76) zum Vergleich heranzieht, nämlich

$$dq = c_v \cdot dT + AP\,dv.$$

Es ist mit $P \cdot v = R \cdot T$

$$dq = c_v \cdot dT + A \cdot R \cdot T \cdot \frac{dv}{v},$$

$$dq = T \cdot \left(c_v \cdot \frac{dT}{T} + A \cdot R \cdot \frac{dv}{v}\right),$$

$$dq = T \cdot d(c_v \cdot \ln T + A \cdot R \cdot \ln v), \tag{187}$$

$$dq = T \cdot c_v \cdot d\,[\ln(T \cdot v^{\varkappa-1})] \tag{188}$$

unter Ansatz von $\quad \frac{A \cdot R}{c_v} = \frac{c_p - c_v}{c_v} = \varkappa - 1\,.$

Die Beziehungen (187) und (188) gelten für beliebige Zustandsänderungen vollkommener Gase. Sie können mit großer Annäherung auch für wirkliche Gase gelten, wenn Druck und Temperatur in solchen Grenzen liegen, daß das allgemeine Gasgesetz genau genug gilt und, wegen der Veränderlichkeit der spezifischen Wärme mit der Temperatur, die mittlere spezifische Wärme eingeführt wird.

Aus der allgemeinen Wärmegleichung $dq = T ds$ folgt das allgemeine Integral

$$s = \int \frac{dq}{T} + s_0 \tag{189}$$

für die Entropie. Vergleicht man (187), (188) und (189), so findet man

$$s = c_v \cdot \ln T + A \cdot R \cdot \ln v + s_0 \tag{190}$$

und

$$s = c_v \cdot \ln(T \cdot v^{\varkappa-1}) + s_0, \tag{191}$$

eine Beziehung von logarithmischem Aufbau, wie das nach dem BOLTZMANNschen Wahrscheinlichkeitsgesetz (185) zu erwarten war.

Die Konstante s_0 kann nur bestimmt werden, wenn man die Entropie bei der absoluten Temperatur $T = 0°$ K (Nullpunktsentropie) kennt. Es kann hier vorweggenommen werden, daß diese für einheitliche Stoffe Null ist, deren Energiegehalt bei $T = 0°$ K Null ist. Vorläufig muß aber auch die Zunahme der Entropie von 0° K bis zu Temperaturen, bei welchen die Stoffe dem allgemeinen Gasgesetz folgen, also gewöhnliche Temperatur und mehr, als unbekannt angesehen werden. Die Konstante s_0 gilt mithin vorerst als Unbekannte. Bei der Berechnung von Entropiedifferenzen fällt sie sowieso aus der Rechnung heraus.

Bei einer beliebigen Zustandsänderung eines Gases erhält man für die Änderung der Entropie

$$\boxed{s_2 - s_1 = c_v \cdot \ln \frac{T_2}{T_1} + A \cdot R \cdot \ln \frac{v_2}{v_1}} \tag{192}$$

oder

$$\boxed{s_2 - s_1 = c_v \cdot \ln \left[\frac{T_2}{T_1} \cdot \left(\frac{v_2}{v_1} \right)^{\varkappa - 1} \right]}\,. \tag{193}$$

Als Zustandsgröße muß sich die Entropie als Funktionen

$$s = f_1(P, v) = f_2(T, v) = f_3(P, T)$$

darstellen lassen. In (190) und (191) ist $s = f(T, v)$. Die Funktion $s = f(P, T)$ findet man mit den Beziehungen

$$c_p - c_v = A \cdot R$$

und

$$d(P \cdot v) = v \cdot dP + P \cdot dv = R \cdot dT$$

wie folgt: Ausgehend von $dq = c_v \cdot dT + APdv$ ist

$$dq = c_p \cdot dT - A \cdot R \cdot dT + A \cdot P \cdot dv,$$

$$dq = c_p \cdot dT - A \cdot v \cdot dP.$$

Weiter ist

$$dq = c_p \cdot dT - A \cdot R \cdot T \cdot \frac{dP}{P},$$

$$T \cdot ds = T \cdot d(c_p \cdot \ln T - A \cdot R \cdot \ln P).$$

Mit

$$\frac{A \cdot R}{c_p} = \frac{c_p - c_v}{c_p} = 1 - \frac{1}{\varkappa} = \frac{\varkappa - 1}{\varkappa}$$

ist schließlich

$$\boxed{s = f(P, T) = c_p \cdot \ln T - A \cdot R \cdot \ln P + s_0} \tag{194}$$

und

$$\boxed{s = c_p \cdot \ln \left[\frac{T}{P^{\frac{\varkappa - 1}{\varkappa}}} \right] + s_0}\,. \tag{195}$$

Eine Beziehung $s = f(P, v)$ erhält man endlich mit

$$dq = T \cdot ds = c_v \cdot \frac{d(P \cdot v)}{R} + A \cdot P \cdot dv$$

$$= \left(\frac{c_v}{R} + A \right) \cdot P \cdot dv + \frac{c_v}{R} \cdot v \cdot dP$$

$$= \frac{P \cdot v}{R} \left[c_p \cdot \frac{dv}{v} + c_v \cdot \frac{dP}{P} \right],$$

wobei $\frac{c_v}{R} + A = \frac{c_p}{R}$ aus $c_p - c_v = A \cdot R$ ist. Es folgt

$$\boxed{s = f(P, v) = c_p \cdot \ln v + c_v \cdot \ln P + s_0} \tag{196}$$

und

$$\boxed{s = c_v \cdot \ln [P \cdot v^{\varkappa}] + s_0}\,. \tag{197}$$

Bemerkenswert an den Beziehungen für die Entropie ist, daß unter der Klammer in (191), (195) und (197) die Zustandsgleichungen der Adiabate stehen:

$$T \cdot v^{\varkappa-1} = \text{konst.}, \qquad T/P^{\frac{\varkappa-1}{\varkappa}} = \text{konst.}, \qquad P \cdot v^{\varkappa} = \text{konst.}$$

Der Grund hierfür wird noch klar werden.

Zur bequemen Berechnung empfiehlt es sich, den BRIGGSschen Logarithmus in (192), (194) und (196) an Stelle des natürlichen einzuführen ($\ln x = 2{,}303 \lg x$). Man erhält

$$\left.\begin{aligned} s_2 - s_1 &= c_v \cdot 2{,}303 \cdot \lg(T_2/T_1) + A \cdot R \cdot 2{,}303 \cdot \lg(v_2/v_1) \\ &= c_p \cdot 2{,}303 \cdot \lg(T_2/T_1) - A \cdot R \cdot 2{,}303 \cdot \lg(P_2/P_1) \\ &= c \cdot 2{,}303 \cdot \lg(v_2/v_1) + c_v \cdot 2{,}303 \cdot \lg(P_2/P_1) \end{aligned}\right\} \qquad (198)$$

für 1 kg in kcal/kg · Grad und für G kg das G-fache in kcal/Grad. Aus (193), (195) und (197) erkennt man in der Tat, daß die *Entropie nur vom Zustand des Gases* abhängt, ganz *gleich, wie der Zustand* erreicht wurde. Ebenso zeigen die Gleichungen (198), daß die *Entropie* beim Übergang von einem beliebigen Zustand 1 nach einem anderen beliebigen Zustand 2 sich stets *um denselben Betrag* ändert, man mag den Weg von 1 nach 2 wählen wie auch immer.

40. Wärmediagramm.

Unter Wärmediagrammen sind grundsätzlich zeichnerische Darstellungen zu verstehen, bei welchen die Flächen Wärmemengen bedeuten. Wenn man die Wärmemenge auf irgendeine Weise aus zwei Faktoren errechnen kann, so ergeben Diagramme mit diesen Faktoren als Ordinaten Wärmediagramme.

Nach der Wärmegleichung $dq = c\,dT$ könnte man ein Wärmediagramm mit der spezifischen Wärme c und der absoluten Temperatur als Veränderliche anlegen. Allein ein solches Diagramm hätte den Nachteil, daß die spezifische Wärme wegabhängig ist. Aus

$$dq = c_v \cdot dT + A \cdot P \cdot dv = c \cdot dT$$

folgt nämlich mit $R \cdot dT = d(P \cdot v) = P \cdot dv + v \cdot dP$ allgemein

$$c = c_v + A \cdot R \cdot \frac{P \cdot dv}{P \cdot dv + v \cdot dP}$$

und

$$c = c_v + A \cdot R \cdot \frac{1}{1 + \frac{v}{P} \cdot \frac{dP}{dv}},$$

also

$$c = f\,(\text{Stoff}, dP/dv).$$

Das Druckgefälle dP/dv ist vom Verlaufe der Zustandsänderung abhängig.

Der Vorteil des P, v-Diagrammes liegt darin, daß die Veränderlichen Druck P und spezifisches Volumen v wegunabhängige Zustandsgrößen sind, die eine übersichtliche einfache Darstellung ermöglichen. Man könnte auch ein Arbeitsdiagramm mit den Veränderlichen T und $\ln v$ anlegen, denn mit $P \cdot v = R \cdot T$ ist

$$dl = P \cdot dv = P \cdot v \cdot \frac{dv}{v}$$

und

$$dl = R \cdot T \cdot d(\ln v).$$

Wenn auch im $T, \ln v$-Diagramm nur Zustandsgrößen als Veränderliche auftreten, so ist ein solches Diagramm doch weniger praktisch.

Temperatur/Entropiediagramme entsprechen in ihrer Eignung den P, v-Arbeitsdiagrammen. Der Nullpunkt für die Entropierechnung kann in einem T, s-Diagramm willkürlich angenommen werden, vorteilhaft so, daß keine negativen Werte vorkommen, weil bei Zustandsänderungen nur Entropieänderungen zu betrachten sind. Die absoluten Temperaturen hingegen sind möglichst von ihrem Nullpunkt $T = 0°$ K aus aufzutragen, um sich vor Fehlschlüssen zu schützen.

In Abb. 68a ist im P, v-Diagramm eine beliebige Zustandsänderung eines Gases, z. B. von Luft, von 1 nach 2 gegeben. Der Arbeit, die aufzuwenden ist oder die geleistet wird, entspricht die schraffierte Fläche. An sich ist von

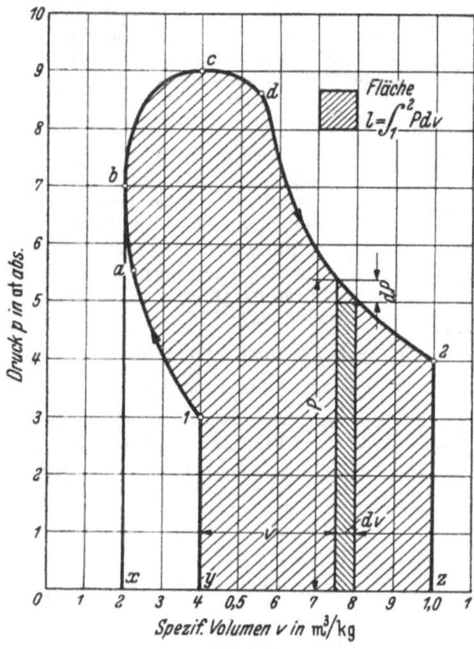

Abb. 68a.

Abb. 68a und b. Wiedergabe einer beliebigen Zustandsänderung 1—2 im P, v- und T, s-Diagramm. Die besonderen Punkte a, b, c, d sind entsprechend eingetragen.

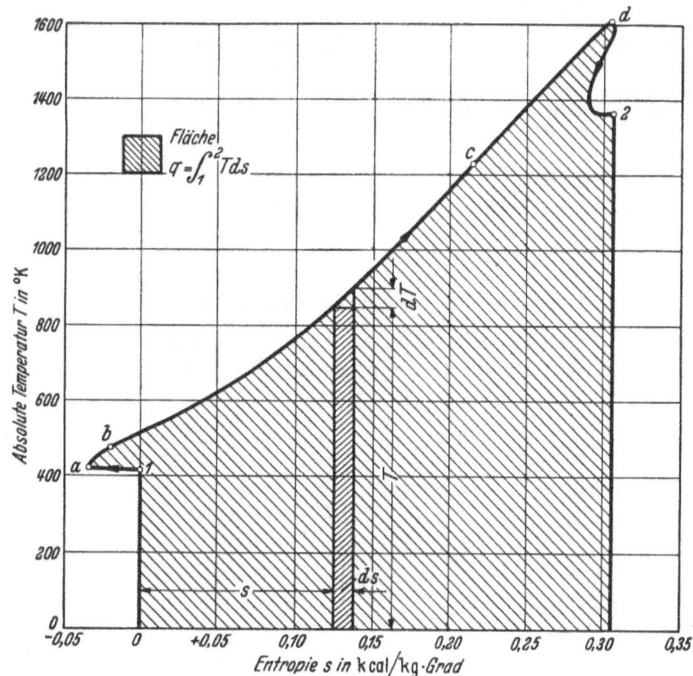

Abb. 68b.

Zustand 1 nach b die Arbeit $1bxy1$ aufzuwenden $(-l)$, während vom Zustand b bis nach 2 die Arbeit $bcd2zxb$ geleistet wird $(+l)$. Die *schraffierte Fläche* gibt sofort die *Summe aller Arbeit* an. Mittels (196) bzw. (197) kann man die Entropie zu den einzelnen Punkten der Zustandsänderung berechnen. Dabei folgt die Temperatur aus $T = \frac{P \cdot v}{R}$. Gibt man der Entropie im Anfangspunkt P_1, v_1 den Wert Null, so hat der Vorgang im T, s-Diagramm den in Abb. 68b gezeigten Verlauf. Man erkennt, daß von 1 bis a eine Wärmemenge q_{1a} *ab*zuführen ist; die Entropie nimmt um $s_1 - s_a$ ab. Von a an setzt kräftige Wärme*zu*fuhr ein bis zum Punkt d; die Entropie vermehrt sich. Von d nach dem Endpunkt 2 wird zunächst unter Entropieverminderung Wärme abgeführt, dann geht die Zufuhr von Wärme weiter bis 2. Punkt 2 wird in isothermischem Vorgang erreicht.

Die (verkleinerten) Diagramme Abb. 68 wurden für Luft mit den folgenden Maßstäben gezeichnet:

$$P, v\text{-Diagramm: } 1 \text{ cm} \mathrel{\hat{=}} 0{,}1 \text{ m}^3 \quad \text{und} \quad 1 \text{ cm} \mathrel{\hat{=}} \tfrac{2}{3} \text{ at} = 6667 \text{ kg/m}^2,$$

$$T, s\text{-Diagramm: } 1 \text{ cm} \mathrel{\hat{=}} 100^\circ \quad \text{und} \quad 1 \text{ cm} \mathrel{\hat{=}} 0{,}025 \text{ kcal/kg} \cdot \text{Grad}.$$

Die Fläche im P, v-Diagramm ergibt sich zu 69,9 cm², die Arbeit mithin zu $A\,l = +69{,}9 \cdot 0{,}1 \cdot 6667/427 = +109$ kcal/kg in Wärmemaß. Im T, s-Diagramm findet man die Fläche zu 123,5 cm² und die Wärmezufuhr zu $q = +\,123{,}5 \cdot 100 \cdot 0{,}025 = +\,309$ kcal/kg. Allgemein gilt für 1 kg des Stoffes

$$q_{12} = c_v \cdot (T_2 - T_1) + A \cdot l_{12}.$$

T_1 ist 410° K und $T_2 = 1365°$ K (aus $P \cdot v/29{,}3$), damit

$$[c_{vm}]_1^2 \cdot (T_2 - T_1) = 0{,}209 \cdot 955 = 200 \text{ kcal/kg}.$$

Die Änderung von c_v mit der Temperatur ist zu berücksichtigen. Es ergibt sich richtig $309 = 200 + 109$ kcal.

Das T, s-Diagramm ist für die Wärme ebenso anschaulich wie das P, v-Diagramm für die Arbeit. Man vergleiche die Lage der besonderen Punkte a, b, c und d in den beiden Diagrammen. Zu der Zustandsänderung von 1 nach 2 gehört eine Wärmezufuhr, die sich von a an bis zu einem Höchstwert bei d steigert. Die schraffierte Fläche im T, s-Diagramm gibt wiederum sofort die Summe allen Wärmeaustausches (Zu- und Abfuhr) an.

41. Entropie bei besonderen Zustandsänderungen.

Bei den besonderen Zustandsänderungen bleibt eine der Zustandsgrößen P, v, T oder s konstant, was sich im T, s-Diagramm als Kurvenschar mit einer der Zustandsgrößen als Parameter abbilden läßt.

a) Bei unveränderlichem Druck.

Für den Fall, daß bei einer Zustandsänderung der *Druck unveränderlich* bleibt, geht die allgemeine Zustandsgleichung (194) über in

$$\boxed{s_2 - s_1 = f(T)_P = c_p \cdot \ln \frac{T_2}{T_1}} \tag{199}$$

oder (196) über in

$$\boxed{s_2 - s_1 = f(v)_P = c_p \cdot \ln \frac{v_2}{v_1}} \tag{200}$$

entsprechend der Beziehung

$$\frac{v}{T} = \text{konst.} \quad \text{und} \quad \frac{v_2}{v_1} = \frac{T_2}{T_1}$$

der Isobare. Die Zustandskurve für die Entropie bei konstantem Druck ist eine *logarithmische Linie* mit der Entropieachse als Asymptote. Auf dem Wege von 1 nach 2 wird eine Wärmemenge von

$$q_{12} = \int_1^2 T \cdot ds = \int_1^2 T \cdot c_p \cdot \frac{dT}{T} = c_p \cdot (T_2 - T_1) \qquad (201)$$

ausgetauscht; siehe Gl. (116); $dt = dT$.

Der Verlauf der Zustandsänderung im P, v- und T, s-Diagramm ist in Abb. 69 dargestellt. Wenn man im betreffenden Maßstab einmal eine solche Zustandskurve gezeichnet hat, so kann man andere mit anderen Werten $P =$ konst. einfach durch Parallelverschiebung bekommen.

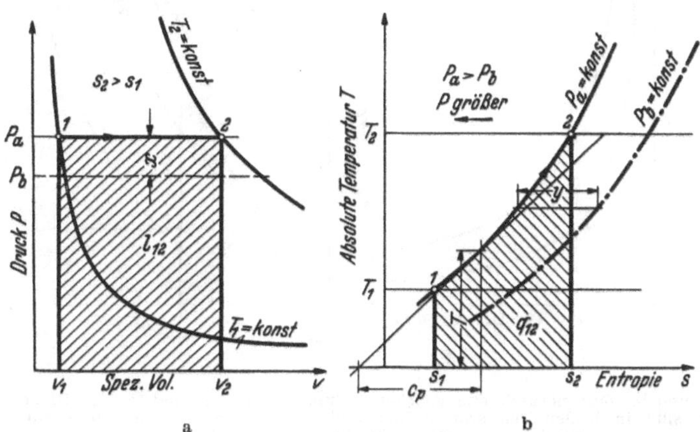

Abb. 69a und b. Zustandsänderung gleichen Druckes im P, v- und im T, s-Diagramm. Die Isobaren sind in beiden Diagrammen Linien gleichen Abstands x bzw. y. Die Subtangente im T, s-Diagramm gibt die spezifische Wärme c_p bei konstantem Druck an.

Die mechanische Arbeit l_{12} und die Wärmemenge q_{12} sind als Flächen schraffiert. Man sieht, wenn $s_2 > s_1$ ist, die Entropie also zunimmt, so handelt es sich um Wärmezufuhr, im anderen Falle bei $s_1 > s_2$ um Wärmeabfuhr.

Die Isobare ist eine Polytrope besonderer Art, nämlich eine bei unveränderlichem Druck verlaufende. Eine allgemeine Eigenschaft der Polytropen besteht darin, daß die Subtangente zur Kurve im P, v-Diagramm Aufschluß über den Polytropenexponenten gibt, siehe Abschnitt 33 und Abb. 54. Demgemäß entspricht die *Subtangente* zur Zustandskurve im T, s-Diagramm der *spezifischen Wärme*, die längs der Polytrope konstant ist. Die Tangente an einer beliebigen Stelle an die logarithmische Linie ist dT/ds. Aus $dq = c \cdot dT = T \cdot ds$ geht das Verhältnis

$$\frac{dT}{ds} = \frac{T}{c_p}$$

hervor, wie in Abb. 69b angedeutet ist.

b) Bei unveränderlichem Volumen.

Aus den allgemeinen Gleichungen für die Gasentropie (190) und (196) folgen die Beziehungen

$$\boxed{s_2 - s_1 = f(T)_v = c_v \cdot \ln \frac{T_2}{T_1}} \qquad (202)$$

und

$$\boxed{s_2 - s_1 = f(P)_v = c_v \cdot \ln \frac{P_2}{P_1}} \tag{203}$$

gemäß

$$\frac{P}{T} = \text{konst}; \quad \frac{P_2}{P_1} = \frac{T_2}{T_1}$$

des Druckzunahmegesetzes. Die *Zustandslinie für* $v = \text{konst.}$ ist im T, s-Diagramm ebenfalls eine *logarithmische Linie*, mit der Abszisse als Asymptote, und zwar steiler ansteigend als bei $P = \text{konst.}$, weil

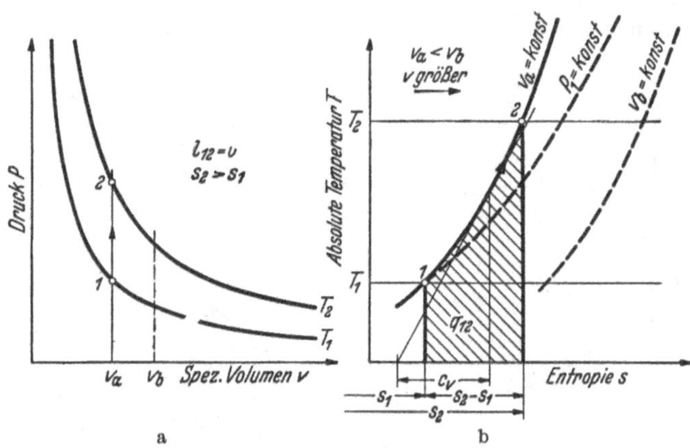

Abb. 70a und b. Zustandsänderung gleichen Volumens im P, v- und im T, s-Diagramm. Die Isochoren sind in beiden Diagrammen Linien gleichen Abstands. Die Subtangente gibt die spezifische Wärme c_v bei konstantem Volumen an.

die Entropiewerte kleiner sind; vgl. (202) mit (199). Man beachte, daß $c_p/c_v = \varkappa > 1$ und $c_p > c_v$ ist, die Entropie als Abszissenwert bei der Isobare $\varkappa$mal so groß ist wie bei der Isochore.

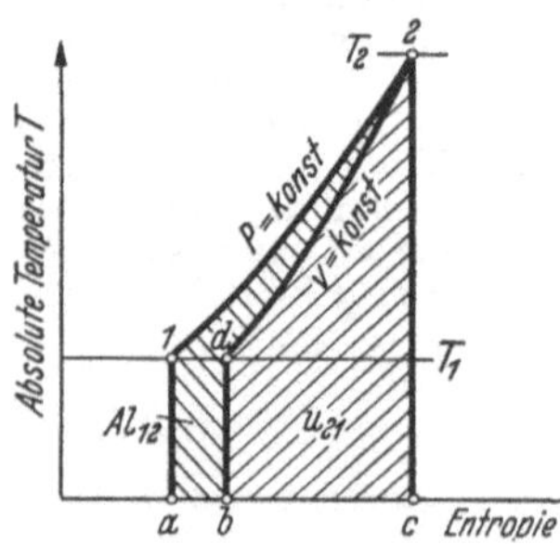

Abb. 71. Die Wärmezufuhr q_{12} bei einer Zustandsänderung gleichen Druckes von 1 nach 2 wird teils zur Erhöhung der inneren Energie $u_2 - u_1$ und teils zur Leistung der Arbeit $A l_{12}$ verwandt.

Die Wärmezu- und -abfuhr folgt aus

$$q_{12} = \int_1^2 T \cdot ds = \int_1^2 T \cdot c_v \cdot \frac{dT}{T} = c_v \cdot (T_2 - T_1) \tag{204}$$

in kcal/kg. In Abb. 70b ist die Wärmemenge q_{12} im T, s-Diagramm durch eine schraffierte Fläche bezeichnet. Die Linien gleichen Volumens verlaufen ebenfalls in gleichem Abstand, und die Subtangente hat längs der Kurve den unveränderlichen Wert c_v.

Die gesamte Wärmezufuhr q_{12} bei einer Zustandsänderung gleichen Druckes läßt sich nach der allgemeinen Wärmegleichung $q_{12} = u_{21} + A l_{12}$ in die Zunahme der inneren Energie $u_{21} = c_v(T_2 - T_1)$ und die geleistete mechanische Arbeit zerlegen. q_{12} ist in Abb. 71 durch die Fläche $a12ca$ gegeben. Die Fläche $bd2cb$ unter der Isochore durch den Endpunkt 2 bedeutet die Zunahme der inneren Energie, während die Restfläche $a12dba$ die geleistete Ausdehnungsarbeit abbildet.

c) Bei unveränderlicher Temperatur.

Die *isothermische* Zustandsänderung wird im T, s-Diagramm durch eine Parallele zur s-Achse, $T =$ konst., wiedergegeben. Für den Wärmeaustausch gilt in kcal/kg

$$\boxed{q_{12} = \int_1^2 T\,ds = T(s_2 - s_1)}\,, \tag{205}$$

wie in Abb. 72b durch Schraffur vermerkt ist. Bei isothermischer Ausdehnung von 1 nach 2 ist die Wärmemenge q_{12} zuzuführen und wird

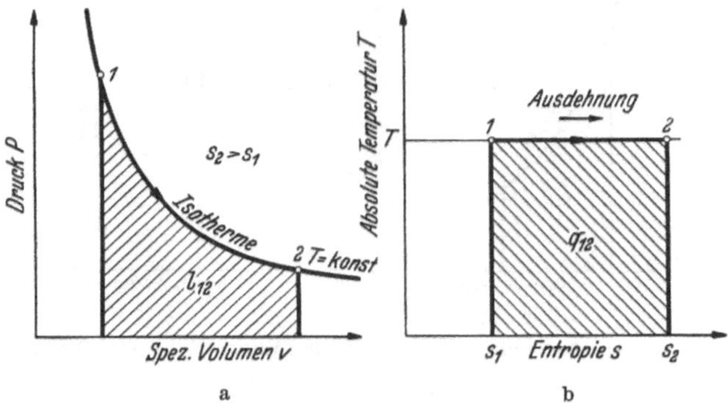

Abb. 72a und b. Zustandsänderung gleicher Temperatur im P, v- und im T, s-Diagramm.

die mechanische Arbeit l_{12} geleistet. Die Entropie ändert sich dabei folgendermaßen:

$s_2 > s_1$ Wärmezufuhr und Ausdehnung unter Leistung von Arbeit,

$s_2 < s_1$ Wärmeabfuhr und Verdichtung unter Aufwand von Arbeit,

wie in Abb. 72 durch Pfeile angedeutet ist. Aus den allgemeinen Zustandsgleichungen für die Entropie folgt

$$s_2 - s_1 = \frac{q_{12}}{T} = f(v)_T = A \cdot R \cdot \ln \frac{v_2}{v_1} \tag{206}$$

$$= f(P)_T = A \cdot R \cdot \ln \frac{P_1}{P_2} \tag{207}$$

nach dem Boyle-Mariotteschen Gesetz $P \cdot v =$ konst., $v_2/v_1 = P_1/P_2$. Die Wärmemenge selbst ergibt sich zu

$$\begin{aligned} q_{12} &= A \cdot R \cdot T \cdot \ln \frac{v_2}{v_1} = A \cdot R \cdot T \cdot \ln \frac{P_1}{P_2} \\ &= A \cdot P_1 \cdot v_1 \cdot \ln \frac{v_2}{v_1} = A \cdot P_2 \cdot v_2 \cdot \ln \frac{v_2}{v_1} \text{ usf.,} \end{aligned} \tag{208}$$

wie in Abschnitt 31 für die isothermische Zustandsänderung bereits ausgeführt wurde.

d) Bei unveränderlicher Entropie.

Wenn bei einer Zustandsänderung keinerlei Wärme mit der Umgebung ausgetauscht wird, so spricht man von einem *adiabatischen Vorgang*. In diesem Fall bleibt die Entropie der Körperwärme unverändert. Aus $dq = T \cdot ds$ folgt bei $q_{12} = 0$ für die Entropie

$$\boxed{ds = 0} \quad \text{und} \quad \boxed{s = \text{konst.}} \tag{209}$$

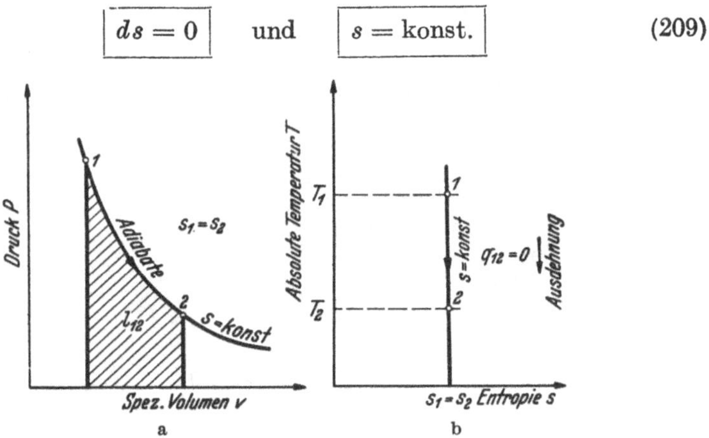

Abb. 73a und b. Zustandsänderung gleicher Entropie (Adiabate) im P, v-Diagramm und im T, s-Diagramm.

Die adiabatische Zustandsänderung, die auch die Bezeichnung isoentropisch oder *isentropisch* führt, ist in Abb. 73 wiedergegeben. Bei

$T_1 > T_2$ dehnt sich das Gas aus und leistet Arbeit,

$T_1 < T_2$ wird das Gas verdichtet und Arbeit aufgewandt,

wie die Pfeile in Abb. 73 anzeigen.

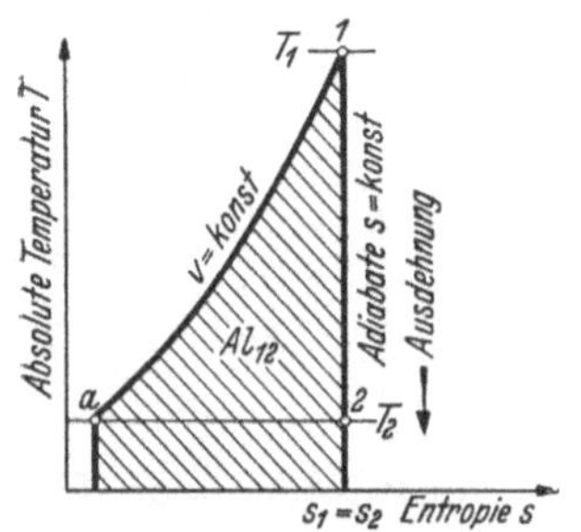

Abb. 74. Darstellung der Arbeit Al_{12} bei adiabatischer Ausdehnung im T, s-Diagramm.

Aus (196) folgt für $s_1 = s_2$

$$c_p \cdot \ln v + c_v \cdot \ln P = 0,$$

$$\varkappa \cdot \ln v + \ln P = 0$$

und

$$\boxed{v^{\varkappa} \cdot P = 0}$$

die bekannte Gleichung der *Adiabate*.

Die adiabatische Arbeit des Gases im Wärmemaß kann in Abb. 74 durch die schraffierte Fläche dargestellt werden, wobei zu bedenken ist, daß bei

$$q_{12} = c_v \cdot (T_2 - T_1) + A l_{12} = 0 \tag{210}$$

die Arbeit

$$A l_{12} = c_v \cdot (T_1 - T_2)$$

ist.

In den allgemeinen Zustandsgleichungen für die Entropie der Gase (191), (195) und (197) werden die Klammerausdrücke bei adiabatischem Vorgang zu Konstanten, ebenso wie c_p (abgesehen von der Temperaturabhängigkeit) und s_0. Man erkennt jetzt, daß nur unter dieser Bedingung die Entropie bei der adiabatischen Änderung konstant bleibt.

42. Polytropische Zustandsänderung allgemeiner Art.

Die allgemeine Wärmegleichung

$$dq = T \cdot ds = c \cdot dT$$

läßt erkennen, daß mit

$$\boxed{ds = c \cdot \frac{dT}{T} \quad \text{und} \quad s = c \cdot \ln T + s_0} \tag{211}$$

die polytropische Zustandsänderung allgemein durch eine logarithmische Kurve dargestellt wird. Nur in den beiden Sonderfällen der Isotherme mit $c = \infty$ und der Adiabate mit $c = 0$ werden die Zustandskurven zu Geraden. Die logarithmische Linie für $1 < n < 1{,}4$ ist wenig gekrümmt, fast gerade, siehe Abb. 75, mit der konvexen Seite der Abszisse bzw. dem Ursprung zugekehrt. Alle Arten der Polytropen mit Ausnahme von Isotherme und Adiabate haben die Abszisse zur Asymptote; je kleiner (der Absolutwert) der spezifischen Wärme ist, um so steiler steigt die Zustandskurve im T, s-Diagramm an. Die spezifische Wärme c ist mit (143) zu ermitteln. Bei $1 < n < \varkappa$ ist die spezifische Wärme negativ, die Subtangente liegt daher rechts vom Fußpunkt, und die Temperatur sinkt mit wachsender Entropie, Fall der Ausdehnung, ab.

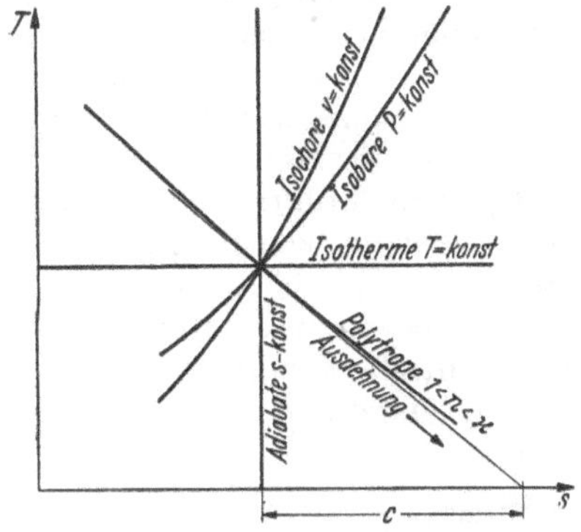

Abb. 75. Die Kurven der besonderen Zustandsänderungen im T, s-Diagramm. Die spezifische Wärme c erscheint als Subtangente (bei der Polytrope c negativ).

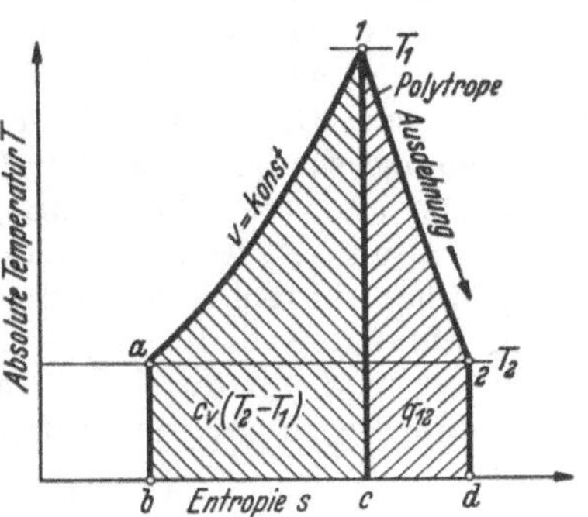

Abb. 76. Darstellung der mechanischen Arbeit bei der polytropischen Ausdehnung im T, s-Diagramm (Fläche $ba12db$). Wärmezufuhr Fläche $c12dc$, Abnahme der inneren Energie Fläche $ba1cb$.

In Abb. 76 ist eine polytropische Zustandsänderung mit $1 \ll n < \varkappa$ von 1 nach 2 eingetragen. Die geleistete Ausdehnungsarbeit ist $A\,l_{12}$ und wird durch die Fläche $ba12db$ veranschaulicht. Die nötige Wärmezufuhr ist die unter der Polytrope 12 liegende Fläche $12dc1$, und die Abnahme der inneren Energie $u_{21} = c_v \cdot (T_2 - T_1)$ ist durch die Fläche $ba1cb$ dargestellt. Die Arbeit, die aus der Wärmezufuhr und dem Abfall der inneren Energie bestritten wird, entspricht mithin der Summe der beiden schraffierten Flächen.

Beispiel. Sauerstoff von $p_1 = 1{,}20$ at abs. wird polytropisch mit $n = 1{,}3$ auf 9,60 at abs. verdichtet. Wie ändert sich bei diesem Vorgang die Entropie?

$$s_2 - s_1 = c_n \cdot \ln \frac{T_2}{T_1} = c_n \cdot 2{,}303 \cdot \frac{n-1}{n} \cdot \lg \frac{p_2}{p_1},$$

$$c_n = c_v \cdot \frac{n - \varkappa}{n-1} = 0{,}156 \cdot \frac{1{,}3 - 1{,}4}{1{,}3 - 1{,}0} = -0{,}052,$$

$$s_2 - s_1 = (-0{,}052) \cdot \frac{0{,}3}{1{,}3} \cdot 2{,}303 \cdot \lg 8 = -0{,}025 \frac{\text{kcal}}{\text{kg} \cdot \text{Grad}}.$$

Die Entropie nimmt ab.

X. Umkehrbare Kreisprozesse der Gase im Wärmediagramm.

43. Besondere Kreisprozesse.

Im *P, v-Diagramm* stellt die von einem umkehrbaren Kreisprozeß umfahrene Fläche ein Maß für den Über- oder Unterschuß an mechanischer Arbeit dar. Die Wiedergabe des Kreisprozesses in einem *T, s-Diagramm* dagegen gibt Aufschluß über den Wärmeaustausch im Zuge des Prozesses. Die eingeschlossene Fläche ist ein Maß dafür, welche Wärmemenge dem arbeitenden Gas je Spiel zuzuführen oder welche abzuführen ist. Diese *Wärmemenge* ist dem Gewinn oder dem Aufwand an mechanischer *Arbeit* äquivalent. Die folgenden Ausführungen nehmen vorzugsweise auf rechtsherum durchlaufene Prozesse mit Arbeitsgewinn Bezug, ohne daß dadurch die Allgemeingültigkeit beschränkt wird. Die Arbeit wird nur durch Wärmeenergie geleistet, die von außen her herangeführt wird (Wärmekraftprozesse).

a) Carnotscher Prozeß.

Zwischen zwei bestimmten Temperaturen T und T_0 war der Carnotsche Kreisprozeß mit isothermischer Wärmeaufnahme, adiabatischer Ausdehnung, isothermischer Wärmeabgabe und adiabatischer Verdichtung (Abb. 61) als der denkbar günstigste erkannt worden. Er stellt sich im T, s-Diagramm als ein Rechteck dar, Abb. 77. Man kann an dem Bild leicht einsehen, daß im Carnotschen Prozeß ein *Höchstmaß an Arbeit aus Wärme* zu gewinnen ist, wenn die Grenzen T und T_0 gegeben sind. Die Basis des Rechteckes kann mit

$$S_2 - S_1 = S_3 - S_4 = GAR \cdot \ln V_2/V_1 = GA \cdot R \cdot \ln P_1/P_2 = GA \cdot R \cdot \ln V_3/V_4$$

berechnet werden. Die zugeführte Wärmemenge $Q_1 = Q_{1\,2}$ und die Wärmeabfuhr $-Q_2 = Q_{3\,4}$ stehen im Verhältnis der absoluten Temperaturen

$$\frac{Q_1}{Q_2} = \frac{Q_{1\,2}}{-Q_{3\,4}} = \frac{T}{T_0}, \tag{212}$$

und der thermische Wirkungsgrad ergibt sich zu

$$\boxed{\eta_{th} = \frac{Q_1 - Q_2}{Q_1} = \frac{AL}{Q_1} = \frac{T - T_0}{T} = 1 - \frac{T_0}{T}} \tag{213}$$

wie schon oben mit (167) gefunden wurde. Alle umkehrbaren Prozesse zwischen den Temperaturen T und T_0 haben denselben Wirkungsgrad. Es gibt keinen Kreisprozeß (ob umkehrbar oder nicht), der zwischen den Temperaturen T und T_0 einen größeren thermischen Wirkungsgrad hätte als der CARNOTsche Kreisprozeß.

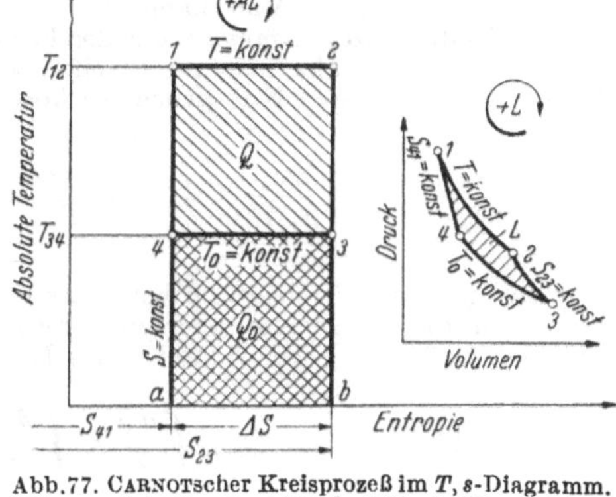

Abb. 77. CARNOTscher Kreisprozeß im T, s-Diagramm. Wärmezufuhr $Q_1 = Q_{12} \triangleq$ Fläche $12ba1$, Wärmeabfuhr $-Q_2 = Q_{34} \triangleq$ Fläche $34ab3$. $Q = AL = Q_1 - Q_2$.

Mechanische Arbeit kann nur geleistet werden, wenn die zugeführte Wärme eine höhere Temperatur hat als die abgeführte Wärme, $T > T_0$. Wenn $T = T_0$ wird, werden Q und $AL = 0$.

Aus (175/212) folgt für die Entropieänderung des Gases $S_2 - S_1 = S_3 - S_4 = -(S_4 - S_3)$ und

$$\frac{Q_{12}}{T} = -\frac{Q_{34}}{T_0}.$$

Die gesamte Änderung ist

$$\boxed{\frac{Q_{12}}{T} + \frac{Q_{34}}{T_0} = 0} \quad \text{oder allgemeiner} \quad \boxed{\sum_{1}^{n=1} \frac{Q}{T} = 0}. \qquad (214)$$

Die Summe aller Entropieänderungen Q/T über den ganzen Kreisprozeß hat bei umkehrbaren Zustandsänderungen den Wert Null, wie vom zweiten Hauptsatz der mechanischen Wärmetheorie gefordert wird. Die *Entropie als Zustandsgröße* hat an jeder Stelle des Kreisprozesses einen bestimmten Wert, den man wieder antrifft, wenn man den Prozeß weiter verfolgt und wieder an dieselbe Stelle gelangt.

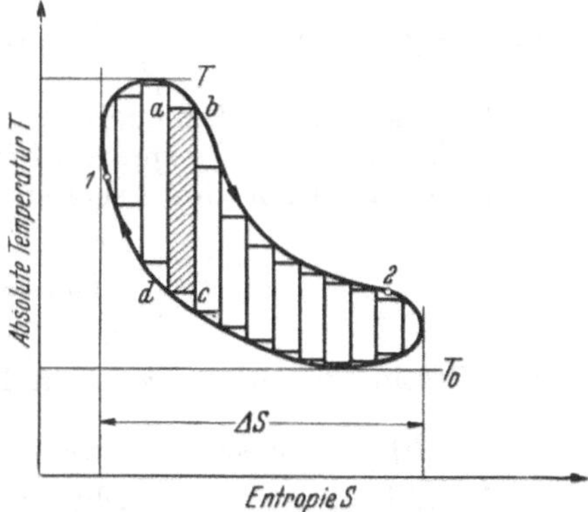

Abb. 78. Zerlegung eines beliebigen umkehrbaren Kreisprozesses in einzelne CARNOT-Prozesse.

Es läßt sich nun leicht beweisen, daß die Beziehung (214) für beliebige umkehrbare Kreisprozesse gilt, was notwendig ist, wenn der Ausdruck Q/T die Änderung einer Zustandsgröße bedeutet. In Abb. 78 ist ein beliebiger umkehrbarer Kreisprozeß zwischen beliebigen Grenzen T und T_0 dargestellt. Dabei ist angenommen, daß nacheinander Wärmequellen und Wärmesenken mit Temperaturen zwischen T und T_0 angewandt werden, so daß an jeder Stelle die Temperatur von Gas und ausgetauschter Wärme übereinstimmen und ein solcher Prozeß zustande kommt. Das arbeitende Gas kann beliebig gewählt werden. Man möge sich einen solchen Prozeß in einzelne CARNOT-Prozesse zerlegt denken, deren irgendeiner durch die Fläche $abcda$ herausgehoben sei. Es gilt dann offenbar für diesen Prozeß

$$\sum_{a}^{n=a} \frac{Q}{T} = 0 .$$

Unterteilt man feiner, indem man diesen Prozeß in zwei kleinere CARNOTsche Prozesse aufspaltet, so gilt für jeden dieselbe Beziehung für Q/T. Zu beachten ist, daß alle Elementarprozesse in derselben Richtung durchlaufen werden, so daß die Zustandsänderung an der gemeinsamen Begrenzung xy zweier Prozesse einmal in der einen und einmal in der entgegengesetzten Richtung zurückgelegt wird. Da Umkehrbarkeit vorausgesetzt wurde, ist $Q_{xy} = - Q_{yx}$ und heben sich die Entropieänderungen Q/T auf. Man kann die stufenförmige äußere Umgrenzungslinie aller Elementarprozesse immer mehr der Form des gegebenen beliebigen Prozesses angleichen, je schmaler man die Streifen wählt. Läßt man den isothermischen Wärmeaustausch gegen Null gehen, so kommt man zu dem Ergebnis

$$\boxed{\int_1^{n=1} \frac{dQ}{T} = 0} \qquad (215)$$

über den gesamten Kreisprozeß von einer beliebigen Stelle 1 bis zu einer Stelle n genommen, die nach einem (oder mehreren) Umläufen wieder mit 1 identisch ist. Für zwei beliebige Stellen 1 und 2 des Kreisprozesses gilt

$$\int_1^2 \frac{dQ}{T} + \int_2^1 \frac{dQ}{T} = 0,$$

denn

$$\int_1^2 \frac{dQ}{T} = \int_1^2 \frac{dQ}{T}.$$

Wenn der Ausdruck $\int_1^2 \frac{dQ}{T}$ selber Null wird, so kann es sich nur um einen Vorgang ohne Wärmeaustausch handeln, weil T nicht unendlich groß sein kann. $\int_1^2 \frac{dQ}{T} = 0$ ist die Gleichung einer Adiabate.

Es folgt daraus, daß auch die Bilanz der Arbeitsfähigkeit des Gases, über den ganzen Kreisprozeß erstreckt, mit Null abschließen muß, denn die Änderung der Arbeitsfähigkeit ist Null wegen

$$\int_1^{n=1} dS = \int_1^{n=1} \frac{dQ}{T} = 0 \qquad (216)$$

den Bestimmungen des zweiten Hauptsatzes gemäß.

b) Prozeß zwischen zwei Isobaren und zwei Adiabaten.

In Abb. 79 ist ein umkehrbarer Prozeß zwischen 2 Linien gleichen Druckes und 2 Adiabaten wiedergegeben (siehe auch Abb. 59), der dem praktischen Prozeß der Heiß- und Kaltluftmaschinen weitgehend entspricht. Zum Vergleich ist das P, v-Diagramm in verkleinertem Maßstab beigefügt. Die unter der Isobare 1—2 liegende Fläche stellt die Wärmezufuhr Q_{12} bei konstantem Druck dar, und die unter 3—4 die Wärmeabfuhr Q_{34}. Der thermische Wirkungsgrad

$$\eta_{th} = \frac{Q_{12} + Q_{34}}{Q_{12}} = \frac{Q_1 - Q_2}{Q_1} = \frac{AL}{Q_{12}}$$

ist durch das Verhältnis zweier Flächen im T, s-Diagramm veranschaulicht. Für den Wirkungsgrad wurde nach (157) gefunden:

$$\eta_{th} = 1 - \frac{T_3}{T_2} < 1 - \frac{T_4}{T_2}, \tag{217}$$

$$\eta_{th} = \frac{T_2 - T_3}{T_2} < \frac{T_2 - T_4}{T_2},$$

siehe Abb. 79. Der Prozeß hat denselben Wirkungsgrad wie ein CARNOT-Prozeß zwischen den Isothermen T_2 und T_3, das ist

$$\eta_{th} = \frac{AL}{Q_{12}} = \frac{\text{Fläche } 12341}{\text{Fläche } 12dc1} = \frac{\text{Fläche } 23eb2}{\text{Fläche } 2dcb2},$$

während im Temperaturstreifen T_4/T_2 ein CARNOTscher Prozeß mit

$$\eta_{th} = \frac{T_2 - T_4}{T_2} = \frac{\text{Fläche } 2a4b2}{\text{Fläche } 2dcb2}$$

gegeben wäre. Man erkennt, daß die Arbeitsfläche $Q = AL$ beim CARNOT-Prozeß zwischen T_4 und T_2 mit $2a4b2$ erheblich größer wäre.

Ein Prozeß mit Arbeitsgewinn (Kraftprozeß) wird auch im T, s-Diagramm als rechtsumlaufend dargestellt. Da die Linien gleichen Druckes kongruente und nur parallel je nach dem Druck verschobene Kurven sind, ist leicht nachzuprüfen, daß die früher in Abschnitt 35b festgestellten Verhältnisse

$$\frac{T_2}{T_1} = \frac{T_3}{T_4}$$

und

$$\frac{T_2 - T_1}{T_1} = \frac{T_3 - T_4}{T_4}$$

sowie

$$\frac{T_1}{T_4} = \frac{T_2}{T_3}$$

und

$$\frac{T_1 - T_4}{T_4} = \frac{T_2 - T_3}{T_3}$$

tatsächlich bestehen, siehe hierzu Abb. 79.

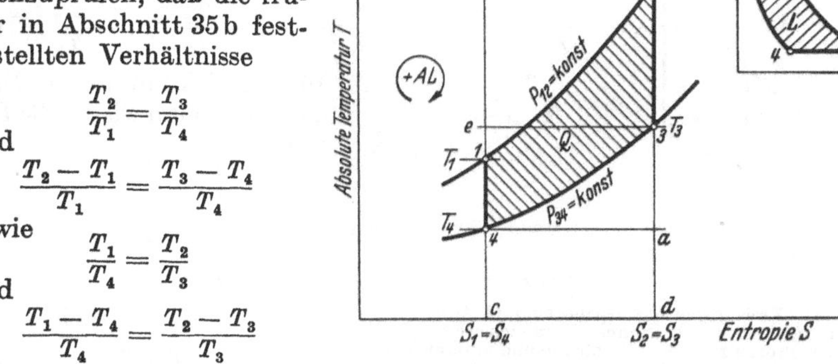

Abb. 79. Kreisprozeß aus Isobaren und Adiabaten im T, s-Diagramm. Vergleichsweise: CARNOT-Prozeß zwischen der oberen und unteren Temperatur.

c) Prozeß zwischen zwei Isothermen und zwei Isobaren.

Es ist auch ein umkehrbarer Kreisprozeß zwischen zwei Isothermen und bei Linien gleichen Druckes denkbar (Abb. 80). In diesem Falle ist die Wärmezufuhr Q_{34} gleich der Wärmeabfuhr Q_{12}, weil die Zwickel $12f1$ und $43e4$ gleich groß sind. Wärmeaufnahme Q_{41} und Wärmeabgabe Q_{23} entsprechen dann dem Wärmeaustausch in einem CARNOTschen Prozeß $ab23a$ zwischen den Temperaturen T und T_0. Der gesamte Prozeß ist jedoch weniger günstig als ein CARNOTscher Prozeß, denn die Wärmezufuhr ist $Q_{34} + Q_{41}$ und

$$\eta_{th} = \frac{Q}{Q_{34} + Q_{41}} < \frac{Q}{Q_{41}} = \frac{Q}{Q_{av}}. \tag{218}$$

Wenn die Zustandslinien 3—4 und 1—2 derart verlaufen, daß die Wärmezufuhr Q_{34} genau so groß ist wie die Wärmeabfuhr Q_{12}, nennt man solche Prozesse *Austauschprozesse*. Alle Polytropen mit gleichen Exponenten (insbesondere Adiabaten, Linien gleichen Druckes und gleichen Volumens) haben diese Eigenschaft.

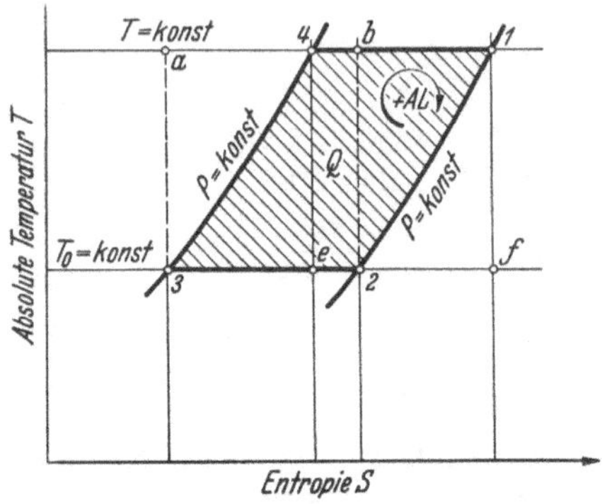

Abb. 80. Austauschprozeß zwischen zwei Isothermen und zwei Isobaren $Q_{34} = Q_{21}$; $Q_{ab} = Q_{41}$; $Q_{23} = Q_{fe}$.

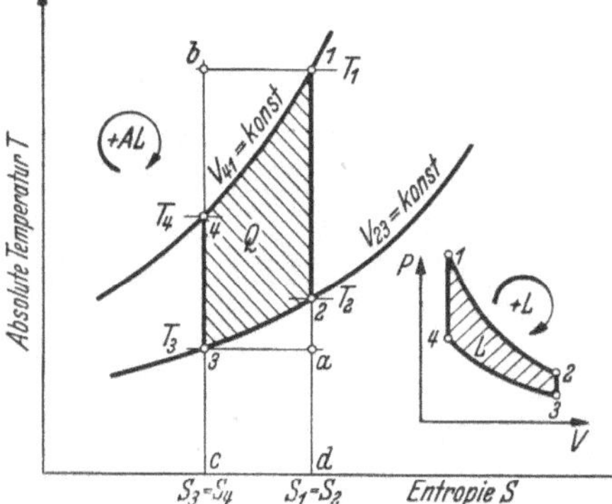

Abb. 81. Kreisprozeß aus Isochoren und Adiabaten im T, s-Diagramm. Vergleichsweise: CARNOT-Prozeß zwischen der oberen und unteren Temperatur.

d) Prozeß zwischen zwei Isochoren und zwei Adiabaten.

Der Kreisprozeß nach Abb. 60, der dem Arbeitsprozeß im Otto-Motor nahekommt, ist in Abb. 81 veranschaulicht. Er sieht ähnlich wie der Prozeß Abb. 79 aus, nur steigen die Linien gleichen Volumens steiler an als die Linien gleichen Druckes. Der thermische Wirkungsgrad ergibt sich ganz entsprechend (164) zu

$$\eta_{th} = 1 - \frac{T_2}{T_1} < 1 - \frac{T_3}{T_1}, \quad (219)$$

und für die Eckpunkte des Diagramms findet man wieder die Beziehung

$$\frac{T_4}{T_1} = \frac{T_3}{T_2}$$

sowie

$$\frac{T_4}{T_3} = \frac{T_1}{T_2}$$

bestätigt. Damit ist auch

$$\eta_{th} = \frac{T_1 - T_2}{T_1} = \frac{T_4 - T_3}{T_4} = 1 - \frac{T_3}{T_4}.$$

Das Verhältnis der Temperaturen längs der oberen und der unteren Isochore ist bei jeder Entropie dasselbe. Infolgedessen ist endlich auch

$$\frac{Q_{41}}{T_1} = \frac{-Q_{23}}{T_2}$$

und

$$\frac{Q_{41}}{-Q_{23}} = \frac{T_1}{T_2} = \frac{T_4}{T_3}.$$

Aus der Beziehung

$$\frac{T_1}{T_2} = \left(\frac{V_2}{V_1}\right)^{\varkappa-1} = \frac{T_4}{T_3}$$

der Adiabaten ergibt sich der thermische Wirkungsgrad mit dem Verdichtungsverhältnis V_1/V_2 zu

$$\eta_{th} = 1 - \left(\frac{V_1}{V_2}\right)^{\varkappa-1} = 1 - \left(\frac{V_1}{V_3}\right)^{\varkappa-1}. \quad (220)$$

Mit dem Druckverhältnis p_4/p_3 gilt

$$\frac{T_4}{T_3} = \left(\frac{p_4}{p_3}\right)^{\frac{\varkappa-1}{\varkappa}}$$

und

$$\eta_{th} = 1 - \left(\frac{p_3}{p_4}\right)^{\frac{\varkappa-1}{\varkappa}} \tag{221}$$

Wenn ein derartiger Prozeß z. B. mit einem Verdichtungsverhältnis $V_3/V_1 = 7$ arbeitet, so erhält man

$$\eta_{th} = 1 - (^1/_7)^{0,4} = 0,54$$

für den thermischen Wirkungsgrad bei einem zweiatomigen Gas. Zu beachten ist, daß der Wert von $\varkappa$ bei wirklichen Gasen mit der Temperatur veränderlich ist, was sich allerdings erst bei höheren Temperaturen auswirkt. Der thermische Wirkungsgrad ist fast allein mit dem Verdichtungsverhältnis bestimmt.

e) Prozeß zwischen einer Isobare, zwei Adiabaten und einer Isochore.

Ein umkehrbarer Kreisprozeß mit Ausdehnung bei gleichem Druck 1—2, adiabatischer Ausdehnung 2—3, Drucksenkung bei unveränderlichem Volumen 3—4 und adiabatischer Verdichtung 4—1 auf den Ausgangszustand ist in Abb. 82 dargestellt. Ein ähnlicher Prozeß wird beim Diesel-Gleichdruckverfahren befolgt. Dabei tritt Luft vom Umgebungszustand bei 4 ein und wird so hoch verdichtet (4—1), daß sich in den Zylinder eingespritzter Brennstoff durch die hohe Temperatur T_1 selbst entzündet. Während der Verbrennung dehnt sich das Gemisch im Zylinder so stark aus, daß der Druck etwa gleich bleibt (1—2). Das Gemisch expandiert dann (nahezu) adiabatisch (2—3). In 3 wird der Zylinderinhalt mit der Umgebung verbunden, und das Gemisch entweicht, wobei der Druck auf P_4 fällt. Wegen der praktischen Durchführung dieses Prozesses wird auf Teil B verwiesen.

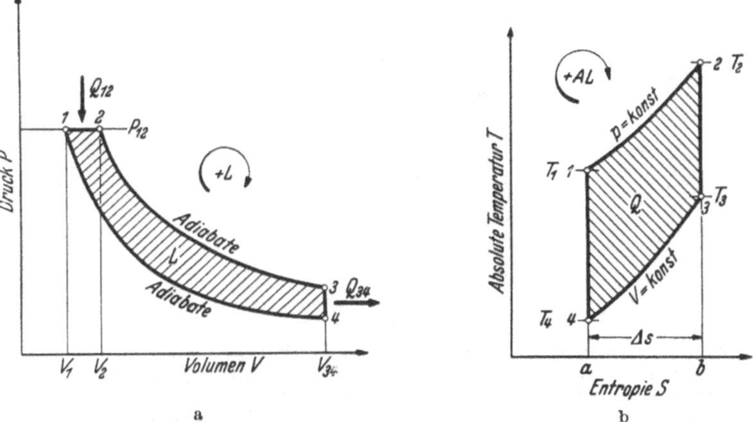

Abb. 82a u. b. Kreisprozeß aus einer Isobare, zwei Adiabaten und einer Isochore im P, V- und T, S-Diagramm (Diesel-Gleichdruckverfahren).

Die Wärmezufuhr ist $Q_1 = Q_{12} = c_p(T_2 - T_1)$,

Wärmeabfuhr $-Q_2 = Q_{34} = c_v(T_4 - T_3)$,

Entropiezunahme $\Delta s = c_p \cdot \ln \frac{T_2}{T_1}$,

Entropieabnahme $\Delta s = c_v \cdot \ln \frac{T_4}{T_3}$.

Daraus folgt

$$\varkappa \ln \frac{T_2}{T_1} = -\ln \frac{T_4}{T_3} = \ln \frac{T_3}{T_4}$$

und

$$\left(\frac{T_2}{T_1}\right)^{\varkappa} = \frac{T_3}{T_4} \tag{222}$$

und der thermische Wirkungsgrad

$$\eta_{th} = \frac{Q_1 - Q_2}{Q_1} = \frac{c_p(T_2 - T_1) + c_v(T_4 - T_3)}{c_p(T_2 - T_1)},$$

$$\eta_{th} = 1 - \frac{T_3 - T_4}{\varkappa \cdot (T_2 - T_1)}. \tag{223}$$

Das Verdichtungsverhältnis ist

$$\frac{V_4}{V_1} = \left(\frac{T_1}{T_4}\right)^{\frac{1}{\varkappa - 1}},$$

und für die Volumenzunahme bei der Verbrennung gilt

$$\frac{V_2}{V_1} = \frac{T_2}{T_1},$$

damit wird

$$\eta_{th} = 1 - \frac{T_4\left(\frac{T_3}{T_4} - 1\right)}{\varkappa T_1\left(\frac{T_2}{T_1} - 1\right)} = 1 - \frac{T_4\left[\left(\frac{T_2}{T_1}\right)^{\varkappa} - 1\right]}{\varkappa T_1\left(\frac{T_2}{T_1} - 1\right)}$$

und

$$\eta_{th} = 1 - \frac{1}{\varkappa}\left(\frac{V_1}{V_4}\right)^{\varkappa - 1} \frac{\left(\frac{V_2}{V_1}\right)^{\varkappa} - 1}{\frac{V_2}{V_1} - 1} \tag{224}$$

in Abhängigkeit von den Volumenverhältnissen. Danach hängt der thermische Wirkungsgrad nicht nur vom Verdichtungsverhältnis $\varepsilon = V_4/V_1$, sondern auch von der Volumenzunahme während der Wärmezufuhr V_2/V_1 ab. Kennt man z. B. das Verdichtungsverhältnis mit $\varepsilon = 14$ und die Volumenzunahme bei der Verbrennung mit 4fach, so ist bei einem zweiatomigen Gas (Luft)

$$\eta_{th} = 1 - \frac{1}{1{,}4}\,\frac{1}{14^{0{,}4}}\,\frac{4^{1{,}4} - 1}{4 - 1} = 0{,}491.$$

Der Wirkungsgrad scheint bei diesem Prozeß kleiner zu sein als beim OTTO-Prozeß, Abb. 81. Tatsächlich ist auch der Ausdruck $1 - T_2/T_1$ bei jenem Prozeß größer als der Ausdruck (224). Da man aber beim DIESEL-Prozeß höhere Verdichtung anwenden kann als beim OTTO-Prozeß, wo vorzeitige Entzündung des Gasgemisches vermieden werden muß, hat der DIESEL-Prozeß im Anwendungsbereich praktisch einen besseren thermischen Wirkungsgrad. Siehe hierzu auch die Ausführungen in Teil B über Verbrennungskraftmachinen.

44. Allgemeine Bemerkungen.

Aus den Prozeßbildern im T, S-Diagramm geht hervor, daß bei jeder Art von Kreisprozessen mit $Q = AL > 0$ wenigstens bei einer Zustandsänderung Wärme zugeführt und bei mindestens einer Wärme abgeführt werden muß. Ferner muß ein Temperaturgefälle bestehen. Ein Prozeß zwischen vier Isothermen oder vier Adiabaten oder anderen Zustandslinien schließt keine Fläche ein, $Q = AL = 0$.

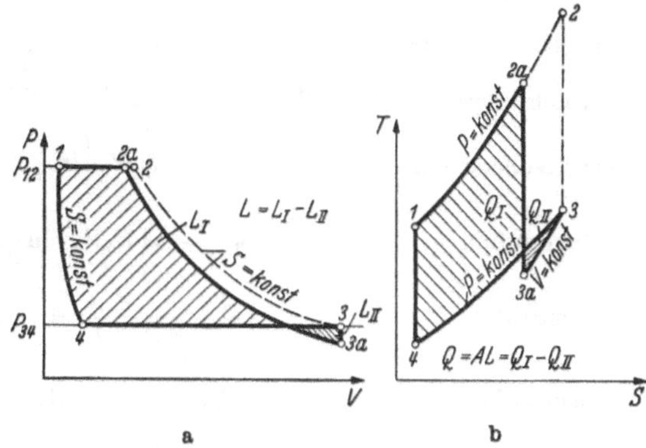

Abb. 83 a u. b. Prozeß mit Schleifenbildung. Die Schleifenfläche ist von der Hauptfläche bei der Ermittlung von Q oder AL abzuziehen.

Wenn der Prozeß mehr als eine Fläche umschließt, sich also die Umfassungslinie schneidet, wie in Abb. 83, so muß zur Ermittlung des Arbeitsüberschusses die Differenz der Flächen gebildet werden, weil die Flächen in verschiedener Richtung umfahren werden.

Es ist

$$L = L_{\mathrm{I}} - L_{\mathrm{II}}, \tag{225}$$

$$Q = Q_{\mathrm{I}} - Q_{\mathrm{II}} \tag{226}$$

und

$$AL = Q, \quad AL_{\mathrm{I}} = Q_{\mathrm{I}}, \quad AL_{\mathrm{II}} = Q_{\mathrm{II}}.$$

Solche Schleifen bilden sich bei praktischen Prozessen leicht aus, wenn Kolbenkraftmaschinen im Leerlauf, also mit sehr kleiner Füllung, arbeiten.

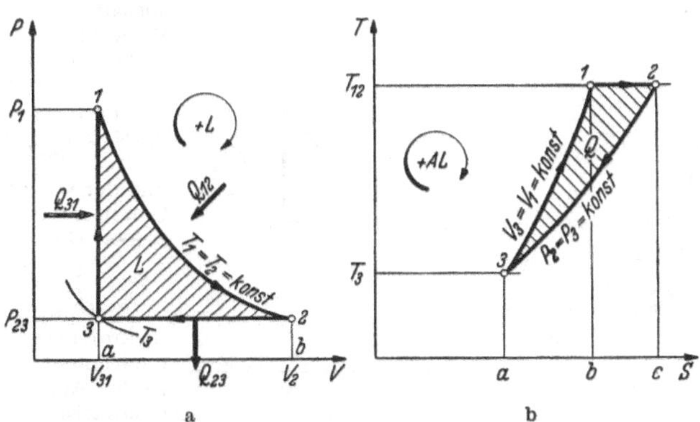

Abb. 84a u. b. Kreisprozeß zwischen einer Isotherme, einer Isobare und einer Isochore.

Beispiel 1. Es ist folgender Kreisprozeß im P, V- und T, S-Diagramm wiederzugeben: Ein Gas dehnt sich vom Druck P_1, Volumen V_1, Temperatur T_1 isothermisch unter Wirkung eines großen Heizkörpers auf den Druck P_2 aus und wird dann bei gleichbleibendem Druck auf das Anfangsvolumen verdichtet, um anschließend bei unveränderlichem Volumen auf den Anfangszustand aufgewärmt zu werden. Welche Beziehung findet man für den thermischen Wirkungsgrad? (Siehe Abb. 84.)

Ausdehnungsarbeit $12ba1$ $\qquad L_{12} = P_1 V_1 \cdot \ln \frac{P_1}{P_2}$,

Verdichtungsarbeit $23ab2$ $\qquad L_{23} = P_2 (V_1 - V_2)$,

Arbeitsüberschuß $\qquad L = P_1 V_1 \left[\ln \frac{P_1}{P_2} - 1 + \frac{P_2}{P_1}\right]$,

Wärmezufuhr $\qquad Q_{12} = A P_1 V_1 \cdot \ln \frac{P_1}{P_2}$,

Wärmeabfuhr $\qquad Q_{23} = \frac{\varkappa}{\varkappa - 1} \cdot A \cdot P_2 \cdot (V_1 - V_2)$,

Wärmezufuhr $\qquad Q_{31} = \frac{1}{\varkappa - 1} \cdot A \cdot V_1 \cdot (P_1 - P_2)$,

Wärmeumwandlung

$$Q = A \cdot P_1 \cdot V_1 \cdot \left[\ln \frac{P_1}{P_2} + \frac{\varkappa}{\varkappa - 1} \cdot \left(\frac{V_1}{V_2} - 1\right) + \right.$$
$$\left. + \frac{1}{\varkappa - 1} \cdot \left(1 - \frac{P_2}{P_1}\right)\right],$$

$$Q = A L = A \cdot P_1 \cdot V_1 \cdot \left[\ln \frac{P_1}{P_2} - 1 + \frac{P_2}{P_1}\right],$$

thermischer Wirkungsgrad

$$\eta_{th} = \frac{\ln \frac{P_1}{P_2} - \left(1 - \frac{P_2}{P_1}\right)}{\ln \frac{P_1}{P_2} + \frac{1}{\varkappa - 1}\left(1 - \frac{P_2}{P_1}\right)}.$$

Die Wärmezufuhr Q_{12} wird im T, S-Diagramm durch die Fläche $12cb1$ und Q_{31} durch $31ba3$ dargestellt, während die Wärmeabfuhr Q_{23} der Fläche $23ac2$ entspricht. Der thermische Wirkungsgrad ist verhältnismäßig gering. Wenn z. B. $\varkappa = 1{,}4$ und $P_1 = 5\,P_2$ ist, dann ergibt sich η_{th} zu 0,224. Zu $P_1/P_2 = 5$ gehört auch $T_{12}/T_3 = T/T_0 = 5$, und der Wirkungsgrad des Carnotschen Kreisprozesses wäre

$$\eta_{th} = 1 - 0{,}20 = 0{,}80.$$

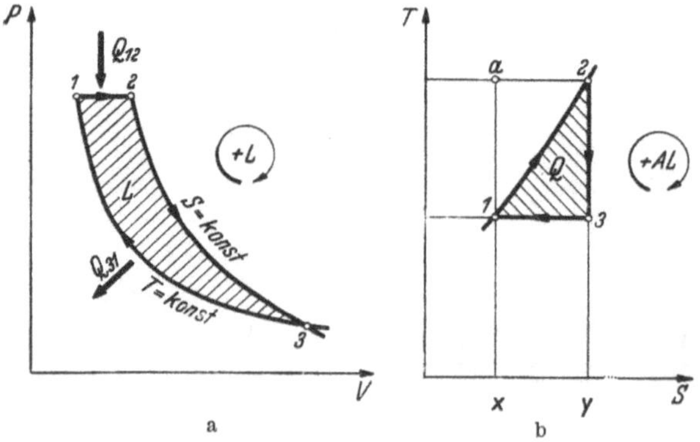

Abb. 85a u. b. Kreisprozeß zwischen einer Isobare, einer Adiabate und einer Isotherme.

Beispiel 2. Eine Wärmekraftmaschine arbeitet nach einem Prozeß: Isobarische Ausdehnung 1—2, adiabatische Ausdehnung 2—3, isothermische Verdichtung 3—1, Abb. 85. Benutzt wird Luft, die im Zustand 3 durch $p_3 = 1$ at abs., $V_3 = 1000\,\text{m}^3/\text{h}$, $t_3 = 10°$ C beschrieben ist. Die Temperatur im Zustand 2 ist $t_2 = 600°$ C. Zu berechnen sind Arbeitsgewinn, Wärmezufuhr, Änderung der Entropie und thermischer Wirkungsgrad:

$$T_3 = 283^\circ\,\mathrm{K} = T_1; \quad T_2 = 873^\circ\,\mathrm{K}; \quad p_3 = 1\ \text{at abs.}; \quad V_3 = 1000\ \mathrm{m^3/h};$$

$$p_2 = p_1 = p_3 \left(\frac{T_2}{T_3}\right)^{\frac{\varkappa}{\varkappa-1}} = 51{,}5\ \text{at abs.};$$

$$V_2 = V_3 \left(\frac{T_3}{T_2}\right)^{\frac{1}{\varkappa-1}} = 60{,}00\ \mathrm{m^3/h}; \quad V_1 = \frac{p_3}{p_1} V_3 = 19{,}42\ \mathrm{m^3/h};$$

$$L_{12} = P_2(V_2 - V_1) = 51{,}5 \cdot 10^4 \cdot 40{,}58 = 20{,}88 \cdot 10^6\ \mathrm{mkg/h};$$

$$L_{23} = \frac{P_3 V_3}{\varkappa - 1}\left[\frac{T_2}{T_3} - 1\right] = \frac{10^4 \cdot 1000}{0{,}4} \cdot 2{,}084 = 52{,}10 \cdot 10^6\ \mathrm{mkg/h};$$

$$L_{31} = P_3 V_3 \cdot \ln\frac{p_3}{p_1} = -10^4 \cdot 1000 \cdot 2{,}303 \cdot \lg 51{,}5 = -39{,}40 \cdot 10^6\ \mathrm{mkg/h};$$

$$L = (52{,}10 + 20{,}88 - 39{,}40) \cdot 10^6 = 33{,}58 \cdot 10^6\ \mathrm{mkg/h};$$

$$N = \frac{33{,}58 \cdot 10^6}{3600 \cdot 102} = 91{,}4\ \mathrm{kW};$$

$$Q_{12} = \frac{\varkappa}{\varkappa - 1} \cdot A \cdot 20{,}88 \cdot 10^6 = 17{,}10 \cdot 10^4\ \mathrm{kcal/h};$$

$$Q_{31} = A L_{31} = \frac{-39{,}40}{427} \cdot 10^6 = -9{,}23 \cdot 10^4\ \mathrm{kcal/h};$$

$$Q = (17{,}10 - 9{,}23) \cdot 10^4 = 7{,}87 \cdot 10^4\ \mathrm{kcal/h} = A L;$$

$$\eta_{th} = \frac{A L}{Q_{12}} = \frac{7{,}87 \cdot 10^4}{17{,}10 \cdot 10^4} = 0{,}461.$$

Zum Vergleich Carnot-Prozeß $\eta_{th} = 1 - \frac{T_1}{T_2} = 1 - \frac{283}{873} = 0{,}676$. Die Entropie ändert sich von 3 nach 1 für 1 kg um

$$s_3 - s_1 = A \cdot R \cdot \ln\frac{p_1}{p_3} = \frac{29{,}3}{427} \cdot 2{,}303 \cdot \lg 51{,}5 = 0{,}270\ \mathrm{kcal/kg \cdot Grad}$$

und für G kg $= \frac{1000 \cdot 10^4}{29{,}3 \cdot 283} = 1206$ kg um 326 kcal/Grad. Beim Carnot-Prozeß ergäbe sich zwischen T_1 und T_2 als Gewinn

$$A L = (T_2 - T_1)(s_3 - s_1)$$
$$= 590 \cdot 326 = 19{,}23 \cdot 10^4\ \mathrm{kcal/h},$$

d. h. mehr als doppelt soviel als bei dem vorliegenden Kreisprozeß, wie schon aus Abb. 85 hervorgeht beim Vergleich von Fläche $1a231$ und Fläche 1231, natürlich bei der größeren Wärmezufuhr $a2yxa$.

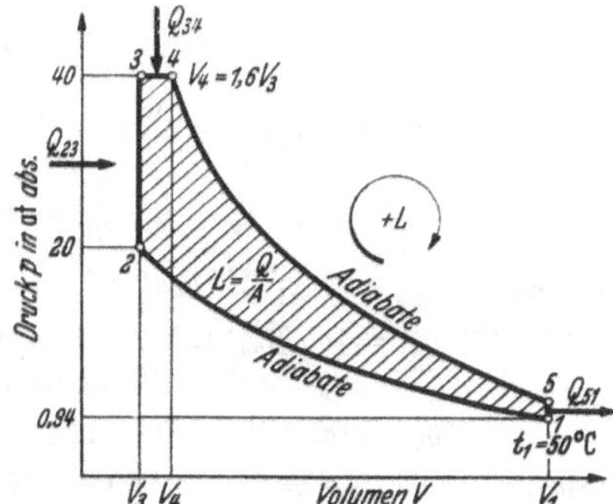

Abb. 86. Bild des Kreisprozesses von Beispiel 3.

Beispiel 3. Eine Wärmekraftmaschine arbeitet mit Luft und befolgt einen Kreisprozeß nach Abb. 86. Vom Zustand $p_1 = 0{,}94$ at abs., $t_1 = 50^\circ$ C wird die Luft adiabatisch auf $p_2 = 20$ at abs. verdichtet und weiter bei konstantem Volumen auf $p_3 = 40$ at abs. aufgewärmt. Nach Umkehr des Kolbens wird die Wärmezufuhr bei konstantem Druck fortgesetzt, bis das Volumen auf das 1,6fache angestiegen ist. Nunmehr dehnt sich die Luft adiabatisch aus bis auf p_5, um unter gleichbleibendem Volumen $V_5 = V_1$ zum Ausgangszustand zurückzukehren. Zu berechnen sind die Zustände in den Eckpunkten des Linienzuges für 1 kg Luft. Wie groß ist der thermische Wirkungsgrad?

Punkt 1. $p_1 = 0{,}94$ at abs.; $t_1 = 50°$ C; $v_1 = \frac{R T_1}{P_1} = 1{,}01\ \mathrm{m^3/kg}$;

$s_1 =$ angenommen zu 1,000; $T_1 = 323°$ K.

Punkt 2. $p_2 = 20$ at abs.; $s_2 = s_1 = 1{,}000$.

1. Näherung $T_2 = T_1 \left(\frac{p_2}{p_1}\right)^{\frac{\varkappa-1}{\varkappa}} = 773°$ K mit $\varkappa = 1{,}4$. Nach Abb. 39 und (133) ist $\varkappa = 1{,}37$ bei 773° K. 2. Näherung mit $\varkappa = 1{,}39$ ergibt $T_2 = 760°$ K und $t_2 = 487°$ C.

$$v_2 = v_1 \left(\frac{p_1}{p_2}\right)^{1/\varkappa} = 0{,}112\ \mathrm{m^3/kg}.$$

Punkt 3. $p_3 = 40$ at abs.; $v_3 = v_2 = 0{,}112\ \mathrm{m^3/kg}$;

$T_3 = T_2 \frac{p_3}{p_2} = 760 \cdot \frac{40}{20} = 1520°$ K und $t_3 = 1247°$ C;

$$s_3 = 1{,}000 + c_v \cdot \ln \frac{p_3}{p_2} = 1{,}000 + 0{,}218 \cdot 2{,}303 \cdot \lg 2$$

$= 1{,}151$ kcal/kg · Grad mit $[c_{vm}]_{t_1}^{t_2} = 0{,}218$ zwischen 760 und 1520 °K nach ZT V.

Punkt 4. $v_4 = 1{,}6 \cdot v_3 = 1{,}6 \cdot 0{,}112 = 0{,}179\ \mathrm{m^3/kg}$; $p_4 = p_3 = 40$ at abs.;

$T_4 = T_3 \cdot \frac{V_4}{V_3} = 1520 \cdot 1{,}6 = 2430°$ K und $t_4 = 2157°$ C;

$$s_4 = s_3 + c_p \cdot \ln \frac{v_4}{v_3} = 1{,}151 + 0{,}296 \cdot 2{,}303 \cdot \lg 1{,}6 = 1{,}290$$

mit $c_p = 0{,}296$ zwischen 1247 und 2157° C nach ZT V.

Punkt 5. $v_5 = v_1 = 1{,}01\ \mathrm{m^3/kg}$; $s_5 = s_4 = 1{,}290$ kcal/kg · Grad;

$T_5 = T_4 \left(\frac{v_4}{v_5}\right)^{\varkappa-1} = 2430 \cdot \frac{1}{2} = 1215°$ K in 1. Annäherung;

$\varkappa = 1{,}31$ bei 1925° (Mittel zwischen 2430 und 1215° K).

Nachrechnung $T_5 = 2430 \cdot \frac{1}{1{,}71} = 1420$°K; $t_5 = 1147°$ C.

$$p_5 = p_4 \left(\frac{v_4}{v_5}\right)^{\varkappa} = 40 \left(\frac{0{,}179}{1{,}01}\right)^{1{,}31} = 4{,}14 \text{ at abs.}$$

oder $p_5 = p_1 \cdot \frac{T_5}{T_1} = 4{,}14$ at abs.

Wärmemengen. $q_{23} = [c_{vm}]_{487}^{1247} (1247 - 487) = 0{,}218 \cdot 760 = 166$ kcal/kg;

$q_{34} = [c_{pm}]_{1247}^{2157} (2157 - 1247) = 0{,}296 \cdot 910 = 269$ kcal/kg;

c_p- und c_v-Werte nach ZT V;

$q_{51} = [c_{vm}]_{50}^{1147} \cdot (50 - 1147) = -0{,}196 \cdot 1097 = -215$ kcal/kg.

Arbeit. $A l = q = 166 + 269 - 215 = 220$ kcal/kg;

$$\eta_{th} = \frac{A l}{q_{23} + q_{34}} = \frac{220}{166 + 269} = 0{,}506.$$

Zum Vergleich CARNOT-Prozeß

$$\eta_{th} = 1 - \frac{T_1}{T_4} = 1 - \frac{323}{2430} = 0{,}867.$$

Die maßstäbliche Form des Prozesses im T, s-Diagramm Abb. 87 läßt den Grund für den ungünstigen Wirkungsgrad erkennen. Die zugeführte Wärmemenge Q_{23} ist durch die Fläche $23ba2$ und die Wärmemenge Q_{34} durch $34cb3$ angegeben. Die Wärmeabfuhr $Q_{51} \triangleq 51ac5$. Der thermische Wirkungsgrad ist Fläche 123451 durch Fläche $a234ca$. Beim CARNOT-Prozeß ist Fläche $1e4d1$ zu Fläche $ae4ca$ ins Verhältnis zu setzen. Die Arbeit bei dem vorliegenden Prozeß $Al = q$ ist mit Fläche 123451 dargestellt. In Abb. 87 ist ferner der Prozeß eingestrichelt, wenn die spezifische Wärme unabhängig von der Temperatur wäre. Man sieht, welchen Einfluß die innere Reibung im Gase nimmt. Der thermische Wirkungsgrad des gestrichelten Prozesses ist $\eta_{th} = 0{,}554$ (also besser, ohne Reibung).

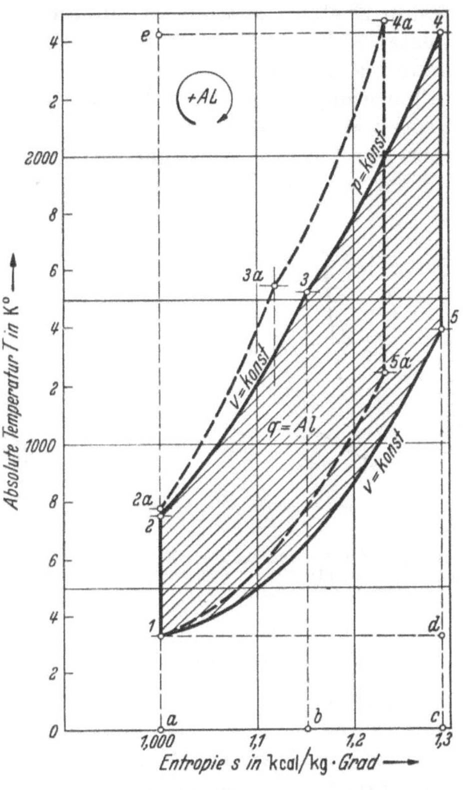

Abb. 87. Prozeß von Beispiel 3 (Idealprozeß des Vorkammer-Dieselmotors) im T, s-Diagramm.

XI. Entropie anderer als gasförmiger Körper.

45. Entropie der Körper im festen und flüssigen Zustand.

Bei der Ableitung des Entropiebegriffes in Abschnitt 36 war keine Einschränkung über den Aggregatzustand des Stoffes gemacht worden. Aus den Überlegungen ergab sich die Wärmegleichung

$$dq = T\,ds$$

für umkehrbare Vorgänge, die ebensoallgemeingültigist wiedie allgemeinen Wärmegleichungen

$$dq = du + APdv$$

und

$$dq = c\,dT,$$

aufgestellt für 1 kg des Stoffes. Daraus folgt, daß man den Zustand der Körper im T, s-Diagramm für alle Aggregatzustände und Übergänge darstellen kann.

Bei der Ermittlung der Entropie fester und flüssiger Körper ist zu beachten, daß die spezifische Wärme c fast nicht vom Druck abhängt, so daß eine Unterscheidung zwischen c_p und c_v nicht nötig ist. Sofern die Temperaturspanne nicht so groß ist, daß die Veränderlichkeit der spezifischen Wärme mit der Temperatur berücksichtigt werden muß, ergibt sich die Änderung der Entropie einfach zu

$$s_2 - s_1 = c \ln \frac{T_2}{T_1}. \qquad (227)$$

Im anderen Falle kann man

$$s_2 - s_1 = [c_m]_{T_1}^{T_2} \ln \frac{T_2}{T_1} \tag{228}$$

setzen.

Die spezifische Wärme der Stoffe ist recht unterschiedlich, mithin auch die Entropieänderung. Grundsätzlich speichern die Stoffe im festen Zustand je Gewichtseinheit weniger Wärme auf als im flüssigen Zustand. Diese Erscheinung ist in Abb. 88 angedeutet. Die Entropie ändert sich daher bei den Metallen weniger stark; die Kurve in Abb. 88 steigt steil an, während sie bei den Flüssigkeiten flacher verläuft.

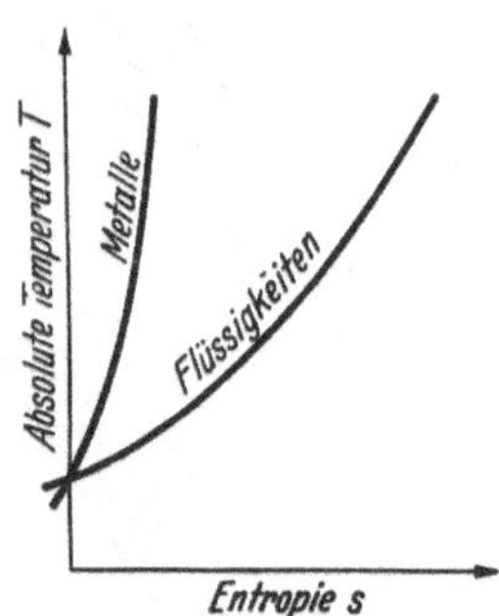

Abb. 88. Zusammenhang zwischen Temperatur und Entropie bei festen und flüssigen Körpern.

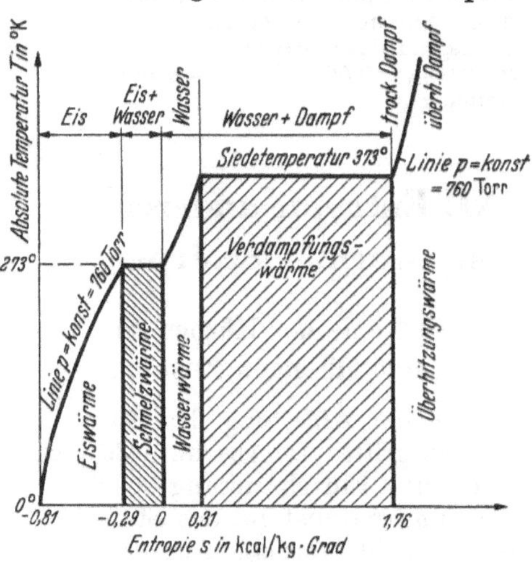

Abb. 89. T, s-Diagramm des Stoffes Wasser für 760 Torr = konst.

46. Entropie im Umwandlungszustand.

Im Übergangszustand des Schmelzens und Verdampfens bleibt die Temperatur während der gesamten Wärmezufuhr gleich hoch, wenn sich der Druck währenddem nicht ändert. Die bei der Umwandlungstemperatur T aufgenommene und gebundene Wärme q ist mit einer Vermehrung der Entropie des aufnehmenden Körpers von

$$\boxed{s_2 - s_1 = \frac{q_{12}}{T}} \tag{229}$$

verknüpft.

Wenn man z. B. Wassereis schmilzt und das flüssige Wasser bei atmosphärischem Druck verdampft, so läßt sich der Vorgang im T, s-Diagramm wie in Abb. 89 darstellen. Es ist üblich, den Nullpunkt für die Entropierechnung bei Wasser an die Stelle $t = 0°$ C zu legen. Unter 0° C erhält man damit wie bei den Celsiustemperaturen negative Werte für die Entropie. Bei anderen Stoffen wählt man einen anderen geeigneten Nullpunkt für die Entropie.

Die Wärmemenge zum Schmelzen von nullgrädigem Eis ist 79,5 kcal/kg, die Entropiezunahme mithin

$$\Delta s = \frac{79{,}5}{273} = 0{,}29 \text{ kcal/kg} \cdot \text{Grad},$$

also von $-0{,}29$ auf $0{,}00$. Bei der Erwärmung des Wassers von 0° C auf 100° C ist rund

$$\Delta s = 1{,}0 \cdot 2{,}303 \cdot \lg \frac{373}{273} = 0{,}31 \text{ kcal/kg} \cdot \text{Grad}.$$

Die Zufuhr der Verdampfungswärme hat eine starke Vermehrung der Entropie um

$$\Delta s = \frac{538{,}9}{373} = 1{,}45 \text{ kcal/kg} \cdot \text{Grad}$$

zur Folge mit 538,9 kcal/kg als Verdampfungswärme bei 760 Torr.

Man fragt sich nun, welche Entropie der Stoff Wasser bei 0° K, dem absoluten Nullpunkt der Temperatur, hat. Angenommen, die Entropie ist bei 0° K vom Werte s_K, dann hat die *absolute Entropie* an der Stelle T den Wert

$$s = \int_{T=0}^{T=T} \frac{c_p}{T}\, dT + s_K \tag{230}$$

in kcal/kg · Grad, wenn die Wärme bei konstantem Druck zugeführt wird (gemäß 201). Eis hat bei 0° C die spezifische Wärme $c = 0{,}50 \approx c_p$. Nach den Beobachtungen von NERNST (siehe Abschnitt 7, spezifische Wärme) haben wahrscheinlich alle Stoffe bei 0° K die spezifische Wärme 0. Die Messungen gingen zwar nicht bis 0° K, aber bis auf wenige Grade bis auf diesen Punkt heran. Würde die spezifische Wärme bei 0° K noch einen endlichen Wert haben, so würde die Entropie unendlich groß, wenn T gegen 0 geht. Das ist nach dem übrigen Kurvenverlauf nicht zu erwarten, im Gegenteil wird die Entropie von 0 an zunehmen müssen, wenn man bei 0° K den Körper als in absoluter Ruhe befindlich ansieht. Mit der Temperatur werden molekulare Bewegungen aufgenommen, deren mittlere Geschwindigkeit etwa quadratisch mit der Temperatur ansteigt, entsprechend nehmen die Reibung und auch die Entropie zu.

Wenn $c_p \to 0$ mit $T \to 0$ geht, fragt sich, welchen Wert der Ausdruck $(c_p/T)_{T=0}$ annimmt. In Erweiterung der NERNSTschen Messungen hat man gefunden, daß bei kleinen absoluten Temperaturen (etwa bis 20° K) ein Zusammenhang

$$c_p = \text{konst.} \cdot T^3$$

besteht, also $\left[\frac{d(c_p)}{dT}\right]_{T=0} = 0$ ist. Aus der Überlegung heraus, daß die Entropie im Zustand absoluter Ruhe auch Null sein muß, ist $s_K = 0$.

Nach M. PLANCK trifft die Annahme für alle einheitlichen Stoffe zu[1, 2]. Wenn die Entropie mit Annäherung an den absoluten Nullpunkt für alle Körper gleich groß wird, müssen alle Prozesse umkehrbar werden.

Man hat die spezifische Wärme des Eises bei verschiedenen Temperaturen gemessen und die Funktion $c_p = f(T)$ zwischen $T = 0$ und $T = 273$° K ermittelt. Damit ließ sich das Integral (230) auswerten, für Wasser ergab sich eine Entropiezunahme von -273 bis auf 0° C von

$$s_0 = [s]_{T=0}^{T=273} = 0{,}81 \text{ kcal/kg} \cdot \text{Grad},$$

und zwar wegen der weitgehenden Raumbeständigkeit fast unabhängig vom Druck.

---

[1] Werden 2 homogene Stoffe bei 0° K gemischt, so ist dieser Vorgang bereits mit einer Entropiezunahme verbunden und $s_K > 0$.

[2] Aus diesen Überlegungen kann man auch auf die Existenz des absoluten Nullpunktes bei -273° C schließen. Wenn die spezifische Wärme aller Körper bei 0° K Null ist, so genügt bereits eine beliebig kleine Wärmemenge, um ihre Temperatur wesentlich zu erhöhen. Man begreift, daß man in Wirklichkeit einen Körper in der Umgebung von anderen Körpern mit mehr als 0° K niemals streng bis auf 0° K abkühlen kann. Das NERNSTsche Wärmetheorem, welches besagt, daß man sich dem absoluten Nullpunkt der Temperatur nur asymptotisch nähern kann und daß die Entropie einheitlicher Stoffe mit der Annäherung an den Nullpunkt gegen Null konvergiert, wird auch als 3. Hauptsatz der mechanischen Wärmetheorie bezeichnet.

Über die Funktion

$$\boxed{s = f(p, t)}\,, \qquad (231)$$

bezogen auf $s = 0{,}0$ bei $t = 0°$ C für Dämpfe und im besonderen für überhitzten Wasserdampf, werden nähere Ausführungen im Abschnitt Dämpfe gemacht. Erwähnt sei nur, daß der Einfluß des Druckes auf die spezifische Wärme und damit auf die Entropie unmittelbar nach der Verdampfung groß ist, dann aber mit zunehmender Temperatur rasch nachläßt. Schließlich wird $c_p = f(T)$, und die Dämpfe werden zu Gasen, die der allgemeinen Beziehung $p \cdot v = R \cdot T$ folgen.

Über die verschiedenen Wärmemengen, die erforderlich sind, um Wasser von 0° K bei 760 Torr bis in den Dampfzustand zu bringen, gibt Abb. 89 Aufschluß. Eiswärme, Schmelzwärme und Wasserwärme sind je etwa gleich groß, wie die Flächen $q = \int T\,ds$ zeigen. Die Verdampfungswärme hingegen ist rund 6 mal so groß. Bei der Verdampfung findet auch eine besonders tiefgreifende Umwandlung des molekularen Zustandes vom Stoff Wasser statt.

Beispiel. Ein eisernes Gefäß von 1 kg Gewicht ist mit 1 kg Wasser gefüllt. Gefäß und Inhalt werden als gemeinsames System aufgefaßt. Wie groß ist die Entropiezunahme bei einer Erwärmung von 10 auf 90° C?

$$\begin{aligned} \Delta S &= \Delta S_E + \Delta S_W \\ &= (0{,}115 + 1{,}00) \cdot 2{,}303 \cdot \lg \frac{363}{283} \\ &= 0{,}278 \text{ kcal/Grad}. \end{aligned}$$

Die Entropie des Eisens nimmt um 0,028 kcal/Grad, die des Wassers um 0,250 kcal/Grad zu.

XII. Wärmeinhalt der Gase bei konstantem Druck.

47. Allgemeine Beziehungen.

In der Natur spielt sich ein großer Teil von Zustandsänderungen bei gleichbleibendem oder bei nur wenig veränderlichem Druck ab. Gemeint ist hier der absolute Gasdruck, demgegenüber Druckänderungen um wenige mm WS oder kg/m² ohne weiteres vernachlässigt werden können. Es handelt sich dabei um alle diejenigen Vorgänge, die sich bei etwa atmosphärischem Druck der umgebenden Luft zutragen. So gehen solche Umwandlungen insonderheit bei vielen technischen Prozessen mit Wärmeaustausch bei praktisch gleichbleibendem Druck vor sich, wie bei der Verbrennung und Wärmeübertragung in Feuerungen oder bei der Befeuchtung oder Trocknung von Körpern. Ebenso gehören hierher die Vorgänge bei der technischen Dampferzeugung, die zwar bei höherem, aber auch bei etwa gleichbleibendem Druck vorgenommen wird.

a) Beziehungen bei beliebigem Körperzustand.

Unter der Voraussetzung, daß der *Druck unveränderlich* bleibt, geht die allgemeine Wärmegleichung über in

$$dQ = G\,c_p\,dt$$

und

$$dQ = dU + (AP)\,dV.$$

Der Wärmeaustausch zwischen zwei bestimmten Zuständen 1 und 2 errechnet sich zu

$$Q_{12} = U_{21} + AP(V_2 - V_1). \tag{232}$$

Eine *Wärmezufuhr* bewirkt, daß die innere Energie, mit der der Körper beladen ist, um einen bestimmten Betrag von U_1 auf U_2 kcal gesteigert wird in Verbindung mit einer bestimmten äußeren mechanischen Arbeit bei der Ausdehnung[1] von V_1 auf V_2 m³. Es ist dabei gleichgültig, welches der Zustand des wärmeaustauschenden Körpers ist.

Angenommen, ein Körper befindet sich in einem beliebigen Zustand und es wird ihm *Wärme bei konstantem Druck entzogen.* Die Folge davon ist, daß er kälter wird und sich zusammenzieht. Setzt man die Abkühlung immer weiter fort, so sinkt seine Temperatur schließlich (wenn das durchführbar wäre) bis zum absoluten Nullpunkt ab. Der Körper enthält dann keine Wärmeenergie mehr. Im Laufe des Vorganges wurde ihm seine gesamte innere Energie entzogen. Zudem wurde sein Volumen verkleinert, und das Äquivalent der unter Wirkung des unveränderlichen Druckes geleisteten äußeren Arbeit wurde als Wärme abgeführt. In Erscheinung aber trat nur die Summe der beiden Wärmemengen.

Man hat für diesen scheinbaren Wärmeinhalt des Körpers, den er in einem bestimmten Zustand hat, die Bezeichnung *Wärmeinhalt bei konstantem Druck* eingeführt. Sein absoluter Betrag ist

$$\int_0^T c_p\,dT = \int_0^t c_p\,dt + i_0 = i + i_0 \tag{233}$$

in kcal je kg des Körpers. i_0 ist hierbei eine Konstante, die die Wärmespeicherung von 0° K bis 273° K = 0° C angibt.

In technischen Rechnungen will man im allgemeinen nur Energieunterschiede ermitteln, weshalb die Konstante i_0 ohne praktische Bedeutung ist. Man pflegt mit einem Wärmeinhalt bei konstantem Druck, bezogen auf 0° C, zu rechnen, das ist

$$i = \int_0^t c_p\,dt \tag{234}$$

in kcal/kg oder

$$I = Gi = G\int_0^t c_p\,dt \tag{235}$$

für eine beliebige Menge in kcal.

Es ist schwierig, für den an sich nicht ganz zutreffenden Ausdruck Wärmeinhalt bei konstantem Druck (denn es handelt sich ja nicht nur um einen Gehalt an Wärmeenergie) eine bessere Bezeichnung zu finden. Als international gültige Bezeichnung wählte man schließlich den Namen *Enthalpie*[2], der zwar nicht klarer, dafür aber auch nicht

---

[1] (oder Raumverkleinerung beim Schmelzen.)

[2] Von 'εν = innerlich und ϑάλπειν = erwärmen, also soviel wie „innerliche Erwärmung" oder „in sich erwärmen". Siehe auch DIN 1345, Formelzeichen und Einheiten der Wärmelehre und Wärmetechnik.

mißverständlich ist. Mit Rücksicht darauf aber, daß in der Technik der abgekürzte Name *Wärmeinhalt* bis dahin allgemein üblich war, und darauf, daß dieser Name auch heute noch fast ausschließlich in Gebrauch ist, wurde er auch in den folgenden Ausführungen beibehalten.

Wenn nun jeder Körper in jedem Zustand eine ganz bestimmte Menge an Energie aufgespeichert hat, von der sich ein ganz bestimmter Teil durch Abkühlung bei konstantem Druck entziehen läßt, so folgt, daß der Wärmeinhalt, also die Enthalpie, ebenso eine *Zustandsgröße* sein muß wie die innere Energie[1]. Zusammenfassend kann man über den Begriff von innerer Energie und Enthalpie aussagen:

Die absolute innere Energie umfaßt die Summe aller in den Molekülen aufgespeicherten Energie. Es ist dies einmal die Summe aller inneren kinetischen Energie bei der drehenden, fortschreitenden und schwingenden Bewegung der Moleküle. Zum anderen gehört dazu die Summe aller potentiellen Energie, mit der die Moleküle beladen sein müssen, damit sie ihren gegenseitigen Abstand einhalten können.

Die absolute Enthalpie wiederum setzt sich zusammen aus der absoluten inneren Energie und dem Wärmeäquivalent der Summe aller gegen den herrschenden gleichbleibenden Druck geleisteten äußeren mechanischen Arbeit bei der Raumänderung, d. h. bei der Änderung des molekularen Abstandes mit der Vermehrung der inneren Energie.

Unter Einführung des Wärmeinhalts (Enthalpie) kann man eine weitere allgemeine Wärmegleichung aufstellen. Aus (232) folgt

$$Q_{12} = I_2 - I_1 = U_2 + APV_2 - (U_1 + APV_1),$$

denn die Wärmezufuhr Q_{12} ist unter der Bedingung, daß der Druck dabei unverändert bleibt, gleich der Zunahme des Wärmeinhalts von 1 bis 2, also $I_2 - I_1$. Es folgt daraus für den Wärmeinhalt bei konstantem Druck, bezogen auf 0° C, die Beziehung

$$\boxed{I = U + APV}$$

oder auf 1 kg des Stoffes abgestellt

$$\boxed{i = u + APv}\,. \tag{236}$$

Die Größe PV in mkg bzw. Pv in mkg/kg nennt man Verdrängungsarbeit. Andererseits findet man mit

$$di = du + A\,d(Pv)$$

$$= du + AP\,dv + Av\,dP$$

und

$$dq = du + AP\,dv = T\,ds$$

[1] Die Zustandsgrößen sind also: Druck, spezifisches Volumen, Temperatur, innere Energie, Wärmeinhalt bei konstantem Druck und Entropie. Drei Zustandsgrößen genügen zur eindeutigen Angabe des Körperzustandes. Zustandsgleichungen mit den drei Grundgrößen P, v und T nennt man thermische Zustandsgleichungen, während man bei Gleichungen, die die Größen u, i und s enthalten, von kalorischen Zustandsgleichungen spricht.

für beliebige Zustandsänderungen die weitere allgemeine Wärmegleichung

$$\boxed{T\,ds = di - A\,v\,dP}, \tag{237}$$

die bei $P =$ konst. und $dP = 0$ wieder übergeht in

$$dq = T\,ds = di, \tag{238}$$

wie eingangs mit $Q_{12} = I_2 - I_1$ oder $q_{12} = i_2 - i_1$ angesetzt wurde

b) Beziehungen für vollkommene Gase.

Nach den Überlegungen, die zum 2. Hauptsatz führen, sind innere Energie und Enthalpie vollkommener Gase bei beliebigen Zustandsänderungen nur von der Temperatur abhängig (JOULEsches Gesetz). Bei unveränderlicher spezifischer Wärme erhält man für den Unterschied im Wärmeinhalt in zwei beliebigen Zuständen

$$i_1 - i_2 = c_p(T_1 - T_2) = \frac{c_p}{R}(P_1 v_1 - P_2 v_2)$$
$$= A\,\frac{\varkappa}{\varkappa - 1}(P_1 v_1 - P_2 v_2). \tag{239}$$

Es ist dies eine wichtige Feststellung. Die absolute Ausdehnungsarbeit ist nämlich bei *adiabatischer* Zustandsänderung nach (136) in Wärmemaß

$$A\,l_{12} = \frac{A}{\varkappa - 1}(P_1 v_1 - P_2 v_2).$$

Man sieht, daß die Differenz der Wärmeinhalte (239) bei adiabatischer Zustandsänderung gleich dem $\varkappa$fachen dieser Arbeit ist, nämlich

$$\varkappa A\,l_{12} = i_1 - i_2. \tag{240}$$

Nach außen geleistete Arbeit ist positiv, bei Ausdehnung ist $i_1 > i_2$ ebenfalls positiv.

Nun, wenn die adiabatische Gasarbeit $A\,l_{12}$ in Abb. 90 durch die Fläche $12ba1$ dargestellt wird, so bedeutet die Fläche $12dc1$ die Arbeit

$$\varkappa l_{12} = l'_{12}.$$

Daß dem so ist, kann man leicht einsehen, denn ganz allgemein für Polytropen gilt

$$P\,v^n = \text{konst.},$$
$$n\,P v^{n-1}\,dv + v^n\,dP = 0,$$
$$n\,P dv = -v\,dP,$$

d. h. die zwischen der polytropischen Kurve und der Ordinate liegende Fläche ist $n$mal so groß wie die zwischen der Kurve und der Abszisse liegende. Das gilt z. B. auch für die Isotherme mit $n = 1$, wo beide Flächen gleich groß sind ($P\,dv = -v\,dP$).

Das Ergebnis von (240) läßt sich auch leicht an Abb. 90 nachprüfen. Es ist die Fläche

$$12ba1 + 1a0c1 - 2b0d2 = 12dc1$$

oder

$$l_{12} + P_1 v_1 - P_2 v_2 = l'_{12},$$

und mit $A l_{12} = q_{12} - u_2 + u_1$ ist

$$q_{12} + u_1 + A P_1 v_1 - (u_2 + A P_2 v_2) = A l'_{12}.$$

Bei adiabatischer Zustandsänderung ist $q_{12} = 0$ und damit der *Abfall im Wärmeinhalt* oder *Enthalpiefall*[1] so groß wie $A l'_{12}$. In Arbeitsmaß gilt

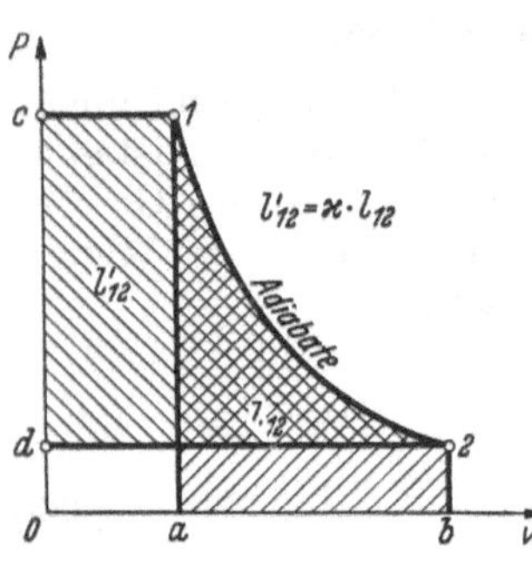

Abb. 90. Absolute Gasarbeit l_{12} und Betriebsarbeit l'_{12}. Allgemein ist $l'_{12} = n l_{12}$.

$$\boxed{\frac{i_1 - i_2}{A} = 427\,(i_1 - i_2) = l'_{12}\ \text{mkg/kg}}\ . \quad (241)$$

In Abb. 90 stellen die beiden Flächen die Ausdrücke

$$A l'_{12} = i_1 - i_2 = A \int_2^1 v\,dP$$

und

$$A l_{12} = u_1 - u_2 = A \int_1^2 P\,dv$$

dar, weil für die Adiabate bei $dq = 0$ gilt $du = -A P dv$. Bedenkt man schließlich, daß die Ableitung von (241) aus Abb. 90 in Verbindung mit der allgemeinen Wärmegleichung lediglich unter der Bedingung vorgenommen wurde, daß $dq = 0$ ist, so erkennt man, daß diese Beziehungen auch dann zutreffen, wenn sich die spezifische Wärme bei der adiabatischen Ausdehnung ändert.

48. Beziehungen für die Arbeitsfähigkeit der Energie.

Nach den Überlegungen, die zur Ableitung des 2. Hauptsatzes führten, wird unter der Arbeitsfähigkeit das Vermögen der gespeicherten Energie verstanden, sich in andere Energie umzusetzen. Die Arbeitsfähigkeit verschwindet, wenn der energietragende Körper Umgebungszustand annimmt. Bei einer Zustandsänderung, die im Umgebungszustand endet, kann die gespeicherte Energie ein Höchstmaß an Arbeit leisten.

An sich ist Umgebungszustand ein klarer Begriff. Die Umgebungstemperatur aber ist zu verschiedenen Zeiten und örtlich verschieden. Zu Vergleichszwecken eignet sich besser der *Normzustand* mit den Zu-

---

[1] Nach DIN 1345 ist der dafür in der Wärmetechnik noch häufig gebrauchte Ausdruck „Wärmegefälle" zu vermeiden, weil es sich nicht um ein Gefälle (Verminderung je Längeneinheit) handelt. Außerdem werden dieselben Einwände geltend gemacht wie gegen den Ausdruck Wärmeinhalt. Abfall im Wärmeinhalt schließt sich aber an den Sprachgebrauch an — Enthalpieabfall ist normgerecht, aber noch ungewöhnlich, wenigstens in der technischen Praxis.

standsgrößen $P_0 = 10332$ kg/m² $\hat{=}$ 760 Torr $\approx$ 1 at abs., $T_0 = 273°$ K und $t_0 = 0°$ C. Für unsere Verhältnisse wäre eine Umgebungstemperatur von 20°C trefflicher gewesen, aber es besteht keine grundsätzliche Veranlassung, nicht die Normtemperatur von 0°C zugrunde zu legen.

Außer der Arbeitsfähigkeit, bezogen auf den Normzustand, ist noch die *technische Arbeitsfähigkeit* von Bedeutung, bei der verschiedene Grenzzustände anzunehmen sind, die durch irgendwelche technische Belange begründet sind. Die untere Druckhaltung z. B. wird im allgemeinen von 1 at abs. verschieden sein. Unter Umständen kann der Gegendruck mehrere at betragen. Die Grenze für die Temperatur richtet sich in vielen Fällen nach der Kühlwassertemperatur, die je nach Herkunft des Wassers 20 ± 15° zu sein pflegt. In anderen Fällen, z. B. in der Dampftechnik, können die unteren Grenzen für die Arbeitsfähigkeit noch erheblich höher liegen.

Bei den grundsätzlichen Ausführungen in diesen Abschnitten wird der Normzustand als Umgebungszustand gewählt. Außerdem sollen sich die Überlegungen hier nur auf Gase beziehen.

Die Arbeit, die ein Gas je kg beim Übergang von einem beliebigen Anfangszustand 1 bis zum Normzustand 0 leisten kann, unter der Voraussetzung, daß dabei das gasförmige Gebiet nicht verlassen wird, läßt sich wie folgt berechnen. Diese Arbeit sei l_n genannt. Zunächst gilt für beliebige Zustandsänderungen die allgemeine Beziehung[1]

$$q_{10} = u_{01} + A l_{10}$$

und damit nach Abb. 91a, wobei 1 zunächst ein beliebiger Zustand sei,

$$A l_n = A l_{10} - A P_0 (v_0 - v_1),$$

und

$$A l_n = q_{10} + u_{10} - A P_0 (v_0 - v_1)$$

$$A l_n = u_1 - u_0 + T_0 (s_0 - s_1) - - A P_0 (v_0 - v_1). \quad (242)$$

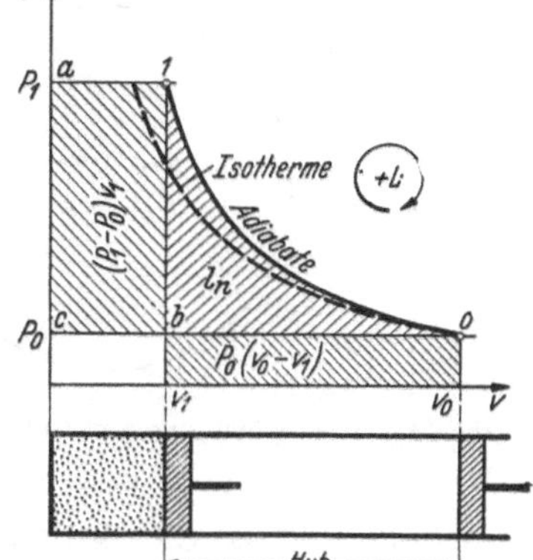

Abb. 91a. Nutzbare Arbeit l_n bei adiabatischer Ausdehnung eines Gases vom Anfangszustand 1 auf den Normzustand 0.

Darin ist

$u_1 - u_0$ die Verminderung der ***inneren Energie***, bei Gasen also der fühlbaren Wärme,

$T_0(s_0 - s_1)$ die Vermehrung der ***Entropie*** bei dem Ausdehnungsvorgang, durch die zugeführte Wärmemenge $q_{10} = T_0(s_0 - s_1)$ (oder ihre Verminderung bei Wärmeentzug),

$A P_0(v_0 - v_1)$ die ***nicht nutzbare absolute Gasarbeit*** in Wärmemaß.

Die nutzbare Arbeit l_n ist ganz verschieden, je nachdem, welcher Art die Zustandsänderung ist. In Abb. 91a ist z. B. eine Isotherme eingezeichnet. Da Isotherme und Polytrope mit $n < \varkappa$ im P, v-Diagramm flacher verlaufen als die Adiabate, siehe hierzu Abb. 53, ist die nutzbare

[1] q_{10} ist die von 1 bis 0 zugeführte Wärme, u_{01} ist die Änderung der inneren Energie $u_0 - u_1$, l_{10} ist die von 1 bis 0 geleistete absolute äußere mechanische Arbeit des Gases.

Arbeit l_n als die unter der Zustandskurve liegende und bis an die Linie $P_0 =$ konst. heranreichende Fläche bei isothermischer Arbeit am größten. Es ist aber zu bedenken, daß bei $n < \varkappa$ bei der Ausdehnung die Wärmeenergie q_{10} zuzuführen ist, die zu einer Vergrößerung der Arbeitsfähigkeit beiträgt[1]. Aufgabe ist jedoch, die Arbeitsfähigkeit der *anfänglich* vorhandenen Energie festzustellen, die man nur findet, wenn keine weitere Energie zugeführt wird. Das richtige Ergebnis erhält man nur bei adiabatischer Ausdehnung.

Man kann (242) umformen in

$$A l_n = i_1 - i_0 - T_0(s_1 - s_0) - A(P_1 - P_0)v_1 . \tag{243}$$

Bei adiabatischer Ausdehnung wird mit $s_1 = s_0$

$$\begin{aligned} A l_n &= i_1 - i_0 - A(P_1 - P_0)v_1 \\ &= A l'_{10} - A(P_1 - P_0)v_1 ; \end{aligned} \tag{244}$$

siehe hierzu (241).

Aus der Form

$$\frac{i_1 - i_0}{A} = l_n + (P_1 - P_0)v_1 \tag{245}$$

läßt sich folgendes ablesen: l_n ist die *Nutzarbeit*, die das Gas vom Zustand 1 ohne Unterstützung durch weitere Energie herzugeben vermag. Angenommen, das Gas befindet sich in einem großen Behälter im Zustand 1. Es soll in einem Idealzylinder Arbeit leisten (siehe Abb. 91 b). Den Behälterraum muß man sich groß gegenüber dem Zylinderraum

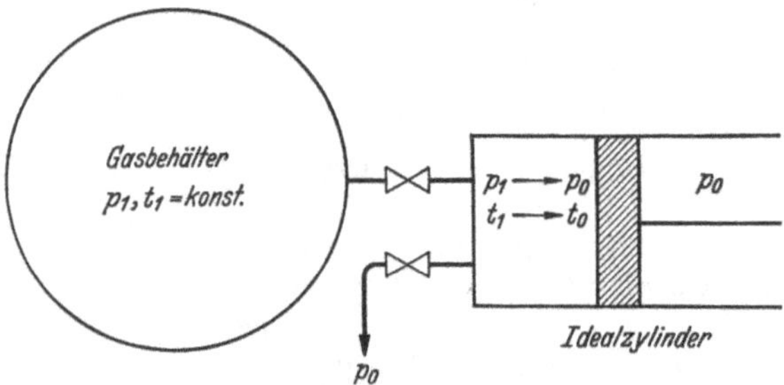

Abb. 91 b. Gas strömt unter gleichbleibendem Druck in einen Idealzylinder und leistet darin Arbeit.

vorstellen. Das Gas strömt unter gleichbleibendem Druck in den Zylinder ein und schiebt den Kolben vor sich her, bis der Zylinder genügend gefüllt ist. Dabei wird eine *Füllungsarbeit*

$$(P_1 - P_0)v_1 \tag{246}$$

geleistet. Im weiteren Vorgang dehnt sich das Gas adiabatisch bis auf den Umgebungszustand aus und leistet die Arbeit l_n. Die *Arbeitsfähigkeit des Gases* in einem Idealzylinder ist also einfach durch die

[1] Von überadiabatischen Zustandsänderungen, wie sie gelegentlich bei technischen Prozessen vorkommen, und die man nicht aus dem Zusammenhang heraus betrachten kann ($n > \varkappa$), sei hier abgesehen. Bei derartigen Zustandsänderungen muß bei der Ausdehnung Wärme abgeführt werden.

Differenz der Wärmeinhalte (Enthalpie) bei konstantem Druck gegeben, nämlich

$$\boxed{A l'_{10} = i_1 - i_0}, \tag{247}$$

wie in (241).

Man kann nun die Beschränkung auf gasförmige Körper fallen lassen, denn zur Ableitung der Beziehungen wurden nur die allgemeingültigen Gleichungen $dq = du + AP\,dv$, $dq = T\,ds$ und $i = u + APv$ benutzt. Tatsächlich kann man die *Arbeitsfähigkeit ohne Rücksicht auf den Aggregatzustand* einfach durch den Enthalpiefall oder *Abfall im Wärmeinhalt* angeben.

49. *i, s*-Diagramm.

Bevor die Betrachtungen über die Arbeitsfähigkeit weitergeführt werden, ist es erforderlich, auf das *i, s-Diagramm* hinzuweisen. Der Wärmeinhalt bei konstantem Druck, i, ist auch in Diagrammen für die Wärme als eine der Veränderlichen geeignet. Unterschiede im Wärmeinhalt und Arbeiten im Wärmemaß erscheinen hier nicht als Flächen, sondern als Strecken, die einfach abzugreifen und auszuwerten sind.

Bei Gasen ist der Wärmeinhalt in erster Annäherung der Temperatur verhältnisgleich mit

$$i = c_p t$$

von 0° C an gezählt. Bei genauerer Berechnung ist die Änderung der spezifischen Wärme mit der Temperatur zu berücksichtigen, gegebenenfalls unter Ansatz der mittleren spezifischen Wärme. Das bedeutet, daß der Temperaturmaßstab des T, s-Diagramms beim Übergang auf das i, s-Diagramm mit wachsender Temperatur wegen des Anstiegs der spezifischen Wärme immer mehr auseinandergezogen wird. In Bereichen, wo sich die Gase wie vollkommene Gase verhalten, sind die Isothermen Parallele zur Abszisse und gleichzeitig Linien desselben Wärmeinhalts. Das i, s-Diagramm sieht also im großen und ganzen wie ein T, s-Diagramm aus.

Mehr noch als für Gase ist das i, s-Diagramm für Dämpfe wichtig, die nicht mehr dem allgemeinen Gasgesetz folgen. Bei derartigen Stoffen steht die spezifische Wärme in kompliziertem Zusammenhang mit Temperatur und Druck. Es sei hier schon auf das bekannteste dieser Diagramme hingewiesen, das von MOLLIER für Wasserdampf und andere Stoffe im Dampfzustand angegeben wurde.

Andere Wärmediagramme, die auch in erster Linie für Dämpfe von Bedeutung sind und später verwandt werden, sind noch das i, t- und das i, P-Diagramm oder für Dampf-Gas-Mischungen das I, x-Diagramm mit x als Dampfgehalt im Gas. Grundsätzlich zu bemerken ist, daß im i, t-Diagramm die Tangente an die Kurven gleichen Druckes mit

$$\left(\frac{\partial i}{\partial t}\right)_P = c_p \tag{248}$$

den Wert der spezifischen Wärme an dieser Stelle hat, während im i, P-Diagramm die Tangente an die Adiabate mit

$$\left(\frac{\partial i}{\partial P}\right)_s = A v \tag{249}$$

ein Maß für das spezifische Volumen bildet, nach (237) und

$$ds = \frac{di}{T} - \frac{A}{T} v\,dP$$

für $ds = 0$. Für Gase genügt es, sich mit dem i, s-Diagramm zu befassen.

50. Die Arbeitsfähigkeit im *i, s*-Diagramm.

Ein i, s-Diagramm ist vorzüglich geeignet, um die Arbeitsfähigkeit darzustellen, da es sich um die Ermittlung von Unterschieden im Wärmeinhalt (in der Enthalpie) bei adiabatischer Zustandsänderung, also bei konstanter Entropie, handelt. Die Arbeitsfähigkeit, die im Idealzylinder vom Gas entwickelt wird, kann einfach durch senkrechte Strecken in einem i, s-Diagramm abgebildet werden.

Nun ist aber zu bedenken, daß das Gas unmittelbar nur in adiabatischer Zustandsänderung auf den Umgebungszustand übergehen kann, wenn Druck und Temperatur die Beziehung

$$\left(\frac{P_1}{P_0}\right)^{\frac{\varkappa-1}{\varkappa}} = \frac{T_1}{T_0}$$

erfüllen. Im allgemeinen wird das nicht der Fall sein. Wenn sich das Gas von P_1 auf P_0 adiabatisch ausgedehnt hat, dann wird die Temperatur von T_0 verschieden sein. Das bedeutet, daß irgendein Zwischenzustand 2 erreicht ist. Es muß sich dann offenbar noch eine weitere nichtadiabatische Zustandsänderung anschließen, bei der Energie zu- oder abgeführt wird, damit das Gas in den Umgebungszustand gelangt.

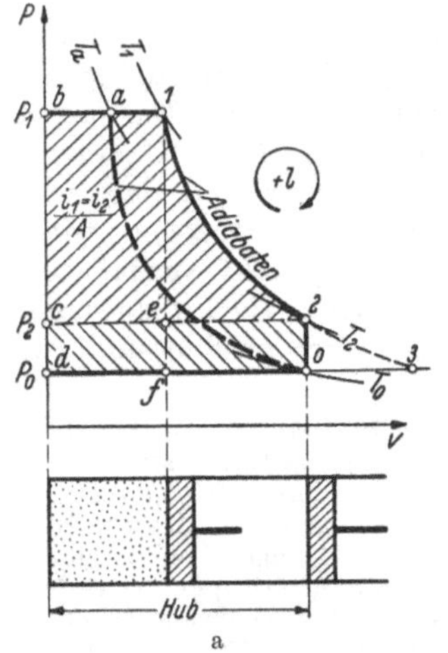

a

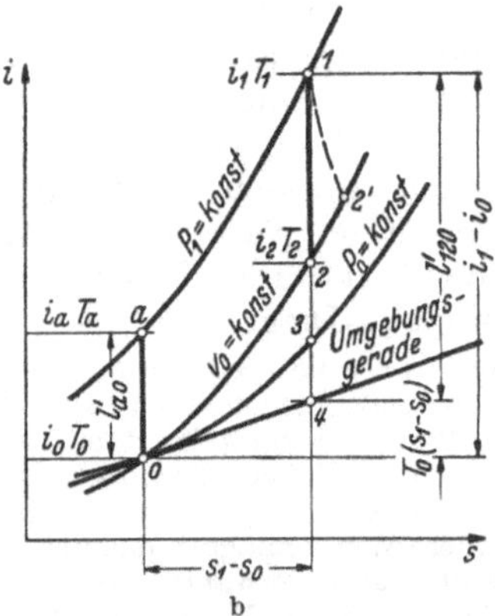

b

Abb. 92a u. b. Arbeitsfähigkeit eines Gases im P, v- und im i, s-Diagramm.

In Abb. 92a wird die Arbeitsfähigkeit eines Gases untersucht, das einen Druck P_1 und eine Temperatur T_1 hat, die die adiabatische Bedingung nicht erfüllen, sonst dürfte die Temperatur nur T_a sein. Es sei angenommen, daß sich das Gas zunächst adiabatisch bis zum Volumen $v_2 = v_0$ ausdehnt und dann bei konstantem Volumen in den Zustand P_0, T_0 übergeht.

Die entsprechenden Punkte 1, 2 und 0 sind auch im T, s-Diagramm Abb. 92b eingetragen. Von P_1, T_a aus kann der Zustandspunkt P_0, T_0 durch eine Senkrechte ($s =$ konst.) angetroffen werden. Wenn der

Ausgangspunkt jedoch P_1, T_1 ist, so kann man nur durch *zwei* besondere Zustandsänderungen nach P_0, T_0 gelangen. Die Arbeitsfähigkeit des Gases im Zustand P_1, T_a ist wohl durch $i_a - i_0$ gegeben, nicht aber die Arbeitsfähigkeit im Zustand P_1, T_1 durch $i_1 - i_0$, weil sich beim Übergang von 1 nach 0 die Entropie ändert. Das bedeutet, daß die Arbeitsfähigkeit über 1—2—0, in Abb. 92b mit l'_{120} bezeichnet, kleiner ist als $i_1 - i_0$.

Um wieviel die Arbeitsfähigkeit kleiner ist, kann man nach (243) aus

$$A l_n + A(P_1 - P_0) v_1 = i_1 - i_0 - T_0(s_1 - s_0)$$

ablesen, nämlich um $T_0(s_1 - s_0)$. Tatsächlich muß ja bei dem Übergang von 2 nach 0 Wärmeenergie aus dem Energiebestand des arbeitenden Gases abgezweigt werden, und zwar im Umfange von $T_0(s_1 - s_0)$, was sich als Entropieabnahme ausdrückt.

Man kann die Arbeitsfähigkeit bei beliebigem Ausgangszustand verhältnismäßig einfach aus dem i, s-Diagramm entnehmen. Die Linien gleichen Druckes haben im i, s-Diagramm nämlich die Eigenschaft, daß der Differentialquotient an jeder Stelle zahlenmäßig so groß ist wie die absolute Temperatur an dieser Stelle, denn

$$dq = T\,ds = di - A v\,dP$$

und

$$\left(\frac{\partial i}{\partial s}\right)_P = T. \tag{250}$$

Demnach hat die Tangente an der Stelle P_0, T_0, i_0, s_0 die Neigung T_0. Man nennt diese Tangente an die Isobare P_0 im Umgebungszustand P_0, T_0 die *Umgebungsgerade.* Im allgemeinen Falle, wenn man auf einen beliebigen Zustand P_1, T_1, i_1, s_1 beziehen will, spricht man von *Bezugsgerade.*

An der beliebigen Stelle $s_1 = s_2$ ist offensichtlich der unterhalb der Umgebungsgeraden (Abb. 92b) liegende Streckenteil gleich $T_0(s_1 - s_0)$, denn die Neigung der Geraden ist

$$\frac{T_0(s_1 - s_0)}{s_1 - s_0} = T_0.$$

Der Unterschied zwischen dem Zustandspunkt 1 und der Umgebungsgeraden ist die gesuchte Arbeitsfähigkeit

$$A l'_{120} = i_1 - i_0 - T_0(s_1 - s_0).$$

Es zeigt sich, daß die Arbeitsfähigkeit $A l'_{120}$ unabhängig davon ist, auf welchem Wege man von 1 nach 0 gelangt und wo auch immer der Punkt 2 liegt (z. B. bei 2′), was ja sein muß, wenn die Arbeitsfähigkeit eine Zustandsbeschreibung sein soll, denn der Betrag $T_0(s_1 - s_0)$, der die scheinbare Arbeitsfähigkeit $i_1 - i_0$ schmälert, ist unabhängig vom Wege. Die Arbeitsfähigkeit des Gases von 1 bis 2 ist durch die Fläche $b12cb$ im P, v-Diagramm Abb. 92a gegeben. Die Natur sucht das Temperatur- und Druckniveau ständig zu glätten, also Erhebungen abzubauen und Senken auszufüllen. Aus diesem Bestreben erwächst die Arbeitsfähigkeit der Energie. Es darf daher nicht überraschen, daß auch Energie mit weniger als Umgebungstemperatur und -druck arbeitsfähig ist, wie durch die Abstände zur Umgebungsgeraden angezeigt wird.

Beispiel. Wie groß ist die Arbeitsfähigkeit von 1 kg Druckluft mit 4 at abs. Druck? Es sei angenommen, daß sich die Luft im betrachteten Bereich von Druck und Temperatur wie ein vollkommenes Gas verhält.

Als Umgebungszustand sei $p_0 = 1$ at abs. und $t_0 = 0°$ C gewählt. Dazu gehört als weitere Zustandsgröße $v_0 = 0{,}800$ m³/kg und $T_0 = 273°$ K. Wenn die Luft bei $p_1 = 4$ at abs. eine Temperatur von $t_1 = 133°$ C, $T_1 = 406°$ K hat, mit einem spezifischen Volumen von $v_1 = 0{,}297$ m³/kg, kann sie sich adiabatisch so ausdehnen, daß der Endzustand mit dem Umgebungszustand identisch ist. Die Adiabate 1—0 ist in Abb. 93a eingetragen.

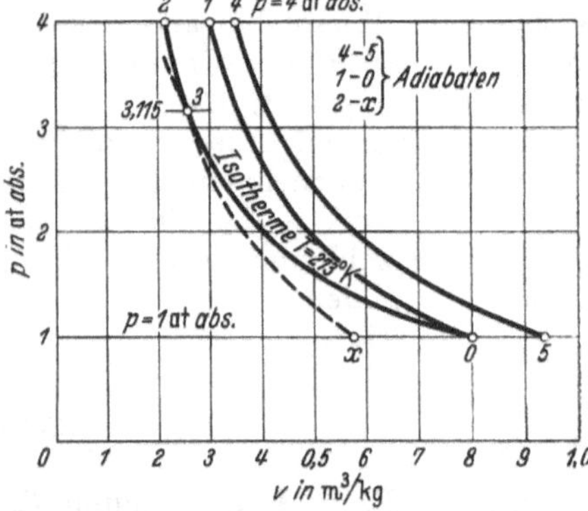

Abb. 93a. Arbeitsfähigkeit von Druckluft mit 4 at abs. Druck im P, v-Diagramm zum Beispiel S. 164/65 bei verschiedener Temperatur der Druckluft ($t_2 = 20°$ C, $t_1 = 133°$ C, $t_4 = 200°$ C).

Für das i, s-Diagramm ist $s_1 = s_0 = 0{,}000$ angenommen. Wenn man zur Vereinfachung die spezifische Wärme der Luft unveränderlich mit $c_p = 0{,}24$ kcal/kg · Grad im fraglichen Bereiche ansetzt, kann man die i-Achse auch mit T-Teilung zeichnen ($di = c_p \cdot dt$; $\Delta i =$ konst. $\cdot \Delta t$). Die Adiabate 1—0 ist auch im i, s-Diagramm wiedergegeben, Abb. 93b. Die Arbeitsfähigkeit ist

$$A l'_{10} = i_1 - i_0 = 0{,}24(133 - 0) = 31{,}9 \text{ kcal/kg} \triangleq 13630 \text{ mkg/kg}.$$

Nun wird normalerweise die Druckluft an der Verwendungsstelle, wo sie in einem Motor oder einem Werkzeug Arbeit leisten soll, nicht mit 133° C anstehen. Angenommen, sie hat nur $t_2 = 20°$ C. Bei der adiabatischen Ausdehnung fällt ihre Temperatur schon auf $t_3 = t_0 = 0°$ C, wenn der Druck erst auf $p_3 = 3{,}115$ at abs. abgesunken ist. Die Arbeitsfähigkeit von 2 bis 3 ist $A l'_{23} = 0{,}24 \cdot 20 = 4{,}8$ kcal/kg. Vom Punkt 3 bis zum Zustandspunkt 0 der Umgebung gibt es unbegrenzt viele Möglichkeiten, je nachdem, in welchem Maße die Luft Wärme aufnehmen kann, wobei sich ihre Entropie vermehrt. Die Arbeitsfähigkeit der ursprünglich in der Druckluft gespeicherten Energie ist unabhängig von der Art der Zustandsänderung.

Bei isothermischem Anschluß 3—0 ist eine Wärmemenge zuzuführen im Umfange von $T_0(s_0 - s_3) = T_0(s_0 - s_2)$. Die Entropiezunahme ist

$$s_0 - s_3 = A \cdot R \cdot \ln \frac{p_3}{p_0} = \frac{29{,}3}{427} \cdot 2{,}303 \cdot \lg 3{,}115 = 0{,}0780 \text{ kcal/kg} \cdot \text{Grad}.$$

Tatsächlich wird durch die Massenwirkung der bewegten Teile der Maschine die adiabatische Zustandsänderung über den Punkt 3 hinaus fortgesetzt werden. Bei $p_0 = 1$ at abs. wird eine Temperatur von $T_x = 197°$ K, $t_x = -76°$ C erreicht. Bei der nachfolgenden Aufwärmung bei konstantem Druck $p_0 = 1$ at abs. von x nach 0 wird die Entropie ebenfalls um 0,0780 kcal/kg · Grad vergrößert. Die Arbeitsfähigkeit ist $A l'_{20} = 4{,}8 + 273 \cdot 0{,}0780 = 26{,}1$ kcal/kg.

Nun führen solche niedrige Temperaturen wie —76° C zu Störungen der Motoren durch Vereisung, weil die Druckluft sowohl als auch die Luft der Umgebung stets mehr oder weniger wasserhaltig sind. Allerdings stellen sich bei der praktischen Arbeit mit polytropischer statt adiabatischer Ausdehnung mit $n < \varkappa$ weniger tiefe Temperaturen ein, die aber immerhin noch erheblich unter 0° C liegen. Zur Abhilfe wärmt man die Druckluft vor der Verwendung an. Wenn die Luft auf 200° C aufgewärmt wird, Werte $p_4 = 4$ at abs., $t_4 = 200°$ C, $T_4 = 473°$ K, $v_4 = 0{,}347$ m³/kg, $s_4 - s_1 = 0{,}0367$ kcal/kg · Grad, so ergibt sich als Endpunkt der adiabatischen Ausdehnung bei 1 at die Wertegruppe $p_5 = 1$ at abs., $t_5 = 45°$ C, $T_5 = 318°$ K, $v_5 = 0{,}931$ m³/kg. Jeder Übergang zum Umgebungszustand ist mit einer Wärmeabfuhr $T_0(s_4 - s_0)$ verbunden, um die die Arbeitsfähigkeit geringer als $i_4 - i_0$ ist. Es ist $s_4 - s_0 = 0{,}0367$ und $T_0(s_4 - s_0) = 10{,}0$ kcal/kg. Die Wärmezufuhr von 1 nach 4 beträgt $q_{14} = 0{,}24\,(200 - 133) = 16{,}1$ kcal/kg. Da-

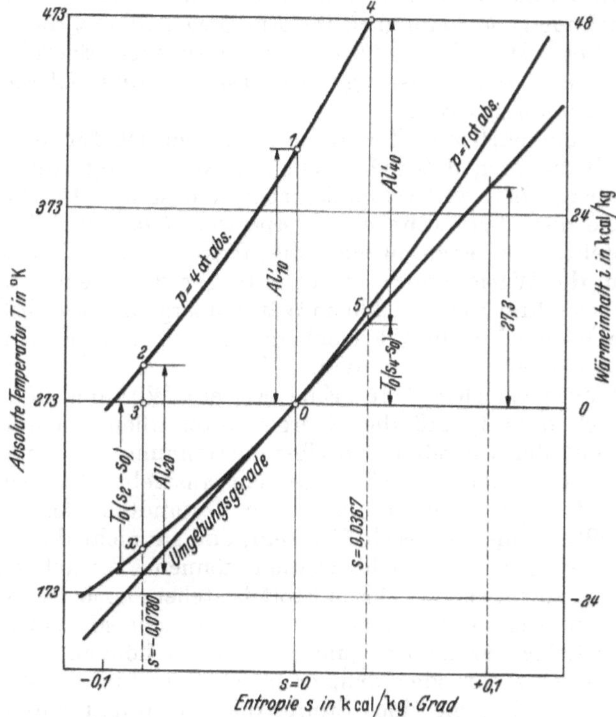

Abb. 93b. Arbeitsfähigkeit von Druckluft mit 4 at abs. Druck im i, s-Diagramm zum Beispiel S. 164/65 bei verschiedener Temperatur der Druckluft ($t_2 = 20°$ C, $t_1 = 133°$ C, $t_4 = 200°$ C).

von tragen nur 16,1 — 10,0 = 6,1 kcal/kg zur Erhöhung der Arbeitsfähigkeit der Druckluft bei, die übrigen 10 kcal/kg werden auf dem Wege von 5 nach 0 wieder abgeführt. Die Arbeitsfähigkeit ist $A\,l'_{40} = 31{,}9 + 16{,}1 - 10{,}0 = 38{,}0$ kcal/kg. Beim Zeichnen der Umgebungsgeraden ist zu beachten, daß die Neigung der Tangente an der Stelle $T_0 = 273°$K gleich 273 ist. In Abb. 93b ist $27{,}3/0{,}1 = 273$.

XIII. Nichtumkehrbare Vorgänge.

51. Allgemeine Erscheinungen.

Alle natürlichen Vorgänge sind nichtumkehrbar, weil die *Reibung* hemmend am Werke ist. Bei jeder Zustandsänderung wird arbeitsfähige Energie umgesetzt, von der stets ein mehr oder weniger großer Teil zu *Reibungswärme* wird. Dadurch ist am Ende der Umsetzung nicht mehr so viel arbeitsfähige Energie vorhanden, daß der Vorgang wieder rückgängig gemacht werden könnte. Der Anfangsbestand des Körpers an arbeitsfähiger Energie muß um das Äquivalent der erwachsenden Reibungswärme größer sein als die zum umkehrbaren Vorgang notwendige Energie.

Temperaturgefälle. Wenn sich zwei benachbarte Körper in gleichem Zustand befinden, so heißt das, ihr Energiegehalt hat die *gleiche Intensität*, und es besteht *kein natürlicher Anlaß* zu einem Energieaustausch und damit zur Arbeitsleistung. Nur *Intensitätsunterschiede* bringen natürliche Vorgänge zuwege.

Bei den umkehrbaren Zustandsänderungen ist für den Wärmeaustausch Bedingung, daß die beteiligten Körper stets dieselbe Temperatur haben, eben weil sie umkehrbar sein sollen. In Wirklichkeit geht Wärme nur über, wenn ein *Temperaturgefälle* (oder Temperatursturz) besteht. Und ebensowenig, wie Wasser von sich aus bergauf fließt, kann die Wärme von sich aus entgegen dem Temperaturgefälle wieder zurückkehren: Der wirkliche Wärmeübergang ist *nichtumkehrbar*. Die innere Reibung beim Wärmeübergang kann nur bei einem Temperaturgefälle überwunden werden.

Streben nach Gleichgewicht. Eine weitere Wirkung der Reibung erstreckt sich darauf, daß die Energie unter allen Umständen ihre Intensität mit der Umgebung in Übereinstimmung zu bringen sucht, oder mit anderen Worten, Gleichgewicht anstrebt. *Die Natur kennt keine völlige Isolierung*, denn die kleinsten Bestandteile der isolierenden Schicht müßten sonst so beschaffen sein, daß sie nicht durch Reibung zur Wärmebewegung angefacht werden können. Tatsächlich können sie weder aus einem reibungslosen Stoff bestehen, noch ist es denkbar, daß die gegenseitige Verhaftung ihrer Bestandteile so unendlich stark ist, daß sie keine Wärmebewegung aufnehmen können. Jeder natürliche Körper ist mehr oder weniger durchlässig für die Wärme. Die innere kinetische Energie eines Stoffes diesseits bringt durch Reibung allmählich die Teilchen der Schicht selbst und fortschreitend die jenseits der Schicht befindlichen Stoffteilchen in Bewegung, wenn ein Temperaturgefälle in dieser Richtung besteht.

Gleichgewicht und Zeit. Wie schon der Hinweis „allmählich" sagt, ist die *Zeit* von maßgeblichem Einfluß. So kann arbeitsfähige Wärmeenergie nur dann ein Höchstmaß an äußerer mechanischer Arbeit leisten, wenn der Energieumsatz äußerst rasch vonstatten geht. Im anderen Grenzfall eines äußerst langsamen Vorganges wird überhaupt keine äußere mechanische Arbeit geleistet, weil inzwischen alle Wärmeenergie durch innere Arbeit bei der Verteilung als Wirkung der molekularen Reibung arbeitsunfähig geworden ist (Erreichen des thermischen Gleichgewichts). Die *Arbeitsfähigkeit vergeht mit der Zeit*; Entropie und Zeit sind richtungsverwandte Begriffe; Verteilung und Entropievermehrung sind eine Frage der Zeit.

Ebenso wie die Wärmeenergie trachten andere Energieformen auch nach Verteilung (Gleichgewicht), die nicht von selbst rückgängig gemacht werden kann. Tatsächlich kann auch die Druckenergie nicht durch völlige Isolierung vor der Verteilung bewahrt werden, ein Unterschied besteht nur insofern, als hier die

„Isolierstoffe" der Technik, also in erster Linie Stahl, als weitgehend energiedicht anzusprechen sind. Wenn auch der dichteste natürliche Stoff immer noch eine gewisse Porosität hat, so sind die technisch üblichen Stoffe doch so dicht, daß der Verlust an Arbeitsfähigkeit durch Verteilung der Druckenergie nicht merklich wird, solange die Zeit nicht allzu lang ist. Immerhin diffundiert z. B. Sauerstoff in solchem Maße durch Metallwände, daß Flaschengas baldig verwandt werden muß.

Wegen der besonderen Schwierigkeit bei der Isolierung der Wärmeenergie müssen alle Wärmekraftmaschinen die zugeführte Energie in möglichst kurzer Zeit umsetzen. Der adiabatische Arbeitsprozeß kann um so mehr angenähert werden, je schneller sich die Vorgänge abspielen. Es gibt nun Umstände, die die Wärmeverteilung verzögern, und solche, die sie beschleunigen.

Wie im Abschnitt XVII über die Gesetze der Wärmeübertragung näher ausgeführt wird, sind die natürlichen Stoffe in verschiedenem Maße *wärmedurchlässig*. Metalle z. B. gehören zu den guten Wärmeleitern, während z. B. Luft oder stark lufthaltiges Haufwerk gewisser Stoffe, wie Fasern aus Glas oder Schlackenwolle, weit weniger gut durchlässig sind. Dadurch ist man imstande, die Wärme mehr oder weniger gut *abzudämmen.*

Beschleunigend wirken Bewegungen innerhalb des Wärmeträgers, wie das bei flüssigen und flüchtigen Stoffen möglich ist. Ändert ein wirkliches Gas seine Form, z. B. durch Ausdehnung, so kommt es durch die innere Reibung zu *wirbelartigen Bewegungen.* Wenn dabei ein Temperaturgefälle von innen nach außen besteht, so werden wärmere Gasteilchen aus der Mitte der Gasmasse an die kältere Begrenzung herangewirbelt, wo sie ihren Überschuß an arbeitsfähiger Wärmeenergie abgeben. Die Wärmeübertragung wird dadurch gefördert.

Begrenzung der Betriebstemperatur. Bei allen Wärmekraftprozessen stehen sich im Grunde genommen stets die beiden Forderungen gegenüber: der thermische *Wirkungsgrad* eines Prozesses kann um so besser sein, je *höher die Temperatur* der zugeführten Wärme ist. Der Schutz der Maschinen vor Zerstörung fordert andererseits, eine gewisse *Höchsttemperatur nicht zu überschreiten.* Bei Kraftprozessen mit niedriger Temperatur wünscht man die Wärme festzuhalten und sucht gut abzudämmen. Wenn aber die Temperaturen so hoch werden, daß die Baustoffe in ihrer Festigkeit zu sehr nachlassen (Stahl 600—700 °C als obere Grenze), wie etwa bei schnellaufenden Verbrennungskraftmaschinen, so ist man gezwungen, die Wärmeübertragung durch zusätzliche Kühlung zu fördern. Bei Baustoffen wiederum, die hohe Temperaturen vertragen, wie in Feuerungen, wendet man alle Sorgfalt für eine möglichst gute Abdämmung an.

Anstoß zur Energieumsetzung. Bei jeder Art von Energieverteilung vermindert die Natur die Arbeitsfähigkeit der Energie, ohne daß dabei *äußere* mechanische Arbeit geleistet wird. Man kann die Natur nur zu Energieumsetzungen mit nennenswerter äußerer mechanischer Arbeit veranlassen, zu der sie an sich drängt, wenn man durch künstliche Eingriffe für einen schnellen Ablauf sorgt, wobei es zu nichtumkehrbaren stürmischen Zustandsänderungen kommt. So kann man z. B. die Umsetzung von chemischer Energie einleiten, indem man einen Brennstoff entzündet. Mechanische Energie kann man zur Umsetzung veranlassen, indem man z. B. die Haltevorrichtung für ein Gewicht löst. Solche Eingriffe erfordern nur einen geringen Energieaufwand (Aktivierungsenergie, Anstoßenergie), der aber genügt, um die stabile natürliche Abdämmung der Energie zu unterbrechen. Man hat es auch in der Hand, den zeitlichen Ablauf der Umsetzung zu regeln und z. B. eine lebhafte oder träge Verbrennung zuzulassen oder den Vorrat an Druckenergie in einem Preßluftbehälter schnell oder langsam zu verarbeiten.

Lenkung der Energieumsetzung. Es ist die Aufgabe des Technikers, den Energievorrat der Natur zu möglichst großer Arbeitsleistung unter Beachtung aller übrigen Bedingungen, wie Fragen der Sicherheit, der praktischen Zweckmäßigkeit und der Kapital- und Betriebskosten, heranzuziehen. Alle natürlichen Vorgänge der Bewegung, so auch der Wärmeübertragung, der Strömung, des Mischens und der Verbrennung, sind wegen der Reibung von Natur aus nicht umkehrbar, weil sie von selbst nur in Richtung einer Verringerung des Intensitätsunterschiedes der Energie und niemals entgegengesetzt verlaufen. Aber durch geschickte Anordnung läßt es sich erreichen, daß die Summe der *Nichtumkehrbarkeiten als Folge der Reibung* mehr oder weniger groß ist. Hier ist ein weites Betätigungsfeld für den menschlichen Geist zu sparsamem Ansatz und sinnvoller Lenkung der Naturkräfte, die zur Erhaltung des Daseins und zur Besserung der Lebensbedingungen bereitgestellt sind.

52. Energiebilanz.

Bei *umkehrbaren* Vorgängen führt die Energiebilanz zu den allgemeinen Wärmegleichungen

$$Q_{12} = U_{21} + AL_{12}$$

und

$$Q_{12} = \int_1^2 T\,dS.$$

Wenn nun dieselbe Arbeit L_{12} bei irgendeiner *nichtumkehrbaren* Zustandsänderung geleistet werden soll, so ist zusätzlich eine *Reibungsarbeit* zu bewältigen, deren Wärmeäquivalent Q_R sei. Offenbar reicht dann die Wärmezufuhr Q_{12} für die beabsichtigte Zustandsänderung nicht mehr aus, und es ist

$$Q_{12} \leqq U_{21} + AL_{12} + Q_R,$$

weil die Reibungswärme Q_R stets positiv im Sinne eines Mehraufwands ist. Das Gleichheitszeichen ist auf die gedachten reibungslosen Vorgänge beschränkt, wobei $Q_R = 0$ ist.

Die wirkliche Zustandsänderung kommt nur unter einem *Mehraufwand* an Wärmeenergie von Q_R zustande. Es ist

$$Q_{12} + Q_R = \int_1^2 T\,dS$$

und

$$\boxed{Q_{12} \leqq \int_1^2 T\,dS} \tag{251}$$

mit Gleichheitszeichen bei $Q_R = 0$. Das bedeutet, daß in Wirklichkeit wegen der Reibung mehr (*arbeitsfähige*) Wärmeenergie aufzuwenden ist, als im theoretischen Falle ohne Reibung.

Das gleiche gilt, wenn eine Zustandsänderung durch Umsetzung von arbeitsfähiger mechanischer Energie über mechanische Arbeit hervorgerufen wird. Es ist dann

$$A L_{12} + Q_R \geqq Q_{12} + U_{12},$$

und die beim reibungslosen Vorgang abzuführende Wärmemenge ist kleiner als in Wirklichleit, also

$$Q_{12} \leqq \int_1^2 T dS,$$

wie bereits oben und mit Gl. (180) festgestellt wurde. Bei dem wirklichen Vorgang ist mehr arbeitsfähige Energie aufzuwenden und wird ein Mehr an Wärme entzogen und an die Umgebung abgeführt.

Reibungsarbeit als Verlust. Wenn man die Reibungsarbeit einen Verlust nennt, wie es allgemeiner Sprachgebrauch ist, so muß man sich darüber im klaren sein, daß es sich nicht um einen Energieverlust schlechthin handelt, sondern um einen Verlust an arbeitsfähiger Energie, dem ein entsprechender Zugang an arbeitsbehinderter Wärmeenergie gegenübersteht, mit anderen Worten, die Energieumsetzung nimmt einen unerwünschten Verlauf. Dadurch, daß es in Wirklichkeit kein abgeschlossenes System geben kann, sucht sich die Reibungswärme über die Grenzen des „abgeschlossenen Systems" hinaus auf die Umgebung zu verteilen und beginnt die Reibungswärme zu einem Verlust zu werden, indem ein Fehlbetrag im Energiehaushalt des „abgeschlossenen Systems" entsteht.

53. Nichtumkehrbare Kreisprozesse.

Wie in Abschnitt 43a ausgeführt wurde, kann man einen beliebigen umkehrbaren Kreisprozeß in eine Anzahl CARNOTscher Kreisprozesse zerlegen, und es war ein gemeinsames Merkmal aller dieser Prozesse, daß der Ausdruck (215)

$$\int_1^{n=1} \frac{dQ}{T} = 0$$

ist. Es entsteht die Frage nach dem Ergebnis bei natürlichen Prozessen. Da man ohne Zweifel dasselbe Zerlegungsverfahren auch auf natürliche Prozesse anwenden kann, genügt es, sich auf einen Prozeß aus zwei Isothermen T_1 und T_2 und verbindende Adiabaten zu beschränken, also einen dem theoretischen CARNOT-Prozeß ähnlichen Verlauf.

Es ist das Verdienst CARNOTS, als erster nachgewiesen zu haben, daß der thermische Wirkungsgrad dieses oder irgendeines anderen nichtumkehrbaren Prozesses nicht größer sein kann als der thermische Wirkungsgrad eines (theoretischen) CARNOT-Prozesses im selben Temperaturbereich.

Angenommen, der wirkliche Prozeß spielt sich zwischen den Temperaturen T und T_0 ab. Er wird verglichen mit einem umkehrbaren CARNOT-Prozeß, ebenfalls zwischen den Grenzen T und T_0.

Wenn theoretisch zur Leistung einer bestimmten Arbeit AL die Wärmemenge Q_{12} zugeführt werden muß, so sind hierfür in Wirklichkeit $Q_{12} + \Delta Q_{12}$ kcal nötig. Die Reibungsarbeit $AL_R = Q_R$ steht zum Mehraufwand ΔQ_{12} angenähert im Verhältnis

$$\frac{AL_R}{\Delta Q_{12}} = \frac{T - T_0}{T}.$$

Der Mehraufwand beträgt mithin

$$\Delta Q_{12} = \frac{T}{T - T_0} A L_R = \frac{T}{T - T_0} T_u \Delta S,$$

wobei naturgemäß T_0, die untere Prozeßgrenze, nicht mit der Umgebungstemperatur T_u zusammenzufallen braucht. In

$$\Delta S = \frac{T - T_0}{T} \frac{\Delta Q_{12}}{T_u} \tag{252}$$

drückt sich die Summe aller Nichtumkehrbarkeiten aus. Wenn ΔQ_{12} gegen Null geht, verschwindet auch ΔS.

Wenn nun beim CARNOT-Prozeß eine Wärmezufuhr von $Q_1 = Q_{12}$ und eine Wärmeabfuhr von $-Q_2 = Q_{34}$ nötig ist, also

$$Q_1 - Q_2 = Q_{12} + Q_{34} = AL,$$

um die Arbeit AL zu leisten, so ist der Wärmeaustausch beim wirklichen Prozeß zu gering. Es ist

$$\frac{Q_{12} + Q_{34}}{Q_{12}} \leqq \frac{AL}{Q_{12}} = \frac{T - T_0}{T}.$$

Bildet man jetzt die Summe aller Werte Q/T, so findet man

$$1 + \frac{Q_{34}}{Q_{12}} \leqq 1 - \frac{T_0}{T}$$

und

$$\frac{Q_{12}}{T} + \frac{Q_{34}}{T_0} \leqq 0$$

und schließlich

$$\boxed{\int_1^{n=1} \frac{dQ}{T} \leqq 0} \tag{253}$$

als allgemeine Gesetzmäßigkeit.

Die Bilanz geht nicht auf, am Ende fehlt tatsächlich ein Teil; der Prozeß schließt sich nicht zu einem Kreisprozeß, und zwar um so weniger, je größer die Reibungsarbeit ist, oder mit anderen Worten, je mehr die Summe der „Nichtumkehrbarkeiten" während eines Spiels ausmacht.

Ein *Naturprozeß kann nur ablaufen*, wenn Anfangs- und Endzustand *nicht im Gleichgewicht* sind. Alle Naturprozesse schreiten in einer Gleichgewicht suchenden Richtung fort und erlahmen mit dem Einfahren in den Gleichgewichtszustand, d. h. mit dem Ausgleich der Intensität aller gespeicherten Energie. *Kreisförmig geschlossene Gleichgewichtsprozesse* gibt es in Wirklichkeit nicht, sie zeigen aber als *Idealprozesse* die *Grenze der möglichen Verbesserung* wirklicher Prozesse auf. Ihr Studium vermittelt die Handhabe für eine gewollte Lenkung der Naturvorgänge. Nur die genaue Kenntnis der theoretischen Zusammenhänge befähigt den Menschen, die natürlichen Gleichgewichtsstörungen mit *größtmöglicher Ausbeute* an mechanischer Arbeit nutzbar zu machen, indem er den Gleichgewicht suchenden Naturvorgängen ihren *Weg vorschreibt.* Nicht minder wichtig ist die damit im engen Zusammenhang stehende Aufgabe, *Gleichgewichtsstörungen* mit dem geringstmöglichen Aufwand an mechanischer Arbeit *hervorzurufen,* sei es z. B. in einer Kälteanlage, in einer Feuerung oder einer Gasverdichtungsanlage. Wenn auch einzelne unserer technischen Prozesse die Grenze der Verbesserungsfähigkeit nahezu erreicht haben, so ist doch der weitaus überwiegende Teil noch weit von dieser Grenze entfernt. Besonders die Kenntnis der Regeln des *2. Hauptsatzes* läßt uns verbesserungsfähige Wegstellen auffinden, damit die lebensnotwendige Arbeitsfähigkeit des Energievorrates in der Natur zwar unaufhaltsam, aber doch so ausgenützt wie möglich verrinnt[1].

54. Nichtumkehrbare Zustandsänderungen.

Mit der allgemeinen Beziehung (253) kann man die Bedingungen kennenlernen, unter welchen eine nicht umkehrbare Zustandsänderung ganz allgemein ablaufen kann. In Abb. 94 ist im P, V-Diagramm eine nichtumkehrbare Zustandsänderung von 1 nach 2 und daneben eine umkehrbare gezeichnet.

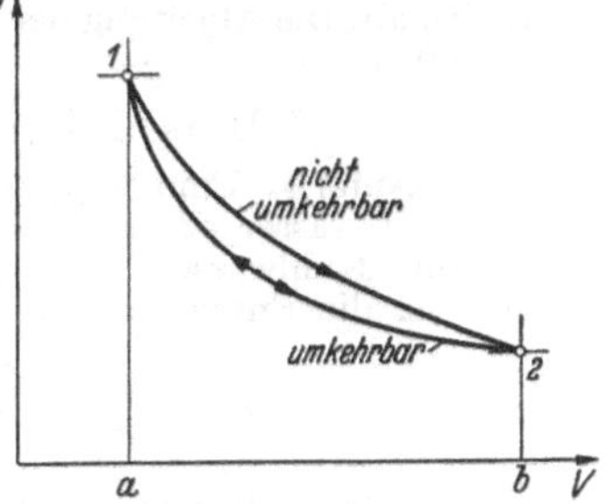

Abb. 94. Nichtumkehrbare und umkehrbare Zustandsänderungen von Zustand 1 nach 2.

Man kann diese Änderungen als Kreisprozeß auffassen, der zum Teil 2—1 umkehrbar und zum anderen Teil 1→2 nichtumkehrbar verläuft. Es leuchtet ein, daß jetzt nicht mehr wie mit (215) gilt

$$\int_1^2 \frac{dQ}{T} + \int_2^1 \frac{dQ}{T} = 0,$$

sondern daß

$$\int_1^2 \left(\frac{dQ}{T}\right) + \int_2^1 \frac{dQ}{T} \leqq 0$$

ist. Die runde Klammer soll den nichtumkehrbaren Vorgang andeuten. Die Energiezufuhr dQ ist für die wirkliche Zustandsänderung 1→2 zu klein und

$$\int_1^2 \left(\frac{dQ}{T}\right) \leqq S_2 - S_1$$

oder

$$\boxed{\frac{dQ}{T} \leqq dS}.$$

Der Mehrbedarf an Energie, gleichviel, wie der Vorgang verläuft, wird zu Reibungswärme (und geht an die Umgebung). Dadurch ist eine wirkliche Zustandsänderung stets mit einer Vermehrung der Gesamtentropie von Körper und Umgebung verbunden.

Für die Adiabate im besonderen gilt ohne Reibung die Gleichung

$$\int_1^2 \frac{dQ}{T} = 0 = \Delta S.$$

[1] Bei dieser Gelegenheit ein Wort zu der Möglichkeit eines Perpetuum mobile! Nachdem der erste Hauptsatz der mechanischen Wärmetheorie erkennen ließ, daß Energie weder gewonnen noch vernichtet werden kann, ist ein Perpetuum mobile I. Art nicht möglich. Der zweite Hauptsatz bekundet, daß es keinen irgendwie gearteten natürlichen Prozeß gibt, durch den die Entropie vermindert werden kann. Das Bemühen, entwertete Wärmeenergie von selbst zur Arbeitsleistung heranzuziehen, ist in jedem Falle vergeblich. Man kann aus Wärmeenergie nicht ohne Temperaturgefälle mechanische Arbeit gewinnen. Damit ist auch ein Perpetuum mobile II. Art ausgeschlossen.

Die Entropie bleibt konstant, $\Delta S = 0$. Bei einer wirklichen Adiabate ist

$$\int_1^2 \frac{dQ}{T} = 0 \leqq \Delta S, \tag{254}$$

d. h. wohl ist auch hier $dQ = 0$, aber die Entropie nimmt mehr oder weniger zu, es sei denn, daß die Reibung verschwindend klein wird. Eine Abnahme der Entropie ist ausgeschlossen.

Man ersieht daraus, daß der wirkliche Prozeß zwischen zwei Isothermen und zwei Adiabaten wesentlich vom Bild des umkehrbaren Carnot-Prozesses abweichen kann, je nachdem, wie groß die Reibung ist. Im T, S-Diagramm bilden sich die Adiabaten nicht mehr als senkrechte Gerade, sondern mit zunehmender Zustandsänderung als immer mehr in Richtung wachsender Entropie abgekrümmte Linien ab. Die Ableitung der Beziehung (252) kann daher nur in erster Annäherung zutreffen.

Beispiele zu den Abschnitten 51 bis 54.

Beispiel 1. Eine wassergekühlte Kraftmaschine gibt stündlich 3000 kcal an das Kühlwasser ab. Das mittlere Temperaturgefälle ist 300° vom Betriebsstoff bis zum Kühlwasser, das eine durchschnittliche Temperatur von 40° C hat. Wie groß ist die Entropiezunahme? (Temperaturen als unveränderlich angenommen.)

$$S_2 - S_1 = \frac{Q}{T_2} - \frac{Q}{T_1} = 3000\left(\frac{1}{313} - \frac{1}{613}\right) = 4{,}69 \text{ kcal/h} \cdot \text{Grad}.$$

Beispiel 2. In einer Gasflasche von 40 l Inhalt befindet sich Wasserstoff unter 150 at abs. und bei + 20° C. Die Flasche wird an einen absolut leeren Druckbehälter von 40 m³ Fassung angeschlossen und langsam abgelassen. Um wieviel nimmt die Entropie bei diesem Vorgang zu, wenn die Umgebungstemperatur und die Temperatur ebenfalls 20° C sind? (Keine Temperaturveränderung und kein Wärmeaustausch mit der Umgebung angenommen.)

Arbeitsfähig ist nur die Druckenergie. Anfangszustand p_1, V_1 und Endzustand p_2, $V_1 + V_2$. Da weder Wärme ausgetauscht noch äußere mechanische Arbeit geleistet wird, ist

$$p_1 V_1 = p_2(V_1 + V_2).$$

Der Druck fällt von p_1 auf p_2, in natürlicher Richtung. Wenn die Temperatur dieselbe bleibt, ist pV = konst. Die Zustandsänderung ist nicht umkehrbar; sie verläuft gleichzeitig adiabatisch.

$$p_2 = \frac{150 \cdot 0{,}040}{40{,}040} = 0{,}15 \text{ at abs.}$$

Wasserstoffgewicht

$$G = \frac{P_1 V_1}{R T_1} = \frac{150 \cdot 10^4 \cdot 0{,}040}{420{,}6 \cdot 293} = 0{,}487 \text{ kg}.$$

Bei konstanter Temperatur gilt für die Entropiezunahme

$$S_2 - S_1 = G \cdot 2{,}303 \cdot A R \lg\left(\frac{p_1}{p_2}\right) > 1, \quad \text{weil } p_1 > p_2 \text{ ist}.$$

$$S_2 - S_1 = 0{,}487 \cdot 2{,}303 \cdot \frac{420{,}6}{427} \cdot \lg\frac{150}{0{,}15} = 3{,}315 \text{ kcal/Grad}.$$

Beispiel 3. Wie groß ist die Entropiezunahme, wenn im vorigen Beispiel der Wasserstoff nicht in einen leeren, sondern in einen mit Wasserstoff auf 1,1 at abs. aufgefüllten und auf 0° C befindlichen Behälter langsam abgelassen worden wäre? ($L = 0$, $Q = 0$.)

Vorgang bei konstantem Volumen $V_1 + V_2$.

Bezeichnungen Flasche p_1, t_1, V_1, G_1. Behälter p_2, t_2, V_2, G_2.

Nach der Mischung gilt p_m, t_m, $V_1 + V_2$, $G_1 + G_2$. Es ist

$$G_1 c_{v1}(t_m - t_1) + G_2 c_{v2}(t_m - t_2) = 0$$

und

$$t_m = \frac{G_1 c_{v1} t_1 + G_2 c_{v2} t_2}{G_1 c_{v1} + G_2 c_{v2}}$$

und

$$T_m = \frac{\frac{P_1 V_1}{R} c_{v1} + \frac{P_2 V_2}{R} c_{v2}}{\frac{P_1 V_1}{T_1 R} c_{v1} + \frac{P_2 V_2}{T_2 R} c_{v2}} = \frac{\frac{P_1 V_1}{\varkappa_1 - 1} + \frac{P_2 V_2}{\varkappa_2 - 1}}{\frac{P_1 V_1}{T_1} \frac{1}{\varkappa_1 - 1} + \frac{P_2 V_2}{T_2} \frac{1}{\varkappa_2 - 1}}$$

mit $AR = c_p - c_v$ und $AR/c_v = \varkappa - 1$. Bei dem geringen Temperaturunterschied $t_1 - t_2 = 20°$ kann man $\varkappa_1 = \varkappa_2 = \varkappa = 1{,}4$ setzen. Damit ist

$$T_m = \frac{p_1 V_1 + p_2 V_2}{\frac{p_1 V_1}{T_1} + \frac{p_2 V_2}{T_2}} = \frac{150 \cdot 0{,}04 + 1{,}1 \cdot 40}{\frac{150 \cdot 0{,}04}{293} + \frac{1{,}1 \cdot 40}{273}} = 275{,}25° \text{ K}; \quad t_m = +\,2{,}25° \text{ C};$$

$$p_m = \frac{p_1 V_1 + p_2 V_2}{V_1 + V_2} = \frac{150 \cdot 0{,}04 + 1{,}1 \cdot 40}{0{,}04 + 40} = 1{,}25 \text{ at abs.}$$

Entropiezunahme: Nach der Lehre von den Gasmischungen (siehe Abschnitt XV[1]) kann man sich vorstellen, daß nach der Mischung der eine Gasteil den Teildruck p_1', das schon im Behälter anwesende Gas den Teildruck p_2' hat, wobei $p_1' + p_2' = p_m$ ist, in Zahlen $0{,}15 + 1{,}10 = 1{,}25$ at abs. Es ist dann nach Temperaturausgleich

$$p_1' = p_1 \frac{V_1}{V_1 + V_2} \frac{T_m}{T_1} = 0{,}140 \text{ at abs.}$$

und

$$p_2' = p_2 \frac{V_2}{V_1 + V_2} \frac{T_m}{T_2} = 1{,}110 \text{ at abs.}$$

Für das Flaschengas gilt

$$S_m - S_1 = G_1 \left[c_v \ln \frac{p_1'}{p_1} + c_p \ln \frac{V_1 + V_2}{V_1} \right]$$

$$= 0{,}487 \cdot 2{,}303 \cdot \left[2{,}418 \cdot \lg \frac{0{,}140}{150} + 3{,}403 \cdot \lg \frac{40{,}04}{0{,}04} \right]$$

$$= 3{,}235 \text{ kcal/Grad (obiges Beispiel 3,315).}$$

Für das Behältergas gilt mit

$$G_2 = \frac{P_2 V_2}{R T_2} = 3{,}832 \text{ kg},$$

$$S_m - S_2 = 3{,}832 \cdot 2{,}303 \cdot \left[2{,}418 \cdot \lg \frac{1{,}110}{1{,}1} + 3{,}403 \cdot \lg \frac{40{,}04}{40} \right]$$

$$= 0{,}097 \text{ kcal/Grad}.$$

Gesamte Entropiezunahme $\Delta S = 3{,}332$ kcal/Grad des Systems.

Beispiel 4. Verschiedene Rauchgase strömen in einen Schornstein bei unveränderlichem Druck p. Wie groß ist T_m und die Entropieänderung eines der Rauchgase bei adiabatischem Vorgang?

Es ist

$$G_1 c_{p1}(t_m - t_1) + G_2 c_{p2}(t_m - t_2) + \cdots = 0$$

[1] Dem Leser wird empfohlen, zunächst den Abschnitt 67 über Gasmischungen zu lesen.

und

$$T_m = \frac{G_1 c_{p1} T_1 + G_2 c_{p2} T_2 + \cdots}{G_1 c_{p1} + G_2 c_{p2} + \cdots}$$

$$= \frac{V_1 \frac{\varkappa_1}{\varkappa_1 - 1} + V_2 \frac{\varkappa_2}{\varkappa_2 - 1} + \cdots}{\frac{V_1}{T_1} \frac{\varkappa}{\varkappa_1 - 1} + \frac{V_2}{T_2} \frac{\varkappa}{\varkappa_2 - 1} + \cdots}$$

zur Vereinfachung c_p als unveränderlich angenommen, mit

$$V = \frac{G R T}{P} \quad \text{und} \quad \frac{G T}{A} = \frac{P V}{A R} \quad \text{und} \quad \frac{A R}{c_p} = 1 - \frac{1}{\varkappa} = \frac{\varkappa - 1}{\varkappa}$$

$$\text{und} \; \frac{G T c_p}{A} = \frac{P V \varkappa}{\varkappa - 1}.$$

Für gleiche Werte von $\varkappa$ ist

$$T_m = \frac{V_1 + V_2 + \cdots}{\frac{V_1}{T_1} + \frac{V_2}{T_2} + \cdots}.$$

Die Entropieänderung des Gases mit Zeiger 1 ist nach (200)

$$S_m - S_1 = G_1 c_{p1} \ln \frac{T_m}{T_1} \gtreqless 1,$$

d. h. die Entropie kann zunehmen, gleichbleiben oder abnehmen, je nachdem, ob $T_1 \lesseqgtr T_m$ ist. Für alle Gase zusammen aber, deren Zahl n sei, gilt

$$\sum_{i=1}^{i=n} \ln \frac{T_m}{T_i} = n \ln T_m - \sum_{i=1}^{i=n} \ln T_i > 0$$

und kann die Entropie nur zunehmen. Der Mischvorgang ist nicht umkehrbar.

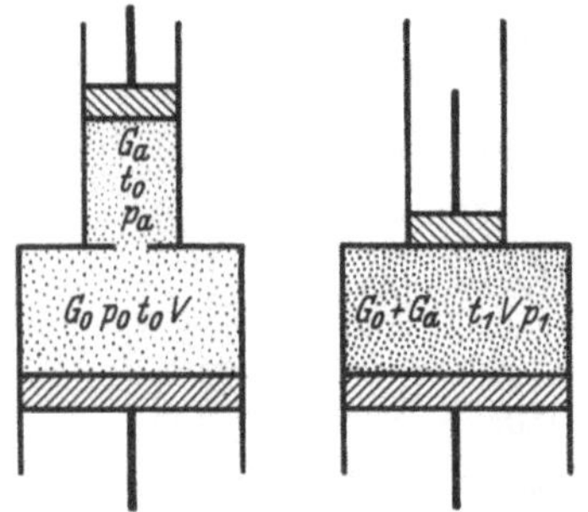

Abb. 95. Skizze zum Beispiel (nach MOLLIER) der Einströmung in eine Gasmaschine mit Ladepumpe.

Beispiel 5. Im Verdichtungsraum einer Gasmaschine befindet sich Luft von $p_0 = 20$ at abs. und $T_0 = 500°$ K. Das Verbrennungsgas wird in einer besonderen Ladepumpe vorverdichtet auf p_a, T_0 und dann in den Verdichtungsraum gepreßt, so daß der Druck dort auf $p_1 = 21$ at abs. steigt. Welche Mischungstemperatur stellt sich ein? Siehe hierzu Abb. 95. Wie groß ist die Entropieänderung der Luft bei diesem Mischungsvorgang? Brenngas und Luft sollen als vollkommene Gase mit $\varkappa = 1{,}4$ betrachtet werden ($p_a > p_0$ und $Q = 0$).

Es ist

$$(G_0 + G_a) c_v (T_1 - T_0) = A P_a V_a = A P_a G_a v_a = A G_a R T_0.$$

Mit $A R/c_v = \varkappa - 1$ folgt

$$T_1 - T_0 = (\varkappa - 1) \frac{G_a}{G_0 + G_a} T_0 = (\varkappa - 1)\left(1 - \frac{G_0}{G_0 + G_a}\right) T_0.$$

Ferner ist mit

$$P_0 V = G_0 R T_0,$$

$$\frac{P_1 V = (G_0 + G_a) R T_1}{\frac{P_0}{P_1} = \frac{G_0}{G_0 + G_a} \frac{T_0}{T_1}}$$

die Temperaturspanne

$$T_1 - T_0 = (\varkappa - 1)\left(1 - \frac{p_0}{p_1}\frac{T_1}{T_0}\right) T_0,$$

und

$$T_1\left[1 + (\varkappa - 1)\frac{p_0}{p_1}\right] = T_0[(\varkappa - 1) + 1]$$

$$T_1 = T_0 \frac{\varkappa}{1 + (\varkappa - 1)\frac{p_0}{p_1}}$$

oder

$$T_1 = 500 \frac{1{,}4}{1 + 0{,}4\frac{20}{21}} = 507^\circ\,\mathrm{K}; \quad \Delta t = t_1 - t_0 = 7^\circ.$$

Der Teildruck der Luft ist $p_1' = p_0 \frac{T_1}{T_0} = 20{,}28$ at abs. Entropieänderung

$$s_1 - s_0 = c_p \ln \frac{T_1}{T_0} - A\,R \ln \frac{p_1'}{p_0}$$

$$= 0{,}24 \cdot 2{,}3 \cdot \lg \frac{507}{500} - \frac{29{,}3}{427} \cdot 2{,}3 \cdot \lg \frac{20{,}28}{20} = 0{,}002385$$

in kcal/kg · Grad. Die Entropie der Luft nimmt zu.

Beispiel 6. An Hand der Abb. 96 im Anschluß an Beispiel 5 sollen die Vorgänge beim Auspuff eines Gasmotors berechnet werden. Im Augenblick, bevor das Auslaßventil bei A öffnet, herrscht im Zylinder ein Druck $p_1 = 5$ at abs. und eine Temperatur $T_1 = 900^\circ$ K. Sobald das Auslaßventil bei A geöffnet ist, sinkt der Druck im Zylinder und im Auslaßkanal auf $p_2 = 1$ at abs. Wie groß ist die Temperatur T_2 bei diesem nichtumkehrbaren Vorgang? ($Q = 0$, $\varkappa = 1{,}4$.)

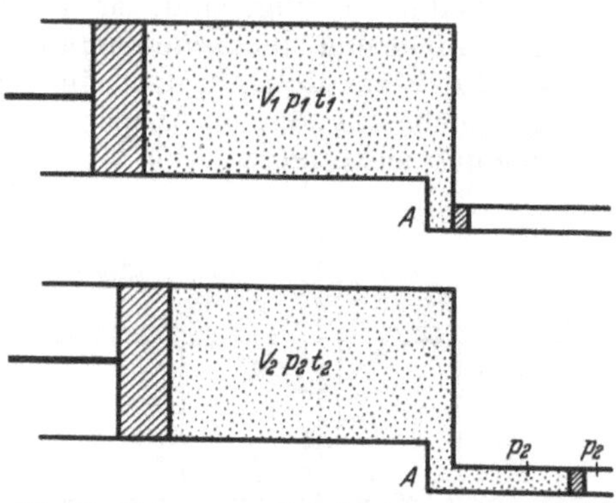

Abb. 96. Skizze zum Beispiel 6 (nach MOLLIER) der Ausströmung aus einem Gasmotor.

Es ist

$$q_{12} = u_2 - u_1 + A\,l_{12} = 0,$$

$$0 = u_2 - u_1 + A\,P_2(v_2 - v_1),$$

$$0 = u_2 + A\,P_2 v_2 - u_1 - A\,P_2 v_1 + A\,P_1 v_1 - A\,P_1 v_1,$$

$$0 = i_2 - i_1 - A\,v_1(P_2 - P_1),$$

$$i_1 - i_2 = A\,P_1 v_1\left(1 - \frac{P_2}{P_1}\right) = A\,P_1 v_1 \frac{p_1 - p_2}{p_1},$$

$$c_p(T_1 - T_2) = A\,R\,T_1 \frac{p_1 - p_2}{p_1},$$

$$\frac{T_1 - T_2}{T_1} = \frac{\varkappa - 1}{\varkappa}\,\frac{p_1 - p_2}{p_1},$$

in Zahlen

$$T_1 - T_2 = 0{,}286 \cdot 900 \cdot 4/5 = 206^\circ,$$

$$T_2 = T_1 - 206 = 694^\circ\,\mathrm{K},$$

$$t_2 = 421^\circ\,\mathrm{C}$$

Beispiel 7. In einen Wasserbehälter mit 1000 kg Wasser von 6° C werden 20 kg Wassereis von 0° C gebracht. Wie ändert sich bei dem Schmelzvorgang die Entropie? (Änderung der Behältertemperatur vernachlässigt.)

Wärmebilanz: $1000 \cdot 1 \cdot 6 + 20 \cdot (-80) = 4400$ kcal.

Ausgleichstemperatur: $t_m = \frac{4400}{1020} = 4{,}31\,°\mathrm{C}$.

Entropiezunahme bei der Erwärmung des Eises:

$$\Delta S_E = \frac{20 \cdot 80}{273} + 20 \cdot 1 \cdot 2{,}303 \cdot \lg \frac{277{,}31}{273} = 6{,}175 \text{ kcal/Grad}.$$

Entropieabnahme bei der Abkühlung des Wassers:

$$\Delta S_W = 1000 \cdot 1 \cdot 2{,}303 \cdot \lg \frac{277{,}31}{279} = -6{,}065 \text{ kcal/Grad}.$$

Entropiezunahme des Systems Wasser/Eis:

$$\Delta S = \Delta S_E + S_W = 0{,}110 \text{ kcal/Grad}.$$

55. Drosselvorgänge bei Gasen.

Ein nichtumkehrbarer Vorgang, der bei allen natürlichen Energieumsetzungen zu beobachten ist, bei dem strömende Gase, Dämpfe oder Flüssigkeiten beteiligt sind, ist der Drosselvorgang.

Potentielle und kinetische Energie. Betrachtet sei die Strömung eines Gases durch ein Rohr, in dem eine Verengung eingebaut ist, sei es ein Mengenmeßgerät oder ein Absperrorgan oder eine ähnliche Querschnittsverengung; siehe hierzu Abb. 97. Das Rohr sei wärmedicht isoliert, also eine Wärmeverteilung nach außen ausgeschlossen. Bei der Strömung durch die Verengung kommt es infolge der inneren Reibung zu starker *Wirbelung*, was sich in dem isolierten System darin auswirkt, daß der Druck fällt. Eine solche Art der *Drucksenkung* und damit Herabsetzung der Arbeitsfähigkeit der potentiellen Energie nennt man *Drosselung*. Das Gas hat das Bestreben, durch die Drosselstelle in Richtung des Druckgefälles zu fließen, niemals aber entgegengesetzt dazu.

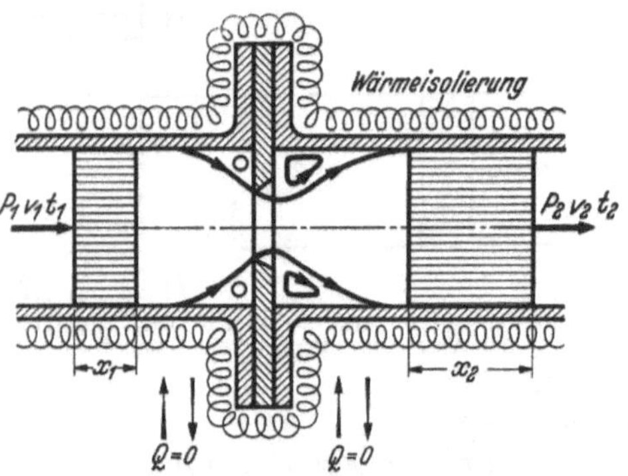

Abb. 97. In eine isolierte Rohrleitung ist eine Drosselstelle eingebaut.

Es sollen zwei Rohrquerschnitte herausgegriffen werden, die so weit vor und hinter der Drosselstelle liegen, daß sich die Wirbel noch nicht gebildet haben, und andererseits, daß der Strom wieder geglättet ist.

Der Mechanismus der Strömung zwischen den ausgewählten Querschnitten 1 und 2 kann außer Betracht bleiben. Die Arbeitsfähigkeit der Druckenergie vermindert sich um

$$\int_1^2 v\,dP = P_1 v_1 \int_1^2 \frac{dP}{P}$$

in demselben Maße, wie Reibungsarbeit L_{R12} zu leisten ist. Das Wärmeäquivalent Q_{R12} der Reibungsarbeit ist so groß, daß der Zustand 2 isothermisch vom Zustand 1 aus erreicht wird, also die Temperatur nicht fällt. Die Wirbelung ist um so heftiger und der Druckabfall um so größer, je kleiner die Durchflußöffnung gehalten wird. Mit fallendem Druck dehnt sich das Gas aus, d. h. es muß schneller strömen, wenn der Zufluß unverändert bleibt.

Nach der allgemeinen Wärmegleichung ist für G kg des Stromes bei völliger Isolierung ohne Rücksicht auf den Bewegungszustand

$$Q_{12} = U_2 - U_1 + AL_{12} = 0.$$

Wenn F der Rohrquerschnitt in m^2 ist, der vorher und nachher gleich oder verschieden sein kann, und x_1 den Weg des Gases in der Zeiteinheit oberhalb und x_2 unterhalb der Drosselstelle in m bedeutet, so ist

$$U_2 - U_1 + A(P_2F_2x_2 - P_1F_1x_1) = 0$$

oder

$$U_2 - U_1 + AP_2V_2 - AP_1V_1 = 0.$$

Für 1 kg des Gases ergibt sich

$$u_2 + AP_2v_2 = u_1 + AP_1v_1$$

oder

$$u + APv = i = \text{konst.} \tag{255}$$

Der Wärmeinhalt (die Enthalpie) bleibt bei der Drosselung unverändert, wenn kein Wärmeaustausch mit der Umgebung stattfindet ($Q_{12} = 0$). Nun findet allerdings im Gasstrom außerdem eine Umsetzung von potentieller in kinetische Energie statt.

Die mittlere Strömungsgeschwindigkeit des Gases vor der Querschnittsverengung sei w_1 in m/s, danach w_2. Dann errechnet sich die kinetische Energie des strömenden Stoffes[1] in mkg/kg zu $w_1^2/2\,g$ und $w_2^2/2\,g$, und die gesamte Energieänderung in Wärmemaß zu

$$u_1 + AP_1v_1 + A\frac{w_1^2}{2g} = u_2 + AP_2v_2 + A\frac{w_2^2}{2g}$$

oder

$$i_1 - i_2 = A\left(\frac{w_2^2}{2g} - \frac{w_1^2}{2g}\right). \tag{256}$$

Genau genommen verringert sich der Wärmeinhalt also etwas, während die kinetische Energie zunimmt. Die Zunahme macht freilich sehr wenig aus. Wenn in außergewöhnlichem Vorgang, z. B. $w_1 = 10$ m/s auf $w_2 = 50$ m/s geht, so ist doch nur

$$A\left(\frac{w_2^2}{2g} - \frac{w_1^2}{2g}\right) = A \cdot 120 = 0{,}28 \text{ kcal/kg}.$$

Die Behauptung, daß der Wärmeinhalt bei der Drosselung unverändert bleibt, muß also dahingehend berichtigt werden, daß die Enthalpie oder der *Wärmeinhalt* (bei konstantem Druck) *praktisch bei Drosselvorgängen als unveränderlich angesehen werden kann.* Wenn der Querschnitt F_2 so groß gegenüber F_1 ist, daß gerade $w_1 = w_2$ wird, so bleibt

[1] Siehe hierzu Abschnitt XVI über Strömung.

i genau gleich. Bei tropfbaren Flüssigkeiten wird mangels Ausdehnung in jedem Falle $w_1 = w_2$ und $i_1 = i_2$, wenn sich der Rohrquerschnitt nicht ändert.

Bei Gasen, die dem allgemeinen Gasgesetz $Pv = RT$ folgen, ist

$$di = c_p dt = f(t) \tag{257}$$

und nur von der Temperatur abhängig. Unterbleibt ein Wärmeaustausch, so behält auch die Temperatur ihren Wert bei. Es handelt sich demnach bei der Drosselung sowohl um einen *isothermischen* Vorgang mit $P_1 v_1 = P_2 v_2$ als auch um einen *adiabatischen* Vorgang, die jedoch beide nicht umkehrbar sind. Die Entropie nimmt um den Betrag

$$s_2 - s_1 = AR \ln \frac{P_1}{P_2} = AR \ln \frac{v_2}{v_1} > 1 \tag{258}$$

zu. Aus

$$ds = AR \frac{dP}{P}$$

folgt für kleine Druckänderungen

$$\Delta s = AR \frac{\Delta P}{P}$$

und mit $AR = 2/M$ der Entropiezuwachs beim Drosseln zu

$$\Delta s = \frac{2}{M} \frac{\Delta p}{p} \tag{259}$$

in kcal/kg · Grad.

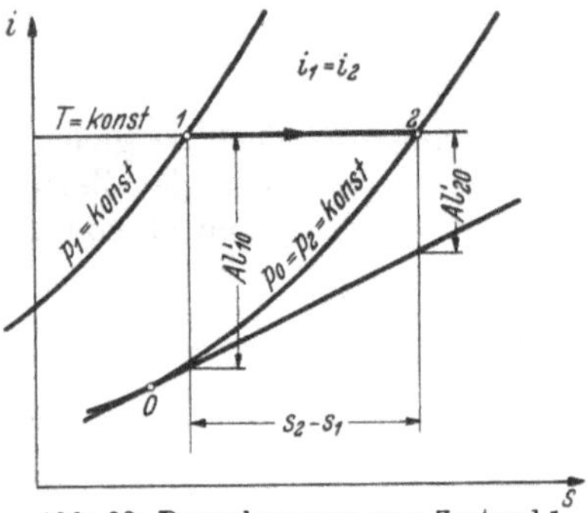

Abb. 98. Drosselvorgang vom Zustand 1 nach Zustand 2 im i, s-Diagramm.

Beispiel. Luft von 8 at abs. wird durch die Steuerungsorgane am Druckluftmotor um 0,5 at gedrosselt. Um wieviel verringert sich die Arbeitsfähigkeit? Um

$$T_u \Delta s = 293 \frac{2}{29} \frac{0{,}5}{7{,}75} = 1{,}30 \text{ kcal/kg},$$

wenn $t_u = +20°$C ist.

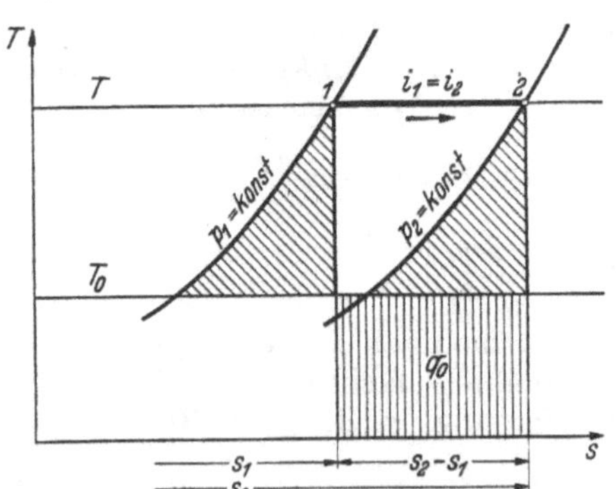

Abb. 99. Drosselvorgang im T, s-Diagramm bei gleichbleibender Temperatur vom Druck p_1 auf p_2. Verminderung der Arbeitsfähigkeit durch Entropiezunahme um $T_0 \Delta s$.

Im i, s-Diagramm ist die Drosselkurve eine Waagerechte, wie in Abb. 98 gezeigt wird. Es ist ersichtlich, in wie starkem Maße die Arbeitsfähigkeit der Energie abgebaut wird. Beim Drosseln des Druckes von p_1 auf p_2 sinkt die Arbeitsfähigkeit von Al'_{10} auf Al'_{20}.

Auch im T, s-Diagramm ist der Verlust an Arbeitsfähigkeit gut zu erkennen. In Abb. 99 ist die unter der Isobare p_1 bis zur Temperatur T_0 liegende schraffierte Fläche genau so groß wie die unter der Isobare p_2 liegende. Soweit die Arbeitsfähigkeit der gespeicherten Energie des Gases von der Temperatur herrührt, ist sie im Zustand 1 und 2 gleich groß. Aber die Arbeitsfähigkeit durch den Gasdruck ist im Zustand 2 mit $p_2 < p_1$ um den Betrag q_0 geringer, was in der größeren Entropie s_2 Ausdruck findet.

Zusammenwirken von Energieverteilung und Drosselung. Bei natürlichen Vorgängen treten Verteilung und Drosselung, beides Auswirkungsformen der Reibung, im allgemeinen gleichzeitig auf. In welchem Maße dadurch die wirklichen von den idealen Prozessen abweichen, ist z. B. am Arbeitsdiagramm einer Dampfmaschine, Abb. 100, ersichtlich. Das theoretische Diagramm bei der Füllung von A bis C ist $ACBDA$. Praktisch ist ein schädlicher Raum von A bis 1 vorhanden. Bei der Füllung von 1 bis 2 bewirken Drosselung und Wärmeverteilung an die Zylinderwände einen Abfall von der Kurve A bis C. Die Expansionslinie von 2 bis 3 verläuft nicht adiabatisch, sondern anfangs unter und später über der Adiabate, wobei die Wärmezufuhr von den aufgewärmten Zylinderwänden bestritten wird, wenn die Dampftemperatur unter die Wandtemperatur abfällt. Die Spitze des Diagrammes, die eine verhältnismäßig kleine Arbeitsfläche umfaßt, wird aus praktischen Erwägungen heraus abgeschnitten. Im Punkt 3 bereits läßt man das Auslaßorgan öffnen. Durch Drosselwirkung kommt der abgerundete Kurvenverlauf zustande. Wegen der Drosselung im Auslaßkanal muß der Auspuffdruck p_2 über dem Umgebungsdruck p_0 liegen. Im Punkt 4 schließt das Auslaßorgan wieder, und der Dampfrest wird bis auf den schädlichen Raum verdichtet und durch den einströmenden Frischdampf auf p_1 gebracht. Währenddem geht ständig ein Wärmeaustausch zwischen dem Dampf und den Wänden vor sich, und zwar stets in der Richtung des Temperaturgefälles. Nähere Ausführungen über die theoretischen und wirklichen Zustandsänderungen von Gasen und Dämpfen in den Kraft- und Arbeitsmaschinen sind im Teil B gemacht. Alle nichtumkehrbaren Vorgänge der Drosselung und Verteilung fügen es, daß in Wirklichkeit die Arbeitsausbeute nicht so groß ist wie beim theoretischen Prozeß.

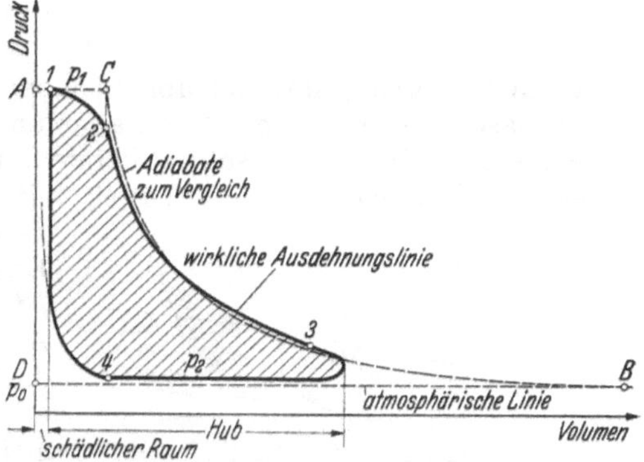

Abb. 100. Vergleich eines wirklichen Dampfmaschinendiagrammes mit dem Linienzug eines theoretischen Diagrammes bei gleicher Füllung.

Beispiel. Luft von $t_1 = 40°$ C und $p_1 = 8$ at abs. wird auf $p_2 = 5$ at abs. gedrosselt. Wie groß ist die Entropiezunehme? Wieviel von der arbeitsfähigen Energie wird bei diesem Vorgang unwirksam gemacht? (Umgebungszustand $T_0 = 273°$ K, $p_0 = 1$ at abs.)

$$i_1 = i_2 = c_p \cdot t_1 = 0{,}24 \cdot 40 = 9{,}60 \text{ kcal/kg},$$

(207) $$s_2 - s_1 = A R \ln \left(\frac{p_1}{p_2}\right) = \frac{29{,}3}{427} \cdot 2{,}3 \cdot \lg \frac{8}{5} = 0{,}0322,$$

(198) $$s_1 - s_0 = c_p \cdot \ln \left(\frac{T_1}{T_0}\right) - A R \ln \left(\frac{p_1}{p_0}\right)$$

$$= 0{,}24 \cdot 2{,}3 \cdot \lg \frac{313}{273} - \frac{29{,}3}{427} \cdot 2{,}3 \lg 8$$

$$= 0{,}0327 - 0{,}1426 = -0{,}1099 \text{ kcal/kg} \cdot \text{Grad};$$

$$A l'_{10} = i_1 - (s_1 - s_0) T_0$$

$$= 9{,}60 + 0{,}1099 \cdot 273 = 39{,}58 \text{ kcal/kg}.$$

$$\text{Anteil } 100 \cdot \frac{(s_2 - s_1) T_0}{A l'_{10}} = 100 \cdot \frac{0{,}0322 \cdot 273}{39{,}58} = 22{,}22 \text{ vH}.$$

Fast $^1/_4$ der arbeitsfähigen Energie wird unwirksam gemacht.

56. Thomson-Joule-Effekt.

In Wirklichkeit bleibt die Temperatur beim Drosseln nicht unverändert. Solange die wirklichen Gase dem allgemeinen Gasgesetz folgen, also überhitzte Dämpfe mit großem Abstand ihrer Moleküle sind, macht sich die Änderung der Temperatur

$$\left(\frac{\partial T}{\partial P}\right)_i \gtreqless 0 \tag{260}$$

bei einem Vorgang mit gleichbleibendem Wärmeinhalt nicht bemerkbar. Bei Gasen unter hohem Druck aber und bei Dämpfen ändert sich die Temperatur beim Drosseln erheblich, und zwar je nach dem Grad der Überhitzung und dem Druck mit steigender oder mit fallender Richtung. Man bezeichnet diese Erscheinung als Thomson-Joule-*Effekt* oder Drosseleffekt. Ist der Ausdruck (260) positiv (> 0), so ändert sich die Temperatur in gleichem Sinne mit dem Druck, ist er gleich Null, so bleibt die Temperatur beim Druckabfall konstant, und ist er negativ (< 0), so wächst die Temperatur an, während der Druck durch Drosselung kleiner wird.

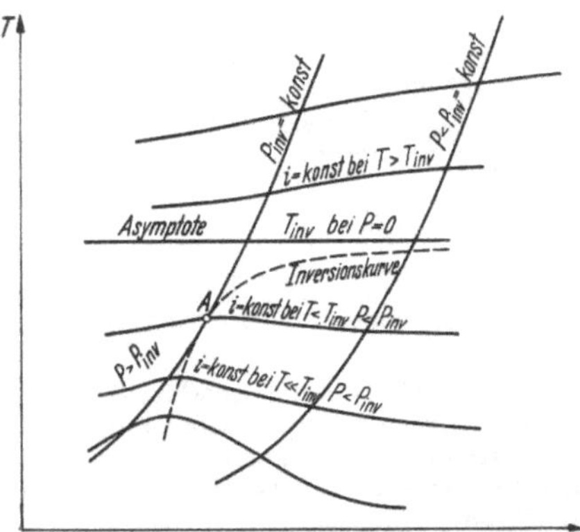

Abb. 101. T, s-Diagramm eines wirklichen Gases bei hohem Druck.

Wenn man das T, v-Diagramm für Luft, Abb. 26, z. B. betrachtet, so zeigt sich, daß es auf jeder Linie gleichen Druckes einen bestimmten Punkt gibt, bei dem sich die *Luft* gerade wie ein *vollkommenes Gas* mit der Gaskonstanten $R = 29{,}27$ verhält. In diesem Punkt schneidet sich die wirkliche Linie $p =$ konst. der Luft mit der eines idealen Gases mit der Gaskonstanten $R = 29{,}27$. Man nennt diese Schnittstellen Umkehrpunkte oder *Inversionspunkte*, ihre zugehörige Temperatur *Inversionstemperatur* T_{inv}. Die Schnittpunkte bei verschiedenen Drücken kann man durch eine *Inversionskurve* verbinden. Bei Luft unter gewöhnlichem Druck ist $T_{\text{inv}} \approx 750°$ K. Mit wachsendem Druck fällt die Inversionstemperatur ab. Es gibt schließlich einen höchsten sog. *Inversionsdruck* P_{inv}, oberhalb dem die wirklichen Isobaren gar nicht mehr zum Schnitt mit den idealen Isobaren kommen. Er liegt für Luft in der Größenordnung von 330 bis 350 at.

Oberhalb der Inversionskurve ist der Drosseleffekt < 0. Im T, s-Diagramm der wirklichen Luft, Abb. 101, steigt dementsprechend die Temperatur oberhalb der Inversionskurve beim Drosseln an, unterhalb der Kurve fällt sie. Die Kurve biegt bei höheren Drücken um, wie im T, v-Diagramm, und oberhalb des Grenzdruckes P_{inv} steigt die Temperatur bei jeglichem Drosselvorgang an und ist der Drosseleffekt nur negativ. So kommt es, daß die Linie $i =$ konst. an der Inversionskurve einen Höchstwert hat und wieder umkehrt (z. B. bei A). Daher rührt der Name Umkehrpunkt oder Inversionspunkt her.

Nach Thomson und Joule ist bei gewöhnlichen bis mäßigen Drücken der positive Drosseleffekt nur von der Temperatur abhängig, und zwar in der Form

$$\left(\frac{\partial T}{\partial p}\right)_i = f(T) = k\left(\frac{273}{T}\right)^2. \tag{261}$$

Je niedriger die Temperatur ist, um so stärker fällt die Temperatur je at Drosselung ab, wie auch Abb. 101 erkennen läßt. Die Konstante k wurde gefunden zu

$$\left.\begin{aligned} k &= 0{,}27 \text{ für Luft.} \\ k &= 0{,}33 \text{ für Sauerstoff,} \\ k &= 1{,}35 \text{ für Kohlendioxyd,} \\ \text{dagegen } k &= \text{etwas} < 0 \text{ für Wasserstoff,} \end{aligned}\right\} \begin{array}{l}\text{um so größer, je geringer} \\ \text{die Überhitzung ist, siehe} \\ \text{Zahlentafel 42.}\end{array}$$

soweit es sich um gewöhnliche oder höhere Temperaturen bis 100° C handelt. Es heißt dies, daß bei $T = 273°$ K, $t = 0°$ C mittlerer Temperatur beim Drosseln ein Temperaturabfall je at von

0,27° bei Luft und 0,33° bei Sauerstoff und 1,35° bei Kohlendioxyd

eintritt, während die Temperatur beim Drosseln von Wasserstoff leicht ansteigt[1]. Bei Kohlendioxyd wurde der größte Temperaturabfall beobachtet.

Aus der allgemeinen Wärmegleichung $T\,ds = di - A\,v\,dP$ ergibt sich

$$ds = \frac{1}{T}\,di - A\,\frac{v}{T}\,dP.$$

Dieser Wert für eine kleine Änderung der Entropie ist das vollständige Differential einer Funktion $s = f(i, P)$ und besteht nur zu Recht, wenn die Integrabilitätsbedingung

$$\left[\frac{\partial\left(\frac{1}{T}\right)}{\partial P}\right]_i = -A\left[\frac{\partial\left(\frac{v}{T}\right)}{\partial i}\right]_P$$

besteht. Nun ist

$$d\left(\frac{1}{T}\right) = -\frac{1}{T^2}\,dT \quad\text{und}\quad d\left(\frac{v}{T}\right) = \frac{T\left(\frac{dv}{dT}\right) - v}{T^2}\,dT.$$

Daraus folgt mit

$$\frac{d\left(\frac{v}{T}\right)}{di} = \frac{d\left(\frac{v}{T}\right)}{dT}\,\frac{dT}{di} \quad\text{und}\quad di = c_p\,dT,$$

ferner

$$\left(\frac{\partial T}{\partial P}\right)_i = \frac{A}{c_p}\left[T\left(\frac{\partial v}{\partial T}\right)_P - v\right]. \tag{262}$$

---

[1] Genauere Messungen bis 150 at haben entsprechend Abb. 26 eine Abhängigkeit des Wertes k vom Drucke ergeben, nämlich für $0 < t < 40°$ C zu

$$k = 0{,}268 - 0{,}00086\,p \text{ für Luft und}$$
$$k = 0{,}313 - 0{,}00085\,p \text{ für Sauerstoff.}$$

Es ist dann für Luft

$$\left(\frac{\partial T}{\partial p}\right)_i = f(p, T) = (0{,}268 - 0{,}00086\,p)\left(\frac{273}{T}\right)^2$$

und $T^2 dT = 273^2\,(0{,}268 - 0{,}00086\,p)\,dp$

$$\frac{T_1^3 - T_2^3}{3} = 273^2\left[0{,}268\,(p_1 - p_2) - 0{,}00086\,\frac{p_1^2 - p_2^2}{2}\right].$$

Daraus folgt der totale Drosseleffekt $T_1 - T_2$, demzufolge die Temperatur auf

$$T_2 = \sqrt[3]{T_1^3 - 59900\,(p_1 - p_2) + 96{,}1\,(p_1^2 - p_2^2)}$$

fällt. Siehe hierzu E. VOGEL, Mitt. Forscharb. VDI Heft 7 und H. HAUSEN, VDI-Forschungsheft Nr. 274, ferner Nr. 108 und 109.

Diese Beziehung für den *differentialen Drosseleffekt* gilt ganz allgemein für alle Stoffe und Zustände. Bei einem vollkommenen Gas, wo die Temperatur beim Drosseln gleich groß bleibt, ist $\left(\frac{\partial T}{\partial P}\right)_i = 0$. In diesem Falle muß in (262)

$$T\left(\frac{\partial v}{\partial T}\right)_P = v \tag{263}$$

sein. Nun, aus dem Grenzgesetz $Pv = RT$ folgt $\left(\frac{\partial v}{\partial T}\right)_P = \frac{R}{P}$, womit die Gleichung (263) erfüllt wird.

Wenn man die Zustandsgleichung $F(P, v, T) = 0$ für das eine oder andere Gas kennen würde, so ließe sich der Drosseleffekt mit der in jedem Falle gültigen Form (262) genau berechnen. Allein, diese Zustandsgleichungen sind nicht oder nicht genau genug bekannt. Man kann aber die Größenordnung des Temperaturabfalles und die Inversionsgrenzen mit der v. d. WAALSschen Gleichung (95)

$$\left(P + \frac{a}{v^2}\right)(v - b) = RT \tag{264}$$

abschätzen. Die Berechnung möge hier fortgelassen werden[1]. Als Ergebnis erhält man für ein wirkliches Gas mit gewöhnlicher Temperatur bei gewöhnlichem Druck, wo die jedem Gas eigentümlichen Beiwerte a und b zahlenmäßig klein gegenüber dem Volumen v bzw. v^2 sind,

$$\left(\frac{\partial T}{\partial P}\right)_i \approx \frac{A}{c_p}\left(\frac{2a}{RT} - b\right) = f(T). \tag{265}$$

Mit den Werten $a = 20$ und $b = 1{,}58 \cdot 10^{-3}$ von (96) findet man für Luft bei $T = 273\,^\circ$K einen Temperaturabfall von $0{,}33\,^\circ$/at, was gut mit den Werten zu (261) übereinstimmt. Die empirische Form (261) billigt der Temperatur allerdings einen quadratischen Einfluß zu.

Bei Inversion, $\left(\frac{\partial T}{\partial P}\right)_i = 0$, muß in (265) in der Klammer $\frac{2a}{RT} = b$ sein, wobei T gleich der Inversionstemperatur T_{inv} wird.

$$T_{\text{inv}} = \frac{a}{b} \cdot \frac{2}{R}. \tag{266}$$

Bei *Luft* mit den obigen Werten für a und b ergibt sich

$$\frac{a}{b} \cdot \frac{2}{R} = \frac{20}{1{,}58} \cdot 10^3 \cdot \frac{2}{29{,}3} = 864\,^\circ\text{K} \quad \text{oder} \quad 591\,^\circ\text{C}.$$

Ist nun

$$T > T_{\text{inv}} \quad \text{oder} \quad \frac{2a}{RT} - b < 0 \quad \text{und} \quad \left(\frac{\partial T}{\partial P}\right)_i < 0,$$

so ist der Drosseleffekt negativ, die Temperatur steigt beim Drosseln. Andererseits ist bei

$$T < T_{\text{inv}} \quad \text{oder} \quad \frac{2a}{RT} - b > 0 \quad \text{und} \quad \left(\frac{\partial T}{\partial P}\right)_i > 0$$

der Effekt positiv, und die Temperatur fällt mit dem Druck.

Mit Hilfe der kinetischen Gastheorie läßt sich aus der v. d. WAALSschen Gleichung ableiten, daß

$$\frac{a}{b} = \frac{27}{8} R T_k \tag{267}$$

ist, und aus (266) und (267) folgt schließlich

$$T_{\text{inv}} = 6{,}75\, T_k. \tag{268}$$

[1] v. d. WAALS jr.: Der Zustand der gasförmigen und flüssigen Körper. Handb. d. Phys. Bd. X, Kap. 3. Berlin 1926.

Die Inversionstemperatur ist also ein Mehrfaches der kritischen Temperatur T_k des Stoffes. Bei Luft ist $t_k = -141°$ C, $T_k = 132°$ K und $T_{inv} = 891°$ K oder $t_{inv} = 618°$ C (etwas mehr als oben). Das ist zwar nicht zahlenmäßig richtig — beobachtet wurden 480 bis 500° C, aber in der Größenordnung zutreffend. Interessant ist nun, die Inversionstemperatur bei Wasserstoff zu berechnen, weil der Drosseleffekt bei diesem Stoff unter gewöhnlichen Umständen negativ gefunden wurde. Es ist hier $t_k = -240°$ C, $T_k = 33°$ K, $T_{inv} = 6{,}75 \cdot 33 = 223°$ K, $t_{inv} = -50°$ C. Beobachtet wurden Inversionstemperaturen von $-70°$ C bis $-75°$ C. Diese Zusammenhänge sind hier insofern bemerkenswert, als man sich den positiven Drosseleffekt bei der Gasverflüssigung (siehe Teil B) zunutze macht. Wenn man Wasserstoff im Drosselverfahren verflüssigen will, muß man das Gas erst mit einer Kältemaschine auf unter $-75°$ C bringen.

Erwähnt sei noch, daß man den höchsten Druck P_{inv}, bei dem noch ein Inversionsschnittpunkt der wirklichen mit der idealen Isobare angetroffen wird (Punkt A in Abb. 101), aus der v. d. Waalsschen Gleichung zu $P_{inv} = 9\,P_k$ berechnen kann, wobei $v = v_k$ und $T_{inv} = 3\,T_k$ ist[1]. Es stimmt dies etwa mit der Beobachtung überein, wie Abb. 26 zeigt. Bei der Wertung dieser beachtlichen Folgerung aus der v. d. Waalsschen Gleichung möge der Leser nicht übersehen, daß diese Gleichung nur eine allgemeine Näherungsform für die allgemeine Zustandsgleichung $F(P, v, T) = 0$ ist und in ihrem einfachen Aufbau kaum genauere Ergebnisse erwarten lassen kann.

XIV. Dämpfe.

57. Allgemeines über das Verhalten der Dämpfe.

Der Übergang von dem flüssigen in den dampfförmigen Zustand vollzieht sich unter beträchtlicher Bindung von Wärmeenergie. Bei der *Verdampfung* tritt eine grundsätzliche Änderung in den gegenseitigen Kraftäußerungen der Moleküle und damit ein Wechsel in der physikalischen Erscheinungsform der Stoffe ein. Zum Zwecke der Verdampfung ist eine Energiezufuhr notwendig, die den Gehalt des flüchtigen Stoffes an fühlbarer Wärme um ein Vielfaches übersteigt. Wohl ist mit der Verdampfung eine starke Ausdehnung der Stoffe verbunden, allein die zur Bewältigung der Ausdehnungsarbeit notwendige Energie ist klein gegen die Energiemenge, die zur Lösung des molekularen Zusammenhanges erforderlich ist.

Temperaturanstieg und Druckabfall wirken fördernd auf den Verdampfungsvorgang ein. So kann man Wasser bei gewöhnlicher Temperatur verdampfen, wenn nur der Druck genügend weit erniedrigt wird. In der Technik läßt man Verdampfungsvorgänge in fast allen Fällen *bei gleichbleibendem Druck* vor sich gehen, so insbesondere im Dampfkessel, wo die Speisepumpe das zu verdampfende Wasser auf Kesseldruck bringt und ständig so viel Wasser nachspeist, wie in Dampfform abgegeben wird. Der Flüssigkeit ist zunächst so lange Wärme zuzuführen, bis die Verdampfung beginnt. Die Wärmezunahme bewirkt eine Zunahme der fühlbaren Wärme; die Temperatur der Flüssigkeit wird bis zum Siedepunkt erhöht. Man nennt diese Temperatur die *Siedetemperatur*. Die Bezeichnung Kondensationstemperatur beim umgekehrten Vorgang, die identisch mit der Siedetemperatur ist, ist nicht

[1] Siehe Zahlentafel 42. $9 \cdot p_k$ sind bei Luft $9 \cdot 38 = 342 \approx 350$ at abs.

gebräuchlich. Man benutzt statt dieser beiden Ausdrücke die allgemeine Bezeichnung *Sättigungstemperatur*, abgekürzt t_s. Bei einem bestimmten Druck ist sie auch von einer ganz bestimmten Größe. Steigt der Druck, so wächst sie, fällt er, so wird sie kleiner. Die Sättigungstemperatur ist, mathematisch ausgedrückt, eine eindeutige Funktion des Druckes p, also

$$\boxed{t_s = f(P) = f(p)} \tag{269}$$

In der Dampftechnik ist es üblich, den Druck in kg/cm² zu bemessen, weshalb auch in den folgenden Abschnitten die Größe P in kg/m², die bei höheren Drücken zahlenmäßig unbequem ist, weniger verwandt wird[1]. Bei verschiedenen Stoffen ist die Sättigungstemperatur in verschiedenem Maße vom Druck abhängig.

Diejenige Wärmemenge, die der Flüssigkeit vom Ausgangszustand p, t_a, v_a bis zum Beginn der Verdampfung zuzuführen ist, nennt man ***Flüssigkeitswärme***. Sie läßt sich mit Hilfe der „Wärmeinhalte bei konstantem Druck" berechnen. Allgemein ist

$$i + i_0 = \int_0^t c_p\, dt + i_0,$$

wobei i auf $t = 0°$C bezogen ist und i_0 den absoluten Wärmeinhalt bei 0° C bedeutet. Der anfängliche Wärmeinhalt ist demnach

$$i_a + i_0 = \int_0^{t_a} c_p\, dt + i_0 \tag{270}$$

in kcal/kg. Soweit es sich um eine Flüssigkeit handelt wie Wasser, bei welcher die Verdampfungsvorgänge im technischen Bereich bei Temperaturen über 0°C liegen, setzt man wie üblich $i_0 = 0$. Als Ausgangspunkt der Rechnung wird in diesem Falle der Zustand des flüssigen Wassers bei 0° C angesehen. Bei Stoffen wie Ammoniak aber, deren Anwendungsgebiet teils über, teils unter 0°C liegt, pflegt man die Konstante $i_0 = 100$ kcal/kg zu setzen, um negative Zahlen zu vermeiden. Im übrigen kommt es in technischen Rechnungen ausschließlich auf Unterschiede im Wärmeinhalt an. Dasselbe gilt für die innere Energie und auch für die Entropie, die man bei 0° C mit 0,000 oder, wenn bequemer, mit 1,000 oder anders bewertet.

Beim Beginn der Verdampfung hat der Wärmeinhalt (Enthalpie) den Wert

$$i' + i_0 = \int_0^{t_s} c_p\, dt + i_0. \tag{271}$$

Je kg ist mithin eine Flüssigkeitswärme bei $p =$ konst. von

$$i' - i_a = \int_0^{t_s} c_p\, dt - \int_0^{t_a} c_p\, dt = [c_{p\,m}]_{t_a}^{t_s} (t_s - t_a) \tag{272}$$

---

[1] Überdies gibt man in der Technik den Druck häufig in at Überdruck (atü) an, also um rund 1 at weniger, als er in at abs. ausmacht, was wohl zu beachten ist.

aufzuwenden. Bei der Erwärmung bis zur Sättigungstemperatur t_s dehnt sich die Flüssigkeit bis auf v' m³/kg aus.

Weitere Wärmezufuhr führt zur Dampfbildung aus der Flüssigkeit. Die Flüssigkeitsteilchen gehen nach und nach in Dampfform über. Während der Umwandlung bestehen Dampf und tropfbare Flüssigkeit nebeneinander, wobei der Dampfdruck dem Flüssigkeitsdruck die Waage hält. Fortgesetzte Wärmezufuhr führt zur weiteren Verdampfung und Energiebindung, bis schließlich alle flüssigen Teilchen dampfförmig geworden sind. Bedingung ist, streng genommen, daß keine tumultuarischen Zustände auftreten und daß die Wärme so langsam zugeführt wird, daß sie sich gleichmäßig über das Gemisch aus siedender Flüssigkeit und Dampf zu verteilen vermag. Die gesamte Wärmezufuhr wird dann während der Verdampfung zur inneren Umwandlung und zur Verrichtung der Ausdehnungsarbeit herangezogen. Zur Temperatursteigerung während der Verdampfung wird Wärme nicht abgezweigt. Wenn die Temperatur örtlich in bereits verdampften Teilchen anwachsen würde, so würde als Folge des Temperaturgefälles von dort Wärme nach den auf der niedrigeren Sättigungstemperatur befindlichen, noch flüssigen Teilchen übergehen und erst zu deren Verdampfung beitragen. Die Sättigungstemperatur t_s bleibt daher so lange trotz Wärmezufuhr unverändert, bis das letzte Flüssigkeitsteilchen verdampft ist. Dampf, der mit Flüssigkeit desselben Stoffes in Berührung steht, nennt man *Sattdampf* oder gesättigten Dampf (auch nassen oder feuchten Dampf). Zum Schlusse der Verdampfung hat man *trockengesättigten Dampf*.

Die flüssigen Teilchen haben bei Sättigungstemperatur das spezifische Volumen v' in m³/kg, die dampfförmigen v'' in m³/kg, wobei $v'' \gg v'$ ist. Am Ende der Verdampfung ist der Wärmeinhalt auf i'' in kcal/kg trockengesättigten Dampf angestiegen. Die Differenz $i'' - i'$ ist die *Verdampfungswärme*[1] r in kcal/kg. Flüssigkeits- und Verdampfungswärme sind bei verschiedenem Druck und bei verschiedenen Stoffen verschieden groß. Mit dem Druck (und mit wachsender Sättigungstemperatur) wird die Flüssigkeitswärme immer größer und die Verdampfungswärme immer kleiner. Steigert man Druck und Sättigungstemperatur immer mehr, so wird die Verdampfungswärme schließlich Null. Den dazugehörigen Druck und die Sättigungstemperatur nennt man kritische, den Zustand den *kritischen Zustand* des Dampfes. Man benutzt den Zeiger k: p_k ist der kritische Druck, v_k das kritische Volumen und T_k, t_k die kritische Temperatur. Wenn die Verdampfungswärme $r = 0$ ist, so ist das Flüssigkeitsvolumen im Siedezustand gleich dem Volumen des trockengesättigten Dampfes, nämlich v_k in m³/kg. Außerdem ist der Wärmeinhalt $i' = i'' = i_k$. Im kritischen Zustand verdampft die Flüssigkeit nicht nach und nach, sondern sofort. Steigert man den Druck noch weiter, so gibt es keinen scharfen Unterschied zwischen dem tropfbaren und dem dampfförmigen Zustand wie im

[1] Unter der Verdampfungswärme ist grundsätzlich diejenige Wärmemenge zu verstehen, die 1 kg (siedender) Flüssigkeit bei gleichbleibendem Druck und gleicher Temperatur zuzuführen ist, um sie in 1 kg trockengesättigten Dampf umzuwandeln.

Sättigungsgebiet mehr. Die gesamte Flüssigkeit geht nach weitgehender Auflockerung des molekularen Gefüges allmählich in Dampf über.

Zur *zeichnerischen Darstellung* dieser Vorgänge eignet sich besonders gut das *Wärmediagramm*. Die Entropie beim Beginn der Verdampfung ist s', am Ende s''. Trägt man in einem T, s-Diagramm zu verschiedenen Drücken die Wertepaare $T_s = 273 + t_s$, s' und T_s, s'' ein, so findet man, daß alle zum Beginn und Ende der Verdampfung gehörigen Punkte durch Kurven verbunden werden können, die im *kritischen Punkt* T_k, s_k ineinander übergehen. Der gesamte Linienzug umschließt das Sättigungsgebiet mit allen möglichen Zuständen eines Flüssigkeits-Dampf-Gemisches. Den Kurventeil, der das Sättigungsgebiet gegen das Gebiet der Flüssigkeit abgrenzt, in Abb. 102 links, nennt man die *untere Grenzkurve*. Die (rechte) Linie dest rokcengesättigten Dampfes heißt *obere Grenzkurve*. Form und Lage der Grenzkurven sind bei verschiedenen Stoffen unterschiedlich, doch ist das physikalische Gesamtbild des Verdampfungsvorganges bei allen Stoffen das gleiche.

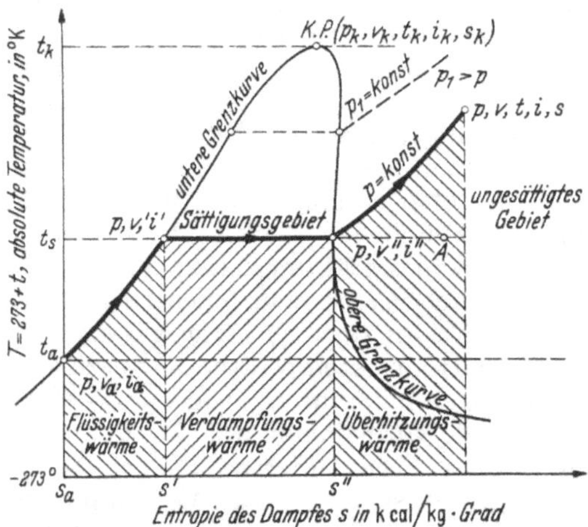

Abb. 102. Der Verdampfungsvorgang bei konstantem Druck im Wärmediagramm. K.P. = kritischer Punkt.

In Abb. 102 sind Linien unveränderlichen Druckes eingezeichnet. Wird nun nach Erreichen des trockengesättigten Zustandes weiterhin Wärme, genannt *Überhitzungswärme*, zugeführt, so wird der Dampf *überhitzt*[1] und die fühlbare Wärme beginnt sofort wieder zu steigen, erkenntlich an der zunehmenden Temperatur. Während man gesättigten Dampf bereits durch eine beliebig kleine Temperatursenkung verflüssigen kann, muß man überhitzten Dampf zunächst um eine endliche Temperaturspanne abkühlen.

Je stärker der Dampf überhitzt wird, um so begieriger trachtet er Flüssigkeit aufzunehmen, er wird in zunehmendem Maße ungesättigt. Man nennt den Bereich jenseits der oberen Grenzkurve *ungesättigtes Gebiet*. Treibt man die Überhitzung noch weiter, so nimmt der Dampf immer mehr die Eigenschaften der vollkommenen Gase an. Luft z. B. hat eine kritische Temperatur von $-141°$ C bei 38 at abs., sie hat bei 1 at abs. eine Sättigungstemperatur von $-194°$C. Bei gewöhnlicher Temperatur ist die Luft hochüberhitzter Luftdampf und verhält sich praktisch genau wie ein vollkommenes Gas ($Pv = RT$). Man erkennt, daß die für gewöhnlich als Gase bezeichneten Stoffe nichts weiter als hochüberhitzte Dämpfe sind.

[1] Über die praktische Durchführung der Überhitzung siehe Teil B.

Im Zustandspunkt P, v, T im ungesättigten Gebiet hat der Dampf einen Wärmeinhalt i in kcal/kg. Die Wärmezufuhr $i - i''$ bei konstantem Druck ist die Überhitzungswärme. Da die Flächen im T, s-Diagramm Wärmemengen darstellen ($q = \int T\, ds$), gibt die unter der Linie $p =$ konst. in Abb. 102 vom Ausgangspunkt t_a, s_a bis zum Beginn der Verdampfung T_s, s' befindliche Fläche, reichend bis zur Abszisse $T = 0°$ K oder $t = -273°$ C, die Flüssigkeitswärme $i' - i_a$ wieder. Die Verdampfungswärme $r = i'' - i'$ entspricht der Fläche, die unter der Isobare im Sättigungsgebiet liegt. Im ungesättigten Gebiet ist die Überhitzungswärme $i - i''$ dargestellt durch die Fläche, die von der Linie $p =$ konst. bis zur Abszisse reicht.

Das spezifische Volumen v von überhitztem Dampf ist stets größer als das des Sattdampfes von gleichem Druck ($v > v''$, $\gamma < \gamma''$). In Abb. 102 ist gestrichelt eine Isobare höheren Druckes eingezeichnet. Wegen der außerordentlich geringen Kompressibilität (Zusammendrückbarkeit) der Flüssigkeiten fallen die Isobaren in weitem Druckbereich im Flüssigkeitsgebiet praktisch mit der unteren Grenzkurve zusammen.

Wenn man eine reine gasfreie Flüssigkeit, z. B. luftfreies Wasser, sehr vorsichtig stellenweise erhitzt, so gelingt es auch, ihre Temperatur über die zum herrschenden Druck gehörige Sättigungstemperatur zu bringen, ohne daß Verdampfung einsetzt. Dieser *Siedeverzug* genannte Vorgang führt zu labilem Zustand. Geringe Erschütterungen genügen, um heftiges Sieden einzuleiten. Die Kondensation eines Dampfes kann man andererseits durch vorsichtiges Unterkühlen bis auf einige Grade unter die Sättigungstemperatur verhindern (Kondensationsverzug). Der Dampf befindet sich ebenfalls in labilem Zustand. Bei geringem Anstoß beginnt ein Teil sofort zu kondensieren, wobei der restliche unterkühlte Dampf rasch durch die frei werdende Kondensationswärme wieder auf Sättigungstemperatur gebracht wird.

Im Grenzfalle des leeren Raumes herrscht der Druck Null. Gibt man eine Flüssigkeit in einen leeren Raum, ohne daß sie diesen erfüllt, so verdampft sofort so viel davon, daß der restliche Raum voller Dampf ist. Der Druck von Dampf und Flüssigkeit stellt sich entsprechend der Temperatur ein, die dabei gleich ist der Sättigungstemperatur. Ist nicht genügend viel Flüssigkeit da und der leere Raum größer, als dem Volumen des trockengesättigten Dampfes aus der gesamten Flüssigkeit entspricht, so stellt sich ein niedrigerer Druck als der zur obwaltenden Temperatur gehörige Sättigungsdruck ein und dehnt sich der Dampf aus. Er ist in überhitztem Zustand — Punkt A in Abb. 102. Der Fall von Verdampfung durch Drucksenkung liegt vor, wenn man Flüssigkeit in einem Zylinder einschließt und dann den Raum durch Herausziehen des Kolbens vergrößert. Eis in dem Zylinder geht unmittelbar in Dampf (genannt Eisdampf) über, ein Vorgang, den man nicht mehr Verdampfung, sondern *Sublimation*[1] nennt. Entsprechend nennt man die benötigte Wärme auch *Sublimationswärme*.

Wenn man einen gasartigen Stoff verflüssigen will, so ist aus Abb. 102 ersichtlich, daß man ihn zunächst hinsichtlich Druck und Temperatur unter die kritischen Werte bringen muß. Diese Notwendigkeit war lange Zeit nicht bekannt, zumal die kritische Temperatur dieser Gase zumeist beträchtlich unter 0° C liegt. Man versuchte, die Verflüssigung unter Anwendung sehr hoher Drücke bei gewöhnlicher Temperatur zu erreichen, was aber ohne Erfolg bleiben mußte. Von diesen Versuchen rührt die Bezeichnung *permanente* Gase für Luft, Stickstoff, Wasserstoff, Sauerstoff und andere Gase oder Gasgemische her. Dieser Begriff ist überholt, es gelingt heute, alle bekannten gasförmigen Stoffe zu verflüssigen.

Schließlich sei hier noch einer Erscheinung Erwähnung getan, die man als LEIDENFROST*sches Phänomen* bezeichnet. Wenn man die zur Verdampfung erforderliche Wärme nicht so langsam und gleichförmig zuführt, daß das Gleichgewicht

[1] Sublimation = Emportreibung, Überdampfung.

in dem Flüssigkeits-Dampf-Gemisch erhalten bleibt, sondern die Flüssigkeit mit einem großen Wärmebehälter in Verbindung bringt, dessen Temperatur erheblich über der Sättigungstemperatur liegt und von dem große Wärmemengen schnell überzugehen vermögen, so findet kein eigentliches Sieden statt. An der Berührungsstelle bildet sich sofort Dampf, der Wärme wenig gut leitet, und die noch unverdampfte Flüssigkeit schwebt auf der abdämmend wirkenden Dampfschicht. Man spricht von sphäroidalem Zustand.

Den technischen Erfordernissen nach interessiert hier nur der Verdampfungsvorgang im Gleichgewicht. Es ist zweckmäßig, die besonderen Erscheinungen bei der Verdampfung zunächst am Wasserdampf kennenzulernen, über den bis heute die breitesten Erfahrungen vorliegen. In einem anschließenden Abschnitt wird dann auf das Verhalten anderer Stoffe einzugehen sein, das grundsätzlich dem des Wasserdampfes ähnlich ist.

58. Gesättigter Wasserdampf.

a) Dampfdruckkurve.

Technisch reines Wasser siedet unter atmosphärischem Druck (760 Torr) bei 100° C (wie man festsetzte) und beim Drucke von 1 at abs. bei 99,1° C. Wenn der Druck $p \gtreqqless 1$ at abs. ist, so ist die Sättigungstemperatur $t_s \gtreqqless 99{,}1°$ C. Die Sättigungstemperatur nimmt allerdings nicht in dem gleichen Maße zu wie der Druck. Verdoppelt man nämlich den Druck von 1 auf 2 at abs., so steigt t_s von 99,1° C nur bis 119,6° C oder um rund $^1/_5$. Bei $p = 100$ at abs. geht t_s auf 309,5° C, um bei Steigerung auf 200 at nur um weitere 54,6° bis auf 364,1° C anzuwachsen oder um rund $^1/_6$. Der kritische Druck wird bei $p_k = 226$ at abs. erreicht, wobei sich eine Sättigungstemperatur von 374° C einstellt. Bei chemisch einheitlichen Stoffen, wofür man Wasser ansehen kann, ist die Siedetemperatur t_s mit der Kondensationstemperatur identisch und nur vom Druck abhängig[1], also $f(p, t) = 0$. Der Zusammenhang zwischen t_s und p für den Stoff Wasser ist aus Abb. 103 ersichtlich. Dabei ist unterstellt, daß sich Flüssigkeit und Dampf im Gleichgewicht befinden. Um Wasser bei 0° C zum Sieden zu bringen, muß der Druck auf $p = 0{,}00623$ at abs., das ist mehr als 99 vH Vakuum, gebracht werden. In Abb. 103 ist die Dampfdruckkurve zwischen 0 und 200° C nochmals gesondert im 10fachen Maßstab herausgezeichnet. Die Kurve verläuft in allen Teilen stetig.

b) p, v-Diagramm.

Um sich einen Überblick über den Zustand des Stoffes Wasser in den einzelnen Phasen des Verdampfungsvorganges zu verschaffen, zeichnet man ein p, v-Diagramm, in dem, wie erinnerlich, Flächen Arbeit bedeuten. In Abb. 104 wurden zunächst die Volumina des siedenden Wassers und des trockengesättigten Dampfes eingetragen und so die *Grenzkurven* gewonnen. Innerhalb der Grenzkurven liegt das *Sättigungsgebiet*, jenseits des oberen Astes der Grenzkurve das Gebiet des *ungesättigten* oder *überhitzten Dampfes*.

[1] Über Vorgänge bei Mehrstoffgemischen siehe Abschnitt 66.

Zum kritischen Druck von 226 at abs. gehört ein kritisches Volumen $v_k = 0{,}00305\ \text{m}^3/\text{kg}$ (oder 3,05 l/kg). Es ist dort das spezifische Volumen der Flüssigkeit v' gleich dem des Dampfes v'', und 1 m³ Wasser dehnt sich zwischen 0° C und $t_k = 374°$ C auf das Dreifache aus. Der kritische

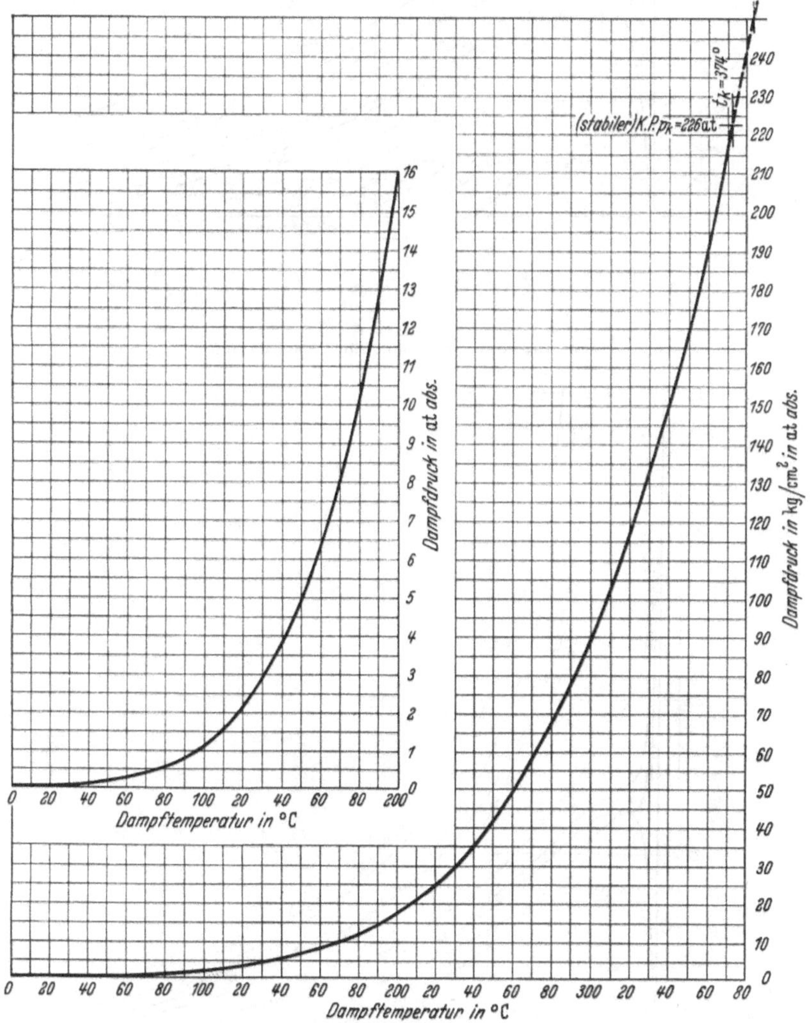

Abb. 103. Dampfdruckkurve von Wasserdampf (Sättigungstemperatur über Sättigungsdruck).

Zustand ist *labil*. Durch vorsichtiges Erwärmen kann der kritische Druck erhöht werden, Störungen aber setzen den kritischen Druck in jedem Falle auf $p_k = 226$ at abs. herunter, weshalb der hierzu gehörige Zustand als der ***stabile kritische Zustand*** bezeichnet werden möge. Das instabile kritische Gebiet ist in Abb. 104 angedeutet.

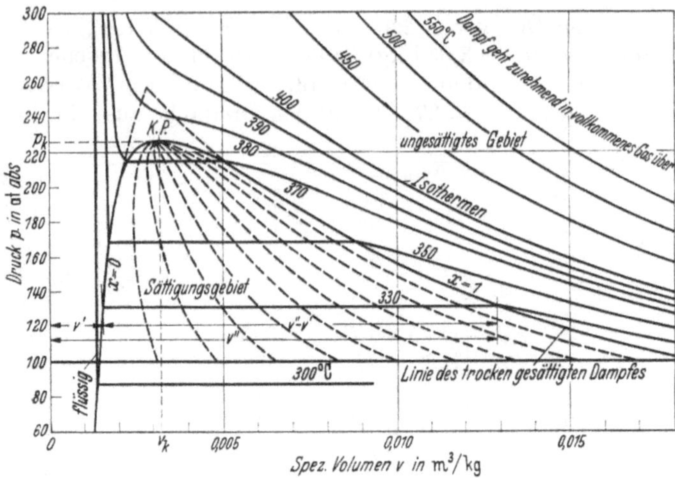

Abb. 104. p, v-Diagramm für Wasserdampf.

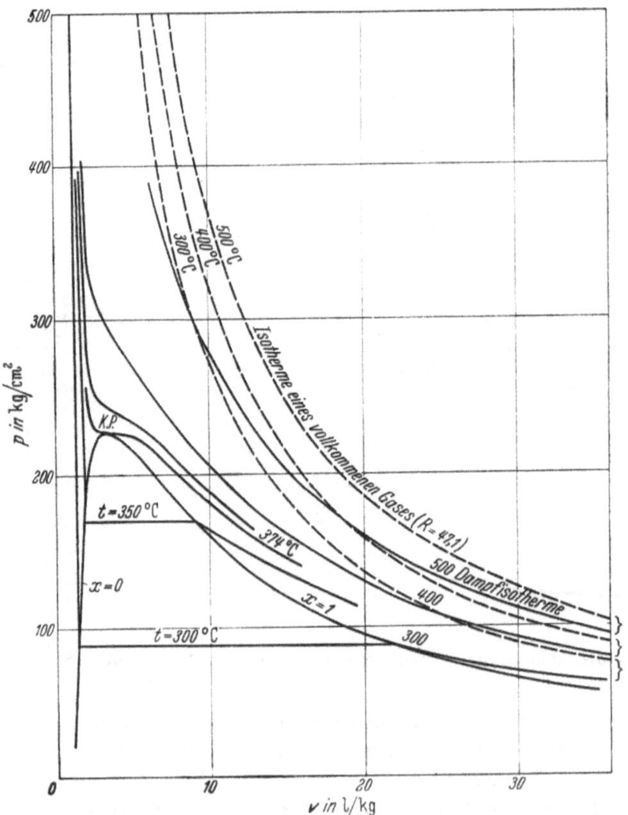

Abb. 105. Dampf- und Gasisothermen ($R = 47{,}1$) im p, v-Diagramm.

Nunmehr wurden in das Diagramm eine Anzahl *Isothermen* eingetragen. Im Sättigungsgebiet müssen diese Kurven waagerecht verlaufen, weil $t_s = f(p)$ ist. An der Grenzkurve ändert sich ihre Richtung. Im überhitzten Gebiet schmiegen sich die Isothermen an die Grenzkurve an, von der sie sich allmählich etwas entfernen. Im Gebiet der Flüssigkeit, zwischen der p-Achse und der unteren Grenzkurve, steigen die Isothermen steil an. Da das Volumen des praktisch unzusammendrückbaren Wassers auch nur wenig von der Temperatur abhängt, sind die Isothermen fast Senkrechte ($v \approx$ konst. und rund 1 l/kg). Die kritische Isotherme 374° C berührt das Sättigungsgebiet nur noch, und zwar im stabilen kritischen Punkt (K.P.). Mit zunehmender Temperatur gehen dann die Dampfisothermen immer mehr in gleichseitige Hyperbeln über und wird der Wasserdampf immer mehr gasförmig.

Wasser hat das Molekulargewicht $M = 18$. Für den gasförmigen Zustand errechnet man die Gaskonstante damit zu 848/18 = 47,1 m/Grad. In Abb. 105 sind vergleichsweise die Dampfisothermen für 300, 400 und 500° C und dazu die Isothermen mit $R = 47{,}1$, und zwar gestrichelt, eingezeichnet. Das abweichende Verhalten des Dampfes vom Gaszustand ist klar ersichtlich. Die Abweichungen sind am stärksten im Sättigungsgebiet. Je niedriger nun der Dampfdruck wird, desto gasförmiger wird der Dampf, was sich darin ausdrückt, daß sich die Dampfisotherme der Gasisotherme immer mehr nähert. So kann man Wasserdampf bei $p \leqq 1$ at abs. und $t > 500°$ C praktisch als Gas ansehen. Bei sehr hohen Drücken andererseits oberhalb des Sättigungsgebietes nähern sich die Dampf- und Gasisothermen auch wieder und schneiden sich in Inversionspunkten, soweit der Höchstwert für den Inversionsdruck nicht überschritten wird. Wasserdampf verhält sich in dieser Hinsicht genau wie Luftdampf und andere Dämpfe auch, siehe hierzu Abb. 26. Verfolge dort z. B. die Linie $T = 200°$ K.

Im Zuge der Verdampfung kommt es zu einer *beträchtlichen Volumenzunahme*, die um so weitgreifender ist, je niedriger der Druck ist. Aus Abb. 104 ist ersichtlich, daß das spezifische Volumen des Dampfes v'' bei $t_s = 350°$ C (und 168,6 at abs.) rund 5mal so groß ist wie das Flüssigkeitsvolumen v'. Bei $t_s = 330°$ C (und 131,2 at abs.) ist v'' schon das 8,1fache von v', und bei 300° C (und 87,6 at abs.) geht v'' auf das 15,5fache von v'. Wegen der starken Ausdehnung bei niedrigeren Drücken mußte die Darstellung in Abb. 104 auf das Gebiet $p \geqq 60$ at abs. beschränkt werden. Bei $t_s = 100°$ C (und 1 at abs.) ändert sich das Volumen auf fast das 1700fache und bei 50° C (und $^1/_8$ at abs.) auf rund das 12000fache. v' und v'' selbst haben dabei folgende Werte:

Zahlentafel 37. *Einige Werte von Sättigungstemperatur t_s, Druck p, spezifischem Volumen des siedenden Wassers v' und des trockengesättigten Wasserdampfes v'' und der Raumzunahme bei der Verdampfung $v'' - v'$.*

t_s °C	p at abs.	v' m³/kg [1]	v'' m³/kg	$v'' - v'$ m³/kg
0	0,006228	0,0010	206,3	206,3
50	0,12578	0,0010	12,05	12,05
100	1,0332	0,0010	1,673	1,672
150	4,854	0,0011	0,3924	0,3913
200	15,86	0,0012	0,1273	0,1261
250	40,56	0,0013	0,05006	0,0487
300	87,61	0,0014	0,02163	0,0202
350	168,6	0,0017	0,00880	0,0071
374	226	0,0031	0,0031	0

[1] Genauere Werte für das spezifische Volumen von siedendem Wasser v' siehe Zahlentafel 39.

Bei 50° C hat die siedende Flüssigkeit ein Volumen von 0,0010 m³/kg. Mit der Umwandlung in Dampf ist eine Ausdehnung auf 12,05 m³ verbunden! Die Zusammenstellung vermittelt einen Begriff davon, mit welcher Genauigkeit die Zustandsgrößen von Wasserdampf bekannt sind.

Das siedende Wasser ändert sein Volumen nur wenig mit dem Druck. Die Volumenänderung spiegelt sich in der Lage der Grenzkurven wider. Bis etwa 60 at verläuft die *untere Grenzkurve* sehr steil und fällt fast mit der Linie $v = 0{,}001$ zusammen, um dann mit wachsendem Druck immer mehr bis auf $v = 0{,}003$ abzubiegen. Die *obere Grenzkurve* hingegen verflacht mit fallendem Druck zusehends und nähert sich der Abszisse $p = 0$ at abs. asymptotisch. An sich handelt es sich nicht um zwei Grenzkurven, sondern nur um eine, die im kritischen Gebiet eine waagerechte Tangente hat. Es ist aber üblich, von den beiden Ästen als der unteren und der oberen Grenzkurve zu sprechen, die im kritischen Gebiet ineinander übergehen. Wegen der starken Verflachung der oberen Grenzkurve ist eine Darstellung des Dampfzustandes im p, v-Diagramm nur ausschnittsweise möglich.

c) T, s-Diagramm.

Das in Abb. 102 wiedergegebene T, s-Diagramm allgemeiner Art nimmt bei Wasserdampf die in Abb. 106 dargestellte glockenartig geschwungene Form an. Man bewertet die Entropie des Wassers bei 0° C mit Null und kann dies praktisch unabhängig vom Druck tun,

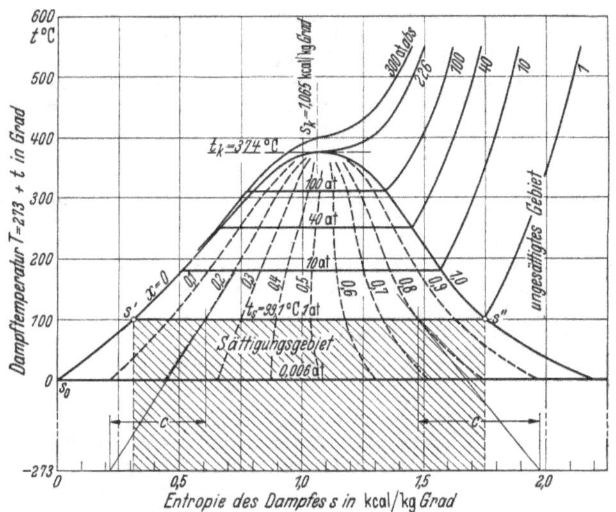

Abb. 106. T, s-Diagramm für Wasserdampf.

weil Wasser im fraglichen Druckbereich als nichtzusammendrückbar angesehen werden kann, zumal das Flüssigkeitsvolumen gering im Verhältnis zum Volumen von Wasserdampf ist.

Im T, s-Diagramm kann der gesamte Bereich oberhalb 0° C bequem dargestellt werden. Die Linien gleichen Druckes sind im Sättigungsgebiet wiederum Parallele zur Abszisse und gleichzeitig Isothermen t_s = konst. Im Flüssigkeitsgebiet fallen die Linien p = konst. fast mit der unteren Grenzkurve zusammen, bei der zeichnerischen Genauigkeit eine Linie bildend. Jenseits der oberen Grenzkurve aber steigen die

Linien gleichen Druckes steil an, um schließlich bei hohen Temperaturen in logarithmische Linien überzugehen, die wie bei vollkommenen Gasen dem Gesetz $RT/v =$ konst. folgen.

Die kritische Isobare $p = 226$ at abs. $=$ konst. berührt das Sättigungsgebiet im (stabilen) kritischen Punkt $s_k = 1{,}06$ kcal/kg · Grad und $t_k = 374°$ C, $T_k = 647°$ K. Isobaren höherer Drücke, wie die für 300 at abs. eingezeichnete, liegen durchweg außerhalb des Sättigungsgebietes. Je höher der Druck $p > p_k$ ist, um so weniger schmiegen sie sich dem Verlauf der Grenzkurve an. Wollte man versuchen, einen Wasserdampf von mehr als 374° C durch Druck zu verflüssigen, so würde das nicht gelingen. Ein Wasserdampf von 250° C und 1 at abs. z. B. aber könnte unter Beibehaltung seiner Temperatur durch Verdichtung auf rund 40 at abs. und dann durch weiteren Wärmeentzug verflüssigt werden.

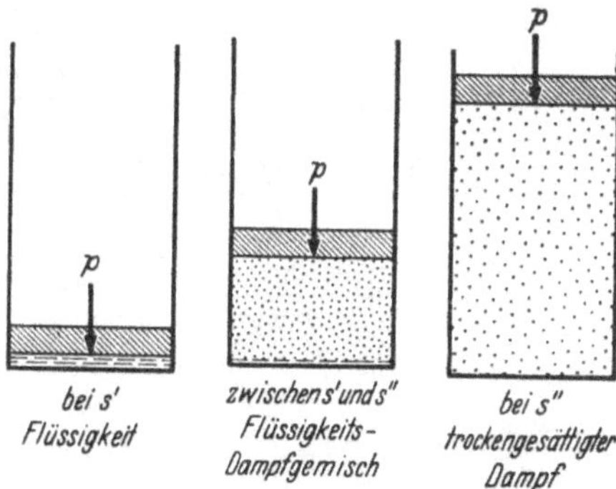

Abb. 107. Raumvergleich von flüssigem Wasser, Naßdampf und trockengesättigtem Dampf bei demselben Druck p und derselben Temperatur t_s (zu Abb. 106).

Die Raumverhältnisse von siedendem Wasser, nassem und trockengesättigtem Wasserdampf sind in Abb. 107 angedeutet. Der auf der Oberfläche lastende Druck ist ebenso wie die Temperatur t_s in allen Fällen gleich groß. Das Flüssigkeitsvolumen tritt kaum in Erscheinung. Im übrigen ist die Beschaffenheit des sieden den Wassers bis zum Ende der Verdampfung unverändert, ebenso wie der Dampf vom Beginn der Verdampfung an gleichartig bleibt. In einem Zwischenstadium besteht das Gemisch aus flüssigem Wasser und trockengesättigtem Dampf. Als Naßdampf bezeichnet man das Gemisch aus beiden. Der Naßdampf ist demnach am Anfang der Verdampfung sehr naß und wird im Verlaufe der Zustandsänderung immer trockener. Nur im Augenblick der völligen Verdampfung besteht die gesamte Menge aus trockengesättigtem Wasserdampf. Bereits eine kleine Wärmezufuhr hat Überhitzung zur Folge. Der Ausdruck *trockengesättigt* beschreibt also einen *Grenzzustand.*

Die Flächen im T, s-Diagramm Abb. 106 geben Wärmemengen an. Die Verdampfungswärme

$$\boxed{r = i'' - i' = T_s(s'' - s')} \tag{273}$$

wird durch die schraffierte Fläche dargestellt. Mit dem Anstieg von Druck und Temperatur wird die Verdampfungswärme immer kleiner, bis sie schließlich im kritischen Zustand zu Null wird. Dort ist $s' = s'' = s_k$ und $r = T\Delta s = 0$. Der Abstand von 0 bis 273° K ist im Diagramm verkürzt gezeichnet, was bei der Beurteilung der Größe von der Fläche $T \cdot \Delta s$ zu beachten ist.

d) *T, v*-Diagramm.

Ein Überblick über die Abweichung des wirklichen Zustandes von Wasserdampf vom idealen Gaszustand wird auch durch das T, v-

Diagramm Abb. 108 vermittelt, wie das für Luft mit Abb. 26 der Fall ist. Bei vollkommenen Gasen sind die Linien gleichen Druckes Gerade durch den Punkt $t = -273°$ C und $v = 0$. Ihre Neigung ist mit $P \cdot v = R \cdot T$ durch

$$\left(\frac{dT}{dv}\right)_P = \frac{P}{R} = \text{konst.} \tag{274}$$

zu bestimmen. Die Isobaren des Wasserdampfes weichen wie bei Luft mit der Annäherung an das Sättigungsgebiet zunehmend von den idealen

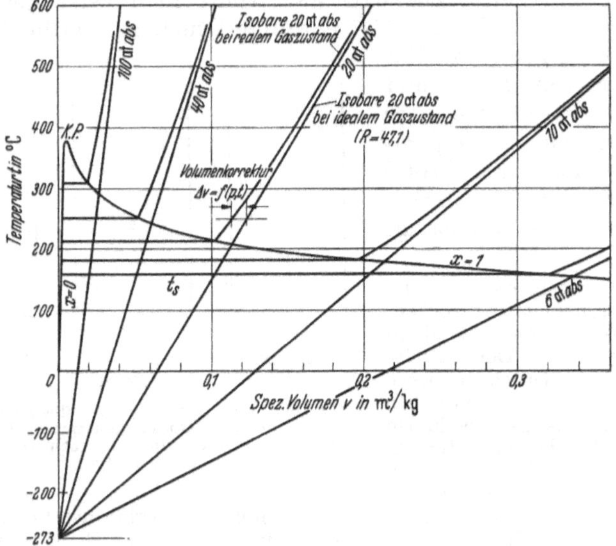

Abb. 108. T, v-Diagramm für Wasserdampf.

Geraden ab. Beim Eintritt in das Sättigungsgebiet ändert sich die Richtung, und die Isobaren verlaufen parallel zur v-Achse, wie die Isothermen entsprechend der Verkettung $p = f(t_s)$. Vom Austritt aus dem Sättigungsgebiet an fallen die Wasserisobaren so gut wie ganz mit der unteren Grenzkurve zusammen. Tatsächlich heben sich die Isobaren etwas vom Sättigungsgebiet ab, und zwar um so mehr, je höher der Druck ist, wie die Linie $p = 300$ at abs. in Abb. 106 zeigt.

e) Exakte und statistisch ermittelte Beziehungen.

Um es vorweg zu sagen, es ist bisher allen scharfsinnigen Überlegungen zum Trotz noch nicht gelungen, die allgemeine Zustandsgleichung $F(p, t, v) = 0$ für den Stoff Wasser aufzufinden. Wohl aber wurden auf Grund zahlreicher Messungen Näherungsformen ermittelt, die, wenn auch nicht den ganzen Bereich, so doch alle technisch bedeutungsvollen Teilgebiete wiedergeben. Während für vollkommene Gase *exakte Gleichungen* aufgestellt werden können, mit welchen auch die Zustandsänderungen wirklicher Gase mit befriedigender Genauigkeit wenigstens im technischen Anwendungsbereich berechnet werden können, lassen sich diese exakten Gleichungen immer weniger gut benutzen, je dampfartiger die wirklichen Stoffe sind. Man kann die thermodynamischen Zusammenhänge im allgemeinen nur durch *mathematische Formeln* ausdrücken, die zwar die *statistischen Erhebungen* über das *durchschnittliche Verhalten* der Stoffe darstellen, die aber keine *exakten Gesetze* sind. Die Lücken im Gebäude der strengen Wissenschaft werden, veranlaßt durch die Notwendigkeiten der Technik, durch die *statistische Thermodynamik* mehr oder weniger befriedigend ausgefüllt.

Die Vorgänge bei der Dampfbildung, Überhitzung und der Kondensation können weitgehend berechnet werden. Die entwickelten *Gleichungen* sind allerdings nicht immer einfach. Man zieht deshalb in der Praxis bei schwierigen oder umständlichen Rechnungen vor, *Zahlentafeln* zu verwenden, deren Werte für den gesamten Zustandsbereich des Wasserdampfes, der in Betracht kommt, sehr genau bestimmt wurden. Da der Wasserdampf in der Technik eine außerordentlich große Rolle spielt, wurden bis in die neueste Zeit hinein umfangreiche und teils recht kostspielige Versuchsarbeiten durchgeführt, um alle Eigenschaften des Wasserdampfes genau kennenzulernen und nachrechnen zu können, ohne daß dieses Gebiet etwa schon völlig durchforscht wäre. Man kann aber sagen, daß für keinen anderen Stoff ein so umfangreiches Zahlenmaterial zusammengetragen wurde, wie in den Wasserdampftafeln[1] zum Ausdruck kommt. Um diesen Tafeln *internationale Geltung* zu verschaffen, wurden sie in besonderen Dampftafelkonferenzen von Vertretern verschiedener Länder abgeglichen, indem international anerkannte Toleranzen für die Tafelwerte festgelegt wurden. Trotzdem reichen diese vorzüglichen Unterlagen nicht aus, um die allgemeine Zustandsgleichung des Stoffes Wasser abzuleiten.

f) Gleichung der Dampfdruckkurve.

Die Meßergebnisse lassen sich abschnittsweise verhältnismäßig einfach durch eine Gleichung

$$\lg p = a - \frac{b}{T_s} = a - \frac{b}{273 + t_s} \qquad (275)$$

ausdrücken. Für alle Drücke genügt eine Form mit nur zwei Gliedern freilich nicht, und die beiden Beiwerte a und b sind etwas mit der Temperatur veränderlich, also

$$\lg p = f_1(T) - \frac{f_2(T)}{T},$$

etwa mit Werten $a = f_1(T)$ zwischen 6,0 und 5,5 und $b = f_2(T)$ zwischen 2200 und 2000. Immerhin können aber im technischen Bereich auf kurze Stücke der Dampfdruckkurve praktisch konstante Beiwerte gefunden werden. Soweit man den zahlenmäßigen Zusammenhang zwischen Druck und Sättigungstemperatur braucht, benutzt man besser die Dampftafeln. Die Gleichung der Dampfdruckkurve ist zur Interpolation von Nutzen.

Beispiele.

Beispiel 1. Das Manometer an der Trommel eines Dampfkessels zeigt 24,4 at an bei einem Barometerstand von 754 Torr. Welche Temperatur hat das Dampf-Wasser-Gemisch in der Trommel?

$$p = \frac{754}{736} + 24{,}4 \text{ at abs.} \approx 25{,}4 \text{ at abs.}$$

Dazu findet man aus Abb. 103 $t_s = 224°$ C (genauer $223^3/_4$ Grad).

[1] Bei den Diagrammen und Zahlenangaben im Text und bei den Beispielen sind die VDI-Wasserdampftafeln in der Bearbeitung von W. Koch vom Jahre 1937 zugrunde gelegt worden (siehe Fußnote 3, S. 236).

Beispiel 2. Das Manometer am Kondensator einer Dampfmaschine zeigt 94,0 vH Vakuum an. Mit einem zur Kontrolle in den Kondensationsraum eingeführten genauen Thermometer wird 37,29° C gemessen. Der Barometerstand ist 766 Torr. Um wieviel zeigt das Manometer falsch an?

$$\text{Druck laut Manometer } p = \frac{766}{736} \cdot 0{,}060 = 0{,}0625 \text{ at abs.}$$

Druck $p = 0{,}0655$ zu $t_s = 37{,}29°$ C (linear interpoliert). Danach zeigt das Manometer ein um 0,32 vH zu großes Vakuum an. Genauer wäre die Anzeige 93,7 vH, nämlich $\left(1 - \frac{736}{766} \cdot 0{,}0655\right) \cdot 100$.

g) Gleichung der oberen Grenzkurve.

Die Gleichung der oberen Grenzkurve ist die Gleichung der Zustandslinie des trockengesättigten Dampfes. Würde sich der Dampf wie ein vollkommenes Gas verhalten, so müßte er der Beziehung $p \cdot v''/T = 10^{-4} \cdot R$ folgen, worin p in at abs. und $R = 848/18 = 47{,}1$ mkg/kg · Grad ist. Wie Abb. 108 zeigt, würde man aber auf diese Weise die Volumina v'' zu groß berechnen. Die Grenzkurve läßt sich vielmehr durch eine Form

$$f(p, v, t) = \frac{p \cdot v''}{f(p)} = \text{konst.} \cdot R$$

wiedergeben, die sich näherungsweise für Drücke $p \leqq 40$ kg/cm² durch eine polytropische Gleichung

$$p^m \cdot v'' = C \tag{276}$$

ausdrücken läßt. Nach MOLLIER kann $m = 0{,}957$ und $C = 1{,}778$ gesetzt werden, also

$$p^{0{,}957} \cdot v'' = 1{,}778 \qquad \text{oder} \qquad p(v'')^{1{,}045} = 1{,}825,$$

oder für das spezifische Gewicht

$$\gamma'' = \frac{1}{v''} = \frac{1}{1{,}778} \cdot p^{0{,}957} = 0{,}562\, p^{0{,}957}. \tag{277}$$

Diese Formel ergibt im Bereiche mittlerer Dampfdrücke um 20 at abs. ziemlich zutreffende Werte[1]. Das spezifische Gewicht des Dampfes ist in erster Annäherung

$$\boxed{\gamma'' \approx \tfrac{1}{2} p}$$

in kg/m³, d. h. zahlenmäßig etwa $^1/_2$ so groß wie der Dampfdruck. Potenzen mit dem Exponenten 1,045 können aus Abb. 51 entnommen werden.

[1] Nach den VDI-Wasserdampftafeln 1937 ist eine Genauigkeit von 1,79 anstatt 1,778 und 0,96 anstatt 0,957 ausreichend.

h) Flüssigkeitswärme.

Die Wärmemenge, die man der Flüssigkeit bei konstantem Druck bis zum Beginn der Verdampfung zuführen muß, ausgehend von Wasser mit 0° C, ist

$$q_f = i' = \int_0^{t_s} c\,dt \approx t_s \tag{278}$$

in kcal/kg. Mit höheren Sättigungstemperaturen wird die Flüssigkeitswärme zunehmend größer als t_s; z. B. bei 40 at abs. und $t_s = 249{,}2°$ ergibt sich q_f zu 258,2 kcal/kg, weil die spezifische $[c_{pm}]_0^t > 1$ wird und zwischen 0 und 249,2° bereits auf 1,036 kcal/kg · Grad angestiegen ist; siehe Abschnitt 7.

i) Verdampfungswärme.

Um 1 kg Wasser aus dem Siedezustand in den Zustand des trockengesättigten Dampfes zu überführen, ist eine Verdampfungswärme $r = i'' - i'$ kcal erforderlich, sofern der Druck während des Verdampfungsvorganges gleichbleibt.

Wenn man einen Zwischenzustand betrachtet, so findet man, daß ein Teil x in kg/kg verdampft und ein Teil $y = 1 - x$ in kg/kg noch flüssig ist. Beide Phasen können dabei innig vermischt oder auch mehr oder weniger getrennt sein. Man bezeichnet den Anteil x als *spezifische Dampfmenge*. Offensichtlich ist die Menge der verdampften Flüssigkeit der bis dahin zugeführten Wärmemenge $x \cdot r$ proportional. Wenn $x = 1$ wird, dann ist die gesamte Verdampfungswärme r zugeführt worden. Man kann den Wärmeinhalt (bei konstantem Druck) von 1 kg *Wasser-Dampf-Gemisch* angeben, indem man zu der Flüssigkeitswärme i' den Betrag $x \cdot r = x(i'' - i')$ hinzuzählt. Um 1 kg Wasser von 0° C in den Gemischzustand zu bringen, muß man bei $p =$ konst. also eine Wärmemenge

$$i = i' + xr = i' + x(i'' - i') = xi'' + (1 - x)i' \tag{279}$$

in kcal aufwenden. Bei Beginn der Verdampfung ist $x = 0$ und $i = i'$, am Ende $x = 1$ und $i = i' + r$. In den Abb. 104 und 106 sind Linien gleicher spezifischer Dampfmenge eingetragen. Die Linie $x = 0$ ist gleichbedeutend mit der unteren und die Linie $x = 1$ mit der oberen Grenzkurve.

Es entsteht nun die Frage, welcher Teil der *Verdampfungswärme* zur eigentlichen *Umwandlung* des molekularen Zustandes nötig ist, und welcher Teil für die Leistung der beträchtlichen *Ausdehnungsarbeit* aufkommt. Den Umfang an Energie, der *gebunden* wird, kann man an der Steigerung der *inneren Energie* $u'' - u'$ erkennen. Wenn Druck und Temperatur gleichbleiben, dann wird die fühbare Wärme nicht erhöht. Es besteht mit $dq = du + AP\,dv$ die Beziehung

$$i'' - i' = u'' - u' + AP(v'' - v') \tag{280}$$

zwischen Wärmeinhalt, innerer Energie und äußerer mechanischer Arbeit. Die innere Energie des siedenden Wassers, bezogen auf $t = 0°$ C, ist dabei $u' = i' - APv'$, die des Dampfes $u'' = i'' - APv''$.

Es zeigt sich, daß die Verdrängungsarbeit APv' sehr klein gegen i' und damit u' fast so groß wie i' ist, wie aus folgenden Zahlen hervorgeht. Auch die äußere mechanische Arbeit ist im Bereiche der Flüssigkeit vernachlässigbar klein gegen die Aufnahme an innerer Energie.

Zahlentafel 38a. *Zustandswerte von Wasser.*

Druck p at abs.	Innere Energie der Flüssigkeit u' kcal/kg	Enthalpie der Flüssigkeit i' kcal/kg	$i' - u' = APv'$ kcal/kg	$100 \frac{APv'}{i'}$ vH
1	99,10	99,12	0,0244	0,0246
40	257,0	258,2	1,171	0,453
100	330,6	334,0	3,382	1,014

APv' stellt die Arbeit ($\int v\,dP$) dar, die der äußere Luftdruck P_0 und die Speisepumpe mit der Drucksteigerung um $P - P_0$ je kg Wasser leisten, nämlich

$$A(P_0 - 0)v' + A(P - P_0)v' = APv'.$$

Sie kann bei den folgenden Betrachtungen als geringfügig außer Betracht bleiben.

Für die innere Energie des Wasser-Dampf-Gemisches gilt ähnlich wie für die Verdampfungswärme

$$u = u' + x(u'' - u') = u' + x\varrho \tag{281}$$

mit $\varrho = u'' - u'$ als *innerer Verdampfungswärme*. Diese Energiezunahme ϱ ist nötig, um die flüssigkeitsartige Bindung der Moleküle zu lösen und ihnen die Freiheit der Dampfform zu verleihen. Dementsprechend versteht man unter der *äußeren Verdampfungswärme* ψ den anderen Teil

$$\psi = Al = AP(v'' - v'). \tag{282}$$

Die gesamte Wärmezufuhr ist

$$r = \varrho + \psi = u'' - u' + AP(v'' - v'). \tag{283}$$

Die absolute äußere Ausdehnungsarbeit bei der Verdampfung ψ ist klein gegen die innere Umwandlungsarbeit ϱ, wie folgende Zahlen beweisen.

Zahlentafel 38b. *Verdampfungswärmen bei Wasser.*

Druck p at abs.	Verdampfungswärme gesamte r	innere ϱ	äußere ψ	$100 \frac{\psi}{r}$
	kcal/kg			vH
1	539,4	499,0	40,4	7,5
22	447,7	400,6	47,1	10,5
40	410,8	364,4	46,4	11,3
100	317,1	277,3	39,8	12,6
200	150,8	131,2	19,6	13,0

Die Arbeit ψ nimmt zunächst mit dem Druck zu, bis sie bei etwa 22 at abs. mit 47,1 kcal/kg einen Größtwert annimmt, und wird dann wieder kleiner, bis sie im kritischen Zustand mit $v' = v''$ verschwindet. Aber auch die innere Verdampfungswärme verschwindet bei $t \geqq 374°$ C und $p \geqq 226$ at abs., ebenso wie $r = 0$ wird. Die umwandelnde Auflockerung des molekularen Gefüges geht allmählich mit der Temperatur vor sich, ohne daß unstetig ein besonderes Umwandlungsgebiet durchschritten wird.

Der Zusammenhang zwischen dem Wärmeinhalt i' und i'' sowie der Verdampfungswärme r und ihrer beiden Teile ϱ für die Umwandlungsarbeit und ψ für die äußere mechanische Arbeit ist in den Abb. 109 und 110 in Abhängigkeit von der Höhe der Sättigungstemperatur t_s bzw. des Druckes aufgetragen. Neben der Temperaturskala ist der

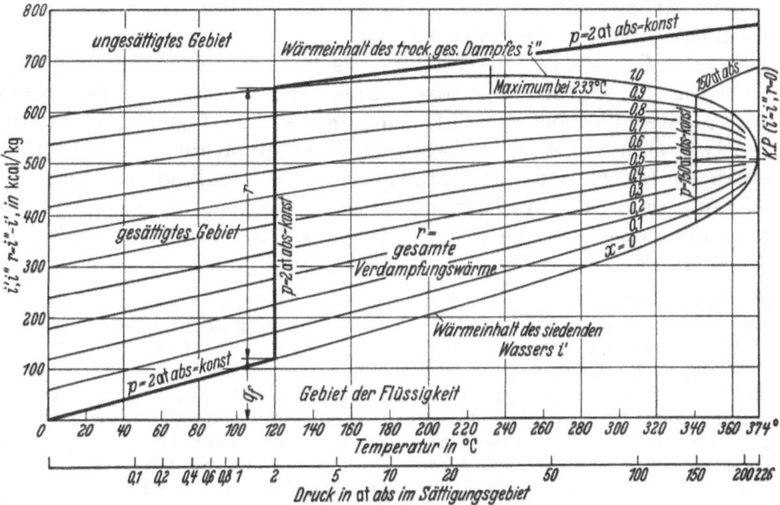

Abb. 109. Verdampfungswärme und Wärmeinhalt bei konstantem Druck (Enthalpie) von gesättigtem Wasserdampf über Temperatur und Druck.

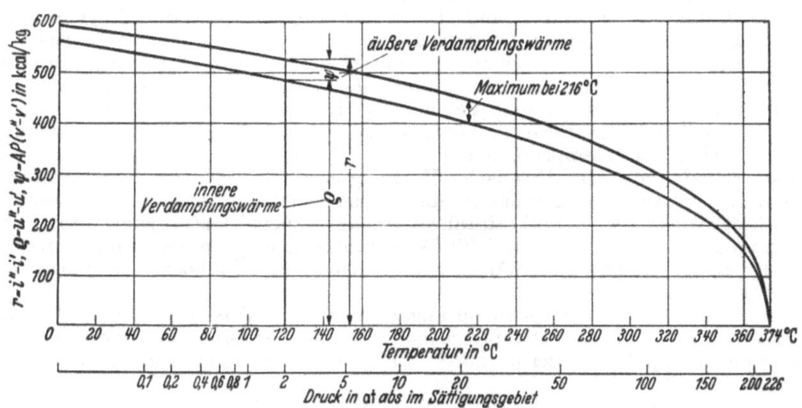

Abb. 110. Innere Verdampfungswärme ϱ und äußere Verdampfungswärme ψ von gesättigtem Wasserdampf über der Temperatur.

Druck vermerkt. In Abb. 109 fällt auf, daß der Wärmeinhalt i'' des trockengesättigten Dampfes wenig veränderlich ist und bei 30 at abs. mit 669,7 kcal/kg einen Höchstwert annimmt, und zwar bei 233° C. Während also die Flüssigkeitswärme bis zum kritischen Druck von 226 at abs. ständig im Zunehmen begriffen ist, nimmt die Verdampfungswärme ständig ab. Die Summe beider Wärmemengen $i' + r = i''$ vergrößert sich bis etwa 30 at, um dann bis auf den Wärmeinhalt i_k im kritischen Punkt (K. P.) herunterzugehen.

Für die äußere mechanische Arbeit wird ein Höchstwert bei etwas niedrigerem Druck gefunden, nämlich bei 22 at abs. und 216° C. Auch die äußere Arbeit nimmt erst zu und dann wieder ab, während die innere Arbeit ständig kleiner wird.

In das *i, t-Diagramm* Abb. 109 sind als Beispiel zwei Linien gleichen Druckes, für 2 und für 150 at abs., eingezeichnet. Diese Linien fallen im Flüssigkeitsgebiet bis zur Sättigungstemperatur fast genau mit der unteren Grenzkurve $i' = f(t)$ zusammen. Nach Richtungswechsel durchqueren diese Linien das Sättigungsgebiet, gleichlaufend mit den Isothermen, um mit erneutem Richtungswechsel in das ungesättigte Gebiet überzutreten, wobei sie sich je nach der Höhe des Druckes verschieden steil absetzen.

Die senkrechten Strecken im i, t-Diagramm bedeuten *Wärmemengen*. Am Beispiel der Verdampfung bei 2 at abs. ist gezeigt, wie groß die Flüssigkeitswärme q, und die Verdampfungswärme r ist. Die flache Lage der oberen Grenzkurve $s'' = f(t)$ besagt, daß zur *Erzeugung von 1 kg trockengesättigtem Dampf* bei allen Drücken *etwa gleich viel Wärmeenergie* gehört, das ist eine unerwartete und bemerkenswerte Feststellung, denn die Energie im Dampf ist zu einem um so größeren Teile arbeitsfähig, je höher Druck und Temperatur sind. Mechanisch kann Dampf von hohem Druck bei der Entspannung bis auf einen bestimmten Gegendruck in einer Kraftmaschine mehr Arbeit leisten als niedergespannter. Man darf sich hier aber keiner Täuschung hingeben. Wohl ist etwa derselbe Wärmeaufwand zu treiben, jedoch muß die Wärmeenergie auch um so hochwertiger, d. h. arbeitsfähiger sein, je höher Druck und Temperatur sind. Aber hier kommt gerade zu Hilfe, daß die Feuergastemperaturen, die bei der Beheizung eines Dampfkessels auftreten, viel höher als die Sättigungstemperatur sind. Die Feuergase, das sind die Verbrennungserzeugnisse des Brennstoff-Luft-Gemisches, geben hochwertige Wärme an das verdampfende Wasser und den Dampf bei der Überhitzung in stark nicht umkehrbarem Vorgang ab. Wenn man also sowieso die Dampferzeugung mit hochwertiger Wärme betreibt, dann kann man auch hochwertige Energie im Dampf aufspeichern. Man macht sich diese Eigenart zunutze, indem man immer mehr zu höheren Dampfdrücken und -temperaturen übergeht, soweit es eben die Werkstoffe zulassen, zumal auch der thermische Wirkungsgrad der Prozesse stark von der oberen Temperaturhaltung abhängt. Maßgebend bleibt natürlich stets die Gesamtwirtschaftlichkeit der Dampfkraftanlage, die außer vom Dampfzustand noch von den Anlagekosten, dem Aufwand für Wasseraufbereitung, Speisung und Wartung und der Betriebssicherheit abhängt, denn sonst müßte der höchste technisch erreichbare Druck der beste sein.

Im praktischen Betrieb wird im allgemeinen nicht Wasser von 0° C, sondern Wasser von t° C in den Dampferzeuger gespeist. Dadurch errechnet sich der Wärmeaufwand je kg Wasser bis zur völligen Verdampfung bei konstantem Druck zu

$$\Delta i = i'' - \int_0^t c_p dt \approx i'' - t \tag{284}$$

in kcal. Der Wärmeinhalt des Dampfes wächst bis zum Druck von 10 at abs. und t_s rund 180° C etwa linear um 0,37 kcal/kg je Grad Erhöhung der Sättigungstemperatur an. Für den Niederdruckbereich $p \leqq 10$ at gilt für praktische Zwecke mit gewisser Annäherung

$$i'' = a + b \cdot t_s \approx 600 + 0{,}37 \cdot t_s \tag{285}$$

für die Erzeugungswärme i'' in kcal/kg. Da $i' \approx t_s$ ist, gilt auch

$$r = i'' - i' \approx 600 + (0{,}37 - 1)\, t_s$$

und

$$r = \approx 600 - 0{,}63\, t_s. \tag{286}$$

Wie aus der Krümmung der i''-Linie in Abb. 109 hervorgeht, verliert diese Näherungsformel über 10 at ihre Berechtigung.

k) Volumen des Wasser-Dampf-Gemisches.

Wenn man wiederum davon ausgeht, daß der Zustand eines Wasser-Dampf-Gemisches im Sättigungsgebiet durch den Druck oder die Temperatur sowie durch den Dampfanteil x in kg/kg bestimmt wird, ergibt sich für das spezifische Volumen des Gemisches die Beziehung

$$\boxed{v = (1 - x)v' + xv'' = v' + x(v'' - v')}\,. \tag{287}$$

Der Fortschritt der Dampfbildung ist der Wärmezufuhr proportional, die eine entsprechende proportionale Zunahme des Dampfgehaltes nach sich zieht. $(1 - x)v'$ ist das Flüssigkeitsvolumen, xv'' das Dampfvolumen. Solange Druck und Temperatur nicht zu hoch sind, nimmt die Flüssigkeit nur einen kleinen Raum gegenüber dem Dampf ein; $v'' - v'$ ist durch die außerordentlich starke Ausdehnung überwältigend groß. Man kann daher mit guter Annäherung setzen

$$\boxed{v = xv'' + (1 - x)v' \approx xv''}\,. \tag{288}$$

Welchen Fehler man dabei begeht, kann man aus folgenden genaueren Zahlen abschätzen.

Zahlentafel 39. *Zustandswerte von siedendem Wasser und Wasserdampf im Sättigungsgebiet.* $v = v''\left[x + (1 - x)\dfrac{v'}{v''}\right]$.

Druck p at abs.	Temperatur t_s °C	Spezifisches Volumen der Flüssigkeit v' m³/kg	des Dampfes v'' m³/kg	Volumenverhältnis $100\,\frac{v'}{v''}$ vH
0,1	45,45	0,0010101	14,95	0,007
1	99,09	0,0010428	1,725	0,060
20	211,38	0,0011751	0,1016	1,156
50	262,70	0,0012828	0,04024	3,19
100	309,53	0,001445	0,01845	7,83
150	340,56	0,001646	0,01065	15,46
200	364,08	0,00201	0,00620	32,4

Die Näherungsformel (288) kann bei $x \geqq 0{,}5$ bis zu mittleren Dampfdrücken von 50 at abs. angewandt werden, wenn man einen Fehler bis 3,2 vH zuläßt (bei $x \geqq 0{,}7$ Fehler bis 1,4 vH). Im Niederdruckbereich ist der Fehler weniger als 1 vH. Man erkennt aber auch, daß man die Gemischzusammensetzung besser nach Gewichtsteilen mit der spezifischen Dampfmenge x als nach Raumteilen berechnet.

l) Linien gleicher Dampffeuchte.

In den Abb. 104, 106 und 109 sind Linien gleicher spezifischer Dampfmenge oder gleicher Dampffeuchtigkeit eingetragen. Die beiden Äste der Grenzkurve stellten sich als Linien $x = 0$ und $x = 1$ heraus. Die übrigen Linien sind für Werte x von 0,1 zu 0,1 kg/kg oder 10 vH zu 10 vH gezeichnet. Die Schnittpunkte der x-Linien mit den Isothermen oder den Linien gleichen Volumens erhält man in einfacher Weise durch lineare Teilung. Jede dieser Linien $x =$ konst. für Drücke bis 20 at abs. und Werte $x \geqq 0{,}5$ folgt einem polytropischen Gesetz etwa von der Form

$$v'' p^{0{,}957} = 1{,}778\, x. \tag{289}$$

Für $x = 1$ erhält man wieder die Gl. (276) der oberen Grenzkurve.

Im T, s-Diagramm (siehe Abb. 106) ist der Abszissenabschnitt (Subtangente) der Tangente an eine Zustandskurve ein Maß für die spezifische Wärme. Wenn die Subtangente vom Fußpunkt aus in Richtung Entropievermehrung (nach rechts) fällt, ist die spezifische Wärme negativ. Das bedeutet, daß bei Ausdehnung $x =$ konst. Wärme zuzuführen ist und die Temperatur absinkt. Dies ist für etwa $x > 0{,}5$ der Fall. Obwohl die Temperatur abnimmt und der Dampf gleich feucht bleibt, also nichts verdampft, ist bei einer Zustandsänderug $x =$ konst. Wärme zuzuführen. Bei $x < 0{,}5$ ist umgekehrt Wärme bei Ausdehnung mit gleichem Feuchtigkeitsgehalt abzuführen. Soweit die Linien $x =$ konst. einem polytropischen Gesetz wie (289) folgen, haben sie die Eigenschaft unveränderlicher spezifischer Wärme c, siehe Abschnitt 42.

m) Entropie der Wasser-Dampf-Gemische.

Mit der Wärmezufuhr wächst der Energievorrat und die Entropie. Eine kleine Wärmezufuhr dq hat einen Zuwachs der Entropie um ds zur Folge, wie die allgemeine Wärmegleichung $dq = T\,ds$ angibt. Die kleine Entropiezunahme ist

$$ds = \frac{dq}{T}$$

bei beliebigem Vorgang, und im Falle von konstantem Druck ist

$$ds = \frac{di}{T}.$$

Bei der Aufwärmung des Wassers wächst die Entropie um

$$ds = \frac{di}{T} \approx \frac{dT}{T}, \tag{290}$$

soweit man die spezifische Wärme als unveränderlich $c_p = 1{,}0$ ansehen kann. Integriert man diese Gleichung zwischen $T = 273\,^\circ$K und $T = T_s$, so findet man

$$s' - s_0 = s' = \ln T_s - \ln 273 = \ln \frac{T_s}{273}, \tag{291}$$

wobei die Entropie bei $T = 273^\circ$ K, $t = 0^\circ$ C zu $s_0 = 0{,}000$ kcal/kg · Grad gesetzt wird. Bei höheren Sättigungstemperaturen ist diese einfache Berechnung allerdings nicht zulässig und muß man den funktionalen Zusammenhang $c = f(T)$, sei es analytisch oder graphisch, kennen. In den Dampftafeln ist die Entropie des siedenden Wassers genau ausgerechnet.

Während der Verdampfung bei gleichbleibendem Druck ändert sich die Temperatur nicht, und man findet für den Entropiezuwachs zwischen den beiden Grenzkurven, also vom Zustand des siedenden Wassers bis zum Zustand des trockengesättigten Dampfes,

$$\boxed{s'' - s' = \frac{i'' - i'}{T_s} = \frac{r}{T_s}}\,. \tag{292}$$

Damit erhält man die Entropie des Dampfes zu

$$s'' = s' + \frac{r}{T_s} \approx \ln\frac{T_s}{273} + \frac{r}{T_s}. \tag{293}$$

Da die Verdampfung entsprechend der Wärmezufuhr fortschreitet, nimmt die Entropie des Dampf-Wasser-Gemisches ebenfalls mit der spezifischen Dampfmenge x in kg/kg zu und den Wert

$$s = s' + x\frac{r}{T_s} \approx \ln\frac{T_s}{273} + x\frac{r}{T_s} \tag{294}$$

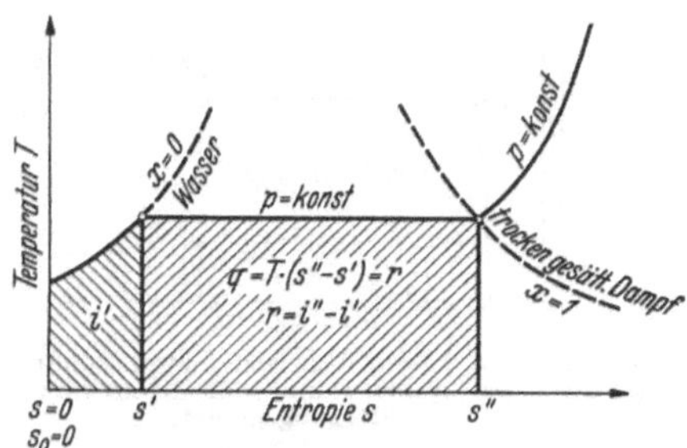

Abb. 111. Zustandsänderung bei p = konst. im Wärmediagramm.

an. Wenn man Linien gleicher spezifischer Dampfmenge x in einem Entropiediagramm zeichnen will, so braucht man nur die Verdampfungsstrecken $s'' - s'$ linear zu teilen.

Im T, s-Diagramm Abb. 111 sind die Flüssigkeitswärme $i' = \int_0^{s'} T\,ds$ und die Verdampfungswärme $r = T_s(s'' - s')$ schraffiert hervorgehoben.

n) Clapeyronsche Gleichung.

Sowohl zwischen der Verdampfungswärme $r = i'' - i' = T_s(s'' - s')$ als auch der Raumausdehnung $v'' - v'$ während der Verdampfung und dem Druck bzw. der Sättigungstemperatur besteht eine eindeutige Beziehung. Beide ändern sich in gleichem Sinne nach Maßgabe der Grenzkurven, siehe Abb. 104 und 106, und verschwinden im kritischen Punkt. Aus dieser Tatsache läßt sich eine Beziehung von allgemeiner Bedeutung herleiten.

In Abb. 112 ist die Zustandsänderung während des Verdampfungsvorganges beim Druck P durch die Isobare 4—3 angegeben. Wenn man den Sättigungsdruck um die sehr kleine Spanne dP erhöht, so gilt die Isobare $P + dP$ von 1 bis 2. Man kann sich nun vorstellen, daß eine Maschine befähigt wäre, unter Wirkung der beiden Drücke P und $P + dP$ zwischen den Grenzkurven einen Kreisprozeß durchzuführen und dabei die mechanische Arbeit dl zu leisten. Der Prozeß ist in Abb. 112 durch den Linienzug 1—2—3—4—1 angedeutet und wird im Uhrzeigersinn durchlaufen.

Zur Steigerung des Wasserdruckes von $P_4 = P$ auf $P_1 = P + \Delta P$ ist eine kleine Wärmemenge Δq_{41} und zur Verdampfung bei $P + \Delta P$

eine Wärmemenge q_{12} zuzuführen. Bei der Entspannung von $P_2 = P + \Delta P$ auf $P_3 = P$ muß die kleine Wärmemenge Δq_{23} und bei der Kondensation beim Druck P die Wärmemenge q_{34} entzogen werden[1]. Der Wärmeüberschuß $\Delta q = \Delta q_{41} + q_{12} + \Delta q_{23} + q_{34}$ ist in mechanische Arbeit $A\,\Delta l$ umgewandelt worden (siehe hierzu Abschnitt 34). In Abb. 113 wird derselbe Kreisprozeß im T, s-Diagramm wiedergegeben.

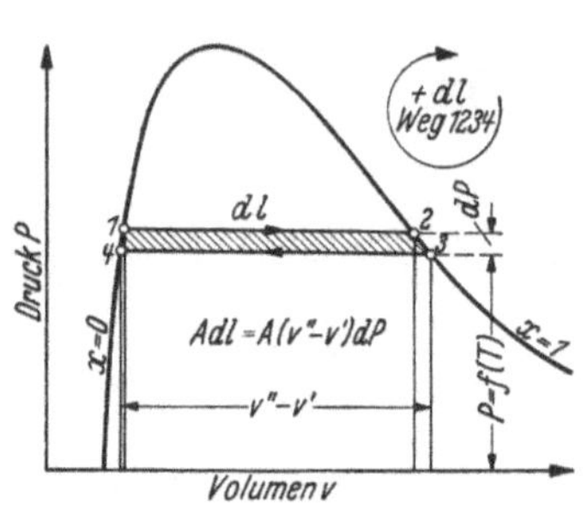

Abb. 112. Kreisprozeß zwischen zwei Isobaren (= zwei Isothermen) und den Grenzkurven im Sättigungsgebiet.

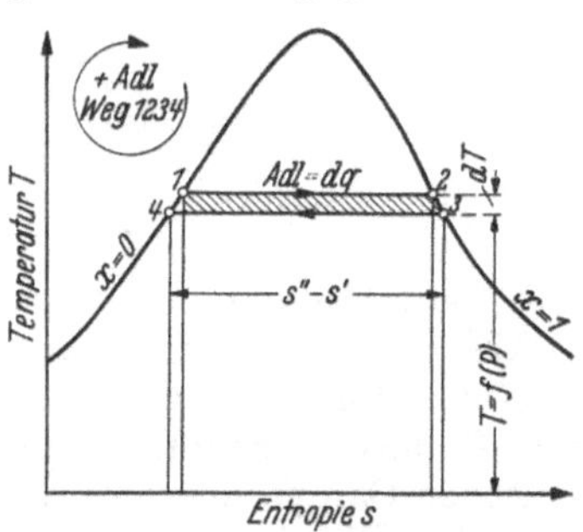

Abb. 113. Kreisprozeß zwischen zwei Isothermen (= zwei Isobaren) und den Grenzkurven im Sättigungsgebiet.

Wenn die Schritte ΔP und ΔT sehr klein werden, verschwinden die Dreiecke an den Grenzkurven und gehen die schraffierten Flächen in Abb. 112 und 113 in Rechtecke über. Die geleistete Arbeit ist in Wärmemaß

$$A dl = A(v'' - v')dP,$$

und die Wärmemenge, die in mechanische Arbeit umgesetzt wurde, ist

$$dq = (s'' - s')dT = \frac{r}{T_s}dT.$$

Beide sind gleich groß:

$$A(v'' - v')dP = \frac{r}{T_s}dT \tag{295}$$

und

$$A(v'' - v')T_s\frac{dP}{dT} = r = i'' - i'$$

und

$$\boxed{\frac{r}{v'' - v'} = \frac{T_s}{427}\frac{dP}{dT} = \frac{s'' - s'}{v'' - v'}T_s}\,. \tag{296}$$

Das Gefälle dP/dT gibt die Neigung der Tangente an die Dampfdruckkurve $P = f(T_s)$, Abb. 103, an der Stelle P, T_s an. In (296) hat man eine von CLAPEYRON aufgestellte Beziehung zwischen dem Verhältnis der Verdampfungswärme r zur Ausdehnung $(v'' - v')$ bei der Verdampfung und der Druckänderung mit der Sättigungstemperatur. Diese Gleichung ermöglicht, eine der Größen zu berechnen, und zwar mit der Genauigkeit, mit der die anderen gegeben sind.

Man beobachtet z. B. bei $t_s = 200\,°C$ eine Ausdehnung vom Flüssigkeitsvolumen $v' = 0{,}0012$ auf das Volumen des trockengesättigten Dampfes $v'' = 0{,}1273$

[1] Δq_{23} und q_{34} ergeben sich negativ.

oder um $v'' - v' = 0{,}1261\ \mathrm{m^3/kg}$ und entnimmt aus Abb. 103 die Neigung der Tangente dP/dT_s zu $3310\ \mathrm{kg/m^2}\cdot$Grad bei 200° C, wobei ein Abszissenabschnitt von 228° und ein Ordinatenabschnitt von 75,5 at oder $75{,}5\cdot 10^4\ \mathrm{kg/m^2}$ angetroffen wird. Mit diesen Werten ermittelt man die Verdampfungswärme r zu

$$r = 0{,}1261\,\frac{473}{427}\,3310 = 462{,}5\ \mathrm{kcal/kg}.$$

Genaue Messungen ergeben $r = 463{,}5\ \mathrm{kcal/kg}$. Da das Druckgefälle mit der Temperatur aus Abb. 103 nur mit beschränkter Genauigkeit entnommen werden kann, empfiehlt es sich, die Dampfdruckkurve analytisch zu fassen. Nach (275) findet man z. B. für den Bereich von 150° C bis 250° C die Form

$$\lg p = 5{,}511 - 2040/T_s$$

oder mit $\ln p = 2{,}303 \lg p$

$$\ln p = 12{,}692 - 4698/T_s$$

und

$$P = 10^4\cdot e^{12{,}692-4698/T_s}$$

in $\mathrm{kg/m^2}$. Daraus folgt

$$\frac{dP}{dT} = 10^4\cdot e^{12{,}692-4698/T_s}\,\frac{4698}{T_s^2}\,.$$

Bei 200° C erhält man $dP/dT = 10^4\cdot 15{,}81\cdot 0{,}0210 = 3320\ \mathrm{kg/m^2}\cdot$Grad und $r = 0{,}1261\,\frac{473}{427}\,3320 = 463{,}7\ \mathrm{kcal/kg}$. Um die Verdampfungswärme noch genauer berechnen zu können, ist es nötig, die Gleichung der Dampfdruckkurve für einen engeren Temperaturbereich, also etwa für $200 \pm 20°$ aufzustellen.

Die Bedeutung der Clapeyronschen Gleichung liegt besonders darin, daß man auf verschiedene Art ermittelte Zustandswerte scharf auf ihre Genauigkeit nachprüfen kann, weil sie diese Gleichung erfüllen müssen.

Bei niedrigen Drücken ist das Flüssigkeitsvolumen v' im Verhältnis zum Dampfvolumen v'' vernachlässigbar klein. Setzt man dann mit Annäherung

$$P v'' = R T_s,$$

so ergibt sich aus (295)

$$A\,\frac{R T_s}{P}\,dP = \frac{r}{T_s}\,dT$$

und

$$\frac{d(\ln P)}{dT} = \frac{1}{AR}\,\frac{r}{T_s^2}$$

zur Nachprüfung.

o) Zustandsänderungen im Sättigungsgebiet bei gleichem Druck und gleicher Temperatur.

Nachdem der Verlauf von Isobare und Isotherme im Sättigungsgebiet beschrieben wurde, entsteht die Frage nach dem *Wärmeaufwand* q_{12} und der zu leistenden mechanischen Ausdehnungsarbeit l_{12}, wenn man von einem Zustandspunkt 1 nach einem Zustandspunkt 2 gelangen will. Der Vorgang ist in Abb. 114 im P, v-Diagramm und in Abb. 115 im T, s-Diagramm angedeutet.

Für die Wärmezufuhr ergibt sich

$$\boxed{q_{12} = T_s(s_2 - s_1) = (x_2 - x_1)\cdot r}\,, \tag{297}$$

denn

$$s_1 = s' + x_1\,\frac{r}{T_s} \quad \text{und} \quad s_2 = s' + x_2\,\frac{r}{T_s}$$

und

$$\boxed{s_2 - s_1 = (x_2 - x_1)\,\frac{r}{T_s}}\,. \tag{298}$$

Diese *Wärmezufuhr* ist mit einer Ausdehnung und damit einer äußeren mechanischen *Arbeit*

$$l_{12} = P(v_2 - v_1)$$

in mkg/kg verknüpft. Nun ist bei Sattdampf

$$v_1 = v' + x_1(v'' - v') \quad \text{und} \quad v_2 = v' + x_2(v'' - v')$$

und deshalb

$$l_{12} = P(x_2 - x_1)(v'' - v'). \tag{299}$$

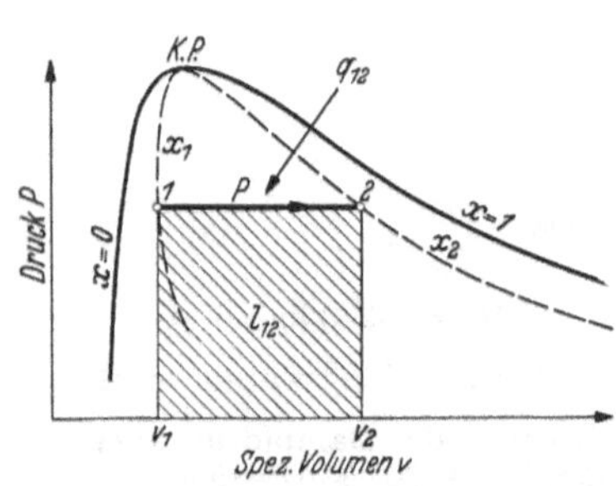

Abb. 114. Zustandsänderung bei gleichem Druck und gleicher Temperatur im Sättigungsgebiet.

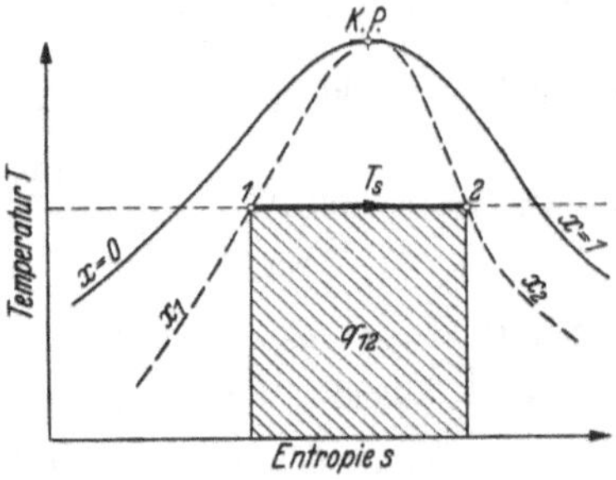

Abb. 115. Zustandsänderung bei gleichem Druck und gleicher Temperatur im Sättigungsgebiet.

Wenn statt der spezifischen Dampfmengen die Volumina v_1 und v_2 des Wasser-Dampf-Gemisches bekannt sind, kann man den Dampfgehalt berechnen mit

$$x_1 = \frac{v_1 - v'}{v'' - v'} \quad \text{und} \quad x_2 = \frac{v_2 - v'}{v'' - v'}.$$

Die spezifischen Volumina im Grenzzustand, v' und v'', werden aus den Dampftafeln zur Sättigungstemperatur oder zum Druck entnommen.

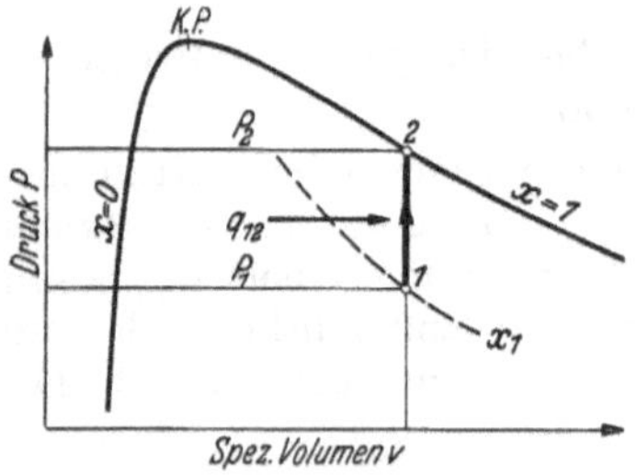

Abb. 116. Zustandsänderung gleichen Volumens im Sättigungsgebiet.

p) Zustandsänderung im Sättigungsgebiet bei gleichem Volumen.

Allgemein gilt für eine Zustandsänderung bei gleichbleibendem Volumen im Sättigungsgebiet

$$v_1' + x_1(v_1'' - v_1') = v_2' + x_2(v_2'' - v_2').$$

Mit Rücksicht darauf, daß das Volumen des Wasser-Dampf-Gemisches im Sättigungsgebiet bei niedrigen und mittleren Drücken (Abschnitt 58k) genau genug mit $v = xv''$ angegeben werden kann, gilt

$$x_1 v_1'' = x_2 v_2'' = \cdots = \text{konst.} \tag{300}$$

Im P, v-Diagramm Abb. 116 stellt sich die Zustandslinie als eine Senkrechte zur Abszisse dar. Es ist dort angenommen, daß feuchter Dampf mit x_1 kg/kg Dampfgehalt bis zum trockengesättigten Zustand verdichtet wird. Mechanische Ausdehnungsarbeit wird dabei nicht geleistet.

Im Wärmediagramm Abb. 117 kann man den Wärmeaustausch bei dem Vorgang beurteilen. Es ist eine Linie $v =$ konst. eingetragen, ausgehend von trockengesättigtem Dampf mit $t_s = 200°$ C. Je niedriger Temperatur und Druck werden, um so größer wird v'' und um so kleiner darf der Dampfgehalt x sein, wenn sich das Gemischvolumen nicht ändern soll. Das bedeutet, daß bei einem solchen Vorgang Wasser ausfällt, indem zunehmend Dampf kondensiert. Es ist Wärme zu entziehen, wie das bei Zustandsänderungen solcher Art bei Gasen auch der Fall ist. Ein Maß für die Wärmeabfuhr gibt die unter der Zustandslinie liegende Fläche q_{12} an. Bemerkenswert ist, daß in

$$q_{12} = \int_1^2 c_v \, dT$$

weder die Wärmemenge noch die Temperaturspanne unendlich groß werden können und daß damit auch die spezifische Wärme bei konstantem Volumen c_v einen endlichen Wert hat. Die spezifische Wärme c_p bei konstantem Druck hingegen ist im Sättigungsgebiet unendlich groß. Das allgemeine Gasgesetz, nach dem

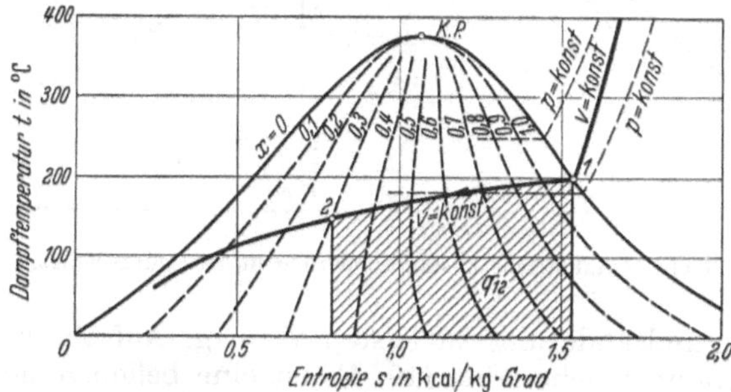

Abb. 117. Zustandsänderung gleichen Volumens im Sättigungsgebiet.

$c_p - c_v = AR$ ist, gilt auch nicht annähernd mehr. Die Isochore hat im Sättigungsgebiet den Charakter einer logarithmischen Linie.

Da $A P dv = 0$ ist, muß $q_{12} = u_2 - u_1$ sein. Damit erhält man für den *Wärmeaustausch*

$$q_{12} = u_2' + x_2 \varrho_2 - u_1' - x_1 \varrho_1. \tag{301}$$

Von besonderer technischer Bedeutung sind derartige Verdampfungs- oder Kondensationsvorgänge bei konstantem Volumen nicht. Als Beispiel kann der Anheizvorgang in einem Dampfkessel angeführt werden. Das Volumen bleibt so lange gleich groß, bis das Hauptabsperrorgan zum Dampfverteilungsnetz geöffnet wird und der Kessel beginnt Dampf abzugeben.

q) Adiabatische Zustandsänderungen im Sättigungsgebiet.

Wenn auch isothermische Verdichtung und Entspannung im Sättigungsgebiet ausgeschlossen sind, so sind doch polytropische Zustandsänderungen mit einem Exponenten möglich, der größer als 1 ist. In Abb. 118 ist ein adiabatischer Ausdehnungsvorgang, ausgehend vom trockengesättigten Zustand mit der Temperatur T_1 bis zu einem Zustand 2 mit der Temperatur T_2, im Wärmediagramm dargestellt. Da $x_2 < x_1 = 1$ ist, wird der Dampf bei der Ausdehnung nasser. Die *Endnässe* läßt sich leicht berechnen, wenn man beachtet, daß bei der adiabatischen Zustandsänderung die Entropie ihren Wert beibehält. Es ist

$$s_1' + x_1 \frac{r_1}{T_1} = s_2' + x_2 \frac{r_2}{T_2}$$

und

$$x_2 = \frac{s_1' - s_2' + x_1 r_1/T_1}{r_2/T_2}. \quad (302)$$

x_2 ist der Dampfgehalt am Ende, die Endnässe ist $y_2 = 1 - x_2$. Ihre Größe ist von wesentlicher Bedeutung bei den Dampfkraftprozessen.

Von besonderer Bedeutung ist die Frage, welche *Arbeit* der Dampf

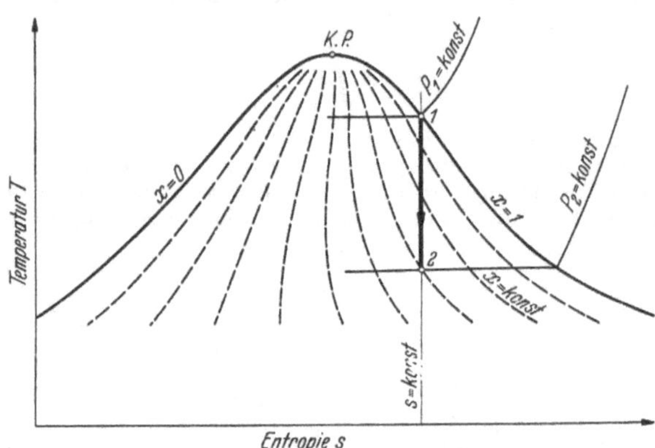

Abb. 118. Adiabatische Zustandsänderung im Sättigungsgebiet.

bei seiner Zustandsänderung zu leisten vermag. Aufschluß vermittelt das P, v-Diagramm; siehe Abb. 119. Es ist eine beliebige adiabatische Zustandslinie von 1 nach 2 eingezeichnet, wobei der Druck von P_1 auf P_2 fällt. Die unter der Adiabate liegende Fläche stellt die absolute Ausdehnungsarbeit dar. Auch im Sattdampfgebiet läßt sich für die Adiabate eine Gleichung von der Art

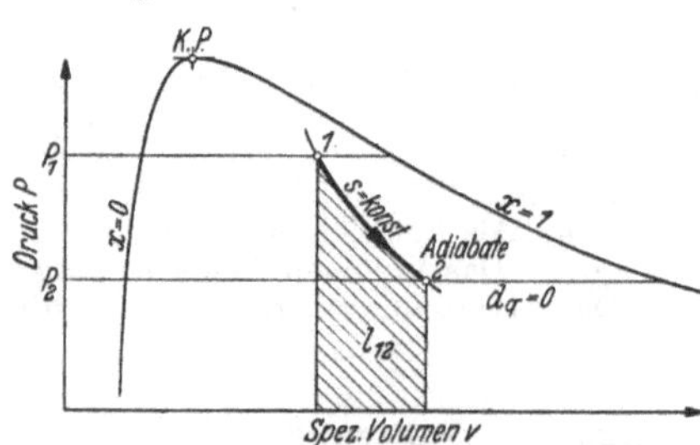

Abb. 119. Adiabatische Zustandsänderung im Sättigungsgebiet.

$$P \cdot v^{\varkappa} = \text{konst.} \quad (303)$$

aufstellen. In dem technisch wichtigsten Bereich mit $1 > x > 0{,}7$ kann der Exponent bei Drücken bis 25 at mit ausreichender Genauigkeit mit

$$\varkappa = 1{,}035 + 0{,}1\,x \quad (304)$$

angegeben werden. Bei $x = 1$, im Zustand völliger Trocknung, ist der Exponent $\varkappa = 1{,}135$. Daraus folgt

$$\frac{P_1}{P_2} = \frac{p_1}{p_2} = \left(\frac{v_2}{v_1}\right)^{1{,}035 + 0{,}1\,x} \quad (305)$$

Die absolute mechanische Arbeit läßt sich damit wie bei Gasen berechnen mit

$$l_{1\,2} = \frac{P_1 v_1}{\varkappa - 1}\left[1 - \left(\frac{v_1}{v_2}\right)^{\varkappa - 1}\right] \quad (306)$$

und

$$l_{12} = \frac{P_1 v_1}{\varkappa - 1}\left[1 - \left(\frac{p_2}{p_1}\right)^{(\varkappa-1)/\varkappa}\right] \tag{307}$$

in mkg/kg entsprechend den Gl. (137) bis (140) für vollkommene Gase. Die Werte der Potenzausdrücke können für $\varkappa = 1{,}135$ aus Abb. 51 und 52 entnommen werden.

Bei den technischen Prozessen kommt es in erster Linie darauf an, Dampf *arbeiten* zu lassen, d. h. seine arbeitsfähige Energie über mechanische Arbeit umzusetzen. Aus technischen Gründen spielen sich dabei diese Prozesse fast ausschließlich im überhitzten Gebiet und im Sättigungsgebiet bei geringer Dampffeuchtigkeit ($x > 0{,}7$) ab. Es ist aber trotzdem interessant, zu untersuchen, wie sich der Dampfgehalt bei adiabatischen Vorgängen im Sättigungsgebiet ändert. Bei der Verdichtung als umgekehrtem Vorgang, wie in Abb. 118 verzeichnet, wird der Dampf trockener. Setzt man die Verdichtung über den trockengesättigten Zustand hinaus fort, so gelangt man in das ungesättigte Gebiet jenseits der oberen Grenzkurve. In anderen Bereichen des Sättigungsgebietes kann die Verdichtung je nach der Krümmung der Linien gleicher spezifischer Dampfmenge nicht zur Trocknung, sondern zur Anfeuchtung führen. Abb. 120a deutet die Verhältnisse in der Nähe der oberen Grenzkurve an. Wenn man mehr in die Mitte des Sättigungsgebietes ($x \approx 0{,}5$ kg/kg) rückt, Abb. 120b, kann es vorkommen, daß der Dampf sowohl bei der Ausdehnung als auch bei der Verdichtung nasser wird. Die Adiabate schneidet im Bilde die Linie $x =$ konst. nicht, sondern berührt sie nur noch. Der Leser vergleiche hierzu das T, s-Diagramm Abb. 106. In der Nähe der unteren Grenzkurve, Abb. 120c, hingegen wird der Dampf bei adiabatischer Verdichtung nasser und bei der Ausdehnung trockener, also umgekehrt wie in der Nähe der oberen Grenzkurve. Würde man die adiabatische Verdichtung nach Abb. 120c weiter fortsetzen, so erhielte man schließlich reine Flüssigkeit und gelangte rasch zu hohen überkritischen Drücken, als Folge der äußerst geringen Zusammendrückbarkeit der Flüssigkeit.

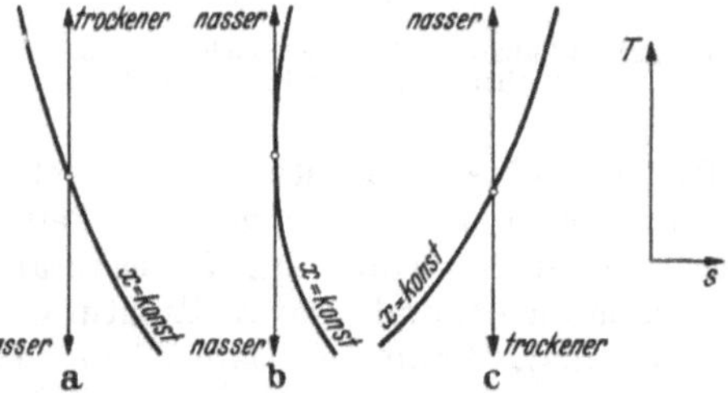

Abb. 120a—c. Adiabaten im Sättigungsgebiet. Verschiedenartige Lage der Linien gleicher Dampfmenge x (T, s-Diagramm).

Es sei nochmals festgehalten, daß die Beziehungen (304) bis (307) nur mit Annäherung gelten und auch nur dann, wenn in dem Flüssigkeits-Dampf-Gemisch der Dampfanteil überwiegt und mehr als 70 vH ausmacht. Außerdem ist mit 25 at eine obere Grenze für den Druck gesetzt. Das vornehmliche technische Anwendungsgebiet liegt im Rahmen $x \geqq 0{,}7$ und $p \leqq 25$ at. Im übrigen sei noch darauf hingewiesen, daß der Adiabatenexponent $\varkappa = 1{,}035 + 0{,}1\,x$ bei den Näherungsgleichungen nicht dieselbe Bedeutung hat wie der Wert $\varkappa$ bei vollkommenen Gasen als Verhältnis der spezifischen Wärmen. Hier ist der Exponent nur ein Teil einer Näherungsformel, mit der man die tatsächliche Zustandsänderung mit gewisser Genauigkeit wiedergeben kann.

Wenn $x \geqq 0{,}5$ ist, siehe Abb. 106, ist bei einer Ausdehnung mit unveränderlicher Dampfmenge Wärme zu- und bei kleineren Werten von x abzuführen. Obwohl also der Sattdampf seine Feuchtigkeit beibehält, muß bei den größeren Werten von x wegen der starken Ausdehnung des Dampfanteils im Gemisch bei Drucksenkung der Beitrag von der inneren Energie (fühlbare Wärme) noch durch Wärmezufuhr verstärkt werden.

r) Zustandsänderungen im Sättigungsgebiet bei gleichem Wärmeinhalt (Enthalpie).

Als letzte der besonderen Zustandsänderungen ist der Drosselvorgang anzuführen, bei dem der Wärmeinhalt (Enthalpie) unverändert bleibt. Der Verlauf der Drosselkurve ist aus dem P, v-Diagramm Abb. 121 und dem T, s-Diagramm Abb. 122 ersichtlich. Zum Vergleich ist eine Adiabate mitgezeichnet. Je nach der Lage im Sättigungsgebiet wird der Dampf beim Drosseln getrocknet oder angefeuchtet, wie der Vergleich der verschiedenen Drosselkurven in Abb. 121 und 122 zeigt.

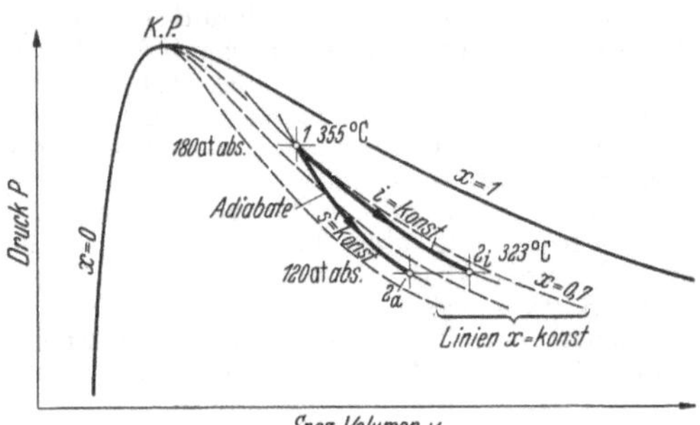

Abb. 121. Adiabate und Linie gleichen Wärmeinhaltes (Enthalpie) im Sättigungsgebiet.

Wenn man bei der Drosselung vom trockengesättigten Zustand ausgeht, so ist zu berücksichtigen, daß der Wärmeinhalt i'' bei rund 30 at abs. einen Höchstwert hat; siehe Abb. 109. Hat der Dampf 30 at und weniger Druck, so geht er beim Drosseln sofort in überhitzten Zustand über, wobei im i, t-Diagramm eine waagerechte Linie beschrieben wird, und zwar in Richtung auf geringere Drücke zu (im Bilde nach links). Wenn der Dampfdruck nun über 30 at liegt, so wird der Dampf beim Drosseln zunächst zunehmend nasser, dann wieder trockener, nimmt schließlich den Grenzzustand an, um danach ebenfalls überhitzt zu werden. Im Gegensatz zum Verhalten der idealen Gase fällt die Temperatur des Dampfes in jedem Falle kräftig ab und ist ein positiver Drosseleffekt zu beobachten. Bei den fraglichen Temperaturen und Drücken befindet man sich weit unterhalb der Inversionskurve von Wasserdampf.

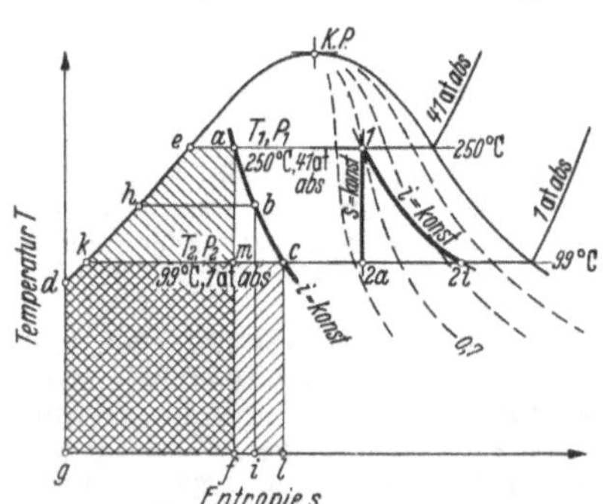

Abb. 122. Adiabate und Linie gleichen Wärmeinhaltes (Enthalpie) im Sättigungsgebiet.

Die Abnahme der Druckenergie entspricht hier nicht mehr der Wärmeenergie, die zu einem isothermischen Vorgang nötig ist. Mit dem Druck fällt zwangsläufig auch die Temperatur. Sowohl arbeitsfähige Druckenergie als auch fühlbare Wärme, die umgesetzt werden, führen im allgemeinen zu weiterer Verdampfung und damit Trocknung und schließlich Überhitzung des Dampfes. Die Wärmeaufnahme bei der Drosselung entspricht der Fläche unter 1 bis $2i$. Mit fallendem Druck dehnt sich der Dampfanteil des Gemisches aus.

In Abb. 122 ist eine Linie $i =$ konst. von a über b nach c gezeichnet. Der Wärmeinhalt bei dem konstanten Druck p_a wird durch die Fläche $deafgd$ dargestellt (schraffiert). Da $i_a = i_b = i_c$ ist, so sind auch die Flächen unter den Isobaren gleich groß, also Flächen $deafgd = dhbigd = dkclgd$ (letztere ist entgegengesetzt schraffiert). Mithin ist auch Fläche $keamk$ so groß wie Fläche $clfmc$. Man kann diese Eigenschaft zur Konstruktion der Drossellinie verwenden.

Im T, s-Diagramm Abb. 122 ist eine Drosselung von $p_1 = 41$ at abs., $t_1 = 250°$ C, $x_1 = 0{,}70$ auf $p_2 = 1$ at abs., $t_2 = 99°$ C dargestellt. x_2 wird zu 0,83 kg/kg gefunden. Dem Drosselvorgang im P, v-Diagramm Abb. 121 liegen zugrunde: $p_1 = 180$ at abs., $t_1 = 355°$ C und $x_1 = 0{,}70$ kg/kg sowie $p_2 = 120$ at abs. und $t_2 = 323°$ C. x_2 ergibt sich in diesem Falle zu 0,66 kg/kg.

Der Wärmeinhalt (Enthalpie) im Punkt 1 des Sättigungsgebietes ist durch i_1', i_1'' und x_1, der im Punkt 2 durch i_2'', i_2' und x_2 beschrieben. Fraglich ist meist der Dampfanteil x_2, wobei p_1 und p_2 gegeben sind. Es ist

$$i_1 = i_2 \quad \text{und} \quad p_1 > p_2,$$

ferner

$$i_1' + x_1 r_1 = i_2' + x_2 r_2$$

und

$$x_2 = \frac{i_1' - i_2' + x_1 r_1}{r_2} \approx \frac{t_{s1} - t_{s2} + x_1 r_1}{r_2} \tag{308}$$

in kg/kg. Die Werte i_1', i_2', r_1 und r_2 können aus den Dampftafeln zu p_1 und p_2 entnommen werden.

Die Entropievermehrung beim Drosseln ist mit $T ds = di - A v dP$ einfach

$$\left(\frac{ds}{dP}\right)_i = -A \frac{v}{T}.$$

Wenn der Druckabfall klein ist, so kann man mit den mittleren Werten zwischen 1 und 2, durch Zeiger m gekennzeichnet, schreiben:

$$s_2 - s_1 = A \frac{v_m}{T_m} (P_1 - P_2), \tag{309}$$

$$s_2 - s_1 = \frac{A}{273 + t_m} [v_m' + x_m (v_m'' - v_m')] (P_1 - P_2).$$

Damit erhält man den Verlust an arbeitsfähiger Energie bezogen auf den Umgebungszustand $p_u = 1$ at abs. und $t_u = 99°$ C oder $T_u = 372°$K mit

$$A l_{12}' = T_u (s_2 - s_1) = A \frac{372}{T_m} [v_m' + x_m (v_m'' - v_m')] (P_1 - P_2).$$

Darin ist das Flüssigkeitsvolumen v_m' im allgemeinen vernachlässigbar klein. Für die zeichnerische Darstellung des Drosselvorganges und die Ermittlung der Arbeitsfähigkeit ist das i, s-Diagramm besonders geeignet, das in einem späteren Abschnitt (59h) erklärt wird.

Beispiele zu Abschnitt 58.

Beispiel 1. Wie groß ist das Gewicht von 100 m³ gesättigtem Wasserdampf von 80 at Überdruck bei normalem Barometerstand, wenn der Dampf zu 8 vH seines Gewichtes Feuchtigkeit enthält?

Zu $p = \frac{760}{736} + 80 = 81{,}03 \approx 81$ at abs. gehört $v = v' + x(v'' - v') = 0{,}001382 + 0{,}92 (0{,}02370 - 0{,}00138) = 0{,}02192$ m³/kg. Dampfgewicht $G = V/v = 100/0{,}02192 = 4562$ kg. Der Dampfanteil wiegt $0{,}92 \cdot 4562 = 4197$ kg, der Wasseranteil $0{,}08 \cdot 4562 = 365$ kg.

Beispiel 2. Ein Großwasserraumkessel gibt Dampf von 15 at abs. und 5 vH Dampffeuchtigkeit ab. Wie groß sind Volumen, Wärmeinhalt, innere Energie und Entropie von 1 t Dampf?

$$v'' = 0{,}1343\ \text{m}^3/\text{kg}; \quad i'' = 666{,}6\ \text{kcal/kg};$$

$$s'' = 1{,}5406\ \text{kcal/kg} \cdot \text{Grad}; \quad r = 466{,}0\ \text{kcal/kg};$$

$$u'' = i'' - A P v'' = 666{,}6 - \frac{150000}{427} 0{,}1343 = 619{,}4\ \text{kcal/kg};$$

$$v' = 0{,}0012\ \text{m}^3/\text{kg}; \quad i' = 200{,}6\ \text{kcal/kg}; \quad s' = 0{,}5503\ \text{kcal/kg} \cdot \text{Grad};$$

$$u' = i' - A P v' = 200{,}6 - \frac{150000}{427} 0{,}0012 = 200{,}2\ \text{kcal/kg}.$$

(287) $v = 0{,}0012 + 0{,}95 \cdot 0{,}1331 = 0{,}1278\ \text{m}^3/\text{kg};$

(279) $i = 200{,}6 + 0{,}95 \cdot 466{,}0 = 643{,}3\ \text{kcal/kg};$

(281) $u = 200{,}2 + 0{,}95 \cdot 419{,}2 = 598{,}4\ \text{kcal/kg};$

(297) $s = 0{,}5503 + 0{,}95 \cdot 0{,}9903 = 1{,}4911\ \text{kcal/kg} \cdot \text{Grad};$

$V = 127{,}8\ \text{m}^3$; $I = 643300$ kcal; $U = 598400$ kcal und $S = 1491{,}1$ kcal/Grad.

Welche Wärmemenge ist nötig, um diese Dampfmenge bei konstantem Druck zu trocknen?

$$Q = I'' - I = 666600 - 643300 = 23300\ \text{kcal/t}$$

oder auch $G \cdot (1 - x) = 50$ kg Wasser vom Sättigungszustand sind zu verdampfen. Es ist $r = 466{,}0$ kcal/kg und $50\,r = 23300$ kcal.

Beispiel 3. Der Abdampf aus einer Kondensationsturbine tritt trockengesättigt in den Kondensator ein, der unter 96 vH Vakuum stehen möge. Barometerstand 743 Torr. Das Kondensat läuft mit 26 °C ab. Die Temperatur des Kühlwassers steigt von 12 °C auf 23 °C. Welches Verhältnis von Kühlwasser zu Dampf wird angewandt?

$$\text{Dampfdruck} \quad p = \frac{743}{736} 0{,}04 = 0{,}0404\ \text{at abs.};$$

$$t_s = 28{,}8°\,\text{C} \quad \text{und} \quad r = 581{,}0\ \text{kcal/kg};$$

$$q = 581{,}0 + 1\,(28{,}8 - 26) = 583{,}8\ \text{kcal/kg};$$

$$G_D \cdot 583{,}8 = G_W\,(23 - 12);$$

$$\frac{G_W}{G_D} = \frac{583{,}8}{11} = 53{,}1\text{fach}.$$

Beispiel 4. Ein Behälter von 10 m³ Inhalt ist mit trockengesättigtem Dampf ($x = 1$) von 10 at abs. Druck aufgefüllt. Welche Wärmemenge ist ihm zu entziehen, damit sein Druck auf 2,5 at abs. sinkt? Welche Wassermenge fällt aus und wie groß ist die spezifische Dampfmenge nach der Abkühlung?

$$v_1 = v_1'' = 0{,}198\ \text{m}^3/\text{kg bei 10 at abs.}, \quad v_1' = 0{,}0011;$$

$$\text{Dampfgewicht}\ G = V/v_1'' = 10/0{,}198 = 50{,}4\ \text{kg}.$$

Zu 2,5 at abs. gehört $v_2' = 0{,}0011$ und $v_2'' = 0{,}732\ \text{m}^3/\text{kg}$.

(300) $x_2 = x_1 \dfrac{v_1''}{v_2''} = 1 \dfrac{0{,}198}{0{,}732} = 0{,}271$ kg/kg (genauer 0,269);

$$dq = du + A P dv; \quad \text{mit} \quad dv = 0; \quad v = \text{konst}; \quad \text{folgt}\ Q_{12} = G(u_2 - u_1);$$

$$u_1 = u_1'' = i_1'' - A P_1 v_1'' = 663{,}0 - \frac{10 \cdot 10^4}{427} 0{,}198 = 616{,}6\ \text{kcal/kg};$$

$$u_2'' = i_2'' - A P_2 v_2'' = 648{,}3 - \frac{2{,}5 \cdot 10^4}{427} 0{,}732 = 605{,}4\ \text{kcal/kg};$$

$$u_2' = i_2' - A P_2 v_2' \approx 127{,}2\ \text{kcal/kg};$$

(281) $u_2 = u'_2 + x_2(u_2'' - u_2') = 127{,}2 + 0{,}271 \cdot 478{,}2 = 256{,}8$ kcal/kg;

$$Q_{12} = 50{,}4\,(256{,}8 - 616{,}6) = -18130\ \text{kcal}.$$

Ausgefallene Flüssigkeit $G\,(1 - x_2) = 50{,}4 \cdot 0{,}729 = 36{,}7$ kg.

Beispiel 5. In einem Behälter von 4 m³ Inhalt befinden sich 240 kg Wasser unter 1 at abs. Druck und zugehöriger Sättigungstemperatur. Der übrige Raum ist mit Dampf gefüllt. Es wird Wärme zugeführt, bis der Druck auf 100 at gestiegen ist. Wieviel Wärme ist zuzuführen? Wieviel Wasser und wieviel Dampf sind am Ende vorhanden, wenn angenommen wird, daß der Dampfanteil trockengesättigt ist?

$$V_{W1} = G_W v_1' = 240 \cdot 0{,}0010 = 0{,}240\ \mathrm{m^3};$$
$$V_{D1} = 4{,}000 - 0{,}240 = 3{,}760\ \mathrm{m^3};$$
$$G_D = V_{D1}/v_1'' = 3{,}760/1{,}725 = 2{,}18\ \mathrm{kg};$$
$$x_1 = G_D/(G_D + G_W) = 2{,}18/242{,}2 = 0{,}00899\ \mathrm{kg/kg};$$
$$v_1 = (V_{W1} + V_{D1})/(G_W + G_D) = 4{,}000/242{,}2 = 0{,}01652\ \mathrm{m^3/kg}.$$

Wegen $v =$ konst. ist $x_2 = \dfrac{v_1 - v_2'}{v_2'' - v_2'} = \dfrac{0{,}01652 - 0{,}00145}{0{,}01845 - 0{,}00145} = 0{,}887$ kg/kg;

$$G_{D2} = x_2(G_D + G_W) = 0{,}887 \cdot 242{,}2 = 214{,}8\ \text{kg Dampf};$$
$$G_{W2} = 242{,}2 - 214{,}8 = 27{,}4\ \text{kg Wasser};$$

(279) $i_1 = 99{,}1 + 0{,}00899 \cdot 539{,}4 = 104{,}0$ kcal/kg;

$$i_2 = 334{,}0 + 0{,}887 \cdot 317{,}1 = 615{,}5\ \mathrm{kcal/kg};$$
$$v_2 = 0{,}01652\ \mathrm{m^3/kg} = v_1;$$

(280) $Q_{12} = G(i_2 - AP_2 v - i_1 + AP_1 v)$;

$$Q_{12} = 242{,}2\,(615{,}5 - 100 \cdot 10000 \cdot 0{,}01652/427 - 104{,}0 + 10^4 \cdot 0{,}01652/427)$$
$$= 242{,}2 \cdot 473{,}2 = 114600\ \mathrm{kcal}.$$

Beispiel 6. Trockengesättigter Dampf von 16 at abs. soll sich derart auf 1 at abs. ausdehnen, daß er ständig trocken bleibt. Ist dabei Wärme zu- oder abzuführen?

(276) $v'' p^{0,957} = 1{,}778$.

Aus dem T, s-Diagramm Abb. 106 folgt, daß eine Wärmemenge zuzuführen ist, und zwar etwa $\left(\dfrac{200 + 100}{2} + 273\right)(1{,}76 - 1{,}54) = +93$ kcal/kg. Genauer ist die Fläche 14,23 cm² und $Q = 14{,}23\ \mathrm{cm^2} \cdot 50\ \mathrm{Grad/cm} \cdot \frac{1}{8}\ \mathrm{kcal/kg \cdot Grad \cdot cm}$ $= 89$ kcal/kg für die Wärmezufuhr.

Beispiel 7. Wie groß ist die Arbeitsfähigkeit von 4 kg Sattdampf von 6 at abs., die einen Raum von 1 m³ einnehmen, wenn der Gegendruck 0,3 at abs. beträgt? Wie groß ist die absolute adiabatische Dampfarbeit, das spezifische Volumen und die spezifische Dampfmenge zu Anfang (1) und zu Ende (2)?

Zu 6 at abs. $v_1'' = 0{,}3213\ \mathrm{m^3/kg}$; $r_1 = 498{,}5$ kcal/kg; $s_1' = 0{,}459$ kcal/kg · Grad;
$i_1' = 159{,}3$ kcal/kg; $s_1'' = 1{,}615$ kcal/kg · Grad;

zu 0,3 at abs. $s_2' = 0{,}244$; $s_2'' = 1{,}857$; $i_2' = 68{,}6$; $r_2 = 558{,}2$; $v_2'' = 5{,}328$;

$$V_1 = 1\ \mathrm{m^3};\quad G = 4\ \mathrm{kg};\quad v_1 = 0{,}25\ \mathrm{m^3/kg};\quad x_1 = \frac{0{,}25}{0{,}321} = 0{,}779\ \mathrm{kg/kg};$$
$$i_1 = i_1' + x_1 r_1 = 159{,}3 + 0{,}779 \cdot 498{,}5 = 547{,}3\ \mathrm{kcal/kg};$$
$$s_1 = s_1' + x_1(s_1'' - s_1') = 0{,}459 + 0{,}779\,(1{,}615 - 0{,}459) = 1{,}359 = s_2;$$
$$x_2 = \frac{s_2 - s_2'}{s_2'' - s_2'} = \frac{1{,}359 - 0{,}224}{1{,}857 - 0{,}224} = \frac{1{,}135}{1{,}633} = 0{,}695\ \mathrm{kg/kg}.$$

Da $x_2 < x_1$ ist, wird der Dampf feuchter:

$$i_2 = i_2' + x_2 r_2 = 68{,}6 + 0{,}695 \cdot 558{,}2 = 456{,}6\ \mathrm{kcal/kg}.$$

Arbeitsfähigkeit von Zustand 1 bis Zustand 2 ($t_2 = 68{,}7°\,\mathrm{C} > 0°\,\mathrm{C}$):

$$AL_{12}' = i_1 - i_2 = 547{,}3 - 456{,}6 = 90{,}7\ \mathrm{kcal/kg}\quad \text{oder}\quad 362{,}8\ \mathrm{kcal/4\,kg};$$

(304) $\varkappa \approx 1{,}035 + 0{,}1\,(x_1 + x_2)\,\frac{1}{2} = 1{,}11$.

Absolute adiabatische Dampfarbeit $AL = \frac{AL'}{\varkappa} = \frac{362,8}{1,11} = 327$ kcal;

$$v_2 \approx x_2 v_2'' = 0,695 \cdot 5,328 = 3,70 \text{ m}^3/\text{kg};$$

$$u_1 - u_2 = A \int_1^2 P dv = Al_{12} = i_1 - AP_1 v_1 - i_2 + AP_2 v_2$$

$$= 547,3 - \frac{6 \cdot 10000 \cdot 0,25}{427} - 456,6 + \frac{0,3 \cdot 10000 \cdot 3,70}{427} = 81,7 \text{ kcal/kg};$$

für 4 kg: $AL_{12} = 4 \cdot 81,7 = 326,8 \approx 327$ kcal; oder mit (307)

$$AL_{12} = \frac{6 \cdot 10000 \cdot 1,000}{427 \cdot 0,11} \left[1 - \left(\frac{0,3}{6,0}\right)^{\frac{0,11}{1,11}}\right] = 327 \text{ kcal}.$$

Zur Erläuterung werden hier die drei verschiedenen Wege zur Ermittlung der adiabatischen Arbeit beschritten. Schließlich kann die Arbeitsfähigkeit auch aus dem i, s-Diagramm mit Hilfe der Umgebungsgeraden entnommen werden; siehe hierzu Abschnitt 59h und das i, s-Diagramm Abb. 132b.

Beispiel 8. Dampf von $p_1 = 10$ at abs. und $x_1 = 0,95$ wird auf $p_2 = 9$ at abs. gedrosselt. Wie groß ist der Verlust an arbeitsfähiger Energie, wenn der Gegendruck $p_u = 1$ at abs. ist?

$$(309) \qquad Al'_{12} = 372\,(s_2 - s_1) \text{ mit } t_s = 99\,^\circ\text{C zu } p = 1 \text{ at abs.};$$

$$Al'_1 - Al'_2 = \frac{372}{427 \cdot 450}\, 0,95 \cdot 0,208 \cdot 1,0 \cdot 10000 = 3,83 \text{ kcal/kg},$$

mit $T_s = 450\,^\circ$K und $v'' = 0,208$ zu 9,5 at abs.

59. Überhitzter Wasserdampf.

a) Zustandsänderung gleichen Druckes und gleicher Temperatur im Heißdampfgebiet.

Im Zustand des trockengesättigten Dampfes ist die Umwandlung aller Wasserteilchen aus der flüssigen in die Dampfform beendet. Wenn man nun die Wärmezufuhr fortsetzt, so entsteht *ungesättigter* oder *überhitzter Wasserdampf*, den man zum Unterschied von Naßdampf auch *Heißdampf* nennt. Von besonderer technischer Bedeutung ist wiederum die Herstellung von Heißdampf bei unveränderlichem Druck, wie das in den üblichen Dampferzeugungsanlagen geschieht. Dampf wird möglichst trockengesättigt (also ohne tropfbares Wasser mitzureißen) aus der Kesseltrommel entnommen und danach durch ein Rohrsystem geschickt, den sog. *Überhitzer*, in dem ihm noch weiter Wärme zugeführt wird (siehe Teil B), wobei die Dampftemperatur ansteigt. Der Druck des Dampfes ändert sich auch während der Überhitzung nicht[1], weil die Speisepumpe ständig mit einem bestimmten Druck so viel kg Wasser nachschiebt, wie kg Heißdampf am Austrittsstutzen hinter dem Überhitzer in das Dampfleitungsnetz abgegeben werden. Die in der Feuerung entwickelte Wärmeenergie wird also

[1] In Wirklichkeit vermindert sich der Druck infolge der Reibung etwas, wenn der Dampf durch das Rohrsystem des Überhitzers strömt, was jedoch hier nicht von grundsätzlicher Bedeutung ist.

teilweise zur Erwärmung bis auf Siedetemperatur und zur Verdampfung des Wassers und teilweise zur Überhitzung des trockengesättigten Dampfes benutzt. Naturgemäß darf nur in solchem Maße Dampf aus der Anlage entnommen bzw. Wasser gespeist werden, wie die Kesselfeuerung die notwendige Wärme hergeben kann.

Beim Eintritt in das ungesättigte Gebiet gabeln Isobare (ausgezogen) und Isotherme (gestrichelt) auseinander; Abb. 123. Die Spanne $t - t_s$ zwischen der Dampftemperatur t und der zum selben Druck gehörigen Sättigungstemperatur t_s wird *Überhitzung* genannt. Ein Dampf von 40 at abs. und 100° Überhitzung hat mithin $249 + 100 = 349°$ C. Die Isobare im T, s-Diagramm ist eine stetig gekrümmte Linie, die mit zunehmender Überhitzung immer steiler ansteigt, um schließlich in die logarithmische Linie $p =$ konst. im Gaszustand überzugehen. Wenn bei einer Zustandsänderung im ungesättigten Gebiet der Druck beibehalten werden soll, so ist eine größere Wärmemenge zuzuführen als bei isothermischem Vorgang, wie aus den unterhalb der Zustandskurve liegenden Flächen in Abb. 123 angezeigt wird. Ein trockengesättigter Dampf wird dann bei derselben Temperatur ungesättigt, wenn der Druck unter gleichzeitiger Wärmezufuhr erniedrigt wird. So hat z. B. ein trockengesättigter Dampf von 249° C einen Druck von 40 at abs. Hat Dampf von 249° C einen geringeren Druck, so ist er ungesättigt. Einen höheren Druck als 40 at abs. kann ein Dampf von 249° C nicht haben. Angenommen, der Dampf hat 249° C und 20 at abs., so ist seine Überhitzung zur Sättigungstemperatur von 20 at abs., nämlich $t_s = 211°$ C zu rechnen und ist er um $249 - 211 = 38°$ überhitzt. Der Begriff Überhitzung bezieht sich stets auf eine Zustandsänderung gleichen Druckes. Grundsätzlich hat jeder überhitzte Dampf, ganz gleich in welchem Zustand er sich befindet, eine höhere Temperatur als die Sättigungstemperatur, die zum Dampfdruck gehört. Einen Überblick gewähren auch die Abb. 104, 106 und 108.

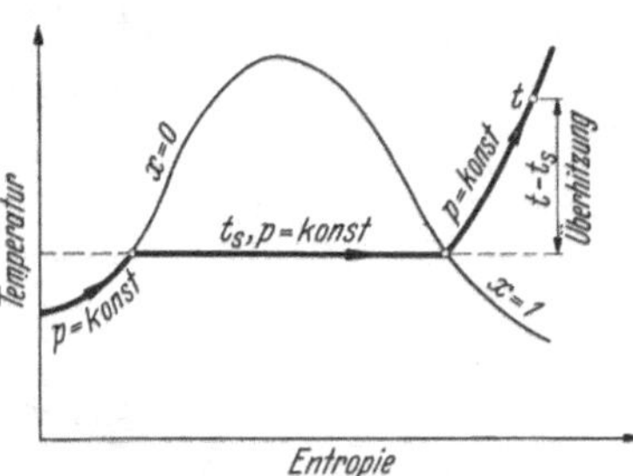

Abb. 123. Linien gleichen Druckes und gleicher Temperatur im Wärmediagramm.

b) VAN DER WAALSsche Gleichung.

Für Berechnungen in der Dampftechnik ist es notwendig, daß man die Zustandsänderungen des Dampfes im überhitzten Gebiet und beim Übergang vom und zum Sättigungsgebiet formelmäßig angeben kann. Beim Sattdampf wurde die Rechnung noch durch die Bindung zwischen Druck und Temperatur $p = f(t_s)$ erleichtert; im überhitzten Gebiet besteht keine solche Bindung mehr. Da exakte Beziehungen bislang nicht aufgestellt werden konnten, muß man schon die früher erwähnte VAN DER WAALSsche Gleichung (95) als Grundlage für die Aufstellung von Näherungsformeln benutzen. Diese Gleichung gestattet, den Zustand der Stoffe auch in der Umgebung des Sättigungsgebietes, wo $Pv \neq RT$ ist, mit bemerkenswerter Annäherung wiederzugeben. Wie erinnerlich, wird das allgemeine Gasgesetz $Pv = RT$ um das Corporationsglied b und das Attraktionsglied a/v^2 erweitert in

$$P = \frac{RT}{v - b} - \frac{a}{v^2},$$

wobei angenommen wird, daß b das Eigenvolumen der Moleküle und a/v^2 die Wirkung der wechselseitigen molekularen Anziehungskräfte erfassen. Nach dieser Gleichung stehen die Isothermen $T =$ konst. für einen bestimmten Stoff, der bestimmte Eigenschaften R, a und b hat, mit dem Druck P und Volumen v in einer Beziehung dritten Grades, nämlich

$$v^3 - \left(b + \frac{RT}{P}\right) v^2 + \frac{a}{P} v - \frac{b}{P} a = 0. \tag{310}$$

Eine Isotherme nach dieser Gleichung ist in Abb. 124 im P, v-Diagramm dargestellt. Die Kurve dritten Grades paßt sich in der Tat den wirklichen Verhältnissen außerhalb des Sättigungsgebietes gut an, wovon man sich durch Vergleich mit Abb. 104 leicht überzeugen kann[1].

Im Sättigungsgebiet hingegen gilt die Gleichung nicht. Während der Verdampfung ist eine Wärmemenge

$$r = T(s'' - s') = u'' - u' + A l_{12}$$

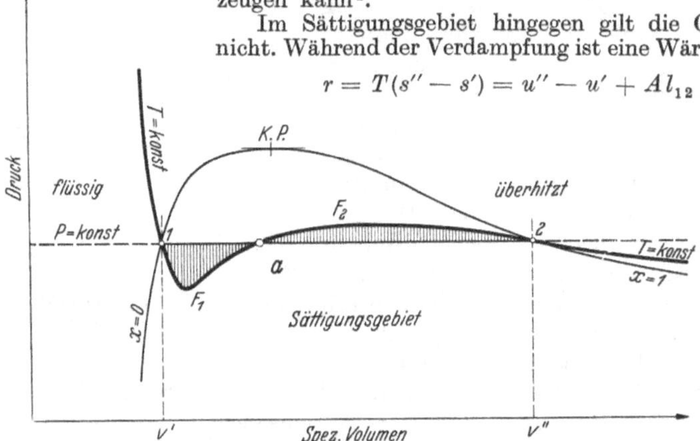

Abb. 124. Isotherme nach der v. d. Waalsschen Gleichung im P, v-Diagramm.

zuzuführen. Die Ausdehnungsarbeit l_{12} ist

$$l_{12} = \int_1^2 P dv = P(v'' - v').$$

Berechnet man l_{12} mit (310) für $T =$ konst., so muß das Ergebnis ebenfalls $P(v'' - v')$ sein, was man daran erkennen kann, daß die Flächen F_1 und F_2 in Abb. 124 gleich groß sind. Allein die v. d. Waalssche Gleichung gibt wohl generell die Verhältnisse richtig wieder, aber die gemessenen Zustandswerte des Dampfes lassen sich doch nicht mit der gewünschten Genauigkeit erfassen.

c) Andere Näherungsformen der Zustandsgleichung im Heißdampfgebiet.

Man hat angesichts der Schwierigkeiten zunächst darauf verzichtet, eine allgemeine Formel aufzustellen, und hat sich auf das überhitzte Gebiet beschränkt. Ein erfolgreicher Weg ist, den Heißdampf in erster

[1] Für bestimmte Werte von T und P gibt (310) jeweils drei Lösungen für das spezifische Volumen v. Innerhalb des Sättigungsgebietes sind das für jede Sättigungstemperatur bzw. -druck die Volumina v' und v'' sowie ein dazwischenliegender, physikalisch nicht deutbarer Wert bei a, siehe Abb. 124. Im kritischen Zustand sind alle drei Lösungen gleich v_k. Daraus errechnen sich die kritischen Werte zu

$$v_k = 3b, \quad P_k = \frac{a}{27 b^2} \quad \text{und} \quad T_k = \frac{8a}{27b} \frac{1}{R},$$

siehe Gl. (267).

Annäherung als vollkommenes Gas anzusehen, wie das auch V. D. WAALS tut, und die Abweichung im *Volumen* durch ein Korrekturglied $\Delta v = f(P, T)$ einzuführen, wie in Abb. 108 angedeutet ist. Die Zustandsgleichung nimmt dann die folgende Form an:

$$v = \frac{RT}{P} - \Delta v = \frac{RT}{P} - f(P, T). \tag{311}$$

Das Korrekturglied ist negativ anzusetzen, weil das Heißdampfvolumen mit der Annäherung an den trockengesättigten Zustand zunehmend geringer wird als das eines vollkommenen Gases mit der Konstanten R. Man benutzt einen Ansatz

$$f(P, T) = f_1(T) + f_2(T) \cdot P + f_3(T) \cdot P^2 + \cdots,$$

für den es zwar keine physikalische Begründung gibt, mit dem aber die Meßwerte wiedergegeben werden können. Man bekommt schon mit wenigen Gliedern eine hinreichend genaue Übereinstimmung mit den Messungen und setzt für überhitzten Wasserdampf

$$v = \frac{47{,}1 \cdot T}{P} - \varphi_v(t) - \psi_v(t) p^2 \tag{312}$$

oder mit gröberer Annäherung für Überschlagsrechnungen

$$v = \frac{47{,}1 \cdot T}{P} - 0{,}016 = \frac{0{,}471 \cdot T}{100 \cdot p} - 0{,}016. \tag{313}$$

Die Linien $v =$ konst. verlaufen im T, s-Diagramm Abb. 117 im überhitzten Gebiet etwas steiler als die Linien $p =$ konst., wie das auch bei gasförmigen Stoffen der Fall ist (Abb. 75), denn es ist $c_v < c_p$. Beim Schnitt mit der oberen Grenzkurve biegen die Isochoren ab.

Das Korrekturglied Δv wird mit der Entfernung vom Grenzzustand immer kleiner, angenähert nach einer Beziehung

$$\text{konst.}\ T^{-10/3}.$$

Nach MOLLIER[1] ist

$$\varphi_v(t) = \frac{2}{(T/100)^{10/3}} \quad \text{und} \quad \psi_v(t) = \frac{1{,}9 \cdot 10^4}{(T/100)^{14}}. \tag{314}$$

Das erste der beiden Glieder macht bei $T = 425°$ K und $t = 152°$ C den Wert 0,016 aus, wie in der Näherungsform (313) eingesetzt ist.

Für den praktischen Gebrauch sind diese Formeln nicht geeignet und auch nicht gedacht. Mit ihrer Hilfe werden vielmehr aus den gemessenen Werten die Dampftafeln durch Interpolation aufgestellt, mit welchen man praktisch auch im Heißdampfgebiet alle technischen Rechnungen ausführen kann.

Neben dem spezifischen Volumen des Heißdampfes von bestimmtem Zustand P und T muß man den *Wärmeinhalt bei konstantem Druck* (Enthalpie) zum Zwecke der Verfertigung von Dampftafeln mit systematischer Unterteilung berechnen können. An sich ist $i = c_p t$. Allein $c_p = f(p, t)$ ist eine unbekannte Funktion, die von $c_p = \infty$ im Sättigungs-

[1] MOLLIER, R.: Neue Tabellen und Diagramme für Wasserdampf. Berlin 1925.

gebiet bis auf $c_p = 0{,}443$ für gasförmigen Wasserdampf in genügender Entfernung vom Sättigungsgebiet abnimmt. Siehe hierzu Zahlentafel I und Abb. 24, $\varkappa = 1{,}33$.

Man hilft sich hier so, daß man zunächst den Wärmeinhalt bei $p \approx 0$ at abs. ermittelt und dann Korrekturglieder für den Druck anbringt. Bei $p \approx 0$ benimmt sich der Wasserdampf wie ein Gas, und seine spezifische Wärme $c_p = f(t)$ ist nur von der Temperatur abhängig. Daß dem so ist, erhärtet folgende Überlegung. Aus

$$dq = T ds = di - A v dP$$

folgt

$$ds = \frac{di}{T} - A \frac{v}{T} dP.$$

Es ist

$$d\left(\frac{i}{T}\right) = \frac{di}{T} + i \; d\left(\frac{1}{T}\right) = \frac{di}{T} - \frac{i}{T^2} dT$$

und

$$d\left(s - \frac{i}{T}\right) = \frac{i}{T^2} dT - A \frac{v}{T} dP$$

und integriert

$$s - \frac{i}{T} = f(T) - A \int \frac{v}{T} dP + C. \tag{315}$$

Für eine Zustandsänderung bei konstantem Druck gilt dann mit $dP = 0$

$$\left[\frac{\partial}{\partial T}\left(s - \frac{i}{T}\right)\right]_P = f'(T) = \frac{i}{T^2}$$

und

$$i = T^2 f'(T).$$

Bei konstantem Druck ändern sich zwar die spezifische Wärme und der Wärmeinhalt nur mit der Temperatur, aber die absolute Höhe der spezifischen Wärme bei den verschiedenen konstanten Drücken ist nicht bekannt. Wenn man nun einen Wasserdampf von 0° C betrachtet, so kann sein Druck im Höchstfalle $P = 62{,}28$ kg/m² sein, ist also so gering, daß man praktisch $P \approx 0$ setzen kann. Im überhitzten Zustand kann sein Druck nur geringer sein. In diesem Zustand kann man den Wasserdampf als ein ideales Gas mit der Gaskonstanten $R = 47{,}1$ ansehen. Wasser von 0° C hat nach Verabredung den Wärmeinhalt $i = 0$, auch wenn der Druck so niedrig ist, daß es sich bei 0° C im Siedezustand befindet; dann ist eben $i' = 0$. Der Wärmeinhalt von trockengesättigtem Dampf von 0° C hingegen ist um die Verdampfungswärme größer, die $r = 597$ kcal/kg bei 0° C ist, und hat den Wert $i'' = 597$ kcal/kg. Ein überhitzter Dampf von $p = 0{,}006228$ at abs. hat demnach genau genug einen Wärmeinhalt von

$$(i)_{t^\circ,\,0\,\mathrm{at}} = 597 + [c_{pm}]_0^t \, t$$

kcal/kg. Nach praktischen Messungen setzte Mollier für c_{pm} den festen Wert 0,47 ein, also etwas mehr als den idealen Wert von 0,443. Den Übergang zum realen Dampfzustand gewinnt man nun, indem man Korrekturglieder für den Einfluß des Druckes anbringt:

$$i_{t,\,p} = 597 + 0{,}47t - \varphi_i(t)\,p - \psi_i(t)\,p^3. \tag{316}$$

Die Verdampfungswärme nimmt mit dem Druck ab, die spezifische Wärme zu. Die Abnahme der Verdampfungswärme überwiegt, die

Korrekturglieder sind negativ anzusetzen. Nach MOLLIER kann man annehmen:

$$\varphi_i(t) = \frac{202{,}96}{(T/100)^{10/3}} \quad \text{und} \quad \psi_i(t) = \frac{2{,}2248 \cdot 10^6}{(T/100)^{14}}. \tag{317}$$

Auch diese Formen sind wohlgemerkt nicht exakt physikalisch begründet, sondern nur mathematische Ausdrücke zur Wiedergabe der Meßergebnisse.

In ähnlicher Weise findet man schließlich auch eine Näherungsgleichung für die *Entropie* des Heißdampfes. Bei $P \approx 0$, und damit im nahezu idealen Gaszustand, erhält man aus (315) wie (194)

$$s = c_{pm} \ln T - A R \ln P + C.$$

Den Übergang zum realen Dampfzustand findet man wieder durch Ansetzen einer Reihe für den Druckeinfluß, wobei auch schon zwei Glieder genug sind:

$$s = 0{,}47 \ln T - 0{,}1103 \ln P - \varphi_s(t) p - \psi_s(t) p^3$$

oder

$$s = 0{,}47 \ln T - 0{,}1103 \ln p - \\ - 1{,}0159 - \varphi_s(t) p - \psi_s(t) p^3. \tag{318}$$

MOLLIER gab dafür an

$$\varphi_s(t) = \frac{1{,}5613}{(T/100)^{13/3}} \quad \text{und} \quad \psi_s(t) = \frac{2{,}0765 \cdot 10^4}{(T/100)^{15}}. \tag{319}$$

Diese Näherungsformeln gelten für $s_0 = 0{,}000$ bei $t = 0°$ C und für Drücke bis 150 at abs. ab Sättigungsgebiet. Ist $t > 400°$ C, so erhält man auch bei höheren Drücken noch brauchbare Werte.

Bis man zu Formeln mit solcher Zahlengenauigkeit kam, war eine jahrzehntelange Forschungsarbeit von Physikern und Ingenieuren voraufgegangen, deren Gesamtergebnis sie wiedergeben. Man hat neuerdings noch einige Verbesserungen angebracht, über die im Abschnitt 60 über die Dampftafeln berichtet wird.

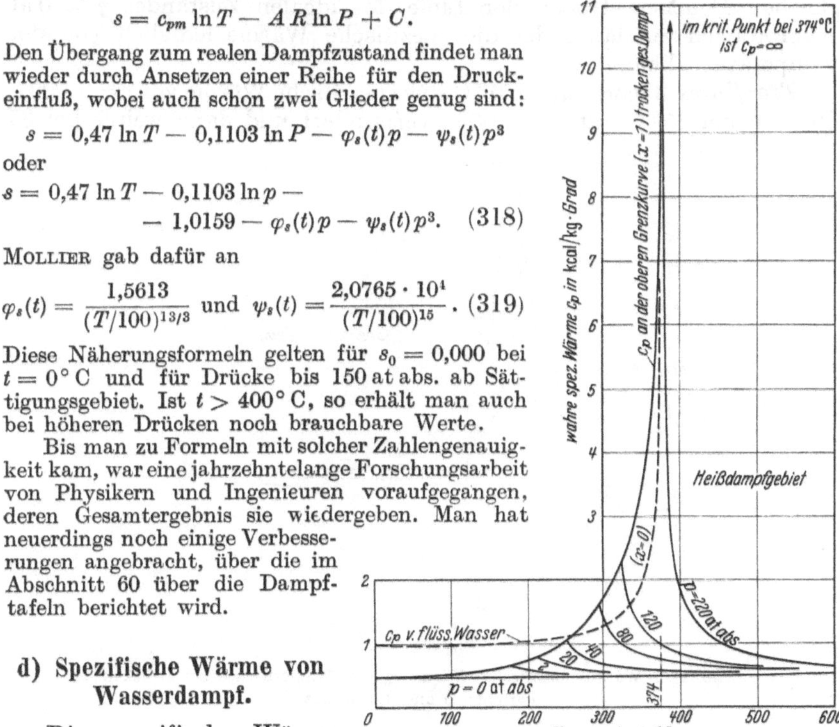

Abb. 125. Wahre spezifische Wärme c_p von Wasser und Wasserdampf.

d) Spezifische Wärme von Wasserdampf.

Die spezifische Wärme bei konstantem Druck, auf die es in erster Linie ankommt, hat die bemerkenswerte Eigenschaft, daß sie um so mehr dem Einfluß des Druckes unterliegt, je geringer die Überhitzung ist. Am stärksten ist der Einfluß in unmittelbarer Nähe des Sättigungsgebietes.

In Abb. 125 ist die *wahre spezifische Wärme* c_p bei konstantem Druck von Wasser, trockengesättigtem und überhitztem Dampf aufgetragen. Der Zustand des siedenden Wassers und des trockengesättigten Dampfes entspricht dem an den Grenzkurven, während für das überhitzte Gebiet die spezifische Wärme längs Linien gleichen Druckes eingezeichnet ist.

Man erkennt den starken Einfluß des Druckes. *Trockengesättigter Dampf* hat eine spezifische Wärme c_p:

bei 0 at abs.	von	0,443 kcal/kg · Grad
0,1	von rund	0,45
1		0,49
20		0,76
40		1,03
80		1,52
220		> 10
$p_k = 226$		∞

Mit *zunehmender Überhitzung* vergeht der Druckeinfluß rasch. Die Linien gleichen Druckes streben der Linie des idealen Zustandes $p = 0$ at asymptotisch zu, längs der die spezifische Wärme lediglich von der Temperatur abhängt.

Tropfbares Wasser hat bei 0° C eine spezifische Wärme von $c = 1{,}0091$, die sich bei 15° C auf $c = 1{,}0000$ vermindert und dann weiter bei 35

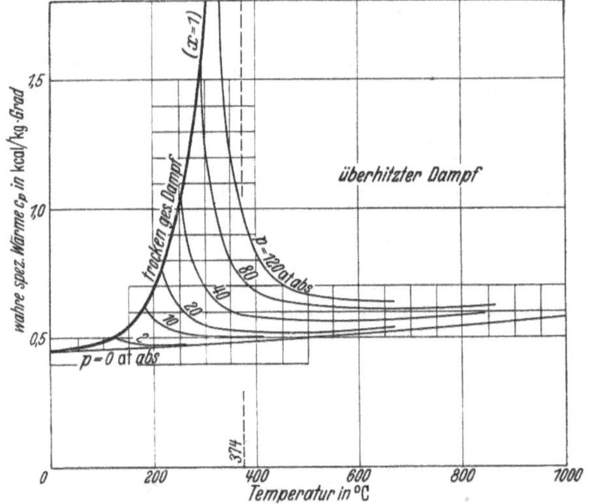

Abb. 126. Wahre spezifische Wärme c_p von Wasserdampf bei Drücken zwischen 0 und 120 at abs.

bis 40° C einen Kleinstwert mit $c = 0{,}9970$ annimmt. Von da ab steigt die spezifische Wärme immer schneller an, bis sie im kritischen Zustand unendlich groß wird. Die spezifische Wärme c_p des Wasser-Dampf-Gemisches im Umwandlungszustand (im Sättigungsgebiet) ist ebenfalls unendlich groß.

In Abb. 126 ist die Funktion $c_p = f(t, p)$ in größerem Maßstab für das technisch wichtige Gebiet und bis zu hohen Temperaturen wiedergegeben, wobei der Grad der Annäherung an den *idealen Gaszustand* deutlich sichtbar wird.

Wenn der Dampfdruck niedriger wird, so wird der ideale Zustand schon bei geringeren Temperaturen erreicht. So kann man den Wasserdampf in den Verbrennungsgasen oder in der feuchten Luft bei normalem Druck ohne merklichen Fehler als vollkommenes Gas ansehen. Bei technischen Rechnungen an Verbrennungsgasen liegt die Temperatur zwischen etwa 1500° C und 150° C, bei Luft-Dampf-Gemischen zwischen -30 und $+100°$ C und mehr. Der Druck ist dabei im allgemeinen weit unter 1 at abs., weil nur der *Teildruck* entsprechend der Wasserdampf-Konzentration in Betracht kommt.

Zur Berechnung der *Überhitzungswärme* ist die Anwendung der *mittleren spezifischen Wärme* $[c_{pm}]_{t_s}^{t}$ zwischen dem Grenzzustand (p, t_s, v'', i'') und dem des überhitzten Dampfes (p, t, v, i) von Vorteil. Es ist

$$q_{\ddot{u}} = i - i'' = \int_{t_s}^{t} c_p \, dt = [c_{pm}]_{t_s}^{t} (t - t_s). \tag{320}$$

Die mittlere spezifische Wärme läßt sich aus der Änderung der wahren spezifischen Wärme mit der Temperatur berechnen. Sie ist z. B.

bei $p =$		$[c_{pm}]_{t_s}^{550} =$	und $[c_{pm}]_{400}^{500} =$
0,1	at. abs.	0,478	0,502
1		0,487	0,503
20		0,548	0,526
40		0,601	0,552
80		0,710	0,616
220		1,466	1,121

Die Werte liegen mit Ausnahme sehr hoher Drücke ziemlich dicht beisammen. Weitere Werte sind in Zahlentafel VII zusammengestellt. Die mittleren spezifischen Wärmen für $p \approx 0$ at abs. sind in Zahlentafel V mit aufgeführt.

Es möge hier darauf verzichtet werden, *Formeln* für die Berechnung der wahren und der mittleren spezifischen Wärme bei konstantem Druck bei Wasserdampf zu nennen. Derartige Beziehungen sind für praktische Berechnungen nicht nötig, man braucht sie in erster Linie bei der Aufstellung von Dampftafeln.

Die *spezifische Wärme bei konstantem Volumen* ist weniger von Bedeutung. Im Idealzustand gilt für gasförmiges Wasser

$$\varkappa = \frac{c_p}{c_v} = 1{,}33$$

und $c_p = 0{,}443$ und $c_v = 0{,}333$ kcal/kg · Grad, siehe auch Zahlentafel I.

e) Entropie im Heißdampfgebiet.

Die Wärmezufuhr bei konstantem Druck zwecks Überhitzung des Wasserdampfes ist für eine kleine Temperaturspanne dT

$$dq = c_p \, dT$$

je kg Dampf. Die Entropie nimmt bei der Wärmeaufnahme um

$$ds = c_p \frac{dT}{T}$$

zu. Da eine einfache Beziehung für die spezifische Wärme nicht angegeben werden kann, läßt sich die Entropiezunahme am besten näherungsweise an Hand von Werten für die mittlere spezifische Wärme berechnen in der Form

$$s - s'' = [c_{pm}]_{T_s}^{T} \ln \frac{T}{T_s}.$$

Siehe hierzu die Aufstellung in Zahlentafel VII des Anhanges. Für genaue Ermittlungen lassen sich die Dampftabellen oder die komplizierten Formeln vom Muster (316) bis (319) nicht entbehren.

f) Zähigkeit von Wasserdampf.

Ausgehend von der Schubkraft $\tau = \eta \frac{dw}{dx}$, mit der die Reibung die inneren Bewegungen der Stoffe hemmt, wurde der Proportionalitäts-

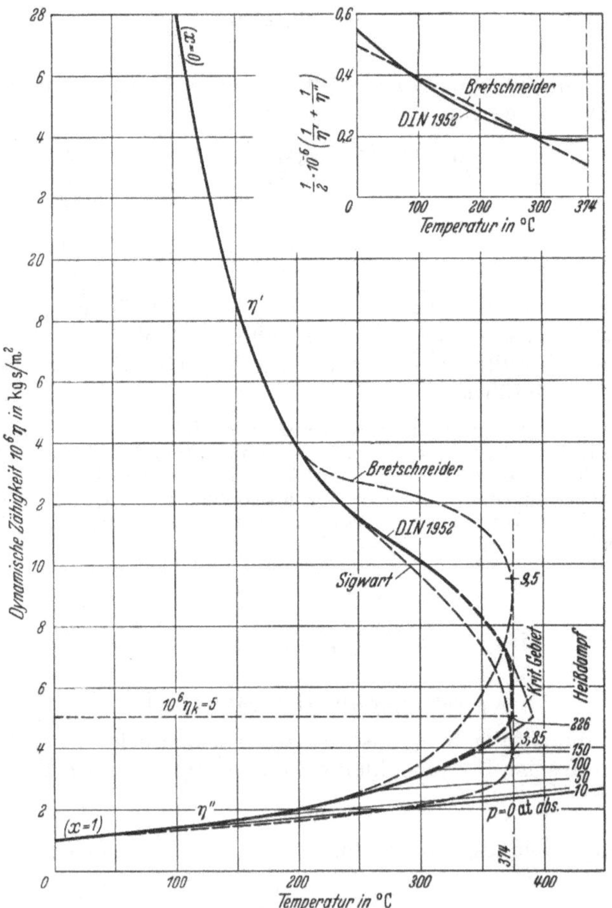

Abb. 127a. Dynamische Zähigkeit von Wasser und Wasserdampf.

faktor η in kg s/m² als *absolute oder dynamische Zähigkeit* in die Rechnung eingeführt; siehe hierzu Abschnitt 8. Unter $\nu = \eta g v$ in m²/s ist die *kinematische Zähigkeit* zu verstehen, also das Verhältnis der dynamischen Zähigkeit η zur Dichte $\varrho = \gamma/g = 1/vg$.

Die Zähigkeit von Wasserdampf ist mehrfach gemessen worden[1]. Für Dampf mit Drücken $p \leqq 1$ at abs. ergeben sich folgende Werte:

Zahlentafel 40. *Dynamische Zähigkeit von überhitztem Wasserdampf mit kleinem Druck* ($p \approx 0$ *at abs.*).

t °C	$10^6\,\eta$ in kg s/m²		t °C	$10^6\,\eta$ in kg s/m²
0	0,9		600	3,2
100	1,3	(1,0)	700	3,6
200	1,7	(1,2)	800	3,9
300	2,0	(1,5)	900	4,3
400	2,4	(1,7)	1000	4,7
500	2,8		1200	5,4

Die Klammerzahlen gelten für Benzoldampf.

Im Geltungsbereich werden diese Werte von der SUTHERLANDschen Formel (99) hinreichend genau wiedergegeben. In Abb. 127a, ferner in Abb. 127b, die einen Teil von Abb. 127a vergrößert und auf höhere Temperaturen erweitert darstellt, ist die Abhängigkeit der Zähigkeit von der Temperatur durch die Linie $p = 0$ at abs. eingetragen. Überhitzter Wasserdampf geringen Druckes verhält sich gasförmig, seine Zähigkeit steigt mit der Temperatur an.

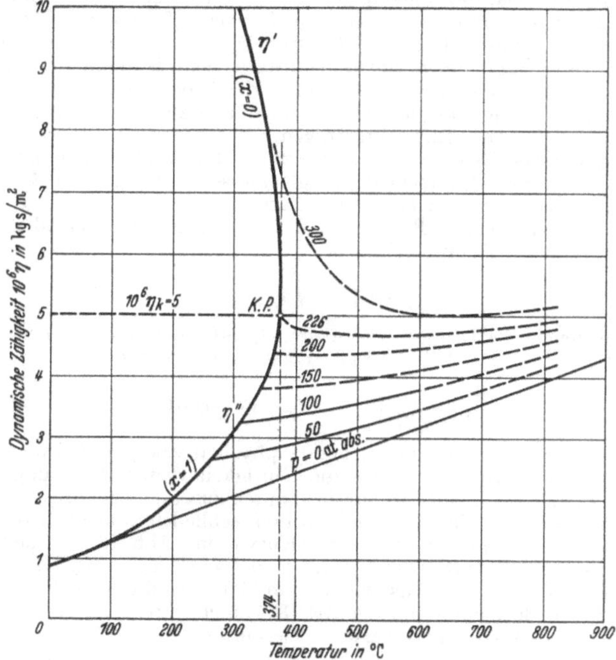

Abb. 127b. Dynamische Zähigkeit von Wasserdampf.

Über die Zähigkeit von trockengesättigtem und überhitztem Wasserdampf höheren Druckes herrscht heute noch nicht völlige Klarheit. Auch in Zahlentafel 40 läßt sich nur eine Angabe auf 2 Stellen vertreten. Vom flüssigen Wasser ist bekannt, daß seine Zähigkeit mit

[1] Siehe z. B. H. SPEYERER: Bestimmung der Zähigkeit des Wasserdampfes. VDI-Forschgs.-Heft Nr. 273. 1925.

der Temperatur abnimmt, wobei sichere Werte bis etwa 100° C vorliegen. Die Gesetzmäßigkeiten des Sattdampfgebietes mit seinen Grenzkurven lassen erwarten, daß die Zähigkeit von siedendem Wasser η' mit der Temperatur bis auf einen kritischen Wert η_k bei 374° C abfällt. Dementsprechend muß die Zähigkeit von trockengesättigtem Dampf η'' mit der Temperatur bis auf diesen kritischen Wert η_k ansteigen. In DIN 1952[1] sind die „wahrscheinlichsten Werte" auf Grund der bisher bekannten Versuchsergebnisse sowohl für η' als auch für η'' bis etwa 300° C angegeben. Die zugehörigen Grenzkurvenstücke sind in Abb. 127a ausgezogen angedeutet. Darüber hinaus steht nur fest, daß die beiden Kurvenäste im kritischen Punkt ineinander übergehen müssen und dort die Senkrechte $t_k = 374°$ C zur Tangente haben. Verlängert man die η''-Kurve bis ins kritische Gebiet, so findet man η_k zu rund $5 \cdot 10^{-6}$ kg s/m².

Die Messung der Dampfzähigkeit bei höheren Drücken und Temperaturen ist schwierig. SIGWART[2] unternahm es, die Kurven η' und η'' experimentell zu bestimmen. Es ergab sich $\eta_k = 3{,}85 \cdot 10^{-6}$ kg s/m². Allein, die gemessenen Werte liegen mit der Temperatur zunehmend unter den bis dahin als wahrscheinlich bekannten Werten, so daß die Bestimmung der Grenzkurven zwar grundsätzlich richtig, aber der Lage nach nicht ganz zutreffend zu sein scheint. Die Werte nach SIGWART sind in Abb. 127a eingetragen.

Später versuchte es BREDTSCHNEIDER[3], durch Extrapolation und Schätzung nach kritischer Sichtung der verschiedentlich gemessenen Werte das η, t-Diagramm zu zeichnen, wobei er folgende Überlegung anstellte. Es besteht die Eigentümlichkeit, daß die Mittelwerte der Kehrwerte der Zähigkeit von siedendem Wasser und trockengesättigtem Dampf

$$\frac{1}{2}\left(\frac{1}{\eta'} + \frac{1}{\eta''}\right)$$

für die verschiedenen Sättigungstemperaturen t_s auf einer Geraden liegen[4], siehe Abb. 127a oben rechts. Bei Wasser bzw. Wasserdampf hat die Gerade etwa die Gleichung

$$\frac{1}{2}\left(\frac{1}{\eta'} + \frac{1}{\eta''}\right) 10^{-6} = 0{,}516 - 0{,}0011\, t_s, \tag{321}$$

ohne daß dafür vorläufig eine hinreichende physikalische Begründung gegeben werden kann. BREDTSCHNEIDER nahm die Gültigkeit dieser Beziehung bis zum kritischen Punkt an und konnte so von bekannten zusammengehörigen Werten η' und η'' auf Werte bei höheren Temperaturen schließen und die Grenzkurven bis zum kritischen Punkt verlängern (Kurve in Abb. 127a), den er bei $\eta_k = 9{,}5 \cdot 10^{-6}$ kg s/m² antraf. Dieser Wert liegt jedoch sicher zu hoch, und die Abweichungen beim siedenden Wasser oberhalb 200° C sind erheblich[5]. Es scheint so zu sein, daß eine Beziehung von der Art (321) nicht streng im gesamten Sättigungsgebiet gilt, wie auch schon SIGWART vermutete.

[1] VDI-Durchfluß-Meßregeln. VDI-Regeln für die Durchflußmessung mit genormten Düsen, Blenden und Venturidüsen (5. Aufl.), DIN 1952 (1943), Arbeitsblatt 11. Siehe auch Teil B, Abschnitt XI.

[2] SIGWART, K.: Messung der Zähigkeit von Wasser und Wasserdampf bis ins kritische Gebiet. Forschg. Ing.Wes. Bd. 7 (1936) S. 125.

[3] BREDTSCHNEIDER, W.: Die Wärmeübergangszahl von überhitztem Hochdruckdampf für praktische Kesselberechnungen. Die Wärme Bd. 62 (1939) S. 257.

[4] Man nennt den Kehrwert der Zähigkeit $1/\eta = \varphi$ auch die Flüssigkeit oder Fluidität.

[5] Außerdem ergibt sich ein wenig wahrscheinlicher Verlauf des Zusammenhanges zwischen der kinematischen Zähigkeit ν' des siedenden Wassers und der Temperatur.

Der wahrscheinliche Zusammenhang zwischen Temperatur, Druck und Zähigkeit für flüssiges Wasser, trockengesättigten und überhitzten Dampf wird wohl durch Diagramm 127a und b mit Grenzkurven zu $\eta_k = 5 \cdot 10^{-6}$ kg s/m² angegeben. In Abb. 32 wurde auf das grundsätzlich verschiedene Verhalten der Zähigkeit der Stoffe im flüssigen und flüchtigen Zustand hingewiesen. Man erkennt jetzt, welche Bewandtnis es mit diesem unterschiedlichen Einfluß der Temperatur hat.

Die Grenzkurve des trockengesättigten Dampfes nähert sich asymptotisch der Linie $p = 0$ at abs., die bei der Genauigkeit der Darstellung in Abb. 127 mit der Linie für 1 at abs. zusammenfällt. Der Anstieg der Zähigkeit bei 1 at abs. mit der Temperatur ist merklich: Dampf von rund 500° C ist rund doppelt so zähe wie trockengesättigter von 100° C. Die Temperatur gewinnt um so mehr Einfluß, je höher der Druck ist. Die Linie $p_k = 226$ at abs. zeigt in der Nähe des Sättigungsgebietes eine starke Abhängigkeit von der Temperatur, verflacht dann aber schnell. Das Kurvenbündel $p =$ konst. verengt sich mit zunehmender Temperatur immer mehr in Richtung auf die Linie $p = 0$ at abs. zu. In Zahlentafel VIII des Anhanges sind die technisch wichtigen Zähigkeiten angegeben. Es zeigt sich, daß Luft etwas zäher ist als Wasserdampf von gleichem Druck und gleicher Temperatur. Demzufolge liegt die Zähigkeit von feuchtem Rauchgas zwischen der von Luft und Wasserdampf.

Bei kleinen Drücken, $p \approx 0$ at abs., kennt man die Zähigkeit des Wasserdampfes bis zu sehr hohen Temperaturen, weil sie fast einer Geraden folgen (Abb. 127), deren Anfang man bequem messen kann. Im überhitzten Gebiet trifft man bei gleichem spezifischem Volumen, aber verschiedenen Drücken und Temperaturen, etwa gleiche Verhältnisse der Zähigkeitswerte an, also

$$\eta_{p_1,t_1}/\eta_{0\,\text{at},t_1} = \eta_{p_2,t_2}/\eta_{0\,\text{at},t_2},$$

weil bei $v_{t_1} = v_{t_2}$ der molekulare Abstand gleich groß ist. Wenn man nun die Zähigkeit in einzelnen Zuständen gemessen hat, so kann man die Zähigkeit in anderen Zuständen ausrechnen. Trockengesättigter Dampf von 20 at abs. und $t_s = 211{,}4°$ C z. B. hat eine Zähigkeit $\eta = \eta'' = 2{,}1 \cdot 10^{-6}$ kg s/m² und dasselbe spezifische Volumen wie Dampf von 30 at abs. und 400° C. Bei 211,4° C ist $\eta_{0\,\text{at}} = 1{,}7 \cdot 10^{-6}$, und bei 400° C ist $\eta_{0\,\text{at}} = 2{,}4 \cdot 10^{-6}$ kg s/m². Damit ist

$$\eta_{30\,\text{at},\,400°\,\text{C}} = \frac{2{,}1}{1{,}7}\,2{,}4 \cdot 10^{-6} = 2{,}9 \cdot 10^{-6}\ \text{kg s/m}^2.$$

Diese Berechnung ist um so genauer, je weiter man vom Sättigungszustand entfernt ist.

Bemerkenswert ist die gewisse Ähnlichkeit zwischen den Abb. 126 und 127b. Wenn die Temperatur des Dampfes beim selben Druck um 1 Grad zunehmen soll, dann ist ihm je kg eine Wärmemenge c_p zuzuführen, die zur Verrichtung der Ausdehnungsarbeit und zur Vermehrung der fühlbaren Wärme dient. Die Verstärkung der inneren Energie hat eine schnellere Bewegung der Moleküle zur Folge. Im wesentlichen setzt sich die Wärmezufuhr in innere kinetische Energie um, wodurch auch die innere Reibungsarbeit zunimmt, deren Größe von der Zähigkeit abhängt. Insofern besteht tatsächlich ein Zusammenhang zwischen der spezifischen Wärme und der Zähigkeit.

Für technische Rechnungen ist die *kinematische Zähigkeit* des Wasserdampfes $\nu = \eta g v$ von besonderer Bedeutung, die man einfach aus der dynamischen Zähigkeit errechnen kann (siehe Zahlentafel VIII). Für Dampf von 1 at abs. ergeben sich z. B. folgende Werte:

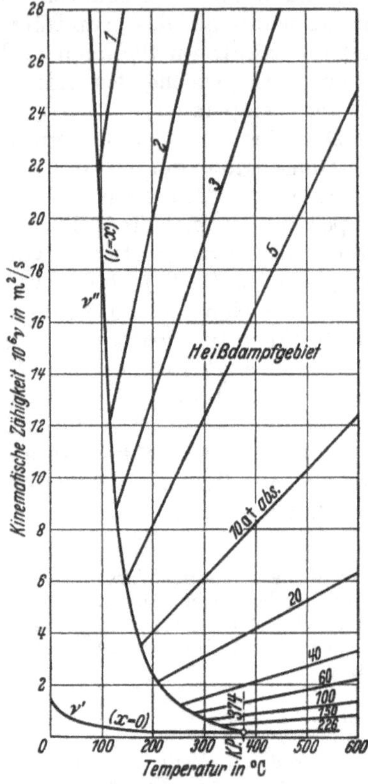

Abb. 128. Kinematische Zähigkeit von siedendem Wasser, trockengesättigtem und überhitztem Wasserdampf (wahrscheinliche Werte).

Zahlentafel 41. *Werte der kinematischen Zähigkeit von überhitztem Wasserdampf 10^6 ν in m^2/s bei Drücken $p = 1$ at abs.*

t °C	$10^6 \nu$ m^2/s	t °C	$10^6 \nu$ m^2/s	t °C	$10^6 \nu$ m^2/s
100	22	500	99	900	233
200	37	600	128	1000	275
300	54	700	159		
400	74	800	194		

(das ist das 1,033fache der Werte von Zahlentafel III).

Der Zusammenhang zwischen der kinematischen Zähigkeit des siedenden Wassers (ν'), des trockengesättigten (ν'') und des überhitzten Wasserdampfes (ν) und der Temperatur ist in Abb. 128 dargestellt. η_k ist dabei $5 \cdot 10^{-6}$ kg s/m² und $\nu_k = 0{,}14 \cdot 10^{-6}$ m²/s. Oberhalb von 250° C ist die kinematische Zähigkeit des siedenden Wasers nur noch wenig abfallend und etwa 0,14 10^{-6} m²/s. Die kinematische Zähigkeit des trockengesättigten Dampfes ν'' fällt mit der Temperatur stark ab bis zum kritischen Wert bei 374° C, ebenso wie die des überhitzten Dampfes beim selben Druck stark von der Temperatur abhängt. Die Linien $p =$ konst. sind nahezu gerade. Danach hat ein Dampf von 8 at abs. und 400° C z. B. eine kinematische Zähigkeit von rund $\nu = 11 \cdot 10^{-6}$ m²/s. Dieses Diagramm kann bis zur Bekanntgabe von genaueren Untersuchungen als Anhalt dienen.

g) Adiabatische Zustandsänderung im Heißdampfgebiet.

Bei den im zweiten Teil B des Leitfadens zu besprechenden technischen Anwendungen von Wasserdampf als Triebmittel der Dampfmaschinen ist die adiabatische Zustandsänderung als idealer Grenzfall für die Arbeitsleistung von besonderer Bedeutung. Die Dampfadiabate wird im Wärme- (T, s)-Diagramm durch eine Parallele zur T-Achse dargestellt ($dq = 0$, $ds = 0$), was natürlich auch für das Heißdampfgebiet gilt.

Wie übersichtlich sich rechnerisch schwierig zu verfolgende Zustandsänderungen im T, s-Diagramm abbilden und wertmäßig abgreifen lassen, zeigt sich am Beispiel einer adiabatischen Ausdehnung, deren Anfang im überhitzten und deren Endpunkt im Sättigungsgebiet liegt. In Abb. 129 sind zwei Adiabaten eingetragen; die Adiabate a—b verläuft nur im Heißdampfgebiet, die Adiabate *1*—*2*—*3* schneidet die Grenzkurve in *2*. Bei der Expansion von p_a auf p_b ebenso wie von p_1 über p_2 auf p_3 fällt die Temperatur, wie bei der adiabatischen Zustandsänderung der Gase. Aus einem T, s-Diagramm kann man sofort zu den Anfangswerten die Endwerte abgreifen, ebenso die Werte an der Schnittstelle. Zur zeichnerischen Lösung derartiger Aufgaben ist in Abb. 130 der technisch wichtige Ausschnitt des T, s-Diagrammes für Wasserdampf in größerem Maßstab wiedergegeben.

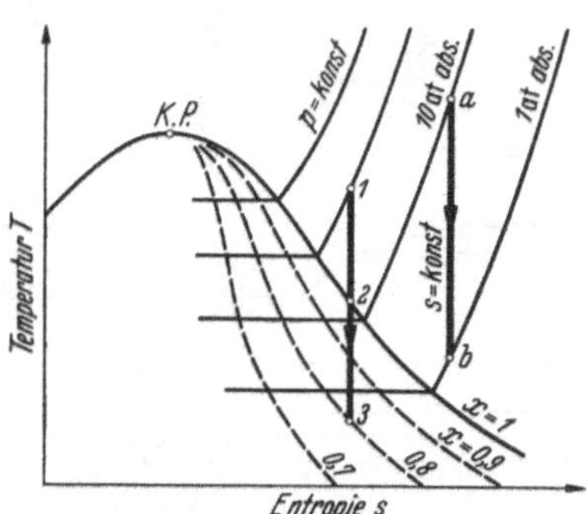

Abb. 129. Adiabatische Zustandsänderung im Wärmediagramm für Wasserdampf.

Rechnerisch gilt für die Heißdampfadiabate für zwei Punkte a und b mit $s_a = s_b$ nach (318)

$$0{,}47 \ln T_a - 0{,}1103 \ln p_a - 1{,}0159 - \\ - \varphi_s(t) p_a - \psi_s(t) p_a^3 = 0{,}47 \ln T_b - \cdots \quad (322)$$

Von den 4 Größen T_a, p_a, T_b, p_b könnte eine berechnet werden, wenn die anderen drei gegeben sind. Die Rechnung ist unbequem. Mit Hilfe der Dampftabellen kann der gesuchte Wert eingeengt werden. Einfacher ist die Rechnung schon, wenn der Anfangspunkt im überhitzten Gebiet gegeben ist und der Endpunkt im gesättigten Gebiet liegt. Nach Abb. 129 ist s_1 mit (318) zu berechnen oder aus den Dampftabellen zu entnehmen. Der Zustand 3 wird durch $s_1 = s_3$ und p_3 bzw. t_{s3} und x_3 beschrieben. Wenn p_3 gegeben ist, so findet man dazu in den Dampftabellen t_{s3}, s_3' und s_3'' und ist aus

$$s_1 = s_3' + x_3(s_3'' - s_3')$$

schließlich

$$x_3 = \frac{s_1 - s_3'}{s_3'' - s_3'} \,. \qquad (323)$$

Wenn x_3 an Stelle von p_3 gegeben ist, so ist die Rechnung wieder umständlicher. Der Schnittpunkt der oberen Grenzkurve ist leicht zu finden, wenn $s_1 = s_3 = s_2''$ bekannt ist, weil man aus den Dampftabellen zu s_2'' unmittelbar p_2 und t_{s2} ablesen kann.

Eine Erleichterung erfährt die Rechnung noch dadurch, daß die adiabatische Zustandsänderung im Heißdampfgebiet mit guter Annäherung einem polytropischen Gesetz $p \cdot v^\varkappa =$ konst. mit dem Exponenten 1,3 folgt, solange der Dampfdruck etwa 25 at nicht übersteigt. Die weitaus meisten heute betriebenen Kolbendampfmaschinen arbeiten mit Anfangsdrücken von 25 at und darunter. Es ist

$$\boxed{\begin{aligned} p \cdot v^\varkappa &= p \cdot v^{1,3} = \text{konst.}, \\ T \cdot v^{\varkappa-1} &= T \cdot v^{0,3} = \text{konst.}, \\ \frac{p}{T^{\varkappa/\varkappa-1}} &= \frac{p}{T^{13/3}} = \text{konst.} \end{aligned}} \qquad (324)$$

Man kann mit derartigen Beziehungen praktisch wie bei Gasen rechnen. Allerdings gelten die Beziehungen (324) nur im Heißdampfgebiet bis

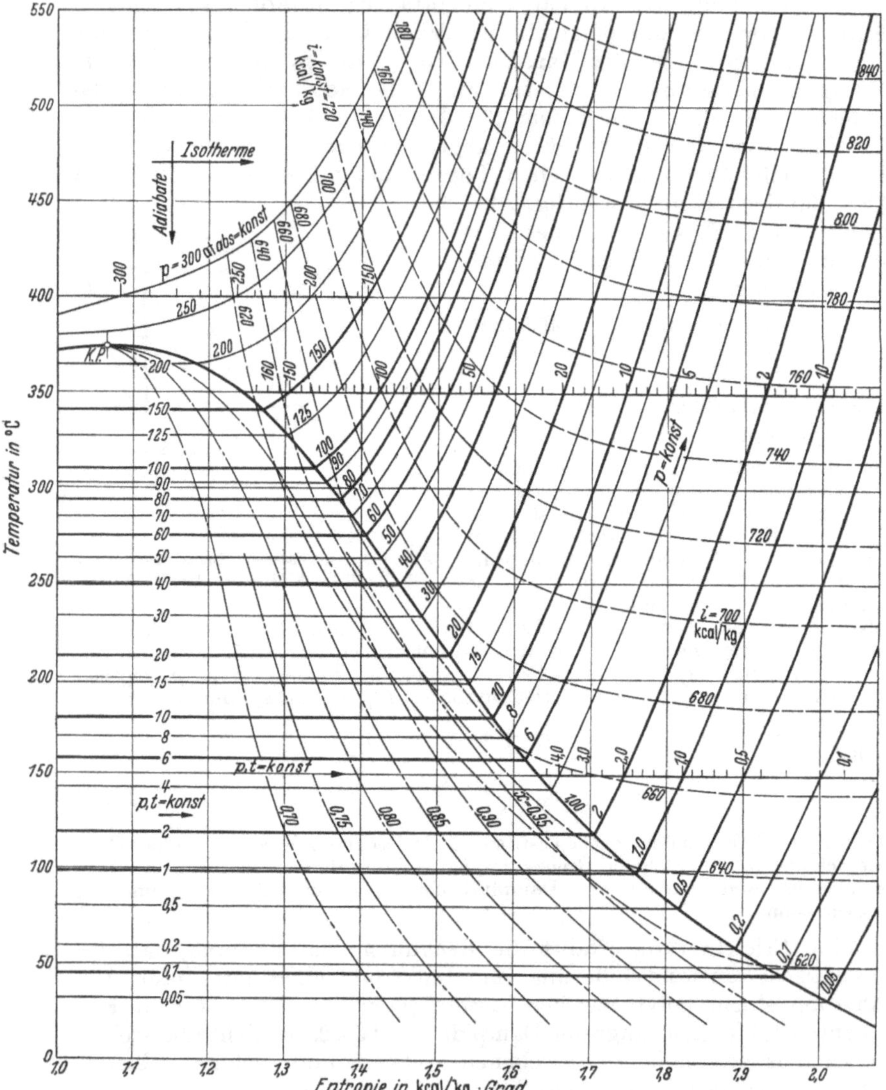

Abb. 130. T, s-Diagramm für gesättigten und überhitzten Wasserdampf im technischen Anwendungsgebiet, gezeichnet mit Hilfe der VDI-Wasserdampftafeln 1937. Isobaren $p =$ konst., Linien gleichen Wärmeinhalts i und gleichen Dampfgehalts x.

an die Grenzkurve heran, im Sattdampfgebiet hat die Adiabate nach (304) einen kleineren Exponenten, mit zunehmender Dampffeuchtigkeit von 1,135 ab fallend. Da sich der Exponent plötzlich an der Grenzkurve von 1,3 auf 1,135 ändert, hat die Adiabate im p, v-Diagramm an der Schnittstelle einen Knick, wie Abb. 131 zeigt. Von 1—2 ist der Dampf überhitzt, von 2—3 nahezu trockengesättigt. Die *Sattdampfadiabate* mit $\varkappa \gtreqless 1{,}135$ verläuft flacher als die *Heißdampfadiabate* mit $\varkappa = 1{,}3$, und diese wiederum weniger steil als die Adiabate bei zweiatomigen *Gasen* mit $\varkappa = 1{,}4$. Im übrigen ist die Darstellung im p, v-Diagramm weniger handlich als im T, s-Diagramm.

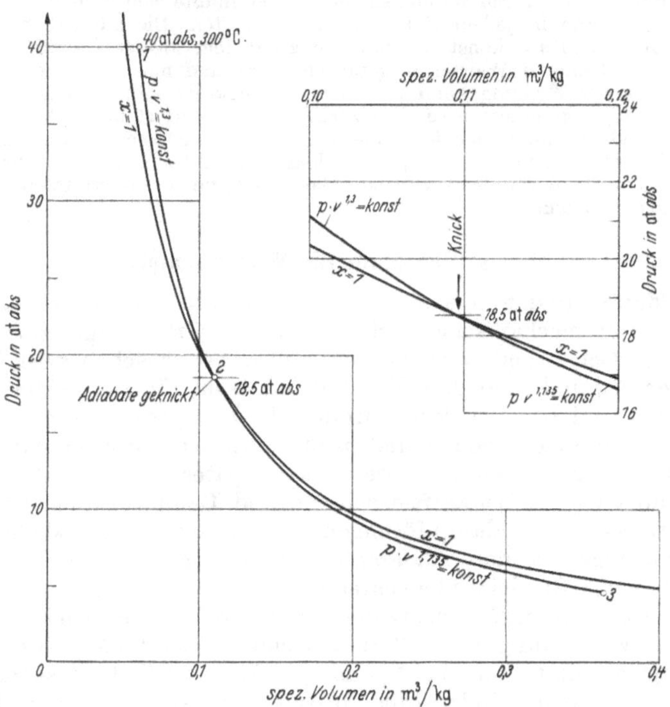

Abb. 131. Adiabatische Zustandsänderung im p, v-Diagramm für Wasserdampf.

Für die absolute Heißdampfarbeit bei adiabatischer Zustandsänderung gelten wiederum die Beziehungen (137) bis (140) mit $\varkappa = 1{,}3$ wie

$$l_{12} = \frac{p_1 v_1}{0{,}3} \cdot 10^4 \cdot \left[1 - \left(\frac{v_1}{v_2}\right)^{0{,}3}\right]$$

und (325)

$$l_{12} = \frac{p_1 v_1}{0{,}3} \cdot 10^4 \left[1 - \left(\frac{p_2}{p_1}\right)^{0{,}231}\right]$$

in mkg/kg. Der Ausdruck $\frac{\varkappa - 1}{\varkappa}$ für den Exponenten 1,3 ist $\frac{0{,}3}{1{,}3} = 0{,}231$, während er bei trockengesättigtem Dampf mit $\varkappa = 1{,}135$ den Wert 0,119 hat. Daraus folgt, daß der Klammerausdruck bei Sattdampf, gleiches Druckgefälle von p_1 auf p_2 vorausgesetzt, kleiner als bei Heiß dampf ist, weil

$$\left(\frac{p_2}{p_1}\right)^{0,231} < \left(\frac{p_2}{p_1}\right)^{0,119}$$

ist.

Es sei nochmals betont, daß es sich bei diesen Beziehungen nur um Näherungsformen handelt. Die einzige Beziehung von exaktem Anschein für die Adiabate ist die Gleichung $s =$ konst. Auch hier muß man bedenken, daß diese Gleichung nur für einen reibungsfreien Dampf gelten würde, den man sich schlechterdings nicht vorstellen kann. Ein reibungsfreier Körper müßte sich zum mindesten im flüchtigen Zustand in jedem Falle gasartig verhalten. Die adiabatische Arbeit auf der Grundlage $s =$ konst. ist also ein zweifacher idealer Grenzfall: einmal deshalb, weil keinerlei Wärme ausgetauscht wird und nur die Arbeitsfähigkeit des Dampfes zur Wirkung kommt, und andererseits deshalb, weil ein reibungsfreier Dampf angenommen wird. Die wirkliche Adiabate ist keine Senkrechte in den Entropiediagrammen, sondern eine in Richtung zunehmender Entropie mehr oder weniger abgekrümmte Linie, je nach dem Betrage der Nichtumkehrbarkeiten, wie in Abschnitt 54 für die wirklichen Gase, also die hochüberhitzten Dämpfe, bereits angeführt wurde.

h) i, s-Diagramm für Wasserdampf.

Heißdampf findet in erster Linie in der Technik Verwendung zur Leistung von mechanischer Arbeit, oder, wie man sagt, zur Krafterzeugung. Der Arbeitsprozeß spielt sich dabei zwischen zwei Druckhaltungen ab, und zwar dem Dampfdruck beim Eintritt in die Kraftmaschine p_1 und dem Druck p_2, mit dem der Dampf die Maschine wieder verläßt. Für die Höhe von p_1 und p_2 sind praktisch Grenzen nach oben und unten gesetzt, deren Notwendigkeit später noch erläutert wird. In den üblichen Kolbenkraftmaschinen und Dampfturbinen wird nur der Energiegehalt im dampfförmigen Bereich ausgenutzt, weshalb der Feuchtigkeitsgehalt des Abdampfes (Endnässe) ein gewisses Maß ($x > 0,7$, $y < 0,3$) nicht überschreiten darf.

Die höchstdenkbare Umsetzung von Dampfenergie in mechanische Arbeit hat zur Bedingung, daß die Maschine absolut wärmedicht (und stoffdicht) arbeitet. Um die Spanne im Wärmeinhalt zwischen dem Anfangs- und dem Endzustand restlos zur Arbeitsleistung heranzuziehen, würde die ideale Maschine nach einem Prozeß mit adiabatischer Ausdehnung arbeiten müssen, wie in Abschnitt 48 gezeigt wurde. Unter der Voraussetzung, daß die Entropie bei der Ausdehnung vom Anfangszustand 1 mit den Größen $p_1, v_1, t_1, u_1, i_1, s_1$ bis zum Endzustand 2 mit dem Druck p_2 unverändert bleibt, also $s_1 = s_2$ ist, nimmt die Ausbeute an mechanischer Arbeit (Betriebsarbeit) mit

$$\boxed{Al'_{12} = i_1 - i_2} \qquad (326)$$

in kcal/kg einen Höchstwert an. Die Arbeitsfähigkeit des Dampfes am Ende gegenüber dem Umgebungszustand, die nur im Durchgang durch das Sättigungsgebiet ausgenützt werden könnte, bleibt im Abdampf enthalten.

Mit der Bedingung $s_1 = s_2$ kann man den Wärmeinhalt i_2 aus den Zustandsgrößen am Anfang 1 berechnen. Allein diese *Berechnung* wäre mühsam und unpraktisch. Von außerordentlichem Vorteil ist hier die *zeichnerische Lösung* mit Hilfe des i, s-Diagrammes[1], in dem die Punkte i_1, s_1 — meist zu p_1 und t_1 — sowie i_2 zu $s_1 = s_2$ und p_2 leicht aufgesucht und der Unterschied $i_1 - i_2$ einfach als Strecke abgegriffen werden kann, um die Arbeitsfähigkeit zu ermitteln. Die theoretisch größte Arbeit $Al'_{12} = i_1 - i_2$ gibt im Vergleich mit der Arbeit, die in den verschiedenen Arten von wirklichen Maschinen geleistet wird, einen wichtigen Anhaltspunkt über die Güte des Arbeitsprozesses.

In Abb. 132a ist das *i, s-Diagramm für Wasserdampf* dargestellt. Man erhält zunächst die *Grenzkurven*, indem man die einzelnen Werte-

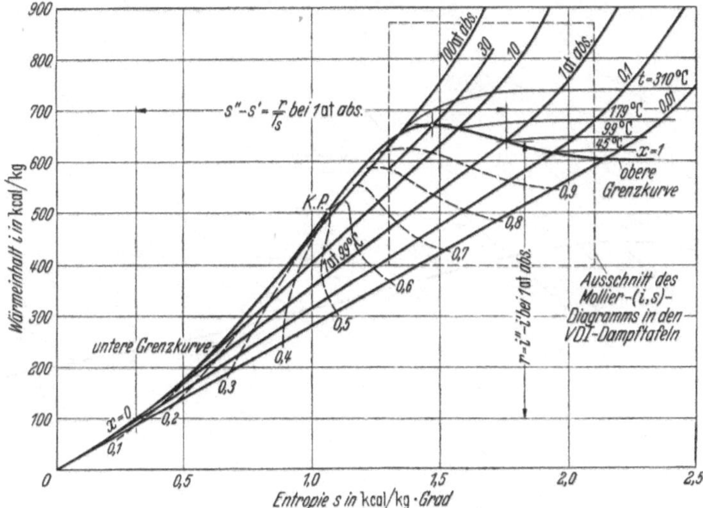

Abb. 132a. i, s-Diagramm für Wasserdampf. Das technisch besonders wichtige Gebiet ist rechteckig eingerahmt.

paare i', s' und i'', s'' miteinander verbindet. Auf diese Weise zeichnet sich das *Sättigungsgebiet* ab. Während der Verdampfung nimmt der Wärmeinhalt vom Zustand der siedenden Flüssigkeit an der unteren Grenzkurve i' proportional der Wärmezufuhr bis zum trockengesättigten Zustand i'' an der oberen Grenzkurve zu, Hand in Hand mit der Entropievermehrung von s' auf s''. Wenn beide in gleichem Maße anwachsen, so heißt das auch, daß der Wärmeinhalt proportional der Entropie zunimmt und daß die Linien gleicher Sättigungstemperatur t_s und gleichen Druckes p Gerade sind. Allgemein gilt

$$dq = T ds = di - A v dP$$

und

$$\left(\frac{\partial i}{\partial s}\right)_P = T, \tag{327}$$

[1] Auf Vorschlag des VDI ab 1936 nach R. Mollier genannt und mit Mollier-(i, s-)Diagramm bezeichnet.

d. h. für jede Temperatur haben die *Sattdampfisobaren* und gleichzeitig *Sattdampfisothermen* eine andere Neigung, die gleich dem Zahlenwert der Sättigungstemperatur T_s ist. Die Linien gleicher spezifischer

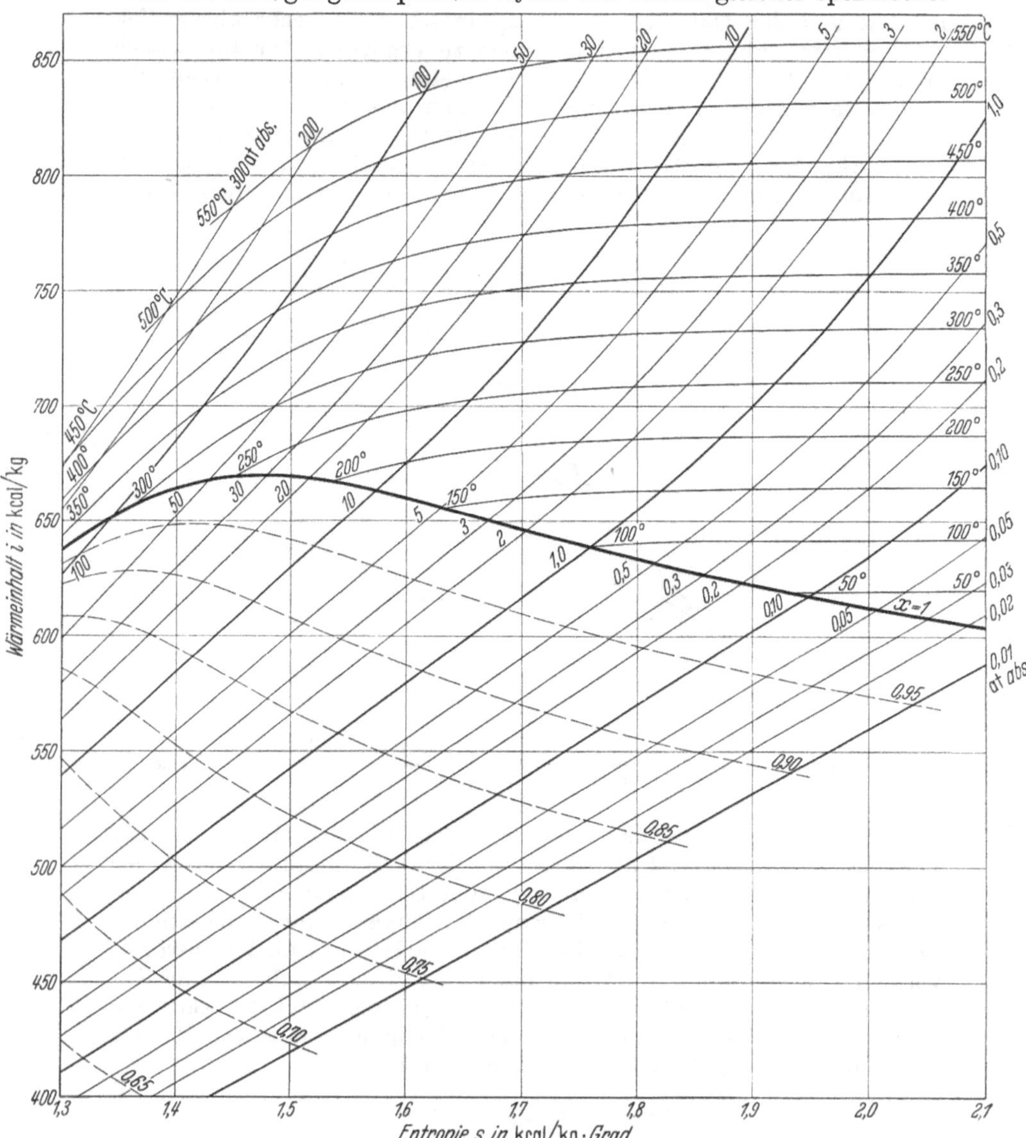

Abb. 132b. MOLLIER- (i, s-) Diagramm für Wasserdampf (technisches Anwendungsgebiet).

Dampfmenge x findet man wiederum durch lineare Teilung der Geraden zwischen den Grenzkurven, weil der Anteil x proportional der Wärmezufuhr und damit dem Wärmeinhalt und der Entropie ansteigt.

Im *überhitzten Gebiet* steigt die Temperatur des Dampfes bei Wärmezufuhr unter gleichem Druck an, denn fast alle Zufuhr kommt der fühlbaren Wärme zugute, und der Rest dient zur Bewältigung der Ausdehnungsarbeit. Wenn T wächst, so vergrößert sich die Neigung der Isobare gegen die s-Achse. Die Geraden des Sättigungsgebietes gehen in zunehmend gekrümmte Kurven über, die allmählich den Charakter von logarithmischen Linien wie bei Gasen annehmen. Die Heißdampfisothermen biegen an der oberen Grenzkurve fast waagerecht ab. Bei einem idealen Gas fielen sie mit den Waagerechten $i =$ konst. zusammen. Tatsächlich aber sinkt beim Drosseln $i =$ konst. die Temperatur im Diagrammbereich, wo Wasserdampf einen positiven Drosseleffekt hat. Das kann aber nur der Fall sein, wenn die Isothermen ansteigen, und das um so mehr, je weiter der Dampf vom idealen Gaszustand entfernt ist, also mit der Annäherung an die obere Grenzkurve.

Der Arbeitsbereich der Dampfkraftmaschinen erstreckt sich nur über den rechteckig eingerahmten Bezirk in Abb. 132a. Dieser Diagrammausschnitt ist in Abb. 132b vergrößert wiedergegeben. Man erkennt, wie sich die Dampfisothermen im überhitzten Gebiet abzeichnen. An Hand von Abb. 132b kann der Enthalpiefall abgeschätzt werden. Für genauere Ermittlungen benutzt man zweckmäßig die den Dampftafeln angefügten i, s-Diagramme in größerem Maßstab, die meist außer den Linien gleichen Druckes, gleicher Temperatur und gleicher Dampfgehalte noch Linien gleichen spezifischen Volumens enthalten.

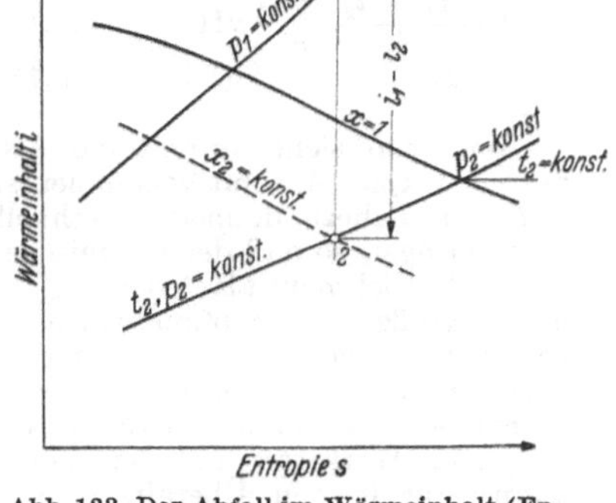

Abb. 133. Der Abfall im Wärmeinhalt (Enthalpiefall) im MOLLIER-(i, s-)Diagramm.

Die Anwendung des i, s-Diagrammes erhellt aus folgenden grundsätzlichen Beispielen.

Beispiel 1. Welche Arbeitsfähigkeit hat Heißdampf mit 400° C Temperatur, wenn der Frischdampfdruck $p_1 = 10, 25, 40, 100$ und 160 at abs. und der Gegendruck $p_2 = 1$ at abs. ist? Die zur Ermittlung aus dem i, s-Diagramm nötigen Linien sind in Abb. 133 angegeben.

Mit $t_1 = 400°$ C und $p_2 = 1{,}0$ at abs. findet man aus dem i, s-Diagramm zu

p_1	at abs.	10	25	40	100	160
i_1	kcal/kg	778,4	772,7	766,8	740,4	705,9
$A l'_{12} = i_1 - i_2$	kcal/kg	130,1	165,1	180,8	203,4	203,2
$100 \frac{i_1 - i_2}{i_1}$	vH	16,7	21,4	23,6	27,5	28,8
x_2	kg/kg	(> 1,0)	0,944	0,903	0,812	0,749

Es zeigt sich hier, wie vorteilhaft hohe Drücke sind. Da die Heißdampfisotherme 400° C im i, s-Diagramm in Richtung auf die Grenzkurve fällt, wird die Erzeugungswärme i_1 (zu p_1 und t_1) mit zunehmendem Druck immer kleiner, siehe Abb. 132. Dagegen wird die Arbeitsfähigkeit gegen $p_2 = 1$ at abs. immer größer, weil die Druckspanne größer wird. Der thermische Wirkungsgrad des idealen Kraftprozesses[1] ist das Verhältnis von $i_1 - i_2$, also demjenigen Teil, aus dem mechanische Arbeit gewonnen werden kann, zur Erzeugungswärme i_1 des Dampfes aus Wasser von 0° C.

$$\eta_{th} = \frac{Q_1 - Q_2}{Q_1} = \frac{i_1 - i_2}{i_1}. \tag{328}$$

Der thermische Wirkungsgrad vergrößert sich mit dem Druck in dem betrachteten Bereich auf fast das Doppelte. Während der Endpunkt bei $p_1 = 10$ at abs. noch im überhitzten Gebiet liegt, findet man ihn bei höheren Drücken im Sättigungsgebiet bei immer geringerer spezifischer Dampfmenge x. Die Endnässe $1 - x$ nimmt bis auf $1 - 0{,}749 = 0{,}251$ kg/kg oder 25,1 vH zu. In Wirklichkeit führt eine Endnässe von mehr als 10 bis 12 vH vornehmlich bei Dampfturbinen durch Erosion zu technischen Schwierigkeiten, weil das flüssige Wasser nicht mehr im Dampf nebelförmig festgehalten werden, sondern austropfen würde. Man wendet deshalb bei den höheren Drücken auch höhere Dampftemperaturen an.

Beispiel 2. Wie groß ist die Arbeitsfähigkeit von Wasserdampf mit $p_1 = 40$ at abs. gegenüber einem Druck $p_2 = 0{,}05$ at abs., wenn die Anfangstemperatur t_1 zwischen 350 und 550° C liegt?

t_1	°C	350	400	450	500	550
i_1	kcal/kg	738,3	766,8	794,6	822,1	849,7
$A l'_{12} = i_1 - i_2$	kcal/kg	259,1	274,0	289,8	306,1	323,1
$100 \frac{i_1 - i_2}{i_1}$	vH	35,1	35,7	36,5	37,2	38,1
x_2	kg/kg	0,772	0,796	0,814	0,836	0,854

Wie man sieht, nimmt die Arbeitsfähigkeit $i_1 - i_2$ mit der Dampftemperatur stark zu. Absolut genommen steigt zwar dabei die notwendige Erzeugungswärme i_1 nahezu doppelt so schnell an wie $i_1 - i_2$, die relative Steigerung ist aber geringer, so daß der thermische Wirkungsgrad zunimmt. Trotzdem aber läßt sich nicht viel mehr als $^1/_3$ der aufgewandten Wärme umsetzen, weil die verhältnismäßig große Verdampfungswärme in den Dampfkraftmaschinen nicht nutzbar gemacht werden kann. Je höher die Dampftemperatur t_1 ist, um so trockener ist auch der Abdampf. Im günstigsten Fall sind aber immer noch 14,6 vH Endnässe vorhanden. Man kann die Dampftemperatur vorläufig nicht weiter erhöhen, weil man keine Werkstoffe mit der erforderlichen Warmfestigkeit hat. Mit der Höchsttemperatur in den Überhitzern der Dampfkessel ist man an die Grenze von 550 bis 600° C gebunden.

Der Einfluß des Gegendruckes geht aus folgenden Zahlen hervor:

Beispiel 3. Wie groß ist die Arbeitsfähigkeit von Heißdampf mit $p_1 = 40$ at abs., $t_1 = 400$° C und $i_1 = 766{,}8$ kcal/kg bei Enddrücken p_2 zwischen 5,0 und 0,01 at abs.?

p_2	at abs.	5,0	1,0	0,5	0,1	0,05	0,01
$l'_{12} = i_1 - i_2$	kcal/kg	116,2	180,8	205,0	255,0	274,0	314,3
$100 \frac{i_1 - i_2}{i_1}$	vH	15,2	23,6	26,7	33,3	35,7	41,1
x_2	kg/kg	0,989	0,902	0,873	0,815	0,795	0,751

Im Interesse eines großen Unterschiedes im Wärmeinhalt ist es nötig, den Gegendruck so niedrig wie möglich zu machen, wobei sich das Gefälle in steigendem Maße verlängert. Dem Leser wird empfohlen, die Zahlenangaben der drei Beispiele an einem i, s-Diagramm nachzuprüfen.

[1] Clausius-Rankinescher Kreisprozeß, siehe Teil B, Abschnitt 1.

Die Arbeitsfähigkeit der Dampfenergie gegenüber dem Umgebungszustand $p_0 = 1$ at abs., $t_0 = 0°$ C, so wie sie theoretisch für die Leistung von mechanischer Arbeit zur Verfügung steht, läßt sich leicht aus dem i, s-Diagramm mit Hilfe der Umgebungsgeraden bestimmen. Im Zustand p_0, t_0 ist das Wasser flüssig. Die Linie $p = 1$ at abs. fällt im flüssigen Gebiet praktisch mit der unteren Grenzkurve zusammen. Da die Umgebungsgerade die Tangente an die Isobare $p = 1$ at abs.

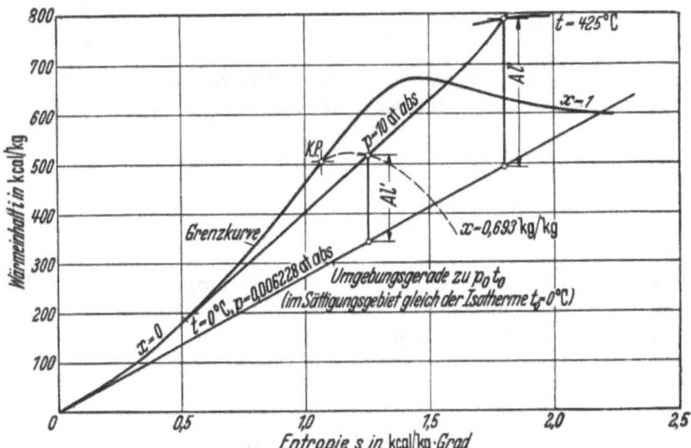

Abb. 134. Zeichnerische Ermittlung der Arbeitsfähigkeit von Wasserdampf bis auf den Umgebungszustand im i, s-Diagramm.

bei $t = 0°$ C ist, siehe Abschnitt 50, deckt sie sich mit der Isotherme 0° C und der Isobare zu 0° C mit $p = 0{,}006228$ at abs. In Abb. 134 ist als Beispiel die Arbeitsfähigkeit von überhitztem Wasserdampf mit 10 at abs. und 425° C dargestellt. Es ergibt sich

$$AL' = 790 - 495 = 295 \text{ kcal/kg}.$$

Wenn der Dampf gesättigt ist und z. B. bei 10 at abs. $x_1 = 0{,}693$ kg/kg hat, so wird die Arbeitsfähigkeit in der angegebenen Weise auch im Sattdampfgebiet ermittelt. Die Lage der Grenzkurve ist für dieses Verfahren gleichgültig.

i) Zustandsänderung im Heißdampfgebiet bei gleichem Wärmeinhalt (Enthalpie).

Wenn man Heißdampf drosselt, dann kommt es ebenso wie bei den Gasen und bei Sattdampf zu einer Zustandsänderung gleichen Wärmeinhalts (gleicher Enthalpie), wenn man von der geringen Energieumsetzung absieht, die zur Änderung der Strömungsgeschwindigkeit nötig ist, vergleiche hierzu Abschnitt 55. Die Entropiezunahme bei der Drosselung von Heißdampf läßt sich mit der allgemeinen Wärmegleichung $T\,ds = di - A\,v\,dP$ berechnen. Es ist

$$\left(\frac{\partial s}{\partial P}\right)_i = -A\,\frac{v}{T}. \tag{329}$$

Man kann in diese Gleichung das spezifische Volumen nach (312) und (314) einsetzen und findet

$$A\frac{v}{T} = A\frac{47{,}1}{P} - A\varphi_v(t)\frac{1}{T} - A\psi_v(t)\frac{p^2}{T}$$

$$= 0{,}1103\frac{1}{P} - 0{,}30\cdot\frac{1{,}56}{(T/100)^{13/3}}\cdot 10^{-4} - 0{,}214\cdot\frac{2{,}077\cdot p^2}{(T/100)^{15}}$$

oder mit (319)

$$A\frac{v}{T} = [0{,}1103 - 0{,}30\cdot\varphi_s(t)\cdot p - 0{,}214\cdot\psi_s(t)\cdot p^3]\frac{1}{P}\,.$$

Die Rechnung ist unbequem. Für einen kleinen Druckabfall Δp findet man (unter Fortlassung des Minuszeichens) eine Entropiezunahme Δs von

$$\Delta s = A\frac{v}{T}\Delta P$$

und

$$\Delta s = [0{,}11 - 0{,}30\cdot\varphi_s(t)\cdot p]\frac{\Delta p}{p} \approx 0{,}11\frac{\Delta p}{p} \tag{330}$$

unter Beschränkung auf zwei Glieder. Die Verminderung der Arbeitsfähigkeit, bezogen auf den Gegendruckzustand mit p_2 und T_2, ist dann $T_2\Delta s$.

Zur Verfolgung von Drosselvorgängen eignet sich vorzüglich das i, s-Diagramm. Wenn man den Anfangs- und den Enddruck kennt, so kann man die Entropiezunahme unmittelbar ablesen.

60. Wasserdampftafeln.

In den mehrfach erwähnten und benutzten Wasserdampftafeln sind die Zahlenwerte, insbesondere Druck, Temperatur, Volumen, Wärmeinhalt bei konstantem Druck und Entropie, mit einer für alle technischen Zwecke ausreichenden Genauigkeit in übersichtlicher Form angegeben. In den Jahren 1929 bis 1935 wurden von einer Internationalen Dampftafelkonferenz[1] auf Grund der umfangreichen vorliegenden Versuchsergebnisse Rahmentafeln aufgestellt, in welchen die Mittelwerte und Toleranzen der Zustandswerte von gesättigtem und überhitztem Wasserdampf festgelegt wurden.

1937 wurden von Koch die verschiedenen bis dahin gebräuchlichen Wasserdampftafeln[2] neu bearbeitet und zusammengefaßt und vom VDI unter dem Namen VDI-Wasserdampftafeln herausgegeben[3].

Als Nullpunkt für die Zählung von Wärmeinhalt (Enthalpie) und Entropie wurde der Zustand des tropfbaren Wassers von $t = 0°$ C angenommen. Zur Interpolation im überhitzten Gebiet wurde die *Zustandsgleichung*

$$v = \frac{RT}{P} - \frac{0{,}9172}{(T/100)^{2{,}82}} - p^2\left[\frac{1{,}3088\cdot 10^4}{(T/100)^{14}} + \frac{4{,}379\cdot 10^{15}}{(T/100)^{31{,}6}}\right] \tag{331}$$

[1] Siehe Z. VDI Bd. 73 (London 1929) S. 1856; Bd. 75 (Berlin 1931) S. 1359; Bd. 79 (New York 1935) S. 1359.

[2] Zum Beispiel R. Mollier: Neue Tabellen und Diagramme für Wasserdampf. Berlin. — O. Knoblauch, E. Raisch, H. Hausen: Tabellen und Diagramme für Wasserdampf, berechnet aus der spezifischen Wärme. München und Berlin.

[3] VDI-Wasserdampftafeln, vom VDI herausgegeben und in dessen Auftrag bearbeitet von W. Koch. Berlin und München 1937, desgleichen 2. Aufl. Ebenda 1941.

in m³/kg aufgestellt. Der Exponent des zweiten Gliedes wurde an Stelle von $10/3 = 3{,}33$ zu 2,82, verglichen mit Gleichung (312/314), gefunden, und das dritte Glied ist mit einer weiteren Temperaturkorrektur versehen worden, aber sonst von grundsätzlich demselben Aufbau wie (312). Im technisch wichtigen Gebiet liegen die Werte nach (331) innerhalb der Rahmentafel-Toleranzen. Nur bei hohen Drücken in der Nähe des Sättigungsgebietes werden die Abweichungen von den Richtwerten mit der Annäherung an das kritische Gebiet größer als die Toleranzen. Um den Toleranzen zu genügen, müßte die Gleichung für v höheren Grades sein, wozu jedoch die Unterlagen an Messungen noch nicht ausreichen.

Auch die Gleichung (316/317) für den *Wärmeinhalt des Dampfes* bei konstantem Druck (Enthalpie) wurde noch genauer gefaßt in der Form

$$i = f(t) - 82{,}056 \frac{p}{(T/100)^{2{,}82}} - \left[\frac{1{,}5326 \cdot 10^6}{(T/100)^{14}} + \frac{1{,}1144 \cdot 10^{18}}{(T/1000)^{31{,}6}}\right] p^3 \qquad (332)$$

in kcal/kg. Für den Exponenten 2,82 des zweiten Gliedes und für den Aufbau des dritten Gliedes gilt das oben Gesagte. Die Temperaturfunktion $f(t)$ ließ sich in der genaueren Form

$$f(t) = 474{,}89 + 45{,}493 \frac{T}{100} - 0{,}45757 \left(\frac{T}{100}\right)^2 + 0{,}0717 \left(\frac{T}{100}\right)^3 \qquad (333)$$

entwickeln. Der Wert von $f(t)$ beim Drucke $p = 0$ at abs. wurde so gewählt, daß die Richtwerte für den Wärmeinhalt des überhitzten Dampfes bei konstantem Druck und insbesondere diejenigen des gesättigten Dampfes innerhalb des Geltungsbereiches der Zustandsgleichung möglichst genau eingehalten werden.

Damit ergibt sich auch für die *Entropie* eine etwas andere Form als (318/319) mit

$$\begin{aligned} s = F(t) - 0{,}110213 \ln p - 1{,}015099 - \frac{0{,}60575}{(T/100)^{3{,}82}} p - \\ - \left[\frac{1{,}43041}{(T/100)^{15}} \cdot 10^4 + \frac{1{,}08024 \cdot 10^{16}}{(T/100)^{32{,}6}}\right] p^3 \end{aligned} \qquad (334)$$

in kcal/kg · Grad. Darin ist

$$F(t) = 2{,}20157 + 0{,}45493 \ln \left(\frac{T}{100}\right) - \frac{9{,}1513}{1000} \frac{T}{100} + \frac{1{,}0755}{1000} \left(\frac{T}{100}\right)^2 \qquad (335)$$

an Stelle von $0{,}47 \ln T$. Die Konstante 2,20157 wurde so gewählt, daß die Gleichung für s den Wert s'' für gesättigten Dampf bei 0° C richtig wiedergibt mit $s_0'' = r_0/T_0 = 597{,}2/273{,}16 = 2{,}1863$. Die absolute Temperatur ist in den Tafeln mit $273{,}16 + t$ Grad eingesetzt.

Die Rechnung mit Hilfe der Dampftafeln und der i, s- und T, s-Diagramme ist so einfach und ihre praktische Durchführung so handlich gemacht, daß die weniger leicht faßliche Größe der Entropie nicht wie eine wohlbegründete Zustandsgröße, sondern wie eine rechnerische Hilfsgröße erscheint, deren einziger Zweck es ist, die Aufstellung von Diagrammen zu ermöglichen, in welchen die Wärme durch Flächen und das Gefälle im Wärmeinhalt durch Strecken dargestellt werden kann. Für rein handwerksmäßige Wärmerechnungen mag das angehen, für den tiefer über die physikalischen Zusammenhänge nachdenkenden Leser aber wird nach den voraufgegangenen Erläuterungen die Entropie weit mehr als eine bloße Hilfsgröße bedeuten, nämlich den Ausdruck für den Inhalt des zweiten Hauptsatzes, das ist für die natürliche Richtung allen Wandels in der Natur.

Beipiele zu den Abschnitten 59 und 60.

Beispiel 1. Welche Wärmemenge ist nötig, um überhitzten Dampf von 15, 25, 40 und 100 at abs. und je 450° C aus Wasser von 20° C zu erzeugen? Wie groß sind Flüssigkeits-, Verdampfungs- und Überhitzungswärmen? In kcal/kg ist zu:

p t_a	15 20	25 20	40 20	100 20
i'	200,6	228,5	258,2	334,0
i''	666,6	669,4	669,0	651,1
r	466,0	440,9	410,8	317,1
$i' - t_a = q_f$	180,6	208,5	238,2	314,0
i_2	802,4	799,3	794,6	774,7
$i_2 - i'' = q_a$	135,8	129,9	125,6	123,6
$i_2 - t_a = q$	782,4	779,3	774,6	754,7

mit q_f als Flüssigkeitswärme, r als Verdampfungswärme und q_a als Überhitzungswärme in kcal/kg. q ist die gesamte Wärmezufuhr je kg.

Beispiel 2. 25 kg Dampf von 25 at abs. und $x = 0{,}96$ sollen bei unveränderlichem Druck auf 425° C überhitzt werden. Wie groß sind Wärmezufuhr, Überhitzung und Raumzunahme? Welche äußere Arbeit wird bei der Zustandsänderung geleistet?

Zu 25 at abs.: $i' = 228{,}5$; $r = 440{,}9$; $i'' = 669{,}4$; $t_s = 222{,}9°$ C;

(279) $i_1 = i' + x_1 r = 228{,}5 + 0{,}96 \cdot 440{,}9 = 651{,}8$ kcal/kg;

$I_1 = G i_1 = 25 \cdot 651{,}8 = 16295$ kcal;

$I'' = G i'' = 25 \cdot 669{,}4 = 16735$ kcal;

zu 25 at abs. und 425° C: $i_2 = 786{,}0$ kcal/kg;

$$I_2 = G i_2 = 25 \cdot 786{,}0 = 19650 \text{ kcal}.$$

Wärmezufuhr bis zur trockenen Sättigung $I'' - I_1 = 440$ kcal;
Wärmezufuhr im überhitzten Gebiet $I_2 - I'' = 2915$ kcal;
Wärmezufuhr insgesamt von 1 bis 2 $I_2 - I_1 = 3355$ kcal;
Überhitzung um $t_2 - t_1 = t_2 - t_s = 425 - 222{,}9 = 202{,}1°$;

zu 25 at abs.: $v'' = 0{,}0816$ und $v' = 0{,}0012$ m³/kg;

(287) $v_1 = v' + x_1 (v'' - v') = 0{,}0012 + 0{,}96\,(0{,}0816 - 0{,}0012) = 0{,}0783$ m³/kg;

$V_1 = G v_1 = 25 \cdot 0{,}0783 = 1{,}958$ m³;

zu 25 at abs. und 425° C: $v_2 = 0{,}1276$;

$$V_2 = G v_2 = 25 \cdot 0{,}1276 = 3{,}190 \text{ m}^3.$$

Raumzunahme $V_2 - V_1 = 3{,}190 - 1{,}958 = 1{,}232$ m³.

Äußere Arbeit $L_{12} = P \cdot (V_2 - V_1) = 25 \cdot 10^4 \cdot 1{,}232 = 30{,}8 \cdot 10^4$ mkg;

$$A L_{12} = 30{,}8 \cdot 10^4/427 = 721 \text{ kcal}.$$

Fast $^4/_5$ der Wärmezufuhr dienen zur Steigerung der inneren Energie. Handhabung des i, s-Diagramms siehe Abb. 135.

Beispiel 3. Wieviel wiegen 10 m³ Dampf von $p_1 = 25$ at abs. und $t_1 = 500°$ C? Der Dampf möge sich adiabatisch auf $p_2 = 0{,}1$ at abs. ausdehnen. Bei welchem Druck ist er trockengesättigt? Welches ist der Endzustand?

s_1 aus i, s-Diagramm zu 25 at und 500° C ist $s_1 = 1{,}750$ kcal/kg · Grad oder berechnet mit (318) und (319) zu 1,747, wobei das Glied ψ_s vernachlässigt werden kann. Ebenfalls aus dem Diagramm: $v_1 = 0{,}143$ m³/kg. Damit $G = 10\,\text{m}^3/0{,}143\,\text{m}^3/\text{kg} = 70$ kg. Bei $s'' = 1{,}750$ ist $p = 1{,}1$ at abs. (genauer 1,115) an der Grenzkurve.

Ferner: $s_2' = 0{,}154$; $s_2'' = 1{,}948$; $v_2'' = 14{,}95$ m³/kg.

$$x_2 = \frac{s_1 - s'}{s'' - s'} = \frac{1{,}750 - 0{,}154}{1{,}948 - 0{,}154} = 0{,}889 \text{ kg/kg};$$

$$v_2 = 0{,}889 \cdot 14{,}95 = 13{,}30 \text{ m}^3/\text{kg};$$

$$V_2 = 70 \cdot 13{,}30 = 931 \text{ m}^3.$$

Handhabung des i, s-Diagrammes siehe Abb. 136.

Beispiel 4. 0,6 kg Dampf von $p_1 = 1$ at abs. und $x_1 = 0{,}94$ kg/kg sind adiabatisch auf $^1/_{10}$ des Volumens zu verdichten. Wie groß sind Enddruck und -temperatur? Welche absolute Arbeit ist zu leisten?

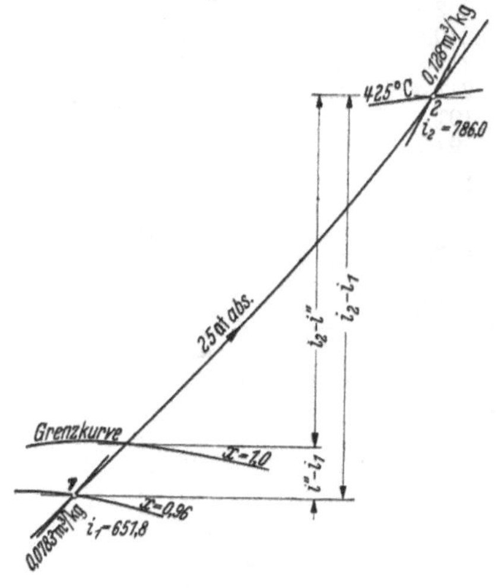

Abb. 135.

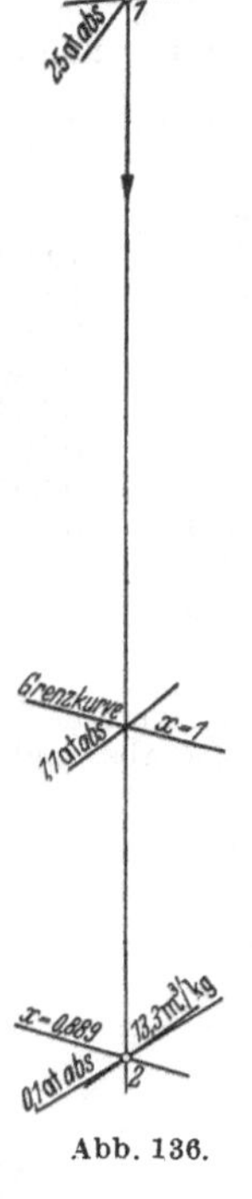

Abb. 136.

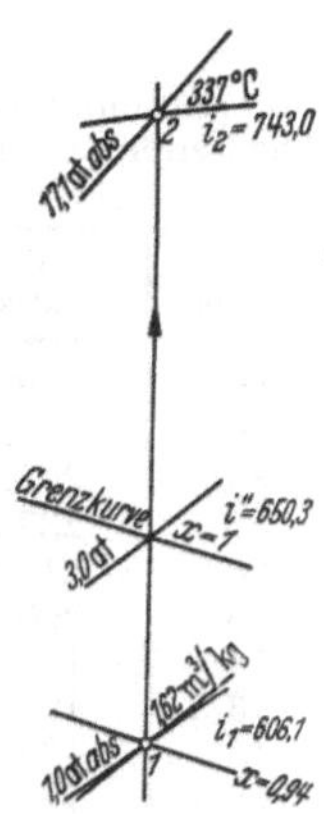

Abb. 137. Skizze zu Beispiel 4 im i, s-Diagramm.

Abb. 135. Skizze im i, s-Diagramm zu Beispiel 2.

Abb. 136. Skizze zu Beispiel 3 im i, s-Diagramm.

Rechnerisch unter Benutzung der Dampftabellen:

(287) $v_1 = v_1' + x_1(v_1'' - v_1') = 0{,}001 + 0{,}94\,(1{,}725 - 0{,}001) = 1{,}623$ m³/kg;

$v_2 = 1{,}623/10 = 0{,}162$ m³/kg;

$V_1 = 0{,}6 \cdot 1{,}623 = 0{,}9738$ m³ und $V_2 = 0{,}0974$ m³.

Zeichnerisch aus i, s-Diagramm, siehe Abb. 137:

$p_2 = 17{,}1$ at abs.; $t_2 = 337°$ C; $i_2 = 743{,}0$ kcal/kg;

an der Grenzkurve $p = 3{,}0$ at abs.; $i'' = 650{,}3$; $v'' = 0{,}617$;

(279) $i_1 = i_1' + x_1 r_1 = 99{,}1 + 0{,}94 \cdot 539{,}4 = 606{,}1$ kcal/kg;

$$u_1 = i_1 - A P_1 v_1 = 606{,}1 - \frac{10^4 \cdot 1{,}623}{427} = 568{,}1 \text{ kcal/kg};$$

$$u_2 = i_2 - A P_2 v_2 = 743{,}0 - \frac{17{,}1 \cdot 0{,}162}{427}\, 10^4 = 678{,}1 \text{ kcal/kg};$$

$$u'' = i'' - A P\, v'' = 650{,}3 - \frac{3 \cdot 0{,}617}{427}\, 10^4 = 607{,}1 \text{ kcal/kg};$$

Arbeit im Sättigungsgebiet 0,6 (607,1 — 568,1) = 23,4 kcal;
Arbeit im ungesättigten Gebiet 0,6 (678,1 — 607,1) = 42,6 kcal;
zusammen 66,0 kcal oder 28200 mkg ($L_{12} = -28\,200$ mkg).

Beispiel 5. Trockener Dampf von 60 at wird gedrosselt. Wie verhalten sich Temperatur und spezifische Dampfmenge?

$$i = \text{konst.} = i''_{60\,\text{at}} = 665{,}0\ \text{kcal/kg} = i' + x r;$$
$$\frac{665{,}0 - i'}{r} = x.$$

Mit zunehmender Drosselung wird der Dampf zunächst nasser, dann wieder trockener (suche die Zustandsänderung im i, s-Diagramm auf).

p at abs.	i' kcal/kg	r kcal/kg	x kg/kg	t_s Grad
60	288,4	376,6	1,000	274,3
50	274,2	393,1	0,994	262,7
40	258,2	410,8	0,990	249,2
30	239,5	430,2	0,989	232,8
20	215,8	452,7	0,9923	211,4
15	200,6	466,0	0,9966	197,4
14	197,1	468,9	0,9979	194,1
13,5	195,3	470,4	0,9985	192,5
13	193,5	471,9	0,9992	190,7
12,4	191,2	473,8	1,0000	188,5
12,0	189,7	475,0	(1,0007)	187,1

Die Drosselkurve $i =$ konst. verläßt das Sättigungsgebiet wieder bei $p = 12{,}4$ at abs. und $t = 188{,}5°$ C.

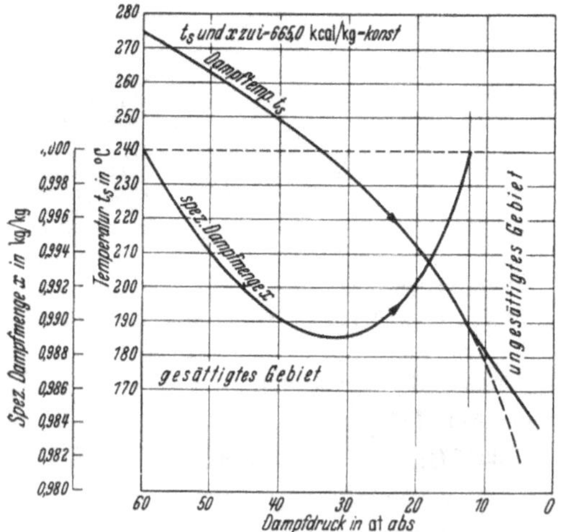

Abb. 138. Änderung von Temperatur und spezifischer Dampfmenge mit dem Druck zu Beispiel 5.

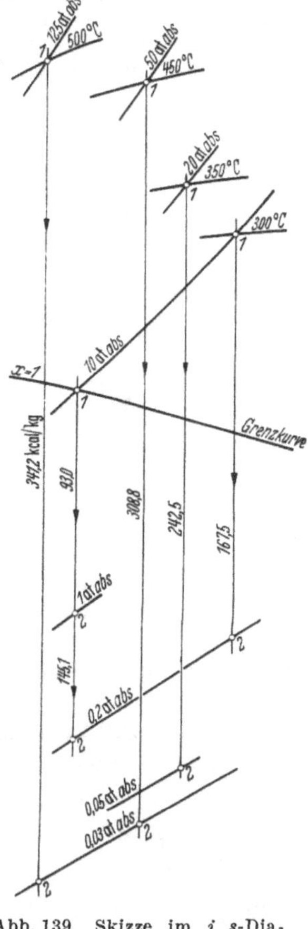

Abb. 139. Skizze im i, s-Diagramm zu Beispiel 6.

Welche Werte die Temperatur und die spezifische Dampfmenge während der Zustandsänderung annehmen, zeigt Abb. 138. Die Temperatur fällt ebenso wie der Druck mit fortschreitender Drosselung.

Beispiel 6. Die aus 1 kg Dampf in der verlustfrei arbeitenden Dampfmaschine gewinnbare Arbeit beträgt $A l' = i_1 - i_2$ kcal/kg, wobei i_1 den Wärmeinhalt des Frischdampfes und i_2 den des Abdampfes bei adiabatischer Expansion bedeuten. Gefragt ist nach der Arbeitsfähigkeit des Dampfes, bezogen auf den Druck p_2. $A l'$ ist für folgende Fälle aus dem i, s-Diagramm zu ermitteln:

Frischdampf Druck p_1 at abs. . .	10	10	10	20	50	125
Spez. Dampfmenge x_1	1	1	—	—	—	—
Temperatur t_1 ° C . .	179	179	300	350	450	500
Abdampf Druck p_2 at abs. . .	1	0,2	0,2	0,05	0,03	0,03
Arbeitsfähigkeit $i_1 - i_2$ kcal/kg .	93,0	145,1	167,5	242,5	308,8	341,2

Beispiel 7. 10 m³ trockengesättigter Dampf von 16 at abs. dehnen sich adiabatisch bis auf 1 at abs. aus. Wie groß ist die absolute Dampfarbeit und wie groß ist die Arbeitsfähigkeit? Wie groß sind diese, wenn sich Heißdampf von 16 at abs. und 450° C ausdehnt?

Sattdampf $x_1 = 1{,}0; \quad p_1 = 16$ at abs.; $\quad t_{s_1} = 200{,}4°$ C;

$V_1 = 10$ m³; $\quad p_2 = 1$ at abs.; $\quad x_m \approx 0{,}95; \quad \varkappa_m \approx 1{,}13$ mit (304).

$$(307) \qquad L_{12} = \frac{16 \cdot 10}{0{,}13} 10^4 \left[1 - \left(\frac{1}{16}\right)^{0{,}115}\right] = 1230 \cdot 10^4 \cdot 0{,}273 = 336 \cdot 10^4 \text{ mkg}.$$

Heißdampf $p_1 = 16$ at abs.; $t_1 = 450°$C; $V_1 = 10$ m³; $p_2 = 1$ at abs.; $\varkappa = 1{,}3$.

$$(325) \qquad L_{12} = \frac{16 \cdot 10}{0{,}3} 10^4 \left[1 - \left(\frac{1}{16}\right)^{0{,}231}\right] = 252 \cdot 10^4 \text{ mkg}.$$

Die Angabe der Temperatur beim Heißdampf ist notwendig, damit man sich am T, s- oder i, s-Diagramm davon überzeugen kann, daß der Endpunkt der Adiabate tatsächlich noch im überhitzten Gebiet liegt. Da in der Formel für die Arbeit die Temperatur nicht vorkommt, müßte die Arbeit unabhängig von der Temperaturlage sein, solange man sich nur im Heißdampfgebiet befindet. Dem wäre aber nur so, wenn die Linien $p =$ konst. logarithmische Linien wie bei den Gasen wären. In der Tat streben die Linien $p =$ konst. im dampfförmigen Gebiet etwas auseinander, wie Abb. 130 und 132 zeigen. Danach nimmt die adiabatische Arbeit Al' (die Arbeitsfähigkeit) mit der Überhitzung etwas zu. Das bedeutet, daß der Exponent 1,3 nur ein Mittelwert bei mäßiger Überhitzung und bei Drücken unter 25 at abs. ist. Mit zunehmender Überhitzung nähert sich der Exponent dem Wert = 1,33.

Die zeichnerische Lösung der Aufgabe an Hand des i, s-Diagrammes (Abb. 132b) ergibt:

Sattdampf $i_1'' = 667{,}0; \quad i_2 = 555{,}2; \quad i_1'' - i_2 = 111{,}8$ kcal/kg;

$v_1'' = 0{,}126$ m³/kg; $\quad G = V_1/v_1'' = 79{,}4$ kg;

$$(240) \qquad L_{12} = \frac{G}{A} \frac{i_1'' - i_2}{\varkappa} = 79{,}4 \cdot 427 \frac{111{,}8}{1{,}13} = 336 \cdot 10^4 \text{ mkg};$$

Heißdampf $i_1 = 802{,}0; \quad i_2 = 641{,}3; \quad i_1 - i_2 = 160{,}7$ kcal/kg;

$v_1 = 0{,}209$ m³/kg; $\quad G = V_1/v_1 = 47{,}8$ kg;

$L_{12} = 47{,}8 \cdot 427 \cdot 160{,}7/1{,}3 = 252 \cdot 10^4$ mkg.

Auf 1 kg bezogen hat der Sattdampf eine Arbeitsfähigkeit von $Al'_{12} = 111{,}8$ und Heißdampf von $Al'_{12} = 160{,}7$ kcal/kg. $\varkappa = 1{,}3$ für Heißdampf gilt in dem fraglichen Bereich von Druck und Temperatur praktisch genau.

Hätte man aber z. B. Dampf von 200 at abs. und 500° C, der sich auf 40 at abs. ausdehnte, so wäre mit $\varkappa = 1{,}3$

$$l'_{12} = \frac{1{,}3}{0{,}3} \cdot 200 \cdot 10^4 \cdot 0{,}01513 \cdot \left[1 - \left(\frac{40}{200}\right)^{0{,}231}\right] = 4{,}07 \cdot 10^4 \text{ mkg/kg};$$

$$Al'_{12} = 95{,}2 \text{ kcal/kg},$$

mit $v_1 = 0{,}01513$ m³/kg, während laut i, s-Diagramm ist

$$i_1 - i_2 = 776{,}6 - 680{,}2 = 96{,}4 \text{ kcal/kg}.$$

In diesem Gebiet von 200 at > 25 at würde man die adiabatische Arbeit mit $\varkappa = 1{,}3$ etwas zu niedrig berechnen (rund $1^1/_4$ vH, $\varkappa$ müßte etwas kleiner sein), aber immer noch ziemlich genau für eine so einfache Beziehung wie $pv^{1,3}$ = konst.

Beispiel 8. Der Frischdampf hinter dem Überhitzer eines Kessels hat 23 at abs. und 350° C. Bei der Fortleitung zur Dampfmaschine verringert sich der Druck um 1 at und die Temperatur um 20°. Um wieviel nimmt dadurch die Arbeitsfähigkeit des Dampfes, bezogen auf einen Gegendruck von 1,5 at abs., ab? Im Einlaßorgan der Dampfmaschine fällt der Druck um weitere 1 at. Wie groß ist die damit verbundene Einbuße an Arbeitsfähigkeit?

Aus dem i, s-Diagramm ergibt sich eine Arbeitsfähigkeit als Abstand zu der Sattdampfgeraden von 1,5 at abs. bei

p = 23 at abs.,	t = 350° C	von	747,0 — 612,0 = 135,0 kcal/kg
22	330		736,8 — 607,0 = 129,8
21	(329)		736,9 — 608,6 = 128,3

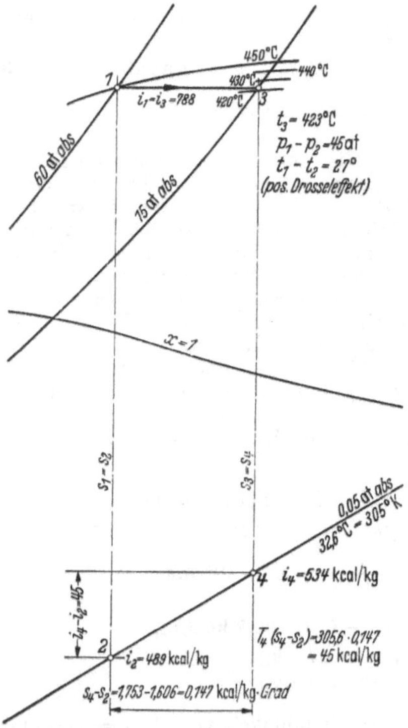

Die Leitungsverluste haben eine Einbuße von

$$100\,\frac{135{,}0 - 129{,}8}{135{,}0} = 3{,}85\,\text{vH}$$

und die Eintrittsdrosselung von weiteren

$$100\,\frac{129{,}8 - 128{,}3}{135{,}0} = 1{,}11\,\text{vH}$$

zur Folge. Die Entropie nimmt bei der Eintrittsdrosselung um 0,004 kcal/kg · Grad zu. t_s zu 1,5 at abs. ist 110,8° C und T_s = 383,8° K. Es ist $T_s \cdot \Delta s$ = 383,8 · 0,004 = 1,54 kcal/kg, entsprechend dem Verlust an „Wärmegefälle" von 129,8 auf 128,3 kcal/kg. Mit einem Druckabfall um 1 at von 22 at abs. oder rund 5 vH gibt die Näherungsformel (330) zu große Werte. Mit (330) erhielte man

$$T_s \cdot \Delta s \approx 383{,}8 \cdot \frac{0{,}11}{21{,}5} = 1{,}96\ \text{kcal/kg}$$

statt

1,5 kcal/kg.

Abb. 140. Skizze im i, s-Diagramm zu Beispiel 9, S. 242.

Beispiel 9. Wie groß ist die Arbeitsfähigkeit von Heißdampf mit 60 at abs. und 450° C, bezogen auf einen Gegendruck von 0,05 at abs.? Wie verringert sich die Arbeitsfähigkeit, wenn der Heißdampf auf 15 at abs. gedrosselt wird? (Mit dem i, s-Diagramm zu bestimmen.)

Wärmeinhalt des Heißdampfes i_1 = 788,2 kcal/kg. Ablesegenauigkeit 788 kcal/kg. Der gedrosselte Dampf von 15 at abs. hat einen Wärmeinhalt von 788 kcal/kg bei 423° C. Durch das Drosseln fällt also die Temperatur von 450 auf 423° C. Gemäß Abb. 140 ist die Arbeitsfähigkeit des Heißdampfes gegen 0,05 at abs.

$$788 - 489 = 299\ \text{kcal/kg}$$

und die des gedrosselten Dampfes

$$788 - 534 = 254\ \text{kcal/kg}.$$

Die Einbuße ist 45 kcal/kg oder 15,0 vH. Zu 0,05 at abs. gehört eine Sättigungstemperatur von $t_s = 32{,}6^\circ$ C oder $T_s = 305{,}6^\circ$ K. Als Entropiezunahme beim Drosseln entnimmt man

$$\Delta s = 1{,}753 - 1{,}606 = 0{,}147 \text{ kcal/kg} \cdot \text{Grad}.$$

Damit ergibt sich die arbeitsbehinderte Wärmemenge zu

$$T_s \cdot \Delta s = 305{,}6 \cdot 0{,}147 = 45{,}0 \text{ kcal/kg},$$

entsprechend dem Verlust an Arbeitsfähigkeit.

61. Kritisches Gebiet bei Wasserdampf.

Über das Verhalten des Wasserdampfes im kritischen Zustand sind schon verschiedentlich Andeutungen gemacht worden. Steigert man den Druck bei der Verdampfung, so wird die Verdampfungswärme r immer kleiner, bis sie schließlich bei 226 at abs. verschwindet[1], wobei sich eine Temperatur von 374° C einstellt. Solange der Druck unter dem kritischen Druck von 226 at abs. liegt, verhält die Temperatur beim Durchqueren des Sättigungsgebietes (Abb. 106); wenn aber der kritische Zustand erreicht wird, geht die gesamte Menge der Flüssigkeit auf einmal in trockengesättigten Dampf über und nimmt die Temperatur stetig zu. Vom kritischen Druck an hört die übliche Dampfbildung auf. Alle Wasserteilchen ändern ihren Zustand einheitlich und nicht mehr eins nach dem anderen über ein inhomogenes Wasser-Dampf-Gemisch wechselnder Zusammensetzung, wie im Sättigungsgebiet. Während man im kritischen Zustand noch eine bestimmte Temperatur, eben die kritische, angeben kann, bei der die Umwandlung von Flüssigkeit in Dampf vor sich geht, ist das bei höheren Drücken nicht mehr möglich. Das Molekulargefüge des Wassers lockert sich im Zuge der Erwärmung immer mehr, und die gesamte Wassermenge geht allmählich und gleichzeitig vom flüssigen in den dampfförmigen Zustand über. Ausgesprochene Umwandlungspunkte lassen sich dabei nicht erkennen. Je höher der Druck ist, um so langsamer vollzieht sich die Umwandlung. Die Trennung von Flüssigkeit und Dampf, ein Problem bei der Erzeugung von trockengesättigtem Dampf in den Dampfkesseln, wird bei überkritischen Drücken von der Natur gelöst. Geht man allmählich wieder auf den kritischen Druck zurück, so verengt sich die Zone der Gefügeumwandlung immer mehr, bis im kritischen Zustand die gesamte Menge beim Aufwärmen plötzlich in Dampf und bei Abkühlen in tropfbares Wasser umschlägt. Bei noch niedrigerem Druck bilden sich wieder Dampfblasen oder Wassertröpfchen, je nach der Richtung des Vorganges.

Der kritische Druck wurde verschieden hoch gemessen. Die geringsten Werte beobachtete man bei reinem, gasfreiem Wasser in Höhe von 226 at abs. bei 374° C. Im anderen Falle wurde bei 226 at abs.

[1] $p_k = 226$ at abs. für den kritischen Druck des Wasserdampfes ist nach den bisher bekannten Messungsergebnissen der wahrscheinlichste Wert. Der früher vielfach angenommene Wert von 225 at abs. im stabilen kritischen Punkt dürfte zu niedrig sein.

noch eine erhebliche Verdampfungswärme in der Größenordnung von 60 bis 80 kcal/kg festgestellt. Die höchsten kritischen Zustandswerte fand man bei fast 260 at abs. und 385 °C; im allgemeinen aber lagen die Meßwerte regellos streuend zwischen 226 und 260 at abs. Die Verhältnisse sind gut aus einem i, p-Diagramm Abb. 141a ersichtlich. Das Feld, das von den Grenzkurven bei 260 at abs. kritischem Druck umschlossen wird und in dem die verschiedenen kritischen Zustände angetroffen wurden, ist schraffiert und als *kritisches Gebiet* bezeichnet[1]. Man ist gehalten, von einem *labilen kritischen Zustand* zu sprechen, zu dem

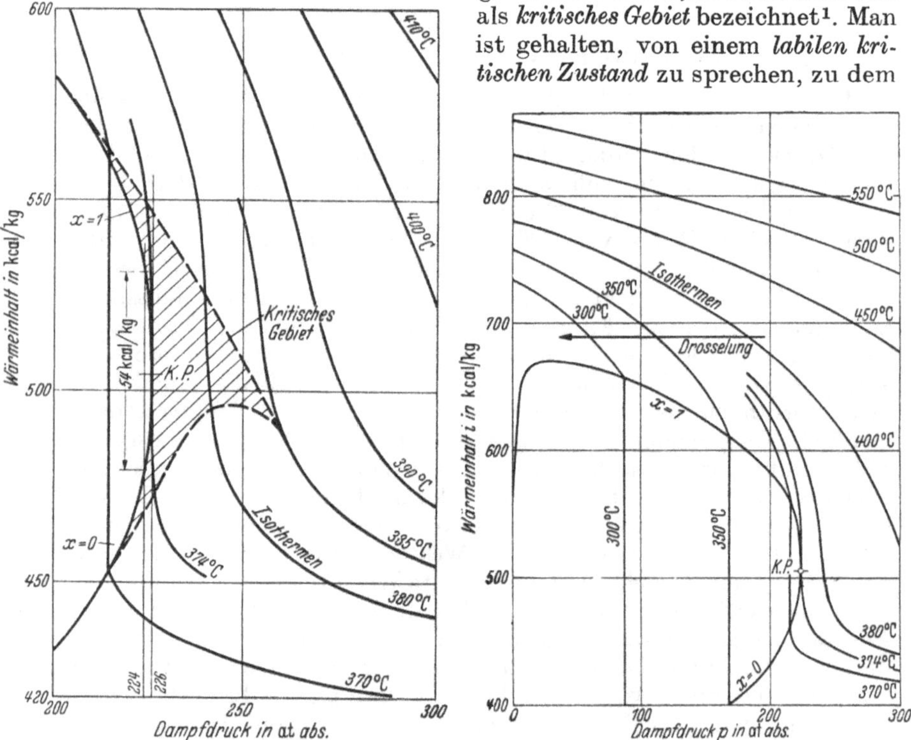

Abb. 141a. i, p-Diagramm für Wasserdampf im kritischen Gebiet.

Abb. 141b. i, p-Diagramm für Wasserdampf.

der niedrigste kritische Druck von 226 at abs. gehört, der bisher durch keinerlei Maßnahmen mehr unterschritten werden konnte, von tumultuarischen Vorgängen abgesehen. Abb. 141b zeigt das i, p-Diagramm für ein größeres Gebiet.

Die *kritische Isobare* berührt das Sättigungsgebiet nur noch im kritischen Zustand und hat dort im T, s-Diagramm einen Wendepunkt (Abb. 106). Im i, p-Diagramm Abb. 141a zeichnet sich die *kritische Isotherme* mit einem Wendepunkt ab, noch deutlicher in Abb. 141b

[1] Nach CALLENDAR: Engineering (1928) und W. SCHÜLE: Technische Thermodynamik I, 2. Berlin 1930. Abb. 141a u. b sind nach den Wasserdampftafeln 1937 gezeichnet.

sichtbar. Die VDI-Dampftafeln enden bei 224 at abs. und $t_s = 373{,}6°$ C, wobei noch eine Verdampfungswärme von $r = 54$ kcal/kg ausgewiesen wird, wie auch in Abb. 141a angedeutet ist. Diese Abbildung zeigt ferner, wie die Temperatur im Sättigungsgebiet verhält und sich bei höheren Drücken stetig ändert.

Es ist nicht ausgeschlossen, daß der labile kritische Zustand bei erneuten Messungen bei noch höheren Drücken angetroffen wird. Je ungestörter und allmählicher man die Verdampfung vornimmt und Wärme zuführt, um so höher kann man den kritischen Druck treiben. Über den Verlauf der Linien gleichen Druckes im i, t-Diagramm bis über das kritische Gebiet hinaus gibt Abb. 142 als Ausschnitt von Abb. 109 in anderem Maßstab an. Mit zunehmender Temperatur drängt die Kurvenschar immer mehr zusammen. Das Sättigungsgebiet erscheint als Störung im geordneten Verlauf der Isobaren, wie er sich bei höheren Temperaturen zeigt. Wenn die Temperatur so hoch steigt, daß der Dampf zum Gase mit dem Gesetz $Pv = RT$ wird, dann schneiden sich die Isobaren (Inversionspunkt). Ein solcher Zustand liegt aber weit außerhalb des technischen Anwendungsbereiches für Wasserdampf. Aus Abb. 142 ist die Temperaturabnahme beim Drosseln gut zu erkennen (positiver Drosseleffekt).

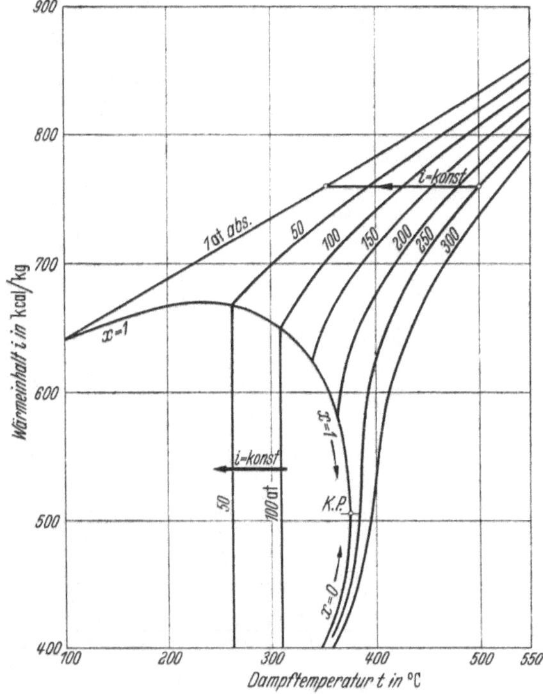

Abb. 142. i, t-Diagramm für Wasserdampf.

Die Dampfdruckkurve $p = f(t_s)$ von Abb. 103 endet im stabilen kritischen Punkt. Sie hat eine instabile Verlängerung bis etwa 260 at abs. oder so hoch, wie man den kritischen Zustand zu treiben vermag. Die Verlängerung ist in Abb. 103 gestrichelt angedeutet.

62. Wasserdampf bei Temperaturen unter 0° C.

Eis geht ohne Bildung von Flüssigkeit in Dampfform über, wenn der Druck über dem Eis unter den Sättigungsdruck zu 0° C (also 0,06228 at abs.) sinkt. In Abb. 143 ist das T, s-Diagramm von Wasser erweitert auf Temperaturen unter 0° C wiedergegeben.

Eis aus Wasser hat eine Schmelzwärme[1] von rund 80 kcal/kg, deren

[1] Ganz allgemein ist unter der Schmelzwärme diejenige Wärmemenge zu verstehen, die 1 kg des festen Stoffes bei gleichem Druck und bei Schmelztemperatur bis zur restlosen Verflüssigung zuzuführen ist.

Größe vom Druck nahezu unabhängig ist. Bei Zufuhr dieser Schmelzwärme vergrößert sich die Entropie um

$$\frac{q}{T} = \frac{80}{273} = 0{,}293 \text{ kcal/kg} \cdot \text{Grad}.$$

Bewertet man die Entropie bei 0° C mit 0,000 (Zustand der unteren Grenzkurve, $x = 0$), so liegt der entsprechende Eispunkt bei $s' = -0{,}293$.

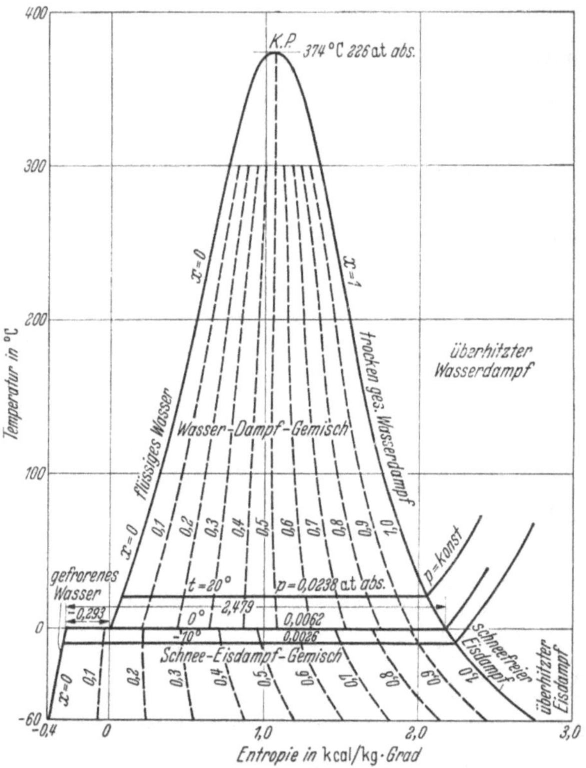

Abb. 143. T, s-Diagramm für Wasserdampf.

Die Grenzkurve $x = 0$ im Eisgebiet bei $t < 0$ richtet sich nach der Gleichung

$$c \frac{dT}{T} = ds.$$

Darin ist die spezifische Wärme des Wassereises bei 0° C etwa $c = 0{,}50$ kcal/kg · Grad. Sie nimmt nach Abb. 4 mit der Verminderung der Temperatur ab, um bei 0° K = −273° C zu Null zu werden. Bei $t = -20°$ C ist c etwa 0,48 und bei $t = -50°$ C etwa 0,45. Die Entropiezunahme bei der Sublimation (Verdampfung unmittelbar aus dem festen Zustand) bei (unbeschränkt wenig unterhalb) 0° C ist

$$s'' - s' = \frac{q}{T} = \frac{80 + 597{,}2}{273} = 2{,}479 \text{ kcal/kg} \cdot \text{Grad}. \tag{336}$$

Die Wärmemenge $q = 667,2$ kcal/kg ist die Sublimationswärme[1]. Die obere Grenzkurve für Eisdampf setzt bei 0° C mit einem Knick an die Grenzkurve von wärmeren Wasserdampf an, bedingt durch die unstetige Änderung der spezifischen Wärme bei 0° C. Die Linien gleicher Dampfmenge ergeben sich wiederum durch gleichmäßige Teilung der Strecken $s'' - s'$. Im Sättigungsgebiet ist der Eisdampf mit gefrorenen Wasserteilchen wie Schnee und Eisstaub gemischt. Jenseits der Linie $x = 1$ für schneefreien Eisdampf liegt das Gebiet des überhitzten ungesättigten Eisdampfes.

63. Dämpfe verschiedener Stoffe.

Das allgemeine Verhalten von anderen Dämpfen als von Wasser ist grundsätzlich gleichartig, sofern es sich um chemisch einheitliche Stoffe handelt, die sich bis zur Verdampfungstemperatur oder während der Verdampfung nicht zersetzen. Die folgende Zahlentafel gibt Aufschluß über Schmelzpunkt und Sättigungstemperatur verschiedener Stoffe bei 760 Torr sowie über die kritischen Werte. In diese Aufstellung, die nach der kritischen Temperatur geordnet ist, ist zum Vergleich das Gemisch Luft mit aufgenommen.

Es zeigt sich eine außerordentliche Unterschiedlichkeit im Verhalten der einzelnen Stoffe, die alle *Sättigungsgebiete* mit *Grenzkurven* haben[2]. Man pflegt die Dämpfe danach zu unterteilen, ob sie bei Temperaturen über oder unter der Umgebungstemperatur (20° C) angewandt werden. Zur Krafterzeugung benutzt man Dämpfe mit möglichst hohen Temperaturen und Drücken, mit einem großen Enthalpiefall gegenüber dem unteren Betriebszustand. Hierher gehört in erster Linie Wasserdampf, außerdem sind Dämpfe von Quecksilber und Diphenyloxyd geeignet, welchen alle hohe Sättigungstemperaturen zu eigen sind, wenn sie unter atmosphärischem und mehr Druck stehen. Man wendet diese Dämpfe im allgemeinen als *Heißdämpfe* an. Für andere Zwecke, wie zur Heizung oder bei technologischen Verfahren, benutzt man vorzüglich Sattdampf, wenn es darauf ankommt, die Verdampfungswärme nutzbar zu machen und die Wärme bei einer bestimmten Temperatur zuzuführen. Im Bereiche unterhalb der Umgebungstemperatur stehen die *Kaltdämpfe* zur Verfügung. Stoffe, die bei niedrigen Temperaturen, aber nicht zu geringem Druck verdampfen und Wärme aufnehmen können, werden in der Kältetechnik gebraucht. Am geeignetsten hierfür sind Ammoniak, Kohlendioxyd, Schwefeldioxyd und Methylchlorid. Im übrigen wird auf die in Teil B des Leitfadens erläuterten technischen Anwendungsbeispiele hingewiesen.

---

[1] Unter Sublimationswärme versteht man grundsätzlich diejenige Wärmemenge, die 1 kg des festen Stoffes bei gleichem Druck und bei gleicher (unter dem Schmelzpunkt liegender) Temperatur zuzuführen ist, um ihn (unmittelbar) in trockengesättigten Dampf umzuwandeln.

[2] Das Verhältnis der absoluten Sättigungstemperatur T_s bei 760 Torr zur absoluten kritischen Temperatur T_k nimmt bei den meisten Stoffen Werte um 0,6 an (GULDBERGsche Regel).

Zahlentafel 42. *Schmelzpunkt und Sättigungstemperatur bei atmosphärischem Druck (760 Torr) sowie Temperatur, Druck und Volumen im (stabilen) kritischen Zustand bei verschiedenen Stoffen.*

Stoff	Chemisches Zeichen	Schmelzpunkt	Siedepunkt	t_k	p_k	$(10^3 v_k)$
		bei 760 Torr				
		° C	° C	°C	at abs.	l/kg
Quecksilber . . .	Hg	— 39	357	1460	1076	0,2
Diphenyloxyd[1] . .	$C_6H_5OC_5$	27—28	etwa 258	etwa 530	etwa 32,5	—
Naphthalin . . .	$C_{10}H_8$	80	218	468	41	—
Wasser	H_2O	0	100	374	226	3,1
Benzol	C_6H_6	5	80	289	49	3,3
Äthyl-Alkohol . .	C_2H_5OH	—114	78,5	243	65	3,6
Methyl-Alkohol . .	CH_3OH	— 97	65	240	102	2,8
Äther	$(C_2H_5)_2O$	—116	35	194	37	3,8
Schwefeldioxyd . .	SO_2	— 79	— 10	157	80	1,9
Chlor	Cl_2	—103	— 34	144	79	1,8
Methylchlorid . .	CH_3Cl	— 98	— 24	143	68	2,7
Ammoniak	NH_3	— 77	— 33	132	119	4,3
Schwefelwasserstoff	H_2S	— 86	— 61	100	92	—
Propan	C_3H_8	—190	— 45	96	47	4,4
Azetylen	C_2H_2	— 84	— 82	36	64	4,3
Stickoxydul . . .	N_2O	— 91	— 90	35	78	2,2
Äthan	C_2H_6	—172	— 89	32	50	4,8
Kohlendioxyd . .	CO_2	— 78,5[2]	— 78,5	31	75,5	2,2
Äthylen	C_2H_4	—169	—104	10	52	4,6
Methan	CH_4	—183	—162	— 83	47	6,2
Stickoxyd	NO	—167	—154	— 94	67	1,9
Sauerstoff	O_2	—218	—183	—119	51	2,3
Argon	Ar	—189	—186	—122	49	1,9
Kohlenoxyd . . .	CO	—205	—190	—139	36	3,2
(Luft)	—	—	—194	—141	38	2,9
Stickstoff	N_2	—210	—196	—147	35	3,2
Wasserstoff . . .	H_2	—260	—253	—240	13,2	32,3
Helium	He	—	—269	—268	2,3	15,2

An Zahlentafel 42 fällt auf, daß sich die Schmelz- und Siedepunkte wohl im großen und ganzen, aber nicht im einzelnen der Ordnung nach den kritischen Temperaturen einfügen. Ebensowenig trifft dies von den anderen kritischen Werten zu. Immerhin läßt sich aber eine gewisse Ordnung nach dem Molekulargewicht erkennen. Die Dämpfe haben ein um so kleineres kritisches Volumen, je höher ihr Molekulargewicht ist, wobei die Atomzahl Bedeutung hat.

Stickoxyd fällt allerdings heraus. Auch die Methanreihe folgt für sich einer Abstufung nach dem Molekulargewicht. Ein einheitliches Gesetz für alle Stoffe läßt sich freilich nicht erkennen. Von technischer Bedeutung sind die Sättigungsverhältnisse bei den Verfahren zur *Verflüssigung* der unter gewöhnlichen Umständen gasartig vorkommenden Stoffe.

Bei überkritischen Drücken ist allerdings auch eine Verflüssigung unter *starker Abkühlung* denkbar. Wasser von 300 at abs. z. B. (über 226 at abs.) ist bei Umgebungstemperatur (20° C) ohne Zweifel flüssig, wie das beim Preßwasser in hydraulischen Werkzeugen der Fall ist. Würde man Wasserdampf von 300 at abs. bei

[1] Siehe hierzu RUSS: Diphenyloxyd, ein neuer Betriebsstoff für Dampfkraftanlagen. Die Wärme (1926), S. 856 und SCHURAWLEW: Kritische Temperaturen und orthobare Dichten von Diphenyläther und von Naphthalin. Chem. Zentralblatt 1938/I, 4310.

[2] Sublimationstemperatur, siehe Abb. 153. Der Schmelzpunkt ist —56,6° C bei 5,28 at abs.

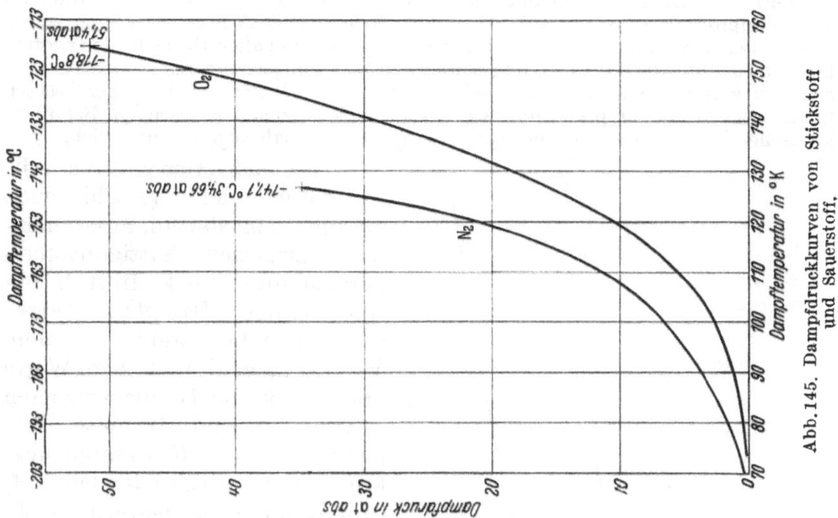

Abb. 145. Dampfdruckkurven von Stickstoff und Sauerstoff.

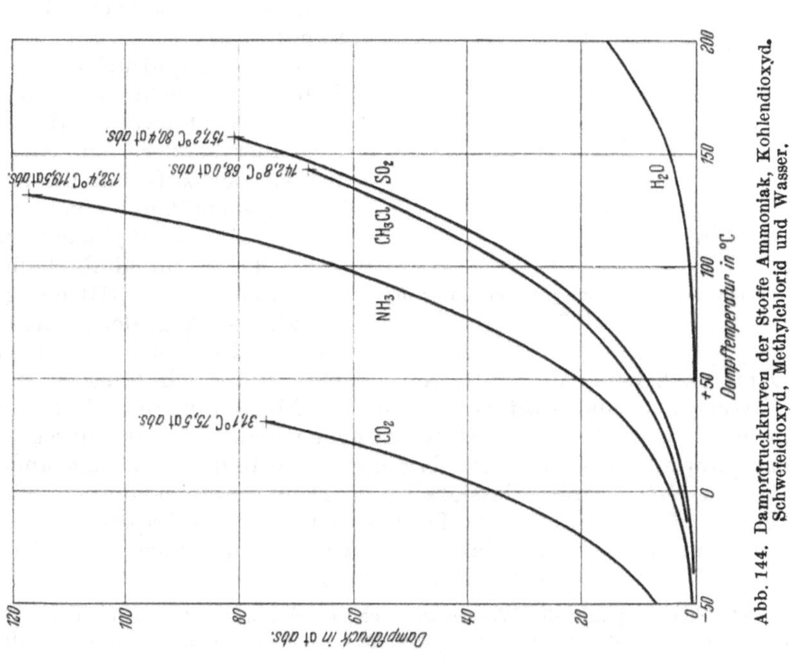

Abb. 144. Dampfdruckkurven der Stoffe Ammoniak, Kohlendioxyd, Schwefeldioxyd, Methylchlorid und Wasser.

gleichbleibendem Druck abkühlen, so erhielte man schließlich flüssiges Wasser, aber die Verflüssigung geht nicht mehr über das Sättigungsgebiet vor sich. Würde man den Dampfdruck zunächst auf 226 at abs. (oder weniger) herabsetzen, so würde das Wasser bereits bei 374° C (oder darunter) flüssig. Bei allen tiefsiedenden Stoffen kommt es auf eine Verflüssigung durch das Sättigungsgebiet an, weil man wohl den Druck ohne große technische Schwierigkeiten in der nötigen Weise herabsetzen kann, aber tiefe Temperaturen weniger einfach einzustellen vermag. Bei überkritischer Temperatur ist eine irgendwie geartete Verflüssigung unmöglich.

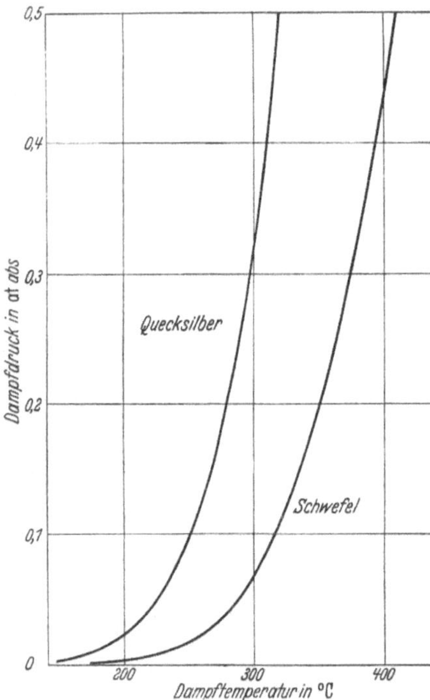

Abb. 146. Dampfdruckkurven von Quecksilber und Schwefel.

Das gleichartige physikalische Verhalten der verschiedenen Dämpfe zeigt sich am Zusammenhang zwischen Sättigungstemperatur und Druck. In Abb. 144 sind einige *Dampfdruckkurven* nebeneinandergestellt, die dem Verlauf nach ähnlich, dem Werte von Druck und Temperatur nach verschieden sind. In dieses Bild passen sich auch die Dampfdruckkurven der niedrigsiedenden Stoffe in Abb. 145 ein, ebenso die hochsiedenden Stoffe in Abb. 146. Es handelt sich hier um eine allgemeine physikalische Erscheinung[1].

Die Dampfdruckkurve bei Sublimation geht nicht in die Dampfdruckkurve bei Verdampfung über, sondern schneidet sich bei Wasser z. B. mit dieser bei 0° C in einem Punkt, den man den *Tripelpunkt* (*T. P.*) nennt, siehe Abb. 147. Während oberhalb des Tripelpunktes im Sättigungszustand, also längs der Sättigungskurve, flüssiges Wasser und Dampf nebeneinander auftreten können, unterhalb hingegen festes Wasser (Eis) und Eisdampf, kann im Tripelpunkt der Stoff Wasser in allen drei Aggregatzuständen nebeneinander, fest, flüssig und dampfförmig, bestehen. Im Tripelpunkt befinden sich mit anderen Worten fester Stoff, Flüssigkeit und Dampf miteinander im Gleichgewicht. Der Knick in der Dampfdruckkurve im Tripelpunkt findet weiter unten bei der Erläuterung der Sättigungskurve der Wasserdampf-Luft-Gemische noch Erwähnung.

Der Schmelzpunkt des Wassereises richtet sich übrigens etwas nach dem Druck in der Art, daß die Schmelztemperatur mit wachsendem Druck etwas abnimmt,

[1] Über die rechnerische Fassung der Dampfdruckkurven siehe E. SCHMIDT: Druck und Temperatur an der Sättigungsgrenze bei einigen Elementen und bei Wasser. Arch. f. Wärmewirtsch. Bd. 22 (1941) S. 85.

nach Maßgabe der (etwas nach links im Bilde geneigten) Linie, die vom Tripelpunkt ausgeht.

In gleicher Weise verhalten sich auch die anderen Stoffe. In Abb. 147 sind z. B. die Flüssigkeits/Dampf- und die Eis/Eisdampf-Kurven von Kohlendioxyd mit eingetragen. Bei CO_2 ist der Knick am Tripelpunkt (*T.P.*) noch ausgeprägter. Im Falle von Verfestigungsverzug (Unterkühlung) ist der gestrichelte Fortsatz der Flüssigkeits/Dampf-Kurve maßgebend. Bei Kohlendioxyd besteht abweichend die Eigentümlichkeit, daß der Verfestigungspunkt mit wachsendem Druck in der Temperatur heraufgesetzt wird. Die Kurve für die Änderung der Verfestigungstemperatur ist daher in Abb. 147 leicht nach rechts geneigt. Bei Temperaturen unter dem Verfestigungspunkt besteht das Gemisch im Sättigungsgebiet nicht mehr aus x kg Dampf und $1-x$ kg siedender Flüssigkeit, sondern aus x kg Dampf und $1-x$ kg des im Zustand der Sublimation befindlichen festen Stoffes.

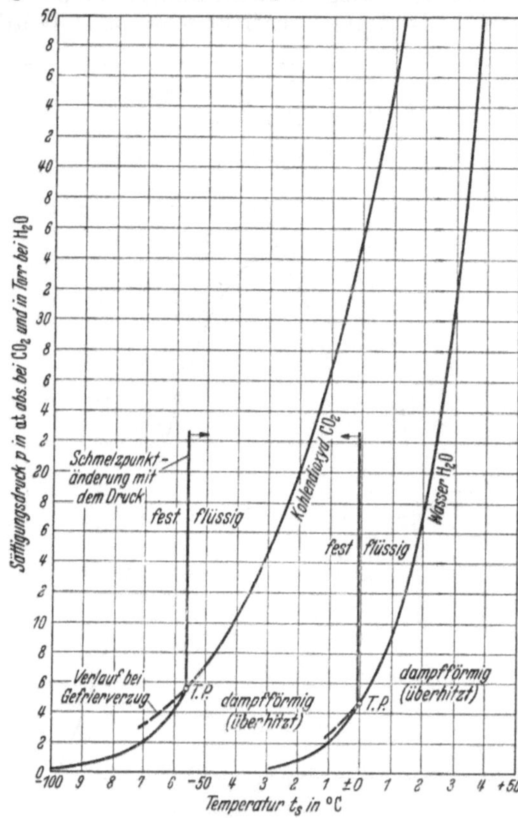

Abb. 147. Dampfdruckkurven der Stoffe Wasser und Kohlendioxyd ober- und unterhalb des Tripelpunktes *T.P.*

Die Sättigungsgebiete der verschiedenartigen Dämpfe werden von *Grenzkurven* umschlossen, die ähnlich wie bei Wasser geformt sind; siehe Abb. 148. Um negative Werte zu vermeiden, wurde die Entropie bei $t = 0\,°C$ mit 1,000 bewertet. In jedem Falle nimmt die *Verdampfungswärme* mit steigender Sättigungstemperatur stetig ab und verschwindet im kritischen Gebiet, das ebenso labil wie bei Wasserdampf ist mit einem stabilen Zug der Grenzkurven durch den stabilen kritischen Punkt. Abb. 149 zeigt die Umgebung des kritischen Punktes bei Kohlendioxyd in einem i, t-Diagramm, das grundsätzlich dieselben Zusammenhänge wie Abb. 142 für Wasserdampf zu erkennen gibt.

Während die meisten Dämpfe Grenzkurven haben, die gleichmäßig glockenartig geschwungen sind, gibt es andere, wie Äther und Diphenyloxyd, deren Grenzkurven ähnlich wie in Abb. 102 geformt sind.

Auch die anderen Dampfdiagramme mit den übrigen Zustandsgrößen als Veränderliche haben dieselben Grundzüge wie die Wasserdampfdiagramme. Das *p, v-Diagramm* von Kohlendioxyd z. B. ist in Abb. 150 dargestellt. Es liegt bei tieferen Temperaturen und Drücken als bei Wasser. Bei 1 at abs. hat der CO_2-Dampf eine Temperatur von $t_s = -78{,}5°$ C. CO_2 ist im Umgebungszustand bei 20° C und 1 at abs. um $+20-(-78{,}5)$ = rund 100° überhitzt. Die Isotherme +20° C tritt bei $p = 58{,}46$ at abs. und $v'' = 5{,}258$ l/kg oder rund 0,005 m³/kg in das Sättigungsgebiet ein. Bis 31,1° C kann Kohlendioxyd noch durch Druck verflüssigt werden. Dampf von 30° C z. B. muß zu diesem Zweck auf 73,34 at abs. verdichtet werden. Würde man diesen Dampf isothermisch etwa auf 100 at abs. zusammenpressen, so erhielte man flüssiges CO_2 entsprechend dem Diagrammpunkt $p = 100$ at abs. und $v = 1{,}32$ l/kg. Ist die Temperatur aber höher als etwa 31° C, so gelingt die Verflüssigung nicht, man mag mit dem Druck noch so hoch gehen.

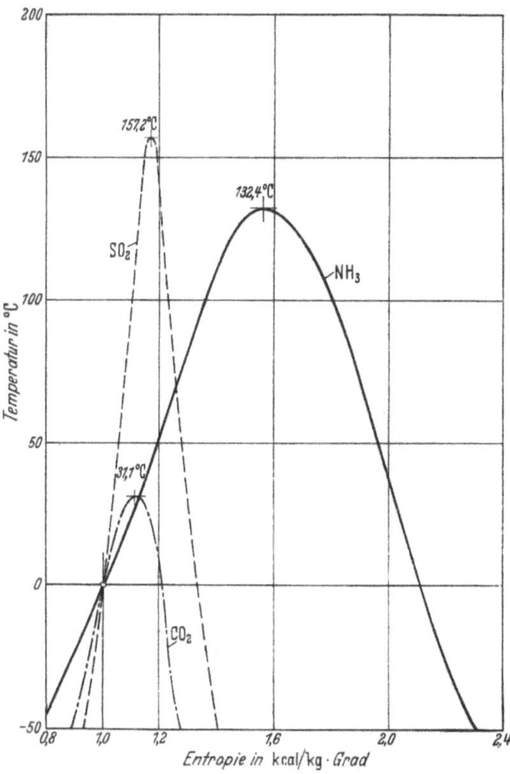

Abb. 148. Sättigungsgebiet mit Grenzkurven von Kohlendioxyd, Schwefeldioxyd und Ammoniak.

Flüssiges Wasser von hohem Druck und geringer Temperatur befindet sich im Zustand der *Unterkühlung*. Bei Umgebungstemperatur von 20° C siedet das Wasser bei $p = 0{,}024$ at abs. Demnach ist Wasser von 1 at abs. bei normaler Temperatur bereits unterkühlt, und zwar um 80°. Bei höheren Drücken ist die Unterkühlung noch größer. Bei mehr als kritischem Druck kann man von einer Unterkühlung nicht mehr sprechen. Die Lage im p, v-Diagramm zeigt Abb. 151. Bei anderen Dämpfen treten grundsätzlich gleichartige Erscheinungen auf. Flüssiges Kohlendioxyd z. B. hat bei $t_s = 20°$ C einen Druck von 58,5 at abs. und ist bei höheren Drücken und 20° C entsprechend unterkühlt.

Als weiteres Beispiel ist in Abb. 152a und 152b dargestellt, wie die Grenzkurven für verschiedene Stoffe im t, v-Diagramm verlaufen. Die Form der Kurven unterscheidet sich nicht von der Darstellung für Wasser (Abb. 108), nur die Lage im Diagramm ist verschieden.

Ein vervollständigtes *T, s-Diagramm* mit dem Sättigungsgebiet und dem Gebiet des überhitzten Dampfes von Kohlendioxyd gibt Abb. 153 wieder[1, 2]. Es

[1] Nach R. Plank und J. Kuprianoff: Die thermischen Eigenschaften der Kohlensäure im gasförmigen, flüssigen und festen Zustand. Berlin 1929.

[2] Für eine Anzahl technisch wichtiger Stoffe wurden *Dampftafeln* für die praktische Berechnung aufgestellt. In der Anlage zu Teil B befinden sich Tafeln für Kältestoffe, und zwar über gesättigten Dampf von Kohlendioxyd, Ammoniak und

gleicht dem für Wasserdampf in Abb. 143. Da der angegebene Bereich weit unterhalb der Inversionsgrenze liegt, sind die Drosselkurven i = konst. stark mit der Entropie abfallende Linien. Die Temperatur fällt beim Drosseln um so mehr, je weiter die Entfernung vom gasförmigen Zustand ist.

Die *Verdampfungswärme* der einzelnen Stoffe ist recht verschieden, wie schon die Breite der T, s-Diagramme in Abb. 148 zeigt. Wenn

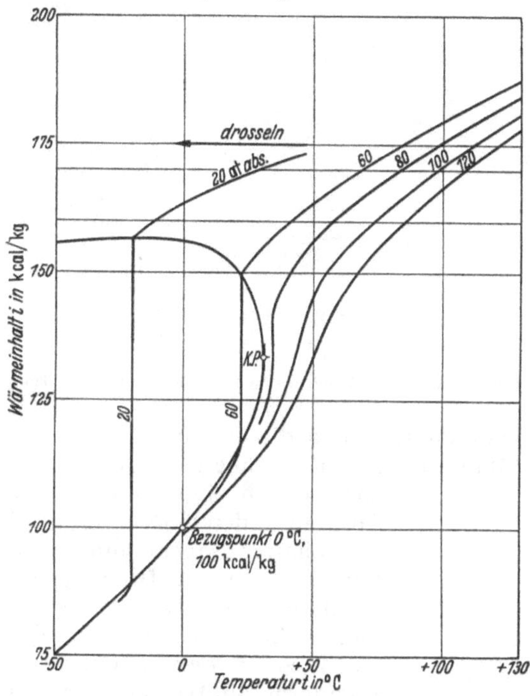

Abb. 149. i, t-Diagramm für Kohlendioxyd mit Linien gleichen Druckes.

man die Verdampfungswärmen bei einem bestimmten Druck vergleicht, so ist der Abstand vom kritischen Druck zu berücksichtigen. Bei 760 Torr z. B. wurden folgende Verdampfungswärmen beobachtet:

Zahlentafel 43. *Verdampfungswärmen verschiedener Stoffe bei 760 Torr.*

Stoff	t_s in °C	r in kcal/kg	Stoff	t_s in °C	r in kcal/kg
Quecksilber . .	357	72,0	Schwefeldioxyd	−10	93,9
Diphenyloxyd .	258	64,6	Ammoniak . .	−33,4	326,5
Wasser	100	538,9	Kohlendioxyd .	−78,5	138,0

Schwefeldioxyd. Für Kohlendioxyd wird auch eine Tafel für ein größeres Gebiet angegeben.

In Teil B ist ein i, s-Diagramm für Kohlendioxyd wiedergegeben. Für die Adiabate von NH_3- und SO_2-Dämpfen kann mit genügender Genauigkeit im Anwendungsbereich (in der Kältetechnik weit unterhalb der kritischen Temperatur, siehe Abb. 148) wie bei Wasserdampf $\varkappa = 1,3$ gesetzt werden. Kohlendioxyd dagegen wird im kritischen Bereiche angewandt.

Ferner sind in Teil B im Abschnitt über Luftverflüssigungsanlagen auch T, s- und i, s-Diagramme für Luft abgebildet.

Im übrigen siehe hierzu Zahlentafel 19, Abschnitt 10. Bei den Dämpfen zur Krafterzeugung bedeutet die Verdampfungswärme nur

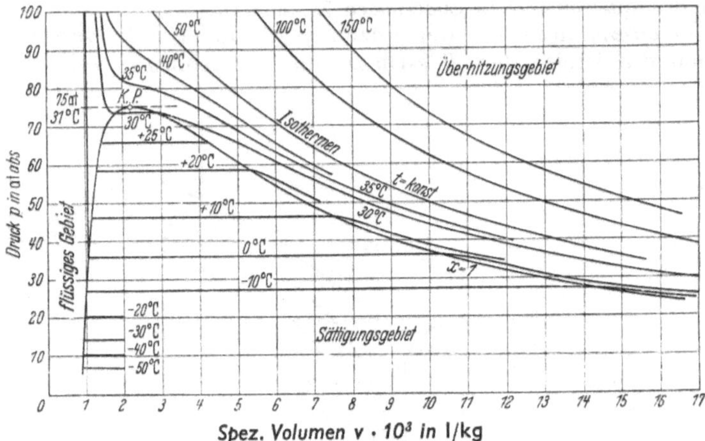

Abb. 150. p, v-Diagramm für Kohlendioxyd mit Linien gleicher Temperatur.

Ballast, und Wasserdampf ist in dieser Hinsicht verhältnismäßig ungünstig daran. Man ist daher dazu übergegangen, Quecksilberdampf anzuwenden, ohne allerdings bei den wenigen Anlagen in den USA ermutigende Ergebnisse zu lebhafter Nachahmung erzielt zu haben. Dasselbe gilt für Diphenyldampf[1]. Wasser hat dafür so viele andere Vorteile, besonders weil es billig, leicht zu beschaffen und unschädlich ist, daß man in Deutschland wohl auch fernerhin Wasserdampf anwenden wird, und zwar in Verbindung mit einer weitgehenden Abwärmeausnützung.

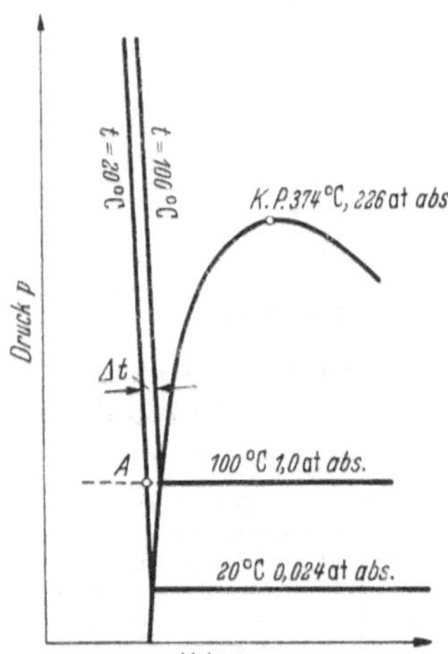

Abb. 151. Flüssiges Wasser ist bei 20° C und gewöhnlichem Druck um rund 80° unterkühlt.

Für Heizungszwecke ist dagegen eine große Verdampfungswärme vorteilhaft. Dasselbe gilt für die umgekehrten Prozesse der Kältetechnik. Was die Verdampfungswärme angeht, so ist bei den üblichen Kältestoffen Ammoniak am geeignetsten. Wohl vermag auch Wasser bei Temperaturen unter 0° C zu verdampfen, wobei man es durch Salzzusatz flüssig erhält, und dadurch Wärme bei niedriger Temperatur aufzunehmen, allein die Drücke sind dabei so gering, daß sich verfahrensmäßige Schwierigkeiten (sehr große Dampfvolumina, Undichtheiten) einstellen. Hierin sind die gewöhnlichen Kältestoffe überlegen (Zahlentafel 44).

[1] Siehe hierzu Teil B, Abschitt 5.

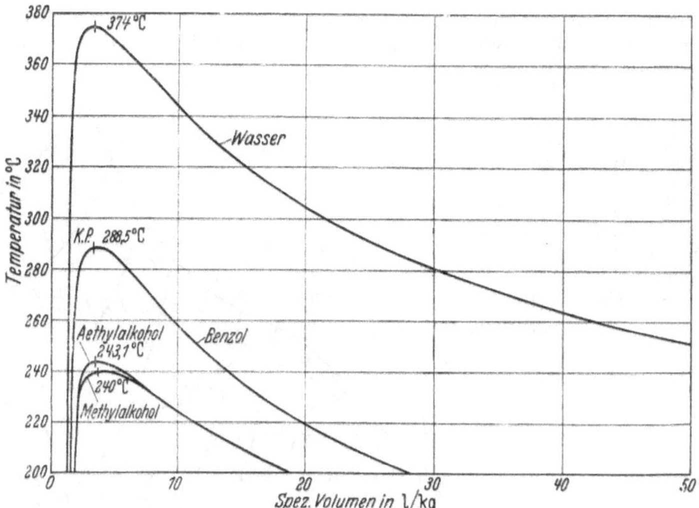

Abb. 152a. Grenzkurven im t, v-Diagramm für Wasser, Benzol und Alkohol.

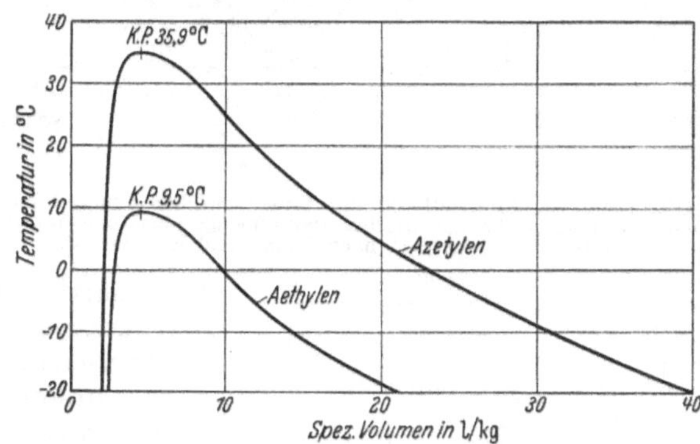

Abb. 152b. Grenzkurven im t, v-Diagramm für Azetylen und Äthylen.

Auch bei den anderen Dämpfen ist der unterschiedliche Druck zu beachten (Zahlentafel 45).

Zahlentafel 44. *Sättigungsdruck verschiedener Stoffe in at abs.*

t_s in °C	Wasser	Schwefeldioxyd	Ammoniak	Kohlendioxyd
—20	0,0011	0,65	1,94	20,06
—10	0,0026	1,04	2,97	26,99
0	0,0062	1,58	4,38	35,54
10	0,0125	2,34	6,27	45,95
20	0,0238	3,35	8,74	58,46

Zahlentafel 45. *Dampfdrücke bei verschiedenen Sättigungstemperaturen.*

Stoff	Drücke in at abs. $t = 300$ °C	$t = 500$ °C
Quecksilber . .	0,33	7,2
Diphenyloxyd .	2,35	≈ 30
Wasser	87,6	—

Bei Dampfkraftanlagen gesellt sich zur geringeren Verdampfungswärme also auch noch der Vorteil dieser Dämpfe, daß man mit niedrigeren Drücken als bei

Wasserdampf auskommt. In den erwähnten amerikanischen Dampfkraftanlagen arbeitet man mit zwei Stoffen, indem man im Gebiet hoher Temperaturen die höher siedenden Stoffe arbeiten läßt und im Anschluß daran die Wärmeenergie auf Wasserdampf überträgt, der in der üblichen Weise zur Arbeitsleistung im Gebiete der niedrigen Temperatur benutzt wird, bei welchen die Drücke der hochsiedenden Stoffe sehr klein werden würden.

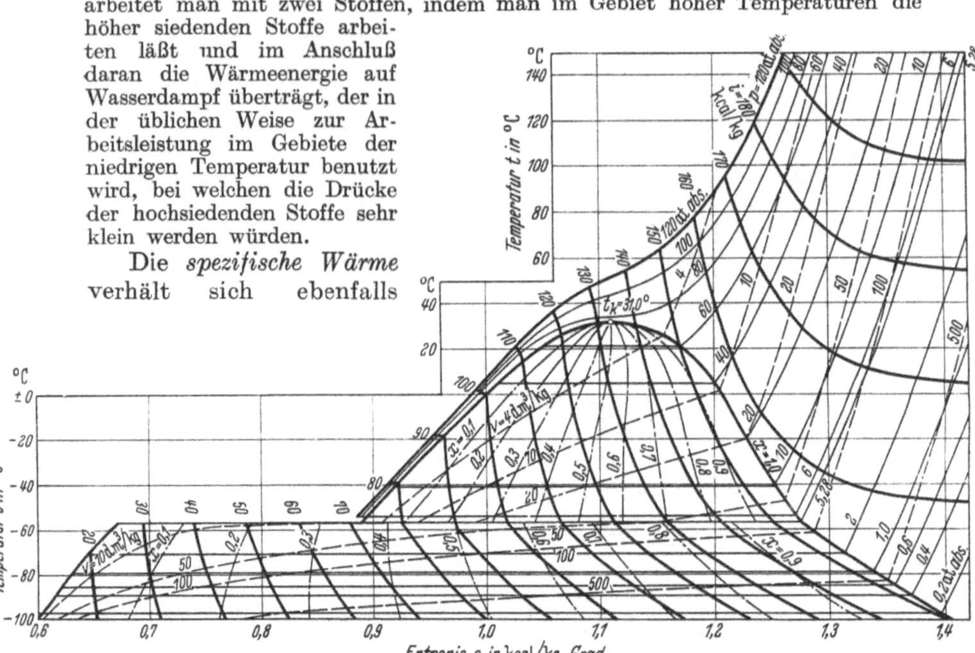

Abb. 153. T, s-Diagramm für Kohlendioxyd mit Linien gleichen Druckes, gleichen Volumens, gleichen Wärmeinhalts und gleicher spezifischer Dampfmenge ober- und unterhalb des Gefrierpunktes von $-56{,}6°$ C (nach PLANK und KUPRIANOFF).

Die *spezifische Wärme* verhält sich ebenfalls gleichartig. In Abb. 154 ist der Zusammenhang der spezifischen Wärme bei konstantem Druck mit der Temperatur für Luft dargestellt[1]. Man findet wieder die beiden Grenzkurven für $x = 0$, flüssige siedende Luft, und für $x = 1{,}0$, trockengesättigten Luftdampf, ähnlich wie nach Abb. 125 für Wasserdampf. Bei der kritischen Temperatur $-141°$ C der Luft wird $c_p = \infty$ (ebenso wie innerhalb des Sättigungsgebietes). Die 20 at-Linie geht vom Sättigungsgebiet aus, denn 20 at abs. $< p_k = 38$ at abs., ebenso wie die Linie $p = 20$ at abs. bei Wasserdampf in Abb. 125. Bei über-

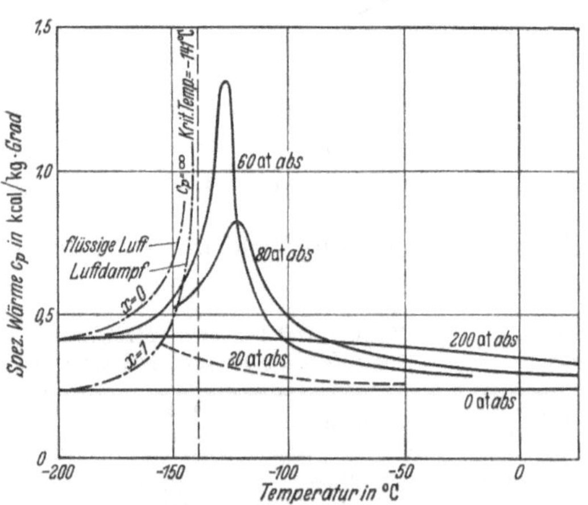

Abb. 154. Spezifische Wärme c_p für Luft mit Linien gleichen Druckes (nach HAUSEN).

[1] Nach H. HAUSEN: VDI-Forsch.-Heft Nr. 274 (1926).

kritischen Drücken ($> p_k = 38$ at abs.) weisen die Linien in der Nähe des Sättigungsgebietes Verzerrungen auf, die mit zunehmendem Abstand vom kritischen Druck geringer werden und sich vom Sättigungsgebiet in Richtung auf höhere Temperaturen zu entfernen. Bei sehr hohen Drücken verflachen die Kurven, bis schließlich keine Störung mehr durch das Sättigungsgebiet zu erkennen ist. Mit wachsender Temperatur nähern sich die Kurven asymptotisch der Linie des idealen Gases $p = 0$ at abs. Man kann mit gutem Grund annehmen, daß sich alle Stoffe, Wasser eingeschlossen, in dieser Weise verhalten.

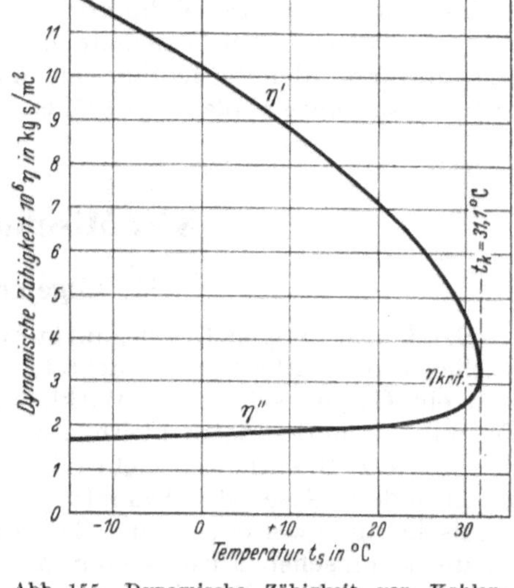

Abb. 155. Dynamische Zähigkeit von Kohlendioxyd. Grenzwerte für siedende Flüssigkeit und trockengesättigten Dampf.

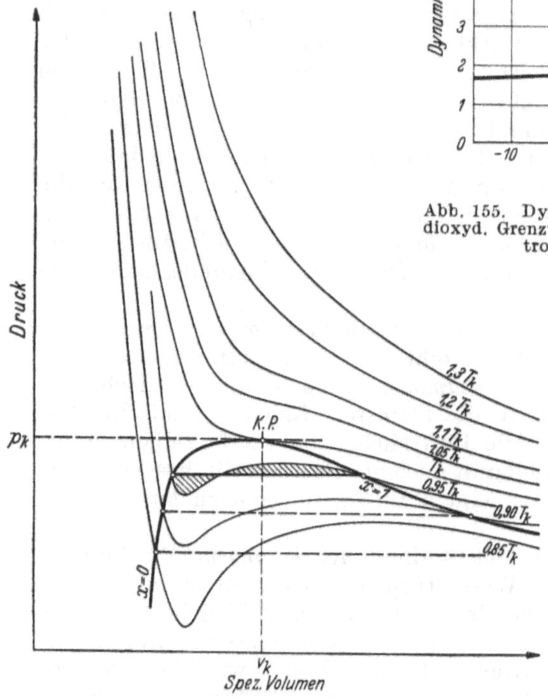

Abb. 156. Isothermen nach der v. D. WAALSschen Zustandsgleichung berechnet. Die schraffierten Flächen sind gleich groß.

Neben der spezifischen Wärme folgt endlich auch die *dynamische Zähigkeit* ähnlichen Gesetzen. So ist in Abb. 155 die Zähigkeit von Kohlendioxyd über der Temperatur am Rande des Sättigungsgebietes aufgetragen. Die Mittelwertgerade hat die Gleichung

$$= 0{,}3305 - 0{,}00065 \cdot t.$$

$$\frac{1}{2}\left(\frac{1}{\eta'} + \frac{1}{\eta''}\right) \cdot 10^{-6} \quad (337)$$

Vergleiche hierzu Abschnitt 59f über die Zähigkeit von Wasserdampf.

Mangels exakter Zustandsgleichungen kann man die VAN DER WAALS*sche Gleichung* gemäß Abschnitt 59b als eine allgemeine Näherungsform betrachten, wobei die eigentümlichen Beiwerte a und b sowie die Gaskonstante R für jeden Stoff andere sind. Allerdings ist die Annäherung nicht bei allen Stoffen gleich weitgehend, aber die wirklichen Zusammenhänge werden grundsätzlich richtig wiedergegeben. In Abb. 156 sind als Beispiel für den Grad der Annäherung einige Isothermen nach Gl. (96) für Luft dargestellt; vgl. hierzu auch Abb. 124 sowie 104, 105 und 150. Die Darstellung ist sowohl für den flüssigen als auch den überhitzten Zustand zutreffend, wobei die kritische Isotherme im kritischen Punkt auch eine waagerechte Tangente hat und wendet. Mit zunehmender Temperatur werden die Isothermen immer mehr zu gleichseitigen Hyperbeln, im selben Maße, wie der Zustand des Dampfes gasartiger wird[1].

XV. Mischungen.

64. Allgemeines.

Bei den bisherigen Überlegungen wurden nur reine Stoffe von einheitlicher Beschaffenheit betrachtet, wenn davon abgesehen wird, daß Luft ein Gasgemisch ist. In Wirklichkeit kommen *reine* Stoffe in der Technik wie in der Natur überhaupt nur ziemlich *selten* vor. Technisch reine Gase z. B. enthalten mehr oder weniger starke Verunreinigungen durch andere Gase oder Dämpfe; vielfach sind auch ausgesprochene Gemische aus zwei oder mehr Gasen in Anwendung. Ähnliches trifft für die technischen Flüssigkeiten zu. Die Frage ist nun, inwieweit die bisher aufgestellten Beziehungen gelten, wenn Mischungen aus Flüssigkeiten oder Gasen oder auch Gas-Dampf-Mischungen, d.h. Mischungen von verschieden hoch überhitzten Dämpfen, Zustandsänderungen durchmachen.

Das *Mischen* von Stoffen ist ein *physikalischer Vorgang*. Unter einer *Mischung* oder einem *Gemisch* versteht man gemeinhin einen einheitlichen Körper von *homogener Zusammensetzung*, d. h. die Mischungsanteile sind gleichmäßig bis in die kleinsten Teilchen gemischt. Das ist z. B. bei Luft der Fall. Alle Luftteilchen haben denselben Druck und dieselbe Temperatur und damit auch gleiches spezifisches Volumen. Ebenso steht es mit Spiritus, einem flüssigen Gemisch aus Alkohol und Wasser.

Daneben gibt es auch unvollständige oder *heterogene* Mischungen, wie neblige Luft, in der die Wassertröpfchen zwar im großen gleichmäßig verteilt sind, nicht aber bis in die kleinsten Teilchen. In vollständiger Mischung befindet sich dagegen der Wasserdampf in der feuchten Luft bis zu ihrer Sättigung. Darüber hinaus wird die Mischung heterogen, indem sich kondensierter Dampf als Flüssigkeit absetzt (Nebeltröpfchen, Regen, Tau, Schnee, Reif).

Gase lassen sich gut mischen, sie haben die Eigenschaft, mit Vorliebe ineinander zu *diffundieren* und jedes homogene Mischungsverhältnis einzugehen. Auch Flüssigkeiten, wie Spiritus, können in jedem Verhältnis

[1] Der Kurvenverlauf in Abb. 154 läßt sich ebenfalls mittels der v. D. WAALSschen Gleichung berechnen (siehe W. SCHÜLE: Techn. Thermodynamik, 4. Aufl., S. 33ff. Berlin 1923.

gemischt sein. Andere Flüssigkeiten wiederum lassen sich nur teilweise mischen, wie z. B. Benzol-Wasser-Gemische. Man spricht von einer Mischungslücke, deren Breite abhängig ist von Art und Zustand der Gemischanteile.

65. Mischung flüssiger Körper.

Werden mehrere gleiche oder verschiedene Flüssigkeiten gemischt, vorausgesetzt, daß sie sich mischen lassen und ein homogenes Gemisch bilden und daß sie keine chemische Verbindung miteinander eingehen, so gelten die Gleichungen

$$\left.\begin{aligned} G_1 + G_2 + \cdots &= G \text{ für das Gewicht,}\\ G_1 c_1 t_1 + G_2 c_2 t_2 + \cdots &= G\,c\,t \text{ für die Wärme,}\\ V_1 + V_2 + \cdots &= V \text{ für den Raum,}\end{aligned}\right\} \qquad (338)$$

und etwa

wenn kein Stoff- oder Energieaustausch mit der Umgebung stattfindet. Die Mischungstemperatur t ist nach der RICHMANN*schen Regel*

$$\boxed{t = \frac{G_1 c_1 t_1 + G_2 c_2 t_2 + \cdots}{G c} \approx \frac{\Sigma\,(G_i c_i t_i)}{\Sigma\,(G_i c_i)}}\,. \qquad (339)$$

c ist die spezifische Wärme des Flüssigkeitsgemisches.

Beispiel 1. Es werden 80 kg Wasser von 60° C, 20 kg von 12° C und 40 kg von 4° C zusammengeschüttet. Welches ist die Mischungstemperatur? Wie groß ist die Entropiezunahme? Die mittlere spezifische Wärme des Wassers sei $c = 1{,}0$ kcal/kg · Grad.

$$(339)\quad t = \frac{80 \cdot 60 + 20 \cdot 12 + 40 \cdot 4}{140} = 37{,}14^\circ\,\text{C}; \qquad T = 310{,}14 \approx 310^\circ\,\text{K}.$$

$$\Delta S = 2{,}303\,c\left[G_1 \lg\left(\frac{T}{T_1}\right) + G_2 \lg\left(\frac{T}{T_2}\right) + G_3 \lg\left(\frac{T}{T_3}\right)\right]$$

$$= 2{,}303\left(80 \cdot \lg\frac{310}{333} + 20 \cdot \lg\frac{310}{285} + 40 \cdot \lg\frac{310}{277}\right) = 0{,}521\ \text{kcal/Grad}.$$

Beispiel 2. Ein 16 kg schwerer und 94,6° C warmer indifferenter Körper wird in ein Wasserbad von 26 kg Gewicht und 18,1° C gebracht. Nach Temperaturausgleich werden 22,2° C gemessen. Wie groß ist die mittlere spezifische Wärme des Körpers zwischen 22,2 und 94,6° C?

$$G_1 c_1 (t_1 - t) = G_2 c_2 (t - t_2),$$

$$c = \frac{26 \cdot 1 \cdot (22{,}2 - 18{,}1)}{16 \cdot (94{,}6 - 22{,}2)} = 0{,}092\ \text{kcal/kg} \cdot \text{Grad}.$$

66. Verdampfung eines Zweistoffgemisches.

Unter einem bestimmten Druck hat der reine Stoff a eine bestimmte Sättigungstemperatur t_a und der reine Stoff b von t_b. So liegt bei einem homogenen Gemisch aus Spiritus z. B. die Sättigungstemperatur t_a für den Alkohol bei 78,5° C und t_b von Wasser bei 100° C, wenn ein Druck von 760 Torr herrscht. In Abb. 157 ist ein solches Gemisch dargestellt. Während nun bei der Verdampfung eines *einzelnen* reinen *Stoffes* die Sättigungstemperatur während des ganzen Vorganges konstant bleibt, also $t' = t'' = t$ ist ($'$ Kennzeichen für Verdampfungsbeginn, untere Grenzkurve $-''$ für Verdampfungsende, obere Grenzkurve), steigt sie bei der Verdampfung eines *Gemisches* an und ist von den Anteilen a und b abhängig.

An Hand von Abb. 157 kann ein solcher *Verdampfungsvorgang* verfolgt werden. Im Zustandspunkt 1 ist das Zweistoffgemisch flüssig. Nach Erwärmung auf $2'$ bei konstantem Druck P bis an die Siedelinie beginnt das Gemisch zu verdampfen. Der entwickelte Dampf hat nun nicht die Zusammensetzung des Gemisches mit a kg/kg, sondern ist an dem leichter siedenden Stoff angereichert entsprechend dem Zustandspunkt $2''$; es ist $a_{2''} \gg a$. Die Temperatur des Dampfes und der siedenden Mischung ist gleich hoch. Diese Temperatur bleibt jetzt nicht bestehen, bis die Flüssigkeit restlos verdampft ist, wie das bei reinen Stoffen der Fall ist, sondern steigt an. Auch weiterhin verdampft zunächst mehr Alkohol (Stoff a; $a_{3''} > a$) und wird die übrige Flüssigkeit immer wasserhaltiger ($b_{3'} > b$). Eigentlich könnte man erwarten, daß zunächst aller Alkohol und dann erst alles Wasser verdampft. Tatsächlich aber verdampft von Anfang an schon Wasser mit.

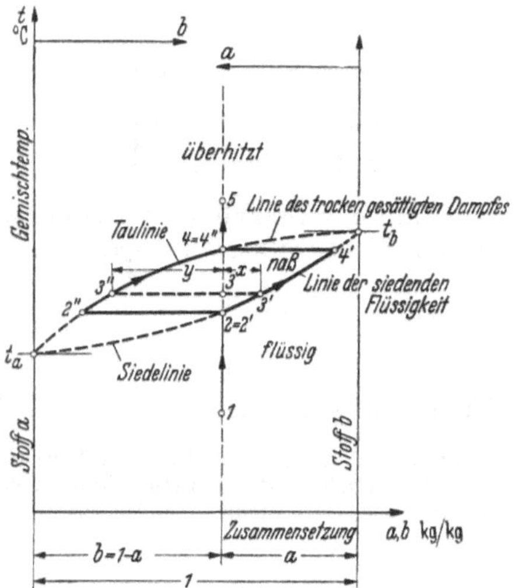

Abb. 157. Verdampfung eines homogenen Gemisches bei konstantem Druck. Sättigungstemperatur in Abhängigkeit von der Gemischzusammensetzung. Stoff a ist z. B. Alkohol, Stoff b Wasser. Alkoholgehalt a kg/kg, Wassergehalt b kg/kg ohne Rücksicht auf den Aggregatzustand. Flüssiger Teil des Gemisches y kg/kg, dampfförmiger Teil x kg/kg.

Inzwischen ist die Temperatur auf $t_{3''} = t_3 = t_{3'}$ gegangen. Man erkennt, daß zu jeder bestimmten Sättigungstemperatur zwischen t_a und t_b auch eine ganz bestimmte Menge an Dampf x und Flüssigkeit y gehören, die jede eine bestimmte, von der mittleren Zusammensetzung des Gemisches abweichende Zusammensetzung haben. Schließlich wird die Temperatur $t_{4''} = t_{4'}$ erreicht. Der Rest der Flüssigkeit, immer noch ein Gemisch, aber fast nur noch aus Wasser (Stoff b) bestehend, verdampft in der Zusammensetzung $b_{4'} \gg b$. Bei 5 hat das Gemisch in der anfänglichen Zusammensetzung den Zustand eines überhitzten Dampfes angenommen. Würde sich der Vorgang bei höherem oder niedrigerem Druck zutragen, so würde der linsenförmige Linienzug der Grenzkurven in derselben Weise durchquert, nur eben in einer höheren oder tieferen Temperaturlage.

Es möge x den Dampfgehalt und y den Flüssigkeitsgehalt des Zweistoffgemisches in kg/kg während der Zustandsänderung von 1 nach 5 bedeuten, siehe Abb. 157. Von 1 bis 2 ist $y = 1$ und $x = 0$, von 2 bis 4 ist $y < 1$ und $x > 0$, von 4 bis 5 ist $y = 0$ und $x = 1$, ferner ist stets $x + y = a + b = 1$. In jedem Zustand besteht das Zweistoffgemisch aus a kg vom Stoff a und aus b kg vom Stoff b, ohne Rücksicht auf den Aggregatzustand. Demnach gilt für einen Zwischenzustand z. B.

$$b = x b_{3''} + y b_{3'}$$

und mit $y = 1 - x$ weiterhin

$$x = \frac{b_{3'} - b}{b_{3'} - b_{3''}} \quad \text{oder auch} \quad x = \frac{a - a_{3'}}{a_{3''} - a_{3'}}$$

und

$$y = \frac{b - b_{3''}}{b_{3'} - b_{3''}} = \frac{a_{3''} - a}{a_{3''} - a_{3'}}.$$

Es heißt dies, daß die Senkrechte durch die Zustandspunkte 1 und 5 (Linie $a =$ konst. bzw. $b =$ konst.) die waagerechten Abstände zwischen Siede- und Taulinie (Linien $t =$ konst.) im Verhältnis $y : x$ teilt.

Abb. 157 ist für ein Gemisch aus $a = 0{,}414$ kg/kg Alkohol und $b = 0{,}586$ kg/kg Wasser gezeichnet. Bei einer Temperatur von $t_3 = 89\,°\text{C}$ z. B. sind

$$y = \frac{b - b_{3''}}{b_{3'} - b_{3''}} = 0{,}76$$

oder 76 vH flüssig und 24 vH dampfförmig. Ferner sind im Dampf (Zustand 3″) 75,5 vH vom Alkohol (Stoff a) und 24,5 vH vom Wasser (Stoff b) enthalten. In der Flüssigkeit (Zustand 3′) sind enthalten 30,6 vH Alkohol und 69,4 vH Wasser. Tatsächlich besteht das gesamte dampfförmige und flüssige Gemisch aus

$$\text{Alkohol:}\quad a = 0{,}76 \cdot 0{,}306 + 0{,}24 \cdot 0{,}755 = 0{,}414 \text{ kg/kg}$$

und

$$\text{Wasser:}\quad b = 0{,}76 \cdot 0{,}694 + 0{,}24 \cdot 0{,}245 = 0{,}586 \text{ kg/kg},$$

wie oben angegeben wurde.

Im Falle von *Kondensation* geht der gleiche Vorgang in umgekehrter Richtung vor sich. An der *Taulinie* bei 4″ in Abb. 157 beginnt Flüssigkeit auszutauen, und zwar vorzüglich der schwerer siedende Anteil, aber nicht dieser allein, $b_{4'} \gg b$. Der letzte Dampf kondensiert in der Zusammensetzung 2″. Im Zwischenzustand 3 bestehen wiederum Dampf und Flüssigkeit nebeneinander, gekennzeichnet durch die Punkte 3″, 3 und 3′ mit gleicher Temperatur.

Auch der Übergang von der flüssigen zur festen Beschaffenheit geht nach solchen nunmehr *Erstarrungslinie* (an Stelle von Taulinie) und *Schmelzlinie* (an Stelle von Siedelinie) genannten Linienzügen vor sich. Beim *Schmelzen* vollzieht sich der Vorgang in umgekehrter Richtung in genau der gleichen Weise[1].

Solange sich das Gemisch in allen Phasen im Gleichgewicht befindet, genügen die Angaben P, v, t und a, um den Zustand zu beschreiben. Das ist bei behutsamer Verdampfung der Fall, bei stürmischer Verdampfung mit tumultuarischen Nebenerscheinungen mehr oder weniger nicht.

---

[1] Nähere Ausführungen siehe F. Bošnjaković: Technische Thermodynamik, zweiter Teil, S. 56ff. Dresden und Leipzig 1937.

67. Mischung gasförmiger Körper.

a) Mischungstemperatur.

Bei der Mischung von flüchtigen Körpern muß man beachten, daß sich die spezifische Wärme danach richtet, in welcher Weise der Zustand während der Mischung geändert wird. Den Gepflogenheiten der Praxis entsprechend kann man sich auf Vorgänge bei gleichbleibendem Druck und bei unveränderlichem Volumen beschränken.

Werden gleiche oder verschiedene Gase bei demselben Druck, aber bei verschiedener Temperatur gemischt, so kann man die Gleichungen

$$G_1 + G_2 + \cdots = G \text{ für das Gewicht und}$$

$$G_1 c_{p\,1} t_1 + G_2 c_{p\,2} t_2 + \cdots = G c_p t \text{ für den Wärmeinhalt (Enthalpie)}$$

aufstellen. Die Gleichungen setzen wiederum voraus, daß kein Stoff- oder Energieaustausch mit der Umgebung eintritt. Nach der RICHMANNschen Regel erhält man für die Mischungstemperatur

$$t = \frac{\Sigma (G_i c_{pi} t_i)}{G c_p} = \frac{\Sigma (G_i c_{pi} t_i)}{\Sigma (G_i c_{pi})} \text{ in °C.} \tag{340}$$

Wenn die Temperaturabhängigkeit der spezifischen Wärmen nicht vernachlässigt werden kann, so sind die mittleren spezifischen Wärmen zwischen t und t_i anzusetzen.

Für den Fall, daß die Gase unter verschiedenen Drücken und Temperaturen stehen und unter Verbindung der Gasräume gemischt werden, kann man c_v an Stelle von c_p setzen. Es besteht die Bedingung weiterhin, daß

$$V_1 + V_2 + \cdots = V$$

ist. (Siehe hierzu die Beispiele 3 und 4, S. 172 bis 174.)

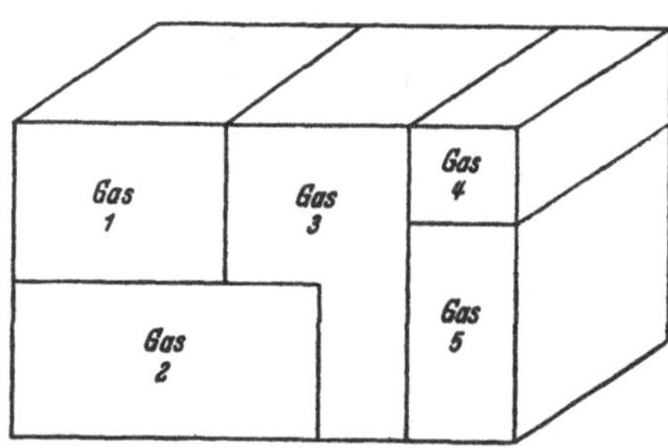

Abb. 158. Die einzelnen Gasanteile befinden sich je für sich gesammelt im Gemischraum.

b) Raum- und Gewichtsanteile von Mischungen.

Maßgebend für die folgenden Betrachtungen soll ein fertiges Gemisch sein, das sich im Gleichgewichtszustand befindet. Man kann sich nun die einzelnen gleichartigen Anteile raumweise gesammelt vorstellen (entgegen der Wirklichkeit), so daß sich der Gesamtraum aus der *Summe von Räumen* zusammensetzt, die die einzelnen Gaskomponenten je für sich ausfüllen. In Abb. 158 ist eine solche Raumaufteilung angedeutet.

Nennt man die *Raumanteile* (R.T.) $r_1, r_2, r_3, \ldots, r_n$ in m^3/m^3, so ist der Gesamtraum, bezogen auf eine Raumeinheit durch

$$\boxed{r_1 + r_2 + r_3 + \cdots + r_n = \sum_{i=1}^{i=n} r_i = 1} \tag{341}$$

anzugeben. Für ein beliebiges Volumen findet man

$$V = V_1 + V_2 + V_3 + \cdots + V_n = r_1 V + r_2 V + \cdots + r_n V$$

oder

$$V = \sum_{i=n}^{i=1} r_i V \quad \text{in m}^3. \tag{342}$$

Die einzelnen Teilräume stehen dabei unter *demselben Druck* und gleicher Temperatur wie der Gesamtraum. Man kann nun mit dem Gasgemisch in derselben Weise rechnen, wie mit einem reinen Gas, naturgemäß unter der Voraussetzung, daß sich alle Komponenten wie Gase verhalten. Dem Molekulargewicht des reinen Gases entsprechend läßt sich ein Molekulargewicht des Gemisches angeben, das man *scheinbares Molekulargewicht* nennt. Es ist

$$\boxed{M = r_1 M_1 + r_2 M_2 + \cdots + r_n M_n = \sum_n^1 r_i M_i} \tag{343}$$

Daraus ergibt sich ferner eine der Gaskonstante entsprechende *Gemischkonstante* mit (56)

$$\boxed{R = \frac{848}{M} = \frac{1}{\Sigma (r_i/R_i)}} \quad \text{in m/Grad} \tag{344}$$

und für das *spezifische Gewicht* bei 0° C und 760 Torr mit (61)

$$\boxed{\gamma_N = \frac{M}{22{,}4} = \frac{\Sigma r_i M_i}{22{,}4}} \quad \text{in kg/Nm}^3. \tag{345}$$

Neben den Raumanteilen lassen sich auch Beziehungen für *Gewichtsanteile* (G.T.) in kg/kg aufstellen. Da 1 m³ des Gemisches γ kg wiegt, so gilt allgemein für die Gewichtsanteile der Komponenten

$$\boxed{\gamma = r_1 \gamma_1 + r_2 \gamma_2 + \cdots + \gamma_n r_n = \sum r_i \gamma_i} \quad \text{in kg/m}^3. \tag{346}$$

Damit errechnet sich das scheinbare Molekulargewicht zu

$$M = 22{,}4 \gamma_N = 22{,}4 (r_1 \gamma_{N1} + r_2 \gamma_{N2} + \cdots).$$

Mit $g_1 = G_1/G$, $g_2 = G_2/G$ usf. als Gewichtsanteile kann man auch schreiben:

$$\boxed{g_1 + g_2 + g_3 + \cdots + g_n = \sum g_i = 1} \quad \text{in kg/kg} \tag{347}$$

und erhält als Beziehung zwischen R.T. und G.T.

$$\boxed{g_1 = \frac{r_1 \gamma_1}{\Sigma (r_i \gamma_i)} = \frac{r_1 \gamma_1}{\gamma}} \quad \text{in kg/kg usf.} \tag{348}$$

oder allgemein

$$g_i = \frac{r_i \gamma_i}{\Sigma (r_i \gamma_i)} = \frac{r_i M_i}{\Sigma (r_i M_i)} \tag{349}$$

sowie

$$\boxed{r_1 = \frac{g_1}{\gamma_1} \sum r_i \gamma_i = g_1 \frac{\gamma}{\gamma_1}} \text{ in m}^3/\text{m}^3 \text{ usf.} \tag{350}$$

und

$$r_1 = \frac{g_1/M_1}{\Sigma (g_i/M_i)} \tag{351}$$

$$\gamma = \frac{1}{\Sigma (g_i/\gamma_i)} \,. \tag{352}$$

c) DALTONsches Gesetz.

Geht man wieder zu der gleichmäßigen Mischung der Gase im Raum über, so findet man andererseits, daß der Gesamtdruck oder *Mischungsdruck* P, unter dem die Mischung steht, gleich der *Summe der einzelnen Drücke* ist, die die Gasanteile ausüben. Man nennt dieses Gesetz nach seinem Entdecker DALTON*sches Gesetz*[1]. Sind P_1, P_2, P_3, ..., P_n die einzelnen *Teildrücke*, so gilt

$$\boxed{P_1 + P_2 + P_3 + \cdots + P_n = \sum P_i = P} \text{ in kg/m}^2. \tag{353}$$

Mit anderen Worten heißt das, wenn alle Gemischanteile *denselben Raum* erfüllen, so steht jeder Anteil unter seinem Teildruck (siehe Abb. 159). Würde man alle Gasanteile bis auf einen aus dem Raum entfernen, so würde dieser eine bei gegebenem Gesamtraum, Gewicht, Gaskonstante und Temperatur unter seinem Teildruck P_i stehen.

Mit der allgemeinen Gasgleichung $PV = GRT$ findet man die Teildrücke bei der einheitlichen Temperatur T zu

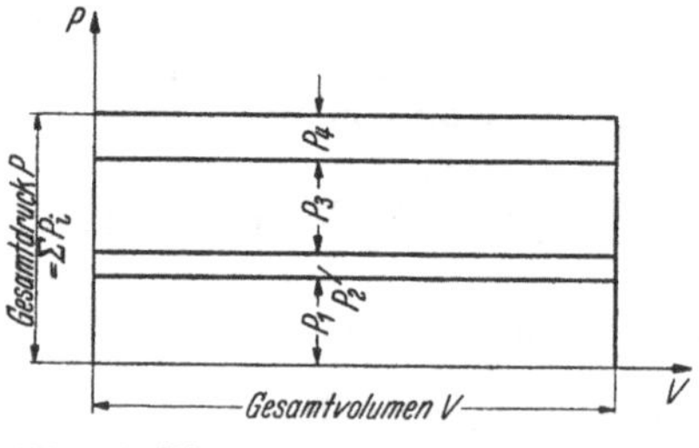

$$P_1 = G_1 R_1 \frac{T}{V} \quad \text{usf.} \tag{354}$$

Für den Gesamtraum gilt mithin auch

$$\frac{P_1}{P} = \frac{G_1 R_1}{G R}$$

oder

$$\boxed{P_1 = g_1 \frac{R_1}{R} P} \text{ usf. in kg/m}^2, \tag{355}$$

Abb. 159. Die Summe der Teildrücke ergibt den Mischungsdruck (Gesamtdruck).

weil $\frac{G_1}{G} = g_1$ in kg/kg ist. Aus $PV = \frac{G}{M} 848\, T$ folgt angesichts der Tatsache, daß alle Teile denselben Raum V einnehmen und dieselbe Temperatur T haben, daß sich die Teildrücke wie die Mole verhalten, also

$$P_1 : P_2 : P_3 : \cdots = G_1/M_1 : G_2/M_2 : G_3/M_3 : \cdots \tag{356}$$

[1] JOHN DALTON, englischer Physiker und Chemiker, 1766—1844.

Der Zusammenhang zwischen Teildrücken und Raumteilen ist besonders einfach. Es ist $PV_1 = G_1 R_1 T$ mit V_1 als Raum der gesammelten gleichartigen Komponenten, und damit

$$\frac{P_1 V}{P V_1} = 1$$

und

$$P_1 = P \frac{V_1}{V}$$

oder

$$\boxed{P_1 = P r_1} \text{ usf.} \tag{357}$$

Andererseits ist aus (353) und (354)

$$\frac{V}{T} \sum P_i = \frac{VP}{T} = GR$$

und

$$\boxed{R = \sum g_i R_i = g_1 R_1 + g_2 R_2 + \cdots + g_n R_n} \tag{358}$$

oder

$$R = 848 \sum (g_i / M_i) .$$

Die Gl. (357) und (358) besagen: Die Räume der einzelnen (gesammelt gedachten) Gemischanteile verhalten sich zum Gesamtraum wie ihre Teildrücke zum Gesamtdruck. Die Summe der Produkte aus den einzelnen Gewichtsanteilen und der einzelnen Gaskonstanten ist gleich der Gemischkonstanten.

Derartige Gasmischungen spielen in der Technik eine große Rolle. Genannt seien Luft, Brenngasgemische, wie Leuchtgas, Generatorgas und Gichtgas sowie deren Verbrennungsprodukte, die als Abgas entweichen.

d) Spezifische Wärme von Gasgemischen.

Die spezifische Wärme eines Gasgemisches kann ebenfalls aus den einzelnen Anteilen errechnet werden.

Man erhält für 1 kg des Gemisches

$$\boxed{c_p = \sum (g_i c_{pi})} \quad \text{und} \quad \boxed{c_v = \sum (g_i c_{vi})}\,, \tag{359}$$

und für 1 kmol (spezifische Molwärme)

$$C_p = \sum (r_i C_{pi})$$

und

$$C_v = \sum (r_i C_{vi}) = \sum (r_i C_{pi}) - 1{,}986 . \tag{360}$$

Zur Umrechnung auf 1 kg ist die spezifische Molwärme durch das Molekulargewicht zu teilen, also

$$c_p = \frac{C_p}{M} = \frac{\Sigma (r_i C_{pi})}{\Sigma (r_i M_i)}$$

und

$$c_v = \frac{C_v}{M} = \frac{\Sigma (r_i C_{vi})}{\Sigma (r_i M_i)} = \frac{\Sigma (r_i C_{pi})}{\Sigma (r_i M_i)} - \frac{1{,}986}{\Sigma (r_i M_i)} \tag{361}$$

Im übrigen gilt das über die wahre und die mittlere spezifische Wärme in den Abschnitten 15, 24 und 25 Gesagte.

Beispiel 1. Trockene atmosphärische Luft setzt sich zusammen in R.T. aus

O_2	N_2	CO_2	Ar
0,2090	0,7813	0,0003	0,0094

Wie groß ist das scheinbare Molekulargewicht, die Gemischkonstante, die Zusammensetzung nach Gewichtsteilen (G.T.), das spezifische Gewicht (0° C, 760 Torr), die Teildrücke der vier Komponenten sowie die spezifische Wärme bei 0° C?

Es empfiehlt sich, derartige Rechnungen in einer Tabelle anzulegen.

Tabelle zu Beispiel 1.

Gas-anteil	r_i m³/m³	M_i	$r_i M_i$	$g_i = \frac{r_i M_i}{\Sigma(r_i M_i)}$ kg/kg	$h_i = h \cdot r_i$ Torr	C_{pi} kcal/kmol · Grad	$c_{pi} = \frac{r_i C_{pi}}{\Sigma(r_i M_i)}$ kcal/kg · Grad
O_2 . .	0,2090	32,00	6,688	0,2309	158,9	6,99	0,0504
N_2 . .	0,7813	28,02	21,892	0,7557	593,8	6,96	0,1879
CO_2 .	0,0003	44,00	0,013	0,0005	0,2	8,61	0,0001
Ar . .	0,0094	39,94	0,375	0,0129	7,1	5,07	0,0016
Summe	1,0000	—	28,968	1,0000	760,0	—	0,2400
nach	(341)	ZT I	(343)	(349)	(357)	ZT I	(361)

M ist genauer gerechnet 28,964 (Co_2-frei). Nach anderen Messungen ist der Stickstoffgehalt in der Luft etwas geringer: 0,2100 O_2; 0,7805 N_2; 0,0003 Co_2; 0,0092 Ar; (344) $R = 848/M = 29{,}27$ m/Grad; (345) $\gamma = M/22{,}41 = 1{,}293$ kg/Nm³;

(361) $c_v = 0{,}2400 - \frac{1{,}986}{28{,}97} = 0{,}1716$ in kcal/kg · Grad.

Beispiel 2. Die Abgase einer Feuerung setzen sich nach R.T. zusammen aus:

CO_2	CO	H_2O	O_2	N_2
0,120	0,020	0,015	0,065	0,780

Wie groß sind scheinbares Molekulargewicht, Gemischkonstante, Zusammensetzung nach Gewichtsteilen und die spezifische Wärme des Gemisches, bezogen auf 1 Nm³? Welche Wärmemenge geben 2000 kg/h dieses Abgases bei konstantem Druck an die Umgebung ab, wenn sie die Feuerung mit 300° C verlassen und die Umgebungstemperatur 20° C beträgt?

Tabelle zu Beispiel 2.

Gasanteil	r_i m³/m³	M_i	$r_i M_i$	g_i kg/kg	$[C_{pi}]_0^{300}$ kcal/kmol · Grad	$r_i[C_{pi}]_0^{300}$	$[C_{pi}]_0^{20}$ kcal/kmol · Grad	$r_i[C_{pi}]_0^{20}$
CO_2 . .	0,120	44	5,28	0,176	10,06	1,207	8,70	1,044
CO . .	0,020	28	0,56	0,019	7,06	0,141	6,96	0,139
H_2O . .	0,015	18	0,27	0,009	8,22	0,123	7,99	0,120
O_2 . .	0,065	32	2,08	0,069	7,26	0,472	7,01	0,456
N_2 . .	0,780	28	21,84	0,727	7,04	5,491	6,96	5,430
Summe .	1,000	—	30,03	1,000	—	7,434	—	7,189

$$M = 30{,}03; \quad R = 848/30{,}03 = 28{,}24 \text{ m/Grad};$$

$$[C_p]_0^{300} = 7{,}434/22{,}4 = 0{,}332 \text{ kcal/Nm}^3 \cdot \text{Grad};$$

$$[c_p]_0^{300} = 7{,}434/30{,}03 = 0{,}248 \text{ kcal/kg} \cdot \text{Grad};$$

$$[C_p]_0^{20} = 7{,}189/22{,}4 = 0{,}321 \text{ kcal/Nm}^3 \cdot \text{Grad};$$

$$[c_p]_0^{20} = 7{,}189/30{,}03 = 0{,}240 \text{ kcal/kg} \cdot \text{Grad};$$

$$Q = 2000\,[0{,}248 \cdot 300 - 0{,}240 \cdot 20] = 139\,200 \text{ kcal/h}.$$

Beispiel 3. Leuchtgas in der Zusammensetzung in R.T. von

H_2	CH_4	C_2H_4	CO	CO_2	N_2
48	32	4	10	3	3

dessen spezifisches Gewicht bei 0° C und 1,05 at abs. und Dichte δ (Luft = 1) zu berechnen ist, wird mit der 7fachen Luftmenge gemischt und bei 1,05 at abs. von 0° C auf 1000° C erwärmt. Welche Wärmemenge muß je m³ Gemisch zugeführt werden? Wie groß ist der Wert $\varkappa = c_p/c_v$ des Gasgemisches und des Luft-Gas-Gemisches bei 0° C? Das Luft-Gas-Gemisch werde bei 0° C polytropisch auf $^1/_5$ seines Raumes verdichtet ($n = 1{,}3$). Wie hoch sind Enddruck und Endtemperatur und welche Wärmemenge muß dabei je m³ entzogen werden? Wie groß ist die Entropieabnahme?

Tabelle zu Beispiel 3.

Gasanteil	r_i m³/m³	M_i	$r_i M_i$	C_{pi}, 0° kcal/kmol · Grad	$r \cdot C_{pi}$, 0° kcal/kmol · Grad	$[C_{pi}]_0^{1000}$ kcal/kmol · Grad	$r_i [C_{pi}]_0^{1000}$ kcal/kmol · Grad
H_2	0,48	2	0,96	6,86	3,294	7,12	3,420
CH_4	0,32	16	5,12	8,24	2,637	14,17	4,530
C_2H_4 . . .	0,04	28	1,12	10,02	0,401	14,67	0,586
CO	0,10	28	2,80	6,96	0,696	7,57	0,757
CO_2	0,03	44	1,32	8,61	0,258	11,88	0,356
N_2	0,03	28	0,84	6,96	0,209	7,49	0,225
Summe . .	1,00	—	12,16	—	7,495	—	9,874

$$\gamma = \frac{12{,}16}{22{,}40} \cdot \frac{1{,}050}{1{,}033} = 0{,}552 \text{ kg/m}^3; \qquad \delta = \frac{12{,}16}{28{,}96} = 0{,}420;$$

$$\varkappa = \frac{7{,}495}{7{,}495 - 1{,}986} = 1{,}361;$$

Gasgemisch.	$^1/_8$	12,16	1,52	7,50	0,937	9,87	1,234
Luft. . . .	$^7/_8$	28,96	25,34	6,94	6,073	7,56	6,615
Summe . .	1,0	—	26,86		7,010		7,849

$$\gamma = \frac{26{,}86}{22{,}40} \cdot \frac{1{,}050}{1{,}033} = 1{,}220 \text{ kg/m}^3 \text{ (Luft-Gas-Gemisch)};$$

$$Q = \frac{\gamma}{M} \cdot [C_p]_0^{1000} \cdot 1000 = \frac{1{,}22}{26{,}86} \cdot 7{,}85 \cdot 1000 = 357 \text{ kcal/m}^3;$$

$$\text{des Luft-Gas-Gemisches bei } 0^\circ \text{ C} = \frac{7{,}010}{7{,}010 - 1{,}986} = 1{,}396;$$

(130) $$p_2 = p_1 \left(\frac{V_1}{V_2}\right)^n = 1{,}05\,(5)^{1,3} = 8{,}52 \text{ at abs.};$$

(131) $$T_2 = T_1\,(V_1/V_2)^{n-1} = 273\,(5)^{0,3} = 442^\circ \text{ K}; \quad t_2 = 169^\circ \text{ C};$$

(143) $$Q_{12} \approx \gamma c_v \frac{n - \varkappa}{n - 1}(t_2 - t_1) = 1{,}22 \cdot \frac{7{,}01 - 1{,}99}{26{,}86} \cdot \frac{1{,}3 - 1{,}4}{1{,}3 - 1{,}0} \cdot 169 = -12{,}85 \text{ kcal/m}^3;$$

(211) $$S_2 - S_1 = \gamma \cdot c_v \cdot \frac{n - \varkappa}{n - 1} \cdot \ln(T_2/T_1) = \frac{1}{t_2 - t_1} Q_{12} \cdot \ln(T_2/T_1)$$

$$= -\frac{12{,}85}{169} \cdot 2{,}303 \cdot \lg 1{,}62 = -0{,}0367 \text{ kcal/m}^3 \text{ Grad}.$$

Zähigkeit von Gasgemischen.

Wenn mehrere Gase zu einem Gasgemisch zusammentreten und in Bewegung geraten, so reiben nicht nur gleichartige Gasteilchen aneinander, sondern auch verschiedenartige. Man kann nicht erwarten, daß sich die Zähigkeit in einer so einfachen Mischungsformel ausdrücken läßt, wie das beim spezifischen Gewicht der Fall ist. Die Kenntnis der Zähigkeit von Gasgemischen ist andererseits zur Berechnung des Strömungswiderstandes und Wärmeüberganges in den Rohrleitungen und Kanälen von technischen Anlagen, wie Öfen, Feuerungen, Trockenanlagen, und in Gasfernleitungen wichtig.

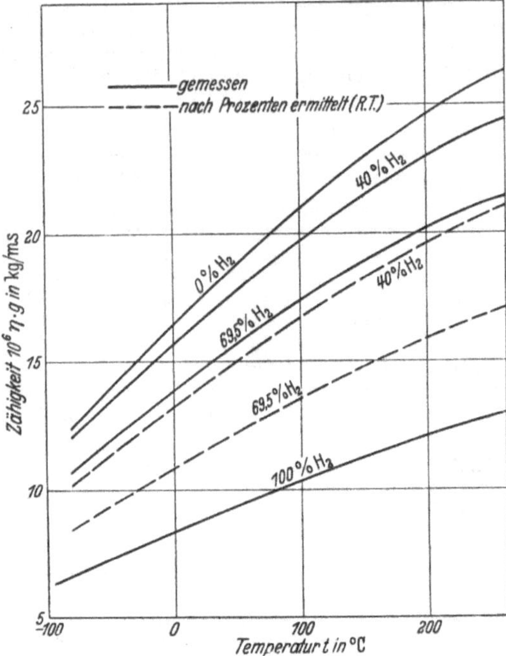

Abb. 160. Zähigkeit von Wasserstoff-Kohlenoxyd-Gemischen bei verschiedenen Temperaturen und Mischungsverhältnissen. (Nach Angaben des Handbuches von LANDOLT und BÖRNSTEIN.)

Wie wenig die Zähigkeit nach der prozentischen Beteiligung der einzelnen Gemischkomponenten ermittelt werden kann, zeigt Abb. 160.

Als brauchbar für eine Näherungsformel zur Berechnung der kinematischen Zähigkeit ν (siehe Gl. 23/24) hat sich die *reziproke Mischungsformel* erwiesen[1]. Sind ν_1, ν_2, ν_3 . . . die Werte für die kinematische Zähigkeit der Einzelgase, so ist

$$\frac{1}{\nu} \approx \frac{r_1}{\nu_1} + \frac{r_2}{\nu_2} + \frac{r_3}{\nu_3} + \cdots \quad (362)$$

Wenn man bedenkt, daß die kinematische Zähigkeit von Sauerstoff, Stickstoff, Kohlenoxyd und Methan bei niedriger Temperatur wenig verschieden ist, so kann man dafür einen Mittelwert bei 760 Torr einführen[2] mit

$10^6 (\nu_t)_m =$	14,8	15,0	15,3	15,5	15,7 m²/s
bei t =	10	15	20	25	30 Grad.

Für Kohlendioxyd gilt etwa das 1/1,9fache und für höhere Kohlenwasserstoffe (C_mH_n) das 1/2,2fache, für Wasserstoff das 7fache von $(\nu_t)_m$. Überschlägig ist

$$\nu_t \approx \frac{100\,(\nu_t)_m}{(O_2 + N_2 + CO + CH_4) + 2\,(CO_2 + C_mH_n) + \frac{1}{7}\,H_2} \quad (363)$$

in m²/s, wobei die chemischen Zeichen gleichzeitig Raumanteile in vH bedeuten.

In Abb. 161 sind Messungen an Gemischen aus je zwei Gasen abhängig von der Zusammensetzung angegeben. Da O_2 im allgemeinen nur in geringer Menge in technischen Gasgemischen enthalten ist und etwa die Zähigkeit von Stickstoff

[1] MANN, V.: Die Zähigkeit der technischen Gase. Gas- u. Wasserf. Bd. 73 (1930) S. 570.

[2] ZIPPERER, L. und G. MÜLLER: Beitrag zur Bestimmung und Berechnung der Zähigkeit von Gasgemischen. Gas- u. Wasserf. Bd. 75 (1932) S. 623.

aufweist, kann man praktisch den O_2-Gehalt zum N_2-Gehalt schlagen. Ist dann z. B. ein Gemisch $H_2/CO/CO_2$ gegeben, so sucht man zum entsprechenden H_2-Gehalt die Werte für das H_2/CO- und das H_2/CO_2-Gemisch und bildet nach der Mischungsregel

$$\nu = \frac{r_1 \eta_1 g + r_2 \eta_2 g + r_3 \eta_3 g \ldots}{r_1 \gamma_1 + r_2 \gamma_2 + r_3 \gamma_3 \ldots} \tag{364}$$

Beispiel. $N_2 = 17{,}8$ vH, $CO = 26{,}2$ vH, $CO_2 = 30{,}0$ vH, $H_2 = 25{,}2$ vH, $O_2 = 0{,}8$ vH. also $N_2 + O_2 = 18{,}6$ vH. Die Zähigkeit dieses Gemisches wurde bei

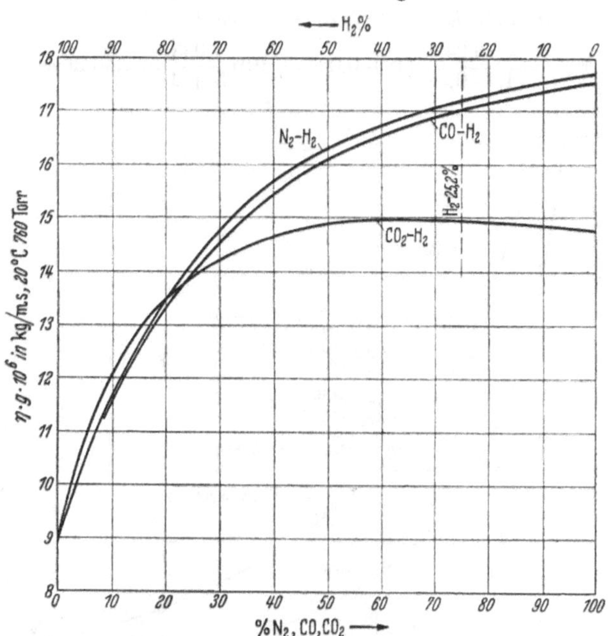

Abb. 161. Zähigkeit von Kohlenoxyd-Wasserstoff-, Kohlendioxyd-Wasserstoff- und Stickstoff-Wasserstoff-Gemischen von verschiedenem Mischungsverhältnis bei 20° C und 760 Torr nach Messungen von ZIPPERER und MÜLLER.

20° C zu $\eta g = 16{,}26 \cdot 10^{-6}$ kg/ms gemessen. Rechnung: Am Gasgemisch $CO + CO_2 + O_2 + N_2 = 74{,}8$ vH vom ganzen Gemisch hat Anteil: $CO = 26{,}2 : 74{,}8 = 35$ vH, $CO_2 = 40{,}1$ vH, $N_2 + O_2 = 24{,}9$ vH. Aus Abb. 161 entnimmt man zu H_2-Gemischen mit 25,2 vH Wasserstoff

CO/H_2-Kurve	$\eta g = 17{,}07 \cdot 10^{-6}$,
CO_2/H_2-Kurve	14,90,
$N_2 + O_2/H_2$-Kurve	17,23.

Das Mittel ergibt genau den gemessenen Wert, nämlich

$$10^6\, \eta g = 0{,}350 \cdot 17{,}07 + 0{,}401 \cdot 14{,}90 + 0{,}249 \cdot 17{,}23 = 16{,}24 \text{ kg/ms}$$

bei 20° C. Im allgemeinen sind die Abweichungen praktisch unbedeutend, weil oft die Gaszusammensetzung gar nicht so genau bekannt ist. Hat das Gas außerdem noch Bestand an CH_4 und C_mH_n, so ermittelt man zunächst die Zähigkeit des Gases ohne CH_4 und C_mH_n wie im Beispiel und wendet dann die Mischungsregel auf das restliche Dreigasgemisch an. Solange der CH_4- und der C_mH_n-Gehalt klein ist, stimmt diese Rechnung genügend genau mit Messungen überein. Bei größerem Gehalt (z. B. $CH_4 > 10$ vH) erhält man jedoch Fehler von 1 vH und mehr.

Nach Abb. 161 erhält man ηg bei 20° C. Für die Umrechnung auf Temperaturen von —10 bis +40° C gilt mit großer Genauigkeit

$$\nu_t = \frac{\eta g_{20^\circ \mathrm{C}}}{1{,}2\,\delta}\,[1 + 0{,}006\,(t - 20)]\,\frac{1{,}033}{p} \text{ in } \quad \mathrm{m^2/s}. \tag{365}$$

Zum obigen Beispiel: $\eta g = 16{,}24 \cdot 10^{-6}$ kg/ms bei 20° C. Wie groß ist ν bei 10° C und 5 at Überdruck?

$$\delta = 0{,}01\,(N_2\delta_{N_2} + CO_2\delta_{CO_2} + CO\,\delta_{CO} + \cdots) = 0{,}910;$$

$$10^6\,\nu_t = \frac{16{,}24}{1{,}2 \cdot 0{,}91}\,[1 + 0{,}006\,(-10)]\,\frac{1{,}033}{5+1} = 2{,}40\ \mathrm{m^2/s}.$$

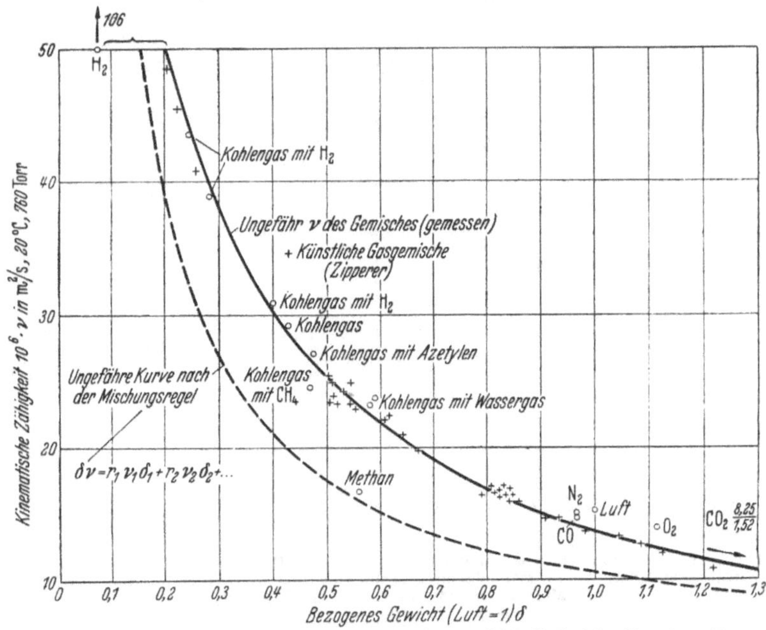

Abb. 162. Zusammenhang zwischen der kinematischen Zähigkeit (bei bestimmtem Druck und bestimmter Temperatur) und dem bezogenen Gewicht bei Gasen nach BIEL.

Es besteht naturgemäß ein gewisser Zusammenhang zwischen der *Zähigkeit und der Dichte.* Man kann das an Abb. 162 erkennen, wo die kinematische Zähigkeit über der Dichte (Luft = 1) aufgetragen[1] ist. Die mittlere Kurve läßt sich durch die Gleichung

$$10^6\,\nu = 0{,}755 + 13{,}82/\delta - 0{,}775/\delta^2 \tag{366}$$

in m²/s ausdrücken, und zwar im Bereiche von CO = 4,6 bis 50,4 vH, CO_2 = 3,3 bis 60,3 vH, H_2 = 5,1 bis 87,7 vH, CH_4 = 2,2 bis 20,9 vH und O_2 = 0,0 bis 2,0 vH bei 20° C und 760 Torr. Für obiges Beispiel ergibt sich nach der Rechnung $\nu = 15{,}0 \cdot 10^{-6}$ und nach der Messung $14{,}8 \cdot 10^{-6}$ m²/s.

Innerhalb der genannten Grenzen liegen die meisten technischen Brenngase. Vorteilhaft an Gl. (366) ist, daß man mit dem spezifischen Gewicht rechnet und

[1] BIEL, R.: Umrechnung des Druckabfalls in Rohrleitungen auf verschiedene Fördermittel. Gas- u. Wasserf. Bd. 70 (1927) S. 623.

nicht die genaue Zusammensetzung zu kennen braucht. Als Anhaltszahlen kann man die Werte nach Zahlentafel IX und X verwenden.

Von technischer Bedeutung ist besonders die Kenntnis der Zähigkeit von Verbrennungsgasen[1], deren Druck in den meisten Fällen nicht wesentlich vom atmosphärischen abweicht. Man sieht in Abb. 163, daß Luft, N_2, O_2 und CO fast gleichwertig sind. Der CO_2-Gehalt wirkt hingegen auf eine Verringerung und der H_2O-Gehalt auf eine Steigerung der Zähigkeit hin. Wasserstoff, der eine größere kinematische Zähigkeit hat (siehe Zahlentafel III), ist in den Verbrennungsgasen nur spurenweise vorhanden. Man kann für feuchte Verbrennungsgase ohne großen Fehler die kinematische Zähigkeit von Luft ansetzen und ist dazu um so mehr berechtigt, je höher der Luftgehalt im Verbrennungsgas ist. Auch wenn Abgase mit den üblichen Temperaturen von 200—300° C und weniger sich durch Wasseraufnahme sättigen, kann man ihre Zähigkeit gleich der der Luft annehmen, weil die kinematische Zähigkeit von Luft und Wasserdampf sich in diesem Temperaturbereich kaum unterscheiden.

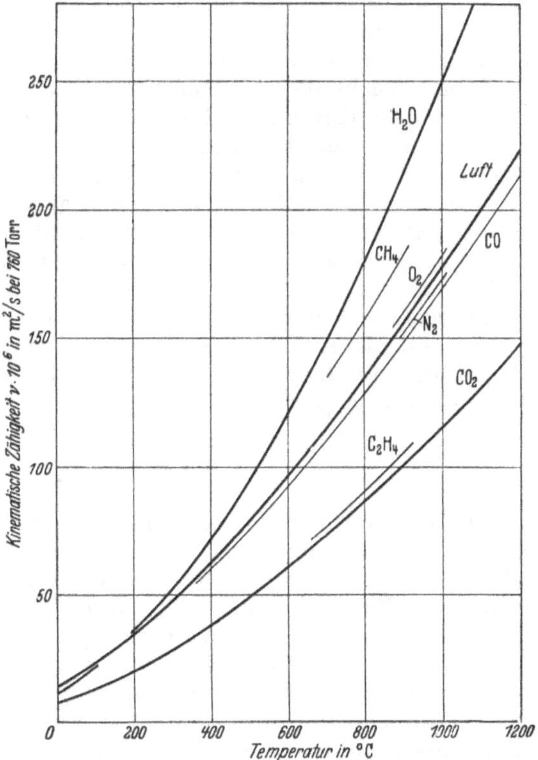

Abb. 163. Kinematische Zähigkeit der Anteile im Verbrennungsgas bei 760 Torr über der Temperatur (nach RAMMLER und BREITLING).

[1] RAMMLER, E. und K. BREITLING: Bericht an den Reichskohlenrat. Über die Zähigkeit von Gasen und Gasgemischen sowie ihre Abhängigkeit von der Temperatur. Wärme Bd. 60 (1937) S. 620, 636.

68. Mischung von Gas und Dampf.

a) Allgemeines.

Neben Gasgemischen sind Gemische zwischen Gasen und Dämpfen bedeutungsvoll. Eine solche *Mischung* gehen z. B. Luft und Wasserdampf ein. Bei den bisherigen Betrachtungen über die Gase war stillschweigend vorausgesetzt worden, daß die Gase trocken sind (Reingase).

Wie die Dampfdruckkurve, Abb. 103, zeigt, geht Wasser bei jeder *Temperatur* in Dampf über, wenn man nur den *Druck* genügend weit herabsetzt. Die Dampfdruckkurve in Abb. 103 gibt den Zustand der *Sättigung* an. *Unterhalb* der Kurve liegt das überhitzte oder *ungesättigte Gebiet*, *oberhalb* davon das *flüssige Gebiet*.

Wenn nun Luft (oder ein anderes dem Stoff Wasser gegenüber indifferentes Gas) mit flüssigem Wasser (oder Eis) genügend lange in Berührung steht, so sättigt sich die Luft mit Wasserdampf. Es heißt dies, aus dem Wasser entwickelt sich Wasserdampf, und zwar genau so, als ob der Gesamtraum unter dem zur herrschenden Temperatur gehörigen Sättigungsdruck stünde und keine Luft da wäre. Es möge P'_D den Druck des gesättigten Dampfes nach der Dampfdruckkurve bezeichnen. P_G sei der Teildruck der gasartigen Komponente. Die Summe ist der Gesamtdruck P:

$$\boxed{P = P_G + P'_D} \tag{367}$$

Angenommen, die Temperatur von Luft und Wasser ist 20° C. Zu $t_s = 20°$ C gehört ein Sättigungsdruck von rund $P'_D = 238$ kg/m². Dann verdampft so viel von der Flüssigkeit, bis der verfügbare Raum mit Wasserdampf vom Zustand t_s und P'_D ausgefüllt ist. Die Luft andererseits verhält sich so, als ob nur ein Druck $P_G = P - P'_D$ wirken würde. Wenn sich nun der Gesamtdruck P ändert, so kann die Luft je m³ trotzdem bei derselben Temperatur immer nur die gleiche Menge Wasserdampf aufnehmen, wie dessen Sättigungstemperatur entspricht. Luft und Wasserdampf können nicht in beliebigem Verhältnis gemischt sein.

Erwärmt man gesättigte Luft, so kann sie mehr Wasserdampf aufnehmen. Gibt man ihr dazu keine Gelegenheit, so wird sie ungesättigt. Der Teildruck des Wasserdampfes ist geringer als der nunmehrige Sättigungsdruck, der zu der erhöhten Temperatur gehört. Kühlt man aber gesättigte Luft ab, so kann sie nicht mehr soviel Wasserdampf festhalten, und es *taut* so viel Flüssigkeit aus, bis der Sättigungszustand der Luft wieder hergestellt ist. Es genügen verhältnismäßig kleine Zustandsänderungen, damit sich Teile des Dampfes verflüssigen. Man muß bei den Zustandsänderungen von Luft-Dampf-Gemischen wohl beachten, wie sich der zugemischte Dampf verhält.

Man spricht von trockener, feuchter und von gesättigter Luft, je nach dem Gehalt an Wasserdampf. Andere Gas-Dampf-Gemische sind z. B. Luft/Treibstoff-Gemische (Benzin, Benzol, Spiritus u. a.) für den Antrieb von Verbrennungsmotoren und Rauchgas/Wasserdampf-Gemische.

Den gasförmigen Partner kann man in den zulässigen Grenzen ohne weiteres als vollkommenes Gas ansehen. Die Teildrücke des Dampfes derartiger Gemische, soweit sie von technischer Bedeutung sind und unter normalen Drücken und Temperaturen stehen, sind klein. Der Dampf wird immer mehr zum Gas, je geringer die Sättigung ist. Man kann auch den Dampf ohne wesentlichen Fehler für die Rechnung als gasartig ansehen, weil und solange sein Anteil nur gering ist. Es wäre eine übertriebene Genauigkeit, die die Anforderungen der technischen Rechnungen übersteigen würde, wollte man den dampfartigen Zustand genauer berücksichtigen. Man ist berechtigt, im üblichen Anwendungsbereich das DALTONsche Gesetz gelten zu lassen. Es empfiehlt sich allerdings nicht, wie bei den Gasgemischen die Summe aller Gewichtsteile gleich 1 zu setzen; es ist vorteilhafter, das verhältnismäßig geringe Gewicht des Dampfanteils auf das ungleich größere Gasgewicht zu beziehen und von 1 kg Gas und x kg Dampf auszugehen. Soweit noch Spuren anderer Dämpfe anwesend sind, faßt man ihr Gewicht mit dem Gasgewicht zusammen. Spuren von Gas, das bei der Kondensation des Dampfanteils im Niederschlag gelöst sein kann, sind bei der üblichen Rechengenauigkeit ohne weiteres vernachlässigbar.

In $1 + x$ kg des Gemisches sind somit x kg Dampf enthalten. Der Teildruck P_D des Dampfes kann gleich oder kleiner als der Sättigungsdruck P'_D bei der Gemischtemperatur sein. Wenn infolge von Abkühlung $P_D > P'_D$ wird, so tropft so lange Flüssigkeit aus, bis der Teildruck P_D auf den Sättigungsdruck P'_D abgesunken ist. Man nennt die Temperatur, bei welcher die Verflüssigung bei einem bestimmten Dampfgehalt einsetzt, den *Taupunkt*.

Bezeichnet man mit D das Gewicht des Dampfes in der Mischung und mit G das Gewicht des Gasanteils, so ist

$$\boxed{x = \frac{D}{G}} \quad \text{in kg/kg} \tag{368}$$

der *Dampfgehalt* in $1 + x$ kg des Gemisches oder die Dampfmenge je 1 kg Gas. Mit P als Gesamtdruck gilt

$$P = P_D + P_G. \tag{369}$$

Nun verhalten sich nach (356) die Teildrücke bei gasförmigem Gemisch wie die Gewichte der Komponenten, ausgedrückt in kmol. Mithin ist

$$\frac{D}{M_D} : \frac{G}{M_G} = P_D : P_G = P_D : (P - P_D)$$

oder

$$\boxed{x \frac{M_G}{M_D} = \frac{P_D}{P - P_D}} \tag{370}$$

Der größtmögliche Dampfgehalt bei der betreffenden Temperatur möge mit x' in kg/kg abgekürzt werden, ebenso wie der größtmögliche Teildruck, das ist der Sättigungsdruck, P'_D genannt wird. Wenn das Gemisch gesättigt ist, so gilt also

$$x' \frac{M_G}{M_D} = \frac{P'_D}{P - P'_D}, \tag{371}$$

x' bei einem bestimmten Gasdruck und P'_D sind nur von der Temperatur abhängig.

Es sind folgende Fälle möglich:

$x = 0$	$P_D = 0$	reines Gas,
$x < x'$	$P_D < P'_D$	ungesättigtes Gas,
$x = x'$	$P_D = P'_D$	gesättigtes Gas,
$x > x'$	$P_D > P'_D$	übergesättigtes Gas, Flüssigkeit taut aus,
$x = \infty$	$P_D \leqq P'_D$	reiner Dampf, bei $P_D = P'_D$ trockengesättigt,
$x = \infty$	$P_D = P'_D$	Dampf/Flüssigkeits-Gemisch,
$x = \infty$	$P_D \geqq P'_D$	reine Flüssigkeit, bei $P_D = P'_D$ im Siedezustand.

Das Verhältnis von x zu x' gibt den *Sättigungsgrad* ψ des Gemisches an:

$$\boxed{\psi = \frac{x}{x'}} \tag{372}$$

Der Sättigungsgrad gibt Aufschluß über das Verhältnis der tatsächlichen Feuchtigkeit zur möglichen. $\psi = 0{,}70$ sagt z. B. aus, daß der Dampfgehalt x in kg je kg Gas 70 vH von dem bei der betreffenden Temperatur möglichen Dampfgehalt x' kg je kg Gas ist. Der Sättigungsgrad ist eine wichtige Angabe über den Zustand eines Gas-Dampf-Gemisches.

Daneben rechnet man noch mit der sog. *relativen Feuchtigkeit*, unter der man das Verhältnis des jeweiligen Dampfdruckes zum Sättigungsdruck bei derselben Temperatur versteht.

$$\boxed{\varphi = \frac{P_D}{P'_D}} \tag{373}$$

Die Grenzen für diese Kennziffern sind $\psi = 0$ und $\varphi = 0$ für reines Gas und $\psi = 1$ und $\varphi = 1$ für mit Dampf gesättigtes Gas. Zwischen ψ und φ besteht die Beziehung

$$\psi = \frac{P_D}{P - P_D} \cdot \frac{P - P'_D}{P'_D} = \varphi \frac{P - P'_D}{P - P_D}. \tag{374}$$

Der Zustand der üblichen Gas-Dampf-Gemische pflegt so zu sein, daß $P \gg P'_D \geqq P_D$ und $P - P'_D \approx P - P_D$ ist. Sofern die Gemischtemperatur nicht zu hoch ist, kann man $\psi \approx \varphi$ setzen.

Bei Gemischen von Luft mit Wasserdampf unter 760 Torr Gesamtdruck ist z. B.

	$\varphi =$ 0,20	0,40	0,60	0,80
φ/ψ bei 10° C =	1,0098	1,0074	1,0049	1,0024
φ/ψ bei 50° C =	1,111	1,083	1,055	1,028

φ gibt das Verhältnis von vorhandener zu möglicher Dampfmenge dem Raum nach und ψ dem Gewicht nach an.

b) Grundgleichungen für Luft-Wasserdampf-Gemische.

Die allgemeinen Bemerkungen im vorigen Abschnitt lassen sich weiterentwickeln, wenn man bestimmte Stoffe zugrunde legt. Als weitaus bedeutendstes solcher Gas-Dampf-Gemische treten Luft-Wasserdampf-Gemische in Erscheinung.

Mit den abgerundeten Molekulargewichten von 18 für den Stoff Wasser und 29 für den Stoff Luft gehen (370) und (371) über in

$$\boxed{x = \frac{18}{29} \frac{P_D}{P - P_D} = 0{,}622 \frac{P_D}{P - P_D}} \tag{375}$$

und für den Dampfgehalt an der Sättigungsgrenze in

$$x' = 0{,}622 \frac{P'_D}{P - P'_D} \tag{376}$$

in kg je kg Luft. Eine größere Genauigkeit bei den Molekulargewichten anzuwenden ist nicht am Platze. Das Maß des Druckes ist gleichgültig. Rechnet man in Torr, so ist mit h als Gesamtdruck, h_L als Teildruck der Luft und h_D des Dampfes und mit h'_D als Teildruck des Dampfes bei Sättigung

$$x = 0{,}622 \frac{h_D}{h_L} = 0{,}622 \frac{h_D}{h - h_D},$$

$$x = 0{,}622 \frac{\varphi h'_D}{h - \varphi h'_D}, \tag{377}$$

wobei der Teildruck der Luft $h - \varphi h'_D$ ist. Aus der allgemeinen Gasgleichung $PV = GRT$ folgt die Zustandsgleichung der Luft

$$h_L V = (h - \varphi h'_D) V = G_L \frac{29{,}3 \cdot 735{,}6}{10000} T = G_L \cdot 2{,}153 \cdot T, \tag{378}$$

während sich der Dampfanteil nach der Gleichung

$$\varphi h'_D V = G_D \cdot 3{,}464 \cdot T \tag{379}$$

mit $R_D = 47{,}1$ als Gaskonstante für den gasförmig angesehenen Wasserdampf richtet.

Die Luftmenge im Normzustand ist einfach mit (48)

$$V_N = 264\,(p - \varphi p'_D) \frac{V}{T} \tag{380}$$

oder

$$V_N = 0{,}0264\,(P - \varphi P'_D) \frac{V}{T} \tag{381}$$

oder entsprechend (49)

$$V_N = 264 \frac{h - \varphi h'_D}{735{,}6} \cdot \frac{V}{T} = 0{,}359 \cdot (h - h_D) \cdot \frac{V}{T}. \tag{382}$$

Der Normzustand eines Gases bezieht sich stets auf trockenes Gas. Berücksichtigt man, daß zu der Menge von $1 + x$ kg Feuchtluft eine Gaskonstante von rund $R_L + x R_D$ gehört, so ergibt sich für ihr spezifisches Gewicht

$$\gamma = \frac{(1 + x) \cdot P}{(R_L + x \cdot R_D) \cdot T}. \tag{383}$$

Auch für vernebelte übersättigte Luft kann man diese Gleichung ohne wesentlichen Fehler gelten lassen, weil der Inhalt der Nebeltröpfchen vernachlässigbar klein gegenüber dem Luft- und Dampfvolumen ist. Für wasserdampfhaltige Luft gilt mit $R_L = 29{,}3$ und $R_D = 47{,}1$

$$\gamma = \frac{P}{47{,}1 \cdot T} \, \frac{1 + x}{0{,}622 + x} \tag{384}$$

oder

$$\gamma = \gamma_L + \varphi \cdot \gamma_D = \frac{P_L}{R_L T} + \varphi \frac{P'_D}{R_D T} = \frac{1}{R_D T} \left[\frac{P - \varphi \cdot P'_D}{0{,}622} + \varphi \cdot P'_D \right],$$

und mit (375/377) ist

$$\gamma = \frac{\varphi \cdot P'_D}{47{,}1 \cdot T} \, \frac{1 + x}{x},$$

und endlich mit

$$\varphi \cdot P'_D \frac{0,622 + x}{x} = P$$

folgt (384) in kg/m³ und

$$V = \frac{47,1 \cdot T}{P} \cdot (0,622 + x) \tag{385}$$

in m³ oder

$$v = \frac{47,1 \cdot T}{P} \, \frac{0,622 + x}{1 + x} \tag{386}$$

in m³/kg oder auch mit (378) in kg/m³

$$\gamma_L = \frac{P_L}{R_L T} = \frac{h_L}{2,153 \cdot T} = \frac{h - \varphi h'_D}{2,153 \cdot T} \tag{387}$$

und

$$\gamma_D = \frac{\varphi h'_D}{3,464 \cdot T} \tag{388}$$

in kg/m³. Für das spezifische Gewicht des Gemisches findet man schließlich auch, ausgehend vom Normzustand mit γ_N (= 1,293 bei Luft und 0,804 für den Wasserdampf)

$$\gamma = \frac{273}{T}\left[\frac{\gamma_{ND}\,\varphi h'_D}{760} + \frac{\gamma_{NL}(h - \varphi h'_D)}{760}\right] = \frac{0,359}{T}[0,804\, h_D + 1,293(h - h_D)]. \tag{389}$$

Unter gleichen Umständen ist Wasserdampf mit (53)

$$\delta = \frac{R_L}{R_D} = \frac{29,3}{47,1} = 0,622 \tag{390}$$

mal so schwer wie Luft. 1 m³ feuchte Luft ist demnach stets leichter als 1 m³ trockene Luft von gleichem Gesamtdruck und gleicher Temperatur. Die spezifische Wärme und der Wärmeinhalt hingegen sind bei der feuchten Luft größer als bei der trockenen.

Beispiel. 1 m³ trockene Luft von 20° C und 1 at abs. wiegt 1,165 kg, 1 m³ feuchte Luft ($t = 20°$ C, $p = 1$ at abs., $\psi = \varphi = 1$) wiegt mit (379) und (384) und mit $x' = 0,0152$

$$\gamma = \frac{10000}{47,1 \cdot 293} \, \frac{1,0152}{0,622 + 0,0152} = 1,155 \text{ kg/m}^3.$$

Die Werte für P'_D, h'_D, x' und der Wärmeinhalt (Enthalpie) an der Sättigungsgrenze I' sind in Zahlentafel XI in Abhängigkeit von der Temperatur t aufgeführt[1] unter der Annahme, daß die Spannungskurve des Wasserdampfes nicht durch die anwesende Luft verändert wird, wozu die Erfahrung berechtigt.

Die weiteren Ausführungen können auf die wichtigsten technischen Anwendungen mit Zustandsänderungen der feuchten Luft bei ungefähr gleichbleibendem Druck beschränkt werden. Die spezifische Wärme ist bei gewöhnlicher Temperatur genügend genau für Luft $c_{pL} = 0,24$ und für Wasserdampf $c_{pD} = 0,46$ kcal/kg · Grad. Damit erhält man für den Wärmeinhalt der Luft, von 0° C an gerechnet,

$$i_L = c_{pL} \cdot t = 0,24 \cdot t \tag{391}$$

und für den Dampf

$$i_D = c_{pD} \cdot t + r_0 = 0,46 \cdot t + 597 \tag{392}$$

[1] Nach Abschnitt Wärme, Hütte Bd. I, 27. Aufl., verfaßt von R. Mollier.

mit r_0 als Verdampfungswärme des Wassers bei 0° C, und den Wärmeinhalt (Enthalpie) von $1 + x$ kg des Gemisches[1] zu

$$\boxed{I = 0{,}24 \cdot t + x \cdot (0{,}46 \cdot t + 597)} \tag{393}$$

in kcal/kg; im Sättigungszustand zu

$$\boxed{I' = 0{,}24 \cdot t + x'(0{,}46 \cdot t + 597)}\,. \tag{394}$$

Für den Wärmeinhalt der Luft im vorigen Beispiel ergibt sich

I_L (trocken) $= 0{,}24 \cdot 20 \cdot 1{,}165 = 5{,}59$ kcal/m³;

I (feucht) $= [0{,}24 \cdot 20 + 0{,}0152 \cdot (0{,}46 \cdot 20 + 597)] \cdot 1{,}155 = 16{,}19$ kcal/m³.

Der Unterschied im spezifischen Gewicht und im Wärmeinhalt wird um so größer, je größer die Temperatur und je mehr die Luft gesättigt ist.

Die Wärmezufuhr wird bei annähernd konstantem Druck zu $dQ \approx dI$ und $Q_{12} = I_2 - I_1$. Bedenkt man, daß 1 at ≙ 10000 mm WS ist, so kann man Druckänderungen von ± 100 mm WS und mehr noch als vernachlässigbar klein ansehen.

Die Beziehungen (392) und (394) gelten für dampfförmiges Wasser. Bei Übersättigung wie bei Wassernebel, bei dem Tröpfchen flüssigen Wassers im Luft-Wasserdampf-Gemisch schweben, tritt noch der Wärmeinhalt der Flüssigkeit mit der spezifischen Wärme $c = 1{,}00$ kcal/kg · Grad hinzu. Wenn schließlich festes Wasser (Eisnebel) anwesend ist, muß dieser Teil mit $c = 0{,}50$ kcal/kg · Grad und der Schmelzwärme von 80 kcal/kg mit erfaßt werden. Der Rauminhalt der Tröpfchen und Eiskörnchen ist im Vergleich zu dem der Luft und des Dampfes so klein, daß er übersehen werden kann. Die gesamte Feuchtigkeit in kg/kg Luft ist mithin

$$x = x_D + x_W + x_E$$

(x_D für den Dampfteil, x_W für Wasser und x_E für Eis), und für den Wärmeinhalt findet man

$$\boxed{I = 0{,}24 \cdot t + x_D(0{,}46 \cdot t + 597) + x_W t + x_E(-80 + 0{,}5 \cdot t)}\,. \tag{395}$$

Temperaturen unter 0° C und zugehörige Wärmeinhalte haben negative Werte ($0{,}5 \cdot t$ ist bei $t < 0$ negativ).

Die Berechnung von Zustandsänderungen ist nunmehr verhältnismäßig einfach, wenn die Temperatur gegeben ist. Im anderen Fall ist die rechnerische Behandlung der Vorgänge schwieriger und bewähren sich zeichnerische Verfahren.

[1] Die Wärmeinhalte i_L und i_D beziehen sich auf 1 kg Luft bzw. Wasser, die Größen I und I' auf $(1 + x)$ kg Gemisch oder auf 1 kg (Rein-)Luft als Anteil am Gemisch. Da die Gesamtmenge von 1 kg verschieden ist, ist I zu schreiben, doch findet man auch die Schreibweise i (z. B. in der Hütte, des Ingenieurs Taschenbuch, Bd. I, 27. Aufl., oder F. Bosnjacovic, Technische Thermodynamik, I. und II. Teil. Dresden und Leipzig 1937). In DIN 1947 (VDI-Rückkühlanlagen-Regeln) von 1944 ist auch i anstatt I gesetzt. Die Dimension kcal/kg bei Wärmemengen ist in den folgenden Abschnitten auf 1 kg Luft bezogen, also auf $(1 + x)$ kg Gemisch.

c) Mollier-I, x-Diagramm für Luft-Wasserdampf-Gemische.

Trägt man den Wärmeinhalt I über dem Feuchtigkeitsgehalt x (Dampf, Wasser, Eis) auf, so erhält man einen Überblick über das gesamte Gebiet diesseits und jenseits der Sättigungsgrenze (Grenzkurve), den man sonst nur nach ziemlich umständlichen Rechnungen erlangen könnte. Nun sind allerdings die Summanden $0{,}24 \cdot t$ und $x \cdot 0{,}46 \cdot t$ von (393) und (395), auf deren zeichnerische Darstellung es in erster Linie ankommt, klein gegen den Summanden $597 \cdot x$. Es empfiehlt sich, ein schiefwinkliges Diagramm anzuwenden[1]. Teilt man Gl. (393) auf in

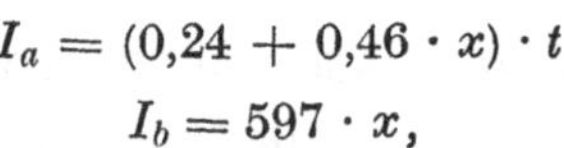

$$I_a = (0{,}24 + 0{,}46 \cdot x) \cdot t$$

und

$$I_b = 597 \cdot x,$$

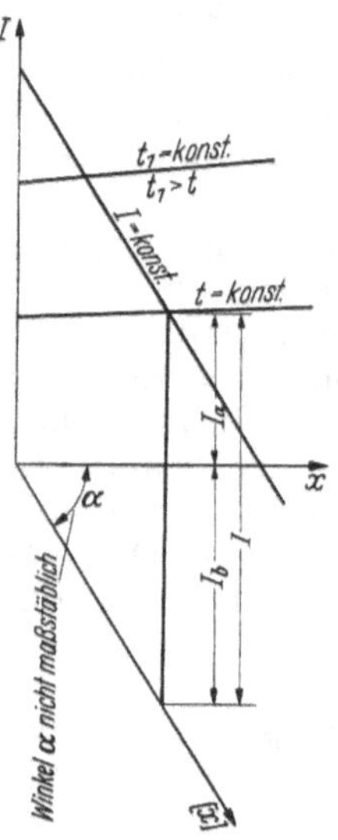

Abb. 164. Erklärung zur Konstruktion des I, x-Diagrammes.

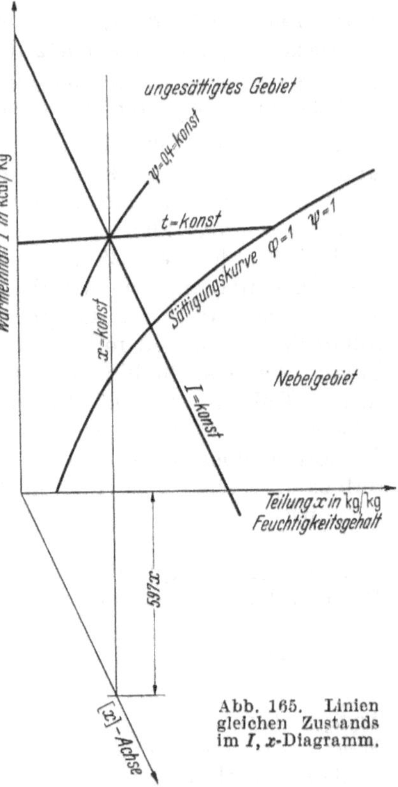

Abb. 165. Linien gleichen Zustands im I, x-Diagramm.

so kann man zunächst ein I_a, x-Diagramm zeichnen; siehe Abb. 164. Um den gesamten Wärmeinhalt I zu erhalten, ist noch der Teil $I_b = 597\,x$ zu den Ordinaten I_a hinzuzuzählen, was dadurch geschieht, daß man die Werte I_b von der Abszisse senkrecht nach unten abträgt. Die Gerade $I_b = -597\,x$ ist die Abszisse des schiefwinkligen Diagramms I über x, ihre Teilung $[x]$ ist proportional zu der der mit x bezeichneten Achse.

An der Stelle $x = 0$ ist $I = 0{,}24 \cdot t$, d. h. die Teilung der I-Achse ist proportional der Temperatur. Im übrigen stehen I und x für $t =$ konst.

[1] Mollier, R.: Ein neues Diagramm für Dampf-Luftgemische. Z. VDI Bd. 67 (1923) S. 869; und: Das i, x-Diagramm für Dampfluftgemische. Z. VDI Bd. 73 (1929) S. 1009.

in linearem Zusammenhang. Für $t = 0$ ist $I_a = 0$, mithin fällt die Isotherme des Luft-Dampf-Gemisches für 0° C, künftig kurz *Dampfisotherme* genannt, mit der x-Achse zusammen. Die isothermischen Geraden sind mit wachsender Temperatur immer stärker geneigt.

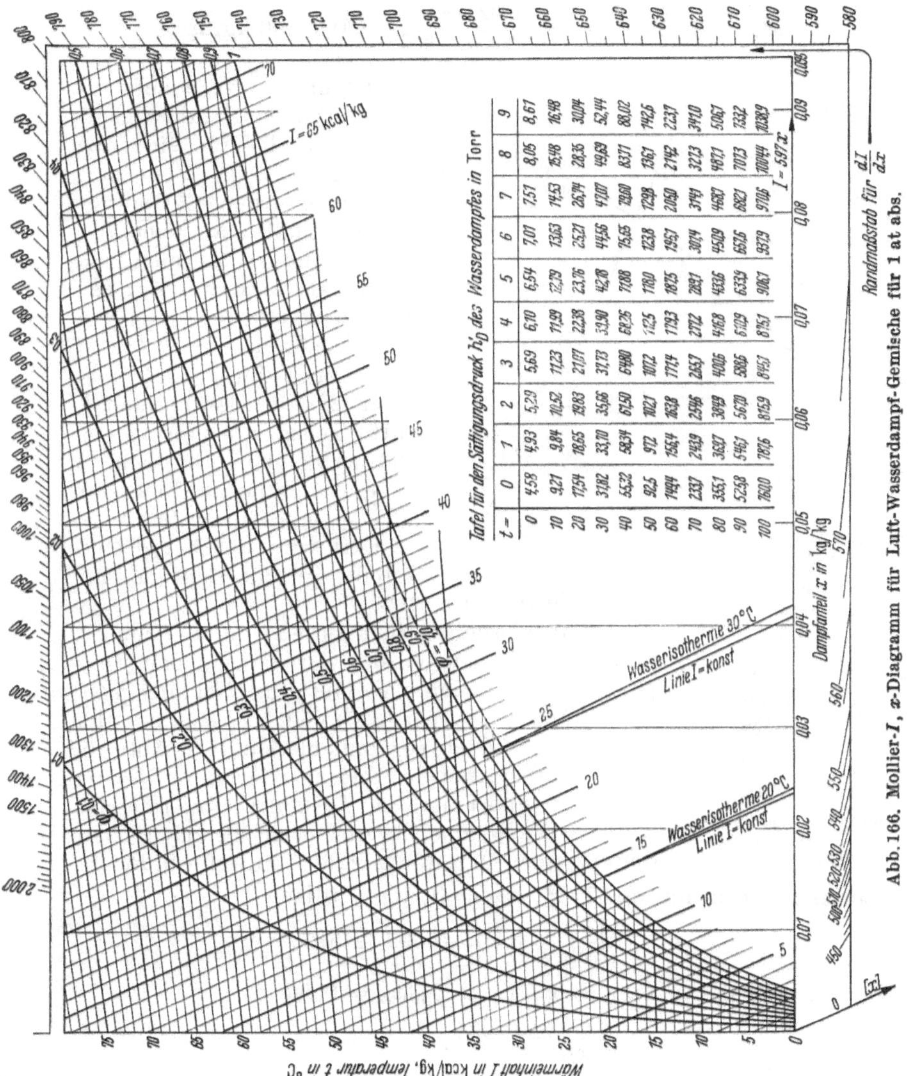

Tafel für den Sättigungsdruck h'_D des Wasserdampfes in Torr

t =	0	1	2	3	4	5	6	7	8	9
0	4,58	4,93	5,29	5,69	6,10	6,54	7,01	7,51	8,05	8,61
10	9,21	9,84	10,52	11,23	11,99	12,79	13,63	14,53	15,48	16,48
20	17,54	18,65	19,83	21,07	22,38	23,76	25,21	26,74	28,35	30,04
30	31,82	33,70	35,66	37,73	39,90	42,18	44,56	47,07	49,69	52,44
40	55,32	58,34	61,50	64,80	68,26	71,88	75,65	79,60	83,71	88,02
50	92,5	97,2	102,1	107,2	112,5	118,0	123,8	129,8	136,1	142,6
60	149,4	156,4	163,8	171,4	179,3	187,5	195,1	205,0	214,2	223,7
70	233,7	243,9	254,6	265,7	277,2	289,1	301,4	314,1	327,3	341,0
80	355,1	369,7	384,9	400,6	416,8	433,6	450,9	468,7	487,1	506,1
90	525,8	546,1	567,0	588,6	610,9	633,9	657,6	682,1	707,3	733,2
100	760,0	787,6	815,9	845,1	875,1	906,1	937,9	970,6	1004,4	1038,9

Abb. 166. Mollier-I, x-Diagramm für Luft-Wasserdampf-Gemische für 1 at abs.

Die Lage der Isotherme ist unabhängig von der Größe des Gesamtdruckes, ebenso wie der Teildruck des Dampfes P'_D. Man kann bei einem bestimmten Gesamtdruck P, z. B. atmosphärischem Druck, und zu jeder Temperatur t den Dampfgehalt x' aufsuchen und auf der Isotherme markieren. Verbindet man die einzelnen Punkte x', t miteinander, so erhält man die Sättigungskurve ($\psi = 1$, $\varphi = 1$) bei atmosphärischem Druck; siehe hierzu Abb. 165. Sie entspricht der Dampfdruckkurve in Abb. 103. Bei $t = 0°$ C ist

$$x' = 0{,}622 \frac{P'_D}{P - P'_D} = \frac{0{,}622 \cdot 62\,28}{10000 - 62{,}28} = 0{,}00390 \text{ kg/kg}.$$

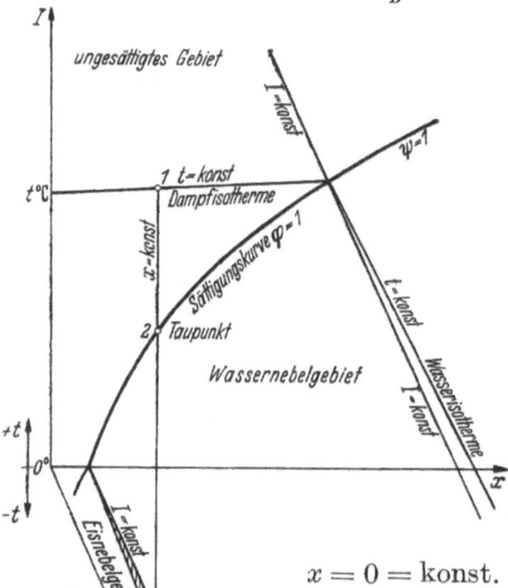

Abb. 167. Isothermen im I, x-Diagramm.

Die Sättigungskurve nähert sich asymptotisch der Isotherme für 100° C (bzw. der für 99,1° bei 1 at abs.).

Linien gleichen Sättigungsgrades ψ erhält man leicht, indem man die Isothermen zwischen der Ordinate und der Sättigungskurve im Verhältnis ψ zu 1 teilt. Die Linie $\psi = 0{,}4$ z. B. findet man dadurch, daß man die auf 2/5 der Isothermenabschnitte gelegenen Punkte verbindet (Abb. 165). Die Kurven φ = konst. ergeben sich mit Gl. (377); siehe Abb. 166[1]. Trokkene Luft wird durch die Linie $x = 0$ = konst. dargestellt, gleichbedeutend mit der Linie $\psi = 0$ und $\varphi = 0$.

Im Wassernebelgebiet jenseits der Sättigungslinie ($x > x'$) nehmen die Geraden gleicher Temperatur einen anderen Verlauf. Ihre Neigung gegen die $[x]$-Achse ist nach (395) gleich t, fast mit den Geraden I = konst. zusammenfallend. In Abb. 167 ist eine Wassernebelisotherme oder kurz *Wasserisotherme*[2] und eine Linie I = konst. eingezeichnet. Über die Neigung der isothermischen Geraden in den einzelnen Gebieten gibt (395) Aufschluß. Bei der Dampfisotherme mit $x_D \lesseqgtr x'$, $x_W = 0$, $x_E = 0$ ist

$$\left(\frac{dI}{dx}\right)_t = 0{,}46t + 597 \geqq 597,$$

Wasserisotherme mit $x_D = x'$, $x_W > 0$, $x_E = 0$ ist

$$\left(\frac{dI}{dx}\right)_t = t \geqq 0,$$

[1] Ein MOLLIER-I, x-Diagramm für 1 at abs. Gesamtdruck in größerem Maßstab, vervollständigt um die Wassernebelisothermen, befindet sich in der Anlage zu Teil B.

[2] Die Bezeichnungen Wasser-, Dampf- und Eisisotherme sind an sich nicht zutreffend, weil das Gemisch daneben stets noch Luft und Wasserdampf enthält. Die Wasserisotherme findet man zuweilen auch Naßdampfisotherme, Wassernebel- oder kurz Nebelisotherme genannt.

Eisisotherme mit $x_D = x'$, $x_W = 0$, $x_E > 0$ ist

$$\left(\frac{dI}{dx}\right)_t = 0{,}5t - 80 < 0.$$

Für $t = 0°$ C verläuft die Wasserisotherme parallel zur $[x]$-Achse, fällt also mit der Linie $I = 0$ zusammen. Mit zunehmender Temperatur werden die Wasserisothermen weniger steil als die Linien gleichen Wärmeinhalts. Die Eisisotherme 0° C ist dagegen steiler als die Linie $I = 0$.

Der kalte Dampf beginnt bei $t < 0°$ C nach Einstellung des Sättigungszustandes, bildlich nach Erreichen der Sättigungskurve, die bei 0° C leicht abgeknickt ist (siehe Abb. 167 und 147 sowie Abb. 117 im Teil B), unmittelbar in die feste Form (Eiskristalle) überzugehen. Je niedriger die Temperatur ist, um so stärker streben die Eisisothermen von den Linien I = konst. weg.

Wenn man nun eine Zustandsänderung bei gleichbleibendem Feuchtigkeitsgehalt x, Abb. 167, verfolgt, so ergibt sich: Im Zustand 1 ist die gesamte Feuchtigkeit dampfförmig, die Luft ist ungesättigt. Mit sinkender Temperatur wird ein Zustand erreicht, bei dem die Luft gesättigt ist und flüssiges Wasser auszutauen beginnt (Punkt 2, *Taupunkt*). Geht die Temperatur noch weiter zurück, so bilden sich immer mehr Nebeltröpfchen, es bestehen Luft und Wasser in Form von Dampf und Tröpfchen nebeneinander. Im Punkt 3 bei $t = 0°$ C wird das Mischgebiet zwischen Wasser und Eis erreicht. Ein Teil der Tröpfchen gefriert zu Eiskörnern, bei weiterem Wärmeentzug beginnt die Temperatur in dem Augenblick unter 0° C zu gehen, wenn das letzte Körnchen durchgefroren ist. Dabei darf nicht übersehen werden, daß die Luft in jedem Zustand unterhalb des Punktes 2 mit Wasserdampf gesättigt ist. Oberhalb von 3 ist die nichtdampfförmige Feuchtigkeit eindeutig tropfbar flüssig, unterhalb von 4 dagegen eindeutig eisförmig. Es gehört um so weniger Dampf zur Sättigung der Luft, je tiefer die Temperatur ist. Die Luft und das Wasser in allen drei Aggregatzuständen haben bei diesem Vorgang stets die gleiche Temperatur.

Während die Lage der Dampfisothermen nicht von der Größe des Gesamtdruckes abhängt, trifft das bei den Wasser- und Eisisothermen nur für die Richtung zu. Ihre Lage (parallel verschoben) ist bei jedem Gesamtdruck eine andere, immer aber haben sie an der Sättigungslinie, die auch für jeden Gesamtdruck anders verläuft $[x' = f(t, P)]$, denselben Wert wie die Dampfisothermen.

Die Kennwerte φ und ψ verlieren ihre Bedeutung, wenn der Teildruck des Wasserdampfes durch Erwärmung gleich dem Gesamtdruck wird (Luftanteil Null, $x = \infty$). Das Gemisch aus Luft und Wasserdampf ist erst dann in jedem Verhältnis möglich, wenn es eine Temperatur hat, die mindestens gleich ist der Sättigungstemperatur des Dampfes zum herrschenden Gesamtdruck (also z. B. 100° C bei 760 Torr). Im übrigen lassen sich I, x-Diagramme auch für andere Gas-Dampf-Gemische anfertigen.

d) Zustandsänderung von Luft-Wasserdampf-Gemischen durch Abkühlung oder Erwärmung bei gleichbleibendem Wassergehalt.

Es entsteht zunächst die Frage, wie sich der Zustand des Gemisches ändert, wenn unter Beibehaltung des Gesamtfeuchtigkeitsgehaltes Wärme entzogen oder zugeführt wird, also der Feuchtigkeitsgehalt x konstant bleibt. In Abb. 168 ist der Abkühlungsvorgang vom ungesättigten Zustand 1 nach dem unterhalb der Sättigungskurve gelegenen Zustand 2 dargestellt[1]. Der Zustand ändert sich längs der Senkrechten $x_1 = x_2$, wobei die Temperatur fällt. Man kann die Wärmeabfuhr innerhalb des ungesättigten Gebietes für 2 Zustände a und b mit

$$\boxed{I = 0{,}24t + x(0{,}46t + 597)}$$

und $x =$ konst. berechnen zu $Q_{ab} = I_b - I_a$ oder

$$-Q_{ab} = I_a - I_b = (0{,}24 + 0{,}46x)(t_a - t_b) \tag{396}$$

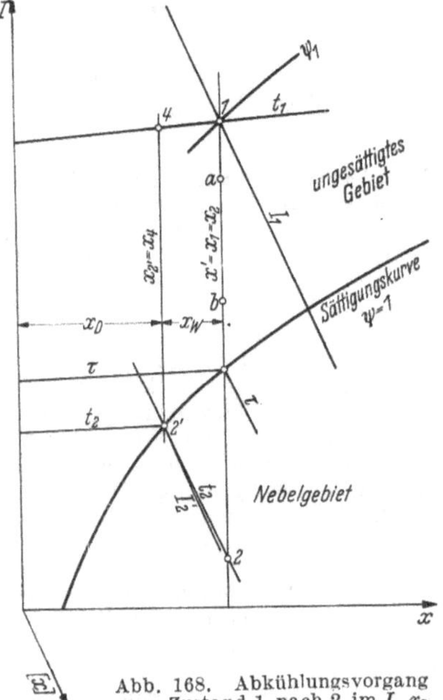

Abb. 168. Abkühlungsvorgang vom Zustand 1 nach 2 im I, x-Diagramm.

in kcal/1 + x kg Feuchtluft oder in kcal/kg Reinluft. Ferner ist

$$-Q_{ab} = L(0{,}24 + 0{,}46x)(t_a - t_b) \tag{397}$$

für L kg Reinluft in kcal.

Bis zum Schnitt mit der Sättigungskurve bei der Taupunkttemperatur τ bleibt der Dampfgehalt unverändert $x_1 = x'$, wobei der Sättigungsgrad ständig von ψ_1 bis auf $\psi = 1$ zunimmt. Vom Überschreiten der Sättigungskurve an taut Flüssigkeit aus. Der Dampfgehalt der Luft bleibt bei der weiteren Temperatursenkung der größtmögliche, indem er sich nach Maßgabe der Sättigungskurve bis auf $x_2' = x_{2'}$ bei der Endtemperatur t_2 verringert. An Flüssigkeit ist ausgefallen

$$\boxed{x_W = x_1 - x_2' = x_2 - x_2'}\,, \tag{398}$$

und den Wärmeentzug findet man aus

$$\boxed{-Q_{12} = I_1 - I_2 = I_1 - [I_2' + (x_2 - x_2')t]} \tag{399}$$

in kcal/kg Luft. Für L kg Luft gilt das Lfache. Im Falle von Erwärmung spielt sich der Vorgang im umgekehrten Sinne ab, ständig thermisches Gleichgewicht bei den einzelnen Zuständen, d. h. vollständigen Temperaturausgleich, vorausgesetzt.

Beispiel 1. 20 kg Luft von $t_1 = 10°$ C, die zu $\psi_1 = 90$ vH gesättigt sind, werden ohne Änderung ihrer Dampfmenge auf $t_2 = 50°$ C erwärmt. Wie ist der Sättigungsgrad am Ende und welche Wärmemenge ist zuzuführen ($p \approx 1$ at abs.)?

Rechnerisch mit Zahlentafel XI. $x_1' = 0{,}00788$ kg/kg bei 10° C; $x_1 = 0{,}9 \cdot 0{,}00788 = 0{,}00710$ kg/kg $= x_2$; $x_2' = 0{,}0895$ zu 50° C

(372) $\psi_2 = 0{,}0793$; (397) $Q_{12} = 194{,}6$ kcal.

[1] Siehe hierzu auch M. Grubenmann: I, x-Tafeln feuchter Luft und ihr Gebrauch bei der Erwärmung, Abkühlung, Befeuchtung und Entfeuchtung von Luft, bei Wasserrückkühlung und beim Trocknen. Berlin 1942.

Zeichnerisch. Aus dem I, x-Diagramm können zu ψ_1 ($\approx \varphi_1$) die Werte $x_1 = x_2$, aus der Teilung der Isotherme 50° C der Wert ψ_2, ferner I_1 und I_2 entnommen werden.

Beispiel 2. Feuchte Luft vom Zustand $\psi_1 = 0{,}6$ und $t_1 = 50°$ C wird auf 5° C abgekühlt. Bei welcher Temperatur beginnt Wasser auszutauen und wieviel Flüssigkeit fällt aus? Wie groß ist der Wärmeentzug? ($p \approx 1$ at abs.)

Rechnerisch mit Zahlentafel XI. $x_1' = 0{,}0895$ kg/kg; $x_1 = 0{,}6 \cdot 0{,}0895 = 0{,}0537$; $x_1 = 0{,}0537$ ist x' bei 41° C. $x_2' = 0{,}0056$ kg/kg zu 5° C; Wasseranfall $x_1 - x_2' = 0{,}0481$ kg/kg Luft.

$$I_1 = 45{,}3 \text{ und } I_2 = 4{,}79 \approx 4{,}8 \text{ kcal/kg Luft.} \tag{395}$$

$$Q_{12} = 45{,}3 - 4{,}8 = 40{,}5 \text{ kcal/kg.}$$

Es ist kräftiger Wärmeentzug notwendig.

Zeichnerisch. Zustandspunkt 1 aufsuchen zu $\psi_1 = 0{,}6$ (Teilung) und $t_1 = 50°$ C. Zustandsänderung längs der Senkrechten. Schnitt der Sättigungskurve bei 41° C. $x_1 = 0{,}0535$ und $x_2' = 0{,}0056$ zu $t_2 = 5°$ C ablesen. $x_W = x_1 - x_2'$; $I_1 = 45$ kcal kg, $I_2' = 4{,}5$ kcal/kg zu $t_2 = 5°$ C und $i_W = x_W \cdot t_2 = 0{,}24$ kcal/kg. $Q_{12} = I_1 - I_2' - x_W t_2 = 40{,}3$ kcal/kg.

Beispiel 3. Welche Wärmemenge entweicht im strengen Winter je kg Luft, wenn beim Lüften des Zimmers Außenluft von $t_1 = -20°$ C, $\psi_1 = 0{,}9$ gegen verbrauchte Luft von $t_2 = 22°$ C ausgetauscht wird und die Zimmertemperatur durch Heizung 22° C bleiben soll?

$$x_1 = 0{,}9\, x_1' = 0{,}9 \cdot 0{,}000654 = 0{,}000589 = x_2;$$

$$I_1 = 0{,}24 \cdot (-20) + 0{,}000589\,[0{,}46\,(-20) + 597] = -4{,}45 \text{ kcal/kg};$$

$$I_2 = 0{,}24 \cdot 22 + 0{,}000589 \cdot (0{,}46 \cdot 22 + 597) = +\,5{,}64 \text{ kcal/kg}.$$

Je kg Luftaustausch werden 10,1 kcal entzogen. Je 250 kg Luft ist etwa 1 kg Braunkohlenbriketts für die Erwärmung nötig. Die erwärmte Außenluft hat einen Sättigungsgrad ψ_2 von nur 3,4 vH. Die Zimmerluft ist fast trocken (1 kg Luft $\approx 0{,}86$ m³).

e) Zustandsänderung von Dampf-Luft-Gemischen bei Veränderung des Feuchtigkeitsgehalts.

Der Wassergehalt der Luft kann geändert werden, indem man ungesättigte Luft mit flüssigem Wasser in Berührung bringt, sei es, daß man sie über eine offene Wasserfläche streichen läßt oder daß man sie beregnet oder durch Einblasen von Wasserdampf anfeuchtet. Kühlt man feuchte Luft ab, so daß ein Teil der Feuchtigkeit flüssig ausfällt, und entfernt man dieses Wasser, so ist das Gemisch trockener geworden. Erwärmt man die derart getrocknete Luft wieder auf die Ausgangstemperatur, so hat sie einen geringeren Sättigungsgrad als vorher.

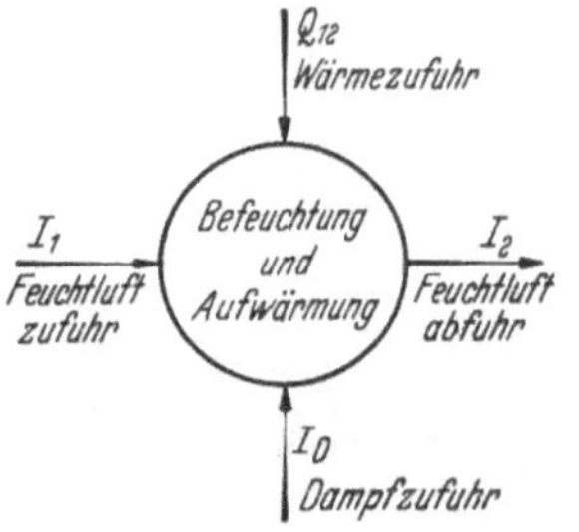

Abb. 169. Skizze zu Beispiel 1.

Beispiel 1. Für Zwecke der Textilindustrie soll feuchte Luft vom Zustand $\varphi_1 = 0{,}60$, $t_1 = 16°$ C auf den Zustand $\varphi_2 = 0{,}75$, $t_2 = 40°$ C beim Drucke von etwa 1 at abs. gebracht werden. Zur Verfügung steht trockengesättigter Dampf von 4 at abs. Welche Dampfmenge ist je kg Luft erforderlich?

Aus dem I, x-Diagramm folgt

$$x_1 = 0{,}0068,\ I_1 = 8 \text{ kcal/kg und } x_2 = 0{,}0368,\ I_2 = 32{,}4;$$

$$x_2 - x_1 = 0{,}0300 \text{ kg/kg}.$$

$$i'' \text{ bei 4 at abs.} = 653{,}4 \text{ kcal/kg}.\ I_D = 0{,}0300 \cdot 653{,}4 = 19{,}6 \text{ kcal/kg}.$$

$$I_1 + I_D = 8{,}0 + 19{,}6 = 27{,}6 \text{ kcal/kg} < I_2.$$

Die vom Dampf mitgebrachte Wärmemenge reicht nicht aus. Die Luft muß gleichzeitig noch so beheizt werden, daß sie $Q_{12} = 32{,}4 - 27{,}6 = 4{,}8$ kcal/kg aufnimmt. Siehe hierzu Skizze Abb. 169 (und Beispiel S. 290/91).

Beispiel 2. Feuchte Luft von $t_1 = 57°$ C und $x_1 = 0{,}010$ kg/kg streicht über eine offene Wasserfläche von $t_W = 10°$ C, wobei sie sich sättigt. Welche Temperatur hat sie nach der Sättigung und wieviel Wasser hat sie aufgenommen? ($p \approx 1$ at abs.)

$$I_1 + (x_2' - x_1)\, t_W = I_2'.$$

Aus I, x-Diagramm: $I_1 = 20$ kcal/kg. Da $(x_2' - x_1) \cdot t_W$ zahlenmäßig klein gegen I_1 ist, geht diese Zustandsänderung bei nahezu gleichbleibendem Wärmeinhalt vor sich. Das I, x-Diagramm ergibt $t_2 = 26{,}4°$ C bei $I_1 = I_2'$. Es werden $x_2' - x_1 = 0{,}023 - 0{,}010 = 0{,}013$ kg Wasser je kg Luft aufgenommen.

Beispiel 3. Luft von $t_1 = 20°$ C und $\varphi_1 = 0{,}55$ relativer Feuchtigkeit wird durch Erwärmung und Anfeuchtung mit Wasser von 40° C auf 33° C und $\varphi_2 = 0{,}70$ gebracht. Wieviel Wärme und wieviel Wasser sind zuzuführen, wenn stündlich 600 kg Luft aufbereitet werden? ($p \approx 1$ at abs.)

Rechnerisch.

(377) $$x_1 = 0{,}622 \frac{\varphi_1 h'_{D1}}{h - \varphi_1 h'_{D1}} = 0{,}622 \frac{0{,}55 \cdot 17{,}54}{735{,}6 - 0{,}55 \cdot 17{,}54} = 0{,}00827;$$

$$x_2 = 0{,}622 \frac{0{,}70 \cdot 37{,}73}{735{,}6 - 0{,}70 \cdot 37{,}73} = 0{,}0232 \text{ kg/kg}.$$

Wasserzufuhr $x_2 - x_1 = 0{,}0232 - 0{,}0083 = 0{,}0149$ kg/kg;
stündlich: $W = 600 \cdot 0{,}0149 \approx 9$ kg.

$$I_1 = 0{,}24 \cdot 20 + 0{,}0083\,(0{,}46 \cdot 20 + 597) = 9{,}84 \text{ kcal/kg};$$

$$I_2 = 0{,}24 \cdot 33 + 0{,}0232\,(0{,}46 \cdot 33 + 597) = 22{,}12 \text{ kcal/kg};$$

(399) $$Q_{12} = I_2 - [I_1 + (x_2 - x_1)\, t_W] = 22{,}12 - [9{,}84 + 0{,}0149 \cdot 40] = 11{,}68 \text{ kcal/kg}; \quad \text{stündlich: } Q_{12} = 7008 \text{ kcal/h}.$$

Wärmeaufwand 11,68/0,0149 = 782 kcal/kg Wasser.

Zeichnerisch. Im I, x-Diagramm zu $t_1 = 20°$ C, $\varphi_1 = 0{,}55$ aufsuchen $x_1 = 0{,}0083$, $I_1 = 9{,}8$ kcal/kg und zu $t_2 = 33°$ C, $\varphi_2 = 0{,}70$ aufsuchen $x_2 = 0{,}0232$, $I_2 = 22{,}0$ kcal/kg. Im übrigen rechnen[1].

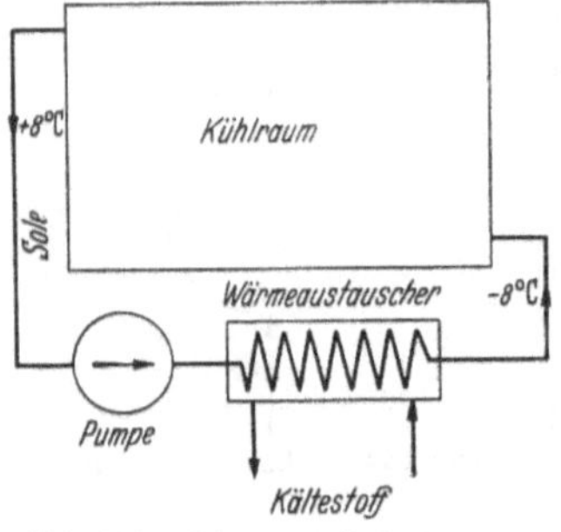

Abb. 170. Skizze zu Beispiel 4.

Beispiel 4. Leicht verderbliche Lebensmittel sollen trocken und kühl gelagert werden. Im Lagerraum herrscht eine Temperatur von +8° C. Die Luft ist zu 70 vH gesättigt. Sie wird nach und nach abgesogen und auf −8° C durch eine Kälteanlage gekühlt. Die eisförmig ausfallende Feuchtigkeit wird zurückbehalten. Wie groß sind Eisanfall und Wärmeentzug je kg Luft? ($p \approx 1$ at abs.) Anwendung von Zahlentafel XI. Siehe hierzu Abb. 170.

$$x_1 = \psi_1 x_1' = 0{,}70 \cdot 0{,}00688 = 0{,}00482 \text{ kg/kg};$$

$$x_2 = x_2' = 0{,}00197 \text{ kg/kg};$$

$$x_1 - x_2 = 0{,}00285 \text{ kg Eisanfall je kg Luft};$$

$$I_1 = 0{,}24 \cdot 8 + 0{,}00482\,(0{,}46 \cdot 8 + 597) = 4{,}82 \text{ kcal/kg};$$

$$I_2 = 0{,}24 \cdot (-8) + 0{,}00197\,[0{,}46 \cdot (-8) + 597] + 0{,}00285\,[-80 + 0{,}5\,(-8)] = -1{,}00 \text{ kcal/kg nach (395)}.$$

[1] Als weiteres Beispiel siehe Beispiel 13, Abschnitt Verbrennung, S. 399.

Wärmeentzug $-Q_{12} = I_1 - I_2 = 4{,}82 + 1{,}00 = 5{,}82$ kcal/kg, davon entfallen auf die Luft selbst $0{,}24 \cdot 16 = 3{,}84$ kcal/kg. Die kalte Feuchtluft wird zurückgegeben. Sie wärmt sich durch die ständigen Wärmeeinbrüche in den Kühlraum bei der Bedienung und durch die Wände wieder auf. Die Anlage wird in solchem Umfang betrieben, daß eine gleichmäßige Kühlraumtemperatur von $+8°$ C aufrechterhalten wird.

f) I, x-Diagramm für verschiedene Drücke.

Der größtmögliche Teildruck des Wasserdampfes hängt nur von der Temperatur ab. Eigentlich sollte man vermuten, daß der Teildruck von der Größe des Gesamtdruckes abhängen müßte. Dem ist aber nicht so. Wenn ein bestimmter Raum mit gesättigter Luft von bestimmter Temperatur angefüllt ist, so kann man noch soviel trockene Luft von derselben Temperatur hinzufügen (unter Druckerhöhung), sie wäre doch nicht imstande, noch mehr Wasserdampf aufzunehmen. Würde man nicht trockene, sondern feuchte Luft hinzufügen, ohne daß die Temperatur geändert wird, so müßte die Feuchtigkeit dieser zusätzlichen Luft tropfbar ausfallen. Das Aufnahmevermögen eines bestimmten Luftvolumens ist nur von der Temperatur, nicht aber auch vom Drucke abhängig.

Daraus folgt, daß ein Luft*volumen* unter 2 at abs. zwar genau so viel Wasserdampf bis zur Sättigung aufzunehmen vermag, wie dasselbe Volumen Luft von 1 at abs., daß aber die größtmögliche Dampfmenge x' je kg bei 2 at abs. Druck nur die Hälfte von der bei 1 at abs. sein kann. Mit dem Druck ändert sich demnach auch der Sättigungsgrad der Luft und damit auch ihr Taupunkt. Für den Dampfgehalt x' des gesättigten Gemisches gilt mit (376)

$$x' = 0{,}622 \frac{P_D'}{P - P_D'}.$$

Wird der Gesamtdruck P des Gemisches doppelt so hoch, so halbiert sich die Zahl x', wenn man $P - P_D' \approx P$ setzt. Das heißt aber nichts anderes, als daß der Sättigungszustand schon beim halben Dampfgehalt je kg eintritt.

Man kann den Dampfgehalt auch nach (377) berechnen. Wenn p den absoluten Gesamtdruck des Gemisches in at abs. angibt, so gilt

$$x = 0{,}622 \frac{\varphi h_D'}{735{,}6 p - \varphi h_D'} = 0{,}622 \frac{\frac{\varphi}{p} \cdot h_D'}{735{,}6 - \frac{\varphi}{p} h_D'}. \tag{400}$$

Zu einem bestimmten Zustandspunkt t, x im I, x-Diagramm gehört demnach eine relative Feuchtigkeit φ/p. Daraus folgt, daß die Sättigungskurve bei z. B. 2 at abs. Gesamtdruck mit der Linie $\varphi = 0{,}5$ bei atmosphärischem Gesamtdruck zusammenfällt, bei 4 at abs. mit der Linie $\varphi = 0{,}25$, bei 10 at abs. mit der Linie $\varphi = 0{,}1$. Je höher der Gesamtdruck ist, um so schmaler ist das Sättigungsgebiet. Bei alledem bleibt der Grundaufbau des I, x-Diagrammes mit den Dampfisothermen unverändert. Für die Wasser- und Eisisothermen verschieben sich nur die Ansatzpunkte an der Sättigungskurve; sie behalten aber ihre Richtung bei.

Beispiel. Von einem zweistufigen Luftverdichter wird Feuchtluft vom Zustand $t_1 = 20°$ C, $p_1 = 1$ at abs., $\varphi_1 = 0{,}60$ angesaugt und in der ersten Stufe polytropisch ($n = 1{,}3$) auf $p_2 = 3{,}5$ at abs. verdichtet. Die Luft gelangt dann in einen Zwischenkühler, wo sie unter gleichbleibendem Druck auf $t_3 = 30°$ C abgekühlt wird. Wieviel Wasser fällt im Zwischenkühler aus und wieviel Wärme muß der Luft dort entzogen werden, wenn der Verdichter stündlich $V_1 = 1000$ m³ Feuchtluft ansaugt?

Mit $(p_2/p_1)^{(n-1)/n} = 1{,}336 = T_2/T_1$ folgt $T_2 = 293 \cdot 1{,}336 = 391°$ K und $t_2 = 118°$C.

$$x_1 = x_2 = 0{,}622 \frac{0{,}6 \cdot 17{,}54}{735{,}6 - 0{,}6 \cdot 17{,}54} = 0{,}00902 \text{ kg Wasser/kg Luft;}$$

$$x_3 = x_3' = 0{,}622 \frac{31{,}82}{735{,}6 \cdot 3{,}5 - 31{,}82} = 0{,}00778 \text{ kg Wasser/kg Luft;}$$

$$x_2 - x_3 = 0{,}00902 - 0{,}00778 = 0{,}00124 \text{ kg Wasserausfall/kg Luft;}$$

(387) $$\gamma_{L1} = \frac{735{,}6 - 0{,}6 \cdot 17{,}54}{2{,}153 \cdot 293} = 1{,}15 \text{ kg/m}^3 \text{ angesaugte Luft;}$$

$$W = (x_2 - x_3) \cdot \gamma_{L1} \cdot V_1 = 0{,}00124 \cdot 1{,}15 \cdot 1000 = 1{,}425 \text{ kg/1000 m}^3 \text{ angesaugte L.}$$

(393) $$I_2 = 0{,}24 \cdot 118 + 0{,}00902\,(0{,}46 \cdot 118 + 597) = 34{,}19 \text{ kcal/kg;}$$

$$I_3 = 0{,}24 \cdot 30 + 0{,}00778\,(0{,}46 \cdot 30 + 597) = 11{,}96 \text{ kcal/kg;}$$

$$Q = V_1 \gamma_{L1} [I_2 - I_3 - (x_2 - x_3)\, t_3] = 1000 \cdot 1{,}15 \cdot (34{,}19 - 11{,}96 - 0{,}00124 \cdot 30)$$
$$= 25480 \text{ kcal/1000 m}^3 \text{ angesaugte Luft.}$$

g) Mischung verschiedenartig feuchter Luft bei annähernd gleichem Druck.

Über die Gesetzmäßigkeiten bei der Mischung von verschiedenartigen Luft-Wasserdampf-Gemischen gibt der Vergleich des Anfangs- mit dem Endzustand Aufschluß. Die Zeiger 1, 2, ... mögen die zufließenden Feuchtluftmengen bezeichnen, während der Zeiger m auf den mittleren Zustand des abströmenden Gemisches hinweisen soll, siehe hierzu Abb. 171. Die Zustände 1, 2, ... und m beziehen sich auf genügend weit vor und hinter dem Mischraum gelegene Stellen, bei welchen Gleichgewicht hinsichtlich Druck, Temperatur und Zusammensetzung herrscht. Dabei gilt offenbar für die

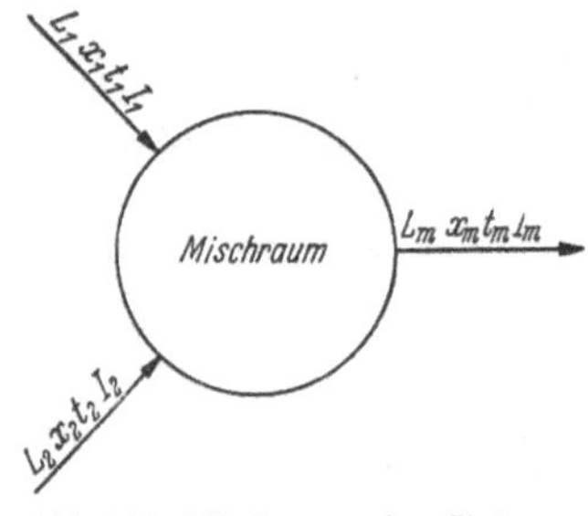

Abb. 171. Mischen zweier Ströme von feuchter Luft.

Luftmengen $$L_1 + L_2 + \cdots \pm L = L_m \pm L, \quad (401)$$

Wassermengen $$x_1 L_1 + x_2 L_2 + \cdots \pm W = x_m L_m \pm W, \quad (402)$$

Wärmemengen $$L_1 I_1 + L_2 I_2 + \cdots \pm Q = L_m I_m \pm Q. \quad (403)$$

Die Glieder $\pm L$, $\pm W$ und $\pm Q$ sollen dabei die Luftmengen, Wassermengen und Wärmemengen erfassen, die noch während des eigentlichen Mischvorganges zugesetzt oder abgeführt werden. Vorerst seien diese Glieder gleich Null gesetzt.

Dann ist

$$L_m = L_1 + L_2 + \cdots, \tag{404}$$

$$x_m = \frac{x_1 L_1 + x_2 L_2 + \cdots}{L_m}, \tag{405}$$

$$I_m = \frac{L_1 I_1 + L_2 I_2 + \cdots}{L_m}. \tag{406}$$

Darüber, ob bei dem Mischvorgang Wasser ausfällt oder nicht, sagen diese Gleichungen nichts aus. Um sich Gewißheit zu verschaffen, muß man schon die Temperatur der Mischung t_m und dazu den Grenzwert x'_m berechnen. Ist $x_m < x'_m$, so ist kein Wasser ausgefallen; im anderen Falle ist die Menge x'_m dampfförmig und die Menge $x_m - x'_m$ flüssig, meistens als Nebel enthalten. Zur Berechnung von t_m dient bei ungesättigtem Zustand die Beziehung

$$I_m = 0{,}24 \cdot t_m + x_m(0{,}46 \cdot t_m + 597),$$

und im Nebelbereich bei $t_m \geqq 0°$ C

$$I_m = 0{,}24 \cdot t_m + x'_m(0{,}46 \cdot t_m + 597) + (x_m - x'_m)\, t_m.$$

Es ist recht umständlich, hieraus die Temperatur der Mischung zu berechnen, auch wenn die Funktion $x' = f(t)$ durch eine Formel bekannt ist. Hier führt die graphische Ermittlung an Hand des I, x-Diagrammes einfach und schnell zum Ziele.

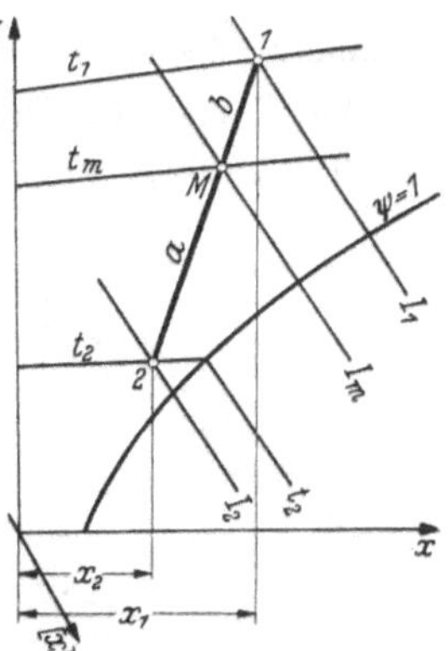

Abb. 172. Mischungsgerade im ungesättigten Gebiet.

In Abb. 172 wird der Fall untersucht, wenn zwei Luftmengen, beide ungesättigt, miteinander gemischt werden. Dabei ergibt sich, daß der Zustandspunkt des Gemisches auf der Verbindungsgeraden von 1 nach 2 liegen muß, wie aus den linearen Beziehungen (405) und (406) hervorgeht. Man spricht deshalb vom *Gesetz der Mischungsgeraden.* Aber auch die genaue Lage des *Mischungspunktes M* kann man angeben, denn aus den beiden Gleichungen folgt weiterhin, daß die Mischungsgerade im Mischungspunkt im umgekehrten Verhältnis der mitwirkenden Luftmengen geteilt wird, d. h. der Mischungspunkt rückt an den überwiegenden Zustand 1 oder 2 heran. Die Bilanz der Feuchtigkeit heißt mit (405)

$$L_1 x_1 + L_2 x_2 = (L_1 + L_2)\, x_m.$$

Daraus folgt

$$\frac{x_2 - x_m}{x_m - x_1} = \frac{L_1}{L_2} = \frac{a}{b} \tag{407}$$

und in gleicher Weise mit (406)

$$\frac{I_2 - I_m}{I_m - I_1} = \frac{L_1}{L_2} = \frac{a}{b}. \tag{408}$$

Damit liegt der Mischungspunkt M fest: Die Strecke $\overline{1\,2}$ ist so aufzuteilen, daß $a = \overline{2M}$ der Luftmenge L_1 und $b = \overline{M1}$ der Luftmenge L_2 proportional ist.

Beispiel. Feuchte Luft vom Zustand $t_1 = 10°$ C und $\psi_1 = 0{,}6$ und feuchte Luft vom Zustand $t_2 = 50°$ C und $\psi_2 = 0{,}2$ werden gemischt, wobei 1000 kg feuchte Luft von 40° C entstehen sollen. Welche Gewichte an feuchter Luft vom Zustand 1 und 2 sind erforderlich? Welchen Sättigungsgrad ψ_m hat das Gemisch? ($p \approx 1$ at abs.)

Man sucht im I, x-Diagramm die Zustandspunkte auf ($t_1 = 10°$ C, $\psi_1 = 0{,}6$) und ($t_2 = 50°$ C, $\psi_2 = 0{,}2$). Die Mischungsgerade $\overline{1\,2}$ schneidet die Dampfisotherme von 40° C bei $x_m = 0{,}0146$. Man erhält das Streckenverhältnis

$$\frac{L_1}{L_2} = \frac{1}{2{,}90},$$

außerdem gilt mit $L_m(1 + x_m) = 1000$ kg und

$$L_m = \frac{1000}{1 + 0{,}0146} = 985{,}6 \text{ kg Luft}$$

die Beziehung

$$L_1 + L_2 = 985{,}6 \text{ kg}.$$

Daraus findet man $L_1 + 2{,}90\,L_1 = 985{,}6$ kg und

$$L_1 = 252{,}7 \text{ kg} \quad \text{und} \quad L_2 = 732{,}9 \text{ kg}.$$

Die Gewichte der beiden feuchten Luftmengen sind mit $x_1 = 0{,}0047$ und $x_2 = 0{,}0179$ nunmehr

$$L_1(1 + x_1) = 254{,}0 \text{ kg} \quad \text{und} \quad L_2(1 + x_2) = 746{,}0 \text{ kg},$$

zusammen 1000 kg.

Der Vorteil bei dem graphischen Verfahren ist hier, daß man die Mischungstemperatur t_m sofort ablesen kann, gleichgültig, ob der Mischungspunkt M in das ungesättigte oder das Nebelgebiet fällt. Mischt man zwei gesättigte Luftmengen, so bildet sich in jedem Fall Nebel, wie Abb. 173 zeigt. Die Menge des Nebels kann man ebenfalls sofort abgreifen, sie ist $x_m - x_m'$ kg/kg Gemisch. Man sieht, daß der Mischungspunkt M auch schon in das Nebelgebiet fallen kann, wenn die Luftmengen nahezu gesättigt sind.

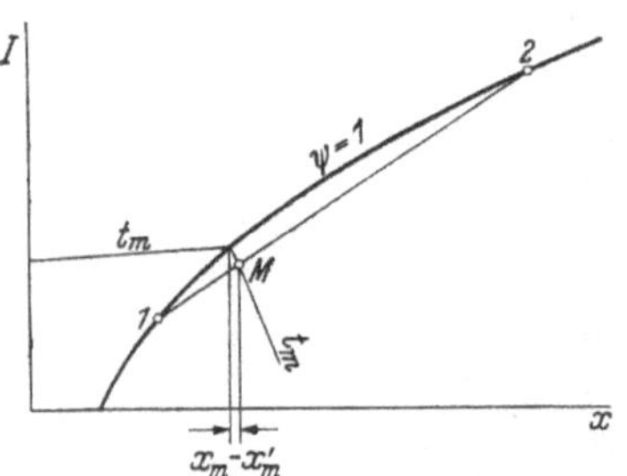

Abb. 173. Nebelbildung beim Mischen zweier gesättigter Luftmengen.

Beispiel 1. 100 kg gesättigte Luft von 10° C und 100 kg gesättigte Luft von 40° C werden gemischt. Wieviel Feuchtigkeit taut aus? ($p \approx 1$ at abs.) Die Gewichte beziehen sich auf Feuchtluft.

Man sucht die beiden Punkte im I, x-Diagramm auf und verbindet sie durch eine Gerade, die man im Verhältnis

$$\frac{L_1}{L_2} = \frac{100}{1 + x_1'} \cdot \frac{1 + x_2'}{100} = \frac{1{,}0506}{1{,}0079} = \frac{1{,}042}{1}$$

teilt und erhält dabei $x_m = 0{,}0289$. L_1 ist das größere Luftgewicht, zu $t_1 = 10°$ C und $x_1 = 0{,}0079$ gehörig. Man findet $t_m = 29{,}3°$ C in Abb. 166 neben der eingezeichneten Wasserisotherme von 30° C oder im Teil B anliegenden größeren I, x-Diagramm. Dazu gehört $x_m' = 0{,}0270$ kg/kg. Mithin sind $0{,}0289 - 0{,}0270 = 0{,}0019$ kg/kg Wasser ausgetaut. Das Gemisch ist weit entfernt davon, die mittlere Temperatur von 25° C zwischen 10° C und 40° C einzugehen.

Beispiel 2. Wieviel kg vernebelte Luft L_1 vom Zustand $t_1 = 20°$ C, $x_1 = 0{,}02$ darf man $L_2 = 100$ kg Luft vom Zustand $t_2 = 25°$ C, $x_2 = 0{,}01$ höchstens zusetzen, damit ein nebelfreies Gemisch entsteht? ($p \approx 1$ at abs.)

Aus dem I, x-Diagramm folgt $x'_m = 0{,}0143$ kg/kg und

$$L_2 : L_1 = 43 \text{ mm} : 27 \text{ mm}$$

und

$$L_1 = 100 \frac{27}{43} = 63 \text{ kg}.$$

Die Gemischtemperatur ist $t_m \approx 19°$ C.

Das Gesetz der Mischungsgeraden gilt nur bei stoffdichtem adiabatischem Mischungsvorgang. Wird bei der Mischung Wärme zugeführt (oder abgeführt), so ist es gleichgültig, ob die feuchte Luft 1 oder die feuchte Luft 2 vor der Mischung dieser beiden erwärmt wird, oder ob das Gemisch aus den beiden feuchten Luftmengen 1 und 2 hergestellt und dann erst erwärmt wird, denn der Wärmeinhalt je kg Gemisch ist

$$I_m = \frac{L_1 I_1 + L_2 I_2}{L_m} + \frac{Q}{L_m} = \frac{L_1\left(I_1 + \frac{Q}{L_1}\right) + L_2 I_2}{L_m} = \frac{L_1 I_1 + L_2\left(I_2 + \frac{Q}{L_2}\right)}{L_m}. \quad (409)$$

Im I, x-Diagramm Abb. 174 gelangt man zum gleichen Endzustand M' nach Mischung und Erwärmung, ob man vom Mischungspunkt M aus die Zunahme des Wärmeinhalts $\Delta I = Q/L_m = \overline{MM'}$ aufträgt, oder ob man die Wärmemenge Q/L_1 zum Wärmeinhalt I_1 oder Q/L_2 zu I_2 zählt. Mit der Erwärmung hat man ein einfaches Hilfsmittel, um ein nebliges Gemisch zu entnebeln. Durch Wärmezufuhr vor der Mischung wird Nebelbildung vermieden, durch nachherige Erwärmung jedoch wird aufgekommener Nebel verdampft und die Luft wieder geklärt.

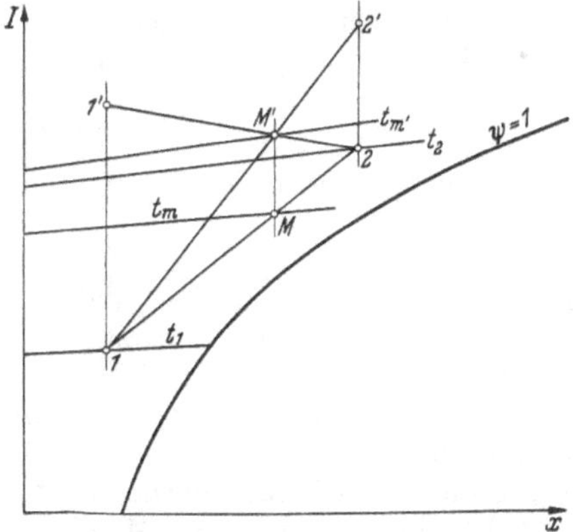

Abb. 174. Mischung mit Wärmezufuhr von Q kcal. Strecke $\overline{11'} = Q/L_1$, Strecke $\overline{22'} = Q/L_2$, Strecke $\overline{MM'} = Q/(L_1 + L_2) = Q/L_m$, Mischungsgerade $\overline{12}$, $\overline{1'2}$ und $\overline{12'}$.

Beispiel 1. Feuchte Luft vom Zustand $t_1 = 50°$ C, $\varphi_1 = 0{,}6$ mit $L_1 = 600$ kg und vom Zustand $t_2 = 20°$ C, $\varphi_2 = 0{,}8$ mit $L_2 = 1000$ kg werden unter Zuführung von $Q = 10000$ kcal gemischt. Welches ist der Endzustand? ($p \approx 1$ at abs.)

Man sucht Zustand 1 und 2 im I, x-Diagramm auf, zieht die Mischungsgerade und teilt im Verhältnis 1000 : 600 von 1 aus. Der Mischungspunkt M wird bei $t_m = 31{,}9°$ C; $\varphi_m = 0{,}86$; $x_m = 0{,}0263$; $I_m = 23{,}7$ kcal/kg gefunden.

$$\frac{Q}{L_1 + L_2} = \frac{10000}{1600} = 6{,}25 \text{ kcal/kg. Endzustand } I = 23{,}7 + 6{,}3 = 30 \text{ kcal/kg}$$

$$x = 0{,}0263, \quad t = 56{,}6° \text{ C} \quad \text{und} \quad \varphi = 0{,}24.$$

Beispiel 2. Wieviel kg vernebelte Luft ($t_1 = 30°$ C, $\psi_1 = 1{,}1$) kann man einer Luftmenge $L_2 = 100$ kg mit Zustand $t_2 = 40°$ C und $\psi_2 = 0{,}8$ zumischen, so daß nebelfreie gesättigte Luft entsteht. Welches ist der Endzustand, wenn vorher die vernebelte Luft auf 40° C erwärmt wird? Wie groß ist dabei die Wärmezufuhr? ($p \approx 1$ at abs.)

$$x_1' \text{ zu } 30° \text{ C} = 0{,}0281, \quad \text{also} \quad x_1 = \psi_1 x_1' = 1{,}1 \cdot 0{,}0281 = 0{,}0309;$$

$$x_2' \text{ zu } 40° \text{ C} = 0{,}0506, \quad \text{also} \quad x_2 = \psi_2 x_2' = 0{,}8 \cdot 0{,}0506 = 0{,}0405;$$

Mischungsgerade $\overline{1\,2}$ 75 mm lang, Teilung $52 : 23 = L_2 : L_1$;

$$L_1 = L_2 \frac{23}{52} = 100 \frac{23}{52} = 44{,}2 \text{ kg}; \quad x_m = 0{,}0376 \text{ kg/kg}; \quad t_m \approx 35° \text{ C};$$

I_1 nach Diagramm 24,4 kcal/kg. I bei 40° C und x_1 ist 28,7 kcal/kg;

$$\varDelta I = 28{,}7 - 24{,}4 = 4{,}3 \text{ kcal/kg} \quad \text{und} \quad Q = L_1 \cdot \varDelta I = 44{,}2 \cdot 4{,}3 = 190 \text{ kcal};$$

Mischungsgerade = Isotherme 40° C im ungesättigten Gebiet. Länge 38 mm. Teilung

$$\frac{L_1}{L_1 + L_2} = \frac{100}{144{,}2} = \frac{26{,}3}{38}.$$

Endzustand: $x = 0{,}0376$, $I = 32{,}8$ und $\psi = 0{,}743$.

h) Randmaßstab des I, x-Diagramms.

Im Beispiel 1 S. 283 war errechnet worden, daß Sattdampf von 4 at abs. nicht genügend Wärmeenergie enthält, um den gewünschten Endzustand herbeizuführen. Es war vielmehr noch eine zusätzliche Erwärmung erforderlich. Durch den Dampf wird nur die gewünschte Anfeuchtung um $x_2 - x_1$ kg/kg erreicht. Die Feuchtigkeitsaufnahme ist

$$W = L(x_2 - x_1). \tag{410}$$

Gleichzeitig nimmt der Wärmeinhalt um

$$W i_D = L(I_2 - I_1) \tag{411}$$

zu in kcal, wobei i_D den Wärmeinhalt des eingeblasenen Dampfes bedeutet. In diesem Falle ist das Mischungsgesetz für die Mischung von Feuchtluft und luftfreiem Dampf nicht ohne weiteres anwendbar, weil das Mischungsverhältnis x von Dampf zu Luft bei reinem Dampf unendlich groß wird. Das I, x-Diagramm läßt sich aber trotzdem benutzen, wenn man berücksichtigt, daß das Verhältnis von (411) zu (410) die Neigung der Mischungsgeraden

$$\frac{I_2 - I_1}{x_2 - x_1} = i_D = \frac{dI}{dx} \tag{412}$$

angibt. Der Richtungsfaktor ist gleich dem Wärmeinhalt des zugeführten Dampfes.

Die Neigung der Mischungsgeraden ist nun für verschiedene Werte von dI/dx am Rande des I, x-Diagrammes angegeben. Allerdings besteht insofern eine Schwierigkeit, als die Mischungsgeraden an ganz verschiedenen Stellen im Diagrammfelde liegen können, wobei sie jedoch für jeden bestimmten Neigungskoeffizienten dI/dx einander parallel sind. Die Neigungen sind deshalb vom Ursprung des Diagrammes ausgehend angegeben, und zwar für $dI/dx = (I_2 - I_1)/(x_2 - x_1) = 450$

bis 2000; siehe auch Abb. 175. Der Randmaßstab entsteht also durch Markierung der Schnittpunkte eines Geradenbüschels, ausgehend vom Ursprung. Die wirkliche Lage der Mischungsgeraden kann man leicht durch Parallelverschiebung finden. Die Abszisse des schiefwinkligen Diagrammes, $[x]$, hat die Neigung -597; die waagerechte Achse x hat die Neigung $dI/dx = 597$ und fällt mit der Dampfisotherme $t = 0\,°C$ zusammen. Es ergibt sich so die in Abb. 175 angedeutete Randskala.

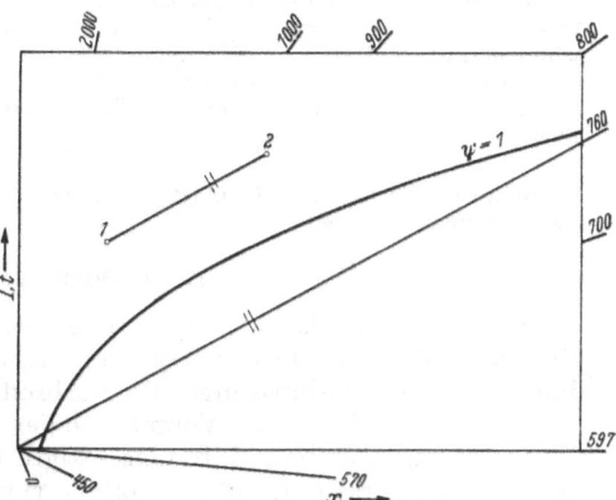

Abb. 175. Randmaßstab des I, x-Diagrammes z. B. Mischungsgerade $\overline{12}$ parallel der Geraden $dI/dx = 760$ durch den Ursprung.

Im Diagrammausschnitt Abb. 176 ist der Punkt 1 ($t_1 = 16°\,C$, $\varphi_1 = 0{,}60$) des Beispiels 1 auf S. 283 eingetragen. Ferner ist die Richtungsgerade $dI/dx = i_D = 653{,}4$ kcal/kg gezogen, die parallel zu der Dampfisotherme $t_s = 142{,}9°\,C$ (zu 4 at abs. gehörig) liegt. Zu dieser Geraden ist die Mischungsgerade parallel. Nach Zumischung des Dampfes ist die Luft vernebelt, Zustand 2'. Um zu dem gewünschten Zustand 2 zu kommen, muß man entweder einen Dampf mit $i_D \approx 815$ kcal/kg anwenden (z. B. 16 at abs., 475° C), was eine Zunahme des Wärmeinhaltes von

$$\Delta I = \overline{2'2} = \frac{Q}{D} = 4{,}8 = 0{,}030\,(815 - 653{,}4)\ \text{kcal/kg}$$

bedeutet, oder die Luft ist um 4,8 kcal/kg anzuwärmen (Strecke $\overline{11'}$ im Diagramm 176).

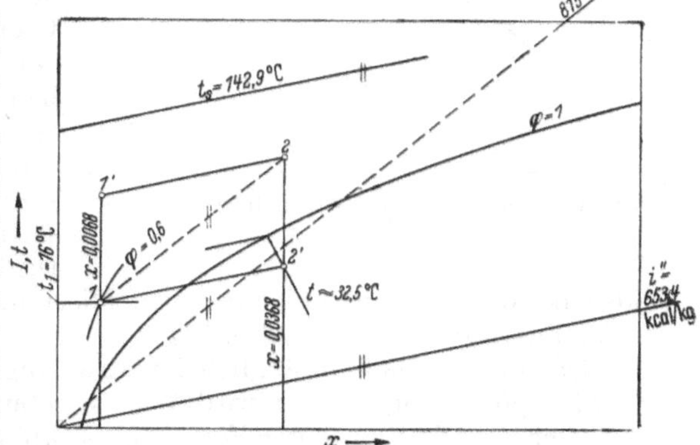

Abb. 176. Zeichnerische Lösung von Beispiel 1 auf S. 283.

Aus der Abbildung erhält man eine Übersicht über die Wirkung verschiedener Dämpfe. Die Sättigungskurve $\varphi = 1$ nähert sich bei atmosphärischem Druck asymptotisch der Dampfisotherme 100° C, die einen Neigungskoeffizienten von 638,9 kcal/kg hat. Bläst man Dampf von weniger als 638,9 kcal/kg ein, so wird die Luft in jedem Falle vernebelt, man mag noch soviel Dampf anwenden. Um im Zustand $x_2 = 0{,}0368$ nebelfreie Luft zu erhalten, muß der Dampf mindestens (Zustand an der Sättigungskurve) 786 kcal/kg haben. (Die zu 786 kcal/kg gehörige Mischungsgerade deckt sich zufällig mit der Tangente vom Zustandspunkt 1 an die Sättigungskurve.) Bei Richtungen dI/dx zwischen 640 und 786 kcal wird die Luft bei Dampfzufuhr zunächst vernebelt, bei fortgesetzter Dampfzufuhr aber wieder nebelfrei, d. h. die Mischungsgerade tritt bei großen Werten von x wieder in das ungesättigte Gebiet ein.

Es ist übrigens unwesentlich, in welcher Weise man den Feuchtigkeitsgehalt und die Temperatur der feuchten Luft vom Zustand 1 ändert, um in den Zustand 2 zu gelangen. Man könnte jedem kg Reinluft auch z. B. durch Einspritzen eine Wassermenge $W/L = x_2 - x_1$ in kg zuführen von der Temperatur t_W. Die Mischungsgerade hat dann die Neigung t_W, parallel der Wasserisotherme t_W° C, ist also sehr steil (im Bilde abwärts gerichtet). Da man den Wärmeinhalt aber von I_1 auf I_2 steigern möchte, muß man außerdem noch eine Wärmemenge Q zuführen, gemäß

$$L_1 (I_2 - I_1) = W \cdot t_W + Q.$$

Wenn im Sonderfall $t_W = 0°$ C ist, so findet man $Q = L_1 (I_2 - I_1)$. Siehe hierzu auch Beispiel 2, S. 284.

i) Verdunstung.

Es ist bekannt, daß Luft in der Lage ist, Feuchtigkeit aufzutrocknen. Man sagt, daß bei diesem Vorgang flüssiges Wasser verdunstet und daß dabei eine Verdunstungskälte verbreitet wird. Das I, x-Diagramm verschafft auch in solche Vorgänge einen guten Einblick.

Es sei angenommen, daß ungesättigte Luft vom Sättigungsgrad ψ_1 und der Temperatur t_1 auf eine offene ruhende Wasserfläche von derselben Temperatur t_1 geblasen wird. Im I, x-Diagramm Abb. 177 gibt Punkt 1 den Zustand der Luft wieder. Die Isotherme t_1 ist im ungesättigten und im Nebelgebiet gezeichnet. In unmittelbarer Umgebung der Wasseroberfläche (oder, bei niedrigeren Temperaturen, der Eisfläche) befindet sich eine Grenzschicht von gesättigter Luft. Die Luft haftet an der Wasseroberfläche und hat dort in jedem Fall die Temperatur des Wassers. An diese dünne Grenzschicht werden Teilchen der Luft vom Zustand 1 wirbelnd herangebracht, die sich sättigen und mit der übrigen Luft wieder mischen. Andere Luftteilchen strömen nach und sättigen und vermischen sich wiederum[1]. Es handelt sich also bei der Verdunstung um einen Mischungsvorgang zwischen Luft vom Zustand 1 und 1′, Abb. 177.

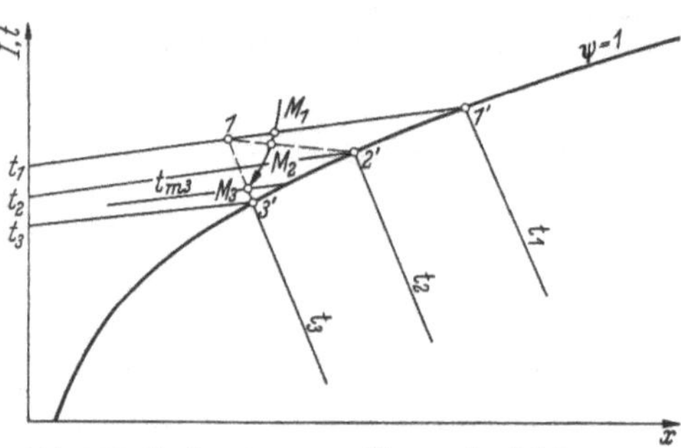

Abb. 177. Verdunstung von Wasser in gleich warme Luft.

Die Luft strömt anfänglich im Mischungszustand M_1 ab. Bei der Verdampfung von Wasser wird Wärme gebunden, was zur Folge hat, daß sich die Oberfläche der Wassermasse abkühlt und eine Temperatur t_2 annimmt (Zustandspunkt 2′). Der weitere Mischvorgang spielt sich dadurch auf einer Geraden 1 2′ ab mit M_2 als Mischungszustand. Allein

[1] Die Ausführungen gelten für den gewöhnlichen Fall von turbulenter (wirbeliger) Strömung, siehe hierzu Abschnitt 72. Bei Laminarströmung (ohne Wirbelung) liegen die Verhältnisse anders, weil die angefeuchteten Luftteilchen sich nicht mit dem Hauptstrom mischen.

auch jetzt stellt sich kein Gleichgewichtszustand ein, sondern erst dann, wenn die Temperatur der Wasseroberfläche auf t_3 gefallen ist und Punkt 1 in Richtung der Wasserisotherme t_3 liegt. Durch das Temperaturgefälle fließt Wärmeenergie vom Unterwasser nach der Oberfläche. Schließlich aber kühlt sich die gesamte Wassermasse auf die Temperatur t_3 ab.

Aus Abb. 177 ist ersichtlich, daß bei t_3 alle Verdampfungswärme aus dem Wärmeinhalt der ankommenden Luft bestritten wird. Das abströmende Gemisch im Zustand M_3 hat deshalb eine Temperatur $t_{m3} < t_1$. Bei jedem Verdunstungsvorgang strebt die Wasseroberfläche diejenige Temperatur (t_3) anzunehmen, bei welcher die Verlängerung der Wasserisotherme durch den Punkt des anfänglichen Luftzustandes geht. Man nennt diese Grenztemperatur die *Kühlgrenze* t_k. Das Merkwürdige an diesem Verdunstungsvorgang ist, daß man ungesättigte Luft durch Berührung mit Wasser gleicher Temperatur abkühlen kann, wobei der Dampfgehalt der Luft zunimmt. Von dieser Erscheinung macht man in der Technik bei der Abkühlung von Gasen durch unmittelbare Beregnung Gebrauch.

Ist im allgemeinen Falle, wie Abb. 178 zeigt, die Wassertemperatur $t_a > t_k$, so fällt die Temperatur des Wassers auf t_k. Umgekehrt erwärmt sich das Wasser von t_b auf t_k, wenn die Wassertemperatur t_b unter der Grenztemperatur t_k liegt. Alle in Richtung der Wasserisotherme t_k liegenden Luftzustände haben dieselbe Kühlgrenze, unabhängig davon, ob Wasser verdunstet oder Eis sublimiert.

Die Wasseraufnahme geht offenbar um so lebhafter vor sich, je größer die Entfernung des Zustandspunktes der Luft im I, x-Diagramm von der Sättigungskurve $\psi = 1$ ist (Strecke $\overline{11'}$ in Abb. 177). Das bedeutet, daß um so mehr Wasser verdunstet, je ungesättigter die Luft ist und je länger die Berührung mit dem Wasser andauert. Aus dieser Überlegung heraus ist die Wasseraufnahme

$$dW \text{ prop. } (x' - x_1)\, dZ.$$

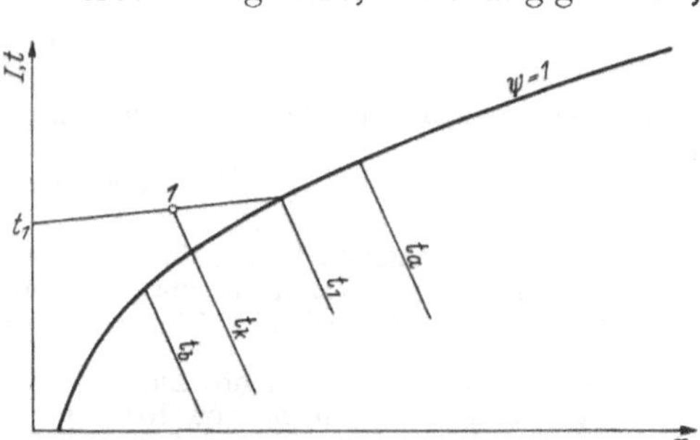

Abb. 178. Bei der Verdunstung haben Luft und Wasser verschiedene Temperatur.

Darin ist dZ das Zeitelement und x' der Sättigungszustand, der dem Grenzzustand x_k' an der Kühlgrenze zustrebt. Nach Erreichen der Kühlgrenze ist

$$W = \sigma(x_k' - x_1)Z. \tag{413}$$

Die Größe des Proportionalitätsfaktors σ hängt vom Temperaturunterschied Luft/Wasser und den Strömungsbedingungen der Luft ab, in erster Linie von der Luftgeschwindigkeit und in diesem Zusammenhang der Wirbelung. Man nennt σ die *Verdunstungszahl* in kg Wasseraufnahme je Stunde und m² Oberfläche.

Nun wird aber nicht nur *Stoff*, sondern auch *Wärme* ausgetauscht, und dabei ergibt sich, daß zwischen Verdunstung und Wärmeübergang ein enger Zusammenhang besteht. Nach späterem rechnet man hierbei mit der sog. *Wärmeübergangszahl* α, mit der man zusammenfaßt, wieviel Wärme bei einem Grad Temperaturunterschied in einer Stunde von einer 1 m² großen Fläche abgegeben wird. Im Grenzzustand t_k ist

$$Q = \alpha(t_1 - t_k)Z. \tag{414}$$

Setzt man (414) und (413) ins Verhältnis, so ist

$$\frac{Q}{W} = \frac{\alpha}{\sigma} \frac{t_1 - t_k}{x_k' - x_1}. \tag{415}$$

Die Wärmespeicherung in 1 kg Wasser beim Übergang vom flüssigen Zustand in den dampfförmigen unter Wirkung der Temperaturdifferenz $t_1 - t_k$ bei gleichem Druck kann man berechnen mit

$$\frac{Q}{W} = I_1 - I'_{Wk} = \frac{c_k' (t_1 - t_k)}{x_k' - x_1}.$$

Dabei bedeutet c_k' die spezifische Wärme $0{,}24 + 0{,}46\, x_k'$ des Luft/Dampf-Gemisches und I'_{Wk} den Wärmeinhalt (Enthalpie) des flüssigen Wassers von der Temperatur t_k. Die spezifische Wärme c_k' und die Temperaturdifferenz $t_1 - t_k$ sind maßgebend für den Wärmeübergang von der Grenzschicht an die ankommenden Luftteilchen vom Zustand 1. Daraus folgt das LEWIS*sche Gesetz*

$$\frac{\alpha}{\sigma} = c_k'. \tag{416}$$

Wenn der Dampfgehalt x_k nicht groß ist — wie im allgemeinen der Fall —, dann kann man $c_k' \approx 0{,}25$ setzen, was bedeutet, daß die Verdunstungszahl etwa viermal so groß ist wie die Wärmeübergangszahl, eine bemerkenswert einfache Beziehung[1].

Es hat sich allerdings später herausgestellt, daß die Vorgänge bei der Verdunstung von Flüssigkeiten aus einer freien Oberfläche heraus in ein darüber streichendes Gas recht verwickelter Natur sind und daß die LEWISsche Beziehung in Wirklichkeit nicht allgemein gültig ist. Sie gibt nur annähernd richtige Ergebnisse, wenn die Luft unmittelbar an der Oberfläche der Flüssigkeit die Grenztemperatur t_k hat. Je nach den Umständen des Wärmeaustausches kann

$$\frac{\alpha}{\sigma c_k'} \gtreqless 1$$

sein, und zwar ergab sich für die Verdunstung von Wasser in Luft[2]

$$\frac{\alpha}{\sigma c_k'} = 0{,}87 \text{ bis } 0{,}90 \tag{417}$$

im beobachteten Bereich. Immerhin aber bestätigte sich, daß die Verdunstungszahl σ in gewissem Verhältnis zur Wärmeübergangszahl α steht, wenn auch nicht mit $4\alpha = \sigma$, so doch mit $4{,}5\alpha = \sigma$ etwa.

Beispiel. 100000 m³/h feuchte Luft von 60° C und 10 vH Sättigung streichen über eine offene Wasserfläche von 10 m² und entweichen gesättigt. Das Wasser, das ursprünglich 12° C warm war, hat die Grenztemperatur t_k. Von welcher Temperatur an begann Wasser zu verdunsten? Die Luft entweicht vollständig gesättigt, welches ist ihre Temperatur und ihr Dampfgehalt? Wie groß ist die Verdunstungszahl und die Wärmeübergangszahl? Welches ist der Luftzustand, wenn der Sättigungsgrad am Ende $\psi_m = 90$ vH wäre?

Aus dem I, x-Diagramm findet man die zum Zustand $t_1 = 60°$ C, $\psi_1 = 0{,}1$, $x_1 = 0{,}1 \cdot 0{,}159 = 0{,}0159$ gehörige Kühlgrenze zu $t_k = 31°$ C. Der Taupunkt der Luft (mit $x_1 = 0{,}0159$) liegt bei $t = 20{,}5°$ C. Bei der Anwärmung der Wasseroberfläche kommt es dort zur Taubildung, solange die Wassertemperatur unter

---

[1] LEWIS, W. K.: The Evaporation of a Liquid into a Gas. Mech. Engg. Bd. 44 (1922) S. 445.

[2] TEN BOSCH, M.: Die Wärmeübertragung, S. 189. Berlin 1936, und H. HILPERT: Verdunstung und Wärmeübergang an senkrechten Platten in ruhender Luft. VDI-Forschungsheft Nr. 335. Berlin 1932. Siehe hierzu auch J. KOCH: Zur Untersuchung und Berechnung von Kühlwerken mit Hilfe des i, t-Bildes. VDI-Forschungsheft Nr. 404, S. 6. Berlin 1940. — E. KIRSCHBAUM: Forschg. Ing. Wes. Bd. 7 (1936) S. 109.

20,5° C ist. Ab 20,5° C verdunstet Wasser. Die Luft entweicht schließlich mit $t_k = 31°$ C und $x_k' = 0{,}0299$ kg/kg. In 100000 m³/h Feuchtluft sind

$$L = \frac{PV}{RT} = \frac{10000 \cdot 100000}{47{,}1 \cdot (0{,}622 + 0{,}016) \cdot 333} = 99900 \text{ kg}$$

Reinluft enthalten, die $W = L(x_k' - x_1) = 99900\,(0{,}030 - 0{,}016) =$ rund 1400 kg Wasser aufgenommen haben. Demnach ist die Verdunstungszahl

$$\sigma = \frac{1400}{10} = 140 \text{ kg/m}^2\text{h}$$

und die Wärmeübergangszahl

$$\alpha \approx 0{,}9 \cdot \sigma \cdot c_k' = 0{,}9 \cdot 140 \cdot (0{,}24 + 0{,}46 \cdot 0{,}030) = 32 \text{ kcal/m}^2\text{h Grad.}$$

Der Endzustand mit $\psi_m = 0{,}9$ muß auf der Verlängerung der Wasserisotherme t_k liegen. Man findet im I, x-Diagramm $t_m = 32{,}3°$ C und $x_m = 0{,}029$ kg/kg.

Betrachtet man die Begleitumstände bei einem Verdunstungsvorgang an Hand des I, x-Diagrammes, Abb. 179, so kann man die Zustandsänderungen sofort abschätzen[1]. Wenn die Verlängerung der Wasserisotherme durch den Zustandspunkt der Luft geht, so ändert sich die Temperatur der Wasseroberfläche nicht. Liegt der Zustandspunkt auf der dem Ursprung zugekehrten Seite, so wird das Wasser abgekühlt, jenseits erwärmt. Für die Luft gilt, daß sie erwärmt wird, wenn ihre Temperatur unter der des Wassers liegt, und daß sie sich abkühlt, wenn sie wärmer als das Wasser ist. Weiter kann man angeben, ob Wasser verdunstet (Dampfgehalt der Luft $x_1 < x'$) oder austaut ($x_1 > x'$). Der Mischungspunkt zwischen der ankommenden ungesättigten Luft und der an der Grenzschicht gesättigten Luft fällt nur dann nicht ins Nebelgebiet, wenn der Zustandspunkt der Luft jenseits der Tangente an die Sättigungskurve im Punkt $x = x'$, $\psi = 1$ liegt, ausgenommen der Fall der völligen Sättigung. Im übrigen spricht das Schaubild für sich.

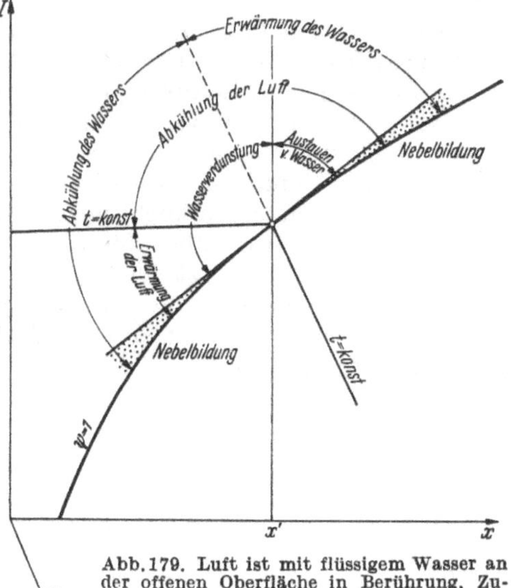

Abb. 179. Luft ist mit flüssigem Wasser an der offenen Oberfläche in Berührung, Zustandsänderungen von Luft und Wasser.

Mit den Vorgängen bei der Trocknung von feuchten Körpern, mit der Rückkühlung von Kühlwasser durch Luft und mit der Messung der Luftfeuchtigkeit befassen sich verschiedene Abschnitte im zweiten Teil des Leitfadens. Außerdem ist dort auch ein I, t-Bild für feuchte Luft beschrieben.

[1] Das Diagramm wurde von R. Mollier angegeben, a. a. O. Z. VDI Bd. 73 (1929) S. 1012.

XVI. Strömende Bewegung von Gasen, Dämpfen und Flüssigkeiten.

69. Allgemeine Grundlagen.

Alle nichtfesten Körper vermögen *strömende Bewegungen* auszuführen, wobei sie einheitlichen mechanischen und thermischen Gesetzen unterliegen. Hier soll von der Strömungsmechanik insoweit die Rede sein, wie zum Verständnis der Erscheinungen bei der Wärmeübertragung nötig ist. Es genügt, daß man sich dabei im wesentlichen auf die Strömung in geraden geschlossenen (dichten) Leitungen beschränkt.

Wenn sich ein Stoff (Gas, Dampf oder Flüssigkeit) in einer solchen Leitung gleichmäßig[1] fortbewegt, so kann man zunächst feststellen, daß

a) durch jeden Leitungsquerschnitt in der Zeiteinheit dasselbe Stoffgewicht gefördert werden muß (*Kontinuitätsbedingung*),

b) infolge von Reibung die Geschwindigkeit in der Mitte der Leitung größer als am Rande ist, wo sie nach Abb. 29 bis auf Null abfällt, und

c) es sich um einen nichtumkehrbaren Vorgang handelt, der in Richtung des Druckgefälles verläuft.

Der Strom durchsetzt den Querschnitt mit einer mittleren Geschwindigkeit w in m/s, die mit der Querschnittsfläche F in m² und dem spezifischen Gewicht γ in kg/m³ vervielfacht das Durchflußgewicht G in kg/s ergibt:

$$G = F_1 w_1 \gamma_1 = F_2 w_2 \gamma_2 = \cdots$$

$$\boxed{F w \gamma = \text{konst.}} \tag{418}$$

und in einer Rohrleitung mit unveränderlichem Querschnitt

$$w\gamma = \frac{w}{v} = \text{konst.} \tag{419}$$

Man hat allgemein zwischen einem *inneren* und einem *äußeren* Zustand der Körper zu unterscheiden, ebenso wie zwischen innerer und äußerer Energie. Der innere Zustand, beschrieben durch die Zustandsgrößen, bleibt unberührt davon, ob der Körper in Bewegung begriffen oder in Ruhe ist. Der Druck, den man in die Zustandsgleichung einzusetzen hat, ist der absolute Druck, den ein Meßinstrument anzeigen würde, wenn es im Strom mitginge. Durch diesen Druck ist der Stoff befähigt, einen Widerstand zu überwinden oder auf die Höhe $P/\gamma = Pv$ in m, *Druckhöhe* genannt, zu steigen. P/γ ist nach (236) die Verdrängungsarbeit je kg des Stoffes in mkg/kg = m. Entsprechend kann man aus der kinetischen Energie

$$\frac{m w^2}{2} = G\,\frac{w^2}{2g}$$

in mkg für $G = 1$ kg eine *Geschwindigkeitshöhe* $w^2/2g$ in m bilden. Würde die Geschwindigkeit plötzlich zu Null werden, d. h. das Teilchen senkrecht auf ein Hindernis stoßen, so könnte es sich vermöge seiner kinetischen Energie auf die Höhe $w^2/2g$ erheben (Stauhöhe) oder eine Arbeit $w^2/2g$ in mkg/kg leisten.

[1] stationär, d. h. am gleichen Ort zeitlich unveränderlich.

Energiegleichungen. H ist die geodätische Höhe in m. Nach (256) ergibt sich durch Differentiation des Ausdruckes

$$H + \frac{P}{\gamma} + \frac{u}{A} + \frac{w^2}{2g}$$

mit L_R als Reibungsarbeit in mkg/kg die Energiegleichung[1]

$$dH + d\left(\frac{P}{\gamma}\right) + \frac{du}{A} + \frac{w\,dw}{g} + dL_R = \frac{dQ}{A}. \tag{420}$$

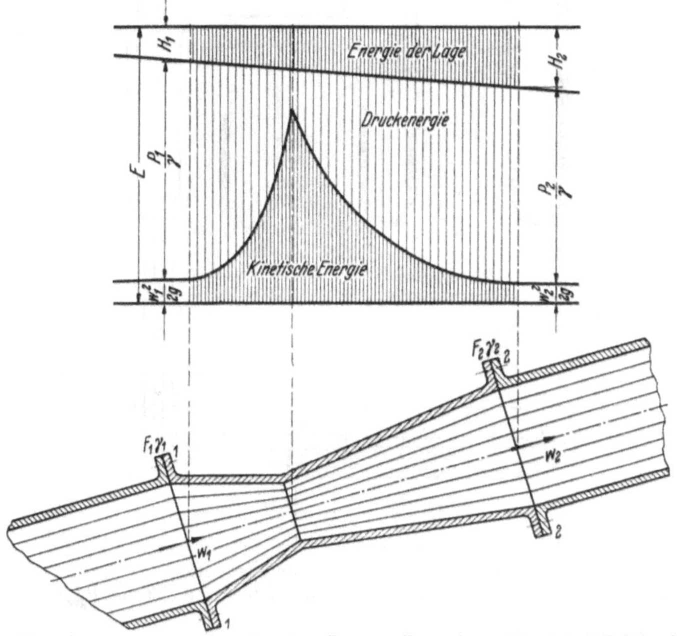

Abb. 180. Energieumwandlungen in einer tropfbaren reibungslosen Flüssigkeit bei der Bewegung durch ein Rohrstück nach Art eines VENTURI-Rohres (bezogen auf die mittlere Geschwindigkeit w).

dQ ist der Wärmeaustausch des Stromes mit seiner Umgebung[2]. Man kann setzen $dQ = du + APdv = du + APd(1/\gamma)$ und erhält

$$dH + \frac{dP}{\gamma} + \frac{w\,dw}{g} + dL_R = 0. \tag{421}$$

Unter L_R soll die gesamte Reibungsarbeit je kg Stoff verstanden werden. Bei der Bewegung tropfbarer Flüssigkeiten ist das spezifische Gewicht

[1] Davon, daß außer bei gleicher Geschwindigkeit aller Teilchen das Quadrat der mittleren Geschwindigkeit nicht genau der Summe der Quadrate aller Einzelgeschwindigkeiten entspricht, möge hier abgesehen werden. Siehe hierzu H. RICHTER, Rohrhydraulik, S. 52. Berlin 1934.

[2] Um Verwechslungen mit der Länge l in m zu unterbinden, ist in diesem Abschnitt XVI und im Abschnitt XVII die Wärmemenge mit Q und die Arbeit mit L bezeichnet, ohne Rücksicht auf die Stoffmenge.

praktisch unveränderlich und gilt für zwei beliebige Querschnitte[1] wie in Abb. 180

$$H_1 - H_2 + \frac{1}{\gamma}(P_1 - P_2) + \frac{w_1^2}{2g} - \frac{w_2^2}{2g} = L_{R12}.$$

Für einen reibungslosen Stoff mit $L_R = 0$ ergibt sich die angedeutete Energieumwandlung (Satz von BERNOUILLI). Strömen Gase oder

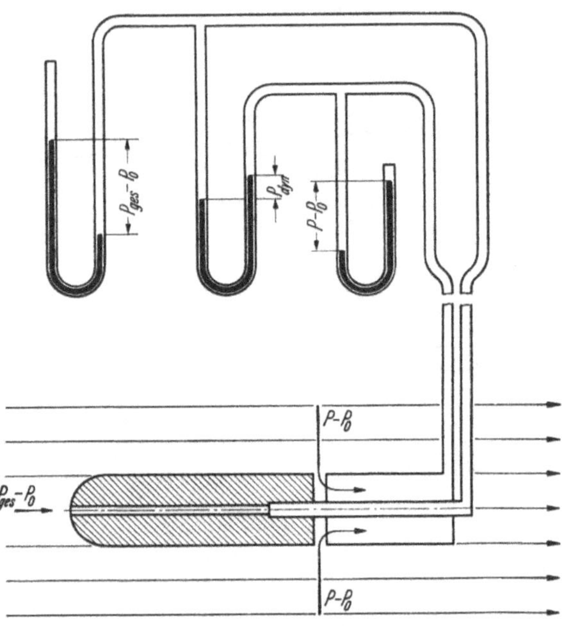

Abb. 181. Druckanzeige am PITOT-Rohr.
P_0 ist der absolute Druck in der Umgebung. Gesamtdruck im Strom $P_{ges} = P + P_{dyn}$.

Dämpfe, so ist die Änderung der Lageenergie ohne Belang und gilt mit $L_R = 0$

$$\boxed{-\frac{dP}{\gamma} = \frac{w\,dw}{g}}. \tag{422}$$

Aus dem Minuszeichen erkennt man, daß die Druckhöhe kleiner wird, wenn sich die Geschwindigkeit vergrößert, und umgekehrt. Für den Fall, daß bei der Strömung keine Wärme ausgetauscht wird, geht aus (420) die *Drosselgleichung* (256) hervor:

$$\frac{di}{A} + \frac{w\,dw}{g} = 0,$$

wie man beim Vergleich von Abb. 97 und 180 auch erwarten mußte.

Statischer und dynamischer Druck. Der absolute Druck P, unter dem der strömende Stoff steht, heißt *statischer* Druck. Er ist gleichmäßig über den Querschnitt verteilt. Man kann ihn durch eine feine Bohrung in der Wand messen. Hält man

[1] Beachte, daß L_R stets positiv einzusetzen ist. Die Reibungsarbeit wird aus der Verringerung der Energie bestritten, d. h. die Reibungsarbeit nimmt zu, wenn arbeitsfähige Energie umgesetzt wird.

ein Meßgerät nach Abb. 181 in Strömungsrichtung, so wirkt auf den Ringschlitz der statische Druck. Mit der dem Strom zugekehrten Bohrung wird der Staudruck zusammen mit dem statischen Druck gemessen. Den Staudruck nennt man *dynamischen Druck* P_{dyn}, den das Gerät als Druckdifferenz anzeigt. Aus

$$P_{ges} - P_0 - (P - P_0) = P_{dyn} = \gamma w^2/2g \quad (423)$$

kann man die Geschwindigkeit berechnen. Die Druckwirkungen sind aus Abb. 182 ersichtlich.

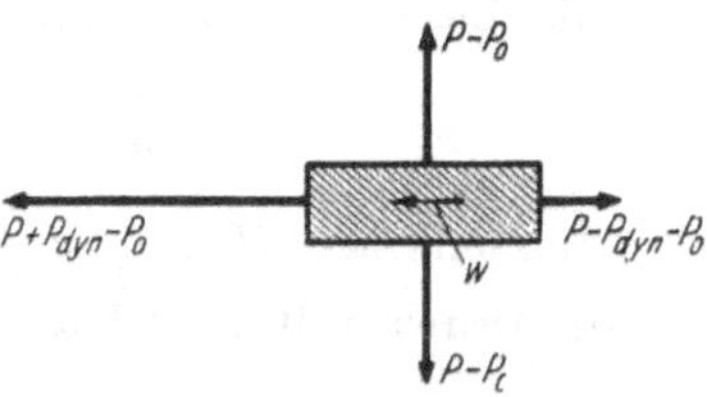

Abb. 182. Statischer und dynamischer Druck am bewegten Stoffteilchen.

Beispiel. Welchen Fehler begeht man bei Gasen, wenn man die Veränderlichkeit des spezifischen Gewichtes in (423) vernachlässigt? Gemessen wird Luft von 1,3 at abs., 50° C und 80 m/s.

$$P_{dyn} = 1{,}375 \cdot 80^2/20 = 440 \text{ kg/m}^2.$$

$$\gamma = 1{,}375 \text{ kg/m}^3;$$

Bei adiabatischer Zustandsänderung beträgt die verhältnismäßige Änderung im spezifischen Gewicht beim Anstauen nach (141)

$$\frac{\gamma_{ges} - \gamma}{\gamma} = \frac{1}{\varkappa}\,\frac{P_{ges} - P}{P} = 0{,}0242 \text{ oder } 2{,}4 \text{ vH}.$$

Rechnet man mit γ anstatt mit $(\gamma_{ges} + \gamma)/2 = \gamma_m$, so macht man einen Fehler von

$$100\,\frac{1/\gamma - 2/(\gamma_{ges} + \gamma)}{1/\gamma} = 100\,\frac{\gamma_{ges} - \gamma}{\gamma_{ges} + \gamma} = 50\,(\gamma_{ges} - \gamma)/\gamma_m \approx 1{,}2 \text{ vH}.$$

Wegen des quadratischen Einflusses der Geschwindigkeit ist der Fehler bei mäßigen Geschwindigkeiten vernachlässigbar.

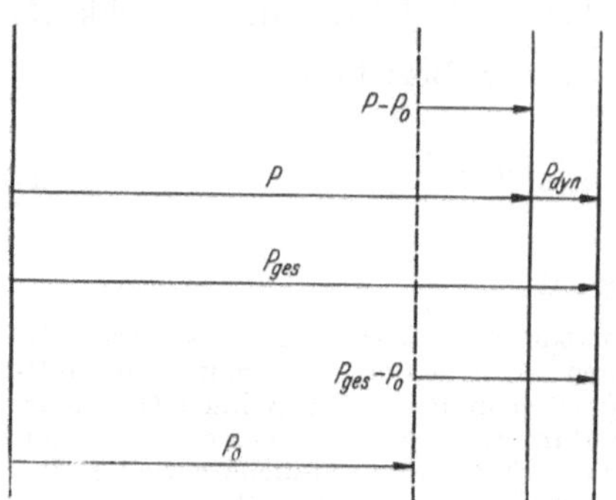

Abb. 183. Überdruck. Beziehungen zwischen dem statischen, dynamischen und Gesamtdruck.

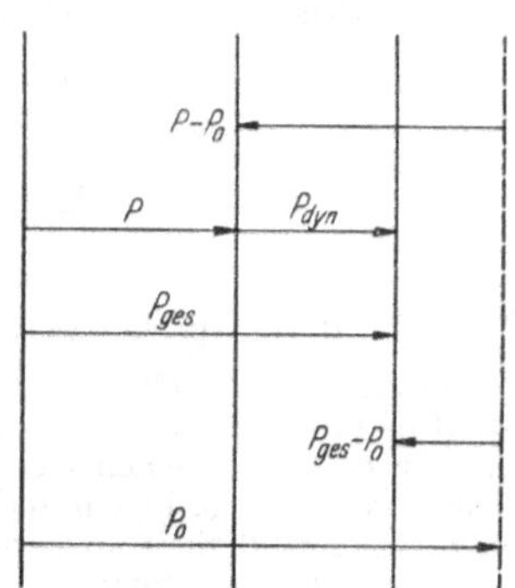

Abb. 184. Unterdruck. Beziehungen zwischen dem statischen, dynamischen und Gesamtdruck.

Je nachdem, ob der Druck in der Leitung größer oder kleiner als in der Umgebung ist, mißt man mit dem Staurohr statische Überdrücke (Abb. 183) oder Unterdrücke (Abb. 184). Der dynamische Druck ist naturgemäß immer positiv und der absolute Gesamtdruck immer größer als der absolute statische Druck.

70. Exakte Bewegungsgleichungen.

Eulersche Gleichgewichtsbedingung. Abb. 185 soll ein elementares Stoffteilchen mit prismatischer Gestalt von der Grundfläche dF zeigen. Wenn man sich auf Bewegungen ohne Reibung und in Achsrichtung

(Abb. 180) beschränkt, so gilt für die Änderung der Geschwindigkeit w auf der Strecke dl

$$dw = \frac{\partial w}{\partial l} dl$$

und die Beschleunigung mit dem Zeitelement dZ

$$\frac{\partial w}{\partial Z} = \frac{\partial w}{\partial l} \frac{dl}{dZ} = w \frac{\partial w}{\partial l}.$$

Der Massenkraft $dF\,dl \frac{\gamma}{g} w \frac{\partial w}{\partial l}$ müssen die Schwerkraft $dF\,dl\,\gamma \sin\alpha$ und die Druckkraft das Gleichgewicht halten. Die Kräfte auf die Grund-

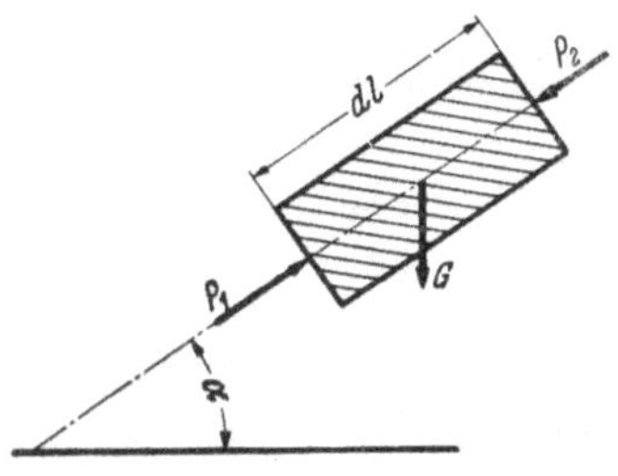

Abb. 185. Die an einem prismatischen Teilchen eines reibungslosen Stoffes angreifenden Kräfte.

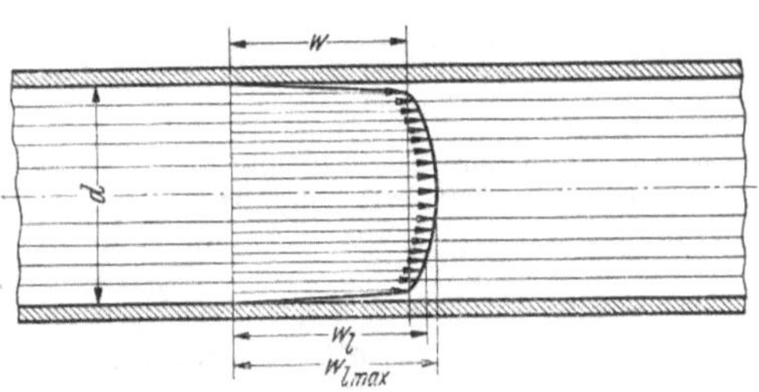

Abb. 186. Geschwindigkeitskomponenten in Achsrichtung eines Rohres. w_l an einer beliebigen Stelle des Querschnitts, $w_{l\,\max}$ größte und w mittlere Geschwindigkeit.

fläche des Prismas sind PdF und $\left(P + \frac{\partial P}{\partial l} dl\right) dF$, die Druckkraft ihre Differenz $-dF \frac{\partial P}{\partial l} dl$. Es besteht die Beziehung

$$\boxed{w \frac{\partial w}{\partial l} = g \sin\alpha - \frac{g}{\gamma} \frac{\partial P}{\partial l}} \tag{424}$$

die für $\alpha = 0$ in die Gl. (422) übergeht.

Navier-Stokes*sche Gleichungen.* Bei natürlichen Bewegungen muß man die Schubkräfte durch Reibung berücksichtigen. Nun strömen die einzelnen Stoffteilchen nur bei sehr kleinen Geschwindigkeiten in parallelen Bahnen (Laminarströmung), was von geringem technischem Interesse ist. Von einer bestimmten kritischen Geschwindigkeit an gerät der ganze Strom in zusätzliche wirbelige Bewegungen (*Turbulente Strömung*), die sich mit der Geschwindigkeit w ebenso verstärken, wie die schwingenden Wärmebewegungen mit der Temperatur (Abschnitt 22). Die Geschwindigkeit der Teilchen ändert sich sowohl in x- und y-Richtung (Querschnittskoordinaten) als auch in Achsrichtung, siehe Abb. 186. Dabei macht sich eine Trägheitskraft gleich Masse × Beschleunigung bemerkbar:

$$\frac{\gamma}{g}\left[\frac{\partial w_l}{\partial Z} + w_l \frac{\partial w_l}{\partial l} + w_x \frac{\partial w_l}{\partial x} + w_y \frac{\partial w_l}{\partial y}\right]$$

die im Gleichgewicht stehen muß mit der Schwerkraft und der Druckkraft sowie einer Kraft

$$\frac{\gamma}{g} \nu \left(\frac{\partial^2 w_l}{\partial l^2} + \frac{\partial^2 w_l}{\partial x^2} + \frac{\partial^2 w_l}{\partial y^2}\right)$$

durch die innere Reibung entsprechend der Änderung der Schubspannung nach (23)

$$\frac{\partial \tau}{\partial l} = \eta \frac{\partial^2 w_l}{\partial l^2} = \nu \frac{\gamma}{g} \frac{\partial^2 w_l}{\partial l^2}$$

und bei flüchtigen dehnbaren Stoffen einer Reibungskraft

$$\frac{1}{3}\,\frac{\gamma}{g}\,\nu\,\frac{\partial}{\partial l}\left(\frac{\partial w_l}{\partial l}+\frac{\partial w_x}{\partial x}+\frac{\partial w_y}{\partial y}\right)$$

bei der räumlichen Ausdehnung durch den Druckabfall (bei tropfbaren Flüssigkeiten $= 0$).

Bei einer stationären Strömung verschwindet die Änderung der Geschwindigkeit mit der Zeit, und die Gleichgewichtsbedingung lautet in einfacher Form für die l-Richtung

$$w_l\,\frac{\partial w_l}{\partial l} = g\sin\alpha - \frac{g}{\gamma}\,\frac{\partial P}{\partial l} + \nu\left(\frac{\partial^2 w_l}{\partial l^2}+\frac{\partial^2 w_l}{\partial x^2}+\frac{\partial^2 w_l}{\partial y^2}\right) + \frac{1}{3}\,\nu\,\frac{\partial^2 w_l}{\partial l^2}. \qquad (425)$$

Eine ausführliche Ableitung dieser Gleichung würde hier zu weit führen[1].

Vergleicht man (425) und (421), so findet man einen Ausdruck für die Reibungsarbeit dL_R/dl. Die exakte Lösung von (425) ist bei den üblichen technischen Strömungsvorgängen nicht möglich.

71. Mechanische Ähnlichkeit von Strömungsvorgängen.

Begriff der mechanischen Ähnlichkeit. Die Größe der Reibungsarbeit richtet sich nach Geschwindigkeit, Druck, Temperatur und Zähigkeit, Rohrdurchmesser und Rauhigkeit der Rohrwand. Es wäre ein mühsames Unterfangen, wenn man die verschiedenartige Abhängigkeit im ganzen Bereiche untersuchen müßte. Die Aufgabe wird wesentlich vereinfacht, wenn man berücksichtigt, daß bei mechanisch ähnlichen Bewegungsvorgängen auch eine ähnliche Reibungsarbeit zu leisten ist.

Die *mechanische Ähnlichkeitstheorie* ist eine Erweiterung der Lehre von der *geometrischen Ähnlichkeit*, sie zieht noch den Vergleich von Kräften und Zeiten heran. Es bestehen drei grundsätzliche Forderungen:

a) Die zu vergleichenden Strömungen müssen sich in oder um *geometrisch* völlig *ähnliche* Körper vollziehen, also z. B. durch zwei beliebig weite Rohre mit Kreisquerschnitt oder um zwei beliebig große Kugeln.

b) An geometrisch entsprechend gelegenen Stellen der beiden Strömungen müssen zur selben *Zeit* gleichgerichtete Geschwindigkeiten auftreten, die der Größe nach in einem bestimmten Verhältnis stehen, das für alle geometrisch ähnlich gelegenen Stellen denselben Betrag hat.

c) Die an allen geometrisch entsprechend gelegenen Stellen auftretenden *Kräfte* müssen gleichgerichtet sein und ebenfalls in einem unveränderlichen Verhältnis stehen.

Mit Hilfe von (425) kann man die Bedingungen für die mechanische Ähnlichkeit zweier Strömungen genauer umreißen. In diesem Falle müssen entsprechende Veränderliche in folgenden Beziehungen stehen: $w_1 = f_w w_2$, $P_1 = f_P P_2$, $\gamma_1 = f_\gamma \gamma_2$, $\nu_1 = f_\nu \nu_2$, $l_1 = f_d l_2$, $x_1 = f_d x_2$, $y_1 = f_d y_2$ und $d_1 = f_d d_2$. Dabei sind f_w, f_P, f_γ, f_ν, f_d irgendwelche

[1] Zum Beispiel L. PRANDTL u. O. TIETJENS: Hydro- u. Aeromechanik, Bd. 2, S. 67 ff. Berlin 1931. Oder L. HOPF: Abschnitt zähe Flüssigkeiten im Handb. d. Phys., Bd. 8, Mechanik d. flüss. u. gasf. Körper, S. 92. Berlin 1927. Oder W. KAUFMANN: Hydromechanik, Bd. 1, S. 198. Berlin 1931.

konstante Werte (f_d gilt für alle Längenverhältnisse). Die Gleichungen für die beiden Strömungen lauten gekürzt:

$$w_1 \frac{\partial w_1}{\partial l_1} = -\frac{g}{\gamma_1} \frac{\partial P_1}{\partial l_1} + \nu_1 \left(\frac{\partial^2 w_{l1}}{\partial l_1^2} + \cdots \right.$$

und

$$\frac{f_w^2}{f_d} w_1 \frac{\partial w_1}{\partial l_1} = -\frac{f_P}{f_\gamma f_d} \frac{g}{\gamma_1} \frac{\partial P_1}{\partial l_1} + \frac{f_\nu f_w}{f_d f_d} \nu_1 \left(\frac{\partial^2 w_{l1}}{\partial l_1^2} + \cdots \right.$$

Sie können nur nebeneinander bestehen, wenn die Konstantengruppen

$$\frac{f_w^2}{f_d} = \frac{f_P}{f_\gamma f_d} = \frac{f_\nu f_w}{f_d f_d} \tag{426}$$

gleich groß sind. Die Verbindung des ersten und dritten Ausdrucks ergibt

$$\frac{f_w f_d}{f_\nu} = 1 \quad \text{oder} \quad \boxed{\frac{w\,d}{\nu} = \text{konst.}}\,. \tag{427}$$

Diese Gleichung sagt aus, daß *zwei Strömungen* durch zwei verschiedene *Rohre* dann mechanisch ähnlich sind, wenn

$$\frac{w_1 d_1}{\nu_1} = \frac{w_2 d_2}{\nu_2}$$

ist. Man bezeichnet dieses Verhältnis, nämlich der Trägheitskräfte zu den Reibungskräften, als ***Reynoldsche Zahl*** Re[1,2].

Beispiel. Wasser von bestimmter Zähigkeit durchströme einmal ein Rohr von $d_1 = 0{,}1$ m und einmal von $d_2 = 0{,}2$ m l. Weite. Ist $w_1 = 4$ m/s, so bedingt die Ähnlichkeit, daß $w_2 = 2$ m/s ist. Noch eindringlicher erscheint der praktische Wert des Gesetzes, wenn die Strömung von Wasser bei $d_1 = 0{,}1$ m, $w_1 = 2$ m/s und $\nu_1 = 1{,}142 \cdot 10^{-6}$ m²/s (bei $t = 15°$ C), also $Re = 175100$, mit der Strömung von Luft bei $d_2 = 0{,}1$ m und $\nu_2 = 7{,}54 \cdot 10^{-6}$ (bei 15° C und 2 at abs.) verglichen wird. Dann, wenn

$$w_2 = w_1 \frac{d_1}{d_2} \frac{\nu_2}{\nu_1} = 13{,}2 \text{ m/s}$$

beträgt, sind die Luft- und Wasserströmung mechanisch ähnlich.

Fließt z. B. in einem Rohre Wasser von 15° C und in einem anderen Rohre von geometrisch ähnlicher Beschaffenheit Luft von 15° C, wobei in beiden Fällen das Produkt aus w und d denselben Wert hat, so kann man aus der Ähnlichkeitsbedingung den Schluß ziehen, daß an ähnlich gelegenen Stellen in beiden Strömungen dann gleich große Kräfte wirken, wenn die Luft unter einem Druck von 13,2 at abs. steht; dann ist nämlich $\nu_1 = \nu_2$. In diesem Falle verhält sich Luft — abgesehen von ihrer Dehnbarkeit — hydraulisch genau so wie Wasser.

Strömungswiderstand. Der Vergleich des ersten und zweiten Ausdruckes in (426) führt zu einer Bedingung für den Druckabfall durch Reibung. Wenn

$$\frac{f_w^2 f_\gamma f_d}{f_d f_P} = 1$$

---

[1] RICHTER, H.: Rohrhydraulik, S. 45. Berlin 1934.

[2] Es ist vorteilhaft, mit dimensionslosen Größen zu rechnen, weil man dann unabhängig vom Maßsystem ist (absolutes, technisches, englisches System). Die Zähigkeit ist bei technischen Stoffen (Wasser, Gase) sehr klein, die Massenkräfte sind groß gegen die Reibungskräfte. Die REYNOLDSsche Zahl nimmt daher praktisch sehr große Beträge (bis 10 Millionen und mehr) an.

ist, und man ein f_d dem Rohrdurchmesser und eins der Rohrlänge Δl sowie f_P dem Druckabfall ΔP proportional setzt, dann ergibt sich

$$\frac{\Delta P}{\gamma} = \text{konst.} \frac{\Delta l}{d} w^2 .$$

Man pflegt für die Konstante eine dimensionslose Widerstandszahl λ zu setzen mit konst. $= -\lambda/2g$:

$$\frac{\Delta P}{\gamma} = -\lambda \frac{\Delta l}{d} \frac{w^2}{2g} , \tag{428}$$

minus deshalb, weil der statische Druck mit zunehmender Rohrlänge durch Reibung abfällt. Aus dem zweiten und dritten Glied erhält man

$$\frac{f_P f_w f_d^2}{f_\gamma f_w^2 f_d f_\nu} = 1$$

und

$$\frac{\Delta P}{\gamma} = -\text{konst.} \left(\frac{\nu}{wd}\right) \frac{\Delta l}{d} \frac{w^2}{2g} = -\frac{\text{konst.}}{Re} \frac{\Delta l}{d} \frac{w^2}{2g} .$$

Demnach ist $\lambda = \text{konst.}/Re$ für mechanisch ähnliche Strömungen. Sind die Strömungen wohl geometrisch aber nicht mechanisch ähnlich, so besteht keine Gleichheit der f-Gruppen und gilt

$$\boxed{\lambda = \text{konst.}\, f(1/Re)} . \tag{429}$$

Über die Art der Funktion $f(1/Re)$ sagt die Ähnlichkeitstheorie nichts aus, lediglich, daß die Widerstandszahl λ mit wachsender Reynoldsscher Zahl immer kleiner wird.

Der Nutzen ist offenbar. Man kann die Reibungsarbeit $L_R = \Delta P/\gamma$ bei der Strömung von flüssigen und flüchtigen Stoffen wie Wasser, Öl, Luft. Wasserdampf u. a. mit einer allgemeinen Gleichung berechnen. Man kann mit beliebigen Stoffen Modellversuche anstellen und die Ergebnisse auf ähnliche Verhältnisse im großen und auf andere Stoffe übertragen.

72. Strömung in geraden Rohren.

a) Beziehung für den Druckabfall.

Ohne Rücksicht auf die Vorgänge im einzelnen kann man sich denken, daß der Strömungswiderstand W durch eine gleichmäßig verteilte Schubspannung τ_W an der Rohrwand hervorgerufen wird. 1 kg des Stoffes füllt das Rohr auf Δl m, also $1 = \frac{\pi}{4} d^2 \Delta l \gamma$ (d lichter Rohrdurchmesser in m). Dabei wird eine Wandfläche von $\pi d \Delta l$ in m² benetzt.

$$W = \pi d \Delta l \tau_W = \frac{4}{d} \frac{\tau_W}{\gamma} \text{ in kg/kg}.$$

Bewegt sich dieser Kolben l m weit, so ist die Reibungsarbeit

$$L_R = \frac{4}{d} l \frac{\tau_W}{\gamma} \text{ in mkg/kg}$$

zu leisten, wenn τ_W und γ nicht von der Rohrlänge abhängen. Setzt man

$$4\,\tau_W/\gamma = \lambda w^2/2g ,$$

so erhält man auch aus dieser Überlegung heraus

$$L_{R12} = \frac{P_{12}}{\gamma} = \lambda \frac{l_{21}}{d} \frac{w^2}{2g} \text{ in mkg/kg}$$

wie (428).

Mit dieser einfachen Form läßt sich der Druckabfall freilich nur bei Flüssigkeiten berechnen. Bei dehnbaren Stoffen muß man von

$$\boxed{\frac{dP}{\gamma} = -\lambda \frac{1}{d} \frac{w^2}{2g} dl} \tag{430}$$

ausgehen. Die Art der *Zustandsänderung* hängt vom Wärmeaustausch ab (beheizte oder gekühlte Rohre, Verlegung im Erdreich oder im Freien, stark, schwach isolierte oder nackte Rohre). Es genügt hier, den häufigsten Fall der *isothermischen Strömung* zu untersuchen[1]. Dabei gilt

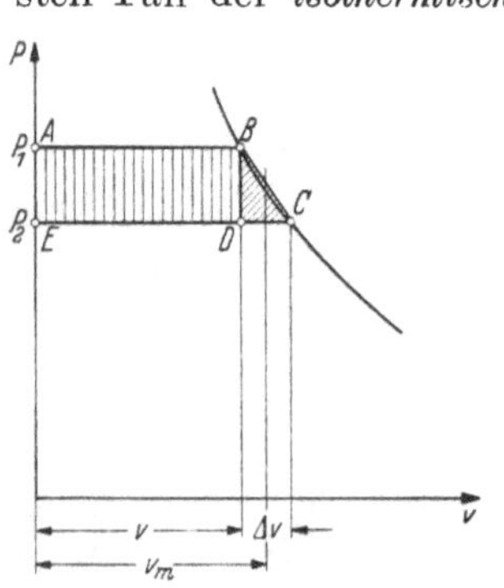

Abb. 187. Zur Beurteilung des Fehlers, wenn die Ausdehnung bei der Strömung vernachlässigt wird.

$$P/\gamma = \text{konst.} \quad \text{und} \quad Pw = \text{konst.}$$

wegen

$$w\gamma = \text{konst.}$$

nach (419) und

$$\boxed{Pw^2\gamma = \text{konst.}} \tag{431}$$

Aus

$$P\,dP = -\lambda \frac{1}{d} \frac{P\gamma w^2}{2g} dl$$

folgt mit $l_{21} = l$

$$\boxed{\frac{P_1^2 - P_2^2}{2P} = \lambda \frac{l}{d} \gamma \frac{w^2}{2g}} \tag{432}$$

wobei P, γ und w zu irgendeinem Zustand gehören können, und mit dem mittleren Druck $P_m = (P_1 + P_2)/2$

$$P_1 - P_2 = \lambda \frac{l}{d} \gamma_m \frac{w_m^2}{2g}.$$

Es fragt sich, welchen Fehler man begeht, wenn man den Einfluß der *Ausdehnung vernachlässigt*. Der wirkliche Arbeitsaufwand wird in Abb. 187 durch die Fläche $ABCDEA$ wiedergegeben. Die Fläche $ABDEA$ entspricht dem Arbeitsaufwand bei raumbeständiger Flüssigkeit, und Fläche $BCDB$ stellt den Fehler dar, den man bei Vernachlässigung der Ausdehnung macht. Der relative Fehler ist, wenn man die Fläche $BCDB$ in erster Annäherung durch ein Dreieck ersetzt:

$$\frac{\text{Fläche } BCDB}{\text{Fläche } ABDEA} = \frac{\overline{CD}}{2 \cdot \overline{ED}} = \frac{\Delta v}{2v}.$$

Allgemein gilt

$$\frac{\Delta P}{P} = -n \frac{\Delta v}{v}$$

---

[1] Über die Vorgänge bei adiabatischer Strömung siehe z. B. SCHÜLE: a. a. O., Bd. I, S. 327. Bei der isothermischen Strömung wird der Energieaufwand für die (bei langen Leitungen im Gegensatz zum Drosselgerät Abb. 97 erhebliche) Beschleunigungsarbeit durch Wärmezufuhr aus der Umgebung gedeckt.

und damit

$$\frac{\Delta v}{2v} = -\frac{1}{2n}\frac{\Delta P}{P}. \tag{433}$$

Der Fehler ist um so größer, je kleiner n ist. Bei der Isotherme als dem ungünstigsten Fall darf der Druckabfall bei einem gegebenen Fehler von

0,5 vH nur 1 vH

1,0 vH nur 2 vH

vom Anfangsdruck betragen. Kann man mit dem mittleren Volumen $\frac{1}{2}(v_B + v_0) = v_m$ an Stelle von v_B rechnen, so wird der Fehler sehr klein, wenn man den Stoff als beständig vom Raume v_m ansieht (in erster Annäherung Null). Erst bei großem Druckabfall macht sich bemerkbar, daß man die Arbeit zu groß ermittelt.

b) Laminarströmung.

Solange die Geschwindigkeit, oder genauer gesagt die REYNOLDSsche Zahl klein ist, fließen alle Stoffteilchen parallel zur Rohrachse, die schnellsten in der Mitte, während die langsamsten an der Rohrwand haften. Man kann berechnen[1], daß hierbei $\lambda = 64/Re$ ist und sich die Geschwindigkeit nach Maßgabe einer quadratischen Parabel über den Querschnitt verteilt. Die mittlere Geschwindigkeit w ist halb so groß wie die des schnellsten Fadens in der Rohrachse; siehe Abb. 191.

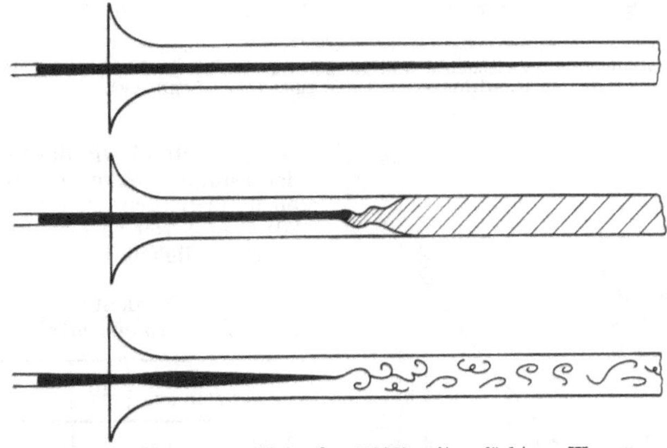

Abb. 188. REYNOLDS' Versuche (1883) mit gefärbtem Wasser.

Oben: Bei Laminarströmung. Der Farbfaden schwimmt in gerader Bahn durch das Rohr. — Mitte: Bei turbulenter Strömung. Das gefärbte Wasser vermischt sich (in einiger Entfernung vom Einlauf) mit dem klaren Wasser. — Unten: Dieselbe Erscheinung kurzzeitig beleuchtet.

Mit zunehmender REYNOLDSscher Zahl beginnen plötzlich die Stoffteilchen ihre geraden Bahnen zu verlassen und sich in turbulenten Bewegungen zu vermischen, wie aus Abb. 188 ersichtlich ist. Die kritische REYNOLDSsche Zahl beträgt 2320. Darüber hinaus ist die Laminarströmung instabil. Bei vorsichtiger Beschleunigung des Stromes hat man die Laminarströmung bis zu $Re = 50000$ erhalten können, für gewöhnlich aber beginnt die *Turbulenz* unter $Re = 4000$. Beim Umschlag steigt der Strömungswiderstand erheblich an, wie Abb. 189 und 190 zeigen. Die Verlängerung der Kurve $\lambda Re = 64$ über $Re = 2320$ hinaus ist

[1] RICHTER, H.: S. 69. Zit. S. 302.

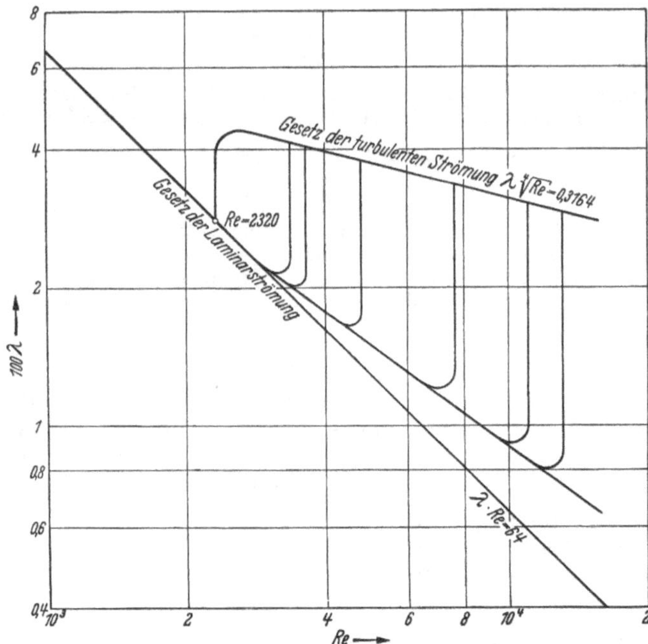

Abb. 189. Zusammenhang zwischen λ und Re bei verschieden großer Störung im Grenzgebiet in logarithmischer Auftragung (nach SCHILLER).

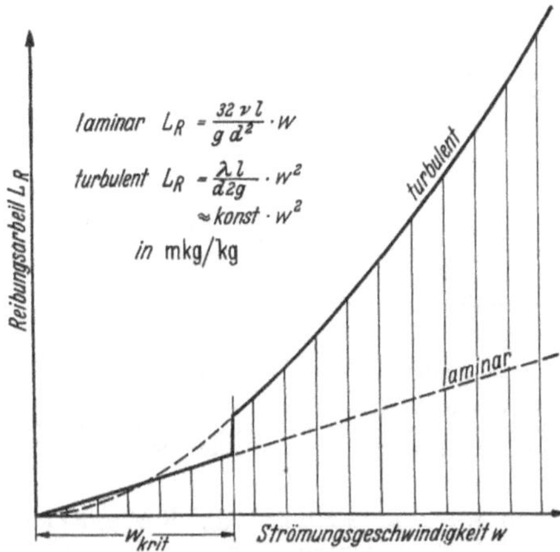

Abb. 190. Zunahme der Reibungsarbeit, wenn man die Geschwindigkeit in einem Rohr steigert.

ebenso instabil wie die Verlängerung der Dampfdruckkurve über den stabilen kritischen Punkt hinaus. Bei 20° C und 760 Torr ist die kritische Geschwindigkeit in m/s bei

Zahlentafel 46.
Kritische Geschwindigkeit im Kreisrohr.

Rohrdurchmesser D in mm	10	20	100	1000
Erdöl aus Burma $10^6\nu = 18{,}9$	4,39	2,19	0,44	0,04
Wasser . 1,0	0,23	0,12	0,02	0,002
Luft . . 15,2	3,52	1,76	0,35	0,04
Leuchtgas 26,3	6,10	3,05	0,61	0,06

Die Laminarströmung hat demnach fast nur bei der Fortbewegung von zähen Ölen technische Bedeutung.

c) Turbulente Strömung in glatten Rohren.

Die üblichen Strömungsvorgänge von Flüssigkeiten, Dämpfen und Gasen spielen sich in der Natur bei REYNOLDSschen Zahlen bis 10^7 und darüber ab. Der Widerstand richtet sich bei turbulenter Strömung wegen der ständigen Querbewegungen in starkem Maße nach der Beschaffenheit der Rohrwand, die bei laminarer Strömung ohne Einfluß ist. Bei glatten Rohren wie gezogenen Messingrohren oder Glasrohren

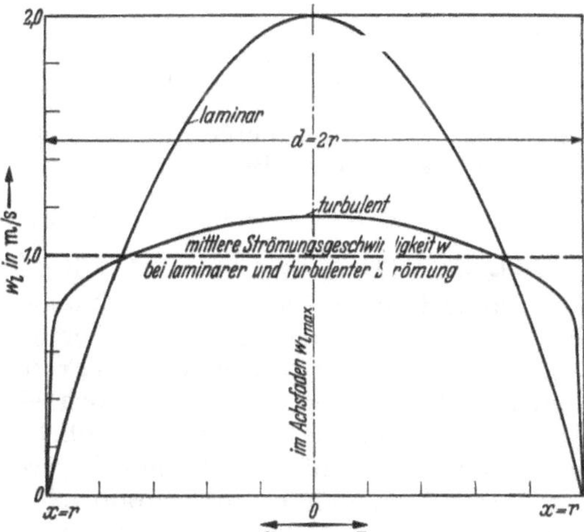

Abb. 191. Verteilung der axial gerichteten Geschwindigkeitskomponenten bei laminarer und turbulenter Strömung. Mittlere Geschwindigkeit in beiden Fällen gleich groß.

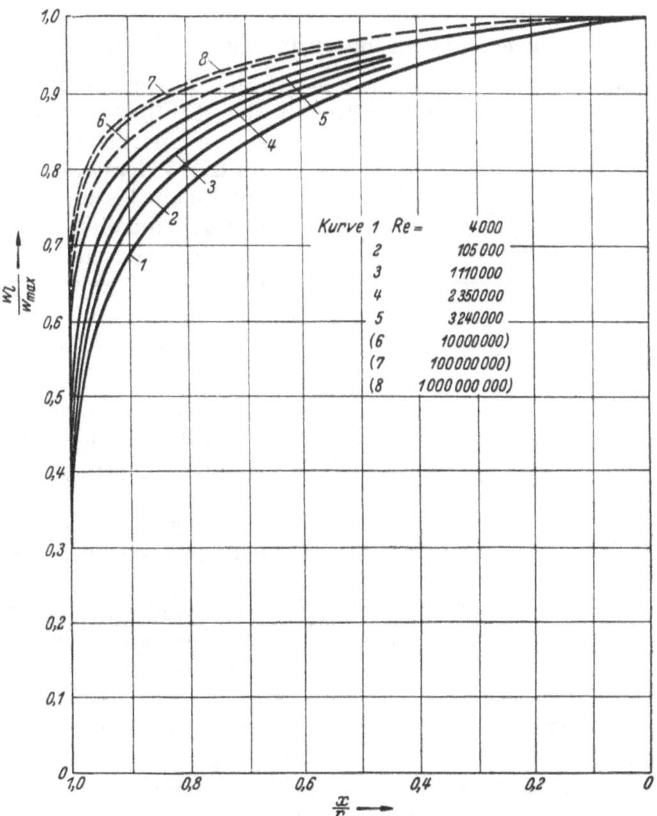

Abb. 192. Geschwindigkeitsprofile in glatten geraden Rohren bei verschiedener REYNOLDSscher Zahl (nach NIKURADSE).

fand man[1] bis $Re = 100000$ ein Gesetz

$$\lambda = 0{,}3164\ Re^{-0{,}25}; \tag{433}$$

siehe Abb. 189. Bei höheren Werten von Re genügt diese Form nicht mehr und wurde eine Beziehung

$$\lambda = 0{,}0032 + 0{,}221\ Re^{-0{,}237} \tag{434}$$

aufgestellt[2]; siehe hierzu Abb. 196. Mit dem größeren Strömungswiderstand ändert sich auch das Geschwindigkeitsprofil, wie Abb. 191 zeigt. Die mittlere Strömungsgeschwindigkeit geht auf das $0{,}84 \pm 0{,}04$ fache von $w_{l\max}$, und zwar plattet sich das Profil mit anwachsendem Wert Re immer mehr ab. Es strömt nur noch eine immer dünner werdende Randschicht laminar, so daß sich schließlich auch feine Wandunebenheiten bemerkbar machen. Vermutlich werden technisch glatte Rohre von etwa $Re = 100000$ an hydraulisch rauh, weshalb sich dort das Widerstandsgesetz ändert (Abb. 196). In Abb. 192 sind die Geschwindigkeitsprofile bei verschiedenen REYNOLDSschen Zahlen angedeutet.

d) Turbulente Strömung in rauhen Rohren.

Bei rauhen Rohren, die technisch fast ausschließlich von Bedeutung sind, ist die Mannigfaltigkeit der Einflüsse so groß, daß sich einheitliche Beziehungen für die Widerstandszahl kaum aufstellen lassen. Im allgemeinen sind sich rauhe Rohre geometrisch nicht ähnlich, weshalb die erweiterte Form

$$\boxed{\lambda = f(Re, \varepsilon)} \tag{435}$$

nötig wird. Kennzeichnet man mit e die mittlere Höhe aller Rauhigkeitserhebungen, so ist im Verhältnis zum Durchmesser $\varepsilon = 2e/d$. Tatsächlich freilich müssen Rohre mit gleicher relativer Rauhigkeit ε nicht gleich rauh sein; siehe Abb. 193. Es ist schwierig, ein genügend sicheres Widerstandsgesetz für beliebig rauhe Rohre aufstellen zu wollen. Aus Abb. 194 erkennt man, wie die Wirbelung durch die Rauhigkeit gefördert wird und

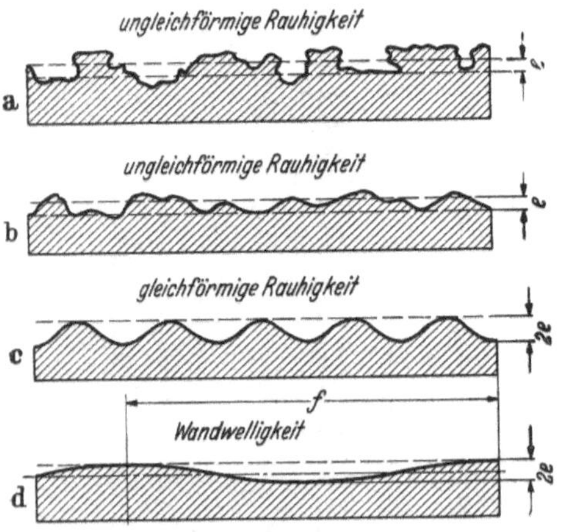

Abb. 193. Beispiele verschiedener Wandbeschaffenheit. a) stark angerostetes Stahlrohr, b) neues Gußeisenrohr, c) Zementrohr, d) Holzrohr.

[1] BLASIUS, H.: Das Ähnlichkeitsgesetz bei Reibungsvorgängen in Flüssigkeiten VDI-Forsch.-Heft Nr. 131 (1913) und Z. VDI Bd. 56 (1912) S. 639.

[2] NIKURADSE, J.: Gesetzmäßigkeiten der turbulenten Strömung in glatten Rohren. VDI-Forsch.-Heft Nr. 356 (1932).

der Widerstand zunimmt. Bei sehr rauhen Rohren wird der Einfluß der Zähigkeit verschwindend klein und gilt praktisch ein quadra-

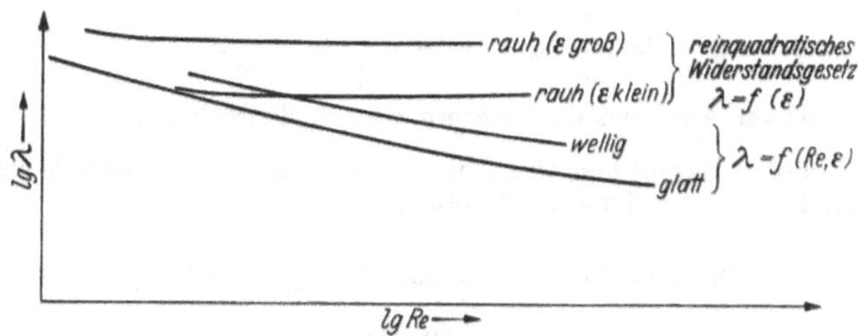

Abb. 194. Zusammenhang zwischen Widerstandszahl und REYNOLDSscher Zahl bei glatten und rauhen Rohren.

tisches Widerstandsgesetz (Abb. 190):

$$L_R = \frac{\Delta P}{\gamma} = \text{konst.} \frac{l}{d} w^2. \qquad (436)$$

Um den Bedürfnissen der Praxis zu entsprechen, muß man schon für die wichtigsten Rohrbaustoffe wie Stahl und Gußeisen gesonderte Formeln aufstellen.

Die Geschwindigkeitsverteilung weicht bei mäßig rauhem Rohr nicht viel von der in glatten Rohren ab. Mit zunehmender Rauhigkeit aber längt sich das Geschwindigkeitsprofil und wird das Verhältnis $w/w_{l\,max}$ immer kleiner, siehe Abb. 195. Die rauhe Wand bremst die Bewegung in Wandnähe ab[1].

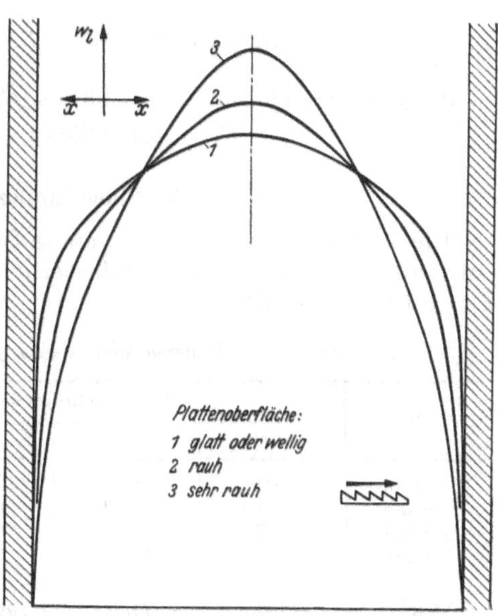

Abb. 195. Geschwindigkeitsverteilung zwischen verschieden rauhen Glas- und Zinkplatten (nach FRITZSCH).

73. Beziehungen für das praktische Rechnen.

a) Geschwindigkeit, Menge, Rohrdurchmesser.

Aus $G_h = \frac{3600 \cdot F \cdot w \cdot \gamma}{1000}$ in t/h und mit V_h in m³/h, der mittleren Geschwindigkeit w in m/s, Durchmesser d in m und D in mm erhält man

$$w = \frac{G_h v}{2{,}82\, d^2} = \frac{G_h\,(100 v)}{2{,}82\,(10 d)^2} = \frac{V_h}{28{,}20\,(10 d)^2} \qquad (437)$$

[1] FRITZSCH, W.: Der Einfluß der Wandrauhigkeit auf die turbulente Geschwindigkeitsverteilung in Rinnen. Z. angew. Math. Mech. Bd. 8 (1928) S. 199.

und

$$G_h = \frac{2{,}82\, d^2 w}{v} = \frac{2{,}82\,(10d)^2 w}{(100v)} \tag{438}$$

und

$$D = 595 \sqrt{G_h \frac{v}{w}} = 59{,}5 \sqrt{G_h \frac{(100v)}{w}}\,. \tag{439}$$

Die geklammerten Ausdrücke erleichtern das Stellenrechnen.

Beispiel. 50 t/h Dampf von 40 atü und 400° C sind fortzuleiten. Welcher Rohrdurchmesser ist bei $w \approx 30$ m/s zu wählen?

$$v = 0{,}073\ \text{m}^3/\text{kg}; \qquad D = 59{,}5 \sqrt{\frac{50 \cdot 7{,}3}{30}} = 207\ \text{mm};$$

Rohr 200 mm ∅ wählen, dann $w = \dfrac{50 \cdot 7{,}3}{2{,}82 \cdot 2^2} = 32{,}4$ m/s.

Für kaltes Wasser im besonderen gilt

$$w = \frac{G_h}{28{,}2\,(10d)^2}; \qquad G_h = 28{,}2\,(10d)^2 w; \qquad D = 18{,}8 \sqrt{V_h/w} = 18{,}8 \sqrt{G_h/w}. \tag{440}$$

Beispiel. $D = 125$ mm, $w = 1{,}8$ m/s $\cdot\ G_h = ?$

$$G_h = 28{,}2 \cdot 1{,}25^2 \cdot 1{,}8 = 79{,}3\ \text{t/h}.$$

b) Widerstandszahlen.

Die Widerstandszahlen für gerade Stahlrohre können aus Abb. 196 entnommen werden[1]. Für gußeiserne Rohre[2] gelten im Mittel aus $\lambda = 0{,}106\, Re^{-0{,}145} d^{-0{,}196}$

Zahlentafel 47. *Widerstandszahlen λ für neue gußeiserne Rohre.*

Re	Rohrdurchmesser *D* in mm				
	100	200	300	400	500
20000	0,040	0,035	0,032	0,030	0,029
50000	0,035	0,030	0,028	0,027	0,026
100000	0,031	0,027	0,025	0,024	0,023
200000	0,030	0,026	0,024	0,023	0,022

Wenn eine Menge von G_h in t/h oder V_h in m³/h durch ein Rohr vom lichten Durchmesser D in mm fließt, so errechnet sich die REYNOLDSsche Zahl *Re* einfach aus

$$Re = 36{,}1\, G_h/D\eta = 354\, G_h/D\,\nu\,\gamma = 0{,}354\, V_h/D\nu. \tag{441}$$

V_h in m³/h und die kinematische Zähigkeit ν in m²/s sind darin im Betriebszustand zu nehmen. Mit dem Rechenwert

$$\nu_N = \frac{\eta g}{\gamma_N}$$

[1] ZIMMERMANN, E.: Arch. f. Wärmewirtsch. Bd. 19 (1938) S. 243 und Ergebnisse der Druckabfallberechnung gerader Rohrleitungen, Arch. f. Wärmewirtsch. Bd. 21 (1940) S. 133.

[2] WEGMANN, E. u. A. N. AERYNS: New formula for flow of water in clean castiron pipes. Engng. News Rec. Bd. 95 (1925) S. 100; Bd. 96 (1926) S. 287.

erhält man auch über $V_h \gamma = V_{hN} \gamma_N$ die Beziehung

$$Re = 0{,}354\, V_{hN}/D\, \nu_N \tag{442}$$

mit V_{hN} und γ_N im Normzustand (0° C, 760 Torr).

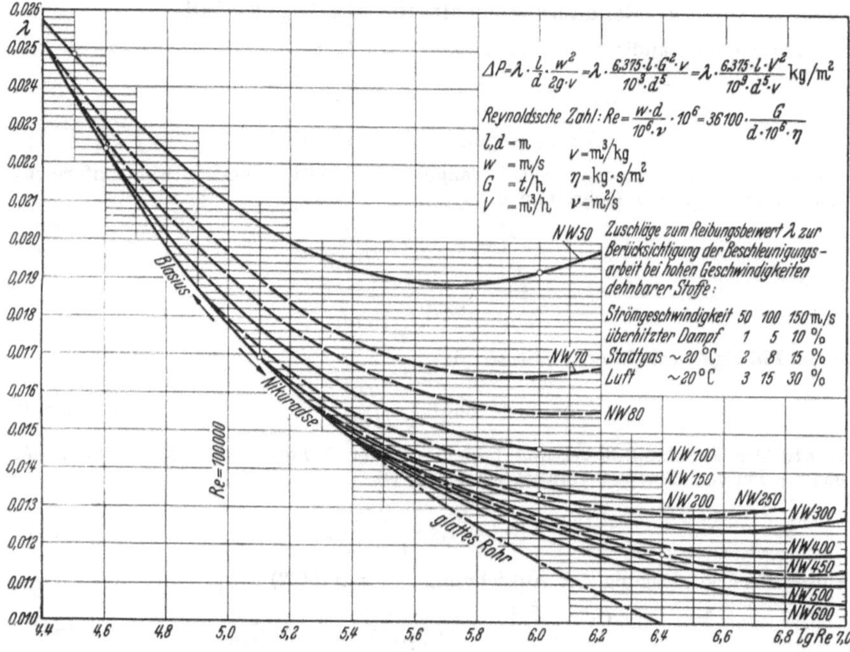

Abb. 196. Widerstandszahlen λ gerader Stahlrohre über der (logarithmisch aufgetragenen) REYNOLDSschen Zahl *Re* [nach Arch. f. Wärmewirtsch. Bd. 19 (1938) Arbeitsblatt 94].

c) Überschlagsformeln für den Druckabfall.

Den Strömungswiderstand in Stahlrohr kann man in erster Annäherung mit $\lambda = 0{,}02$ überschlagen (G_h in t/h und V_h in m³/h).

$$\left.\begin{aligned} \Delta p &= \frac{w^2}{(100 v)\, D} \text{ in at/100 m;} \\ \Delta P &= \frac{1}{8}\,\frac{V_h^2}{(100 v)\,(10 d)^5} \text{ in mm WS/100 m;} \\ \Delta P &= 12{,}5\,\frac{(100 v)\, G_h^2}{(10 d)^5} \text{ in mm WS/100 m.} \end{aligned}\right\} \tag{443}$$

Beispiel 1. 50 t/h Dampf von 40 atü und 400° C, $d = 0{,}2$ m; $\Delta P = ?$

$$\Delta P = 12{,}5\,\frac{7{,}3 \cdot 2500}{32} = 7100 \text{ mm WS/100 m}$$

oder 0,71 at/100 m.

Bei kaltem Wasser im besonderen gilt einfach mit $100\, v = 0{,}1$

$$\Delta p = 10\, w^2/D \text{ in at/100 m} \tag{444}$$

und

$$\Delta P = 1{,}25\, V_h^2/(10 d)^5 = 1{,}25\, G_h^2/(10 d)^5 \text{ in mm WS/100 m.}$$

Beispiel 2. $w = 1{,}8$ m/s, $D = 125$ mm, $G_h = 79{,}6$ t/h, $\Delta P = ?$

$$\Delta p = 10\,\frac{1{,}8^2}{125} = 0{,}26 \text{ at}; \quad \Delta P = \frac{1{,}25 \cdot 79{,}6^2}{1{,}25^5} = 2600 \text{mm WS je } 100 \text{ m}.$$

d) Genauere Formeln für den Druckabfall.

Bei raumbeständiger Strömung kann man (428)

$$H_1 - H_2 + \frac{1}{\gamma}(P_1 - P_2) = \lambda\,\frac{l}{d}\,\frac{w^2}{2g}.$$

Energiespanne = Reibungsarbeit

für die praktische Rechnung bei waagerechter Leitung noch etwas umformen, und zwar für 100 m Rohrlänge in

$$\frac{\Delta P}{\gamma} = 0{,}0637\,\lambda\,\frac{V_h^2}{(10d)^5} \tag{445}$$

oder

$$\frac{\Delta P}{\gamma} = 6370\,\lambda\,\frac{V_h^2}{(100d)^5}$$

in m Flüssigkeitssäule oder mit G_h in t/h

$$\Delta p = 6{,}37\,\frac{\lambda}{\gamma}\,\frac{G_h^2}{(10d)^5} \tag{446}$$

in at. Der Druckabfall verringert sich mit der 5. Potenz des Durchmessers d, gleiche Durchflußmenge vorausgesetzt. Es ist

$$10d = 1{,}45\,\sqrt[5]{\frac{\lambda G_h^2}{\gamma\,\Delta p}}. \tag{447}$$

Unter Berücksichtigung der Ausdehnung gilt mit (432)

$$\frac{P_1^2 - P_2^2}{2P} = 6{,}37\,\frac{\lambda}{(100v)}\,\frac{1}{(10d)^5}\,V_h^2 \tag{448}$$

in mm WS bei isothermischer Strömung mit $P\,V_h^2/v =$ konst., ferner mit G_h in t/h

$$\frac{P_1^2 - P_2^2}{2P} = 637\,\frac{\lambda(100v)\,G_h^2}{(10d)^5}. \tag{449}$$

Bei großen Gasleitungen ist mit guter Annäherung als Betriebswert für ganze Anlagen $\lambda \approx 0{,}05/\sqrt[8]{V_{hN}}$.

e) Einzelwiderstände.

Für praktische Berechnungen genügt es, Einzelwiderstände durch Armaturen, Abbiegungen usw. in widerstandsgleichen Rohrlängen auszudrücken, die dieselbe Reibungsarbeit verursachen. Ein 90°-Bogen von NW (Nennweite) 200 mm hat erfahrungsgemäß denselben Widerstand wie 5 m gerades Rohr aus dem gleichen Werkstoff und mit Nennweite 200. In Zahlentafel 48 sind die widerstandsgleichen Rohrlängen für die wichtigsten Rohrleitungselemente aufgeführt.

Beispiele.

Beispiel 1. Für eine Fernheizung sind 600 t/h Heißwasser von 120° C über eine Strecke von 2000 m zu befördern. Die Leitung steigt um 12 m an und enthält 2 Schieber und 50 Bogen. Der Enddruck soll 4 at abs. sein. Wie groß ist der Anfangsdruck?

Geschwindigkeit 1,5 bis 2,5 m/s üblich, wählen etwa 2 m/s. Temperaturabfall vernachlässigbar ($< 1°$ bei guter Isolierung).

$$V_h = 600 \cdot 1000/944 = 636 \text{ m}^3/\text{h}; \quad D = 18{,}8\,\sqrt{636/2} = 336 \text{ mm};$$

Zahlentafel 48.
Widerstandsgleiche Rohrlängen in m für Einzelwiderstände in Rohrleitungen.

NW in mm	50	100	150	200	300	400	500	600	800	1000
Durchgangs-Absperr-Ventil DIN	13	28	46	67	127	197	270			
Eckventil	10	20	32	45	77	115	150			
Schrägsitzventil . . .	7	12	16	18	23	29	36	44		
Freiflußventil.	2	4	6	8	10	14	16	18		
Schieber	—	1	2	2,5	4,5	7	10	12	18	22
Rückschlagklappe. . .	3	7,5	13	18	30	44	60			
90°-Bogen $r=3d$ glatt.	1,5	3	4	5	7,5	11	14	17	23	29
desgl. Faltenrohr . . .	2,5	5	6,5	8	11	18	23	27	37	46
Dehnungsbogen glatt .	4	9	14	21	34	49	64	82	117	155
desgl. Faltenrohr . . .	5	12	19	27	44	64	83	107	152	200
Wellrohr-Ausgleicher .	4	8	12	17	30	44	60	77	110	145
Kugel-T-Stück . . .	6	13	20	29	53	82	120			
T-Stück geschweißt .	5	8	11	16	27	41	58			
Norm-Gußkrümmer . .	3	7,5	13	18	31	44	59			

Dampfsammler 10—60 m, Wasserabscheider 60—120 m.

wählen NW 350, also $w = 636/28{,}2 \cdot 3{,}5^2 = 1{,}84$ m/s; $10^6\, \nu = 24{,}2 \cdot 9{,}81/944 = 0{,}252$; $Re = 1{,}84 \cdot 0{,}35 \cdot 10^6/0{,}252 = 2{,}56 \cdot 10^6$; $\lg Re = 6{,}41$; dazu $\lambda = 0{,}123$ aus Abb. 196. Widerstandsgleiche Rohrlänge insgesamt $2000 + 2 \cdot 6 + 50 \cdot 10 = 2512$ m;

$$\text{(445)} \qquad \frac{\Delta P}{\gamma} = \left(25{,}12 \cdot 0{,}0637 \cdot 0{,}0123 \cdot \frac{636^2}{3{,}5^5}\right) + 12 = 27{,}2 \text{ m WS};$$

$$\Delta p = \frac{27{,}2}{10}\,\frac{944}{1000} = 2{,}57 \text{ at}; \qquad p_1 = 2{,}57 + 4{,}00 = 6{,}57 \text{ at abs.}$$

Beispiel 2. Eine Dampfleitung hat 200 mm l. Weite und 130 m gerade Länge und 70 m widerstandsgleiche Länge für Einzelwiderstände. Wieviel Dampf von im Mittel 15 at abs. und 360° C kann durch diese Leitung stündlich gehen, wenn der Druck um nicht mehr als 0,5 at abfallen darf?

$v = 0{,}194$ m³/kg; $10^6 \eta g = 23{,}8$ kg/ms; $10^6 \nu = 23{,}8 \cdot 0{,}194 = 4{,}61$ m²/s. Annahme $w = 40$ m/s. $Re = 40 \cdot 0{,}2 \cdot 10^6/4{,}61 = 1{,}74 \cdot 10^6$; $\lg Re = 6{,}24$; $\lambda = 0{,}0133$;

$$\text{(430)} \qquad \Delta p \approx \frac{0{,}0133}{0{,}194} \cdot \frac{200}{0{,}2} \cdot \frac{1600}{19{,}6} \cdot 10^{-4} = 0{,}56 \text{ at.}$$

Laut Abb. 196 ist λ im fraglichen Gebiet fast nicht von Re abhängig (bei 30 m/s ist $\lambda = 0{,}0134$, bei 50 m/s ist $\lambda = 0{,}0132$). Zuschlag 1 vH für Ausdehnungsarbeit, $\lambda = 0{,}0134$;

$$\text{(430)} \qquad w^2 = \frac{0{,}5 \cdot 0{,}194 \cdot 0{,}2 \cdot 19{,}6 \cdot 10^4}{0{,}0134 \cdot 200} = 1425; \qquad w = 37{,}8 \text{ m/s};$$

$$\text{(438)} \qquad G_h = \frac{2{,}82 \cdot 4}{19{,}4}\, 37{,}8 \approx 22 \text{ t/h}.$$

Entropiezunahme durch die Drosselwirkung der Leitung um 0,0040 kcal/kg · Grad nach i, s-Diagramm (15,25 → 14,75 at). Verminderung der Arbeitsfähigkeit um $0{,}0040\,(273 + 100) = 1{,}5$ kcal/kg Dampf oder $22000 \cdot 0{,}0040 \cdot 373 = 33000$ kcal/h, einem Brennstoffverbrauch von rund 6 kg/h Steinkohle unter dem Kessel entsprechend.

Beispiel 3. Eine Schachtanlage wird von über Tage aus mit Preßluft versorgt. Bis zur untersten Sohle in 1000 m Tiefe geht eine Stahlrohrleitung von 100 mm ∅ und 2000 m Länge zuzüglich 200 m für Einzelwiderstände. Es werden stündlich 700 Nm³ bei im Mittel 20° C zugedrückt, wobei am Druckwindkessel über Tage 8 at abs. gemessen werden. Welcher Druck stellt sich am Ende ein?

Bei Druckrohrleitungen ist bei den üblichen Geschwindigkeiten ($w_N \approx 25$ m/s) und nicht zu großer Entfernung der Druckabfall im allgemeinen so klein, daß man raumbeständige Fortleitung annehmen kann.

$$(437) \qquad w_N = \frac{700}{28{,}2 \cdot 1} = 24{,}8 \text{ m/s}; \quad \gamma_1 = \frac{80000}{29{,}3 \cdot 293} = 9{,}310 \text{ kg/m}^3;$$

$$(419) \qquad w_1 = 24{,}8 \cdot 1{,}293/9{,}310 = 3{,}44 \text{ m/s}.$$

$$(443) \qquad \Delta p = \frac{3{,}44^2 \cdot 9{,}31}{100 \cdot 100} \cdot 22 = 0{,}24 \text{ at} \quad \text{(1. Näherung)};$$

$$\nu = \frac{18{,}3}{9{,}31} \cdot 10^{-6} \text{ m}^2/\text{s}; \quad Re = \frac{3{,}44 \cdot 0{,}1}{1{,}97} 10^6 = 175000; \quad \lg Re = 5{,}24; \quad \lambda = 0{,}0168.$$

$$(430) \qquad \Delta P = 0{,}0168 \frac{2200}{0{,}1} 9{,}31 \frac{11{,}8}{19{,}6} = 2090 \text{ kg/m}^2 \quad \text{(genauer)}.$$

$$(432) \qquad \frac{P_1^2 - P_2^2}{2 P_1} = 2090; \quad P_2^2 = P_1^2 - 2 \cdot P_1 \cdot 2090; \quad P_2 = 77880 \text{ kg/m}^2.$$

$$p_1 - p_2 = 8{,}000 - 7{,}788 = 0{,}212 \text{ at (einschl. Dehnung)}.$$

Druckgewinn durch Höhenunterschied: Außenluft $\gamma = \frac{1}{8} \cdot \gamma_1 = 1{,}165$ kg/m³; Druckgewinn je m Höhe 9,310—1,165=8,145; je 1000 m 8145 kg/m² in erster Annäherung. Enddruck 80000—2120+8145=86025 kg/m² und $p_2 = 8{,}60$ at abs. Der Druckgewinn durch das Übergewicht der Luft ist größer als der Druckabfall. Siehe hierzu auch Beispiel 8, S. 44.

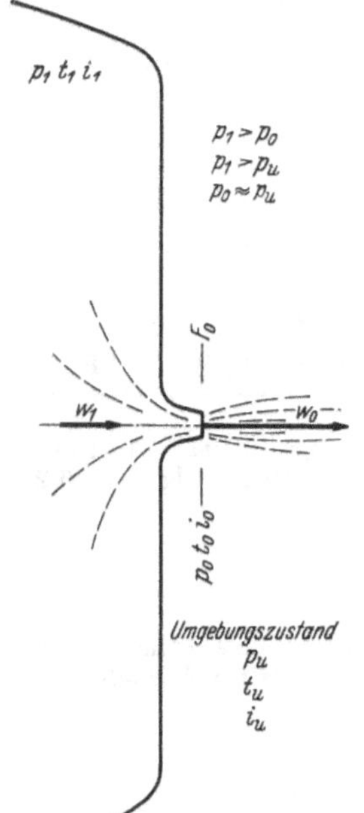

Abb. 197. Ausfluß aus einem Behälter.

74. Ausfluß aus Behältern.

a) Energiegleichung.

Der Ausfluß von Gasen und Dämpfen aus Behältern, die auf unveränderlichem Zustand gehalten werden, siehe Abb. 197, ist von besonderer technischer Bedeutung. Der Stoff strömt auf die Ausflußöffnung mit einer Geschwindigkeit w_1 zu. Die Ausflußgeschwindigkeit ist w_0. Außerhalb vom Behälter, in genügender Entfernung vom Ausflußquerschnitt, herrscht der Umgebungszustand. Für den Vorgang ist die allgemeine Energiegleichung (420) maßgebend, die mit $dH \approx 0$ und $du + A\, d(Pv) = di$ in die Form

$$i_1 - i_0 + A \frac{w_1^2 - w_0^2}{2g} + Q_{10} = A L_{R\,10} \qquad (450)$$

übergeht[1]. Da jedes Stoffteilchen seinen Zustand außerordentlich schnell ändert, kann man den Wärmeaustausch mit der Umgebung als ver-

[1] Wegen der Zeiger vgl. mit der allgemeinen Wärmegleichung $Q_{12} = U_{21} + A L_{12}$.

nachlässigbar klein annehmen ($Q_{10} = 0$). Außerdem ist die Zuflußgeschwindigkeit w_1 unbedeutend gegenüber der Ausflußgeschwindigkeit w_0. Mit (422) und (241) ist dann ohne Rücksicht auf die Reibungsarbeit

$$i_1 - i_0 = A\frac{w_0^2}{2g} = -A\int_1^0 v\,dP = A L'_{10} \tag{451}$$

und

$$\boxed{w_0 = 91{,}5\sqrt{i_1 - i_0}}\,. \tag{452}$$

Man kann dabei $P_0 \approx P_u$ setzen. Beim Vorgang ohne Reibung bleibt die Entropie konstant. Gl. (451) besagt, daß die arbeitsfähige Wärme- und Druckenergie, ausgedrückt durch $i_1 - i_0$, in arbeitsfähige kinetische Energie umgewandelt werden. Die *Ausflußenergie* $w_0^2/2g$ hat dieselbe Arbeitsfähigkeit gegenüber der Umgebung wie die gespeicherte Energie im Zustand 1.

Der Einfluß der *Reibung* macht sich bremsend bemerkbar. Infolge der Reibungswärme kommt es nicht zu isentropischer, sondern zu polytropischer Ausdehnung, die nach (243) und (254) mit einer Entropiezunahme $T_0(s_0 - s_1)$ verbunden ist. Die tatsächliche Ausflußgeschwindigkeit ist nur φw_0, wobei die *Geschwindigkeitszahl* $\varphi < 1$ für die einzelnen Fälle ebenso experimentell bestimmt werden muß wie die Widerstandszahl λ.

b) Reibungslose Strömung.

Aus (451) folgt mit $i_1 - i_0 = c_p(T_1 - T_0)$

$$A\frac{w_0^2}{2g} = c_p T_1\left(1 - \frac{T_0}{T_1}\right) = c_p\frac{P_1 v_1}{R}\left[1 - \left(\frac{p_0}{p_1}\right)^{(\varkappa-1)/\varkappa}\right] \tag{453}$$

und wegen $c_p - c_v = AR$ und $AR/c_p = (\varkappa - 1)/\varkappa$

$$\boxed{w_0 = \sqrt{2g\frac{\varkappa}{\varkappa - 1}P_1 v_1\left[1 - \left(\frac{p_0}{p_1}\right)^{(\varkappa-1)/\varkappa}\right]}}\,. \tag{454}$$

Es läßt sich nun berechnen, welche Form die *Ausflußdüse* haben muß, um sich dem Strahl genau anzupassen, damit er sich nicht von der Düsenwand ablöst. Der Zusammenhang zwischen Druck und Volumen ist durch die Beziehung $Pv^\varkappa =$ konst. gegeben, siehe Abb. 198. Aus Gründen der Kontinuität muß in jedem Düsenquerschnitt die Bedingung (418) eingehalten werden:

$$G = \frac{V}{v} = \frac{Fw}{v} = \frac{F_x w_x}{v_x}. \tag{455}$$

Wenn man $w_1 = 0$ setzt, muß der Einlaßquerschnitt $F_1 = \infty$ sein. Die Düse ist gut abzurunden. Im weiteren Verlauf nimmt der Strahlquerschnitt einen Kleinstwert an, um dann derart anzuwachsen, daß er bei $P = 0$, $v = \infty$ wiederum unendlich groß wird. Beim Druck $P_0 \approx P_u > 0$ ist ein bestimmter endlicher Querschnitt F_0 erforderlich. An der engsten Stelle, Zeiger S, ist die Geschwindigkeit mit (454)

$$w_S^2 = 2g\frac{\varkappa}{\varkappa-1}P_1 v_1\left[1 - \left(\frac{P_S}{P_1}\right)^{(\varkappa-1)/\varkappa}\right] \tag{456}$$

nur vom Anfangszustand 1 und dem Druckverhältnis P_s/P_1 abhängig. Da hier $dF/dP = 0$ sein muß, gilt mit (455)

$$\frac{1}{G}\,\frac{dF}{dP} = \frac{d(v/w)}{dP}$$

und

$$\frac{w_s\,dv_s - v_s\,dw_s}{w_s^2\,dP} = 0; \qquad dw_s = \frac{w_s}{v_s}\,dv_s.$$

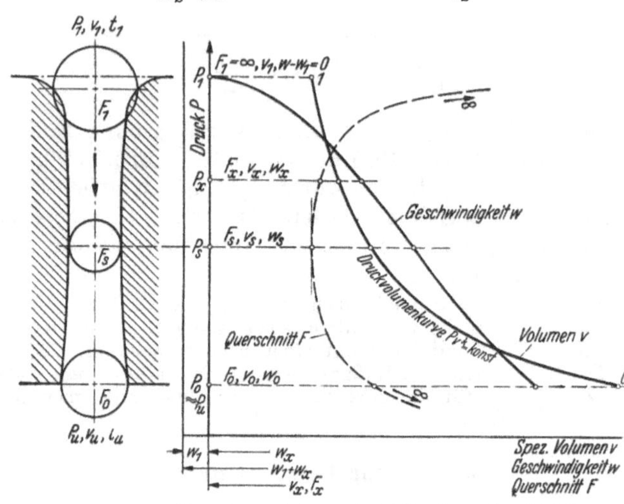

Abb. 198. Zur Berechnung einer strahlförmigen Ausflußdüse.

Weiterhin folgt mit (451)

$$\frac{w_s\,dw_s}{g} = -\,v_s\,dP_s; \qquad \frac{w_s^2\,dv_s}{v_s\,g} = -\,v_s\,dP_s$$

und

$$w_s^2 = -\,v_s^2\,g\,\frac{dP_s}{dv_s}.$$

Nun ist bei adiabatischer Zustandsänderung $\dfrac{dP}{dv} = -\,\varkappa\,\dfrac{P}{v}$ und

$$\boxed{w_s = \sqrt{g\varkappa P_s v_s}}\,, \tag{457}$$

d. h. an der engsten Stelle der Düse strömt das Gas mit *Schallgeschwindigkeit.* Da $P_s v_s = R\,T_s = R\,T_1\,(P_s/P_1)^{(\varkappa-1)/\varkappa}$ ist, folgt

$$w_s = \sqrt{g\varkappa P_1 v_1\,(P_s/P_1)^{(\varkappa-1)/\varkappa}}\,. \tag{458}$$

Durch Gleichsetzen von (458 und (456) findet man über

$$\frac{2}{\varkappa-1}\left[1 - \left(\frac{P_s}{P_1}\right)^{(\varkappa-1)/\varkappa}\right] = \left(\frac{P_s}{P_1}\right)^{(\varkappa-1)/\varkappa}$$

die einfache Beziehung

$$\boxed{\frac{P_s}{P_1} = \frac{p_s}{p_1} = \left(\frac{2}{\varkappa+1}\right)^{\varkappa/(\varkappa-1)}}\,. \tag{459}$$

Demnach ist auch der Druck P_s an der engsten Stelle nur vom Anfangsdruck P_1 abhängig. Es ist bei

2-atomigen Gasen	$\varkappa = 1{,}4$	$p_s/p_1 = 0{,}528$	$p_1 = 1{,}892\, p_s$
überhitztem Dampf . . .	$= 1{,}3$	$= 0{,}546$	$= 1{,}832$
trockengesättigtem Dampf	$= 1{,}135$	$= 0{,}577$	$= 1{,}732$

Der Druck p_s ist also etwa halb so groß wie der Anfangsdruck. (459) in (458) eingesetzt ergibt

$$w_s = \sqrt{2g \frac{\varkappa}{\varkappa + 1} P_1 v_1} \tag{460}$$

in m/s oder für

2-atomige Gase.	$\varkappa = 1{,}4$	$w_s = 338\sqrt{p_1 v_1}$
überhitzten Dampf	$= 1{,}3$	$= 333$
trockengesättigten Dampf .	$= 1{,}135$	$= 323$

Die Vorzahlen unterscheiden sich nur wenig. Mit (455) und (459) sowie (460) erhält man schließlich für den sekundlichen Ausfluß

$$G = F_s \left(\frac{2}{\varkappa + 1}\right)^{1/(\varkappa - 1)} \sqrt{2g \frac{\varkappa}{\varkappa + 1} \frac{P_1}{v_1}} \tag{461}$$

in kg/s, das ist für

2-atomige Gase.	$\varkappa = 1{,}4$	$G = 214{,}5\, F_s \sqrt{p_1/v_1}$
überhitzten Dampf	$= 1{,}3$	$= 209{,}0$
trockengesättigten Dampf .	$= 1{,}135$	$= 199{,}1$

mit p in kg/cm². Mit dem Austrittsquerschnitt F_0 ergibt sich über

$$G = w_0 F_0 / v_0 \quad \text{und} \quad v_0 = v_1 (p_1/p_0)^{1/\varkappa}$$

auch

$$G = F_0 \sqrt{2g \frac{\varkappa}{\varkappa - 1} \left(\frac{P_1}{v_1}\right) \left[\left(\frac{p_0}{p_1}\right)^{2/\varkappa} - \left(\frac{p_0}{p_1}\right)^{(\varkappa+1)/\varkappa}\right]}. \tag{462}$$

Man kann den Gegendruck p_0 beliebig zwischen p_1 und 0 at abs. wählen. Wenn man die Ausflußdüse im engsten Querschnitt aufhören läßt, so tritt der Strahl nur dann geschlossen aus, wenn $p_0 \geqq p_S$ ist. Wenn aber $p_0 < p_S$ ist, dann ist ein plötzlicher Übergang von p_S auf p_0 notwendig. Die Arbeitsfähigkeit der Druckenergie gegenüber dem Druck p_0 entlädt sich plötzlich. Es kommt zu heftigen Wirbelungen und explosiver Ausbreitung: der Strahl zerplatzt und zerstäubt. Bei alledem ist die Geschwindigkeit w_S unabhängig davon, wie niedrig p_0 ist. Wenn man die Arbeitsfähigkeit der Ausflußenergie bis zum Druck p_0 ausnützen will, so muß man den Strahl wie in Abb. 198 führen (erweiterte Düse). Die Ausbildung derartiger Düsen ist für die Technik der Dampfturbinen von wesentlicher Bedeutung.

Beispiel. Wie ist der Querschnitt einer gut abgerundeten nicht erweiterten Düse zu bemessen (Öffnungsquerschnitt eines Sicherheitsventils), damit stündlich 1000 kg trockengesättigter Dampf bei konstantem Kesseldruck von 16 at abs. in die Atmosphäre entweichen können. Wie groß ist die Ausströmgeschwindigkeit?

(461) $$\frac{1000}{3600} = F_s \left(\frac{2}{2{,}135}\right)^{1/0{,}135} \sqrt{19{,}62\, \frac{1{,}135}{2{,}135}\, \frac{160000}{0{,}126}}.$$

Daraus $F_S = 0{,}000124\ \mathrm{m}^2$ und $D \approx 12{,}6$ mm.

$$w_S{}^2 = 19{,}62\ \frac{1{,}135}{2{,}135}\ 160000 \cdot 0{,}126; \qquad w_s = 459\ \mathrm{m/s}. \tag{460}$$

Bei kleinen Druckunterschieden wie beim Ausströmen von Leuchtgas oder Generatorgas, welche in der Regel unter wenigen mm WS Überdruck angewandt werden, kann man nach (451) mit guter Annäherung setzen:

$$\boxed{w_0^2/2g \approx v_1(P_1 - P_0)}\,. \tag{463}$$

Wenn $p_1/p_0 = 1{,}1$ ist, so bestimmt man w_0 danach mit einem Fehler von weniger als 4 vH. Bei geringem Überdruck ist $p_1 < 2p_0$ und bleibt der Strahl geschlossen.

Mit Hilfe von *Verdichtungsdüsen* kann man umgekehrt kinetische Energie in potentielle umwandeln. Es ist dann mit (451)

$$\frac{w_0{}^2 - w_1{}^2}{2g} = \int_0^1 v\,dP\,, \tag{464}$$

w_1 ist auch hier klein gegen w_0. Die Drucksteigerung ergibt sich entsprechend (454) zu

$$\frac{w_0{}^2}{2g} - \frac{w_1{}^2}{2g} = \frac{\varkappa}{\varkappa - 1}\, P_0 v_0 \left[\left(\frac{p_1}{p_0}\right)^{(\varkappa-1)/\varkappa} - 1\right]$$

in einer strahlförmigen Düse. Daraus folgt:

$$\frac{p_1}{p_0} = \left(1 + \frac{w_0{}^2 - w_1{}^2}{2g}\,\frac{1}{P_0 v_0}\,\frac{\varkappa - 1}{\varkappa}\right)^{\varkappa/(\varkappa-1)} \tag{465}$$

Beispiel. Wie groß sind Druck p_1 und Temperatur t_1 am Ende einer strahlförmigen Verdichtungsdüse, wenn Luft unter $p_0 = 1$ at abs. und $t_0 = 30°$ C mit $w_0 = 800$ m/s anströmt und mit $w_1 = 200$ m/s entweicht?

$$\frac{A}{2g}\,(w_0{}^2 - w_1{}^2) = \frac{10^4\,(64 - 4)}{427 \cdot 19{,}62} = 71{,}6\ \mathrm{kcal/kg} = 0{,}24\,(t_1 - t_0);$$

$$t_1 = 71{,}6/0{,}24 + 30 = 329°\ \mathrm{C};$$

$$\left(\frac{p_1}{p_0}\right)^{(\varkappa-1)/\varkappa} = \frac{329 + 273}{303} = 1{,}986; \qquad \frac{p_1}{p_0} = 11{,}0; \qquad p_1 = 11{,}0\ \mathrm{at\ abs.}$$

c) Natürliche Strömung.

Die Entropiezunahme bei reibungsbehafteter adiabatischer Ausdehnung hat eine polytropische Ausdehnung mit rechnerisch $n < \varkappa$ zur Folge. Als Ausflußgeschwindigkeit erhält man jetzt

$$w_0' = \sqrt{2g\,\frac{\varkappa}{\varkappa - 1}\,P_1 v_1 \left[1 - \left(\frac{p_0}{p_1}\right)^{(n-1)/n}\right]} \tag{466}$$

oder mit der Geschwindigkeitszahl φ

$$w_0' = \varphi\, w_0 = \varphi \sqrt{2g\,\frac{\varkappa}{\varkappa - 1}\,P_1 v_1 \left[1 - \left(\frac{p_0}{p_1}\right)^{(\varkappa-1)/\varkappa}\right]}\,. \tag{467}$$

Für die Ausströmtemperatur findet man — höher als bei reibungsloser Strömung — aus (466) und (467)

$$T_0' = T_1 \left(\frac{p_0}{p_1}\right)^{(n-1)/n} = T_1 \left\{1 - \varphi^2 \left[1 - \left(\frac{p_0}{p_1}\right)^{(\varkappa-1)/\varkappa}\right]\right\}. \tag{468}$$

Der Ausfluß ist

$$\begin{aligned} G &= F_S \varphi_S w_S / v_S \\ &= F_S \sqrt{\varkappa g \frac{n+1}{\varkappa+1} \left(\frac{2}{n+1}\right)^{(n+1)/(n-1)} \frac{P_1}{v_1}}, \end{aligned} \tag{469}$$

wobei $\frac{p_S}{p_1} = \left(\frac{2}{n+1}\right)^{n/(n-1)}$ ist. Mit φ_S wird die Wirkung der Reibung zwischen dem Einlaßquerschnitt F_1 und dem engsten Querschnitt F_S erfaßt. Im Endquerschnitt F_0 ist

$$\begin{aligned} G &= F_0 \varphi w_0 / v_0 \\ &= F_0 \sqrt{2g \frac{\varkappa}{\varkappa-1} \left[\left(\frac{p_0}{p_1}\right)^{2/n} - \left(\frac{p_0}{p_1}\right)^{(n+1)/n}\right] \frac{P_1}{v_1}}. \end{aligned} \tag{470}$$

Die Beziehung zwischen Geschwindigkeitszahl φ und Ausflußexponent n kann aus (466) und (467) errechnet werden, sie hängt vom Druckverhältnis p_1/p_0 und vom Adiabatenexponenten $\varkappa$ ab. Bei einem bestimmten Wert von n ist φ um so größer, je größer p_1/p_0 ist. Bei 2-atomigen Gasen ist z. B. $\varkappa = 1{,}4$ und $\varphi_S = 0{,}876$, wenn $n = 1{,}30$ ist. Für kleine Druckverhältnisse, wenn $p_1 \to p_0$ geht, ist

$$\varphi^2 = \frac{n-1}{\varkappa-1} \frac{\varkappa}{n}.$$

Nach (463) gilt dabei

$$w_0' \approx \varphi \sqrt{2g\, v_1 (P_1 - P_0)} \tag{471}$$

oder mit der Druckhöhe $h = v_1(P_1 - P_0)$ in m Gassäule

$$w_0' \approx \varphi \sqrt{2gh}.$$

Beispiel. Durch eine nicht erweiterte Meßdüse, die der Strahlform angepaßt ist, strömt Luft. Zustand vor der Düse $p_1 = 1{,}8$ at abs., $t_1 = 40°$ C Druck im Ausströmquerschnitt $p_0 = 1{,}0$ at abs. Geschwindigkeitszahl $\varphi = 0{,}96$. Welche Durchflußmenge ergibt sich, wenn der Auslaßquerschnitt $F_0 = 167$ cm² ist?

Für Luft erhält man aus (454) mit

$$\sqrt{2g \frac{\varkappa}{\varkappa-1} R} = 44{,}8;$$

$$\begin{aligned} w_0' &= 44{,}8 \varphi \sqrt{T_1 [1 - (p_0/p_1)^{0{,}286}]} \\ &= 44{,}8 \cdot 0{,}96 \sqrt{313 \cdot (1 - 0{,}845)} = 300 \text{ m/s}. \end{aligned}$$

Da $p_0/p_1 = 1/1{,}8 = 0{,}556 > 0{,}528$ ist, ist keine Erweiterung nötig.

$$T_0 = T_1 (p_0/p_1)^{0{,}286} = 313 \cdot 0{,}845 = 265° \text{ K}; \quad t_0 = -8° \text{ C};$$

$$V_0 = F_0 w_0' = 0{,}0167 \cdot 300 = 5{,}01 \text{ m}^3/\text{s};$$

$$V_N = \frac{V_0 p_0}{T_0} \frac{T_N}{p_N} = \frac{5{,}01 \cdot 1{,}000}{265} \frac{273}{1{,}033} = 5{,}0 \text{ Nm}^3/\text{s oder } 18000 \text{ Nm}^3/\text{h}.$$

d) Verlust an Arbeitsfähigkeit durch Reibung.

Im P, v-Diagramm ist die Arbeitsfähigkeit der gespeicherten Energie im Zustand 1 gegenüber dem Druck P_0 durch die Fläche $a1oba$ darzustellen; siehe Abb. 199. Durch den Einfluß der Reibung ist der Zuwachs an kinetischer Energie jedoch geringer, nämlich

$$\left(\varphi^2 \frac{w_0^2 - w_1^2}{2g}\right) \text{ wirklich} < \left(\frac{w_0^2 - w_1^2}{2g}\right) \text{ ohne Reibung},$$

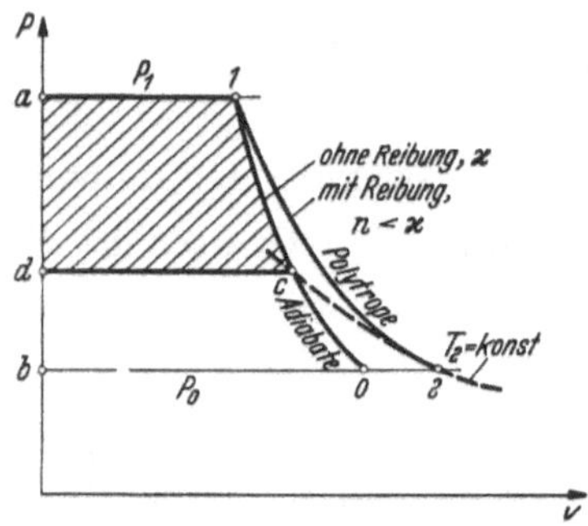

Abb. 199. Verlust an Arbeitsfähigkeit durch Reibung.

in Abb. 199 durch die Fläche $a1cda$ angegeben. Die wirkliche Zustandsänderung folgt der Polytrope 1—2. Die nichtschraffierte Fläche $dc12bd$ entspricht der Reibungsarbeit L_{R12}. Die Punkte c und 2 liegen allgemein auf einer Drosselkurve, also auf einer Linie gleichen Wärmeinhalts (Enthalpie), bei Gasen gleichzeitig auf einer Isotherme. Die Temperatur im Zustand 2 ist wegen der Reibungswärme größer als im Zustand o. Dadurch ist der Verlust an Arbeitsfähigkeit geringer als die Reibungsarbeit ausmacht, und nur der Fläche $cobdc$ entsprechend. Mit der höheren Temperatur ist ein höheres spezifisches Volumen verbunden, was besagt, daß natürlich der Düsenquerschnitt um so größer sein muß, je stärker die Reibung ist (und kleiner φ ist), wenn dasselbe Durchflußgewicht zugrunde gelegt wird.

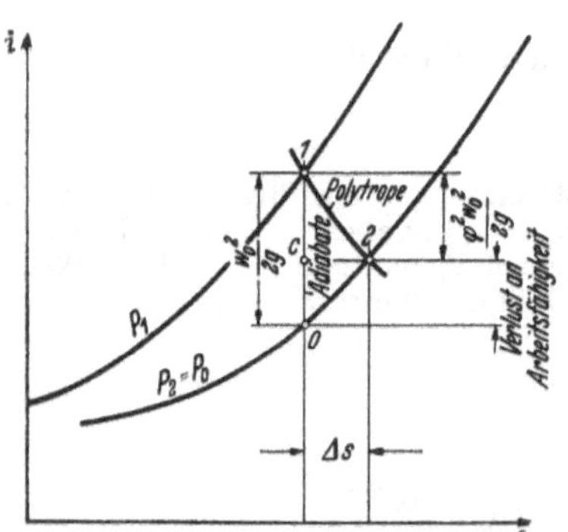

Abb. 200. Verlust an Arbeitsfähigkeit durch Reibung. Geschwindigkeitshöhen in Wärmemaß ($w_1=0$).

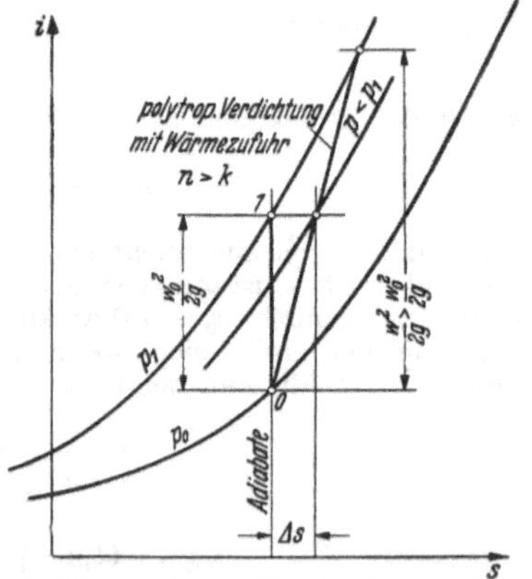

Abb. 201. Geringere Drucksteigerung bei natürlicher Strömung in Verdichtungsdüsen. Geschwindigkeitshöhen in Wärmemaß ($w_1=0$).

Im i, s-Diagramm, Abb. 200, ist der Reibungseinfluß besonders einfach darzustellen. Wenn man den Zustand 1 zu Anfang und 2 zu Ende kennt, dann ist der Zustand o durch $s_0 = s_1$ und $P_0 = P_2$ gegeben. Damit erhält man die Geschwindigkeitszahl φ, von der man annimmt, daß sie den Charakter eines stetigen Reibungskoeffizienten in allen

Phasen des Ausströmvorganges hat, bei $w_1 = 0$ aus

$$\varphi = \frac{w_e}{w_0} = \sqrt{\frac{i_1 - i_e}{i_1 - i_0}} = \sqrt{\frac{i_1 - i_2}{i_1 - i_0}}. \tag{472}$$

Je nach der Beschaffenheit der Ausflußöffnung liegt φ zwischen 0,8 und 1,0. Über die Größe der Ausflußgeschwindigkeit

$$w = 91{,}5\,\sqrt{\Delta i}$$

geben folgende Zahlen Aufschluß:

$\Delta i =$	10	20	50	100	200	300 kcal/kg
$w =$	289	409	647	915	1294	1585 m/s.

Wenn die Anfangsgeschwindigkeit w_1 nicht vernachlässigbar klein ist, sondern wie in Dampfzuflußleitungen Werte von etwa 25 bis 50 m/s annimmt, so ist sie immer noch unbedeutend gegen die Ausflußgeschwindigkeit, zumal die wirksame Geschwindigkeitshöhe durch das Quadrat der Geschwindigkeit bestimmt wird.

Bei Verdichtungsdüsen liegt der Fall so, daß man in Wirklichkeit nur einen geringeren Druck erzielen kann als bei reibungsloser Strömung, wie Abb. 201 zeigt. Wenn man denselben Druck wie bei reibungsloser Strömung erreichen will, muß man eine größere Anströmgeschwindigkeit einstellen.

e) Nicht strahlförmig ausgebildete Ausflußöffnungen.

Wenn das Gas oder der Dampf nicht durch eine Öffnung ausströmt, die strahlförmig ausgebildet ist, so löst sich der Strahl ab und erfüllt den Ausströmquerschnitt F_0 unvollständig. Der Strahlquerschnitt am Ende sei F. Unter der *Kontraktionszahl* α, die kleiner als 1 ist, versteht man das Verhältnis

$$\alpha = F/F_0. \tag{473}$$

Für den Ausfluß erhält man die Beziehung

$$\boxed{G = \alpha\varphi F_0 w_0 \gamma_0}. \tag{474}$$

$\alpha\varphi$ pflegt man zu einer Ausflußzahl μ zusammenzufassen:

$$G = \mu F_0 w_0 \gamma_0. \tag{475}$$

Bei einer scharfkantigen Öffnung löst sich der Strahl in jedem Fall ab. Die Reibung an der begrenzenden Luft ist sehr gering ($\varphi \approx 1$). Dabei ist $\alpha \approx \mu = 0{,}55$ bis 0,70, bei abgerundeten Kanten 0,96 bis 0,98 je nach der Reynoldsschen Zahl *Re* des Stromes. Die Ausflußzahlen können für die verschiedenen Formen von Ausflußöffnungen nur experimentell ermittelt werden. Über die Verwendung von Durchflußöffnungen zum Zwecke der Mengenmessung siehe Teil B.

Beispiel. Leuchtgas ($\delta = 0{,}49$) befindet sich in einer Rohrleitung unter 1000 mm WS Druck über dem atmosphärischen Druck. Seine Temperatur ist 20° C. Wieviel Gas entweicht stündlich aus einer scharfkantigen Öffnung von 0,5 cm² Fläche?

$$\gamma_L = \frac{11000}{29{,}3 \cdot 293} = 1{,}28\ \text{kg/m}^3; \qquad \gamma = 0{,}49 \cdot 1{,}28 = 0{,}628\ \text{kg/m}^3;$$

$$w_0 = 4{,}43\sqrt{\frac{1000}{0{,}628}} = 177\ \text{m/s};$$

$$V_0 = \frac{0{,}5}{10000}\,177 \cdot 3600 = 32\ \text{m}^3/\text{h}; \qquad G = 32 \cdot 0{,}628 = 20\ \text{kg/h}.$$

Bei scharfkantiger Öffnung strömen etwa $^2/_3$ der Gasmenge aus.

XVII. Wärmeübertragung.

75. Allgemeines.

Von der Wärmeenergie wurde festgestellt, daß sie sich zu verteilen sucht. Es erhebt sich nun die Frage, auf welche Weise Wärmeenergie verteilt werden kann. Der Antrieb zur Verbreitung, also Abgabe von Wärme ist die Temperaturdifferenz. Die Wege sind hierzu physikalisch ganz verschieden, und zwar durch

Wärmeleitung,
Wärmemitführung (oder Konvektion)[1],
Wärmestrahlung,

für die der Sammelbegriff *Wärmeübertragung* eingeführt ist. Da die antreibende Temperaturdifferenz zwischen dem abgebenden und aufnehmenden Körpersystem stets positiv sein muß, bei natürlicher Richtung des Vorganges nach den Regeln des 2. Hauptsatzes, ist mit der Wärmeübertragung auch stets eine *Entropievermehrung* verbunden. Die Wärmeübertragung ist ein nichtumkehrbarer Prozeß.

Unter *Wärmeleitung* versteht man die Wärmeverteilung oder, bei unerschöpflicher Wärmequelle, die Fortpflanzung von Wärme innerhalb fester Körper (bei nichtfesten Körpern ist reine Wärmeleitung nicht möglich). Auch wenn sich zwei oder mehrere verschieden warme, feste Körper berühren, so geht Wärme durch Leitung über. Wegen der verschiedenen spezifischen Wärme und der mehr oder weniger großen Neigung der einzelnen Stoffe, Wärme aufzunehmen, richtet sich die Stärke des Wärmeflusses neben der Temperaturdifferenz noch nach den physikalischen Eigenschaften der Stoffe.

Im allgemeinen ist die Temperatur nach Ort und Zeit veränderlich. Wenn es sich um die Verteilung einer bestimmten Wärmemenge bis zum Temperaturausgleich handelt, dann verflacht das Temperaturfeld mit der Zeit. Der Sonderfall einer *stationären Wärmeübertragung* liegt nur dann vor, wenn die Wärme in gleicher Menge unablässig nachfließt. Wie bei den strömenden Bewegungen ist die rechnerische Verfolgung stationärer Vorgänge wesentlich einfacher. Die Wärmeleitung durch das Mauerwerk einer Feuerung z. B. verläuft stationär, wenn der Feuerungsbetrieb im Beharrungszustand ist. Der Anheizvorgang hingegen ist nicht stationär. Der technische Begriff vom Beharrungszustand ist in der Regel gleichbedeutend mit einem mittleren Betriebszustand und streng genommen nicht stationär. Wird z. B. eine Dampfmaschine im Beharrungszustand betrieben, so ändert sich das Temperaturfeld im Zylinder bei jedem Arbeitsspiel, aber wegen der Trägheit der molekularen Massen nur wenig, so daß man mit guter Annäherung einen stationären Zustand annehmen kann. Es ist allerdings Bedingung, daß die Zeit einer Periode nur so kurz ist, daß die Schwankungen des Temperaturfeldes vernachlässigt werden können.

Bei der *Wärmemitführung* oder Konvektion hingegen handelt es sich um einen Transport von Wärmeenergie in Verbindung mit Strömungsvorgängen. In Bewegung befindliche Stoffteilchen nehmen ihren Wärmeinhalt mit. Gelangen sie in Berührung mit kälteren Teilchen, so suchen sie ihren Energieüberschuß abzugeben. Während des Wärme-

[1] Vom lateinischen convehi = fahren.

austausches selbst wird die Wärme abgeleitet. Die exakte rechnerische Verfolgung derartiger Vorgänge ist offensichtlich schwierig, so daß man ohne vereinfachende Annahmen nicht auskommt. Sofern die Strömung natürliche Ursachen hat, spricht man von *freier Konvektion.* Solche Strömungen gibt es z. B. in Flüssigkeiten und Gasen unter der Wirkung des Auftriebes, wenn die Temperatur uneinheitlich ist. *Erzwungene Konvektion* liegt dann vor, wenn die Bewegung der wärmebeladenen Stoffteilchen künstlich hervorgerufen wird, etwa wenn man eine heiße Flüssigkeit durch eine Rohrleitung pumpt. Je mehr Stoffteilchen in der Zeiteinheit mit der kälteren Rohrwand in Berührung kommen, um so kräftiger ist die Wärmeübertragung. Die Geschwindigkeit der Strömung ist von maßgeblichem Einfluß.

Konvektion und Wärmeleitung sind an Stoff gebunden. Bei der *Wärmestrahlung* als der dritten Art von Wärmeübertragung ist das nicht der Fall; sie geht auch durch den absolut leeren Raum. Die natürlichen Körper sind für die Wärmestrahlung in verschiedenem Maße durchlässig. In Strahlungsenergie umgeformte Wärmeenergie wird beim Auftreffen der Strahlen wieder in Wärmeenergie zurückverwandelt.

Im *allgemeinen Fall einer Wärmeübertragung* gehen Wärmeleitung, Konvektion und Strahlung gleichzeitig vor sich.

76. Wärmeübertragung durch Wärmeleitung.

a) Allgemeines Wärmeleitungsgesetz.

Man kann sich einen isotropen festen Körper in einzelne, unbeschränkt kleine Würfel aufgeteilt denken; siehe Abb. 202. Unter Wirkung des Temperaturgefälles $\partial t/\partial x$ fließt eine Wärmemenge

$$Q_1 = \lambda\, dy\, dz \frac{\partial t}{\partial x}\, dZ$$

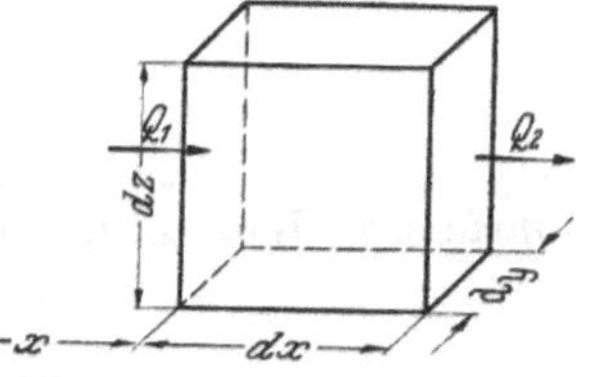

Abb. 202. Wärmefluß durch einen elementaren Würfel als Teil eines isotropen festen Körpers.

in den Würfel hinein[1]. Mit der *Wärmeleitzahl* λ werden die Stoffeigenschaften erfaßt[2]. Sie gibt den Wärmefluß in kcal je m^2 Fläche und je Grad/m Temperaturgefälle in einer Stunde an, hat also die Dimension kcal/m · h · Grad. Allgemein ist t eine Funktion von Ort und Zeit. Punkte gleicher Temperatur liegen auf Isothermflächen, die sich geschlossen um den wärmsten Punkt des Systems ziehen. Auf dem Wege von x bis $x + dx$ ändert sich das Temperaturgefälle um $-\frac{\partial}{\partial x}\left(\frac{\partial t}{\partial x}\right) = -\frac{\partial^2 t}{\partial x^2}$, negativ deshalb,

[1] Die Schreibweise mit den Zeichen der partiellen Differentiation ist nötig, weil sich die Temperatur nicht nur mit dem Weg x, sondern auch in y- und z-Richtung und mit der Zeit Z ändert. dZ ist das Zeitelement.

[2] Der Buchstabe λ, bei der Berechnung von Strömungsvorgängen als Widerstandszahl verwandt, wird hier als Wärmeleitzahl und als Wellenlänge gebraucht.

21*

weil die Temperatur in Strömungsrichtung abnimmt. Die ausströmende Wärmemenge ist

$$Q_2 = \lambda\, d y\, d z \left[\frac{\partial t}{\partial x} - \frac{\partial^2 t}{\partial x^2}\, d x\right] d Z$$

und im Würfel verbleibt

$$Q_1 - Q_2 = \lambda\, d x\, d y\, d z \frac{\partial^2 t}{\partial x^2}\, d Z\,. \tag{476}$$

Das Gewicht des elementaren Würfels ist $\gamma\, d x\, d y\, d z$. Seine Speicherfähigkeit an Wärme ist mithin $c\, \gamma\, d x\, d y\, d z$ in kcal/Grad. Da sich die Temperatur mit der Zeit um $\partial t / \partial Z$ ändert, in der kleinen Zeit dZ also um $\frac{\partial t}{\partial Z} dZ$, so erhält man für die Speicherung auch

$$Q_1 - Q_2 = c\, \gamma\, d x\, d y\, d z \frac{\partial t}{\partial Z}\, d Z\,, \tag{477}$$

und durch Gleichsetzen von (476) und (477) folgt die Beziehung

$$\boxed{\lambda \frac{\partial^2 t}{\partial x^2} = c\, \gamma \frac{\partial t}{\partial Z}}\,. \tag{478}$$

Nun wechselt das Temperaturfeld um so schneller, je größer die Wärmeleitfähigkeit ist, und um so langsamer, je mehr Wärme im Raumelement aufgespeichert werden kann, um 1 Grad Temperaturanstieg herbeizuführen. Maßgebend ist die *Temperaturleitfähigkeit*[1]

$$a = \frac{\lambda}{c\, \gamma} \tag{479}$$

in m^2/h. Damit geht (478) über in

$$a \frac{\partial^2 t}{\partial x^2} = \frac{\partial t}{\partial Z}\,.$$

In y- und z-Richtung ergeben sich ähnliche Formen. Das *allgemeine Fouriersche Wärmeleitungsgesetz*[2] lautet:

$$a\left(\frac{\partial^2 t}{\partial x^2} + \frac{\partial^2 t}{\partial y^2} + \frac{\partial^2 t}{\partial z^2}\right) = \frac{\partial t}{\partial Z}\,. \tag{480}$$

Die Differentialgleichung läßt sich lösen, wenn die Zusammenhänge zwischen Temperatur, Ort und Zeit bekannt sind. Im einfachsten Fall der stationären Wärmeleitung ist $t \neq f(Z)$ und $\partial t / \partial Z = 0$. Kann man auch die an sich geringe Veränderlichkeit von a, also λ, c und γ, mit der Temperatur vernachlässigen, so geht (480) für die x-Richtung in die einfache Form über:

$$\frac{\partial^2 t}{\partial x^2} = 0\,. \tag{481}$$

---

[1] Die Formänderungsfähigkeit ν hat dieselbe Dimension, m^2/s.

[2] Baron JOHANN BAPTISTE JOSEF FOURIER: 1768—1830, französischer Mathematiker.

An jeder Stelle ist der Wärmefluß gleich groß, denn

$$\frac{dt}{dx} = \text{konst.} = \frac{\Delta t}{\Delta x}.$$

Nach der Definition von λ geht durch eine ebene Fläche F

$$\boxed{Q = \lambda F \frac{\Delta t}{s}} \tag{482}$$

in kcal/h, wenn der Weg in x-Richtung mit s bezeichnet wird. Die einströmende Wärmemenge Q_1 ist gleich der ausströmenden Q_2, es wird keine Wärme gespeichert.

Wie erwähnt, ist die Wärmeleitung durch die Zylinderwand einer Kolbendampfmaschine im Beharrungszustand nahezu stationär. Denkt man sich die Perioden verlängert, indem die Maschine sehr langsam fährt, so ergibt sich ein Zusammenhang zwischen Temperatur und Zeit, der etwa den Charakter einer Sinuslinie hat. Auch bei der Regenerativbeheizung der Koksöfen z. B. wechselt das Temperaturfeld im feuerfesten Mauerwerk periodisch. Gl. (480) läßt sich auch für diesen Fall lösen, wenn man die Funktion $t = f(Z)$ angeben kann[1]. Im folgenden sei nur der weitaus wichtigste Fall der stationären Wärmeleitung behandelt.

b) Wärmeleitung durch eine ebene Platte.

Wenn Wärme durch eine ebene, einerseits gleichmäßig beheizte Platte geleitet wird, die in Länge und Breite sehr groß ist, dann schreitet der Wärmefluß praktisch nur nach der Tiefe zu, in Richtung s fort. Die Temperatur fällt linear ab; Abb. 203. Wäre der Körper z. B. nicht isotrop, sondern z. B. porig, so würde sich λ mit dem Orte ändern und $dt/ds \neq$ konst. sein.

Der Temperaturabfall ist um so geringer, je besser der Stoff leitet. In wärmeabdämmenden Stoffen fällt die Temperatur steil ab. Bei adiabatischer Abdämmung müßte $\lambda = 0$ sein, bei isothermischem Wärmefluß $\lambda = \infty$. Tatsächlich gibt es keine Stoffe mit diesen Grenzwerten; die wirklichen Stoffe haben Wärmeleitzahlen λ zwischen etwa 0,01 und an 400 kcal/m · h · Grad. Der Wärmefluß in der Platte ist

$$Q = \lambda F Z (t_1 - t_2)/s \tag{483}$$

in kcal.

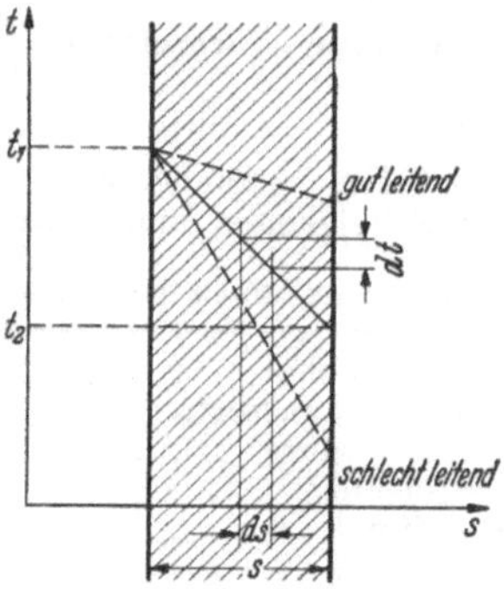

Abb. 203. Wärmeleitung durch eine ebene isotrope Platte.

Bei *festen Körpern* leiten Metalle[2] mit $\lambda = 10$ bis 360 am besten, am schlechtesten poröse, nichtmetallische Substanzen mit 0,1 bis 0,6. Gase leiten im allgemeinen schlechter als Flüssigkeiten und diese schlechter als feste Körper.

Die meisten *Gase* leiten die Wärme etwa in gleichem Maße ($\lambda = 0{,}01 - 0{,}02$), und zwar leichtere besser als schwerere. Eine Ausnahme macht Wasserstoff mit etwa 0,150. Die Wärmeleitzahl der meisten *Flüssigkeiten* liegt zwischen 0,1 und

[1] Siehe z. B. A. Schack: Der industrielle Wärmeübergang, S. 32ff. Düsseldorf 1929. (2. Aufl. ebenda 1940, 3. Aufl. ebenda 1948.)

[2] Die Metalle dehnen sich unter der Wärme nur wenig aus und leiten die Wärme wegen ihrer starken Bindungskräfte gut.

0,4 kcal/m · h · Grad, Wasser jedoch bei 0,477 und Quecksilber bei 8,5, sämtlich bei 0° C gemessen. Die Wärmeleitzahl steigt mit der Temperatur an. Bei Gasen ist sie bei 500° C mehr als doppelt so hoch wie bei 0° C, bei Flüssigkeiten steigt sie von 0° C auf 100° C um rund $\frac{1}{4}$. Bei Wasser als der wichtigsten Flüssigkeit folgt die Wärmeleitzahl von 0° C bis 80° C der Gleichung $\lambda = 0{,}477\,(1 + 0{,}00298\,t)$. Damit geht λ von 0,477 bei 0° C bis auf 0,590 bei 80° C und die Temperaturleitfähigkeit $10^6 a$ von 475 bei 0° C auf 607 bei 80° C. Bei der Mischung von Gasen kann die Wärmeleitzahl der Komponenten anteilig eingesetzt werden. Ruhende Luft hat $\lambda \approx 0{,}02$.

Zahlentafel 49. *Wärmeleitzahlen von festen Körpern λ in kcal/m · h · Grad bei gewöhnlicher Temperatur (Mittelwerte).*

Silber	360	Erde, lehmig, feucht	2,0
Kupfer	300—340	Erde, mager, trocken	0,5
Aluminium	175—200	Sand, naß	1,0
Zink	95	Sand, trocken	0,3
Messing	75—100	dichte Steine	1,0—3,5
Platin	60	poröse Steine	0,14—0,8
Zinn	54	Ziegelmauerwerk, trocken	0,35
Stahl	32—47	feuerfeste Steine	0,4—1,0
Gußeisen	35—51	Beton	0,2—1,5
Nickel	60	Glas	0,5—0,9
Blei	30	Porzellan	0,7—0,9
Konstantan	20	Ölbelag	0,1
Holz	0,12—0,35	Kesselstein	0,5—2 u. mehr
Steinkohle	0,12—0,15	— gipsreich	0,5—2,0
Kohlenstaub	0,1	— silikatreich	0,07—0,15
Schlacke	0,1—0,5	Eis	1,9
Flugasche	0,06—0,1	Gummi	0,1—0,2
Ruß	0,1		

hochwertige Wärmeschutzstoffe	0,03—0,08	Glaswolle (gestopft	0,03—0,05
		Schlackenwolle (gestopft)	0,04—0,05
Asbest	0,13—0,20	Kieselgurmasse	0,05—0,06

Die Wärmeleitzahlen steigen mit der Temperatur, wenn auch nicht so stark wie bei Flüssigkeiten und Gasen, siehe Abb. 204.

Wärmeleitzahlen von Flüssigkeiten bei gewöhnlicher Temperatur (Mittelwerte).

Aethylalkohol	0,15—0,20	Benzin, Benzol	0,12
Glyzerin (wasserfrei)	0,25	Mineralschmieröl	0,10—0,15
Schwefelsäure	0,28	Transformatorenöl	0,12
Petroleum	0,13	Olivenöl	0,15
Paraffinöl	0,11	Wasser	0,50
Teer	0,12	Quecksilber	8,5

Wärmeleitzahlen von Gasen bei 0° C unter gewöhnlichem Druck.

Luft	0,0203	Kohlendioxyd	0,0124	Azetylen	0,0158
Sauerstoff	0,0205	Kohlenoxyd	0,0195	Ammoniak	0,0185
Stickstoff	0,0203	Stickoxydul	0,0130	Schwefeldioxyd	0,0070
Helium	0,122	Methan	0,0259		
Wasserstoff	0,149	Aethylen	0,0145		

Nach Messungen von J. Ulsamer [Wärmeleitfähigkeit der Luft und anderer technisch wichtiger Gase, Z. VDI Bd. 80 (1936) S. 537] gilt für

trockene gereinigte Luft	0,02066
Sauerstoff	0,02099
Stickstoff	0,02063

Beispiel 1. Wieviel Wärme geht täglich durch eine 2 Stein starke Schamottewand ($\lambda = 1{,}1$) von 3 m² Fläche, angetrieben durch eine Temperaturdifferenz von 1100°?

$$Q = 1{,}1 \cdot 3 \cdot 24 \frac{1100}{0{,}5} = 174000 \text{ kcal}$$

(einem Brennstoffaufwand von rund 30 kg Steinkohle entsprechend).

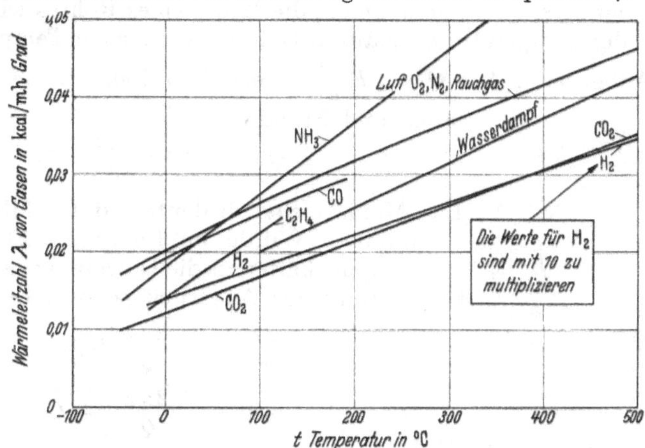

Abb. 204. Wärmeleitzahlen einiger Gase bei gewöhnlichem Druck (teilweise nach MERKEL).

Beispiel 2. Durch eine 10 mm starke ebene Platte sind je m² 1000 kcal/h zu leiten. Welche Temperaturdifferenz ist bei verschiedenen Werkstoffen nötig?

$$\Delta t = \frac{0{,}01 \cdot 1000}{\lambda} = \frac{10}{\lambda}.$$

Kupfer . .	$\lambda = 320$	$\Delta t = 0{,}03°$	Beton	$\lambda = 1$	$\Delta t = 10°$
Aluminium	175	0,06	Kieselgurisolierplatten	0,1	100
Stahl . .	45	0,2			

c) Wärmeleitung durch eine zusammengesetzte ebene Platte.

Da bei stationärer Wärmeleitung keine Wärme gespeichert wird, ist

$$Q = \lambda_1 F \frac{t_0 - t_1}{s_1} = \lambda_2 F \frac{t_1 - t_2}{s_2} = \lambda_3 F \frac{t_2 - t_3}{s_3}, \tag{484}$$

siehe hierzu Abb. 205. Bei gleichstarken Wänden verhalten sich die Temperaturgefälle umgekehrt wie die Wärmeleitzahlen

$$\frac{t_0 - t_1}{t_1 - t_2} = \frac{\lambda_2}{\lambda_1}. \tag{485}$$

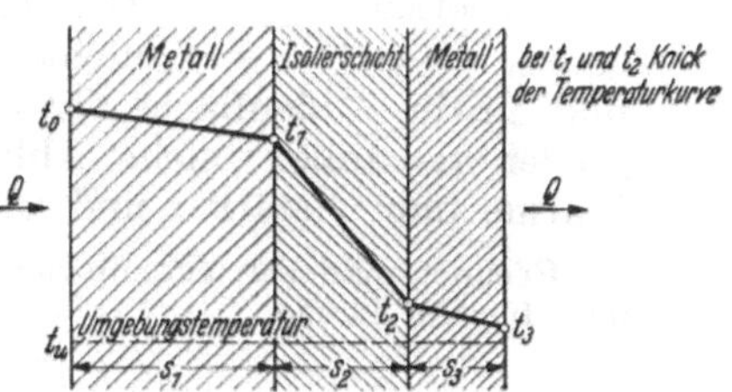

Abb. 205. Wärmeleitung durch eine mehrfach zusammengesetzte isotrope ebene Platte.

Mit Änderung der Wärmeleitzahl wechselt das Temperaturgefälle. Die Temperaturen an den Schichtflächen, t_1 und t_2, sind

$$t_1 = t_0 - \frac{Q s_1}{\lambda_1 F} \quad \text{und} \quad t_2 = t_1 - \frac{Q s_2}{\lambda_2 F}. \tag{486}$$

d) Wärmeleitung durch eine zylindrisch gebogene Wand.

Bei der Wärmeleitung durch die Wände von Rohren, Maschinenzylindern und dergleichen konaxialen Hohlzylindern ändert sich die Temperatur nur in radialer Richtung, wenn sie gleichmäßig beheizt und lang genug sind. Angenommen, die Wand eines Rohres wird innen stetig auf der Temperatur t_i gehalten. Gefragt ist nach der Temperatur t_a an der Außenseite. Aus $Q = \lambda F \frac{dt}{dr}$, siehe Abb. 206, wird je m Rohrlänge und Stunde

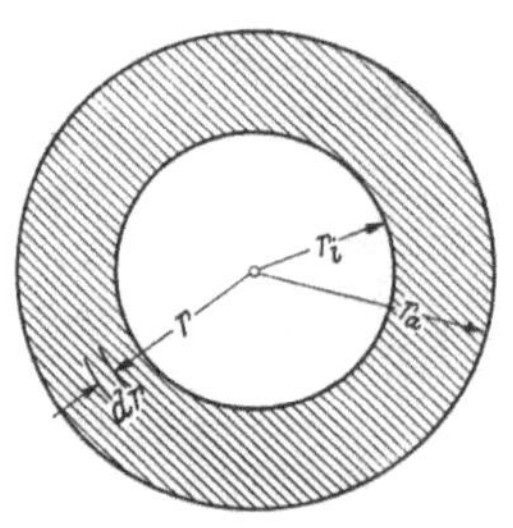

Abb. 206. Radiusbezeichnungen.

$$Q = -2\pi r \lambda \frac{dt}{dr}.$$

Das Minuszeichen bedeutet, daß t fällt, wenn r zunimmt. Würde im Rohr eine Flüssigkeit strömen, die kälter als die Umgebung des Rohres ist, so wäre der Ausdruck positiv. Es ist

$$\frac{dr}{r} = -\frac{2\pi\lambda}{Q} dt,$$

$$\ln r = -\frac{2\pi\lambda}{Q} t + C.$$

Die Randbedingungen sind $t = t_i$ bei $r = r_i$ und $t = t_a$ bei $r = r_a$. Damit folgt die Wärmemenge Q mit

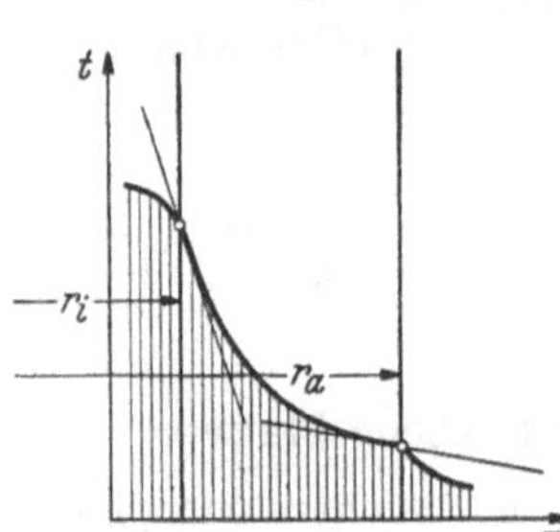

Abb. 207. Verlauf des Temperaturabfalls in der Wand eines Rohres mit Kreisquerschnitt.

$$\ln\left(\frac{r_a}{r_i}\right) = \frac{2\pi\lambda}{Q}(t_i - t_a)$$

zu

$$Q = 2\pi\lambda \frac{t_i - t_a}{\ln(r_a/r_i)} \tag{487}$$

in kcal/mh. Die Wärmemenge ist nur vom Durchmesserverhältnis und nicht vom absoluten Wert der Durchmesser abhängig. Die gesuchte Temperatur an der Außenseite der Rohrwand ist

$$t_a = t_i - \frac{Q}{2\pi\lambda} \ln\frac{r_a}{r_i}. \tag{488}$$

Der Temperaturabfall in der Wand dt/dr ist nicht linear; er ist an der Innenfläche $Q/F_i\lambda$ und an der Außenfläche $Q/F_a\lambda$. Da $F_a > F_i$ ist, ist das Gefälle innen größer als außen; siehe Abb. 207. Nach außen zu verteilt sich die Wärme immer stärker und verflacht die Temperaturkurve.

Rechnet man zur Vereinfachung mit dem mittleren Durchmesser, so findet man für l m Länge

$$Q = \lambda\pi \frac{d_a + d_i}{d_a - d_i} l (t_i - t_a) \frac{1}{\varphi} \tag{489}$$

in kcal/h, worin

$$\varphi = \frac{\left(\frac{d_a}{d_i} + 1\right) \ln\frac{d_a}{d_i}}{2\left(\frac{d_a}{d_i} - 1\right)} = f\left(\frac{d_a}{d_i}\right) \tag{490}$$

ist, nämlich

d_a/d_i	φ	$1/\varphi$	d_a/d_i	φ	$1/\varphi$
1,0	1,000	1,000	2	1,040	0,962
1,1	1,001	0,999	2,5	1,067	0,937
1,2	1,0025	0,9975	3	1,089	0,918
1,5	1,014	0,986	4	1,152	0,868

Der Formfaktor φ nimmt erst bei starkwandigen Rohren beträchtliche Werte an. Bei einem normalen Siederohr von 83 × 3,25 mm Durchmesser, also $d_a/d_i = 83{,}0/76{,}5 = 1{,}085$, ist φ nur 1,001; der Fehler bei der Vernachlässigung der Rundung ist nur $^1/_{10}$ vH.

Beispiel. Die Außenwand eines Stahlrohres von 216 mm äußerem Durchmesser ist 400° C warm. Das Rohr ist mit einer 90 mm starken Schlackenwollschicht (λ=0,065) isoliert, an deren Außenfläche 30° C gemessen werden. Welche Wärmemenge wird stündlich je m Rohr abgeleitet?

$$(489) \qquad Q = 0{,}065 \cdot \pi \frac{2 \cdot 216 + 2 \cdot 90}{2 \cdot 90} (400 - 30) \cdot 0{,}97 = 249 \text{ kcal/mh}.$$

e) Mit der Temperatur veränderliche Wärmeleitzahlen.

Die Wärmeleitzahl ist bei allen Körpern mehr oder weniger von der Temperatur abhängig, ebenso wie die spezifische Wärme. Man kann vielfach mit einer mittleren Wärmeleitzahl $[\lambda_m]_{t_2}^{t_1}$ rechnen. Bei größerem Temperaturgefälle aber würde der Fehler zu groß werden. Die Abhängigkeit läßt sich meist genau genug in der Form $\lambda = a + bt$ erfassen, andernfalls noch mit einem weiteren Glied ct^2. In (482) eingesetzt, ergibt nach Integration

$$Q = \frac{F}{s}\left[at + \frac{b}{2}t^2\right]_2^1$$

und

$$Q = \frac{F}{s}\left[a(t_1 - t_2) + \frac{b}{2}(t_1^2 - t_2^2)\right] \qquad (491)$$

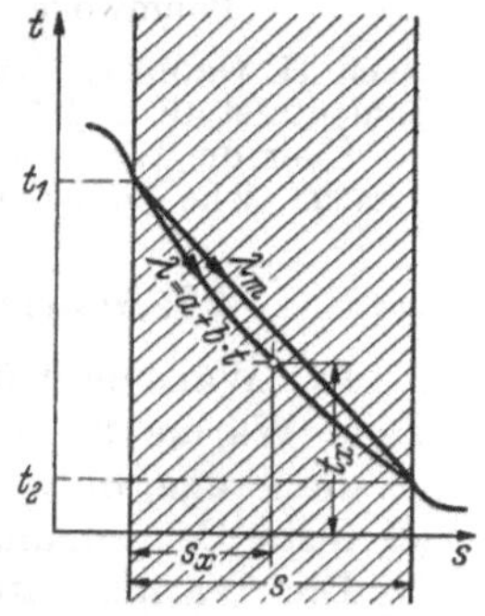

Abb. 208. Temperaturabfall in einer Platte bei veränderlicher und mittlerer Wärmeleitzahl ($a = 47$, $b = -0{,}023$ Kohlenstoffstahl).

in kcal/h. Die Temperatur fällt jetzt nicht mehr linear mit dem Weg wie bei der ebenen Platte, sondern nach einer gekrümmten Linie, siehe Abb. 208. Um die Temperatur t_x in der Entfernung s_x von der beheizten Seite der Platte berechnen zu können, muß man berücksichtigen, daß bei stationärer Wärmeleitung in jedem Querschnitt der Platte (parallel zur Oberfläche) dieselbe Wärmemenge übertragen wird. Es ist nach (491)

$$Q = \frac{F}{s}\left(a + b\frac{t_1 + t_2}{2}\right)(t_1 - t_2) = \frac{F}{s_x}\left(a + b\frac{t_1 + t_x}{2}\right)(t_1 - t_x).$$

Die Berechnung von t_x führt bei positivem Wert für b zu einer quadratischen Gleichung, deren Lösung, ausgehend von t_1, ergibt:

$$t_x = -\frac{a}{b} + \sqrt{\left(\frac{a}{b} + t_1\right)^2 - \frac{2}{b}\frac{Q s_x}{F}}$$

oder von t_2 ausgehend:

$$t_x = -\frac{a}{b} + \sqrt{\left(\frac{a}{b} + t_2\right)^2 + \frac{2}{b}\frac{Q(s - s_x)}{F}}.$$

Über die Zunahme der Wärmeleitzahl mit der Temperatur unterrichtet folgende Aufstellung:

Zahlentafel 50. *Wärmeleitzahlen λ in kcal/m · h · Grad bei verschiedener Temperatur.*

Temperatur t in °C	0	100	200	300	400	500	600
Aluminium	173	180	188	198	211	230	—
Stahl (rd. 0,1 vH C)	47	45	43	40	38	35	32
Glaswolle	0,030	0,045	0,062	0,090	—	—	—
Schlackenwolle . .	0,04	0,05	0,06	0,07	0,08	0,09	—
Kieselgur, trocken .	0,052	0,066	0,074	0,078	—	—	—
Glas	0,61	0,65	—	—	—	—	—

Die Wärmeleitzahl von Kohlenstoff-Stahl nimmt ebenso wie bei legierten Stählen im Gegensatz zu der von anderen Stoffen ab.

Temperatur in °C	400	600	800	1000
Siliziumkarbid. . . . 80 vH SiC	10,5	9,2	8,2	7,3
Silikasteine . . . . 26 vH	0,88	1,02	1,17	1,29
Schamottesteine . . . . . 26 vH	0,94	0,99	1,02	1,04
Kieselgursteine ($\gamma = 0{,}45$ kg/m³)	0,11	0,13	0,15	—

vH-Zahlen bei den Silika- und Schamottesteinen bedeuten Porenraum. Nach H. Koppers, Handbuch der Brennstofftechnik, Essen 1937.

Temperatur in °C	0	−50	−100	−150	−200
Seide	0,043	0,038	0,032	0,027	0,022
Baumwolle . . .	0,048	0,043	0,038	0,033	0,028

Nach H. Gröber, Mitt. Forschungsarb. VDI Heft 104. Die übrigen Werte von Zahlentafel 49 und 50 nach verschiedenen Verff.

Über die Wärmeleitfähigkeit von Luft und Wasser bei verschiedener Temperatur siehe Zahlentafel XII im Anhang.

77. Wärmeübertragung durch Wärmemitführung.

Die Wärmemitführung oder Konvektion setzt voraus, daß bewegte Teile Wärme mitführen. Von hervorragender technischer Bedeutung ist die Frage, unter welchen Umständen die Wärme aus der Strömung an feste Begrenzungswände wie Heiz- und Kühlflächen gelangt.

Die Wärme kann nur an die Wände übergehen, indem sie quer zur eigentlichen Strömungsrichtung übertragen wird. Selbst beim senkrechten Anströmen eines festen Körpers weicht die Strömung kurz vor der Wand derart ab, daß der Körper entlang seiner Oberfläche umströmt wird.

Soweit es sich um freie Konvektion handelt, ist der Auftrieb von wesentlichem Einfluß. Bei erzwungener Konvektion überwiegen im allgemeinen die zusätzlichen Triebkräfte. Bei laminarer Strömung wird die Wärme von Schicht zu Schicht geleitet. Anders ist es bei turbulenter Strömung, bei der radiale Geschwindigkeitskomponenten eine mehr oder weniger kräftige Querströmung (Konvektionsstrom) hervorrufen. Die Teilchen werden an die Wände herangetragen und tauschen dort Wärme aus. Je turbulenter der Strom ist, um so besser ist die Wärmeübertragung. Die daneben durch Leitung übertragene Wärme ist angesichts der schlechten Wärmeleitfähigkeit von flüssigen und gasförmigen Stoffen unbedeutend.

In Abb. 209 ist die Temperaturverteilung an und in einer ebenen Platte dargestellt, an der beiderseits Stoffe mit verschiedener Temperatur entlangströmen. Durch die Platte findet ein Wärmeaustausch statt. Unmittelbar an der Platte ist die Strömungsgeschwindigkeit Null, Wand und Strom haben dieselbe Temperatur. Ein Temperatursprung würde unendlich großen Wärmefluß zur Folge haben. Die turbulente Strömung reicht nicht bis an die Wand heran, in einer dünnen Grenzschicht herrscht laminare Strömung und wird die Wärme durch Leitung übertragen. Der Wärmedurchgang wird dadurch gehemmt, was sich in einem großen Temperaturgefälle bemerkbar macht. Die Strömung beiderseits der Platte kann gleichgerichtet sein (Gleichstrom) oder entgegengesetzte Richtung haben (Gegenstrom).

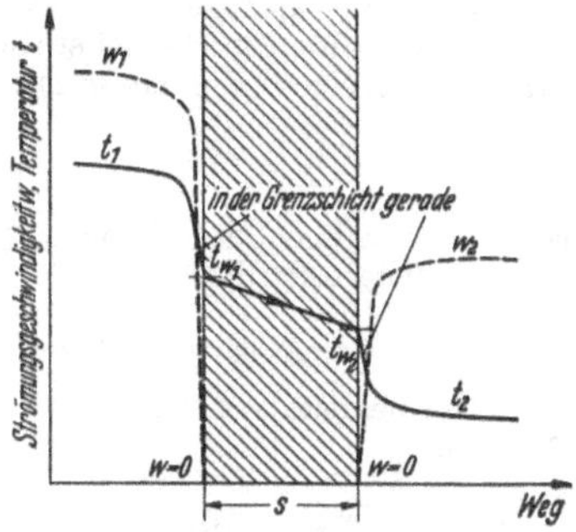

Abb. 209. Temperatur- und Geschwindigkeitsverteilung an den Wänden einer ebenen Platte.

Es empfiehlt sich, eine *Wärmeübergangszahl* α einzuführen, die angibt, wieviel Wärme in kcal je m^2 Fläche, je Grad Temperaturunterschied zwischen Strom und Wand und je Stunde übergeht, und anzusetzen:

$$\boxed{Q = \alpha F (t_2 - t_1)}\,. \qquad (492)$$

Auf die Wärmeübergangszahl nehmen Temperatur, Druck, Strömungsgeschwindigkeit, Art der Strömung, Art der Stoffe hinsichtlich Zähigkeit, spezifischem Gewicht, spezifischer Wärme, der Wärme- und der Temperaturleitfähigkeit, ferner Form und Beschaffenheit der begrenzenden Oberflächen Einfluß. Zur Vereinfachung kann man wiederum die mechanische Ähnlichkeitstheorie, erweitert auf thermische Vorgänge, anwenden.

Einer besonderen Vereinbarung bedarf es noch, welche Geschwindigkeiten und Temperaturen für die Rechnung zugrunde gelegt werden sollen, da sich beide mit dem Abstand von der festen Wand ändern (Abb. 209). Es ist zweckmäßig, mit der mittleren Geschwindigkeit und Temperatur des Stromes zu rechnen.

Für die mittlere Geschwindigkeit w in m/s gilt

$$V = F w = \int w_l \, dF$$

in m^3/s mit w_l als Geschwindigkeit an einer beliebigen Stelle des Querschnitts F. Die mittlere Temperatur t im Querschnitt ergibt sich mit G als Durchflußgewicht in kg/s aus

$$Q = 3600\, G c t = 3600\, V \gamma c t = 3600\, F w \gamma c t$$

in kcal/h (bezogen auf 0° C). Mithin ist

$$t = \frac{\int t_l w_l \, dF}{\int w_l \, dF} = \frac{\gamma}{G} \int t_l w_l \, dF \qquad (493)$$

und

$$Q = 3600\, c \gamma \int t_l w_l \, dF = 3600\, C \int t_l w_l \, dF \qquad (494)$$

mit c in kcal/kg · Grad und C in kcal/m^3 · Grad. c, γ und w_l bzw. C und w_l verstehen sich für denselben Zustand, bei Gasen vorteilhaft für den Normzustand, wozu man die Werte aus Tabellen entnehmen kann. Bei der Rohrströmung im besonderen ist

$$t = \frac{\int_0^r t_l w_l 2\pi r\,dr}{\pi r^2 w} = \frac{2}{r^2 w}\int_0^r t_l w_l r\,dr,$$

wofür man bei stationärer Strömung erfahrungsgemäß

$$t = \frac{8}{9} t_A + \frac{1}{9} t_W \tag{495}$$

setzen kann mit t_A als Temperatur in der Rohrachse und t_W an der Rohrwand[1]. Der auf die Wand gerichtete Wärmetransport ist von der Größe der Querkomponente $\overline{w}$ abhängig, die bei stationärer Strömung eine Funktion von der mittleren Strömungsgeschwindigkeit w ist. Man kann daher

$$\boxed{\alpha = f(w, c, \gamma)} \tag{496}$$

setzen. Störungen des Stromes erhöhen die Querkomponente $\overline{w}$ und damit den Wärmeaustausch. Es gilt

$$\alpha_{\text{gestörte Turbulenz}} > \alpha_{\text{Turbulenz}} > \alpha_{\text{gestörte Laminarströmung}} > \alpha_{\text{Laminarströmung}}$$

Der Wärmeaustausch läßt sich z. B. unter Anwendung von Rührwerken erheblich fördern.

78. Mechanische und thermische Ähnlichkeit bei erzwungener Konvektion.

Im Abschnitt 71 wurde erläutert, daß zwei Strömungen dann mechanisch ähnlich sind, wenn ihre Reynoldsschen Zahlen gleich groß sind und die Rauhigkeit der begrenzenden Wände sich geometrisch ähnlich ist. Thermische Ähnlichkeit ist dann gegeben, wenn auch die Temperaturfelder örtlich und zeitlich ähnlich sind. Auf die vier Grundgrößen zurückgeführt, liegt mechanische und thermische Ähnlichkeit dann vor, wenn alle Kräfte, Längen, Zeiten und Temperaturen in unveränderlichen Verhältnissen zueinander stehen. Am schwierigsten ist die mit der Zeit verbundene Forderung einzuhalten, nach der alle Geschwindigkeiten, auch der radialen Komponenten, in gleichem Verhältnis stehen müssen. Da das Ausmaß der Turbulenz und damit auch die Stärke der Kraft- und Temperaturfelder wesentlich von der Rauhigkeit abhängen, ist völlige Ähnlichkeit kaum vorhanden. Immerhin aber läßt sich eine grundsätzlich richtige allgemeine Beziehung ableiten, die den Einfluß der Veränderlichen klarstellt. Für Anwendungsbereiche der Praxis, wie z. B. beim Wärmeübergang an Stahlrohre, muß die allgemeine Formel noch verschärft und vereinfacht werden.

Die Bedingungen $Re_1 = Re_2$ und $(e/d)_1 = (e/d)_2$ von Gl. (435) sind für die Ähnlichkeit zwar notwendig, aber nicht hinreichend. Es gibt noch viele derartige Bedingungen, je nachdem, welche Größe auf ihre Ähnlichkeit hin untersucht wird. Die allgemeine Wärmeleitungsgleichung (478) geht für den Fall, daß der elementare Würfel mit einer Geschwindigkeit w_x bewegt wird, über in

$$\frac{\lambda}{c\gamma}\,\frac{\partial^2 t}{\partial x^2} = \frac{\partial t}{\partial Z} + w_x\,\frac{\partial t}{\partial x}$$

---

[1] Schack, A.: Über die Messung großer Wärmemengen in turbulenten Gasströmen. Z. f. angew. Math. Mech. Bd. 4 (1924) S. 249.

ohne Rücksicht auf die Glieder in anderer Richtung. Nach einer solchen Gleichung geht die Wärme in der laminaren Grenzschicht über. Es sei $t_1 = f_t t_2$, $\lambda_1 = f_\lambda \lambda_2$, $\alpha_1 = f_\alpha \alpha_2$, $c_1 = f_c c_2$ und $Z_1 = f_Z Z_2$ neben den Beziehungen zu (426). Thermische Ähnlichkeit bedingt bei der Rohrströmung die Faktorengruppen

$$\frac{f_\lambda}{f_c f_\gamma} \frac{f_t}{f_d f_d} = \frac{f_t}{f_Z} = f_w \frac{f_t}{f_d}. \tag{497}$$

Der Vergleich der ersten und der dritten Gruppe führt zu

$$\frac{f_c f_\gamma f_d f_w}{f_\lambda} = 1 \quad \text{und} \quad \frac{c\gamma d w}{\lambda} = \text{konst.}$$

Mit der Temperaturleitfähigkeit $a = \lambda/c\gamma$ muß die Größe

$$\frac{w d}{a} = \text{konst.}$$

bei thermischer Ähnlichkeit sein. Für stationäre Strömungen gilt $Q = \alpha F(t - t_W)$ in der Zeiteinheit (t_W Wandtemperatur). Andererseits ist die durch die laminare Grenzschicht gehende Wärmemenge $Q = \lambda F \frac{dt}{ds}$. Für zwei ähnliche Strömungen gilt

$$\frac{\alpha_1 (t - t_W)_1}{\lambda_1 (dt/ds)_1} = \frac{f_\alpha f_t}{f_\lambda f_t / f_d} \cdot \frac{\alpha_2 (t - t_W)_2}{\lambda_2 (dt/ds)_2}.$$

Aus $f_\alpha f_d / f_\lambda = 1$ folgt $\alpha d/\lambda = \text{konst.}$ als weiterer Kennwert. Wenn nun wd/a und $\alpha d/\lambda$, jede Gruppe für sich, gleich sein müssen, unabhängig davon, wie groß α, a, λ, w und d im Einzelfalle sind, so müssen die beiden Kennwerte in funktionalem Zusammenhang stehen. Ändert man den einen Kennwert, so ändert sich auch der andere, aber nicht nur dieser, sondern auch die REYNOLDSsche Zahl und die anderen. Ganz allgemein ist z. B. für die Strömung im Kreisrohr

$$\boxed{\alpha = \frac{\lambda}{d} f\left(\frac{wd}{\nu}, \frac{e}{d}, \frac{wd}{a} \cdots\right)}. \tag{498}$$

Zur Aufstellung einer Formel für die Wärmeübergangszahl eignet sich besonders gut der Funktionsteil $\alpha = \frac{\lambda}{d} f\left(\frac{wd}{a}\right)$. Die übrigen Teile müssen der Änderung folgen, wenn strenge Ähnlichkeit bestehen soll. Die Kennwerte sind sämtlich unbenannte Zahlen (w in m/h = 3600 w in m/s). Ebenso wie man wd/ν mit Re nach dem Forscher REYNOLDS abkürzt, hat man auch die übrigen Kennwerte benannt mit

$$\frac{\alpha d}{\lambda} = Bi \qquad \text{(nach BIOT)},$$

$$\frac{wd}{a} = Pe \qquad \text{(nach PÉCLET)},$$

$$Re : Pe = \frac{wd}{\nu} \frac{a}{wd} = \frac{a}{\nu} = \frac{\lambda}{c\gamma\nu} = St \qquad \text{(nach STANTON)},$$

$$Pe : Re = \frac{\nu}{a} = Pr \qquad \text{(nach PRANDTL)}$$

oder

$$\frac{\alpha d}{\lambda} = Nu \qquad \text{(nach NUSSELT)},$$

siehe DIN 1341, außerdem noch eine die Zeit erfassende Größe $aZ/d^2 = Fo$ [nach FOURIER, aus der ersten und zweiten Gruppe von (497)].

79. Allgemeines Wärmeübergangsgesetz bei erzwungener Konvektion.

Die allgemeine Gl. (498) läßt sich erfahrungsgemäß bei turbulenter Strömung in der Form

$$\boxed{\alpha = \text{konst.}\,\frac{\lambda}{d}\left(\frac{w\,d}{a}\right)^n} \tag{499}$$

angeben. d ist dabei irgendeine charakteristische Länge, etwa der Durchmesser bei Rohren oder Breite oder Länge bei ebenen Begrenzungswänden. Die Ähnlichkeit bedingt, daß alle übrigen Längen, Durchmesser usw. in ganz bestimmtem Verhältnis zu der als charakteristisch ausgewählten Länge stehen.

Für den Fall der Strömung im *Kreisrohr* ist der lichte Rohrdurchmesser charakteristisch. Für technisch glatte Rohre fand man[1] $n = 0{,}75$. Damit folgt:

$$\alpha = \text{konst.}\,\frac{\lambda}{d}\left(\frac{w\,d}{a}\right)^{0,75} = \text{konst.}\,\frac{\lambda}{d}\left(\frac{w\,d\,c\,\gamma}{\lambda}\right)^{0,75}$$

und

$$\alpha = \text{konst.}\left(\frac{\lambda}{d}\right)^{0,25}(w\,c\,\gamma)^{0,75}$$

bei Betriebstemperatur. Auf Normzustand bezogen erhält man mit $c\gamma = C \approx C_p$ und mit (419)

$$\boxed{\alpha = \text{konst.}\left(\frac{\lambda}{d}\right)^{0,25}(w_N\,C_{pN})^{0,75}}\,. \tag{500}$$

Für den Wärmeübergang von Luft bei der Strömung im Kreisrohr folgt mit $C_{pN} = 0{,}312$ kcal/Nm³ · Grad und $\lambda = 0{,}02$ kcal/m · h · Grad bei 0° C

$$\alpha = 2{,}89\,\frac{w_N^{0,75}}{\sqrt[4]{d}} \tag{501}$$

in kcal/m²h · Grad, und für die übergehende Wärmemenge

$$Q = \alpha \cdot F \cdot \Delta t \cdot Z = 2{,}89\,\frac{w_N^{0,75}}{\sqrt[4]{d}}\,F \cdot \Delta t \cdot Z \tag{502}$$

in kcal. Darin ist F die (innere) wärmeaustauschende Oberfläche des Rohres, Δt der Unterschied zwischen der Temperatur dieser Rohrinnenwand und der mittleren Temperatur des Stromes und Z die Zeit in Stunden, in welcher die Wärme ausgetauscht wird.

Abb. 210 gibt den Zusammenhang zwischen α und w für einige Rohrdurchmesser bei Luft an. Die geringe Veränderlichkeit von λ mit t gestattet mit der mittleren Temperatur zu rechnen. Bei $t > 0°$ C ist mit dem $(\lambda_t/\lambda_0)^{0,25}$-fachen zu multiplizieren, was durch nachstehende Tafel erleichtert wird.

[1] Nusselt, W.: Forsch.-Arb. Ingwes. Berlin Bd. 89 (1910); Gesundheitsing. Bd. 38 (1915) S. 477; Z. VDI Bd. 61 (1917) S. 685.

Zahlentafel 51. *Wärmeleitfähigkeit in kcal/m·h·Grad und Temperaturleitfähigkeit in m²/h von Luft (1 at abs.) abhängig von der Temperatur in ° C.*

t	a	λ_t	$(\lambda_t/\lambda_0)^{0,25}$	t	a	λ_t	$(\lambda_t/\lambda_0)^{0,25}$
−50	0,046	0,0170	0,957	200	0,180	0,0318	1,119
0	0,067	0,0203	1,000	250	0,213	0,0344	1,141
+50	0,092	0,0234	1,036	300	0,248	0,0369	1,161
100	0,119	0,0264	1,068	400	0,322	0,0417	1,197
150	0,148	0,0291	1,094	500	0,401	0,0463	1,229

Die Werte $w^{0,75}$ und $d^{0,25}$. können aus folgender Tafel entnommen werden.

Zahlentafel 52. *Potenzwerte.*

n	$n^{0,25}$	$(100\,n)^{0,75}$	n	$n^{0,25}$	$(100\,n)^{0,75}$
0,01	0,316	1,00	0,40	0,796	15,90
0,02	0,376	1,68	0,45	0,819	17,38
0,03	0,416	2,28	0,50	0,841	18,80
0,04	0,448	2,83	0,55	0,861	20,20
0,05	0,473	3,34	0,60	0,880	21,56
0,06	0,495	3,84	0,65	0,898	22,90
0,07	0,514	4,30	0,70	0,915	24,20
0,08	0,532	4,76	0,75	0,931	25,49
0,09	0,548	5,19	0,80	0,946	26,75
0,10	0,562	5,62	0,85	0,960	28,00
0,15	0,622	7,62	0,90	0,974	29,22
0,20	0,668	9,46	0,95	0,987	30,43
0,25	0,708	11,18	1,00	1,000	31,62
0,30	0,740	12,81	10	1,779	177,9
0,35	0.769	14,39	100	3,162	1000

Andere Werte können durch Multiplikation zweier Tafelwerte gewonnen werden: z. B.

$$12{,}5^{0,75} = 100^{0,75} : 8^{0,75} = 31{,}62 : 4{,}75 = 6{,}66.$$

Die Beziehung (501) gibt auch für Sauerstoff, Stickstoff und Schwefeldioxyd richtige Werte. Für andere Gase ist (501) zu multiplizieren mit

Kohlenoxyd . . .	0,99
Kohlendioxyd . .	1,12
Rauchgase rund .	1,02
Wasserdampf rund	1,20
Wasserstoff . . .	1,50
Helium	1,10
Ammoniak. . . .	1,25
Chlormethyl . . .	1,04

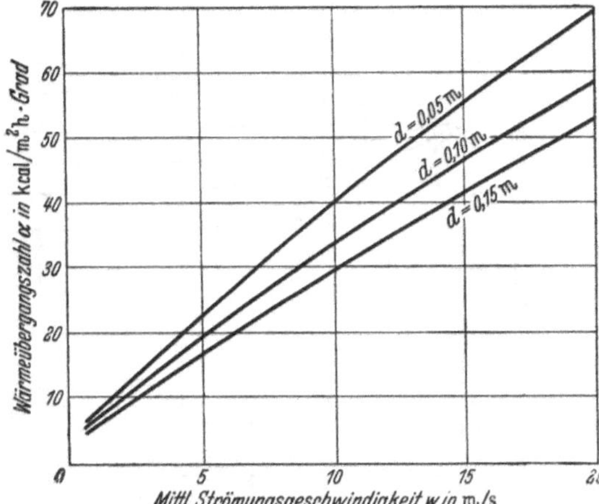

Abb. 210. Zusammenhang zwischen der Wärmeübergangszahl α und der mittleren Strömungsgeschwindigkeit w bei verschiedenen Rohrdurchmessern (Luft von 0° C) (nach SCHACK).

Für überhitzte Dämpfe, die man mehr oder weniger gut als Gase ansehen kann, gilt (501) allerdings nur, solange die Temperatur der Rohrwand über der Sättigungstemperatur des Dampfes liegt. Im anderen Falle kommt es zu Kondensation und wesentlich höheren Wärmeübergangszahlen α.

Die Strömung muß sich vom Einlauf in das Rohr an erst zur endgültigen Form entwickeln. Dazu bedarf es einer gewissen *Anlaufstrecke*. In Abb. 211a ist gezeigt, wie sich das Geschwindigkeitsprofil allmählich ausbildet. Aus Abb. 211b ist er-

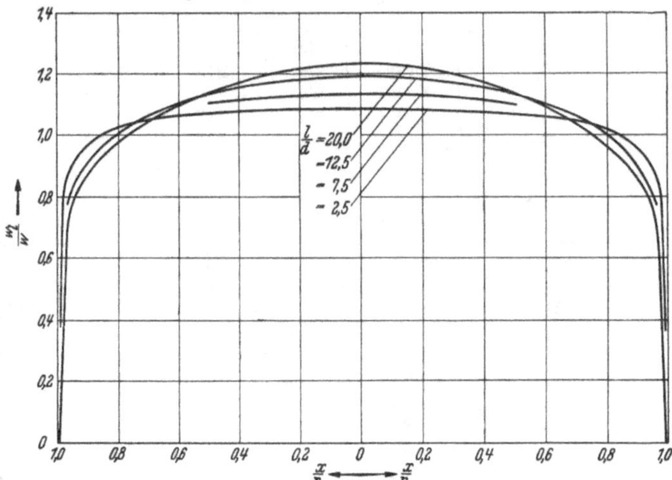

Abb. 211a. Ausbildung der turbulenten Geschwindigkeitsverteilung in der Anlaufstrecke nach Messungen von NIKURADSE (Re = 50000).

sichtlich, daß am Einlauf selbst (Anlaufstrecke l zu Rohrdurchmesser d gleich Null) die Geschwindigkeit gleichmäßig über den Querschnitt verteilt ist (alle $w_l = w$). Allmählich nimmt die Geschwindigkeit im Kern zu und am Rande ab. Erst von

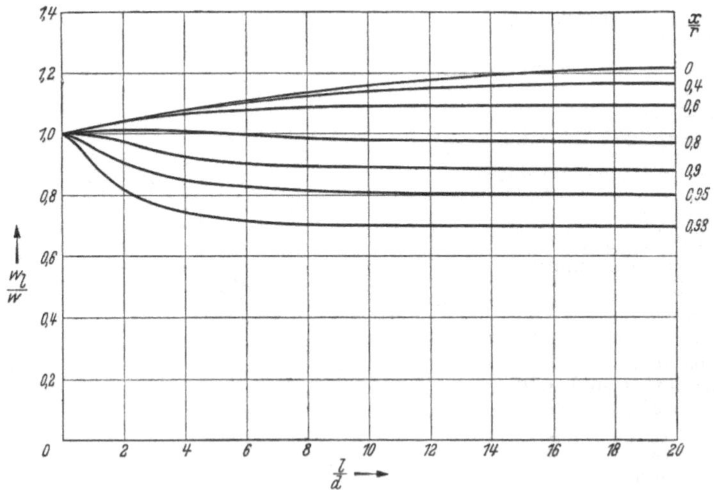

Abb. 211b. Beschleunigung und Bremsung der einzelnen Zonen einer turbulenten Strömung mit wachsender Entfernung vom Einlauf nach Messungen von NIKURADSE mit Re = 50000.

l/d = 100 ab ändert sich das Profil nicht mehr wesentlich, doch ist bei l/d=40 die endgültige Form praktisch erreicht. Im Anlaufzustand oder nach Störungen durch Krümmer, Ventile usw. gibt es zusätzliche kräftige Radialkomponenten der Geschwindigkeit, die mit zunehmender Anlaufstrecke geglättet werden. Dadurch aber ist der Wärmeübergang in der Anlaufstrecke größer. Mit zunehmender Beruhigung nimmt er mit der 0,05. Potenz der Anlaufstrecke l ab, die sich experimentell mit rund $l = 54\, w d^2/a$ ergeben hat. Ist diese Anlaufstrecke zu

1 5 10 20 40 60 80 100 vH

zurückgelegt, so ist der Wärmeübergang das

1,26 1,16 1,12 1,08 1,05 1,03 1,01 1,00-fache

desjenigen bei ausgebildeter Strömung.

Wenn der Rohrquerschnitt nicht kreisförmig ist, so gilt (501) mit $d = \frac{4F}{U}$ (hydraulischer Radius), bei Kreisquerschnitt $4 \frac{\pi}{4} \frac{d^2}{\pi d} = d$. U ist der beheizte Umfang in m. Beim Rechteck mit den Seiten a und b ist $F = ab$ und $U = 2(a + b)$, mithin $d = 2ab/(a + b)$. Ein nur außen Wärme austauschender Kreisring mit den Durchmessern d_a und d_i hat $F = \frac{\pi}{4}(d_a{}^2 - d_i{}^2)$, $U = \pi d_a$ und $d = \frac{(d_a{}^2 - d_i{}^2)}{d_a}$.

Strömungswiderstand und Wärmeübergang sind um so größer, je mehr die radiale Komponente ausmacht. Man findet für den mittleren Wärmetransport an die Rohrwand[1]

$$\alpha = \frac{\lambda_R}{8} \gamma C_p 3600\, w$$

mit λ_R als Widerstandszahl. Eliminiert man λ_R mit (430), so erhält man

$$\alpha = 8800 \frac{C_p d}{w} \cdot \left| \frac{dP}{dl} \right|,$$

was angesichts der vereinfachenden Annahmen ziemlich gut mit den Messungen übereinstimmt.

Bei laminarer Strömung wird Wärme nur durch Leitung übertragen. Im Kreisrohr[2] ergibt sich aus (498) für ausgebildete Strömung $\alpha = 3{,}65\, \lambda/d$ unabhängig von w. Im Anlauf aber tritt Konvektion neben Wärmeleitung auf.

80. Wärmeübergang in technisch rauhen Rohren.

a) Gase und Dämpfe.

Der Wärmeübergang wird durch die Rauhigkeit der Rohrwand gefördert. Bei technisch rauhen Rohren vom Typ der *Stahlrohre* weiß man[3] aus Erfahrung, daß der Wärmeübergang etwa proportional $w^{0,75}$ und $d^{-0.25}$ wie in (501) ist. Die Abhängigkeit von der Temperatur ist bei *Luft* im Mittel dem Betrage $3{,}55 + 0{,}168 \frac{t}{100}$ verhältnisgleich, also auf Normzustand bezogen

$$\alpha = \left(3{,}55 + 0{,}168 \frac{t}{100}\right) \frac{w_N^{0,75}}{d^{0,25}}. \tag{503}$$

Um dieser Gleichung gerecht zu werden, kann man (500) in der Form

$$\alpha = \text{konst.}\, C_{pN}^m \lambda^{1-m} u_N^{0,75}/d^{0,25} \tag{504}$$

[1] LORENZ, H.: Wärmeübergang und Turbulenz. Z. Phys. Bd. 28 (1927) S. 446.

[2] GRÖBER, H. u. S. ERK: Die Grundgesetze der Wärmeübertragung, S. 177. Berlin 1933. Bei Laminarströmung ist die Anlaufstrecke $l = 180\, w\, d^2/a$.

[3] SCHACK, A.: Der Wärmeübergang in Rohren und an Rohrbündel. Arch. f. Wärmewirtsch. Bd. 21 (1940) S. 33.

ansetzen. Vergleicht man (503) und (504), so findet man $m = 0{,}77$ und die Konstante zu 20,90; damit ist

$$\alpha = 20{,}90\, C_{pN}^{0,77}\, \lambda^{0,23}\, w_N^{0,75}/d^{0,25} \tag{505}$$

Diese Gleichung gilt überschlägig bei den üblichen technischen Konstruktionen für alle Gase und überhitzten Dämpfe bei turbulenter Strömung, und zwar einschließlich der Anlaufstörungen. Mit Beiwerten a und b kann man auch folgende allgemeine Form aufstellen:

$$\boxed{\alpha = \left(a + b\,\frac{t}{100}\right)\frac{w_N^{0,75}}{d^{0,25}}} \tag{506}$$

Zahlentafel 53. *Beiwerte a und b von Gl. (506) für verschiedene Stoffe.*

Luft	$a = 3{,}55$	$b = 0{,}168$
Kohlendioxyd	3,78	0,50
Wasserstoff	5,44	0,29
Wasserdampf	3,62	0,30
Kohlengas, Stadtgas	5,22	0,55
Methan	4,16	0,90
Äthylen	4,26	1,49
Mittleres feuchtes Kohlenabgas ohne Luftüberschuß	3,60	0,22
Azetylen	5,25	0,44

Wenn die Wandrauhigkeit größer als beim Stahlrohr ist, so ist der Wärmeübergang bei den üblichen Strömungsgeschwindigkeiten größer. Die Potenz 0,75 bei der Geschwindigkeit steigt bis 0,8 und mehr an, die Potenz 0,25 beim Rohrdurchmesser verringert sich bis 0,16 und darunter.

b) Flüssigkeiten.

Bei Strömung von *Wasser* durch Stahlrohre ergab sich bei w ein Exponent 0,87 und bei d von $-0{,}13$. Im geraden Kreisrohr[1] ist

$$\boxed{\alpha = 1755\,(1 + 0{,}015\,t)\, w^{0,87}/d^{0,13}} \tag{507}$$

mit t als mittlerer Temperatur nach (495). Der Aufbau der Formel ist entsprechend (506).

Zahlentafel 54. *Potenzwerte.*

n	$1/n^{0,13}$	$(100\,n)^{0,87}$	n	$1/n^{0,13}$	$(100\,n)^{0,87}$
0,010	1,82	1,00	0,030	1,58	2,60
0,012	1,78	1,17	0,035	1,55	2,98
0,014	1,74	1,34	0,040	1,52	3,34
0,016	1,71	1,50	0,045	1,50	3,70
0,018	1,68	1,67	0,050	1,48	4,05
0,020	1,66	1,83	0,060	1,44	4,75
0,022	1,64	1,99	0,070	1,41	5,43
0,024	1,62	2,14	0,080	1,39	6,10
0,026	1,61	2,30	0,090	1,37	6,76
0,028	1,59	2,45	0,100	1,35	7,41

[1] Nach A. Soennecken: Der Wärmeübergang von Rohrwänden an strömendes Wasser. Forsch.Arb. Ingwes. Bd. 108/109. Berlin 1911. — W. Stender: Der Wärmeübergang an strömendes Wasser in vertikalen Rohren. Berlin 1924. — Beurteilung von F. Merkel: Die Grundlagen der Wärmeübertragung. Dresden u. Leipzig 1927.

Eine Übersicht über die Größenordnung der Wärmeübergangszahlen α bei erzwungener Strömung und Konvektion in Stahlrohren von 50 mm Durchmesser gibt folgende Zusammenstellung.

Zahlentafel 55. *Rechnerische Werte für die Wärmeübergangszahl nach (506) und (507).*

Stoff	t °C	w_N m/s	p at abs.	w m/s	α kcal/m²h · Grad
Luft	0	20	1	20,6	71
Luft	500	20	1	58,5	88
Luft	150	20	8	4,0	76
Wasserdampf	100	(20)	1	27,8	78
Wasserdampf	300	(200)	15	27,9	508
Wasserdampf	500	(2000)	125	41,8	3240
Benzol	20	—	1	1	1050
Wasser	20	—	1	1	3380
Wasser	100	—	über 1	1	6500
Quecksilber	20	—	1	1	24400

Man erkennt, daß Wasserdampf bei den technisch gebräuchlichen Geschwindigkeiten im Gebiet höherer Drücke ganz wesentlich höhere Wärmeübergangszahlen α hat als Gase (w_N rechnerisch bei Wasserdampf mit $\gamma_N = 0{,}804\,\text{kg/m}^3$). Flüssigkeiten haben durchweg höhere α-Werte, flüssige Metalle besonders hohe Werte. Wärmeleitzahl λ bei gewöhnlicher Temperatur: Benzol 0,12, Alkohol 0,15, Petroleum 0,13, Olivenöl 0,15, Quecksilber 8,5. Dabei ist α bei Alkohol und Benzol das 0,31-fache, bei Petroleum das 0,23-fache, bei Olivenöl das 0,05-fache und bei Quecksilber das 7,2-fache von Wasser.

81. Andere praktisch bedeutsame Fälle bei turbulenter Strömung.

Wenn es sich nicht um den Wärmeübergang in Rohren handelt, läßt sich die allgemeine Gl. (499) auch unter Einführung anderer charakteristischer Größen und Konstanten verwenden. So ergibt sich für die *Strömung von Luft mit gewöhnlicher Temperatur um glatte Rohre,* die senkrecht zum Strom liegen,

$$\alpha = 6{,}65\,\frac{w_N^{0,75}}{d^{0,25}}, \tag{508}$$

also das 2,3-fache von (501). Bei der *Strömung durch Rohrbündel,* die aus gegenseitig versetzten Rohrreihen bestehen, findet man

$$\alpha = 5{,}41\,\frac{w_N^{0,75}}{d^{0,25}} \tag{509}$$

oder das 1,87-fache, wenn zwei versetzte Rohrreihen senkrecht angeströmt werden. Unter w ist hierbei die mittlere Strömungsgeschwindigkeit von Luft an der engsten Stelle zwischen zwei nebeneinander liegenden Rohren zu verstehen. Bei 4, 6, 8 und 10 Rohrreihen gilt das 1,23-, 1,36-, 1,43- und 1,47-fache. Wenn die Rohre fluchtend hintereinander stehen also nicht versetzt sind, ist die Wirbelung geringer nnd die Wärmeübertragung schlechter[1].

Geht der Luftstrom *parallel zu einer ebenen Wand* mit der Länge l, so findet man

$$\alpha = 5{,}41\,\frac{w_N^{0,75}}{l^{0,25}}, \tag{510}$$

wenn w über 5 m/s ist. An der senkrechten Platte ist der Wärmeübergang ungleichmäßig, unten durch den Sog größer, oben durch den Stau infolge des Auftriebs kleiner als in der Mitte. Bei $w \leqq 5$ m/s gilt für senkrechte Wand $\alpha = 5 + 3{,}4\,w$.

[1] Reiher, H.: Wärmeübergang von strömender Luft an Rohre und Röhrenbündel im Kreuzstrom. Forsch.Arb. Ingwes. Heft 269 (1925). Siehe auch A. Schack: Der Wärmeübergang in Rohren und an Rohrbündel, Zit. S. 325.

82. Wärmeübergang bei freier Konvektion.

Um die Ähnlichkeitstheorie auf Strömung und Wärmeübergang bei freier Konvektion anzuwenden, muß man das auf den Auftrieb bezugnehmende Glied der NAVIER-STOKESschen Gl. (425) berücksichtigen. Wenn das betrachtete Teilchen das spezifische Gewicht γ hat, und die Umgebung γ_u, so ist der Auftrieb $\gamma_u - \gamma$ in kg/m³. Die Ausdehnung des Teilchens ist $\beta(t - t_u)$, mit β als räumlichem Ausdehnungskoeffizienten, das Gewicht der Raumzunahme ist $\gamma\beta(t - t_u)$. Für die Schwerewirkung $\frac{\gamma}{g} g \sin\alpha$ kann man den Auftrieb je m³ mit $\gamma\beta(t - t_u)$ einsetzen.

$$\frac{\gamma}{g} w_l \frac{\partial w_l}{\partial l} = -\gamma\,\beta(t - t_u) - \frac{\partial P}{\partial l} + \frac{\gamma}{g} \nu \frac{\partial^2 w_l}{\partial l^2}.$$

Die Konstantengruppen für zwei ähnliche Vorgänge sind analog früherem

$$\frac{f_\gamma f_w f_w}{f_g f_d} = f_\gamma f_\beta f_t = \frac{f_P}{f_d} = \frac{f_\gamma f_\nu f_w}{f_g f_d f_d}.$$

Aus der ersten und vierten Gruppe folgt $f_w = f_\nu / f_d$, und aus

$$\frac{f_\gamma f_w f_w}{f_g f_d} = \frac{f_\gamma f_\nu f_\nu}{f_g f_d f_d f_d} = f_\gamma f_\beta f_t$$

folgt

$$\frac{f_\beta f_t f_g f_d f_d f_d}{f_\nu f_\nu} = 1 \quad \text{und} \quad \frac{g\,d^3 (t_W - t_u)\,\beta}{\nu^2} = \text{konst.} \tag{511}$$

Den Kennwert (511) bezeichnet man als *Gr* (GRASHOF). d ist wiederum irgendeine charakteristische Länge. Setzt man andererseits den Ausdruck $f_w = f_a / f_d$ aus der FOURIERschen Gleichung (Abschnitt 78) in $_w = f_\nu / f_d$ ein, so folgt

$$\frac{f_a}{f_\nu} = 1 \quad \text{und} \quad \frac{a}{\nu} = \frac{\lambda}{c\,\gamma\,\nu} = \text{konst.}$$

der nach STANTON genannte Kennwert *St*. Dieser hat die Eigentümlichkeit, bei Gasen, auf gleiche Zeiteinheit bezogen, nahezu gleich 1 zu sein (0,97 bis 1,25). Für tropfbare Flüssigkeiten trifft das nicht zu.

Man erhält also für α

$$\boxed{\alpha = \frac{\lambda}{d} f\left(\frac{\lambda}{c\,\gamma\,\nu}, \frac{g\,d^3 \Delta t\,\beta}{\nu^2}\right)} \tag{512}$$

allgemein, und bei Gasen

$$\alpha = \frac{\lambda}{d} f\left(\frac{g\,d^3 \Delta t\,\beta}{\nu^2}\right). \tag{513}$$

Für die freie Strömung von *Luft* um horizontal liegende Kreisrohre mit äußerem Durchmesser d ergibt sich

$$\alpha = \text{konst.} \frac{\lambda}{d} \left[g\,d^3 (t_W - t_u) \frac{\beta}{\nu^2}\right]^{0,25} \tag{514}$$

Da $\nu = \nu_{1\,\mathrm{at}}/p$ ist, folgt unter Zusammenziehung der konstanten Werte mit

$$\beta = \frac{1}{V_m}\frac{dV}{dT} = \frac{GR}{V_m P_m} = \frac{1}{T_m}$$

endlich für die Grashofsche Zahl

$$Gr = b_L p^2 d^3 (t_W - t_u).$$

b_L ist eine nur von der Temperatur abhängige Hilfsgröße für Luft $b_L = g/\nu_{1\,\mathrm{at}}^2 \cdot T_m$. Bei $T_m = 273°$ K ist $\nu_{1\,\mathrm{at}} = 13{,}75 \cdot 10^{-6}$ m²/s und $b_L = 190 \cdot 10^6$. Andere Werte sind:

Zahlentafel 56. *Hilfsgrößen b_L und k_L für Luft abhängig von der Temperatur.*

t	b_L	k_L	t	b_L	k_L	t	b_L	k_L
−50	$476 \cdot 10^6$	3,70	100	$46{,}8 \cdot 10^6$	3,20	400	$3{,}56 \cdot 10^6$	2,68
0	190	3,50	200	16,6	2,99	500	1,95	2,54
+50	90,7	3,35	300	7,31	2,82	1000	0,23	2,14

Wenn $Gr \geqq 1000$ ist, gilt

$$\alpha = 0{,}468 \frac{\lambda}{d} \sqrt[4]{b_L p^2 d^3 (t_W - t_u)}. \tag{515}$$

Für Werte $Gr < 1000$ konvergiert α gegen den Grenzwert $0{,}435 \frac{\lambda}{d}$. Je m Rohr und Stunde geht die Wärmemenge mit (492)

$$Q = 0{,}468 \frac{\pi d}{d} \lambda \sqrt[4]{b_L p^2 d^3 (t_W - t_u)^5}$$

oder zusammengefaßt

$$Q = k_L \sqrt[4]{p^2 d^3 (t_W - t_u)^5}.$$

über. Zahlentafel 56 enthält Werte für k_L.

Bei Rohren in ruhendem *Wasser*, das durch freie auftreibende Strömung in Bewegung gerät, kann die Abhängigkeit von $\frac{\lambda}{c\gamma\nu}$ nicht vernachlässigt werden. Setzt man

$$Gr = b_W d^3 (t_W - t_u),$$

so folgt mit $3600\,w$ in m/h experimentell

$$b_W = 1{,}36\, g\, \beta \frac{c\gamma}{\nu\lambda} 3600.$$

Bei $\frac{t_W + t_u}{2} = 20°$ C ist die kinematische Zähigkeit $\nu = 1 \cdot 10^{-6}$, die Raumausdehnungszahl $\beta \cong 2 \cdot 10^{-4}$ und $\lambda = 0{,}505$. Damit folgt $b_W = 195 \cdot 10^8$. Die Wärmeübergangszahl ist

$$\alpha = 0{,}468 \frac{\lambda}{d} \sqrt[4]{b_W d^3 (t_W - t_u)}. \tag{516}$$

Die Hilfsgröße b_W ist ebenfalls nur von der Temperatur abhängig.

Zahlentafel 57. *Hilfsgrößen b_W und k_W für Wasser abhängig von der Temperatur.*

t	b_W	k_W	t	b_W	k_W	t	b_W	k_W
+4	0	0	50	$7{,}2 \cdot 10^{10}$	418	100	$18{,}7 \cdot 10^{10}$	598
10	$0{,}64 \cdot 10^{10}$	204	60	9,3	456	110	21,3	632
20	1,95	277	70	11,5	492	120	24,2	667
30	3,53	330	80	13,7	527	130	27,1	701
40	5,30	376	90	16,1	563			

Nach F. Merkel: a. a. O., S. 128.)

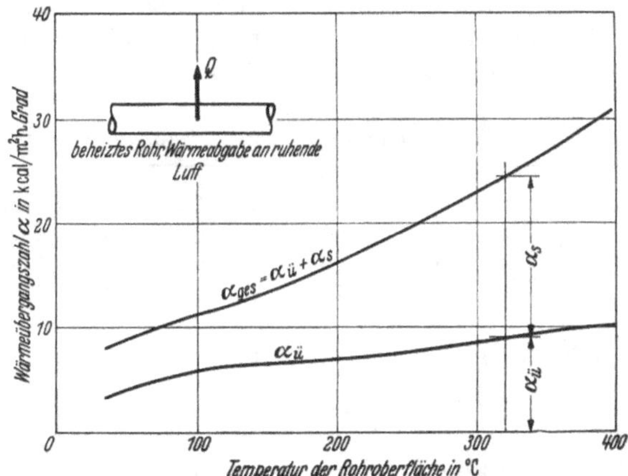

Abb. 212. Wärmeübergangszahl $\alpha_ü$ durch Konvektion und Leitung und α_s durch Strahlung bei einem Stahlrohr von 100 mm Durchmesser (nach Heilman-Schack).

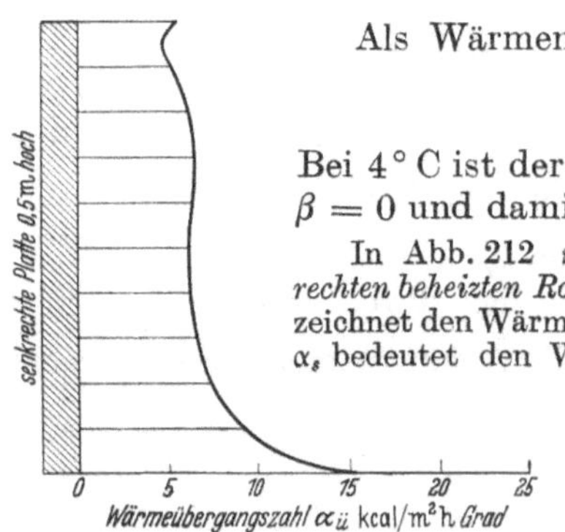

Abb. 213. Wärmeübergangszahl $\alpha_ü$ entlang einer senkrechten beheizten Platte in ruhender Luft (nach Schack).

Als Wärmemenge ergibt sich in kcal/mh

$$Q = k_W \sqrt[4]{d^3 (t_W - t_u)^5}. \tag{517}$$

Bei 4° C ist der Ausdehnungskoeffizient des Wassers $\beta = 0$ und damit auch $b_W = 0$.

In Abb. 212 sind Versuchsergebnisse an einem *waagerechten beheizten Rohr in ruhender Luft* wiedergegeben. $\alpha_ü$ kennzeichnet den Wärmeübergang durch Konvektion (und Leitung). α_s bedeutet den Wärmeübergang durch Strahlung. Mit zunehmender Temperatur wird $\alpha_s > \alpha_ü$. Zwischen 100 und 400° C geht $\alpha_ü$ auf das Doppelte und α_s auf das Dreifache. Geneigte und vertikale Rohre verhalten sich ebenso.

Ebene *Platten in ruhender Luft* verhalten sich wie Rohre großer Durchmesser. Die Wärmeübergangszahl α ist etwas geringer als beim Rohr mit 100 mm Durchmesser, sie hat sich bei horizontalen Platten und Wärmeabgabe nach oben zu 1,27mal so groß wie bei senkrechten gezeigt. Die Abhängigkeit von α mit der Höhe bei senkrechten Platten zeigt Abb. 213, die die Wirkung von Auftrieb und Stau erkennen läßt.

Beim Wärmeübergang an *nichtsiedendes Wasser* ergeben sich Werte von etwa 500 bis 3000 für α, zunehmend mit der Wassertemperatur und dem Temperaturunterschied. Durch Rührwerke und andere Wirbelerzeuger kann α auf 2000 bis 4000 kcal/m²h·Grad und mehr gesteigert werden.

83. Wärmeübergang bei kondensierendem Dampf.

Wenn die Temperatur einer durch Dampf, vornehmlich Sattdampf, beheizten Wand niedriger als Sättigungstemperatur ist, kondensiert Dampf. Das Kondensat bildet eine Wasserhaut, die bei senkrechter Wand unter der Schwerewirkung nach unten fließt und abtropft. Je nachdem, in welcher Richtung der Dampf strömt, wird das Ablaufen beschleunigt oder verzögert. Dampfseitig hat die Haut Sättigungstemperatur t_s, wandseitig t_W. Die Wärmeübergangszahl, durch Wassertropfenbildung erheblich begünstigt, nimmt Werte in der Größenordnung von 10000 kcal/m²h · Grad an[1]. Bei einer h m hohen senkrechten Wand wurde für luftfreien gesättigten Wasserdampf genauer gefunden:

$$\alpha = \alpha_1[h(t_s - t_W)]^{-0{,}25}. \tag{518}$$

α_1 gibt den Wärmeübergang je 1 m Höhe, Stunde und je 1° Temperaturunterschied an. Für $t_m = \frac{1}{2}(t_s + t_W)$ ist:

t_m	α_1
= 0° C	= 5660
50	8285
100	10420
150	12180
200	13370

Bei Benzoldampf ist α_1 etwa das 0,22- und bei Alkoholdampf das 0,27-fache der obigen Werte. Wenn die Wand geneigt ist, kann die Wasserhaut nur langsamer abfließen und ist der Wärmeübergang schlechter.

Von Bedeutung ist auch der Wärmeübergang an ein waagerecht liegendes Rohr, wie in Wärmeaustauschern, besonders in Kondensatoren von Dampfkraftmaschinen. Die Wasserhaut ist auf dem Rücken des Rohres am dünnsten, während das Kondensat auf der Unterseite zusammenläuft und abtropft. Betrachtet man das Rohr als senkrechte Wand von der Höhe des Durchmessers d, so ergibt sich α zum 0,77fachen des Wertes.

Auch wenn überhitzter Dampf fließt, kann die Haut nur Sättigungstemperatur haben. In diesem Falle sinkt die Heißdampftemperatur zunächst in einer sehr dünnen Randschicht mit laminarer Strömung linear auf t_s ab und in der Haut auf t_W. Ein Teil des Heißdampfes ist ständig am Kondensieren.

84. Wärmedurchgang.

a) bei gleichbleibender Temperatur.

Unter dem Wärmedurchgang versteht man die Wärmeübertragung von einem strömenden Stoff an eine Wand, die Leitung der Wärme durch diese Wand und den Wärmeübergang von der jenseitigen Oberfläche an einen zweiten strömenden Stoff, gleichviel ob flüssig oder gasförmig.

---

[1] Die grundlegenden Arbeiten stammen von W. Nusselt: Die Oberflächenkondensation des Wasserdampfes. VDI Bd. 60 (1916), S. 541.

Die Wärmeübertragung ist in kcal/h:

$$Q = \alpha_1 F(t_1 - t_{W1}) \quad \text{vom Strom 1 an die Wand,}$$
$$Q = \lambda F(t_{W1} - t_{W2})/s \quad \text{durch die Wand,}$$
$$Q = \alpha_2 F(t_{W2} - t_2) \quad \text{an Strom 2.}$$

Daraus ergibt sich durch Addition

$$\boxed{t_1 - t_2 = \frac{Q}{F}\left[\frac{1}{\alpha_1} + \frac{s}{\lambda} + \frac{1}{\alpha_2}\right]} \tag{519}$$

und für die Zwischentemperaturen

$$t_{W1} = t_1 - \frac{Q}{F\alpha_1} \quad \text{und} \quad t_{W2} = t_1 - \frac{Q}{F}\left(\frac{1}{\alpha_1} + \frac{s}{\lambda}\right) \text{ usf.}$$

Statt von t_1 kann man ebenso auch von t_2 ausgehen, nur ist dann der Q/F enthaltende Ausdruck hinzuzuzählen. Für den Klammerausdruck in (519) ist die Abkürzung $1/k$ eingeführt. Den Kehrwert

$$\boxed{k = \frac{1}{\dfrac{1}{\alpha_1} + \dfrac{s_1}{\lambda_1} + \dfrac{s_2}{\lambda_2} + \cdots + \dfrac{1}{\alpha_2}}} \tag{520}$$

in kcal/m²h·Grad nennt man *Wärmedurchgangszahl.* Formal erinnert (520) an das Widerstandsgesetz bei Verzweigungen des elektrischen Stomes. k entspricht dem Gesamtwiderstand und α_1, λ/s, α_2 den Einzelwiderständen. Tatsächlich ist k auch ein Maß für den gesamten Widerstand gegen die Wärmeübertragung Q, und zwar je m² Oberfläche der Trennwand, je Stunde und je Grad Temperaturdifferenz $t_1 - t_2$. Der Wärmedurchgang ist

$$\boxed{Q = kF(t_1 - t_2)}\,. \tag{521}$$

Die einzelnen Widerstände sind im allgemeinen verschieden groß. Bei kondensierendem Sattdampf ist α etwa 10000 und der Widerstand $1/\alpha = 10^{-4}$. Bei Wasser hingegen ist α etwa 1000 und $1/\alpha = 10^{-3}$, bei Gasen noch größer und mehr als 10^{-2}. Will man den Wärmedurchgang erhöhen, so muß man die kleinen Wärmeübergangszahlen in erster Linie verbessern. Wenn die Wärmeübergangszahlen sehr verschieden sind, so pflegt man die Heiz- oder Kühlfläche auf der Seite mit dem kleineren α-Wert anzunehmen. Bei wasserführenden Siederohren in Dampfkesseln zum Beispiel, die von außen mit Rauchgas bei kleinem α beheizt werden, rechnet man mit der äußeren Rohroberfläche. Wenn die Wärmeübergangszahlen etwa gleich groß sind, setzt man den mittleren Durchmesser ein, solange $d_i/d_a \sim 1$ ist. Im anderen Falle muß man genauer nach (489) rechnen. Bei dünnen metallenen Wänden ist der Widerstand gegen Leitung klein und gilt angenähert

$$k = \frac{1}{\dfrac{1}{\alpha_1} + \dfrac{1}{\alpha_2}} = \frac{\alpha_1\alpha_2}{\alpha_1 + \alpha_2}\,. \tag{522}$$

Beispiel 1. Wie groß ist die Wärmedurchgangszahl für ein Siederohr in einem Dampfkessel von 4 mm Wandstärke ($\lambda = 40$), wenn die Wärmeübergangszahl Feuergas/Wand $\alpha_1 = 30$ und Wand/Wasser $\alpha_2 = 5000$ ist?

$$(520) \qquad k = \frac{1}{0{,}0333 + 0{,}0001 + 0{,}0002} = 29{,}8 \approx \alpha_1.$$

α_2, s und λ sind nicht verbesserungswert, nur α_1. Selbst wenn α_2 und λ unendlich groß würden, ist immer noch $k = \alpha_1 = 30$ kcal/m²h Grad.

Beispiel 2. Ein Röhrenvorwärmer dient zum Aufwärmen von Wasser ($\alpha_2 = 3000$) durch Sattdampf ($\alpha_1 = 10000$). Um wieviel wird der Wärmedurchgang verbessert, wenn Messingrohre mit 2 mm Wandstärke ($\lambda = 80$) anstatt Eisenrohre mit 3 mm Stärke ($\lambda = 40$) gewählt werden?

$$\text{Messing } k = \frac{1}{0{,}000100 + 0{,}000025 + 0{,}000333} = 2180;$$

$$\text{Eisen } k = \frac{1}{0{,}000100 + 0{,}000075 + 0{,}000333} = 1970.$$

Der Wärmedurchgang ist bei Messing um 10,7 vH höher.

Beispiel 3. In einem Röhrenkühler aus Stahlrohren ($\lambda = 40$) wird Luft durch Wasser abgekühlt, siehe weiteres Abb. 214. Die Rohre sind 2 m lang. Wie groß sind Wärmedurchgang Q, innere (t_i) und äußere (t_a) Wandtemperatur?

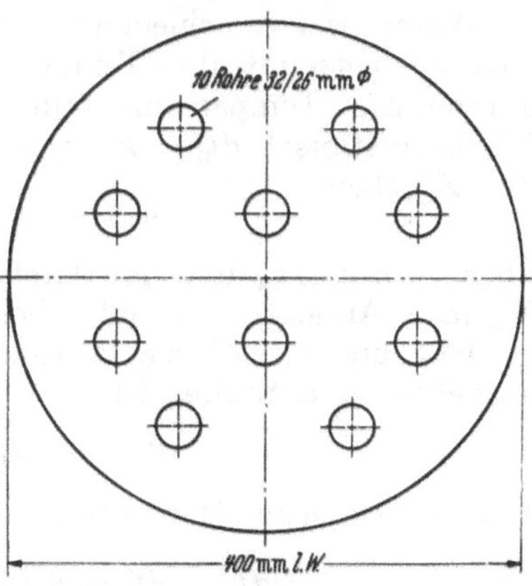

Abb. 214. Skizze zu Beispiel 3. In den Rohren Luft 180° C, 4,15 m/s, 4 at abs. Um die Rohre Wasser 0,1 m/s, 30° C.

$$\textit{Luft} \; w_N = 4{,}15 \frac{4}{1} \frac{273}{453} = 10 \text{ m/s};$$

$$(503) \qquad \alpha_i = \left(3{,}55 + 0{,}168 \frac{180}{100}\right) \frac{5{,}62}{0{,}401} = 54{,}0 \text{ kcal/m}^2\text{h} \cdot \text{Grad};$$

$$\textit{Wasser} \; d = \frac{4F}{U} = \frac{0{,}4 \cdot 0{,}4}{10 \cdot 0{,}032} - 0{,}032 = 0{,}47 \text{ m};$$

$$(507) \qquad \alpha_a = 1755\,(1 + 0{,}45) \frac{1}{7{,}41} \frac{1{,}49}{1{,}35} = 379;$$

$$k = \frac{54 \cdot 379}{54 + 397} = 47{,}3; \qquad F = 10 \cdot 2 \cdot \pi \cdot 0{,}026 = 1{,}635 \text{ m}^2;$$

$$(521) \qquad Q = 47{,}3 \cdot 1{,}635 \cdot (180 - 30) = 11600 \text{ kcal/h};$$

$$t_i = 180 - \frac{11600}{1{,}635 \cdot 54{,}0} = 48{,}6^\circ \text{ C};$$

$$t_i - t_a = \frac{11600 \cdot 0{,}003}{1{,}635 \cdot 40} = 0{,}53^\circ; \qquad t_a = 48{,}1^\circ \text{ C}.$$

Beispiel 4. Von einer waagerechten Dampfleitung von 76/70 mm Durchmesser ist in einem geschlossenen Raum auf 3 m Länge die Isolierung abgefallen. Wieviel

Wärmeenergie entweicht stündlich durch dieses Stück an die umgebende Luft? (Dampf 8 at abs., 250° C, 24 m/s; Luft 47° C.)

$$\textit{Dampf}\quad w_N = \frac{w}{v\gamma_N} = \frac{24}{0{,}299 \cdot 0{,}804} = 100\ \mathrm{m/s};$$

$$\alpha_i = (3{,}62 + 0{,}30 \cdot 2{,}5)\frac{31{,}62}{0{,}514} = 269\ \mathrm{kcal/m^2h \cdot Grad};$$

$$F = \pi\, 0{,}07 = 0{,}22\ \mathrm{m^2/m};$$

$$Q_i = 269 \cdot 0{,}22\ \ (250 - t_W);$$

$$\textit{Luft}\quad Q_a = k_L \sqrt[4]{0{,}076^3 (t_W - 47)^5},$$

wobei k_L vom Mittel zwischen t_W mit 47°C abhängt. Lösung graphisch, verschiedene Annahmen von t_W, ergibt $Q = Q_i = Q_a$ bei $t_W = 244{,}38$°C. $Q = 332{,}8$ kcal/mh. Der Wärmeübergang an die umgebende Luft ist so schlecht, daß die Temperatur der Rohrwand (244,4° C) fast so hoch wie die Dampftemperatur (250° C) ist. Das Leitungsstück gibt $3 \cdot 332{,}8 \approx 1000$ kcal/h ab.

b) Wärmedurchgang bei veränderlicher Temperatur.

Wenn zwei verschieden warme Stoffe, durch eine feste Wand voneinander getrennt, ihre Temperatur auszugleichen streben, so geht das anfängliche Temperaturgefälle $(t_1 - t_2)_a$ immer mehr zurück. Der Wärmeaustausch $dQ = kF(t_1 - t_2)\,dZ$ wird immer geringer. In einer Zeit Z gehen

$$Q = k \cdot F \cdot \Delta t_m \cdot Z_{ea}\ \mathrm{kcal} \tag{523}$$

über, worin Δt_m den mittleren Temperaturunterschied im Zeitraum Z_{ea} (a = Anfang, e = Ende) bedeutet. Mit G_1 und c_1 als Durchflußgewicht und spezifische Wärme des abgebenden und G_2 und c_2 des aufnehmenden Stoffes ist

$$dQ = -G_1 c_1 dt_1 = G_2 c_2 dt_2.$$

Für die Änderung der antreibenden Temperaturdifferenz folgt

$$-dt_1 + dt_2 = d(t_2 - t_1) = dQ\left(\frac{1}{G_1 c_1} + \frac{1}{G_2 c_2}\right)$$

und

$$dQ = kF(t_1 - t_2)\,dZ$$

oder

$$\ln(t_2 - t_1) = -kF\left(\frac{1}{G_1 c_1} + \frac{1}{G_2 c_2}\right) Z + C.$$

Die Grenzbedingungen lauten $(t_1 - t_2)_a$ bei Z_a und $(t_1 - t_2)_e$ bei Z_e, somit

$$\ln\frac{(t_1 - t_2)_a}{(t_1 - t_2)_e} = kF\left(\frac{1}{G_1 c_1} + \frac{1}{G_2 c_2}\right)(Z_e - Z_a).$$

Nun ist

$$\frac{1}{G_1 c_1} + \frac{1}{G_2 c_2} = \frac{1}{Q}(t_{1a} - t_{1e} + t_{2e} - t_{2a}) = \frac{1}{Q}[(t_1 - t_2)_a - (t_1 - t_2)_e],$$

und verglichen mit (523)

$$\Delta t_m = \frac{(t_1 - t_2)_a - (t_1 - t_2)_e}{\ln\dfrac{(t_1 - t_2)_a}{(t_1 - t_2)_e}} \tag{524}$$

die sog. logarithmische Temperaturdifferenz, die sich nach einer Exponentialfunktion $(t_1 - t_2) = (t_1 - t_2)_a e^{-\text{konst.}\cdot Z}$ entwickelt. (524) läßt sich umformen mit den Abkürzungen $(t_1 - t_2)_a = \Delta_a$ und $(t_1 - t_2)_e = \Delta_e$ und dem Verhältnis des natürlichen Logarithmus zum gewöhnlichen von 2,303 : 1, Kehrwert 0,4343 in

$$t_m = \Delta_a\, 0{,}4343 \left(1 - \frac{\Delta_e}{\Delta_a}\right) \Big/ \lg \frac{\Delta_a}{\Delta_e} = \psi \Delta_a .$$

Zahlentafel 58. Werte für den Temperaturbeiwert ψ.

Δ_e/Δ_a	ψ	Δ_e/Δ_a	ψ	Δ_e/Δ_a	ψ
0,05	0,317	0,13	0,426	0,25	0,541
0,06	0,334	0,14	0,437	0,30	0,582
0,07	0,350	0,15	0,448	0,35	0,620
0,08	0,364	0,16	0,458	0,40	0,657
0,09	0,378	0,17	0,468	0,50	0,722
0,10	0,391	0,18	0,478	0,60	0,785
0,11	0,403	0,19	0,488	0,70	0,842
0,12	0,415	0,20	0,497	0,80	0,898

also für $\Delta_a = 150°$ und $\Delta_e = 30°$ und $\Delta_e/\Delta_a = 0{,}20$ ist $\psi = 0{,}497$ und $\Delta t_m = 0{,}497 \cdot 150 = 74{,}6°$. Das arithmetische Mittel wäre $\frac{1}{2}(150 + 30) = 90°$ und gäbe sehr ungenaue Werte. Der zeitliche Verlauf des Temperaturausgleiches ist aus Abb. 215 ersichtlich. Die beiden Temperaturkurven nähern sich asymptotisch, ein völliger Ausgleich kommt erst bei $Z = \infty$ zustande.

Ähnlich verhält sich die Temperatur beim Wärmeaustausch zweier strömender Stoffe im *Gleichstrom*. Bei stationärer Strömung ist der Wärmeaustausch auch dem zurückgelegten Weg oder der Heizfläche an Stelle der Zeit proportional. Strömen die beiden Stoffe in entgegengesetzter Richtung (*Gegenstrom*), so ist die logarithmische Temperaturdifferenz

$$\Delta t_m = \frac{(t_{1a} - t_{2e}) - (t_{1e} - t_{2a})}{\ln \dfrac{(t_{1a} - t_{2e})}{(t_{1e} - t_{2a})}} .$$

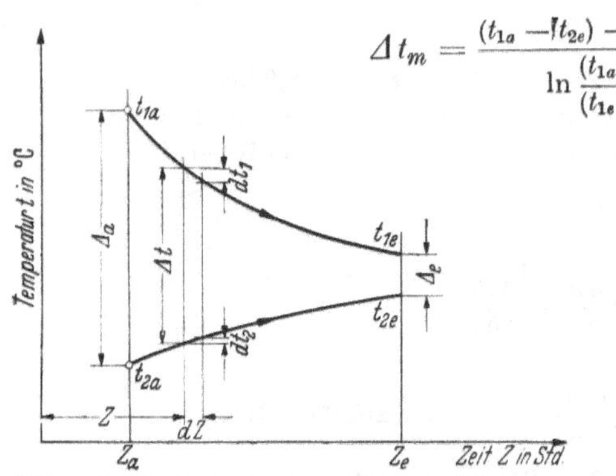

Abb. 215. Zwei durch eine feste Wand getrennte Stoffe tauschen Wärme eine bestimmte Zeitlang aus. Verlauf der Temperaturkurven abhängig von der Zeit.

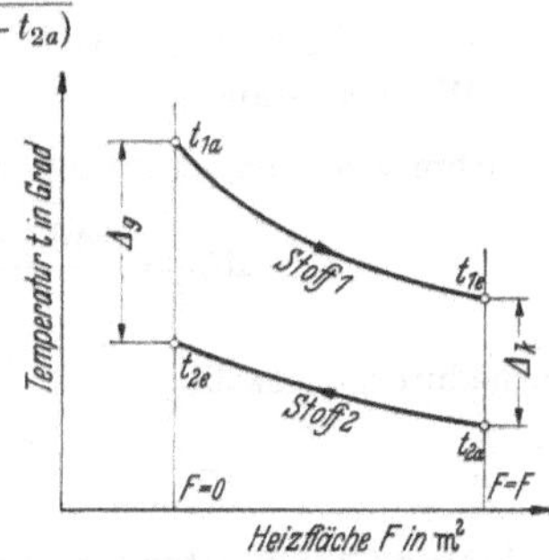

Abb. 216. Temperaturverlauf im Gegenstrom-Wärmeaustauscher.

Der Temperaturverlauf längs der Heizfläche ist in Abb. 216 dargestellt. Setzt man den größeren der Unterschiede $\Delta_g = \Delta_a$ und den kleineren

$\Delta_k = \Delta_e$, so kann Δt_m in gleicher Weise ermittelt werden. Der Vorteil des Gegenstromverfahrens ist eine größere mittlere Temperaturdifferenz Δt_m als beim Gleichstromverfahren, damit ein besserer Wärmedurchgang oder eine kleinere Heizfläche des Wärmeaustauschers für dieselbe Wärmeübertragung. Wenn der eine der wärmeaustauschenden Stoffe im Zustand des Verdampfens oder Kondensierens ist, bleibt seine Temperatur unveränderlich und ist $t_a = t_e$. Die logarithmische Temperaturdifferenz ist dann gleich groß, weil keine Gleich- oder Gegenstromwirkung besteht.

Beispiel 1. 100 m³/h Wasser sind in einem Vorwärmer durch Sattdampf von 1,2 at abs. von 40 auf 70° C zu erwärmen. Wieviel Dampf wird gebraucht? Wie groß ist die Heizfläche? ($\alpha_D = 10000$, $\alpha_W = 600$.)

$$t_s = 104{,}3^\circ\,\mathrm{C} \quad \text{und} \quad r = 536{,}0\ \mathrm{kcal/kg};$$

$$100 \cdot 1000 \cdot (70 - 40) = G \cdot 536{,}0; \quad G = 5600\ \mathrm{kg/h\ Dampf};$$

$$\Delta_a = 64{,}3^\circ, \quad \Delta_e = 34{,}3^\circ, \quad \Delta_e/\Delta_a = 0{,}533 \quad \text{und} \quad \psi = 0{,}743;$$

$$\Delta t_m = 0{,}743 \cdot 64{,}3 = 47{,}8^\circ; \quad k = \frac{10000 \cdot 600}{10600} = 566\ \mathrm{kcal/m^2 \cdot h \cdot Grad}:$$

$$F = \frac{Q}{k\,\Delta t_m} = \frac{30 \cdot 10^5}{566 \cdot 47{,}8} = 111\ \mathrm{m^2\ Heizfläche.}$$

Beispiel 2. Ein Dampfkessel erzeugt Heißdampf von 42 at Überdruck und 425° C. Gemessen werden bei 20 t/h Dampfmenge folgende Rauchgastemperaturen:

Eintritt Dampfüberhitzer	840° C
Austritt Dampfüberhitzer	550
Eintritt Speisewasservorwärmer	480
Austritt Speisewasservorwärmer	200

Das Speisewasser tritt mit 100° C in den Speisewasservorwärmer ein und mit 220° C aus. Die Heizfläche des Dampfüberhitzers (Rohrschlangen) beträgt 270 m², die des Speisewasservorwärmers (Rippenrohre) 910 m². Wie groß sind die Wärmedurchgangszahlen, wenn in erster Annäherung Wärmeaustausch im Gegenstrom angenommen wird?

Dampfüberhitzer.

Sattdampf von 43 at abs.; $t_s = 253{,}5^\circ$ C; $i'' = 668{,}6$ kcal/kg.

Überhitzter Dampf von 43 at abs. und 425° C; $i = 779{,}6$ kcal/kg.

Wärmeaustausch $Q = 20000\,(779{,}6 - 668{,}6) = 2{,}220 \cdot 10^6$ kcal/h.

Logarithmische Temperaturdifferenz

$$\Delta t_m = \frac{(840 - 425) - (550 - 253)}{\ln \dfrac{840 - 425}{550 - 253}} = 352^\circ;$$

Wärmedurchgangszahl

$$k = \frac{Q}{F \cdot \Delta t_m} = \frac{2{,}220 \cdot 10^6}{270 \cdot 352} = 23{,}36\ \mathrm{kcal/m^2 h \cdot Grad}.$$

Der kräftige Temperatursturz Rauchgas/Dampf ist mit starker Entropievermehrung verbunden, Rauchgas $\Delta S \approx -2310$; Dampf $\Delta S \approx +3880$ kcal/h · Grad.

Speisewasservorwärmer.

Wasser von 220 C°; $i' = 225{,}3$ kcal/kg.

Wärmeaustausch $Q = 20000\,(225{,}3 - 100{,}0) = 2{,}506 \cdot 10^6$ kcal/h.

Damit

$$\Delta t_m = \frac{(480 - 220) - (200 - 100)}{\ln \frac{260}{100}} = 167{,}4°;$$

$$k = \frac{2{,}506 \cdot 10^6}{910 \cdot 167{,}4} = 16{,}45 \text{ kcal/m}^2\text{h} \cdot \text{Grad}.$$

Die Größe der Wärmedurchgangszahl wird ausschlaggebend durch die Wärmeübergangszahl Rauchgas/Heizfläche bestimmt. Der Wärmedurchgang ist weniger intensiv als beim Dampfüberhitzer. Tatsächlich geht die Wärme teils im Kreuzstrom, teils im Gegenstrom über. Zur genauen Nachrechnung muß man den Wärmeaustauscher in einzelne Elemente aufteilen.

85. Wärmeübertragung durch Strahlung.

a) Allgemeines.

Bei der Wärmestrahlung wird Wärmeenergie in *Strahlungsenergie* umgeformt. Wenn diese Wärmestrahlen auf Körper treffen, die aufnahmefähig für Strahlungsenergie sind, findet eine Rückwandlung in Wärmeenergie statt. Die Wärmestrahlung unterliegt denselben Gesetzen wie die Lichtstrahlung, die Röntgenstrahlung und Schwingungsvorgänge bei der drahtlosen Telephonie oder im Rundfunk oder beim technischen Wechselstrom. Alle diese Arten von Energieübertragung unterscheiden sich nur durch die *Wellenlänge* der Schwingung. Die Lichtstrahlung umfaßt etwa den Wellenbereich von 0,4 bis 0,8 μ (1 μ = $^1/_{1000}$ mm), Röntgenstrahlen haben erheblich kürzere Wellen, Radiumstrahlung noch kürzere, am wenigsten die Höhenstrahlung (10^{-4} — 10^{-6} $\mu\mu$). Der Bereich der Wärmestrahlung schließt sich jenseits an das Lichtband an und geht bis zu 25 μ und mehr. Die elektrischen Wellen folgen mit Längen von einigen Metern bis zu mehreren 1000 m, Wechselstrom mit 50 Perioden/s mit 6000 km.

Energieübertragung durch Strahlung ist nicht an Stoff gebunden und geht unbehindert durch den leeren, stofflosen Raum. Man stellt sich vor, daß die Strahlung eine Wellenbewegung im elektromagnetischen Feld der Welt ausführt, mit einer Fortpflanzungsgeschwindigkeit[1] von rund 300000 km/s, über irdische Entfernungen also praktisch unverzüglich[2]. Die Gleichartigkeit der Erscheinungen geht noch weiter, indem Wärmestrahlen wie Lichtstrahlen *absorbiert*, *reflektiert* und *gebrochen* werden können, sie folgen auch den Gesetzen der Interferenz und der Polarisation. Unter *Absorptionsvermögen* eines Körpers wird die Fähigkeit verstanden, Strahlungsenergie aufzunehmen, unter *Reflektionsvermögen* solche zurückzuwerfen. Die Fähigkeit Strahlen auszusenden, heißt *Emissionsvermögen*. Poröse, dunkle, rauhe, matte, lockere Körper vermögen viel Energie zu absorbieren und auszustrahlen und reflektieren weniger. Glänzende, helle, dichte, polierte Körper hingegen reflektieren stark und absorbieren und strahlen weniger.

---

[1] Genauer 299796 ± 4 km/s.

[2] Im Gegensatz dazu sind Schallwellen an Materie gebunden und breiten sich in Form von longitudinalen Wellen aus, deren Schwingungsrichtung mit der Fortpflanzungsrichtung zusammenfällt.

Wärme wird in verschiedenen Wellenlängen abgestrahlt, verbreitet über den gesamten Wellenlängenbereich, intensiv allerdings nur in einem engen Bereich. Die Strahlen pflanzen sich solange geradlinig fort, wie sie durch den leeren Raum oder durch isotrope Körper gehen, und zwar mit unveränderlicher Geschwindigkeit. Bei geringen Temperaturen ist die Wärmestrahlung unbedeutend, steigt aber mit der absoluten Höhe der Temperatur schnell an, so daß sie bald die Wärmeübertragung durch Konvektion und Leitung übertrifft (ab etwa 600° C) und schließlich vorherrschend wird. Die Strahlen werden von den Körpern entweder ganz oder teilweise oder nicht durchgelassen. Die aufgehaltenen Strahlen werden zurückgeworfen oder aufgenommen. Stoffe, die Wärme durchlassen, nennt man *diatherman*. Weitgehend diatherman sind viele Gase und insbesondere reine Luft und der leere Raum. Auch Steinsalz ist ziemlich diatherman. Daneben gibt es Stoffe, die nur gewisse Wärmestrahlen durchlassen. Da jede Wellenlänge einer bestimmten Farbe entspricht, auch wenn diese für das menschliche Auge nicht mehr wahrnehmbar ist, wie die jenseits rot liegenden *Wärmefarben*, spricht man von der Färbung der durchgelassenen oder zurückgehaltenen Strahlen (Thermochrose). *Adiathermane* Stoffe sind wärmeundurchlässig. Es sind dies die meisten Flüssigkeiten und die festen Körper. Glas wiederum hat die Eigenschaft, Lichtstrahlen gut durchzulassen, aber Wärmestrahlen weitgehend festzuhalten. Wasser und Eis sind noch ziemlich durchlässig für Lichtstrahlen, kaum aber für Wärmestrahlen. Die Natur enthält Stoffe mit den verschiedensten Eigenschaften. Es ist äußerst schwierig, alle Einflüsse auf die Strahlungsvorgänge rechnerisch zu verfolgen. Zunächst gilt es, die Grenzfälle des adiathermanen „*schwarzen*“ Körpers mit restloser Absorption und größtmöglicher Emission zu untersuchen und die Eigenschaften des absolut „weißen“ Körpers kennenzulernen.

b) Strahlung des absolut schwarzen Körpers.

Es möge sich ein absolut schwarzer, adiathermaner Körper im leeren Raum befinden und eine Temperatur über 0° K haben. Als Maß der Emission wird die Wärmeabstrahlung in kcal je m² seiner Oberfläche und je Stunde mit der Abkürzung e gewählt. Sinngemäß ist E die Emission der gesamten Oberfläche. Die Wellenlänge in m wird λ genannt. Die Intensität der Strahlung, die auf jeder Wellenlänge λ_n verschieden sein kann, ist i in kcal/m³h. Alle drei Größen sind durch die Gleichung

$$\boxed{e = \int_0^\infty i\, d\lambda} \tag{525}$$

verbunden. Darin ist e die Gesamtemission auf allen Wellenlängen. Im Wellenbereich zwischen λ_1 und λ_2 beträgt die Teilemission füglich

$$e_{12} = \int_1^2 i\, d\lambda. \tag{526}$$

Der absolut schwarze Körper hat die Eigenschaft, auf allen Wellenlängen bei einer bestimmten Temperatur ein Höchstmaß an Wärme abzustrahlen. Die Intensität der Strahlung für eine bestimmte Wellenlänge ist ganz allgemein von PLANCK[1] berechnet worden zu

$$i_\lambda = \frac{1}{\lambda^5} \cdot \frac{3{,}17 \cdot 10^{-16}}{e^{0{,}0143/\lambda T} - 1} \qquad (527)$$

in kcal/m³h, wobei hier e die Basis der natürlichen Logarithmen = 2,7183 bedeutet. In Abb. 217 ist die Intensität für einige Temperaturen über den Wellenlängen λ aufgetragen. Man erkennt, wie sich die Intensität auf die einzelnen Wellenlängen

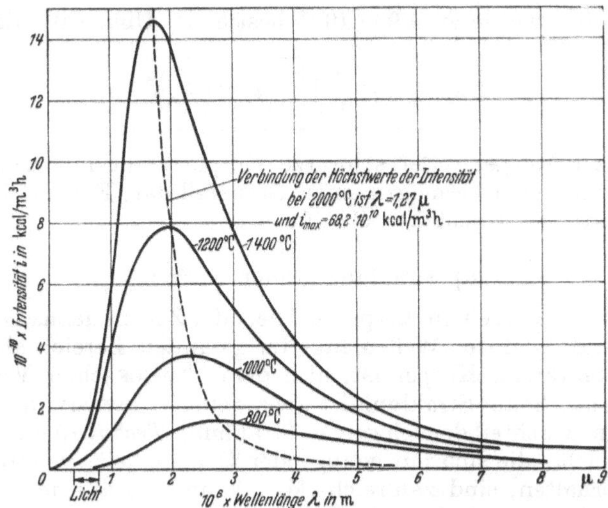

Abb. 217. Zusammenhang zwischen der Intensität i in kcal/m³h und der Wellenlänge λ in m bei verschiedenen Temperaturen im Bereiche der Wärmestrahlung.

verteilt. Sie steigt mit der Temperatur stark an und verschiebt ihr Maximum zu immer kleineren Werten von λ. Vor und hinter dem Höchstwert fällt die Intensität schnell ab, um gegen Null zu konvergieren. Nach WIEN (deutscher Physiker 1864 bis 1930) gilt für die Wellenlänge des Maximums ein Verschiebegesetz

$$\lambda_{\max} = \frac{2880}{T}\, 10^{-6} \qquad (528)$$

in m. Wenn man diese Wellenlänge mißt, so kann man daraus die absolute Höchsttemperatur berechnen. Die Emission wird durch die unter der Kurve liegenden Flächenstücke angegeben, sei es die Teilemission zwischen zwei Wellenlängen oder die Gesamtemission über den gesamten Bereich von λ. Der Gesamtflächeninhalt wächst mit der 4. Potenz an. Mit steigender Temperatur werden die kürzeren Wellen im Bereiche der Lichtstrahlen $< 0{,}8\,\mu$ intensiver und für das Auge sichtbar. Das weniger brechbare Licht wie das rote übt eine gewisse Erwärmung aus (warmes Licht), während das violette kalt ist. Die Strahlung ist um so intensiver, je größer die Amplitude (Schwingungsausschlag) ist. Die zwischen 0,4 und 0,8 μ entwickelte Intensität von Stahl z. B. kurz vor dem Schmelzpunkt (1400° C) führt zu beträchtlicher Lichterscheinung (Weißglut), wenngleich der weitaus überwiegende Teil der Wärmestrahlung jenseits von 0,8 μ liegt. Bei 2000° C heißem Wolfram rückt der Höchstwert der Intensität bereits zwischen 1,0 und 1,5 μ.

[1] Näheres siehe z. B. J. EGGERT: Lehrbuch der physikalischen Chemie, S. 67ff. Leipzig 1937.

c) STEFAN-BOLTZMANNsches Gesetz.

Das PLANCKsche Gesetz über die Verteilung der Intensität einer Strahlung auf die einzelnen Wellenlängen gibt die Messungen gut wieder. Die Beobachtung vom Anwachsen der Emission mit der 4. Potenz der absoluten Temperatur war schon länger bekannt. Die Gesamtemission des absolut schwarzen Körpers ist

$$e_S = f(T) = \text{konst.}\, T^4. \tag{529}$$

Die Konstante wurde zu $4{,}96 \cdot 10^{-8}$ bestimmt. Üblich ist die Schreibweise

$$\boxed{e_S = C_S \left(\frac{T}{100}\right)^4 = 4{,}96 \left(\frac{T}{100}\right)^4} \tag{530}$$

(S schwarzer Körper.) Der schwarze Körper stellt mit dem höchstmöglichen Emissionsvermögen einen Grenzfall dar. Ein absolut weißer Körper hätte die Konstante $C = 0$.

d) Strahlung grauer Körper.

Grau nennt man einen Körper, bei dem der Zusammenhang zwischen der Intensität und der Wellenlänge im gesamten Bereich ähnlich wie bei dem schwarzen Körper ist, also dem PLANCKschen Verteilungsgesetz gemäß. Seine Strahlung ist aber weniger intensiv und $C < C_S$, also nur ein Bruchteil der schwarzen Strahlung. *Technisch graue Körper*, das sind solche, die sich mit genügender Genauigkeit wie streng graue Körper verhalten, sind zahlreich. Man kann fast alle festen Körper als technisch grau ansehen. In der Form

$$\boxed{C = \varepsilon\, C_S} \tag{531}$$

in kcal/m²h Grad⁴ mit $0 < \varepsilon < 1$ wird diese Eigenschaft der festen Körper als Strahlungsgesetz von KIRCHHOFF (deutscher Physiker, 1824—1887) bezeichnet. Der Faktor ε gibt den *Schwärzegrad* des Körpers an. Der absolut schwarze Körper hat $\varepsilon = 1$, der absolut weiße $\varepsilon = 0$. Der graue Körper absorbiert von der Gesamtstrahlung das εfache, und er reflektiert das $\varrho = 1 - \varepsilon$fache. Es ist $\varepsilon + \varrho = 1$. Je mehr der Körper absorbiert, um so mehr vermag er auch auszustrahlen. Ein absolut weißer Körper strahlt keine Wärme aus. Absolut schwarze und weiße Körper gibt es in der Natur nicht, sie bedeuten abstrakte Grenzfälle.

Die Wärmestrahlung wird beim schwarzen und grauen Körper mit wachsender Temperatur in gleichem Maße heller. Bei der Sonnenstrahlung mit rund 6000° C ist die Hälfte der gesammten Emission im Lichtband und der übrige Teil bei $\lambda > 0{,}8\,\mu$ gelegen. Je mehr Lichtstrahlen vom Körper absorbiert werden, um so dunkler erscheint er dem menschlichen Auge. Zahlentafel 59 zeigt aber, daß auch helle Körper, wie Papier und weißer Ölfarbanstrich, große Teile der Wärmestrahlung absorbieren. Tatsächlich sind diese Körper im gesamten Wellenbereich nur annähernd grau — im Lichtbereich reflektieren sie ungleich stärker als im Wärmebereich.

Zahlentafel 59. *Werte für die Emissionskonstante C in kcal/m²h · Grad⁴ und den Schwärzegrad $\varepsilon = C/C_S$ von grauen Körpern.*

Fläche von	C	ε	Fläche von	C	ε
Metall poliert .	0,2—1,0	0,04—0,20	Dachpappe . .	rund 4,6	rund 0,93
Metall matt . .	1,0—1,2	0,20—0,24	Holz	rund 4,4	rund 0,89
Metalle frisch abgedreht . .	rund 2	rund 0,4	Glas.	4,7	0,95
			Papier	4	0,8
Metall oxydiert.	1,4—4,7	0,28—0,95	Porzellan . . .	4,6.	0,93
Metall lackiert .	4,0—4,5	0,8—0,9	Wolle/Seide . .	3,9	0,79
Kesselheizflächen .	rund 4	rund 0,8	Steinkohle . . .	4	0,8
			Ruß.	4,7	0,95
flüss. Gußeisen .	rund 1,4	rund 0,28	Ziegelsteine . .	4,3	0,93
Wasser/Eis . . .	rund 4,7	rund 0,95	feuerfeste Steine	3,5—4,0	0,7—0,8

Nach HÜTTE, Bd. I, 26. u. 27. Aufl. (meist nach E. SCHMIDT).

Es gibt viele Körper, deren Intensität in gewissen Wellenbereichen so stark von der Verteilung wie beim schwarzen Körper abweicht, daß man sie auch nicht annähernd als grau ansehen kann; man nennt sie *nichtgraue*. Die Gesetze von STEFAN-BOLTZMANN und KIRCHHOFF gelten dann nur mehr für enge Wellenbereiche, genau nur für jede Wellenlänge gesondert mit $e_\lambda/e_{S\lambda} = \varepsilon$ (selektive Strahlung).

e) Ausbreitung der Strahlung.

Von einer punktförmigen Wärmequelle aus breiten sich die Wärmestrahlen konzentrisch aus, wenn die Umgebung diatherman ist. Eine in 1 m von der Quelle aus gedachte Kugelfläche hat die Fläche 4π. Wenn E die Gesamtemission der Quelle in kcal/h ist, so wird jedem m² der Kugelfläche eine Wärmemenge von $E/4\pi$ kcal/m²h zugestrahlt. In der Entfernung r m ist die Anstrahlung je m² und Stunde $E/4\pi r^2$. Die Wärmezufuhr durch Strahlung nimmt je m² mit dem Quadrat der Entfernung der angestrahlten Fläche von der Quelle ab.

Bei den technischen Strahlungsvorgängen handelt es sich meist weniger um punktförmige Wärmequellen als um strahlende Flächen, deren Ausdehnung groß im Verhältnis zu den angestrahlten Flächen ist. Jedes Element dieser Fläche strahlt nach allen Richtungen hin Wärme aus, am stärksten aber senkrecht zur Fläche. Die Summe aller abgestrahlten Wärme je Flächeneinheit und Stunde ist e. Wenn die senkrechte Emission mit e_n bezeichnet wird, so ist die in schräger Richtung im Winkel φ zur Normalen $e_\varphi = e_n \cos\varphi$. Man nennt diese Beziehung das Strahlungsgesetz von LAMBERT (1728—1777). Es gilt streng genommen nur für Körper, deren Oberfläche nach allen Richtungen hin zu strahlen vermag (diffuse Strahlung)[1]. Bei der Lichtstrahlung ist die Erscheinung geläufig. Eine Fläche, etwa eine geweißte Wand, sieht gleich hell aus, ob man in senkrechter oder schräger Richtung blickt.

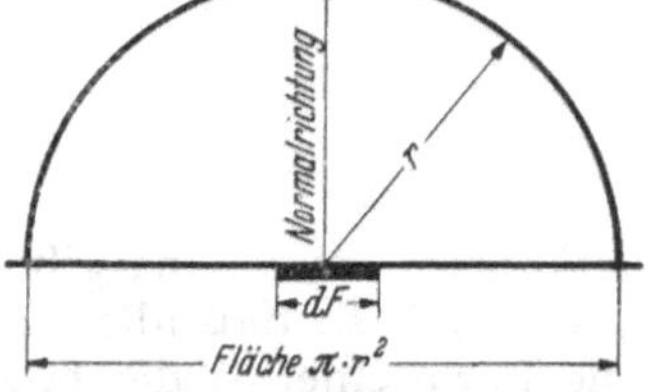

Abb. 218. Halbkugel über einem strahlenden Flächenelement, Gesamtemission durchdringt die Halbkugel, Normalemission nur in Normalrichtung.

Wenn die Ausdehnung der strahlenden Fläche sehr groß wird, so gehen die Kugelflächen um die Quelle in Ebenen parallel zur Fläche über. Die Strahlung je m² und Stunde ist bei unbeschränkt großen Flächen unabhängig von der Entfernung. In Wirklichkeit nimmt die Intensität je nach den räumlichen Verhältnissen mit r^0 bis r^2 ab.

[1] Es gilt nicht für spiegelnde Strahlung wie von polierten Metallflächen. Dort ist die Intensität normal schwächer als schräg.

Das Verhältnis zwischen der senkrechten Emission und der Gesamtemission ergibt sich nach dem LAMBERTschen Gesetz als Anstrahlung der Projektion der Halbkugel über dem strahlenden Flächenelement, siehe Abb. 218. Die Projektion beim Radius 1 ist π. Die Gesamtemission ist mithin $e = e_n \pi$, und die Normalstrahlung nach dem Gesetz von STEFAN-BOLTZMANN ist

$$e_n = \frac{e}{\pi} = \varepsilon \cdot \frac{C_S}{\pi} \cdot \left(\frac{T}{100}\right)^4$$

für den schwarzen und grauen Körper.

f) Wärmestrahlung von einer Fläche an eine Fläche.

Die Wärmeübertragung einer Fläche von F m² mit T_1 Grad auf F m² einer nahen parallelen Fläche mit T_2 Grad ergibt sich zu

$$E_{n12} = \varepsilon_{12} C_S \frac{F}{\pi} \left[\left(\frac{T_1}{100}\right)^4 - \left(\frac{T_2}{100}\right)^4\right]$$

in kcal/h. Ist $T_1 > T_2$, so strahlt die Fläche 1 Wärme ab, ist $T_1 < T_2$, so absorbiert sie Wärme.

Wenn beide Flächen absolut schwarzen Körpern angehören, so ist die Reflexion $\varrho = 0$ und $\varepsilon = 1$. An sich haben beide Flächen das Bestreben Wärme abzustrahlen. Nach dem 2. Hauptsatz geht aber Wärme nicht von selbst von einem kälteren auf einen wärmeren Körper über. Tatsächlich geht die Wärme nach Maßgabe von $T_1^4 - T_2^4$ über, und bei gleichwarmen Körpern geht keine Wärme über. Wenn sich aber graue Körper mit ε_1, ϱ_1 und ε_2, ϱ_2 anstrahlen, so liegen die Verhältnisse wegen der unterschiedlichen Fähigkeit zu Emission und Absorption weniger einfach.

Rechnerisch kann man diese Erscheinung so verfolgen, als ob jeder Körper für sich Wärme abstrahlte. Die Differenz der Wärmemengen ist dann diejenige, die auf den kälteren Körper übergeht. NUSSELT hat nachgewiesen, daß dann die Emissionskonstante

$$C_{12} = \frac{1}{\frac{1}{C_1} + \frac{1}{C_2} - \frac{1}{C_S}} \tag{532}$$

ist[1]. Diese Beziehung gilt dann, wenn beide Flächen über alle Maßen groß sind, so daß alle Strahlen die andere Fläche treffen. (532) hat die Form einer Widerstandsgleichung wie bei der Wärmedurchgangszahl k. Die wirksame Konstante C_{12} ist immer kleiner als C_1 oder C_2. Für den Fall, daß eine Fläche zu einem schwarzen Körper gehört, die andere zu einem grauen, ist die wirksame Konstante C_{12} gleich der des grauen Körpers.

Im anderen Grenzfall handelt es sich nicht um parallele, sondern um derart gekrümmte Flächen, daß die eine die andere umschließt; siehe Abb. 219. Dieser Fall kommt in der Technik ziemlich häufig

---

[1] Mitt. Forscharb. VDI, Heft 63/64 und 264.

vor, wie wenn eine Rohrleitung durch einen Raum geht oder bei einem glühenden Brennstoffbett in einer Feuerung. Die wirksame Konstante ist dann nach NUSSELT

$$C_{12} = \frac{1}{\frac{1}{C_1} + \frac{F_1}{F_2}\left(\frac{1}{C_2} - \frac{1}{C_S}\right)} \quad (533)$$

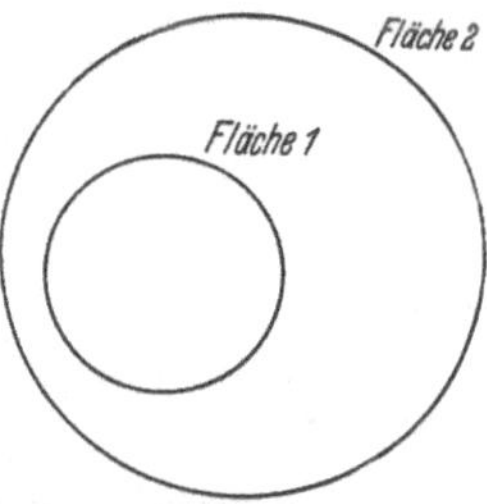

Abb. 219. Fläche 1 ist von Fläche 2 umschlossen.

wiederum mit $C_S = 4{,}96$. Dabei ist $F_1 < F_2$ und $F_1/F_2 < 1$. Für eine punktförmige Strahlungsquelle ist $F_1/F_2 = 0$ und $C_{12} = C_1$. Oft wird $F_1/F_2 \approx 0$ gesetzt werden können, so daß die wirksame Emissionskonstante $C_{12} \approx C_1$ ist. Bei Strahlungsvorgängen im Freien ist $C_{12} = C_1$ zu setzen.

Die wirksame Konstante von zwei kleinen beliebig zueinander liegenden Flächen kann man gleich

$$C_{12} = \frac{C_1 C_2}{C_S}$$

setzen, was aber nur dann genau genug gilt, wenn die Konstanten nicht zu klein sind.

g) Quasi-schwarzer Körper.

Wenn man sich einen hocherhitzten Hohlkörper vorstellt, so ist die Strahlung im Innern von gleicher Wirkung wie beim schwarzen Körper. Bei schwarzen Innenwänden werden alle Strahlen absorbiert. Bestehen die Wände aus grauen oder nichtgrauen Flächen, so tritt zur teilweisen Absorption die Reflexion. Wenn nach außen keine Wärme abgegeben wird, muß jedes Flächenteilchen gleich warm bleiben, weil nach dem 2. Hauptsatz an keiner Stelle die Temperatur von selbst erhöht werden kann. Jedes Flächenteilchen muß ohne Rücksicht auf die verschiedenartigen Reflexionsvorgänge soviel Wärme absorbieren, wie die Emission ausmacht. Insgesamt muß also die Emission aller Flächenelemente aus Gründen des Temperaturgleichgewichtes absorbiert werden. Der Hohlraum verhält sich auch dann wie ein schwarzer Körper, wenn er durch ein mehr oder weniger diathermanes Mittel ausgefüllt ist.

Wenn der Hohlraum nun mit einer kleinen Öffnung mit der Umwelt in Verbindung steht, so absorbiert er praktisch alle Strahlung, die durch die Öffnung einfällt. Ebenso ist er in der Lage, durch diese Öffnung nach außen hin wie ein schwarzer Körper zu strahlen. Was für die Wärmestrahlung gilt, ist auch für die Lichtstrahlung zutreffend. Das Innere einer Hohlkugel, durch eine kleine Öffnung betrachtet, erscheint tiefschwarz. Aus dem gleichen Grunde erscheinen die Zimmer eines Hauses schwarz, wenn man aus einiger Entfernung durch die geöffneten Fenster hineinsieht.

Man macht sich diese Erscheinung zur Bestimmung der Emissionskonstante C_S und für Vergleichszwecke zunutze, so auch beim optischen Pyrometer. Damit alle Strahlen aufgefangen werden, darf die Entfernung des Meßinstruments von der strahlenden Wand nur so groß sein, daß sie noch das gesamte Meßfeld ausfüllt.

h) Die Wärmeübergangszahl bei Strahlung.

Für den Wärmeübergang von oder an eine Wand wurde die Wärmeübergangszahl α in kcal/m²h Grad eingeführt, die in der Gleichung

$$Q_{12} = \alpha F (t_1 - t_2)$$

in kcal/h ihren Ansatz findet. Für den Wärmeübergang durch Strahlung ergibt sich für graue und schwarze Körper die Form

$$\alpha_s = C_{12} \frac{\left(\frac{T_1}{100}\right)^4 - \left(\frac{T_2}{100}\right)^4}{T_1 - T_2} = C_{12} \cdot f(T_1, T_2) \tag{534}$$

für die Gesamtstrahlung.

Zahlentafel 60. *Werte von $f(T_1, T_2)$ für $t(= T - 273$ in $°$ C) in Grad*[3].

t_2	0	200	400	600	800
$t_1 =$ 800	16,5	21,3	28,0	37,3	49,5
1000	26,2	32,2	40,4	51,1	65,0
1200	39,2	46,5	56,3	68,7	84,5
1400	56,0	64,9	76,3	90,8	108,7
2000	134,0	148,7	166,1	187,5	212,3

Man erkennt, daß die Wärmeübergangszahl α_s bei einem Wert $C_{12} = 4$ im Tafelbereich zwischen 66 und 850 liegt, also etwa in derselben Größenordnung wie bei $\alpha_{ü}$ durch Konvektion und Leitung, allerdings stark mit der Temperatur zunehmend. In Verbindung mit dem hohen Temperaturgefälle $t_1 - t_2$ ist die abgestrahlte Wärmeenergie bei hoher Temperatur t_1 außerordentlich groß.

i) Die Strahlung der Gase und Dämpfe.

Zwischen der Strahlung von fast allen festen Körpern sowie im wesentlichen auch von flüssigen Körpern und der Strahlung von gas- und dampfförmigen Körpern besteht ein grundsätzlicher Unterschied. Die festen und flüssigen Körper sind adiatherman und strahlen nur von der Oberfläche aus. Werden solche Körper angestrahlt, so dringen die Strahlen nicht durch die Oberfläche in das Innere ein. Gase und Dämpfe hingegen sind weitgehend diatherman und vermögen nur in dem einen oder anderen schmalen Wellenbereich Strahlen zu absorbieren. Die einfachen Gase wie Luft, Sauerstoff, Stickstoff und Wasserstoff haben so enge Absorptionsbanden, daß sie praktisch als diatherman gelten können. Kohlendioxyd aber ist fähig, in drei breiteren Banden angestrahlte Wärme zu absorbieren, und zwar zwischen rund 2,4 und 3,0 μ, 4,0 und 4,8 μ sowie 12,5 und 16,5 μ. Dämpfe wie Wasserdampf und Teerdämpfe sind ebenfalls zu *selektiver Absorption* fähig, Wasserdampf in den drei Banden von 2,2 bis 3,3 μ, 4,8 bis 8,5 μ und 12 bis 25 μ. Wasserdampf ist bei den hohen Temperaturen gasförmig. Nach dem KIRCHHOFFschen Strahlungsgesetz sind Wasserdampf und Kohlendioxyd gleichermaßen in diesen Wellenbereichen zu *selektiver Emission* befähigt, was von ganz wesentlichem Einfluß bei der Wärmeübertragung von den Verbrennungsgasen an die Heizwände in Feuerungen ist.

Ankommende Wärmestrahlen werden nicht von der Gasoberfläche aufgenommen, sondern dringen geradlinig in das Gasinnere ein, wobei ihre Intensität in den Absorptionsbereichen allmählich abgebaut wird, bis sie verschwindet. Dünne Gasschichten scheinen diatherman und in den Absorptionsstreifen teilweise diatherman zu sein. Von einer gewissen Schichtdicke an ist das Gas in diesen Bereichen adiatherman. Ebenso strahlen alle Gasteilchen in diesen Bereichen Wärme ab. Die von den tiefer in der Schicht befindlichen Teilchen ausgehende Strahlung wird allerdings von den davor befindlichen teilweise absorbiert, weshalb die aus dem Innern kommenden Strahlen in ihrer Intensität schwächer als die von der Oberfläche ausgehenden sind. Gase sind nichtgraue Körper.

In Abb. 220 ist die Intensität einer bestimmten Wellenlänge λ im Absorptionsbereich aufgezeichnet. i_1 ist die Intensität an der Oberfläche des Gases, sie läßt nach dem Innern zu nach. Die Abnahme der Intensität mit dem Wege s ist um so größer, je intensiver die Strahlung ist:

$$\frac{di}{ds} = -ki.$$

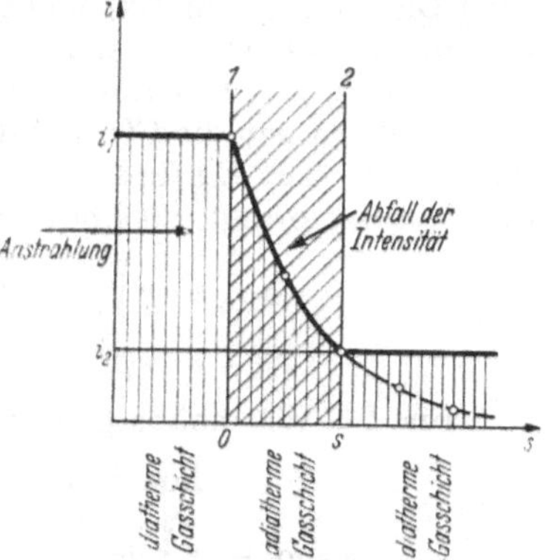

Abb. 220. Abfall der Intensität mit dem Wege s in eine Gasschicht hinein auf einer bestimmten Wellenlänge im Absorptionsbereich.

Die Absorptionskonstante k ist negativ, weil die Intensität mit dem Vordringen des Strahls abnimmt. Sie ist im allgemeinen für jede Wellenlänge verschieden groß. Nach s m hat die Intensität auf

$$i_2 = i_1 e^{-ks}$$

abgenommen. Man sieht, i_2 kann verschwinden, wenn $s = \infty$ wird, also die Gasschicht sehr dick ist, oder wenn $k = \infty$ wird, d. h. wenn die Körper adiatherm sind. Bei diathermanen Körpern ist $k = 0$ und $i =$ konst. Im Absorptionsbereich wird die Wärme teils absorbiert, teils durchgelassen. Bis zur Schicht 2 wird $i_1 - i_2$ absorbiert, der Anteil ist

$$\varepsilon = \frac{i_1 - i_2}{i_1} = 1 - \frac{i_2}{i_1} = 1 - e^{-ks}.$$

Der übrige Teil entspricht dem reflektierten Teil ϱ bei festen Körpern und wird durchgelassen. Mit der Schichtdicke s geht der Schwärzegrad ε gegen 1. Absorption und Emission hängen von der Dicke der Gasschicht ab.

Bei technischen Problemen handelt es sich weniger um die Aufwärmung von Gasen als um die Strahlung von Gasen, insbesondere Verbrennungsgasen an die Heizflächen von Feuerungen. Die graue Gasstrahlung eines Streifens zwischen λ_a und λ_b der Oberfläche ist

$$e_{ab} = \varepsilon_{12} \int_a^b i\, d\lambda$$

mit ε_{12} wegen der Strahlung aus der Tiefe der Gasschicht, wobei die Anzahl der versammelten Moleküle, also die Konzentration oder der

Teildruck des Gases von Einfluß ist. Als Mittelwerte kann man[1] heute auf Grund der experimentellen Forschung angeben (Kohlendioxyd CO_2, Wasserdampf H_2O)

$$e_{CO_2} = 3{,}5\,\varepsilon\,\sqrt[3]{ps}\left[\left(\frac{T_G}{100}\right)^{3,5} - \left(\frac{T_W}{100}\right)^{3,5}\right] \tag{535}$$

und

$$e_{H_2O} = 35\,\varepsilon\,p^{0,8}\,s^{0,6}\left[\left(\frac{T_G}{100}\right)^{3} - \left(\frac{T_W}{100}\right)^{3}\right] \tag{536}$$

in kcal/m²h. Darin ist T_G die Gastemperatur und T_W die der angestrahlten Wand, p ist der Teildruck in at abs. und s die Schichtdicke in m. Die Emission e ist die je m² und Stunde durch Strahlung übertragene Wärmemenge Q. (Wenn $T_G < T_W$ ist, nimmt das Gas Wärme auf.) Die niedrigeren Exponenten als 4 sind durch die Eigenabsorption begründet. Bei CO_2 ist der Einfluß der Temperatur und des Teildruckes größer[2] (bei $p < 1$ at abs.) als bei H_2O-Dampf. Bei geringen Schichtdicken überwiegt die CO_2-Strahlung, bei größeren die H_2O-Strahlung. Wenn man den Einfluß der Temperatur in einer Reihe $a + bt + ct^2$ zur Geltung bringt, so findet man mit guter Annäherung

$$e_{CO_2} = \varepsilon\,\sqrt[3]{ps}\,(6180 - 30{,}25\,t + 0{,}0513\,t^2) \tag{537}$$

und

$$e_{H_2O} = \varepsilon\,p^{0,8}\,s^{0,6}\,(11320 - 46{,}5\,t + 0{,}107\,t^2), \tag{538}$$

und für die Wärmeübergangszahl α_s durch Strahlung aus

$$\alpha_s = \text{konst.}\,[b + c(t_G + t_W)] \text{ in kcal/m}^2\text{h Grad}$$

$$\alpha_{s\,CO_2} = \varepsilon\,\sqrt[3]{ps}\,[0{,}0513(t_G + t_W) - 30{,}25], \tag{539}$$

$$\alpha_{s\,H_2O} = \varepsilon\,p^{0,8}\,s^{0,6}\,[0{,}107(t_G + t_W) - 46{,}5], \tag{540}$$

und für die durch Strahlung übergehende Wärmemenge

$$Q = \alpha_s(t_G - t_W) \text{ in kcal/m}^2\text{h}. \tag{541}$$

Im allgemeinen Falle, wo Wärme durch Strahlung und Konvektion übergeht, addieren sich die Wärmemengen. Sauerstoff und Stickstoff haben keine Eigenstrahlung und können Wärme nur durch Konvektion aufnehmen, Kohlenoxyd hat nur sehr geringe Eigenstrahlung. Die Kohlenwasserstoffe wiederum haben Eigenstrahlung, und zwar um so beträchtlicher, je hochatomiger sie sind. Bei Gemischen aus CO_2 und H_2O ist die Strahlung etwas geringer als die Summe der Einzelstrahlungen (um 2 bis 5 vH, zunehmend mit Teildruck und Schichtdicke).

[1] A. Schack, Der Wärmeübergang in Rohren und an Rohrbündel, Arch. f. Wärmewirtsch. Bd. 21 (1940) S. 33. — Ders., Die Strahlung der Feuergase. Ebenda Bd. 21 (1940) S. 157. — Siehe ferner C. H. Landfermann. Über ein Verfahren zur Bestimmung der Gesamtstrahlung von CO_2 und H_2O in technischen Feuerungen. Herausgegeben v. Gasinst. Karlsruhe 1949. Dieser Verf. hält die Absorptionsstreifen auch bei großer Dicke nur für teilweise undurchlässig. Damit wäre schon nach einer gewissen Schichtdicke das Maximum an Intensität erreicht.

[2] Zu beachten ist aber

$$\sqrt[3]{p} > p^{0,8} \quad \text{bei} \quad p < 1 \quad \text{und} \quad \sqrt[3]{p} < p^{0,8} \quad \text{bei} \quad p > 1 \text{ at abs.}$$

Die Teildrücke der Feuergase sind in der Regel < 1 at abs.

Wasserdampfreiche Verbrennungsgase in Kohlenfeuerungen z. B. strahlen stärker als Gase in Koksfeuerungen.

Beispiel 1. Ein Hohlraum (ein Glühofen) befindet sich auf 900° C, Außentemperatur 30° C. Welche Wärme wird durch Strahlung abgegeben, wenn die $^1/_4$ m² große Beschickungstür offensteht?

$$Q = 4{,}96\,\frac{1}{4}\,(11{,}73^4 - 3{,}03^4) = 23300 \text{ kcal/h}.$$

Beispiel 2. In einem Raum von 5 × 5 × 4 m, dessen Wände mit glatten Fliesen belegt sind (20° C), befindet sich ein Ofen aus Gußeisen von 1 m² Oberfläche, deren Temperatur 600° C beträgt. Welche Wärmemenge wird bei gleichbleibender Temperatur abgestrahlt? (Wände $C = 2{,}4$, Gußeisen $C = 4$.) Wie groß wäre die Wärmemenge, wenn die Oberfläche des Ofens mit poliertem Kupferblech ($C = 0{,}3$) verkleidet wäre? (Ofen 1, Wände 2.)

(533) $$C_{12} = \frac{1}{\frac{1}{4} + \frac{1}{130}\left(\frac{1}{2{,}4} - \frac{1}{4{,}96}\right)} = \text{rund } 4;$$

$$Q_{12} = 4 \cdot 1 \cdot (8{,}73^4 - 2{,}93^4) = 22900 \text{ kcal/h}.$$

Die Wärmeübergangszahl α_s der Ofenfläche ist 22900/580 = 39,5 kcal/m²h · Grad. Bei Kupferverkleidung ist $Q = 0{,}3 \cdot 22900/4 = 1720$ kcal/h.

Beispiel 3. Wie groß ist die Wärmeübergangszahl durch Strahlung α_s eines 0,5 m dicken und 1500° C heißen Luft-Kohlendioxydstromes ($p = 0{,}2$ at abs. Teildruck des CO_2) an eine 900° C warme Steinwand? Wie groß ist α_s für Wasserdampf unter denselben Umständen? Wand $\varepsilon = 0{,}75$. Welche Wärmemengen werden übertragen?

(539) $$\alpha_{s\,CO_2} = 0{,}75 \cdot \sqrt[3]{0{,}2 \cdot 0{,}5} \cdot [0{,}0513\,(1500 + 900) - 30{,}25] = 32{,}4;$$

(540) $$\alpha_{s\,H_2O} = 0{,}75 \cdot 0{,}2^{0{,}8} \cdot 0{,}5^{0{,}6} \cdot [0{,}107\,(1500 + 900) - 46{,}5] = 28{,}7;$$

$$Q_{CO_2} = 32{,}4 \cdot 600 = 19450 \text{ kcal/m}^2\text{h}; \quad Q_{H_2O} = 28{,}7 \cdot 600 = 17200.$$

XVIII. Verbrennung.

86. Verbrennungsvorgang.

a) Allgemeines.

Einen Stoff zu verbrennen heißt seine *brennbaren Teile* eine chemische Verbindung mit *Sauerstoff* (Oxydation) eingehen zu lassen. Unter *Verbrennung* im Rahmen dieser Betrachtungen ist der chemisch-physikalische Vorgang zu verstehen, der sich bei der stürmischen Umsetzung von *chemischer Energie* unter kräftiger *Wärmeentwicklung* und unter *Lichterscheinung* vollzieht.

Die in der Technik gebräuchlichen festen, flüssigen und gasförmigen *Brennstoffe* sind von recht unterschiedlicher Beschaffenheit. Schon in *physikalischer* Hinsicht hat man zu unterscheiden, z. B. in erdige oder harte, grobstückige, feinkörnige oder staubartige, dünn- oder zähflüssige oder gasförmige Brennstoffe. Daneben gibt es noch eine ganze Anzahl von anderen Eigenheiten, die gerade beim Verbrennungsvorgang von maßgeblicher Bedeutung sind, wie Zündwilligkeit, Brenngeschwindigkeit u. a. Der *chemische* Aufbau der Brennstoffe ist außerordentlich vielfältig. Als brennbare Elemente trifft man aber in den technischen Brennstoffen nur *Kohlenstoff* und *Wasserstoff*, in geringem

Umfang noch Schwefel an. Außerdem findet man Sauerstoff und Stickstoff. Kohlenstoff ist das Grundelement aller technischen Brennstoffe, mit anteilig etwa 50 bis 92 Gew.-%. Den größeren Einfluß auf die Verbrennung übt Wasserstoff aus, Anteil bei festen Stoffen bis etwa 6 vH und bei flüssigen bis 13 vH. Schwefel und Stickstoff sind Begleiter mit Anteilen bis etwa 1,5 vH (und mehr). Schwefel ist wegen der Bildung von aggressivem Schwefeldioxyd recht unerwünscht; Stickstoff ist Ballast. Der Rest ist Sauerstoff, der zwar nicht verbrennlich ist, aber die Verbrennung unterstützt. Die Anteile bei gasförmigen Brennstoffen schwanken in weiten Grenzen.

Die fünf Elemente sind auf die verschiedenste Art miteinander verbunden. Vorherrschend sind energievolle Verbindungen zwischen Kohlenstoff und Wasserstoff (Kohlenwasserstoffe, bei Zusammenschluß vieler Atome zu einem Molekül schwere KWSt genannt). Dann folgen weniger energiegeladene, meist feste Verbindungen zwischen Kohlenstoff, Wasserstoff und Sauerstoff. Als weitere Bestandteile kann den Brennstoffen noch Wasser (Feuchtigkeit) und Asche zugemischt sein.

Die Herkunft des bei der Verbrennung reagierenden Sauerstoffs ist gleichgültig. Er kann ganz oder teilweise aus dem Brennstoff selbst oder aus der Atmosphäre stammen, wobei die Umsetzung in Luft oder in reinem Sauerstoff vorgenommen werden kann.

Neben der Asche werden stets *gasförmige Verbrennungsprodukte* gebildet. Wird der Prozeß so geführt, daß alle brennbaren Teilchen mit genügend viel Sauerstoff in Berührung kommen und oxydieren, so spricht man von *vollkommener Verbrennung*. Die Verbrennungsgase aller Stoffe enthalten dann lediglich Kohlensäure (CO_2, Kohlendioxyd), Wasserdampf (H_2O), Schweflige Säure (SO_2, Schwefeldioxyd), Stickstoff (N_2) und Sauerstoff (O_2). Steht dabei gerade die mindestens erforderliche Sauerstoff- oder Luftmenge bereit, so spricht man von *theoretischer Verbrennung*. Unter der *Luftüberschußzahl* λ versteht man das Verhältnis der tatsächlich angewandten zur Mindestmenge. Bei theoretischer Verbrennung ist $\lambda = 1$. Aus wirtschaftlichen Gründen muß die Verbrennung so vollkommen wie möglich sein, also der Brennstoff möglichst gut ausbrennen. Den Überschuß an Verbrennungsluft mit ihrem Stickstoffballast, deren gleichmäßige Zumischung und Verteilung praktisch schwierig ist, hat man dabei an der unteren Grenze zu halten.

Bei Mangel an Sauerstoff, ob durch ungenügende Zufuhr oder Verteilung der Verbrennungsluft, kommt es zu *unvollkommener Verbrennung*. Im Verbrennungsgas findet man dann neben CO_2, H_2O, SO_2 und N_2 noch gasförmige Brennstoffreste, außerdem nicht zur Reaktion gekommenen Sauerstoff. Auch im festen, teigigen und flüssigen Rückstand (Asche, Schlacke) kann sich noch brennbare Substanz, im wesentlichen Kohlenstoff, befinden. Führt man den unvollkommen verbrannten Stoffen weiteren Sauerstoff zu, so läßt sich die Verbrennung wieder aufnehmen und bis zum Ausbrand fortsetzen.

Die *elementare Zusammensetzung* der Brennstoffe ist weitgehend bekannt. Frage ist, welche Veränderung die Verbrennung an den Stoffen hervorruft. Über den chemischen Aufbau und die einzelnen Vorgänge bei der Umwandlung sowie über die Mechanik der Verbrennung fehlt es noch an Klarheit. Es reicht jedoch für technische Berechnungen im allgemeinen aus, den Zustand vor und nach der Verbrennung miteinander zu vergleichen.

b) Verbrennungsreife.

Während der Verbrennung wirken die Stoffe gasförmig aufeinander ein. Bei festen oder flüssigen Brennstoffen müssen die brennbaren Substanzen vorher losgelöst und verdampft werden. Kohlenstoff in freier Form allerdings wird bis zu den bei der Verbrennung auftretenden Temperaturen nicht vergast, sondern (gegen Ende des Vorganges) unmittelbar aus dem festen Zustand heraus zu CO (Kohlenoxyd) und danach zu CO_2 verbrannt[1].

Nachdem brennbare Teile verflüchtigt sind, wird der Brennstoff verbrennungsreif. Gasförmige Brennstoffe haben bereits Verbrennungsreife. Die stärksten Umwandlungen müssen feste Brennstoffe durchmachen. Sie bestehen aus *Flüchtigen*, darunter auch die verschiedensten Kohlenwasserstoffverbindungen, aus *festem Kohlenstoff und Asche.*

Die Verbrennung geht an der *Oberfläche* der festen und flüssigen Brennstoffe (ebenso wie an den Begrenzungsschichten von Brenngasen) vor sich, durch die Sauerstoff eindringt. Die Entwicklung zur Verbrennungsreife ist ein Teil des Verbrennungsvorganges. Die Oxydation verläuft über die Bildung zahlreicher unbeständiger Zwischenprodukte (Peroxyde, Aldehyde), wobei die Umsetzungsgeschwindigkeit von der Temperatur abhängt. Solange diese niedrig ist, vollzieht sich die Umsetzung nur langsam. Von gewissen Temperaturen an wird der Sauerstoffangriff aber von einer stürmischen *thermischen Zersetzung* des Brennstoffes begleitet, die sich im Austreiben der Flüchtigen und deren Zerfall in einfache chemische Stoffe äußert.

Die Aufspaltung durch Erwärmung beginnt bei den hochmolekularen Bestandteilen. Kettenförmig aufgebaute KWSt (aliphatische Reihen) zerfallen leichter als ringförmige (aromatische), ungesättigte leichter als mit Wasserstoff gesättigte, unregelmäßig aufgebaute leichter als regelmäßig aufgebaute. Die Grundstoffe der Reihen wie CH_4 (Methan) und C_6H_6 (Benzol) widerstehen dem Zerfall am längsten. Sauerstoffhaltige Verbindungen wiederum zerfallen um so leichter, je mehr Sauerstoff gebunden ist. Die untersten Abbaustufen bei immer weiter steigender Temperatur sind C, CO und H_2, mit deren Umsetzung die Verbrennung abschließt. Steinkohle z. B. enthält je nach ihrem geologischen Alter zwischen 8 und 45 % Flüchtige; sie zersetzt sich von etwa 200° C an und gibt von knapp 300° C an ölartige Stoffe ab, bis am Ende die ausgegarte Kohle nur noch aus festem C besteht, Koks genannt. Die schweren KWSt werden zuerst flüchtig (Teer). Bei starkem Luftmangel oder bei Unterbrechung der Verbrennung durch Abkühlung enthalten die Abgase unzersetzte Teernebel, die sich als gelbe bis braune Dämpfe zeigen. Schwarzer Rauch deutet auf unverbrannten C hin (Ruß). Die Flüchtigen verbrennen in der Atmosphäre mit *Flamme*, deren Leuchten durch glühende und verbrennende Kohlenstoffteilchen hervorgerufen wird, die aus dem Koks oder durch Zerfall aus den KWSt stammen. Feste Brennstoffe ohne flüchtige Bestandteile, wie Holzkohle, *glühen* nur und verbrennen ohne Flamme.

Bei flüssigen Brennstoffen beginnt die Verdampfung im allgemeinen schon bei Temperaturen unter 100° C, *Flammpunkt*[2], siehe Zahlentafel XIII. Die thermische Zersetzung dieser Dämpfe beginnt erst bei höheren Temperaturen.

---

[1] Bei Drücken unter 100 at abs. verdampft Kohlenstoff unmittelbar aus dem festen Zustand heraus bei Temperaturen von 3500 bis 4000° K, abhängig vom Druck. Er sublimiert bei 0,1 at. abs. bei 3500° K und bei 100 at abs. bei 4000° K. Bei Drücken über 100 at abs. und mehr als 4000° K verdampft Kohlenstoff über einen flüssigen Zwischenzustand. Siehe über das Zustandsbild des Kohlenstoffs Arch. f. Wärmewirtsch. Bd. 23 (1942) S. 133.

[2] Temperatur, bei der sich zuerst über dem Flüssigkeitsspiegel brennbare Gase entwickeln, die bei Fremdzündung aufflammen, aber nicht von selbst weiterbrennen. Brennpunkt 20 bis 60° über Flammpunkt, Gase brennen nach Fremdzündung weiter.

c) Zündung.

Die Oberflächenreaktion steigert sich allmählich mit der Temperatur, vorausgesetzt, daß immer frischer Sauerstoff hinzutreten kann. Durch die thermische Zersetzung lockert und wandelt sich das Brennstoffgefüge, die entstehenden Gase und Dämpfe werden von Luft durchsetzt. Von der *Zündtemperatur* an wird die Reaktion sprunghaft äußerst intensiv. Diese Temperatur richtet sich nach der Art des Stoffes, den örtlichen Verhältnissen, nach Konzentration, Druck, Sauerstoffgehalt der Umgebung, Feuchtigkeit und katalytischen Einwirkungen; siehe Zahlentafel XIII. Hervorzuheben sind die Zündtemperaturen der Spaltungsendstoffe C um 730° C, H_2 um 530° C und CO um 610° C. Die Zündung von H_2 unterliegt stark katalytischen Einflüssen, bei deren Ausschaltung H_2 erst bei 845° C zündet. *Die Anwesenheit von H_2 oder H_2O-Dampf ist überhaupt für Zündung und Verbrennung von CO und festem C unerläßlich.* Allgemein zündet ein Brennstoff um so früher und läßt sich um so inniger Luft zumischen, je leichter er aufgespaltet werden kann.

Der Brennstoff muß zuerst auf Zündtemperatur gebracht werden, sei es allmählich durch Wärmeentwicklung von innen heraus (*Selbstzündung*) oder durch

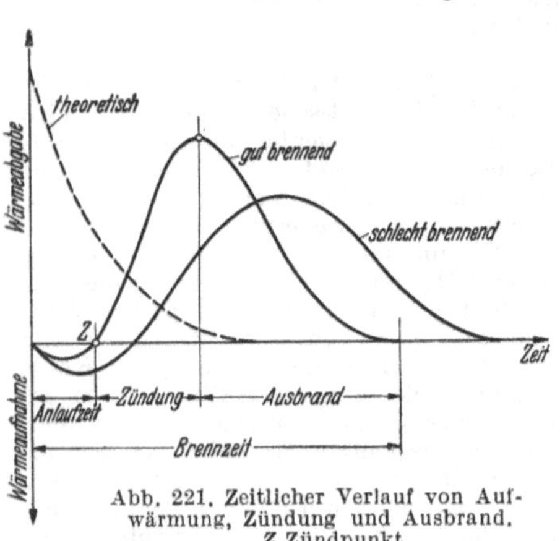

Abb. 221. Zeitlicher Verlauf von Aufwärmung, Zündung und Ausbrand. Z Zündpunkt.

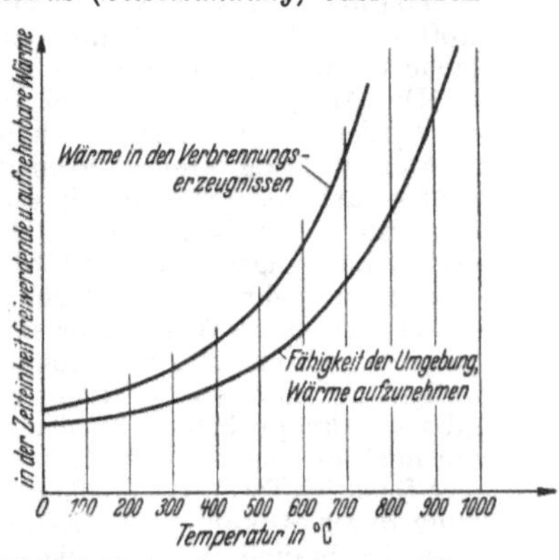

Abb. 222. Freiwerdende und von der Umgebung aufnehmbare Wärme über der entwickelten Temperatur bei Selbstzündung.

Wärmezufuhr von außen (*Fremdzündung*). Vielfach genügt, wenn nur ein geringer Teil des Brennstoffes zersetzt und flüchtig ist, dessen Verbrennung die weitere Verflüchtigung und Zündung des übrigen Brennstoffs nach sich zieht (*Initialzündung*).

Bringt man den Brennstoff mit einem Körper von mehr als Zündtemperatur in Berührung, so zündet er erst nach Aufwärmung, Verdampfung des Wassers und Überführung in Verbrennungsreife, siehe Abb. 221[1].

Das Wärmeaufnahmevermögen der Umgebung in der Zeiteinheit muß bei Selbstzündung geringer sein, als der durch allmähliche Oxydation freiwerdenden Wärme entspricht, z. B. in einer Kohlenhalde. Die Folge ist Temperaturanstieg, bis

[1] Nach P. Rosin, R. Fehling und H. G. Kayser, Die Zündung fester Brennstoffe auf dem Rost. Arch f. Wärmewirtsch. Bd. 12 (1931) S. 97. — W. Gumz, Die Verbrennung im Lichte von Chemie und Physik. Feuerungstechn. Bd. 26 (1938) S. 337.

bei etwa 300 bis 400° C Selbstzündung eintritt, Abb. 222. In einer Kohlenfeuerung hingegen würde die freiwerdende Wärme kontinuierlich abfließen, Zustand *A* in Abb. 223. Bei Fremdzündung wird Wärme zugeführt, bis die Zündung erfolgt (Zustand *B*, wobei der Schnittpunkt der Kurven nicht mit dem Zündpunkt zusammenfallen muß). Bei der Verbrennung überwiegt die freiwerdende Wärme, bis im Zustand *C* Gleichgewicht herrscht. Wenn aber die Wärmeaufnahmefähigkeit der Umgebung so gering ist, daß Punkt *C* über 1500° C liegt, so zerfallen die Oxyde CO_2 und H_2O zunehmend wieder unter Wärmebindung (Dissoziation), wodurch sich der Gleichgewichtszustand bei *D* einstellt[1]. Bei adiabatischer Verbrennung ist die Wärmeaufnahmefähigkeit der Umgebung Null; die zugehörige Kurve fällt mit der Abszisse zusammen[2]. Im Falle von *theoretischer adiabatischer Verbrennung* (ohne Wärmeabgabe nach außen) geht die Temperatur auf einen Höchstwert (*theoretische Verbrennungstemperatur*).

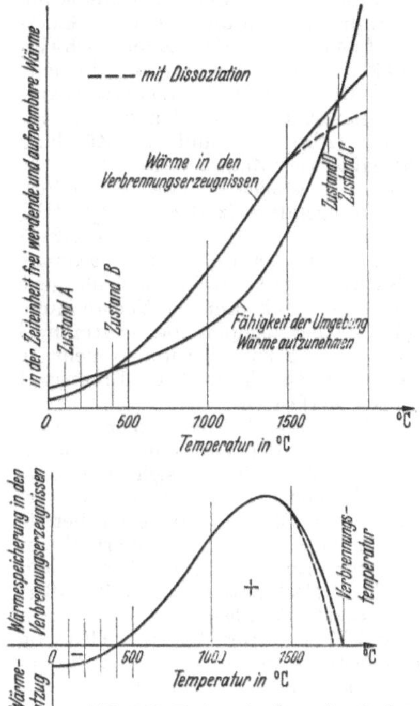

Abb. 223. Freiwerdende und aufnehmbare Wärme bei Fremdzündung.

d) Zündgeschwindigkeit.

Die Wärmeabgabekurve verläuft tatsächlich nicht stetig, sie hat Haltepunkte und Ausbiegungen im Bereiche der Wasserverdampfung, Brennstoffzersetzung und, wie bei Kohlen, des Schmelzens und Flüchtigwerdens des Bitumens. Auf die Wärmeübertragung durch Konvek-

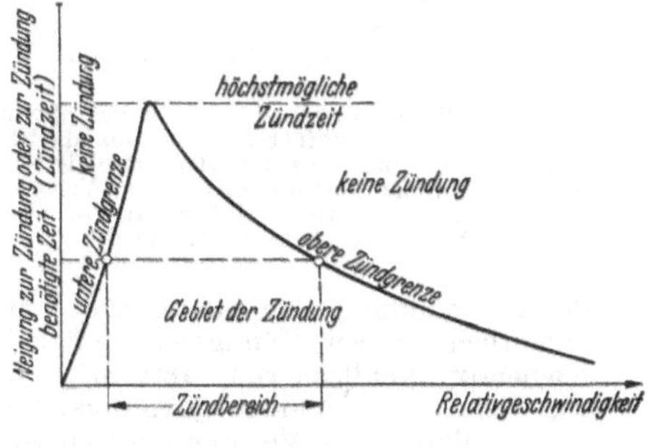

Abb. 224. Selbstzündbereich von Schwelkoks. Zündzeit abhängig von Vorwärmung des Kokses.

tion nehmen Impulse Einfluß, die vom Aufspalten des Brennstoffes, Verdampfung, Ausdehnung und Auftrieb herrühren. Die Diffusionsneigung der Gas- und Luftsträhnen wächst mit der Temperatur. Naturgemäß dürfen die Verbrennungsgase nicht zu schnell abströmen, sonst wird Wärme übermäßig fortgeführt und reißt die Zündung ab. Aber auch bei zu geringer Relativgeschwindigkeit und damit zu geringer Zufuhr frischen Sauerstoffs erlahmt die Zündung. Nach Abb. 224 ist der Zündber ich um so enger, je langsamer sich die Zündung fortzusetzen vermag. Außerhalb der ***Zündgrenzen*** wird kalt geblasen oder zu wenig angefacht.

[1] Wärmebeständig von den Kohlenstoffverbindungen ist nur Kohlenoxyd.
[2] Siehe Abschnitt 92a.

Verflüchtigte Brennstoffteile oder Brenngase vermischen sich mit der Verbrennungsluft an den Berührungsflächen der Strähnen und verbrennen dort. Die Zündgeschwindigkeit richtet sich nach dem Mischungsverhältnis. Wie Abb. 225 zeigt, kommt es nur in gewissen Mischungsbereichen zur Zündung (über deren Grenzen siehe Zahlentafel XIV). Die Zündgeschwindigkeit wächst mit dem Energiegehalt und fällt mit spezifischer Wärme und Gewicht des Gases. Höherer Druck wirkt antreibend. CO hat die höchste Geschwindigkeit in feuchtem Gas mit etwa 6 bis 12 vH Wasserdampf. Die Anwesenheit von CO_2 wirkt bremsend. Vermindert man die Gas- oder Sauerstoffmenge, so wird die Zündgeschwindigkeit immer kleiner, bis die entwickelte Wärme unter das Wärmeaufnahmevermögen der Umgebung absinkt (Abb. 223) und die Zündung abreißt. Der Zündbereich ist um so enger, je größer der Bedarf an Verbrennungsluft ist (z. B. $^1/_2$ m³ O_2/m³ H_2, CO desgl., 2 m³ O_2/m³ CH_4, fast 6,2 m³ O_2/m³ C_6H_6-Dampf). Die maximale Geschwindigkeit stellt sich übrigens nicht bei vollkommener Verbrennung ($\lambda = 1$) ein, sondern bei Luftmangel ($\lambda < 1$), und zwar bei um so mehr, je widerstandsfähiger der Brennstoff gegen Zerfall ist.

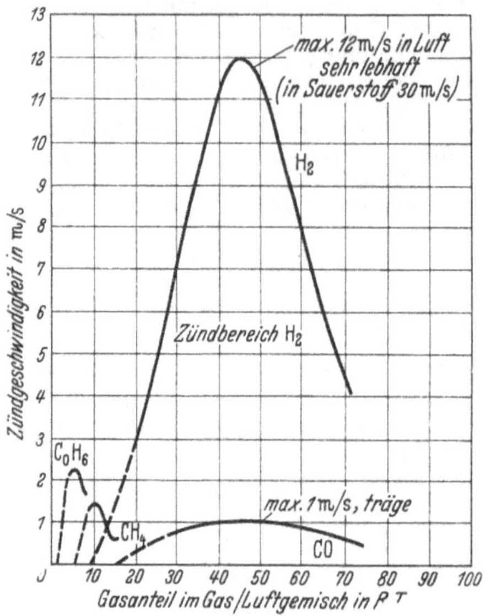

Abb. 225. Höchstwerte für die Zündgeschwindigkeit von Wasserstoff (H_2), Kohlenoxyd (CO), Methan (CH_4) und Benzol (C_6H_6) abhängig vom Gasanteil im Brennstoffgemisch (bei Verbrennung in Luft, 1 at abs.). Untere Grenze Luftüberschuß, obere Luftmangel[1].

Explosion. Bei der bisher besprochenen Art der Verbrennung (Deflagration) handelt es sich um eine Oberflächenreaktion. Wenn das verbrennungsreife Gas dagegen bereits fein gemischt mit Luft innerhalb der Zündgrenzen vorliegt (Knallgas), dann löst die Zündung eine molekulare *Volumenreaktion* (Detonation) aus mit außerordentlich großen Zündgeschwindigkeiten (Wasserstoffknallgas rund 2800 m/s, Kohlenoxydknallgas rund 1800 m/s). Druck und Temperatur steigen wellenartig an, wodurch die Zündgeschwindigkeit derartig heraufgetrieben wird, daß schlagartig vollkommene Verbrennung einsetzt, auch bei punktförmiger Zündung. Es bildet sich eine sehr schnell aufschießende Stichflamme (Verpuffung) aus und in geschlossenen Räumen (v = konst.) eine starke Druckerhöhung. In den Zylindern der Verbrennungskraftmaschinen befindet sich das Brenngas-Luft-Gemisch in mehr oder weniger vollkommen gemischtem Zustand. Bei der Durchzündung wird die Wärme teilweise durch Leitung, teilweise durch Konvektion (Diffusion der Gas- und Luftsträhnen) übertragen, wobei sich Zündgeschwindigkeiten bis etwa 25 m/s einstellen.

87. Brennstoffe.

a) Allgemeines.

Die festen Brennstoffe sind aus pflanzlichen, Erdöl wahrscheinlich aus tierischen Lebewesen entstanden. Ihre Energie hält man für aufgespeicherte Sonnenwärme. Es ist üblich, die Brennstoffe in *natürliche*

[1] Nach Hütte, Des Ingenieurs Taschenbuch, Abschnitt Wärme, 26. Aufl., Bd. I, S. 563 — siehe auch H. Jentsch, Flüssige Brennstoffe, VDI-Bücher Nr. 4 (1926).

und *künstliche*, d. h. meist durch Umwandlung natürlicher Brennstoffe entstandene, einzuteilen. Den weitaus größten Teil stellen die natürlichen festen Brennstoffe. Mit Abstand folgen die künstlichen festen, flüssigen und gasförmigen Brennstoffe wie Koks, Benzin und Leuchtgas, während die natürlichen flüssigen und gasförmigen Brennstoffe wie Erdöl und Erdgas im Gesamten nur von untergeordneter Bedeutung sind. Der deutsche Brennstoffverbrauch war vor 1939 auf den Energiegehalt (Heizwert) bezogen:

feste natürliche Brennstoffe	Steinkohle	rund 45 vH
	Braunkohle	17
	Holz und Torf	5
künstliche Brennstoffe	Hochtemperaturkoks	20
	Schwelkoks	1
	gasförmige Brennstoffe	7
	flüssige Brennstoffe	5

Für die Berechnungen genügt es, bei festen und flüssigen Brennstoffen die *Elementaranalyse*

$$c + h + o + n + s + w + a = 1 \tag{542}$$

in kg/kg zu kennen, worin mit c der Kohlenstoffgehalt, h der Gehalt an Wasserstoff, o der an Sauerstoff, n der an Stickstoff, s der an Schwefel, w der an Wasser (Feuchte) und a der an Asche bezeichnet wird, während man bei gasförmigen Brennstoffen vorteilhafter nach RT rechnet, die man durch einfache Methoden der *Gasanalyse* ermitteln kann, z. B.

$$CO + CH_4 + H_2 + CO_2 + N_2 + \cdots = 1 \tag{543}$$

in m^3/m^3.

b) Feste Brennstoffe.

Natürliche feste Brennstoffe sind *Holz* und *Kohle* mit mannigfaltigen Übergängen. Aus Bäumen und Resten anderer Pflanzen entstanden allmählich durch Inkohlungs- und Bituminierungsvorgänge in feuchter Umgebung unter Einwirkung von Sauerstoff, Bakterien, Druck und Temperatur die (fossilen) Brennstoffe. Dem Alter nach sind das Anthrazite, Steinkohlen, Braunkohlen, Lignite und Torfe. Anfang und Ende dieser Reihe begrenzen reiner Kohlenstoff (Graphit, Diamant) und Holz.

Die Brennstoffe sind regellos mehr oder weniger mit mineralischen Einlagerungen (anorganische Stoffe der Pflanzen) durchsetzt. Bei der Gewinnung fallen außerdem Gebirgstrümmer zu. Diese Beimischungen sind unbrennbar und heißen *Asche.* Auf den Verbrennungsvorgang wirken sie katalytisch ein. Sie schmelzen je nach Art zwischen 1100 und 1600° C (meist 1200 und 1500° C) und verhalten sich leicht- bis zähflüssig. Siehe hierzu Anmerkung S. 418.

Je nach den Verhältnissen am Gewinnungsort und bei der Lagerung ist der Brennstoff feucht. Zu unterscheiden sind *Gesamtfeuchtigkeit* (Grubenfeuchtigkeit), *grobe Feuchtigkeit* (das ist der Teil, der bei natürlicher Trocknung abgegeben wird, lufttrockener Zustand) und *hygroskopische Feuchtigkeit.* Zum Vergleich pflegt man die wasser- und aschefreie Substanz (also ohne die regellosen Beimischungen von Wasser und Asche) heranzuziehen (*Reinbrennstoffe*).

Aus Abb. 226 ist der elementare Gehalt der natürlichen festen Brennstoffe an Kohlenstoff, Wasserstoff und Sauerstoff im Reinbrennstoff ersichtlich. Stickstoff und Schwefel sind als wenig beteiligt vernachlässigt; eine genauere Übersicht geben Zahlentafel XV und Abb. 228. Holz besteht zur Hälfte aus Kohlenstoff, Graphit vollständig. Der C-Gehalt ist geradezu ein Maß für das geologische Alter.

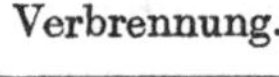

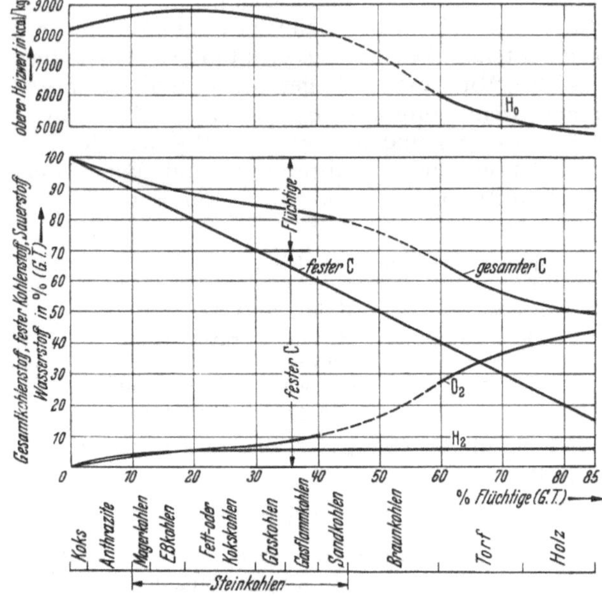

Abb. 226. Natürliche feste Brennstoffe (über dem Gehalt an Flüchtigen bzw. dem an festem Kohlenstoff).

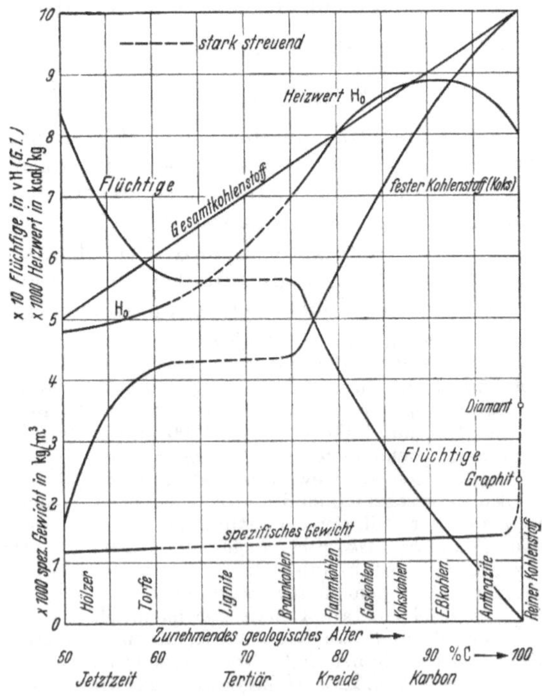

Abb. 227. Natürliche feste Brennstoffe (über Gesamtkohlenstoff).

Je älter die Brennstoffe sind, um so größer ist ihr Energiegehalt, Menge an festem C, Härte, Glanz und Dichte, siehe Abb. 227. Nicht allerdings Graphit als reiner Kohlenstoff hat den größten Heizwert, sondern die ältesten Steinkohlen mit KWSt großer Bildungswärmen.

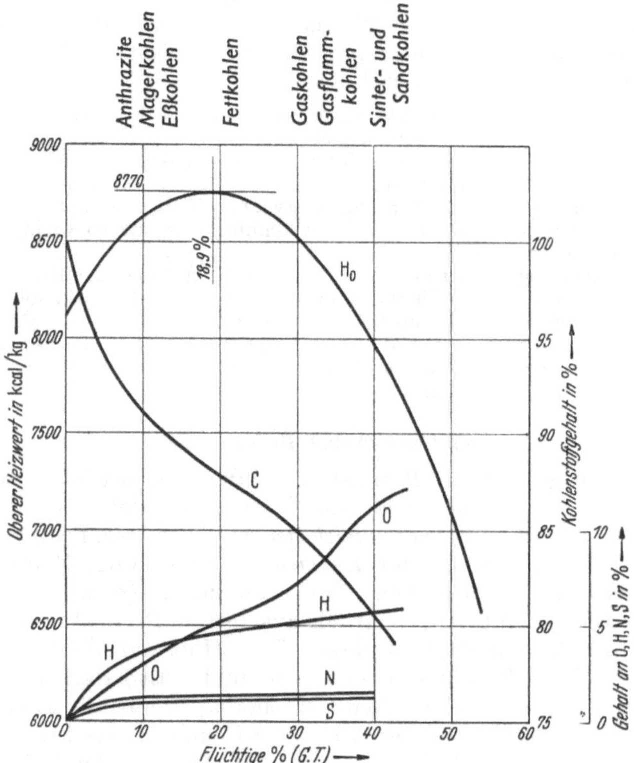

Abb. 228. Zusammensetzung von Ruhrkohlen. Die Mittelwerte sind durch sehr viele Einzelanalysen belegt (nach Ruhrkohlenhandbuch). — Angaben in Gewichtsprozenten.

Je nach Verwendungszweck bereitet man die natürlichen Brennstoff auf. Mechanische Verfahren ohne chemische Veränderung sind Sortieren, Brechen, Waschen, Trocknen, Mahlen, Pressen. Thermische Verfahren sind Verschwelen und Verkoken unter Luftabschluß, wobei die unverbrannt entweichenden flüchtigen Bestandteile (Gas und Teer) aufgefangen werden. Künstliche feste Brennstoffe sind in erster Linie Briketts und Koks, siehe Zahlentafel XVI[1].

c) Flüssige Brennstoffe.

Von Bedeutung sind fast allein die künstlichen Brennstoffe, die durch fraktionierte Destillation von *Erdöl, Braunkohlen- und Steinkohlenteer* und aus ölhaltigem Schiefer gewonnen werden, siehe Zahlen-

[1] Literatur: Aufhäuser, Brennstoff und Verbrennung. Berlin 1928. — Braunkohlenanhaltszahlen vom Rhein. Braunkohlensyndikat. — Ruhrkohlenhandbuch vom Rhein. Westf. Steinkohlensyndikat. — Hütte Bd. I. Brennstoffe.

tafel XVII. Dazu kommen noch die aus dem Koksofengas ausgewaschenen Öle und die durch Spaltung hochmolekularer Stoffe und die synthetisch hergestellten Öle. Die leichtsiedenden Öle sind praktisch frei von Wasser und Asche, die mittleren Öle haben bis 1 vH Wasser und 0,1 vH Asche, während das restliche Heizöl 2 bis 3 vH Wasser und bis 2 vH Asche hat. Pech als Rückstand der Teerdestillation wird nicht für Heizzwecke verwandt.

Brennstoffe für *Ottomotoren* (Vergaser, punktförmige Fremdzündung) müssen mit der angesaugten Luft schnell zur Nebelbildung neigen. Man benutzt Benzine, Benzole und Gemische aus beiden. Mittelöle für *Dieselmotoren* (Fremdzündung durch Druck und Erwärmung) müssen sich ebenfalls schnell und fein zerstäuben und verdampfen lassen. Zusammensetzung etwa bis 80 vH zwischen 230 und 300° C siedend, wobei besonders der für den Verbrennungsvorgang so wichtige Wasserstoffgehalt zu beachten ist.

In Deutschland spielt der aus Vergärung von Kartoffeln oder Holz gewonnene *Spiritus* (Gemisch zwischen Alkohol und Wasser) eine Rolle. Alkohol ist ein besonders sauerstoffreicher Brennstoff ($c = 0{,}52$, $h = 0{,}13$, $o = 0{,}35$) und hat zur Verbrennung wenig Luft nötig, verbrennt fast rußfrei; er hat verhältnismäßig niedrigen Heizwert. Er ist allein oder in Mischung mit Benzin, Benzol oder beiden als Brennstoff für Ottomotoren geeignet[1].

d) Gasförmige Brennstoffe.

Natürliche gasförmige Brennstoffe finden nur örtlich beschränkte Verwendung. In um so größerem Umfang wendet man künstliche Brennstoffe an, und zwar sog. *Reichgase* mit über 4000 kcal/Nm³ Heizwert als Erzeugnisse bei der *Entgasung* (Verkokung, Verschwelung) und *Armgase* mit etwa 800 bis 2500 kcal/Nm³ Heizwert bei der *Vergasung* in Gasgeneratoren, sämtlich aus festen Brennstoffen. Vergast werden Koks, Steinkohle, Braunkohle, Torf, Holz und Abfallbrennstoffe. In wechselweisem Heißblasen (mit Luft) und Kaltblasen (mit Wasserdampf) entsteht Wassergas. Beim Hochofenprozeß fällt Gichtgas an. Alle diese Gase haben im wesentlichen CO und H_2 als brennbare Bestandteile (siehe auch Teil B, Abschnitt XII und Tafel XII).

Mittelwerte der Zusammensetzung brennbarer technischer Gasgemische enthält Zahlentafel XIX; siehe auch XVIII.

88. Verbrennungsgleichungen.

a) Grundsätzliches.

Bei der Verbrennung tauchen im wesentlichen drei Fragen auf, nach:

1. der Zusammensetzung der Verbrennungsgase,
2. der Verbrennungswärme,
3. der Verbrennungstemperatur.

Zunächst soll der Zusammenhang zwischen der Zusammensetzung von Brennstoff und Verbrennungsgas geklärt werden. Nach dem Gesetz von der Erhaltung der Masse ist das Gewicht der am Verbrennungsvorgang beteiligten Grundstoffe vor und nach der Reaktion dasselbe. Allgemeine Beziehungen stellt man praktisch je kmol auf, wovon man leicht auf kg oder Nm³ übergehen kann. Angesichts der

[1] Literatur: Z. Brennstoffchemie. F. Spausta, Treibstoffe und Verbrennungsmotoren. Wien 1939 (Springer). — H. Jentzsch, zit. S. 364.

Genauigkeit der Verbrennungsrechnung genügen abgerundete Molekulargewichte, nämlich 1 kmol C = 12 kg, 1 kmol H_2 = 2 kg, 1 kmol O_2 = 32 kg, 1 kmol N_2 = 28 kg und 1 kmol S = 32 kg. Demnach hat 1 kmol C_6H_6 (Benzol) = 78 kg, 1 kmol $C_2H_5(OH)$ (Alkohol) = 46 kg, 1 kmol SO_2 (Schwefeldioxyd) = 64 kg.

Die Bestandteile des Brennstoffes und seiner Verbrennungserzeugnisse stehen in ganz bestimmten einfachen Mengenbeziehungen zueinander und können nach Gewicht und Raum ohne Schwierigkeiten mittels *stöchiometrischer Gleichungen* berechnet werden (Stöchiometrie = chemische Meßkunde).

b) Grundgleichungen.

Die vollständige Verbrennung von *Kohlenstoff* geht nach folgender Gleichung vor sich:

$$\boxed{1\ \text{kmol C} + 1\ \text{kmol } O_2 = 1\ \text{kmol } CO_2} \qquad (544)$$

oder $12\ \text{kg C} + 32\ \text{kg } O_2 = 44\ \text{kg } CO_2$

und $1\ \text{kg C} + 2{,}667\ \text{kg } O_2 = 3{,}667\ \text{kg } CO_2$

und $1\ \text{m}^3\ \text{C} + 1\ \text{m}^3\ O_2 = 1\ \text{m}^3\ CO_2$

und $1\ \text{kg C} + 1{,}867\ \text{Nm}^3\ O_2 = 1{,}867\ \text{Nm}^3\ CO_2$

(mit 1 kmol = rund 22,4 Nm^3). Dabei ist C in gasförmigem Zustand gedacht. Mit der Verbrennung ist eine *Volumenverminderung* (Kontraktion) verbunden: 1 m^3 (gasförmig gedachter) C und 1 m^3 O_2 schrumpfen zu 1 m^3 CO_2 zusammen.

Bei Sauerstoffmangel, also unvollständiger Verbrennung, entsteht (ganz oder teilweise) Kohlenoxyd:

$$\boxed{1\ \text{kmol C} + \tfrac{1}{2}\ \text{kmol } O_2 = 1\ \text{kmol CO}} \qquad (545)$$

oder $12\ \text{kg C} + 16\ \text{kg } O_2 = 28\ \text{kg CO}$

und $1\ \text{m}^3\ \text{C} + \tfrac{1}{2}\ \text{m}^3\ O_2 = 1\ \text{m}^3\ \text{CO}$

Für die weitere Verbrennung von CO zu CO_2 gilt:

$$\boxed{1\ \text{kmol CO} + \tfrac{1}{2}\ \text{kmol } O_2 = 1\ \text{kmol } CO_2} \qquad (546)$$

oder $28\ \text{kg CO} + 16\ \text{kg } O_2 = 44\ \text{kg } CO_2$

und $1\ \text{m}^3\ \text{CO} + \tfrac{1}{2}\ \text{m}^3\ O_2 = 1\ \text{m}^3\ CO_2$.

Wasserstoff verbrennt zu Wasserdampf nach:

$$\boxed{1\ \text{kmol } H_2 + \tfrac{1}{2}\ \text{kmol } O_2 = 1\ \text{kmol } H_2O} \qquad (547)$$

oder $1\ \text{kg } H_2 + 8\ \text{kg } O_2 = 9\ \text{kg } H_2O$

oder $1\ \text{m}^3\ H_2 + \tfrac{1}{2}\ \text{m}^3\ O_2 = 1\ \text{m}^3\ H_2O$

und $1\ \text{kg } H_2 + 5{,}60\ \text{Nm}^3\ O_2 = 11{,}20\ \text{Nm}^3\ H_2O$.

Schwefel schließlich verbrennt nach der Gleichung:

$$1\ \text{kmol S} + 1\ \text{kmol } O_2 = 1\ \text{kmol } SO_2 \qquad (548)$$

oder $1\ \text{kg S} + 1\ \text{kg } O_2 = 2\ \text{kg } SO_2$

oder $1\ \text{m}^3\ \text{S} + 1\ \text{m}^3\ O_2 = 1\ \text{m}^3\ SO_2$

und $1\ \text{kg S} + 0{,}70\ \text{Nm}^3\ O_2 = 0{,}70\ \text{Nm}^3\ SO_2$.

c) Luftbedarf fester und flüssiger Brennstoffe.

Die Elementaranalyse gibt die Zusammensetzung nach (542) in G.T. an. Es möge mit O_{min} der Mindestsauerstoffbedarf und mit L_{min} der Mindestluftbedarf ($O_{min} = 0{,}21\, L_{min}$) bezeichnet werden, der zur vollkommenen Verbrennung von 1 kg Brennstoff erforderlich ist. Die tatsächlich angewandte Luftmenge sei L, und

$$\boxed{\lambda = L/L_{min}} \qquad (549)$$

ist die Luftüberschußzahl. Die meisten Brennstoffe werden mit 20 bis 100 vH Luftüberschuß verbrannt. Die überschüssige Luft ist $(\lambda - 1)\, L_{min}$; entsprechend ist der überschüssige Sauerstoff $(\lambda - 1) O_{min}$ und der gesamte Stickstoff in der Verbrennungsluft $\frac{0{,}79}{0{,}21} \lambda\, O_{min}$. Zusammen ist

$$\underset{\text{Verbrennungs-sauerstoff}}{O_{min}} + \underset{\text{überschüssiger Sauerstoff}}{(\lambda - 1)\, O_{min}} + \underset{\text{gesamter Stickstoff}}{\frac{79}{21} \lambda\, O_{min}} = \underset{\text{Verbrennungsluft}}{\lambda \frac{O_{min}}{0{,}21} = \lambda L_{min} = L}\,. \qquad (550)$$

Nach (544) ist zur Verbrennung von 1 kg C mindestens $^1/_{12}$ kmol O_2 nötig, für c kg C mithin $c/12$, entsprechend brauchen nach (547) h kg H_2 $h/4$ kmol O_2, ferner s kg S $s/32$ kmol O_2. $o/32$ kmol O_2 sind je kg Brennstoff enthalten. Damit gilt

$$\boxed{O_{min} = \frac{c}{12} + \frac{h}{4} + \frac{s}{32} - \frac{o}{32} \text{ in kmol/kg}} \qquad (551)$$

und mit 22,4 vervielfacht

$$O_{min} = 1{,}87 c + 5{,}60\, h + 0{,}70\, s - 0{,}70\, o \text{ in Nm}^3\text{/kg} \qquad (552)$$

oder mit 32 vervielfacht (Molekulargewicht O_2):

$$O_{min} = 2{,}67\, c + 8{,}00\, h + 1{,}00\, s - 1{,}00\, o \text{ in kg/kg.} \qquad (553)$$

Umgeformt ergibt (552):

$$O_{min} = 1{,}87 c \left(1 + 3 \frac{h - \frac{o - s}{8}}{c}\right) \text{ in Nm}^3\text{/kg.} \qquad (554)$$

Der Klammerausdruck in (554) stellt eine *charakteristische Kennzahl* für jeden Brennstoff dar, die mit σ bezeichnet wird.[1] Sie gilt ohne Rücksicht auf Aschegehalt und Feuchtigkeit, gibt also gleiche Werte für den rohen Brennstoff wie für Trocken- und Reinsubstanz. Mit σ ist O_{min} einfach

$$\boxed{O_{min} = 1{,}87\, c\sigma} \text{ in Nm}^3\text{/kg.} \qquad (555)$$

[1] $h - o/8$ nennt man den disponiblen Wasserstoff, wobei man annimmt, daß der im Brennstoff vorhandene Sauerstoff an Wasserstoff gebunden ist. Unter dieser Voraussetzung sind nur $h - o/8$ kg des Wasserstoffgehalts je kg Brennstoff brennbar, denn jeweils 8 kg Sauerstoff verbinden sich mit 1 kg Wasserstoff.

Da $c/12 = C$ kmol Kohlenstoff im kg Brennstoff sind, ist

$$\sigma = \frac{O_{\min}}{C} \text{ in } \frac{\text{kmol}}{\text{kmol}} \text{ oder m}^3/\text{m}^3 \tag{556}$$

(aber nicht in kg/kg!). σ gibt den Mindestbedarf an Sauerstoff zum Kohlenstoffgehalt des Brennstoffes an. Eine andere Kennzahl gilt mit

$$\nu = \frac{N}{C} \text{ in kmol/kmol oder m}^3/\text{m}^3 \tag{557}$$

oder

$$\nu = \frac{n/28}{c/12} = \frac{3}{7}\frac{n}{c}$$

für den Stickstoffgehalt $n/28 = N$ in kmol des Brennstoffes zum Kohlenstoffgehalt; siehe Zahlentafel XX.

Für die Verbrennungsrechnung genügt es, die trockene Luft aus 21 RT O_2 + 79 RT N_2 bzw. 23 GT O_2 und 77 GT N_2 bestehend anzusehen[1]. Der Luftbedarf folgt aus (551) durch Vervielfachung mit 22,4/0,21 zu

$$L_{\min} = 8{,}89\, c + 26{,}67\, h + 3{,}33\, s - 3{,}33\, o \text{ in Nm}^3/\text{kg} \tag{558}$$

und vervielfacht mit 32/0,23 zu

$$L_{\min} = 11{,}49\, c + 34{,}47\, h + 4{,}31\, s - 4{,}31\, o \text{ in kg/kg} \tag{559}$$

oder einfach mit (555) zu

$$\boxed{L_{\min} = \frac{1{,}87\, c\,\sigma}{0{,}21} = 8{,}89\, c\,\sigma} \text{ in Nm}^3/\text{kg}, \tag{560}$$

oder

$$0{,}396\, c\,\sigma \text{ in kmol/kg} \quad \text{oder} \quad 11{,}49\, c\,\sigma \text{ in kg/kg},$$

ohne die Anteile h, o und s im einzelnen zu kennen, wenn nur σ und c feststehen. Die tatsächlich aufgewandte Luftmenge[2] ist

$$\boxed{L = 8{,}89\, \lambda\, c\,\sigma} \text{ in Nm}^3/\text{kg}. \tag{561}$$

Allgemein gilt für Brennstoffe, deren Formel $C_mH_nO_o$ bekannt ist, nach (545) und (547) in kmol

$$C_mH_nO_o + \left(m + \frac{n}{4} - \frac{o}{2}\right) O_2 = m\, CO_2 + \frac{n}{2} H_2O, \tag{562}$$

[1] Siehe hierzu Beispiel 1, S. 266. Genauer besteht trockene Luft aus 23,3 GT O_2 und 76,7 GT Inerten, doch genügt hier die Rechnung mit abgerundeten Zahlen.

[2] Die Verbrennungsluft ist hierbei als trocken angenommen. Tatsächlich sind

$$L_{\min}(1 + x) = L_{\min}\left(1 + 0{,}622\, \varphi \frac{P'_D}{P_L}\right) \text{ kg/kg}$$

zuzuführen (siehe S. 275). Bei gesättigter Luft von 20° C unter 1 at abs. ergibt sich der Klammerausdruck mit Zahlentafel XI zu

$$1 + 0{,}622 \frac{238{,}3}{10000 - 238{,}3} = 1{,}0152,$$

d. h. der Fehler, den man begeht, wenn man die Luftfeuchtigkeit unberücksichtigt läßt, bleibt für gewöhnlich unter 2 vH und ist für die Verbrennungsrechnung vernachlässigbar klein.

wie leicht nachzuprüfen ist. Nach (556) ist dann

$$\sigma = \frac{O_{\min}}{C} = \frac{m + \frac{n}{4} - \frac{o}{2}}{m} = 1 + \frac{n - 2o}{4m}. \tag{563}$$

Mit dem Molekulargewicht

$$M = 12m + n + 16o \tag{564}$$

ist ferner

$$\left.\begin{aligned} 1\,\mathrm{kg}\; C_mH_nO_o + \left(m + \frac{n}{4} - \frac{o}{2}\right)\frac{22{,}4}{M}\,\mathrm{Nm^3}\,O_2 \\ = m\,\frac{22{,}4}{M}\,\mathrm{Nm^3}\,CO_2 + \frac{n}{2}\,\frac{22{,}4}{M}\,\mathrm{Nm^3}\,H_2O. \end{aligned}\right\} \tag{565}$$

d) Luftbedarf gasförmiger Brennstoffe.

Nach (543) ist die allgemeine Gasanalyse der Brenngase in RT:

$$CO + H_2 + CH_4 + C_2H_4 + C_mH_n + O_2 + N_2 + CO_2 = 1.$$

Mit (562) folgt der Sauerstoffbedarf in $\mathrm{Nm^3/Nm^3}$ oder kmol/kmol zu:

$$O_{\min} = \frac{1}{2}(CO + H_2) + 2CH_4 + 3C_2H_4 + \sum\left(m + \frac{n}{4}\right)C_mH_n - O_2, \tag{566}$$

weil 1 $\mathrm{Nm^3}$ CO zur Verbrennung $\frac{1}{2}$ $\mathrm{Nm^3}$ O_2 braucht; CO $\mathrm{Nm^3}$ brauchen somit $\frac{1}{2}$ CO $\mathrm{Nm^3}$ O_2 usf. Der Kohlenstoffgehalt in kmol/kmol oder $\mathrm{Nm^3/Nm^3}$ ist

$$C = CO + CH_4 + 2C_2H_4 + \sum(m\,C_mH_n) + CO_2. \tag{567}$$

Unter Vernachlässigung der schweren KWSt ergibt sich

$$\sigma = \frac{O_{\min}}{C} = \frac{\frac{1}{2}(CO + H_2) + 2CH_4 + 3C_2H_4 - O_2}{CO + CH_4 + 2C_2H_4 + CO_2} \tag{568}$$

und

$$\nu = \frac{N}{C} = \frac{N_2}{CO + CH_4 + 2C_2H_4 + CO_2}. \tag{569}$$

Schließlich ist mit $L_{\min} = O_{\min}/0{,}21$ das Volumen des Brenngemisches aus Gas und Luft

$$\boxed{V' = 1 + \lambda L_{\min}} \text{ in } \mathrm{Nm^3}, \tag{570}$$

wobei der Zeiger ' auf den Zustand vor der Verbrennung weist.

89. Abgase bei vollkommener Verbrennung.

Es erhebt sich die Frage nach Beschaffenheit, Zusammensetzung und Menge der Abgase (Endprodukte) zunächst für den einfachen Grenzfall der vollkommenen Verbrennung. In den *feuchten Abgasen* ist das bei der Verbrennung entstehende und das von der Feuchtigkeit herrührende Wasser enthalten. Da es je nach der Temperatur als Dampf mit großem Volumen oder flüssig mit verhältnismäßig kleinem Volumen auftritt, kommt eine Erschwernis in die Rechnung. Wenn alles Wasser dampfförmig ist, sei das Volumen V_f. *Trockenes Abgas* habe das Volumen V_t. $V_{\min}$ ist die feuchte Abgasmenge in $\mathrm{Nm^3/kg}$ bei theoretischer Verbrennung ($\lambda = 1$).

a) Feste und flüssige Brennstoffe.

Nach (544) und (547) wird je kg feuchten Brennstoff bei Verbrennung in Sauerstoff gebildet:

$$\begin{aligned} \text{Kohlendioxyd} &= 1{,}87\,c \text{ in Nm}^3 = c/12 \text{ in kmol} = 3{,}67\,c \text{ in kg} \\ \text{und Wasser} &= 11{,}20\,h + 1{,}24\,w \text{ in Nm}^3 = \frac{h}{2} + \frac{w}{18} \text{ in kmol} \\ &= 9\,h + w \text{ in kg}. \end{aligned} \tag{571}$$

V_f und V_t stehen somit zueinander in der Beziehung:

$$V_f = V_t + 11{,}20\,h + 1{,}24\,w \text{ in Nm}^3. \tag{572}$$

w in kg/kg ist die Feuchtigkeit des Brennstoffes, 18 das Molekulargewicht von Wasser. Aus (548) folgt je kg Brennstoff:

$$\text{Schwefeldioxyd} = 0{,}70\,s \text{ in Nm}^3 = s/32 \text{ in kmol} = 2\,s \text{ in kg} \tag{573}$$

$$\text{und Stickstoff} = (n/28)\,22{,}4 = 0{,}80\,n \text{ in Nm}^3\text{/kg}. \tag{574}$$

Der Sauerstoffgehalt o ist als Teil des Verbrennungssauerstoffes aufgegangen. Damit ist in Nm³ Abgas/kg Brennstoft

$$V_{\min} = 1{,}87c + 11{,}20h + 1{,}24w + 0{,}70s + 0{,}80n + \frac{79}{21} O_{\min}. \tag{575}$$

Bedenkt man, daß nach (544) und (548) gerade soviel Abgas entsteht, wie Sauerstoff zugeführt wird, und nach (547) doppelt so viel, ferner daß die benötigte Verbrennungsluft das Volumen von Sauerstoff und Stickstoff ausmacht, so ist für beliebigen Luftüberschuß

$$V_f = L + 5{,}60h + 0{,}70o + 0{,}80n + 1{,}24w \text{ in Nm}^3\text{/kg} \tag{576}$$

und

$$V_t = L - 5{,}60h + 0{,}70o + 0{,}80n \text{ in Nm}^3\text{/kg}. \tag{577}$$

Im übrigen ist

$$\boxed{V_f = V_{\min} + (\lambda - 1) L_{\min}}\,. \tag{578}$$

b) Gasförmige Brennstoffe.

Aus der Stoffbilanz findet man die Umsetzung in Nm³/Nm³:

$$\text{Kohlendioxyd} = CO' + CH_4' + 2\,C_2H_4' + \sum m\,C_mH_n' + CO_2', \tag{579}$$

$$\text{Wasser} = H_2' + 2\,(CH_4' + C_2H_4') + \sum \frac{n}{2} C_mH_n' + H_2O, \tag{580}$$

$$\text{Sauerstoff} = (\lambda - 1) O_{\min} = 0{,}21 L - O_{\min}, \tag{581}$$

$$\text{Stickstoff} = N_2' + \frac{79}{21} \lambda O_{\min} = N_2' + 0{,}79 L. \tag{582}$$

Wenn in der Rechnung zwischen RT vom gasförmigen Brennstoff und seinem Abgas unterschieden werden muß, versieht man die Symbole des Brennstoffes mit einem Strich. Das Volumen des Brenngemisches je Nm³ Brennstoff ist

$$V' = 1 + \lambda L_{\min},$$

die Summe von (579) bis (582) ist V_f und ohne (580) gleich V_t.

c) Abgasmenge und Luftüberschuß.

Beide sind schwer meßbar. Die Analyse einer Probe von feuchtem Abgas gibt nur die RT an mit

$$\boxed{CO_2 + O_2 + N_2 = 1}\,, \tag{583}$$

wobei CO_2 und O_2 in RT des trockenen Abgases gemessen werden und der Wassergehalt von den Absorptionsflüssigkeiten aufgenommen wird. Der geringfügige Gehalt an SO_2 wird nicht gesondert bestimmt und vernachlässigt. Das Ziel ist, aus der Analyse die Luftüberschußzahl λ zu ermitteln.

Es ist $1{,}87\,c$ das (gasförmig gedachte) Volumen des gesamten Kohlenstoffs (sowohl vor wie nach der Verbrennung) in Nm^3/kg. Weil nach (544) $1{,}87\,c$ denselben Raum einnimmt wie das gebildete Kohlendioxyd, ist auch anteilig das Abgasvolumen V_t in Nm^3/kg Brennstoff

$$1{,}87\,c = V_t\,CO_2 \qquad \text{oder} \qquad \boxed{V_t = 1{,}87\,c/CO_2}\,, \tag{584}$$

also z. B. bei 90 vH Kohlenstoff im Brennstoff und 15 vH Kohlendioxyd im Abgas ist

$$V_t = 1{,}87 \cdot 0{,}90/0{,}15 = 11{,}22\ Nm^3/kg.$$

An Stelle $1{,}87\,c$ ist bei gasförmigen Stoffen der Ausdruck (567) zu setzen, dabei V_t in Nm^3/Nm^3.

$$\boxed{V_t\,O_2 = (\lambda - 1)\,O_{min}} \tag{585}$$

nach (581) und der Stickstoffgehalt schließlich insgesamt $V_t\,N_2$. Aus der zugeführten Luft stammt $\frac{79}{21}\,\lambda\,O_{min}$ nach (550), aus dem Brennstoff $0{,}80\,n$ in Nm^3/kg nach (574) oder N_2' in Nm^3/Nm^3, zusammen

$$\boxed{V_t\,N_2 = \frac{79}{21}\,\lambda O_{min} + 0{,}80\,n}\,. \tag{586}$$

Aus (555), (584) und (585) folgt

$$\frac{O_2}{CO_2} = (\lambda - 1)\,\sigma\,, \tag{587}$$

aus (586) und (584) sowie $\nu = 0{,}80\,n/1{,}87\,c$, das ist Stickstoffgehalt des Brennstoffes bezogen auf Kohlenstoffgehalt,

$$\frac{N_2}{CO_2} = \frac{79}{21}\,\lambda\sigma + \nu\,. \tag{588}$$

Aus (583), (587) und (588) gehen folgende Gleichungen hervor, jeweils durch Eliminieren von 2 der 4 Größen CO_2, O_2, N_2 und λ:

$$CO_2 = \frac{0{,}21}{(\lambda - 0{,}21)\,\sigma + 0{,}21\,(\nu + 1)}\,, \tag{589}$$

$$O_2 = \frac{0{,}21\,(\lambda - 1)\,\sigma}{(\lambda - 0{,}21)\,\sigma + 0{,}21\,(\nu + 1)}\,, \tag{590}$$

$$N_2 = \frac{0{,}79\,\lambda\sigma + 0{,}21\,\nu}{(\lambda - 0{,}21)\,\sigma + 0{,}21\,(\nu + 1)}\,, \tag{591}$$

$$\lambda = \frac{0{,}21}{\sigma}\left(\frac{1}{CO_2} + \sigma - 1 - \nu\right), \tag{592}$$

die sich für feste und flüssige Brennstoffe wegen $\nu \approx 0$ noch vereinfachen. Aus diesen Gleichungen kann man die Abgaszusammensetzung berechnen, wenn die beiden Kennzahlen des Brennstoffes σ und ν bekannt und die Luftüberschußzahl λ oder der CO_2-Gehalt des Abgases gegeben sind. Man erkennt, daß CO_2 immer größer wird, je geringer der Luftüberschuß ist.

Bei theoretischer Verbrennung ($\lambda = 1$) wird aus (589)

$$\boxed{\max(CO_2) = \frac{0{,}21}{0{,}79\sigma + 0{,}21\,(\nu + 1)}} \tag{593}$$

siehe hierzu die Werte in Zahlentafel XX. Für $\nu = 0$ ist

$$\max(CO_2) = \frac{1}{1 + 3{,}76\sigma}. \tag{594}$$

Zur Kontrolle der Abgasanalyse kann die Gleichung

$$\frac{0{,}21 - O_2}{CO_2} = 0{,}79\,\sigma + 0{,}21\,(\nu + 1) \tag{595}$$

dienen, die man aus den Beziehungen (583), (588) und (592) gewinnt.

Nach der vereinfachenden Annahme, daß für feste Brennstoffe $\sigma \approx 1$ und $\nu \approx 0$ ist, gehen (589) und (593) über in

$$\boxed{\lambda \approx \frac{\max(CO_2)}{CO_2}}\,. \tag{596}$$

λ wird dabei um wenige vH zu groß ermittelt. σ ist dann $= 1$, wenn die Gehalte an h, o und s vernachlässigt werden können oder wenn laut (554) $h = (o - s)/8$ ist. Unter derselben Voraussetzung ist

$$\boxed{\lambda = \frac{L}{L_{\min}} \approx \frac{0{,}21}{0{,}21 - O_2}} \tag{597}$$

nach (590). Aus (585) und (586) findet man allgemeiner für Brennstoffe mit vernachlässigbarem Stickstoffgehalt

$$\lambda = \frac{21}{21 - 79\,(O_2/N_2)}.$$

Für $\nu \approx 0$, feste und flüssige Brennstoffe und viele gasförmige, gilt nach Einsetzen von σ aus (554) in (593) mit $s \approx 0$

$$\max(CO_2) = \frac{0{,}21}{0{,}79\left(1 + 3\dfrac{h - o/8}{c}\right) + 0{,}21} = \frac{0{,}21}{1 + 2{,}37\dfrac{h - o/8}{c}} \tag{598}$$

zur Berechnung unmittelbar aus der Elementaranalyse. Es sei noch darauf hingewiesen, daß aus (584) folgt

$$V_f = \frac{1{,}87\,c}{CO_2} + 11{,}20\,h + 1{,}24\,w \tag{599}$$

in Nm³/kg.

d) Verbrennungsdreieck.

Die Verbrennungsgleichungen, die alle linear sind, werden anschaulich im Verbrennungsdreieck nach BUNTE[1] wiedergegeben, siehe Abb. 229, indem CO_2 über $CO_2 + O_2$ aufgetragen wird. Man findet durch Addition von (589) und (590) für $\nu = 1$

$$CO_2 + O_2 = 0{,}21\,\frac{(\lambda - 1)\,\sigma + 1}{(\lambda - 0{,}21)\,\sigma + 0{,}21\,(\nu + 1)}. \tag{600}$$

[1]) BUNTE, K. und A. SCHNEIDER: Zum Gaskursus. München (1929) S. 21ff.

Es zeigt sich, daß für reinen Kohlenstoff mit $\sigma = 1$ der Anteil $CO_2 + O_2 = 0{,}21$ und $N_2 = 0{,}79$ wird, und zwar unabhängig von der Luftüberschußzahl λ. Dasselbe gilt für alle Brennstoffe, für die der Kennwert $\sigma = 1 - (0{,}21/0{,}79)\,\nu$ ist, z. B. für Wassergas, ebenso alle reinen Luftgase aus CO, CO_2 und N_2, siehe Teil B. Ist $\lambda = 1$, so ist $CO_2 = 0{,}21$, ist $\lambda = \infty$ (Luft), so ist $CO_2 = 0$. Für jeden Brennstoff liegen je nach Luftüberschuß alle möglichen Werte $CO_2 + O_2$, CO_2 auf einer Geraden. Bei $\lambda = \infty$ gehen diese Brennstoffgeraden alle durch den Punkt $O_2 = 0{,}21$ und $CO_2 = 0$. Die Linie $\lambda = 1$ fällt mit der Linie aller max (CO_2), die unter 45° liegt und die Punkte $CO_2 = 0$, $O_2 = 0$ und $CO_2 = 0{,}21$, $O_2 = 0$ verbinden muß,

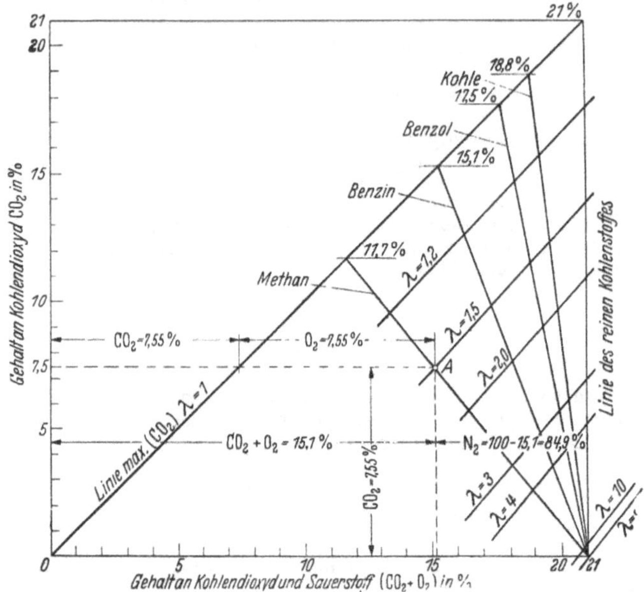

Abb. 229. BUNTE-Dreieck der vollkommenen Verbrennung. Beispiel Methan, $\lambda = 1{,}5$, $CO_2 + O_2 = 15{,}1$ RT und $CO_2 = 7{,}55$ RT und damit $O_2 = 7{,}55$ RT und $N_2 = 100 - 15{,}1 = 84{,}9$ RT. Vgl. Beispiel 6, S. 396.

zusammen. Max (CO_2) hat für jeden Brennstoff einen bestimmten Wert, der auf der Linie $\lambda = 1$ liegt und durch den die Brennstoffgerade geht. Die Linien $\lambda =$ konst. folgen aus der Gleichung

$$\lambda = \frac{1 - (CO_2 + O_2)}{1 + 3{,}76\,CO_2 - 4{,}76\,(CO_2 + O_2)} \tag{601}$$

die aus (587) und (592) hervorgeht. Umgeformt lautet sie

$$CO_2 = a + b\,(CO_2 + O_2),$$

wobei $a = \varphi(\lambda)$ und $b = \psi(\lambda)$ ist. Die Linien $\lambda =$ konst. sind Gerade, die schwach gegeneinander geneigt sind; sie sind Stücke eines Strahlenbüschels mit dem Mittelpunkt $CO_2 = 1{,}00$ und $CO_2 + O_2 = 1{,}00$. In Abb. 229 sind einige Brennstoffe eingetragen. Für jede vollkommene Verbrennung können die vier Größen CO_2, O_2, N_2 und λ entnommen werden.

e) Volumenänderung bei der Verbrennung.

Mit (562) findet man allgemein für die Volumenänderung bei der Verbrennung von $C_mH_nO_o$ Raumteilen:

$$\varDelta V = \left(m + \frac{n}{2} - 1 - m - \frac{n}{4} + \frac{o}{2}\right) C_mH_nO_o = \left(\frac{n}{4} - 1 + \frac{o}{2}\right) C_mH_nO_o. \tag{602}$$

Ist das Volumen nach der Verbrennung größer als vorher, so ist ΔV positiv (Dilatation), ist es kleiner als vorher, negativ (Kontraktion). Meist tritt Kontraktion ein. Bei KWSt ist die Grenze bei $\frac{n}{4} - 1 = 0$, d. h.

$n < 4$ Kontraktion, z. B. C_2H_2 (Azetylen),

$n = 4$ keine Raumänderung, z. B. CH_4 (Methan),

$n > 4$ Dilatation, z. B. C_6H_6 (Benzol).

Mithin ergibt sich (Symbole gleich RT):

$$-\Delta V = \frac{CO}{2} + \frac{H_2}{2} + \sum\left(1 - \frac{n}{4}\right) C_mH_n . \qquad (603)$$

Es ist:

$$V_f - V' = \Delta V$$

und

$$V_t = V' + \Delta V - H_2O = V' - \frac{CO}{2} - \frac{3}{2} H_2 - \sum\left(1 + \frac{n}{4}\right) C_mH_n \qquad (604)$$

mit $1 - \frac{n}{4} + \frac{n}{2} = 1 + \frac{n}{4}$.

90. Abgase bei unvollkommener Verbrennung.

Bleiben Teile des Brennstoffes unverbrannt, so gibt die Abgasanalyse

$$\boxed{CO_2 + O_2 + N_2 + CO + H_2 + CH_4 = 1} . \qquad (605)$$

Reste von C_mH_n und SO_2 seien um ihrer Geringfügigkeit willen vernachlässigt. In festen brennbaren Rückständen fester Brennstoffe befindet sich erfahrungsgemäß nur mehr Kohlenstoff, alle flüchtigen Bestandteile wurden ausgetrieben. Es mögen α Teile insgesamt verbrannt sein, dann enthält die Asche noch $1 - \alpha$ brennbare Teile in Form von C. Unter Asche ist dabei der Rückstand der Feuerung, Flugasche und brennbarer fester Auswurf mit dem Abgas verstanden.

a) Verbrennungsgleichungen.

Bei technischen Verbrennungen ist es in erster Linie der CO-Gehalt im Abgas, der die unvollkommene Verbrennung kennzeichnet, H_2 und CH_4 zeigen sich nur in Spuren, wenn die Verbrennung nicht allzu unvollkommen ist (erheblicher Luftmangel).

Der Raum, den C nach der Verbrennung jetzt einnimmt, ist $CO_2 + CO + CH_4$ in Nm³/Nm³ Abgas. Damit geht (584) über, wenn α Brennstoffanteil verbrannt ist, in

$$\alpha\, 1{,}87 c = V_t\,(CO_2 + CO + CH_4) \text{ in Nm}^3/\text{kg} \qquad (606)$$

und (585) in

$$V_t O_2 = (\lambda - 1)\, O_{\min} + V_t\left[\frac{CO}{2} + \frac{H_2}{2} + 2CH_4\right] + (1 - \alpha)\, 1{,}87 c . \qquad (607)$$

Sauerstoffgehalt im Abgas	Sauerstoffüberschuß bei vollkommener Verbrennung	Bei den Flüchtigen durch unvollkommene Verbrennung übrig gebliebener Sauerstoff nach (545) u. (547). Bei $C_mH_n = (m+n/4)$ fach	Beim brennbaren Rückstand erübrigter Sauerstoff = Raum des unverbrannten gasförmig gedachten Kohlenstoffs

Der Unterschied zwischen dem feuchten und dem trockenen Abgasvolumen ist wiederum entsprechend (599)

$$\frac{9h+w}{0{,}804} = 11{,}20\,h + 1{,}24\,w$$

im Nm³/kg Brennstoff. Für die Berechnung bei gasförmigen Brennstoffen siehe Gl. (567) und (580).

(586) bleibt unverändert. Teilt man (607) durch (606), so findet man

$$\alpha\frac{O_2 + CO_2 + 0{,}5\,CO - 0{,}5\,H_2 - CH_4}{CO_2 + CO + CH_4} = (\lambda - 1)\,\sigma + 1 \tag{608}$$

entsprechend (587), und aus (586) und (606)

$$\alpha\frac{N_2}{CO_2 + CO + CH_4} = \frac{79}{21}\lambda\sigma + \nu \tag{609}$$

entsprechend (588). Wenn also σ und ν für den Brennstoff bekannt sind und $1-\alpha$ durch Glühen der festen Rückstände ermittelt werden kann, so läßt sich die Luftüberschußzahl λ berechnen. Addiert man (608) und (609) und löst nach λ auf, so ist

$$\lambda = \frac{0{,}21}{\sigma}\left[\alpha\frac{1 - 0{,}5\,CO - 1{,}5\,H_2 - 2\,CH_4}{CO_2 + CO + CH_4} + \sigma - \nu - 1\right],$$

oder bei vernachlässigbar kleinem Gehalt von H_2 und CH_4 im Abgas

$$\boxed{\lambda = \frac{0{,}21}{\sigma}\left[\alpha\frac{1 - 0{,}5\,CO}{CO_2 + CO} + \sigma - \nu - 1\right]}\,. \tag{610}$$

Würde man (609) in (610) einsetzen, so könnte man den Anteil α für einen gegebenen Brennstoff nach dem CO-, CO_2- und O_2-Gehalt des Abgases ausrechnen. Allein die Genauigkeit der Abgasanalyse reicht nicht aus. Ist z. B. bei einem Kohlenabgas gemessen $CO_2 = 9{,}8$ vH und $O_2 = 10{,}0$ vH, so wird $\alpha = 0{,}903$. Aber schon wenn CO_2 und O_2 um 0,1 vH zu klein ermittelt werden, ist α nur 0,766. Die Empfindlichkeit der Beziehung ist zu groß, weil der Unterschied zwischen $CO_2 + O_2$ und 0,21 klein ist und geringe Meßfehler schon große prozentuale Abweichungen des Nenners verursachen. Man bestimmt daher α besser aus dem Glühverlust der festen Rückstände.

Aus (608) und (609) erhält man zur Berechnung von CO, wenn CO_2 und O_2 durch Analyse ermittelt werden,

$$CO = \frac{0{,}21 - O_2 - 0{,}395\,CO_2}{[0{,}79\,(\sigma - 1) + 0{,}21\,\nu]/\alpha + 0{,}605} - CO_2. \tag{611}$$

Auch diese Beziehung ist ziemlich empfindlich. Fehler bei der Bestimmung von CO_2 und O_2 geben eine 1,5-fache Abweichung bei den an sich geringen CO-Werten. Die unmittelbare Bestimmung von CO durch die Abgasanalyse ist vorzuziehen.

Für den Fall, daß infolge Luftmangels nur CO neben CO_2 gebildet wird und O_2 nicht im Abgas ist, gilt mit (608) und (610)

$$CO + CO_2 = \frac{0{,}21}{0{,}79\,\lambda\sigma + 0{,}21\,(\nu + 1)}, \tag{612}$$

eine Beziehung, die bei $CO = 0$ in (593) übergeht. Wenn $O_2 = 0$ ist, so folgt ferner aus (608) und (609)

$$CO = \frac{0{,}42\,\sigma\,(1 - \lambda)}{0{,}79\,\lambda\sigma + 0{,}21\,(\nu + 1)} \tag{613}$$

und nach λ aufgelöst die Luftüberschußzahl

$$\lambda = \frac{2 - \dfrac{\nu + 1}{\sigma}\,CO}{2 + 3{,}76\,CO}\,. \tag{614}$$

b) Verbrennungsdreieck.

In Abb. 230 ist ein Verbrennungsdreieck nach OSTWALD[1] mit Werten CO_2 über O_2 wiedergegeben. CO_2, O_2 und CO stehen nach (611) im Zusammenhang $CO = k_1 + k_2\, CO_2 + k_3\, O_2$. Die Linien CO = konst. sind mithin parallele Gerade. Gleiche Änderungen von CO haben gleiche Abstände der einzelnen Parallelen CO = konst. zur Folge. Aus (605), (608) und (609) kann man eine Beziehung ableiten $CO_2 = k_1 + k_2 \frac{1}{\lambda} + k_3 f(\lambda)\, O_2$. Dabei ist $f(\lambda) \approx$ konst. Die Geraden λ = konst. bilden ein Strahlenbüschel. Im Diagrammfelde stellen sie sich stark angenähert als Parallele dar. Gleichen Schritten von $1/\lambda$ entsprechen wiederum gleiche Abstände der nahezu parallelen Geraden λ = konst. Weiter folgt, daß gleiche Schritte CO auf den Ordinaten gleiche und auf den Geraden λ = konst. nahezu gleiche Stücke abschneiden. Andererseits schneiden gleiche Schritte $1/\lambda$ nahezu gleiche Stücke auf den Ordinaten und den Geraden CO = konst. ab.

Die Gerade CO = 0, vollkommene Verbrennung, muß durch die Punkte max (CO_2), $O_2 = 0$ und $CO_2 = 0$, $O_2 = 0{,}21$ gehen. Für reinen Kohlenstoff ist max $(CO_2) = 0{,}21$, für die verschiedenen Brennstoffe mehr oder weniger von 0,21 verschieden.

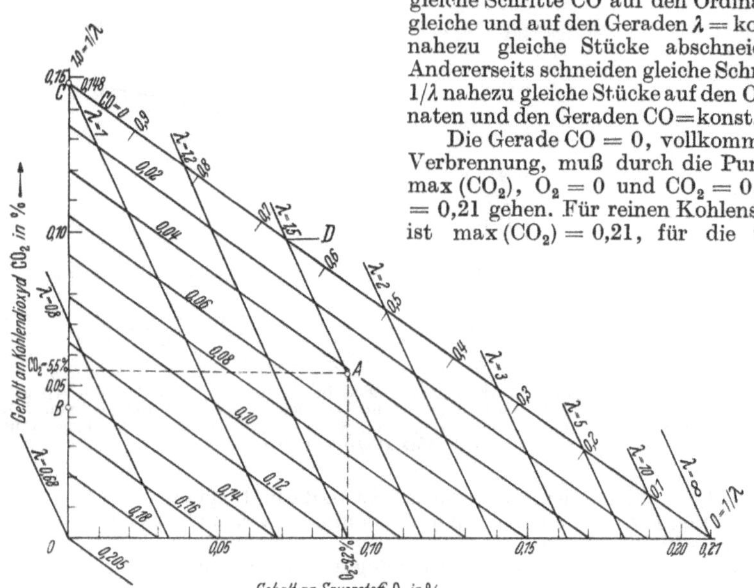

Abb. 230. OSTWALD-Diagramm für ein Benzin mit 85 vH Kohlenstoff und 15 vH Wasserstoff. Wegen der 3 Punkte *B*, *C* und *D* siehe Beispiel 15, S. 399.

Der eine geometrische Ort für die Gerade $\lambda = 1$ ist der Punkt $CO_2 = \max(CO_2)$ und $O_2 = 0$. Setzt man andererseits in (608) und (609) $CO_2 = 0$ und eliminiert man CO, so erhält man die Schnitte der λ-Geraden mit der Abszisse nach

$$O_2 = \frac{\sigma(\lambda - 1) + 0{,}5}{\frac{\sigma\ \lambda}{0{,}21} - \sigma + 1{,}5 + \nu}. \tag{615}$$

Der Übersichtlichkeit wegen zeichnet man das OSTWALD-Dreieck für jeden Brennstoff gesondert. Gegeben sei ein Benzin mit $c = 0{,}85$ und $h = 0{,}15$ kg/kg, damit $\sigma = 1 + 3 \cdot 0{,}15/0{,}85 = 1{,}53$ und $\nu = 0$. α sei $= 1$ und max $(CO_2) = 0{,}21/(0{,}79 \cdot 1{,}53 + 0{,}21) = 0{,}148$ nach (593). Aus (611) erhält man CO = 0,205

[1] Siehe hierzu W. OSTWALD: Beiträge zur graphischen Feuerungstechnik. Monogr. z. Feuerungstechn. Heft 2. Berlin 1920. — Feuerungstechn. Bd. 7 (1919) S. 53. — Z. VDI 1920, S. 505.

für $CO_2 = 0$ und $O_2 = 0$, zwischen $\max(CO_2) = 0{,}148$ und 0,0 nimmt CO mithin Werte von 0,0 bis 20,5 vH an.

Nach (615) ist $O_2 = 0{,}069$ bei $\lambda = 1$. Bei $\lambda = \infty$, Luft, ist $O_2 = 0{,}21$ und $1/\lambda = 0$. Das Abszissenstück von $O_2 = 0{,}069$ bis $O_2 = 0{,}21$ kann wunschgemäß geteilt werden für $1/\lambda = 0$ bis $1/\lambda = 1$, darüber hinaus für $\lambda < 1$ bzw. $1/\lambda > 1$. Bedeutung hat an sich nur das Gebiet $\lambda > 1$, weil bei Luftunterschuß der Abgasgehalt an H_2 und anderen brennbaren Teilen erheblich ist.

Allen möglichen Verbrennungen dieses Benzins entsprechen Punkte innerhalb des Dreiecks. Punkt *A* z. B. bedeutet: Die Verbrennung geht mit $\lambda = 1{,}5$ vor sich, also 50 vH Luftüberschuß, und ergibt ein Abgas mit 5,5 vH CO_2 + 4,0 vH CO + 9,2 vH O_2 + 81,3 vH N_2.

Auch das Bunte-Dreieck (Abb. 229) gibt Aufschluß über den Grad der Unvollkommenheit einer Verbrennung, weil bei Anwesenheit von CO im Abgas die

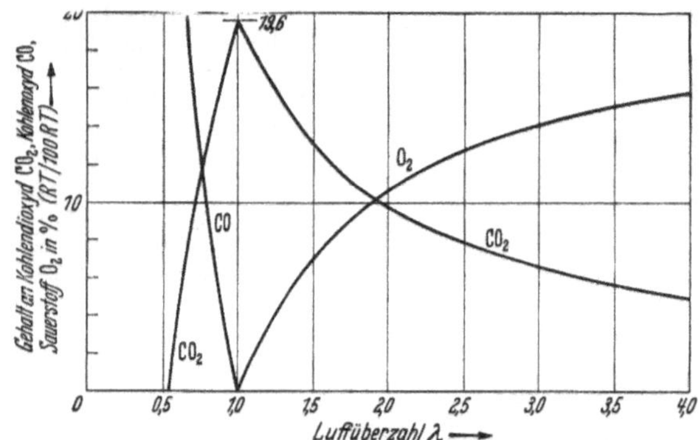

Abb. 231. Zusammensetzung der trockenen Abgase bei rheinischer Braunkohle $\sigma = 1{,}089$ und $\nu = 0$ über λ. Die zugeführte Luftmenge reicht erst bei $\lambda > 0{,}54$ zur Bildung von CO_2 aus [Gleichsetzen von (612) und (613) bei $CO_2 = 0$]. Bei $\lambda < 0{,}54$ enthält das trockene Rauchgas nur CO. Max $(CO_2) = 19{,}6$ vH.

Summe $CO_2 + O_2$ aus der Analyse kleiner ist als die im Diagramm bei CO = 0. Fehlt 1 vH an $CO_2 + O_2$, so läßt das auf unverbrannte Gase, und zwar bei Kohlenstoff auf 1,65 vH CO schließen.

Aus (611) und (593) ergibt sich mit guter Annäherung

$$CO = \frac{1}{[0{,}21/\max(CO_2)] - 0{,}395}\,[(CO_2 + O_2)_{\text{vollk.}} - (CO_2 + O_2)_{\text{unv.}}].$$

Der Faktor vor der Klammer ist bei

Kohle	$\max(CO_2) =$ 18,8 vH	Faktor =	1,38
Benzin	15,1		1,00
Anthrazit	20,4		1,58
Kohlenstoff	21,0		1,65

In Abb. 231 ist die Abgaszusammensetzung für eine Braunkohle in Abhängigkeit vom Luftüberschuß eingetragen, gleichmäßige Verteilung der Verbrennungsluft vorausgesetzt.

91. Verbrennungswärme.

a) Allgemeines.

Nach dem ersten Hauptsatz gilt für die Energieumsetzung mit $-Q = \mathfrak{Q}$ und $-A\,L = A\,\mathfrak{L}$ (Bezeichnungen nach DIN 1345).

$$\boxed{\mathfrak{Q} = U' - U + A\mathfrak{L}}$$

Darin ist U' die innere Energie von Brennstoff (fühlbare und gebundene) und zugeführter Luft, U die der Verbrennungserzeugnisse. $U' - U$ ist die Energie, die das Brenngemisch hergibt, also die bei der Verbrennung freiwerdende Wärme. AL ist die vom äußeren Luftdruck geleistete Arbeit; sie ist positiv, wenn die Enderzeugnisse einen kleineren Raum einnehmen als das anfängliche Gemisch.

Je nachdem, ob der Vorgang bei gleichbleibendem Raum oder Druck abläuft, ist zwischen

$$Q_v = U' - U \quad \text{und} \quad Q_p = Q_v + AL$$

zu unterscheiden. Die spezifische Wärme der beteiligten Stoffe sei vor der Verbrennung c_v' und danach c_v. Dann ist

$$\begin{aligned} Q_v &= G c_v' t + C' - (G c_v t + C) \\ &= G (c_v' - c_v) t + (C' - C) \text{ in kcal,} \end{aligned} \tag{616}$$

wenn die Verbrennungserzeugnisse bis auf Anfangstemperatur abgekühlt werden. Geht man von $t = 0°$ C aus, so wird $Q_v = C' - C$. Man nennt die Wärmemenge, die bei vollkommener Verbrennung in trockener Luft entbunden wird, *Verbrennungswärme*. Die Verbrennungswärme der Mengeneinheit von 1 kmol (Molwärme), von 1 kg oder 1 Nm^3 des Brennstoffes bezeichnet man mit *Heizwert*, bei konstantem Volumen mit H_v.

Bei unveränderlichem Druck hingegen ist

$$Q_p = U' - U + AP(V' - V) = I' - I, \tag{617}$$

und bezogen auf $t = 0°$ C und 1 Mengeneinheit

$$H_p = I_0' - I_0 \quad \text{bzw.} \quad i_0' - i_0. \tag{618}$$

b) Unterschied der Verbrennungswärme H_v und H_p.

Der Heizwert von Kohlenoxyd z. B. ist $H_p = 67700$ kcal/kmol. 1 kmol des Gases nimmt 22,4 Nm^3 ein und verbindet sich mit 11,2 Nm^3 O_2 zu 22,4 Nm^3 CO_2. Die Raumänderungsarbeit ist

$$AL = AP(V' - V) = \frac{10000}{427} \, \frac{760}{735{,}6} \, 11{,}2 = 270 \text{ kcal/kmol},$$

d. h. der Unterschied zwischen H_p und H_v liegt weit unter 1 vH und ist praktisch bedeutungslos. Man spricht daher von *Heizwert* schlechthin. Die weitaus meisten technischen Verbrennungsvorgänge verlaufen unter gleichbleibendem Druck, wie in Feuerungen, der sich nur um wenige mm WS vom atmosphärischen unterscheidet. Im Feuerraum herrscht in der Regel ein schwacher Unterdruck (Zug), schon um die Rauchgase abzuführen und aus Sicherheitsgründen gegen ein Herausschlagen der Feuergase bei der Bedienung. H wird fernerhin als Heizwert bei konstantem Druck angesehen.

c) Oberer und unterer Heizwert.

Mit den Molmengen m' vor und m nach der Verbrennung und den spezifischen Wärmen für 1 kmol C_p' und C_p ist allgemein nach (618)

$$H_{p,t} = I_0' + m' \int_0^t C_p' \, dt - I_0 - m \int_0^t C_p \, dt = I_t' - I_t \tag{619}$$

und der Unterschied

$$H_{p,t} - H_{p,o} = t\left(m' [C'_{pm}]_0^t - m [C_{pm}]_0^t\right).$$

Der Unterschied ist klein gegen H, solange t klein ist. Erhebliche Unterschiede bestehen aber, wenn bei der Verbrennung Wasser gebildet wird, sei es vom Wasserstoffgehalt oder der Feuchte des Brennstoffes herrührend, und t so hoch ist, daß das Wasser nicht kondensiert.

Die Abgastemperaturen liegen bei technischen Verbrennungen meist über dem Taupunkt des Wassers, der bei feuchter Rohbraunkohle um 50° C, bei Braunkohlenbriketts um 35° C, bei gasarmer Steinkohle um 24° C und bei Gichtgas um 30° C beträgt[1]. Der Taupunkt liegt um so niedriger, je geringer der Anteil des Wasserdampfes im Abgas, d. h. je kleiner sein Teildruck ist, wie das I, x-Diagramm Abb. 166 zu erkennen gibt.

Man ist übereingekommen, den Heizwert bezogen auf 0° C, alles Wasser flüssig, mit *oberen Heizwert* H_o zu bezeichnen. Wenn andererseits alles Wasser in dampfförmigem Zustand mit den Abgasen entweicht, spricht man von *unterem Heizwert* H_u. Der obere Heizwert ist eine international festgelegte *Normgröße*. Als physikalischer Festwert gilt er für trockenen Brennstoff. Der untere Heizwert ist eine in der Technik gebräuchliche Festlegung, die auf die praktischen Verbrennungsvorgänge mit ihren hohen Abgastemperaturen abgestellt ist. Eine einheitliche Bezugstemperatur ist dabei nicht festgelegt. Der untere Heizwert ist eine technisch-wirtschaftliche Wert- und Vergleichsziffer. Im Ausland wird vornehmlich mit dem oberen Heizwert gerechnet.

Der Unterschied zwischen den beiden Heizwerten beträgt bei der Verbrennung von 1 kmol H_2 mit $\frac{1}{2}$ kmol O_2 zu 1 kmol H_2O immerhin 10760 kcal, das ist das $M = 18$-fache der Verdampfungswärme von 1 kg Wasser bei 0° C und 1 at abs., nämlich 18 · 597 kcal, siehe Zahlentafel XXI. Mit $H_o = 68350$ kcal/kmol ist der Unterschied 15,8 vH.

Je nach dem Wasserstoffgehalt und Feuchtigkeitsgrad des Brennstoffes unterschieden sich H_o und H_u um etwa 15 vH bei Rohbraunkohle, 10 vH bei Leuchtgas, $6\frac{1}{2}$ vH bei Braunkohlenbriketts und 3 vH bei Steinkohle. Bei wasserfreiem Abgas wie bei der Verbrennung von CO zu CO_2 besteht kein Unterschied, siehe Zahlentafel XXI.

Ob der Brennstoff in reinem Sauerstoff oder in trockener Luft mit oder ohne Überschuß verbrannt wird, ist auf die Höhe des Heizwertes ohne Einfluß, auch ob etwa sonstige nichtreagierende Stoffe anwesend sind. Wenn diese Stoffe nach der Verbrennung sämtlich wieder auf die anfängliche Temperatur gebracht werden, so haben sie denselben Wärmeinhalt wie zuvor. Streng genommen freilich richtet sich der Teildruck des Wasserdampfes nach dem Luftüberschuß bzw. der Abgasmenge, praktisch aber kann dieser Einfluß übersehen werden und ist der Heizwert unabhängig von der Luftüberschußzahl λ.

Im Grenzfalle des unteren Heizwertes gilt mit (571)

$$\boxed{H_u = H_o - (9h + w)\,597} \tag{620}$$

in kcal/kg. In Wirklichkeit ist auch bei 0° C noch ein Rest Wasser dampfförmig, doch ist dieser vernachlässigbar klein. Bei gasförmigen

[1] Siehe W. Gumz: Feuerungstechnisches Rechnen. Leipzig 1931, und Kurzes Handbuch der Brennstoff- und Feuerungstechnik. Berlin 1942. — Siehe hierzu Beispiel 13, S. 399.

Brennstoffen ist nach (562) und (580)

$$H_2O = H_2' + \sum \left(\frac{n}{2} C_m H_n\right)' + H_2O'$$

in Nm^3/Nm^3 und

$$H_u = H_o - \left[H_2' + \sum \frac{n}{2} (C_m H_n)' + H_2O'\right] 480 \quad (621)$$

in kcal/Nm^3. (480 kcal/Nm^3 ist die Verdampfungswärme des Wassers bei 0° C = 0,804 · 597 kcal/kg.) Zwischen H in kcal/kg und kcal/Nm^3 besteht die Beziehung

$$(H_o)_{Nm^3} = \frac{M}{22{,}4} (H_o)_{kg} \quad \text{und} \quad (H_u)_{Nm^3} = \frac{M}{22{,}4} (H_u)_{kg} \quad (622)$$

mit M als scheinbares Molekulargewicht des Brenngases.

d) Heizwert chemischer Verbindungen.

Das genaueste Verfahren, einen Heizwert zu bestimmen, ist die kalorimetrische *Messung*[1]. Die *Berechnung* des Heizwertes aus der Elementaranalyse ist unsicher, wenn die Art der chemischen Verbindungen im Brennstoff und deren Bildungswärmen nicht oder nicht genau genug bekannt sind, wie bei den meisten festen und flüssigen Stoffen. Nur bei Gemischen, die aus chemisch eindeutigen Verbindungen bestehen, also vornehmlich Gasgemischen, kann man den Heizwert als Summe von Einzelheizwerten berechnen. Es ist dann z. B.

$$H_u = \sum r_i H_{ui} - 480\, H_2O \text{ in kcal/Nm}^3 \quad (623)$$

oder

$$H_u = \sum g_i H_{ui} - 597\, w \text{ in kcal/kg}. \quad (624)$$

Immerhin gibt auch hier die kalorimetrische Messung zuverlässigere Werte, schon deshalb, weil die Genauigkeit der Gasanalyse meist weniger groß ist.

Trotzdem ist es von technischer Bedeutung, wenn man aus der Elementaranalyse auf den Heizwert schließen kann. Als Näherungsformel ist für feste und flüssige Brennstoffe die sog. *Verbandsformel* von DULONG in Gebrauch[2]:

$$H_u = 8100\, c + 29000\, (h - o/8) + 2500\, s - 600\, w, \quad (625)$$

die jedoch teilweise abweichende Werte gibt. Eine Formel, die die Bildungswärme der Stickstoffverbindungen berücksichtigt, ist[3]

$$H_u = 8130\, c + 24300\, h - 2350\, o + 1500\, n + 4560\, s - 600\, w. \quad (626)$$

---

[1] Neuere Kalorimeter und ihre Bewertung. Z. VDI Bd. 73 (1929) S. 531. Siehe hierzu auch A. GRAMBERG: Techn. Messungen bei Maschinenuntersuchungen und zur Betriebskontrolle. 6. Aufl., S. 411ff., Messung des Heizwertes von Brennstoffen. Berlin 1933.

[2] Für den oberen Heizwert heißt diese Formel

$$H_o = 8100\, c + 34500\, (h - o/8) + 2500\, s.$$

[3] MICHEL, R.: Berechnung der Verbrennungswärme fester und flüssiger Brennstoffe nach den Wärmewerten ihrer Bestandteile. Feuerungstechn. Bd. 26 (1938), S. 273. Hierzu W. GUMZ: Ebenda, S. 322.

Die Genauigkeit wird im Bereich fester Brennstoffe mit $\pm$ 1 vH (meist $\pm$ 0,5 vH) bei Steinkohlen und Koks, mit $\pm$ 3 vH bei Braunkohle und $\pm$ 1,4 vH (meist $\pm$ 0,8 vH) bei Braunkohlenbriketts angegeben[1].

e) Heizwertumrechnung.

Für eine Kohle sei die Elementaranalyse für einen bestimmten Zustand bekannt, vielleicht auch nur die sog. *Immediatanalyse* oder Kurzanalyse, bei der w_1, a_1 und H_{u1} ermittelt wurden. Bis zur Verwendung hat sich der *Wassergehalt* der Kohle *geändert* in w_2. Die Trockensubstanz ist $1 - w_1$ kg. Damit ändern sich Aschegehalt, Kohlenstoffgehalt usf. und Heizwert um in

$$a_2 = a_1 \frac{1 - w_2}{1 - w_1} \text{ kg/kg}, \quad c_2 = c_1 \frac{1 - w_2}{1 - w_1} \text{ kg/kg usf.},$$

$$H_{o2} = H_{o1} \frac{1 - w_2}{1 - w_1} \text{ kcal/kg}.$$

Beim unteren Heizwert ist der Unterschied in der Verdampfungswärme zu beachten. Der Wasserunterschied ist

$$w_2 - \frac{1 - w_2}{1 - w_1} \cdot w_1$$

und somit

$$H_{u2} = \frac{1 - w_2}{1 - w_1} H_{u1} - \left(w_2 - \frac{1 - w_2}{1 - w_1} w_1\right) 597 = \frac{1 - w_2}{1 - w_1} \left[H_{u1} - \frac{w_2 - w_1}{1 - w_2} 597\right]$$

oder rund

$$\frac{H_{u2} + 600\, w_2}{H_{u1} + 600\, w_1} = \frac{1 - w_2}{1 - w_1} \approx \frac{H_{u2} + 600}{H_{u1} + 600}. \tag{627}$$

Wenn die Aufgabe gestellt ist, die Elementaranalyse fester Rohbrennstoffe auf *Reinsubstanz umzurechnen* und umgekehrt, muß man von $1 - w_1 - a_1$ kg/kg Reinsubstanz ausgehen. Es ist

$$c = \frac{c_1}{1 - w_1 - a_1} \text{ kg/kg}, \quad h = \frac{h_1}{1 - w_1 - a_1} \text{ kg/kg usf.},$$

$$H_o = \frac{H_{o1}}{1 - w_1 - a_1} \text{ kcal/kg} \tag{628}$$

und

$$H_u = \frac{H_{u1}}{1 - w_1 - a_1} + \frac{w_1}{1 - w_1 - a_1} 597 = \frac{1}{1 - w_1 - a_1} (H_{u1} + 597\, w_1).$$

Die Werte für den Rohbrennstoff erhält man aus den Werten von Reinbrennstoff wie folgt:

$$c_1 = c\,(1 - w_1 - a_1), \quad h_1 = h\,(1 - w_1 - a_1), \quad H_{o1} = H_o\,(1 - w_1 - a_1) \tag{629}$$

und $\quad H_{u1} = H_u\,(1 - w_1 - a_1) - w_1\, 597$ in kcal/kg.

Der Heizwert von Brenngas/Luftgemischen ist

$$H_{u1} = \frac{H_u}{1 + \lambda L_{\min}} \text{ in kcal/Nm}^3 \tag{630}$$

mit H_u als unterem Heizwert des Brenngases in kcal/Nm³ und $L_{\min}$ als Mindestluftbedarf in Nm³/Nm³.

---

[1] Es wurde vorgeschlagen, die Verbandsformel wie folgt zu verbessern: In vereinfachter Form

$$H_o = 8100\, c + 34\,500\, h + 2500\, s - 5194\, o$$

und

$$H_u = 8100\, c + 28\,500\, h + 2500\, s - (4818\, o + 600\, w), \tag{625a}$$

nach L. Sümegi: Eine neue Formel zur Berechnung des Heizwertes von Kohlen aus der Elementaranalyse. Arch. f. Wärmewirtsch. Bd. 21 (1940) S. 241.

92. Verbrennungstemperatur.

a) *I, t*-Diagramm.

Für die Aufnahme der Verbrennungswärme sind zwei Grenzfälle denkbar: Abfuhr aller Wärme durch Kühlung des Brennraumes, Aufspeicherung der gesamten Wärme in den Verbrennungsgasen. Im zweiten Falle stellt sich die höchstmögliche Temperatur ein, die bei theoretischer Verbrennung ($\lambda = 1$) mit *theoretischer Verbrennungstemperatur* bezeichnet wird. Tatsächlich erwärmen sich die Gase nicht so hoch, einmal wegen des Luftüberschusses ($\lambda > 1$) oder wegen unvollkommener Verbrennung und ungenügender Verteilung der Verbrennungsluft, zum anderen wegen der Wärmeabfuhr durch die Wände des Verbrennungsraumes. Bei Feuerungen nennt man die wärmebeladenen Verbrennungsgase *Feuergase*, nach Abgabe ihrer Wärme *Rauchgase*. Der erste Grenzfall der völligen Abkühlung würde bei einem Kalorimeter mit unendlich großer Kühlwassermenge vorliegen.

Bei Verbrennung unter konstantem Druck stehen Wärmeaufnahme und Verbrennungstemperatur im Zusammenhang

$$\boxed{I_t = I_0 + m[C_{pm}]_0^t\, t}\,, \qquad (631)$$

siehe Abb. 232. Ausgehend von I_0', dem Wärmeinhalt (der Enthalpie) des Brennstoff-Luftgemisches vor der Verbrennung bei 0° C, wird die Verbrennungstemperatur beim Schnitt mit der Linie I = konst. erreicht. I ist der Wärmeinhalt der Verbrennungsgase. Die Gase geben, der I-Linie folgend, ihre Wärme wieder ab, wobei der Wasserdampf beim Unterschreiten der Sättigungstemperatur kondensiert. Wird bei 0° C auch der restliche geringe Dampfgehalt des gesättigten Gases niedergeschlagen, so fällt der Wärmeinhalt auf I_0.

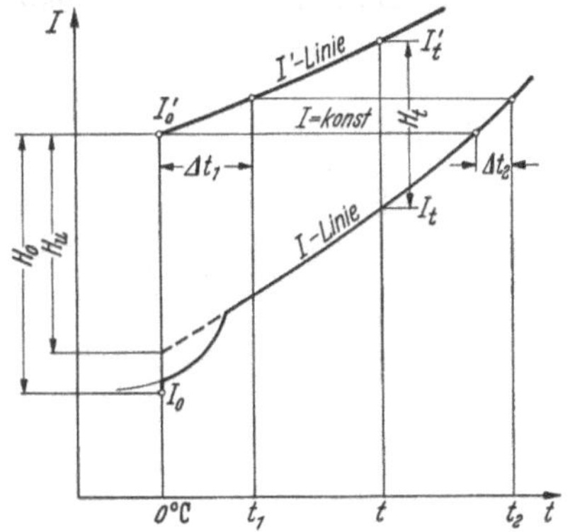

Abb. 232. Wärmeinhalt vom Brennstoff/Luftgemisch und vom Verbrennungsgas über der Temperatur.

Abb. 232 enthält eine Linie I' der Vorwärmung des Brennstoff/Luftgemisches unter gleichbleibendem Druck. Bei zweiatomigen Brenngasen steigt die I'-Linie weniger schnell als die I-Linie an, weil die spezifische Wärme der dreiatomigen Verbrennungsgase größer ist. $I' - I$ wird mit wachsender Temperatur immer kleiner als Ausdruck der Abweichung, wenn die Bezugstemperatur von 0° C bei der Heizwertbestimmung nicht eingehalten wird. Bei Vorwärmung des Brenngasgemisches erhöht sich die Verbrennungstemperatur, allerdings nicht um soviel Grade ($\Delta t_2 < \Delta t_1$).

Bei explosiver Verbrennung, wie z. B. in der kalorimetrischen Bombe und in Verbrennungskraftmaschinen (V = konst.), ist die Verbrennungstemperatur höher, weil die Verbrennungsgase keine Ausdehnungsarbeit leisten. Für 1 kg Brennstoff erhöht sich die fühlbare Wärme um den Betrag

$$(c_p - c_v)\, t = A R t = A\,\frac{848}{M}\, t$$

und für 1 Nm³ unabhängig von der Art des Brennstoffes um

$$A\,\frac{848}{M}\,t\,\frac{M}{22{,}4} = 0{,}0886\,t. \tag{632}$$

Siehe hierzu Abb. 236/241. Durch die Erwärmung bei $V =$ konst. steigt der Druck.

b) Dissoziation.

Kohlendioxyd und Wasserdampf neigen dazu, unter Bindung von Wärme wieder in Kohlenoxyd bzw. Wasserstoff und Sauerstoff zu zerfallen, und zwar um so mehr, je höher die Temperatur wird. Bis 1000° C ist der Zerfall nur gering. Er nimmt allmählich zu und darf bei Temperaturen über 1500° C nicht mehr vernachlässigt werden. Die beiden Reaktionsgleichungen

$$2\,CO + O_2 \rightleftarrows 2\,CO_2 \quad \text{und} \quad 2\,H_2 + O_2 \rightleftarrows 2\,H_2O$$

gelten sowohl für Verbrennung wie Zerfall (Dissoziation). Der Gleichgewichtszustand hängt stark von der Temperatur ab. Nach einem Gesetz von VAN T'HOFF

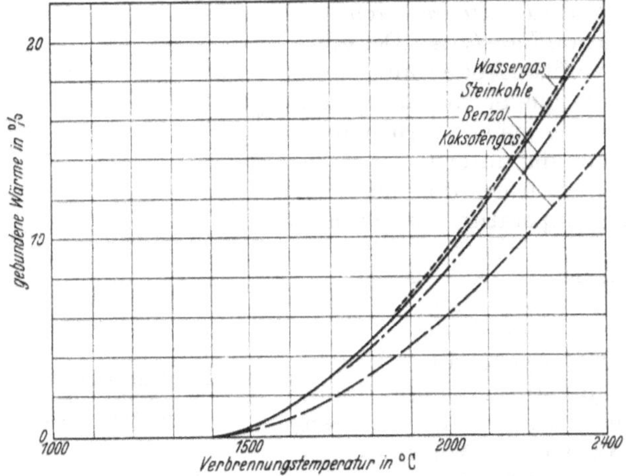

Abb. 233. Wärmebindung durch Dissoziation in vH vom Gesamtwärmeinhalt der Feuergase über der tatsächlichen Verbrennungstemperatur. Andere als die angeführten Brennstoffe weichen nur wenig von den Werten ab.

wird mit steigender Temperatur diejenige Reaktionsrichtung zunehmend bevorzugt, die mit Wärmeaufnahme verbunden ist.

Bei der Verbrennung von CO zu CO_2 werden 67700 kcal/kmol frei, bei der Dissoziation wieder gebunden. Entsprechend werden bei der Rückführung von Wasserdampf zu H_2 57590 kcal/kmol benötigt. Die Wärmebindung wirkt sich in einer Verminderung der fühlbaren Wärme der Verbrennungsgase und Senkung der Verbrennungstemperatur aus. Gleichzeitig vergrößert sich das Volumen der Gase, weil beim Zerfall 2 RT CO_2 und H_2O wieder zu 3 RT werden. Außerdem ändert sich die spezifische Wärme der Verbrennungsgase.

Inwieweit Wärme durch Zerfall gebunden wird, kann der Größenordnung nach aus Abb. 233 abgeschätzt werden[1]. Bei größerem Luftüberschuß (über $\lambda = 1{,}5$) ist die Dissoziation vernachlässigbar, weil die Verbrennungstemperatur unter

[1] Siehe hierzu H. MENZEL, Die Theorie der Verbrennung. Dresden und Leipzig 1924. — P. ROSIN und R. FEHLING, Das I, t-Diagramm der Verbrennung, S. 16. VDI-Verlag: Berlin 1929. — E. JUSTI, Spezifische Wärme, Enthalpie, Entropie und Dissoziation technischer Gase. Mit Berechnungen der Dissoziation bis 5000° K. Berlin 1938.

1500° C bleibt. Außerdem verringert sich die Dissoziation mit dem Druck, was bei explosiver Verbrennung zu beachten ist. Siehe hierzu Teil B, Abschnitt 43.

Die Absenkung der Verbrennungstemperatur bedeutet übrigens keine Verringerung der nutzbaren Wärme, sondern nur eine Verzögerung des Wärmeüberganges, denn im Zuge der Abkühlung verbrennen die Zerfallserzeugnisse Kohlenoxyd und Wasserstoff wieder zu CO_2 und H_2O.

c) Berechnung der Verbrennungstemperatur.

Allgemein gilt für die Umsetzung der chemischen Energie

$$Q = H_u + t_1 \sum (m_i' [C'_{pm\,i}]_0^{t_1}) = t \sum (m_i [C_{pm\,i}]_0^t) . \tag{633}$$

In dieser Beziehung ist der *untere Heizwert* einzusetzen, denn der Unterschied zwischen dem oberen und dem unteren Heizwert deckt den Wärmeaufwand zur Verdampfung des Wassers, wird also gebunden und trägt nicht zur Temperaturhöhe bei. t_1 ist die Anfangstemperatur. Wenn der Brennstoff nicht vorgewärmt ist, kann man seine fühlbare Wärme für gewöhnlich, wenigstens bei festen und flüssigen Brennstoffen, vernachlässigen, ebenfalls die Aufwärmung des festen Rückstands. Dann ist H_u in (633) nur um den Wärmeinhalt der Verbrennungsluft zu vermehren. Für feste und flüssige Brennstoffe erhält man in kcal/kg mit H_u in kcal/kg und $L_{\min}$, V_f in Nm³/kg sowie c, h, w in kg/kg, t in °C und C_p in kcal/kmol · Grad

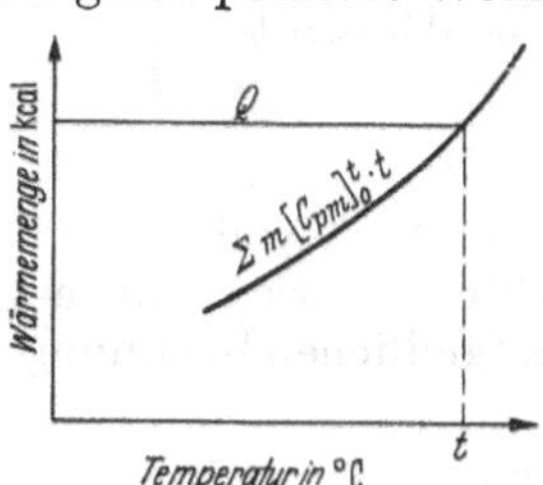

Abb. 234. Wärmezufuhr Q, soweit sie für die Erhöhung der Temperatur der Verbrennungsgase wirksam ist, und Zunahme des Wärmeinhalts der Abgase über der Temperatur.

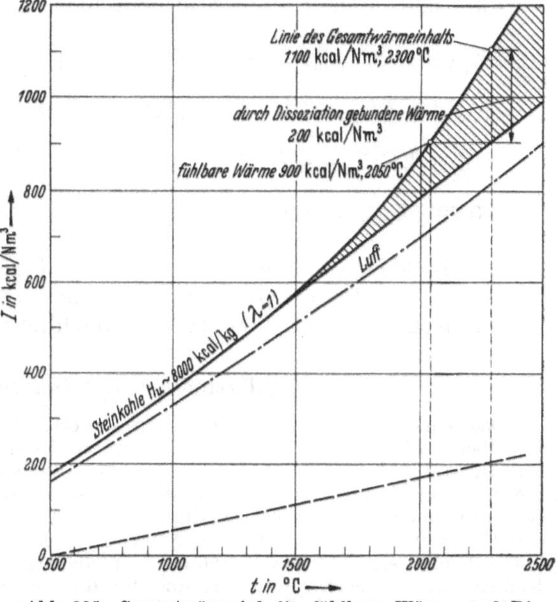

Abb. 235. Gesamtwärmeinhalt, fühlbare Wärme und Dissoziationswärme der Verbrennungsgase von Steinkohle mit H_u = 8000 kcal/kg. (Beispiel bei 2300° C Feuergastemperatur.)

$$\left.\begin{aligned} Q &= H_u + \lambda \frac{L_{\min}}{22{,}4} [C_{pm\,L}]_0^{t_1} t_1 = \frac{V_f}{22{,}4} [C_{pm}]_0^t \, t \\ &= \left\{ \frac{c}{12} [C_{pm\,CO_2}]_0^t + \left(\frac{h}{2} + \frac{w}{18}\right) [C_{pm\,H_2O}]_0^t + \right. \\ &\left. + (\lambda - 1) \frac{0{,}21}{22{,}4} L_{\min} [C_{pm\,O_2}]_0^t + \frac{0{,}79}{22{,}4} \lambda L_{\min} [C_{pm\,N_2}]_0^t \right\} t , \end{aligned}\right\} \tag{634}$$

ohne Rücksicht auf den geringen Anteil von s und n. Man muß die Verbrennungstemperatur t zunächst abschätzen und zu t die entsprechenden Molwärmen einsetzen; siehe Zahlentafel IV und V. Dann verfeinert man das Ergebnis durch bessere Annäherung.

Vorteilhaft ist die zeichnerische Auswertung von (634), siehe Abb. 234. Die Wärmezufuhr wird durch die Waagerechte dargestellt, die Wärmeaufnahme durch die Kurve. Im Schnittpunkt sind beide Wärmemengen gleich, wozu die gesuchte Temperatur t gehört.

Über 1500° C wirkt die Dissoziation abbremsend auf den Temperaturanstieg; siehe als Beispiel für Steinkohle Abb. 235. Die genaue Berücksichtigung dieser Erscheinungen macht erhebliche Schwierigkeiten[1—3], zumal sich die einzelnen Gase auch gegenseitig beeinflussen.

Für gasförmige Brennstoffe geht (634) in kcal/kmol über in

$$\left.\begin{aligned} Q &= 22{,}4\,H_u + \left\{\lambda L_{\min}[C_{pmL}]_0^{t_1} + \mathrm{CO}'[C_{pm\mathrm{CO}}]_0^{t_1} + \mathrm{H}_2'[C_{pm\mathrm{H}_2}]_0^{t_1} + \cdots\right\} t_1 \\ &= \left\{(\mathrm{CO}' + \mathrm{CO}_2' + \mathrm{CH}_4' + \cdots)\,[C_{pm\mathrm{CO}_2}]_0^t + \right. \\ &\quad + (\mathrm{H}_2' + 2\,\mathrm{CH}_4' + \cdots)\,[C_{pm\mathrm{H}_2\mathrm{O}}]_0^t + 0{,}21\,(\lambda - 1)\,L_{\min}[C_{pm\mathrm{O}_2}]_0^t + \\ &\quad \left. + (0{,}79\,\lambda\,L_{\min} + \mathrm{N}')\,[C_{pm\mathrm{N}_2}]_0^t\right\} t \end{aligned}\right\} \quad (635)$$

mit H_u in kcal/Nm³ und $L_{\min}$, CO', H_2', CO_2' ... in Nm³/Nm³, t in °C und C_p in kcal/kmol · Grad. Zur Lösung empfiehlt sich wiederum ein zeichnerisches Verfahren an Stelle der reichlich umständlichen Rechnung.

δ) Allgemeines I, t-Diagramm.

Das genaue zeichnerische Verfahren fordert für jeden Brennstoff und jeden Luftüberschuß ein besonderes I, t-Diagramm. Es hat sich aber glücklicherweise herausgestellt, daß die I, t-Kurven für alle technisch wichtigen Brennstoffe bei theoretischer Verbrennung ($\lambda = 1$) dicht beisammen liegen, was sowohl für den Gesamtwärmeinhalt als auch für die fühlbare Wärme der Gase, d. h. nach Abzug der Dissoziationswärme, gilt. Die Kurven für hochwertige Steinkohle und Öle unterscheiden sich kaum voneinander, um diese gruppieren sich die Kurven für Kohlen mit geringerem Heizwert und für die gasförmigen (künstlichen) Brennstoffe. Legt man durch die Kurvenschar eine mittlere Kurve, so erhält man mit gewisser Annäherung ein allgemeines I, t-Diagramm. Eine solche Mittelkurve zeigt Abb. 236[4]. Ohne die am stärksten abweichenden Brennstoffe, wie minderwertige Kohle mit etwa 1000 kcal/kg und ungereinigtes Schwelgas mit 3500 kcal/kg (wegen der besonders hohen Gehalte an Wasserdampf und Kohlendioxyd), gibt die Mittelkurve zum Gesamtwärmeinhalt (Gesamtenthalpie) die Temperaturen mit ± 2,5 vH Genauigkeit an. Den Luftüberschuß berücksichtigt man dadurch, daß man die reinen Verbrennungsgase (r_V, I_V) als mit Luft (r_L, I_L) gemischt ansieht.

$$I = r_V I_V + r_L I_L \quad \text{und} \quad r_V + r_L = 1 \quad \text{und} \quad I = I_V - r_L (I_V - I_L)$$

---

[1] G. Ribaud, Die wirksame Molwärme und ihre Anwendung zum Berechnen von Verbrennungstemperaturen. Arch. f. Wärmewirtsch. Bd. 20 (1939) S. 72.

[2] E. Justi, zit. S. 386.

[3] P. Rosin u. R. Fehling, zit. S. 386.

[4] P. Rosin u. R. Fehling, zit. S. 386. — Siehe auch F. Münzinger, I, t-Diagramm. Berlin 1939.

in kcal/Nm³. Mit $V_{\min}$ als dem feuchten Abgasvolumen bei theoretischer Verbrennung ist

$$r_L = \frac{(\lambda - 1) L_{\min}}{V_{\min} + (\lambda - 1) L_{\min}}$$

und

$$\lambda = 1 + \frac{V_{\min}}{L_{\min}} \frac{r_L}{1 - r_L}. \tag{636}$$

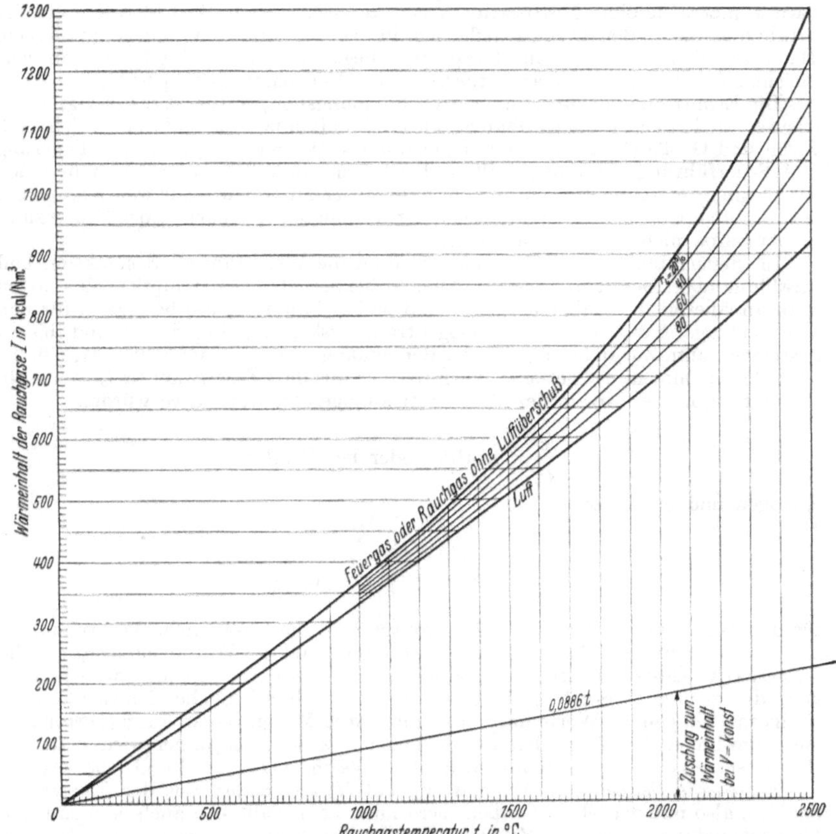

Abb. 236. Allgemeines I, t-Diagramm der Verbrennung (Mittelwerte) nach ROSIN und FEHLING. (Für Gesamtdruck ≈ 1 at abs., mit Dissoziation. Bei V = konst. nur erste Annäherung.)

Während λ von der Art des Brennstoffes abhängt, ist die Rechenweise nach der Mischungsformel allgemein gültig. Mit $t_1 = 0°$ C als Ausgangstemperatur kann man (634) und (635) in der einfachen Form in kcal/Nm³ wiedergeben:

$$\boxed{I = \frac{H_u}{V_{\min}}} \text{ für } \lambda = 1 \text{ und } \boxed{I = \frac{H_u}{V_f}} \text{ für } \lambda \neq 1. \tag{637}$$

Werden Brennstoff und Verbrennungsluft vorgewärmt ($t_1 > 0$), so ist der entsprechende Wärmeinhalt (Enthalpie) zu H_u zu addieren. Andererseits ist bei aschehaltigen Brennstoffen die allerdings nur geringfügige Wärmemenge abzuziehen, die der Rückstand aufnimmt. Bei H_u in kcal/kg ist $V_{\min}$ und V_f in Nm³/kg, bei H_u in kcal/Nm³ in Nm³/Nm³ einzusetzen.

Es zeigt sich, daß die *theoretische Verbrennungstemperatur bei den verschiedensten Brennstoffen* annähernd gleich hoch ist, wenn H_u/V_{min} denselben Wert hat. Die geringe Streuung ist auf die unterschiedlichen chemischen Verbindungen in den Brennstoffen zurückzuführen.

Die Thermodynamik trachtet danach, die wahre Verbrennungstemperatur unter Berücksichtigung aller Begleitumstände wie der Dissoziation zu berechnen. Für die meisten technischen Rechnungen hingegen ist die rein rechnerische scheinbare Temperatur ohne Dissoziation von Interesse, um ein Maß für die Güte der Strahlungs- und Berührungsheizflächen in der ausgeführten Anlage zu haben. Die tatsächliche Verbrennungstemperatur liegt meist unter 1500° C; man vergleicht sie mit der scheinbaren theoretischen Verbrennungstemperatur.

Die Ermittlung der tatsächlichen Verbrennungstemperatur ist schwierig. Sie ist ebenso von den Umständen abhängig wie die Zündtemperatur und richtet sich nach Form und Größe (Belastung) des Feuerraumes, Wärmeentzug, Art der Feuerung und Feuerführung. Man ist gehalten, den Wärmeentzug so zu bemessen und den Verbrennungsvorgang so zu führen, daß die Feuerraumtemperatur weit genug über der Zündtemperatur bleibt und, wegen der begrenzten Haltbarkeit des Feuerraummauerwerks, nicht zu hoch ansteigt.

Im Feuerraum geht die Wärmeenergie an die Wände durch Konvektion und Strahlung über. Der Strahlungsanteil macht bei den üblichen Dampfkesselbauarten z. B. annähernd die Hälfte aus, während er bei Bauarten, die besonders für den Wärmeübergang durch Strahlung (sog. Strahlungskesseln) eingerichtet sind, bis $^3/_4$ ansteigen kann. Zur näherungsweisen Berechnung dienen die Gl. (492, 521, 539 bis 541). Angenommen, der gesamte Wärmeentzug aus dem Feuerraum sei Q in kcal/h. Wenn B kg/h oder Nm³/h des Brennstoffes umgesetzt werden, so würden

$$\frac{Q}{B} \text{ in kcal/kg oder kcal/Nm}^3$$

entzogen und ergäbe sich

$$I = \frac{H_u - \frac{Q}{B}}{V_f} \quad \text{in kcal/Nm}^3$$

für den Wärmeinhalt der Feuergase, woraus man die tatsächliche Verbrennungstemperatur ermitteln könnte. Allein, man kann wohl den Wärmeentzug Q für die konstruktive Gestaltung des Feuerraumes mit gewisser Annäherung vorausberechnen, die genaue Ermittlung bereitet offensichtlich erhebliche Schwierigkeiten. Einigermaßen genaue Werte kann man nur durch Messungen an ausgeführten Anlagen gewinnen. Die folgenden Überlegungen beziehen sich daher wieder auf die theoretische Verbrennungstemperatur ohne Wärmeentzug als Vergleichswert.

Statistische Beziehungen. Da man V_f und H_u angenähert aus der Elementaranalyse, also mit denselben Größen, berechnen kann, läßt sich auch eine einfache Querverbindung vermuten. Zwar ist der exakte Nachweis kaum möglich, aber die analytische Fassung der zeichnerisch zu den einzelnen Wertepaaren $V_f = f(H_u)$ festgelegten Mittelwertkurve ist durchführbar. Für Brennstoffe etwa gleicher Bildungswärmen ergeben sich folgende Gleichungen in Nm³/kg bzw. Nm³/Nm³.[1]

Trockensubstanz *fester Brennstoffe* mit $1500 < H_u < 8200$ kcal/kg:

$$V_{min} = \frac{0{,}89}{1000} H_u + 1{,}65 \quad \text{und} \quad L_{min} = \frac{1{,}01}{1000} H_u + 0{,}5; \qquad (638)$$

Öle (wasserfrei umgerechnet) mit $9700 < H_u < 11300$ kcal/kg:

$$V_{min} = \frac{1{,}11}{1000} H_u \qquad \text{und} \quad L_{min} = \frac{0{,}85}{1000} H_u + 2{,}0; \qquad (639)$$

---

[1] P. ROSIN u. R. FEHLING, zit. S. 386.

Armgase (trocken) mit $750 < H_u < 3000$ kcal/Nm³:

$$V_{\min} = \frac{0{,}725}{1000} H_u + 1{,}0 \quad \text{und} \quad L_{\min} = \frac{0{,}875}{1000} H_u \tag{640}$$

und für *Reichgase* (trocken) mit $4000 < H_u < 7000$ kcal/Nm³:

$$V_{\min} = \frac{1{,}14}{1000} H_u + 0{,}25 \quad \text{und} \quad L_{\min} = \frac{1{,}09}{1000} H_u - 0{,}25. \tag{641}$$

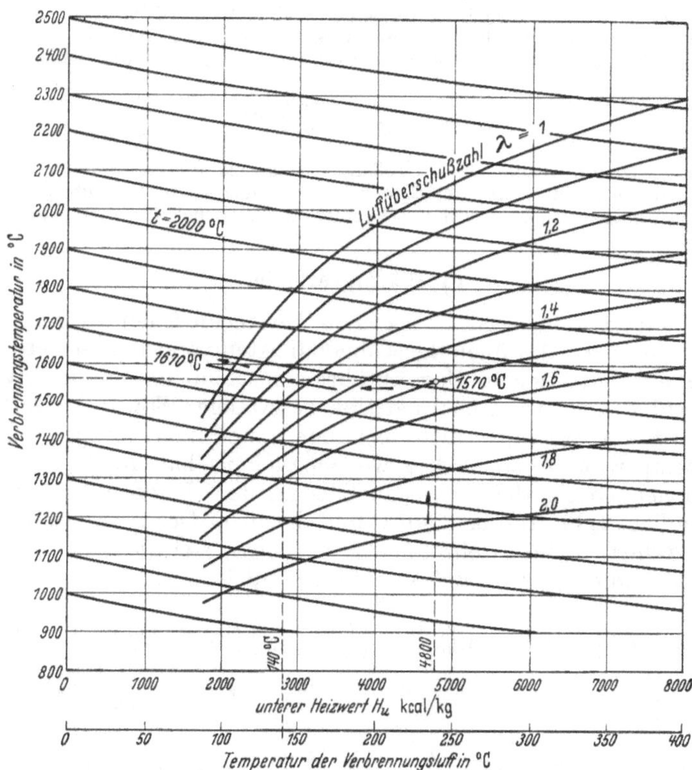

Abb. 237. Statistischer Zusammenhang zwischen unterem Heizwert, Verbrennungstemperatur und Luftüberschußzahl bei festen Brennstoffen.

Beispiel: Braunkohlenbriketts, $H_u = 4800$ kcal/kg; scheinbare Verbrennungstemperatur bei $\lambda = 1{,}5$ ist 1570° C ohne Luftvorwärmung, und mit Luftvorwärmung auf 140° C ist sie 1670° C.

Man kann damit das Abgas- und Luftvolumen berechnen, ohne die Elementaranalyse zu kennen[1]. Damit ergibt sich ein bequemer Weg für die zeichnerische Ermittlung der Verbrennungstemperatur durch Auswertung der Funktion

$$I = f(H_u, \lambda) = \frac{H_u}{V_{\min} + (\lambda - 1) L_{\min}}, \tag{642}$$

was in Abb. 237 für feste Brennstoffe getan ist (ohne Dissoziation).

[1] Weitere Anhaltsformeln siehe W. Gumz, Kurzes Handbuch der Brennstoff- und Feuerungstechnik. Berlin 1942.

Die so einfachen statistisch belegten Zusammenhänge (638) bis (641) haben auch eine gewisse thermodynamische Begründung. Wenn man nämlich reinen Kohlenstoff in Luft verbrennt, so werden 97700 kcal/kmol entwickelt und 22,4 Nm^3 CO_2 sowie $\frac{79}{21}$ 22,4 Nm^3 N_2 gebildet. Mithin ist $I = 918$ kcal/Nm^3 Verbrennungsgas. Bei H_2 mit 57590 kcal/kmol unterem Heizwert und 22,4 Nm^3 H_2O sowie $\frac{1}{2} \cdot \frac{79}{21}$ 22,4 Nm^3 N_2 erhält man $I = 895$ kcal/Nm^3, also annähernd denselben Wert. Rechnet man genauer einschließlich Bildungswärmen für C mit 99000 und für H_2 mit 60000 kcal/kmol, so ist I in beiden Fällen 930 kcal/Nm^3. Bei Gleichheit beider Wärmeinhalte verschwindet der Einfluß der Konzentration im Verbrennungsgas. Damit ist bei theoretischer Verbrennung ($\lambda = 1$) das Abgasvolumen

$$V_{\min} = \frac{H_u}{930} = \frac{1{,}075}{1000} H_u, \tag{643}$$

also von gleichem Aufbau und Größenordnung wie die statistischen Gl. (638) bis (641), deren geringe zahlenmäßige Abweichungen auf die Verschiedenheit der Bildungswärmen vornehmlich der C-Verbindungen zurückzuführen sind.

e) Wärmeverluste.

Die Verbrennungsgase entweichen bei technischen Prozessen mit Temperaturen t_2, die über der Umgebungstemperatur t_1 liegen, schon um sie mit natürlichem Zug abführen zu können und um Wasserniederschlag und das Austauen von schwefliger Säure zu verhüten. Damit ist ein Wärmeverlust verbunden, und man ist genötigt, die Abgastemperatur t_2 so niedrig wie möglich zu halten. Je nach wirtschaftlicher Größe der wärmeaustauschenden Flächen und Prozeßführung liegt t_2 bei 150 bis 300° C und darüber. Der *Abwärmeverlust* Q_a (Abgasverlust, Schornsteinverlust) errechnet sich je kg Brennstoff nach (634) mit $L_{\min}$ in Nm^3/kg und C_{pm} in kcal/kmol · Grad zu

$$\left.\begin{aligned} Q_a = (t_2 - t_1)\Big\{&\frac{c}{12}\left[C_{pm\,CO_2}\right]_0^{t_1+t_2} + \left(\frac{h}{2} + \frac{w}{18}\right)\left[C_{pm\,H_2O}\right]_0^{t_1+t_2} + \\ &+ \frac{0{,}21}{22{,}4}(\lambda - 1)\,L_{\min}\left[C_{pm\,O_2}\right]_0^{t_1+t_2} + \frac{0{,}79}{22{,}4}\,\lambda\,L_{\min}\left[C_{pm\,N_2}\right]_0^{t_1+t_2}\Big\}.\end{aligned}\right\} \tag{644}$$

Dabei ist angenähert $[C_{pm}]_{t_1}^{t_2} = [C_{pm}]_0^{t_1+t_2}$. Wenn die Abgasanalyse in der Form

$$CO_2 + O_2 + N_2 = 1$$

vorliegt, so gilt in kcal/kg mit V_t in Nm^3/kg

$$\left.\begin{aligned} Q_a = (t_2 - t_1)\Big\{&\frac{V_t}{22{,}4}\Big[CO_2\left[C_{pm\,CO_2}\right]_0^{t_1+t_2} + O_2\left[C_{pm\,O_2}\right]_0^{t_1+t_2} + \\ &+ N_2\left[C_{pm\,N_2}\right]_0^{t_1+t_2}\Big] + \left(\frac{h}{2} + \frac{w}{18}\right)\left[C_{pm\,H_2O}\right]_0^{t_1+t_2}\Big\}.\end{aligned}\right\} \tag{645}$$

Bei nennenswertem Gehalt an CO, H_2 oder C_mH_n treten weitere Glieder hinzu. Im übrigen ist zu beachten, daß die Abgasmenge und der Abwärmeverlust um so größer sind, je höher der Luftüberschuß und damit je niedriger der CO_2-Gehalt ist.

Für trockene Rauchgase ist $[C_{pm}]_{t_1}^{t_2} \approx 0{,}32$ kcal/Nm³ · Grad und für Wasserdampf $\approx 0{,}48$ kcal/kg · Grad. Mit (606) findet man bei Anwesenheit von CO

$$Q_a \approx \left\{0{,}32 \frac{1{,}87\, c}{CO_2 + CO} + 0{,}48\,(9\,h + w)\right\}(t_2 - t_1) \tag{646}$$

in kcal/kg oder

$$Q_a \approx 0{,}32\,[V_{\min} + (\lambda - 1)\,L_{\min}]\,(t_2 - t_1), \tag{647}$$

worin man die Ausdrücke (638) bis (641) einsetzen kann. Zur Vereinfachung ist eine Näherungsformel von SIEGERT in Gebrauch:

$$q_a = x \frac{t_2 - t_1}{(CO_2 + CO) \cdot 100} \tag{648}$$

in vH des Brennstoffheizwertes mit $100 \cdot CO_2$ und $100 \cdot CO$ in Raumprozenten. x hat folgende Werte:

Zahlentafel 61. *Beiwerte x der* SIEGERT*schen Formel* (648).

	CO_2	0,10	0,12	0,14	0,16
Holz	$w = 0{,}3$	0,85	0,88	0,92	0,95
	0,5	1,01	1,05	1,10	1,14
Steinkohle und Braunkohle .	0,0	0,67	0,675	0,68	0,685
	0,1	0,68	0,685	0,69	0,695
	0,2	0,70	0,71	0,72	0,73
	0,5	0,83	0,86	0,89	0,92
aliphatisches Heizöl	0,0	0,60	0,62	0,64	0,66

Einen Begriff von der Höhe des Abgasverlustes vermittelt Abb. 238 für Braunkohlenbriketts. Bei anderen Brennstoffen liegt der Verlust in derselben Größen-

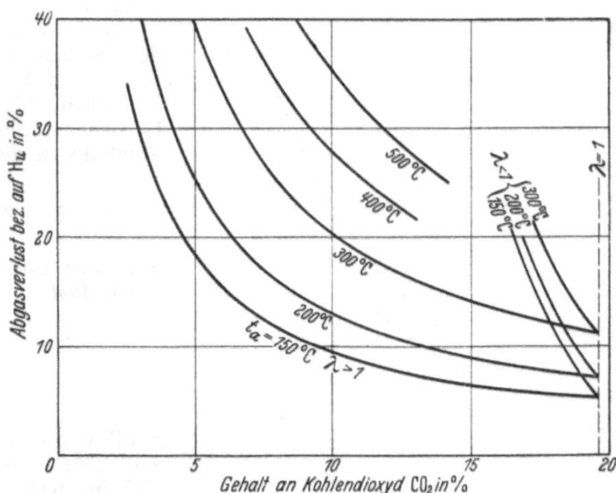

Abb. 238. Abgasverlust durch fühlbare Wärme und Unverbranntes in vH von H_u bei verschiedener Abgastemperatur $t_a = t_2$ für Braunkohlenbriketts. Umgebungstemperatur $t_1 = 0°$ C.

ordnung. Anders als bei den Dampfkesseln sind Abgase von Verbrennungskraftmaschinen noch um 400 bis 600° C warm, während bei Öfen in der Hüttentechnik Abgastemperaturen bis 1200° C auftreten. Der fühlbare Wärmeinhalt kann dann bis über 300 kcal/Nm³ Abgas betragen. Aus Gründen der Wirtschaftlichkeit muß man einen möglichst großen Teil dieser Abgaswärme in Abhitzkesseln oder anderen Abwärmeverwertern ausnützen.

Die unvollständige Verbrennung ist mit einem *Wärmeverlust durch unverbrannten Brennstoff* verbunden. Werden nur α Teile verbrannt und wird nur der CO-Gehalt im Abgas als wesentlich angesehen, so findet man je kg Brennstoff mit 8080 — 2440 = 5640 (Tafel XXI)

$$\underset{\text{Verlust}}{Q_u} = c\left[\underset{\text{im Verbrennungsgas}}{\alpha \frac{5640\,CO}{CO_2 + CO}} + \underset{\text{im Rückstand}}{(1-\alpha)\,8080}\right]. \tag{649}$$

$CO/(CO_2 + CO)$ ist dabei der Anteil des CO zur möglichen CO_2-Bildung. Sind neben CO noch H_2 und CH_4 im Abgas, so ist je kg Brennstoff

$$Q_u = V_t\left(3020\,CO + \begin{bmatrix}3050\\2570\end{bmatrix} H_2 + \begin{bmatrix}9520\\8550\end{bmatrix} CH_4\right) \tag{650}$$

mit V_t in Nm^3/kg (bei $\alpha = 1$). Aus (606) und (650) ergibt sich für CO-haltiges Abgas wieder

$$Q_u = 5640\,c\,\frac{CO}{CO_2 + CO}. \tag{651}$$

Für Steinkohle mit 7500 kcal/kg und $c = 0{,}80$ kg/kg z. B. ist

$$q_u = y\,\frac{CO}{CO_2 + CO} = 60\,\frac{CO}{CO_2 + CO} \tag{652}$$

in vH vom unteren Heizwert ähnlich (648). Demnach hat 1 vH CO immerhin einen Verlust von etwa 5 vH des Heizwertes zur Folge. Bei festen Brennstoffen ist im allgemeinen $\alpha < 1$ und im wesentlichen nur CO im Abgas. Flüssige Brennstoffe verbrennen in der Regel ohne Rest ($\alpha = 1$), aber im Abgas finden sich leicht neben CO noch größere Mengen an anderen brennbaren Gasen und Dämpfen.

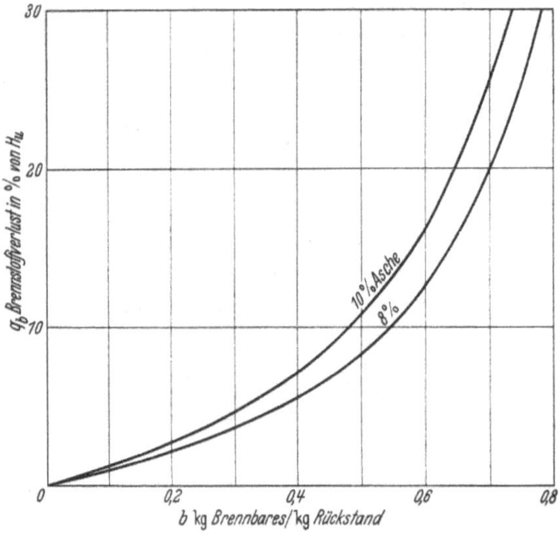

Bei a kg/kg Aschegehalt des Brennstoffes und b in kg/kg Brennbarem im festen Rückstand (als Koks in den Herdrückständen oder als Flugkoks in der Flugasche) ist

$$1 - \alpha = a\,\frac{b}{1-b}$$

und der anteilige *Brennstoffverlust*

$$q_b = \frac{a\,\frac{b}{1-b}\,8080}{H_u}\,100 \tag{653}$$

in vH von H_u. Siehe hierzu Abb. 239. Der brennbare Teil im festen Rückstand von Kohlen kann bei technischen Verbrennungen bis 25 vH ($b = 0{,}25$ kg/kg) und mehr betragen.

Abb. 239. Verlust durch Brennbares im Rückstand von Magerkohle bei 8 und 10 vH Asche und 7500 kcal/kg unterem Heizwert.

Der *Gesamtverlust* durch Abwärme und Unverbranntes nimmt Werte nach Abb. 240 an, wobei sich ein feuerungstechnisches Optimum herausbildet mit der günstigsten Luftüberschußzahl λ. Daneben treten noch Verluste durch Leitung und Strahlung sowie durch die fühlbare Wärme in den festen Rückständen (Asche, Schlacke) auf.

Beispiele.

a) Vollkommene Verbrennung.

Beispiel 1. Braunkohlenbriketts mit der Kennzahl $\sigma = 1{,}12$ und einem Kohlenstoffgehalt von $c = 0{,}52$ kg/kg sollen mit 50 vH Luftüberschuß verbrannt werden. Wie groß ist der Luftbedarf L?

(561) $L = 7{,}77\ \text{Nm}^3/\text{kg}$.

Beispiel 2. Welche Kennzahl σ hat Naphthalin $C_{10}H_8$? Zu ermitteln sind Luftbedarf und Verbrennungsgase bei theoretischer Verbrennung.

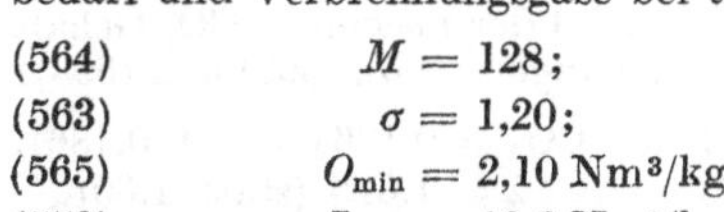

(564) $M = 128$;

(563) $\sigma = 1{,}20$;

(565) $O_{\min} = 2{,}10\ \text{Nm}^3/\text{kg}$;

(550) $L_{\min} = 10{,}0\ \text{Nm}^3/\text{kg}$;

Stickstoff $= 7{,}90\ \text{Nm}^3/\text{kg}$.

(565) Kohlendioxyd $= 1{,}75\ \text{Nm}^3/\text{kg}$;

Wasserdampf $= 0{,}70\ \text{Nm}^3/\text{kg}$.

Feuchtes Verbrennungsgas

$V_{\min} = 10{,}35\ \text{Nm}^3/\text{kg}$;

Trockenes Abgas $CO_2 = 18{,}15$ vH;

$N_2 = 81{,}85$ vH.

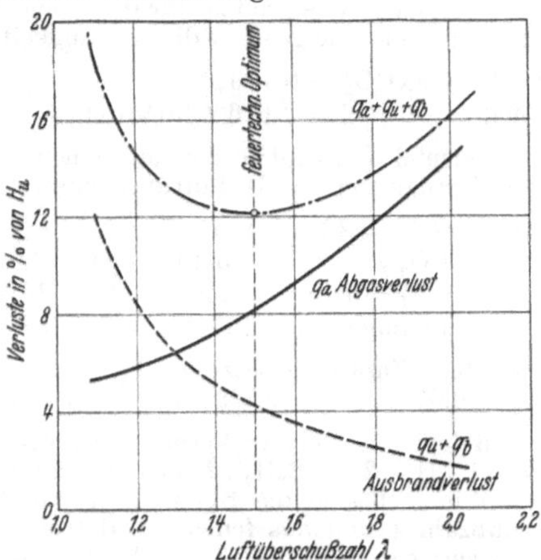

Abb. 240. Mittlerer Gesamtverlust durch Abwärme und Unverbranntes in Abhängigkeit von der Luftüberschußzahl λ bei technischen Feuerungen.

Beispiel 3. Gegeben ist eine Ruhrfettkohle mit $c = 0{,}710$; $h = 0{,}044$; $o = 0{,}045$; $n = 0{,}012$; $s = 0{,}009$; $w = 0{,}10$ und $a = 0{,}08$ kg/kg. Der obere Heizwert wurde in der kalorimetrischen Bombe zu $H_o = 7070$ kcal/kg ermittelt. Welche Werte hat die Reinkohle? Wie groß ist der untere Heizwert? Wie ändern sich Aschegehalt und Heizwert, wenn die Feuchtigkeit der Kohle auf 15 vH zunimmt? Vergleiche den berechneten Heizwert mit dem gemessenen.

Reinkohle nach (628) in kg/kg

$c = 0{,}866$; $h = 0{,}054$; $o = 0{,}055$; $n = 0{,}014$; $s = 0{,}011$.

$H_o = 8622$ kcal/kg; (620) $H_u = 8336$ kcal/kg;

bei $w = 0{,}10$ kg/kg; (620) $H_u = 6773$ kcal/kg;

bei $w = 0{,}15$ kg/kg; (627) $a = 0{,}0755$ kg/kg oder rd. 7,5 vH;

$H_o = 6677$ kcal/kg; (627) $H_u = 6364$ kcal/kg.

Rechnerisch (625) $H_u = 6827$ kcal/kg (um 0,80 vH zu hoch);

(626) $H_u = 6735$ kcal/kg (um 0,56 vH zu klein);

(625a) $H_u = 6751$ kcal/kg (um 0,32 vH zu klein).

Den nächsten Wert gibt die verbesserte Verbandsformel (625a). Die Abweichungen liegen durchweg unter 1 vH. Die Genauigkeit der Berechnung wird jedoch durch die Genauigkeit der kalorimetrischen Messung übertroffen[1].

Beispiel 4. Wie groß sind für die Steinkohle von Beispiel 3 die Kennzahlen σ und ν, $O_{\min}$ und $L_{\min}$? Welche Zusammensetzung haben die Verbrennungsgase bei 60 vH Luftüberschuß?

---

[1] Siehe A. Gramberg, Technische Messungen bei Maschinenuntersuchungen und zur Betriebskontrolle. 6. Aufl., S. 419. Berlin 1933.

(554) $\sigma = 1{,}165;$ (557) $\nu = 0{,}00725 \approx 0 \left(= \frac{0{,}012}{28} \cdot \frac{12}{0.710}\right);$

(555) $O_{\min} = 1{,}547 \approx 1{,}55$ Nm³/kg; (550) $L_{\min} = 7{,}38$ Nm³/kg;
(571) Kohlendioxyd $= 1{,}329$ Nm³/kg;
(571) Wasserdampf $= 0{,}617$ Nm³/kg; (576) $V_f = 12{,}21$ Nm³/kg;
(573) Schwefeldioxyd $= 0{,}006$ Nm³/kg; (589) $CO_2 = 0{,}115$
(550) Sauerstoff $= 0{,}930$ Nm³/kg; (590) $O_2 = 0{,}080$ } zus. 1,000
(550) Stickstoff $= 9{,}326$ Nm³/kg; (591) $N_2 = 0{,}805$

$V_f = 12{,}208$ Nm³/kg; $V_t = 12{,}208 - 0{,}617 = 11{,}591.$

Beispiel 5. Wie groß ist für die Kohle von Beispiel 3 der maximale CO_2-Gehalt im Abgas und wie groß ist die Genauigkeit der Beziehungen (596), (597) und (598)?

(593) $\max CO_2 = 0{,}186;$ (598) $\max CO_2 = 0{,}1864$ (statt 0,186).
(596) $\lambda = 1{,}616$ (statt 1,60); (597) $\lambda = 1{,}615$ (statt 1,60).

Beispiel 6. Ermittle die Zusammensetzung und Menge der Verbrennungsgase von Methan bei 50 vH Luftüberschuß.

(566) $O_{\min} = 2$ Nm³/Nm³; (582) $N_2 = 11{,}3$ Nm³/Nm³;
(579) $CO_2 = 1{,}0$ (580) $H_2O = 2{,}0;$ (581) $O_2 = 1{,}0.$
$V_f = 15{,}3$ und $V_t = 13{,}3$ Nm³/Nm³;
Brenngemisch (570) $V' = 15{,}3$ Nm³/Nm³ $= V_f;$ (603) $\Delta V = 0.$

Anteilige Zusammensetzung des trockenen Verbrennungsgases $CO_2 = 0{,}0755;$ $O_2 = 0{,}0755;$ $N_2 = 0{,}849;$ vgl. hierzu das Beispiel in Abb. 229.

Beispiel 7. Bei der Verbrennung von Koksofengas mit 8 RT CO′, 51 RT H_2', 28 RT CH_4', 2 RT C_2H_4', 2 RT CO_2' und 9 RT N_2' zeigt die Abgasanalyse 8 RT CO_2 an. Wie groß sind die Kennzahlen σ und ν, der Luftbedarf $L_{\min}$, die Luftüberschußzahl λ und das feuchte und trockene Abgasvolumen V_f und V_t? Welchen Heizwert hat 1 Nm³ des Gases bei 0° C und welchen bei Vorwärmung auf 300° C? Welche scheinbare Verbrennungstemperatur ergibt sich bei adiabatischer Verbrennung bei $P =$ konst. und bei $V =$ konst.?

(568) $\sigma = 2{,}180;$ (569) $\nu = 0{,}214;$ (566) $L_{\min} = 4{,}36$ Nm³/Nm³;
(592) $\lambda = 1{,}298 \approx 1{,}3.$

(579) $CO_2 = 0{,}42$ Nm³/Nm³; (603) $\Delta V = -0{,}295$ Nm³/Nm³;
(580) $H_2O = 1{,}11$ Nm³/Nm³; nach (Tafel XXI) und (621) und (623)
(581) $O_2 = 0{,}28$ Nm³/Nm³; $H_o = 4763;$ $H_u = 4231$ kcal/Nm³;
(582) $N_2 = 4{,}57$ Nm³/Nm³;
$V_f = 6{,}38$ Nm³/Nm³;
$V_t = 5{,}27$ Nm³/Nm³.

$$H_o + \Delta I' = H_o + \sum \frac{r_i}{22{,}4} [C_{pmi}]_0^t \, t$$

$$= 4763 + 0{,}361 \cdot 300 = 4871 \text{ kcal/Nm}^3;$$

$$H_u + \Delta I' = 4231 + 0{,}361 \cdot 300 = 4339 \text{ kcal/Nm}^3;$$

$$I_{\text{Luft}} = 1{,}3 \cdot 4{,}36 \, \frac{7{,}06}{22{,}4} \, 300 = 536 \text{ kcal};$$

(641) $V_{\min} = 5{,}07$ und $L_{\min} = 4{,}36$ Nm³/Nm³;

(578) $V_f = 6{,}38$ Nm³/Nm³ (wie oben);

(636) $r_L = 0{,}205 \approx 0{,}2.$

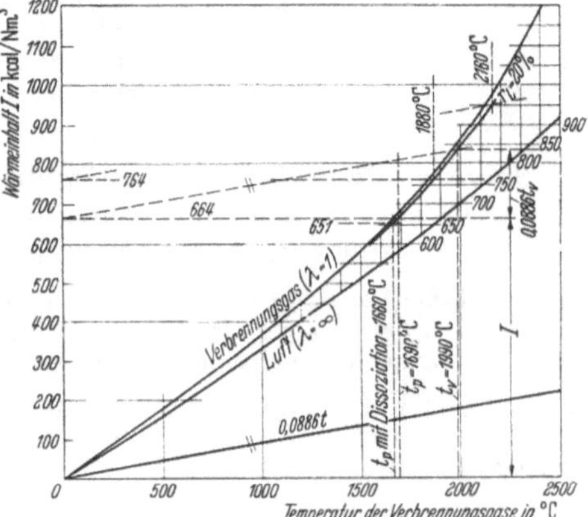

Abb. 241. I, t-Diagramm des Koksofengases von Beispiel 7 (ohne Dissoziation).

Vorwärmung	0° C	300° C	
I' Gemisch kcal	4231	4875	$(= H_u + \Delta I' + I_{\text{Luft}})$
(637) I kcal/Nm³	664	764	
(Abb. 236) $t^0_{P=\text{konst.}}$	1690	1880	rechnerisch nach (635) gleiche Werte
(Abb. 236) $t^0_{V=\text{konst.}}$	1990	2160	(Ermittlung siehe Abb. 241)

Durch Vorwärmung um 300° wird die Verbrennungstemperatur nur um knapp 200° erhöht. Die wahre Verbrennungstemperatur unter Berücksichtigung der Dissoziation ergibt sich bei $P =$ konst. ohne Vorwärmung nach Abb. 233. Bei 1700° C werden 2 vH der Gesamtwärme des Verbrennungsgases von Koksofengas gebunden. Fühlbare Wärmemenge 664 — 13 = 651 kcal/Nm³ entsprechend rd. 1660° C nach Abb. 241. Untere Zündgrenze des Gases nach Zahlentafel XIV

$$Z = \frac{100}{\frac{8}{12,5} + \frac{51}{4,1} + \frac{28}{4,9} + \frac{2}{3,0}} = 5,1 \text{ RT/100 RT.}$$

Tatsächlich angewandte Mischung 1 Teil Gas auf $4,36 \cdot 1,3 = 5,67$ Teile Luft entsprechend 100 : 6,67 = 15 RT (also > 5,1 RT) je 100 RT.

Beispiel 8. Bei der Verbrennung von Generatorgas in der Zusammensetzung 20 RT H_2', 25 RT CO′, 5 RT CO_2' und 50 RT N_2' wurde im Abgas 12,5 RT CO_2 festgestellt. Welches ist der obere und der untere Heizwert je Nm³ und je kg, die Zusammensetzung in kg/kg und der Überschuß an Verbrennungsluft? Wie groß ist der untere Heizwert im Betriebszustand von + 100 mm WS und 30° C bei 745 Torr Barometerstand? Wie groß ist das scheinbare Molekulargewicht und die Gaskonstante, das spezifische Gewicht und die Dichte (Luft = 1) des Gases?

$H_o = 0,20 \cdot 3050 + 0,25 \cdot 3020 = 1365$ und (621) $H_u = 1269$ kcal/Nm³;
(343) $M = 23,60$; in 100 GT sind 1,7 GT H_2; 29,6 GT CO;
9,3 GT CO_2 und 59,4 GT N_2; (344) $R = 35,9$ m/Grad;
(346) $\gamma = 1,052$ kg/Nm³; $\delta = 0,815$.

$$1 \text{ Nm}^3 \text{ ist bei } \frac{745}{735,6}\, 10^4 + 100 = 10230 \text{ kg/m}^2 \text{ und } 30\,°\text{C} \triangleq 1,121 \text{ m}^3;$$

$H_u = 1269/1,121 = 1132$ kcal/m³;
$H_o = 1365/1,052 = 1298$ kcal/kg und $H_u = 1203$ kcal/kg;
(568) $\sigma = 0,75$ (569) $\nu = 1,66$; (592) $\lambda = 1,70$; $L - L_{\min} = 0,749$ Nm³/Nm³.

Beispiel 9. Für eine Kohle liegt eine Kurzanalyse vor mit $c = 0,52$, $w = 0,15$, $a = 0,08$ und $H_u = 4800$ kcal/kg. Die Abgasanalyse ergibt 14,5 RT CO_2 und 5,0 RT O_2. Um was für eine Kohle handelt es sich? Wie groß ist die Kennzahl σ und die Luftüberschußzahl λ? Welcher Abgasverlust tritt bei $t_2 = 200°$ C Abgastemperatur und $t_1 = 20°$ C Außentemperatur auf?

(601) $\lambda = 1,31$; (589/590) $\sigma = 1,15$;
Reinkohle $c = 0,52/(1 - 0,15 - 0,08) = 0,675$ kg/kg. Es handelt sich um eine Braunkohle ($c = 0,675$) und um brikettierte Braunkohle ($w = 0,15$). Angenommen $h = 0,044$ kg/kg.
(645) $Q_a = 440$ kcal/kg; mit (584) $V_t = 6,71$ Nm³/kg;
$q_a = 440/4800 = 9,18$ vH; (648) mit $x = 0,71$ gibt $q_a = 8,82$ vH;
(646) $Q_a = 434$ kcal/kg;
(647) $Q_a \approx 0,32\,[5,91 + (1,30 - 1)\,5,35]\,180 = 433$ kcal/kg; mit
(638) $V_{\min} = 5,91$ und $L_{\min} = 5,35$ Nm³/kg.

Beispiel 10. Welche Verbrennungsgase entstehen bei Verbrennung von Spiritus, der aus 92 vH Alkohol (C_2H_5OH) und 8 vH Wasser besteht, ohne Luftüberschuß? Welches ist der obere und der untere Heizwert?

(564) $M = 46$; (565) $O_{min} = 1{,}345$ Nm³/kg;
$CO_2 = 0{,}897$ und $H_2O = 1{,}444$ Nm³/kg; (Tafel XVII) Alkohol $H_o = 7100$ kcal/kg;
(620) $H_u = 6400$ kcal/kg. Spiritus $H_o = 0{,}92 \cdot 7100 = 6530$ kcal/kg;
(627) $H_u = 5840$ kcal/kg.

Beispiel 11. Methan von atmosphärischem Druck und 0° C ist innig mit Luft im Verhältnis 1 : 10 gemischt. Wie hoch ist die Explosionstemperatur?
($H_u = 8550$ kcal/Nm³ nach Tafel XXI.) (602) $1 + 10 = V' = V$.
Annahme 2400° C und 2500° C; verfeinert auf $t = 2450°$ C mit

$$t = \frac{8550 \cdot 22{,}4}{1 \cdot 11{,}27 + 2 \cdot 8{,}83 + 0{,}1 \cdot 6{,}58 + 7{,}9 \cdot 6{,}12} = 2460°\text{ C}$$

(siehe Beispiel 6). Mit $I = 8550/11 = 777$ kcal/Nm³ erhielte man aus Abb. 236 für $V =$ konst. den Wert $t = 2150°$ C. Abb. 236 gilt *nicht* für Methan, dessen I, t-Kurve erheblich flacher verläuft!

Beispiel 12. Es ist zu empfehlen, zur Übersichtlichkeit möglichst in Tabellenform zu rechnen. Dafür folgendes Beispiel: Ein Gasmotor arbeitet mit Leuchtgas der Zusammensetzung

CO	H_2	CH_4	C_mH_n	CO_2	N_2	O_2
19,2	49,2	17,4	1,4	4,8	7,8	0,2 RT/100 RT.

Wie groß ist der obere und der untere Heizwert? Welches ist die Abgaszusammensetzung in Nm³/Nm³ Gas bei $\lambda = 1{,}25$, die Anteile des trockenen Abgases und die Gaskonstante für das Leuchtgas und für die feuchten Abgase? Welche Raumänderung tritt bei der Verbrennung ein?

Gas	r	M	$r_i M_i$	H_o	$r \cdot H_o$	O_{min}	$r \cdot O_{min}$	CO_2	H_2O	O_2	N_2
	m³/m³			kcal/Nm³	kcal/Nm³	Nm³/Nm³	Nm³/Nm³	Nm³/Nm³ Gas			
CO	0,192	28	5,38	3020	578	0,5	0,096	0,192	—	—	—
H_2	0,492	2	0,98	3050	1500	0,5	0,246	—	0,492	—	
CH_4	0,174	16	2,78	9520	1656	2	0,348	0,174	0,348	—	—
C_2H_4	0,014	28	0,39	15290	214	3	0,042	0,028	0,028	—	—
CO_2	0,048	44	2,11	—	—	—	—	0,048	—	—	—
N_2	0,078	28	2,19	—	—	—	—	—	—	—	0,078
O_2	0,002	32	0,06	—	—	1	−0,002	—	—	—	—
zus.	1,000	—	13,89	—	3948	—	0,730	0,442	0,868	—	0,078
	$R = \frac{848}{13{,}89} = 61{,}1$					$\lambda = 1{,}25$					
						$0{,}25 \cdot 0{,}730 =$				0,183	—
						$\frac{79}{21} \cdot 0{,}730 \cdot 1{,}25 =$				—	3,433
						Zusammen				0,183	3,511

(621) $H_u = 3948 - 0{,}868 \cdot 480$
$= 3531$ kcal/Nm³

Gas oder Dampf	Trockene Abgase		Feuchte Abgase			
	Nm³/Nm³	r m³/m³	Nm³/Nm³	r m³/m³	M	rM
CO_2	0,442	0,107	0,442	0,088	44	3,87
O_2	0,183	0,044	0,183	0,036	32	1,15
N_2	3,511	0,849	3,511	0,702	28	19,65
H_2O	—	—	0,868	0,174	18	3,13
zus.	$4{,}136 = V_t$	1,000 in V_t	$5{,}004 = V_f$	1,000 in V_f		27,80

$$R = \frac{848}{27{,}80} = 30{,}5;$$

$$V' = 1 + \lambda L_{\min} = 1 + 1{,}25 \cdot \frac{0{,}730}{0{,}21} = 5{,}35\ \mathrm{Nm^3/Nm^3};$$

$$V_f = 5{,}00\ \mathrm{Nm^3} < 5{,}35\ \mathrm{Nm^3}, \quad \Delta V = -0{,}35\ \mathrm{Nm^3/Nm^3}; \qquad \text{oder}$$

$$(603) \quad -\Delta V = \frac{0{,}192}{2} + \frac{0{,}492}{2} = 0{,}342. \text{ Kontraktionszahl } \alpha = 0{,}935.$$

Beispiel 13 (nach MOLLIER). Es ist zu untersuchen, bei welchen Temperaturen die bei vollkommener Verbrennung entstehenden Abgase das sich bildende Verbrennungswasser gerade noch dampfförmig festhalten können, wenn

a) Steinkohle ($c = 0{,}78$, $h = 0{,}05$, $o = 0{,}08$, $w = 0{,}02$, $a = 0{,}07$),
b) Braunkohlenbriketts ($c = 0{,}53$, $h = 0{,}045$, $o = 0{,}20$, $w = 0{,}15$, $a = 0{,}075$),
c) Rohbraunkohle ($c = 0{,}28$, $h = 0{,}02$, $o = 0{,}08$, $w = 0{,}54$, $a = 0{,}08$)

verbrannt wird und $\lambda = 1{,}5$, $2{,}0$ und $2{,}5$ ist? Die Verbrennungsluft werde trocken zugeführt ($p \approx 1$ at abs.).

λ	a) $\sigma = 1{,}154$			b) $\sigma = 1{,}113$			c) $\sigma = 1{,}107$		
	1,5	2,0	2,5	1,5	2,0	2,5	1,5	2,0	2,5
CO_2 vH	12,36	9,22	7,36	12,70	9,53	7,61	12,82	9,58	7,65
V_t Nm³/kg	11,84	15,84	19,84	7,76	10,40	13,02	4,09	5,47	6,84
$V_f - V_t$	0,58	0,58	0,58	0,69	0,69	0,69	0,89	0,89	0,89
100 r_D	4,67	3,53	2,84	8,17	6,23	5,03	17,9	14,0	11,5
h Torr	34,4	26,0	20,9	60,1	45,8	37,0	131,6	103,0	84,6
t °C	31,4	26,6	22,9	41,6	36,5	32,6	57,3	52,2	48,2

$r_D = (V_f - V_t)/V_f$ Nm³ Wasserdampf/Nm³ Gemisch; $h = r_D \cdot 735{,}6$ Torr.

t ist in Zahlentafel XI zu h aufzusuchen. Je größer λ ist, desto niedriger sind die Taupunkte, je mehr Wasserdampf gebildet wird, um so höher liegen sie.

b) Unvollkommene Verbrennung.

Beispiel 14. Wie groß ist der Verlust durch Unverbranntes, wenn bei der Verbrennung des Spiritus (Beispiel 10) an der Mindestluftmenge 10 vH fehlen würden und kein Sauerstoff in den Verbrennungsgasen gefunden würde?

(563) $\sigma = 1{,}5$; $c = 0{,}92 \cdot 2 \cdot 12/46 = 0{,}48$ kg/kg;
(613) $CO = 0{,}0494 \approx 0{,}050$; (612) $CO + CO_2 = 0{,}165$;
(651) $Q_u = 824$ kcal/kg; $q_u = 14$ vH.

Beispiel 15. Benzin mit der Zusammensetzung $c = 0{,}85$ und $h = 0{,}15$ kg/kg und mit $H_u = 10000$ kcal/kg wird mit einer Luftüberschußzahl $\lambda = 0{,}75$ und 1,00 und 1,50 bei konstantem Volumen verbrannt. Die Anfangstemperatur sei gleich der Umgebungstemperatur und 0° C. Wie hoch ist die scheinbare Temperatur der Verbrennungsgase bei adiabatischem Vorgang? Siehe hierzu Abb. 230. Die Abgase sollen bei $\lambda < 1$ kein O_2 und bei $\lambda > 1$ kein CO enthalten. In Nm³/kg ist:

λ	CO_2	CO	O_2	N_2	H_2O	V_f	V_t	Q
0,75	0,37	1,22	0	6,84	1,68	10,11	8,43	6310
1,00	1,59	0	0	9,15	1,68	12,42	10,74	10000
1,50	1,59	0	1,22	13,70	1,68	18,19	16,51	10000
Gl.	571	545	552 581	558 582	571	558 576	—	650

λ	$t_{\text{ang.}}$ °C	$[C_{pm}]_0^t - 2 = [C_{vm}]_0^t$ für CO$_2$	CO	N$_2$	O$_2$	H$_2$O	$\sum V_f \frac{[C_{vm}]_0^t}{22,4}$ kcal/kg·Grad	$t = Q/\Sigma$ °C
1. Annahme von t:								
0,75	2000	10,99	6,05	5,98	—	8,41	2,97	2130
1,00	2000	10,99	—	5,98	—	8,41	3,85	2600
1,50	1500	10,56	—	5,78	6,20	7,84	5,21	1920
2. Annahme von t (verfeinert):								
0,75	2100	11,06	6,09	6,01	—	8,52	2,99	2110
1,00	2550	11,32	—	6,15	—	8,91	3,98	2520
1,50	1900	10,92	—	5,94	6,38	8,30	5,36	1870

Die Temperaturen sind 2100° C, 2540° C und 1890° C. Zum Vergleich mit Abb. 230 ist in RT/100 RT

Punkt in Abb. 230	λ	CO$_2$	CO	O$_2$	N$_2$
B	0,75	4,4	14,4	0	81,2
C	1,00	14,8	0	0	85,2
D	1,50	9,6	0	7,4	83,0

Beispiel 16. Gegeben: Braunkohle mit $c = 0{,}572$, $h = 0{,}043$, $o = 0{,}215$, $n = 0{,}008$, $s = 0{,}004$, $w = 0{,}100$ und $a = 0{,}058$ kg/kg und $H_u = 5000$ kcal/kg; Abgasanalyse $CO_2 = 10{,}4$, $CO = 1{,}2$, $O_2 = 9{,}0$; Außentemperatur 10° C, Abgastemperatur 250° C. Zu ermitteln sind Luftüberschußzahl λ, Abgasmengen V und V_t, Verluste Q_a und Q_u. Die scheinbare Verbrennungstemperatur bei $P =$ konst. ist abzuschätzen bei 300° Vorwärmung des Brenngemisches ($\alpha = 1$).

(554) $\sigma = 1{,}089$; (608) $\lambda = 1{,}67$; (606) $V_t = 9{,}21$ Nm³/kg;
(571) Wasser $= 0{,}605$ Nm³/kg; $V_f = 9{,}82$ Nm³/kg;
(646) $Q_a = 762$ kcal/kg; (651) $Q_u = 335$ kcal/kg; $q_a + q_u = 22$ vH.

Aus Abb. 237 ist t bei $H_u = 5000$ und $\lambda = 1{,}67$ ohne Vorwärmung 1420° C, mit Vorwärmung auf 300° C ist $t = 1620$°C.

Beispiel 17. Wenn in Beispiel 16 noch $H_2 = 0{,}5$ vH und $CH_4 = 0{,}2$ vH im Abgas vorkommen und $1 - \alpha = 10$ vH des Brennstoffes unverbrannt bleiben, wie groß ist dann λ und Q_u?

(608) $\lambda = 1{,}45$; (650) $Q_u = 1040$ kcal/kg; (606) $V_t = 8{,}16$ Nm³/kg.

Beispiel 18. Bei der Verbrennung von Benzol (C_6H_6) wird eine starke Verrußung festgestellt. Die Abgasanalyse ergab $CO_2 = 10{,}4$ vH, $CO = 8{,}2$ vH und $O_2 = 1{,}6$ vH. Sonstige brennbare Stoffe waren nicht im Abgas. Wie groß sind Luftüberschußzahl λ und Menge des unverbrannten Kohlenstoffes $1 - \alpha$?

(564) $M = 78$; (554) $\sigma = 1{,}25$; aus (609/610) $\lambda = 0{,}82$ und $\alpha = 0{,}899 \approx 0{,}90$.

Verbrennung unter 18 vH Luftmangel, 100 g C bleiben je kg Benzol unverbrannt. Das Ergebnis ist stark von der Genauigkeit der Analyse abhängig.

Beispiel 19. Mit einer kalorimetrischen Bombe wird der obere Heizwert von Naphthalin $C_{10}H_8$ bestimmt. Rauminhalt der Bombe 0,45 l. Anfangs- und Endtemperatur 15° C, Enddruck gemessen 17,50 at Überdruck. CO_2-Gehalt gemessen 28 vH. Kann aus diesen Angaben auf die Menge des verbrannten Naphthalins geschlossen werden? Wie hoch war der Anfangsdruck bei Anwendung von reinem Sauerstoff?

$V_t = 0{,}00764$ Nm³, darin 0,00214 Nm³ CO_2. Laut Beispiel 2 gibt 1 kg $C_{10}H_8$ 1,75 Nm³ CO_2 und 0,70 Nm³ H_2O. $1000 \cdot 0{,}00214/1{,}75 = 1{,}224$ g $C_{10}H_8$. Wasser fällt an 0,000856 Nm³ oder 0,688 g. $V_f = 0{,}00850$ Nm³. Endzustand bei kondensiertem Wasser 0,00214 Nm³ CO_2 und 0,00550 Nm³ O_2. Verbraucht 0,00257 Nm³ O_2/1,224 g $C_{10}H_8$, damit Anfangsmenge $O_2 = 0{,}00807$ Nm³ oder 0,01153 kg. $p = 19{,}55$ at abs. zu Anfang oder 18,55 at Überdruck.

Zahlentafel I. *Gastafel. Technische Gase, Normkubikmetergewichte und spezifische Wärmen unter Verwendung von DIN 1871.*

Gas	Zeichen	Atomzahl	Molekulargewicht M angenähert	Molekulargewicht M genau $O_2 = 32$	Normkubikmetergewicht γ_N kg/Nm³	Bezogene Dichte bei 0° C und 760 Torr (Luft = 1) δ	$\varkappa_0 \cdot 10^6$ bei 0° C	Gaskonstante R mkg/kg·Grad	Molvolumen bei 0° C und 760 Torr Nm³/kmol	Wahre spez. Wärme bei 0° C und 0 at abs. C_p kcal/Nm³·Grad	C_v kcal/Nm³·Grad	Wahre spez. Wärme bei 0° C und 0 at abs. c_p kcal/kg·Grad	c_v kcal/kg·Grad	Wahre spez. Wärme bei 0° C und 0 at abs. C_p kcal/kmol·Grad	C_v kcal/kmol·Grad	Verhältnis der spez. Wärmen für 1 kmol oder 1 kg bei 0° C und 0 at abs. $\varkappa = c_p/c_v$
Luft (CO_2-frei)	—	—	(29)	(28,964)	1,2928	1,0000	— 0,8	29,27	22,40	0,310	0,222	0,240	0,172	6,94	4,96	1,40
Helium	He	1	4	4,002	0,1785	0,1381	+ 0,7	212,0	22,42	0,223	0,135	1,249	0,755	5,00	3,02	1,65
Argon	Ar	1	40	39,944	1,7839	1,3799	— 1,3	21,96	22,39	0,226	0,138	0,127	0,077	5,07	3,08	1,65
Wasserstoff . .	H_2	2	2	2,0156	0,08987	0,06952	+ 0,8	420,6	22,43	0,306	0,217	3,403	2,418	6,86	4,87	1,41
Stickstoff . . .	N_2	2	28	28,016	1,2505	0,9673	— 0,6	30,26	22,40	0,311	0,222	0,248	0,177	6,96	4,97	1,40
Luftstickstoff[1]					1,2567	0,9721										
Sauerstoff . . .	O_2	2	32	32,0000	1,42895	1,1053	— 1,3	26,50	22,39	0,312	0,224	0,218	0,156	6,99	5,00	1,40
Kohlenoxyd .	CO	2	28	28,00	1,2500	0,9669	— 0,6	30,29	22,40	0,310	0,221	0,248	0,177	6,96	4,97	1,40
Stickoxyd . . .	NO	2	30	30,008	1,3402	1,0367	— 1,5	28,26	22,39	0,317	0,231	0,239	0,173	7,16	5,18	1,38
Stickoxydul . .	N_2O	3	44	44,016	1,9780	1,5300	— 9,7	19,26	22,25	0,422	0,331	0,213	0,167	9,39	7,37	1,28
Kohlendioxyd .	CO_2	3	44	44,00	1,9768	1,5291	— 9,2	19,27	22,26	0,387	0,298	0,196	0,151	8,61	6,63	1,30
Schwefeldioxyd	SO_2	3	64	64,06	2,9263	2,2635	—31,2	13,24	21,89	0,426	0,334	0,145	0,114	9,31	7,32	1,27
Methan	CH_4	5	16	16,03	0,7168	0,5545	— 2,9	52,90	22,36	0,369	0,279	0,514	0,390	8,24	6,25	1,32
Azetylen . . .	C_2H_2	4	26	26,02	1,1709	0,9057	—11,8	32,59	22,22	0,456	0,366	0,389	0,313	10,13	8,14	1,24
Äthylen	C_2H_4	6	28	28,03	1,2605	0,9750	—10,5	30,25	22,24	0,451	0,361	0,357	0,286	10,02	8,03	1,25
Äthan	C_2H_6	8	30	30,05	1,356	1,049	—15,5	28,21	22,16	0,538	0,449	0,397	0,331	11,93	9,94	1,20
Propan	C_3H_8	11	44	44,06	2,019	1,562	—34,6	19,24	21,82	0,810	0,719	0,401	0,356	17,67	15,69	1,13
Butan-n . . .	C_4H_{10}	14	58	58,08	2,703	2,091	—54,0	14,60	21,49	1,03	0,94	0,38	0,35	22,21	20,22	1,1
Benzoldampf[2] .	C_6H_6	12	78	78,05	(3,48)	(2,69)	—	(10,86)	(22,4)	(0,93)	(0,84)	(0,266)	(0,241)	(20,80)	(18,81)	(1,1)
Ammoniak . .	NH_3	4	17	17,031	0,7714	0,5967	—20,3	49,79	22,08	0,385	0,295	0,499	0,382	8,50	6,51	1,30
Chlorwasserstoff	HCl	2	36,5	36,465	1,6391	1,2679	— 9,8	23,25	22,25	0,315	0,225	0,192	0,138	7,00	5,01	1,39
Schwefelwasserstoff	H_2S	3	34	34,08	1,5392	1,1906	—13,7	24,88	22,14	0,366	0,276	0,238	0,179	8,10	6,11	1,33
Wasserdampf[2] .	H_2O	3	18	18,0156	(0,804)	(0,622)	—	(47,1)	(22,4)	(0,356)	(0,267)	(0,443)	(0,333)	(7,98)	(5,99)	(1,33)

[1] Luftstickstoff enthält 98,815 Raumteile N_2 und 1,185 Raumteile Ar in 100 Raumteilen.

[2] Dämpfe können nicht in den Normzustand übergeführt werden; für technische Rechnungen genügt als Anhaltswert:

$$\text{Normkubikmetergewicht} = \frac{M}{22{,}4} \text{ in kg/Nm}^3.$$

Zahlentafel II. *Zähigkeitswerte $10^6\,\eta g$ einiger Gase in kg/ms bei verschiedener Temperatur und bei 760 Torr. Die dynamische Zähigkeit η ist fast unabhängig vom Druck.*

t °C	Helium	Wasserstoff	Luft	Sauerstoff	Stickstoff	Kohlenoxyd	Kohlendioxyd	Schwefeldioxyd
−50	16,1	7,3	14,6	16,3	14,1	14,2	11,7	—
0	18,7	8,50	17,19	19,26	16,75	16,56	13,76	11,7
+10	19,2	8,7	17,8	19,7	17,3	17,0	14,3	12,2
20	19,6	9,0	18,3	20,2	17,8	17,4	14,8	12,7
30	20,0	9,2	18,8	20,7	18,3	17,8	15,3	13,2
40	20,4	9,4	19,3	21,2	18,8	18,2	15,8	13,7
50	20,8	9,6	19,8	21,8	19,2	18,6	16,3	14,1
60	21,2	9,8	20,3	22,4	19,6	19,0	16,8	14,5
70	21,6	10,0	20,6	23,0	20,0	19,4	17,3	14,9
80	22,0	10,2	21,0	23,6	20,4	19,8	17,8	15,3
90	22,4	10,4	21,4	24,2	20,8	20,3	18,3	15,7
100	22,8	10,6	21,8	24,7	21,2	20,9	18,6	16,1
200	26,7	12,4	26,0	29,4	25,1	24,7	23,0	20,3
300	30,4	14,0	29,5	33,7	28,6	28,1	27,0	24,3
400	33,9	15,5	32,9	37,5	31,8	31,1	30,7	28,0
500	37,2	16,8	36,1	41,1	34,8	33,9	34,1	31,4
600	40,4	18,1	39,2	44,4	37,6	36,6	37,3	34,6
700	43,4	19,2	42,0	47,5	40,2	39,0	40,4	37,6
800	46,3	20,4	44,6	50,4	42,4	41,4	43,4	40,5
900	49,1	21,4	47,2	53,2	44,7	43,6	46,0	43,3
1000	51,8	22,3	49,5	55,9	46,9	45,7	48,7	46,1
$\frac{\eta_{1000^\circ}}{\eta_{0^\circ}}$	2,77	2,63	2,88	2,90	2,80	2,76	3,54	3,94

t °C	Ammoniak	Äthylen	Methan	Äthan	Propan	Stickoxyd	Stickoxydul	Wasserdampf
0	9,3	9,6	10,3	9,3	7,6	17,7	13,6	(8,65)
100	13,0	12,6	13,5	12,5	10,1	22,7	18,2	12,5
200	16,7	15,5	16,3	15,5	12,5	26,8	22,5	16,4
300	20,4	18,3	18,8	18,1	—	30,6	26,5	20,1
400	—	20,7	21,1	20,6	—	—	—	23,8
500	—	22,9	23,3	22,9	—	—	—	27,5
600	—	25,0	25,2	25,0	—	—	—	31,2
700	—	26,9	27,0	27,1	—	—	—	34,9
800	—	28,7	28,8	29,0	—	—	—	38,6
900	—	30,4	30,5	30,8	—	—	—	42,3
1000	—	32,1	32,1	32,6	—	—	—	46,0
$\frac{\eta_{1000^\circ}}{\eta_{0^\circ}}$	—	3,34	3,11	3,50	—	—	—	5,32

Azetylen 12,5 bei 100° C. Benzoldampf 9,8 bei 100° C (siehe Zahlentafel 40).

Anmerkung: Zur Berechnung der kinematischen Zähigkeit ν in m²/s sind diese Werte durch das spezifische Gewicht γ in kg/m³ zu teilen.

Zahlentafel III. *Kinematische Zähigkeit $10^6 \nu$ einiger Gase in m²/s bei verschiedener Temperatur und 760 Torr.*

t °C	Wasserstoff	Luft	Sauerstoff	Stickstoff	Kohlenoxyd	Kohlendioxyd	Methan	Äthan	Wasserdampf
0	94,3	13,3	13,5	13,3	13,3	7,0	14,5	7,5	—
100	161	23,1	23,6	23,1	22,9	12,9	25,8	13,7	20,9
200	238	34,8	35,7	34,6	34,2	20,3	39,5	21,4	35,3
300	326	47,8	49,4	47,8	47,1	28,6	55,7	30,4	52,5
400	423	62,7	64,7	62,3	61,4	38,5	72,8	40,6	72,8
500	528	79,2	81,3	78,1	76,9	49,2	92,0	51,8	96,0
600	641	96,8	99,3	95,1	93,6	60,8	113	64,0	124
700	760	116	118	113	111	73,3	135	77,1	154
800	887	136	139	132	130	86,7	158	91,1	188
900	1020	157	160	153	150	101	183	106	225
1000	1159	179	182	174	171	116	209	121	265
$\frac{\nu_{1000°}}{\nu_{0°}}$	12,3	13,5	13,5	13,1	12,9	16,6	14,4	16,1	(24,5)

Zahlentafel IV. *Mittlere spezifische Wärme zwischen 0° C und t° C verschiedener zweiatomiger Gase im idealen Gaszustand (d. h. bei kleinen Drücken) und bei konstantem Druck C_p in kcal/kmol · Grad.*

(Nach E. JUSTI u. H. LÜDER: Forschg. a. d. Geb. d. Ing.-Wes. Bd. 6 (1935) S. 209.)

	Art des Gases					
t	Wasserstoff	Stickstoff	Sauerstoff	Hydroxyl-gruppe	Kohlen-oxyd	Stickoxyd
°C	H_2	N_2	O_2	HO	CO	NO
1	6,86	6,96	6,99	7,16	6,96	7,16
100	6,92	6,97	7,05	7,12	6,97	7,14
200	6,95	7,00	7,15	7,09	7,00	7,17
300	6,97	7,04	7,26	7,08	7,06	7,22
400	6,98	7,09	7,38	7,07	7,12	7,30
500	6,99	7,15	7,49	7,08	7,19	7,38
600	7,01	7,21	7,59	7,09	7,27	7,46
700	7,03	7,27	7,68	7,11	7,34	7,54
800	7,06	7,35	7,77	7,15	7,43	7,62
900	7,09	7,42	7,85	7,18	7,50	7,70
1000	7,12	7,49	7,92	7,22	7,57	7,76
1100	7,15	7,56	7,98	7,26	7,64	7,83
1200	7,20	7,62	8,04	7,30	7,70	7,89
1300	7,24	7,67	8,11	7,35	7,76	7,94
1400	7,28	7,73	8,16	7,40	7,81	7,99
1500	7,32	7,78	8,20	7,44	7,85	8,03
1600	7,36	7,82	8,24	7,49	7,90	8,08
1700	7,40	7,86	8,28	7,53	7,94	8,12
1800	7,45	7,91	8,33	7,58	7,98	8,15
1900	7,49	7,94	8,38	7,62	8,02	8,19
2000	7,53	7,98	8,42	7,67	8,05	8,22
2100	7,57	8,01	8,45	7,71	8,09	8,26
2200	7,62	8,05	8,48	7,75	8,12	8,29
2300	7,66	8,08	8,52	7,79	8,15	8,31
2400	7,70	8,10	8,56	7,82	8,18	8,34
2500	7,74	8,14	8,59	7,86	8,21	8,36
2600	7,78	8,17	8,63	7,89	8,24	8,38
2700	7,81	8,19	8,65	7,92	8,26	8,40
2800	7,85	8,22	8,68	7,95	8,28	8,42
2900	7,89	8,24	8,72	7,99	8,30	8,44
3000	7,92	8,26	8,76	8,02	8,32	8,45
M	2,02	28,02	32,00	17,01	28,00	30,01
V_N	22,43	22,40	22,39	22,40	22,40	22,39

Um die Molwärmen auf 1 Nm^3 umzurechnen, sind die angegebenen Werte durch das Norm-Molvolumen V_N in Nm^3 zu dividieren.

Um die spezifischen Wärmen je kg zu erhalten, sind die Werte durch das Molekulargewicht M zu dividieren.

Man erhält die mittlere spezifische Wärme bei konstantem Volumen für 1 kmol, C_v, indem man von den Tafelwerten 1,99 abzieht.

Zahlentafel V. *Mittlere spezifische Wärme zwischen 0° C und t° C verschiedener mehratomiger Gase und von Luft im idealen Gaszustand (d. h. bei kleinen Drücken) und bei konstantem Druck C_p in kcal/kmol · Grad.*

(Nach E. JUSTI u. H. LÜDER: Forschg. a. d. Geb. d. Ing.-Wes. Bd. 6 (1935) S. 209.)

t	Art des Gases											
	Wasserdampf	Kohlendioxyd	Stickoxydul	Schwefeldioxyd	Luft	Schwefelwasserstoff	Ammoniak	Methan	Äthylen	Äthan[1]	Azetylen	Benzoldampf[2]
°C	H_2O	CO_2	N_2O	SO_2		H_2S	NH_3	CH_4	C_2H_4	C_2H_6	C_2H_2	C_6H_6
1	7,98	8,61	9,39	9,31	6,94	8,10	8,50	8,24	10,02	11,93	10,13	20,80
100	8,03	9,17	9,79	9,74	6,96	8,26	8,69	8,66	11,27	13,52	11,00	23,51
200	8,12	9,65	10,12	10,15	7,01	8,43	9,11	9,40	12,46	15,03	11,67	26,00
300	8,22	10,06	10,45	10,52	7,06	8,61	9,56	10,10	13,55	16,47	12,25	28,48
400	8,34	10,40	10,74	10,84	7,13	8,80	10,03	10,77	14,57	17,85	12,70	31,16
500	8,47	10,75	11,02	11,11	7,20	9,00	10,52	11,41	15,49	19,11	13,10	
600	8,60	11,03	11,24	11,35	7,27	9,20	11,01	12,03	16,33	20,31	13,47	
700	8,74	11,28	11,50	11,55	7,34	9,40	11,47	12,62	17,08	21,43	13,80	
800	8,89	11,50	11,71	11,72	7,42	9,60	11,91	13,17	17,90	22,48	14,12	
900	9,04	11,70	11,90	11,88	7,49	9,78	12,31	13,68	18,46	23,44	14,40	
1000	9,18	11,88	12,07	12,01	7,56	9,96	12,68	14,17	19,08	24,31	14,67	
1100	9,32	12,05	12,21	12,13	7,62	10,12	13,02					
1200	9,45	12,19	12,35	12,23	7,68	10,28	13,34					
1300	9,58	12,32	12,48	12,33	7,73	10,42	13,63					
1400	9,72	12,45	12,60	12,41	7,78	10,55	13,89					
1500	9,84	12,56	12,69	12,48	7,84	10,68	14,14					
1600	9,96	12,66	12,78	12,55	7,88	10,80	14,38					
1700	10,09	12,75	12,88	12,61	7,92	10,92	14,60					
1800	10,20	12,84	12,95	12,67	7,96	11,02	14,80					
1900	10,30	12,92	13,01	12,71	7,99	11,11	14,99					
2000	10,41	12,99	13,09	12,77	8,03	11,21	15,16					
2100	10,52	13,06	13,17	12,81	8,06	11,30	15,32					
2200	10,61	13,13	13,21	12,85	8,08	11,38	15,47					
2300	10,71	13,19	13,28	12,89	8,12	11,45	15,61					
2400	10,79	13,24	13,33	12,93	8,14	11,53	15,75					
2500	10,87	13,30	13,38	12,96	8,18	11,60	15,88					
2600	10,96	13,34	13,42	12,99	8,20	11,66	16,00					
2700	11,03	13,39	13,46	13,02	8,23	11,72	16,11					
2800	11,11	13,43	13,51	13,04	8,25	11,78	16,21					
2900	11,18	13,48	13,55	13,07	8,27	11,84	16,31					
3000	11,23	13,52	13,59	13,10	8,29	11,90	16,41					
M	18,02	44,00	44,02	64,06	28,96	34,08	17,03	16,03	28,03	30,05	26,02	78,05
V_N	22,4	22,26	22,25	21,89	22,40	22,14	22,08	22,36	22,24	22,16	22,22	22,4

Bei kleinen Drücken können Wasserdampf und Benzoldampf als Gase betrachtet werden. Im übrigen siehe Anmerkung zu Zahlentafel IV.

[1] Nach H. SPIERS: Technical Data on Fuel, S. 116. London 1935.

[2] Nach BUNTE-SCHNEIDER: Zum Gaskursus. Gasinst. Karlsruhe, Ergänzungen (1936) S. 71.

Hilfstafel zu Zahlentafel IV und V. *Mittlere spezifische Wärme zwischen 0° C und t° C verschiedener Gase im idealen Gaszustand (d. h. bei kleinen Drücken) und bei konstantem Druck.*

Temp. t °C	Wasserstoff H_2	Stickstoff N_2	Sauerstoff O_2	Kohlenoxyd CO	Wasserdampf H_2O	Kohlendioxyd CO_2	Schwefeldioxyd SO_2	Luft
			für 1 kg: Werte $[c_{pm}]_0^t$ in kcal/kg · Grad					
1	3,403	0,248	0,218	0,248	0,443	0,196	0,145	0,240
100	3,433	0,249	0,220	0,249	0.446	0,208	0,152	0,240
200	3,448	0,250	0,223	0,250	0,451	0,219	0,158	0,242
300	3,458	0,251	0,227	0,252	0,456	0,229	0,164	0,244
400	3,463	0,253	0,231	0,254	0,463	0,237	0,169	0,246
500	3,468	0,255	0,234	0,257	0,470	0,244	0,173	0,249
600	3,478	0,257	0,237	0,260	0,477	0,251	0,177	0,251
700	3,488	0,259	0,240	0,262	0,485	0,256	0,180	0,253
800	3,503	0,262	0,243	0,265	0,493	0,261	0,183	0,256
900	3,518	0,265	0,245	0,268	0,502	0,266	0,185	0,259
1000	3,532	0,267	0,247	0,270	0,509	0,270	0,187	0,261
1100	3,547	0,270	0,249	0,273	0,517	0,274	0,189	0,263
1200	3,570	0,272	0,251	0,275	0,524	0,277	0,191	0,265
1300	3,592	0,274	0,253	0,277	0,532	0,280	0,192	0,267
1400	3,612	0,276	0,255	0,279	0,539	0,283	0,194	0,269
1500	3,632	0,278	0,256	0,280	0,546	0,285	0,195	0,271
1600	3,652	0,279	0,258	0,282	0,553	0,288	0,196	0,272
1700	3,671	0,281	0,259	0,283	0,560	0,290	0,197	0,273
1800	3,696	0,282	0,260	0,285	0,566	0,292	0,198	0,275
1900	3,714	0,283	0,262	0,286	0,572	0,294	0,198	0,276
2000	3,736	0,285	0,263	0,287	0,578	0,295	0,199	0,277
			für 1 Nm³: Werte $[C_{pm}]_0^t$ in kcal/Nm³ · Grad					
1	0,306	0,311	0,312	0,311	0,356	0,387	0,425	0,310
100	0,309	0,311	0,315	0,311	0,358	0,412	0,445	0,311
200	0,310	0,313	0,319	0,313	0,362	0,434	0,464	0,313
300	0,311	0,315	0,324	0,315	0,367	0,452	0,480	0,315
400	0,311	0,317	0,330	0,318	0,372	0,468	0,495	0,318
500	0,312	0,319	0,335	0,321	0,378	0,483	0,507	0,321
600	0,313	0,322	0,339	0,325	0,384	0,496	0,518	0,324
700	0,313	0,325	0,343	0,328	0,390	0,507	0,527	0,328
800	0,315	0,328	0,347	0,332	0,397	0,517	0,535	0,331
900	0,316	0,331	0,351	0,335	0,404	0,526	0,543	0,334
1000	0,317	0,334	0,354	0,338	0,410	0,534	0,549	0,337
1100	0,319	0,337	0,356	0,341	0,416	0,541	0,554	0,340
1200	0,321	0,340	0,359	0,344	0,422	0,548	0,559	0,343
1300	0,323	0,342	0,362	0,346	0,428	0,553	0,563	0,345
1400	0,325	0,345	0,364	0,349	0,434	0,559	0,567	0,347
1500	0,326	0,347	0,366	0,351	0,439	0,564	0,570	0,350
1600	0,328	0,349	0,368	0,353	0,445	0,569	0,573	0,352
1700	0,330	0,351	0,370	0,354	0,450	0,573	0,576	0,354
1800	0,332	0,353	0,372	0,356	0,455	0,577	0,579	0,355
1900	0,334	0,354	0,374	0,358	0,460	0,580	0,580	0,357
2000	0,336	0,356	0,376	0,359	0,465	0,584	0,583	0,358

Zahlentafel VI.

Mittlere spezifische Wärme zwischen 0° C und t° C verschiedener Rauchgase bei kleinen Gasdrücken ($p \approx 1$ at abs.) und bei konstantem Druck in kcal/kmol · Grad.

Nach W. Schüle: Technische Thermodynamik Bd. I, S. 67ff. Berlin 1930. Aufgeführt sind reine Rauchgase, wie sie bei theoretischer Verbrennung ($\lambda = 1$) anfallen. Bei $\lambda > 1$ sind sie als Mischung mit Luft anzusehen und als Gas-Luftmischungen zu berechnen, siehe Abschnitt XVIII, S. 388.

Gasanteile Rauchgas von	CO_2 m^3/m^3	H_2O m^3/m^3	N_2 m^3/m^3	M Molekulargewicht des Rauchgases	γ_N kg/Nm^3
Kohlenstoff	0,21	0,00	0,79	31,4	1,40
Steinkohle	0,17	0,05	0,78	30,3	1,35
Braunkohlenbriketts. . .	0,17	0,12	0,71	29,5	1,32
Erdöl und Destillate . .	0,13	0,14	0,73	28,7	1,28
Leuchtgas	0,10	0,25	0,65	27,2	1,21
Generatorgas aus					
Braunkohlenbriketts. .	0,13	0,14	0,73	28,7	1,28
Koks	0,19	0,06	0,75	30,5	1,36
Hochofengas	0,24	0,02	0,74	31,8	1,41
Spiritus mit 90 vH Alkohol	0,12	0,20	0,68	28,0	1,25

Mittlere Werte für C_{pm} zwischen 0 und t° C für 1 kmol von reinem Rauchgas aus:

Temp. t °C	Kohlenstoff	Steinkohle	Braunkohlenbriketts	Erdöl und Destillate	Leuchtgas	Spiritus 90 vH	Luft zum Vergleich
1	7,31	7,29	7,36	7,32	7,38	7,36	6,94
100	7,43	7,40	7,47	7,40	7,46	7,45	6,96
200	7,56	7,51	7,59	7,50	7,55	7,54	7,01
300	7,68	7,61	7,70	7,60	7,64	7,64	7,06
400	7,79	7,72	7,81	7,69	7,73	7,74	7,13
500	7,91	7,82	7,92	7,80	7,84	7,85	7,20
750	8,17	8,08	8,18	8,05	8,09	8,10	7,38
1000	8,41	8,32	8,44	8,30	8,35	8,36	7,56
1500	8,78	8,70	8,84	8,69	8,75	8,77	7,84
2000	9,03	8,95	9,12	8,97	9,09	9,07	8,03
2300	9,15	9,08	9,26	9,12	9,25	9,22	8,12

Generator- und Koksofengas fällt etwa mit dem Rauchgas des Kohlenstoffs zusammen. Feuchte Rauchgase haben ein geringeres spezifisches Gewicht als trokkene ($\gamma_N = 0{,}804$ kg/m³ des Wasserdampfes), aber eine größere spezifische Wärme ($C_p = 7{,}98$ kcal/kmol · Grad des Wasserdampfes bei 0° C).

Mittelwerte für trockene Rauchgase ($\lambda = 1$) :

$$C_p \approx 7{,}5 + 2 \cdot \frac{0{,}66}{1000} \cdot t, \qquad [C_{pm}]_0^t \approx 7{,}5 + \frac{0{,}66}{1000} \cdot t,$$

$$C_v \approx 5{,}5 + 2 \cdot \frac{0{,}66}{1000} \cdot t, \qquad [C_{vm}]_0^t \approx 5{,}5 + \frac{0{,}66}{1000} \cdot t,$$

$$\varkappa = \frac{C_p}{C_v} = 1{,}35 - \frac{0{,}55}{10000} \cdot t,$$

je für 1 kmol.

Zahlentafel VII. *Werte für die mittlere spezifische Wärme* $[c_{pm}]_{t_s}^{t}$ *für Wasserdampf in kcal/kg · Grad zwischen der Temperatur von überhitztem Dampf t und der Sättigungstemperatur beim selben Druck* t_s.

p at abs.	t_s °C	c_p trocken-gesättigter Dampf	$[c_{pm}]_{t_s}^{t}$ für $t =$ 100	150	200	250	300	350	400	450	500	550
0,1	45,45	0,458	0,455	0,454	0,455	0,458	0,460	0,462	0,466	0,470	0,474	0,478
0,5	80,86	0,480	0,476	0,468	0,466	0,465	0,466	0,468	0,471	0,474	0,478	0,483
1,0	99,09	0,487	0,486	0,479	0,475	0,472	0,473	0,474	0,476	0,479	0,483	0,487
10	179,0	0,61	—	—	0,588	0,555	0,538	0,529	0,522	0,520	0,519	0,521
20	211,4	0,76	—	—	—	0,660	0,602	0,577	0,563	0,553	0,550	0,548
30	232,8	0,88	—	—	—	0,734	0,674	0,630	0,604	0,588	0,579	0,574
40	249,2	1,03	—	—	—	0,836	0,763	0,690	0,648	0,626	0,610	0,601
50	262,7	1,16	—	—	—	—	0,863	0,751	0,695	0,663	0,641	0,627
60	274,3	1,32	—	—	—	—	0,973	0,820	0,745	0,700	0,673	0,654
80	293,6	1,62	—	—	—	—	1,215	0,982	0,856	0,785	0,740	0,710
100	309,5	1,96	—	—	—	—	—	1,189	0,987	0,880	0,814	0,771
125	326,3	(2,4)	—	—	—	—	—	1,570	1,194	1,020	0,920	0,857
150	340,6	(3,0)	—	—	—	—	—	2,400	1,470	1,196	1,050	0,955
175	353,3	(3,8)	—	—	—	—	—	—	1,908	1,434	1,211	1,080
200	364,1	(5,0)	—	—	—	—	—	—	2,629	1,722	1,431	1,241

Zahlentafel VIII.

a) Anhaltswerte für die dynamische Zähigkeit von flüssigem und dampfförmigem Wasser (bei höheren Drücken wahrscheinliche Werte) $10^6\,\eta$ in kg s/m² unter Beachtung von DIN 1952 (1943), Arbeitsblatt 10 und 11.

Zum Vergleich sind Werte für Luft und ein mittleres Rauchgas mit angegeben.

Temperatur t in ° C	0	50	100	150	200	250	300	350	374	500	1000
Siedendes Wasser η'	(182)	(56)	28,8	18,8	13,9	11,6	10,2	(8,3)	(5,0)	—	—
Trocken gesättigter Dampf η'' . . .	0,9	1,1	1,3	1,6	2,0	2,4	3,1	(4,0)	(5,0)	—	—
überhitzter Dampf											
0—1 at abs.	0,9	1,1	1,3	1,5	1,7	1,9	2,0	2,2	2,3	2,8	4,7
10	—	—	—	—	1,9	2,1	2,2	2,4	2,5	2,9	—
20	—	—	—	—	—	2,2	2,4	2,5	2,6	3,0	—
40	—	—	—	—	—	2,4	2,6	2,7	2,8	3,1	—
60	—	—	—	—	—	—	2,8	2,9	3,0	3,2	—
80	—	—	—	—	—	—	3,0	3,1	3,1	3,3	—
100	—	—	—	—	—	—	—	3,3	3,3	3,5	—
150	—	—	—	—	—	—	—	(3,8)	(3,8)	(3,9)	—
226	—	—	—	—	—	—	—	—	(5,0)	(4,7)	—
Luft 1 at abs. . .	1,74	2,00	2,22	2,43	2,65	2,83	3,01	3,19	3,27	3,66	5,00
Rauchgas 1 at abs.	1,6	1,8	2,0	2,2	2,4	2,6	2,8	2,9	3,0	3,4	4,6

Luft von 1 at abs. ist etwas zäher als Wasserdampf von 1 at abs.

b) Anhaltswerte für die kinematische Zähigkeit $10^6\,\nu$ in m²/s.

Temperatur t in ° C	0	50	100	150	200	250	300	350	374	500	1000
Siedendes Wasser ν'	(1,79)	(0,56)	0,29	0,20	0,16	0,14	0,14	(0,14)	(0,14)	—	—
Trocken gesättigter Dampf ν'' . . .	1800	130	22,0	6,2	2,5	1,2	0,65	(0,34)	(0,14)	—	—
Überhitzter Dampf											
1 at abs.	—	—	22	29	37	45	54	64	69	99	275
10	—	—	—	—	4,0	5,0	6,0	7,1	7,6	10,3	—
20	—	—	—	—	—	2,4	3,0	3,6	3,8	5,3	—
40	—	—	—	—	—	1,2	1,5	1,8	2,0	2,7	—
60	—	—	—	—	—	—	1,0	1,2	1,3	1,8	—
80	—	—	—	—	—	—	0,7	0,9	1,0	1,4	—
100	—	—	—	—	—	—	—	0,7	0,8	1,1	—
150	—	—	—	—	—	—	—	(0,5)	(0,5)	(0,8)	—
226	—	—	—	—	—	—	—	—	(0,14)	(0,5)	—
Luft 1 at abs. . .	14	19	23	29	36	43	50	57	61	81	183
Rauchgas 1 at abs.	10	15	19	26	30	36	42	49	53	73	165

Zahlentafel IX. *Scheinbares Molekulargewicht, Gemischkonstante und spezifisches Gewicht von einigen technischen Gasgemischen (Mittelwerte, Anhaltszahlen).*

Gasgemisch	Scheinbares Molekulargewicht M	Gemischkonstante R	Spezif. Gew. γ in kg/Nm³	Bez. Gewicht δ (Luft = 1)
Generatorgas aus Braunkohle				
— Brikettgas, trocken . . .	25,8	32,85	1,18—1,13	0,912—0,873
— desgleichen feucht	25,0	33,90	1,14—1,09	0,882—0,844
— Rohbraunkohlengas, trock.	26,5	32,00	1,184	0,915
feucht	24,0	35,30	1,069	0,827
Steinkohle	25,7	33,0	1,15	0,89
Gichtgas	28,1	30,1	1,253	0,97
Koksofengas	12,3	68,9	0,53—0,58	0,41—0,45
Luftgas	26,6	31,9	1,189	0,92
Mondgas	23,7	35,8	1,060	0,82
Wassergas	15,9	53,3	0,71	0,55
Steinkohlenschwelgas	15,6	54,3	0,698	0,54

Nach einer Aufstellung im KOPPERS-Handbuch der Brennstofftechnik, S. 83/84. Essen 1937.

Zahlentafel X. *Kinematische Zähigkeit von technischen Gasgemischen $10^6\,\nu$ in m²/s bei 760 Torr und $t = 20°$ C.*

(Aus Abb. 162 in Abhängigkeit von der Dichte δ entnommen.)

Gasart	Mittelwerte Dichte δ (Luft = 1)	$10^6\,\nu$ in m²/s 760 Torr 20° C
Generatorgas aus Kohle	0,94	14,4
Generatorgas aus Koks	1,0	13,8
Wassergas	0,53	24,1
Karburiertes Wassergas	0,7	19,0
Kokereigas	0,41	29,5
Stadtgas	0,44—0,45	28,0
Stadtgas, mit 40 vH Wassergas verschnitten . .	0,48	26,3
Mondgas	0,82	16,4
Gichtgas	0,97	13,9
Blaugas	0,96	14,0
Naturgas	0,58	23,0
Luftgas	0,92—1,12	14,5—12,2
Braunkohlengas (bei 500° C entgast)	0,60	22,0
Ölgas	0,86	15,6
Schwelgas aus Steinkohle	0,54	23,8
Rauchgas, Abgas	rund 0,88	rund 15,4

Nach H. RICHTER, Rohrhydraulik, S. 26. Berlin 1934.

Zahlentafel XI. *Luft-Wasserdampf-Gemische.*

Temp.	Dampfdruck		Dampfgehalt	Wärmeinhalt
t	P'_D	h'_D	x'	I'
°C	kg/m²	Torr	kg/kg (bei $p = 1$ at abs.)	kcal/kg (bei $p = 1$ at abs.)
−20	10,50	0,772	0,000654	−4,42
−19	11,56	0,850	0,000720	−4,14
−18	12,71	0,935	0,000792	−3,86
−17	13,96	1,027	0,000870	−3,57
−16	15,33	1,128	0,000955	−3,28
−15	16,82	1,238	0,001048	−2,98
−14	18,44	1,357	0,001150	−2,68
−13	20,19	1,486	0,001260	−2,37
−12	22,12	1,627	0,001379	−2,06
−11	24,20	1,780	0,001509	−1,75
−10	26,46	1,946	0,001650	−1,43
− 9	28,89	2,125	0,001801	−1,10
− 8	31,56	2,231	0,001969	−0,76
− 7	34,43	2,532	0,002149	−0,41
− 6	37,54	2,761	0,002343	−0,05
− 5	40,90	3,008	0,002552	+0,31
− 4	44,54	3,276	0,002781	0,69
− 3	48,48	3,566	0,003030	1,08
− 2	52,74	3,879	0,00330	1,48
− 1	57,32	4,216	0,00359	1,89
0	62,28	4,58	0,00390	2,33
1	66,94	4,93	0,00420	2,75
2	71,93	5,29	0,00451	3,18
3	77,23	5,69	0,00485	3,62
4	82,89	6,10	0,00520	4,07
5	88,90	6,54	0,00558	4,55
6	95,30	7,01	0,00598	5,03
7	102,10	7,51	0,00642	5,54
8	109,32	8,05	0,00688	6,06
9	116,99	8,61	0,00736	6,59
10	125,13	9,21	0,00788	7,14
11	133,76	9,84	0,00844	7,72
12	142,91	10,52	0,00902	8,32
13	152,61	11,23	0,00964	8,93
14	162,89	11,99	0,01030	9,58
15	173,76	12,79	0,01100	10,2
16	185,27	13,63	0,01174	10,9
17	197,45	14,53	0,01254	11,6
18	210,3	15,48	0,01337	12,4
19	223,9	16,48	0,01425	13,2
20	238,3	17,54	0,01519	14,0
21	253,4	18,65	0,01618	14,8
22	269,4	19,83	0,01724	15,7
23	286,3	21,07	0,01833	16,6
24	304,1	22,38	0,01951	17,6
25	322,9	23,76	0,02077	18,6
26	342,6	25,21	0,02209	19,6
27	363,4	26,74	0,02347	20,7
28	385,3	28,35	0,02493	21,9
29	408,3	30,04	0,02649	23,2
30	432,5	31,82	0,02814	24,3
31	458,0	33,70	0,02988	25,7
32	484,7	35,66	0,03169	27,1
33	512,8	37,73	0,03364	28,5
34	542,3	39,90	0,03569	30,0
35	573,3	42,18	0,0379	31,6
36	605,7	44,56	0,0401	33,3
37	639,8	47,07	0,0425	35,0
38	675,5	49,69	0,0451	36,8
39	712,9	52,44	0,0478	38,7
40	752,0	55,32	0,0506	40,7
41	793,0	58,34	0,0536	42,8
42	836,0	61,50	0,0568	45,1
43	880,9	64,80	0,0601	47,4
44	927,9	68,26	0,0637	49,9
45	977,1	71,88	0,0674	52,3
46	1028,4	75,65	0,0714	55,1
47	1082,1	79,60	0,0755	58,0
48	1138,2	83,71	0,0799	60,9
49	1196,7	88,02	0,0846	64,2
50	1257,8	92,51	0,0895	67,5
51	1321,6	97,20	0,0947	71,0
52	1388,1	102,1	0,1003	74,8
53	1457,5	107,2	0,1061	78,6
54	1529,8	112,5	0,1123	82,8
55	1605,1	118,0	0,1189	87,2
56	1683,5	123,8	0,1259	92,1
57	1765,3	129,8	0,1333	96,8
58	1850,4	136,1	0,1412	102,0
59	1939,0	142,6	0,1495	107,5
60	2031	149,4	0,1585	113,3
61	2127	156,4	0,1680	119,5
62	2227	163,8	0,1783	126,3
63	2330	171,4	0,1888	133,2
64	2438	179,3	0,2005	141,0
65	2550	187,5	0,2129	149,0
66	2666	196,1	0,2260	157,4
67	2787	205,0	0,2403	166,9
68	2912	214,2	0,2559	177,0
69	3042	223,7	0,2721	187,7
70	3177	233,7	0,2897	199,0
71	3317	243,9	0,3086	212
72	3463	254,6	0,329	225
73	3613	265,7	0,352	239
74	3769	277,2	0,376	256
75	3931	289,1	0,403	273
76	4098	301,4	0,432	291
77	4272	314,1	0,463	312
78	4451	327,3	0,499	334
79	4637	341,0	0,538	359
80	4829	355,1	0,580	387
81	5028	369,7	0,628	418
82	5234	384,9	0,683	453
83	5447	400,6	0,744	492
84	5667	416,8	0,813	537
85	5894	433,6	0,894	589
86	6129	450,9	0,986	648
87	6372	468,7	1,093	717
88	6623	487,1	1,219	797
89	6882	506,1	1,373	897
90	7149	525,8	1,559	1017
91	7425	546,1	1,794	1167
92	7710	567,0	2,092	1359
93	8004	588,6	2,491	1615
94	8307	610,9	3,05	1976
95	8619	633,9	3,88	2510
96	8942	657,6	5,25	3390
97	9274	682,1	7,94	5110
98	9616	707,3	15,60	10040
99	9969	733,2	198,2	127400
100	10332	760,0	—	—

Unter Dampfdruck ist der Teildruck des Wasserdampfes im mit Wasserdampf gesättigten Luft-Wasserdampfgemisch zu verstehen, abhängig von der Sättigungstemperatur. Der Dampfgehalt und der Wärmeinhalt sind für 1 kg mit Wasserdampf gesättigter Luft zuzüglich dem Wasserdampf-Anteil angegeben, also für $1 + x'$ kg. Bei der Abkühlung fällt bei $t \geqq 0°$ C tropfbares Wasser aus, bei $t < 0°$ C festes gefrorenes Wasser (Eis). (Nach Angaben von R. Mollier.)

Zahlentafel XII. *Spezifische Wärme, spezifisches Gewicht, Wärmeleitfähigkeit und Temperaturleitfähigkeit*

von Luft bei 1 at abs.

Temperatur t °C	Wahre spezifische Wärme c_p kcal/kg · Grad	Spezifisches Gewicht γ kg/m³	Wärmeleitfähigkeit λ kcal/mh · Grad	Temperaturleitfähigkeit a m²/h
−100	0,240	1,975	0,0136	0,029
− 50	0,240	1,532	0,0170	0,046
0	0,240	1,252	0,0203	0,067
+ 50	0,241	1,058	0,0234	0,092
100	0.241	0,916	0,0264	0,1[illegible]9
150	0,243	0,808	0,0291	0,148
200	0,245	0,722	0,0318	0,180
250	0,248	0,653	0,0344	0,213
300	0,250	0,596	0,0369	0,248
350	0,253	0,548	0,0394	0,284
400	0,255	0,508	0,0417	0,322
450	0,258	0,473	0,0440	0,359
500	0,261	0,442	0,0463	0,401
550	0,264	0,415	0,0486	0,444
600	0,266	0,391	0,0508	0,488
650	0,269	0,370	0,0530	0,533
700	0,271	0,351	0,0552	0,581
750	0,273	0,334	0,0574	0,629
800	0,276	0,318	0,0596	0,679

Für andere Drücke als 1 at abs. ist die Temperaturleitfähigkeit a/p mit p in at abs

von Wasser.

Temperatur t °C	Wahre spezifische Wärme c $\frac{\text{kcal}}{\text{kg} \cdot \text{Grad}}$	Spezifisches Gewicht γ kg/m³	Wärmeleitfähigkeit λ $\frac{\text{kcal}}{\text{mh} \cdot \text{Grad}}$ nach M. JAKOB	Temperaturleitfähigkeit $10^6\,a$ m²/h nach Spalte 4	Wärmeleitfähigkeit λ $\frac{\text{kcal}}{\text{mh} \cdot \text{Grad}}$ nach E. SCHMIDT	Temperaturleitfähigkeit $10^6\,a$ m²/h nach Spalte 6
1	2	3	4	5	6	7
0	1,005	999,8	0,477	475	0,477	475
10	1,001	999,6	0,491	491	0,479	479
20	0,999	998,2	0,505	506	(0,487)	488
30	0,998	995,6	0,519	522	0,500	503
40	0,998	992,2	0,533	539	(0,533)	535
50	0,998	988,0	0,548	556	0,554	562
60	0,999	983,2	0,562	572	(0,563)	573
70	1,000	977,7	0,576	589	(0,571)	584
80	1,001	971,8	0,590	607	(0,577)	593
90	1,003	965,3	(0,605)	(625)	(0,582)	601
100	1,004	958,3	(0,619)	(643)	0,586	609
150	1,032	916,9	—	—	0,589	622
200	1,074	864,7	—	—	0,573	617
250	1,17	799,2	—	—	0,537	574
300	1,34	712,5	—	—	0,485	508

Klammerwerte interpoliert.

Zahlentafel XIII. *Kleinste Zündtemperaturen fester und flüssiger Brennstoffe in ° C bei Verbrennung in Luft (1 at abs.).*

Torf	~230	Braunkohlenbriketts	300—320
Holzkohle	250—280	Steinkohle	325—400
Braunkohle	250—400	Schwelkoks, Steinkohle	350—430
Holz	~300	desgleichen, Braunkohle	~380

Anthrazit	460—470
Gaskoks	500—540[1]
Zechenkoks	640—700[1]
Graphit	730

Sorte	Flammpunkt[2] in ° C	Niedrigste Zündtemperatur in ° C in Luft	in Sauerstoff
Heizöl aus Braunkohlenteer	+110—150	300	240
Gasöl aus Petroleum	+ 65—85	350	275
Braunkohlenteeröl (Tieftemperatur)	+ 70—120	370	280
Petroleum je nach Siedegrenzen	+ 25—43	400	290
Benzin je nach Siedegrenzen	— 56—+10	500	415
Spiritus (95 vH Alkohol, 5 vH Wasser)	+12	450	400
Alkohol	+10	510	400
Steinkohlenteeröl (Hochtemperatur)	+ 75—120	575	380
Naphthalin (Schmelzpunkt +80° C)	+80	690	560
Steinkohlenteer (Hochtemperatur)	+ 40—100	600	—
Benzol je nach Siedegrenzen	—12	710	570

Die mit verschiedenartigen, den wirklichen Umständen möglichst weitgehend angepaßten Apparaturen ermittelten Zündtemperaturen streuen erfahrungsgemäß bei ein und demselben Brennstoff in weiten Grenzen und sind von den Versuchsbedingungen sehr stark abhängig. In der obigen Zusammenstellung sind die niedrigsten Werte angeführt, die sich in der zahlreichen Literatur fanden[3]. Bei Dampfkesselfeuerungen beträgt die Zündtemperatur im praktischen Betrieb erfahrungsgemäß bei

Steinkohle	300—500° C
Braunkohle	250—400
Koks	um 700
Heizölen (Steinkohlenteeröl)	500—650
Gasen	550—800 (siehe Zahlentafel XV).

Die Betriebstemperaturen sind zur Sicherheit im Flammenkern einige 100° über diesen Zündtemperaturen zu halten (Rostfeuerungen 1300—1400° C, Kohlenstaubfeuerungen 100 bis 200° höher), siehe „Kesselbetrieb", herausgegeben von der Vereinigung der Großkesselbesitzer, S. 23. Berlin 1931.

[1] Bei Verbrennung in reinem Sauerstoff um rund 50° weniger.
[2] Im Apparat von PENSKY-MARTENS bei atmosphärischem Druck ermittelt.
[3] Teilweise noch niedrigere Werte finden sich bei H. NETZ: Dampfkessel, Leipzig 1948, S. 15.

Zahlentafel XIV.

Zündgrenzen u. niedrigste Zündtemperaturen verschiedener Dämpfe u. Gase in Mischung mit Luft (Anfangszustand Raumtemperatur[1]*, 1 at abs.) — z. T. auch mit Sauerstoff.*

Gas oder Dampf	Zündgrenzen in RT Gas/100 RT Gemisch		Niedrigste Zündtemperatur in °C	
	untere	obere	in Luft	in Sauerst.
Azetylen	1,5	82	335	330
Äthan	2,5	15	520	500
Äthylen	3,0	34	540	485
Alkohol	2,6	20	510	350
Benzin[2]	1,1	7	500	415
Benzol[3]	0,8	9,5	710	570
Gasolin	1,4	8	550	—
Kohlenoxyd (feucht)	12,5	80	610	590
Leuchtgas	6	35	560	450
Gichtgas	36	72	620	—
Wassergas	6	69,5	600	—
Methan	4,9	15,4	645	645
Wasserstoff[4]	4,1	80	530	450

Der Zündbereich wächst mit zunehmender Temperatur und mit dem Druck im allgemeinen etwas an. Verschiedene Gase und Dämpfe neigen zur Zündverzögerung, sie zünden schwerer als feste Stoffe, verbrennen aber wegen ihrer sofortigen Verbrennungsreife und bei Durchwirbelung mit Luft schneller (beginnende Volumenreaktion). Nach einer Formel von LE CHATELIER kann man die untere Zündgrenze annähernd berechnen mit

$$Z = \frac{100}{r_1/Z_1 + r_2/Z_2 + r_3/Z_3 + \cdots}$$

in RT/100 RT Gemisch, wobei r_1, r_2 ... die Anteile der brennbaren Gase in der Mischung in RT/100 RT und Z_1, Z_2 ... die unteren Zündgrenzen bedeuten. Für die Berechnung der oberen Zündgrenze ist diese Formel weniger geeignet.

---

[1] Dämpfe je nach Sättigungsdruck höhere Temperatur.
[2] Zündgrenzen in Sauerstoff 1,9 und 28,8.
[3] Zündgrenzen in Sauerstoff 2,6 und 30,1.
[4] Zündgrenzen in Sauerstoff 4,4 und 96,7 (!).

Zahlentafel XV.

Mittlere Zusammensetzung der Reinsubstanz einiger natürlicher fester Brennstoffe.

Brennstoff	Anteile in GT/100 GT						Heizwert in kcal/kg		Kennzahl
	C	H	O	N	S	Flüchtige	oberer	unterer	σ
Holz	50	6	44	—	—	85	4800	4480	1,03
Jüngerer Torf . .	55,4	5,2	37,0	2,0	0,4	70	5300	5020	1,03
Älterer Torf . . .	62,0	5,4	30,8	1,5	0,3	62	5800	5510	1,08
jüng. Braunkohle.	68,3	5,1	25,1	1,0	0,5	55[1]	6400	6120	1,09
Ältere Braunkohle	75	6	17	1	1	50[2]	7400	7080	1,16
Steinkohle									
— Sandkohle . .	80,0	5,5	12,0	1,0	1,5	43[3]	7950	7650	1,16
— Gasflammkohle	82,0	5,6	10,0	1,1	1,3	37[4]	8300	8000	1,17
— Gaskohle . . .	84,1	5,4	8,1	1,1	1,3	33[4]	8500	8200	1,16
— Fettkohle. . .	86,4	4,8	6,4	1,1	1,3	24[4]	8630	8370	1,15
— Eßkohle . . .	88,8	4,5	4,5	1,0	1,2	15[4]	8700	8460	1,14
— Magerkohle . .	90,2	4,2	3,4	1,0	1,2	11[4]	8660	8440	1,13
Anthrazit	91,4	3,9	2,5	1,0	1,2	9[4]	8640	8430	1,12

[1] Rheinland. [2] Böhmen. [3] Sachsen. [4] Ruhrgebiet.

Holz Gesamtfeuchte bis 50 vH,
hygroskopische Feuchte 10 bis 25 vH,
Asche etwa 0,5 vH,

Torf Gesamtfeuchte bis 90 vH,
hygroskopische Feuchte rund 20 vH,
Asche 5 bis 10 vH,

jüngere Braunkohle roh 45 bis 60 vH Feuchte, 2 bis 20 vH Asche,
ältere Braunkohle roh 20 bis 30 vH Feuchte, 2 bis 10 vH Asche,

jüngere Steinkohle roh 4 bis 8 vH Feuchte, 8 bis 16 vH Asche,
ältere Steinkohle roh 0,5 bis 1,5 vH Feuchte, 8 bis 12 vH Asche,

gewaschene Steinkohlen 4 bis 10 vH Asche, je feiner, um so mehr.

Der feste Kohlenstoff ist 100—Flüchtige in GT.

Zahlentafel XVI.

Mittlere Zusammensetzung der Reinsubstanz einiger künstlicher fester Brennstoffe.

Brennstoff	Anteile in GT/100 GT						Heizwert in kcal/kg		Kennzahl
	C	H	O	N	S	Flüchtige	oberer	unterer	σ
Gaskoks	96,60	0,66	1,20	0,80	0,74	2—3	8040	8005	1,02
Zechenkoks . . .	97,10	0,55	0,80	0,89	0,66	1—2	8000	7970	1,02
Holzkohle. . . .	85,5	3,4	10,8	—	0,3	16	7800	7620	1,07
Schwelkoks aus Braunkohle . .	89,1	1,9	5,2	1,3	2,5	14	7900	7800	1,05

Holzkohle lufttrocken bis 10 vH Feuchte, hygroskopisch, 2 bis 3 vH Asche, wenig Schwefel. Gaskoks bis 3 vH Wasser, Asche 10 bis 12 vH, ziemlich fest, sehr porös (55 vH Porenvolumen). Zechenkoks bis 2 vH Feuchte, Asche 8 bis 10 vH, sehr fest, zu 45 vH porös. Kokereien setzen Fettkohlen, Gasanstalten Gasflammkohlen ein. Schwelkoks besonders porig (bis 75 vH), aber fast keine Druckfestigkeit. Braunkohlenbriketts 10 bis 16 vH, Steinkohlenbriketts 1 bis 3 vH Feuchte. Asche nach Zahlentafel XV.

Zahlentafel XVII. *Zahlenwerte für flüssige Brennstoffe.*

Brennstoff	Spezifisches Gewicht 15° kg/m³	Gehalt in kg/kg			Heizwert in kcal/kg		Kennzahl
		c	h	o	oberer	unterer	σ
Benzin (Mittel)	0,70	85	15	—	11000	10200	1,53
Alkohol	0,794	52	13	35	7100	6400	1,50
Benzol (Mittel)	0,884	92,2	7,8	—	10000	9590	1,25
Spiritus, 5 vH Wasser	0,809	—	—	—	6740	6040	1,50
10 vH Wasser	0,823	—	—	—	6390	5700	1,50
Gasöl aus Teer	1,06	89	7	3	9400	9030	1,22
Heizteeröl	1,08	90	6	3	9300	8980	1,19

Zahlentafel XVIII. *Zahlenwerte für die Verbrennung einfacher Gase und von Benzoldampf.*

Gasart	Chem. Formel	Molekulargewicht M	Gaskonstante R	Spezifisches Gewicht γ_N kg/Nm³	Relativgewicht δ	Kennzahl σ	Heizwert in kcal/Nm³		Bedarf Nm³/Nm³		Verbrennungserzeugnisse Nm³/Nm³			Raumänderung ΔV
							oberer	unterer	O_{min}	L_{min}	CO_2	H_2O	N_2	Nm³/Nm³
Kohlenoxyd	CO	28	30,29	1,250	0,967	0,50	3020	—	0,5	2,38	1,00	—	1,88	−0,5
Wasserstoff	H_2	2	420,6	0,0899	0,069	—	3050	2570	0,5	2,38	—	1,00	1,88	−0,5
Methan	CH_4	16	52,90	0,717	0,554	2,00	9520	8550	2,0	9,52	1,00	2,00	7,52	±0
Äthan	C_2H_6	30	28,21	1,356	1,049	1,75	16820	15370	3,5	16,67	2,00	3,00	13,17	+0,5
Propan	C_3H_8	44	19,24	2,019	1,562	1,67	24320	22350	5,0	23,81	3,00	4,00	18,81	+1,0
Äthylen	C_2H_4	28	30,25	1,260	0,975	1,50	15290	14320	3,0	14,29	2,00	2,00	11,29	±0
Azetylen	C_2H_2	26	32,59	1,171	0,906	1,25	14090	13600	2,5	11,91	2,00	1,00	9,41	−0,5
Benzoldampf	C_6H_6	78	10,86	3,48	2,69	1,25	34960	33520	7,5	35,71	6,00	3,00	28,21	+0,5

Zahlentafel XIX. *Mittelwerte für einige Brenngase. Die Zusammensetzung der Gase ist ziemlich schwankend.*

Gasart	Zusammensetzung RT/100 RT						Heizwert in kcal/Nm³		Scheinbares Molekulargewicht M	Gaskonstante R	Gewicht δ (Luft = 1)	Kennzahlen	
	CO	H_2	CH_4	C_mH_n	CO_2	N_2	oberer	unterer				σ	ν
Armgase													
Gichtgas	29	4	—	—	7	60	1000	980	28,1	30,2	0,97	0,46	1,67
Luftgas aus Holz	19	13	3	—	9	56	1260	1170	25,7	33,0	0,89	0,71	1,81
Luftgas aus Torf	9	16	3	—	16	56	1045	940	26,0	32,5	0,90	0,66	2,00
Luftgas aus Braunkohle	28	13	5	0,5	7	46,5	1800	1680	25,1	33,8	0,87	0,78	1,14
Luftgas aus Steinkohle	28	10	1	—	5	56	1250	1190	26,1	32,5	0,90	0,62	1,65
Luftgas aus Koks	28	2	—	—	3	67	910	900	28,0	30,3	0,96	0,48	2,16
Mischgas													
aus Braunkohle	28	12	2	—	5	53	1400	1320	25,4	33,4	0,88	0,69	1,51
aus Anthrazit	26	15	1	—	4	54	1340	1260	24,6	34,5	0,85	0,73	1,74
Mondgas	12	25	4	0,3	16	42,7	1555	1390	23,6	35,9	0,82	0,84	1,31
Wassergas	42	45	0,5	—	5	7,5	2690	2470	17,0	49,8	0,59	0,94	0,16
Reichgase													
Leuchtgas	11	50	31	3	2	3	5280	4700	11,6	73,1	0,40	2,03	0,060
Koksofengas	8	51	28	2	2	9	4770	4230	11,7	72,5	0,40	2,18	0,214
Schwelgas													
aus Steinkohle	7	27	48	13	3	2	7540	6930	15,7	54,0	0,54	1,81	0,024
Ölgas	3	15	44	35	1	2	10050	9630	18,5	46,0	0,64	1,71	0,017
(Schwelgas aus Braunkohle)	8	25	17	1	17	29[1]	2775	2480	22,3	38,1	0,77	1,15	0,659

[1] und 3 O_2.

Zahlentafel XX.

Sauerstoffkennzahl σ, Stickstoffkennzahl ν und maximaler Kohlendioxydgehalt der Abgase bei theoretischer Verbrennung (λ = 1) für verschiedene Brennstoffe.

Brennstoff	σ	ν	max (CO_2) in RT/100 RT
Kohlenstoff	1,00	0	21,00
Feste Brennstoffe	1,01—1,30	—	20,8—17,0
Holz	~1,03	—	~20,5
Torf	1,04—1,08	—	20,4—19,8
Braunkohlen	1,07—1,28	—	19,9—17,2
Steinkohlen	1,11—1,18	—	19,3—18,4
Anthrazite	1,04—1,14	—	20,4—18,9
Holzkohle	1,03—1,10	—	20,5—19,5
Hochtemperatur-Koks	1,01—1,03	—	20,8—20,5
Flüssige Brennstoffe	1,20—1,60	—	18,1—14,2
Benzin	~1,50	—	~15,1
Benzol	1,25	0	17,5
Teeröl	~1,2	—	~18,1
Gasförmige Brennstoffe	0,4—2,0	0,0—2,0	34,7—11,7
Kohlenoxyd	0,50	0	34,7
Methan	2,00	0	11,7
Gichtgas	~0,45	~1,7	~22,8
Luftgas } mittleres Betriebsgas	~0,67	~1,97	~18,2
Mischgas } mittleres Betriebsgas	~0,75	~1,5	~18,8
Wassergas } mittleres Betriebsgas	~1,0	~0	~21,0
Leuchtgas } mittleres Betriebsgas	~2,0	—	~11,7

ν hat nur bei einigen gasförmigen Brennstoffen beträchtliche Werte. Bei Kohle mit $n = 0{,}01$ kg/kg z. B. ist der Stickstoffgehalt $22{,}4\, n/28 = 0{,}008$ Nm³/kg. Bei $c = 0{,}80$ kg/kg entsprechend $1{,}87\, c = 1{,}5$ Nm³/kg wird $\nu = 0{,}008/1{,}5 =$ rund $0{,}005 \approx 0$. Die σ-Werte weichen bei festen und flüssigen Brennstoffen nur wenig voneinander ab. Bei $\lambda > 1$ ist $CO_2 < \max(CO_2)$.

Im praktischen Betrieb bewährte Luftüberschußzahlen λ

Steinkohle auf feststehenden Rosten	1,4—2,0
Steinkohle auf mechanisch bewegten Rosten	1,3—1,6
Braunkohle auf mechanisch bewegten Rosten	1,3—1,5
bei Steinkohlenstaubfeuerungen	1,2—1,4
in Ölfeuerungen	1,2—1,5
in Gasfeuerungen	1,1—1,3

Anmerkung: Der Ascheanteil im festen Brennstoff wird gewöhnlich mit der Tiegelprobe bei etwa 750° C bestimmt. Solche Aschenangaben sind unsicher. In der Asche bei 750° C befinden sich mitunter Bestandteile, die bei höheren Temperaturen flüchtig werden oder die chemische Verbindungen eingehen, wobei sich ihr Gewicht ändert. Bei der Veraschung in der Dampfkesselfeuerung z. B. bei etwa 1200 bis 1400° C stellt man meist ein geringeres Aschegewicht fest, als nach der Tiegelprobe zu erwarten ist.

Zahlentafel XXI. *Heizwerte einiger trockener technischer Gase nach DIN 1872.*

Stoff	Molekulargewicht M	Molvolumen	Heizwerte					
			H_o	H_u	H_o	H_u	H_o	H_u
		Nm^3	kcal/kmol		kcal/kg		kcal/Nm^3	
Kokskohlenstoff[1]								
bei $C + O_2 = CO_2$	12,00	—	97000	97000	8080	8080	—	—
bei $C + \frac{1}{2}O_2 = CO$	12,00	—	29300	29300	2440	2440	—	—
Kohlenstoff (β-Graphit)								
bei $C + O_2 = CO_2$	12,00	—	94300	94300	7860	7860	—	—
bei $C + \frac{1}{2}O_2 = CO$	12,00	—	26600	26600	2220	2220	—	—
Kohlenoxyd	28,00	22,40	67700	67700	2420	2420	3020	3020
Wasserstoff	2,0156	22,43	68350	57590	33910	28570	3050	2570
Methan	16,03	22,36	212800	191290	13280	11930	9520	8550
Azetylen	26,02	22,22	313000	302240	12030	11620	14090	13600
Äthylen	28,03	22,24	340000	318490	12130	11360	15290	14320
Äthan	30,05	22,16	372800	340530	12410	11330	16820	15370
Benzoldampf[2]	78,05	22,4	783000	750730	10030	9620	34960	33520

Anmerkung[3]:

Stickstoff zu Stickoxyd NO	—1540 kcal/kg des Elements
Schwefel zu Schwefeldioxyd SO_2	+2165
Phosphor zu Phosphorpentoxyd P_2O_5	+5950
Silizium zu Siliziumdioxyd SiO_2	+6800
Eisen zu Eisenoxydul FeO	+1150
Eisen zu Eisenoxyduloxyd Fe_3O_4	+1580
Eisen zu Eisenoxyd Fe_2O_3	+1720
Eisendraht im Mittel für kalorimetrische Bombe	+1500

[1] In technischen Rechnungen sind diese Zahlenwerte anzuwenden, sofern nicht mit Sicherheit feststeht, daß eine andere Modifikation des C vorliegt. α-Graphit 93980 kcal/kmol, Diamant 94420 kcal/kmol. Amorpher C besteht aus Graphitkristalltrümmern.

[2] Anhaltswerte.

[3] Als mittleren Heizwert für die höhermolekularen Kohlenwasserstoffe C_mH_n kann man in der Verbrennungsrechnung überschlägig die Werte für Äthylen einsetzen.

B. Die wichtigsten technischen Anwendungen.

Kraftprozesse.

I. Arbeitsweise der Dampfkraftmaschinen.

1. Theoretischer Arbeitsprozeß.

Carnotscher Kreisprozeß. Das denkbar günstigste Verfahren zur Gewinnung von mechanischer Arbeit aus Wärmeenergie ist der CARNOTsche Kreisprozeß. Bedingung hierbei ist, daß *arbeitsfähige Wärmeenergie*, das ist Energie von höherer als Umgebungstemperatur, zur Verfügung steht, ferner, daß die Wärme dem arbeitenden Stoff *isothermisch* zugeführt und ebenfalls nach Umsetzung des arbeitsfähigen Anteils isothermisch entzogen wird. Im übrigen soll sich der Zustand des Stoffes nur adiabatisch ändern und der Gesamtvorgang umkehrbar sein, siehe Abschnitt 35 und 43 im Teil A. Es gibt keinen irgendwie gearteten umkehrbaren oder nichtumkehrbaren Prozeß, der bei *gegebener Temperaturspanne* mehr an mechanischer Arbeit gewinnen ließe, wobei es gleichgültig ist, was für ein Stoff arbeitet und in welchem Aggregatzustand sich der arbeitende Stoff befindet.

Wenn *trockengesättigter Wasserdampf* arbeiten soll, so würde sich ein solcher Kreisprozeß im Sättigungsgebiet wie in Abb. 1 angedeutet zutragen[1]. Die obere Temperatur möge auf t, T und die untere auf t_0, T_0 gehalten werden. Der Dampf vom Zustand 1 mit dem Druck p und der Temperatur t dehnt sich unter Leistung von Arbeit l_E adiabatisch bis zum Gegendruck p_0 aus, wobei er zunehmend feucht wird. Der Endzustand sei p_0, t_0, x_2 mit x_2 als spezifischer Dampfmenge in kg Dampf je kg Dampf-Flüssigkeits-Gemisch am Ende. Nunmehr wird dem Gemisch soviel von seiner Verdampfungswärme entzogen, ohne daß sich Druck und Temperatur ändern, bis sich die spezifische Dampfmenge auf x_3 kg/kg verringert hat. Alsdann wird das Gemisch auf den Ausgangsdruck p, wiederum adiabatisch, verdichtet — und zwar unter Aufwand der Arbeit l_K. Im Zustand 4 ist aller Dampf kondensiert

[1] An sich setzen die Überlegungen, die zum CARNOTschen Prozeß führen, ein vollkommenes Gas voraus. Es sei hier aber angenommen, daß der Dampf umkehrbare Zustandsänderungen ausführen kann.

($x_4 = 0$). Auf dem Wege von 4 bis 1 endlich wird dem arbeitenden Stoff Wasser die Verdampfungswärme bei p und t zugeführt, und das Spiel beginnt von neuem.

Im T, s-Diagramm bedeuten Flächen Wärmeenergie. Die Fläche $41BA4$ entspricht der *Wärmezufuhr* q zur Verdampfung 41, die Fläche $23AB2$ dem *Wärmeentzug* q_0 zur Kondensation. Der rechteckförmige Flächenunterschied 12341 entspricht der gewonnenen *Arbeit* $Al = Al_E - Al_K$ als Differenz zwischen der Arbeitsleistung bei der Expansion und dem Arbeitsaufwand bei der Kompression. Für den *thermischen Wirkungsgrad*[1] als Verhältnis von Arbeitsgewinn zum Aufwand an Wärmeenergie erhält man

$$\eta_{th} = \frac{Al}{q} = \frac{q - q_0}{q} = \frac{T - T_0}{T}. \tag{1}$$

Der thermische Wirkungsgrad ist für alle CARNOTschen Kreisprozesse zwischen und t_0 gleich groß, unabhängig davon, wie die Gemischzusammenstzung ist. Wenn $x_4 = 0$ und $x_1 = 1$ ist, dann kann je Mengeneinheit des Stoffes und je Spiel innerhalb des Sättigungsgebietes ein Höchstmaß an Arbeit gewonnen werden.

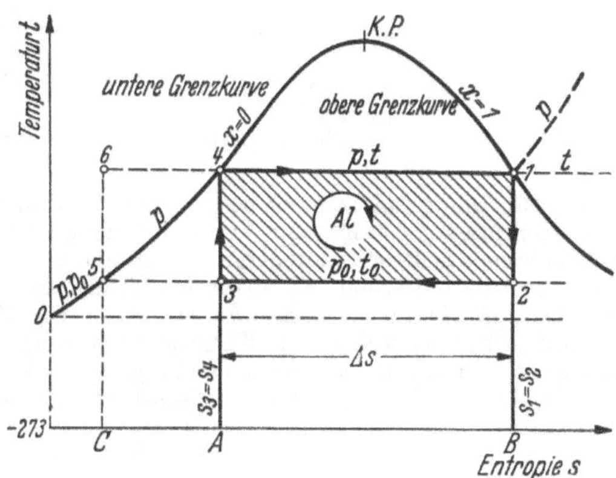

Abb. 1. CARNOTscher Prozeß von gesättigtem Wasserdampf.

Dampfkraftmaschinen haben eine Anzahl entscheidende technische Vorzüge, ihre thermische Arbeitsweise aber ist weniger günstig, weil sie nur einen verhältnismäßig geringen Teil der aufgewandten Wärmeenergie umzusetzen vermögen und mit der gebundenen Wärme des Abdampfes den weitaus größten Teil unausgenützt in den Kondensator und dort an das Kühlwasser entlassen. Der thermische Wirkungsgrad nimmt z. B. bei gesättigtem Dampf folgende Werte an:

Zahlentafel 1.

Einige Werte für den thermischen Wirkungsgrad des CARNOTschen Kreisprozesses am Beispiel von Wasserdampf.

Obere Temperatur t° C	180	180	250	300
Oberer Druck p at abs.	10,23	10,23	40,56	87,61
Untere Temperatur t_0 ° C	100	40	30	25
Unterer Druck p_0 at abs.	1,03	0,075	0,043	0,032
Thermischer Wirkungsgrad η_{th}	0,177	0,309	0,421	0,480

[1] Verschiedentlich wird der thermische Wirkungsgrad des idealen Kreisprozesses auch mit η_t bezeichnet.

Eine wesentlich niedrigere Temperatur als 25° C im Kondensator ist bei rund 20° C Umgebungstemperatur nicht gegeben. Es kann also theoretisch im besten Falle nur etwa die Hälfte der zugeführten Wärmeenergie in Arbeit umgewandelt werden. Diese Tatsache muß man bei der Beurteilung des Wirkungsgrades ausgeführter Dampfkraftanlagen wohl beachten.

Es ist übrigens für den theoretischen Prozeß ohne Belang, ob man die einzelnen Zustandsänderungen nacheinander in einem Idealzylinder oder in mehreren Zylindern oder anderen Einrichtungen durchführt. In Abb. 2 ist schematisch

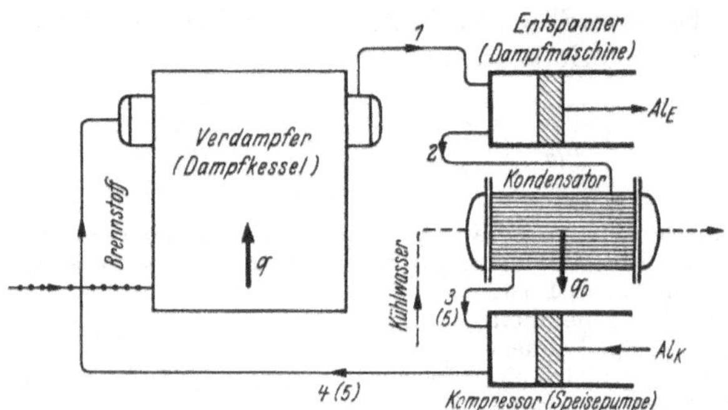

Abb. 2. Schema einer Dampfkraftanlage.

eine Anordnung mit einem besonderen Verdampfer, Entspanner, Kondensator und Kompressor gezeigt. Zur Verdampfung wird die Menge q zugeführt, die durch Umsetzung von Brennstoffenergie gewonnen wird (chemisch-thermischer Vorgang). Bei der adiabatischen Entspannung (thermisch-mechanischer Vorgang) leistet der Dampf die mechanische Arbeit Al_E. Im Kondensator werden $x_2 - x_3$ kg Dampf je kg Gemisch durch Kühlwasser niedergeschlagen und dabei die Wärmemenge q_0 entzogen (thermischer Vorgang). Beim Spannen schließlich ist die Arbeit Al_K aufzuwenden (mechanisch-thermischer Vorgang). Es wird die Arbeit

$$Al = q - q_0 = Al_E - Al_K \tag{2}$$

je kg Dampf oder das Gfache in einer bestimmten Zeit oder bei Anwendung einer bestimmten Energiemenge gewonnen.

Clausius-Rankinescher Kreisprozeß. Der Kompressor bei dem vorbeschriebenen Prozeß ist ein konstruktiv und betrieblich schwieriges Element. Es ist einfacher, statt dessen den Dampf im Kondensator völlig niederzuschlagen (Zustand 5 in Abb. 1) und das Kondensat mit einer einfachen Wasserpumpe auf den Zustand p, t_0 zu bringen. Die Isobaren p und $p_0 =$ konst. fallen im T, s-Diagramm praktisch mit der unteren Grenzkurve zusammen. Das Kondensat wird mit (bildlich) Zustand 5 (p, t_0) in den Kessel geschoben und dort unter konstantem Druck p durch Wärmezufuhr in den Siedezustand 4 und weiterhin in den Zustand 1 des trockengesättigten Dampfes übergeführt. Für diese technisch allgemein übliche Art der Dampferzeugung eignet sich der CARNOTsche Prozeß nicht als idealer Vergleichsprozeß.

Man nennt einen Prozeß mit völliger Verflüssigung im Kondensator nach dem deutschen Physiker RUDOLF CLAUSIUS (1822—1888) und dem englischen Ingenieur WILLIAM RANKINE (1820—1872). Die Zusammenhänge im p, v-Diagramm zeigt Abb. 3. Der thermische Wirkungsgrad dieses Prozesses läßt sich wie folgt berechnen. Für umkehrbare Kreisprozesse gilt nach Abschnitt 43, Teil A,

$$\int_{1}^{n=1} \frac{dq}{T} = 0, \tag{3}$$

d. h. die Entropie des arbeitenden Stoffes ändert sich, über den gesamten Kreisprozeß genommen, nicht. Wärme wird von 5 bis 4 und von 4 bis 1 zugeführt. Bei Wasser mit der spezifischen Wärme $c \approx c_p \approx 1$ ist $dq = c_p\, dT \approx c\, dT \approx dT$, mithin je kg Wasser

$$\int_{5}^{4} \frac{dq}{T} \approx \int_{T_0}^{T} \frac{dT}{T} = \ln \frac{T}{T_0}. \tag{4}$$

Während der Verdampfung von 4 bis 1 wird die Verdampfungswärme r in kcal/kg bei unveränderlicher Temperatur T aufgenommen und ist

$$\int^{1} \frac{dq}{T} = \frac{r}{T}. \tag{5}$$

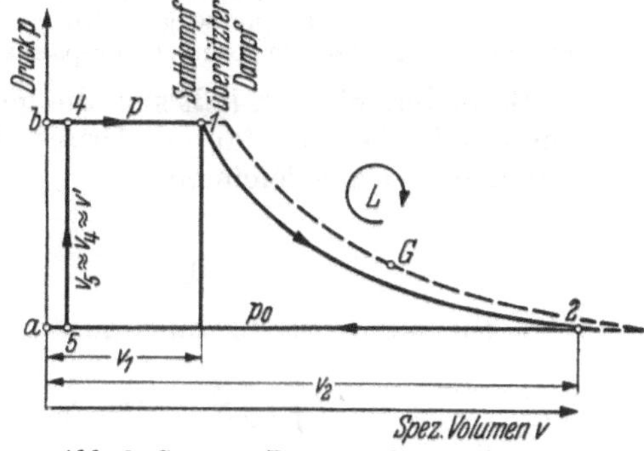

Abb. 3. CLAUSIUS-RANKINEscher Kreisprozeß.

Die adiabatische Zustandsänderung von 1 bis 2 geht ohne Wärmeaustausch von statten ($dq = 0$), und es ist

$$\int_{1}^{2} \frac{dq}{T} = 0. \tag{6}$$

Im Kondensator endlich wird die Wärme $x_2 r_0$ in kcal/kg bei unveränderlicher Temperatur T_0 abgeführt, also

$$\int_{2}^{5} \frac{dq}{T} = -\frac{x_2 r_0}{T_0}. \tag{7}$$

Summiert man (4), (5), (6) und (7), so erhält man

$$\int_{1}^{n=1} \frac{dq}{T} = 0 = \ln \frac{T}{T_0} + \frac{r}{T} - \frac{x_2 r_0}{T_0}$$

und

$$x_2 = \frac{T_0}{r_0} \left[\frac{r}{T} + \ln \frac{T}{T_0} \right] \tag{8}$$

in kg/kg. An Wärmeenergie wird je Arbeitsspiel aufgenommen

$$c_p(T - T_0) + r \approx T - T_0 + r, \tag{9}$$

und abgeführt wird mit (8)

$$x_2 r_0 = T_0 \left[\frac{r}{T} + \ln \frac{T}{T_0} \right]. \tag{10}$$

Damit folgt für den thermischen Wirkungsgrad dieses Prozesses

$$\eta_{\mathrm{CIR}} = \frac{q - q_0}{q} \approx \frac{T - T_0 + r - T_0[r/T + \ln(T/T_0)]}{T - T_0 + r}. \tag{11}$$

η_{ClR} ist kleiner als der thermische Wirkungsgrad η_{th} des CARNOTschen Prozesses, nämlich nach dem T, s-Diagramm Abb. 1:

$$\eta_{\text{ClR}} = \frac{\text{Fläche } 12541}{\text{Fläche } 1BC541} < \frac{\text{Fläche } 12561}{\text{Fläche } 1BC61}.$$

Bei höheren Temperaturen T und T_0 und bei größeren Temperaturunterschieden $T - T_0$ ist es notwendig, die Veränderlichkeit der spezifischen Wärme des flüssigen Wassers zu berücksichtigen — genauere Fassung von (4). Der Ersatz des Kompressors (3 bis 4) durch die Pumpe und das Aufwärmen unter konstantem Druck (5 bis 4) im Dampferzeuger wirkt sich um so ungünstiger auf den Wirkungsgrad aus, je größer die Temperaturspanne $T - T_0$ ist.

Besonders einfach läßt sich die gewonnene Arbeit mit den Wärmeinhalten (i, bei konstantem Druck, Enthalpie) angeben. Aus der allgemeinen Wärmegleichung

$$\boxed{dq = di - A\,v\,dP} \tag{12}$$

folgt für adiabatische Zustandsänderung nach Abb. 3 mit $dq = 0$

$$\int_2^1 v\,dP = \frac{i_1 - i_2}{A} \mathrel{\hat{=}} \text{Fläche } 12ab1.$$

Die Fläche des Prozesses 12541 entspricht praktisch genau der Arbeit

$$l = 427\,(i_1 - i_2) - 10^4(p - p_0)v', \tag{13}$$

und zwar ist $l_E = 427\,(i_1 - i_2)$ die Arbeit, die der Dampf bei der Ausdehnung in der Dampfmaschine leistet, und $l_P = 10^4(p - p_0)v'$ ist die mechanische Arbeit, die an der Speisepumpe aufgewandt werden muß. Nun ist das spezifische Volumen des flüssigen Wassers v' mit rund 0,001 m³/kg sehr klein gegen das Dampfvolumen und $427\,(i_1 - i_2) \gg 10^4(p - p_0)v'$ oder $l_E \gg l_P$ (im Diagramm Abb. 3 ist v' übertrieben groß gezeichnet). Mithin gilt für den *Arbeitsgewinn*

$$\boxed{Al \approx i_1 - i_2} \tag{14}$$

in kcal je kg Dampf oder auch je kg des arbeitenden Betriebsstoffes Wasser. Das sog. *adiabatische Wärmegefälle* $i_1 - i_2$ (richtiger Enthalpiefall oder Abfall im Wärmeinhalt) kann in einfacher Weise aus dem *Mollier-i, s-Diagramm* für Wasserdampf längs einer Senkrechten $s =$ konst. abgegriffen werden, wobei die Veränderlichkeit der spezifischen Wärme mit der Temperatur berücksichtigt ist.

Die Wärmeinhalte (Enthalpien) von Wasser pflegt man auf $t = 0°$ C zu beziehen. Aufzuwenden ist die Wärmemenge $i_1 - i_5 \approx i_1 - t_0 = i'' - t_0$ in kcal/kg (s. Abb. 1). Damit ergibt sich der *thermische Wirkungsgrad* des CLAUSIUS-RANKINEschen Idealprozesses zu

$$\boxed{\eta_{\text{ClR}} = \frac{i_1 - i_2}{i_1 - t_0}}\,. \tag{15}$$

Er wird als Wirkungsgrad des *verlustlosen Prozesses* bezeichnet.

Zu den Drücken und Temperaturen, die für Zahlentafel 1 zugrunde gelegt wurden, findet man für den Idealprozeß nach CLAUSIUS-RANKINE die in Zahlentafel 2 niedergelegten Werte. Unter dem *Carnotschen Wirkungsgrad* η_C wird das Verhältnis des Wirkungsgrades eines beliebigen umkehrbaren Kreisprozesses, hier des CLAUSIUS-RANKINEschen zu dem Wirkungsgrad des CARNOTschen Kreisprozesses verstanden. Dieses Verhältnis $\eta_C = \eta_{\mathrm{ClR}}/\eta_{th}$ wird mit zunehmender Temperaturspanne $T - T_0$ immer ungünstiger; im besten Falle wird nur mehr etwa 40 vH der zugeführten Wärmeenergie in mechanische Arbeit umgesetzt.

Zahlentafel 2. *Einige Werte für den thermischen Wirkungsgrad des* CLAUSIUS-RANKINE*schen Idealprozesses für gesättigten Wasserdampf.*

Frischdampftemperatur t° C	180	180	250	300
Frischdampfdruck p at. abs.	10,23	10,23	40,56	87,61
Wärmeinhalt $i_1 = i''$ kcal/kg	663,2	663,2	669,0	656,1
Abdampftemperatur t_0° C	100	40	30	25
Abdampfdruck p_0 at abs.	1,03	0,075	0,043	0,032
Wärmeinhalt $i_2 = i_0' + x_2 r_0$	570[1]	490	438	405
$\eta_{\mathrm{ClR}} = (i_1 - i_2)/(i_1 - t_0)$	0,165	0,278	0,361	0,398
$\eta_C = \eta_{\mathrm{ClR}}/\eta_{th}$ (Zahlentafel 1)	0,935	0,899	0,859	0,829

Im allgemeinen arbeiten die Dampfkraftanlagen mit überhitztem Dampf. Der. CLAUSIUS-RANKINEsche Prozeß ist auch in diesem Fall als Vergleichsprozeß geeignet, wie Abb. 4 zeigt. Durch die Überhitzung des Dampfes bei gleichbleibendem Druck werden sowohl die Wärmezufuhr q als auch die Arbeit Al größer, aber die Arbeit verhältnismäßig mehr. Dadurch erhöht sich der thermische Wirkungsgrad noch etwas. Der CARNOTsche Prozeß zwischen den Temperaturen T_1 und T_2 eignet sich dafür weniger als Vergleichsprozeß. Das in Abb. 2 angegebene Schema ist insofern abzuändern, als der Frischdampf nicht in trockengesättigtem Zustand aus der Kesseltrommel entnommen wird, sondern zunächst durch einen von den Feuergasen beheizten Dampfüberhitzer zu leiten ist, wobei seine Temperatur unter gleichbleibendem Druck von t auf t_1 erhöht wird. Im p, v-Diagramm Abb. 3 ist das Volumen von 1 kg Dampf größer, wenn man von überhitztem Dampf an Stelle von Sattdampf ausgeht

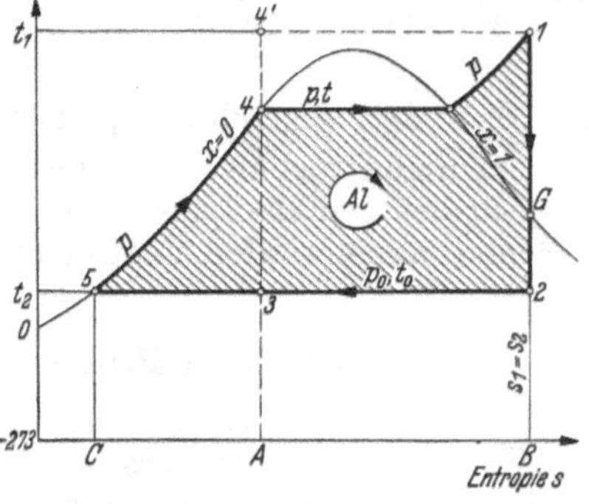

Abb. 4. CLAUSIUS-RANKINEscher Prozeß für überhitzten Dampf.

[1] rechnerisch nach (10)

$i_2 = i_0' + x_2 r_0$	= 568,5	488,1	430,4	391,6
gegen i, s-Diagramm	= 570,2	489,5	438,0	405,0

wegen des Einflusses der Temperatur auf die spezifische Wärme.

(gestrichelte Linie). Bei der adiabatischen Ausdehnung von Heißdampf wird die Grenzkurve bei G geschnitten. Bis dahin ist der Adiabatenexponent in der Gleichung $pv^{\varkappa}$ = konst. genau genug $\varkappa = 1{,}3$, nach Überschreiten der Grenzkurve $\varkappa = 1{,}135$ und mit zunehmender Dampfnässe $\varkappa = 1{,}035 + 0{,}1\,x$ (nach Abschnitt 58, Teil A).

Wenn man die Kondensationstemperatur $t_2 = t_0$ mit 25° C annimmt, entsprechend $p_0 = 0{,}032$ at abs. oder rund 97 vH Vakuum, wie sie bestenfalls bei Großanlagen im praktischen Betriebe erreicht werden kann, so ergibt sich mit Hilfe des i, s-Diagrammes ein Zusammenhang zwischen dem thermischen Wirkungsgrad η_{ClR} und dem Frischdampfzustand, wie in Abb. 5 wiedergegeben ist. Die zugeführte Wärmeenergie wird um so mehr zum Arbeitsgewinn ausgenützt, je höher Druck und Temperatur vor der Maschine sind (und je niedriger der Gegendruck p_0 ist). $\eta_{\mathrm{ClR}} = 0{,}45$ ist ein Grenzwert für den heutigen technischen Anwendungsbereich von Druck und Temperatur des Heißdampfes, d. h. mindestens 55 vH der aufgewandten Wärmeenergie werden unausgenutzt an den Kondensator abgegeben.

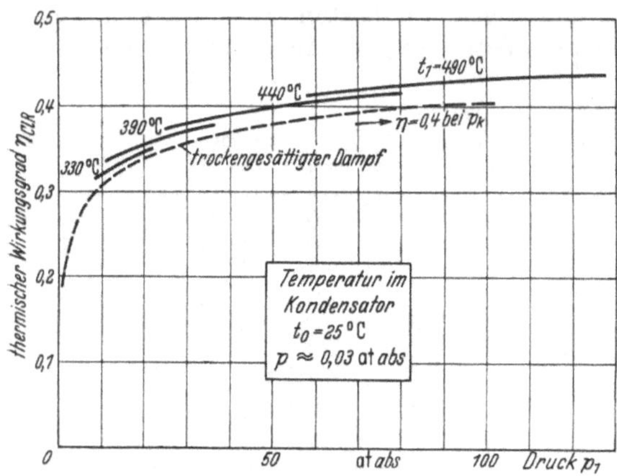

Abb. 5. Zusammenhang zwischen dem thermischen Wirkungsgrad der verlustlosen Dampfkraftanlage und dem Frischdampfzustand vor der Kraftmaschine (t_0 = 25° C).

2. Wirklicher Prozeß der Dampfkraftmaschinen.

Wenn man die Arbeit des Wasserdampfes in der Dampfmaschine als Teil des Gesamtprozesses für sich betrachtet, so würde sich bei umkehrbaren Zustandsänderungen in der verlustlosen Maschine ein Arbeitsdiagramm nach Abb. 6 (gestrichelt) ergeben. Es ist vielfach üblich, die Arbeit der verlustlosen Maschine mit L_0 in mkg für G kg Dampf bzw. l_0 in mkg je kg Dampf zu bezeichnen[1]. In der Maschine spielt sich ein offener Prozeß ab. (Abschnitt 48, Teil A.)

[1] Siehe z. B. W. Schüle: Technische Thermodynamik, Bd. II, S. 140. Berlin 1930. Nach DIN E 1940 (Verbrennungsmotoren, Begriffe und Formelzeichen) ist N_v für die Leistung der verlustlosen Maschine vorgesehen. Eine allgemeine Normung besteht noch nicht. Der Zeiger v wird vielfach zur Kennzeichnung von Verlusten angewandt. Nach anderen wird die verlustlose Arbeit ohne Zeiger abgekürzt, z. B. Hütte, des Ingenieurs Taschenbuch, Bd. II, S. 405. Um Verwechslungen zu verhüten, wurde hier der Zeiger o beibehalten, während der Zeiger v auf Verluste hinweist.

In Wirklichkeit ergibt sich bei der *Kolbendampfmaschine* eine wesentlich kleinere Arbeitsfläche; siehe Abb. 6. Man erhält das wirkliche Diagramm, indem man mit einem *Indikator* den Dampfdruck in Abhängigkeit von der Kolbenstellung entnimmt und aufzeichnet, *Indikatordiagramm*. Die Abweichungen vom theoretischen Diagramm werden durch die innere Dampfreibung hervorgerufen. Die Diagrammfläche entspricht der *indizierten* oder inneren *Arbeit* l_i in mkg/kg.

Bei der Füllung des Zylinders mit Dampf fällt der Druck durch die Drosselung in den Einlaßorganen. Der mittlere Einströmdruck ist

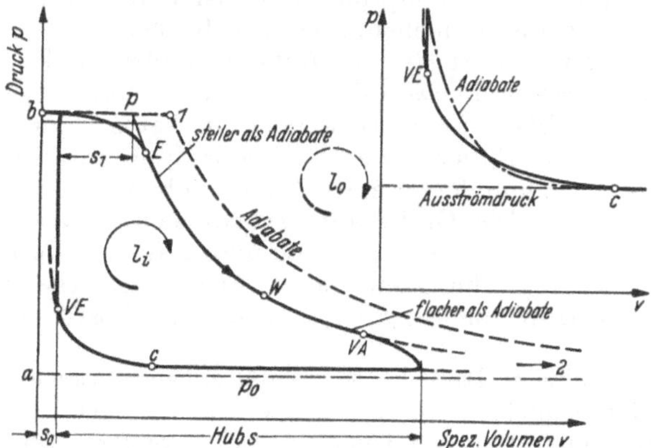

Abb. 6. Indikatordiagramm einer Kolbendampfmaschine verglichen mit dem Diagramm der verlustlosen Maschine.

geringer als der Druck p vor der Maschine. Außerdem kühlt sich der heiße Dampf an den kälteren Maschinenwänden ab, wobei ein Teil kondensiert und die Wände beschlägt. Dadurch ist das Volumen von 1 kg des Dampf-Flüssigkeits-Gemisches am Ende des Einströmens (bei E) kleiner als das Volumen von 1 kg Frischdampf[1].

Die wirkliche Ausdehnung geht nicht nach einer vollkommenen Adiabate vor sich, sondern nach einer Zustandslinie E bis VA unter Wärmeaustausch mit den Wänden und innerer Dampfreibung. Anfangs beheizt der wärmere Dampf die Wände, deren Temperatur um eine mittlere Temperatur schwankt. Im Verlaufe der Ausdehnung sinken Druck und Dampftemperatur. Mit Unterschreiten der Wandtemperatur, Punkt W, geht zunehmend Wärme von den Wänden an den Dampf über, wobei der Wasserbeschlag wieder verdampft wird[2]. Sattdampf dehnt sich so fast genau nach einer gleichseitigen Hyperbel aus (nichtumkehrbare Zustandsänderung). Im Punkt VA (Vorausströmen) öffnet das Auslaßorgan bereits, und der Dampf fällt in den Kondensator. Die lange Spitze, die nur mehr eine geringe Arbeitsfläche umschließt, bleibt weg.

[1] Bei einer bestimmten Füllung muß dadurch ein größeres Dampfgewicht eingeschoben werden, als dem Zylindervolumen am Ende der Füllung entspricht.

[2] Bei dem geringeren Druck ist die Verdampfungswärme größer. Es kann nur ein Teil der an die Wand übergegangenen Wärme zurückkehren.

Würde man die Spitze ausfahren, so müßte man die Maschine nicht nur wesentlich länger bauen, sondern es würde die Wandtemperatur herabgezogen und der Einströmverlust vergrößert, abgesehen davon, daß die innere Reibung des Dampfes bei den großen Volumina viel von der Mehrarbeit aufzehren würde.

Der praktische Gegendruck muß über dem Kondensatordruck p_0 liegen, weil der Strömungswiderstand beim Ausschieben zu überwinden ist und der Dampf nur unter Wirkung eines Druckgefälles bereit ist, abzuströmen[1]. Im Punkt C (Kompression) schließt das Auslaßorgan, und der Dampfrest wird komprimiert. Es ist praktisch nicht möglich, den Dampf völlig auszuschieben. Zwischen Kolben und Zylinderdeckel verbleibt ein gewisser Spielraum. Außerdem bleiben die Kanäle bis zu den Steuerorganen mit Dampf gefüllt. Man nennt diesen gesamten Raum den *schädlichen Raum*. Er entspricht, bezogen auf den lichten Zylinderquerschnitt F, der Länge s_0. Der Hub des Kolbens ist s, das Hubvolumen $F \cdot s$, und der gesamte Zylinderinhalt bis zu den Absperrorganen $F(s + s_0)$. Die Größe aller schädlichen Räume $s_0 F$ richtet sich nach Art und Güte der Steuerung und in diesem Zusammenhang nach der Kolbengeschwindigkeit und macht etwa zwischen 6 und mehr als 16 vH des Hubvolumens, bei besonderen Konstruktionen 3 bis 6 vH, aus.

Um einen ruhigen Lauf der Maschine zu gewährleisten, läßt man den Frischdampf nicht beim Beginn eines neuen Spiels in den schädlichen Raum mit Ausströmdruck stürzen, sondern verdichtet den Dampfrest ab C bis zum Punkt VE (Voreinströmen). Zu Beginn des Einströmens muß der in seinem Zustrom gestoppte Dampf aus dem Ruhezustand bis auf 60—80 m/s beschleunigt werden. Wegen der Trägheit der Dampfmasse muß das Einströmorgan schon vor Beginn der eigentlichen Füllung geöffnet werden (Punkt VE in Abb. 6). Der Dampfrest wird dadurch nur unvollkommen verdichtet, was mit einem weiteren Verlust an Arbeitsfläche verbunden ist; siehe Abb. 6. Durch die Kompression steigt die Temperatur des Dampfrestes, und die Wandungen werden weniger stark abgekühlt. Durch das vorzeitige Eindringen des Frischdampfes werden die Wandungsverluste noch geringer, weshalb sich der Prozeß mit unvollkommener Kompression in Wirklichkeit etwas günstiger stellt. Weitere Einbußen an Arbeit kommen zustande, wenn die Steuerung nicht präzise arbeitet (Stoffundichtheiten).

Die indizierte Arbeit l_i ist demnach durch Verluste infolge von Eintrittsdrosselung, Wandungswirkungen, unvollständiger Expansion, Austrittsdrosselung, Wirkung des schädlichen Raumes sowie unvollständiger Kompression kleiner als die Arbeit in der verlustlosen Maschine l_0. Das Verhältnis zu l_0,

$$\boxed{\eta_g = \frac{l_i}{l_0}} \tag{16}$$

[1] Während des Ausschiebevorganges werden die Wände noch weiter abgekühlt.

heißt *Gütegrad*[1] der wirklichen Maschine. Der Größenordnung nach liegt er bei Kolbendampfmaschinen mit Kondensation etwa zwischen 0,55 und 0,85. Unter dem indizierten Wirkungsgrad η_i versteht man das Verhältnis von indizierter Arbeit in Wärmemaß Al_i zum Wärmeaufwand q. Mithin ist

$$\boxed{\eta_i = \eta_{\mathrm{CIR}}\,\eta_g} \tag{17}$$

und liegt günstigstenfalls bei $0{,}45 \cdot 0{,}85 = 0{,}38$, im allgemeinen aber wesentlich darunter[2]. Es heißt dies, daß bei der wirklichen Kolbendampfmaschine auch bei bester Ausführung nicht mehr als 35 bis 38 vH der zugeführten Wärmeenergie in mechanische Dampfarbeit umgewandelt werden können.

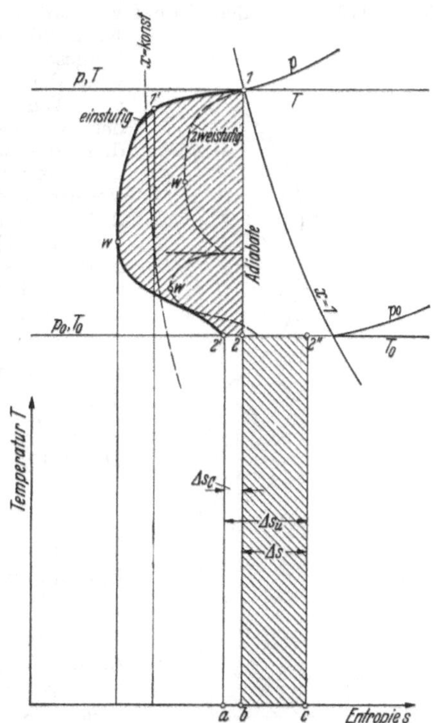

Abb. 7. Theoretische und wirkliche Zustandsänderung bei der Ausdehnung von p, T auf p_0, T_0 bei Sattdampf (zu Abb. 6).

Die weitaus größte Einbuße an Arbeitsfläche rührt von den *Wandungsverlusten* her. In Abb. 7 ist die theoretische adiabatische Ausdehnungslinie 1 bis 2 und die Linie der wirklichen Zustandsänderung von p, T nach p_0, T_0 unter den Wechselwirkungen von Dampf und Wandung ausgehend von trockengesättigtem Dampf dargestellt. Die unter der Linie 1 bis 1' liegende Fläche entspricht dem Wärmeübergang vom Dampf an die Wandung während der Füllung des Zylinders. Dabei nimmt die Feuchtigkeit zu, als Ausdruck dafür, daß sich Dampf an den Wänden niederschlägt, und Druck und Temperatur fallen als Folge der Eintrittsdrosselung. In 1' schließt das Einlaßorgan und beginnt die gewollte Ausdehnung. Solange der Dampf heißer ist, gibt er Wärme an die Wandung ab, und seine Nässe nimmt nach der Linie 1' bis W zu, bis bei W die Temperatur des Dampfes auf die Wandtemperatur abgesunken ist. Die übergegangene Wärme entspricht der unter 1 bis W liegenden Fläche. Von W an ist der Dampf zunehmend kälter als die Wände und geht zunehmend Wärme an den Dampf über, entsprechend der unter W bis 2' liegenden Fläche. Dadurch wird der Dampf wieder trockener, wie Abb. 7 zeigt. Der Endpunkt 2' kann dabei vor oder hinter dem Punkt 2 liegen, je nachdem, wieviel

[1] Auch thermodynamischer Wirkungsgrad genannt.

[2] Bei einer guten Kondensationsmaschine im mittleren Bereich von Dampfdruck und -temperatur wie 12 at abs. und 330° C ist

$$\eta_{\mathrm{CIR}} \approx 0{,}30 \quad \text{und} \quad \eta_g \approx 0{,}76 \quad \text{und} \quad \eta_i \approx 0{,}30 \cdot 0{,}76 = 0{,}23.$$

η_i wird vielfach auch mit η_{ti}, d. h. thermischer Wirkungsgrad des wirklichen Prozesses, abgekürzt.

Wärme von der Maschine nach der Umgebung abgeleitet und abgestrahlt wird. Es geht naturgemäß mehr Wärme an die Wände über als an den Dampf zurück. Der Überschuß ist durch den Flächenunterschied $1 1' W 2' a b 2 1$ gekennzeichnet; er wird an die Umgebung abgegeben. Die schraffierten Flächen sind gleich groß. Demnach geht an die Umgebung durch Leitung und Strahlung soviel Wärme über, wie die unter 2′ bis 2″ liegende Fläche anzeigt. Die Wärmeabgabe ist im Beispiele von Abb. 7 so groß, daß der Kondensator weniger belastet wird als bei theoretischer Ausdehnung 1 bis 2. Die Minderbelastung ist $T_0 \cdot \Delta s_e$, die Abgabe nach außen $T_0 \cdot \Delta s_u$ und die Summe aller Nichtumkehrbarkeiten $T_0 \cdot \Delta s$. Bei einer besser isolierten Maschine wird 2′ im Bilde rechts von 2 liegen und der Dampfmaschinenkondensator mehr belastet werden, als das theoretisch der Fall wäre. Man erkennt, daß besonders nach dem Ende der Expansion zu in starkem Maße Wärme an den Dampf zurückfließt. Durch die Vorausströmung wird der Rückfluß, der beim Ausschieben des Dampfes fortgesetzt wird, erheblich verringert. Dadurch wird die mittlere Wandtemperatur höher gehalten. Wenn der Umkehrpunkt W höher liegt, ist der Wärmeübergang an die Wände geringer, d. h. die schraffierte Fläche kleiner. Dabei sei daran erinnert, daß die schraffierte Fläche einen Verlust an der Arbeitsfläche $A l$ des Prozesses von Abb. 1 bedeutet (Verringerung von 12541 auf $1 1' W 2' 5 4 1$). In Wirklichkeit liegt 2′ außerdem bei noch etwas höherem Druck ($p_2 < p_0$) und damit auch bei höherer Temperatur wegen der Austrittsdrosselung.

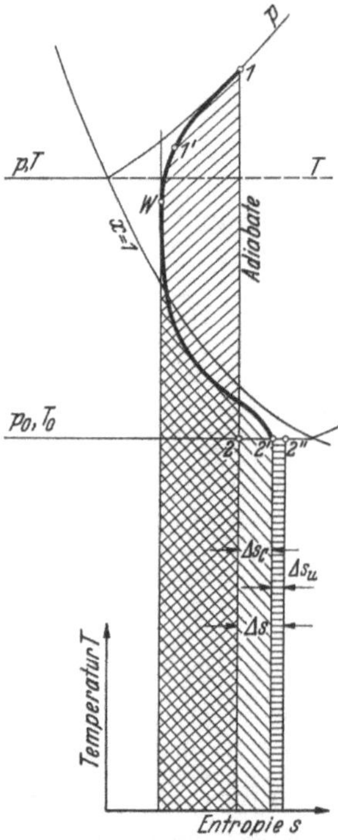

Abb. 8. Theoretische und wirkliche Zustandänderung bei der Ausdehnung des Heißdampfes von p auf p_0 (zu Abb. 6).

Es ist eine vordringliche Aufgabe beim Entwurf von Dampfmaschinen, die Wandungsverluste klein zu halten. Maßnahmen hierzu läßt die allgemeine Wärmeübergangsgleichung

$$\frac{Q}{G} = \alpha \frac{F}{G} Z (t_D - t_W) \qquad (18)$$

erkennen. Darin ist Q die in der Zeit Z übergehende Wärme, G das Dampfgewicht, α die Wärmeübergangszahl, F die wärmeaustauschende Fläche, t_D die Dampf- und t_W die Wandtemperatur.

a) Die Wärme geht von kondensierendem Dampf außerordentlich gut an eine unter Sättigungstemperatur befindliche Wand über. Demgegenüber hat Heißdampf eine mehrere 100mal niedrigere *Wärmeübergangszahl*. Das Bild der Wandungsverluste bei der Ausdehnung von Heißdampf zeigt Abb. 8. Im Beispiel liegt die mittlere Wandtemperatur (Punkt W) zwar unter der Sättigungstemperatur des Frischdampfes, aber der Dampf ist im Zustand W immer noch überhitzt. Von 1 über 1′ bis W geht Dampfwärme an die Wände und von W bis 2′ Wandwärme an den Dampf. Die unter 2 bis 2′ liegende Fläche bedeutet die Mehrbelastung des Kondensators, die Wärmemenge $T_0 \Delta s_u$ geht an die Umgebung. Es handelt sich um eine Maschine mit guter Wärmeisolierung. (Abb. 7 und 8 sind nicht maßstäblich gezeichnet.) Bei Auspuffmaschinen liegt die Wandtemperatur höher als bei Kondensationsmaschinen. Die Einströmkondensation unterbleibt schon bei geringer Überhitzung.

b) Das Verhältnis der *Wandflächen* F zum arbeitenden *Dampfgewicht* G läßt sich nicht wesentlich verändern. Größere Maschinen sind in dieser

Hinsicht günstiger als kleinere, langhubige Maschinen meist besser als kurzhubige daran[1].

Die wärmeaustauschende Oberfläche F setzt sich aus Zylinder-, Kolben- und Deckelflächen zusammen, außerdem aus der Oberfläche der Steuerungskanäle bis zu den Absperrorganen, die bei Schiebersteuerung größer als bei Ventilsteuerung ist. Am ungünstigsten ist die Wandwirkung im schädlichen Raum, wo eine große Oberfläche einem kleinen Dampfgewicht gegenübersteht, weshalb man diesen Einfluß durch nur teilweise Kompression schneller beendet. Mit zunehmender Füllung wird das Verhältnis F/G kleiner und nehmen die Wandungsverluste ab.

Die indizierte Kompressionslinie weicht wesentlich von einer Adiabate ab, wie Abb. 6 zeigt. Anfänglich geht noch Wärme von der Wand an den Dampf über ($n > \varkappa$). Mit zunehmender Verdichtung steigt die Temperatur des Dampfrestes über die Wandtemperatur an, und der Dampf gibt Wärme ab ($n < \varkappa$). Wollte man die Kompression im schädlichen Raum bis auf Eintrittsdruck gehen lassen, dann müßte ein größerer Dampfrest komprimiert werden und wäre die Arbeitsfläche kleiner (Punkt C rückt nach rechts, Abb. 6).

c) Im Sinne einer Verringerung des Wärmeaustausches wirkt die Erhöhung der *Drehzahl*, denn die Arbeitsfähigkeit des Dampfes vergeht mit der *Zeit* durch Wärmeverteilung. Langhubige Maschinen sind hier benachteiligt. Die Erfahrung zeigt allerdings, daß höhere Drehzahlen sich praktisch nicht so günstig, wie zu erwarten, herausstellen, weil die Steuerungsquerschnitte reichlicher bemessen und höhere Ansprüche an die Präzision der Steuerung gestellt werden müssen.

d) Schließlich läßt sich der Wärmeübergang durch Herabsetzung des antreibenden *Temperaturunterschiedes* $t_D - t_W$ verkleinern. Ein Mittel hierzu ist die Beheizung von Deckel und Mantel des Zylinders durch Frischdampf, um die Wandtemperatur t_W hochzuhalten, siehe hierzu Abb. 9a und 9b. Es gelingt so, die Verluste an Dampfwärme bei Sattdampf und bei langhubigen Maschinen um 10 bis 15 vH zu verringern. Bei überhitztem Dampf aber bewähren sich diese Dampf-

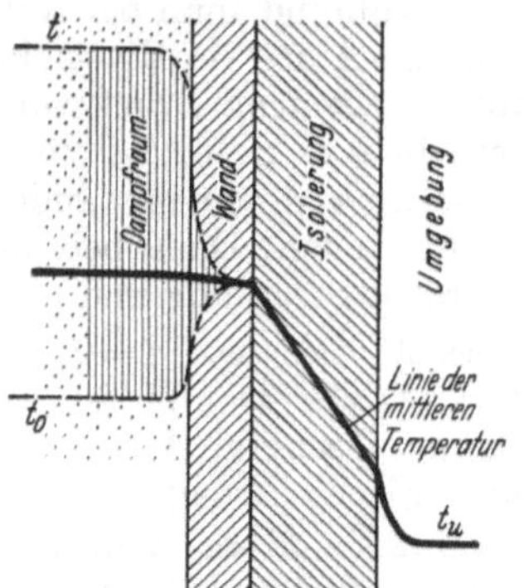

Abb. 9a. Temperaturschwankungen von Dampf und Wand. Die Wandtemperatur schwankt am meisten an der Oberfläche.

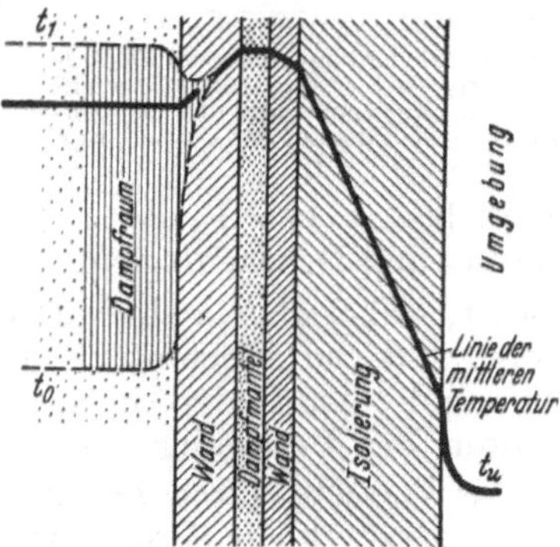

Abb. 9b. Temperaturschwankungen in der Wand bei Mantelheizung.

mäntel weniger, weil die Kolbenschmierung erschwert wird und der Dampfverbrauch nicht wesentlich zurückgeht. Von beschränktem Vorteil ist daher vornehmlich die Beheizung bei langsam laufenden Maschinen.

Der Temperaturunterschied $t_D - t_W$ kann durch Unterteilung des Druckgefälles in zwei oder mehr Stufen vermindert werden. Beim zweistufigen *Verbundsystem* dehnt sich der Dampf in einem Hochdruckzylinder bis auf einen Zwischendruck aus, gelangt dann in einen Aufnehmer als Puffer und von dort aus in einen Niederdruckzylinder und anschließend zur Kondensation. Die mittlere Temperatur der

[1] Stehende Dampfmaschinen baut man bis etwa 600 kW, liegende bis etwa 4000 kW.

Wandungen unterscheidet sich im Hochdruckzylinder weniger von der mittleren Dampftemperatur, als das bei einstufiger Ausdehnung p/p_0 der Fall ist. Dasselbe gilt für sich für den Niederdruckzylinder. Der Vorgang beim zweistufigen Verbundsystem ist in Abb. 7 gestrichelt angedeutet.

Durch *Zwischenüberhitzung* des Dampfes im Aufnehmer kann man die Vorteile des Heißdampfes auch auf die Arbeit im Niederdruckzylinder übertragen. Man kann dadurch die Dampftemperatur im Hochdruckteil geringer halten, wodurch die Auswahl des Werkstoffes und die Schmierung erleichtert werden.

Die Dampfmaschinen arbeiten doppeltwirkend, so, daß der Dampf wechselweise vor und hinter den Kolben tritt. Die Steuerungskanäle sind an den Zylinderenden angebracht, wo auch die Dampf- und Wandtemperatur am stärksten wechseln, also $t_D - t_W$ die größten Werte annimmt, siehe hierzu Abb. 9 und 10. Man kann die Temperaturspanne dadurch herunterdrücken, daß man den Abdampf nicht an den Zylinderenden, sondern in Hubmitte durch Auslaßschlitze entweichen läßt, die durch den Kolben gesteuert werden. Der Punkt C (Beginn der Kompression) rückt dadurch in Abb. 6 mehr nach rechts. Es steht dann mit den kühleren Flächen auch immer der kühlere Dampf in Berührung, und der Dampf strömt nur in einer Richtung (STUMPFsche Gleichstrommaschine). Auf diese Weise gelingt es, die Wandverluste $T_0 \cdot \Delta s_u$, bei Kondensationsbetrieb $\approx T_u \Delta s_u$ erheblich zu senken.

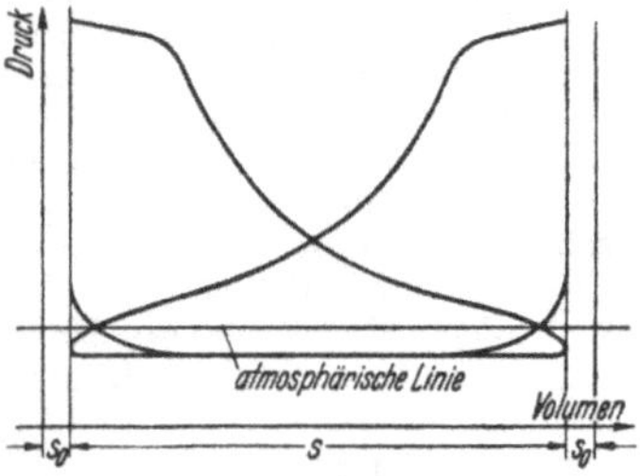

Abb. 10. Arbeitsdiagramm von Deckel- und Kurbelseite übereinander gezeichnet (ohne Rücksicht auf den Kolbenstangenquerschnitt auf der Kurbelseite).

Die Vorteile des Verbundbetriebes und des Gleichstroms macht man sich bei den *Dampfturbinen* zunutze. An Stelle der hin- und hergehenden Bewegung des Kolbens tritt die drehende Bewegung der Laufräder mit den Schaufelkränzen. Während man bei Kolbenmaschinen den Abfall im Wärmeinhalt $i_1 - i_2$ nur in wenigen Druckstufen (1 bis 4) verarbeiten kann, ist man bei den Kreiselradmaschinen imstande, den Abfall bis zu $\Delta i = 1$ kcal/kg je Stufe zu unterteilen. Die arbeitsfähige Wärme- und Druckenergie des Dampfes wird in Strömungsenergie umgesetzt, wobei die Geschwindigkeit theoretisch um rund $w = 91{,}5\sqrt{\Delta i}$ zunimmt (siehe Abschnitt 55 und 74, Teil A). Der Dampf leistet am Umfang der Laufräder vermöge seiner Strömungsenergie bei der Überwindung des Bewegungswiderstandes mechanische Arbeit.

Die Verluste durch Leitung und Strahlung sind bei den Dampfturbinen sehr klein (Größenordnung 1 vH). Dafür sind die Reibungswiderstände wesentlich größer als bei Kolbendampfmaschinen, die mit einer mittleren Kolbengeschwindigkeit von 4 bis 6 m/s arbeiten oder noch langsamer laufen. Bei Turbinen beträgt die theoretische Ausströmgeschwindigkeit des Dampfes aus den Expansionsdüsen des Leitapparates 91,5 m/s bei $\Delta i = 1$ kcal/kg. Bei größeren Druckstufen ist die Dampfgeschwindigkeit noch entsprechend größer, z. B. $w = 290$ m/s bei $\Delta i = 10$ kcal/kg, $w = 410$ m/s bei $\Delta i = 20$ kcal/kg und $w = 500$ m/s bei $\Delta i = 30$ kcal/kg. Wenn man das ganze Gefälle von z. B. $\Delta i = 220$ kcal/kg in einer Stufe umsetzt, wird w theoretisch rund 1360 m/s.

Die Verminderung der Arbeitsfähigkeit des Dampfes durch Reibung läßt sich im i, s-Diagramm einfach ermitteln, in dem senkrechte Abstände Arbeiten in Wärmemaß bedeuten, siehe S. 161 u. 320. In

Abb. 11 ist die Ausdehnung von trockengesättigtem Dampf in der Kolbenmaschine dargestellt. Die theoretische Adiabate ist eine Senkrechte (1 bis 2), und die Arbeit der verlustlosen Maschine ist durch $i_1 - i_2 = Al_0$ gegeben. In Wirklichkeit geht die Ausdehnung nach der Linie 1 bis 1′ bis 2′ vor sich, siehe Abb. 7. Bei Kolbendampfmaschinen fällt der Zustandspunkt 2′ für den Abdampf fast mit dem Endpunkt 2 der Adiabate zusammen. Die arbeitsfähige Energie im Frischdampf wird nur zum Teile AL_i in (indizierte) Arbeit umgewandelt. Durch die innere Reibung bildet sich Reibungswärme, so daß der Abdampf beim Drucke p_0 an sich praktisch mehr Wärme enthalten muß als bei theoretischer Ausdehnung. Nun wird ein wesentlicher Teil der Wärmeenergie durch Leitung und Strahlung an die Umgebung abgegeben, nämlich q_v. Je nach der Güte der Isolierung ergibt sich damit die Belastungsänderung für den Kondensator zu $\pm q_C$. Es ist

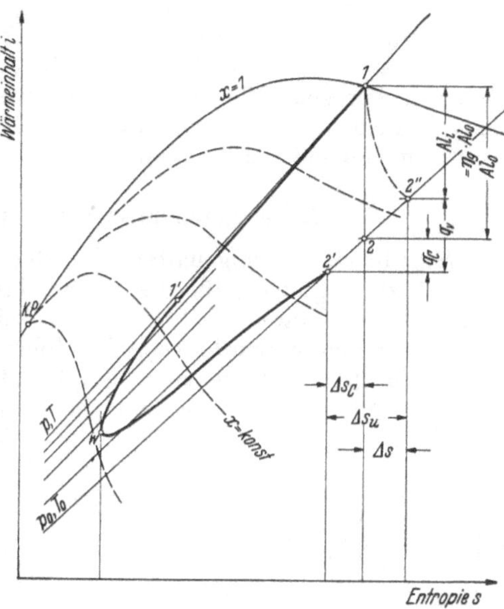

Abb. 11. Theoretische adiabatische und wirkliche Ausdehnung des Dampfes im i, s-Diagramm bei Kolbenmaschinen (zu Abb. 6 u. 7).

$$Al_i = Al_0 - q_v \mp q_C.$$

Obwohl $Al_i = \eta_g Al_0$ als Unterschied zwischen i_1 und $i_{2''}$ erscheint, ist der Zustand des Abdampfes durch $i_{2'}$ gegeben.

Bei Dampfturbinen stellt sich die Ausdehnung statt dessen wie in Abb. 12 dar. Die Wärmeabgabe nach außen ist vernachlässigbar klein. Dadurch ist die (indizierte) Arbeit Al_i praktisch gleich dem Unterschied zwischen dem Wärmeinhalt im Frischdampf- und im Abdampfzustand. Die Reibungswärme ist fast genau $Al_0 - Al_i$.

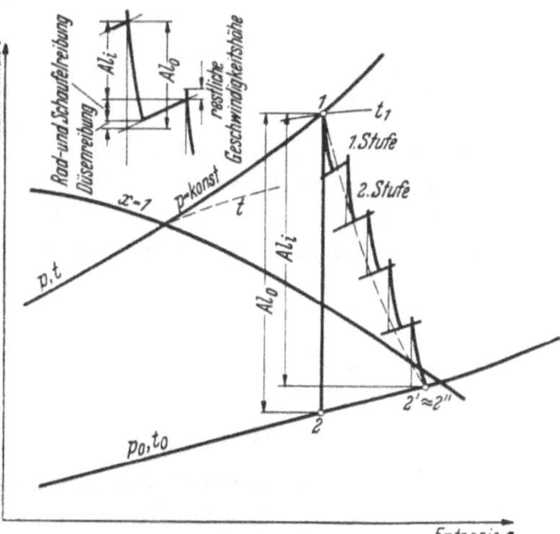

Abb. 12. Theoretische adiabatische und wirkliche Ausdehnung des Dampfes im i, s-Diagramm bei Kreiselradmaschinen.

Thermodynamisch sind Kolbenmaschine und Dampfturbine annähernd gleichwertig. Im Bereich hoher Drücke erreicht die Dampfmaschine etwas bessere Gütegrade $\eta_g = l_i/l_0$, während die Dampfturbine bei niedrigen Drücken vorteilhafter ist. Der CLAUSIUS-RANKINEsche Kreisprozeß Abb. 3 u. 4 gilt für beide Maschinenarten als idealer Vergleichsprozeß. Wegen der geringeren Wandungsverluste lohnt es sich, die Ausdehnungsarbeit des Dampfes in der Turbine (Gleichstrom) bis zum Gegendruck zu gewinnen.

3. Vergleichsprozeß mit Vorausströmung.

Man hat entgegengehalten, daß der CLAUSIUS-RANKINEsche Kreisprozeß zu ungünstig für die Kolbendampfmaschinen sei, weil er die absichtliche Vorausströmung unberücksichtigt läßt. Vom Verein deutscher Ingenieure wurde 1899 empfohlen, einen umkehrbaren Prozeß nach Abb. 13 zugrunde zu legen. Der Eintrittsdruck ist wieder gleich dem Frischdampfdruck vor der Maschine gesetzt, und es ist angenommen, daß der Dampf adiabatisch expandiert. Das Volumenverhältnis v_1 zu v_2 wird beim Idealprozeß so groß gewählt, wie bei der praktischen Maschine, die verglichen werden soll.

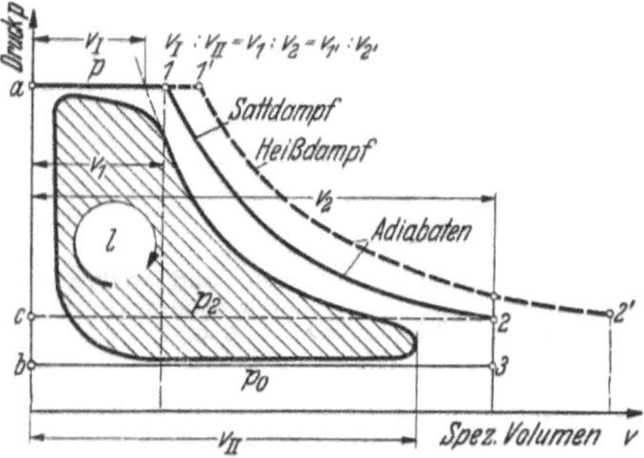

Abb. 13. VDI-Vergleichsprozeß von 1899 für die verlustlose Kolbendampfmaschine.

Die theoretische Arbeitsfläche setzt sich zusammen aus der

Fläche $a\,1\,2\,c\,a \triangleq (i_1 - i_2)/A$

und der

Fläche $c\,2\,3\,b\,c \triangleq 10^4(p_2 - p_3)v_2$

in mkg/kg. Den Abfall $i_1 - i_2$ im Wärmeinhalt kann man aus Tabellen oder aus dem i, s-Diagramm entnehmen, ebenso das Volumen v_2 zum Druck p_2 und zur Entropie $s_2 = s_1$, wobei es ohne Belang ist, ob die Grenzkurve $x = 1$ bei der Ausdehnung geschnitten wird oder nicht. Die theoretische Arbeit ist mithin

$$l = \frac{i_1 - i_2}{A} + 10^4(p_2 - p_3)v_2 \tag{19}$$

in mkg/kg, und für den thermischen Wirkungsgrad gilt

$$\eta_{\mathrm{VDI}} = \frac{i_1 - i_2}{i_1} + 10^4 A\,\frac{(p_2 - p_3)\,v_2}{i_1}\,. \tag{20}$$

Man kann die Arbeitsfläche auch wie folgt ausrechnen. Sie setzt sich zusammen aus der Fläche für die Volldruckarbeit $10^4 p_1 v_1$, die absolute Dampfarbeit $\frac{1}{\varkappa - 1}\,10^4(p_1 v_1 - p_2 v_2)$ abzüglich der Gegendruckarbeit $10^4 p_0 v_2$. Hierbei ist zu berücksichtigen, daß sich der Adiabatenexponent $\varkappa$ beim Schnitt der Grenzkurve von 1,3 auf 1,135 ändert. Im üblichen Bereich kann man bei Frischdampf von 300° C etwa $\varkappa$ einheitlich gleich 1,2 und bei Dampf von 200° C etwa $\varkappa = 1,1$ setzen.

Der VDI-Prozeß stellt sich im Wärmediagramm wie in Abb. 14 dar. Die Verringerung der Arbeitsfläche durch die Zustandsänderung gleichen Volumens von 2 bis 3 bedeutet die Einbuße an Arbeitsfläche durch die unvollständige Expansion.

Beispiel 1. Dampf von 11 at abs. und 250° C führt bei einem Kondensatordruck von 0,1 at abs. in der verlustlosen Maschine mit $i_1 = 701{,}9$ und $i_2 = 520{,}4$ kcal/kg zu einem thermischen Wirkungsgrad von

$$(15) \qquad \eta_{\mathrm{CIR}} = \frac{701{,}9 - 520{,}4}{701{,}9} = 0{,}258$$

nach dem Clausius-Rankineschen Idealprozeß. Der Dampf dehnt sich von $v_1 = 0{,}215$ auf $v_2 = 12{,}5\ \mathrm{m^3/kg}$ oder auf rund das 60fache aus. Unterbricht man die Ausdehnung bei $2{,}5\ \mathrm{m^3/kg}$ bei einem Ausdehnungsverhältnis von

$$0{,}215 : 2{,}5 = 1 : 11{,}6,$$

so erhält man einen thermischen Wirkungsgrad der verlustlosen Maschine nach dem VDI-Prozeß bei $p = 0{,}6$ at abs. und $i = 577{,}3$ kcal/kg (Punkt 2 in Abb. 13 u. 14) von

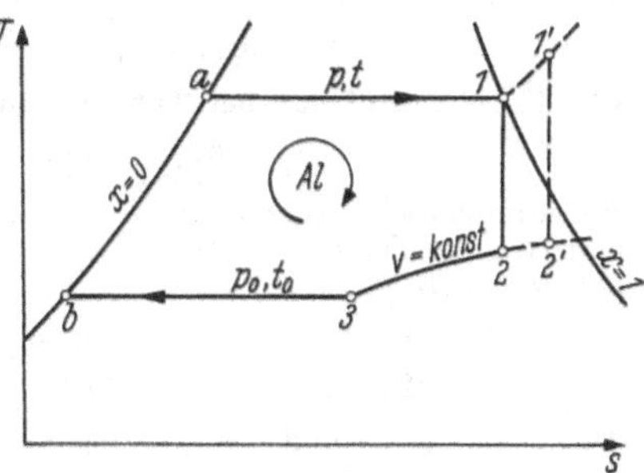

Abb. 14. VDI-Vergleichsprozeß von 1899 für die verlustlose Kolbenmaschine.

$$(20) \qquad \eta_{\mathrm{VDI}} = \frac{701{,}9 - 577{,}3 + 10^4 \cdot 0{,}5 \cdot 2{,}5/427}{701{,}9} = 0{,}219.$$

Durch die Vorausströmung verringert sich in diesem Falle der thermische Wirkungsgrad um

$$100\,\frac{0{,}258 - 0{,}219}{0{,}258} = 15\ \mathrm{vH}.$$

Wenn der Gütegrad $\eta_g = 0{,}65$ bezogen auf den Clausius-Rankineschen Vergleichsprozeß ist, so beträgt er im Vergleich zum VDI-Prozeß

$$\frac{0{,}258 \cdot 0{,}65}{0{,}219} = 0{,}76.$$

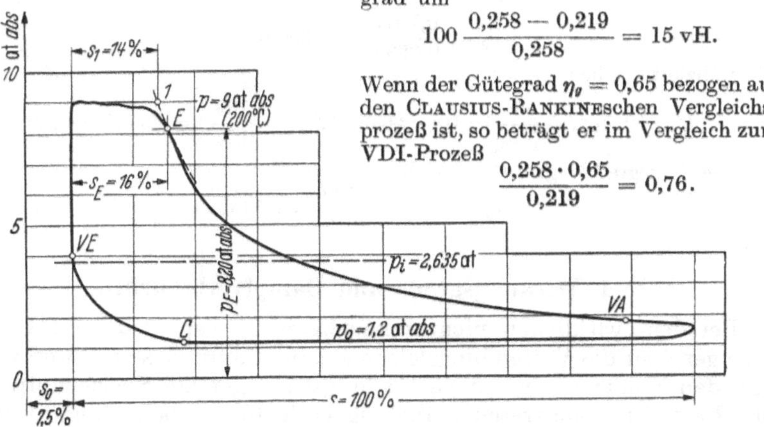

Abb. 15. Indikatordiagramm zu Beispiel 2.

Die Einbuße an Arbeitsfläche mit 15 vH ist erheblich. Wegen der Wandungsverluste und der Ersparnis an Zylinderraum lohnt ein größeres Ausdehnungsverhältnis jedoch nicht.

Beispiel 2. Es ist das Indikatordiagramm einer Kolbendampfmaschine gegeben, siehe Abb. 15. Wie groß ist der Gütegrad beim Vergleich mit dem VDI-Prozeß Abb. 13/14? Der Frischdampfzustand sei 9 at abs. und 200° C. Es handelt sich um eine Einzylinder-Gegendruckmaschine mit $p_0 = 1{,}2$ at abs. Durch Planimetrieren ergibt sich ein mittlerer indizierter Druck über dem Hub von $p_i = 2{,}635$ at.

Es werden stündlich $G = 1430$ kg Dampf bei $n = 120$ U/min verbraucht. Die Maschine hat ein Hubvolumen von $V = 0{,}0968$ m³. (Indizierte Leistung $N_i = 100$ kW, effektive Leistung $N_e = 85$ kW, siehe Abschnitt 4.)

Um das Ausdehnungsverhältnis für das theoretische Diagramm zu gewinnen, nimmt man ohne nennenswerten Fehler in Abb. 15 isothermische Ausdehnung von 1 bis E an. Damit ist

$$s_1 + s_0 = (s_E + s_0)\, p_E/p_1 \quad \text{und} \quad s_1 = 14 \text{ vH},$$

und man erhält das Ausdehnungsverhältnis zu

$$(s + s_0) : (s_1 + s_0) = 107{,}5 : 21{,}5 = 5 : 1$$

Der Frischdampf hat bei 9 at abs. und 200° C

$$i_1 = 677 \text{ kcal/kg} \quad \text{und} \quad v_1 = 0{,}235 \text{ m}^3/\text{kg}.$$

Bei adiabatischer Ausdehnung von $v_1 = 0{,}235$ auf $5 \cdot 0{,}235 = 1{,}175$ m³/kg findet man im i, s-Diagramm $p_2 = 1{,}4$ at abs. und $i_2 = 598$ kcal/kg. Damit ergibt sich für den VDI-Prozeß

$$\begin{aligned} l &= 427\,(i_1 - i_2) + 10^4\,(p_2 - p_3)\, v_2 \\ &= 427 \cdot (677 - 598) + 10^4 \cdot (1{,}4 - 1{,}2) \cdot 1{,}175 = 36080 \text{ mkg/kg}. \end{aligned}$$

Je Zylinderseite und Umdrehung verbraucht die wirkliche Maschine

$$D = \frac{G}{60 \cdot n \cdot 2} = \frac{1430}{60 \cdot 120 \cdot 2} = 0{,}0993 \text{ kg Dampf}.$$

Diese nehmen am Ende des Hubes ein Volumen ein von

$$V \frac{s + s_0}{s} = 0{,}0968\, \frac{107{,}5}{100} = 0{,}1041 \text{ m}^3.$$

1 kg Dampf hat mithin ein Volumen von

$$v_2 = \frac{0{,}1041}{0{,}0993} = 1{,}050 \text{ m}^3.$$

Die indizierte Arbeit[1] ist

$$l_i = 10^4\, p_i v_2 \frac{s}{s + s_0} = 10^4 \cdot 2{,}635 \cdot 1{,}050 \cdot \frac{100}{107{,}5} = 25\,720 \text{ mkg/kg}$$

und der Gütegrad folgt zu

$$\eta_g = l_i/l = \frac{25\,720}{36080} = 0{,}713.$$

4. Wirkungsgrade und Dampfverbrauch.

Bei dem wirklichen nichtumkehrbaren Kreisprozeß vom Dampferzeuger über die Verbindungsleitungen zur Dampfmaschine und weiter über den Kondensator und Verbindungsleitungen zur Speisepumpe und zum Dampferzeuger treten unablässig Verluste an arbeitsfähiger Energie durch Reibungswirkungen aller Art auf. In Abb. 16 ist der Wärmefluß des wirklichen Prozesses dargestellt. Das Verhältnis der im Dampf-

[1] p_i ist der durchschnittliche oder mittlere (Über-) Druck, der von dem arbeitenden Stoff, hier vom Dampf, auf den Kolben ausgeübt wird. Er ist in at anzugeben; der mittlere absolute Druck wäre Gegendruck (p_0) plus p_i. Im Druck-Kolbenweg-Diagramm entspricht p_i der Höhe des flächengleichen Rechtecks über dem Hub s. Die indizierte Arbeit der Maschine ist $L_i = 10^4\, p_i F s$ in mkg je Zylinderseite und Umdrehung mit F als der wirksamen Kolbenfläche. Als Leistung für eine Einzylindermaschine erhält man, weil doppeltwirkend (Abb. 10), $N_i = 2\, L_i\, n/60$ in mkg/s oder $N_i = 2\, L_i\, n/60 \cdot 102$ in kW (siehe Abschnitt 10).

erzeuger als Dampfwärme nutzbar gemachten Wärmeenergie zu der Wärmeenergie, die dem Dampferzeuger als Brennstoffwärme zuzuführen ist, bezeichnet man als *Kesselwirkungsgrad* η_k. Führt man eine Wärmemenge Q zu, so werden $\eta_k Q$ kcal im Dampf abgegeben, und der Verlust im Dampferzeuger beträgt $(1 - \eta_k) Q$ kcal. Die Verbindungsleitung zwischen Kessel und Dampfmaschine hat einen *Rohrleitungswirkungsgrad* η_l. Vor der Maschine kommen $\eta_k \eta_l Q$ kcal an, und $(1 - \eta_l)\eta_k Q$ kcal gehen verloren. Der *thermische Wirkungsgrad* η_{th} (beim CLAUSIUS-RANKINEschen Prozeß η_{CIR}, beim VDI-Prozeß η_{VDI}) gibt an, aus welchem Teil der Wärmeenergie mechanische Arbeit gewonnen werden kann, nämlich $AL_0 = \eta_k \eta_l \eta_{th} Q$, und der Teil $(1 - \eta_{th}) \eta_k \eta_l Q$ ist nicht arbeitsfähig. Über die Güte der Ausnutzung des Dampfes in der Maschine gibt der Gütegrad Aufschluß. Die indizierte Arbeit ist $AL_i = \eta_k \eta_l \eta_{th} \eta_g Q$. Als innere Verluste stellen sich $(1 - \eta_g)\eta_k \eta_l \eta_{th} Q$ kcal ein. Die effektive Arbeit der Maschine an der Welle schließlich beträgt noch $AL_e = \eta_k \eta_l \eta_{th} \eta_g \eta_m Q$, während für die *mechanischen Verluste* $(1 - \eta_m) \eta_k \eta_l \eta_{th} \eta_g Q$ kcal abzusetzen ist. Die Höhe der Wirkungsgrade hängt von der Belastung der Maschine ab. Die verschiedentlich angeführten Zahlenwerte verstehen sich für normale Belastung.

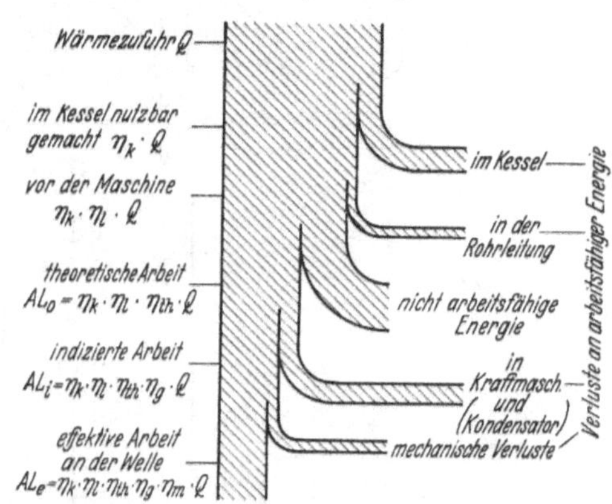

Abb. 16. Wärmeflußbild des wirklichen Dampfkraftprozesses.

Kesselwirkungsgrad. Die Vorgänge bei der Verbrennung und der Wärmeübertragung sind in starkem Maße nicht umkehrbar. Die Dampferzeuger bestehen im wesentlichen aus der Feuerung und einem druckführenden System aus Trommeln, Rohren und Sammlern, siehe Abb. 17. Das Speisewasser wird durch den Rauchgasvorwärmer in die Haupttrommel gepumpt und in dem System aus Rohrsektionen und den Röhren der Seiten- und Rückwandauskleidungen verdampft. Der Dampf gelangt dann in ein weiteres Rohrsystem und wird bei gleichem Druck überhitzt. (In Wirklichkeit fällt der Druck im Überhitzer durch den Strömungswiderstand etwas ab.)

Wasserdampf wird in der Technik in vielfältiger Form verwendet. Je nach dem Verwendungszweck, Leistung, Druck, Temperatur, Art und Körnung der Kohle und dem Wasser wurden die verschiedensten Bauformen entwickelt. Abb. 17 ist nur als Beispiel für einen modernen Kessel mittlerer Größe anzusehen. Die Wirkungsgrade η_k der verschiedenen Kesselarten liegen etwa zwischen 0,60 und 0,90. Die höheren Werte gelten nur für gut durchgebildete und sorgsam betriebene größere Einheiten.

Für den in Abb. 17 dargestellten Kessel ergibt sich etwa folgende *Wärmebilanz,* aus der die Art der Wärmeverluste grundsätzlich erkenntlich ist.

Zur Erzeugung von 40 t/h Dampf von 25 at Überdruck und 425° C aus Speisewasser von 100° C werden 4830 kg/h Magerkohle mit 8,8 vH Asche, 8,1 vH Wasser und einem Heizwert $H_u = 6960$ kcal/h verfeuert. In der Reinkohle seien 91,0 vH Kohlenstoff und 4,1 vH Wasserstoff. Die Abgase verlassen den Kessel mit 13,2 vH CO_2 und 0,2 vH CO und 165° C bei 20° C Umgebungstemperatur. Als fester Rückstand werden 400 kg/h mit 21 vH Brennbarem am Rost und 275 kg Flugasche mit 60 vH Brennbarem als Ablagerungen in den Zügen gemessen. Wie groß sind der Kesselwirkungsgrad und die einzelnen Verluste? (Das Speisewasser werde außerhalb des Kessels auf 100° C vorgewärmt und entgast.)

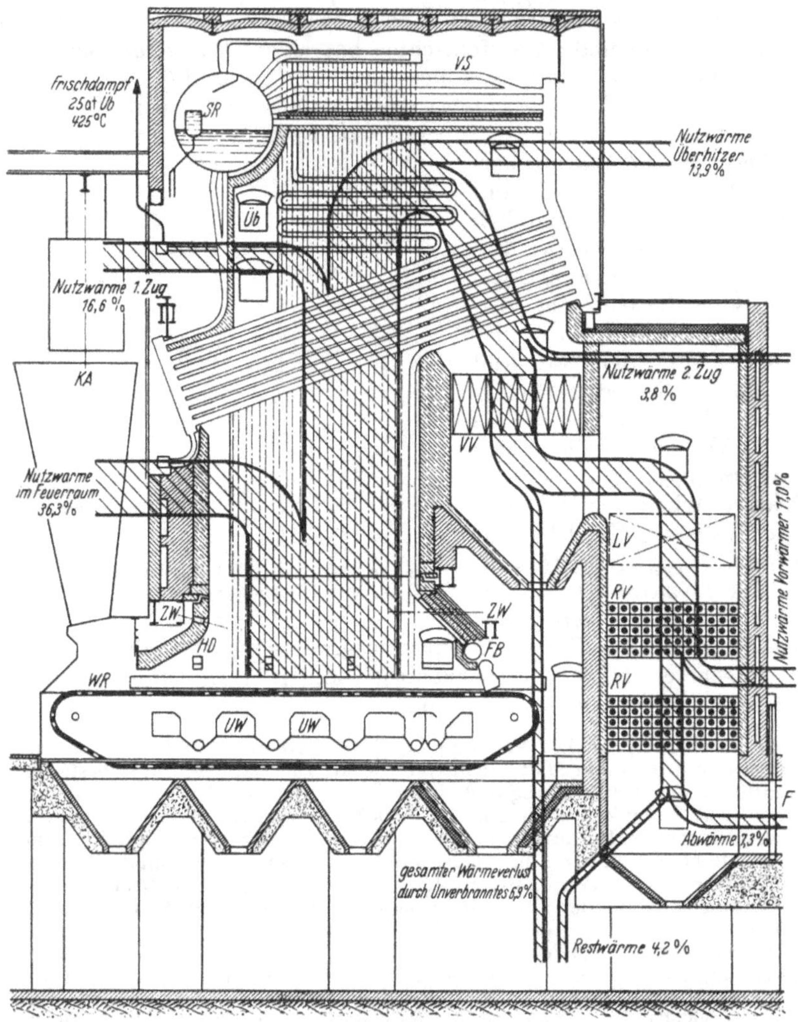

Abb. 17. Schematische Wiedergabe eines Schrägrohr-Dampfkessels mit Wanderrostfeuerung.

WR Wanderrost	*FB* Feuerbrücke	*VV* Vorverdampfer
UW Unterwindzuführung	*KA* Kohlenaufgabe	*SR* Speiserinne
ZW Zweitluftzugabe	*F* Fuchs	*VS* Verdampfungssystem
HD Hängedecke (Zündgewölbe)	*RV* Rippenrohrvorwärmer	*Üb* Überhitzer
	LV Luftvorwärmer	

Dampfmenge $D = 40000$ kg/h; Brennstoffmenge $B = 4830$ kg/h; Wärmeinhalt $i_1 = 785,7$ kcal/kg bei 26 at abs. und 425° C und $i_2 = 100$ kcal/kg bei 100° C; $\Delta i = 685,7$ kcal/kg.

Nutzwärme $Q = \frac{D \cdot \Delta i}{B} = \frac{40000 \cdot 685{,}7}{4830} = 5680$ kcal/kg;

Kesselwirkungsgrad $\eta_k = 100\, Q/H_u = 100 \frac{5680}{6960} = 81{,}61$ vH;

Schlackenmenge $S = 400$ kg/h, Flugasche $F = 275$ kg/h;

Brennbares im Brennstoff $4830 \frac{100 - 8{,}8 - 8{,}1}{100} = 4014$ kg/h;

Brennbares im Rückstand $0{,}21 \cdot 400 + 0{,}60 \cdot 275 = 249$ kg/h;

Verbrannt sind $\alpha = \frac{4014 - 249}{4014} = 0{,}938$ kg/kg;

Abgasmenge bei $c = 0{,}910 \frac{100 - 8{,}8 - 8{,}1}{100} = 0{,}756$; $h = 0{,}034$ kg/kg;

trocken $V_t = \alpha \frac{1{,}87\, c}{CO_2 + CO} = 0{,}938 \frac{1{,}87 \cdot 0{,}756}{0{,}132 + 0{,}002} = 9{,}90$ Nm³/kg;

Wasserdampfmenge $11{,}2\, h + 1{,}24\, w = 0{,}48$ Nm³/kg;

feucht $V_f = 9{,}90 + 0{,}48 = 10{,}38$ Nm³/kg.

Abgastemperatur $t_a = 165°$ C, Umgebungstemperatur $t_u = 20°$ C. Mittlere spezifische Wärme nach Zahlentafel VI, Teil A

$[C_{pm}]_{20}^{165} \approx 7{,}52$ kcal/kmol · Grad oder $7{,}52/22{,}4 = 0{,}336$ kcal/Nm³ · Grad.

Abgasverlust $Q_a = 10{,}38 \cdot 0{,}336 \cdot (165 - 20) = 506$ kcal/kg

oder $q_a = 100 \cdot 506/6960 = 7{,}27$ vH;

Verbrennungsverluste (Heizwert von Kohlenstoff 8100 kcal/kg)

in der Schlacke $Q_S = \frac{400 \cdot 0{,}21 \cdot 8100}{4830} = 141$ kcal/kg; $q_S = 2{,}03$ vH;

in der Flugasche $Q_F = \frac{275 \cdot 0{,}60 \cdot 8100}{4830} = 277$ kcal/kg; $q_F = 3{,}98$ vH;

in den Abgasen $Q_u = 5640\, c \frac{CO}{CO + CO_2} = 5640 \cdot 0{,}756 \frac{0{,}002}{0{,}134}$

$= 64$ kcal/kg; $q_u = 0{,}91$ vH;

Restverlust $Q_R = H_u - Q - Q_a - Q_S - Q_F - Q_u = 292$ kcal/kg;

$q_R = 4{,}20$ vH;

Verdampfungszahl $D/B = 40000/4830 = 8{,}28$ kg/kg;

Bei 190° C Wassertemperatur nach dem Vorwärmer beträgt die

Nutzwärme je kg Brennstoff im

Rauchgasvorwärmer	8,28 (192,8 — 100)	= 768 kcal	oder 11,0 vH,
Verdampfungsteil	8,28 (669,5 — 192,8)	= 3950 kcal	oder 56,7 vH,
Überhitzer	8,28 (785,7 — 669,5)	= 964 kcal	oder 13,9 vH.

Die einzelnen Posten der *Wärmebilanz* ergeben das Wärmeflußbild, das in Abb. 17 über das Kesselschema gezeichnet ist.

Rohrleitungswirkungsgrad. Der Dampf bewegt sich im allgemeinen durch die Rohrleitungen mit ihren Biegungen, Armaturen, Wasserabscheidern und anderen

Elementen mit Geschwindigkeiten zwischen 25 und 40 m/s. Die Leitungen haben die Wirkung wie ein Drosselorgan. Beim Durchfluß fallen Druck und Temperatur, und die Arbeitsfähigkeit des Dampfes vermindert sich. Durch Wärmeverteilung an die Umgebung kommt es außerdem zu Wärmeverlusten, die bei den üblichen Rohrlängen bis zu 3 vH und mehr vom Wärmetransport ausmachen. Der Wirkungsgrad η_l ist rund 0,97 bis 0,99.

Über den *thermischen Wirkungsgrad* siehe Abb. 5.

Gütegrad. Die indizierte Arbeit der Kolbendampfmaschinen L_i in mkg ist je nach Größe, Steuerung, Abstufung bis zu 85 vH der Arbeit L_0 in der verlustlosen Maschine nach dem CLAUSIUS-RANKINEschen Kreisprozeß. Ähnliche Werte werden bei Dampfturbinen erreicht, wo die Minderung durch die Düsen-, Radreibungs- und Spaltverluste bedingt ist. Auf den VDI-Prozeß bezogen nimmt der Gütegrad von Kolbendampfmaschinen bei überhitztem Dampf und mehrstufiger Expansion Werte bis 0,95 an.

Mechanischer Wirkungsgrad. Die effektive Arbeit L_e in mkg an der Welle der Kraftmaschine ist geringer als die indizierte Arbeit L_i wegen der Reibung der bewegten Teile (Triebwerk, Laufzeug). Außerdem ist der Kraftbedarf der Steuerung, der Regler und der Schmierpresse und anderer Hilfseinrichtungen zu berücksichtigen. Alle mechanischen Verluste werden mit dem mechanischen Wirkungsgrad

$$\boxed{\eta_m = \frac{L_e}{L_i}} \tag{21}$$

erfaßt. Bei liegenden Kolbenmaschinen beträgt η_m zwischen 0,79 und 0,92, bei stehenden noch etwa 1 vH mehr. Die mechanischen Verluste in Turbinen sind wesentlich kleiner; bei mehr als 1000 kW werden mechanische Wirkungsgrade von 0,97 bis 0,99 erreicht.

Effektiver Wirkungsgrad. Wenn man die Verluste zusammenfaßt, die in der Kraftmaschine entstehen, so erhält man den effektiven oder Kupplungswirkungsgrad

$$\eta_e = L_e/L_0 = \frac{L_e}{L_i} \cdot \frac{L_i}{L_0} = \eta_m \eta_g \tag{22}$$

als Verhältnis von Nutzarbeit L_e zu theoretischer Arbeit L_0 mit $\eta_e \approx 0{,}55$ bis 0,84 für Kolbendampfmaschinen und für Turbinen mit mehr als 1000 kW Leistung je nach Verfahren, Drehzahl und Größe.

Als guter Näherungswert gilt für Dampfturbinen

$$\eta_e \approx \frac{0{,}84}{1 + k\,\frac{p_1 - p_2}{N_e}\,\frac{3000}{n}}, \tag{23}$$

wobei $k = 10$ bis 18 je nach Größe und Güte der Maschine ist und N_e ihre effektive Leistung in kW an der Kupplung bedeutet. n ist die minutliche Drehzahl der Turbine. Bei $N_e = 20000$ kW, $p_1 = 56$ at abs. und $p_2 = 0{,}04$ at abs. sowie $k = 11$ und $n = 3000$ ergibt sich z. B. $\eta_e \approx 0{,}81$. Würde die Maschine als Vorschaltturbine zwischen 110 und 16 at Überdruck arbeiten, so wäre $\eta_e = 0{,}80$. Bei $N_e = 1000$ kW, $k = 12$ und $\Delta p = 23$ at erhält man $\eta_e \approx 0{,}66$.

Wirtschaftlicher Wirkungsgrad. Von besonderer technischer Bedeutung ist das Verhältnis von effektiv gewonnener Arbeit Al_e zu der

Wärmemenge, die je kg Dampf im Brennstoff zuzuführen ist. Dieser wirtschaftliche oder Gesamtwirkungsgrad[1] ist

$$\boxed{\eta_w = \eta_k \eta_l \eta_{ti} \eta_g \eta_m}\,. \tag{24}$$

Seine Höhe wird im wesentlichen durch den thermischen Wirkungsgrad des idealen Vergleichsprozesses bestimmt. η_k, η_g und η_m sind annähernd gleich groß und je etwa 0,8; η_l ist ≈ 1. Für eine vorzüglich durchgebildete größere Hochdruck-Dampfkraftanlage findet man mit den besten Wirkungsgraden im Betriebe $\eta_k = 0{,}88$, $\eta_l = 0{,}98$, $\eta_{\mathrm{ClR}} = 0{,}40$, $\eta_g = 0{,}85$ und $\eta_m = 0{,}92$ als oberen Wert $\eta_w = 0{,}27$ bei Kolbendampfmaschinen und mit $\eta_{\mathrm{ClR}} = 0{,}42$, $\eta_g = 0{,}85$ und $\eta_m = 0{,}99$ als Höchstwert $\eta_w = 0{,}31$ bei Dampfturbinen. Werte von 0,15 bis 0,20 sind für Kolbenmaschinen und 0,24 bis 0,26 für Dampfturbinen schon als gut zu bezeichnen. In ungünstigen Fällen wie bei Lokomotiven geht η_w bis auf 0,08 herunter.

Das Wärmeäquivalent der Arbeit von 1 PSh ist $75 \cdot 3600/427 = 632{,}3$ kcal, das von 1 kWh ist 860 kcal. Für den wirtschaftlichen Wirkungsgrad gilt damit auch die Beziehung

$$\boxed{\eta_w = \frac{860}{B \cdot H_u}} \tag{25}$$

mit B als dem aufgewandten Brennstoffgewicht in kg/kWh und H_u dem unteren Heizwert in kcal/kg (oder Nm³/kWh und kcal/Nm³). Der Wärmeaufwand errechnet sich mit

$$W_e = \frac{632{,}3}{\eta_w} \text{ in kcal/PS}_e\text{h} \quad \text{oder} \quad \boxed{\frac{860}{\eta_w}} \text{ in kcal/kWh}. \tag{26}$$

Im günstigsten Falle ergibt sich W_e = rund 2000 kcal/PS$_e$h oder rund 2800 kcal/kWh mit $\eta_w = 0{,}31$.

In Elektrizitätswerken rechnet man mit dem Wärmeaufwand für 1 kWh, gemessen an den elektrischen Sammelschienen. Mit $\eta_{el} = 0{,}95$ bis 0,97 als Wirkungsgrad des Stromerzeugers ergibt sich damit als untere Grenze

$$W_{el} = 860/0{,}31 \cdot 0{,}97 = \text{rund } 2900 \text{ kcal/kWh},$$

die auch in einigen ausgezeichneten Kraftwerken bei Grundlastbetrieb erreicht wurde. Moderne Großkraftwerke arbeiten mit 4000 bis 3000 kcal/kWh, ältere und kleinere Anlagen haben bis 8000 kcal/kWh und mehr noch notwendig.

Dampfverbrauch. Der Dampfverbrauch der verlustlosen Maschine beträgt

$$D_0 = \frac{632{,}3}{A\, l_0} \text{ kg/PSh}.$$

[1] Der wirtschaftliche Wirkungsgrad der Anlage wird vielfach auch mit η_{te} abgekürzt als effektiver thermischer Wirkungsgrad, das ist das Verhältnis des Wärmewertes der effektiven Arbeit AL_e zum Wärmeaufwand Q.

Die Mehrzahl der Sattdampfmaschinen arbeitet im Bereiche von 8 bis 16 at abs., wobei der Wärmeinhalt i'' im Mittel 664 kcal/kg ist. Bei $t_0 = 32\,°C$ Kondensationstemperatur ist

$$A\,l_0 = \eta_{\mathrm{CIR}}\,(i'' - t_0) = 632\,\eta_{\mathrm{CIR}}$$

und damit sehr einfach

$$D_0 = 1/\eta_{\mathrm{CIR}}$$

in kg/PSh.

Es hat sich in letzter Zeit immer mehr eingebürgert, Leistungen in kW und Arbeiten in kWh zu messen. Damit ergibt sich für den Dampfverbrauch der verlustlosen Maschine

$$\boxed{D_0 = \frac{860}{A\,l_0}} \qquad (27)$$

in kg/kWh. Für den indizierten Dampfverbrauch findet man entsprechend

$$\boxed{D_i = \frac{860}{A\,l_i}}$$

und schließlich für den effektiven Dampfverbrauch

$$\boxed{D_e = \frac{860}{A\,l_e} = \frac{860}{\eta_e\,A\,l_0}} \qquad (28)$$

auf die Arbeit an der Maschinenwelle bezogen.

Beispiel 1. Wie groß sind Dampfbedarf und Wärmeverbrauch der verlustlosen Dampfmaschine bei $p = 11$ at abs., $t = 250°\,C$ und $p_0 = 0{,}1$ at abs.? (Kesselwirkungsgrad $\eta_k = 0{,}8$.)

$$A\,l_0 = i - i_0 = 701{,}9 - 520{,}4 = 181{,}5\ \text{kcal/kg};$$
$$D_0 = 860/181{,}5 = 4{,}74\ \text{kg/kWh}; \qquad t_0 \text{ zu } p_0 = 45{,}5°\,C;$$
$$W_0 = 4{,}74\,(701{,}9 - 45{,}5)/0{,}8 = 3890\ \text{kcal/kWh}.$$

Bei $\eta_e = 0{,}7$ z. B. ist dann der effektive Dampfverbrauch

$$D_e = 4{,}74/0{,}7 = 6{,}77\ \text{kg/kWh}$$

und der effektive Wärmeverbrauch

$$W_e = W_0/\eta_e = 3890/0{,}7 = 5560\ \text{kcal/kWh}.$$

Beispiel 2. Zum Betrieb einer Dampfkraftanlage werden 0,72 kg Kohle je kWh mit 7200 kcal/h unterem Heizwert gebraucht. Wie groß ist der wirtschaftliche Wirkungsgrad der Anlage?

$$\eta_w = \frac{860}{0{,}72 \cdot 7200} = 0{,}166,$$

d. h. 16,6 vH der im Brennstoff zugeführten Wärmeenergie werden ausgenützt.

Beispiel 3. Beim Betrieb einer Kleindampfturbine werden gemessen:

Frischdampfzustand $p_1 = 22$ at abs., $t_1 = 350°\,C$,
Abdampfzustand $p_2 = 1{,}1$ at abs., $t_2 = 230°\,C$,
Leistung an der Kupplung $N_e = 156{,}2$ kW,
Effektiver Dampfverbrauch $D_e = 2980$ kg/h.

Zu ermitteln sind die spezifischen Dampfverbräuche, die Wirkungsgrade und der Wärmeaufwand.

Wärmeinhalt des Frischdampfes $i_1 = 747{,}5$ kcal/kg (zu p_1, t_1); Wärmewert der Arbeit in der verlustlosen Maschine (bei adiabatischer Expansion auf den Gegendruck von $p_2 = 1{,}1$ at abs.)

$$A l_0 = 747{,}5 - 602{,}0 = 145{,}5 \text{ kcal/kg}$$

nach dem i, s-Diagramm für Wasserdampf.

Wärmeinhalt des Abdampfes $i_2 = 700{,}6$ kcal/kg (zu p_2, t_2); damit $A l_i = i_1 - i_2 = 747{,}5 - 700{,}6 = 46{,}9$ kcal/kg.

Theoretischer Dampfverbrauch	D_0	$= 860/145{,}5 = 5{,}91$ kg/kWh,
indizierter Dampfverbrauch	D_i	$= 860/46{,}9 = 18{,}34$ kg/kWh,
effektiver Dampfverbrauch	D_e	$= 2980/156{,}2 = 19{,}08$ kg/kWh.
Thermischer Wirkungsgrad	η_{CIR}	$= 100 \cdot 145{,}5/747{,}5 = 19{,}48$ vH,
indizierter Wirkungsgrad	η_i	$= 100 \cdot 46{,}9/747{,}5 = 6{,}27$ vH,
mechanischer Wirkungsgrad	η_m	$= 100 \cdot 18{,}34/19{,}08 = 96{,}0$ vH,
wirtschaftlicher Wirkungsgrad	η_w	$= 6{,}27 \cdot 96{,}0/100 = 6{,}02$ vH,
Gütegrad	η_g	$= 100 \cdot 46{,}9/145{,}5 = 32{,}25$ vH,
effektiver Wirkungsgrad	η_e	$= 32{,}25 \cdot 96{,}0/100 = 30{,}95$ vH.
Wärmeaufwand theoretisch	W_0	$= 860/0{,}1948 = 4420$ kcal/kWh,
indiziert	W_i	$= 860/0{,}0627 = 13750$ kcal/kWh,
effektiv	W_e	$= 860/0{,}0602 = 14300$ kcal/kWh.

Die verschiedentlichen Zahlenangaben für Wirkungsgrade im Text beziehen sich auf größere Maschinen, vornehmlich solche mit Kondensation. Bei kleinen Maschinen im Gegendruckbetrieb ergeben sich wesentlich niedrigere Werte. Der Wärmeaufwand je kWh ist bei derartigen Maschinen außerordentlich hoch; sie arbeiten nur wirtschaftlich mit Abwärmeverwertung (Abwärme $= 100 - 100\,\eta_i = 100 - 6{,}27 = 93{,}73$ vH der Wärmezufuhr).

5. Verbesserung des Dampfkraftprozesses.

a) Durch Speisewasservorwärmung.

1. Vorwärmung durch Kesselabgase. Bei dem CLAUSIUS-RANKINEschen umkehrbaren Idealprozeß ist die Vorwärmung des Speisewassers vom Zustand 5 (Abb. 1) bis zum Siedezustand 4 durch irgendwelche Wärmequellen vorgesehen, die ihre Temperatur in gleicher Höhe wie die Wassertemperatur ändern. In Wirklichkeit wird das kalte Speisewasser bei einfachen Anlagen unmittelbar in das druckführende System des Kessels gedrückt und dort auf Siedezustand erwärmt und verdampft.

Die Temperatur der Verbrennungsgase liegt bei den üblichen Dampfkesselfeuerungen um 1300° C (Flammenkern bei Kohlenstaubfeuerungen bis 1500° C). An den Heizflächen vom Verdampfungsteil treffen die Gase mit Temperaturen von etwa 1000 bis 1100° C ein. Die Wärme geht in stark nichtumkehrbarer Weise über, weil die Sättigungstemperatur des Wassers bei Drücken zwischen 1 und 125 at abs. nur bei 100 bis 326° C liegt. Bei der intensiven Wärmeübertragung stürzt die Temperatur um mehrere 100°.

Kaltes Speisewasser im Verdampfungssystem anzuwärmen, ist thermodynamisch sehr ungünstig. Am Kesselende liegen die Gastemperaturen immer noch bei 300 bis 400° C. Vorteilhafter ist es, das Speisewasser zunächst durch die Abgase vorzuwärmen, wobei man bis auf etwa 20° unter Sättigungstemperatur gehen kann, wenn man Dampfbildung sicher vermeiden will. Neben dem Wasser kann man auch die Verbrennungsluft anwärmen, siehe Abb. 17. Die fühlbare Wärme der Abgase kann so weit entzogen werden, daß der nötige Schornsteinzug bleibt (bis etwa 180° C). Bei hohem Zugbedarf und niedriger Abgastemperatur (bis 130 bis 140° C herunter) wendet man Saugzugventilatoren als Zugverstärker an. Zu beachten ist, daß Wasser sowie schweflige Säure der Abgase nicht austauen darf (Korrosionsgefahr). Wasser taut aus den feuchten Abgasen bis etwa 45° C bei Steinkohle und bis 65° C bei Rohbraunkohle aus. Durch die Vorwärmung wird der Abgasverlust verringert und der Kesselwirkungsgrad heraufgesetzt. Gleichzeitig wird die Kesseltrommel geschont, wenn wärmeres Wasser eingespeist wird.

Die Wärmeersparnis durch Vorwärmung des Speisewassers mittels der Abgase ist rund

$$\frac{t_2 - t_1}{i - t_1}\, 100 \text{ in vH.}$$

von der Erzeugungswärme des Dampfes $i - t_1$, wobei t_1 und t_2 die Speisewassertemperatur vor und hinter dem Vorwärmer und i den Wärmeinhalt des Dampfes im Zustand am Kesselaustritt in kcal/kg bedeuten. Bei $p = 26$ at abs., $t = 425°$ C, $t_s = 225°$ C, $i = 785{,}7$ kcal/kg und $t_1 = 100°$ C, $t_2 = 200°$ C z. B. beträgt die Ersparnis

$$\frac{(200 - 100) \cdot 100}{785{,}7 - 100} = 14{,}60 \text{ vH.}$$

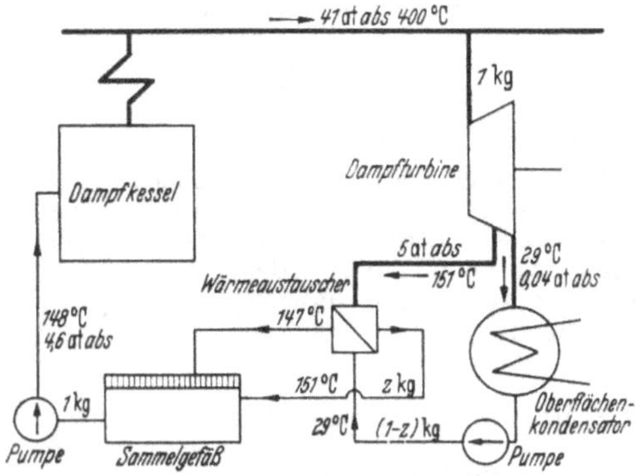

Abb. 18. Wärmekraftanlage mit Regenerativvorwärmung (Prinzipskizze).

2. Vorwärmung mittels Anzapfdampf. Wenn der Abdampf der Maschine im Kondensator niedergeschlagen wird, geht die Verdampfungswärme an das Kühlwasser über und damit für den Prozeß verloren. Man kann einen Teil dieser Wärmemenge im Kreislauf behalten, wenn man zur Vorwärmung des Speisewassers Dampf aus der Kraftmaschine benutzt und den Kondensator um diese Menge entlastet.

Angenommen, eine Dampfturbine arbeitet mit Dampf von 41 at abs. und 400° C, $i = 766{,}5$ kcal/kg, auf einen Druck von 0,04 at abs. Der Abfall im Wärmeinhalt beträgt $766{,}5 - 485{,}8 = 280{,}7$ kcal/kg. Der Dampf wird in der Turbine in mehreren Stufen entspannt. Aus einer Stufe mit höherer Temperatur als der des anzuwärmenden Speisewassers, z. B. bei 5 at abs., 151° C und 98,7 vH spezifischer Dampfmenge werden z Gewichtsteile Dampf entnommen. Die übrigen $1 - z$ GT arbeiten weiter und gehen in den Kondensator, wo sie unter 0,04 at abs. und 28,6° C niedergeschlagen werden. Die z GT Anzapfdampf geben nunmehr ihre Verdampfungswärme an die $1 - z$ GT Kondensat ab und werden danach, mit dem Kondensat vermischt, in den Kessel gespeist; siehe Abb. 18. Das Speisewasser soll im Beispiel auf 148° C vorgewärmt werden.

Wärmebilanz von Wärmeaustauscher und Sammelgefäß.

Zufuhr Kondensat $(1 - z) \cdot i_K = (1 - z) \cdot 28{,}6$ kcal/kg,

Zufuhr Abdampf $z \cdot i_D = z(xr + i') = z\,(0{,}987 \cdot 503{,}7 + 152{,}1)$ kcal/kg,

Abfuhr Speisewasser $i_W = 148{,}9$ kcal/kg ($= i'$ bei 148° C)

oder

$$(1 - z) \cdot 28,6 + z\,(0,987 \cdot 503,7 + 152,1) = 148,9; \qquad z = 0,194 \text{ kg/kg}$$

und Aufwärmung des Speisewassers durch Anzapfdampf um

$$i_W - i_K = 148,9 - 28,6 = 120,3 \text{ kcal/kg}.$$

Energiebilanz der Gesamtanlage — ohne Vorwärmung.

Wärmezufuhr im Kessel $i_1 - i_K = 766,5 - 28,6 = 737,9$ kcal/kg,
Arbeitsleistung Turbine $i_1 - i_2 = 766,5 - 485,8 = 280,7$ kcal/kg,
Wärmeabfuhr Kondensator $i_2 - i_K = 485,8 - 28,6 = 457,2$ kcal/kg,
thermischer Wirkungsgrad $\eta_{\text{CIR}} = 280,7/737,9 = 0,381$ kcal/kg.

Mit Vorwärmung.

Wärmezufuhr im Kessel $i_1 - i_W = 766,5 - 148,9 = 617,6$ kcal/kg,
Arbeitsleistung Turbine $z(i_1 - i_D) = 0,194\,(766,5 - 649,3) = 22,8$ kcal/kg
$+ (1 - z)\,(i_1 - i_2) = 0,806 \cdot 280,7 = 226,3$ kcal/kg,
Wärmeabfuhr Kondensator $(1 - z)\,(i_2 - i_K) = 0,806 \cdot 457,2 = 368,5$

oder

$$617,6 = 22,8 + 226,3 + 368,5$$

und der thermische Wirkungsgrad des Prozesses ist

$$\eta = \frac{22,8 + 226,3}{617,6} = 0,404.$$

Der Prozeß mit Vorwärmung unter diesen Umständen ist demnach um 6 vH günstiger als ohne Vorwärmung. In der Energiebilanz ist der Aufwand der Pumpen als unerheblich (< 1 kcal/kg) außer Betracht geblieben.

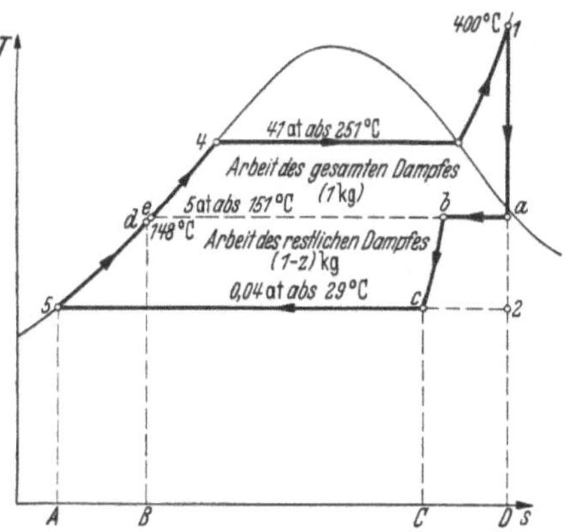

Abb. 19. Einstufige Regenerativvorwärmung, zu Abb. 18.

Im T, s-Diagramm kann man den Vorgang flächenmäßig wie folgt darstellen; siehe hierzu Abb. 19. Ohne Vorwärmung wird der Linienzug 54125 beschrieben. Bei Speisewasservorwärmung wird bis zur Anzapfstufe je kg Dampf die Arbeit nach Fläche $1ae41$ geleistet. Weiterhin arbeiten nur mehr $(1 - z)$ kg Dampf. Diese Arbeit entspricht nicht mehr der Fläche $a25ea$, sondern nur dem $(1 - z)$fachen davon, nämlich der Fläche $bc5eb$, die man erhält, wenn man die waagerechten Abstände zwischen ea und 52 im Verhältnis $(1 - z) : z$ teilt. Die Minderarbeit (Fläche $a2cba$) und die Verringerung der Kondensatorbelastung ($2DCc2$) zusammen entsprechen der unter 5 bis d liegenden Fläche, vgl. hierzu die Zustandsänderung von 3 nach 4 in Abb. 1.

Die Siedetemperatur bei 41 at abs. ist 251° C. Man kann die Vorwärmung des Speisewassers durch weitere Anzapfungen und Wärmeaustauscher noch steigern. Bei großen Einheiten geht man bis zu 4 (äußerst 5) Anzapfstufen. Theoretisch kann man mit beliebig viel Stufen und beliebig kleinen Anzapfmengen bis auf die Sättigungstemperatur vorwärmen. Allerdings wird durch weitere Stufen die Anlage immer teurer und in ihrer Betriebsweise so kompliziert, daß man sich auf 1 bis 4 Stufen beschränkt.

Bei dreistufiger Anzapfung würde man etwa das untenstehende Bild erhalten (Abb. 20). Mit der gestrichelten Linie 1 bis c ist die Begrenzung der Diagrammfläche bei unbeschränkt vielen Stufen angedeutet. Dieser theoretische Grenzfall mit umkehrbarem Wärmeaustausch bei gleicher Temperatur der wärmeaustauschenden Dampf- und Flüssigkeitsmengen führt zu einem *Carnotschen Prozeß* (Austauschprozeß), dessen Fläche $4BA54$ = Fläche $1DCc1$ ist. Es ist dann im Dampfkessel wie in Abb. 1 nur die Verdampfungswärme $41DB4$ aufzuwenden. Bei überhitztem Frischdampf (1′) läßt sich der CARNOTsche Prozeß zwischen den Temperaturen von überhitztem Dampf und Kondensat allerdings nicht so weit annähern, denn die schraffierten Flächen fehlen. Der CARNOTsche Prozeß ist hierfür nicht als Vergleichsprozeß geeignet.

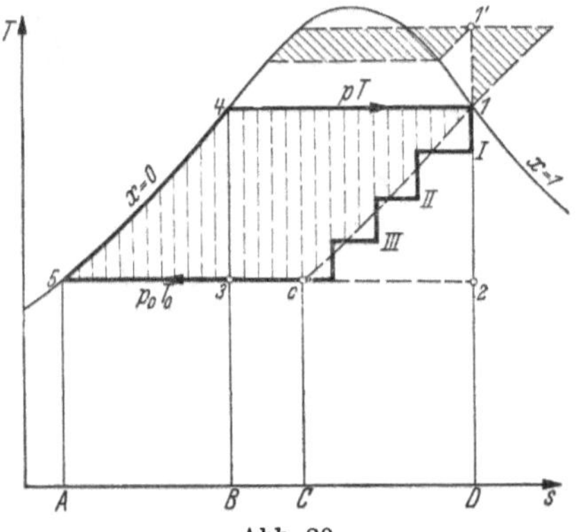

Abb. 20. Dreistufige Regenerativvorwärmung.

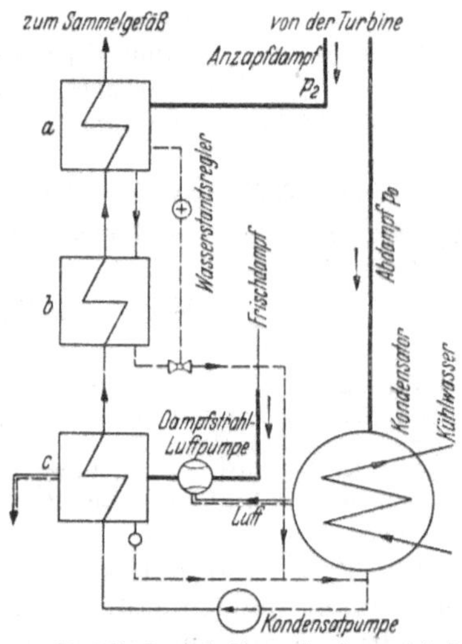

Abb. 21. Praktische Schaltung der Anzapfstufe bei Regenerativvorwärmung. Siehe Anlage II.

Der Kesselwirkungsgrad η_K hängt stark vom Abgasverlust ab. Es würde keinen Vorteil bedeuten, wenn man das Speisewasser durch Anzapfdampf vorwärmte und keine Verwendung für die fühlbare Wärme der Kesselabgase hätte. Anzapfvorwärmung ist daher nur bei solchen Anlagen angebracht, wo man die Abwärme des Kessels ausnutzen kann, wie durch die restliche Vorwärmung des Speisewassers auf Sättigungstemperatur, die Vorverdampfung im Abgasstrom, die Vorwärmung der Verbrennungsluft und in besonderen Fällen die Warmwasserbereitung oder Niederdruckdampferzeugung für andere Zwecke. Die Aufwärmung durch die sog. Nachschaltheizflächen im Abgasstrom ist wegen des geringeren Temperaturunterschiedes thermodynamisch günstig und in den Anlagekosten vorteilhafter als durch die eigentlichen Kesselheizflächen.

Praktisch werden die Anzapfstufen wie in Abb. 21 dargestellt eingeschaltet. Im Vorwärmer a gibt der Anzapfdampf seine Verdampfungswärme an das Speisewasser ab und im Vorwärmer b seinen Überschuß an Flüssigkeitswärme. Die in den Kondensator durch das hohe Vakuum einbrechende Luft wird durch eine Dampfstrahlluftpumpe abgesogen, deren Abdampf-Luft-Gemisch ebenfalls zur Vorwärmung im Wärmeaustauscher c benutzt wird. Das Kondensat wird dem übrigen Kondensat zugemischt, während die Luft ins Freie gedrückt wird.

3. Vorwärmung durch Abdampf. Wenn die Dampfkraftanlage nicht im geschlossenen Kreisprozeß mit Oberflächenkondensation arbeitet, sondern der Dampf in einem Einspritzkondensator niedergeschlagen und mit dem Kühlwasser abgeleitet wird oder bei Auspuffmaschinen, ist laufend neues Speisewasser nötig. Steht Auspuffdampf zur Verfügung, so kann man die Verdampfungswärme zur Speisewasseranwärmung benutzen. Die Ersparnis an Wärmeaufwand im Kessel kann erheblich sein. Wenn der Abdampf z. B. 100 ° C hat und das Speisewasser mit 15 ° C zufließt, so kann man bei Vorwärmung auf 88 ° C und Frischdampf von 12 at abs. und 300 ° C ($i = 726{,}8$)

$$100 \cdot \frac{88 - 15}{726{,}8 - 15} = 100 \frac{73}{711{,}8} = 10{,}2 \text{ vH.}$$

an Erzeugungswärme sparen.

b) Durch Zwischenüberhitzung.

Bei hohen Drücken und Temperaturen des Frischdampfes ist der Abdampf vor dem Kondensator so feucht, daß besonders bei Dampfturbinen an den Endstufen übermäßiger Verschleiß auftritt. Bei den Richtungsänderungen entmischt sich der feuchte Dampf, aus Gründen der Massenträgheit, und die Geschwindigkeit der Wassertröpfchen bleibt hinter der Dampfgeschwindigkeit zurück. Die Tröpfchen prallen an die Schaufeln und richten Beschädigungen an. Um die Schäden durch die Erosion in Grenzen zu halten, muß man die Endnässe auf höchstens 10 vH (in Sonderfällen äußerst 12 vH) beschränken ($x > 0{,}90$). Praktisch darf dazu der Frischdampf vor der Turbine nicht mehr als 70 atü bei 485 ° C haben, entsprechend 500 ° C Dampftemperatur am Überhitzeraustritt des Dampferzeugers. Die Zustandsänderung ist in Abb. 22 gezeigt. Der Gütegrad derartiger Turbinen liegt bei 79 bis 80 vH. Bei adiabatischer Ausdehnung wäre die Endnässe rund 22 vH (Punkt 2). Durch die Reibungswirkungen ist der Wärmeinhalt im Endzustand erheblich höher, was hinsichtlich der Endnässe nur günstig ist. In Kühltürmen rückgekühltes Wasser tritt im Durchschnitt mit 27 ° C in den Kondensator ein und erwärmt sich dort um etwa 8 °. Die Dampftemperatur ist dabei rund 38 bis 39 ° C und der Druck 0,07 at abs. Unter diesen Umständen ist die Endnässe etwa 9 vH (Punkt 2″). Bei

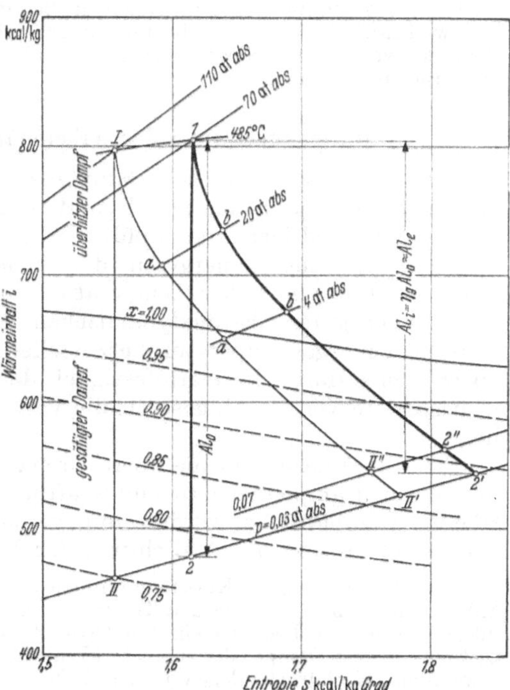

Abb. 22. Zustandsänderung von Höchstdruckdampf in Kondensationsturbinen.

Flußwasserkühlung mit 12 bis 15° C Wasser- und 22 bis 24° C Dampftemperatur ist der Druck im Kondensator um etwa 0,03 at abs., aber die Endnässe 11 vH, also zu hoch (Punkt 2'). Wenn man die Turbine mit Höchstdruckdampf von 110 atü und 485° C betreiben würde, so ginge die Endnässe sogar auf rund 14 vH (Punkt II'). Um das zu vermeiden, entspannt man den Dampf nicht in einem Zuge, sondern überhitzt ihn zwischendurch erneut (Linie *ab* in Abb. 22), wodurch die Endnässe entsprechend heraufgesetzt wird. Mit der Zwischenüberhitzung wird der Gütegrad der Maschine verbessert, weil die Reibungswiderstände und Wandungsverluste im Niederdruckgebiet geringer werden (etwa 1 bis 1,5 vH je vH Endnässe).

Durch die Einrichtungen zur Zwischenüberhitzung wird die Maschine verteuert und komplizierter. Die Wärmeersparnis ist im allgemeinen gering, weil der Dampf bei der Zwischenüberhitzung durch die Strömungswiderstände an Druck verliert. Man wendet entweder Rauchgaszwischenüberhitzer oder Überhitzer mit Frischdampf an, die allerdings nur bedingt wirtschaftlich sind. Von Vorteil sind große Durchsatzmengen und gleichmäßige Belastung der Maschinen wie in Großkraftwerken[1]. Bei Verbundkolbenmaschinen, bei welchen die Verminderung der Wandungsverluste im Niederdruckteil besonders wirksam ist, wird der Dampf im Aufnehmer beheizt.

c) Durch Steigerung der Arbeitsfähigkeit des Dampfes.

Die Arbeitsfähigkeit der Dampfenergie ist im Anwendungsgebiet um so größer, je höher Druck und Temperatur des Frischdampfes sind und je niedriger Abdampfdruck und -temperatur liegen.

Da die Brennstoffenergie in den Feuerungen der Dampfkessel in Wärmeenergie von hoher Temperatur umgewandelt wird, wäre es im Sinne einer guten thermodynamischen Ausnutzung, Dampf von annähernd Feuergastemperatur herzustellen. Diesem Streben wird eine obere Grenze durch die Warmfestigkeit der metallenen Kesselbaustoffe, insbesondere von Stahl, gesetzt, die vorläufig bei etwa 550 bis 600° C liegt.

Für die Drücke liegt die obere Grenze bei den heutigen Konstruktionen von Dampferzeugern und Kraftmaschinen praktisch bei 150 at. Höhere Dampfdrücke wurden nur vereinzelt angewandt, wobei die Schwierigkeiten in der Abdichtung der Bauteile groß werden.

Über die Normung im Kesselbau unterrichtet das DIN-Blatt 2901 (Anhang I). Anlagen mit hohen Drücken und Temperaturen sind nur dann wirtschaftlich anzulegen, wenn die Leistung ein Mindestmaß übersteigt, weil Anlage- und Betriebskosten je t Dampf oder erzeugte kWh mit abnehmender Leistung erheblich anwachsen. Hochdruckanlagen stellen hohe Ansprüche hinsichtlich der Werkstoffe, Speisewasserreinigung, Hilfsmaschinen wie Speisepumpen und Regler, Sicherheitsvorrichtungen und Wartung. Bei Großanlagen ergibt sich eine Ersparnis an Kohle bei der Steigerung des Kesseldruckes von 80 auf 100 at von rund 2 vH und bei der weiteren Steigerung auf 125 at noch von einem weiteren vH.

Den Gegendruck im Kondensator noch zu vermindern ist praktisch nicht möglich. In Landanlagen ist mit 10° C Kühlwassertemperatur

---

[1] Näheres siehe hierzu z. B. L. Musil: Die Gesamtplanung von Dampfkraftwerken, S. 86ff. Berlin 1942 (2. Aufl. ebenda 1948).

bei Anwendung von Flußwasser die unterste Grenze gegeben, entsprechend rund 0,02 at abs. Abdampfdruck. Wenn Flußwasser nicht erreichbar ist, behilft man sich mit Rückkühlanlagen. Mit Kühltürmen kann man das Wasser je nach Witterung auf 25 bis 45° C abkühlen, bei genügend großen Kühlteichen auf rund 20 bis 30° C. Die Abdampftemperatur liegt bei Kühlturmkondensation praktisch zwischen 30 und 50° C bei Außenlufttemperaturen von 0 bis 25° C. Gelegentlich kühlt man die Kondensatoren auch unmittelbar mit Luft, wobei der Abdampf zwischen 27 und 50° C annimmt bei 0 bis 25° Lufttemperatur. Der Abdampfdruck bewegt sich dabei zwischen 0,036 und 0,125 at abs.

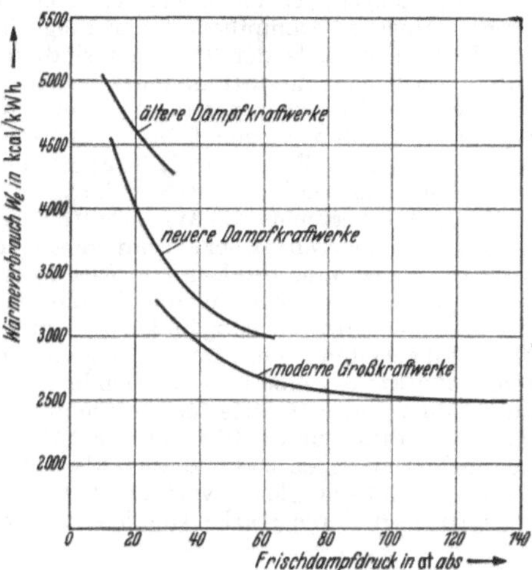

Abb. 23. Wärmeverbrauch in großen Dampfkraftwerken (nach MARSCHEWSKI).

Wie sich die Verbesserungen des Wasserdampfkraftprozesses im Laufe der Entwicklung durch Steigerung von Druck und Temperatur des Frischdampfes in Verbindung mit Anzapfvorwärmung und Zwischenüberhitzung ausgewirkt haben, kann man an Abb. 23 erkennen[1]. In modernen Großkraftwerken mit Frischwasserkühlung kann unter Ausschöpfung aller Verbesserungsmöglichkeiten der Wärmeverbrauch bis auf 2500 kcal/kWh herabgedrückt werden.

6. Anwendungsbereich der Dampfkraftmaschinen.

Das unbestrittene Gebiet der Kolbendampfmaschinen umfaßt die Einheiten kleiner Leistung (< 200 kW) und der umsteuerbaren Maschinen wie Lokomotiven, Walzenzugmaschinen und Fördermaschinen, die unter Last anfahren müssen. Über 1000 kW Leistung sind die Dampfturbinen überlegen. An sich ist die Kolbendampfmaschine im Bereich hoher Drücke[2] thermodynamisch vorteilhafter als die Turbine, was sich in einem etwas besseren Gütegrade $\eta_g = Li/Lo$ ausdrückt.

[1] Der thermische Wirkungsgrad von Dampfkraftprozessen läßt sich grundsätzlich noch etwas verbessern, indem man Stoffe, wie Quecksilber oder Diphenyloxyd, die höhere kritische Temperaturen als Wasser haben, anwendet. Die Dampfdruckkurve dieser Stoffe ist so beschaffen, daß die Drücke auch bei hohen Temperaturen noch verhältnismäßig klein sind. Praktisch hat man von dieser Möglichkeit in den USA Gebrauch gemacht. Man arbeitet dort allerdings nur in einem oberen Temperaturbereich mit solchen höhersiedenden Stoffen, weil sie bei niedrigen Temperaturen zu geringe Sättigungsdrücke haben. Im unteren Temperaturbereich überträgt man die Wärme an Wasserdampf (Zweistoffanlagen). Diphenyloxyddampf hat die Eigenschaft, daß er in weitem Temperaturbereich bei der adiabatischen Expansion nicht gesättigt wird (siehe hierzu Abb. 102 und Abschnitt 63, Teil A). Wärmeverbrauchsangaben siehe Die Technik Bd. 3 (1948) S. 344.

[2] Praktische Ausführung bis zu Eintrittsdrücken von 140 at abs. bei indizierten Leistungen bis etwa 4000 kW und noch darüber.

Im gedrängt gebauten Hochdruckteil der Turbinen machen besonders die Spaltverluste an der Grenze zwischen bewegten und ruhenden Teilen zu schaffen. Im Niederdruckgebiet hat die Turbine den Vorzug der geringeren Wandungsverluste (Gleichstrom des Dampfes) und der größeren Schluckfähigkeit für die ausgedehnten Abdampfmengen. Turbinen vermögen ein tieferes Vakuum zu verarbeiten, was einen geringeren Dampfbedarf zur Folge hat.

Weitere Vorteile der Turbinen sind, daß sie große Leistungen auf kleinem Raum abzugeben gestatten, einen ruhigen Lauf haben und ölfreien Abdampf hinterlassen. Außerdem vertragen sie eine höhere Dampfüberhitzung, wobei Temperaturschwankungen von 5 bis 7° etwa 1 vH Änderung des Dampfverbrauches nach sich ziehen. Bei mehr als 30 at ist die Abhängigkeit des Dampfverbrauches vom Druck nur gering ($< 0{,}3$ vH/at).

Man hat versucht, die Wirtschaftlichkeit der Kolbendampfmaschinen zu verbessern, indem man Druck, Temperatur und Drehzahl heraufsetzte. Wegen der starken Ausdehnung des Dampfes (bei 95 at abs., 400° C Frischdampfzustand und 0,06 at abs. Gegendruck auf das 750-fache) muß man mehrere Niederdruckzylinder zu einem Hochdruckzylinder anordnen oder die Zylinder mit verschiedener Drehzahl arbeiten lassen. Durch Steigerung der Drehzahl ist man zu einer gedrängteren Bauweise gekommen. Stehende Dampfmaschinen werden bis 1200 U/min ausgeführt, und Entwürfe für Sternmotoren mit 3 bis 6 Zylindern für Dampf von 30 at Überdruck und 500° C mit 2000 U/min wurden bekannt. In dem umstrittenen Gebiet zwischen 200 und 1000 kW stehen Kolbendampfmaschine und Dampfturbine praktisch gleich vorteilhaft nebeneinander. Alle Dampfkraftmaschinen zeichnen sich durch starke Überlastbarkeit aus.

II. Arbeitsweise der Verbrennungskraftmaschinen.

7. Wärmemotoren.

a) Verpuffungsverfahren.

Gasmaschinenprozeß. Aus der chemischen Energie eines gasförmigen Brennstoffes wie Generatorgas, Gichtgas oder Leuchtgas läßt sich mechanische Arbeit unmittelbar in Wärmemotoren gewinnen, ohne daß es hierzu des Umwegs über die Verbrennung unter einem Dampfkessel und über eine Dampfmaschine bedarf. Der praktische Prozeß ist in Abb. 24 dargestellt. Gas und die nötige Verbrennungsluft werden in einer besonderen Vorrichtung gemischt. Das Brenngemisch wird dann in einem ersten Hub oder Takt in den Zylinder gesogen (Einlaß E) und in einem zweiten Takt verdichtet, wobei die Temperatur ansteigt. Die Verdichtung treibt man so weit, daß man noch in sicherem Abstand von der Selbstentzündungstemperatur des Gemisches bleibt, etwa im Volumenverhältnis zwischen 1 : 2,5 bis 1 : 7 je nach Art des Brennstoffes. Während des Ansaugens erwärmt sich

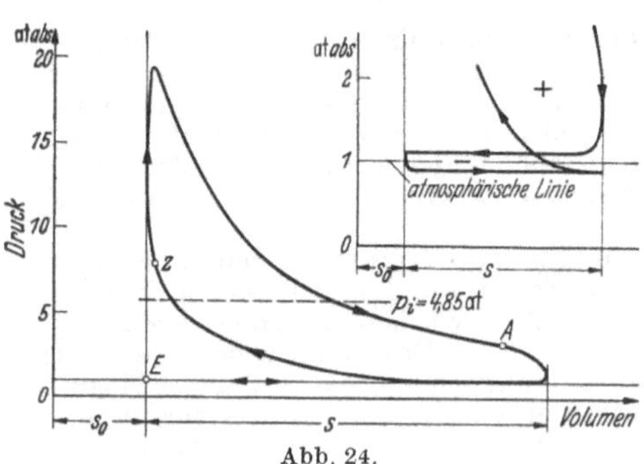

Abb. 24.
Indikatordiagramm einer Viertakt-Gasmaschine.

das Brenngemisch an den heißen Zylinderwänden auf etwa 100° C. Als Enddrücke ergeben sich abhängig vom Verdichtungsverhältnis etwa 3,5 bis 12 at abs.

Kurz vor der Totlage wird das Gemisch elektrisch gezündet (Z). Bei der nunmehr einsetzenden lebhaften Verbrennung unter fast unveränderlichem Volumen steigt der Druck im Zylinder kräftig an (etwa auf 18 bis 28 at abs.), und der Kolben wird zurückgetrieben. In diesem dritten Takt dehnen sich die Gase, chemisch umgewandelt als Verbrennungsgase, unter Leistung von mechanischer Arbeit aus (Arbeitstakt). Noch vor Ende des 3. Taktes öffnet bei A das Auslaßorgan, und mit dem 4. Takt werden die Verbrennungsgase ausgeschoben. Der 1. 2. und 4. Takt verbrauchen einen Teil der im 3. Takt geleisteten Arbeit.

Wegen der Strömungswiderstände liegt der Druck beim Ausschieben etwas über dem atmosphärischen; beim Ansaugen ist er entsprechend geringer. Um die indizierte Arbeit zu bestimmen, ist die (links herum umfahrene) Fläche zwischen Ausschub- und Einströmlinie von der (rechts herum umfahrenen) Hauptarbeitsfläche abzuziehen.

Damit die Wände der Gasmaschine nicht zu stark erhitzt werden, und wegen der Schmierung, werden Zylinder, Kolben und Zylinderdeckel mit Wasser gekühlt. Verdichtung und Ausdehnung gehen dann unter Einfluß der Wandungen nach Zustandslinien vor sich, die man mit guter Annäherung als Polytropen nach $p\,V^n =$ konst. ansehen kann. Trotz reichlicher Kühlung ist der Exponent bei den raschlaufenden Maschinen ziemlich hoch, und zwar etwa $n = 1{,}25$ bis $1{,}35$ bei der Verdichtung und 1,35 bei der Ausdehnung. Diese Exponenten gelten für normalen Betrieb und bei gut durchgebildeten Maschinen, im anderen Falle findet man bei der Ausdehnung auch Werte von 1,3 bis zu 1,7. Die Höchsttemperatur im Zylinder nach der Verbrennung steigt bis auf rund 1500° C, aber nur so kurzzeitig, daß die Wandtemperatur nicht folgt und eine Überbeanspruchung der Werkstoffe vermieden wird.

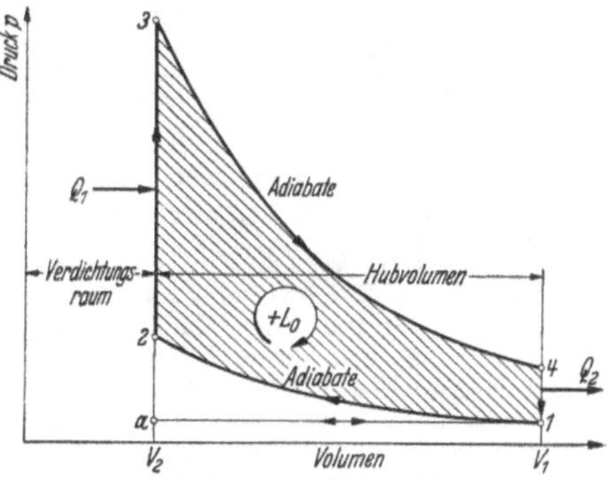

Abb. 25. Idealer Vergleichsprozeß für das Verpuffungsverfahren.

Idealer Prozeß. Als theoretischer Vergleichsprozeß ist ein umkehrbarer Kreisprozeß aus zwei Adiabaten und zwei Zustandsänderungen gleichen Volumens geeignet, wie er in Abb. 25 wiedergegeben ist. Die entwickelte Verbrennungswärme wird durch eine entsprechende Wärmezufuhr Q_1 ersetzt, derzufolge der Druck von 2 nach 3 ansteigt. Den Druckabfall bei der Vorausströmung der Verbrennungsgase nimmt man bei gleichbleibendem Volumen an in Verbindung mit einer Wärmeabfuhr Q_2 entsprechend der Abwärme in den auspuffenden Gasen. Je Spiel wird mithin eine mechanische Arbeit von $AL = Q_1 - Q_2$

gewonnen. Der thermische Wirkungsgrad dieses Prozesses wurde in Abschnitt 43d, Teil A, zu

$$\eta_{th} = \frac{Q_1 - Q_2}{Q_1} = 1 - \left(\frac{p_1}{p_2}\right)^{(\varkappa-1)/\varkappa} = 1 - \frac{T_1}{T_2} \tag{29}$$

oder

$$\boxed{\eta_{th} = 1 - \frac{1}{\varepsilon^{\varkappa-1}}} \tag{30}$$

berechnet, wobei das Verdichtungsverhältnis und das Ausdehnungsverhältnis mit $\varepsilon = V_1/V_2$ gleich groß sind. Der thermische Wirkungsgrad hängt nur vom Verdichtungsverhältnis ε und vom Adiabatenexponenten $\varkappa$ ab. Welche Werte η_{th} annimmt, zeigt Abb. 26. Die niedrigeren Werte für $\varkappa$ gelten dann, wenn die Veränderlichkeit der spezifischen Wärmen mit der Temperatur berücksichtigt wird, siehe Teil A, Abb. 39 und S. 96. Der thermische Wirkungsgrad ist günstiger als beim Dampfkraftverfahren, bei dem die maßgebende, nichtarbeitsfähige Verdampfungswärme viel größer als bei den feuchten Abgasen ist.

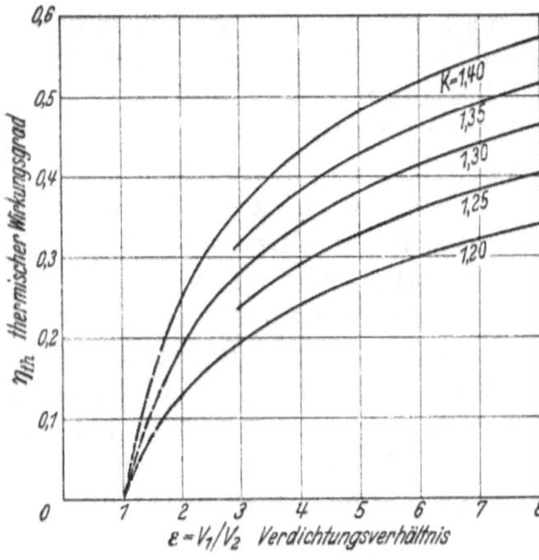

Abb. 26. Thermischer Wirkungsgrad des idealen Vergleichsprozesses abhängig vom Verdichtungsverhältnis und vom Adiabatenexponenten.

Vergasermotoren. Man kann Zündermotoren[1], wie man Wärmekraftmaschinen nach dem Verpuffungsverfahren nennt, auch mit leichtflüchtigen, flüssigen Brennstoffen wie Benzin, Benzol, Spiritus oder Gemischen aus diesen betreiben. Es ist hierbei ein besonderer Vergaser notwendig, in dem die Flüssigkeit verdampft und mit der erforderlichen Verbrennungsluft vermischt wird.

Zweitaktverfahren. Zur gleichförmigeren Arbeitsleistung und besseren Ausnützung des Triebwerks kann das Verpuffungsverfahren auch insofern verändert werden, als man den Ladehub (1. Takt) und den Ausschiebehub (4. Takt) wegläßt. Es ist dann nötig, wenigstens bei größeren Maschinen, den Zylinder zu Beginn des Verdichtungshubes mit dem Brenngemisch durch eine besondere Pumpe aufzuladen. Die Zweitaktmaschine hat Einlaß- und Auslaßschlitze in der Zylinderwand, die durch den Kolben gesteuert werden. Etwa 15 bis 20 vH vor dem Ende des Ausdehnungshubes gibt der Kolben die Auslaßschlitze frei, durch welche die Verbrennungsgase mit großer Geschwindigkeit ausgepufft werden. Ab etwa 8 bis 10 vH vor der Totlage wird der Zylinder durch eine besondere Pumpe mit Luft ausgespült und der Verbrennungsrückstand weitgehend entfernt. Die Spülluft steht unter schwachem Überdruck. Beim Zweitaktverfahren sind die Schmierölverluste ziemlich groß — das Schmieröl wird in verdampftem oder vernebeltem Zustand von den mit etwa 900 m/s bei 550 bis 650° C entweichenden

[1] Man bezeichnet Zündermotoren auch nach dem deutschen Pionier auf diesem Fachgebiet, dem Ingenieur NICOLAUS OTTO (1832—1891) als dem Erfinder des atmosphärischen Gasmotors, als Ottomotoren.

Verbrennungsgasen mitgerissen. Die Vorgänge des Verdichtens und Ausdehnens selbst gehen wie beim Viertaktverfahren vor sich.

Für beide Verfahren wurden stehende und liegende Maschinen, einfach- und doppeltwirkende entwickelt.

Wirkungsgrade. Für den thermischen Wirkungsgrad ist es unerheblich, ob die Maschine im Viertakt- oder Zweitaktverfahren arbeitet. Der *Gütegrad*

$$\eta_g = L_i/L_0$$

als Maß für die Abweichung des wirklichen Diagramms vom theoretischen liegt für Verpuffungsmaschinen in der Größenordnung von etwa 0,60 bis 0,70, wobei folgende Verlustquellen bestehen:

a) Durch *unvollkommene Verbrennung,* bedingt durch unzulängliche Mischung oder Luftmangel. Bei ordnungsmäßigem Betrieb ist praktisch vollkommene Verbrennung erreichbar.

b) Durch die *endliche Zündgeschwindigkeit,* während sich der Verdichtungsraum ändert. Die Zündgeschwindigkeit hängt von der Art des gasförmigen oder flüssigen Brennstoffes ab, siehe Abschnitt 86, Teil A, und vom Mischungsverhältnis. Wasserstoff zündet rund zwölfmal so schnell durch wie Kohlenoxyd. Generatorgas mit hohem CO-Gehalt z. B. zündet langsamer als die bei niedriger Entgasungstemperatur gewonnenen Brennstoffe mit hohem Wasserstoffgehalt. Inerte Gase wie CO_2 und N_2 sowie Wasserdampf verzögern die Zündung. In einem Gemisch von 30 vH Generatorgas und 70 vH Luft z. B. schreitet die Zündung nur mit etwa 0,4 m/s fort. Der Zündpunkt Z muß daher um so weiter vor dem Totpunkt liegen, je langsamer das Gemisch durchzündet und je schneller die Maschine läuft. Der bei Generatorgas mit der langsamen Verbrennung verbundene Nachteil wird dadurch aufgewogen, daß das Verdichtungsverhältnis ε größer sein kann (rund 7) als bei den schneller reagierenden Brennstoffen (Benzin $\varepsilon \approx 3{,}5$ und Leuchtgas $\varepsilon \approx 5{,}0$). Von Einfluß auf den Verbrennungsvorgang und die Verbrennungstemperatur ist weiterhin die Wärmebindung durch Dissoziation, siehe Abschnitt 92b, Teil A und Abschnitt 43, Teil B.

c) Durch *Wärmeundichtheit* infolge Leitung und Strahlung durch die Zylinderwände an das Kühlwasser und an die Umgebung.

d) Durch *Stoffundichtheit* an der Steuerung, am Kolben und an Dichtungsstellen, beim Zweitaktverfahren durch die Spülschlitze.

e) Durch *Drosselung* beim Ein- und Ausströmen sowie durch *innere Reibung* des arbeitenden Gases.

Alle diese Verluste bewirken die abweichende Form des Indikatordiagrammes.

Die mechanischen Verluste bei der Bewegung von Kolben, Kurbeltrieb, Welle, Steuerung und die Antriebsleistungen der Zündstromerzeuger, Lade- und Spülpumpen werden beim *mechanischen Wirkungsgrad* η_m berücksichtigt, der bei Zündermotoren je nach Ausführung zwischen 0,75 und 0,92 liegt.

Für den *wirtschaftlichen Wirkungsgrad* η_w als Verhältnis der effektiven Arbeit zum Wärmeaufwand ist die Höhe des thermischen Wirkungsgrades maßgebend. Da der Brennstoff unmittelbar in den Arbeitszylinder eingeführt wird und Übertragungsverluste entfallen, haben die Wärmemotoren einen höheren wirtschaftlichen Wirkungsgrad bzw. einen geringeren Wärmeverbrauch als Dampfkraftanlagen gleicher Größe. Dazu kommt der Vorteil, daß die Wärmemotoren stets betriebsbereit sind und praktisch keine Stillstandsverluste haben (bis auf Anwärm- und Abkühlverluste bei unterbrochenem Betrieb). Mit

860 kcal/kWh und $\eta_{th} \cdot H_u$ als Ausnützung der Brennstoffwärme ergibt sich ein theoretischer Brennstoffverbrauch von

$$C_0 = \frac{860}{\eta_{th} H_u} \tag{31}$$

oder ein indizierter Brennstoffverbrauch von

$$C_i = \frac{860}{\eta_{th}\eta_g H_u} = \frac{860}{\eta_i H_u} \tag{32}$$

in kg/kWh. Der effektive Verbrauch ist

$$\boxed{C_e = \frac{860}{\eta_w H_u}} \tag{33}$$

in kg/kWh, und der effektive Wärmeverbrauch ist

$$\boxed{W_e = \frac{860}{\eta_w}} \tag{34}$$

in kcal/kWh.

Beispiel 1. Eine Gasmaschine von 100 kW braucht 390 Nm³ Generatorgas je Stunde mit 900 kcal/Nm³ unterem Heizwert. Das Verdichtungsverhältnis ist $\varepsilon = 5$. Bei 220 U/min ergibt sich aus dem Indikatordiagramm ein Polytropenexponent von $n = 1{,}35$ im Mittel. Wie groß sind wirtschaftlicher Wirkungsgrad, Gütegrad und Wärmebedarf je kWh?

Verbrauch 3,90 Nm³/kWh;

$$\eta_w = \frac{860}{C_e H_u} = \frac{860}{3{,}90 \cdot 900} = 0{,}245.$$

Nach Abb. 26 ist $\eta_{th} = 0{,}43$ (angenommen $\varkappa = 1{,}35$); mechanischer Wirkungsgrad η_m angenommen mit 0,80; $\eta_w = \eta_{th}\eta_g\eta_m$; daraus

$$\eta_g = \frac{0{,}245}{0{,}43 \cdot 0{,}80} = 0{,}71\,;$$

Wärmebedarf $$W_e = \frac{860}{\eta_w} = \frac{860}{0{,}245} = 3510 \text{ kcal/kWh.}$$

Beispiel 2. Ein Vergasermotor leistet 14 kW bei rund 500 U/min. Er wird mit Benzol betrieben (Kohlenstoffgehalt $c = 0{,}922$ kg/kg, Wasserstoffgehalt $h = 0{,}078$ kg/kg, Kennzahl $\sigma = 1{,}254$, Heizwert $H_u = 9600$ kcal/kg) und verbraucht davon 4,97 kg/h. Die angesaugte Luftmenge wird zu 58,6 Nm³/h gemessen. Wie groß sind wirtschaftlicher Wirkungsgrad und Wärmebedarf je kWh? Welches ist die Wärmebilanz des Motors bei $t_a = 573\,°$C Abgastemperatur und 25 °C Raumtemperatur, wenn 450 kg/h Kühlwasser von 10,1 auf 59,6 °C erwärmt werden? Wie groß ist der Luftüberschuß und wie ist die Abgaszusammensetzung? Der Motor arbeitet praktisch mit vollkommener Verbrennung.

$$\eta_w = \frac{860\,N_e}{B H_u} = \frac{860 \cdot 14}{4{,}97 \cdot 9600} = 0{,}252; \qquad W_e = \frac{860}{\eta_w} = 3410 \text{ kcal/kWh.}$$

Wärmezufuhr = Wärmeabfuhr durch Arbeitsleistung, Auspuff, Kühlung und Leitung und Strahlung an die Umgebung. Abgasgewicht $G_a = 1{,}293 \cdot 58{,}6 + 4{,}97 = 80{,}8$ kg/h; spezifische Wärme c_{pm} = rund 0,255 kcal/kg · Grad (konstanter Druck beim Ausschieben).

Bilanz.

Zufuhr.

$BH_u = 4{,}97 \cdot 9600 = 47800$ kcal/h; $q = 3410$ kcal/kWh.

Abfuhr.

Nutzarbeit $860 \cdot 14 = 12000$ kcal/h;	$q_e = 860$ kcal/kWh;
mit Abgas $80{,}8 \cdot 0{,}255 \cdot (573 - 25) = 11300$ kcal/h;	$q_a = 806$ kcal/kWh;
mit Kühlwasser $450 \cdot 49{,}5 = 22300$ kcal/h;	$q_W = 1590$ kcal/kWh;
Restglied für Strahlung, Leitung, Meßfehler und Unverbranntes	$q_R = 154$ kcal/kWh;
	zusammen 3410 kcal/kWh.

Als Nutzarbeit erscheint bei diesem Motor nur rund $^1/_4$ des Wärmeaufwandes; etwa ein weiteres Viertel entschwindet mit dem Abgas, und annähernd die Hälfte geht an das Kühlwasser (siehe hierzu Abb. 27).

Luftbedarf $L_{min} = 8{,}89\, c\sigma = 8{,}89 \cdot 0{,}922 \cdot 1{,}254 = 10{,}26$ Nm³/kg;

Luftüberschußzahl $\lambda = 58{,}6/10{,}26 \cdot 4{,}97 = 1{,}149$;

$$CO_2 = \frac{21}{(\lambda - 0{,}21)\,\sigma + 0{,}21} = \frac{21}{0{,}939 \cdot 1{,}254 + 0{,}21} = 15{,}13 \text{ vH};$$

$$O_2 = \frac{21\,(\lambda - 1)\sigma}{(\lambda - 0{,}21)\,\sigma + 0{,}21} = \frac{21 \cdot 0{,}149 \cdot 1{,}254}{1{,}388} = 2{,}83 \text{ vH} \quad \text{und}$$

$$N_2 = 100 - CO_2 - O_2 = 82{,}04 \text{ vH}.$$

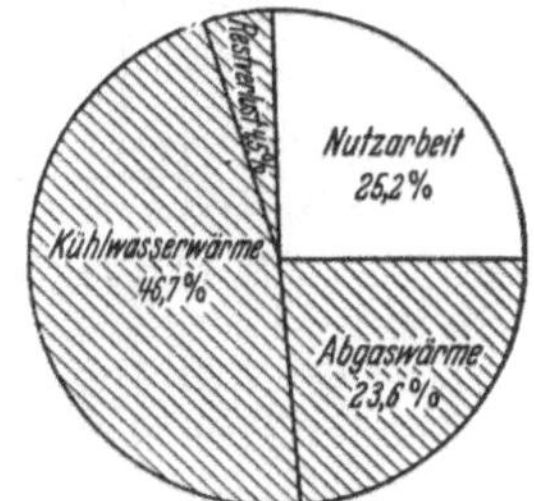

Abb. 27. Zur Wärmebilanz von Beispiel 2.

b) Gleichdruckverfahren.

Prozeß des Dieselmotors[1]. Es läßt sich auch ein motorischer Prozeß durchführen, bei dem nicht wie beim Verpuffungsverfahren ein Gemisch aus brennbaren Gasen oder Dämpfen mit der Verbrennungsluft, sondern bei dem Luft allein angesogen und verdichtet wird. Diese Luft wird so hoch verdichtet, daß ihre Temperatur über die Entzündungstemperatur des Brennstoffes ansteigt, und zwar auf etwa 30 bis 45 at. Kurz vor Ende des zweiten Hubes wird flüssiger Brennstoff durch Nadelventile mittels Preßluft unter etwa 55 bis 80 at in die heiße Luft eingespritzt und darin fein zerstäubt. Gemischbildung und Verbrennung folgen unmittelbar nacheinander[2]. Der Brennstoff wird in solchem Maße zu-

[1] Allgemein nach seinem Erfinder Rudolf Diesel (1858—1913) benannt, auch als Brennermotor bezeichnet.

[2] Unter Brennermotoren in weiterem Sinne versteht man solche, bei welchen Brenngemischbildung und dessen Verbrennung bei (etwa) gleichbleibendem Druck unmittelbar aufeinander folgen. Zur Zündung des Brenngemisches wird entweder die Verbrennungsluft entsprechend hoch verdichtet und erhitzt (Dieselmotor) oder, bei weniger hoher Luftverdichtung, die Wand des Verbrennungsraumes teilweise ungekühlt gelassen und durch die Verbrennungswärme zum Glühen gebracht (Glühkopfmotoren). Beim Anfahren muß die Glühwand durch eine Lampe (von außen her) oder vermittels Abbrennens eines Zündsatzes (von innen her) oder elektrisch aufgeheizt werden. Bei den Zündermotoren hingegen wird bereits ein brennfertiges Gemisch angesogen, das am Ende des Verdichtungshubes durch einen Zünder zur Verbrennung gebracht wird.

geteilt, daß der Druck während der Verbrennung unverändert bleibt; siehe Abb. 28. Danach dehnt sich das Verbrennungsgas unter Leistung von mechanischer Arbeit am Kolben aus, wobei der Druck fällt. Im übrigen unterscheidet sich der Prozeß nicht vom Verpuffungsprozeß.

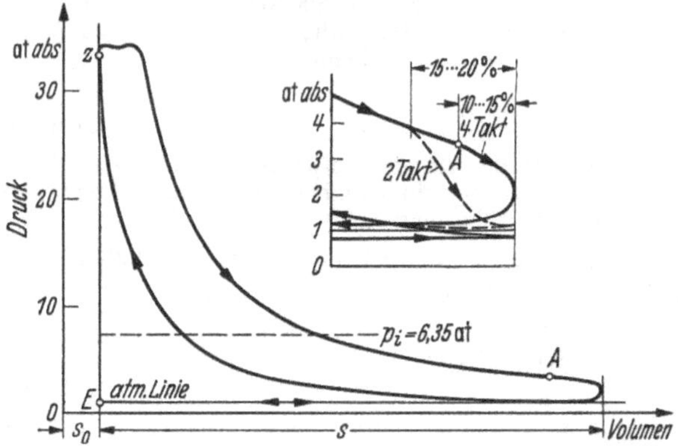

Abb. 28. Indikatordiagramm eines Viertakt-Dieselmotors.

Als Brennstoffe sind mittel- bis schwersiedende Destillate aus Erdöl oder Teer von Braun- und Steinkohle geeignet, wie Rohöl, Gasöl und Teeröle, die rückstandfrei verbrennen. Man nennt diese Wärmemotoren danach Ölmaschinen. Das Problem, feste Brennstoffe unmittelbar nach dem Gleichdruckverfahren zu verbrennen, ist hauptsächlich wegen des starken Verschleißes durch Asche noch nicht befriedigend gelöst.

Das Verdichtungsverhältnis ε beträgt etwa 14 bis 16. Bei den üblichen Brennstoffen und Ladungen geht

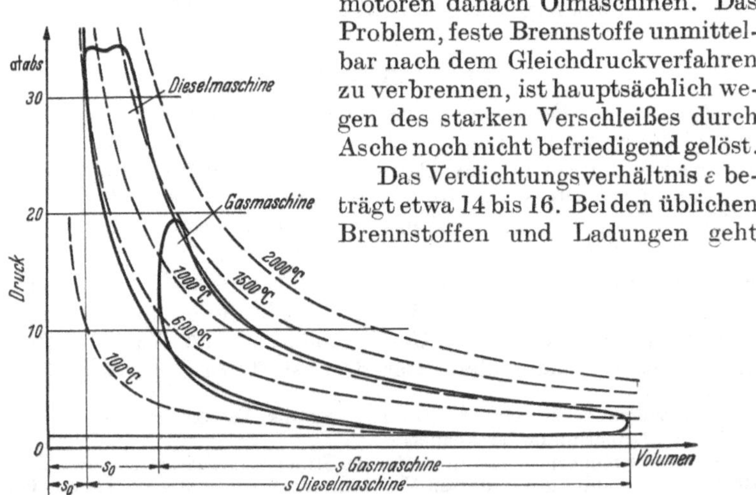

Abb. 29. Indikatordiagramme nach Abb. 24 u. 28 für eine Gasmaschine und einen Dieselmotor im Isothermenfeld.

die Höchsttemperatur im Zylinder bis auf etwa 1600° C, wobei die Dissoziation der Verbrennungsgase schon merklich ist. Über die Temperaturen, die sich beim Verpuffungsverfahren und beim Gleichdruckprozeß einstellen, unterrichtet Abb. 29.

Idealer Prozeß. Der wirkliche Dieselmotorenprozeß läßt sich mit einem idealen Prozeß aus zwei Adiabaten, einer Linie gleichen Druckes und einer Linie unveränderlichen Volumens vergleichen, wie in Abb. 30 dargestellt ist. An Stelle von der Wärmemenge, die beim Verbrennen des eingespritzten Kraftstoffes entwickelt wird, tritt zur Aufrechterhaltung des Druckes bei der Ausdehnung von 2 nach 3 die Wärmezufuhr Q_1. Der Abgaswärme entspricht wiederum die Wärmemenge Q_2. Der thermische Wirkungsgrad eines solchen umkehrbaren Kreisprozesses wurde in Abschnitt 43e von Teil A zu

$$\eta_{th} = 1 - \frac{1}{\varkappa} \frac{1}{\varepsilon^{\varkappa-1}} \frac{\alpha^{\varkappa}-1}{\alpha-1} \qquad (35)$$

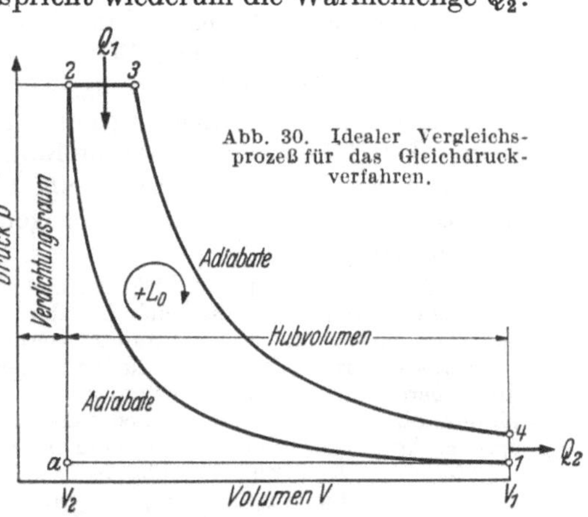

Abb. 30. Idealer Vergleichsprozeß für das Gleichdruckverfahren.

gefunden[1] mit dem Verdichtungsverhältnis $\varepsilon = V_1/V_2$ und dem Ausdehnungsverhältnis $\alpha = V_3/V_2$. Danach hängt der thermische Wirkungsgrad beim Gleichdruckverfahren nicht nur vom Verdichtungsverhältnis ε und dem Adiabatenexponenten $\varkappa$ ab, sondern auch wesentlich vom Ausdehnungsverhältnis α je nach der zugeführten Menge an Wärmeenergie. Unter der Voraussetzung, daß eine bestimmte Wärmemenge zugeführt wird, ist η_{th} um so höher, je weiter die Verdichtung der Verbrennungsluft getrieben wird und je größer $\varkappa$ ist. Da die spezifische Wärme der Gase mit der Temperatur zunimmt, wird $\varkappa = c_p/c_v$ mit wachsender Temperatur kleiner als Ausdruck dafür, daß die Gase immer stärker Wärme je Grad Erwärmung binden. Dadurch wird die Diagrammfläche und damit auch η_{th} kleiner, als wenn die spezifische Wärme unveränderlich wäre; siehe hierzu Abschnitt 32, Teil A. Je größer andererseits die Wärmezufuhr und damit $\alpha = V_3/V_2$ ist, um so kleiner wird der Wirkungsgrad. Es ist also vorteilhaft, mit schwachen Brenngasgemischen zu fahren. Dem thermischen Vorteil möglichst geringer Wärmezufuhr (wie z. B. bei geringer Belastung der Maschine) steht die Verschlechterung des Gütegrades durch die ungünstigen Wandeinflüsse sowie durch den größeren Anteil der mechanischen Verluste gegenüber. Außerdem wird der mittlere indizierte Druck gesenkt; siehe Abschnitt 10. Die wirklichen Maschinen sind so eingerichtet, daß die Summe aller Gewinne und Verluste bei normaler Belastung ein Optimum annimmt, wie man durch Versuche auf dem Maschinenprüffeld feststellen kann.

[1] Die Zeiger erhält man durch zyklische Vertauschung. Dem wirklichen Prozeß gemäß ist hier nicht von der Wärmezufuhr, sondern vom Ansaugezustand in der Zählung auszugehen. Ansauge- und Ausschubtakt sind beim theoretischen Prozeß ohne Einfluß.

Bei einem mittleren Exponenten von $\varkappa = 1{,}35$ ist der thermische Wirkungsgrad des Idealprozesses bei

$\alpha =$	1,5	2,0	3,0
$\varepsilon = 14$	0,572	0,544	0,499
$\varepsilon = 16$	0,592	0,565	0,521

Der thermische Wirkungsgrad des Verpuffungsprozesses ist bei gleichem Verdichtungsgrad ε höher. Bei $\varkappa = 1{,}35$ und $\varepsilon = 14$ und 16 wäre er beim idealen Vergleichprozeß $\eta_{th} = 0{,}603$ und 0,621. Zu bedenken ist aber, daß so hohe Verdichtungsgrade $\varepsilon > 8$ beim Verpuffungsverfahren wegen der Gefahr von Selbstzündung unzulässig sind. Tatsächlich ist der thermische Wirkungsgrad beim Gleichdruckverfahren höher, weil nur Luft ohne Selbstentzündungsgefahr mit $\varepsilon = 14$ und mehr verdichtet wird.

Praktische Gesichtspunkte. Die Gleichdruckmaschinen können nach dem Viertakt- oder Zweitaktprinzip, einfach- oder doppeltwirkend, liegend oder stehend, ein- oder mehrzylindrisch ausgeführt werden.

Ein schwieriges Problem ist die betriebssichere Ausbildung der Einspritzorgane, die außerordentlich exakt arbeiten müssen. Der Kompressor für die Einspritzluft nimmt mit etwa 5 bis 10 vH einen wesentlichen Teil der Maschinenleistung in Anspruch. An Einspritzluft werden rund 5 vH von der Hauptluftmenge der Dieselmaschine benötigt. Zur Verbilligung und Vereinfachung ist man besonders bei kleineren Maschinen dazu übergegangen, kompressorlos einzuspritzen, indem man den Brennstoff für sich mit 200 bis 300 at in den Arbeitszylinder einpreßt, wobei eine gute Zerstäubung erreicht werden muß. Mit Vorteil hat man auch sog. Vorkammermaschinen entwickelt, bei welchen in eine kammerartige glühende und ungekühlte Ausbuchtung des Verdichtungsraumes eingespritzt wird. Obwohl damit keine besonders gute Zerstäubung und Verteilung verbunden ist, wird die thermische Zersetzung ausschlaggebend gefördert und hat sich das Verfahren der Teilverbrennung in einer Vorkammer bewährt.

Die Arbeitsausbeute läßt sich durch Vorwärmung des Brennstoffes, etwa durch die heißen Abgase (rund 1000° C beim Beginn des Vorausströmens und 250 bis 350° C und mehr im Abgasstutzen), noch verbessern. Außerdem hängt der Wirkungsgrad noch stark von der Exaktheit der Brennstoffzufuhr und planmäßigen Folge der Zündung und der Verbrennung ab. Aliphatische Brennstoffe zünden leichter und geben weniger Ruß (Brennstoffe auf Erdöl- und Braunkohlenbasis) als die aromatischen Steinkohlenteeröle. Die Zündwilligkeit nimmt mit der Temperatur zu. Bei Brennstoffen, die sich schwer verdampfen und zersetzen lassen, lagert man etwa 5 bis 10 vH eines leichtzündlichen Öles beim Einspritzen vor (sog. Zündöl).

Wirkungsgrade. Der Gütegrad der Dieselmaschinen liegt im allgemeinen mit $\eta_g = 0{,}70$ bis 0,85 höher als bei Zündermotoren, was hauptsächlich dadurch bedingt ist, daß man den Verbrennungsvorgang steuern kann. Die Größe des mechanischen Wirkungsgrades mit $\eta_m = 0{,}75$ bis 0,90 ist etwas niedriger als bei den Zündermotoren, weil der Antrieb für die Brennstoffpumpe zusätzlich Kraft verbraucht. Wenn ein Kompressor für die Einspritzluft mit betrieben wird, ist etwa $\eta_m = 0{,}70$ bis 0,85 zu setzen[1].

[1] Nach den Regeln für Abnahmeversuche an Verbrennungsmotoren und Gaserzeugern einschließlich ihrer Abwärmeverwerter — R.A.V. — 1930 (DIN 1941) — wird unterschieden zwischen effektiver Leistung N_e und Kupplungsleistung N_k. Die effektive Leistung ist danach Kupplungsleistung abzüglich Leistungsbedarf

Beispiel. Eine Dieselmaschine mit Preßlufteinspritzung leistet $N_e = 38$ kW an der Welle. Sie verbraucht dabei Gasöl mit einer Zusammensetzung von

$$c = 0{,}835; \quad h = 0{,}11; \quad s = 0{,}015; \quad o = 0{,}01 \quad \text{und} \quad n = 0{,}03 \text{ kg/kg}$$

und einem Heizwert von $H_u = 9960$ kcal/kg, und zwar $B = 11{,}35$ kg/h. Das Abgas entweicht mit $CO_2 = 8{,}09$ vH und $t_a = 512°$ C. Zur Kühlung fließen $W = 694$ kg/h Wasser zu, die sich im Kompressor von $t_{w1} = 12{,}6°$ C auf $t_{w2} = 16{,}1°$ C und in der Kraftmaschine von $t_{w3} = 16{,}1°$ C auf $t_{w4} = 55{,}7°$ C erwärmen. Aus dem Indikatordiagramm[1] wird die indizierte Leistung mit $N_i = 53{,}5$ kW ermittelt. Der Kompressor benötigt zum Antriebe $N_{ek} = 4{,}0$ kW. Welches ist die Wärmebilanz, bezogen auf die innere und die effektive Wärmeumsetzung, wenn vollständige Verbrennung angenommen wird und die Außentemperatur $t_u = 19{,}7°$ C ist? Wie groß ist der thermische Wirkungsgrad des idealen Vergleichsprozesses, wenn das Verdichtungsverhältnis $\varepsilon = 14{,}5$ und das Ausdehnungsverhältnis $\alpha = 2$ ist sowie $\varkappa = c_p/c_v$ im Mittel mit 1,35 angenommen wird? Wie groß sind wirtschaftlicher Wirkungsgrad η_w, mechanischer Wirkungsgrad η_m, Gütegrad η_g und indizierter Wirkungsgrad η_i? Wie groß sind der spezifische Brennstoffverbrauch und der Wärmebedarf?

Brennstoffkennzahl $\sigma = 1 + 3\dfrac{h - (o - s)/8}{c} = 1 + 3\dfrac{0{,}11}{0{,}835} = 1{,}396;$

Luftbedarf $L_{\min} = 8{,}89\, c\sigma = 8{,}89 \cdot 0{,}835 \cdot 1{,}396 = 10{,}36\ \text{Nm}^3\text{/kg}$

oder $1{,}293 \cdot 10{,}36 = 13{,}4$ kg/kg.

Luftüberschußzahl bei vollkommener Verbrennung

$$\lambda = \frac{0{,}21}{\sigma}\left[\frac{1}{CO_2} + \sigma - 1 - v\right] = \frac{0{,}21}{1{,}396}\left[\frac{1}{0{,}0809} + 1{,}396 - 1\right] = 1{,}92;$$

Abgasgewicht $G_a = (\lambda L_{\min} + 1)\, B = (1{,}92 \cdot 13{,}4 + 1)\, 11{,}35 = 303{,}4$ kg/h.

Wärmebilanz.

Zufuhr

Brennstoffwärme $Q = BH_u = 11{,}35 \cdot 9960$	= 113000 kcal/h

Abfuhr

Indizierte Arbeit $Q_i = 860\, N_i = 860 \cdot 53{,}5$	= 46100 kcal/h
an Kühlwasser $Q_w = W(t_{w4} - t_{w3}) = 694 \cdot 39{,}6$	= 27500 kcal/h
mit Abgas $Q_a = G_a c_p t_a - L c_{pL} t_L = 303{,}4 \cdot 0{,}245 \cdot 512$ $- 292 \cdot 0{,}24 \cdot 19{,}7$	= 36670 kcal/h
Restglied Q_R (Strahlung, Leitung, Meßfehler)	= 2730 kcal/h
zusammen	= 113000 kcal/h

oder *Abfuhr*

Effektive Arbeit $Q_e = 860\, N_e = 860 \cdot 38{,}0$	= 32700 kcal/h
an Kühlwasser Kompressor $Q_k = W(t_{w2} - t_{w1}) = 694 \cdot 3{,}5$	= 2430 kcal/h
an Kühlwasser Maschine Q_w wie vor	= 27500 kcal/h
mit Abgas Q_a wie vor	= 36670 kcal/h
Mechanische Verluste $Q_m = 860\,(N_i - N_e) = 860 \cdot 15{,}5$	= 13400 kcal/h
Restglied Q_r	= 300 kcal/h
zusammen	= 113000 kcal/h

---

für Erzeugung und Förderung der Auflade-, Einblase- und Spülluft, sofern die hierfür vorgesehenen Hilfsmaschinen nicht mit dem Motor gekuppelt sind oder ihr Antrieb nicht durch Maschinen erfolgt, die mit der Abwärme aus dem Motor betrieben werden.

[1] Die üblichen Indikatoren können nur bis etwa 400 U/min zum Aufzeichnen der Druck-Kolbenweg-Diagramme benutzt werden. Mit massearmen Kleingeräten kommt man bis 1000 bis 1200 U/min. Darüber hinaus benutzt man optische und elektrische Meßgeräte.

In Abb. 31 ist ein Wärmeflußbild dargestellt über die indizierte und die effektive Wärmeumsetzung. Bei dieser Dieselmaschine sind Q_e und Q_a je fast ein Drittel und der Wärmeentzug durch Kühlwasser $Q_w + Q_k$ nur etwa ein Viertel (vgl. mit Beispiel 2, S. 454, Abb. 27), zum Zeichen, daß die Maschine bei starker Belastung zu schwach gekühlt wird, wie schon aus der Abgastemperatur von $t_a = 512°$ C zu entnehmen ist. Um zu große Wärmebeanspruchungen der Baustoffe zu vermeiden, hält man gewöhnlich die Kühlwasserwärme höher als die Abgaswärme.

Zu $\varepsilon = 14{,}5$ und $\alpha = 2$ bei $\varkappa = 1{,}35$ gehört $\eta_{th} = 0{,}550$.

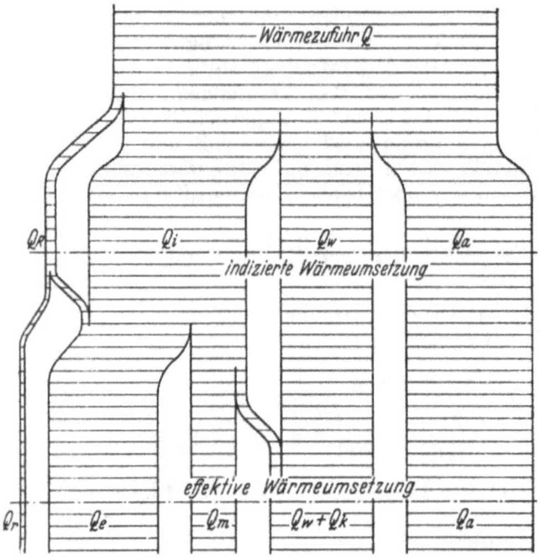

Abb. 31. Wärmeflußbild zum Beispiel S. 459.

Wirtschaftlicher Wirkungsgrad

mit Kompressor

$$\eta_w' = \frac{860 \cdot 38{,}0}{11{,}35 \cdot 9960} = 0{,}289;$$

ohne Kompressor

$$\eta_w = \frac{860 \cdot 42{,}0}{11{,}35 \cdot 9960} = 0{,}320.$$

Mechanischer Wirkungsgrad

mit Kompressor

$$\eta_m' = \frac{N_e - N_{ek}}{N_i} = \frac{38{,}0}{53{,}5} = 0{,}710;$$

ohne Kompressor

$$\eta_m = \frac{N_e}{N_i} = \frac{42{,}0}{53{,}5} = 0{,}785.$$

Gütegrad

$$\eta_g = \frac{\eta_w}{\eta_{th}\eta_m} = \frac{0{,}320}{0{,}550 \cdot 0{,}785} = 0{,}741.$$

Indizierter Wirkungsgrad

$$\eta_i = \frac{860 N_i}{B H_u} = \frac{860 \cdot 53{,}5}{11{,}35 \cdot 9960} = 0{,}407.$$

Brennstoffverbrauch

$$C_i = \frac{11{,}35}{53{,}5} = 0{,}212 \text{ kg/kWh}; \qquad C_e = \frac{11{,}35}{38{,}0} = 0{,}300 \text{ kg/kWh}.$$

Wärmebedarf

$$\text{Maschine allein} \qquad W_e = \frac{860}{0{,}32} = 2690 \text{ kcal/kWh};$$

$$\text{Maschine und Kompressor} \quad W_e = \frac{860}{0{,}29} = 2970 \text{ kcal/kWh}.$$

Unter normaler Belastung und mit einer für den Dauerbetrieb erfahrungsgemäß ausreichenden Kühlung arbeiten derartige Maschinen mit einer Abgastemperatur von 380 bis 390° C, wobei sich etwa die folgende Wärmebilanz ergibt:

Wärmewert der indizierten Arbeit . . .	$q_i = 39$ vH
Kühlwasserwärme	$q_w = 34$ vH
Abgaswärme	$q_a = 25$ vH
Restglied	$q_R = 2$ vH
Wärmezufuhr im Brennstoff	$q = 100$ vH

8. Verbrennungsturbinen.

a) Allgemeines.

Im Wärmemotor spielen sich nacheinander die einzelnen Teilvorgänge des Kreisprozesses in *ein und derselben Maschine* ab. Man ist dabei genötigt, die Verbrennungsluft nahezu adiabatisch zu verdichten und auf vollständige Expansion der Verbrennungsgase zu verzichten. Es bedeutet demgegenüber eine thermodynamische Verbesserung, wenn man die Aufgabe des Verdichtens einem *besonderen Kompressor* mit *starker Kühlung* (siehe Abschnitt 12, isothermische Verdichtung erfordert weniger Arbeit als adiabatische) und die des Ausdehnens bis auf den unteren Druck einer *besonderen Gasturbine* überträgt (*vollständige Expansion*). Diesen Vorteilen stehen praktisch allerdings Einbußen durch die *Aufteilung* der geschlossenen Wärmekraftanlage und bei der Übertragung der Energie vom einen zum anderen Maschinenteil gegenüber. Bei den bisher bekannten Konstruktionen sind die einzelnen Anlageteile technisch noch nicht ausreichend durchgebildet — vornehmlich Kompressoren und Wärmeaustauscher —, so daß trotz der grundsätzlichen Vorzüge im Prozeß die wirtschaftlichen Wirkungsgrade der Wärmemotoren noch nicht erreicht werden. Immerhin aber vermögen Gasturbinenanlagen die Wärme schon besser auszunützen als gute Dampfkraftanlagen gleicher Größe. Die Entwicklung ist noch im Fluß.

Die Gasturbine selbst hat gewichtige Vorteile vor der Kolbengasmaschine. Kreiselradmaschinen sind leichter und billiger, arbeiten gleichförmiger, beanspruchen kleinere Fundamente und weniger Raum, sind einfacher in Bedienung und Unterhaltung und lassen sich in größeren schnellaufenden Einheiten bauen. Wechselnder Belastung passen sie sich gut an. Vor der Dampfturbine hat die Gasturbine zudem noch den Vorzug, daß (Verbrennungs-) Gas von einheitlichem Aggregatzustand und geringer Schwere ist. Allerdings sind die Brennstoffe bisher auf Gase und leichtverdampfbare Flüssigkeiten beschränkt. Man kann noch nicht schwere Öle verarbeiten, und das große Ziel, die unmittelbare Verbrennung von Kohlenstaub, ist bisher ebenso wie beim Dieselmotor noch unerreicht. Wenn es auch noch ungewiß ist, ob sich die Gasturbinenanlagen bis zu solcher Größe und Gesamtwirtschaftlichkeit entwickeln lassen, daß sie in ernsthaften Wettbewerb zu großen modernen Dampfkraftwerken treten können, so wird doch die Gasturbine künftig für vielerlei Sonderzwecke mit Vorteil anzuwenden sein. Im Streben nach erhöhter Wärmeausnützung verdient ihre Weiterentwicklung starke Beachtung.

b) Verpuffungsverfahren.

Die Aufteilung des auf S. 450 beschriebenen Gasmaschinenprozesses kann in einer Anlage verwirklicht werden, wie sie in Abb. 32 im Prinzip dargestellt ist. Gasförmiger Brennstoff und Luft werden je für sich in besonderen stark gekühlten Kompressoren G und L verdichtet und in einer Mischanlage M zusammengeführt und gemischt. Nach Ladung der *geschlossenen Brenn-*

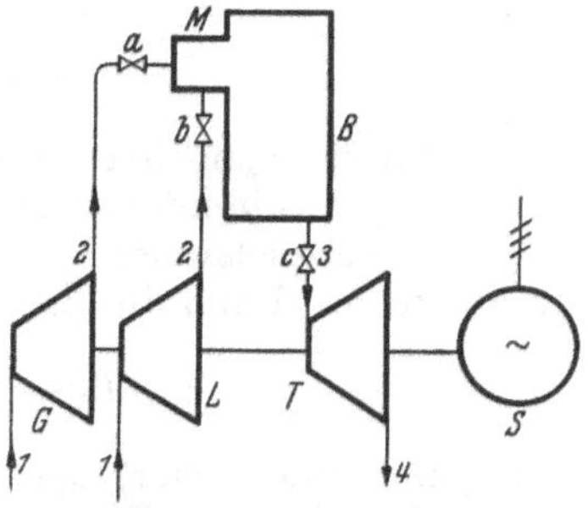

Abb. 32. Schema einer Verbrennungskraftanlage nach dem Verpuffungsverfahren. G Gasverdichter, L Luftverdichter, M Mischraum, B geschlossene Brennkammer, T Verpuffungsturbine, S Stromerzeuger, a und b sowie c Absperrorgane.

kammer B werden die Absperrorgane *a* und *b* geschlossen und wird das Gemisch verbrannt. Wenn der Druck ein Höchstmaß erreicht hat, öffnet das Absperrorgan *c* und strömen die heißen Verbrennungsgase durch die Turbine *T* unter Arbeitsleistung ins Freie. Die Gasturbine treibt z. B. einen Stromerzeuger *S* an, neben den Kompressoren. Es handelt sich also um einen offenen, periodisch ablaufenden Prozeß.

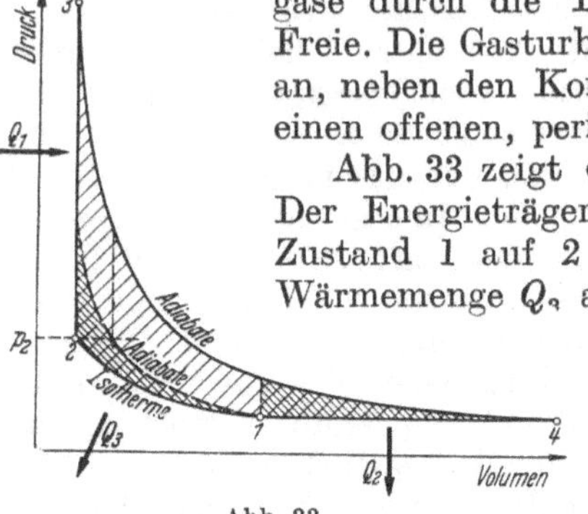

Abb. 33.
Idealprozeß der Verpuffungsturbine.

Abb. 33 zeigt den Idealprozeß im p, V-Diagramm. Der Energieträger (ein vollkommenes Gas) wird von Zustand 1 auf 2 isothermisch verdichtet, wobei die Wärmemenge Q_3 abzuführen ist. Nach einer Wärmezufuhr Q_1 von hoher Temperatur wird der Zustand 3 erreicht. Es folgen adiabatische Ausdehnung (3—4) bis auf den unteren Druck und Abkühlung (4—1) bei gleichbleibendem Druck unter Entzug der Wärmemenge Q_2 bis auf den Ausgangszustand 1.

Der thermische Wirkungsgrad dieses Prozesses läßt sich leicht berechnen, und zwar zweckmäßig in Abhängigkeit vom Druckverhältnis p_2/p_1 und von der Wärmezufuhr Q_1, indem man die Temperatur T_3 in die Rechnung einführt.

Aus
$$\frac{p_2}{p_3} = \frac{T_2}{T_3} \quad \text{und} \quad \frac{p_1}{p_3} = \frac{p_1}{p_2}\frac{T_2}{T_3} = \frac{p_1}{p_2}\frac{T_1}{T_3}$$
erhält man T_4 aus
$$\frac{T_4}{T_3} = \left(\frac{p_1}{p_3}\right)^{\frac{\varkappa-1}{\varkappa}} = \left(\frac{p_1}{p_2}\frac{T_1}{T_3}\right)^{\frac{\varkappa-1}{\varkappa}}. \tag{36}$$
Ferner ist
$$\begin{aligned}\eta_{th} &= \frac{Q_1 - Q_2 - Q_3}{Q_1} = 1 - \frac{c_p(T_4 - T_1) + A\,R\,T_1 \ln(p_2/p_1)}{c_v(T_3 - T_1)} \\ &= 1 - \frac{\varkappa(T_4 - T_1) + (\varkappa - 1)\,T_1 \ln(p_2/p_1)}{T_3 - T_1},\end{aligned} \tag{37}$$
worin man für T_4 noch den Wert von (36) einsetzen kann. Der thermische Wirkungsgrad nimmt mit dem Druckverhältnis und der Wärmezufuhr zu.

Wenn beispielsweise Luft im Verhältnis $p_2/p_1 = 10$ bei $T_1 = 300°$ K verdichtet wird und die Ladung je Spiel 300 kcal/kg Luft beträgt, also
$$T_3 - T_1 = \frac{300}{0{,}172} = 1745°$$
mit (unveränderlicher) spezifischer Wärme $c_v = 0{,}172$ kcal/kg · Grad ist, so findet man $T_4 = 613°$ K bzw. $t_4 = 340°$ C bei $\varkappa = 1{,}4$ und
$$\eta_{th} = 1 - \frac{1{,}4 \cdot 313 + 0{,}4 \cdot 300 \cdot 2{,}303}{1745} = 0{,}590.$$

Zum Vergleich ist in Abb. 33 der Linienzug des Gasmaschinenprozesses eingetragen. Die Verbesserungen sind doppelt schraffiert. Wenn bei der Gasmaschine ein Druckverhältnis von $p_2/p_1 = 10$ zulässig ist, so entspricht das bei adiabatischer Kompression einem Volumenverhältnis von $v_1/v_2 = 5{,}188$. Dazu gehört ein thermischer Wirkungsgrad laut Abb. 26 von $\eta_{th} = 0{,}482$, unabhängig von der Größe der Ladung. Ein Volumenverhältnis von 10 wie bei isothermischer Kompression ist beim Gasmaschinenprozeß wegen Überschreitung der Zündtemperatur nicht zulässig. Theoretisch liegt der Wirkungsgrad der Gasturbine in diesem Falle um 22 vH relativ höher.

Die Schwierigkeiten der praktischen Durchführung dieses Prozesses sind offenbar. Selbst bei stärkster Kühlung gelingt es nicht, bei unveränderlicher Temperatur zu verdichten. Ferner sind veränderliche spezifische Wärmen und Wärmebindung durch Dissoziation zu berücksichtigen, außerdem Verluste durch unvollständige Verbrennung und Stoffverluste. Dazu treten Materialschwierigkeiten bei den hohen Temperaturen und Verluste bei der unerläßlichen Kühlung von Brennkammer und Turbine und bei der Energieübertragung zur und von der Brennkammer auf. Auch bei guten Einzelwirkungsgraden fällt dadurch der Gesamtwirkungsgrad auf rund die Hälfte, zum Teil auch deshalb, weil Turbokompressoren und Turbine bei periodischer Beaufschlagung nur mäßige Wirkungsgrade entwickeln[1].

Der Prozeß läßt sich noch insofern verbessern, als man die starke Abwärme ($t_4 = 340°$ C oben) verwertet, etwa zum Vorwärmen der verdichteten Gase, wodurch an Wärmezufuhr, d. h. Brennstoff, gespart werden kann. Alle Abwärmeverwerter tragen aber den Nachteil in sich, daß sie den Gegendruck unmittelbar hinter der Turbine heraufsetzen, also deren Gütegrad verringern. Eine andere Idee ist, Heißkühlung anzuwenden, d. h. beim Kühlen von Brennkammer und Turbine Dampf zu erzeugen, mit dem man die Verdichter antreibt[2]. Beim bisherigen Entwicklungsstand bleibt der wirtschaftliche Wirkungsgrad der Gesamtanlagen unter 30 vH und liegt der Wärmeverbrauch noch über 3000 kcal/kWh.

c) Gleichdruckverfahren.

α) Offener Prozeß.

Die Schwierigkeiten des periodischen Betriebs mit den komplizierten Absperrorganen lassen sich vermeiden, wenn man eine *offene Brennkammer* mit stetiger Verbrennung anordnet. Brennstoff und Luft werden in solchem Maße zugeführt, daß der Druck in der Brennkammer eine bestimmte Höhe beibehält. Da der Turbinenwirkungsgrad bei gleichmäßiger voller Beaufschlagung ein Optimum hat, wählt man den Druck je nach Belastung so, daß die Menge der Verbrennungsgase dem Raume nach etwa gleich groß bleibt. Man kann so ein fast lastunabhängiges Verhalten herbeiführen.

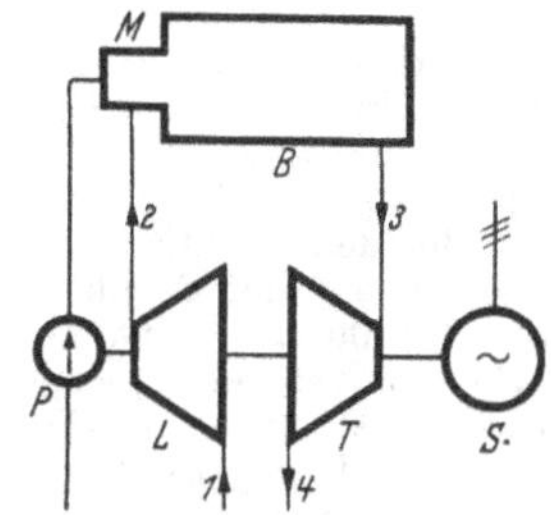

Abb. 34. Schema einer Verbrennungskraftanlage nach dem Gleichdruckverfahren. *L* Luftverdichter, *P* Brennstoffpumpe, *M* Verdampfungs- und Mischraum, *B* offene Brennkammer, *T* Gleichdruckturbine, *S* Stromerzeuger.

Im Prinzip stellt sich eine solche Anlage einfachster Art wie in Abb. 34 dar, wobei keine Absperrorgane benötigt werden. Im Beispiel wird flüssiger Brennstoff mittels Pumpe *P* in die verdichtete Luft eingespritzt und in der Brennkammer, die ständig zu-

[1] Siehe W. Piening: Die Verbrennungsturbine. Arch. f. Wärmewirtsch. Bd. 22 (1941) S. 19.

[2] Siehe W. Schüle: Technische Thermodynamik, Bd. I, S. 378 und Bd. II, S. 258 (Holzwarth-Turbine). Berlin 1930.

gänglich bleibt, unter konstantem Druck verbrannt. Im übrigen arbeiten die Verbrennungsgase wieder in einer Gasturbine, die Stromerzeuger, Verdichter und Pumpe antreibt.

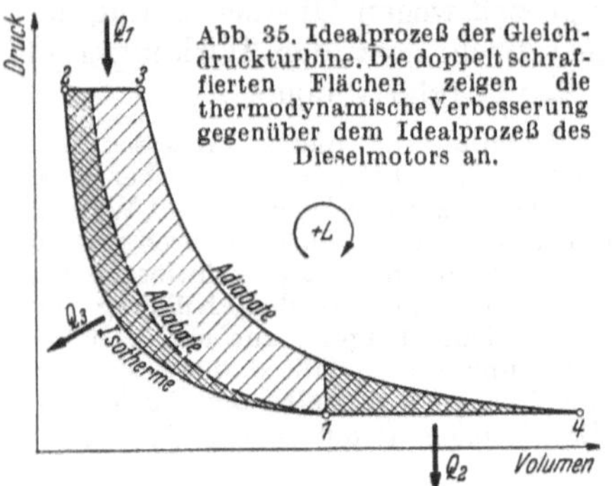

Abb. 35. Idealprozeß der Gleichdruckturbine. Die doppelt schraffierten Flächen zeigen die thermodynamische Verbesserung gegenüber dem Idealprozeß des Dieselmotors an.

Der ideale Gleichdruckprozeß ist in Abb. 35 wiedergegeben, ohne daß es dazu einer weiteren Erklärung bedarf. Berücksichtigt man, daß

$$\frac{T_3}{T_4} = \left(\frac{p_3}{p_4}\right)^{\frac{\varkappa-1}{\varkappa}} = \left(\frac{p_2}{p_1}\right)^{\frac{\varkappa-1}{\varkappa}}$$

ist, so findet man

$$T_4 = T_3 \left(\frac{p_1}{p_2}\right)^{\frac{\varkappa-1}{\varkappa}} \tag{38}$$

und

$$\eta_{th} = \frac{Q_1 - Q_2 - Q_3}{Q_1} = 1 - \frac{c_p(T_4 - T_1) + A\,R\,T_1 \ln(p_2/p_1)}{c_p(T_3 - T_2)}$$

$$= 1 - \frac{T_4 - T_1 + \frac{\varkappa - 1}{\varkappa} T_1 \ln(p_2/p_1)}{T_3 - T_1} \tag{39}$$

Der Wirkungsgrad ist an sich nicht so gut wie der des Verpuffungsverfahrens, wie das schon bei den Wärmemotoren gefunden wurde. Wenn z. B. $p_2/p_1 = 10$ und $Q_1 = 300$ kcal/kg gewählt wird, bei $T_1 = 300°$ K wie oben, so ergibt sich mit $c_p = 0{,}242$

$$T_3 - T_1 = \frac{300}{0{,}242} = 1240°; \qquad T_3 = 1540°\,\text{K} < 2045°\,\text{K}$$

und $T_4 = 798°$ K, also ein höherer Abwärmeverlust. Dabei ist

$$\eta_{th} = 1 - \frac{798 - 300 + 0{,}286 \cdot 300 \cdot 2{,}303}{1240} = 0{,}440 < 0{,}590.$$

Maßgebend für den praktischen Betrieb ist aber die Temperatur T_3, die das Turbinenmaterial am Gaseintritt (dauernd) auszuhalten hat. Bei gleichem Druckverhältnis p_2/p_1 und gleicher Temperatur T_3 ist das Gleichdruckverfahren überlegen, wie der Vergleich zwischen (37) und (39) zeigt.

Bei den praktisch ausgeführten Maschinen geht man wegen der begrenzten Haltbarkeit der Stähle mit der Eintrittstemperatur t_3 bisher nicht über 700° C (rund 1000° K). t_3 ist vom Luftüberschuß abhängig, mit dem die Brennkammer arbeitet. Neben der gleichmäßigen Beaufschlagung von Turbokompressor und Gasturbine ist wiederum die Abwärmeverwertung wichtig. Ohne Wärmeaustauscher lassen sich praktisch heute Wirkungsgrade bis $\eta_w = 0{,}22$ erzielen, mit Wärmeaustauscher aber bis $\eta_w = 0{,}34$. Dabei sind zur Zeit Maschinen bis 33000 kW Nennleistung im Bau. Ihr Wärmeverbrauch von

$$W_e = \frac{860}{0{,}34} = 2530\ \text{kcal/kWh}$$

unterschreitet bereits wesentlich denjenigen gleich großer bester Dampfkraftanlagen[1] mit etwa 2900 kcal/kWh. Durch geeignetere Schaufelwerkstoffe (z. B.

[1] Diese Anlagen arbeiten mit Frischdampftemperaturen von etwa 500 C. Man darf also nicht übersehen, daß sich der Dampfkraftprozeß auch noch verbessern läßt, wenn durch Verwendung von warmfesteren Baustoffen Dampf mit mehr als 500° C angewandt wird.

keramische) scheinen Wirkungsgrade bis 40 vH erreichbar zu sein, wobei Temperaturen bis 1000° C an der Werkstoffoberfläche ertragen werden müssen[1].

Beispiel. Eine Gleichdruckturbinenanlage arbeitet in der offenen Brennkammer mit 4 at abs. Es werden stündlich 1000 kg eines Leichtöls ($c = 0{,}85$, $h = 0{,}15$ kg/kg) mit $H_u = 10000$ kcal/kg unterem Heizwert verbrannt. Die Verbrennungsluft wird vom Axialverdichter unter 1 at abs. und 20° C angesogen und mit $n = 1{,}2$ verdichtet. Beim Eintritt in die Gasturbine haben die Verbrennungsgase 700° C. Wie groß ist der thermische Wirkungsgrad des Prozesses? Welchen Wert hat der wirtschaftliche Wirkungsgrad, wenn der Verdichter mit 80 vH und die Gasturbine mit 85 vH effektivem Wirkungsgrad arbeiten und insgesamt 5 vH Verluste durch Leitung und Abstrahlung von Wärme auftreten? Wie groß ist effektive Leistung, Brennstoff- und Wärmeverbrauch der Gasturbinenanlage?

Leichtöl mit $c = 0{,}85$ und $h = 0{,}15$ kg/kg hat eine Sauerstoffkennzahl

$$\sigma = 1 + 3\frac{h}{c} = 1 + 3\frac{0{,}15}{0{,}85} = 1{,}529$$

und benötigt an Luft

$$L_{\min} = 1{,}293 \cdot 8{,}89 \cdot c \cdot \sigma = 1{,}293 \cdot 8{,}89 \cdot 0{,}85 \cdot 1{,}529 = 14{,}95 \text{ kg/kg}.$$

Dabei bilden sich (nach Abschnitt XVIII, Verbrennung, S. 373, Teil A)

Kohlendioxyd:	$3{,}67\,c = 3{,}67 \cdot 0{,}85$	$= 3{,}12$ kg/kg
Wasserdampf:	$9\,h = 9 \cdot 0{,}15$	$= 1{,}35$ kg/kg
Stickstoff:	$0{,}77\,L_{\min} = 0{,}77 \cdot 14{,}95$	$= 11{,}48$ kg/kg
Feuchte Verbrennungsgase		$= 15{,}95$ kg/kg,

entsprechend 1 kg Brennstoff + 14,95 kg Verbrennungsluft.

Um 1 kg Luft vom Anfangszustand $p_1 = 1$ at abs., $t_1 = 20°$ C und

$$v_1 = \frac{R T_1}{P_1} = \frac{29{,}27 \cdot 293}{10000} = 0{,}858 \text{ m}^3/\text{kg}$$

auf 4 at abs. zu pressen, sind

$$l'_{12} = \frac{n}{n-1} 10^4 p_1 v_1 \left[\left(\frac{p_2}{p_1}\right)^{(n-1)/n} - 1\right] \tag{51}$$

$$= \frac{1{,}2}{0{,}2} \cdot 10^4 \cdot 1 \cdot 0{,}858 \cdot 0{,}260 = 13400 \text{ mkg/kg}$$

aufzuwenden. Dabei steigt die Temperatur auf

$$\frac{T_2}{T_1} = \left(\frac{p_2}{p_1}\right)^{\frac{n-1}{n}}; \quad T_2 = 293 \cdot 1{,}260 = 369° \text{K}; \quad t_2 = 96° \text{C}.$$

Die mittlere spezifische Wärme bei konstantem Druck zwischen 96 und 700° C errechnet sich in kcal/kg · Grad für

Kohlendioxyd	zu 0,264,		Wasserdampf	zu 0,492,
Stickstoff	zu 0,261	und	Luft	zu 0,255.

[1] Man hat zur Zeit geeignete Stähle für Schaufeln bis 900° C und für Läufer bis 700° C entwickelt, womit höchste Betriebstemperaturen von 700 bis 750° C zu erreichen sind. Nahziel der Entwicklung ist 850° C, Fernziel 1000° C. Siehe Notiz The Steam Engineer Bd. 16 (1947) Nr. 190 und K. Bammert: Flüssigkeitsgekühlte Schaufeln und Läufer ein- und mehrstufiger Gleich- und Überdruckturbinen. Die Technik Bd. 3 (1948) S. 155.

Je kg Brennstoff nehmen bei gleichbleibendem Druck an Wärme auf

Kohlendioxyd:	$3{,}12\,\text{kg}\cdot 0{,}264\,\frac{\text{kcal}}{\text{kg}\cdot\text{Grad}}\cdot 604^\circ$	=	498 kcal
Wasserdampf:	$1{,}35\cdot 0{,}492\cdot 604$	=	401 kcal
Stickstoff:	$11{,}48\cdot 0{,}261\cdot 604$	=	1810 kcal
Leichtöl:	$1\cdot 0{,}5\cdot(96-20)$	=	38 kcal
Luftüberschuß:	$x\cdot 0{,}255\cdot 604$	=	154 x kcal
zusammen:	unterer Heizwert H_u	=	10000 kcal

Daraus folgt
$$x = \frac{7253}{154} = 47{,}10\ \text{kg}$$
für den Luftüberschuß je kg Brennstoff. Mithin sind $47{,}10 + 14{,}95 =$ rund 62,0 kg Luft/kg Brennstoff zu verdichten, entsprechend einer Luftüberschußzahl $\lambda = 62{,}0/14{,}95 = 4{,}15$.

Bei adiabatischer Expansion in der Turbine fällt die Temperatur bei $\varkappa = 1{,}35$ (angenommen) nach
$$\frac{T_4}{T_3} = \left(\frac{p_4}{p_3}\right)^{\frac{\varkappa-1}{\varkappa}}$$
auf
$$T_4 = 973/1{,}432 = 680^\circ\,\text{K};\quad t_4 = 407^\circ\,\text{C}.$$

Wärmeinhalte der Verbrennungsgase bei 700° C:

CO_2:	$3{,}12\cdot 0{,}256\cdot 700 =$	559 kcal/kg Brennstoff
H_2O:	$1{,}35\cdot 0{,}486\cdot 700 =$	459 kcal/kg Brennstoff
N_2:	$11{,}48\cdot 0{,}260\cdot 700 =$	2086 kcal/kg Brennstoff
Luft:	$47{,}10\cdot 0{,}253\cdot 700 =$	8355 kcal/kg Brennstoff
		11459 kcal/kg Brennstoff

und bei 407° C:

CO_2:	$3{,}12\cdot 0{,}236\cdot 407 =$	300 kcal/kg Brennstoff
H_2O:	$1{,}35\cdot 0{,}464\cdot 407 =$	255 kcal/kg Brennstoff
N_2:	$11{,}48\cdot 0{,}253\cdot 407 =$	1182 kcal/kg Brennstoff
Luft:	$47{,}10\cdot 0{,}246\cdot 407 =$	4716 kcal/kg Brennstoff
		6453 kcal/kg Brennstoff

Daraus folgt der Wärmewert der Turbinenarbeit mit $11459 - 6453 = 5006$ kcal/kg Brennstoff. Da der Wärmewert der Kompressorarbeit
$$A\,l'_{12} = 13400/427 = 31{,}38\ \text{kcal/kg Luft}$$
oder
$$A\,L'_{12} = 62{,}0\cdot 31{,}38 = 1946\ \text{kcal/kg Brennstoff}$$
ist, findet man den Wärmewert der Nutzarbeit zu
$$A\,L = 5006 - 1946 = 3060\ \text{kcal/kg Brennstoff},$$
und der thermische Wirkungsgrad ist
$$\eta_{th} = 3060/10000 = 0{,}306.$$

Mit 80 vH Kompressor- und 85 vH Gasturbinenwirkungsgrad sowie 5 vH Mehraufwand an Wärme infolge von Verlusten ergibt sich endlich
$$\eta_w = \frac{0{,}85\cdot 5006 - 1946/0{,}80}{1{,}05\cdot 10000} = 0{,}174.$$

Mit Vorwärmung bessert sich der Wirkungsgrad erheblich. Theoretisch kann man die Verbrennungsluft bis t_4, also von 96 bis 407° C, mit den Abgasen aufaufwärmen (siehe Abb. 38), die dabei eine Wärmemenge von
$$Q = 62{,}0\,(0{,}246\cdot 407 - 0{,}240\cdot 96) = 4770\ \text{kcal}$$

je kg Brennstoff aufnehmen könnte. Um diesen Betrag vermindert sich der Wärmeaufwand. Es wird

$$\eta_{th} = 3060/5230 = 0{,}585.$$

Tatsächlich könnte jedoch die Luft wegen der begrenzten Heizfläche im Wärmeaustauscher nur auf etwa 390° C aufgewärmt werden, entsprechend $Q = 4520$ kcal, und ginge der wirtschaftliche Wirkungsgrad auf

$$\eta_w = 1825/1{,}05 \cdot 5480 = 0{,}317.$$

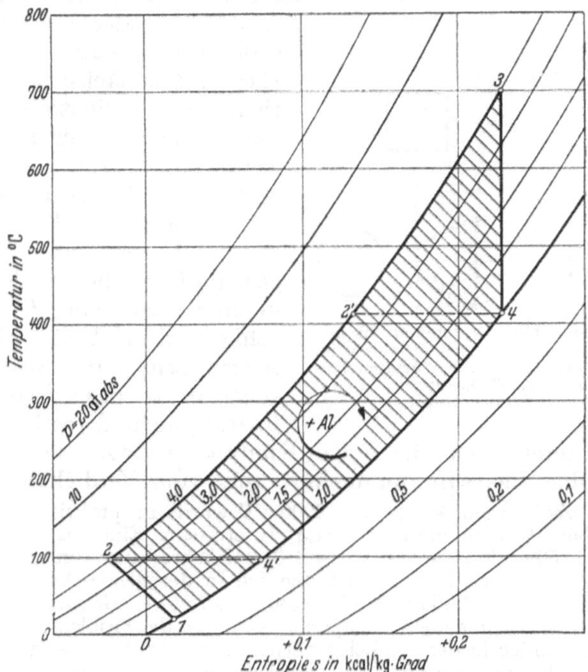

Abb. 36. Gleichdruckprozeß nach dem Beispiel auf Seite 465 ff. im T, s-Diagramm.

Bei 1000 kg/h Brennstoff würde die Gasturbinenanlage ohne Vorwärmung der Verbrennungsluft nach Zahlentafel XIII

$$\frac{1000}{3600}\,\frac{1825}{1{,}05} = 483 \text{ kcal/s oder } N_e = 4{,}184 \cdot 483 = 2000 \text{ kW}$$

und mit Vorwärmung

$$\frac{1000}{3600}\,\frac{1825}{1{,}05}\,\frac{10000}{5480} = 881 \text{ kcal/s} \quad \text{oder} \quad N_e = 3700 \text{ kW}$$

leisten. Der Brennstoffverbrauch ist 0,500 bzw. 0,271 kg/kWh, und an Wärme werden verbraucht 5000 bzw. 2710 kcal/kWh.

Im theoretischen Programm Abb. 36 ist die polytropische Verdichtung von 1 auf 4 at abs. und 20 auf 96° C eingetragen (1—2). Daran schließt sich die Wärmezufuhr bei konstantem Druck in der Brennkammer an (2—3). Die Entspannung in der Turbine geht von 4 at abs., 700° C auf 1 at abs., 407° C vor sich (3—4). Beim Prozeß ohne Wärmeaustauscher verlassen die Abgase mit 407° C die Anlage. Nützt man die Abwärme aus, so erwärmt sich die Verbrenungsluft im Wärmeaustauscher theoretisch von 96 auf 407° C (2—2'). Entsprechend kühlen sich die Abgase von 407 auf 96° C ab (4—4'). Tatsächlich bleibt die Temperatur der vorgewärmten Luft etwa 15 bis 20° unter $t_{2'}$ (je nach Größe der Heizfläche und Intensität des Wärmeaustausches). Das T, s-Diagramm ist für Luft gezeichnet. In Wirklichkeit haben die Verbrennungsgase eine größere spezifische Wärme als Luft und sinkt die Abgastemperatur nur auf etwa 150° C.

β) Geschlossener Prozeß.

Der Prozeß Abb. 35 kann bei indirekter Beheizung auch im Kreislauf nachgeahmt werden, etwa in der Form Abb. 37. Als Energieträger wird Luft oder ein anderes indifferentes Gas angewandt[1]. Dieses Gas wird zunächst möglichst isothermisch verdichtet (Gasverdichter V) und danach durch die Abgaswärme (Wärmeaustauscher W) und durch Beheizung von außen her (Gaserhitzer E) in den Zustand 3 versetzt. Das hochgespannte, heiße Gas leistet dann in einer Gasturbine T Arbeit. Anschließend wird die arbeitsfähige Abgaswärme im Wärmeaustauscher W an das verdichtete Gas übertragen und restlich in einem nachgeschalteten Gaskühler K von Kühlwasser aufgenommen. Das entspannte kühle Gas wird nunmehr erneut vom Verdichter angesogen.

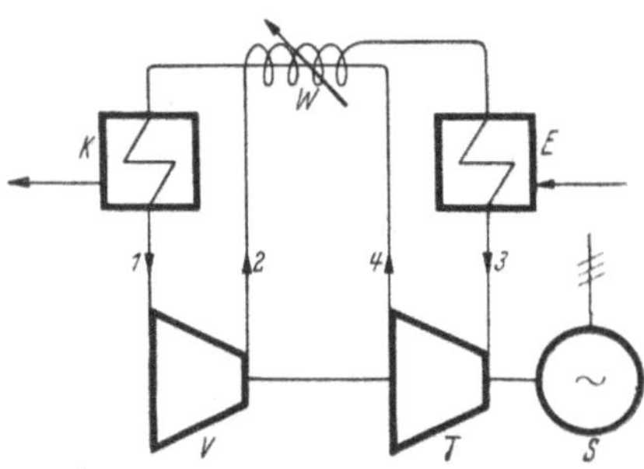

Abb. 37. Schema einer Verbrennungskraftanlage nach dem Gleichdruckverfahren im Kreislauf. V Gasverdichter, W Wärmeaustauscher, E Gaserhitzer, T Gasturbine, K Gaskühler, S Stromerzeuger.

In einer ölbefeuerten Anlage von 2000 kW wurde im praktischen Betrieb ein wirtschaftlicher Wirkungsgrad von 31,5 vH erreicht. Eine im Bau befindliche Anlage von 12500 kW Nennleistung soll 32 vH Wärmeausnutzung erbringen. In diesen Anlagen wird Luft umgewälzt. Sie soll in der neuen Anlage mit 650 bis 675° C und 50 at abs. in die Turbine eintreten bei 4,7 at abs. Gegendruck ($p_2/p_1 \approx 10$). Außer in der Bewältigung hoher Temperaturen liegen die Probleme der praktischen Anlagen vornehmlich in der möglichst verlustarmen Arbeitsweise von Verdichter, Wärmeaustauscher und Lufterhitzer, wobei die Einbußen sowohl an Wärme- als auch an Druckenergie klein gehalten werden müssen. Besonders der Lufterhitzer ist ein schwieriges Bauelement, denn die Wärmeübertragung aus den Verbrennungsgasen an Luft bei verhältnismäßig kleiner Temperaturspanne (Lufteintrittstemperatur rund 400° C) ist ungleich schlechter als an Wasser und Dampf. Bisher zog man ölbefeuerte Lufterhitzer vor, obwohl über Kohlenstaubfeuerungen reiche Erfahrungen aus dem Kesselbau vorliegen. Zugute kommt, daß luftseitige Verschmutzungen der Heizflächen nicht eintreten, weil immer dieselbe Luft kreist.

Bei adiabatischen Zustandsänderungen ist der thermische Wirkungsgrad des Idealprozesses nur vom Druckverhältnis abhängig (siehe Teil A, Abschnitt 35b). Praktisch richtet man sich mit dem Druck wieder nach der Belastung und erreicht, daß der Wirkungsgrad von Vollast bis Halblast um kaum mehr als 5 vH. abfällt.

Abschließend sei bemerkt, daß die wirklichen Anlagen konstruktiv und in ihrer Schaltung mit äußerster Sorgfalt nach dem neuesten Stande der Technik ausgebildet sind.

[1] Ackeret und Keller: Aerodynamische Wärmekraftmaschine. Siehe F. Liceni: Aerodynamische Turbine mit geschlossenem Kreislauf. Arch. Wärmewirtsch. Bd. 24 (1943) S. 133 und R. Stroehlen: Die Gasturbine. Stand der Entwicklung im Ausland. Z. VDI Bd. 90 (1948) S. 357 (neue Folge).

III. Vergleichende Betrachtungen zu den Wärmekraftmaschinen.

9. Wärmeverbrauch.

Wenn man alle Faktoren, die den wirtschaftlichen Wirkungsgrad einer Wärmekraftanlage ausmachen, nebeneinanderstellt, so erhält man etwa folgendes Bild, wenn man gut durchgebildete moderne und größere Anlagen zum Vergleich heranzieht:

Zahlentafel 3. *Wirkungsgrade gut durchgebildeter größerer Wärmekraftanlagen im normalen einwandfreien Betriebszustand.*

Wirkungsgrad	η_k	η_l	η_{th}	η_g	η_m	η_w
Kolbendampfmaschine	0,85	0,97	0,35	0,85	0,90	0,22
Dampfturbine	0,85	0,97	0,40	0,85	0,98	0,275
Gasmaschine a	0,80	—	0,50	0,70	0,85	0,24
Gasmaschine b	—	—	0,50	0,70	0,85	0,30
Dieselmaschine	—	—	0,56	0,80	0,80	0,36
Gleichdruckturbine a	—	—	0,60	—	$\eta_e = 0{,}37$	0,22
Gleichdruckturbine b	—	—	—	—	—	0,30

Bei der Gasmaschine a wurde angenommen, daß das Brenngas in einem besonderen Generator mit 80 vH Wirkungsgrad als Verhältnis von Gaswärme zu Kohlenwärme hergestellt wird. Wenn brennfertiges Gas, wie z. B. Gichtgas, bereits zur Verfügung steht, gelten die Zahlen für die Gasmaschine b. Bei der Dieselmaschine wurde Einspritzung mittels selbst erzeugter Preßluft zugrunde gelegt. Die Gleichdruckturbine b ist mit Wärmeaustauscher zwischen Abgas und Frischluft ausgestattet, die Turbine a nicht. In Abb. 38 sind die Wärmeflußbilder für eine Dampfkraftanlage mit einer Kolbendampfmaschine und für eine Verbrennungskraftanlage mit einer Dieselmaschine zum Vergleich nebeneinandergestellt.

Zahlentafel 4. *Wärmeverbrauch gut durchgebildeter größerer Wärmekraftanlagen im normalen einwandfreien Betrieb.*

Wärmeverbrauch	kcal/PS$_e$h	kca /kWh
Kolbendampfmaschine. . . .	2900	3900
Dampfturbine	2300	3100
Gasmaschine a[1].	2650	3600
Gasmaschine b	2100	2900
Dieselmaschine	1750	2400
Gleichdruckturbine a	2850	3900
Gleichdruckturbine b	2100	28.0

Als Wärmebedarf errechnen sich mit $W_e = 632{,}3/\eta_w$ in kcal/PS$_e$h und $W_e = 860/\eta_w$ in kcal/kWh die Werte von Zahlentafel 4. Die Verbrennungskraftmaschinen arbeiten demnach thermodynamisch günstiger als die Dampfkraftmaschinen. Die Turbinen können bis zu wesentlich größeren Einheiten hergestellt werden als die Kolbenkraftmaschinen. Die Frage, welche Art von Kraftmaschinen aufgestellt werden soll, hängt außer von der Leistung der Anlage und ihrem Ver-

[1] Benzolmaschinen erreichen etwa um 10 vH geringere Werte, während (ortsfeste) Benzinmaschinen mit kleinerem Verdichtungsverhältnis gefahren werden müssen und etwa um 10 vH höheren Verbrauch haben.

wendungszweck entscheidend davon ab, welcher Brennstoff zur Verfügung steht und was er kostet. Bemerkenswert ist, daß auch kleinere Dampfmaschinen in der Bauart von ortsfesten oder beweglichen Lokomobilen (bis etwa 500 kW) —

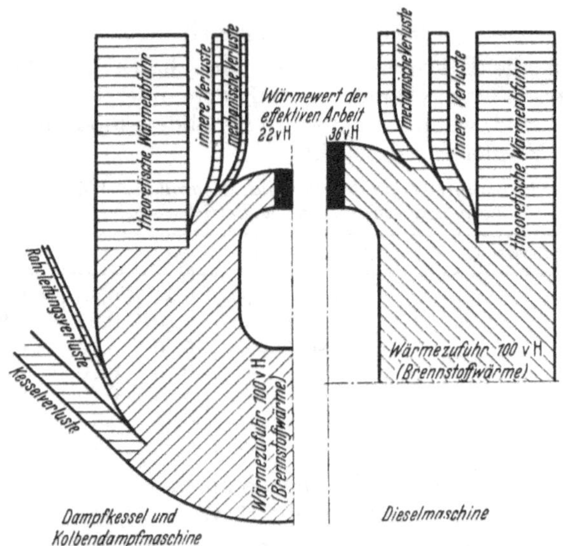

Abb. 38. Wärmeflußbild einer Dampfkraftanlage und einer Dieselmaschine (nach Zahlentafel 3).

mit dem Dampferzeuger unmittelbar zusammengebaute und einisolierte ein- oder mehrstufige Dampfmaschinen — Werte für den Wärmeverbrauch von rund 4000 kcal/kWh erreichen.

10. Indizierter Druck.

Die indizierte Leistung einer Kolbenmaschine kann man mit dem mittleren indizierten Druck, das ist der mittlere Druck im Indikatordiagramm über dem Hubvolumen (siehe Abb. 15), in einfacher Weise berechnen. Es ist

$$N_i = a\,\frac{p_i F s n i}{60 \cdot 102}\,10^4 = 1{,}634\, a p_i F s n i \tag{40}$$

in kW. Darin ist p_i der mittlere indizierte Druck in at, F der Zylinderquerschnitt in m², s der Hub in m, n die Drehzahl je Minute und i die Zahl der Arbeitszylinder. Die Vorzahl a ist die Zahl der Arbeitshübe je Umdrehung. Bei der einfachwirkenden Viertakt-Verbrennungskraftmaschine ist $a = 1/2$, denn erst auf zwei Umdrehungen entfällt ein Arbeitshub. Bei der Zweitaktmaschine und der doppeltwirkenden Viertaktmaschine kommt ein Arbeitshub auf eine Umdrehung und ist $a = 1$. Die doppeltwirkende Zweitaktmaschine und die Kolbendampfmaschine machen zwei Arbeitshübe je Umdrehung, also ist $a = 2$.

Eine Maschine bestimmter Größe leistet um so mehr, je größer die Fläche des Indikatordiagrammes, also bei gegebenem Hub je größer der mittlere indizierte Druck ist. Von verschiedenen Verfahren verdient dasjenige den Vorzug, das sowohl einen guten wirtschaftlichen Wirkungsgrad η_w als auch einen hohen mittleren indizierten Druck p_i hat. Es ist nicht der thermische Wirkungsgrad allein von Bedeutung, der maßgebend für die Größe von η_w ist, sondern auch Form und Inhalt des Indikatordiagrammes, wobei übermäßige Druckspitzen und Volumenunterschiede, die den Wert von p_i drücken, unerwünscht sind.

In Abb. 39 ist das theoretische Diagramm[1] einer Verpuffungsmaschine gezeichnet mit dem mittleren Druck p_{mV}. Man kann sich nun vorstellen, daß der Zylinder der Maschine beliebig lang und der Hub verstellbar wäre. In einem solchen Zylinder könnte man auch einen Gleichdruckprozeß durchführen, wobei der Hub etwas länger sein müßte und mehr Wärme je Spiel umgesetzt werden könnte. Der mittlere Druck würde höher liegen (p_{mG}). Würde man nun in dem Zylinder einen CARNOTschen Prozeß durchführen — mit Rücksicht auf die Haltbarkeit des Zylinders mit 40 at als oberer Grenze —, so müßte der Kolben einen sehr langen Weg zurücklegen. Die Diagrammfläche reicht zur Wiedergabe nicht aus. Bei dem langen Hub würde der mittlere Druck viel niedriger als bei den anderen Verfahren liegen. Es folgt daraus, daß wohl der CARNOTsche Prozeß der thermisch günstigste ist, daß er aber hinsichtlich der praktischen Durchführung anderen Prozessen nachsteht. Austauschprozesse, die bezogen auf den isothermischen Wärmeaustausch denselben thermischen Wirkungsgrad wie ein CARNOTprozeß haben, können höhere mittlere Drücke haben, wie z. B. ein Kreisprozeß zwischen zwei Isobaren und zwei Isothermen; siehe Abschnitt 43c, Teil A.

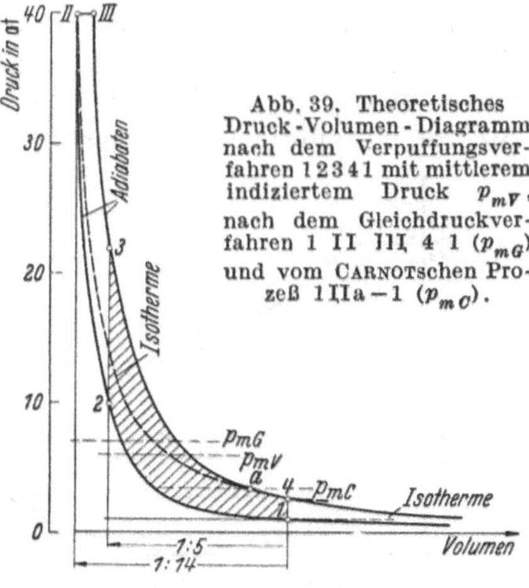

Abb. 39. Theoretisches Druck-Volumen-Diagramm nach dem Verpuffungsverfahren 1 2 3 4 1 mit mittlerem indiziertem Druck p_{mV}, nach dem Gleichdruckverfahren 1 II III 4 1 (p_{mG}) und vom CARNOTschen Prozeß 1 IIa – 1 (p_{mC}).

Der mittlere indizierte Druck liegt bei

Verpuffungsmaschinen bei $p_i = 3{,}5$ bis $5{,}5$ at,
Gleichdruckmaschinen „ $p_i = 4$ bis 8 at.

Für einstufige Kondensationsdampfmaschinen kann man mit

$$p_i \approx 1{,}2 + 0{,}2\, p_1 \pm (0{,}1 \text{ bis } 0{,}2) \text{ at}$$

bei wirtschaftlicher Füllung rechnen, das ist 2,8 bis 6,0 at bei den üblichen Eintrittsdrücken p_1 von 8 bis 24 at abs.

Es ist gebräuchlich, als Kennzeichen der Leistungsfähigkeit von Wärmemotoren, die *Literarbeit* in mkg/l, das ist die Arbeit, die ein Zylinder je 1 Hubvolumen zu leisten vermag, anzugeben. Ein weiteres Kennzeichen ist die *Literwärme* in kcal/l, die der Zylinder je 1 Hubvolumen aufnehmen kann, ein weiteres das *Leistungsgewicht* in kg/kW. Am günstigsten liegen diese Werte bei den Verbrennungskraftmaschinen mit ihren hohen Drücken und Temperaturen.

[1] Der mittlere Druck über der unteren Druckhaltung im theoretischen Arbeitsdiagramm (p, v-Diagramm) sei p_m, während p_i den mittleren Druck im wirklichen Indikatordiagramm bedeutet.

Arbeitsprozesse.

IV. Gasverdichter.

11. Allgemeines.

In der Technik sind verdichtete Gase bei vieler Art von praktischen Prozessen in Anwendung. Die grundsätzlichen thermodynamischen Zusammenhänge bei der Gasverdichtung lassen sich am Beispiel eines Kolbenverdichters für (trockene) Luft als der verbreitetsten Art von Gasverdichtern übersehen. In Abb. 40 ist ein Idealzylinder mit Kühlmantel dargestellt und oberhalb davon das Bild des idealen Arbeitsprozesses im p, V-Diagramm.

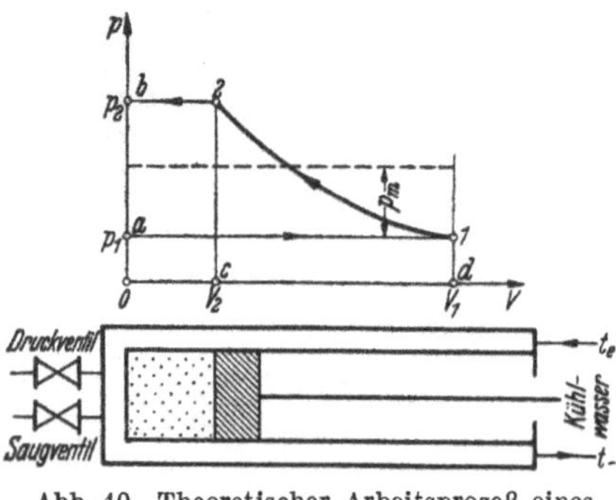

Abb. 40. Theoretischer Arbeitsprozeß eines Gasverdichters.

Aufgabe des Gasverdichters ist es, den Druck eines Gasstromes von p_1 auf p_2 heraufzusetzen. Der Arbeitszylinder ist über ein Saugventil und ein Druckventil in den Gasstrom eingeschaltet. Auf dem Kolbenwege von a bis 1 ist das Saugventil geöffnet, und der Zylinder wird voll Gas, also Luft, gesogen. Am Ende des Ansaugehubes ist der Zylinder mit V_1 m³ Luft bei p_1, t_1 angefüllt. Das Saugventil wird jetzt geschlossen.

Der Kolben kehrt um. Vom Beginn des Verdichtungshubes an bleibt das Druckventil noch so lange geschlossen, bis sich der gewünschte Enddruck eingestellt hat. Die Luft nimmt jetzt das Volumen V_2 m³ bei p_2 und t_2 ein. Nunmehr gibt das Druckventil den Auslaß frei, und im weiteren Verlauf des Rückhubes von 2 bis b wird die Preßluft in die anschließende Rohrleitung oder einen Windkessel ausgeschoben.

Der ideale Vergleichsprozeß (offener Prozeß) ist durch den Linienzug $a\,1\,2\,b\,a$ gegeben. Die Form der Kompressionslinie von 1 bis 2 ist vom Grade der Kühlung abhängig. Es ist der Grenzfall denkbar, daß das Kühlmittel Anfangstemperatur t_1 hat und in so reichem Maße angewandt wird, daß die Luft *isothermisch* von 1 bis 2 verdichtet wird. Im anderen Grenzfall, keine Kühlung, kommt es zu *adiabatischer* Verdichtung. In Wirklichkeit wird die Luft trotz stärkster Kühlung wärmer und nach einer Kompressionslinie verdichtet, die zwischen Isotherme und Adiabate liegt, weil die Wärmedurchlässigkeit der natürlichen Baustoffe beschränkt ist und die Wärme aus der Luft nur in nichtumkehrbarem Vorgang an das Kühlwasser übergeht. Die Wandflächen von Kolben, Zylinder und Zylinderdeckel nehmen in der kurzen Zeit für ein Arbeitsspiel Temperaturen an, die nur wenig um einen Mittelwert schwanken. Zu Beginn der Verdichtung wird die Luft durch die

Wände beheizt, nach dem Ende zu gekühlt. Für den Idealprozeß kann man eine *mittlere polytropische Kompressionslinie* nach einem Gesetz

$$pV^n = \text{konst.}$$

annehmen. Die Diagrammfläche entspricht der mechanischen Arbeit, die theoretisch zum Betriebe der Maschine von außen her aufzuwenden ist. Wie Abb. 41 zeigt, ist die polytropische Verdichtungsarbeit größer als die isothermische und kleiner als die adiabatische. Der Unterschied im Arbeitsaufwand zwischen der polytropischen und der adiabatischen Verdichtung wird durch Kühlung eingespart.

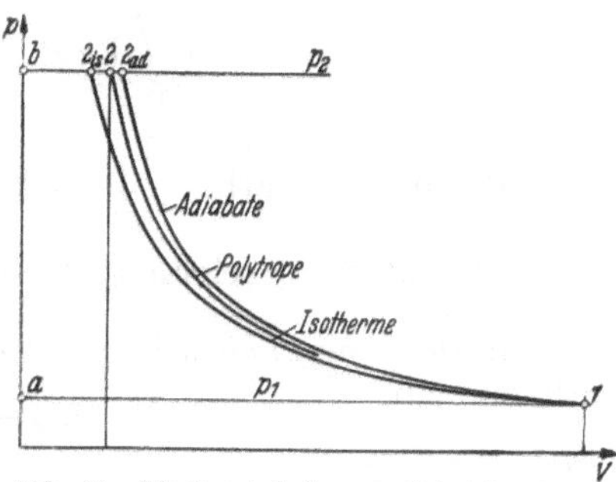

Abb. 41. Idealer Arbeitsprozeß bei isothermischer ($n = 1$), polytropischer ($1 < n < \varkappa$) und adiabatischer ($n = \varkappa$) Verdichtung.

12. Ermittlung von Arbeitsaufwand und Kühlung.

Bei *vollkommener Kühlung* muß am Verdichter theoretisch eine Arbeit in mkg von

$$\boxed{\begin{aligned} L_{is} = -L_{12is} &= 10^4\, p_1 V_1 \ln (p_2/p_1) \\ &= 10^4\, p_2 V_2 \ln (p_2/p_1) \end{aligned}} \tag{41}$$

aufgewandt werden; siehe Abschnitt 31, Teil A. Es ist vereinbart, Arbeitsgewinn positiv und Arbeitsaufwand negativ einzusetzen — daher das Minuszeichen bei L_{12is}.

Mit der Umformung $\ln (p_2/p_1) = 2{,}303 \lg (p_2/p_1)$ folgt der Arbeitsaufwand je m³ Luft vom Zustand p_2 und $t_2 = t_1$ zu

$$L_{is} = 23030\, p_2 \lg (p_2/p_1) \tag{42}$$

in mkg/m³. Die Wärmeabfuhr während der Verdichtung mit dem Kühlmittel, im allgemeinen Wasser, ist gleich dem Wärmeäquivalent der Verdichterarbeit

$$\boxed{Q_{is} = -AL_{12is} = 53{,}9\, p_1 V_1 \lg (p_2/p_1)} \tag{43}$$

in kcal oder

$$Q_{is} = 53{,}9\, p_1 \lg (p_2/p_1) \tag{44}$$

in kcal/m³ vom Zustand p_1, t_1.

Die Fläche des Diagrammes Abb. 41 läßt sich durch das Integral

$$\int_1^2 V dP$$

angeben. Bei isothermischer Verdichtung ist die absolute Gasarbeit

$$-\int_1^2 P dV$$

genau so groß wie die Betriebsarbeit. Bei anderen Zustandsänderungen mit $n \neq 1$ ist das nicht der Fall und gilt

$$\int_1^2 V dP = -n \int_1^2 P dV .$$

Die absolute Gasarbeit $\int_1^2 P\,dV$ wird mit L und die Betriebsarbeit $\int_1^2 V\,dP$ mit L' bezeichnet. Siehe hierzu S. 157/158.

Für den *ungekühlten Verdichter* mit adiabatischer Zustandsänderung erhält man

$$L'_{ad} = -\varkappa L_{ad}$$

und

$$\begin{aligned} L'_{ad} &= -\varkappa L_{12\,ad} = \frac{\varkappa}{\varkappa-1} 10^4 p_1 V_1 \left[\left(\frac{p_2}{p_1}\right)^{(\varkappa-1)/\varkappa} - 1\right] \\ &= \frac{\varkappa}{\varkappa-1} G R (T_2 - T_1) = \frac{\varkappa}{\varkappa-1} G R (t_2 - t_1) \\ &= \frac{\varkappa}{\varkappa-1} 10^4 p_2 V_2 \left[1 - \left(\frac{p_1}{p_2}\right)^{(\varkappa-1)/\varkappa}\right] \end{aligned} \tag{45}$$

in mkg (siehe Abschnitt 32 und 47, Teil A. Demnach ist der Arbeitsaufwand je m³ Preßluft vom Zustand p_2, t_2

$$L'_{ad} = \frac{\varkappa}{\varkappa-1} 10^4 p_2 \left[1 - \left(\frac{p_1}{p_2}\right)^{(\varkappa-1)/\varkappa}\right] \tag{46}$$

in mkg/m³.

Nach der allgemeinen Wärmegleichung

$$dQ = dI - A V dP$$

stehen Arbeitsaufwand, Zunahme des Wärmeinhalts der Luft und Kühlung in der Beziehung

$$\boxed{AL' = I_2 - I_1 + Q = G c_p (t_2 - t_1) + Q} \,. \tag{47}$$

Der erhöhte Arbeitsaufwand bei adiabatischer Verdichtung ist nicht verloren, sondern findet sich im höheren Wärmeinhalt der Luft wieder. Tatsächlich aber wird der Mehraufwand auf dem Wege bis zur Verwendungsstelle der Preßluft durch Wärmeverteilung zum Verlust. Es ist daher der Arbeitsaufwand je m³ Preßluft von Umgebungstemperatur $t_3 = t_0 \approx t_1$ von Bedeutung. Im gekühlten Zustand $p_3 = p_2$, $V_3 = V_2 T_1/T_2$, $t_3 = t_1$ ist ein Aufwand von

$$L'_{ad} = \frac{\varkappa}{\varkappa-1} 10^4 p_2 V_3 \frac{T_2}{T_1}\left[1 - \frac{T_1}{T_2}\right] = \frac{\varkappa}{\varkappa-1} 10^4 p_2 V_3 \left[\left(\frac{p_2}{p_1}\right)^{(\varkappa-1)/\varkappa} - 1\right] \tag{48}$$

in mkg erforderlich, oder mit $\varkappa/(\varkappa - 1) = 3{,}5$ für Luft mit $\varkappa = 1{,}4$ von

$$L'_{ad} = 3{,}5 \cdot 10^4 p_2 \left[\left(\frac{p_2}{p_1}\right)^{0{,}286} - 1\right] \tag{49}$$

in mkg/m³.

Die Verdichterarbeit für Luft, l' in mkg/kg, ausgehend von $t_1 = 20°$ C und $p_1 = 1$ at abs., mithin

$$v_1 = \frac{R T_1}{P_1} = \frac{29{,}3 \cdot 293}{10000} = 0{,}858 \text{ m}^3/\text{kg},$$

beträgt wie folgt:

Zahlentafel 5. *Werte für die adiabatische und die isothermische Verdichterarbeit, ausgehend von 20° C und 1 at abs. bei verschiedener Drucksteigerung.*

Bei $p_2 =$	1	2	4	10	20	at abs.
$l'_{ad} =$	0	6575	14620	27945	40640	mkg/kg
$L'_{ad}/L_{is} =$	1	1,106	1,230	1,415	1,582	—
$(t_2 - t_1)_{ad} =$	0	64	142	272	395	Grad

Die Lufttemperatur steigt bei Verdichtung ohne Kühlung erheblich an, wobei

$$\boxed{t_2 - t_1 = T_1\,[(p_2/p_1)^{(\varkappa-1)/\varkappa} - 1]} \tag{50}$$

ist. Die Temperaturzunahme kann aus Abb. 42 entnommen werden. Die verhältnismäßige Ersparnis durch Kühlung steigert sich mit dem Druckverhältnis.

Für den wirklichkeitsnahen Fall der *polytropischen Verdichtung* erhält man entsprechend (45) die Beziehungen

$$\boxed{L' = -n L_{12} = \frac{n}{n-1}\, 10^4\, p_1 V_1 \left[\left(\frac{p_2}{p_1}\right)^{(n-1)/n} - 1\right]} \tag{51}$$

in mkg und

$$L' = \frac{n}{n-1}\, 10^4\, p_2 \left[\left(\frac{p_2}{p_1}\right)^{(n-1)/n} - 1\right] \tag{52}$$

in mkg/m³ vom Zustand p_2, t_1. Mit der spezifischen Wärme

$$c = c_v (n - \varkappa)/(n - 1),$$

die während der polytropischen Zustandsänderung ihren Wert beibehält, ergibt sich der Wärmeentzug durch Kühlung zu

$$Q = G c_v \frac{n - \varkappa}{n - 1} (t_2 - t_1)$$

oder

$$\boxed{Q = -\frac{1}{n} \frac{\varkappa - n}{\varkappa - 1} A L'}. \tag{53}$$

Siehe hierzu Abschnitt 33, Teil A.

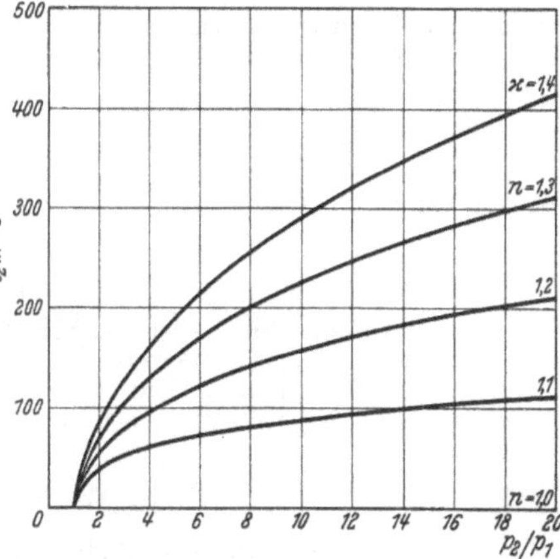

Abb. 42. Zusammenhang zwischen Verdichtungsverhältnis, Art der Zustandsänderung und Temperatur, ausgehend von $t_1 = 20°$C.

Der Prozeßverlauf im T, s-Diagramm, Abb. 43, gibt den Arbeitsaufwand in Wärmemaß an. Bei vollkommener Kühlung ist eine Arbeit entsprechend dem Rechteck $A\ 1\ 2\ s\ b\ A$ zu leisten, genau so groß wie die Wärmeabfuhr an das Kühlwasser. Ohne Kühlung gilt $A\ 1\ 2ad\ 2\ s\ B\ A$, die gesamte Arbeit erscheint in der Zunahme des Wärmeinhaltes. Dazwischen liegt der polytropische Prozeß mit der Fläche $A\ 1\ 2\ 2\ s\ b\ A$, deren Teil $A 1 2 C A$ der Kühlung und $C\ 2\ 2is\ B\ C$ der Zunahme des Wärmeinhalts entspricht. Durch die Kühlung wird die Arbeit gemäß Fläche $1\ 2ad\ 2\ 1$ eingespart. Von einem Druckverhältnis $p_2/p_1 > 3$ bis 4 an wird diese Ersparnis wesentlich.

Auch die Darstellung des Vorganges im i, s-Diagramm ist aufschlußreich, siehe Abb. 44. Aus

$$dQ = T\,dS = dI - A\,V\,dP = dI - A\,dL'$$

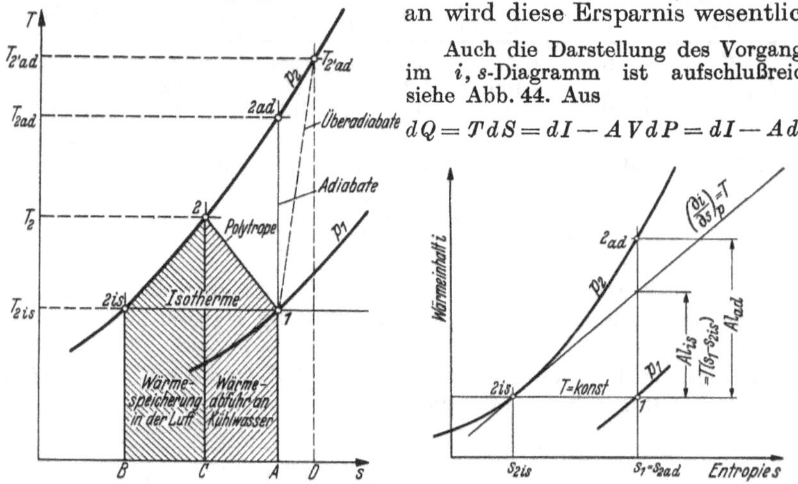

Abb. 43. Idealer Arbeitsprozeß im Wärmediagramm.

Abb. 44. Isothermische und adiabatische Verdichterarbeit im i, s-Diagramm.

folgt für isothermische Verdichtung

$$A\,L'_{is} = A\,L_{is} = I_2 - I_1 - T(S_2 - S_1).$$

Im gewöhnlichen Anwendungsbereich ist der Wärmeinhalt der Luft nicht merklich vom Drucke abhängig und mit $t_1 = t_2$ auch $I_1 = I_2$. Es folgt

$$A\,l_{is} = T(s_1 - s_{2is}).$$

Wegen

$$di = c_p\,dT = T\,ds$$

ist die Tangente an eine Linie gleichen Druckes im i, s-Diagramm

$$\left(\frac{\partial i}{\partial s}\right)_p = T.$$

Im i, s-Diagramm Abb. 44 ist die Strecke $T(s_1 - s_{2is})$ eingetragen, die sich aus $T(s_1 - s_{2is})/(s_1 - s_{2is}) = T$ ergibt.

Bei der adiabatischen Verdichtung ist $s_1 = s_{2ad}$ und $A\,l'_{ad} = i_{2ad} - i_1$. Der Arbeitsaufwand ist größer als bei isothermischer Verdichtung.

13. Wirkungsgrade.

Das wirkliche Bild des Arbeitsprozesses ist in Abb. 45 dargestellt. Angenommen, es soll das Gas vom Zustand t_0, p_0 auf den Druck p gebracht werden. Durch die Eintrittsdrosselung ist der Ansaugedruck

$p_1 < p_0$, und $t_1 > t_0$ durch die Erwärmung von den Maschinenwänden her. In Abb. 45 ist die wirkliche Zustandsänderung auch im T, s-Diagramm angedeutet. Die Luft ist anfangs kälter als die Wände. Sie nimmt mit fortschreitender Verdichtung eine Wärmemenge auf, die der unter 1 bis W liegenden bis zur Abszisse $T = 0$ reichenden Fläche entspricht. Im Punkt W sind mittlere Wand- und Lufttemperatur gleich groß. Dann steigt die Temperatur der Luft über T_W, und es geht Wärme an die Wände. Die wirkliche Zustandsänderung endet in $2w$. An die Wände ist bis dahin eine Wärmemenge entsprechend der unter von W bis $2w$ liegenden Fläche übergegangen. Davon verbleibt so viel in den Wänden, wie zu Anfang an die Luft überging. Der überschießende Teil geht an das Kühlwasser und durch Leitung und Strahlung nach außen. Das Diagramm Abb. 45 gehört zu einem gut gekühlten Kompressor, kenntlich an der niedrigen Lage von T_W.

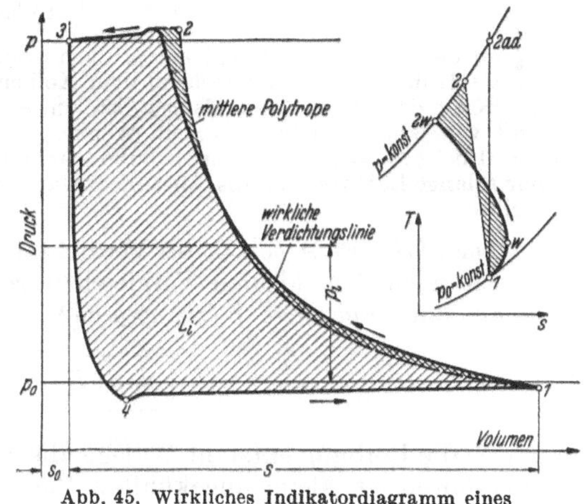

Abb. 45. Wirkliches Indikatordiagramm eines Kolbenkompressors.

Ersetzt man die wirkliche Zustandsänderung durch eine Polytrope $pV^n = \text{konst.}$, so müssen die eng schraffierten Flächen gleich groß sein, damit die Arbeit in der richtigen Größe ermittelt wird. Es bedeutet dies, daß die Endtemperatur t_2 durch den Wandeinfluß nicht ganz so groß ist, wie die Rechnung mit einer mittleren Polytrope angibt. Aber tatächlich sind die Abweichungen nicht so groß, und die Polytrope paßt sich den wirklichen Verhältnissen besser an.

Der Enddruck p_2 ist wegen der unvermeidlichen Drosselung in den Auslaßkanälen größer als p. Außerdem ist es nicht möglich, die Preßluft bis auf den letzten Rest auszuschieben, weil der Kolben nicht bis an den Deckel fahren darf und weil die Steuerungskanäle bis an die Ventile gefüllt bleiben. Am Ende ist noch ein *schädlicher Raum* voll Preßluft übrig (V_3), der sich beim erneuten Vorwärtsgang des Kolbens nach der Linie 3—4 ausdehnt. Als Folge davon wird nicht das ganze Hubvolumen voll frische Luft gesogen, sondern nur der $\overline{41}$ entsprechende Teil. Das angesogene Luftgewicht ist außerdem kleiner, weil $t_1 > t_0$ ist. Das Verhältnis von wirklich angesogener Luftmenge zum Hubvolumen bei t_0, p_0 nennt man *Liefergrad* oder *volumetrischen Wirkungsgrad.*

Hinsichtlich der Rückexpansion aus dem schädlichen Raum kann man berechnen: Im Zylinder bleibt der Teil V_3 zurück. Der volumetrische Wirkungsgrad ist

$$\lambda = \frac{V_1 - V_4}{V_1 - V_3} = 1 - \frac{V_4 - V_3}{V_1 - V_3}.$$

Wenn die Rückexpansion nach einem Gesetz $p\,V^m =$ konst. vor sich geht, dann ist

$$V_4 \approx V_3 \left(\frac{p}{p_0}\right)^{1/m}$$

(siehe Abb. 45) und

$$\lambda = 1 - \frac{V_3}{V_1 - V_3}\left[\left(\frac{p}{p_0}\right)^{1/m} - 1\right]. \tag{54}$$

V_3 ist der schädliche Raum, entsprechend einem Kolbenweg s_0, und $V_1 - V_3$ ist das Hubvolumen, entsprechend dem Kolbenhub s. Das Verhältnis s_0/s sei ε_0. Je größer das Druckverhältnis p/p_0 ist, um so mehr nimmt die rückexpandierte Luft vom Hubraum in Anspruch. Wenn $\varepsilon_0 = 0{,}04$ und $m = 1{,}0$ ist, dann wird $\lambda = 0$ bei $p/p_0 = 26$, d. h. ein Kompressor mit 4 vH schädlichem Raum fördert nur solange Luft von 1 at abs. Ansaugedruck, solange der Enddruck unter 26 at abs. bleibt.

Die *indizierte Arbeit* L_i des Verdichters ist größer als die theoretische Arbeit nach dem idealen Vergleichsprozeß L'. Ihr Verhältnis ist der innere oder *indizierte Wirkungsgrad*[1]

$$\boxed{\eta_i = L'/L_i}\,. \tag{55}$$

Durch die Reibung entsteht Wärme, die zusätzlich mit dem Kühlwasser abzuführen ist. Beim ungekühlten Verdichter liegt dadurch die wirkliche Endtemperatur $t'_{2\,ad}$ höher (siehe Abb. 43) am Ende einer Überadiabate, und es ist

$$\eta_i = \frac{c_p\,(t_{2\,ad} - t_1)}{c_p\,(t'_{2\,ad} - t_1)}\,.$$

Die Prozeßfläche wird um den Zwickel $1\,2'_{2\,ad}2_{ad}1$ vergrößert, dementsprechend auch der Arbeitsaufwand. Die Summe aller Nichtumkehrbarkeiten drückt sich durch die Fläche $A\,1\,2'_{2\,ad}DA$ aus.

Die Arbeit für die theoretisch je Umdrehung angesaugte Luft ist $F\,p_m$ proportional mit F als Zylinderquerschnitt und p_m als mittleren Gegendruck während des Arbeitshubes, siehe Abb. 40. In Wirklichkeit ist die Arbeit größer, nämlich $F\,p_m/\eta_i$ proportional. Da aber nur das λ-fache der theoretischen Luftmenge angesogen wird, ist die indizierte Arbeit

$$\lambda F\,p_m/\eta_i = p_i F$$

proportional, mit p_i als mittlerem indiziertem Druck. Es folgt daraus der Zusammenhang

$$\frac{p_m}{p_i} = \frac{\eta_i}{\lambda}\,(\approx 0{,}94)\,. \tag{56}$$

Die effektive Antriebsarbeit L_e wiederum ist durch die Reibungsarbeit des Triebwerks der Maschine größer als die indizierte Arbeit L_i. Der *mechanische Wirkungsgrad* ist

$$\eta_m = L_i/L_e\,. \tag{57}$$

[1] Der innere oder indizierte Wirkungsgrad ist eine Vergleichszahl, die dem Gütegrad η_g bei den Kraftprozessen entspricht, siehe Gl. (16), und ist bedingt durch Reibung (innere Reibung des Gases, Wandwirkungen und Drosselung) und durch Undichtheiten des Verdichters.

Die von außerhalb aufzuwendende Arbeit ist mithin

$$L_e = \frac{L_i}{\eta_m} = \frac{L'}{\eta_i \eta_m}. \tag{58}$$

η_m liegt je nach Art der Maschine zwischen 0,8 und 0,9.

Je nachdem, ob es sich um einen gekühlten oder einen ungekühlten Verdichter handelt, pflegt man mit dem isothermischen oder dem adiabatischen Idealprozeß zu vergleichen, um den Einfluß von Kühlung und Reibung auf den Verlauf der Kompressionslinie (Größe des mittleren Polytropenexponenten) auszuschalten, und ist

$$\eta_{is} = L_{is}/L_e \qquad \text{oder} \qquad \eta_{ad} = L'_{ad}/L_e \tag{59}$$

mit L_e als der beim wirklichen Prozeß erforderlichen effektiven Antriebsarbeit des Verdichters. L_{is} ist nach (41) und L'_{ad} nach (45) einzusetzen. Beim ungekühlten Kompressor, wo alle Reibungswärme im Kompressor bleibt, wenn man von der Wärmeabgabe nach der Umgebung absieht, ist $\eta_{ad} = L'_{ad}/L_e = \eta_i \eta_m$. Für den Fall, daß der Verdichter gekühlt wird, besteht eine solche Beziehung nicht, weil das Verhältnis von theoretischer polytropischer Arbeit (bei $1 < n < \varkappa$) zur effektiven Arbeit, also $\eta_i \eta_m$, offensichtlich größer als η_{is} ist.

Die Antriebsarbeit je m³ angesaugte Luft (a. L.) vom Zustand p_1, t_1 ist allgemein mit (51):

$$L_e = \frac{1}{\eta_i \eta_m} \frac{n}{n-1} 10^4 p_1 \left[\left(\frac{p_2}{p_1}\right)^{(n-1)/n} - 1\right]$$

in mkg und die Antriebsleistung mit $3600 \cdot 102 = 367\,000$

$$\boxed{N_e = \frac{1}{\eta_i \eta_m} \frac{n}{n-1} \frac{p_1 V_{h1}}{36{,}7}\left[\left(\frac{p_2}{p_1}\right)^{(n-1)/n} - 1\right]} \tag{60}$$

in kW, wenn V_h die stündliche Menge a. L. bedeutet.

Beispiel. Ein Kolbenkompressor saugt Luft von $p_1 = 1$ at abs., 20° C an und verdichtet sie polytropisch ($n = 1{,}25$) auf 3,5 at abs. und schiebt sie in die Druckleitung aus. Welche Wärmemenge ist je kg Luft zu entziehen? Wie hoch ist die Endtemperatur? Wie groß ist der Arbeitsaufwand je m³ für Luft und für Leuchtgas (von 3,5 at abs. und 20° C)? Welchen Leistungsbedarf hat ein Luftkompressor ($\eta_i = 0{,}80$, $\eta_m = 0{,}88$) bei einer Ansaugemenge von 1000 m³/h? Welches ist der isothermische Wirkungsgrad des Kompressors?

$v_1 = RT_1/P_1 = 0{,}858$ m³/kg; (51) $l' = 12200$ mkg/kg; (53) $q = -8{,}6$ kcal/kg; (50) $t_2 = 103°$ C; (52) $l' = 49700$ mkg/m³ für kalte Druckluft und kaltes gepreßtes Leuchtgas gleich; (60) $N_e = 55{,}0$ kW; $N_{is} = 10^1 p_1 V_1 [\ln(p_2/p_1)]/3600 \cdot 102 = 34{,}2$ kW; (59) $\eta_{is} = 0{,}62$.

14. Mehrstufige Verdichtung.

Bei größeren Druckverhältnissen p_2/p_1 steigt die Lufttemperatur trotz reichlicher Kühlung beim wirklichen Prozeß so stark an, daß Gefahren für die Maschine, besonders wegen unzureichender Schmierung, entstehen. Ein Mittel, um diese hohen Temperaturen zu vermeiden und gleichzeitig an Arbeit zu sparen, beruht auf der mehrstufigen Verdichtung.

Das Verfahren ist in Abb. 46 angedeutet. Die Luft wird in einem Niederdruckzylinder bis auf einen Druck p_z verdichtet und in einen Zwischenkühler geschoben. Danach wird die gekühlte Luft von einem Hochdruckzylinder angesogen und auf den gewünschten Enddruck gebracht. Unter der Voraussetzung, daß die Zwischendruckluft bis auf die Ausgangstemperatur zurückgekühlt wird, tritt bei sonst ungekühlter Verdichtung in den Zylindern eine Arbeitsersparnis im Umfange der schraffierten Fläche von Abb. 46 ein. Bei polytropischer Verdichtung ist die Ersparnis nicht gerade so groß, aber immer noch beträchtlich.

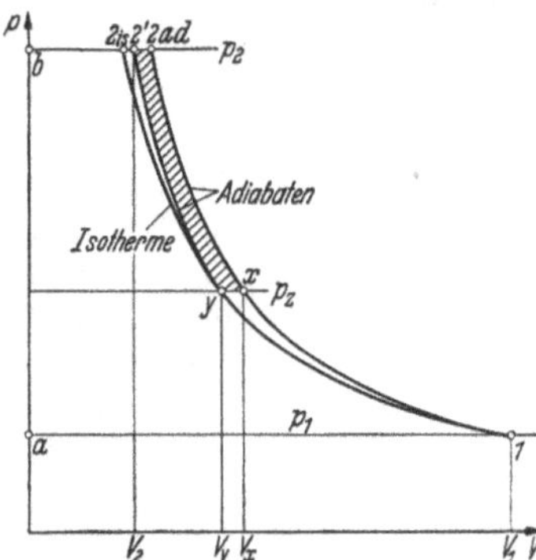

Abb. 46. Idealprozeß einer zweistufigen Verdichtung.

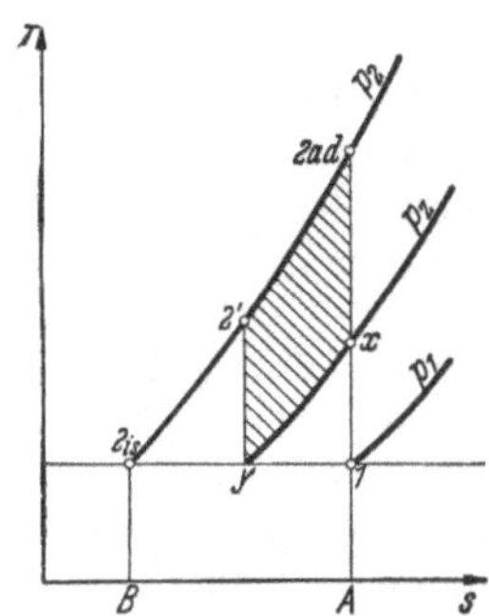

Abb. 47. Idealprozeß bei zweistufiger adiabatischer Verdichtung und Rückkühlung bis auf Ausgangstemperatur.

Zu berücksichtigen ist noch, daß die Wandungsverluste bei zwei- oder mehrstufiger Verdichtung geringer werden. Außerdem wird der volumetrische Wirkungsgrad verbessert, soweit er durch die Rückexpansion aus dem schädlichen Raum bedingt ist.

Im T, S-Diagramm ergibt sich für den Prozeß der Linienzug $A\ 1\ X\ Y\ 2'\ 2is\ B\ A$, Abb. 47, und als Ersparnis die Fläche $X\ 2_{ad}\ 2'\ Y\ X$. Die Ersparnis ist am größten, wenn Y in der Mitte der Strecke von 1 bis 2_{is} liegt. Es gilt dies für beliebige Exponenten der Polytrope. Wenn man die gesamte Arbeit bei zweistufiger Verdichtung

$$L' = \frac{n}{n-1} G R T_1 \left[\left(\frac{p_z}{p_1}\right)^{(n-1)/n} + \left(\frac{p_2}{p_z}\right)^{(n-1)/n} - 2 \right]$$

nach p_z differentiiert und gleich Null setzt, so findet man den Kleinstwert für L' bei

$$\frac{p_z}{p_1} = \sqrt{\frac{p_2}{p_1}} \quad \text{oder} \quad \boxed{p_z = p_1 \sqrt{\frac{p_2}{p_1}}} \tag{61}$$

und bei i Stufen und gleichen Druckverhältnissen x für jede Stufe

$$x = \sqrt[i]{\frac{p_2}{p_1}}$$

nach derselben Überlegung. Wenn also $p_2/p_1 = 40$ ist, und 4stufig verdichtet werden soll, so ist

$$x = \sqrt[4]{40} = 2{,}5$$

und sind die Druckverhältnisse 2,5 : 1, 6,3 : 2,5, 16,0 : 6,3 und 40 : 16 zugrunde zu legen.

Beispiel. Luft von 743 Torr und 25° C wird polytropisch ($n = 1{,}20$) auf $p_2 = 8{,}08$ at abs. verdichtet. Wie groß ist der Arbeitsaufwand bei einstufiger und bei zweistufiger Verdichtung, wenn die Luft im Zwischenkühler auf 25° C zurückgekühlt wird? Welche Wärmemenge ist im Zwischenkühler zu entziehen? Wie groß ist der Mehraufwand gegenüber isothermischer Verdichtung? Welches ist der Luftzustand am Ende der Verdichtung? Wie groß ist die theoretische Antriebsleistung für 600 m³ a. L. stündlich?

$p_1 = 743/735{,}6 = 1{,}01$ at abs.; (51) $l'_{21} = 21700$ mkg/kg; $v_1 = 0{,}864$ m³/kg; (61) $p_z = 2{,}86$ at abs.; (51) $l'_{z1} = l'_{2z} = 10000$ mkg/kg; $t_x = 82°$ C; $t_y = 25°$ C; $q = 0{,}24\,(82 - 25) = 13{,}7$ kcal/kg; (41) $l_{is} = 18160$ mkg/kg; Mehraufwand einstufig 21700 gegen 18160 mkg/kg oder 19,5 vH; zweistufig 20000 gegen 18160 mkg/kg oder 10,2 vH. Endzustand: isothermisch 8,08 at abs., 25° C, $v_{2is} = 0{,}108$ m³/kg; einstufig 8,08 at abs., 148° C, $v_2 = 0{,}153$ m³/kg; zweistufig 8,08 at abs., 82° C, $v_{2'} = 0{,}128$ m³/kg. $G = V_1/v_1 = 600/0{,}864 = 694$ kg/h. $N_{is} = 694 \cdot 18160/3600 \cdot 102 = 34{,}3$ kW; einstufig $N = 41{,}0$ kW; zweistufig $N = 37{,}8$ kW.

15. Kreiselverdichter.

Der Druck eines Gasstroms läßt sich auch erhöhen, wenn man seine Geschwindigkeit unter Aufwand von mechanischer Arbeit heraufsetzt und dann die Strömungsenergie in Verdichtungsdüsen in Druckenergie umformt. Man benutzt hierzu Kreiselverdichter, deren Laufräder radial beaufschlagt werden (von der Welle aus). Bei 180 bis 225 m/s Umfangsgeschwindigkeit läßt sich der Druck je Stufe auf das 1,2- bis 1,3fache steigern. Große Kreiselverdichter sind für die Erzeugung von Preßluft mit Drücken von 6 bis 9 at abs. gebräuchlich, wie im Bergbau. Es wurden Ausführungen bis zu 13 at abs. Luftdruck entwickelt. Bei n Laufwädern steigt der Enddruck auf das $1{,}2^n$- bis $1{,}3^n$fache. Bei $1{,}2^n$ ist dies

von 1,00 auf 1,20—1,44—1,73—2,07 ... at abs.

Für die Kreiselverdichter gilt derselbe theoretische Prozeß, Abb. 40, wie für die Kolbenverdichter. Die Reibungswirkungen sind allerdings wegen der hohen Geschwindigkeiten erheblich. Was den Gesamtwirkungsgrad angeht, so stehen sie den Kolbenverdichtern etwas nach, haben aber den Vorteil der gedrängteren Bauart und des ölfreien gleichmäßigen Druckgasstromes. Für ihre Anwendung ergeben sich ähnliche Gesichtspunkte wie bei den Dampfturbinen.

Bei *Verdichtung ohne Kühlung* ändert sich der Gaszustand im Mittel wegen der Reibung nach einer überadiabatischen Kurve, wie in Abb. 48 gezeigt ist. Der innere Arbeitsaufwand setzt sich zusammen aus der theoretischen Verdichtungsarbeit L_{ad}, aus den Arbeitsverlusten durch den Strömungswiderstand des Gases (hydraulische Verluste) L_h und durch Undichtheiten an den Spalten zwischen den bewegten und ruhenden Teilen des Verdichters L_{Sp} sowie aus dem Arbeitsverlust durch Radreibung L_R, nämlich

$$L_i = L_{ad} + L_h + L_{Sp} + L_R = 427 \cdot G \cdot c_p\,(t_2 - t_1). \qquad (62)$$

Unter dem *hydraulischen Wirkungsgrad* η_h versteht man das Verhältnis der adiabatischen Verdichtungsarbeit L_{ad} zur theoretischen Schaufelarbeit $L_{ad} + L_h$. η_h liegt erfahrungsgemäß bei den üblichen Bauformen zwischen 0,70 und 0,88, ansteigend mit der Liefermenge. Die theoretische Schaufelarbeit ist mithin

$$L_{ad} + L_h = \frac{L_{ad}}{\eta_h} \approx (1{,}43 \text{ bis } 1{,}14)\, L_{ad}. \tag{63}$$

Die Spaltverluste liegen in der Größenordnung von 1 vH und die Radreibungsverluste von 5 vH der theoretischen Schaufelarbeit.

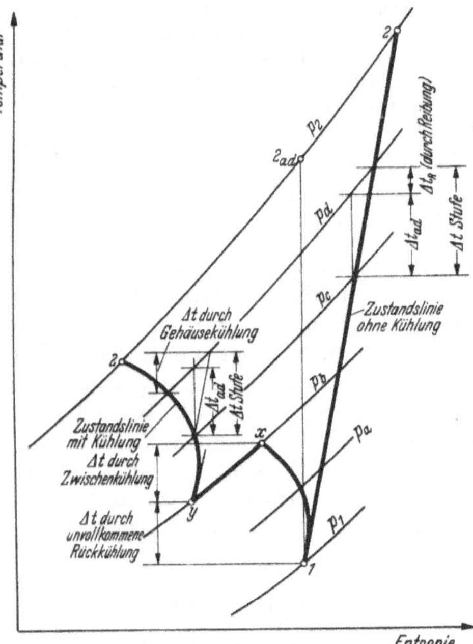

Abb. 48. Nahezu gerade Verdichtungslinie in einem ungekühlten und Verdichtungslinie in einem gekühlten Kreiselverdichter.

Der *innere Wirkungsgrad* η_i ist das Verhältnis von der adiabatischen Arbeit L_{ad} zur inneren Arbeit L_i:

$$\eta_i = L_{ad}/L_i. \tag{64}$$

Er ist etwas kleiner als der hydraulische Wirkungsgrad. Die effektive Arbeit schließlich erhält man mit dem *mechanischen Wirkungsgrad* η_m, der erfahrungsgemäß zwischen 0,95 und 0,98 liegt, zu

$$L_e = \frac{L_{ad}}{\eta_i\,\eta_m}. \tag{65}$$

Mit dem *adiabatischen Wirkungsgrad* $\eta_{ad} = L_{ad}/L_e$, der Werte zwischen 0,66 und 0,78 annimmt, steigend mit der Liefermenge, gilt auch

$$\eta_{ad} = \eta_i\,\eta_m.$$

Im übrigen ist der Rechnungsgang wie bei den Kolbenkompressoren.

Bei *mehrstufiger Verdichtung mit Kühlung* hat die Verdichtungslinie die ebenfalls in Abb. 48 gezeigte Form. Die Kühlung des Verdichtergehäuses ist nicht sehr wirkungsvoll, weil der Gasweg selbst fast nicht gekühlt werden kann. Innerhalb einer Stufe unterscheidet sich die Zustandsänderung kaum von der beim ungekühlten Kompressor. Dagegen kann man zwischen den einzelnen Stufen oder Gruppen von Stufen wirksam kühlen. Bei großen Verdichtern leitet man den Gasstrom nach mehreren Stufen aus der Maschine heraus und kühlt ihn in besonderen Zwischenkühlern kräftig herunter. In den ersten Stufen wird das Gas überadiabatisch ($n = 1{,}5$ bis 1,7) verdichtet. Mit ansteigendem Druck wird die Kühlung wegen des zunehmenden spezifischen Gewichtes immer wirkungsvoller — der Exponent der Polytrope geht bis auf $n = 1$ herunter. Spaltverluste und Radreibung wachsen andererseits mit dem Drucke an. Der *isothermische Wirkungsgrad* $\eta_{is} = L_{is}/L_e$ der gekühlten Luftverdichter mit 6 bis 9 at abs. Enddruck liegt zwischen 0,56 und 0,70, steigend mit der Liefermenge. Demgegenüber liegen die isothermischen Wirkungsgrade großer zweistufiger Kolbenkompressoren zwischen $\eta_{is} = 0{,}72$ und 0,78. Betrachtet man das gesamte Maschinenaggregat mit der Antriebsmaschine, so macht sich der bessere thermische Wirkungsgrad der Kondensationsdampfturbinen bei den Turbokompressoren bemerkbar. Der ungünstigere isothermische Wirkungsgrad wird dadurch bei großen Einheiten nahezu ausgeglichen.

V. Kältemaschinen.

16. Allgemeines.

Nach dem 2. Hauptsatz geht Wärmeenergie nicht von selbst von einem kälteren auf einen wärmeren Körper über. Will man die Temperatur einer Wärmemenge erhöhen, so muß man dazu eine bestimmte Arbeit aufwenden. In der Technik stellt sich diese Aufgabe in mannigfaltiger Art, so z. B. bei der Kühlung von Stoffen in Wärmeaustauschern, bei der künstlichen Erzeugung von Wassereis oder bei der Kühlung von Räumen für viele Zwecke, etwa von solchen, in welchen Lebensmittel eingelagert sind, die bei Umgebungstemperatur schnell verderben würden, ferner bei der Durchführung chemischer Prozesse oder beim Schachtabteufen durch wasserführende Schichten.

Kältemaschinen haben die Aufgabe, *Wärmeenergie* bei niedriger Temperatur zu entziehen und auf Umgebungstemperatur zu heben. Der zu kühlende Körper muß zunächst auf die gewünschte tiefe Temperatur gebracht werden, und dann ist er auf der tiefen Temperatur zu halten. Da auch die beste Wärmeisolierung noch bis zu einem gewissen Grade wärmedurchlässig (diatherman) ist, muß unaufhörlich aus der Umgebung vermöge des Temperaturgefälles einbrechende Wärme herausgehoben werden. Den im Dauerbetrieb von einer Kältemaschine bewältigten Wärmetransport — oder Kältetransport, wenn man will — bezeichnet man als *Kälteleistung*, die man gewöhnlich in kcal/h angibt.

Als *Energiequelle* für die Arbeit beim Wärmetransport eignet sich chemische Energie (in Verbindung mit endothermen Prozessen) und thermische Energie (Anwendung von Natureis und Kältemischungen), die allerdings wegen ihrer kleinen Kälteleistungen für industrielle Bedürfnisse weniger von Bedeutung sind. Hauptsächlich wendet man *mechanische* Energie an, die man je nach dem Verfahren mittels Kompressionskältemaschinen oder auch in Verbindung mit Wärmezufuhr in Strahlkältemaschinen und Absorptionskältemaschinen in linksherumlaufenden Kreisprozessen arbeiten läßt.

In der Kältetechnik werden meistens Temperaturen t_0 von +5 bis —20° C gefordert, doch kommen für Zwecke der chemischen Industrie auch tiefere Temperaturen bis etwa —100° C in Frage. Wie beim Wasserpumpen um so mehr Arbeit nötig ist, je höher gehoben werden soll, so verhält es sich auch beim Pumpen von Wärme. Bei der *Kältemaschine* liegt der Nutzen darin, daß sie eine bestimmte niedrige Temperatur, die *unter* der Umgebunstemperatur liegt, aufrechterhält, allem Streben der Natur zuwider die Temperatursenke auszufüllen. Von einem *höheren* Niveau als Umgebungstemperatur trachtet Wärme ständig abzufließen. Temperaturen *über* der Umgebungstemperatur aufrechtzuerhalten, ist eine Aufgabe der *Wärmepumpe* (Beispiel der Raumheizung).

17. Kompressionskältemaschinen.

a) Kaltluftmaschinen.

Es sei angenommen, daß der kalte Körper auf der unveränderlichen Temperatur t_0 bzw. T_0 gehalten werden soll. Man kann sich dann einen Arbeitsprozeß vorstellen, angesichts von Abb. 49, bei dem ständig

Luft aus dem Kühlraum einen Prozeß 12341 durchführt. Die eingedrungene Wärme wird von der Luft in isothermischer Ausdehnung 41 bei der gewünschten Temperatur T_0 aufgenommen und in isothermischer Verdichtung 23 bei der Umgebungstemperatur T abgegeben.

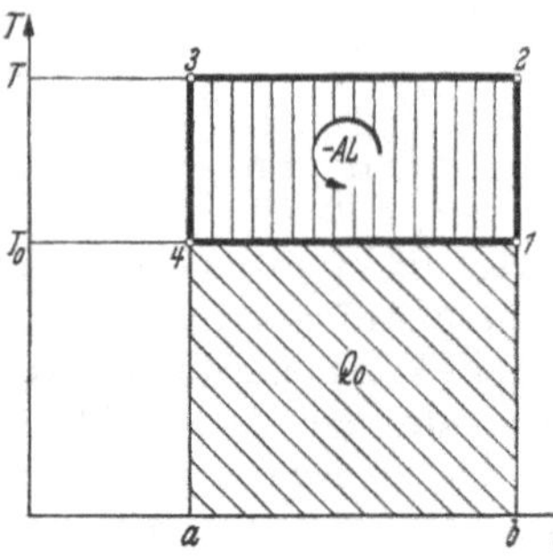

Abb. 49. CARNOTscher Kreisprozeß einer Kältemaschine.

Im einzelnen reihen sich folgende Vorgänge aneinander. Die kalte Luft mit Druck P_4 und Temperatur T_0 kommt mit dem Kühlgut in Berührung, dehnt sich isothermisch auf den Druck P_1 aus und nimmt die Wärmemenge Q_0 in der Zeiteinheit bei T_0, eben die Kälteleistung, auf. Dann wird die Luft adiabatisch auf den Druck P_2 und die Temperatur $T_2 = T$ verdichtet, auf welche die Temperatur zu heben ist, um danach bei T bis auf P_3 zusammengedrückt zu werden. Bei der Verdichtung von P_2 auf P_3 gibt die Luft die Wärmemenge Q_0 und den Gegenwert der aufgewandten Arbeit AL ab und dehnt sich anschließend wieder adiabatisch auf den Ausgangszustand aus, wobei der Druck von P_3 auf P_4 und die Temperatur von T auf T_0 zurückgeht. Es handelt sich hierbei um einen CARNOT-*Prozeß* in umgekehrter Richtung (Linkslauf).

Die bei T abzuführende Wärmemenge ist also

$$Q_0 + AL = Q. \tag{66}$$

Es kommt darauf an, die Arbeit L möglichst klein zu halten. Als Kennwert bildet man die *Leistungsziffer* ε, worunter das Verhältnis von entzogener Wärmemenge Q_0 zum Arbeitsaufwand AL verstanden wird. Es ist

$$\boxed{\varepsilon = \frac{Q_0}{AL}}. \tag{67}$$

Beim CARNOTschen Idealprozeß stellt sich der Kennwert auf

$$\boxed{\varepsilon = \frac{T_0}{T - T_0}}. \tag{68}$$

Ist z. B. die obere Temperatur T gleich der Umgebungstemperatur von 293° K (+20° C), so kann man im günstigsten Falle bei

T_0 t_0	273 0	263 −10	253 −20	° K ° C
ε	13,6	8,8	6,3	kcal/kcal

herausheben. Würde die untere Temperatur $T_0 = 263$° K ($t_0 = -10$° C) sein, so wäre ε bestenfalls bei

T t	273 0	283 +10	293 +20	° K ° C
ε	26,3	13,2	8,8	kcal/kcal

Aus diesen Werten für die Leistungsziffer ε ist erkenntlich, daß die Abkühlung so gering wie möglich zu halten ist, weil sonst der Arbeitsaufwand für einen bestimmten Wärmeentzug Q_0 kräftig wächst.

Man kann demnach mit einem Arbeitsaufwand von 1 kcal z. B. 13,2 kcal von $-10°$ C auf $+10°$ C heben. Es scheint auf den ersten Blick mit dem 1. Hauptsatz nicht vereinbar zu sein, daß man mit 1 kcal das 13,2fache an Wärme pumpen kann. Allein an Hand von Abb. 49 läßt sich leicht einsehen, daß dem so ist. Die Wärmeenergie $Q_0 = T_0 \cdot \Delta S$ wird lediglich in ihrer Intensität von T_0 auf T gebracht, d. h. um $(T - T_0) \cdot \Delta S$ vermehrt. Dabei entspricht die große Fläche $41ba4$ der Energiemenge 13,2 kcal des Beispiels und die kleine Fläche 12341 der Energiemenge 1 kcal. Abgeführt wird die Energiemenge $Q = T \cdot \Delta S = T_0 \cdot \Delta S + (T - T_0) \cdot \Delta S$, dargestellt durch die Fläche $b23ab$, die $13,2 + 1 = 14,2$ kcal entspricht.

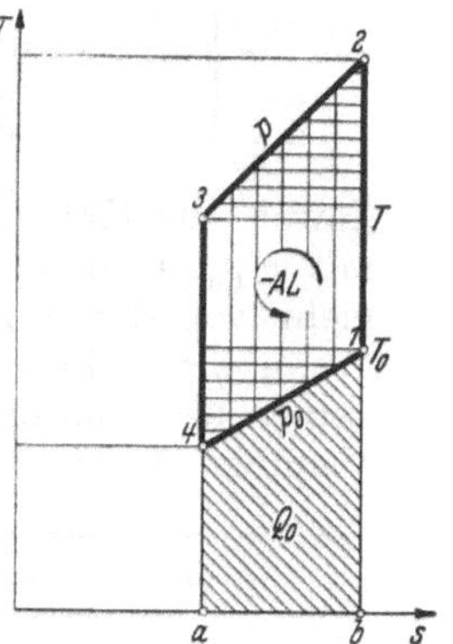

Abb. 50. Theoretischer Prozeß einer Kaltgasmaschine bei isobarischem Wärmeaustausch.

Praktisch ist mit der Luft ein Prozeß mit isothermischem Wärmeaustausch nicht durchführbar. Schon eher könnte ein Prozeß mit Wärmeaustausch bei konstantem Druck bewerkstelligt werden. Der Prozeß einer derartigen *Kaltluftmaschine* ist in Abb. 50 wiedergegeben, worin die schraffierten Zwickel eine Mehrarbeit bedeuten, und die Leistungsziffer ist niedriger als beim CARNOTschen Kreisprozeß. T_4 liegt erheblich unter der erforderlichen Temperatur $T_1 = T_0$, während die Temperatur T_2 größer als $T_3 = T$ ist. Drücke und Temperaturen stehen im Verhältnis

$$a = (P_{23}/P_{41})^{(\varkappa-1)/\varkappa} = (p/p_0)^{(\varkappa-1)/\varkappa} = T_2/T_1 = T_3/T_4 \tag{69}$$

und

$$T_2 = T_0 a \quad \text{sowie} \quad T_4 = T/a. \tag{70}$$

Berücksichtigt man, daß die Wärmeaufnahme durch

$$Q_0 = G c_p (T_0 - T_4)$$

und die Wärmeabfuhr durch

$$Q = G c_p (T_2 - T)$$

in kcal/kg gegeben ist, so folgt

$$\varepsilon = \frac{Q_0}{Q - Q_0} = \frac{T_0 - T_4}{T_2 - T - (T_0 - T_4)} = \frac{1}{\dfrac{T_2 - T}{T_0 - T_4} - 1}.$$

Nun ist

$$\frac{T_2 - T}{T_0 - T_4} = \frac{T_0 a - T}{T_0 - T/a} = a = \left(\frac{p}{p_0}\right)^{(\varkappa-1)/\varkappa}$$

und mit $(\varkappa - 1)/\varkappa = 0,286$ für Luft endlich

$$\boxed{\varepsilon = \frac{1}{(p/p_0)^{0,286} - 1}}. \tag{71}$$

Die Leistungsziffer ε hängt bei dieser Art der Prozeßführung nur vom Druckverhältnis p/p_0 ab. ε und die *spezifische Kälteleistung*

$$\boxed{K = 860 \cdot \varepsilon} \tag{72}$$

in kcal/kWh ist um so kleiner, je größer p/p_0 ist. Es ergibt sich für

p/p_0	1,0	1,5	2,0	3,0	4,0	6,0	8,0	10,0
ε	∞	8,13	4,57	2,71	2,05	1,50	1,23	1,07
K	∞	6992	3927	2331	1766	1287	1060	924

Sowohl die Kälteleistung Q_0 als auch der Arbeitsaufwand AL nehmen mit p/p_0 zu, denn die Temperaturen T_4 und T_2 entfernen sich immer mehr von der Temperaturzone $T - T_0$; aber AL nimmt stärker zu. Wenn p/p_0 sehr klein wird, dann muß die Maschine große Volumina verarbeiten und ergeben sich große Abmessungen für die Zylinder. Das Volumen der Luft v in m³/kg ist:

bei	1	1,1	1,2	1,3	at abs.
und $t = 20°$ C	0,858	0,780	0,715	0,660	m³/kg
$t = -10°$ C	0,770	0,700	0,642	0,592	m³/kg

Als zweckmäßig stellt sich ein Verhältnis von $p/p_0 = 4$ bis 5 heraus. Zu berücksichtigen ist, daß praktisch die Temperatur T_3, die durch die Kühlwassertemperatur gegeben ist, noch etwas höher als T liegen muß, und daß ebenso T_1 noch etwas unter T_0 liegt, weil bis zum Ende des nichtumkehrbaren Wärmeaustausches 41 und 23 ein Temperaturgefälle bestehen muß.

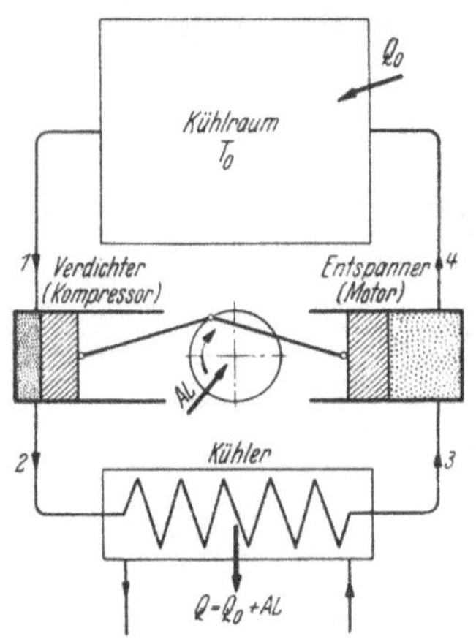

Abb. 51. Schema einer Kaltluftmaschinenanlage.

Für den theoretischen Fall, daß $T_1 = T_0$ und $T_3 = T$ ist, erhält man die Kompressorarbeit AL'_K mit $(p/p_0)^{(\varkappa-1)/\varkappa} = a$ und unveränderlicher spezifischer Wärme

$$AL'_K = I_2 - I_1 = G c_p (T_2 - T_0) = G c_p T_0 (a - 1)$$

und entsprechend die Motorarbeit

$$AL'_M = I_3 - I_4 = G c_p (T - T_4) = G c_p T (1 - 1/a)$$

und ihr Verhältnis

$$\frac{L'_K}{L'_M} = \frac{N_K}{N_M} = \frac{T_0}{T} a = \frac{T_0}{T} \left(\frac{p}{p_0}\right)^{(\varkappa-1)/\varkappa}, \tag{73}$$

wobei N_K die Kompressorleistung und N_M die Motorleistung bedeuten. Siehe hierzu Abb. 51.

Es kann 1 kg Luft die Wärmemenge in kcal/kg

$$q_0 = c_p (T_0 - T_4) = 0{,}24 (T_0 - T/a) \tag{74}$$

aufnehmen. Für eine bestimmte Kälteleistung Q_0 in kcal/h müssen dann $G = Q_0/q_0$ in kg/h umlaufen. Die stündliche Luftmenge in m³ ist schließlich

$$V_1 = G v_1 = 29{,}3\, G T_0/P_0. \tag{75}$$

Bei Raumänderung unter gleichbleibendem Druck ist $V =$ konst. T und damit das Verhältnis von Hubraum Motor zu Hubraum Kompressor

$$\frac{V_4}{V_1} = \frac{T_4}{T_0} = \frac{T}{T_0}\,\frac{1}{a} = \frac{T}{T_0} \Big/ \left(\frac{p}{p_0}\right)^{(\varkappa-1)/\varkappa}. \tag{76}$$

Beispiel. Eine Kaltluftmaschine soll bei $p_0 = 1$ at abs. stündlich $Q_0 = 10000$ kcal von $t_0 = -10°$ C auf $t = +20°$ C heben. Wie groß sind Leistungsziffer, umlaufende Luftmenge und Leistung beim theoretischen Prozeß, wenn ein Druckverhältnis von $p/p_0 = 4{,}4$ eingehalten wird?

Mit $T_0 = 263°$ K und $T = 293°$ K ergibt sich ein kleinstes Druckverhältnis von

$$p/p_0 = (T/T_0)^{3,5} = 1{,}46, \quad \text{also} \quad p = 1{,}46 \text{ at abs.}$$

Beim CARNOT-Prozeß ergäbe sich eine Leistungsziffer von

$$\varepsilon = T_0/(T - T_0) = 263/30 = 8{,}77.$$

Für verschiedene Druckverhältnisse errechnet man

p at abs.	a	t_2 °C	t_4 °C	ε	η_C	G kg/h	V_1 m³/h	V_4/V_1	q_0 kcal/kg
1,46	1,114	20	−10	8,77	1,000	∞	∞	1,000	0
2	1,219	47	−32	4,56	0,520	1890	1460	0,915	5,29
4	1,487	118	−76	2,05	0,234	630	485	0,750	15,85
4,4	1,526	128	−81	1,90	0,217	586	452	0,730	17,05
5	1,583	143	−88	1,72	0,196	534	411	0,704	18,72
6	1,668	166	−97	1,50	0,171	479	369	0,668	20,90

Man erkennt, wie sich die Höhe des Druckes auswirkt. Bei $p = 4{,}4$ at abs. steigt die Temperatur t_2 bis auf 128° C, und die Temperatur nach der Expansion, t_4, sinkt bis −81° C. Dadurch geht die Leistungsziffer ε bis auf 1,90 zurück, das ist nur mehr $\eta_C = 21{,}7$ vH der Leistungsziffer beim CARNOTschen Prozeß mit denselben Temperaturen T und T_0. Es ist erforderlich, daß stündlich 452 m³ Luft umgewälzt werden, bezogen auf den Zustand 1, mit dem der Kompressor aus dem Kühlraum ansaugt. Die nötige Arbeit ist $Al = 8{,}95$ kcal/kg, und es ist $Q = Q_0 + GAl = 10000 + 5245 = 15245$ kcal/h an Wärme abzuführen. Die Arbeit setzt sich zusammen aus $Al = Al'_K - Al'_M = 33{,}25 - 24{,}30 = 8{,}95$ kcal/kg. An Leistung ist aufzubringen

$$N = AL/860 = Q_0/K = Q_0/860\,\varepsilon = 6{,}1 \text{ kW},$$

und die Kompressorleistung ist

$$N_K = G c_p (t_2 - t_0)/860 = 22{,}6 \text{ kW},$$

und die Motorleistung ist

$$N_M = G c_p (t - t_4)/860 = 16{,}5 \text{ kW}$$

oder $N = N_K - N_M = 22{,}6 - 16{,}5 = 6{,}1$ kW. Diese Gesamtleistung ist verhältnismäßig klein. Der Aufwand bei der Kompression und der Rückgewinn bei der Expansion sind ein Mehrfaches davon.

In Wirklichkeit ist die Leistungsziffer kleiner als beim theoretischen adiabatischen Prozeß. Einmal ist t_3 etwas $> t$ und t_1 etwas $< t_0$ zu halten, und zum anderen treten Verluste durch Wärmeeinstrahlung in allen kalten Teilen der Maschine und den Verbindungsleitungen auf, die Kälteverluste bedeuten. Insbesondere wird die tiefe Temperatur am Ende der adiabatischen Expansion, $t_4 = -81°$, nicht erreicht. Durch Vermehrung der Entropie, ausgedrückt durch polytropische Zustandsänderung bei der Entspannung von $p = 4{,}4$ at abs. auf 1 at abs., und Wärmeeinbrüche ist t_4 nur etwa -60 bis $-65°$ C. Alles in allem ist die spezifische Kälteleistung nicht $K = 860\,\varepsilon = 1630$ kcal/kWh, sondern ε kommt nur auf 0,7 bis 0,8 kcal/kcal und K auf 600 bis 700 kcal/kWh. Auf die effektive Arbeit unter Einschluß der mechanischen Verluste bezogen liegt die praktisch erreichbare spezifische Kälteleistung bei rund 350 bis 400 kcal/kWh.

Die zu verarbeitenden Luftmengen sind erheblich. Wenn der Enddruck p_4 der Widerstände wegen mit 1,1 at abs. und die Temperatur t_4 mit $-65°$ C angenommen wird, und wenn $\varepsilon = 0{,}75$ an Stelle von 1,90 ist, so muß die $1{,}90/0{,}75 = 2{,}5$fache Luftmenge umströmen und wird $V_4 = Gv_4 = 2{,}5 \cdot 586 \cdot 29{,}3 \cdot 208/11000 = 813$ m³/h. Für den Expansionszylinder sei das Verhältnis Hub s zu Durchmesser d_M etwa gleich 1. Bei 60 U/min ist das Hubvolumen bei 90 vH Liefergrad $V_M = 813/3600 \cdot 0{,}9 = 0{,}251$ m³ und der Durchmesser $d_M^3 = \frac{4}{\pi} \cdot 0{,}251$ und $d_M = 0{,}682$ m. Gewählt werde $D_M = 700$ mm und 660 mm Hub, der für beide Zylinder derselbe ist. Mit $p_1 \approx 0{,}95$ at abs. und $t_1 \approx -13°$ C folgt $V_1 = 2{,}5 \cdot 586 \cdot 29{,}3 \cdot 260/9500 = 1180$ m³/h. Der Durchmesser des Kompressionszylinders d_K ergibt sich bei 90 vH Liefergrad mit $V_K = 1180/3600 \cdot 0{,}90 = 0{,}364$ m³ Hubvolumen zu $d_K^2 = 0{,}364 \cdot 4/0{,}66\,\pi$ und $d_K = 0{,}840$ m, $D_K = 840$ mm.

Die großen Maschinenabmessungen bei Kaltluftmaschinen im offenen Prozeß sind unvorteilhaft. Wenn man die Betriebsluft in geschlossenem Prozeß unter hohem Druck umlaufen läßt, so kann das Verfahren noch verbessert werden. Die Luft wird hierbei nicht aus dem Kühlraum entnommen, sondern eine besondere Umluftmenge wird durch Rohrschlangen geschickt, die an der Decke des Kühlraums angeordnet sind. Wählte man z. B. p zu 150 und p_0 zu 100 at, also $p/p_0 = 1{,}5$, dann würde die Leistungsziffer ε theoretisch gleich 8,13. Kaltluftmaschinen wendet man heute nur mehr in solchen Fällen an, wo geschlossene Verfahren mit anderen Betriebsstoffen als Wärmeträger, wie Dämpfe von Stoffen mit niedrigen Sättigungstemperaturen, für das Kühlgut bei irgendwelchen Undichtheiten zu gefährlich wären (z. B. auf Kühlschiffen).

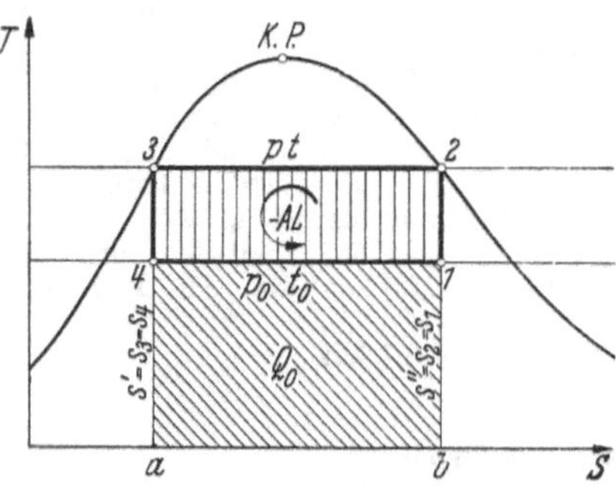

Abb. 52. CARNOT-Prozeß eines Flüssigkeits-Dampf-Gemisches im Sättigungsgebiet.

b) Kaltdampfmaschinen.

α) Gesättigte Dämpfe (nasses Arbeiten).

Die Stoffe vermögen im Zustand der Verdampfung Wärmemengen aufzunehmen und bei der Kondensation abzugeben, die viel größer sind als ihre fühlbare Wärme im gasförmigen Zustand. Diesen Umstand macht man sich zunutze, um die umlaufende Menge an Kältestoff und damit die Maschinenabmessungen wesentlich zu verringern. Innerhalb des Sättigungsgebietes ist folgender Prozeß denkbar (siehe Abb. 52). Ein Flüssigkeits-Dampf-Gemisch vom Zustand p_0, t_0, x_4 befindet sich in einem Verdampfer und nimmt die ständig in den Kühlraum einbrechende Wärmeenergie auf und verdampft dadurch bei p_0, t_0 so weit, bis die spezifische Dampfmenge auf x_1 angewachsen ist. Nunmehr wird das Gemisch von einem Kompressor angesogen und von 1 bis 2 adiabatisch verdichtet. Damit die spezifische Kälteleistung q_0 in kcal/kg möglichst groß ist, wird die Verdampfung so weit getrieben, daß am Ende der Verdichtung trockengesättigter Dampf vom Zustand $p, t, x_2 = 1$ vorliegt. Dann wird dem Stoff in einem Wärmeaustauscher (Kondensator, Verflüssiger) auf dem Wege von 2 nach 3 z. B. durch Kühlwasser die Verdampfungswärme entzogen. Am Ende, Punkt 3, soll der Stoff flüssig sein (Zustand $p, t, x_3 = 0$). Von 3 nach 4 expandiert er adiabatisch auf den Druck p_0, und die Temperatur fällt auf t_0 zurück. Der Stoff besteht wieder aus einem Flüssigkeits-Dampf-Gemisch mit der spezifischen Dampfmenge x_4.

Die Wärmeaufnahme Q_0 bei der Temperatur t_0 entspricht der Diagrammfläche $41ba4$, der Arbeitsaufwand der Fläche 12341 und die Wärmeabfuhr bei t der Fläche $23ab2$. Auf 1 kg des Kältestoffes bezogen ist die Wärmeabfuhr bei der Temperatur $T = 273 + t$

$$q = r = T(s'' - s') \tag{77}$$

und die Wärmeaufnahme bei $T_0 = 273 + t_0$

$$q_0 = T_0(s'' - s') = rT_0/T\,. \tag{78}$$

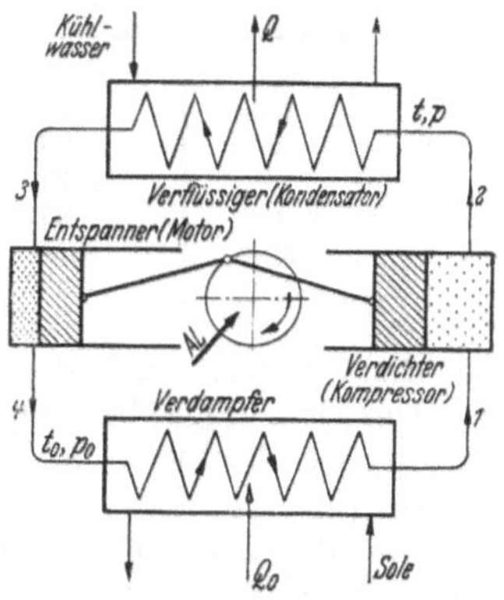

Abb. 53. Schema einer Kaltdampfmaschinenanlage.

Das Schema einer solchen *Kaltdampfmaschine* zeigt Abb. 53. Im Falle von direkter Kühlung durch den Kältestoff besteht der Verdampfer aus einem Röhrensystem, das z. B. an der Decke eines Kühlraumes angebracht ist. Bei indirekter Kühlung wird die Wärme Q_0 zunächst im Kühlraum durch eine Sole (z. B. Lösung von Chlorkalzium $CaCl_2$) aufgenommen und im Verdampfer an den Kältestoff übertragen, wie in der Kunsteisherstellung.

Für Kompressionskältemaschinen, die in geschlossenem Prozeß arbeiten, sind solche Kältestoffe geeignet, deren Dampfdruckkurve günstig liegt, indem hohe Überdrücke ebenso wie Unterdrücke vermieden werden. Dazu gehört, daß der Arbeitsbereich weit genug vom Gebiet des festen Aggregatzustandes entfernt liegt. Weiter ist von Vorteil, wenn der Stoff möglichst große Verdampfungswärmen bei den angewandten Temperaturen hat. Daneben sind noch Bedingungen maßgebend, wie, daß der Stoff ungefährlich, billig und ohne chemische Wirkung auf die Baustoffe ist.

Wasser eignet sich weniger wegen der niedrigen Dampfdrücke:

bei $t_s = +20$	0	-20	Grad
ist $p = 0{,}024$	0,006	0,001	at abs.

sonst aber würde es allen Ansprüchen genügen. *Ammoniak* (NH_3) hat den Vorteil einer günstigen Drucklage; es ist ungiftig und greift Eisen nicht an. Es hat nur den Nachteil, daß es in Freiheit gesetzt erstickend wirkt. Ammoniak ist heute in der Kältetechnik als Betriebsstoff vorherrschend. *Kohlendioxyd* (CO_2) hat auch noch eine brauchbare Drucklage und vereint alle übrigen Vorteile auf sich, wobei es den Vorzug hat, unschädlich für Lebensmittel zu sein. Etwa $^3/_5$ aller Kompressionskältemaschinen arbeiten mit NH_3 und $^1/_5$ mit CO_2. Daneben wird noch Schwefeldioxyd (SO_2) und Chlormethyl (CH_3Cl) angewandt, insbesondere für Haushaltkältemaschinen, außerdem für tiefe Temperaturen Chloräthyl (C_2H_5Cl), Äthan (C_2H_6) und Stickoxydul (N_2O).

Eine Übersicht über den Verlauf der Dampfdruckkurven der wichtigsten Kältestoffe geben die Abb. 144 im Teil A und die folgende Tafel.

Zahlentafel 6. *Sättigungsdrücke verschiedener Kältestoffe in at abs.*

Temperatur °C	Ammoniak NH_3	Kohlendioxyd CO_2	Schwefeldioxyd SO_2	Methylchlorid CH_3Cl
−30	1,22	14,55	0,39	0,76
−20	1,94	20,06	0,65	1,16
−10	2,97	26,99	1,04	1,73
0	4,38	35,54	1,58	2,49
+10	6,27	45,95	2,34	3,51
20	8,74	58,46	3,35	4,83
30	11,90	73,34	4,67	6,50

Siehe hierzu auch die Zahlentafeln III bis VI im Anhang.

Die Drucklage bei CO_2 ist weniger gut als bei den anderen Stoffen (kritischer Punkt bei 31° C).

Bis 10000 kcal/h Kälteleistung rechnet man die Kleinkältemaschinen. Im folgenden möge eine größere NH_3-Kältemaschine mit 100000 kcal/h Kälteleistung zum Beispiel genommen werden. Bei einer Temperaturspanne von $t_0 = -10°$ C bis $t = +20°$ C ergibt sich der folgende Rechnungsgang unter Anwendung der im Abschnitt XIV Dämpfe von Teil A entwickelten Zusammenhänge.

Sättigungsdruck bei −10° C ist $p_0 = 2{,}97$ at abs., bei +20° C $p = 8{,}74$ at abs. Leistungsziffer des Carnot-Prozesses $\varepsilon = 253/30 = 8{,}77$, Druckverhältnis $p/p_0 = 8{,}74/2{,}97 = 2{,}95$ (gegen 1,46 bei den Kaltluftmaschinen). Aus $s_1 = s_0' + x_1(s_0'' - s_0') = s_2 = s''$ mit den Bezeichnungen von Abb. 52 folgen

$$x_1 = \frac{s'' - s_0'}{s_0'' - s_0'} = \frac{2{,}046 - 0{,}959}{2{,}136 - 0{,}959} = 0.923 \text{ kg/kg} \quad \text{und}$$

$$x_4 = \frac{s' - s_0'}{s_0'' - s_0'} = \frac{1{,}079 - 0{,}959}{1{,}177} = 0{,}102 \text{ kg/kg}.$$

Die Dampfanreicherung im Verdampfer ist mithin $x_1 - x_4 = 0{,}821$ kg/kg. Als Dampfvolumina findet man

$$v_1 \approx x_1 \cdot v_0'' = 0{,}923 \cdot 0{,}418 = 0{,}386 \text{ m}^3/\text{kg} \quad \text{und}$$

$$v_4 = v_0' + x_4(v_0'' - v_0') = 0{,}00153 + 0{,}102 \cdot 0{,}418 = 0{,}044 \text{ m}^3/\text{kg}$$

und das Verhältnis von Verdichterhubraum zu dem des Entspanners

$$v_1 : v_4 = 0{,}386 : 0{,}044 = 8{,}76 : 1$$

also erheblich größer als bei der Kaltluftmaschine.

Nun nimmt 1 kg des Gemisches aus flüssigem und dampfförmigem Ammoniak bei der Verdampfung vom Zustand 4 bis Zustand 1

$$q_0 = r T_0/T = 283{,}5 \cdot 263/293 = 254{,}5 \text{ kcal/kg}$$

auf, wobei r und T zur oberen Druckhaltung p gehören. Soll stündlich eine Wärmemenge $Q_0 = 100000$ kcal von t_0 auf t gehoben werden, so sind

$$G = Q_0/q_0 = 100000/254{,}5 = 393{,}0 \text{ kg/h}$$

umzuwälzen. Die beim oberen Druck p abzuführende Wärmemenge ist

$$Q = Gr = 393{,}0 \cdot 283{,}5 = 111450 \text{ kcal/h}.$$

Das Ansaugvolumen des Verdichters ist $V_1 = G v_1 = 393{,}0 \cdot 0{,}386 = 152 \text{ m}^3/\text{h}$. Eine solche Wärmebewegung ist mit einem Aufwand von

$$AL = Q - Q_0 = 111450 - 100000 = 11450 \text{ kcal/h}$$

oder

$$N = AL/860 = 13{,}3 \text{ kW}$$

verbunden, während die Arbeit je kg ist $Al = 11450/393{,}0 = 29{,}2$ kcal/kg. Der Aufwand im Kompressor ist bei verlustloser adiabatischer Kompression

$$Al'_K = i_2 - i_1 = i'' - (i_0' + x_1 r_0) = 405{,}9 - 374{,}8 = 31{,}1 \text{ kcal/kg}.$$

Demgegenüber ist die Arbeit des Entspanners verhältnismäßig gering. Seine Füllung ist nur

$$\psi = 100\, V_3/V_4 = 100\, v'/v_4 = 3{,}7 \text{ vH}.$$

Es ist

$$Al'_M = i_3 - i_4 = i' - (i_0' + x_4 r_0) = 122{,}4 - 120{,}5 = 1{,}9 \text{ kcal/kg}$$

und die Gesamtarbeit $AL'_K - AL'_M = 393{,}0 \cdot 29{,}2 = 11450$ kcal/h wie oben. Die Leistungen der beiden Zylinder sind $N_K = AL'_K/860 = 14{,}2$ kW und $N_M = AL'_M/860 = 0{,}9$ kW.

Bei den NH_3-Kaltdampfmaschinen verzichtet man praktisch auf den Leistungsgewinn im Entspanner (Motor), indem man einfach den Druck von p auf p_0 drosselt. Abb. 54 gibt den veränderten Kreisprozeß an. Durch die Drosselung wird sowohl die aufzuwendende Arbeit AL (Fläche 12351) als auch die Kälteleistung Q_0 (Fläche 1db51) geringer. AL nimmt allerdings nicht im selben Maße wie Q_0 ab, so daß die Leistungsziffer $\varepsilon = Q_0/AL$ auch kleiner wird. Trotzdem drosselt man bei den Kaltdampfmaschinen den Druck ganz allgemein, weil die Maschinen dadurch wesentlich einfacher und billiger werden als mit Expansionszylinder und zugehörigem Triebwerk.

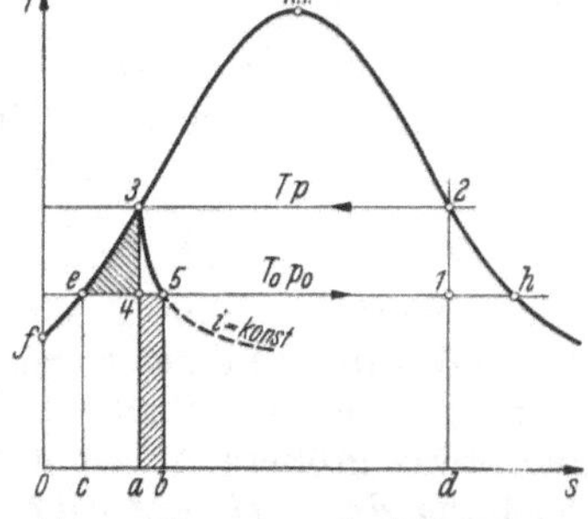

Abb. 54. Drosselung des Druckes von p auf p_0 (Zustandsänderung 3 bis 5) und Druckabsenkung mittels Expansionszylinder (Zustandsänderung 3 bis 4).

Der Drosselverlust richtet sich nach der Lage des Temperaturbereiches T/T_0 zur unteren Grenzkurve. Je größer die Temperaturspanne $T - T_0$ wird und je mehr die Obertemperatur an die kritische Temperatur heranrückt, um so geringer wird die Kälteleistung q_0. Bei einer bestimmten Temperatur wird $q_0 = 0$, nämlich dann, wenn $i_3 = i' \geqq i_1$ st; siehe den strichpunktierten Prozeß in Abb. 55.

Die beiden schraffierten Flächen in Abb. 54 sind gleich groß, denn die Wärmemenge $i_5 - i_4$ (Fläche $45ba4$) ist gleich $i_3 - i_4$, die wiederum gleich ist der Fläche $3a0f3$, also der Erzeugungswärme i_3 (Grenzkurve und Isobare fallen praktisch zusammen) abzüglich der Wärmemenge i_4.

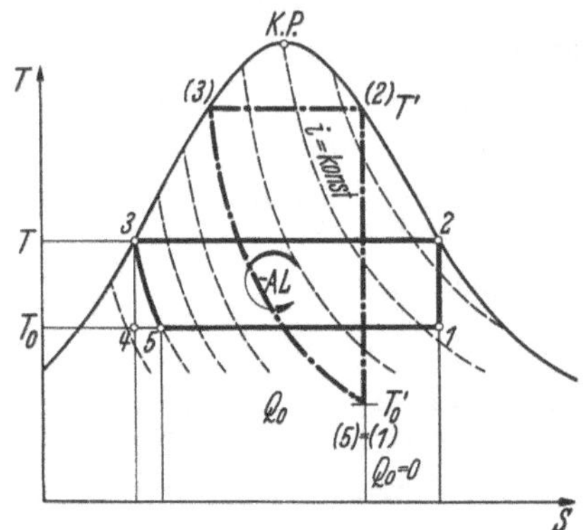

Abb. 55. Verringerung der spezifischen Kälteleistung mit zunehmender Temperaturspanne $t - t_0$.

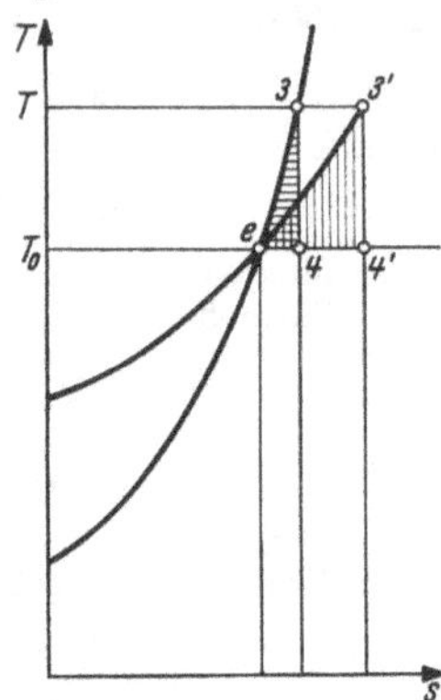

Abb. 56. Verringerung der spezifischen Kälteleistung durch Drosseln bei verschieden steiler unterer Grenzkurve.

dargestellt durch die Fläche $4a0fe4$. Auf den Drosselverlust nimmt die Steigung der unteren Grenzkurve Einfluß, wie die Beispiele in Abb. 56 zeigen (Fläche $3'4'e3' >$ Fläche $34e3$).

Der Arbeitsaufwand am Kompressor ist bei Drosselung an Stelle adiabatischer Ausdehnung

$$Al'_K = q - q_0 = T(s'' - s') - T_0(s'' - s_5).$$

Um in einfacher Weise mit den Tafelwerten rechnen zu können, setzt man nach Abb. 54

$$\begin{aligned} Al'_K &= (i_2 - i_3) - [(i_h - i_5) - (i_h - i_1)] \\ &= (i'' - i') - (i_0'' - i') + (i_0'' - i_1) \end{aligned}$$

$$\boxed{Al'_K = i'' - i_0'' + T_0(s_0'' - s'')}, \qquad (79)$$

welche Werte aus den Tafeln entnommen werden können. Der Arbeitsaufwand während eines Spiels ist Al, bezogen auf 1 kg des Kältestoffes. Er wird durch die Fläche 12351 veranschaulicht. Am Kompressor ist eine etwas größere Arbeit aufzuwenden. Aus der allgemeinen Wärmegleichung $dq = di - A\,v\,dP$ folgt für $di = 0$, daß die innere Erwärmung (Wärmezufuhr) von 3 bis 5 durch die Abnahme der Druckenergie gegeben ist. Die Kompressorarbeit $Al'_{12} = Al'_K$ ist um q_{35} größer als die Prozeßarbeit Al. Im üblichen Druckbereich ist dieser Unterschied verhältnismäßig klein. Von praktischer Bedeutung ist allein die Kompressorarbeit $AL'_K = G\,Al'_K$.

Nun hat man bei günstiger Kühlwassertemperatur noch die Möglichkeit, die Leistungseinbuße infolge von Drosselung durch Unterkühlung des Kondensats zu verringern. Mit den Bezeichnungen von

Abb. 57 muß das Kühlwasser des Kondensators eine Eintrittstemperatur von $T_{wa} \gtreqless T_3$ haben. Wenn das Kühlwasser im Gegenstrom geführt wird und der Kondensator so bemessen ist, daß gerade die Verdampfungswärme $i_2 - i_3$ ausgetauscht wird, stellt sich ein Temperaturverlauf im Kühlwasser und im Kältestoff ein wie in Abb. 58 unten. Macht man den Kondensator aber größer, so wird der Kältestoff nicht nur kondensiert, sondern noch unterkühlt, wie in Abb. 58 Mitte angedeutet ist.

Die spezifische Wärmeaufnahme

$$q_0 = i_1 - i_5 = i_1 - i_3$$

wird verbessert in

$$q_0' = i_1 - i_5' = i_1 - i_3'.$$

Der Gewinn ist $i_3 - i_3'$, wie im Bilde schraffiert ist[1].

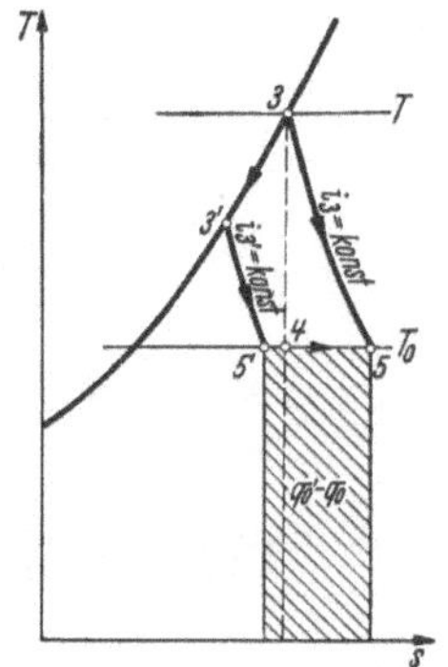

Abb. 57. Unterkühlung des Kondensats des Kältestoffes längs der unteren Grenzkurve.

Im Beispiel der NH_3-Kältemaschine

($t_0 = -10°$ C, $t = +20°$ C, $Q_0 = 100000$ kcal/h)

ergibt sich ohne Unterkühlung bei der Ablösung des Expansionszylinders durch ein Drosselorgan die Wärmeaufnahme zu

$$i_1 - i_5 = i_1 - i' = 374{,}8 - 122{,}4 = q_0$$
$$= 252{,}4 \text{ kcal/kg}$$

an Stelle von 254,5 kcal/kg mit Expansionszylinder. Der Arbeitsaufwand ist

$$Al \approx Al_K' = q - q_0 = r - q_0$$
$$= 283{,}5 - 252{,}4 = 31{,}1 \text{ kcal/kg},$$

und die Leistungsziffer wird zu

$$\varepsilon_{20}' = q_0/Al \approx 252{,}4/31{,}1 = 8{,}12$$

gegenüber einer CARNOTschen Leistungsziffer von 8,77. Wenn man annimmt, daß eine Unterkühlung des Kältestoffes bis auf $t_3' = +15°$ C durchführbar ist, so folgt mit $i_3' = 116{,}7$ kcal/kg (Wärmeinhalt der reinen Flüssigkeit bei 15° C)

$$q_0' = i_1 - i_3' = 374{,}8 - 116{,}7 = 258{,}1 \text{ kcal/kg}.$$

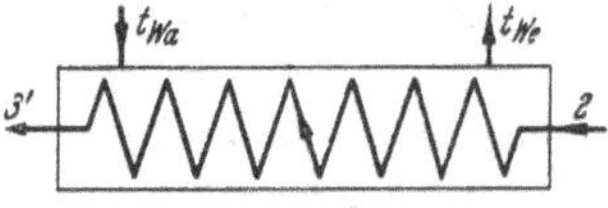

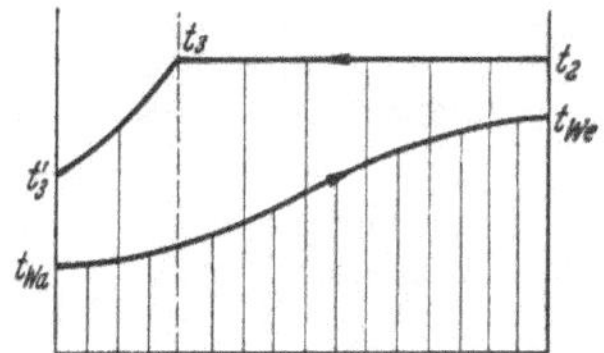

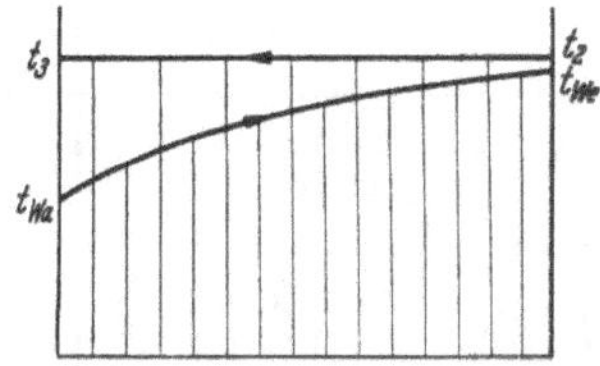

Abb. 58. Oben: Schema eines Gegenstromkondensators. Mitte: Temperaturverlauf von Kältestoff und Kühlwasser bei Unterkühlung. Unten: Verlauf bei Kondensation ohne Unterkühlung (wobei Gleich- und Gegenstrom dieselbe Wirkung haben).

Der Arbeitsaufwand ergibt sich aus folgender Überlegung: Ohne Unterkühlung wird im T, s-Diagramm (Abb. 54) die Arbeit durch die Fläche $a43215ba$ als $Al \approx q - q_0$ ausgewiesen, das ist $(i_2 - i_3) - (i_1 - i_5)$ und mit $i_3 = i_5$ auch gleich $i_2 - i_1$ oder gleich der Kompressorarbeit Al_K'. Dementsprechend erhält man bei Unterkühlung

$$Al \approx q - q_0' = (i_2 - i_3') - (i_1 - i_5') = i_2 - i_1$$

[1] Man hat international als Normtemperaturen zum Vergleich verschiedener Kältemaschinen $t_0 = t_{5'} = -15°$ C; $t = t_3 = +30°$ C; $t_{3'} = +25°$ C festgelegt.

wiederum gleich der Kompressorarbeit $A l'_K$. Siehe hierzu Abb. 59 und Abb. 60. Die Wärmezufuhr im Verdampfer ist aber jetzt $i_1 - i_5'$ und die Abfuhr im Kondensator $i_2 - i_3'$. Die Arbeit wird mithin durch die Fläche $1\,2\,3\,3'\,a\,b\,5'\,1$ dargestellt.

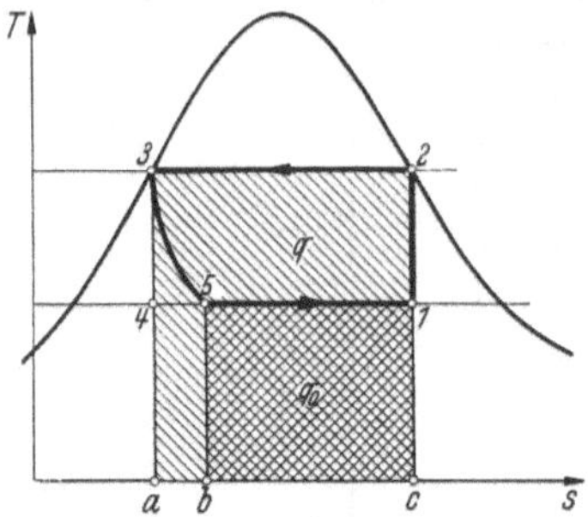

Abb. 59. Wärmemengen und Arbeit ohne Unterkühlung.

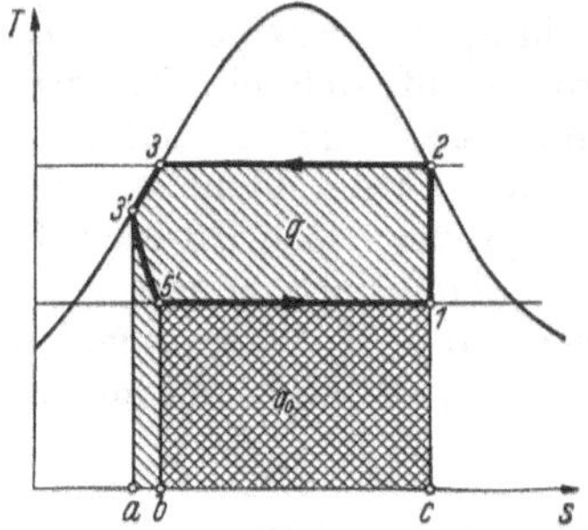

Abb. 60. Wärmemengen und Arbeit mit Unterkühlung. Die Mehrarbeit entsprechend Fläche $3'5'ba3'$ ist geringer als in Abb. 59 mit $35ba3$.

Zahlenmäßig ist $i_2 - i_1 = 31{,}1$ kcal/kg und die Leistungsziffer

$$\varepsilon_{15}' = q_0'/A l \approx 258{,}1/31{,}1 = 8{,}30 > \varepsilon_{20}' \approx 8{,}12.$$

Bei einem wirklichen Prozeß sind wegen der thermischen und mechanischen Verluste noch die Wirkungsgrade zu berücksichtigen. η_i gibt das Verhältnis der Arbeit beim verlustlosen Prozeß zu der inneren Arbeit beim wirklichen Prozeß an und hat Werte bis etwa 0,8. Die innere Kälteleistung ist nach (72)

$$K_i = \eta_i K = \eta_i\, 860\, (i_1 - i_5')/(i_2 - i_1) \tag{80}$$

in kcal/kWh. Als effektive spezifische Kälteleistung ist mit dem mechanischen Wirkungsgrad η_m

$$K_e = \eta_m K_i. \tag{81}$$

η_m liegt bei Kompressoren mit Riemenantrieb zwischen 0,80 und 0,83, bei direktem Antrieb mit einer angekuppelten Kolbendampfmaschine bei 0,85 bis 0,92. Die Leistungsziffer ist entsprechend

$$\varepsilon_i = \eta_i \varepsilon \quad \text{und} \quad \varepsilon_e = \eta_m \varepsilon_i = \eta_i \eta_m \varepsilon. \tag{82}$$

Zum Vergleich der Eignung *verschiedener Kältestoffe* seien die Ergebnisse der Rechnung bei Betrieb mit Ammoniak, Kohlendioxyd, Schwefeldioxyd und Luft für $-10°/+20°$ C und 100000 kcal/h Kälteleistung ohne Unterkühlung miteinander verglichen.

Wert	Dimension	Ammoniak NH_3	Kohlendioxyd CO_2	Schwefeldioxyd SO_2	Luft
p_0	at abs.	2,97	26,99	1,04	1,0
p	at abs.	8,74	58,46	3,35	4,4
p/p_0	—	2,95	2,17	3,22	4,4
q_0	kcal/kg	254,5	33,3	75,3	17,1
G	kg/h	393,0	3000	1330	5860
x_1	kg/kg	0,923	0,819	0,903	—
V_1	m³/h	152,0	35,5	396,0	4502
$V_1/V_{1\,NH_3}$	—	1,00	0,233	2,61	29,7
ψ_M	vH	3,7	27,0	2,2	34,0
N_K	kW	14,2	20,2	14,1	226
N_M	kW	0,9	6,9	0,8	165
N	kW	13,3	13,3	13,3	61
ε	(CARNOT)	8,77	8,77	8,77	8,77
ε mit Entspanner		8,77	8,77	8,77	1,90
ε_{20}' mit Drosselung		8,12	5,40	8,22	—

Verwendet man Kohlendioxyd als Kältestoff, so befindet man sich bei den gegebenen Temperaturen t und t_0 bereits in der Nähe des kritischen Gebietes ($t_k = 31°$ C bei CO_2 gegen 132° C bei NH_3 und 157° C bei SO_2). Die Drücke sind höher als bei den anderen Stoffen. Dadurch ist die Verdampfungswärme verhältnismäßig klein und die umlaufende Menge dem Gewicht nach groß, dem Raume nach aber wegen der großen Dichte geringer, was zur Folge hat, daß man die CO_2-Maschine kleiner baut als die für die anderen Stoffe. Das nahe kritische Gebiet bedingt, daß das Flüssigkeitsvolumen schon räumlich größeren Anteil nimmt. Infolgedessen ist die Füllung des Expansionszylinders erheblich. Der Verlust durch Drosselung wird unwirtschaftlich groß, und die Leistungsziffer fällt bei Drosselung auf $\varepsilon'_{20} = 5{,}4$ ab. Mit ε' ist die Leistungsziffer gemeint, wenn der Druck von p auf p_0 gedrosselt wird, und mit ε'_{20} diejenige bei $t_3 = 20°$ C, also ohne Unterkühlung. Es liegt auf der Hand, daß sich bei CO_2 die Unterkühlung wesentlich vorteilhafter auswirkt, als das bei den anderen Kältestoffen der Fall ist, wie nachstehende Zahlen erkennen lassen. Es ist bei Drosselung und Unterkühlung auf

Stoff	Ammoniak NH_3			Kohlendioxyd CO_2			Schwefeldioxyd SO_2		
t_3' Grad	15	10	5	15	10	5	15	10	5
q_0' kcal/kg	258,1	263,7	269,3	35,2	38,8	42,2	76,5	78,1	79,8
ε' —	8,30	8,48	8,66	6,07	6,69	7,28	8,41	8,58	8,76

gegen $\varepsilon = 8{,}77$ beim CARNOTschen Prozeß.

Während bei Ammoniak die Leistungsziffer bei Unterkühlung auf 15° C gegen Betrieb ohne Unterkühlung (20° C) von 8,12 auf 8,30 oder um 2,2 vH zunimmt, steigt sie bei CO_2 von 5,40 auf 6,07 oder um 12,4 vH an.

Die offene Kaltluftmaschine eignet sich für Kälteleistungen von 100000 kcal/h weniger gut; sie befolgt einen ungünstigen Prozeß, und ihre Abmessungen würden zu groß werden.

Durch die Unterkühlung geht auch das umlaufende Stoffgewicht und damit der Leistungsbedarf zurück, wie folgende Zahlen zeigen.

t_3' Grad bei	20	15	10	5	20	15	10	5
	NH_3				CO_2			
G kg/h	396	387	379	371	3195	2841	2577	2370
N kW	14,3	14,0	13,7	13,4	21,5	19,1	17,4	16,0

Die umlaufende Menge und der Leistungsbedarf verringern sich bei 10° Unterkühlung gegen $t_3 = 20°$ C ohne Unterkühlung bei NH_3 um 4,3 vH, hingegen bei CO_2 um 19,4 vH, wodurch die Maschinenabmessungen wiederum kleiner werden.

β) Ungesättigte Kaltdämpfe (trockenes Arbeiten).

Eine weitere Möglichkeit, die Maschinenabmessungen zu verkleinern, besteht darin, daß man den Anfangspunkt der Kompression (Zustands-

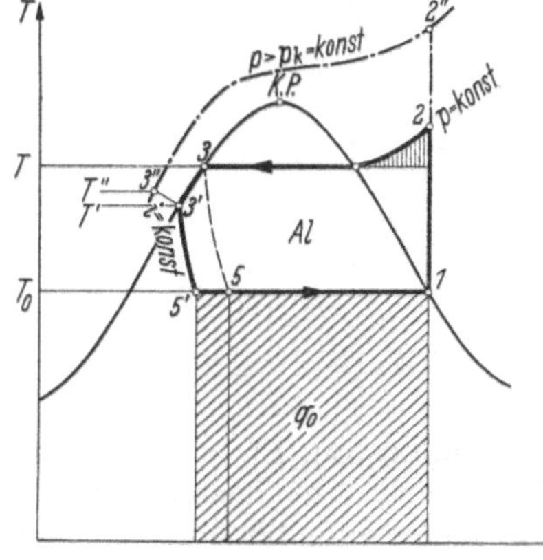

Abb. 61. Trockenes Arbeiten mit Kompressionskältemaschinen.

punkt 1 in den T, s-Diagrammen) bis an die Grenzkurve ($x = 1$) heranschiebt. Dadurch wird die Verdampfungswärme des Kältestoffes besser

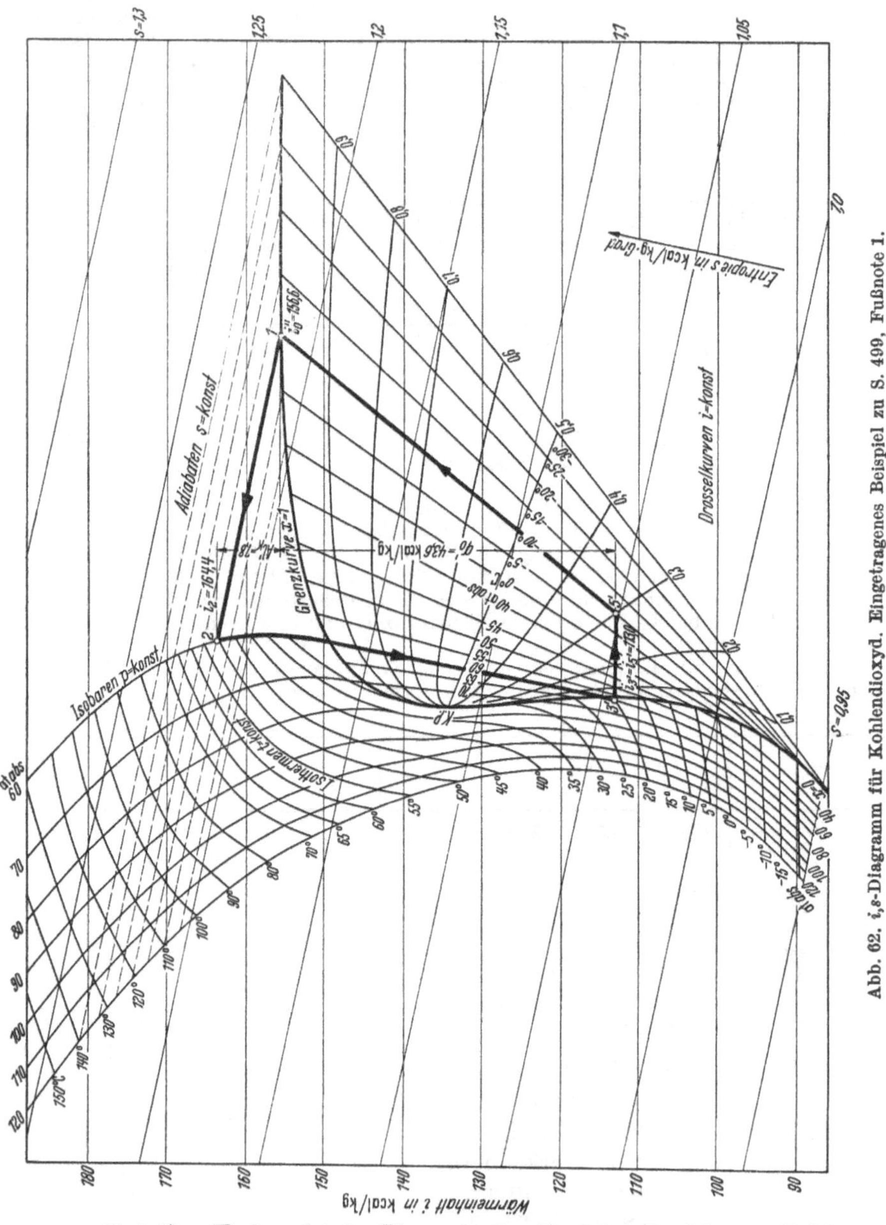

Abb. 62. i, s-Diagramm für Kohlendioxyd. Eingetragenes Beispiel zu S. 499, Fußnote 1.

ausgenützt. Der Endpunkt der Kompression liegt im überhitzten Gebiet. Man zieht heute allgemein vor, im Verdampfer Wärme bis zur trockenen Sättigung aufzunehmen. Wie das Beispiel zeigt, macht sich das besonders bei Kohlendioxyd bemerkbar (x_1 geht von 0,819 im Beispiel bis auf 1,000). Es darf dabei allerdings nicht übersehen werden, daß die Isobaren im T, s-Diagramm im überhitzten Gebiet ansteigen. Da die Wärme im Kondensator bei der Temperatur T abgegeben wird, ist dieser Temperaturanstieg jenseits der Grenzkurve mit einem Verlust verbunden. Je näher der Oberdruck am kritischen Punkt liegt ($p_k = 75$ at abs. bei CO_2), um so weniger steil steigen die Isobaren an, um so geringer ist auch der Verlust (schraffierter Zwickel in Abb. 61). Auch in dieser Hinsicht verhält sich CO_2 günstiger als andere Stoffe

Die rechnerische Verfolgung der Zustandsänderungen des ungesättigten Dampfes in der Nähe des kritischen Gebietes bereitet Schwierigkeiten, weil für die Beziehung $Pv^n =$ konst. kein bestimmter Exponent mehr angegeben werden kann. Man benötigt hier ein i, s-Diagramm für CO_2 oder Dampftabellen für das überhitzte Gebiet. Von R. MOLLIER ist für diesen Zweck ein schiefwinkliges i, s-Diagramm angegeben worden; siehe Abb. 62. Außerdem liegt eine Zahlentafel V an, aus der die Werte für das Volumen von 1 kg CO_2 bei verschiedenen Drücken und Temperaturen im fraglichen Gebiet entnommen werden können.

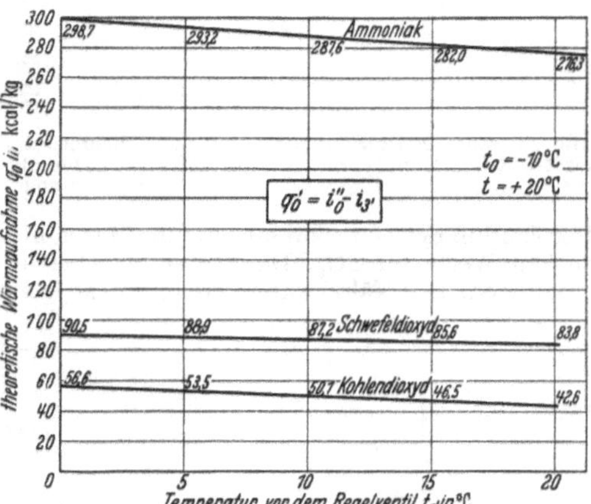

Abb. 63. Zum Beispiel −10° C/+20° C. Theoretische Wärmeaufnahme je kg Kältestoff bei trockengesättigtem Dampf vorm Kompressor, Drosselung und verschieden starker Unterkühlung.

Für das Beispiel —10° C/+20° C ist in Abb. 63 die Wärmeaufnahme

$$q_0' = i_0'' - i_{3'} = i_1 - i_{3'} \tag{83}$$

in kcal/kg ohne (3) und mit (3') verschieden starker Unterkühlung aufgetragen. Die Linien sind schwach gekrümmt[1], erscheinen aber im Maßstab des Diagramms als Gerade. Der Lage zur Grenzkurve entsprechend ist q_0' am größten bei NH_3 und am kleinsten bei CO_2. Für eine bestimmte Kälteleistung Q_0 wird dadurch die umlaufende Stoffmenge bei NH_3 dem Gewicht nach am kleinsten.

In Abb. 64 ist die theoretische spezifische Kälteleistung

$$K' = 860\,\varepsilon' = 860\,(i_0'' - i_3')/(i_2 - i_0'') \tag{84}$$

angegeben. Sie steigt mit der Unterkühlung stark an, am meisten bei CO_2.

In Abb. 65 ist die Wärmeaufnahme q_0' über der Verdampfertemperatur t_0 für verschiedene Temperaturen vor dem Regulierventil aufgezeichnet, und zwar je m³. Diese Zahlen kennzeichnen das Ansaugevolumen des Kompressors und sind wichtig für die Maschinenabmessungen. Bei $t_0 = -10$° C sind theoretisch zu erreichen

bei +10° C vor dem Regulierventil rund	687 kcal/m³
+20	660
+30	633

[1] Mit zunehmender Unterkühlung (sinkender Temperatur $t_{3'}$) immer schwächer als linear ansteigend.

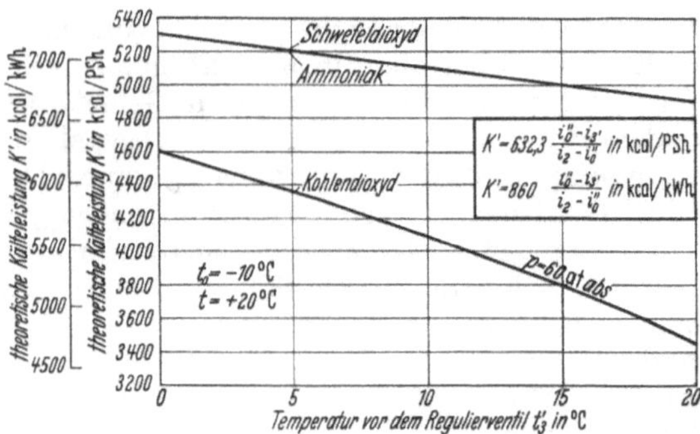

Abb. 64. Zum Beispiel $-10\,°C/+20\,°C$. Theoretische spezifische Kälteleistung bei trockengesättigtem Dampf vorm Kompressor (wie Abb. 61), Drosselung und verschieden starker Unterkühlung.

Der Einfluß der Unterkühlung auf die Maschinengröße ist nicht bedeutend. Abb. 66 enthält Werte für CO_2. Die Linien 20° C/60 at abs. und 25° C/100 at abs. fallen zusammen. Die Kälteleistung sinkt mit steigendem Druck, der wegen der hohen Temperatur t_3 (35° C schon überkritisch) nötig ist. Man wendet Drücke bis 120 at an. Für $Q_0 = 100\,000$ kcal/h und $-10\,°C/+20\,°C$ ist das Ansaugevolumen bei

$$NH_3 = 151{,}2\ m^3$$

und bei

$$CO_2 = 32{,}6\ m^3,$$

also nur etwa $^1/_5$ davon.

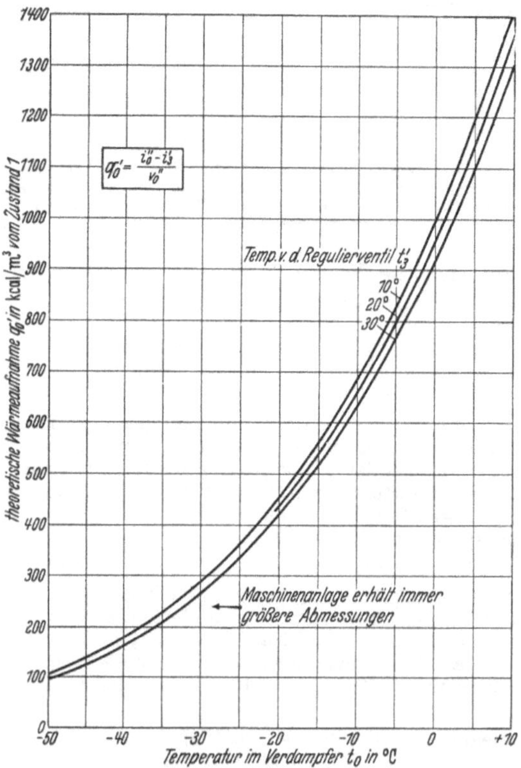

Abb. 65. Theoretische Wärmeaufnahme je m³ trockengesättigten Dampf von Ammoniak vorm Kompressor, abhängig von der unteren Temperatur t_0 bei verschiedener Temperatur t_3' vor dem Regulierventil.

Bei NH_3 und SO_2 befindet man sich im üblichen Temperaturbereich der Kältemaschinen in einem Teile des überhitzten Gebietes, in dem bei adiabatischen Zustandsänderungen der Exponent $\varkappa$ mit genügender Genauigkeit gleich 1,3 gesetzt werden kann, wie beim überhitzten Wasserdampf. Genauer ist $\varkappa$ bei Schwefeldioxyd etwas kleiner als bei Ammoniak, siehe Zahlentafel I, Teil A. Es ist dann

$$Al \approx i_2 - i_1 = \frac{\varkappa}{\varkappa - 1} A\, 10^4 p_0 v_0'' \left[(p/p_0)^{(\varkappa-1)/\varkappa} - 1\right] \qquad (85)$$

mit $(\varkappa - 1)/\varkappa = 3/13$. Arbeitet man im Beispiel bis auf trockengesättigten Dampf im Verdampfer, so ergeben sich folgende Werte, wenn der Kältestoff vom Zustand $i_3 = i'$ bei p, $t = 20°$ C auf den Druck p_0 gedrosselt wird.

		Ammoniak	Kohlendioxyd[1]	Schwefeldioxyd
$Al \approx i_2 - i_1$	kcal/kg	35,7	7,8	10,8
$q_0 = i_0'' - i'$	kcal/kg	276,3	43,6	83,8
$\varepsilon_{20}' = q_0/Al$	—	7,74	5,59	7,76
$G = Q_0/q_0$	kg/h	361,9	2300	1194
$V_1 = Gv_0''$	m³/h	151,2	32,6	394,0

Wie man im Vergleich zum nassen Arbeiten (Tabelle S. 494) sieht, wird der Arbeitsaufwand in kcal/kg größer, ebenso aber auch die Kälteleistung q_0 in kcal/kg. Da die Arbeit bei Ammoniak und Schwefeldioxyd in stärkerem Maße zunimmt, fällt die Leistungsziffer ε_{20}' dort gegenüber nassem Betrieb etwas ab, gleichzeitig auch das umlaufende Gewicht. Das Volumen im Ansaugezustand V_1 des Kompressors ist nur um weniges geringer geworden, weil zwar das Gewicht abnimmt, das spezifische Volumen aber größer wird. Die Frage ist nun, wo der Vorteil des trockenen Verfahrens liegt.

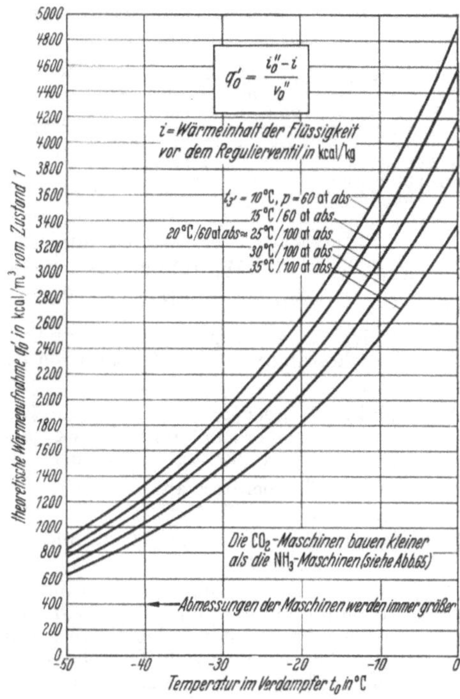

Abb. 66. Theoretische Wärmeaufnahme je m³ trockengesättigten Kohlendioxyddampf vorm Kompressor, abhängig von der unteren Temperatur t_0 bei verschiedenen Temperaturen t_3' vor dem Regulierventil.

Im praktischen Betrieb spielen neben Wärmeeinbrüchen in die kalten Teile der Anlage die von den Wänden des Kompressors aufgenommenen Wärmemengen eine große Rolle. Während der Kompression steigt die Temperatur. Der Wandeinfluß ist bei überhitztem Dampf wegen des schlechteren Wärmeüberganges wesentlich geringer als bei nassem Dampf. Außerdem macht sich der schädliche Raum des Kompressors nicht so unangenehm bemerkbar, an dessen Wänden bei nassem Betrieb Tröpfchen zurückbleiben, die verdampfen und den volumetrischen Wirkungsgrad drücken.

Den wirklichen Prozeß mit einem NH_3-Kompressor bei trockenem Betrieb zeigt Abb. 67. Die innere Arbeit L_i ist durch die Strömungswiderstände und die Wandwirkung größer als die theoretische. Dazu kommen noch Mehrarbeit durch Stoffverluste und mechanische Verluste.

[1] Bei $p = 60$ at abs. Siehe hierzu das in Abb. 62 eingetragene Beispiel.

Die langsamlaufenden Kompressoren werden im allgemeinen doppeltwirkend ausgeführt, wobei man bedacht ist, den schädlichen Raum möglichst klein zu halten. Langsamläufer Bauart Linde werden mit kugeligen Kolbenböden und entsprechend ausgesparten Zylinderdeckeln ausgestattet, wodurch der schädliche Raum bis auf $^1/_2$ bis 1 vH vermindert werden kann. Schnelläufer baut man vorzüglich einfachwirkend. Nach PLANK liegt der Wärmedurchgang Q bei Tauchkondensatoren bei 1200 bis 1500 kcal/m²h, wobei der Kältestoff bis etwa 5° an das Kühlwasser herangekühlt wird. Bei Doppelrohrkondensatoren mit 3° Temperaturspanne erreicht man $Q = 4000$ bis 6000. Berieselungskondensatoren haben $Q = 900$ bis 1200 in Gleichstrom bei $\Delta t = 5°$ und 3000 bis 5000 in Gegenstrom bei $\Delta t = 3°$. Der effektive Leistungsbedarf bewegt sich im üblichen Temperaturbereich bei Kleinkältemaschinen (500 bis 10000 kcal/h Kälteleistung) um $^3/_4$ kW/1000 kcal/h, gute Ausführung vorausgesetzt, und geht bei Großanlagen bis auf 0,22 kW/1000 kcal/h herunter.

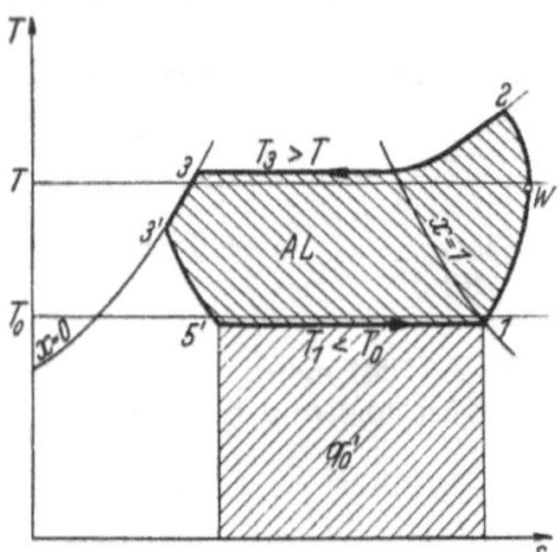

Abb. 67. Wirkliches T, s-Diagramm einer Kompressionskältemaschinen-Anlage. Fläche unter 1 bis W Wärmeaufnahme von Kompressorwand, W bis 2 Wärmeabgabe an Kompressorwand, 2 bis 3' Wärmeabgabe an Kühler, 5' bis 1 Wärmeaufnahme in Verdampfer.

Beispiel. An einer im Betrieb befindlichen NH_3-Kältemaschinen-Anlage mit einer Kälteleistung von 150000 kcal/h werden folgende Temperaturen und Drücke gemessen:

Ammoniak: Temperatur am Anfang und Ende des Verdampfers $t_5 = t_1 = -20$ °C; Temperatur und Druck hinter dem Kompressor $t_2 = 45$ °C, $p = 11{,}90$ at abs., Temperatur vor dem Drosselventil $t_3' = 23$ °C.

Sole: Temperatur am Aus- und Eintritt des Verdampfers $t_a = -12$ °C, $t_e = -17$ °C.

Kühlwasser: Temperatur am Ende und Anfang des Kondensators $t_{w1} = 18$ °C, $t_{w2} = 25$ °C.

Es ist der Kreisprozeß im T, s-Diagramm maßstäblich aufzuzeichnen. Wie groß ist die Leistungsziffer ε' und die spezifische Kälteleistung K', wenn die Wärmeeinbrüche insgesamt 14 vH der Kälteleistung und die Drosselverluste insgesamt 12 vH des theoretischen Arbeitsbedarfes ausmachen? Der NH_3-Kompressor wird durch einen Elektromotor angetrieben. Wie groß ist die Leistung des Antriebsmotors, wenn der mechanische Wirkungsgrad des gesamten Antriebes 84 vH beträgt? Wie groß ist die stündlich umlaufende Solemenge, wenn die Sole eine spezifische Wärme von 0,66 kcal/kg · Grad und ein spezifisches Gewicht von 1200 kg/m³ hat? Wie groß ist die erforderliche Kühlwassermenge? Siehe Zahlentafel VII.

Zu -20 °C: $i_0' = 78{,}2$; $i_0'' = 395{,}5$; $r_0 = 317{,}3$ kcal/kg.

Zu $+23$ °C: $i_3' = 125{,}8$ kcal/kg $= i_5$; $x_5 = (i_5 - i_0')/r_0 = 0{,}150$ kg/kg.

Zu 11,90 at abs.: $s'' = 2{,}019$; $t = +30$ °C. NH_3-Dampf $c_p = 0{,}60$.

$s_2 = s'' + c_p (\ln T_2 - \ln T) = 2{,}019 + 0{,}60\,(\ln 318 - \ln 303) = 2{,}048 = s_1$;

$s_0'' - s_0' = 1{,}254$; $x_1 = (s_1 - s_0')/(s_0'' - s_0') = 0{,}901$; $i_1 = i_0' + x_1 r_0 = 364{,}1$ kcal/kg;

Wärmeaufnahme $q_0' = i_1 - i_5 = i_1 - i_3' = 238{,}3$ kcal/kg;

Wärmeabfuhr $q = i_2 - i_3' = i'' + c_p(t_2 - t_3) - i_3' = 290{,}6$ kcal/kg mit $i'' = 407{,}4$ kcal/kg zu $+30$ °C.

$A l \approx q - q_0' = 52{,}3$ kcal/kg $= A l_{21}'$.

Grenzkurvenschnitt bei a, siehe Abb. 68. $s_a'' = s_1 = s_2 = 2{,}048$, dazu $t_a = 19{,}3°$ C, $v_a'' = 0{,}152$ m³/kg, $p_a = 8{,}70$ at abs. und $i_a'' = 405{,}7$ kcal/kg.

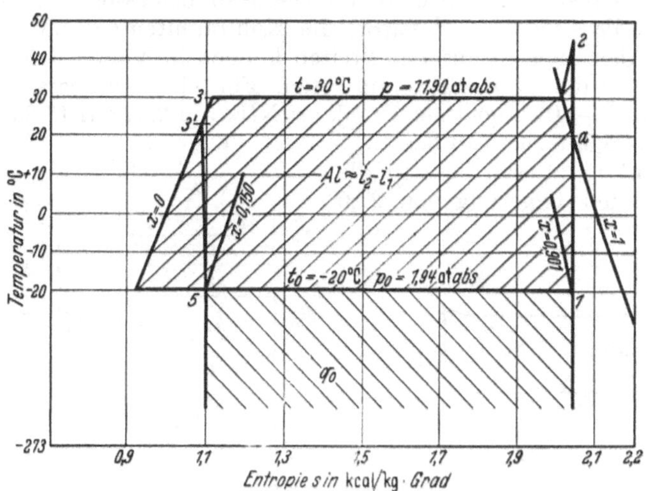

Abb. 68. Wärmediagramm zum Beispiel S. 500.

$$A l_{2a}'' = A \frac{\varkappa}{\varkappa - 1} 10^4 p_a v_a'' \left[\left(\frac{p}{p_a}\right)^{(\varkappa-1)/\varkappa} - 1\right] = 10{,}7 \text{ kcal/kg}$$

mit $\varkappa = 1{,}3$. Demnach zur Kontrolle $A l_{21}' = i_a'' - i_1 + A l_{2a}' = 405{,}7 - 364{,}1 + 10{,}7 = 52{,}3$ kcal/kg.

Leistungsziffer CARNOT $\varepsilon = T_0/(T - T_0) = 5{,}06$;
Prozeß $\varepsilon' = q_0'/A l = 238{,}3/52{,}3 = 4{,}56$;
$K' = 860\,\varepsilon' = 3920$ kcal/kWh.
$q_{0i} = 0{,}86 \cdot q_0' = 204{,}9$ kcal/kg;
$A l_i = 1{,}12 \cdot A l = 58{,}5$ kcal/kg; $\varepsilon_i = 3{,}50$;
$K_i = 860 \cdot 3{,}50 = 3010$ kcal/kWh.
Umlaufende Menge an NH_3:

$$Q_0 = G q_{0i} = 150000 \text{ kcal/h};$$
$$G = 150000/204{,}9 = 732 \text{ kg/h}.$$

Leistung des Elektromotors:

$$N_e = Q_0/K_i \eta_m = \frac{150000}{3010 \cdot 0{,}84} = 60 \text{ kW}.$$

Kälteleistung: $K_e = 0{,}84 \cdot 3010 = 2530$ kcal/kWh;
Arbeitsbedarf: 0,400 kWh/1000 kcal.

Solemenge: $Q_0 = G_S c_S (t_a - t_e)$; $G_S = 150000/0{,}66 \cdot 5 = 45400$ kg/h;
$V_S = 45400/1200 = 38{,}0$ m³/h.

Kühlwassermenge: $q_i = q_{0i} + A l_i + 0{,}14\, q_0'\, T_u/T_o = 204{,}9 + 58{,}5 + 38{,}5 = 301{,}9$ kcal/kg;
$G_W = G q_i / c_W (t_{w2} - t_{w1}) = 31580$ kg/h; $V_W =$ rund 31,6 m³/h.

Mehrstufige Verdichtung. 20° C Obertemperatur sind verhältnismäßig günstig. Nicht selten ist das Kühlwasser 20 bis 30° C warm, und die

Temperatur des Kältestoffes liegt am Ende des Kondensators bei 25 bis 35° C. Noch höher liegen die Obertemperaturen in den Tropen. Die Kälteanlagen in Kühlschiffen müssen so bemessen sein, daß sie auch beim Passieren des Äquators die Kühlraumtemperatur aufrechterhalten. Aber auch in unseren Breiten können in heißen Jahreszeiten Obertemperaturen von 40° C auftreten. Für eine Temperaturspanne von -10 auf $+40$° C geht der Druck bei NH_3 von 2,97 auf 15,85 at abs., das ist das 5,33fache. Bei den CO_2-Maschinen kommt es in diesem Falle zu einer Drucksteigerung von 27,0 auf mehr als kritischen Druck (über 75 at). Wenn der Druckunterschied so groß wird, baut man zweistufige Kompressoren.

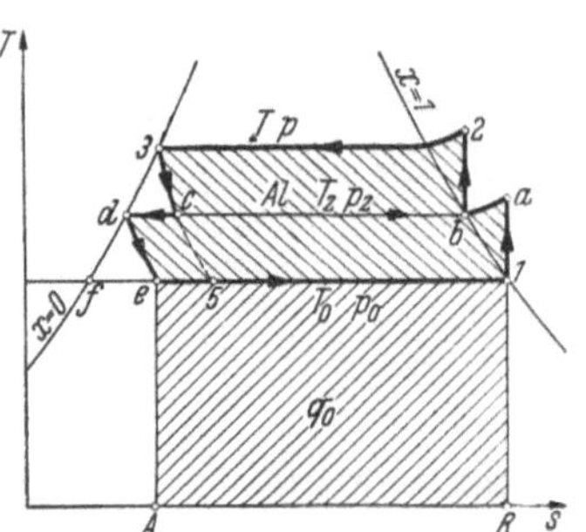

Abb. 69. T, s-Diagramm bei zweistufigem Prozeß.

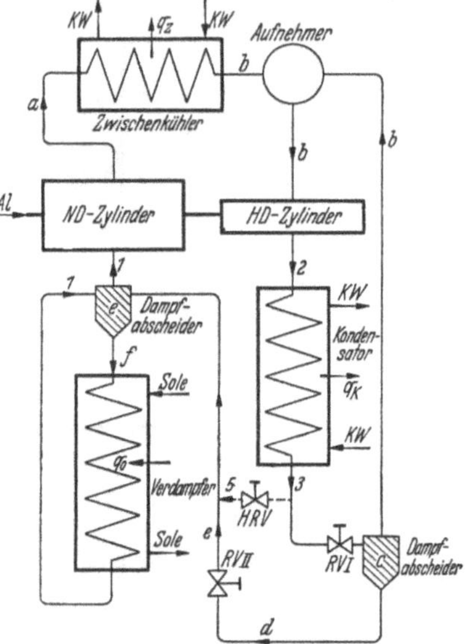

Abb. 70. Schema einer zweistufigen Anlage.

Das Schema einer zweistufigen NH_3-Kältemaschine ist in Abb. 70 dargestellt, wozu das T, s-Diagramm Abb. 69 gehört. Der ND-Zylinder saugt trockengesättigten NH_3-Dampf vom Zustand 1 (p_0, t_0, $x = 1$) an und verdichtet ihn auf den Druck p_z und Temperatur t_a im überhitzten Gebiet (Zustandspunkt a). In einem gekühlten Aufnehmer wird dem Dampf die Überhitzung genommen, und in diesem Zustand (b) wird er vom HD-Zylinder angesogen und auf den Zustand 2 (p, t_2) verdichtet. Der Dampf wird dann im Kondensator niedergeschlagen und nimmt den Zustand 3 an. Mit Hilfe des Regulierventiles *RV I* wird der Dampfdruck auf den Aufnehmerdruck gedrosselt (Zustand c), und das Gemisch gelangt in einen Dampfabscheider. Hier wird der dampfförmige Anteil $(\overline{dc}/\overline{db})$ abgeschieden (Zustand b) und in den Aufnehmer zurückgeleitet. Das flüssige Ammoniak aber wird erneut gedrosselt (Regulierventil *RV II*) und geht im Zustand e über einen zweiten Dampfabscheider in den Verdampfer. Der Dampfanteil $(\overline{fe}/\overline{f1})$ geht unmittelbar in den ND-Zylinder, während sich die Flüssigkeit im Verdampfer mit der Wärme belädt, die die Sole abgibt, die ihrerseits durch den Kühlraum fließt. Zur Regelung besteht außerdem noch die Brücke vom Zustand 3 nach 5 durch das Hilfsregulierventil HR.

Beispiel. Angenommen, die Kühlraumtemperatur ist $t_0 = -10°$ C und die Temperatur im Kondensator ist 45° C. Dazu gehören $p_0 = 2{,}97$ und $p = 18{,}17$ at abs. bei Ammoniak. Wählt man die Zwischentemperatur zu $t_z = 25°$ C, so ist ein Druck $p_z = 10{,}23$ at abs. zugeordnet. Die Kompressorarbeit ist im ND-Teil

$$i_a - i_1 = \frac{\varkappa}{\varkappa - 1} 10^4 A p_0 v_0'' \left[\left(\frac{p_z}{p_0}\right)^{(\varkappa - 1)/\varkappa} - 1\right]$$

$$= \frac{13}{3} \cdot \frac{29660}{427} 0{,}418 \cdot 0{,}335 = 42{,}1 \text{ kcal/kg}$$

und im HD-Teil

$$i_2 - i_b = \frac{13}{3} \cdot \frac{102300}{427} 0{,}128 \cdot 0{,}142 = 18{,}8 \text{ kcal/kg}.$$

Es ist

$i_1 = 398{,}7$ kcal/kg; $\quad i_a = 398{,}7 + 42{,}1 = 440{,}8$ kcal/kg;

$i_b = 406{,}8$ kcal/kg; $\quad i_2 = 406{,}8 + 18{,}8 = 425{,}6$ kcal/kg;

$i_3 = 151{,}4$ kcal/kg $= i_c$; $\quad i_d = 128{,}1$ kcal/kg $= i_e$;

$i_f = 89{,}0$ kcal/kg;

$i_c = i_d + x_c(i_b - i_d)$; $\quad x_c = (i_c - i_d)/(i_b - i_d) = 0{,}0836$ kg/kg;

$i_e = i_f + x_e(i_1 - i_f)$; $\quad x_e = (i_e - i_f)/(i_1 - i_f) = 0{,}1263$ kg/kg;

Aufgewandte Arbeit, bezogen auf 1 kg vom Zustand 1:

ND-Zylinder $i_a - i_1 = 440{,}8 - 398{,}7 =$	42,1 kcal
HD-Zylinder[1] $(i_2 - i_b)/(1 - x_c) = 18{,}8 \cdot 1{,}091 =$	20,5 kcal
	$A l_K' =$ 62,6 kcal

Zugeführte Wärme

Verdampfer $i_1 - i_e = 398{,}7 - 128{,}1 =$	$q_0 = 270{,}6$ kcal

Abgeführte Wärme

Zwischenkühler $i_a - i_b = 440{,}8 - 406{,}8$	$q_z =$ 34,0 kcal
Kondensator $(i_2 - i_3)/(1 - x_c) = 274{,}2 \cdot 1{,}091 =$	$q_K = 299{,}2$ kcal
	$q = 333{,}2$ kcal

d. h. $q_0 + A l_K' = q$ oder $270{,}6 + 62{,}6 = 333{,}2$ kcal/kg.

Die Leistungsziffer ergibt sich zu

$$\varepsilon' \approx q_0/A l_K' = 270{,}6/62{,}6 = 4{,}32 \quad \text{gegenüber}$$
$$\varepsilon = T_0/(T - T_0) = 263/55 = 4{,}78 \quad (\text{Carnot}).$$

Wenn der innere Wirkungsgrad η_i aus Erfahrung für derartige Anlagen mittlerer Kälteleistung mit 75 vH und der mechanische Wirkungsgrad mit 88 vH angenommen werden kann, so erhält man für den wirklichen Prozeß einen Bedarf an mechanischer Arbeit von

$$A l_i = A l/\eta_i = 62{,}6/0{,}75 = 83{,}5 \text{ kcal/kg}$$

und

$$A l_e = A l_i/\eta_m = 83{,}5/0{,}88 = 95 \text{ kcal/kg},$$

wozu sich $\varepsilon_i' = 3{,}24$ und $\varepsilon_e' = 2{,}85$ ergeben. Bei $Q_0 = 100000$ kcal/h effektiver Kälteleistung laufen stündlich

$$G = 100000/0{,}75 \cdot 270{,}6 = 493 \text{ kg}$$

um. Die effektive Antriebsleistung ist

$$N_e = G A l_e/860 = [100000/270{,}6 \cdot 860]\, 95 = 40{,}8 \text{ kW}$$

[1] Man kann das leicht einsehen. Die im Dampfabscheider bei c abgesonderte Dampfmenge sei m. Der HD-Zylinder verdichtet dann $1 + m$ kg je kg Ammoniak im Zustand 1. Diese $1 + m$ kg strömen von 3 her dem Dampfabscheider bei c zu, und $(1 - x_c)(1 + m) = 1$ kg davon laufen flüssig ab und werden dem ND-Zylinder wieder in Dampfform zugeführt (Zustand 1). Mithin ist die Verdichterarbeit im HD-Zylinder das $(1 + m)$fache oder das $1/(1 - x_c)$fache von 1 kg.

oder 2450 kcal/h Kälteleistung je kW effektive Antriebsleistung, oder auch zu errechnen mit der spezifischen Kälteleistung

$$K_e = 860 \cdot \varepsilon_e' = 2450 \text{ kcal/kWh}$$

gegenüber $K = 860 \cdot \varepsilon \approx 4100$ kcal/kWh beim CARNOTschen Prozeß. Je 1000 kcal zu heben werden effektiv $\approx 0{,}4$ kWh benötigt.

18. Wasser als Kältestoff.

Wasser wäre als idealer Kältestoff anzusprechen, wenn seine Sättigungsdrücke im Anwendungsbereich höher lägen. Wollte man durch eine mit Wasser bzw. Wasserdampf betriebene Kompressionskältemaschine bei 20° C Umgebungstemperatur eine untere Temperatur von $t_0 = 0°$ C aufrechterhalten, so würden sich für 1 kg Wasser, verglichen mit 1 kg NH_3 unter denselben Umständen, folgende Werte ergeben:

Stoff	Druck p_0 at abs.	Druck p at abs.	Kälte $q_0 = i_0'' - i'$ kcal/kg	Arbeit Al kcal/kg	Leistungsziffer	V_1 m³ je 1000 kcal
Wasser	0,00623	0,0238	577,2	47,37	12,2	358
Ammoniak . .	4,38	8,74	279,1	22,45	12,4	1,04

Wasser, das besonders den Vorteil hat, billig und ungiftig zu sein, müßte bei nahezu absolutem Vakuum arbeiten, wobei sich Undichtheiten sehr schädlich auswirkten, und würde ganz übermäßige Maschinenabmessungen verlangen.

Wasser, dem man bei mäßigen Temperaturen unter 0° C Salz zusetzt, bewährt sich aber als Kältestoff in den sog. *Wasserdampf-Strahl-Kältemaschinen*, in welchen das große Dampfvolumen verhältnismäßig leicht verarbeitet werden kann. Frischer Wasserdampf strömt durch einen Strahlapparat mit hoher Geschwindigkeit und reißt die kalten Dämpfe aus dem Verdampfer durch eine Verdichtungsdüse mit erweitertem Fortsatz mit. Bei dem höheren Druck p wird das Gemisch im Kondensator, der durch Kühlwasser kalt gehalten wird, niedergeschlagen und die Kondensationswärme entzogen. Von diesem Kondensat wird über das Regelventil RV dem Verdampfer wieder so viel Wasser zugeführt, daß der Wasserstand unveränderlich bleibt. Das übrige Kondensat wird ins Freie gepumpt. Bei der Entspannung des kalten Wassers auf den Verdampferdruck geht ein Teil in Dampf über und entzieht dem flüssigen Wasser die Verdampfungswärme. Das kalte Wasser wird durch eine weitere Pumpe abgezogen und durch den Kühlraum gedrückt, wo es Wärme aufnimmt, um dann wieder über eine Brause in den Verdampfer zu gelangen. Unterwegs wird soviel Frischwasser zugesetzt, wie nach dem Kondensator ins Freie entlassen wird, abzüglich der Zufuhr an Frisch- und Gegendruckdampf. Es ist gebräuchlich, zum Antrieb der Pumpen Gegendruckturbinen zu benutzen und deren Abdampf in Mischung mit Frischdampf dem Strahlapparat zuzuführen. Siehe hierzu das Schema Abb. 71.

Es mögen dem Strahlapparat G_D kg/h Frischdampf vom Zustand p_D, t_D, i_D, s_D zugeführt werden. Aus dem Verdampfer werden damit

G kg/h Kaltdampf herausgezogen. Die Flüssigkeit im Verdampfer hat den Zustand p_0, t_0, i_0, s_0. Aus dem Strahlapparat geht Mischdampf vom Zustand p, t, i, s in den Kondensator. Gegenüber dem Zustand

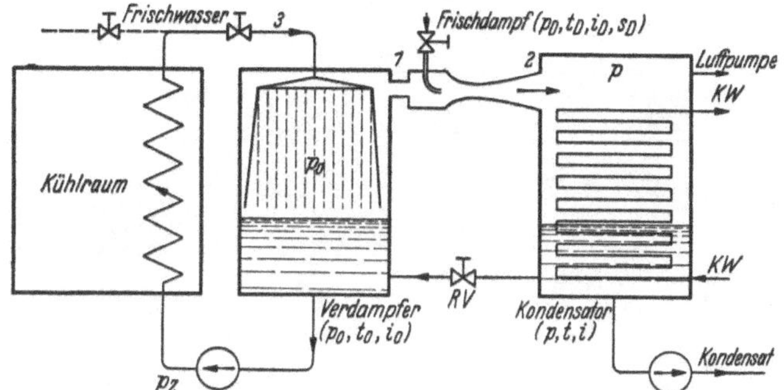

Abb. 71. Schema einer Kälteanlage mit Dampfstrahlpumpe. Kältestoff Wasser.

der siedenden Flüssigkeit im Verdampfer (p_0, t_0, i_0', s_0') hat der Frischdampf eine Arbeitsfähigkeit von

$$G_D A l_D' = G_D \left[i_D - i_0' - (s_D - s_0') T_0 \right] \tag{86}$$

in kcal. Vgl. hierzu auch Teil A, Abschnitt 48/49. Der Mischdampf nimmt diese Arbeitsfähigkeit auf und hat beim Eintritt in den Kondensator

$$(G + G_D) A l' = (G + G_D) \left[i - i_0' - (s - s_0') T_0 \right] \tag{87}$$

in kcal. Aus

$$G_D A l_D' = (G + G_D) A l'$$

folgt

$$G_D (A l_D' - A l') = G A l'$$

und das Gewichtsverhältnis von Kaltdampf zu Frischdampf

$$\frac{G}{G_D} = \frac{A l_D' - A l'}{A l'}. \tag{88}$$

Wenn das Rücklaufwasser eine Temperatur von t_3 hat, so erhält man eine Kälteleistung von

$$Q_0 = G q_0 = G (i_0'' - t_3)$$

je kg Frischdampf. Daraus ergibt sich schließlich für die Leistungsziffer:

$$\boxed{\varepsilon = \frac{Q_0}{G_D A l_D'} = \frac{G}{G_D} \frac{q_0}{A l_D'}}. \tag{89}$$

Beispiel. Wir groß ist die Leistungsziffer der verlustlosen Anlage, wenn die Temperatur im Verdampfer auf $t_0 = 0°$ C und im Kondensator auf $t = 20°$ C gehalten wird? Zugeführt wird trockengesättigter Dampf von 10 at abs. ($i_D'' = 663{,}0$, $s_D'' = 1{,}574$). Die Rücklauftemperatur sei $t_3 = 3°$ C. Aus dem Verdampfer soll keine Flüssigkeit mitgerissen werden, und der Mischdampf soll trockengesättigt in den Kondensator eintreten (siehe Abb. 72).

Zu $t = 0°$ C: $i_0' = 0{,}0$ und $i_0'' = 597{,}2$; zu 20° C: $i'' = 606{,}0$ und $s'' = 2{,}070$.

$$A\,l_D' = i_D'' - i_0' - (s_D'' - s_0')\,T_0 = 663{,}0 - 1{,}574 \cdot 273 = 233{,}0 \text{ kcal/kg};$$

$$A\,l' \;= i'' - i_0' - (s'' - s_0')\,T_0 = 606{,}0 - 2{,}070 \cdot 273 = \;\;41{,}0 \text{ kcal/kg}.$$

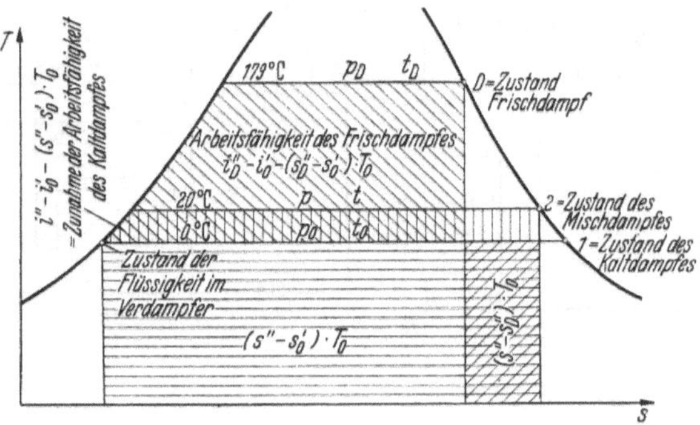

Abb. 72. Austausch an Arbeitsfähigkeit im Wärmediagramm zum Beispiel S. 505.

Auf 1 kg Frischdampf entfallen

$$G = \frac{233 - 41}{41} = 4{,}68 \text{ kg}$$

Kaltdampf. Die Kälteleistung je kg Frischdampf findet man zu

$$Q_0 = 4{,}68\,(597{,}2 - 3) = 2780 \text{ kcal},$$

und die Leistungsziffer ist

$$\varepsilon = 2780/233 = 11{,}95.$$

Beim CARNOTschen Prozeß wäre die Leistungsziffer 273/20 = 13,65.

Praktische Einbußen. Die Forderung, daß kein Wasser beim Ansaugen des Kaltdampfes mitgerissen wird, ist kaum zu verwirklichen, obwohl der Dampfraum im Verdampfer sorgfältig gegen den Regen abgeschirmt wird. Bei 5 vH mitgerissener Feuchtigkeit ist die Kälteleistung nur $q_0 = i_0' + x_0 r_0 - t_3$ mit $x_0 = 0{,}95$.

Durch die Reibungswirkungen aller Art läßt sich nur etwa $^1/_3$ der Arbeitsfähigkeit des Frischdampfes praktisch ausnützen, $^2/_3$ sind Verluste[1].

Die Anlage arbeitet mit hohem Unterdruck. Durch Undichtheiten dringt atmosphärische Luft ein, die aus dem Kondensator herausgepumpt werden muß, siehe Abb. 71. Auch im Zusatzwasser ist Luft gelöst, die bei dem niedrigen Druck flüchtig wird. Allein die Hälfte der theoretisch nötigen Arbeit $A\,l'$ ist erfahrungsgemäß für die Entfernung der Falschluft aufzubringen[1]. Demnach gilt je kg Frischdampf praktisch etwa

$$\tfrac{1}{3}\,G_D A\,l_D' = (G_D + 1{,}5\,G)\,A\,l',$$

und G ist im Beispiel nur

$$1{,}5\,G A\,l' = \tfrac{1}{3}\,G_D\,A\,l_D' - G_D A\,l'$$

und

$$G = \frac{0{,}33 \cdot 233 - 41}{1{,}5 \cdot 41} = 0{,}59 \text{ kg}.$$

Mit

$$q_0 = 0{,}95 \cdot 597{,}2 - 3 = 564 \text{ kcal/kg}$$

folgt

$$\varepsilon = \frac{0{,}59 \cdot 546}{233} = 1{,}43.$$

---

[1] Nach R. PLANK: Kältetechnik und Eiserzeugung. Hütte, des Ingenieurs Taschenbuch Bd. IV (1927) S. 447.

Tatsächlich werden allerdings nicht nur 1/0,59 = 1,7 kg, sondern 2,5 bis 3 kg Frischdampf je kg Kaltdampf benötigt. Bei NH_3-Kältemaschinen mit unmittelbarem Dampfantrieb wird etwa die 1,5- bis 2,5fache Kälteleistung je kg Frischdampf erzielt.

Nachteilig ist ferner der hohe Kühlwasserverbrauch, der das Mehrfache von dem der Kompressionskältemaschinen ist. Für die Dampf-Strahl-Kältemaschine spricht, daß bis auf die Pumpen keine bewegten Teile vorhanden sind und daß die Wartung recht einfach ist.

19. Absorptionskältemaschinen.

Ergänzend sei hier noch auf die Möglichkeit hingewiesen, Kälte mit Hilfe von Wärmeenergie an Stelle von mechanischer Arbeit zu erzeugen. Man benutzt hierzu Stoffe, die eine große Affinität zueinander haben und sich gierig aufzusaugen trachten, wie Ammoniak und Wasser. Die Löslichkeit von NH_3 in Wasser geht aus folgenden Zahlen hervor.

Zahlentafel 7. *Löslichkeit von Ammoniak in Wasser in kg/kg.*

$t =$	−20° C	0° C	+20° C	+40° C	+100° C
$p = 0{,}5$ at abs.	0,475	0,347	0,244	0,152	—
1	0,615	0,438	0,325	0,228	—
2	—	0,566	0,418	0,314	0,067
5	—	—	0,611	0,453	0,186
10	—	—	—	0,630	0,290
20	—	—	—	—	0,408

Die Lösungswärme je kg dampfförmiges Ammoniak von 15° C und 1 at abs. in Wasser hängt von dem NH_3-Gehalt der Lösung ab, von der der Dampf aufgenommen werden soll, und beträgt:

bei	0	5	10	15	20	25 vH Gehalt
$q_L =$	493	483	471	458	444	429 kcal/kg

etwa der Beziehung

$$q_L = 493 - 1{,}95a - 0{,}022a^2$$

mit a in vH Ammoniak folgend. Für flüssiges Ammoniak ist die Lösungswärme um die Verdampfungs- und Überhitzungswärme von rd. 300 kcal/kg geringer.

Das Schema einer kontinuierlichen Anlage ist in Abb. 73 wiedergegeben. In einem Kocher, der mit Frischdampf, Abdampf, Gas oder Strom beheizt wird, befindet sich NH_3 in wäßriger Lösung. Durch die Wärmezufuhr Q_H wird NH_3 ausgetrieben. Das mitgerissene Wasser wird im wesentlichen in dem Rektifizieraufsatz aufgefangen und in

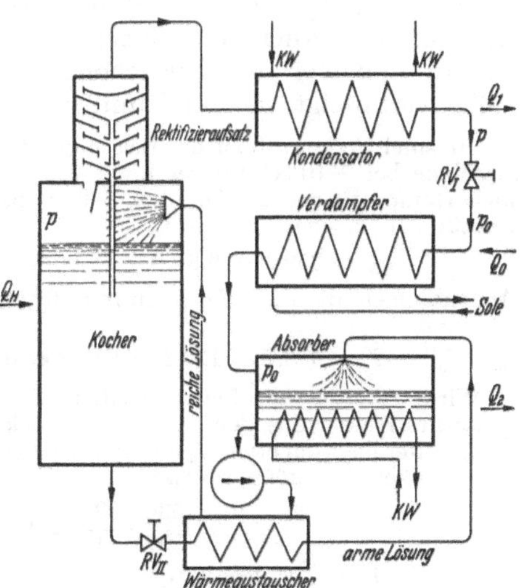

Abb. 73. Schema einer NH_3/Wasser-Absorptionskältemaschine.

den Kocher zurückgeleitet. Der Ammoniakgeist wird im Kondensator durch Kühlwasser niedergeschlagen und gelangt über das Regulierventil RV I in den Verdampfer, wobei der Druck von p auf p_0 fällt. Die Flüssigkeit verdampft unter Wärmeaufnahme.

Die entgeistete arme heiße Lösung aus dem Kocher geht über ein Regulierventil RV II und einen Wärmeaustauscher, wo sie einen Teil ihrer Wärme an die zum Kocher strömende reiche Lösung abgibt, in den Absorber.

Die vom Verdampfer kommenden kalten NH_3-Dämpfe werden im Absorber wieder von der armen Lösung aufgenommen. Die beim Niederschlagen aufkommende Verdampfungswärme und Absorptionswärme werden durch Kühlwasser abgeleitet. Nachdem die arme Lösung von 20 bis 25 vH wieder auf 45 bis 50 vH angereichert ist, wird sie mit einer Pumpe über den Wärmeaustauscher in den Kocher zurückbefördert.

Das Verfahren beruht auf der Eigenschaft des warmen Wassers, kalte NH_3-Dämpfe zu absorbieren. Zugeführt wird die Heizwärme Q_H, die Kälteleistung Q_0 und die Pumpenarbeit AL_P, abgeführt werden die Kühlwasserwärmen Q_1 und Q_2. Es ist

$$Q_0 = Q_1 + Q_2 - Q_H,$$

wobei AL_P als klein vernachlässigt ist. Als Leistungsziffer ergibt sich

$$\boxed{\varepsilon = Q_0/Q_H}.$$

Die genaue Durchrechnung des Vorganges erfordert die Kenntnis der Zusammenhänge bei der Verdampfung von Zweistoffgemischen (siehe Abschnitt 66, Teil A)[1]. Annähernd[2] gilt für die Heizwärme

$$q_H = 359{,}4 - 6{,}8p + (1{,}05 + 0{,}02p)t_e$$

in kcal/kg NH_3 mit t_e als Temperatur der ablaufenden heißen armen Lösung. Der Druck p im Kocher und im Kondensator ist so hoch zu halten, daß bei der herrschenden Kühlwassertemperatur das NH_3 völlig verflüssigt werden kann.

Beispiel. Wie groß ist die Leistungsziffer einer NH_3/Wasser-Absorptionskältemaschine bei $-10°$ C unterer und $+20°$ C oberer Temperatur? Bei 15° C Kühlwassertemperatur sei der Druck $p = 9$ at abs. und $p_0 = 2{,}5$ at abs. Die arme Lösung verläßt den Kocher mit 80° C.

$$q_H = 359{,}4 - 6{,}8 \cdot 9 + (1{,}05 + 0{,}02 \cdot 9)\, 80 = 396{,}6 \text{ kcal/kg}.$$

Angenommen, die Dämpfe treten mit 20° C in den Absorber ein. Die Kälteleistung ist dann

$$q_0 = i_0'' - i' = 398{,}7 - 122{,}4 = 276{,}3 \text{ kcal/kg} \quad \text{und} \quad \varepsilon = 276/397 = 0{,}695.$$

In Wirklichkeit ist die Leistungsziffer geringer, weil die Kälteleistung durch mitgerissenes Wasser aus dem Kocher gedrückt wird. Die praktisch erreichbare Leistungsziffer liegt um etwa $^1/_4$ niedriger, also bei 0,52. Mit 1 kg Dampf von 1,2 at abs. ($r = 536$ kcal/kg) können etwa

$$\frac{536}{397} \cdot \frac{3}{4} \cdot 276 = 280 \text{ kcal}$$

---

[1] Siehe hierzu F. BOSNJACOVIC: Technische Thermodynamik, II. Teil, S. 56ff. und S. 173. Leipzig und Dresden 1937.

[2] R. PLANK: Absorptionskältemaschinen. Hütte, IV. Teil (1927) S. 449.

Kälteleistung aufgebracht werden, etwa $^4/_5$ von dem, was unter Aufwand von 1 kg Frischdampf in einer NH_3-Kompressionskältemaschine erreichbar ist. Der Kühlwasserverbrauch ist etwa doppelt so hoch, vorteilhaft hingegen ist, daß die Leistungsziffer nicht in dem Maße von der Kühlwassertemperatur abhängt. Absorptionskältemaschinen eignen sich besser für tiefe Temperaturen als Kompressionskältemaschinen. Für Haushaltzwecke sind Maschinen mit intermittierendem Betrieb in Gebrauch (täglich eine Kochung mit 500 bis 2000 kcal Kälteleistung). Der Kocher wird während der Kühlperiode als Adsorber benutzt. Die Pumpe ist nicht erforderlich.

VI. Wärmepumpen.

20. Allgemeines.

Die Natur strebt nach einem einheitlichen Temperaturniveau, was zur Einführung der Begriffe Umgebungstemperatur und Umgebungszustand führt. Senken und Erhöhungen lassen sich nur der Natur zuwider und unter Aufwand von mechanischer Arbeit einrichten und erhalten. Die Aufgabe der Wärmepumpe ist, Erhöhungen über das Temperaturniveau herbeizuführen, also die Intensität einer Menge von Wärmeenergie zu verstärken, oder einfach gesagt, einen Körper aufzuheizen und in Hitze zu halten. Es kann dies durch Umwandlung von chemischer Energie geschehen, wie bei den Feuerungen oder nach dem Prinzip der Absorptionskältemaschine; man kann hierzu aber auch die Verdichtungswärme der Gase und Dämpfe ausnützen nach dem Prinzip der Kompressionskältemaschine. Eine Wärmepumpe ist z. B. eine gewöhnliche Luftpumpe, wenn sie nicht zur Erzeugung von Druckluft, sondern zur Gewinnung der Verdichtungswärme arbeitet. Die angesaugte Luft von Umgebungstemperatur enthält je kg eine bestimmte Menge an Wärmeenergie, und zwar q_0 kcal. Unter Aufwand von Al kcal/kg mechanischer Arbeit kann man sich einen Prozeß denken, bei dem im besten Falle, wenn keine Wärme entweicht, der Wärmegehalt der Luft auf $q_0 + Al = q$ kcal/kg erhöht wird. Dem Zweck entsprechend ist die *Leistungsziffer* der Wärmepumpe

$$\boxed{\varepsilon = q/Al}\,. \tag{90}$$

Beim CARNOTschen Prozeß (Abb. 49) ist $q = T \cdot \Delta s$ und $Al = (T - T_0) \cdot \Delta s$, mithin

$$\boxed{\varepsilon = \frac{T}{T - T_0}}\,. \tag{91}$$

Q ist die *Heizleistung* in kcal/h $= Gq$ mit G als stündlich zur Anwendung kommender Heizstoffmenge in kg. Die *spezifische Heizleistung* ist sinngemäß

$$\boxed{H = 860 \cdot \varepsilon} \text{ in kcal/kWh}. \tag{92}$$

Es ergibt sich als spezifischer Arbeitsaufwand

$$\boxed{Al = 860/H = 1/\varepsilon} \text{ in kWh/kWh oder kcal/kcal}. \tag{93}$$

21. Gas- und Dampfwärmepumpen.

Entsprechend der Kaltluftmaschine läßt sich eine *Luftwärmepumpe* nach einem Idealprozeß wie Abb. 50 anwenden. Die Leistungsziffer ergibt sich zu

$$\varepsilon = \frac{T_2 - T}{T_2 - T - (T_0 - T_4)} = \frac{1}{1 - 1/a} = \frac{a}{a - 1} \tag{94}$$

mit $a = (p/p_0)^{0,286} = T_2/T_0 = T/T_4$. Die Luftmenge ist $G = Q/q$. 1 kg Luft gibt die Wärmemenge $q = c_p(T_2 - T) = 0{,}24(T_0 a - T)$ ab. Von der Wärmepumpe ist das Volumen

$$V_1 = G \cdot 29{,}3 \cdot T_0/P_0 \tag{95}$$

anzusaugen.

Beispiel. Zur Beheizung eines Gebäudes sind 100000 kcal/h notwendig. Die Außentemperatur sei 0° C, die erwünschte Warmlufttemperatur 25° C. Die Anlage arbeitet mit indirekter Beheizung, so wie in Abb. 74 dargestellt ist, mit einem

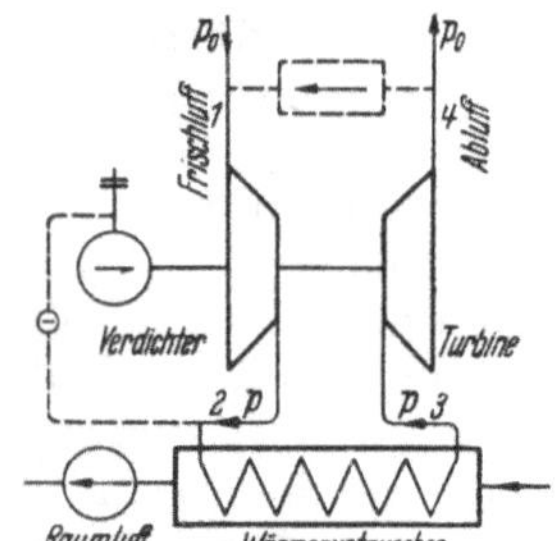

Abb. 74. Schema einer Luft-Wärmepumpenanlage.

Zustand 1 : p_0 = 1 at abs., t_0 = 0° C, V_1 = 74 m³/min;
Zustand 2 : p = 3 at abs., t_2 = 101° C;
Zustand 3 : p = 3 at abs., t = 25° C, V_3 = 27 m³/min;
Zustand 4 : p_0 = 1 at abs., t_4 = −55° C.

Die Luft im Gebäude (Raumluft) wird durch den Wärmeaustauscher gesogen, wobei sie durch die verdichtete Luft der Wärmepumpe aufgeheizt wird.

Verdichtungsverhältnis $p/p_0 = 3$. Wie groß sind Leistungsziffer, spezifische Heizleistung, Arbeitsaufwand und angesaugte Luftmenge beim theoretischen Prozeß?

Das kleinste Druckverhältnis ist

$$p/p_0 = (T/T_0)^{3,5} = (298/273)^{3,5} = 1{,}36.$$

Die atmosphärische Luft wäre mindestens auf rund 1,4 at abs. zu verdichten. Bei $p/p_0 = 3$ ist $a = 1{,}369$ und $\varepsilon = 1{,}369/0{,}369 = 3{,}7$. Damit findet man die spezifische Heizleistung zu $H = 860 \cdot 3{,}7 = 3180$ kcal/kWh und die spezifische Arbeit $A\,l = 1/3{,}7 = 0{,}27$ kcal/kcal. Die Wärmeleistung ist $q = 0{,}24\,(273 \cdot 1{,}369 - 298) = 18$ kcal/kg und die stündliche Luftmenge $G = 100000/18 = 5560$ kg oder $V_1 = 5560 \cdot 29{,}3 \cdot 273/10000 = 4450$ m³. Der Kreiselverdichter ist für 74 m³/min Ansaugevolumen zu bemessen. Der Luftturbine strömen $V_3 = 5560 \cdot 29{,}3 \cdot 298/30000 = 1620$ m³/h oder 27 m³/min zu. Die Leistungsziffer des CARNOTschen Prozesses wäre $T/(T - T_0) = 298/25 = 11{,}9$, und die Heizleistung wäre $H = 860 \cdot 11{,}9 = 10200$ kcal/kWh.

Die Leistungsziffer und die spezifische Heizleistung werden kleiner, wenn das Druckverhältnis p/p_0 zunimmt. Praktisch sind etwa 50 bis 70 vH der Heizleistung des theoretischen Prozesses der Luftwärmepumpe zu erreichen, also

$$H_e = (0{,}5 \text{ bis } 0{,}7)\, H \approx 1600 \text{ bis } 2200 \text{ kcal/kWh}.$$

Es wurden unter günstigen Umständen aber auch Leistungen von 2500 kcal/kWh gemessen. Die praktische Ausführung zeigt Abb. 74. Die Außenluft (Zustand $p_0, t_0 \approx t_1$) wird von einem Kreiselverdichter angesogen und verdichtet (Zustand p, t_2). In einem Wärmeaustauscher gibt die Preßluft ihre Verdichtungswärme unter gleichbleibendem Druck p an die Raumluft ab (von 2 bis 3, Endzustand $p, t_3 = t + \Delta t$) und wird in einer Luftturbine auf Umgebungsdruck unter Hergabe von mechanischer Arbeit entspannt. Die Turbine treibt den Verdichter. Die Fehlleistung wird durch einen Elektroantrieb aufgebracht. In der Regel schaltet man für sich hinter das Verdichter-Turbinen-Aggregat einen besonderen elektrisch betriebenen Hilfsverdichter, der, leichter regelbar, dafür sorgt, daß der Druck vor dem Wärmeaustauscher konstant gehalten wird. Man könnte die Luft im Kreislauf führen, indem man sie zwischen 4 und 1 auf den Anfangszustand erwärmt. Man läßt aber einfach die kalte Luft in die Atmosphäre austreten und entnimmt in genügender Entfernung davon frische atmosphärische Luft. Die kalte Luft ist zur Kühlung an Stelle einer Kältemaschine geeignet.

Kaltdampf-Wärmepumpen sind in derselben Weise wie gewöhnliche Kompressionskältemaschinen mit NH_3, CO_2 oder SO_2 anwendbar. Als geeigneter Betriebsstoff hat sich auch Dichlordifluormethan (CCl_2F_2) herausgestellt (Handelsbezeichnung Frigen). Die Vorteile der Kaltdampfmaschinen gegenüber den Kaltluftmaschinen, hauptsächlich kleine Abmessungen bei großen Leistungen, machen sich auch hier bemerkbar.

Wirtschaftlichkeit. Wenn man von der Kohle als Energieträger ausgeht, so ist die unmittelbare Beheizung wirtschaftlicher als der Weg über hochwertige elektrische Energie oder Dampf und eine Wärmepumpe wegen der mehrfachen Umwandlungsverluste. Wenn aber billiger elektrischer Strom zur Verfügung steht, wie etwa in der Schweiz, und die Kohlenbeschaffung unsicher ist, kann die Wärmepumpe doch Vorteile zur Raumbeheizung bieten. Die weitaus wirtschaftlichste Art zu heizen gestattet der sog. Heizkraftbetrieb, bei dem man die Arbeitsfähigkeit des Dampfes im Kraftwerk so weit ausnützt (etwa bis 2 bis 3 at abs.), daß er noch von allein bis zum Heizwärmeverbraucher strömt. Dort wird die Wärme des Abdampfes *samt der Kondensationswärme* in der Heizung ausgenützt. Im Kondensationskraftwerk ist der Strom im günstigen Falle mit einem Wärmeaufwand im Brennstoff von rund 3000 kcal/kWh zu erzeugen. Wenn man den Gegendruckdampf zum Heizen gebraucht, dann ist die vorgeschaltete Krafterzeugung theoretisch mit 860 kcal/kWh, praktisch mit etwa 1200 kcal/kWh möglich. Selbst wenn man billigen Gegendruckstrom zur Verfügung hat, erfordert das Heizen mit elektrisch betriebenen Wärmepumpen noch etwa $^1/_5$ mehr an Kohlenenergie als mit Gegendruckdampf unmittelbar. Wollte man die Wärmepumpe mit Kondensationsstrom betreiben, so würden die mehrfachen Umwandlungswirkungsgrade etwa $^1/_4$ mehr an Kohlenenergie fordern. Für deutsche Verhältnisse ist die Wärmepumpenheizung nicht wirtschaftlich, solange der Strombedarf die mit Gegendruckanlagen erzeugten Mengen bei weitem übersteigt und es noch nötig ist, Strom in Kondensationskraftwerken zu erzeugen.

Die Wärmepumpe bewährt sich dagegen unter gewissen Umständen bei anderen Verfahren, z. B. beim Eindampfen von Lösungen, wo man durch Komprimieren und damit Erwärmen der Schwaden (Brüden) für ein Fortkochen sorgen kann. So wendet man die Wärmepumpe bei Mehrfachverdampfern zur Konzentration von Lösungen an[1].

[1] Aus dem Schrifttum der Wärmepumpe, zusammengestellt von H. Kahlert: Arch. f. Wärmewirtsch. Bd. 25 (1944) S. 34.

VII. Gasverflüssigungsanlagen.

22. Allgemeines.

Stoffe, die bei gewöhnlichen Temperaturen und Drücken den Charakter von vollkommenen Gasen haben, sind als hochüberhitzte Dämpfe anzusehen. Das Sättigungsgebiet dieser gasartigen Stoffe, wie Luft mit ihren beiden Mischungsanteilen Sauerstoff und Stickstoff, ferner z. B. Kohlenoxyd und Wasserstoff, liegt bei sehr niedrigen Temperaturen. Am niedrigsten liegt es bei Helium. Eine Übersicht über die kritischen Werte und die Sättigungstemperaturen bei atmosphärischem Druck ist mit Zahlentafel 46 in Abschnitt 63, Teil A, über das Verhalten der Dämpfe im allgemeinen, gegeben.

Es ist gelungen, diese Gase zu verflüssigen. Eine ausgedehnte Technik hat sich unter Anwendung von Prozessen bei tiefen Temperaturen entwickelt. Von großer technischer Bedeutung sind die Verfahren zur Gewinnung von flüssiger Luft. Um die Bestandteile darzustellen, kann man das flüssige Gemisch Luft durch fraktionierte Destillation (Verdunstenlassen) in Stickstoff, der bei niedrigeren Temperaturen siedet (77° K bei 1 at abs.) und daher zunächst flüchtig wird, und in Sauerstoff ($T_s = 90°$ K bei 1 at abs.) trennen. Allerdings ist zu berücksichtigen, daß es sich dabei um die Verdampfung eines Zweistoffgemisches handelt, wobei mit dem Stickstoff stets ein kleiner Anteil Sauerstoff mit flüchtig wird (siehe hierzu Abb. 157, Teil A). So entweicht bei kontinuierlicher Verdampfung bei 80° K ein Gas mit rund 93 vH N_2 und 7 vH O_2 (das man durch erneute Verflüssigung und Destillation immer mehr an Stickstoff anreichern kann). Die ablaufende Flüssigkeit besteht fast ganz aus Sauerstoff[1].

Die Bedeutung, vornehmlich von Sauerstoff, in der Technik ist beträchtlich, wie bei den Verfahren zur Erzeugung sehr heißer Flammen, indem man Azetylen oder Wasserstoff mit Sauerstoff verbrennt (z. B. beim autogenen Schweißen und Brennen), oder bei der Verwendung in der Sprengstofftechnik. Ferner benutzt man Sauerstoff z. B. bei der vollständigen Verbrennung in der kalorimetrischen Bombe, bei der künstlichen Atmung usf. Stickstoff findet Verwendung in der Landwirtschaft oder in der chemischen Industrie, u. a. auch bei der Herstellung von Glühlampen.

Die Frage ist hier, wie man Gase auf so tiefe Temperaturen bringen kann, daß sie in flüssigen Zustand übergehen. Nach dem Verfahren der Kältemaschinen könnte man versuchen, durch Expansion oder Drosselung von verdichtetem und gekühltem Gas in das Sättigungsgebiet zu gelangen. Bei den üblichen Kältestoffen geht das ohne Schwierigkeit, weil ihr kritisches Gebiet in der Nähe des Umgebungszustandes liegt. In Abb. 75 und 76 ist ein solcher Verflüssigungsvorgang für Kohlendioxyd CO_2 dargestellt. Das Gas vom Umgebungszustand (t_u, p_u, v_u)

[1] In der Technik benutzt man zur wirtschaftlichen Trennung der Luft Rektifizierapparate, wobei Sauerstoff und Stickstoff in beliebiger Reinheit gewonnen werden können.

wird isothermisch (oder polytropisch mit nachfolgender Kühlung) auf 58,5 at abs. verdichtet, wo (Punkt 2) bereits die Verflüssigung durch Kühlung einsetzen kann. Liegt der Ausgangszustand überkritisch ($> 31°$ C, z. B. wie in Abb. 75 Zustand $t_a = 60°$ C, p_a, v_a), so muß man das Gas schon auf 97 at abs. (Punkt 1) bei unveränderlicher Temperatur verdichten, um durch adiabatische Expansion nach dem Grenzzustand 2 zu gelangen. Man kann natürlich auch durch Drosseln nach 2 kommen, wenn man eine Verdichtung auf 110 at abs. (Punkt 5, Abb. 76) vorausgehen läßt. Wenn man die Verdichtung weniger hoch treibt (3), so erreicht man das Sättigungsgebiet bei tieferen Temperaturen (4). Je niedriger die Sättigungstemperatur wird, umso schwieriger ist der Wärmeentzug zwecks Kondensation des Sattdampfes, weil das Kühlmittel immer kälter sein muß.

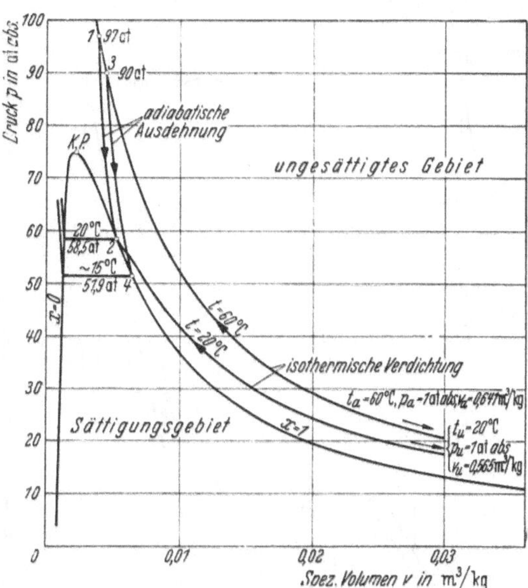

Abb. 75. Verflüssigung von Kohlendioxyd durch isothermische Verdichtung und adiabatische Ausdehnung.

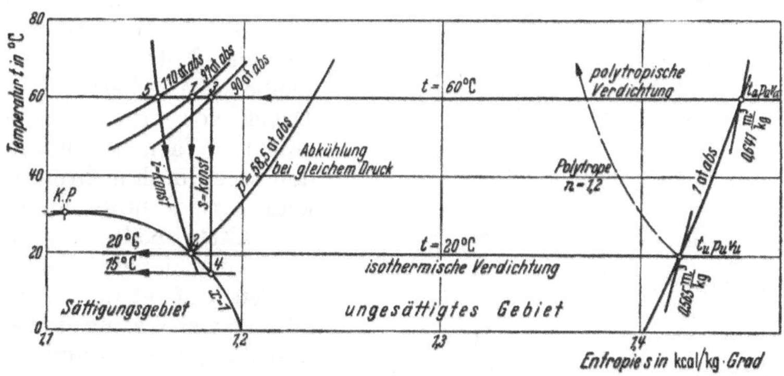

Abb. 76. Verflüssigung von Kohlendioxyd durch isothermische Verdichtung und Drosselung oder adiabatische Ausdehnung.

Wollte man dieses Verfahren zur Verflüssigung von Luft anwenden, so müßte man die Luft auf außerordentlich hohe Drücke von über 100000 at bringen (Zustand A in Abb. 77), um durch adiabatische Expansion den Punkt 4′ am unteren Ast der Grenzkurve ($x = 0$) zu erreichen, bei dem die Luft unter atmosphärischem Druck flüssig ist.

Ein kälterer Körper, dem man die Verdampfungswärme der Luft zuführen könnte, ist nicht vorhanden. Aber selbst wenn man sich damit begnügen würde, einen Punkt zwischen 4′ und 4″ zu erreichen, bei dem wenigstens ein Teil der Luft flüssig wäre, müßte man immer noch viel zu hohe Drücke vor der Expansion aufwenden. Dazu kommt, daß praktisch eine adiabatische Expansion nicht durchführbar ist, und bei polytropischer Expansion müßte man noch höhere Drücke anwenden, um auf den gewünschten Endpunkt zwischen 4′ und 4″ zu gelangen. Die Linien gleichen Druckes im Sättigungsgebiet sind übrigens bei Luft keine Isothermen, sondern schwach ansteigende Gerade, weil Luft als Zweistoffgemisch sich bei der Verdampfung etwas anders als einheitliche Stoffe verhält, siehe hierzu Abschnitt 66, Teil A.

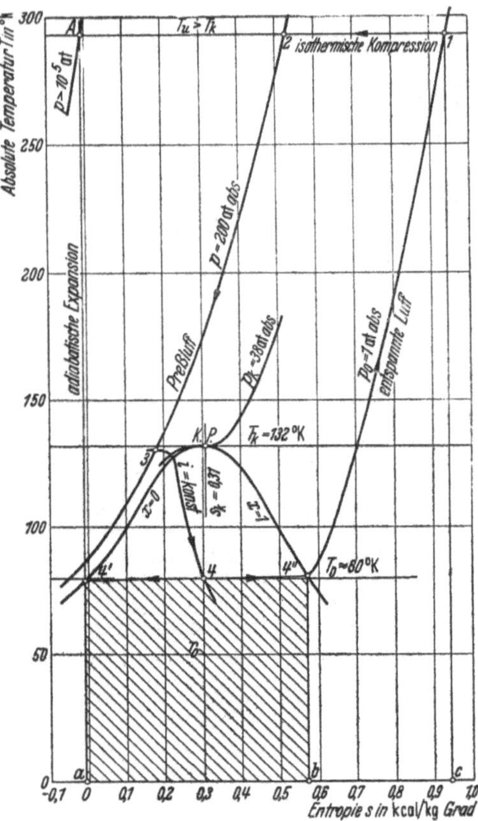

Abb. 77. Zustandsbild von Luft.

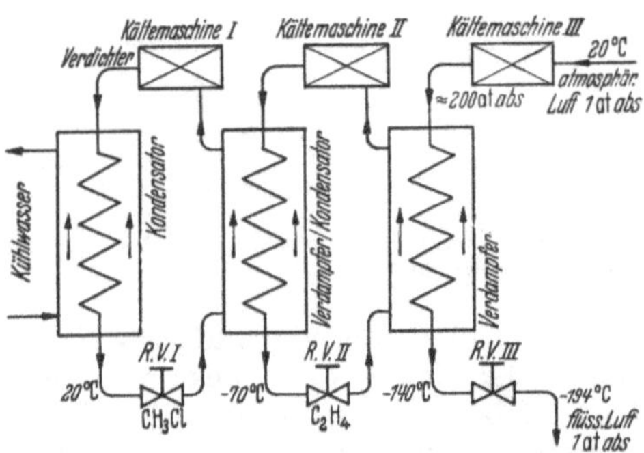

Abb. 78. Kaskadenartig angeordnete Kälteanlage zur Erzeugung von flüssiger Luft.

Als gangbar erscheint ein anderer Weg, indem man der verdichteten atmosphärischen Luft bei gleichbleibendem überkritischem Druck von etwa 200 at in einem Wärmeaustauscher, den man durch mehrere kaskadenartig hintereinander geschaltete Kältemaschinen mit verschiedenen Kältestoffen auf etwa $-140°$ C hält, so viel Wärme entzieht, daß man (vom Zustand 3 ab) durch Drosselung in das Sättigungsgebiet gelangen kann (siehe hierzu Abb. 77). Die Anordnung der Kaskade mit den Kältemaschinen und Regulierventilen I, II und III ist in Abb. 78 schematisch gezeigt. Als Kältestoffe wählt man Chlormethyl (CH_3Cl) und Äthylen (C_2H_4), die im fraglichen Temperaturbereich eine günstige Lage der Dampfdruckkurve haben. Die Wärmeaustauscher sind jeweils Verdampfer der wärmeren und Kondensator der kälteren Maschine, und der im niedrigeren Temperaturbereich arbeitende Kältestoff gibt seine Verdampfungswärme bei der oberen Druckhaltung an den darüber arbeitenden Kältestoff ab, der verdampft und abgesogen wird. Das Verfahren ist umständlich und kostspielig, außerdem treten so viele Verluste auf, daß der Arbeitsaufwand je kg flüssige Luft recht hoch ist.

23. LINDEsches Luftverflüssigungsverfahren.

Es läßt sich nun ein verhältnismäßig einfaches Verfahren mit geringerem Arbeitsaufwand zur Verflüssigung von Gasen unter Ausnutzung des positiven Drosseleffektes entwickeln. Wie in Abschnitt 56, Teil A, erläutert wurde, fällt die Temperatur der Luft beim Drosseln unterhalb der Inversionsgrenze nach der THOMSON-JOULEschen Gleichung

$$\left(\frac{\Delta t}{\Delta p}\right)_i \approx 0{,}27 \left(\frac{273}{T}\right)^2 \quad (96)$$

ab. Das von LINDE[1] empfohlene und praktisch mit Erfolg durchgeführte Verfahren ist in allen Fällen anwendbar, wo ein positiver Drosseleffekt vorliegt.

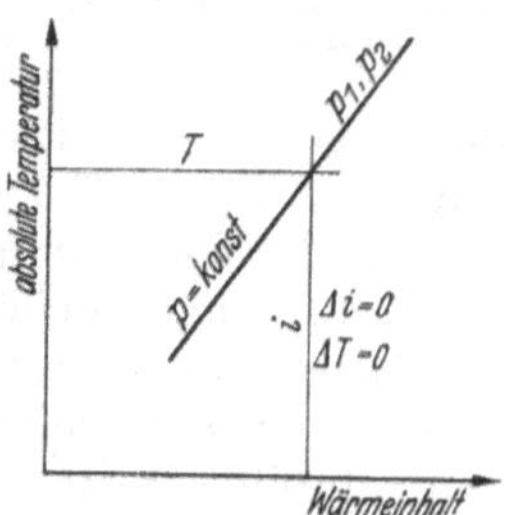

Abb. 79. T, i-Diagramm für ein vollkommenes Gas. Die Linien $p =$ konst. decken sich für verschiedene Drücke.

Es ist ratsam, den Verlauf des Prozesses im T, i-Diagramm zu verfolgen, wozu einige grundsätzliche Bemerkungen vorauszuschicken sind. Bei einem vollkommenen (reibungsfreien) Gas bleibt die Temperatur während der Drosselung unveränderlich, wie in Abb. 79 dargestellt ist. Die Isobaren fallen für alle Drücke in einer Linie zusammen. Wenn es sich aber um ein wirkliches reibungsbehaftetes Gas handelt, so muß man zunächst feststellen, ob es sich in einem Zustand unterhalb oder oberhalb der Inversionsgrenze befindet. Im Zustand der Inversion selbst benimmt es sich wie ein vollkommenes Gas. Luft von gewöhnlichem Zustand liegt unterhalb der Inversionsgrenze, d. h. beim isothermischen Verdichten (von 1 bis 2) fällt der Wärmeinhalt (Enthalpie), beim Drosseln (von 2 bis a) fällt die Temperatur (positiver Drosseleffekt), wie in Abb. 80 veranschaulicht ist. Befindet sich die Luft aber über der Inversionsgrenze, also unter gewöhnlichem Druck bei etwa $\geqq 500°$ C, so steigt der Wärmeinhalt beim Verdichten an (von 1 bis 2 in Abb. 81), und beim Drosseln nimmt die Temperatur auch zu.

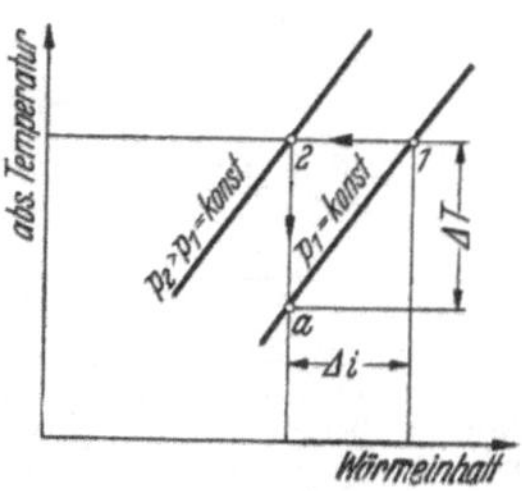

Abb. 80. Ausschnitt eines T, i-Diagrammes für ein wirkliches Gas, unterhalb der Inversionsgrenze. Isothermische Verdichtung von 1 bis 2, Drosselung von 2 bis a.

[1] CARL V. LINDE: deutscher Ingenieur (1842—1934).

Nun ist aber die Inversionsgrenze nicht nur von der Temperatur, sondern auch vom Drucke abhängig, denn wie erinnerlich (Abb. 26, Teil A), biegt diese Grenze bei höheren Drücken derart um, daß sie bei gewöhnlicher Temperatur schon bei Verdichtung der Luft auf etwa 350 at erreicht wird. Verdichtet man Luft, vom Zustand 1 unterhalb der Inversionsgrenze, isothermisch auf einen Druck oberhalb dieser Grenze, so nimmt der Wärmeinhalt zunächst ab, bis diese Grenze erreicht wird. Danach steigt er wieder an, wie aus dem T, s-Diagramm Abb. 82 hervorgeht. Vergleicht man Abb. 80 und 81 miteinander, so erkennt man, daß im T, i-Diagramm ein solcher Vorgang nicht eindeutig darzustellen ist. Die Zustandslinie bei isothermischer Verdichtung würde zunächst vom Zustandspunkt 1 bis zur Inversionsgrenze (im Bilde nach links) und von da ab zurück bis zum Zustandspunkt 2 (im Bilde deckend mit dem ersten Teil der Isotherme nach rechts) verlaufen.

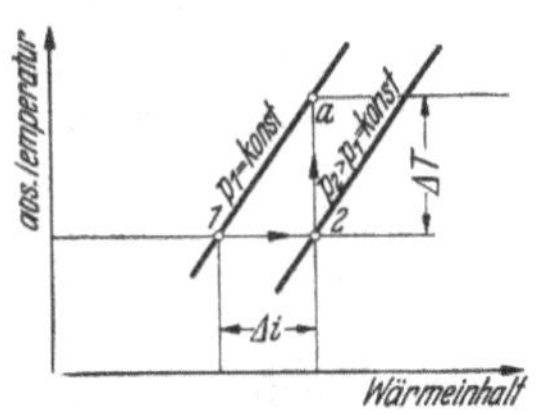

Abb. 81. Ausschnitt eines T, i-Diagrammes für ein wirkliches Gas, oberhalb der Inversionsgrenze. Isothermische Verdichtung von 1 bis 2, Drosselung von 2 bis a.

Das T, i-Diagramm der Luft (Abb. 83) ist trotzdem für die Wiedergabe des LINDEschen Verflüssigungsverfahrens ungemein anschaulich. In diesem Diagramm ist zunächst die Grenzkurve mit den beiden Ästen $x = 0$ und $x = 1$ eingezeichnet, die das Sättigungsgebiet umschließen mit dem stabilen kritischen Punkt k. P. Ferner findet man, ganz entsprechend dem T, i-Diagramm des Wasserdampfes und des Kohlendioxyds (Abb. 142 und 149, Teil A) die Isobaren. Angegeben sind die unterkritischen Linien $p = 1$ und $p = 20$ at abs., dann die Isobare des kritischen Druckes $p_k = 38$ at abs., sowie die Linien $p = 100$ und 200 at abs. mit überkritischem Druck. Weiterhin sind die Isobaren für 250, 300 und 350 at abs. gestrichelt angedeutet (nicht maßstäblich). Man sieht, daß sich die Linien für 200 und 250 at abs. schneiden. Im Schnittzustand geht die Drosselung von 250 auf 200 at abs. ohne Temperaturänderung vor sich. Der Schnittpunkt ist als Inversionspunkt bezeichnet, nicht ganz zutreffend übrigens, denn hier handelt es sich um eine Druckspanne von 50 at, während der Inversionspunkt beim Drosseln von 250 auf 249 at abs. an etwas anderer Stelle liegt als bei 201 auf 200 at abs.[1]. Vom Schnittpunkt an und bei niedrigerer Temperatur ist also eine Temperatursenkung durch Drosseln nicht mehr zu erwarten. Betrachtet man eine Isobare 300 at abs., so liegt der Inversionspunkt schon bei höherer Temperatur, während 350 at abs.

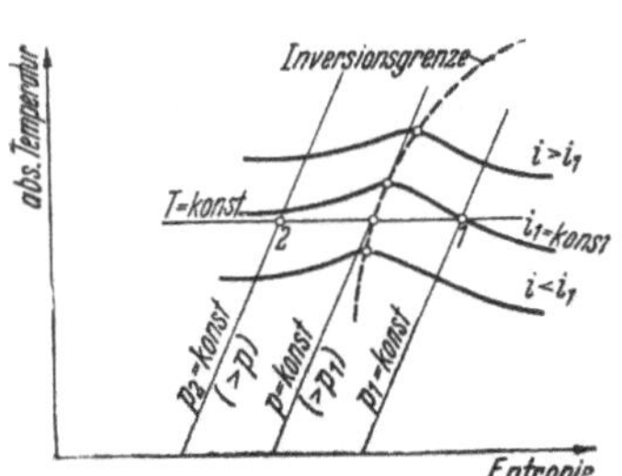

Abb. 82. T, s-Diagramm mit Isobaren und Linien gleichen Wärmeinhalts beiderseits der Inversionsgrenze. Isothermische Verdichtung von 1 bis 2.

[1] Genau ist der Inversionspunkt durch den Grenzübergang zu $(\partial T/\partial P)_i$ bestimmt.

der höchste Druck ist, bei dem der Drosseleffekt unter gewöhnlicher Temperatur noch positiv ist. Würde man in das Bild eine Isobare für 400 at abs. oder mehr eintragen, so würde sie sich als Linie zwischen 300 und 250 at abs. abbilden. Daß die Isobaren höherer Drücke das Sättigungsgebiet kreuzen, darf nicht zu der Ansicht verleiten, daß sie wirklich durch das Sättigungsgebiet gingen. Weil der Wärmeinhalt jenseits der Inversionsgrenze wieder zunimmt, wie Abb. 82 zeigt, bilden sich diese Linien an der Stelle im Diagramm ab, wo das diesseits der Inversionsgrenze gelegene Sättigungsgebiet angetroffen wird. Es sind gewissermaßen zwei Diagrammflügel übereinandergeklappt. Die Linien gleichen Druckes im Sättigungsgebiet sind bei einem einheitlichen Stoff im T, i-Diagramm Waagerechte, bei dem Gemisch Luft wiederum schwach geneigte Gerade.

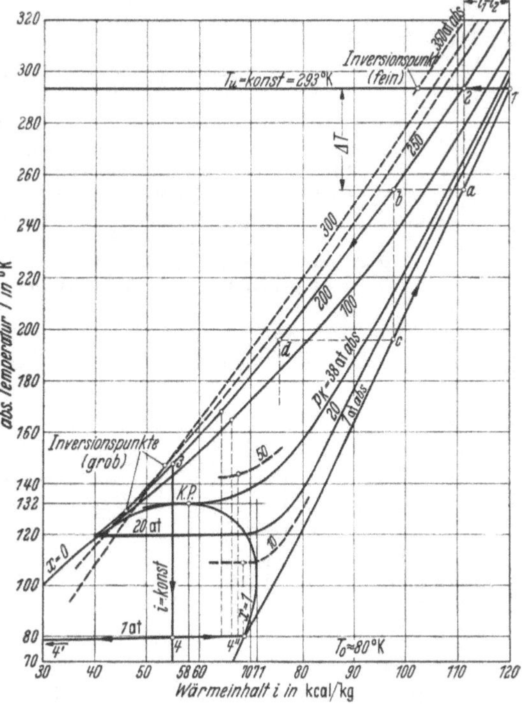

Abb. 83. T, i-Diagramm für Luft.

Wenn man nun die atmosphärische Luft vom Ansaugezustand 1 auf 200 at abs. verdichtet (und auf $t = t_2 = 20°$ C zurückkühlt), so verringert sich der Wärmeinhalt von i_1 auf i_2. Drosselt man von 200 at abs. gemäß der Senkrechten von 2 bis a, so fällt die Temperatur um ΔT, siehe Abb. 83. Geht man nun so vor, daß man mit der kalten Luft im Zustand a von 1 at abs. eine weitere Luftmenge von 200 at abs. zunächst einmal bei unveränderlichem Druck auf die Temperatur T_a abkühlt (Zustandspunkt b) und dann erst drosselt, so gelangt man schon zu tieferen Temperaturen T_c. Man kann das wiederholen und noch tiefere Temperaturen erreichen. Allerdings darf man nicht erwarten, den absoluten Nullpunkt zu erreichen oder gar zu unterschreiten, denn das Diagramm, das oberhalb 70° K gezeichnet ist, wird bei niedrigeren Temperaturen immer breiter, und der absoluten Temperatur $T = 0°$ K könnte man sich theoretisch nur asymptotisch nähern.

Das Schema einer solchen Anlage ist in Abb. 84 und 85 angedeutet. Beim Anfahren senkt sich die Temperatur der mit 200 at abs. zufließenden Druckluft nach einiger Zeit bis auf die gewünschte Temperatur T_3 (siehe Abb. 83), von der aus durch Drosseln der Zustand 4 im Sättigungsgebiet erreicht werden kann, bei dem ein Teil des Gemisches flüssig und ein Teil dampfförmig ist.

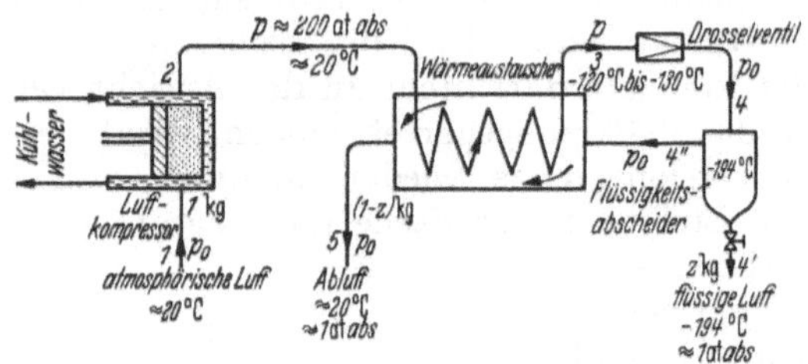

Abb. 84. Schema einer LINDE-Gasverflüssigungsanlage.
Gezeichnet für:
Druck $p_0 = 1$ at abs., $p = 200$ at abs.
1—2 Isothermische Kompression, $t_1 = t_2 = 20°$ C;
2—3 isobarische Abkühlung, $t_2 \to t_3 = 20°$ C $\to -125°$ C;
3—4 Drosselung $i =$ konst., $t_4 = -193°$ C;
4′ ← 4 → 4″ Abscheidung, $t_{4'} = -194°$ C, $t_{4''} = -193°$ C;
4″—5 isobarische Aufwärmung, $t_{4''} \to t_5 = -193°$ C $\to +20°$ C;
z kg werden flüssig abgeschieden ($p_0 = 1$ at abs., $t_{4'} = -194°$ C);
$1 - z$ kg werden dampfförmig in den Wärmeaustauscher entlassen.

Im Beharrungszustand wird so viel von der Luft im Zustand 4′ flüssig abgezogen, daß ein Gleichgewicht zwischen der Wärmeabgabe bei der Kühlung von 2 bis 3 und der Wärme besteht, die die restliche Luftmenge auf dem Wege bis zum Umgebungszustand aufnimmt. Abb. 86 zeigt den Prozeß im T, s-Diagramm. Das Gemisch

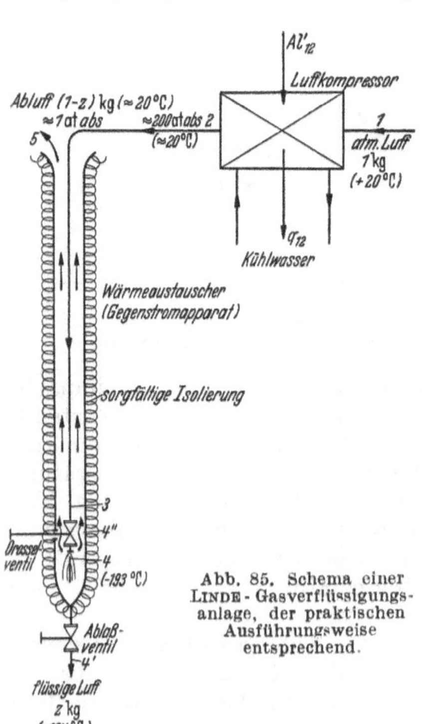

Abb. 85. Schema einer LINDE-Gasverflüssigungsanlage, der praktischen Ausführungsweise entsprechend.

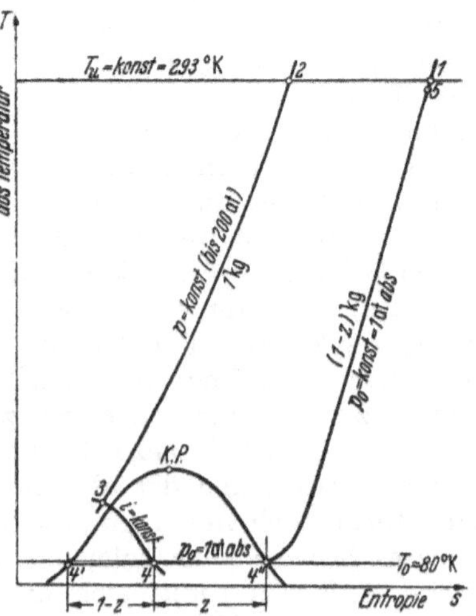

Abb. 86. LINDEscher Prozeß der Luftverflüssigung.

im Zustand 4 besteht aus z kg flüssiger Luft und $1 - z$ kg Luftdampf. Dabei stehen im Verhältnis

$$\frac{1-z}{z} = \frac{\text{Strecke 4 bis 4'}}{\text{Strecke 4'' bis 4}}.$$

Zieht man die gesamte flüssig gewordene Luft ab, so stellt sich eine ganz bestimmte Zustandsänderung $3 - 4$ ein. Je nachdem, wieviel nun von der flüssigen Luft abgezogen wird, verschiebt sich die Drossellinie automatisch, ihre Lage ist nur von der Menge z abhängig. Würde man weniger als z kg entnehmen, so würde im Wärmeaustauscher mehr Wärme abgeführt werden und der Zustand 3 vor der Drosselung niedrigerer Temperatur und der Endpunkt 4 größerem Flüssigkeitsgehalt zustreben. Allein bald wird bei einer bestimmten Kühlfläche im Wärmeaustauscher die Grenze des Wärmeübertragungsvermögens erreicht sein, und dann sinkt die Endtemperatur t_1 auf t_5 und tiefer, d. h. die Abluft entweicht kälter, als dem Umgebungszustand entspricht. Würde man umgekehrt neben der flüssigen Luftmenge z auch noch einen Teil der dampfförmigen Luft entnehmen, etwa als Folge schlechten Abscheidens der Flüssigkeit, so würde Punkt 3 wieder höheren Temperaturen zuwandern und der Zustandspunkt 4 in Richtung auf 4'' zu rücken, bis schließlich der Endpunkt der Drosselung 4 außerhalb des Sättigungsgebietes fällt und der Prozeß aufhört.

Auch bei der Wahl des Verdichtungsdruckes p bestehen gewisse Beschränkungen. Aus den Abb. 83 und 86 wird klar, daß man einen um so höheren Flüssigkeitsanfall hat, je höher der Druck ist. Andererseits muß man offensichtlich die Bedingung einhalten, daß die isobarische Abkühlung von 2 bis 3 unterhalb der Inversionsgrenze bleibt. Das ist bei 200 at abs. sicher der Fall. Bei 250 at abs. rückt die Inversionsgrenze schon in unmittelbare Nähe des Endpunktes 3, von dem ab gedrosselt wird. Der Grenzdruck für den Punkt 3 liegt bei etwa 275 at abs.

Für den Wärmeaustauscher kann man im Beharrungszustand mit völligem Entzug der flüssigen Luft folgende Wärmebilanz aufstellen: Hinein gehen 1 kg Luft vom Zustand 2, heraus gehen z kg vom Zustand 4' und $(1 - z)$ kg vom Zustand 1, mithin

$$i_2 = z i_{4'} + (1 - z) i_1$$

oder

$$z = \frac{i_1 - i_2}{i_1 - i_{4'}}. \tag{97}$$

Wie zu erwarten war, hängt die Ausbeute nicht von der Lage der Drossellinie 3—4 ab. Der Nenner des Ausdrucks (97) ist in jedem Fall >1, denn es ist immer der Wärmeinhalt bei Umgebungszustand i_1 größer als der der flüssigen Luft $i_{4'}$ bei $\gtreqless 132°$ K. Man sieht, daß eine Ausbeute z nur dann erzielt wird, wenn $i_1 > i_2$ ist, also bei der Verdichtung die Inversionsgrenze von etwa 350 at abs. bei Umgebungstemperatur nicht so weit überschritten wird, daß $i_1 \lesseqgtr i_2$ wird. Ein Höchstmaß wird danach ausgebracht, wenn die Verdichtung bis zur Inversionsgrenze getrieben wird $(i_1 - i_2)_{max}$.

Wie später gezeigt wird, ist der Arbeitsaufwand je kg Ausbeute noch für die Wahl des Druckes p_2 von Bedeutung, mit dem die Verluste beim Drosseln von 3 nach 4 anwachsen. Die praktisch günstigste Drucklage stellt sich bei Luft, wie schon oben bemerkt, als um 200 at abs. liegend heraus.

Bei der technischen Lösung kommt es darauf an, den Kompressor möglichst gut zu kühlen, damit $T_2 \approx T_1$ wird. Die atmosphärische Luft wird in einem mehrstufigen Kompressor verdichtet.

Da für den Wärmedurchgang im Wärmeaustauscher immer eine gewisse Temperaturdifferenz zum Antrieb bestehen muß, liegt die Endtemperatur der Abluft praktisch nicht auf T_1, sondern darunter auf T_5. Die Ausbeute (97) wird dann mit

$$i_2 = z i_{4'} + (1 - z) i_5$$

zu

$$z = \frac{i_5 - i_2}{i_5 - i_{4'}} < \frac{i_1 - i_2}{i_1 - i_{4'}}. \tag{98}$$

Man erkennt, daß man zugunsten der Ausbeute i_5 möglichst nahe an i_1 heranlegen muß. Beim Steigern von i_5 wächst die kleinere Differenz $i_5 - i_2$ im Zähler schneller an als $i_5 - i_{4'}$ im Nenner. Bei sehr kleinen Drücken ($p \approx 0$) ist die spezifische Wärme $c_p \approx 0{,}24$, man kann diesen Wert in etwa auch für den Druck $p = 1$ at abs. gelten lassen. Damit wird aus (98)

$$z \approx \frac{i_5 - i_2}{c_p(T_5 - T_{4'})}. \tag{99}$$

Bei Wasserstoff, dessen Temperatur bei Umgebungszustand über der Inversionstemperatur (über etwa $-75°$ C) liegt (s. S. 183), kann man dieses Verflüssigungsverfahren nicht ohne weiteres anwenden. Man hilft sich da so, daß man den Wasserstoff zunächst verdichtet und mittels einer Kompressionskältemaschine auf unter $-75°$ C bringt und dann erst in den Wärmeaustauscher eintreten läßt, womit man auch praktisch zum Ziele kommt.

24. Arbeitsaufwand beim Lindeschen Verfahren.

Bei isothermischer Verdichtung der Luft vom Zustand 1 auf den Zustand 2 ist je kg Luft bei der Temperatur $T_1 = T_2 = T$ eine mechanische Verrichterarbeit von

$$A l'_{21} = A \int_1^2 v\, dP = ART \ln \frac{p_2}{p_1} \tag{100}$$

aufzuwenden. Mit der allgemeinen Wärmegleichung $T\,ds = di - Av\,dP$ folgt

$$A l'_{21} = A \int_1^2 v\, dP = i_2 - i_1 - T(s_2 - s_1). \tag{101}$$

Die Beziehungen (100) und (101) gelten an sich nur für vollkommene Gase. Da aber Luft bei Drücken bis 200 at abs. und bei normaler Temperatur keine allzu großen Abweichungen vom allgemeinen Gasgesetz aufweist, kann man diese Ansätze hier gelten lassen. Im T, s-Diagramm stellt sich der Arbeitsaufwand

$$A l'_{21} = T(s_1 - s_2) - (i_1 - i_2)$$

als die nichtschraffierte Fläche (1abc21) unter dem Isothermenstück von 1 bis 2 dar (siehe Abb. 87).

Nun ist mit (97)

$$i_1 - i_2 = z(i_1 - i_{4'}),$$

wenn die Kühlfläche des Wärmeaustauschers im theoretischen Grenzfall unendlich groß und $T_5 = T_1$ ist. Unter

$$i_1 - i_2 = z(i_1 - i_{4'}) = q_0 \qquad (102)$$

ist die *Kälteleistung* der Verflüssigungsanlage zu verstehen[1]. Das leuchtet ein, wenn man sich die flüssige Luft als Kühlmittel für einen anderen Stoff vorstellt. Das Verhältnis

$$\frac{A l'_{21}}{z} = \frac{A l'_{21}}{i_1 - i_2}(i_1 - i_{4'}) = \frac{A R T_1 \ln(p_2/p_1)}{c_p(T_1 - T_a)}(i_1 - i_{4'}) \qquad (103)$$

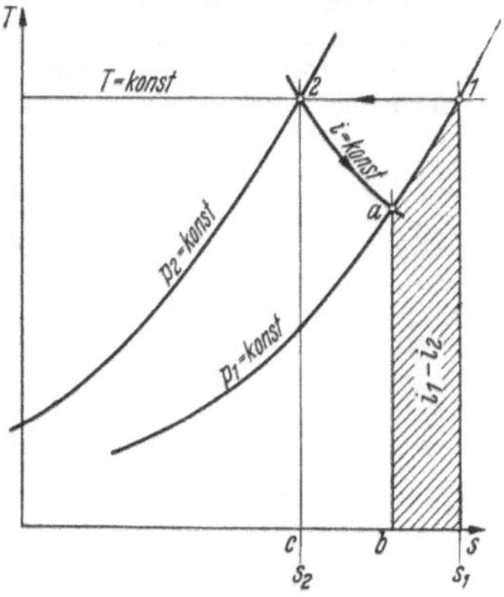

mit $i_2 = i_a$ nach Abb. 83 gibt den Arbeitsaufwand je kg flüssige Luft an und ist ein Kennwert für das Verfahren.

Abb. 87. Arbeit und Wärme im T, s-Diagramm.

Es sei $t_1 = t_u = 20°$ C, $T_1 = 293°$ K, $p_1 = 1$ at abs. $= p_0$, $i_1 = 119{,}9$ kcal/kg. Bei 1 at abs. Sättigungsdruck ist $t_{4'} \approx t_4 \approx t_{4''} \approx -193°$ C, $T_4 \approx 80°$ K und $i_{4'} = 21{,}8$ und $i_{4''} = 68{,}8$ kcal/kg. Man erhält dann folgende Werte bei dem theoretischen Prozeß:

p_2 at abs.	10	50	100	200
$i_1 - i_2$ (aus Abb. 83) kcal/kg	0,65	2,7	5,2	9,4
z kg fl. L./kg a. L.	0,0066	0,0276	0,053	0,096
$1/z$ kg a. L./kg fl. L.	151,5	36,2	18,9	10,4
$A l'_{21}$ kcal/kg a. L.	46,2	78,6	92,5	106,5
$A l'_{21}/z$ kcal/kg fl. L.	6970	2850	1750	1110
$i_2 - i_3 = (1 - z)(i_1 - i_{4''})$ kcal/kg	50,8	49,7	48,4	46,2
$(i_1 - i_{4''})(1 - z)/z$ kcal/kg fl. L.	7700	1800	914	481
i_2 kcal/kg	119,3	117,2	114,7	110,5
$i_3 = i_2 - (i_2 - i_3)$ kcal/kg	68,5	67,5	66,3	64,3
T_3 (aus Abb. 83) °K	109	144	165	169
$\varepsilon = (i_1 - i_2)/A l'_{21}$	0,0141	0,0343	0,0562	0,0883
$\eta_0 = \varepsilon/\varepsilon_0$ in vH[2]	2,39	5,80	9,51	14,95
$\eta_\sigma = \varepsilon/\varepsilon_\sigma$ in vH	3,76	9,15	15,0	23,6

[1] z kg Luft werden bei dem Prozeß um $z(i_1 - i_{4'})$ kcal abgekühlt, und zwar je kg Luft vom Anfangszustand 1 (= Kälteleistung).

[2] Siehe Abschnitt 25.

Die Kälteleistung $i_1 - i_2$ steigt mit dem Druckverhältnis p_2/p_1 an, wenn auch nicht im gleichen Maße, aber stärker als die Arbeit $A l'_{21}$. Dadurch vergrößert sich die Leistungsziffer ε, die durch den Drosselverlust sehr kleine Werte annimmt. Ebenso vergrößert sich die Ausbeute an flüssiger Luft, die allerdings unter 10 vH bleibt. Der Arbeitsaufwand je kg flüssige Luft fällt stark ab, ist aber mit 1110 kcal/kg im besten Falle immer noch beträchtlich. Die Leistungsziffer des CARNOTschen Prozesses wäre $\varepsilon_C = 80/(293 - 80) = 0{,}375$ und sehr viel höher als die Leistungsziffer des LINDEschen Prozesses. Der CARNOTsche Prozeß setzt isothermischen Wärmeaustausch voraus und ist als Vergleichsprozeß nicht geeignet. Statt dessen ist ein später beschriebener verlustloser Kreisprozeß denkbar mit $\varepsilon_0 = 0{,}591$, der allerdings vom LINDEschen Prozeß bei weitem nicht erreicht werden kann[1].

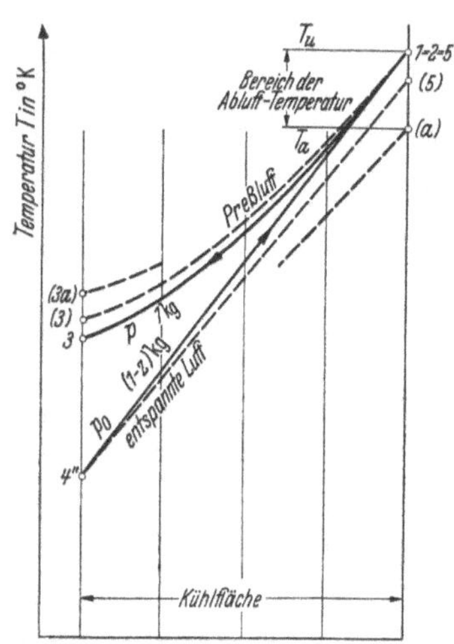

Abb. 88. Vollständiger Wärmeaustausch. Wärmeabgabe $i_2 - i_3$ kcal/kg a. L., Wärmeaufnahme $(1 - z)(i_1 - i_{4''})$ kcal/kg a. L. Bei unvollständigem Wärmeaustausch gelten die gestrichelten Linien und ist $i_2 - i_{(3)} = (1 - z) \cdot [i_{(5)} - i_{4''}]$ (nicht maßstäblich).

Temperatur im Wärmeaustauscher. Der Wärmeübergang ist etwa proportional zur Temperaturdifferenz. Mit Rücksicht darauf, daß auf der wärmeabgebenden Seite eine Luftmenge von G kg und auf der wärmeaufnehmenden Seite eine von $G(1 - z)$ kg strömt, nimmt die Temperatur einerseits von 2 bis 3 ab und andererseits von 4″ bis 5 zu, wobei $T_5 \approx T_1 = T_2$ ist. Wenn völliger Wärmeaustausch möglich wäre, dann ergäbe sich ein Zusammenhang wie in Abb. 88. Der Wärmeübergang nimmt von 0 im Punkt 2 bis zu einem Höchstmaß im Punkt 3 zu, so, daß auf der gesamten Heizfläche $i_2 - i_3$ kcal/kg abgenommen werden. In Wirklichkeit aber wird die Luft mit T_5 etwas $< T_1$ abströmen, in Abb. 88 durch (5) angedeutet. Dadurch kann sich die Preßluft im Wärmeaustauscher nicht bis auf T_3, sondern nur bis auf $T_{(3)}$ abkühlen. Je unzureichender der Wärmeaustausch ist, um so mehr streben die Temperaturlinien auseinander. Im T, i-Diagramm Abb. 83 liegt dabei Punkt 3 auf der Isobare $p = 200$ at abs. bei immer höheren Temperaturen und Wärmeinhalten. Wenn nun $i_5 = i_a$ wird, also die Abluft mit $T_5 = T_a = 254°$ K oder $t_5 = -19°$ C entweicht und um 39° unter der Anfangstemperatur von $t_1 = 20°$ C liegt, dann wird $i_5 = i_2$ und mit (98) die Ausbeute $z = 0$. Die Drosselung endet in 4″ (4 = 4″). Bei dem LINDEschen Verfahren kommt der Ablufttemperatur eine entscheidende Bedeutung zu. Im praktischen Verfahren läßt sich t_5 auf 3 bis 5° unter t_1 halten.

25. Arbeitsbedarf beim verlustlosen Prozeß.

Um sich ein Urteil über die Güte des Prozesses zu verschaffen, kann man die Verflüssigungsarbeit berechnen, die man in einem verlustlosen umkehrbaren Kreisprozeß aufwenden müßte. Ein solcher Prozeß liegt vor, wenn man die Luft vom Zustand 1 bis auf den hohen Druck im Zustand A (siehe Abb. 77) isothermisch verdichten könnte, von wo sie bis zum Zustand 4′ adiabatisch expandiert, um dann bei gleichbleibendem Druck auf den Ausgangszustand erwärmt zu werden. Der Prozeß ist linksumlaufend, also mit Arbeitsaufwand verbunden. Dabei wird die Arbeit $Al \mathrel{\hat=}$ Fläche $1 A 4' 4'' 1$ aufgewandt und der Luft die

[1] Siehe Abschnitt 25.

Wärmemenge $q_0 \triangleq$ Fläche $4'4''1cba4'$ zugeführt, während die Wärmemenge $q \triangleq$ Fläche $1Aac1$ abzuführen ist.

Nun, die Wärmemengen lassen sich berechnen. Es ist $r_0 = 47$ kcal/kg die Verdampfungswärme der Luft bei $p_0 = 1$ at abs. Die spezifische Wärme der Luft bei 1 at abs. ist genügend genau mit $c_p = 0{,}24$ kcal/kg·Grad (genauer im Mittel 0,242) anzugeben. Infolgedessen ist

$$q_0 = (i_{4''} - i_{4'}) + (i_1 - i_{4''}) = r_0 + c_p(T_u - T_0)$$
$$= 47{,}0 + 0{,}24(293 - 80) = 98{,}1 \text{ kcal/kg}.$$

Die Wärmeabfuhr ist $q = T_u(s_1 - s_{4'})$. Bei einer mittleren Verdampfungstemperatur von $T_0 = 80^\circ$ K ergibt sich eine Entropiespanne von

$$s_{4''} - s_{4'} = \frac{r_0}{T_0} = \frac{47}{80} = 0{,}588 \text{ kcal/kg} \cdot \text{Grad}.$$

Die Entropiedifferenz von s_1 bis $s_{4''}$ ergibt sich mit konstanter spezifischer Wärme $c_p = 0{,}24$ zu

$$s_1 - s_{4''} = c_p \ln \frac{T_u}{T_0} = 0{,}24 \cdot 2{,}303 \cdot \lg \frac{293}{80} = 0{,}312.$$

Mithin ist $s_1 - s_{4'} = 0{,}588 + 0{,}312 = 0{,}900$ und

$$q = 293 \cdot 0{,}900 = 264 \text{ kcal/kg}.$$

Der Arbeitsaufwand folgt nun nach den Gesetzen der Kreisprozesse zu

$$Al = q - q_0 = 264 - 98 = 166 \text{ kcal/kg}.$$

Ohne diese Überlegung konnte man den Arbeitsbedarf mit der allgemeinen Wärmegleichung $dq = T\,ds = di - A\,v\,dP$ sofort hinschreiben mit

$$Al' = A\int_{4'}^{1} v\,dP = i_1 - i_{4'} - T_u(s_1 - s_{4'}), \tag{104}$$

wenn die Wärme bei gleichbleibender Temperatur T_u abgeführt wird[1].

Bei diesem Prozeß fällt die gesamte Luftmenge mit Zustand 4′ flüssig an und sind 166 kcal/kg flüssige Luft aufzuwenden. Vergleicht man diese Arbeit mit den Werten AL/z auf S. 521, so zeigt sich, daß das LINDEsche Verflüssigungsverfahren verhältnismäßig ungünstig arbeitet. Die Leistungsziffer des verlustlosen Prozesses ist $\varepsilon_0 = 98{,}1/166 = 0{,}591$.

26. Mehrbedarf an Arbeit beim LINDEschen Verfahren.

Schon im theoretischen Prozeß liegen erhebliche Verluste begründet:

a) beim Drosselvorgang $3 - 4$,

b) beim Wärmeaustausch $2 - 3/4'' - 5$, bei dem Wärme von der höheren Temperatur der verdichteten Luft nach der abströmenden entspannten Luft $(1 - z)$ kg mit niedrigerer Temperatur übergeht, was mit Entropiezunahme verbunden ist.

[1] Für umkehrbare Kreisprozesse gilt übrigens

$$Al = \int_1^{n=1} P\,dv = \int_1^{n=1} v\,dP.$$

Neben diesen Verfahrensverlusten treten bei der praktischen Durchführung noch weitere Verluste auf:

c) durch polytropische anstatt isothermische Kompression. Die Zunahme der Lufttemperatur bei der Verdichtung muß durch nachträgliche Kühlung rückgängig gemacht werden,

d) durch innere und äußere Reibung, und zwar durch Drosselung auf den Luftwegen und durch Wandungsverluste (Wärmeeinbrüche) sowie mechanische Verluste beim Betriebe des Kompressors.

Der Aufwand an Arbeit ist im T, s-Diagramm Abb. 77 ersichtlich. Bei der isothermischen *Verdichtung* von 1 nach 2 nimmt die Entropie zunächst um Δs gemäß $dq = T_u(s_1 - s_2)$ ab. Wenn die Verdichtung polytropisch vor sich geht, muß durch Kühlung eine der Fläche 1 2′ 2 1 in Abb. 89 entsprechende Wärmemenge zusätzlich abgeführt werden, was einen Mehraufwand bedingt.

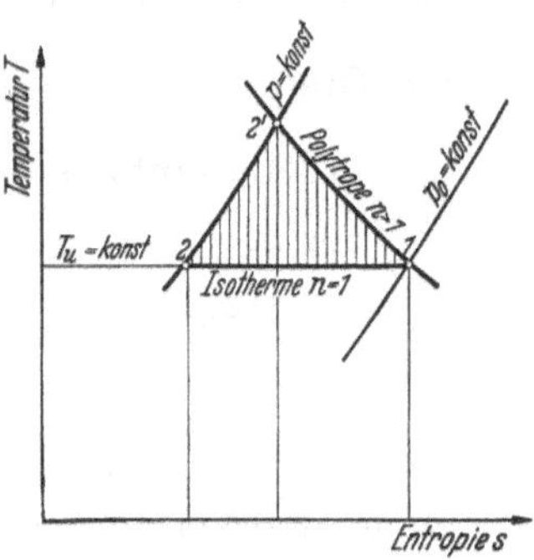

Abb. 89. Mehrarbeit bei polytropischer Verdichtung.

Im *Wärmeaustauscher* gibt die Preßluft die Wärmemenge $i_2 - i_3$ ab, die der unter dem Kurvenstück von 2 bis 3 liegenden und bis zur Abszisse $T = 0°$K reichenden Fläche entspricht. Die Abluft in Menge von $(1 - z)$ kg/kg nimmt diese Wärmemenge von $(1 - z)(i_5 - i_{4''})$ mit $i_5 \approx i_1$ bei niedrigerer Temperatur und kleinerem Druck auf, dargestellt durch die unter der Linie 4″ bis 1 liegende Diagrammfläche in Abb. 77.

Bei unveränderlichem Druck ist

$$i_2 - i_3 = (1 - z)(i_1 - i_{4''})$$

und

$$[T_m]_3^2 (s_2 - s_3) = (1 - z)[T_m]_{4''}^1 (s_1 - s_{4''}), \qquad (105)$$

wobei $[T_m]_3^2$ die mittlere Temperatur zwischen 2 und 3 und $[T_m]_{4''}^1$ die zwischen 1 und 4″ bedeutet. Nun ist $1 - z < 1$, wenn die Ausbeute $z > 0$ ist. Dadurch ist die Wärmemenge je kg

$$[T_m]_3^2 (s_2 - s_3) < [T_m]_{4''}^1 (s_1 - s_{4''}).$$

Außerdem ist die mittlere Temperatur der Preßluft höher als die der Abluft, sodaß

$$s_2 - s_3 < s_1 - s_{4''}$$

ist. Zahlenmäßig ist

$$i_2 - i_3 < i_1 - i_{4''},$$

nämlich bei $p_2 = 200$ at abs.

$$46{,}2 < \frac{i_2 - i_3}{1 - z} = 51{,}1$$

und mit

$$[T_m]_3^2 \approx \tfrac{1}{2}(T_2 + T_3) = \tfrac{1}{2}(293 + 169) = 231°$$

und

$$[T_m]_{4''}^1 \approx \tfrac{1}{2}(T_1 + T_{4''}) = \tfrac{1}{2}(293 + 80) = 186°,$$

weiterhin

$$s_2 - s_3 < s_1 - s_{4''},$$

nämlich

$$\frac{46{,}2}{231} = 0{,}200 < \frac{51{,}1}{186} = 0{,}275.$$

Die Entropiezunahme beim *Drosseln* von 3 nach 4 ist bestimmt durch den Verlauf der Linie 3—4. Aus Abb. 77 ist ersichtlich, wie bei diesem verlustreichen Vorgang die Entropie zunimmt.

Die Entropiezunahme läßt sich besonders gut im i, s-Diagramm verfolgen. In Abb. 90 ist der LINDEsche Verflüssigungsprozeß aufgezeichnet, wobei die Bezugsgerade im Umgebungszustand 1 (Umgebungsgerade) die Verluste an Arbeitsfähigkeit abzuschätzen gestattet.

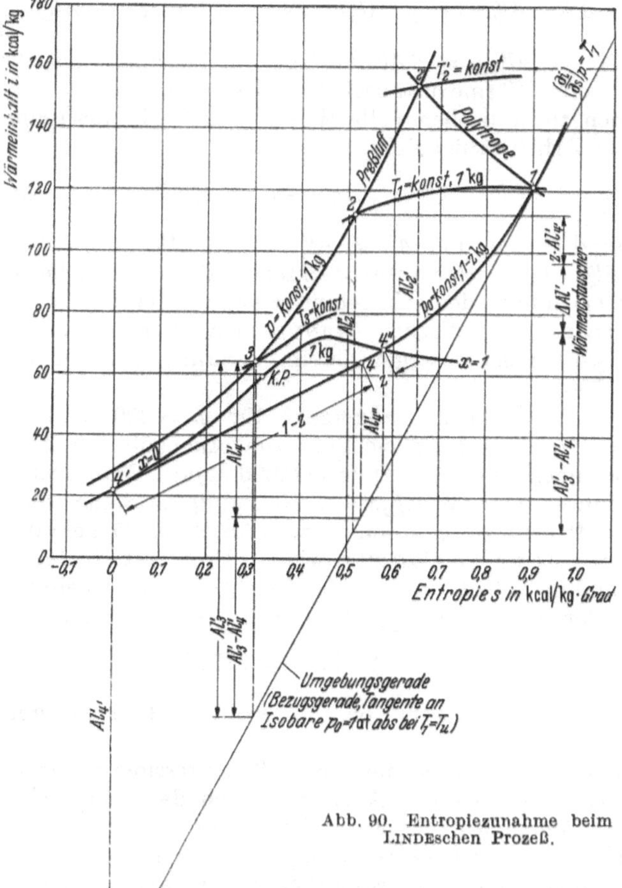

Abb. 90. Entropiezunahme beim LINDEschen Prozeß.

Die Arbeitsfähigkeit Al_1' im Umgebungszustand 1 der Umgebung gegenüber ist Null. Die Längen der gestrichelten Linien von den übrigen Zustandspunkten nach der Umgebungsgeraden (bei unveränderlicher Entropie) sind Maße für die Arbeitsfähigkeit der Luft. Mit zunehmender Entfernung vom Umgebungszustand nimmt die Arbeitsfähigkeit zu; am größten ist sie für 1 kg flüssige Luft vom Zustand 4′ (siehe auch Abschnitt 50, Teil A). Die Natur hat das Bestreben, Täler im allgemeinen Temperaturniveau um so energischer auszufüllen, je tiefer sie sind.

Bei der Drosselung von 3 nach 4 geht der Teil $Al'_3 - Al'_4$ an Arbeitsfähigkeit verloren. Ein weiterer Teil verschwindet beim theoretischen Prozeß durch die Entropiezunahme im Wärmeaustauscher. Teilt man die im Zustand 2 der Preßluft durch Aufwand der isothermischen Verdichtungsarbeit vermittelte Arbeitsfähigkeit auf, so erhält man die folgende Bilanz:

$$1\,\text{kg}\ Al'_2 = 1\,\text{kg}\ (Al'_3 - Al'_4) + z\,\text{kg}\ Al'_4 + Al'_{\text{Rest}}. \qquad (106)$$

Das Restglied $Al'_{\text{Rest}} = \Delta Al'$ umfaßt die Verminderung der Arbeitsfähigkeit beim Wärmeaustausch 2 — 3/4″ — 1.

Für den theoretischen verlustlosen Prozeß gilt insgesamt folgende Bilanz der Arbeitsfähigkeiten:

$$Al'_2 = z\,Al'_4 + (1 - z)\,Al'_5.$$

Mit Zustand $5 \approx 1$ und $Al'_5 \approx Al'_1 = 0$ ist Al'_2, der Arbeitsaufwand, gleich $z\,Al'_{4'}$, der in der ausgebrachten Luft aufgespeicherten Arbeitsfähigkeit gegenüber dem Umgebungszustand. Bei dem in Abb. 90 hervorgehobenen theoretischen LINDEschen Verflüssigungsprozeß ist $Al'_2 \gg z\,Al'_4$ allein schon wegen der im Verfahren begründeten Verluste, siehe Gl. (106).

Abb. 90 ist nahezu maßgerecht für $p = 200$ at abs., $p_0 = 1$ at und $T_u = 293°$ K gekennzeichnet. Die Ausbeute an flüssiger Luft liegt dabei noch unter 10 vH ($z = 0{,}096$ kg/kg). Man sieht, worauf es zurückzuführen ist, daß $Al'_{21}/z = 1110$ kcal/kg an Stelle von 166 kcal/kg flüssiger Luft beim verlustlosen Prozeß (Abschnitt 25) gebraucht werden. Al'_{21} ist gleichzeitig die Gesamtarbeit des Prozesses. In Wirklichkeit ist der Aufwand an Arbeit durch weitere Nichtumkehrbarkeiten (Reibungsverluste aller Art) etwa doppelt so hoch, so daß für 1 kg flüssige Luft

$$Al_e \approx 2 \cdot 1110 = 2220\,\text{kcal}$$

aufzuwenden sind, das ist das $2220/166 = 13{,}4$fache der Mindestarbeit.

Bei der Anlage mit mehreren Kompressionskältemaschinen in Kaskadenschaltung ist der Aufwand durch den mehrfachen Wärmeaustausch (Temperaturfall, Entropievermehrung) und die weniger einfache und umfangreichere Isolierung gegen Wärmeeinbrüche bei den tiefen Temperaturen noch wesentlich größer als bei der LINDEschen Anlage.

27. Verbesserungen des Verfahrens.

Im Bestreben, das Verfahren wirtschaftlicher zu gestalten, hat man versucht, den Verlust durch Drosselung herabzusetzen. Wenn man Abb. 90 auf die Möglichkeit hin überprüft, erkennt man, daß der Drosselverlust immer kleiner wird, je tiefer die Drossellinie 3—4 liegt. Es hat allerdings keinen Zweck, einfach die Preßluft weiter als bis T_3 abzukühlen, weil die Ausbeute z mit (98)

$$z = \frac{i_5 - i_2}{i_5 - i_{4'}}$$

nicht von der Lage der Punkte 3 und 4 abhängt. Rückt Punkt 3 nach unten, so wird auch nur dieselbe Menge z kg an flüssiger Luft auf die Dauer abgezogen werden können. An sich fällt aber mehr als z kg an flüssiger Luft an[1]. Dieser Mehranfall muß in den Wärmeaustauscher zur Kühlung der Preßluft gehen. Was an Drosselverlust gemindert wird, fällt im gleichen Umfang als zusätzlicher Verlust im Wärmeaustauscher wieder an, denn $A l_2'$ und $z A l'_{4'}$ bleiben in ihrem Werte unverändert. Man kann aber das Verfahren verbessern, wenn man einen Teil der kalten Preßluft unmittelbar zur Kühlung abzweigt.

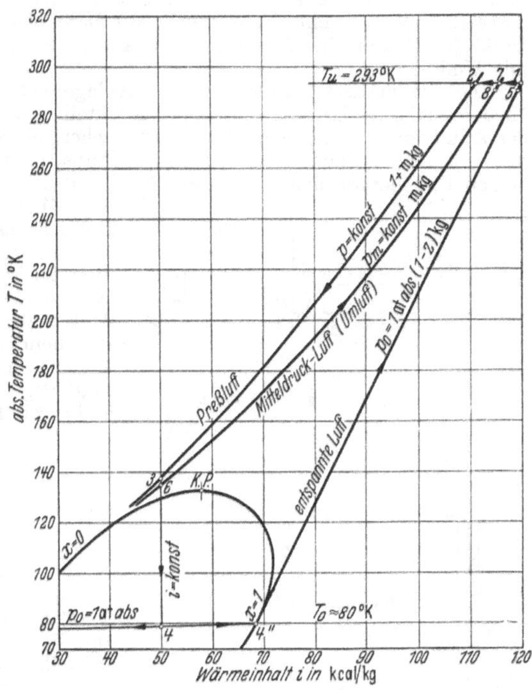

Abb. 91. Verfahren mit zusätzlicher Kühlung durch Umluft.

a) Lindesches Verfahren mit Umluftkühlung.

Das Verfahren der verbesserten Anlage ist in Abb. 91 wiedergegeben. Die anfänglich unter 1 at abs. Druck stehende Luft (1) wird im Niederdruckteil des Kompressors auf p_m at abs. verdichtet. Betrachtet man wiederum 1 kg, so wird dieser Menge im Aufnehmer nach dem Niederdruckteil die Umluftmenge von m kg zugeführt (7), die ebenfalls unter p_m steht. Im Hochdruckteil wird die Menge von $1 + m$ kg auf den Enddruck p verdichtet (2). Diese $1 + m$ kg werden im Wärmeaustauscher auf T_3 ° K abgekühlt (3) und auf p_m at abs. danach gedrosselt (6). Nunmehr gibt

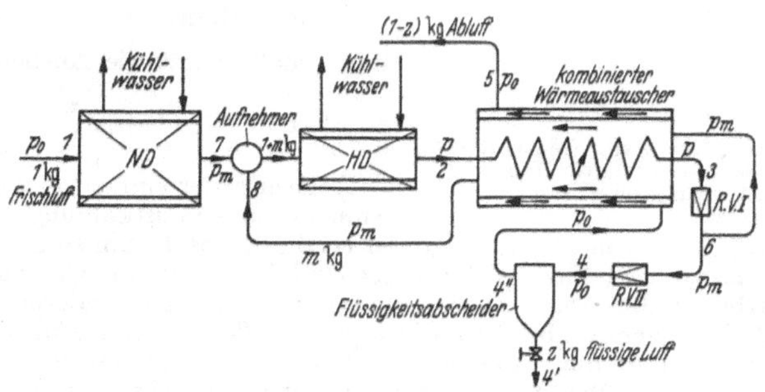

Abb. 92. Schema einer Lindeschen Luftverflüssigungsanlage mit Umluftkühlung.

man m kg davon in den Wärmeaustauscher, die sich durch Wärmeaufnahme aus der Preßluft (2—3) auf T_8 ° K erwärmen (6—8), wobei $T_8 \approx T_7 = T_u$ ist.

[1] y ist die Flüssigkeitsmenge. z kann von y abweichen, d. h. kleiner sein.

Der andere Teil, nämlich 1 kg Luft von p_m at (6), wird weiter gedrosselt bis auf $p_0 = 1$ at abs. (4) und im Flüssigkeitsabscheider getrennt in den flüssigen Teil (Zustand 4′) in Menge von z kg und den dampfförmigen Teil (Zustand 4″) in Menge von $(1 - z)$ kg, der ebenfalls in den Wärmeaustauscher durch ein besonderes Rohrsystem geht. Man erreicht auf diese Weise eine stärkere Abkühlung der Preßluft (3) und eine Erhöhung der Ausbeute z durch die zusätzliche Kühlung mit Umluft.

Die schematische Anordnung der Anlage geht aus Abb. 92 hervor mit dem Niederdruckteil ND und dem Hochdruckteil HD des Kompressors, dazwischen der Aufnehmer, dann dem Wärmeaustauscher, in dem die Preßluft von p at abs. durch die Luftströme unter p_m mit p_0 at abs. im Gegenstrom gekühlt wird, den beiden Regulierventilen (Drosselung 3—6 und 6—4) und dem Flüssigkeitsabscheider. Man nennt solche Anlagen auch Doppelkreislaufapparate.

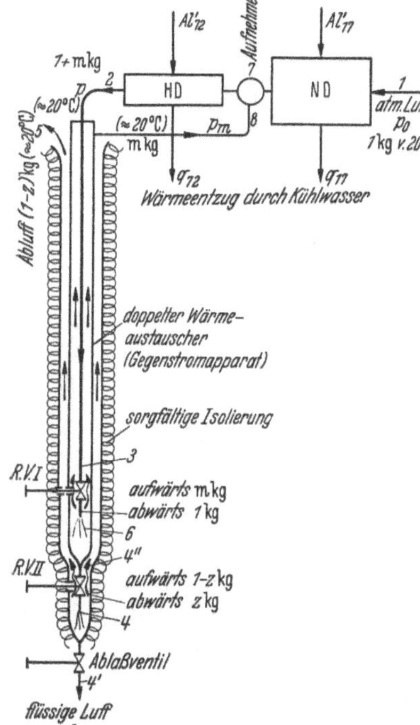

Abb. 93. Schema einer LINDEschen Luftverflüssigungsanlage mit Umluftkühlung der praktischen Ausführungsweise entsprechend.

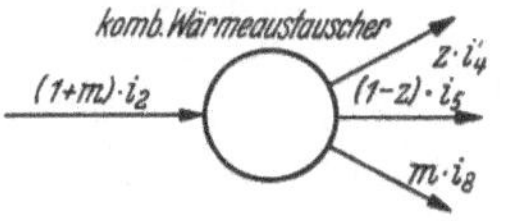

Um die Wärmeeinbrüche möglichst klein zu halten, baut man die ganze Anlage so ineinander, wie in Abb. 93 angedeutet ist. Die Zahlen weisen auf die entsprechenden Stellen im T, i-Diagramm Abb. 91 hin. Man isoliert die Anlage sorgfältig. Im übrigen sprechen die Abbildungen für sich.

Abb. 94. Zur Wärmebilanz mit Umluft.

Für das Verfahren mit Umluftkühlung kann man folgende Wärmebilanz aufstellen, gemäß Abb. 94:

In den Wärmeaustauscher gehen $(1 + m) \cdot i_2$ kcal mit der Preßluft. Heraus gehen:

mit der flüssigen Luft $z i_{4'}$ kcal,
mit der Umluft $m i_8$ kcal,
mit der Abluft $(1 - z)\, i_5$ kcal.

Man erhält damit die Ausbeute

$$z = \frac{i_5 - i_2}{i_5 - i_{4'}} + m \frac{i_8 - i_2}{i_5 - i_{4'}}, \qquad (107)$$

= Ausbeute der einfachen Anlage + Gewinn durch Umluftkühlung.

Man erkennt, je größer m ist, um so größer ist die *Ausbeute*, um so größer ist aber auch der *Arbeitsaufwand*. Für die Menge der Umluft gibt es zwei Grenzfälle: Wenn $m = 0$ ist, arbeitet der Apparat wie eine einfache Anlage. Andererseits gibt es eine größte Umluftmenge m, bei der die Temperatur T_3 vor dem Regulierventil RV I einen Kleinstwert annimmt, theoretisch $T_3 = T_4$, abgesehen von Inversionserscheinungen. Wird m über ein gewisses Maß hinaus gesteigert, so wird die Temperatur T_8 am Ende des Wärmeaustauschers absinken und die Ausbeute kleiner. Der *Arbeitsbedarf je kg flüssige Luft*, die für die Wirtschaftlichkeit des Verfahrens maßgebliche Größe, steigt mit der Umluftmenge m und fällt mit der Ausbeute je kg angesaugte Luft. Es gibt für jede Umluftmenge m Bestwerte für die Drücke. Bei den üblichen Drücken von $p_0 \approx 1$ at abs. und $p \approx 200$ at abs. liegt der günstigste Mitteldruck bei $p_m = 100$ at abs. und die beste Umluftmenge bei etwas mehr als $m = 7$.

Beispiel. Eine LINDEsche Luftverflüssigungsanlage mit zusätzlicher Umluftkühlung arbeitet bei 20° C Umgebungstemperatur mit folgenden Drücken:

Anfangsdruck	$p_0 =$	1 at abs.
Enddruck	$p =$	200 at abs.
Mitteldruck	$p_m =$	100 at abs.

und $m = 7{,}2$ für die Umluftmenge. Wie groß ist der Arbeitsbedarf je kg flüssiger Luft, die Leistungsziffer und der Gütegrad des Prozesses?

$$A l'_{21} = A R T \left[\ln \frac{p_m}{p_0} + (1 + m) \ln \frac{p}{p_m}\right]$$
$$= \frac{29{,}3}{427}\, 293 \cdot 2{,}303\, [\lg 100 + 8{,}2 \lg 2] = 206 \text{ kcal/kg}.$$

Mit $i_5 \approx i_1$ und $i_8 \approx i_7$ ist

$$z = \frac{i_1 - i_2}{i_1 - i_{4'}} + 7{,}2 \frac{i_7 - i_2}{i_1 - i_{4'}} = \frac{9{,}4}{98{,}1} + 7{,}2 \frac{4{,}2}{98{,}1} = 0{,}404 \text{ kg/kg}$$

und $A l'_{21}/z = 206/0{,}404 = 510$ kcal/kg. Es ist dies nur halb soviel wie bei dem einfachen Apparat. Die Leistungsziffer ist $\varepsilon = z\,(i_1 - i_{4'})/A l'_{2I} = 0{,}404 \cdot 98{,}1/206 = 0{,}193$ gegen 0,088 bei der einfachen Maschine, und der Gütegrad des Prozesses ist $\eta_0 = 100\, \varepsilon/\varepsilon_0 = 100 \cdot 0{,}193/0{,}591 = 32{,}7$ vH (gegen rund 15 vH). Im Vergleich zum CARNOTschen Prozeß ergibt sich $\eta_C = 100\, \varepsilon/\varepsilon_C = 100 \cdot 193/0{,}375 = 51{,}4$ vH.

b) Verfahren mit teilweiser Fremdkühlung.

Der Arbeitsaufwand für die Kälteleistung $q_0 = z(i_1 - i_{4'})$ ist beim LINDEschen Verfahren erheblich größer als bei der gewöhnlichen Kompressionskältemaschine, solange es sich um nicht allzu tiefe Temperaturen handelt. Bei tieferer Temperaturlage, entsprechend den Sättigungstemperaturen der Luft, arbeitet die Kompressionskältemaschine durch hohe Wandungsverluste, insbesondere bei siedender Luft, weniger wirtschaftlich. Man macht sich die Überlegenheit der Kompressionskältemaschine bei höheren Temperaturen zunutze, indem man die Abkühlung der Preßluft zum Teil dadurch herbeiführt, daß man die verdichtete Luft durch den Verdampfer einer NH_3-Kältemaschine strömen läßt. Man kommt dadurch mit der Temperatur T_3 vor dem Drosselventil (RV) herunter und verringert den Drosselverlust 3—4. Die Kältemaschine übernimmt dann die Wärmeabfuhr, die dadurch zusätzlich im Wärmeaustauscher nötig wird. Um die Wärmeaufnahmefähigkeit der Abluft möglichst bis zur oberen Grenze von $T_5 = T_1$ auszunützen, schaltet man die Kältemaschine nicht bei der oberen Temperatur, sondern bei tieferen Temperaturen in den Wärmeaustauscher ein.

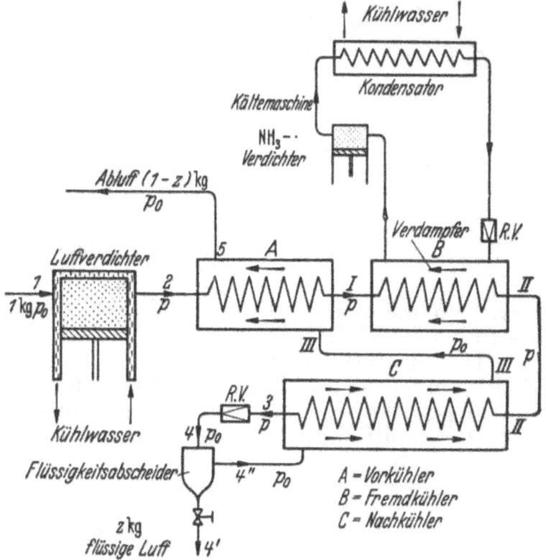

Abb. 95. Schema einer LINDEschen Luftverflüssigungsanlage mit Zwischenkühlung durch eine Ammoniak-Kompressionskältemaschine.

Siehe hierzu Abb. 95, wo die Anordnung für eine einfache Anlage dargestellt ist. In Wirklichkeit baut man die Kältemaschine in Anlagen mit Umluftkühlung ein und ordnet die drei Teile des Wärmeaustauschers (Vorkühler mit Abluft, Zwischenkühler mit Kältestoff, Nachkühler mit Abluft), sowie das Regulierventil in ähnlicher Art, wie Abb. 85 und 93 zeigen, in einem gut isolierten System ein. Der Gesamtarbeitsbedarf vermindert sich dabei auf etwa $^1/_3$ von dem bei einer einfachen Anlage.

Im T, i-Diagramm kann man sich über die Größe des Wärmeentzugs unterrichten, den man der Kältemaschine überlassen kann. An einer beliebig herausgegriffenen Stelle III des Wärmeaustauschers, Abb. 96, muß die entspannte Luft noch eine Wärmemenge von $i_5 - i_{III}$ kcal/kg aufnehmen, um mit $T_5 \approx T_1$ entweichen zu können. Da $(1 - z)$ kg Abluft auf 1 kg Preßluft entfallen, besteht für die Abkühlung der Preßluft die Gleichung

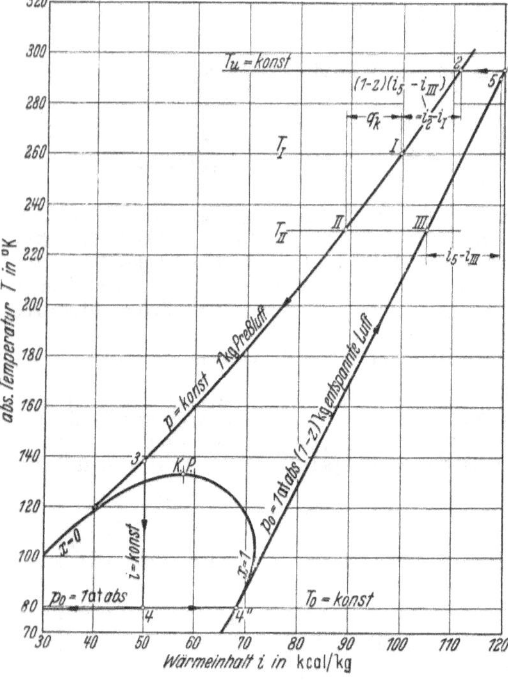

Abb. 96.
Verfahren mit zwischengeschalteter Fremdkühlung.

$$i_2 - i_I = (1 - z)(i_1 - i_{III}),$$

d. h. im Beharrungszustand kühlt sich die Preßluft von $T_u = T_2$ auf T_I ab, während sich die entspannte Luft von T_{III} auf $T_5 \approx T_1 = T_u$ aufwärmt.

Im Nachkühler soll die Preßluft von T_{II} bis T_3 (Abb. 96) abgekühlt werden unter Erwärmung der entspannten Luft von T_0 bis auf T_{III}. Im günstigsten Falle kann dabei $T_{III} = T_{II}$ sein (wie gezeichnet). Tatsächlich wird $T_{III} < T_{II}$ sein müssen, um den für den Wärmedurchgang nötigen Temperaturunterschied zu schaffen. Man kann demzufolge mit der Kompressionskältemaschine die Wärmemenge $q_k = i_I - i_{II}$ kcal je kg Preßluft entziehen. Die Wärmemenge q_k kann um so größer sein, je tiefer T_{III} liegt. Man wird dabei so weit gehen, wie die Wirtschaftlichkeit der Kältemaschine noch wesentlich über der des LINDEschen Verfahrens liegt und die Drücke im Verdampfer der Kältemaschine nicht zu klein werden. Die praktisch vertretbare untere Grenze für T_{II} ist bei -45 bis $-50°$ C.

Die theoretische Ausbeute beim Verfahren mit teilweiser Fremdkühlung erhält man wieder aus der Wärmebilanz der Anlage, in die 1 kg · i_2 kcal/kg $= i_2$ kcal hineingesteckt und $z i_{4'}$ kcal mit der flüssigen Luft, $(1 - z)\, i_5 \approx (1 - z)\, i_1$ kcal mit der Abluft und q_k kcal im Verdampfer der Kältemaschine entzogen werden. Aus

$$i_2 = z i_{4'} + (1 - z)\, i_5 + q_k$$

folgt

$$z = \frac{i_5 - i_2}{i_5 - i_{4'}} + \frac{q_k}{i_5 - i_{4'}}, \tag{108}$$

$= \dfrac{\text{Ausbeute der ein-}}{\text{fachen Anlage}} + \dfrac{\text{Gewinn durch}}{\text{Fremdkühlung.}}$

Der Arbeitsaufwand ist $A l'$ für den Luftverdichter $(A l'_{21})$ und $A l'_k$ für die Kältemaschine, zusammen mit der Leistungsziffer ε_k der Kältemaschine

$$A l'_{\text{ges}} = A l' + A l'_k = A R T \ln \frac{p}{p_0} + \frac{q_k}{\varepsilon_k}. \tag{109}$$

Neuzeitliche Verflüssigungsanlagen nach dem LINDEschen Verfahren arbeiten mit Umluft und Fremdkühlung durch eine NH_3-Kompressionskältemaschine und sind bisher durch andere Verfahren nicht übertroffen worden.

Andere Wege, den Drosselverlust herabzusetzen, wurden von CLAUDE und HEYLAND beschritten. In der CLAUDEschen Anlage wird die Drosselung durch Expansion in einem besonderen Entspannungszylinder ersetzt. Bei den niedrigen Temperaturen eignet sich Petroläther als Schmiermittel. Wohl läßt sich dabei praktisch keine adiabatische Expansionsarbeit gewinnen, denn diese ist so gering, daß man sie durch Abbremsen (meist durch elektrischen Widerstand) in Wärme umwandelt, die durch Verteilung an die Umgebung geht. Die Kühlung bei der polytropischen Expansion aber in Verbindung mit der Kühlung der Preßluft durch die entspannte Luft ist so kräftig, daß die Temperatur T_3 vor dem Regulierventil etwa ebenso tief zu liegen kommt wie beim LINDEschen Verfahren mit Umluft und Fremdkühlung. Der Vorteil der LINDEschen Anlagen ist, daß sie keine bewegten Teile haben und nur geringem Verschleiß unterliegen. Der Arbeitsaufwand je kg flüssige Luft ist bei beiden Verfahren etwa gleich groß[1].

28. Kohlensäuregefrieranlagen.

In ähnlicher Weise wie bei der Gasverflüssigung benutzt man den positiven Drosseleffekt bei der Verfestigung von Flüssigkeiten mit tief liegenden Sättigungstemperaturen[2]. Im Sättigungsgebiet befindet man sich weit unter der Inversionstemperatur. Beim Drosseln fällt die Temperatur stark ab. Von besonderer technischer Bedeutung ist die Herstellung von Kohlensäureeis (sog. Trockeneis).

Wenn man flüssige Kohlensäure (flüssiges Kohlendioxyd) von Umgebungstemperatur und 58,5 at abs. Sättigungsdruck (Zustand 1, Abbildung 97) durch ein Drosselorgan in einen Raum mit atmosphärischem Druck einströmen läßt, so sinkt die Temperatur auf $-78{,}9°$ C, wobei sich ein Gemisch aus 29 vH fester und 71 vH dampfförmiger Kohlensäure bildet (Zustand 2). Die Zustandslinien sind im T, s-Diagramm Abb. 97 eingezeichnet. Bei Drosselung auf 5,28 at abs. tritt bereits Kohlensäureeis oder -schnee an Stelle

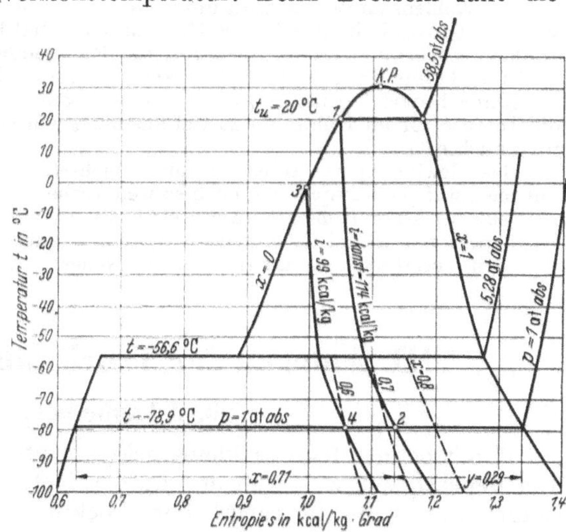

Abb. 97. Wärmediagramm von Kohlendioxyd (Kohlensäure).

[1] Siehe auch H. HAUSEN: Die Tieftemperaturtechnik unter CARL V. LINDE: und in ihrer neueren Entwicklung. Z. VDI Bd. 86 (1942) S. 353.

[2] PLANK, R.: Herstellung und industrielle Verwertung fester Kohlensäure. Z. VDI Bd. 73 (1929) S. 221. — R. PLANK und J. KUPRIANOFF: Die thermischen Eigenschaften der Kohlensäure im gasförmigen, flüssigen und festen Zustand. Berlin 1929.

von Feuchtigkeit. Man kann nun die feste Kohlensäure abziehen und den kalten Dampf entweichen lassen. Nach dem Vorbild des LINDEschen Verfahrens aber schickt man den kalten Dampf vorher in einen Wärmeaustauscher und kühlt dort die flüssige Kohlensäure vom Zustand 1 bis auf den Zustand 3 ab. Durch Drosselung gelangt man nunmehr zum Zustand 4 und zur größeren Ausbeute von $y = 1 - x = 40$ vH, während die Dampfmenge auf $x = 60$ vH zurückgeht. Mit diesen Werten kann die Anlage theoretisch im Beharrungszustand betrieben werden. Praktisch liegt die Ausbeute durch die unvermeidlichen Wärmeeinbrüche bei etwa 30 bis 33 vH. Das Anfahren vom anfänglichen Drosselzustand 1 — 2 geht ähnlich wie beim LINDEschen Verfahren vor sich.

Die feste Kohlensäure hat den Vorzug, daß sie bei den gewöhnlichen Kühltemperaturen nicht schmilzt, sondern sublimiert, also unmittelbar verdampft und nicht wie Wassereis Schmelzwasser bildet. Die Sublimationswärme (Schmelz- und Verdampfungswärme zusammen) beträgt bei 1 at abs. $s + r = 137$ kcal/kg. Dazu kommt die Wärmeaufnahme des kalten Dampfes, das sind bis zur Umgebungstemperatur von 20° C gerechnet rund 19 kcal/kg, so daß die Kälteleistung $137 + 19 = 156$ kcal/kg beträgt. Es ist dies $^1/_2$ mehr als bei Wassereis mit etwa $80 + 20 = 100$ kcal/kg.

Der Kohlensäureschnee wird unter Druck von 50 bis 100 at zu festen Blöcken verdichtet, wobei ein spezifisches Gewicht von 1100 bis 1400 kg/m³ erreicht wird (Kohlensäureeis $\gamma = 1560$ kg/m³). Auf die Raumeinheit bezogen, gibt Trockeneis mit 1350 kg/m³ die $156 \cdot 1350/100 \cdot 900 = 2{,}34$fache Kälteleistung wie Wassereis. Allerdings bedarf Trockeneis einer gewissen Regelung beim Sublimieren, weil sonst die Temperatur im Kühlraum zu tief absinken würde und sich das Eis zu schnell verbrauchte.

Das Gewinnungsverfahren ist durch mehrstufige Drosselung in Verbindung mit mehrstufiger Kompression noch so weit verbessert worden, daß die *tatsächliche Ausbeute* an fester Kohlensäure auf etwa 40 vH, bezogen auf 1 kg Flüssigkeit im Kondensator (Zustand 1), gesteigert werden konnte, doch bieten die dazu angewandten Verfahren grundsätzlich nichts Neues.

VIII. Anlagen für Trocknung mit Luft.

29. Allgemeines.

Man trocknet feuchte kleinstückige Güter vielfach im Luftstrom. Die Feuchtigkeit wird von der Luft aufgetrocknet und in der Abluft mitgenommen. Bei der natürlichen Trocknung muß die Luft ungesättigt sein und einen möglichst kleinen Sättigungsgrad haben. In den industriellen Trocknungsanlagen verwendet man zur Beschleunigung des Verfahrens vorgewärmte ungesättigte Luft und ist dabei weitgehend unabhängig vom Umgebungszustand.

Bei den nachfolgenden Berechnungen handelt es sich um die Auftrocknung der mechanisch anhaftenden Feuchtigkeit des Gutes. Für die wasserdampfhaltige Luft gilt dabei das DALTONsche Gesetz, nach dem sich der Wasserdampf gerade so erhält, als ob er allein vorhanden wäre und unter seinem Teildruck stünde, der der gewöhnlichen Spannungskurve für Wasserdampf entsprechende Werte hat. Die Vorgänge beim Austreiben der hygroskopischen Feuchtigkeit unterliegen anderen

Gesetzen. Durch die Kapillarwirkung wird der zur betreffenden Temperatur gehörige Dampfdruck herabgesetzt. Hier soll nur von der technisch bedeutsamen Verdunstungstrocknung die Rede sein als eine Anwendung der Gesetzmäßigkeiten, die bei der Besprechung der Luft-Wasserdampf-Gemische erläutert wurden (siehe Abschnitt 68, Teil A).

30. Einstufige Trocknung.

Es mögen $G + W$ kg/h eines feuchten Gutes zu trocknen sein. Unter G ist das Trockengewicht zu verstehen und unter W die anhaftende Feuchtigkeit des Gutes. Bei völliger Auftrocknung dieser Feuchtigkeit W wird die Trockenanlage demnach mit $G + W$ kg/h beschickt, und G kg verlassen die Anlage wieder, während die Feuchtigkeit W von der Trockenluft mitgenommen wird. Dabei soll t_a die Temperatur des feuchten Gutes und t_e die des getrockneten Gutes sein. Das stündlich durch die Trockenanlage wandernde Gewicht an Transporteinrichtungen sei G', ferner sei c die spezifische Wärme des trockenen Gutes und c' die des Werkstoffes, aus dem die Transporteinrichtungen gefertigt sind.

Die zur Trocknung angewandte ungesättigte Luft, enthaltend L kg/h Reinluft, habe einen Dampfgehalt von x_1 kg/kg Reinluft, eine Temperatur t_1 und einen Wärmeinhalt I_1 in kcal/kg Reinluft oder je $(1 + x)$ kg Feuchtluft[1]. Die feuchter gewordene Luft verläßt die Anlage im Zustand x_2, t_2 und I_2.

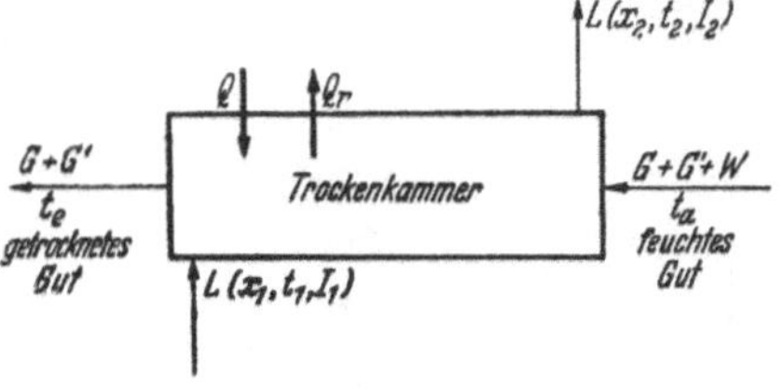

Abb. 98. Schema einer beheizten Trockenanlage

Wenn man die mit der Umgebung durch Leitung und Strahlung ausgetauschte Wärmemenge mit dem Restglied Q_r in kcal/h erfaßt, kann man folgende *Stoff- und Wärmebilanzen* aufstellen, sofern durch zusätzliche Beheizung der Trockenanlage noch die Wärmemenge Q aufgewandt wird (siehe hierzu Abb. 98).

Vom Trockengut an die Luft geht die Feuchtigkeit

$$W = L(x_2 - x_1). \tag{110}$$

Der Anlage wird die Wärmemenge

$$G c t_a + G' c' t_a + W t_a + L I_1 + Q$$

zugeführt, bezogen auf $t = 0°$ C, während herausgeführt werden

$$G c t_e + G' c' t_e + L I_2 + Q_r.$$

Beide Wärmemengen sind gleich groß. Der zusätzliche Wärmeaufwand ist

$$Q = L(I_2 - I_1) + G c(t_e - t_a) + G' c'(t_e - t_a) - W t_a + Q_r$$

[1] Zahlenangaben in der Regel nicht je $(1 + x)$ kg Gemisch, sondern je kg (trockene) Luft im Gemisch (genannt Reinluft).

oder, auf 1 kg aufzutrocknende Feuchtigkeit abgestellt,

$$\frac{Q}{W} = \frac{L}{W}(I_2 - I_1) - \left[t_a - \left(\frac{G}{W}c - \frac{G'}{W}c'\right)(t_e - t_a) - \frac{Q_r}{W}\right]. \quad (111)$$

Die in der eckigen Klammer stehenden Glieder treten in ihrer Bedeutung gegenüber den anderen Gliedern im allgemeinen zurück, sie mögen mit Q_0/W zusammengefaßt werden, so daß drei Grundgleichungen entstehen:

$$\boxed{Q + Q_0 = L(I_2 - I_1)}, \quad (112)$$

$$\boxed{\frac{L}{W} = \frac{1}{x_2 - x_1}} \quad (113)$$

und

$$\boxed{\frac{Q + Q_0}{W} = \frac{I_2 - I_1}{x_2 - x_1}}. \quad (114)$$

Für gewöhnlich ist das Glied Q_0 unerheblich für die Rechnung und kann zunächst vernachlässigt werden.

Wenn man nur den Anfangs- und den Endzustand vergleicht, ohne sich um die Vorgänge innerhalb der Trocknungsanlage im einzelnen zu kümmern, so kann man aus dem I, x-Diagramm unter Verwendung des Randmaßstabes (siehe S. 290) sofort die Richtung der Zustandsänderung für die Luft angeben, wie in Abb. 99 gezeigt ist. Es gilt

$$\boxed{\frac{Q}{W} = \frac{\Delta I}{\Delta x} = \frac{dI}{dx}}. \quad (115)$$

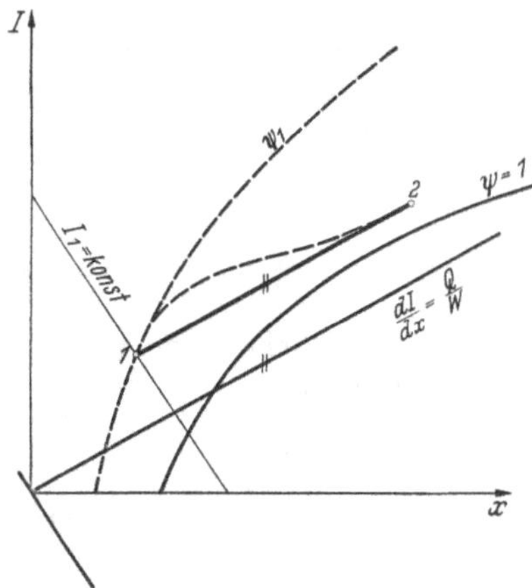

Abb. 99. Zustandsänderung der feuchten Luft im Trockner (ψ = Sättigungsgrad, wirkliche Zustandsänderung z. B. wie gestrichelt angedeutet).

Man sieht, daß um so weniger Luft benötigt wird (L in kg/h), je weniger sie zu Anfang gesättigt ist und je mehr Feuchtigkeit $x_2 - x_1$ sie aufnehmen kann. Der Dampfgehalt kann bis zur völligen Sättigung erhöht werden, praktisch allerdings wird man von diesem Grenzzustand mehr oder weniger ableiben, um ein Austauen von Feuchtigkeit sicher zu verhüten. Je flacher die Zustandsgerade 1—2 liegt, um so weniger Wärme ist zur Beheizung der Trocknungsanlage nötig. Im Sonderfall der *natürlichen Trocknung*, bei der keine zusätzliche Wärme einwirkt ($Q = 0$), verläuft die Zustandsänderung in der Richtung $dI/dx = 0$, d. h. bei unveränderlichem Wärmeinhalt $I_1 = I_2$ (entlang der Linie I_1 = konst. in Abb. 99, siehe Beispiel 2, S. 284).

Aus praktischen Gründen ist es zweckmäßig, nicht die Trockenkammer zu beheizen, sondern die Luft vor Eintritt vorzuwärmen, wie in Abb. 100

dargestellt ist. Die Luft wird mit Hilfe eines Ventilators zunächst durch einen mit Dampf oder Gas beheizten Vorwärmer gedrückt, bevor sie in die Trockenkammer gelangt. Ihre Temperatur wird von t_1 auf t_{1a} und der Wärmeinhalt von I_1 auf I_{1a} bei praktisch unveränderlichem Druck und bei gleichem Feuchtigkeitsgehalt $x_1 = x_{1a}$ heraufgesetzt. Dieser Vorgang ist im I,x-Diagramm Abb. 101 eingezeichnet. Im Vorwärmer nehmen

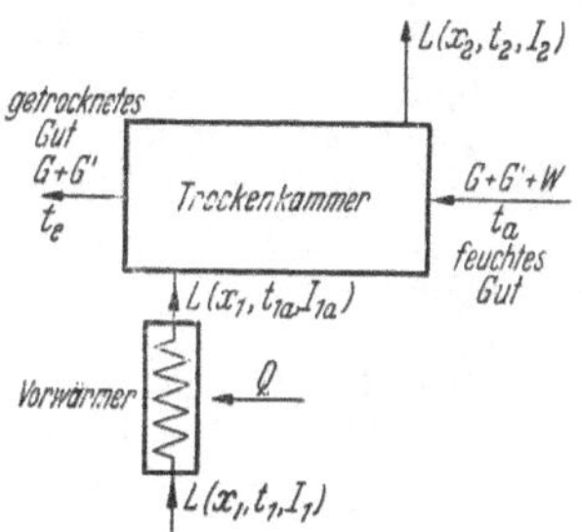

Abb. 100. Schema einer einstufigen Trocknungsanlage mit Vorwärmung. Das Verlustglied Q_r bezieht sich auf die gesamte Anlage.

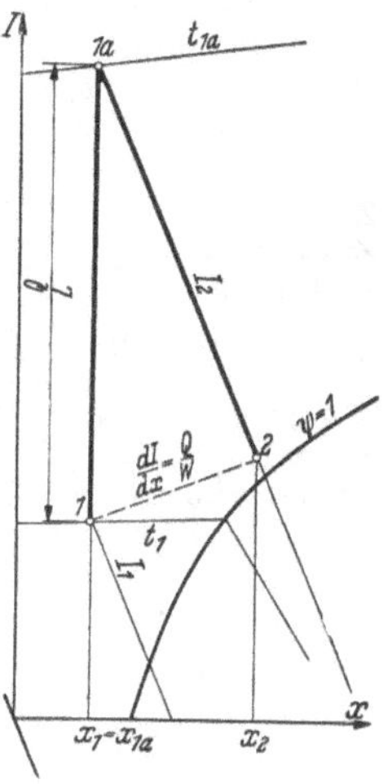

Abb. 101. Vorwärmung der Trockenluft.

L kg Luft die Wärmemenge Q auf. Die Strecke 1 1a entspricht der Aufwärmung je kg um

$$\frac{Q}{L} = I_{1a} - I_1. \tag{116}$$

Dann folgt in der Anlage selbst der Trocknungsvorgang von 1a bis 2 bei unveränderlichem Wärmeinhalt.

Beispiele[1].

Beispiel 1. Aus einem Tockengut sollen $W = 16{,}4$ kg/h Wasser durch Luft von Umgebungstemperatur ($t_1 = 20°$ C) und $\varphi_1 = 40$ vH Sättigung ohne Vorwärmung aufgenommen werden. Die Ablufttemperatur wird zu $t_2 = 13°$ C festgestellt. Welches ist der Endzustand und die Luftmenge? ($Q_0 \approx 0$, $p = 1$ at abs.)

$x_1 = \varphi_1 x_1' = 0{,}4 \cdot 0{,}01519 = 0{,}00608$ kg/kg;

$I_1 = 0{,}24\, t_1 + x_1 (0{,}46\, t_1 + 597) = 0{,}24 \cdot 20 + 0{,}00608 \cdot (0{,}46 \cdot 20 + 597)$
$= 8{,}49$ kcal/kg $= I_2$;

$x_2 = (8{,}49 - 3{,}12)/603 = 0{,}00890$ kg/kg;

$\varphi_2 = x_2/x_2' = 0{,}00890/0{,}00964 = 0{,}924$;

Endzustand: $L(t_2 = 13°$ C, $x_2 = 0{,}00890$ kg/kg, $\varphi_2 = 0{,}924$ und $I_2 = 8{,}49$ kcal/kg);

Luftmenge $L = W/(x_2 - x_1) = 16{,}4/0{,}00282 = 5810$ kg/h;

Gewicht $\gamma_{L1} = \frac{P}{47{,}1 \cdot T_1} \frac{1}{0{,}622 + x_1} = \frac{10000}{47{,}1 \cdot 293} \frac{1}{0{,}622 + 0{,}006} = 1{,}154$ kg Reinluft/m³ Feuchtluft;

Volumen $V_1 = 5810/1{,}154 = 5035$ m³/h feuchte Luft vom Anfangszustand.

Beispiel 2. In einer Trockenanlage werden stündlich $G + W = 2500$ kg eines feuchten Gutes mit der spezifischen Wärme $c = 0{,}2$ kcal/kg·Grad der Trockensubstanz aufbereitet. Der stündlich vorrückende Teil der eisernen Transportein-

[1] Siehe hierzu Zahlentafel VIII und IX.

richtung wiegt $G' = 3000$ kg. In einem Vorwärmer werden der Luft zunächst stündlich 180000 kcal zugeführt. Gemessen werden:

Ein- und Austrittstemperatur des Gutes $t_a = 10°$ C und $t_e = 60°$ C;
Lufttemperatur beim Eintritt $t_1 = 13°$ C;
Temperatur der vorgewärmten Luft $t_{1a} = 75°$ C;
Temperatur der Abluft $t_2 = 30°$ C;
Feuchtigkeit der Abluft mit Sättigungsgrad $\psi_2 = 0{,}95$.

Wieviel Wasser wird entzogen und welches ist die Wärmebilanz, wenn das Restglied Q_r nach Erfahrung $+3$ vH von Q ausmacht? ($p = 1$ at abs.)

Aus dem I, x-Diagramm findet man ohne Rücksicht auf die Verteilung von Q_r

Zustand 2: $t_2 = 30°$ C, $\psi_2 = 0{,}95$, $x_2 = 0{,}0268$, $I_2 = 23{,}5$ kcal/kg;
Zustand 1a: $I_{1a} = I_2 = 23{,}5$, $t_{1a} = 75°$, $x_{1a} = 0{,}00872$ kg/kg;
Zustand 1: $x_1 = x_{1a} = 0{,}00872$, $t_1 = 13°$ C, $I_1 = 8{,}4$ kcal/kg;

$Q_0 \approx -(G + W)\,c\,(t_e - t_a) - G'c'(t_e - t_a) - Q_r = -2500 \cdot 0{,}2 \cdot 50 - 3000 \cdot$
$\cdot\, 0{,}115 \cdot 50 - 5400 \approx -48000$ kcal/h;
$Q + Q_0 = 180000 - 48000 = 132000$ kcal/h;
Luftmenge $L = (Q + Q_0)\,(I_2 - I_1) = 132000/15{,}1 = 8742$ kg/h;
aufgetrocknetes Wasser $W = L(x_2 - x_1) = 8742 \cdot 0{,}0181 = 158$ kg/h oder rund 6,3 vH des feuchten Gutes.

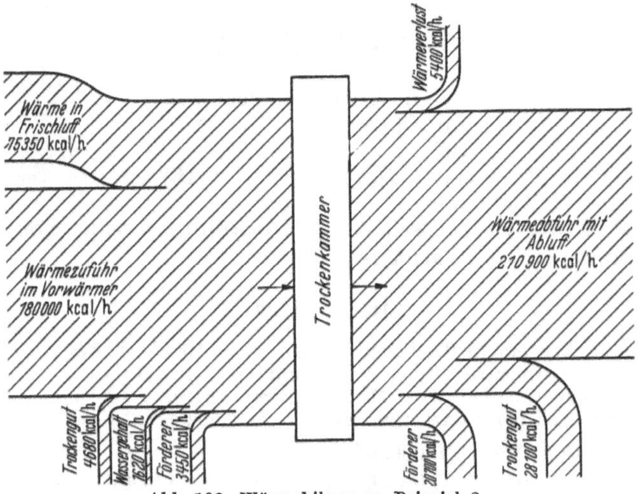

Abb. 102. Wärmebilanz zu Beispiel 2.

Verbesserte Berechnung von Q_0, Q, L und W: $-2342 \cdot 0{,}2 \cdot 50 - 17250 - 5400 + 158 \cdot 10 \approx -44500$ kcal/h und $L = 135500/15{,}1 = 8974$ kg/h und $W = 8974 \cdot 0{,}0181 = 162$ kg/h. In diesem ungewöhnlichen Falle ist das Glied Q_0 mit 44500 kcal/h rund 25 vH der Wärmezufuhr. Bei Trocknungsvorgängen in der Textilindustrie z. B. macht Q_0 meistens nur wenige vH aus.

Siehe hierzu Abb. 102.

Wärmebilanz.

Zufuhr

Trockengut Gct_a	$= 2338 \cdot 0{,}2 \cdot 10$	=	4680 kcal/h
Wassergehalt $Wc_W t_a$	$= 162 \cdot 1 \cdot 10$	=	1620 kcal/h
Förderer $G'c't_a$	$= 3000 \cdot 0{,}115 \cdot 10$	=	3450 kcal/h
Feuchtluft LI_1	$= 8974 \cdot 8{,}4$	=	75350 kcal/h
Wärme/Vorwärmer			180000 kcal/h
		zusammen	265100 kcal/h

	Abfuhr	
Trockengut Gct_e	$= 2338 \cdot 0{,}2 \cdot 60$	$=$ 28100 kcal/h
Förderer $G'c't_e$	$= 3000 \cdot 0{,}115 \cdot 60 =$	20700 kcal/h
Feuchtluft LI_2	$= 8974 \cdot 23{,}5$	$=$ 210900 kcal/h
Wärmeverlust Q_r		5400 kcal/h
	zusammen	265100 kcal/h

31. Mehrstufige Trocknung.

Bei der einstufigen Trocknung mit Vorwärmung tritt die Luft mit verhältnismäßig hoher Temperatur in die Trockenkammer ein, die von dem Trockengut in vielen Fällen nicht vertragen werden kann. Man ist dann genötigt, das Gut in mehreren aufeinanderfolgenden Abschnitten zu trocknen, wobei man die Luft zwar weniger warm

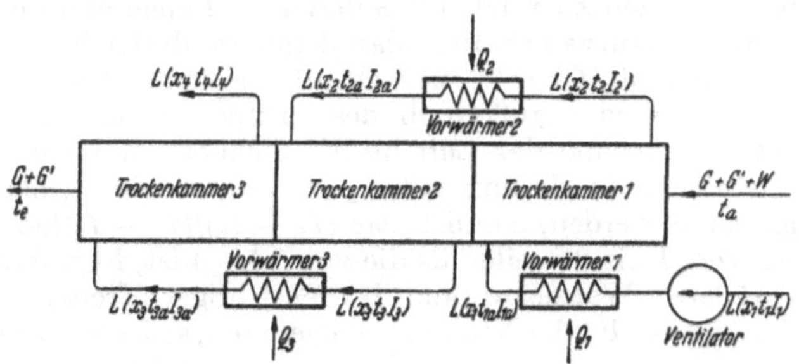

Abb. 103. Schema einer dreistufigen Trockenanlage mit dreifacher Vorwärmung. Das Verlustglied Q_r bezieht sich auf die gesamte Anlage.

halten kann, aber vor jedem Abschnitt neu vorwärmen muß. Eine derartige Stufentrocknung ist in Abb. 103 angedeutet. Das Trockengut und die Luft bewegen sich durchweg im Gegenstrom. Beim Eintritt strebt die Temperatur des Gutes der Kühlgrenze zu (Abschnitt 68i, Teil A). Dieser Vorgang wird durch die zunehmende Trocknung beeinflußt, und das Gut sucht gegen Ende des Trockenabschnittes zu die Eintrittstemperatur der vorgewärmten Luft t_{1a} bzw. t_{2a} oder t_{3a} anzunehmen, die wegen der Empfindlichkeit des Trockengutes begrenzt werden muß. Man könnte einer zu starken Erwärmung begegnen, indem man das Gut im Gleichstrom mit der Luft wandern läßt. Allein die Entfernung der restlichen Feuchtigkeit ist schwieriger als die Trocknung am Anfang des Vorganges, weshalb man besser im Gegenstrom arbeitet. Außerdem ist die mehrstufige Trocknung meistens sparsamer im Wärmeverbrauch oder im Luftbedarf.

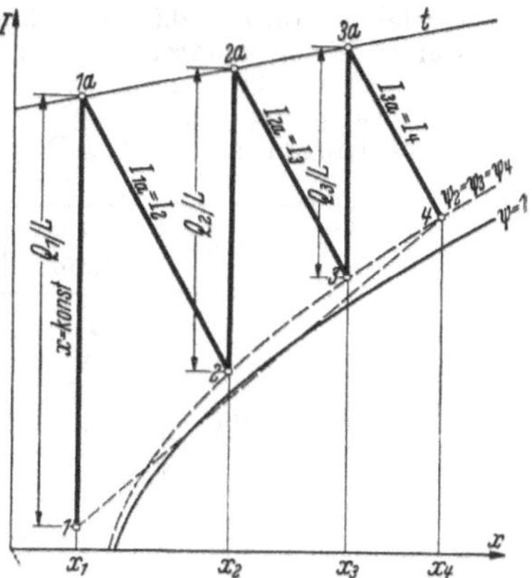

Abb. 104. Dreistufiger Trockenprozeß im I, x-Diagramm. t ist die vorgeschriebene Höchsttemperatur.

Wenn man die Forderung aufstellt, daß die vorgewärmte Luft die Temperatur $t_{a1} = t_{a2} = t_{a3} = t$ nicht überschreiten soll, so stellt sich der Trockenprozeß im I, x-Diagramm wie in Abb. 104 dar. Die gesamte Wärmezufuhr Q an die Luftmenge L teilt sich auf in die Wärmemengen $Q_1/L = I_2 - I_1$, $Q_2/L = I_3 - I_2$ und $Q_3/L = I_4 - I_3$, im Diagramm je kg Luft durch die Strecken 1 bis 1_a, 2 bis 2_a und 3 bis 3_a wiedergegeben. Die Neigung der geradlinigen scheinbaren Zustandsänderung von 1 bis 4

$$\frac{I_4 - I_1}{x_4 - x_1} = \frac{Q}{W} = \frac{dI}{dx} \tag{117}$$

ist ohne Rücksicht auf die Zwischenvorgänge ein Maß für die gesamte Wärmezufuhr. W bedeutet darin die gesamte Feuchtigkeitsaufnahme der Luft.

Die Abluft mit den Zuständen 2, 3 und 4 wird auch hier im Abstand von der Sättigungskurve gehalten, damit innerhalb der Trockenanlage kein Wasser austaut. Obwohl die scheinbare Zustandsänderung von 1 bis 4 innerhalb oder außerhalb des Sättigungsgebietes verlaufen kann, bleibt der Zustand der Luft in Wirklichkeit immer ungesättigt. Bei der einstufigen Trocknung mit $t_{1a} = t$ müßte eine größere Luftmenge angewandt werden, nämlich das $(I_4 - I_1)/(I_2 - I_1)$fache. Wenn die Neigung von 1 bis 2 steiler als die von 1 bis 4 ist, folgt daraus, daß auch ein größerer Wärmeaufwand bei einstufiger Trocknung je kg Gesamtluft nötig ist. Ist die Neigung weniger steil, so ist weniger Wärme nötig.

Beispiel. Ein wärmeempfindliches Gut wird in einer zweistufigen Anlage getrocknet unter der Bedingung, daß die Temperatur stets unter $t = 60°$ C bleibt. Der Ventilator saugt Luft aus der Umgebung von $t_1 = 20°$ C und der relativen Feuchtigkeit $\varphi_1 = 0{,}6$ an. Es sind 100 kg Wasser aufzutrocknen. Welches ist der Zustand der Abluft nach den einzelnen Stufen, wenn zur Sicherheit eine relative Feuchtigkeit von $\varphi = 0{,}95$ nicht überschritten werden soll? Wie groß ist der Wärmeaufwand? Welches wären im vorliegenden Falle Luftmenge und Wärmeaufwand bei einstufiger Trocknung, wenn die Temperatur von 60° C beachtet wird? ($p = 1$ at abs., $Q_0 \approx 0$.)

Nach dem anliegenden I, x-Diagramm mit φ-Linien ergeben sich folgende Werte:

Zustand	t Grad	φ —	x kg/kg	i kcal/kg
1	20	0,6	0,0088	10,1
1a	60	0,07	0,0088	20,0
2	27	0,95	0,0223	20,0
2a	60	0,18	0,0223	28,2
3	34	0,95	0,0330	28,2

Luftmenge $L = \frac{W}{x_3 - x_1} = \frac{100}{0{,}0330 - 0{,}0088} = 4130$ kg

Wärmezufuhr zweistufig $Q_1 = L(I_2 - I_1) = 4130\,(20{,}0 - 10{,}1) = 40900$ kcal

$Q_2 = L(I_3 - I_2) = 4130\,(28{,}2 - 20{,}0) = 33900$ kcal

$Q = L(I_3 - I_1) = 4130\,(28{,}2 - 10{,}1) = 74800$ kcal

„ einstufig $L = W/(x_2 - x_1) = 100/(0{,}0223 - 0{,}0088) = 7400$ kg

$Q = L(I_2 - I_1) = 7400\,(20{,}0 - 10{,}1) = 73300$ kcal

In diesem Falle schneidet die einstufige Trocknung im Wärmeverbrauch etwas günstiger ab, benötigt aber um rund 80 vH mehr Luft. Im I, x-Diagramm liegt die Verbindungslinie $Q/W = \Delta I/\Delta x$ von $t_1\varphi_1 I_1$ bis $t_3\varphi_3 I_3$ steiler als die von $t_1\varphi_1 I_1$ bis $t_2\varphi_2 I_2$. Würde die Frischlufttemperatur niedriger als 20° C sein, z. B. 10° C, so wäre die Linie für die zweistufige Trocknung weniger geneigt und der Wärmeaufwand Q gegenüber der einstufigen geringer. Es läßt sich also nicht grundsätzlich sagen, daß der Wärmeaufwand bei mehrstufiger Trocknung niedriger ist.

32. Mischlufttrocknung.

Wenn nicht beliebig viel Luft für die Trocknung zur Verfügung steht, etwa deshalb, weil sie frei von chemischen Beimengungen sein muß oder weil sie mit besonderen Kosten erst aufzubereiten ist (gewaschene, entstaubte Luft), so kann man eine Mischlufttrocknung an-

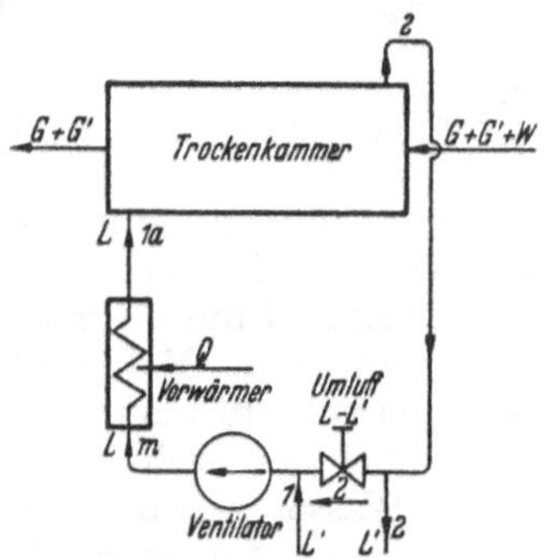

Abb. 105. Schema einer Mischluftanlage. Zustand der Frischluft x_1, t_1, φ_1, I_1. Mischluft vor Vorwärmer Zeiger m, danach Zeiger 1 a. Abluft und Umluft Zeiger 2. Regulierschieber für Umluft.

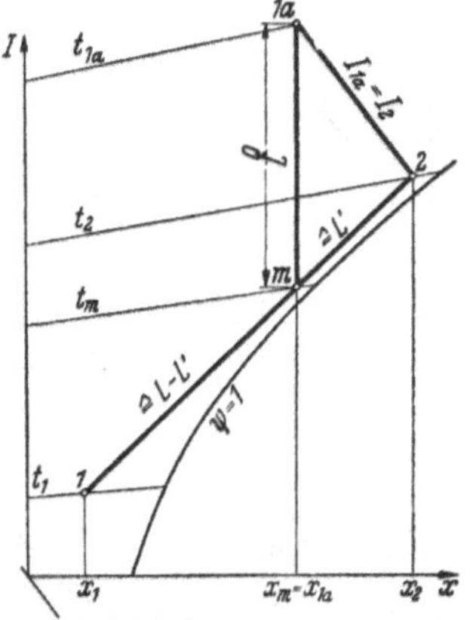

Abb. 106. Mischlufttrocknung.

wenden, bei der ein Teil der Luft umgewälzt wird. Der andere Teil entweicht als Abluft und muß laufend ersetzt werden.

Ein anderer Grund, der die Anwendung einer Mischlufttrocknung ratsam erscheinen läßt, ist in dem wechselnden Zustand der Außenluft begründet, die ziemlich großen Schwankungen in ihrer Feuchtigkeit unterworfen ist. Mit einer Mischlufttrocknung ist man imstande, den Feuchtigkeitsgehalt der Trocknungsluft zu regeln, wie Abb. 105 zeigt.

Die insgesamt von dem Ventilator bewegte Luftmenge ist L kg/h. Bezeichnet man die Abluftmenge mit L', so muß bei stoffdichter Anlage eine ebenso große Frischluftmenge L' wieder zugesetzt werden. Entsprechend den früheren Bezeichnungen ist 1 der Zustand der Frischluft. Sie wird mit einer gewissen Menge Umluft $L - L'$ vom Zustand 2 zu L kg/h Luft vom Zustand m gemischt und im Vorwärmer durch die Wärmezufuhr Q in kcal/h auf den Zustand 1a vorgewärmt. Nach der Trockenkammer hat die Luftmenge L den Zustand 2 angenommen. Ein Teil L' dieser Luft vom Zustand 2 geht ab, der andere Teil $L - L'$ vereinigt sich mit der Frischluft.

Im I, x-Diagramm Abb. 106 ist die Mischung der Luft vom Zustand 1 und 2 durch die Mischungsgerade $\overline{12}$ veranschaulicht (s. S. 286ff.), wobei der Mischungszustand m durch Teilung der Geraden im Verhältnis der beteiligten Luftgewichte gegeben ist. Der Mischungspunkt soll nicht ins Nebelgebiet fallen, damit auch bis zum Vorwärmer keine Feuchtigkeit austaut. Die $L - L'$ und L' entsprechenden Strecken sind gekennzeichnet. Die gemischte Luft erfährt je kg eine Aufwärmung um

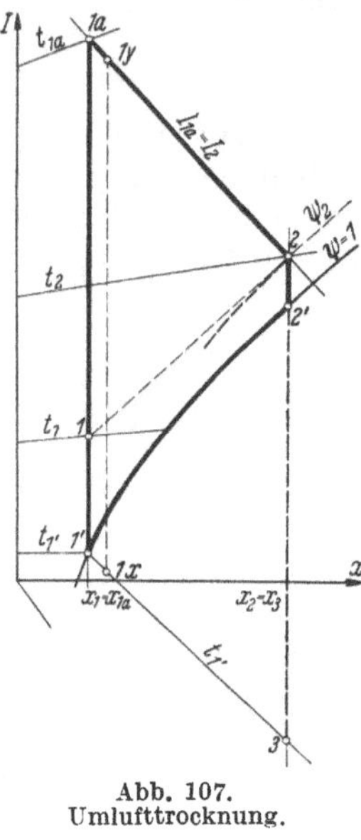

Abb. 107. Umlufttrocknung.

$$\frac{Q}{L} = I_{1a} - I_m \tag{118}$$

und reichert sich bei der nachfolgenden Trocknung unter Beibehaltung ihres Wärmeinhaltes (Enthalpie) mit Feuchtigkeit um

$$\frac{W}{L} = x_2 - x_m = x_2 - x_{1a} \tag{119}$$

oder auch

$$\frac{W}{L'} = x_2 - x_1 \tag{120}$$

an. Im Grenzfalle kann man auch reine *Umlufttrocknung* verwirklichen, bei der stets dieselbe Luftmasse umgewälzt wird und nur die geringen Luftverluste zu ersetzen sind. Man muß zu diesem Zwecke die angereicherte Luft vom Zustand 2 abkühlen, wobei sie sich zunächst sättigt (2′) und dann Wasser abgibt. Im Zustand 1′ hat die Luft wieder den anfänglichen Wassergehalt x_1, und $x_2 - x_1$ kg/kg sind ausgetaut.

Im Vorwärmer ist nunmehr der Wärmeinhalt von $I_{1'}$ auf I_{1a} heraufzusetzen; siehe hierzu Abb. 107. Bei dieser Art der Trocknung wendet man große Luftmengen an. Die Richtung der Geraden 1′—2 der scheinbaren Zustandsänderung ist wieder maßgebend für den Wärmebedarf. Der Endpunkt 2 wird schon bei geringer Temperaturerhöhung wesentlich nach rechts verschoben. Die Höhe der Temperatur $t_{1'}$ richtet sich nach der Kühlwassertemperatur. Die Schwierigkeit liegt bei diesem Verfahren darin, das ausgetaute Wasser hinreichend gut von der Umluft zu trennen. Praktisch ist dabei ein gewisser Nebelrest nicht zu vermeiden entsprechend der gestrichelten Zustandsänderung von $1x$ bis $1y$ in Abb. 107, wodurch zwar der Wärmeaufwand je kg Reinluft etwa derselbe bleibt, aber die Luftmenge vergrößert werden muß, um die gleiche Wassermenge W aufzutrocknen.

Beispiel 1. Ein feuchtes Gut wird in einem Mischluftapparat getrocknet, wobei die Temperaturen nicht über 60° C gehen sollen. Die stündlich aufzutrocknende Wassermenge ist $W = 40$ kg. Gemessen wird der Zustand der Frischluft mit $t_1 = 24°$ C und $\varphi_1 = 0{,}80$; ferner der Abluftzustand mit $t_2 = 32°$ C und $\varphi = 0{,}95$. Wie groß ist der Frischluftbedarf und der Wärmeaufwand?

Zustand 1: $t_1 = 24°$ C; $\varphi_1 = 0{,}80$; $x_1 = 0{,}0155$; $I_1 = 15{,}1$ kcal/kg;
Zustand 2: $t_2 = 32°$ C; $\varphi_2 = 0{,}95$; $x_2 = 0{,}0301$; $I_2 = 26{,}1$ kcal/kg.

Frischluftmenge $L' = \dfrac{W}{x_2 - x_1} = \dfrac{40}{0{,}0146} = 2740$ kg/h.

Zustand 1a: $t_{1a} = 60\,°\,C$; $x_{1a} = 0{,}0187$; $I_{1a} = I_2 = 26{,}1$ kcal/kg;

Zustand m: $x_{1a} = x_m = 0{,}0187$ kg/kg; $I_m = 17{,}6$ kcal/kg.

Gesamtluftmenge

$$\frac{L'}{L} = \frac{x_2 - x_m}{x_2 - x_1}; \quad L = 2740\,\frac{0{,}0146}{0{,}0114} = 3510\ \text{kg/h}.$$

Wärmeaufwand

$$Q = L(I_2 - I_m) = 3510\,(26{,}1 - 17{,}6) = 30\,000\ \text{kcal/h}.$$

Die Umluftmenge beträgt 3510 — 2740 = 770 kg/h oder 28 vH der Frischluftmenge bei dem zugrunde gelegten Frischluftzustand.

Beispiel 2. Wie stellen sich Luftmenge und Wärmebedarf nach dem vorigen Beispiel bei reiner Umlufttrocknung heraus, wenn angenommen wird, daß die Kühlwassertemperatur niedrig genug ist, um die aus der Trockenanlage kommende Luft abzukühlen, siehe hierzu Abb. 108.

Zustand	Temperatur t Grad	Dampfgehalt x kg/kg	Relative Feuchtigkeit φ	Wärmeinhalt I kcal/kg
1a	60	0,0155	—	24,1
2	30,5	0,0275	0,95	24,1
3	20,3	0,0275	—	14,5
1′	20,3	0,0155	1,00	14,2

Der Luft sind $I_{1a} - I_{1'} = 24{,}1 - 14{,}2 = 9{,}9$ kcal/kg im Vorwärmer zuzuführen, im Kühler sind ihr 24,1 — 14,5 = 9,6 kcal/kg zu entziehen. Die Differenz nimmt die ausgetaute Feuchtigkeit mit sich. Je Stunde strömen

$$L = \frac{W}{x_2 - x_1} = \frac{40}{0{,}0120} = 3330\ \text{kg Luft}$$

um. Die stündlich im Vorwärmer aufzuwendende Wärmemenge ist um 40 · 20,3 = 812 kcal/h größer als die im Kühler zu entziehende und beträgt

$$Q_V = 3330 \cdot 9{,}9 = 32\,710\ \text{kcal/h}.$$

Der spezifische Wärmeaufwand je kg aufgetrocknetes Wasser ist

$$Q_V/W = 32\,710/40 = 820\ \text{kcal},$$

während er beim vorigen Beispiel

$$Q/W = 30\,000/40 = 750\ \text{kcal}$$

war. Die Forderung einer reinen Umlufttrocknung kann erfüllt werden, allerdings mit einem rund 9 vH höheren Wärmeaufwand. Im allgemeinen geht man im Wärmeaufwand nicht über 750 kcal/kg Wasser. Wenn man die Feuchtigkeit des zu verdampfenden Gutes einfach bei $t \approx 100°$ C verdampfen würde, so brauchte man theoretisch nur rund 640 kcal/kg Feuchtigkeit. Die Zustandsgerade vom Anfangs- zum Endzustand der Luft wäre dann der Dampfisotherme von 100° C parallel ($dI/dx = 640$ kcal/kg). Die Temperatur von 60° C könnte nur bei Verdampfung im Vakuum eingehalten werden.

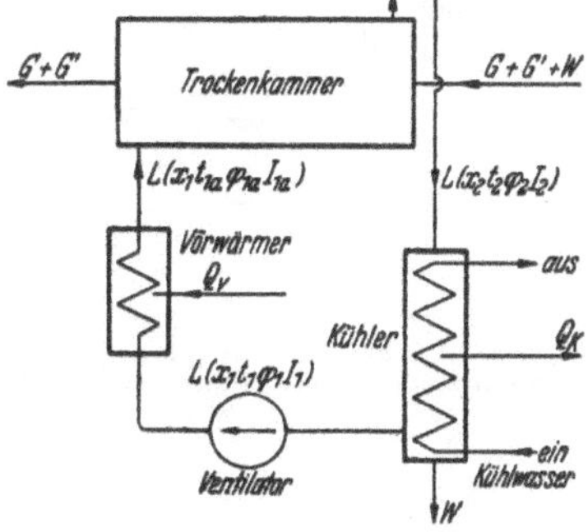

Abb. 108. Schema einer Umlufttrockenanlage.

Wärmebilanzen.

Verdampfung	zu $Q = 40 \cdot 640 =$	25600 kcal/h
	ab $Q =$	25600 kcal/h
Mischlufttrocknung	zu $L' I_1 = 2740 \cdot 15{,}1 =$	41540 kcal/h
	$Q \quad =$	30000 kcal/h
	zusammen	71540 kcal/h
	ab $L' I_2 = 2740 \cdot 26{,}1 =$	71540 kcal/h
Umlufttrocknung	zu $Q_V \quad = 3330 \cdot 9{,}9 \ =$	32710 kcal/h
	ab $Q_K \quad = 3330 \cdot 9{,}6 \ =$	31900 kcal/h
	$W \cdot t = 40 \cdot 20{,}3$	810 kcal/h
	zusammen	32710 kcal/h

Der Mehraufwand gegenüber dem Verdampfungsverfahren bei der Mischlufttrocknung liegt darin, daß die Abluft wärmer als die Frischluft ist. Bei der Umlufttrocknung ist der Mehraufwand dadurch begründet, daß die Luft als Transportmittel der Feuchtigkeit im Vorwärmer mit erwärmt und im Kühler mit abgekühlt wird.

33. Trocknungsanlage mit Wärmerückgewinnung.

Da die Abluft außer gebundener Wärme auch eine erhebliche Menge an fühlbarer Wärme enthält, kann man den Wärmeaufwand noch herabsetzen, indem man die Frischluft mit der Abluft vorwärmt, wie in Abb. 109 angegeben ist. Obwohl das Luftgewicht unverändert bleibt, kann man die Abluft freilich auch theoretisch nicht bis zur Eintrittstemperatur t_1 der Frischluft abkühlen. Geht näm-

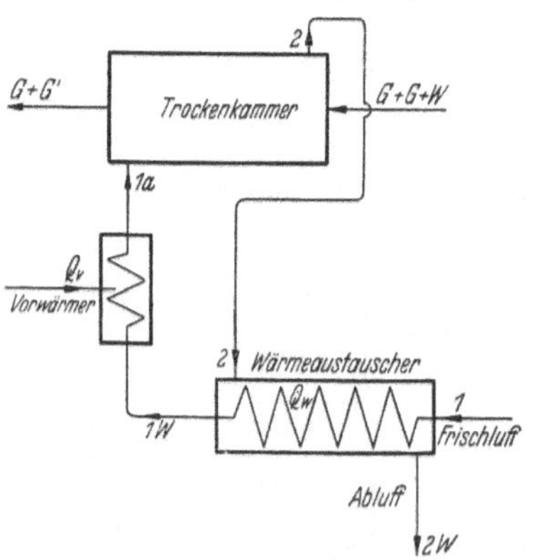

Abb. 109. Schema einer einfachen einstufigen Trocknungsanlage mit Anwärmung der Frischluft durch Abluft.

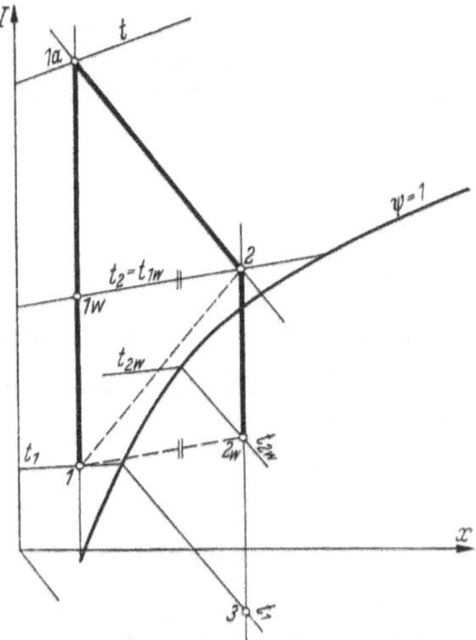

Abb. 110. I, x-Diagramm einer einstufigen Trocknungsanlage mit Wärmerückgewinnung. Der senkrechte Abstand von $1w$ bis $1a$ entspricht der Wärmeaufnahme Q_V/L.

lich die Temperatur der Abluft zurück, so sättigt sie sich zunächst, und dann beginnt Wasser auszutauen. Mit der Verflüssigung wird nicht nur fühlbare Wärme frei, sondern auch Verdampfungswärme entbunden. Die Abluft kann sich nur bis zur Temperatur t_{2w} abkühlen (siehe Abb. 110), wobei sie in vernebelten Zustand gerät. Das Gefälle im

Wärmeinhalt von 2 bis 2_w ist ebenso groß wie der Anstieg des Wärmeinhaltes von 1 bis $1w$. Es wird die Wärme

$$Q_W = L(I_2 - I_{2w}) = L(I_{1w} - I_1) \quad (121)$$

im besten Falle ausgetauscht. Die Wärmemenge $Q = L(I_{2w} - I_3)$ kann im Wärmeaustauscher nicht zurückgewonnen werden. Bei der praktischen Ausführung ist der Rückgewinn geringer, weil eine gewisse Temperaturspanne zwischen der wärmeabgebenden und der wärmeaufnehmenden Luft bestehen muß[1, 2].

Beispiel. Wie groß sind Wärmeaufwand und Luftmenge bei einer einstufigen Trockenanlage ohne und mit Wärmerückgewinnung nach den vorigen beiden Beispielen?

Zustand 1: $t_1 = 24°$ C; $\varphi_1 = 0{,}80$; $x_1 = 0{,}0155$; $I_1 = 15{,}1$;
Zustand 1a: $t_{1a} = 60°$ C; $x_{1a} = 0{,}0155$; $I_{1a} = 24{,}1$;
Zustand 2: $t_2 = 30{,}5°$ C; $\varphi_2 = 0{,}95$; $x_2 = 0{,}0275$; $I_2 = 24{,}1$.

Mit $W = 40$ kg/h ist

$$L = \frac{W}{x_2 - x_1} = \frac{40}{0{,}0120} = 3330 \text{ kg/h};$$

$$Q = L(I_2 - I_1) = 3330\,(24{,}1 - 15{,}1) = \text{rund } 30000 \text{ kcal/h}.$$

Das ist soviel wie bei der Mischluftanlage. Bei Wärmerückgewinn ist der Aufwand geringer um

$$Q_W = L(I_{1w} - I_1) = 3330\,(16{,}8 - 15{,}1) = 5400 \text{ kcal/h}$$

mit $I_{1w} = 16{,}8$ kcal/kg zu $x_{1w} = x_1 = 0{,}0155$ und $t_{1w} = t_2 = 30{,}5°$ C. Die Wärmeersparnis beträgt rund 18 vH. (Solche Wärmeaustauscher sind auch bei den anderen Trocknungsverfahren mit Vorteil anwendbar.) Der Wärmeinhalt (Enthalpie) der Abluft verringert sich durch die Vorwärmung ebenfalls um 1,7 von 24,1 auf 22,4 kcal/kg. Der Endzustand ist $t_{2w} = 28{,}5°$ C, $x_{2w} = 0{,}0275$ kg/kg. Da 1 kg Luft von 28,5° C nur $x' = 0{,}0257$ kg Wasserdampf enthalten kann, entweicht vernebelte Abluft.

IX. Rückkühlanlagen.

34. Verdunstungskühlung.

Wasser findet vielfach zur Kühlung bei technischen Prozessen Verwendung. Große Kühlwasserverbraucher sind z. B. die Kondensationskraftwerke. Wenn nur eine beschränkte Wassermenge zur Verfügung steht, ist man genötigt, das Wasser nach Gebrauch zurückzukühlen. Man verwendet hierzu vorzugsweise Kaminkühler, in welchen das warme Wasser durch Luft abgekühlt wird. Diese Kühler bestehen aus einer Art Gradierwerk mit aufgesetztem Kamin und sind meist aus Holz gebaut. Das warme Wasser wird auf das Gradierwerk gepumpt,

[1] Diese Ausführungen geben die von R. Mollier entwickelte Theorie der Wasserdampf-Luft-Gemische wieder. Eine Darstellung dieser Theorie befindet sich auch in der Technischen Thermodynamik von F. Bosnjacovic: Bd. I und II. Steinkopff: Leipzig und Dresden 1937. 2. Aufl. von Bd. 1 ebenda 1944.

[2] Siehe hierzu auch M. Grubenmann: *I, x*-Tafeln feuchter Luft und ihr Gebrauch bei der Erwärmung, Abkühlung, Befeuchtung, Entfeuchtung von Luft, bei Wasserrückkühlung und beim Trocknen. 2. Aufl. Berlin 1942.

dort über eine große Fläche möglichst gleichmäßig verteilt und regnet oder rieselt über ein Lattengerüst in ein Sammelbecken. Unter dem Gerüst tritt Luft ein, die sich erwärmt und dem Regen entgegenströmt. Sie dehnt sich aus und wird durch den Kamin aufgetrieben, wodurch von unten frische Luft nachgesogen wird; siehe hierzu Abb. 111. Auf dem Wege durch den Regen nimmt die Feuchtigkeit der Luft zu, und die Verdampfungswärme wird von dem zu kühlenden Wasser bestritten. Die untere Temperaturgrenze ist die Kühlgrenze, die nach früherem unter der Temperatur der ungesättigten Luft liegt (siehe Abschnitt 68i, Teil A).

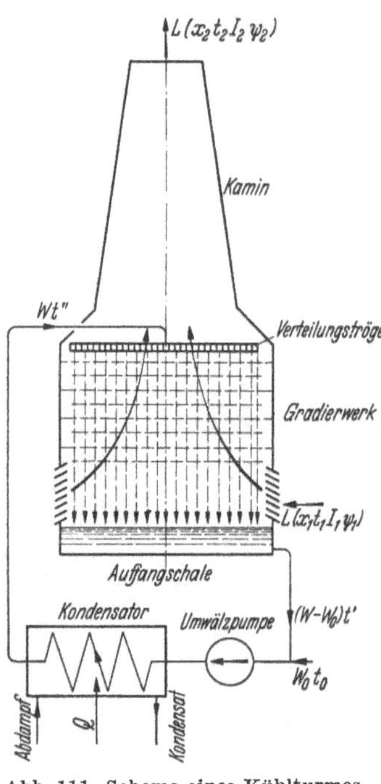

Abb. 111. Schema eines Kühlturmes mit dem Kühlwasserkreislauf einer Kondensationskraftmaschine.

Das Schema eines solchen Kühlturmes zeigt Abb. 111. Das Kühlwasser wird durch den Kondensator, in dem der Abdampf der Kraftmaschine niedergeschlagen wird, auf das Gradierwerk gefördert. Im Kondensator nimmt das Kühlwasser die Wärmemenge Q auf, die im wesentlichen aus der Verdampfungswärme des Abdampfes herrührt. Um Q kcal/h aufzunehmen, werden W kg/h Kühlwasser angewandt und auf t'' erwärmt. Das Wasser muß oberhalb des Gradierwerkes so fein verteilt werden, je feiner, um so besser, damit es der aufwärts streichenden Luft eine möglichst große Oberfläche bietet. Das Wasser kühlt sich an der Luft ab und sammelt sich in einer Auffangschale unter dem Gradierwerk mit der Temperatur t'. Die Kühlwasserumwälzpumpe saugt das Wasser aus der Schale und drückt es erneut durch den Kondensator. Die verdunstete Wassermenge wird über ein Schwimmerventil an der Schale laufend zugesetzt. Im Verhältnis zu der umlaufenden Wassermenge ist der Wasserzusatz nur klein und macht wenige Prozent aus (unter 2 vH).

Die Luft tritt durch Jalousien mit dem Zustand x_1, t_1, ψ_1, I_1 ein und verläßt den Kamin im Zustand x_2, t_2, ψ_2, I_2. Die Reinluftmenge ist L kg/h.

Um den Dampfverbrauch möglichst klein zu halten, muß man ein möglichst großes Vakuum hinter der Kraftmaschine herstellen, also das Wasser im Kühlturm möglichst tief kühlen. Man kann dabei folgende Wärmebilanz aufstellen:

Zugeführt wird im Kondensator die Wärmemenge Q, mit dem Zusatzwasser die Wärmemenge $W_0 t_0$ und mit der Luft die Wärmemenge $L I_1$. Abgeführt wird die Wärmemenge $L I_2$ mit der abziehenden Luft. Mithin ist

$$Q + W_0 t_0 = L(I_2 - I_1). \qquad (122)$$

Wenn die Luft mit dem Wassergehalt Lx_1 ankommt und mit Lx_2 entweicht, dann entspricht die Differenz der Zusatzwassermenge

$$W_0 = L(x_2 - x_1). \tag{123}$$

Aus (122) und (123) erhält man

$$\frac{Q}{W_0} + t_0 = \frac{I_2 - I_1}{x_2 - x_1}. \tag{124}$$

Für den Kondensator gilt die Wärmebilanz

$$Q + (W - W_0)t' + W_0 t_0 = W t''$$

oder

$$Q = W(t'' - t') + W_0(t' - t_0), \tag{125}$$

während sich für den eigentlichen Kühlturm eine Bilanz

$$W t'' + L I_1 = (W - W_0)t' + L I_2$$

oder

$$W(t'' - t') + W_0 t' = L(I_2 - I_1) \tag{126}$$

ergibt.

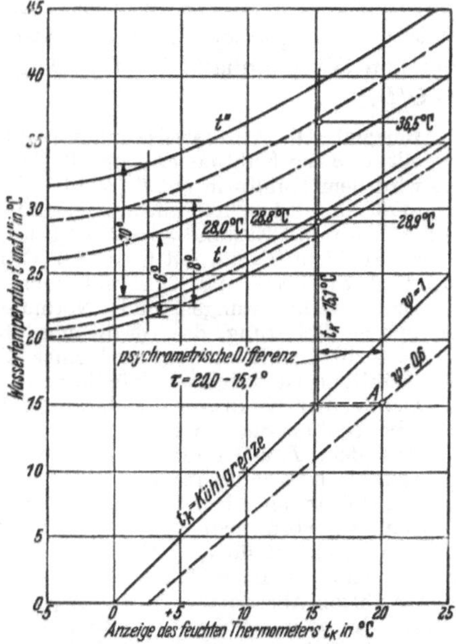

Abb. 112. Kühlzonenbreite eines Kühlturms (Kühlkurven).

Aus der Kondensatorbilanz folgt die sog. *Kühlzonenbreite*

$$t'' - t' = \frac{Q}{W} - \frac{W_0}{W}(t' - t_0). \tag{127}$$

Diese Temperaturspanne ist um so kleiner, je höher die Kaltwassertemperatur t' ist. Im wesentlichen hängt sie vom Verhältnis der Wärmemenge Q zum Kühlwasserstrom W ab, während die Güte des Kühlwerks auf die Größe der Spanne ohne Einfluß ist. Aber ein guter Kühler hat eine tiefer gelegene Kühlzone als ein weniger guter Kühler, wenn man Vergleiche bei denselben Luft-, Witterungs- und Lageverhältnissen anstellt[1]. Im Sommer nähern sich die Kühlwassertemperaturen t' im allgemeinen mehr der Kühlgrenze t_k als im Winter[2].

Für bestimmte Ausführungen von Kühltürmen wird vom Hersteller die Kühlzonenbreite in sog. *Kühlkurven* (Abb. 112) in Abhängigkeit nicht von der Kaltwassertemperatur t', sondern nach der Erfahrung von der Kühlgrenze t_k gewährleistet, was für den Gütenachweis zweck-

[1] Siehe hierzu VDI-Rückkühlanlagen-Regeln DIN 1947, 3. Aufl. 1944.
[2] Siehe Teil A, Abschnitt 68i.

mäßig ist. Da $W_0(t' - t_0)$ in (125) klein gegen die anderen Glieder ist, so ist praktisch

$$t'' - t' \approx Q/W.$$

Die Gewährleistung umfaßt die Kühlwassermenge W, die zu entziehende Wärmemenge Q und die Lage der Kühlzonenbreite $t'' - t'$. Weil diese Daten beim Abnahmeversuch im allgemeinen nicht genau eingehalten werden können, werden neben der vereinbarten Kühlzonenbreite von z. B. 8° noch eine kleinere und eine größere von vornherein festgelegt[1], die um 1 bis 2° kleiner oder größer sind. Neben der Garantie in Kühlkurven ist auch die in Zahlentafeln üblich.

Der Luftstrom L läßt sich mit Hilfe von (123) und (126) ermitteln zu

$$L = \frac{W(t'' - t')}{(I_2 - I_1) - t'(x_2 - x_1)} \tag{128}$$

in kg/h. Unter L ist hierbei wieder die Menge an Reinluft zu verstehen, die während des Kühlvorganges unverändert bleibt (keine Undichtheiten). Die Feuchtluftmenge nimmt von $L(1 + x_1)$ auf $L(1 + x_2)$ zu. Das Verhältnis von L/W nennt man die Luftzahl des Kühlers. Erfahrungsgemäß ist die in Schwaden entweichende Luft ungefähr gesättigt und $x_2 \approx x_2'$. Da die Wasserisothermen praktisch den Linien gleichen Wärmeinhalts im I, x-Diagramm parallel sind, folgt $I_2 \approx I_1 + Q/L$.

Beispiel. Die Arbeitsweise eines Kühlturms wird beanstandet. Es wird festgestellt, daß die Kühlwassermenge W der Kondensationsanlage 810 m³/h beträgt. Sie wird dem Kühlturm mit $t'' = 36{,}5$° C zugeführt. Das Zusatzwasser von 12° C wird erst hinter dem Kühlturm eingeleitet (entsprechend Abb. 111). Die Luft tritt in den Turm mit Zustand $t_1 = 20{,}0$° C und $\psi_1 = 0{,}60$ vH ($\approx \varphi_1$) ein, und sie entweicht aus dem Kamin mit $t_1 = 23{,}0$° C und $\psi = 96$ vH ($\approx \varphi_2$). Der Barometerstand ist 760 Torr[2]. Als Kühlwassertemperatur t' wurde 28,9° C gemessen.

Die Gewährleistungen sind: Normale Kühlwassermenge 800 m³/h, normale thermische Belastung, das ist die vom Kühlwasser abzugebende Wärmemenge, $Q = 6{,}4 \cdot 10^6$ kcal/h entsprechend einer Kühlzonenbreite von 8°. Die Höhenlage der Kühlzone ist durch die Kühlkurven Abb. 112 garantiert.

Genügt der Kühlturm der Garantie? Wie groß sind die Menge an Kühlluft L und die verdunstete Wassermenge W_0?

Aus dem I, x-Diagramm findet man zum Zustandspunkt $\psi_1 = 0{,}60$ und $t_1 = 20$° C als Kühlgrenze $t_k = 15{,}1$° C (dort ist $I_1 \approx I'$). Statt ψ_1 wird häufig t_k unmittelbar mit dem feuchten Thermometer gemessen (in DIN 1947 mit t_f bezeichnet), wozu man sich des Psychrometers bedient (siehe Abschnitt 36). Nach Abb. 112 ist für $t_k = 15{,}1$° C die Kaltwassertemperatur $t' = 28{,}8$° C bei 8° Kühlzonenbreite. Bei 6° Kühlzonenbreite ergibt sich $t' = 28{,}0$° C. Gemessen wurde eine Kühlzonenbreite von 36,5 − 28,9 = 7,6°. Zu 7,6° liest man aus den Kühlkurven (linear interpoliert) $t' = 28{,}7$° C ab. Da die Kaltwassertemperatur 28,9° C ist, so wird die Garantie um 0,2° überschritten; sie ist nicht erfüllt.

Luft. Zu $\psi_1 = 0{,}60$ und $t_1 = 20{,}0$° C gehört $x_1' = 0{,}01519$ und $x_1 = 0{,}00912$ kg/kg. Zu $\psi_2 = 0{,}96$ und $t_2 = 23{,}0$° C findet man $x_2' = 0{,}01833$ und $x_2 = 0{,}01760$. Ferner ist

$$I_1 = 0{,}24 \cdot 20 + 0{,}00912\,(597 + 0{,}46 \cdot 20) = 10{,}33 \text{ kcal/kg};$$

$$I_2 = 0{,}24 \cdot 23 + 0{,}01760\,(597 + 0{,}46 \cdot 23) = 16{,}22 \text{ kcal/kg}.$$

[1] Über die Aufstellung von Kühlkurven siehe J. KOCH: Zit. S. 555, und M. GRUBENMANN: Zit. S. 543.

[2] Diese Angabe soll nur bedeuten, daß der Luftdruck rund 1 at abs. ist.

Damit ergibt sich die Luftmenge L zu

$$L = \frac{810\,(36{,}5 - 28{,}9) \cdot 1000}{(16{,}22 - 10{,}33) - 28{,}9\,(0{,}01760 - 0{,}00912)} = 1{,}090 \cdot 10^6 \text{ kg/h}.$$

Das spezifische Gewicht der feuchten Luft ist beim Eintritt

$$\gamma_1 = \frac{P}{47{,}1\,T_1}\,\frac{1 + x_1}{0{,}622 + x_1} = \frac{10332 \cdot 1{,}00912}{47{,}1 \cdot 293\,(0{,}622 + 0{,}00912)} = 1{,}197 \text{ kg/m}^3$$

und beim Austritt

$$\gamma_2 = \frac{10332 \cdot 1{,}01760}{47{,}1 \cdot 296\,(0{,}622 + 0{,}01760)} = 1{,}179 \text{ kg/m}^3.$$

Mithin ist die Menge der Feuchtluft

$$V_1 = 910000 \text{ m}^3\text{/h} \quad \text{und} \quad V_2 = 924000 \text{ m}^3\text{/h}.$$

Ohne Wasseraufnahme wäre der Wärmeinhalt der Feuchtluft am Ende

$$(I_2)_{x_1} = 0{,}24 \cdot 23 + 0{,}00912\,(597 + 0{,}46 \cdot 23) = 11{,}06 \text{ kcal/kg},$$

d. h. es entfallen $100\,\frac{0{,}73}{5{,}89} = 12{,}4$ vH der Erwärmung auf die fühlbare Wärme und 87,6 vH auf die Verdunstungswärme.

Verdunstete Wassermenge W_0

$$W_0 = L(x_2 - x_1) = 1090000\,(0{,}01760 - 0{,}00912) = 9220 \text{ kg}$$

oder rund 1,14 vH des Wasserstromes W.

Aufgenommene Wärmemenge Q

$$Q = L(I_2 - I_1) - W_0 t_0 = 1090000 \cdot 5{,}89 - 9220 \cdot 12 = 6{,}31 \cdot 10^6 \text{ kcal/h}$$

oder mit Hilfe der effektiven Kühlzonenbreite

$$Q = 810000 \cdot 7{,}6 + 9220\,(28{,}9 - 12{,}0) = 6{,}31 \cdot 10^6 \text{ kcal/h}.$$

Zur Gewährleistung:

Die thermische Belastung ist um 1,41 vH kleiner als die garantierte. Die Wassermenge W ist um 1,25 vH größer.

Die üblichen Gewährleistungen für derartige Kühlwerke beruhen in Deutschland auf folgenden Normalwerten:

Warmwassertemperatur	$t'' = 37°$ C
Lufttemperatur	$t_1 = 15°$ C
Relative Feuchtigkeit	$\varphi_1 = 60$ vH
Kühlzonenbreite	$t'' - t' = 10°$

Wenn man bei 15° C mißt (Frühjahr oder Herbst), so kann man den Garantienachweis leicht an Hand von Abb. 113 führen, die auf Erfahrungswerten beruht[1]. Man kann darin den wichtigsten Wert, die Kaltwassertemperatur t', zur Warmwassertemperatur t'' ablesen. Die Kühlzonenbreite ist naturgemäß um so kleiner, je niedriger t'' ist. Außerdem verengt sie sich, je mehr die eintretende Luft schon gesättigt ist. Wenn dem Kühler z. B. Wasser mit $t'' = 40°$ C zugeführt wird und die Luftfeuchtigkeit $\varphi_1 = 80$ vH ist, so kann die Garantie noch als erfüllt gelten bei $t' = 28{,}4°$ C, d. h. 11,6° Kühlzonenbreite. Wenn $t' > 28{,}4°$ C ist, so entspricht der Kühler nicht der Garantie.

[1] Nach W. Otte: Untersuchungen über Kaminkühler. Die Technik Bd. 3 (1948) S. 179.

Um den Einfluß der Luftfeuchtigkeit auf die Lage der Kühlzone festzustellen, ist in Abb. 112 außer für die Kühlgrenze ($\psi = 1{,}0$) noch eine (schwach gekrümmte) Linie $\psi = 0{,}6$ eingezeichnet. Wenn die Luft bei 20° C gesättigt ($\psi = 1$) in den Kühlturm eintritt, so liegt die 8grädige Kühlzone bei 39,7—31,7° C. Je trockener die Luft ist, in um so niedrigerem Temperaturbereich liegt die Kühlzone. Tritt die Luft wie im Beispiel mit $t_1 = 20°$ C, $\psi_{1_0} = 0{,}60$ ein (Punkt A), so liegt die 8grädige Kühlzone bei 36,8—28,8° C.

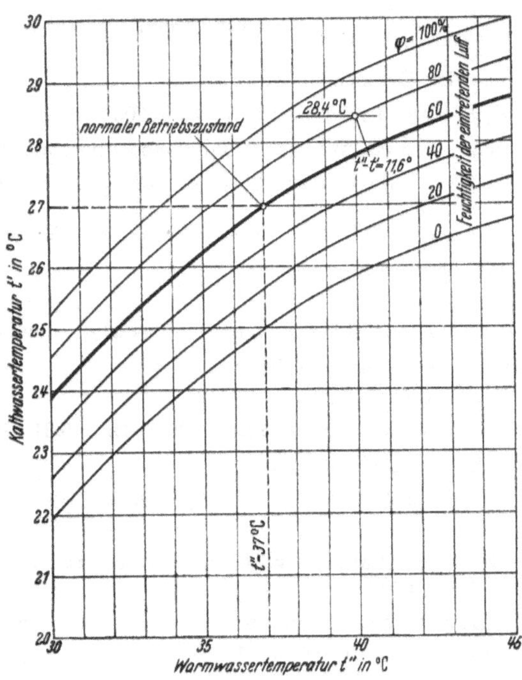

Abb. 113. Kaltwassertemperatur für einen nach den üblichen Normalwerten bemessenen Kühlturm bei 15° C Lufttemperatur.

Es ist vielfach üblich, die gewährleistete Kaltwassertemperatur t' so anzugeben, wie Abb. 114 zeigt (für 8° Kühlzonenbreite gezeichnet). Im unteren Teil des Bildes ist der Wärmeinhalt der Feuchtluft I über der Lufttemperatur aufgetragen. Zu den Werten der Kühlgrenze t_k gehört die Kurve I' mit dem Sättigungsgrad $\psi = 1{,}0$. Zustandspunkte gleicher Kühlgrenze sind durch Linien $t_k =$ konst. verbunden (siehe hierzu Abb. 118). Zum Punkt A ($t_1 = 20°$ C, $\psi_1 = 0{,}6$ wie im Beispiel) gehört die Kühlgrenze B ($t_k = 15{,}1°$ C).

Im oberen Diagramm ist die Kaltwassertemperatur t' über der Lufttemperatur aufgetragen. Zum Punkt A' ($t_1 = 20°$ C, $\psi_1 = 0{,}6$) gehört ebenso wie zu Punkt B' ($t_k = 15{,}1°$ C, $\psi = 1{,}0$) die Kaltwassertemperatur $t' = 28{,}8°$ C. Bei gesättigter Luft, Punkte C und C' ($t_1 = 20$ °C, $\psi_1 = 1{,}0$) würde sich das Wasser nur bis $t' = 31{,}7°$ C abkühlen.

Oberhalb der Kurven für t' sind in 8° Entfernung die Kurven für die Warmwassertemperatur t'' bei $\psi = 1{,}0$ und $\psi = 0{,}6$ angedeutet. Die Kurven für t' und t'' gelten nur für den Fall, daß die Warmwasser-

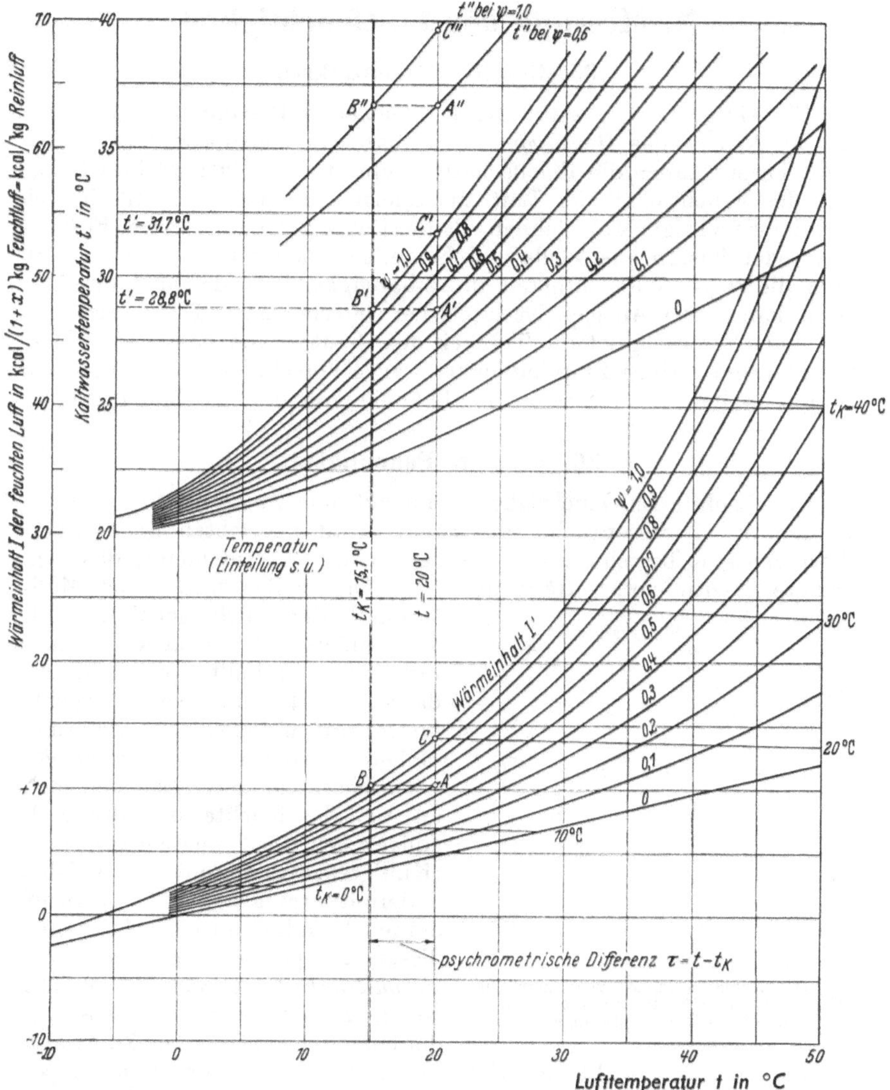

Abb. 114. Wärmeinhalt der Feuchtluft und Kaltwassertemperatur bei 8° Kühlzonenbreite, abhängig von der Temperatur und Feuchtigkeit der dem Kühlturm zuströmenden Luft.

temperatur genau den Garantiewerten entspricht, also bei $t_k = 15{,}1$ ° C auch $t'' = 36{,}8$ ° C ist. Ist t'' kleiner oder größer, so verengt oder erweitert sich die Kühlzone nach 6° oder 10° zu, wie in Abb. 112 und 113 angegeben ist.

Meßverfahren.

X. Messung der Luftfeuchtigkeit.

35. Relative Feuchtigkeit.

Ein einfaches Gerät für die vergleichende Bestimmung der Luftfeuchtigkeit ist das *Haarhygrometer*. Haare von Lebewesen und pflanzliche Fasern haben die Eigenschaft, in entfettetem Zustand ihre Länge mit der Feuchtigkeit der Luft zu ändern in dem Sinne, daß sie sich mit der Feuchtigkeit ausdehnen. Benutzt wird der Länge wegen Frauenhaar oder Fasern aus Wolle und Seide. Das Gerät ist so geeicht, daß man die relative Feuchtigkeit in Abhängigkeit von der Meßlänge ablesen kann. Die Anzeige ist auch bei verschiedener Temperatur zutreffend. Nachteilig ist die Trägheit des Gerätes, von besonderem Vorteil ist seine geringe Empfindlichkeit gegen Verschmutzung, z. B. durch Staub, und daß die Anzeige unabhängig von der Luftbewegung ist.

36. Absolute Feuchtigkeit.

Die absolute Luftfeuchtigkeit kann mit dem *Psychrometer* gemessen werden, das im wesentlichen aus zwei sorgfältig geeichten Quecksilberthermometern besteht. Das eine der beiden Thermometer, das sog. feuchte Thermometer, trägt über der Quecksilberkugel einen Mullstrumpf, der feucht gehalten wird. Das andere sog. trockene Thermometer ist unverhüllt. Sorgt man nun dafür, daß die zu messende Feuchtluft lebhaft und gleichmäßig an dem Meßgerät vorbeiströmt, so zeigen beide Thermometer verschieden hoch an, weil das feuchte umhüllte nach einiger Zeit die Grenztemperatur t_k (Kühlgrenze) annimmt, während das andere die tatsächliche Temperatur der feuchten Luft anzeigt. Man nennt diesen Temperaturunterschied *psychrometrische Differenz* τ. In Abb. 115 ist im I, x-Diagramm der Zustand der feuchten Luft mit dem Zustandspunkt 1 angegeben. Es sei daran erinnert, daß die zur Grenztemperatur t_k gehörige Wasserisotherme so gelegen ist, daß ihre Verlängerung in das ungesättigte Gebiet hinein durch den Zustandspunkt 1 geht[1].

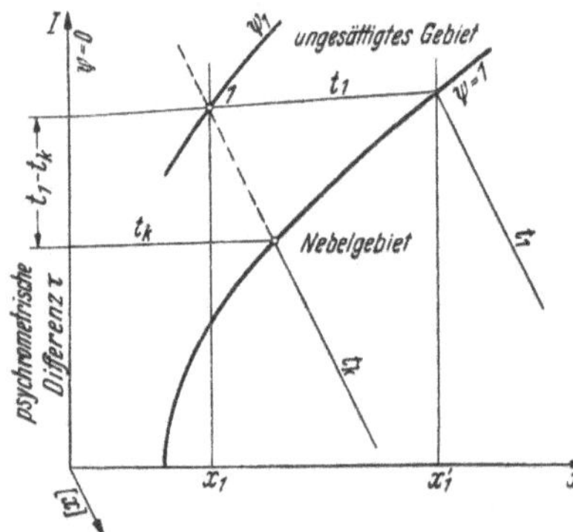

Abb. 115. Kühlgrenze und psychrometrische Differenz $t_1 - t_k = \tau$. Die Linie $\psi = 0$ fällt mit der I-Achse zusammen.

[1] Für Überschlagsrechnungen ist zu beachten, daß gesättigte Luft vom Grenzzustand t_k, $\psi = 1$ einen nur um weniges größeren Wärmeinhalt hat als die ungesättigte Luft, deren Feuchtigkeit gemessen werden soll.

Zwecks lebhafter Belüftung befestigt man das Gerät auf einem Gestell, das man an einem Faden im Kreis herumschleudert (Schleuderpsychrometer), oder man belüftet das Gerät mit einem kleinen Ventilator (Aspirationspsychrometer). Um Fehler durch Wärmestrahlung zu verhindern oder unwesentlich zu machen, ist das Gerät in einem vernickelten Gehäuse untergebracht. Für einmalige Messungen genügt die einmalige Anfeuchtung des Mullstrumpfes, bei Dauermessungen muß man für eine ständige Nachfeuchtung sorgen.

Beispiel. Wie hoch ist der Sättigungsgrad von Feuchtluft, wenn das trockene Thermometer 25° C und das feuchte 19° C anzeigt? Welches ist die größte psychrometrische Differenz bei 25° C am trockenen Thermometer?

Aus dem I, x-Diagramm folgt zu $t_k = 19°$ C der Dampfanteil $x_1 = 0{,}0113$ kg/kg Reinluft. Es ist x_1' an der Sättigungslinie $= 0{,}0208$. Damit ergibt sich $\psi_1 = x_1/x_1' = 0{,}544$. Den Wert $\varphi_1 = 0{,}57$ für die relative Feuchtigkeit kann man aus dem Diagramm sofort ablesen.

Die auf den Zustandspunkt $t_1 = 25°$ C, $\psi = 0$ zielende Wasserisotherme gehört zu $t_k = 8°$ C. Die größte psychrometrische Differenz ist also 17°.

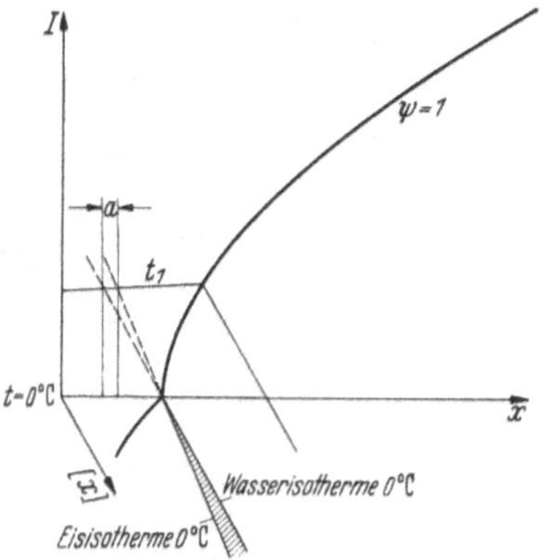

Abb. 116. Messung der Luftfeuchtigkeit bei 0° C Grenztemperatur.

Während die Messung bei $t_k \gtrless 0°$ C eindeutig ist, sind Messungen bei $t_k = 0°$C unbrauchbar, weil in dem Zwickel zwischen Wasser- und Eisisotherme von 0° C Mischzustände vorkommen können, deren jeder eine andere Isotherme hat; siehe hierzu Abb. 116. Bei $0°\,\text{C} = t_k$ kann der Dampfgehalt x_1 um das Maß a unsicher sein. Wenn man nicht eindeutig feststellen kann, ob die Mullhülle gefroren oder flüssig getränkt ist, muß man sich der Kühlgrenze in erneuter Messung von einer Seite nähern, sei es, daß man das Gerät vorher erwärmt oder daß man es unter 0° abkühlt. Gegebenenfalls muß man die Messung wiederholen.

In Abb. 117 ist das I, x-Diagramm für Luft-Wasserdampf-Gemische um den Nullpunkt (0° C) herum in größerem Maßstab gezeichnet. Man erkennt die Unstetigkeit der Sättigungskurve bei 0° C und die Lage der Isothermen im ungesättigten, im Wassernebel- und im Eisnebelgebiet.

Um den Teildruck des Dampfes in der feuchten Luft und damit die relative Feuchtigkeit berechnen zu können, wendet man vielfach die einfache Formel

$$P'_{Dk} - P_{D1} = KP(t_1 - t_k) \tag{129}$$

an. Darin ist P'_{Dk} der zur Grenztemperatur t_k gehörige Sättigungsdruck des Wasserdampfes und P_{D1} der wirkliche Teildruck des Dampfes, den man bestimmen will. P ist der Gesamtdruck, sämtlich in gleichem Maß (kg/m² oder at abs. oder Torr), und $t_1 - t_k$ ist die psychrometrische Differenz. K ist ein konstanter Beiwert, den man für die Aspirationspsychrometer meist mit $6{,}6 \cdot 10^{-4}$ aus der Eichung angibt.

Für den Fall, daß die Kühlgrenze t_k erreicht wird, kann man die Konstante K berechnen[1]. Nach (416) Abschnitt 69i, erster Teil, ist

$$x_k' - x_1 = \frac{c_k'(t_1 - t_k)}{Q}. \tag{130}$$

wenn man von $W = 1$ kg zu verdampfendem und auf die Temperatur t_1 aufzuwärmendem Wasser ausgeht. Man erhält damit nach einiger Umrechnung, indem

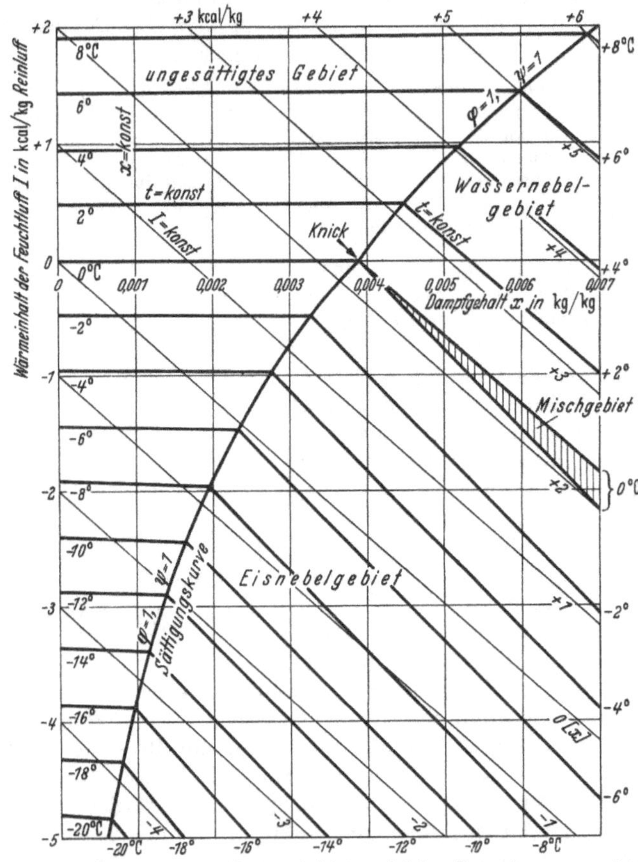

Abb. 117. I, x-Diagramm feuchter Luft mit Linien gleicher Dampfmenge x, gleichen Wärmeinhalts I und gleicher Temperatur t. Ausschnitt des Gebietes um den Nullpunkt (0° C) des I, x-Diagrammes in der Anlage. Die Sättigungskurve $\varphi = 1$, $\psi = 1$ ist bei 0° C unstetig. Vgl. hierzu Abb. 147 und 167 in Teil A.

man in (130) die Werte x_k' und x_1 durch P'_{Dk} und P_{D1} ersetzt und einen mittleren Barometerstand von 750 Torr annimmt, unter Vernachlässigung der kleinen Glieder

$$K = \frac{0{,}388 - 0{,}00042\, P'_{Dk}}{597 - 0{,}54\, t_k}.$$

Zu t_k gehören bestimmte Sättigungsdrücke P'_{Dk} und damit auch Werte von K, nämlich

$t_k =$	0° C	10° C	25° C	50° C
$10^4\, K =$	6,47	6,49	6,48	6,13 Grad^{-1}.

[1] Mollier, R.: Das i, x-Diagramm für Dampf-Luft-Gemische. Z. VDI Bd. 73 (1929) S. 1013.

Man erkennt, daß sich das feuchte Thermometer bei der praktischen Messung nicht ganz auf die Kühlgrenze einzustellen pflegt ($K = 6{,}6 \cdot 10^{-4}$).

Es ist bemerkenswert, wie gut sich die wirklichen Vorgänge mit der LEWISschen Beziehung nachrechnen lassen. Daß gewisse Abweichungen bestehen, war angesichts der beschränkten Gültigkeit dieser Beziehung zu erwarten (siehe hierzu Teil A, Abschnitt 68i).

In der Kälteindustrie mit Temperaturen unter 0° C errechnet man den Wert K an der Kühlgrenze entsprechend zu

$$K = \frac{0{,}388 - 0{,}00042\, P'_{D\,k}}{677 - 0{,}5\, t_k}$$

und bei t_k zu

$t_k =$	$-40°$ C	$-20°$ C	$\pm 0°$ C
$10^4 K =$	5,92	5,83	5,77 Grad^{-1}

Bei stark belüfteten Psychrometern ergibt die Eichung bei wirklichen Vergleichsmessungen eine mittlere Konstante von $5{,}8 \cdot 10^{-4}$, also praktisch übereinstimmend.

In der Technik wird (129) meist nach SPRUNG in der abgewandelten Form

$$h'_{D\,k} - h_{D\,1} = 0{,}5\,(t_1 - t_k)\,\frac{b_0}{755} \qquad (131)$$

mit Drücken in Torr angewandt. Darin ist b_0 der reduzierte Barometerstand und

$$\frac{0{,}5}{755} = 0{,}00066 = 6{,}6 \cdot 10^{-4}$$

die Psychrometerkonstante entsprechend (129) mit 755 Torr als mittlerer Barometerstand. Wenn $h_{D\,1}$ und $h'_{D\,1}$ zu t_1 bekannt sind, so ergibt sich die relative Feuchtigkeit zu

$$\varphi_1 = \frac{h_{D\,1}}{h'_{D\,1}}\,.$$

In Zahlentafel 8 ist die Beziehung (131) ausgewertet[1] für verschiedene Lufttemperaturen t ($= t_1$) und psychrometrische Differenzen ($t_1 - t_k$), Teildrücke des Wasserdampfes h_D ($= h_{D\,1}$) und relative Feuchtigkeiten φ ($= \varphi_1$).

Beispiel. Das feuchte Thermometer eines Psychrometers zeigt $t_k = 14°$ C und das trockene $t_1 = 20°$ C an. Wie groß ist die relative Feuchtigkeit φ_1 bei 755 Torr Gesamtdruck der Feuchtluft? Zu $t_k = 14°$ C gehört $h'_{D\,k} = 11{,}99$ Torr. Damit errechnet sich

$$h_{D\,1} = 11{,}99 - 0{,}5 \cdot 6 \cdot 1 = 8{,}99 \text{ oder rund } 9{,}0 \text{ Torr.}$$

Man findet nun mit $h'_{D\,1} = 17{,}54$ Torr zu $t_1 = 20°$ C

$$\varphi_1 = 100\,\frac{h_{D\,1}}{h'_{D\,1}} = \frac{100 \cdot 8{,}99}{17{,}54} = 51{,}3 \text{ vH.}$$

Aus Zahlentafel 8 findet man zu $t_1 - t_k = 6°$, der Differenz zwischen der Anzeige des feuchten und des trockenen Thermometers, und zur wahren Temperatur am trockenen Thermometer $t_1 = 20°$ C unmittelbar $h_{D\,1} = 9{,}0$ Torr und $\varphi_1 = 0{,}51$.

[1] Nach den Regeln für die Abnahmeversuche an Rückkühlanlagen DIN 1947 von 1931.

Zahlentafel 8. *Psychrometrische Differenz* $\tau = t - t_k$.

t	0°		2°		4°		6°		8°		10°		12°		14°		16°	
	h'_D	φ	h_D	φ	h_D	φ	h_D	φ	h_D	φ	h_D	φ	h_D	φ	h_D	φ	h_D	φ
°C	Torr	vH	Torr	vH	Torr	vH	Torr	vH	Torr	vH	Torr	vH	Torr	vH	Torr	vH	Torr	vH
0	4,58	100	2,9	63	1,3	28												
2	5,29	100	3,6	68	1,9	35												
4	6,10	100	4,3	70	2,6	42	0,9	14										
6	7,01	100	5,1	73	3,3	47	1,6	23										
8	8,05	100	6,0	75	4,1	51	2,3	29	0,6	7								
10	9,21	100	7,0	76	5,0	54	3,1	34	1,3	14								
12	10,52	100	8,2	78	6,0	57	4,0	38	2,1	20	0,3	3						
14	11,99	100	9,5	79	7,2	60	5,0	42	3,0	25	1,1	9						
16	13,63	100	11,0	81	8,5	62	6,2	46	4,0	30	2,0	15	0,1	7				
18	15,48	100	12,6	82	10,0	65	7,5	49	5,2	34	3,0	20	1,0	6				
20	17,54	100	14,5	83	11,6	66	9,0	51	6,5	37	4,2	24	2,1	12				
22	19,83	100	16,5	83	13,5	68	10,6	54	8,0	40	5,5	28	3,2	16	1,1	6		
24	22,38	100	18,8	84	15,5	69	12,5	56	9,6	43	7,0	31	4,5	20	2,2	10		
26	25,21	100	21,4	85	17,8	71	14,5	58	11,5	46	8,6	34	6,0	24	3,5	14	1,2	5
28	28,35	100	24,2	85	20,4	72	16,8	59	13,5	48	10,5	37	7,6	27	5,0	18	2,5	9
30	31,82	100	27,4	86	23,3	73	19,4	61	15,8	50	12,5	39	9,5	30	6,6	21	4,0	13
32	35,66	100	30,8	86	26,4	74	22,2	62	18,4	52	14,8	42	11,5	32	8,5	24	5,6	16
34	39,90	100	34,7	87	29,8	75	25,4	64	21,2	53	17,4	44	13,8	35	10,5	26	7,5	19
36	44,56	100	38,9	87	33,7	76	28,8	65	24,4	55	20,2	45	16,4	37	12,8	29	9,5	21
38	49,69	100	43,6	88	37,9	76	32,7	66	27,8	56	23,4	47	19,2	39	15,4	31	11,8	24
40	55,32	100	48,7	88	42,6	77	36,9	67	31,7	57	26,8	49	22,4	40	18,2	33	14,4	26

Nach Zahlentafel 3 von DIN 1947 (1931), bei einem reduzierten Barometerstand von $b_0 = 755$ Torr. Zum Beispiel S. 551: $\tau = t_1 - t_k = 25 - 19 = 6°$; $t_1 = 25°$ C; $\varphi_1 = 57$ vH; $h_{D1} = 13{,}5$ Torr.

I, t-Diagramm. Als Zustandsbild feuchter Gase eignet sich auch ein I, t-Diagramm[1]. Für Luft-Wasserdampf-Gemische folgt aus der Beziehung für ungesättigte oder gesättigte Luft ($x \leqq x'$)

$$I = 0{,}24\,t + x\,(597 + 0{,}46\,t),$$

daß

$$I = f(x, t)$$

ist. Die Linien x = konst. sind Gerade. Bei $x = 0$, trockene Luft, ist $I = 0{,}24\,t$, gleichlaufend mit den Linien $\varphi = 0$ und $\psi = 0$, wie in Abb. 118 dargestellt ist[1]. Die Linien $x > 0$ = konst. sind ebenfalls Gerade (in der Abbildung gestrichelt gezeichnet), die wegen der Kleinheit des Gliedes $x \cdot 0{,}46 \cdot t$ fast parallel verlaufen.

Abb. 118 ist für atmosphärischen Druck gezeichnet. Die Sättigungskurve $\varphi = 1$, $\psi = 1$ findet man leicht mit Hilfe von Zahlentafel VIII. Die Darstellung läßt sich gut in einem rechtwinkligen Koordinatensystem I, t unterbringen. Die Sättigungskurve ist darin umgekehrt gekrümmt wie im I, x-Diagramm. Oberhalb davon befindet sich das Nebelgebiet, unterhalb davon das ungesättigte Gebiet. Im Nebelgebiet bilden sich die Linien x = konst. allerdings weniger gut ab. Aus

$$I = 0{,}24\,t + x'(597 + 0{,}46\,t) + (x - x')t$$

folgt, daß alle Linien x = konst. bei $t = 0°$ C dem Wert $I' = 2{,}33$ kcal/kg Reinluft oder kcal/$(1 + x)$ kg Feuchtluft zustreben. Es ist eine Linie $x = 0{,}070$ kg/kg im Bereiche von 0 bis 90° C gezeichnet. Im Nebelgebiet liegt diese Linie nur um den Betrag $(x - x')t$ höher als die I'-Werte an der Sättigungskurve zur gleichen Temperatur. Diese kleinen Beträge nehmen mit $x - x'$ noch ab, so daß die Kurven für $0 < x < 0{,}070$ = konst. in den Zwischenraum zu liegen kommen.

Um so vorteilhafter ist die Darstellung im ungesättigten Gebiet mit den stumpfen Kurvenschnitten. Mit

$$I = f_1(\psi, t) \qquad \text{oder} \qquad I = f_2(\varphi, t)$$

kann man die Kurven gleicher Sättigung zeichnen. In Abb. 118 sind Linien φ = konst. eingetragen. Da weiterhin das spezifische Gewicht der feuchten Luft für einen bestimmten Druck als

$$I = f_3(\gamma, t) \qquad \text{(fast linear)}$$

erscheint, ebenso die psychrometrische Differenz $\tau = t_1 - t_k$ nach der SPRUNGschen Formel (131) in der Form als

$$I = f_4(t_k, t),$$

so kann man auch Linien gleicher Werte γ und t_k vermerken.

[1] Siehe J. KOCH: Untersuchung und Berechnung von Kühlwerken mit Hilfe des i, t-Bildes. VDI Forschungsheft 404. Berlin 1940. Die im folgenden und in Zahlentafel 8 allgemein mit t bezeichnete Temperatur des trockenen Thermometers ist identisch mit der bisher als t_1 bezeichneten Temperatur der feuchten Luft.

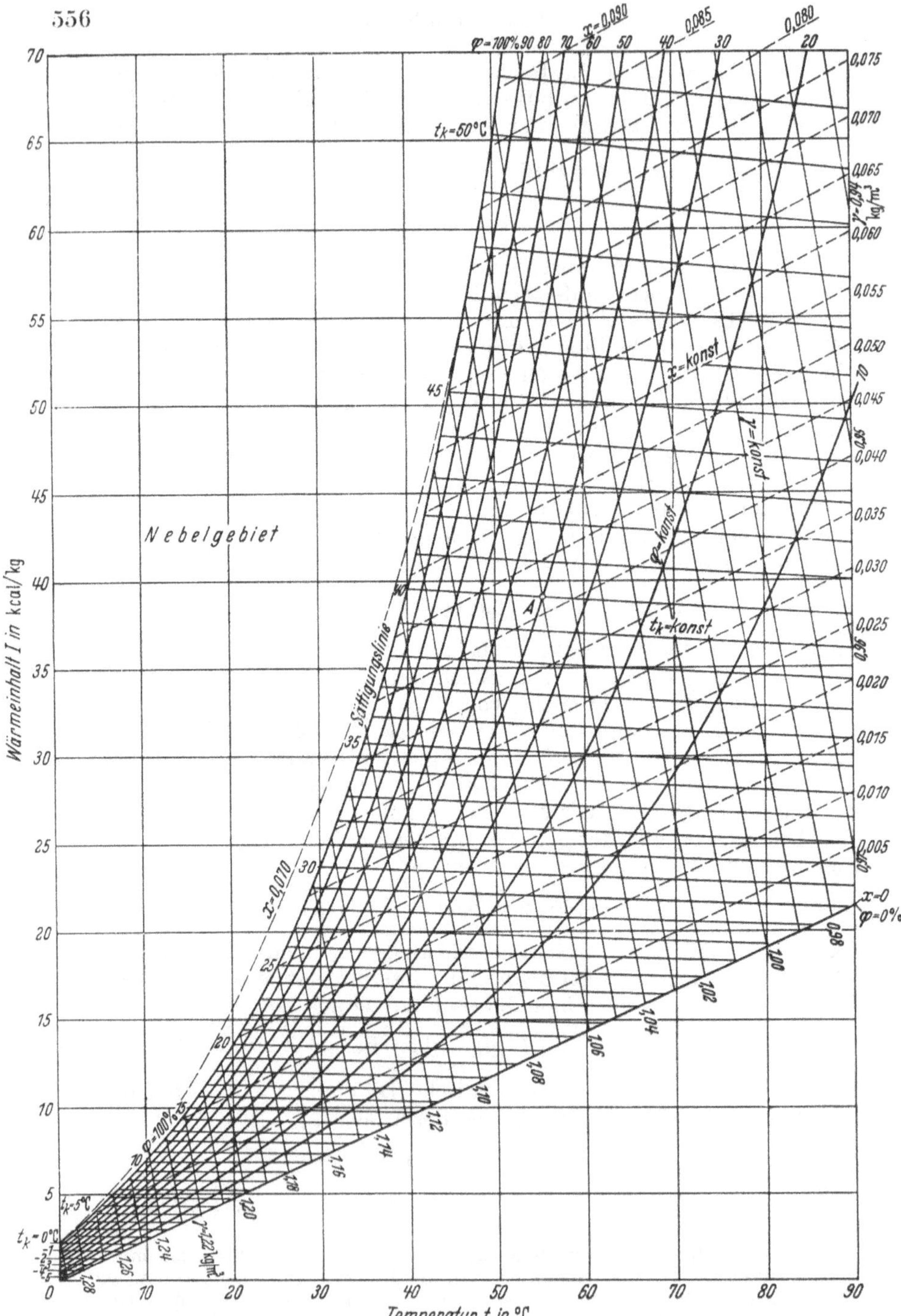

Abb. 118. I, t-Diagramm für feuchte Luft mit Linien gleicher Feuchtigkeitsmenge (x = konst.), gleicher relativer Feuchtigkeit (φ = konst.), gleicher Kühlgrenze (t_k = konst.) und gleichen spezifischen Gewichts (γ = konst.).

Jedem Punkt in Abb. 118 entspricht ein gewisser Zustand ($t, I, x, \varphi, \gamma, t_k$). So ist z. B. bei feuchter Luft vom Zustand A in Abb. 118 rund

$$t = 55^\circ\,\text{C}, \quad I = 39\,\text{kcal/kg}, \quad x = 0{,}042\,\text{kg/kg},$$
$$\varphi = 40\,\text{vH}, \quad \gamma = 1{,}05\,\text{kg/m}^3 \quad \text{und} \quad t_k = 40^\circ\,\text{C}.$$

Oder z. B., wenn die Temperatur des feuchten Thermometers t_k mit 15° C und die des trockenen t mit 20° C festgestellt ist, so kann man die relative Feuchtigkeit $\varphi = 0{,}60$ und den Wärmeinhalt $I = 10$ kcal/kg sofort ablesen. Mit der Tafel lassen sich die Zustandsänderungen der feuchten Luft gut verfolgen. Bei der Mischung von Feuchtluftmengen verschiedenen Zustands liegt der Mischungszustand jedoch nicht genau auf der geradlinigen Verbindungslinie; die Mischungsgerade des I, x-Diagramms geht in eine schwach gekrümmte Kurve über. Solche I, t-Diagramme wurden zur Nachrechnung der Vorgänge in Kühltürmen entwickelt, um die wärmeaustauschenden Flächen bequemer ermitteln zu können. Die Linien γ = konst. braucht man, um die Größe des Auftriebs beurteilen zu können. Für alle Vorgänge mit Mischung und Übersättigung ist allerdings das MOLLIERsche I, x-Diagramm vorzuziehen[1].

XI. Durchflußmessung mit Drosselgeräten.

37. Allgemeines.

Für die Überwachung technischer Anlagen ist die Mengenmessung von strömenden Gasen, Dämpfen und Flüssigkeiten in Rohrleitungen von großer Bedeutung[2]. Ein einfaches Meßverfahren beruht darauf, daß man den Querschnitt F in m² der Rohrleitung an der Meßstelle auf F_0 m² verengt und dadurch eine Zunahme der mittleren Strömungsgeschwindigkeit w in m/s hervorruft, damit dieselbe Menge (V in m³/s, G in kg/s) fließt. Die Beschleunigung des Stromes geht auf Kosten der Druckenergie, d. h. der statische Druck verringert sich. Der Abfall an Druckenergie entspricht dem Anstieg an Bewegungsenergie, woraus sich ein Maß für den Durchfluß gewinnen läßt. Die Stärke der Kontraktion des Stromes hinter der Verengung ist vom Durchfluß abhängig.

Für die Energieumwandlung in einer *reibungslosen* Strömung gilt nach dem Gesetz von BERNOUILLI [Gl. (422), Abschnitt 69, Teil A], soweit die Änderung der Lageenergie ohne Belang ist,

$$-\frac{dP}{\gamma} = \frac{w\,dw}{g}. \tag{132}$$

Wenn die Strömung als *raumbeständig* angesehen werden kann wie bei den tropfbaren Flüssigkeiten, dann gilt mit den Bezeichnungen von Abb. 119

$$P_1' - P_2' = \frac{\gamma}{2g}\left(u_2'^2 - u_1^2\right). \tag{133}$$

[1] Andere Zustandsbilder mit dem spezifischen Gewicht oder dem Druck als Veränderlicher werden z. B. von W. SCHÜLE angegeben, Technische Thermodynamik, Teil II. Berlin 1930.

[2] Siehe hierzu Regeln für die Durchflußmessung mit genormten Düsen und Blenden, DIN 1952. 3. Aufl. 1935, 5. Aufl. 1943.

Daneben besteht die Kontinuitätsbedingung

$$F w = \text{konst.} = F_1 w_1 = F_2 w_2' = F_0 w_0 . \tag{134}$$

F_0 ist der engste Querschnitt an der Drosselstelle und F_1 ein Querschnitt in genügender Entfernung stromaufwärts, in dem die Strömung noch unbeeinflußt durch die Verengung ist. Es sei angenommen, daß die Verengung aus einer einfachen scharfkantigen Blechscheibe besteht, deren Öffnung sich genau inmitten des Rohres mit kreisförmigem Querschnitt befindet. Durch die Massenwirkungen zieht sich der Strahl noch bis nach der Stauscheibe zusammen, um sich dann wieder allmählich auf den vollen Querschnitt auszubreiten. Der engste Strahlquerschnitt sei F_2. Nach Abschnitt 74e, Teil A, führt man eine Kontraktionszahl α' ein und setzt $F_2 = F_0 \alpha'$. Bezeichnet man das Öffnungsverhältnis F_0/F_1 mit m, so ist

$$w_1 = w_2' \alpha' m . \tag{135}$$

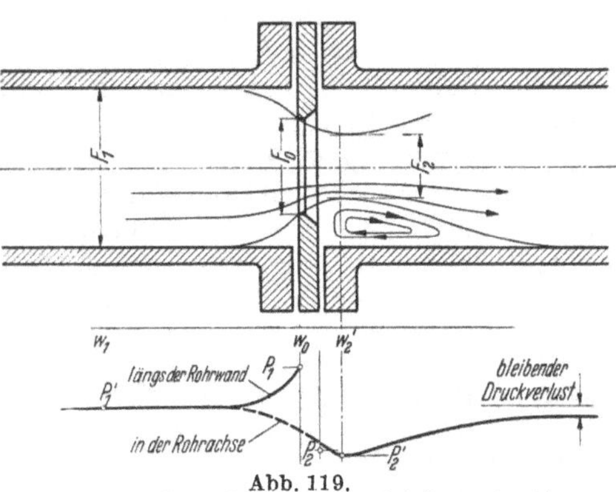

Abb. 119. Strömungsbild und Druckverlauf bei Drosselgeräten.

Aus (135) und (133) erhält man die Beziehung

$$w_2'^2 = \frac{1}{1 - \alpha'^2 m^2} \frac{2g}{\gamma} (P_1' - P_2') . \tag{136}$$

Statt der beiden Drücke P_1' und P_2' ist es bequemer, die beiden Drücke P_1 und P_2 unmittelbar vor und hinter der Stauscheibe zu messen, die je in bestimmtem Verhältnis zueinander stehen. Bei *wirklichen* Strömungen ist es außerdem zweckmäßig, den Einfluß der Reibung im Rohr vor und hinter dem Drosselgerät auszuschalten. Tatsächlich herrscht im engsten Strahlquerschnitt F_2 eine kleinere Geschwindigkeit w_2, die mit einer Geschwindigkeitszahl φ' durch die Beziehung $w_2 = \varphi' w_2'$ gegeben sei. Der Volumendurchfluß ist dann in Wirklichkeit

$$V = F_2 w_2 = \alpha' F_0 w_2 = \frac{\varphi \alpha'}{\sqrt{1 - \alpha'^2 m^2}} F_0 \sqrt{\frac{2g}{\gamma} (P_1 - P_2)} ,$$

worin

$$\varphi \sqrt{P_1 - P_2} = \varphi' \sqrt{P_1' - P_2'}$$

ist. Den Ausdruck $\varphi \alpha' / \sqrt{1 - \alpha'^2 m^2}$ faßt man zu einer *Durchflußzahl* α zusammen und erhält

$$\boxed{V = \alpha F_0 \sqrt{\frac{2g}{\gamma} (P_1 - P_2)}} \quad \text{in m}^3/\text{s} \tag{137}$$

und

$$\boxed{G = V \gamma = \alpha F_0 \sqrt{2 g \gamma (P_1 - P_2)}} \quad \text{in kg/s} . \tag{138}$$

Den Druckunterschied unmittelbar vor und hinter der Drosselstelle $P_1 - P_2$ nennt man den *Wirkdruck* (ΔP in kg/m² oder mm WS, $\Delta P = 10^4 \cdot \Delta p$ mit Δp in at oder $\Delta P = 13{,}596 \cdot \Delta h$ mit Δh in Torr). Bei der Bestimmung des Wirkdruckes ist das Eigengewicht des Stromes zu berücksichtigen (siehe Abschnitt 1, Teil A, Druckunterschiede).

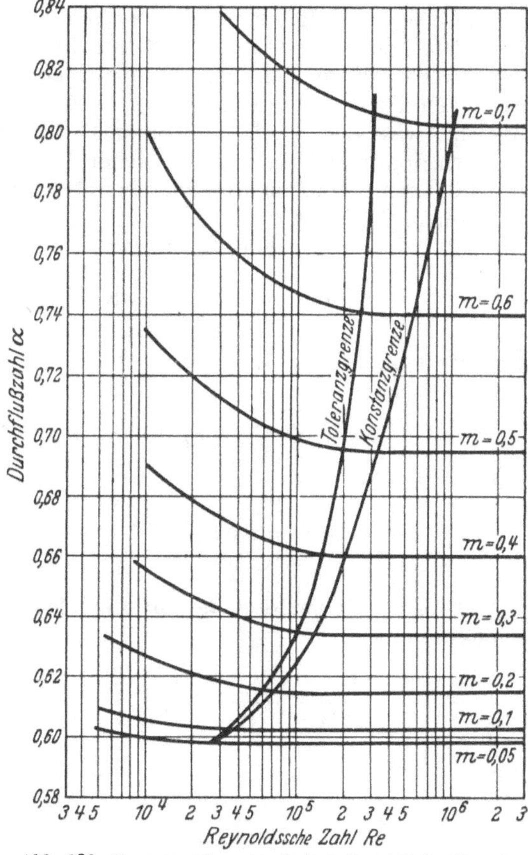

Abb. 120. Zusammenhang zwischen Durchflußzahl α der Normblende und REYNOLDSscher Zahl Re für verschiedene Öffnungsverhältnisse m, $Re = wd/\nu$ in logarithmischer Auftragung.

Die Durchflußzahl α ist von den Kennzahlen der Strömung abhängig, die sich auf Grund der mechanischen und thermischen Ähnlichkeitstheorie ableiten lassen. Wenn man den Wärmeaustausch mit der Umgebung bei dem äußerst kurzzeitigen Drosselvorgang vernachlässigt, so ist die Durchflußzahl α in geschlossenen Rohrleitungen praktisch nur von der REYNOLDSschen Zahl abhängig ($Re = wd/\nu$, siehe Abschnitt 71, Teil A). α nimmt mit Re erst stärker, dann immer langsamer ab, wie Abb. 120 zeigt, bis ein Kleinstwert erreicht ist und beibehalten wird. Wenn man sich bei der Messung auf den konstanten Bereich beschränkt (praktisch, in dem die Änderung von α vernachlässigbar klein ist und innerhalb einer gewissen Toleranz bleibt), so ist α unabhängig von der Geschwindigkeit und der Dichte des strömenden Stoffes.

Will man Messungen an *zusammendrückbaren* Stoffen vornehmen, wie Gasen und Dämpfen, so darf man, wenigstens bei größerem Wirkdruck, die Dichteänderung nicht mehr übersehen. Da der Wärmeaustausch mit der Umgebung nur sehr klein ist, ändert sich der Zustand des Stoffes hinreichend genau adiabatisch nach

$$\frac{\gamma_2}{\gamma_1} = \left(\frac{P_2}{P_1}\right)^{1/\varkappa}.$$

Mit der allgemeinen Kontinuitätsbedingung

$$w F \gamma = \text{konst.} = w_1 F_1 \gamma_1 = w_2 F_2 \gamma_2$$

[siehe Gl. (418), Abschnitt 69, Teil A] erhält man aus (133)

$$u_2^2 = \frac{\varphi^2}{1 - \alpha_\varkappa'^2\, m^2 (P_2/P_1)^{2/\varkappa}} \, \frac{2 g P_1}{\gamma_1} \, \frac{\varkappa}{\varkappa - 1} \left[1 - \left(\frac{P_2}{P_1}\right)^{(\varkappa-1)/\varkappa}\right] \qquad (139)$$

für die Geschwindigkeit im engsten Strahlquerschnitt. Zum Unterschied von α' bei Flüssigkeiten ist die Kontraktionszahl hier mit $\alpha_\varkappa' = f(P_2/P_1)$ bezeichnet. Wenn die Drosselstelle nicht aus einer strahlförmig erweiterten Düse, sondern aus einer einfachen Stauscheibe wie Abb. 119 besteht, wird der Strahl bei seiner Rückbildung seitlich nicht geführt, sondern dehnt sich auch in seitlicher Richtung aus, weshalb die Kontraktionszahl vom Druckverhältnis abhängig ist, und zwar um so mehr, je kleiner P_2/P_1 ist.

Der gesuchte Durchfluß ist jetzt

$$G = \alpha_\varkappa' F_0 w_2 \gamma_2 = \alpha_\varkappa' F_0 w_2 \gamma_1 \left(\frac{P_2}{P_1}\right)^{1/\varkappa}.$$

Erweitert man diese Gleichung mit $\sqrt{1 - \alpha_\varkappa'^2 m^2}$, mit α und $\sqrt{P_1 - P_2}$, so erhält man

$$\boxed{G = \alpha\, \varepsilon\, F_0 \sqrt{2\, g\, \gamma_1 (P_1 - P_2)}} \text{ in kg/s} \qquad (140)$$

wie (138) und

$$\boxed{V = \alpha\, \varepsilon\, F_0 \sqrt{\frac{2g}{\gamma_1}(P_1 - P_2)}} \text{ in m}^3\text{/s} \qquad (141)$$

wie (137). Darin ist der Berichtigungsfaktor ε wegen der Zusammendrückbarkeit

$$\varepsilon = \frac{\alpha_\varkappa}{\alpha} \sqrt{\frac{1 - \alpha_\varkappa'^2 m^2}{1 - \alpha_\varkappa'^2 m^2 (P_2/P_1)^{2/\varkappa}}} \sqrt{\frac{1}{1 - P_2/P_1} \, \frac{\varkappa}{\varkappa - 1} \left[\left(\frac{P_2}{P_1}\right)^{2/\varkappa} - \left(\frac{P_2}{P_1}\right)^{(\varkappa+1)/\varkappa}\right]} \qquad (142)$$

und wieder

$$\alpha_\varkappa = \frac{\varphi\, \alpha_\varkappa'}{\sqrt{1 - \alpha_\varkappa'^2 m^2}}.$$

ε ist also abhängig von $\varkappa$, m und P_2/P_1 bzw. vom Wirkdruck $P_1 - P_2$ und dem absoluten Druck P_1. Nach den Ausführungen in Abschnitt 74, Teil A gelten diese Beziehungen nur so lange, wie w unter der Schallgeschwindigkeit bleibt.

Es ist auch zusammengezogen

$$V_h = 0{,}01252\, \alpha\, \varepsilon\, D_0^2 \sqrt{\frac{\Delta P}{\gamma_1}} \text{ in m}^3\text{/h} \qquad (141\text{a})$$

mit dem Öffnungsdurchmesser des Drosselgerätes D_0 in mm im Betriebszustand und

$$G_h = 0{,}01252\, \alpha\, \varepsilon\, D_0^2 \sqrt{\gamma_1 \Delta P} \text{ in kg/h}. \qquad (140\text{a})$$

Ist Δh der Wirkdruck $= \Delta h'$ in mm QS $- \Delta h''$ in mm WS, also $\Delta P \approx 12{,}60\, \Delta h$ wie bei der Messung an Leitungen mit flüssigem Wasser oder Wasserdampf, so ergibt sich

$$G_h = 0{,}04436\, \alpha\, \varepsilon\, D_0^2 \sqrt{\gamma_1 \Delta h} \text{ in kg/h}. \tag{140b}$$

Bei der Messung von Gasen kann das Gasgewicht gegenüber dem der Sperrflüssigkeit im Wirkdruckmesser vernachlässigt werden. Wenn der Wirkdruck $\Delta P = \gamma_f\, l/1000$ in kg/m² mit dem spezifischen Gewicht γ_f der Sperrflüssigkeit in kg/m³ und mit l als Ausschlag der Flüssigkeit in mm ist, so folgt

$$G_h = 3{,}96 \cdot 10^{-4}\, \alpha\, \varepsilon\, L_0^2 \sqrt{\gamma_1} \sqrt{\gamma_f} \sqrt{l} \text{ in kg/h}. \tag{140c}$$

So ist z. B. bei $\alpha = 0{,}6$; $\varepsilon = 0{,}99$; $D_0 = 100$ mm; $\gamma_1 = 1{,}20$ kg/m³; $\gamma_f = 800$ kg/m³ (Alkohol) und $l = 120$ mm der Gewichtsdurchfluß $G_h = 800$ kg/h.

Bei feuchten Gasen ist in (140) und (141) das spezifische Gewicht des feuchten Gases einzusetzen, nämlich

$$\gamma = \gamma_{tr} + \varphi\, \gamma_D. \tag{143}$$

Dabei ist γ_D das spezifische Gewicht des Wasserdampfes unter seinem Teildruck, das man zu der Betriebstemperatur aus den Dampftabellen entnehmen kann. φ ist die relative Feuchtigkeit in dieser Beziehung. γ_{tr} ist das spezifische Gewicht des reinen trockenen Gases unter seinem Teildruck, das ist Gesamtdruck P abzüglich Wasserdampfteildruck P_D. Bei Luft-Wasserdampf-Gemischen ist

$$\gamma = \frac{P}{47{,}1\, T}\, \frac{1 + x}{0{,}622 + x}$$

[siehe Gl. (384), Abschnitt 68, Teil A].

38. Messung mit genormten Blenden.

Die Durchflußzahl α ist für verschiedenartig ausgebildete Stauscheiben auch verschieden groß. Vom Verein Deutscher Ingenieure wurde eine Normscheibe oder *Normblende* festgelegt, deren hydraulisches Verhalten genau untersucht und in Schaubildern beschrieben wurde. Blenden mit derartigen genormten Abmessungen kann man ohne Eichung für die Messung benutzen. Außer den Abmessungen sind auch die Einbauvorschriften festgelegt. Notwendig ist, daß sich der zu messende Stoff beim Strömen durch das Drosselgerät in reiner Phase befindet, was bei der Messung von Dämpfen in der Nähe der Sättigung und von Flüssigkeiten nahe dem Siedepunkt zu beachten ist. Außerdem dürfen Flüssigkeiten nicht ungelöste Gase oder feste Stoffe, wie Schlamm, enthalten, während Gase nicht vernebelt sein dürfen, weil dadurch die Genauigleit der Messung beeinträchtigt wird. Schließlich muß der strömende Stoff den Meßquerschnitt voll ausfüllen.

Die Normblende ist für alle Rohrdurchmesser von 50 mm und mehr anwendbar. Abb. 121 gibt den Zusammenhang zwischen der Durchflußzahl α und dem Öffnungsverhältnis m für die Normblende an. Oberhalb $Re = 0{,}25 \cdot 10^6$ sind die Durchflußzahlen konstant und gelten bei glattem Rohr und streng scharfer Einlaufkante mit einer Toleranz von $\leqq \pm 1{,}0$ vH. Bei kleinen Öffnungsverhältnissen m ver-

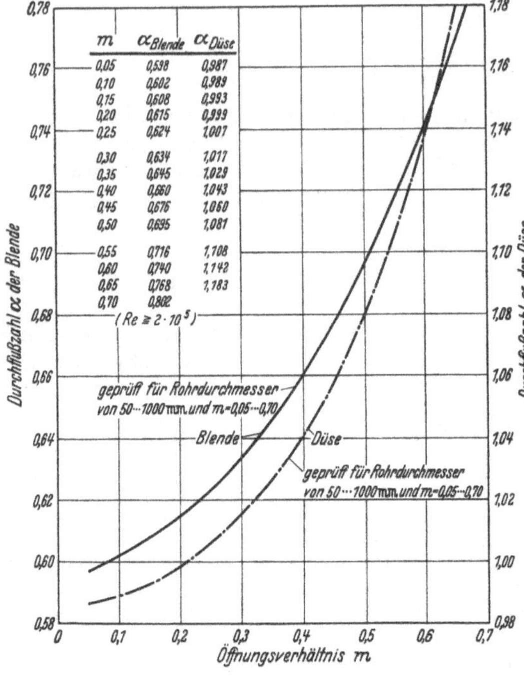

m	α_{Blende}	$\alpha_{Düse}$
0,05	0,598	0,987
0,10	0,602	0,989
0,15	0,608	0,993
0,20	0,615	0,999
0,25	0,624	1,007
0,30	0,634	1,017
0,35	0,645	1,029
0,40	0,660	1,043
0,45	0,676	1,060
0,50	0,695	1,081
0,55	0,716	1,108
0,60	0,740	1,142
0,65	0,768	1,183
0,70	0,802	

Abb. 121. Durchflußzahlen α der Normblende und der Normdüse abhängig vom Öffnungsverhältnis m oberhalb der Toleranzgrenze.

schwindet der Rauhigkeitseinfluß normal betriebsrauher Rohre. Bei größeren Werten von m wirkt die Rauhigkeit auf eine Zunahme von α hin[1].

Abb. 122 zeigt ein Einbaubeispiel für die Normblende. Die Expansionszahl ε kann aus Abb. 123 für zweiatomige Gase ($\varkappa = 1{,}4$) und aus Abb. 124 für Heißdampf ($\varkappa = 1{,}31$) entnommen werden.

Beispiel. In einer Rohrleitung von 800 mm l. Weite strömt feuchtes Gichtgas unter einem Überdruck von 247 mm WS und bei 72,2 °C mittlerer Temperatur. Gasproben ergaben $\varphi = 0{,}76$ relative Feuchtigkeit und nach Trocknung ein Relativgewicht von $\delta = 0{,}984$ (Luft $= 1$). In diese Leitung ist in der geraden Strecke normgerecht eine Normblende eingebaut mit 584,6 mm Öffnungsdurchmesser bei 20 °C. Der Rohrdurchmesser wurde an der Meßstelle durch Anfüllen mit Wasser und Auswiegen der Füllung zu 802,4 mm im Mittel festgestellt. Die Blende ist aus V2A-Stahl gefertigt und dehnt sich laut mitgegebener Kurve bei 72,2 °C im Durchmesser um 0,2 vH gegenüber 20 °C aus. Wieviel Gichtgas strömt stündlich durch die Leitung, wenn an der Blende ein Wirkdruck von 222 mm WS (+ 20 °C) gemessen wird und der Barometerstand 752,4 Torr ist?

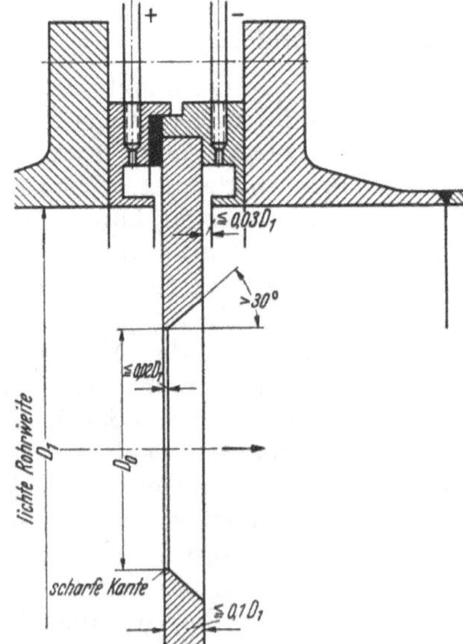

Abb. 122. Einbau der Normblende zwischen Ringkammern. Beim Messen muß man den lichten Blendendurchmesser D_0 im Betriebszustand kennen.

Äußerer Luftdruck

$$P_0 = 752{,}4 \cdot 13{,}596 = 10230 \text{ kg/m}^2;$$

Dampfzustand bei 72,2 °C:

$$v'' = 4{,}622 \text{ m}^3/\text{kg};$$

$$\gamma_D = 1/v'' = 0{,}2164 \text{ kg/m}^3;$$

Dampfanteil

$$\varphi\,\gamma_D = 0{,}76 \cdot 0{,}2164 = 0{,}1645 \text{ kg/m}^3;$$

[1] Siehe Zahlentafel XI im Anhang.

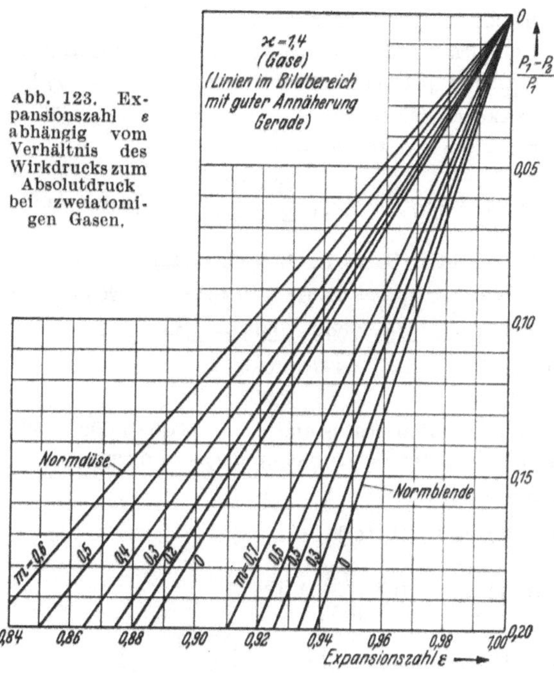

Abb. 123. Expansionszahl ε abhängig vom Verhältnis des Wirkdrucks zum Absolutdruck bei zweiatomigen Gasen.

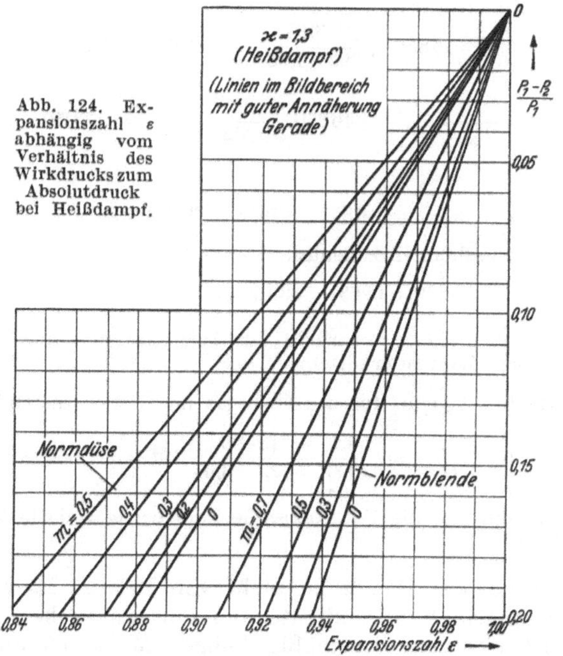

Abb. 124. Expansionszahl ε abhängig vom Verhältnis des Wirkdrucks zum Absolutdruck bei Heißdampf.

Dampfdruck bei 72,2° C: $P_D'' = 3493$ kg/m²;
Teildruck des Dampfes im Gas: $P_D = \varphi P_D' = 0{,}76 \cdot 3493 = 2655$ kg/m²;
Gesamtdruck: $P_1 = P_0 +$ Überdruck $= 10230 + 247 = 10477$ kg/m²;
Teildruck des trockenen Gichtgases $P_1 - P_D = 10477 - 2655 = 7822$ kg/m²;
spezifisches Gewicht des trockenen Gichtgases

$$\gamma_{tr} = 1{,}293 \cdot 0{,}984 \frac{7822 \cdot 273}{345{,}2 \cdot 10332} = 0{,}7618 \text{ kg/m}^3;$$

Raumgewicht des feuchten Gases im Betriebszustand

$$\gamma_1 = \gamma_{tr} + \varphi \gamma_D = 0{,}7618 + 0{,}1645 = 0{,}9263 \text{ kg/m}^3;$$

Wirkdruck (4° C): $\Delta P = 222 \cdot 0{,}998 \approx 222$ kg/m²;
Druckverhältnis $\Delta P/P_1 = 222/10477 = 0{,}0212$;
Expansionszahl ε bei $\varkappa = 1{,}4$ ist $\varepsilon = 0{,}992$;
Blendendurchmesser im Betriebszustand $D_0 = 584{,}6 \cdot 1{,}002 = 585{,}8$ mm;
Öffnungsverhältnis $m = D_0^2/D_1^2 = 585{,}8^2/802{,}4^2 = 0{,}533$;
Durchflußzahl $\alpha = 0{,}710$;

Volumendurchfluß [aus Gl. (141a)]

$$V_1 = 0{,}01252 \cdot \alpha \cdot \varepsilon \cdot D_0^2 \sqrt{\frac{1}{\gamma_1}} \sqrt{\Delta P}$$

$$= 0{,}01252 \cdot 0{,}710 \cdot 0{,}992 \cdot 585{,}8^2 \cdot \sqrt{\frac{1}{0{,}9263}} \sqrt{222} = 46850 \text{ m}^3\text{/h}.$$

Trockene Gasmenge

$$V_N = V_1 \frac{\gamma_{tr}}{\gamma_N} = 46850 \frac{0{,}7618}{1{,}293 \cdot 0{,}984} = 28050 \text{ Nm}^3\text{/h}$$

oder

$$V_N = V_1 \frac{P_1 - P_D}{P_N} \frac{T_N}{T_1} = 46850 \frac{7822}{10332} \frac{273}{345{,}2} = 28050 \text{ Nm}^3\text{/h};$$

Gasgewicht, trocken

$$G = V_N \gamma_N = V_1 \gamma_{tr} = 46850 \cdot 0{,}7618 = 35690 \text{ kg/h};$$

Gasgewicht, feucht (vgl. auch Zahlentafel IX)

$$G = V_1 \gamma_1 = 46850 \cdot 0{,}9263 = 43400 \text{ kg/h}.$$

Zur Feststellung, ob die Düse oberhalb der Toleranzgrenze durchflossen wird, ist die REYNOLDSsche Zahl zu ermitteln:

$\eta \approx 2{,}04 \cdot 10^{-6}$ kg s/m² für das Gichtgas im Betriebszustand,

$$Re = 36{,}1 \cdot 10^{-3} \frac{G}{D_1 \eta} = \frac{36{,}1}{1000} \frac{43400}{802{,}4 \cdot 2{,}04} 10^6 = 960000 > 200000.$$

An der Toleranzgrenze ist die REYNOLDSsche Zahl bei $m = 0{,}533$ $Re = 200000$. Siehe Abb. 120.

Die Blattstärke der Blende ist nicht von Belang. Es kommt aber sehr auf eine scharfe Einströmkante und auf zentrischen Einbau an. Die Blende ist ein verhältnismäßig billiges Meßgerät und benötigt wenig Platz. Der Öffnungsdurchmesser D_0 ist mit einer Toleranz von $\pm 0{,}001\, D_0$ auszumessen; er geht quadratisch in die Mengenformel ein.

Beim Entwurf einer Blende für einen bestimmten Stoff mit gegebenem Zustand und für einen bestimmten Rohrdurchmesser D_1 ist zunächst die strömende Menge abzuschätzen und $\alpha \cdot D_0^2$ zu dem gewünschten Wirkdruck auszurechnen, für den der zulässige Druckabfall und der Meßbereich des Differenzdruckmessers maßgebend sind. Aus einer Kurve α über $\alpha \cdot D_0^2$ oder über $\alpha \cdot m$ kann man den geeigneten Öffnungsdurchmesser bestimmen. Es ist empfehlenswert, das Öffnungsverhältnis m zwischen 0,16 und 0,64 zu wählen entsprechend $D_0/D_1 = 0{,}4$ bis 0,8.

39. Messung mit genormten Düsen.

Wenn man die Drosselstelle düsenartig ausbildet, so läßt sich der Druckabfall wesentlich kleiner halten. Es sind Meßdüsen für Rohrdurchmesser von 50 mm und mehr genormt, die nach Abb. 125 geformt sind. Ihre Durchflußzahl α ist größer als bei der Blende, wie Abb. 126 zeigt. Aber die Expansionszahlen ε sind kleiner als bei der Blende, wie in Abb. 123 und 124 angegeben ist; dabei ist zu berücksichtigen, daß an sich der Wirkdruck bei den Düsen niedriger ist als bei den Blenden.

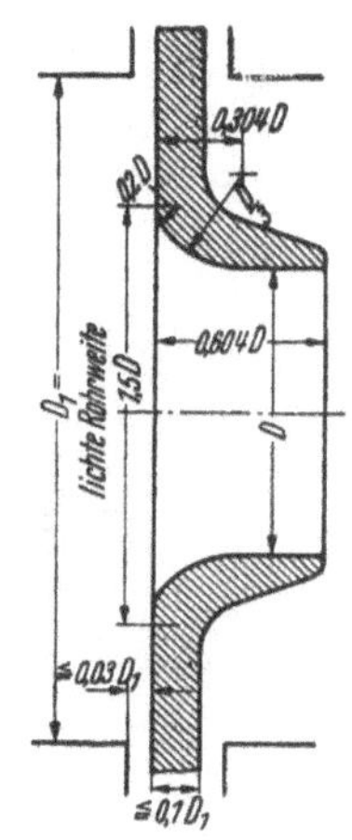

Abb. 125. Form der Normdüse nach DIN 1952 ($m < 0{,}45$).

Im übrigen gilt für Berechnung und Einbau das oben Gesagte. Die Düsen benötigen etwas mehr Platz und sind teurer in der Herstellung. Der Zusammenhang zwischen der Durchflußzahl α und dem Öffnungsverhältnis m oberhalb der Toleranzgrenze ist aus Abb. 121 ersichtlich. Während die Durchflußzahlen bei Blenden für $m < 0{,}35$ mit $\pm 0{,}5$ vH und für $m \gtreqless 0{,}7$ mit $\pm 1{,}0$ vH Genauigkeit gelten, geht die Toleranz bei Düsen von 0,5 bis 1,3 vH. Dazu kommen bei beiden Meßgeräten noch kleine Berichtigungszahlen für Rohrrauhigkeit, Zähigkeit und Formfehler (siehe Zahlentafel XI im Anhang).

Beispiel. Der Gewichtsdurchfluß G von überhitztem Wasserdampf ($p_1' = 24{,}6$ at Überdruck, $t_1 = 440°$ C) in einer Rohrleitung von $D_1 = 200$ mm l. W. (Rohr 216 × 8) wird mittels Normdüse gemessen. Der Öffnungsdurchmesser der Düse ist $D_0 = 100$ mm (20° C). Wie groß ist der Durchfluß, wenn der Wirkdruck mit einem U-Rohr gemessen wird, in dem das Quecksilber um 412,4 mm (50° C) ausschlägt? Der Barometerstand ist 756,4 Torr.

Überdruck des Dampfes vor der Düse $p_1' = 24{,}6$ kg/cm²;

äußerer Luftdruck $b_0 = 756{,}4$ Torr; $p_0 = 1{,}028$ kg/cm²;

absoluter Druck des Dampfes vor der Düse $p_1 = 24{,}6 + 1{,}03 = 25{,}63$ at abs.;

Temperatur des Dampfes vor der Düse $t_1 = 440°$ C;

spezifisches Gewicht des Dampfes vor der Düse $\gamma_1 = 7{,}760$ kg/m³;

spezifisches Gewicht des Quecksilbers bei 50° C ist 13473 kg/m³;

spezifisches Gewicht des Kondensats bei 50° C ist 988 kg/m³;

Unterschied der Gewichte ist 12485 kg/m³;

Wirkdruck $\Delta P = 412{,}4 \cdot 12485/1000 = 5149$ kg/m²;

Druckverhältnis $\Delta P/P_1 = 5149/256300 = 0{,}0201$;

Öffnungsverhältnis bei Stahldüse $m = 100^2/200^2 = 0{,}25$;

Expansionszahl $\varepsilon = 0{,}986$;

Durchflußzahl $\alpha = 1{,}008$, nach Zahlentafel XI (Anhang);

Berichtigungszahl für den Düsendurchmesser ist $1{,}001^2$ (laut Ausdehnungskurve der Düse vom Hersteller bei 50° C gegen 20° C);

Gewichtsdurchfluß

$$G = 0{,}01252 \cdot 1{,}008 \cdot 0{,}986 \cdot 100^2 \cdot 1{,}002 \cdot \sqrt{7{,}760} \cdot \sqrt{5149} = 24900 \text{ kg/h oder rund } 25 \text{ t/h}.$$

Die mittlere Strömungsgeschwindigkeit ist 28,5 m/s und die REYNOLDSsche Zahl $Re = 1{,}67 \cdot 10^6 \gg 100000$ an der Toleranzgrenze.

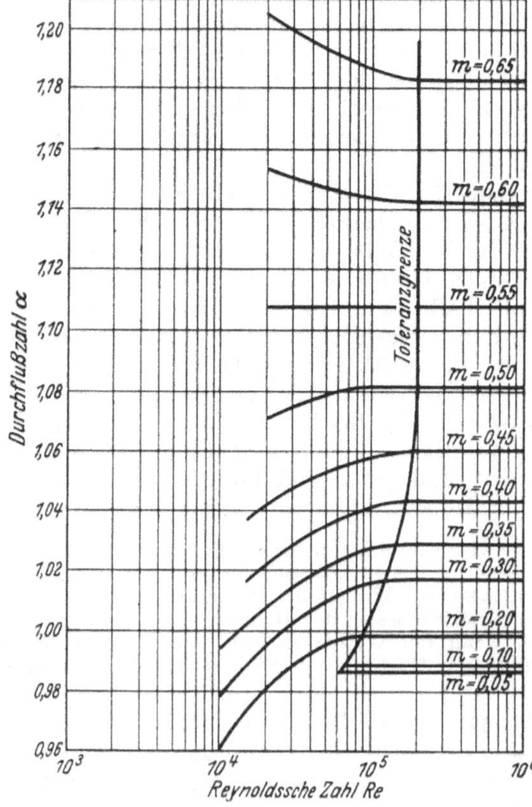

Abb. 126. Zusammenhang zwischen der Durchflußzahl α der Normdüse und der REYNOLDSschen Zahl $Re = wd/\nu$ in logarithmischer Auftragung für verschiedene Öffnungsverhältnisse m.

Vergasung von festen Brennstoffen.

XII. Gasgeneratorprozesse.

40. Allgemeines.

Gasförmige Brennstoffe zeichnen sich durch weitgehende *Verbrennungsreife* aus und sind für eine Reihe von thermischen Prozessen in der Technik besser geeignet als feste Brennstoffe, die zu Beginn der Verbrennung erst thermisch zersetzt werden müssen und deren Aschegehalt hinderlich ist. Gasförmige Brennstoffe sind einheitlicher beschaffen und lassen sich besser mit der Verbrennungsluft mischen. Sie entwickeln hohe Verbrennungstemperaturen, wobei ihre Umsetzung schneller vor sich geht und besser regelbar ist, denn die innigere Mischung läßt einen geringeren Luftüberschuß zur vollkommenen Verbrennung zu (weniger Stickstoffballast). Die vorherige Überführung der brennbaren festen Substanzen in gasförmigen Zustand bedeutet eine *Veredelung* des Brennstoffes.

Entgasung und Vergasung. Es ist zu unterscheiden zwischen *Entgasung* unter Luftabschluß und *Vergasung* von Brennstoffen unter beschränkter Luftzufuhr. Bei der Hochtemperaturentgasung (800 bis 1000° C in der Kammer oder Retorte) von fetten und gasreichen Steinkohlen werden im wesentlichen Koks, Koksofengas und Teer gewonnen. In den *Zechenkokereien* geht es vornehmlich darum, einen festen Entgasungsrückstand, den Koks, einen gasarmen, druckfesten und porösen Brennstoff für metallurgische Prozesse, Zentralheizungen und zur Vergasung in Gasgeneratoren zu erzeugen. Gas und Teer mit seinen vielen hochwertigen Bestandteilen sind Nebenprodukte. *Gasanstalten* hingegen sehen im Stadtgas ihr Haupterzeugnis.

Braunkohlen und gelegentlich auch Steinkohlen werden unter Luftabschluß bei niedrigeren Temperaturen (etwa 500 bis 600° C) entgast, genannt *schwelen*, wobei der Schwelteer besondere Bedeutung hat und neben dem hochwertigen Schwelgas ein Koks anfällt, der weniger druckfest, aber sehr reaktionsfähig ist. Der Tieftemperaturteer (an der unteren Temperaturgrenze Urteer genannt) hat aliphatischen (petroleumartigen) Charakter, während der Hochtemperaturteer aromatisch (Benzolbasis) ist. Schwelteer hat einen höheren Anteil an leichtsiedenden (benzinartigen) Stoffen, außerdem fällt er reichlicher an, denn die Teerausbeute verringert sich mit zunehmender Entgasungstemperatur, wohingegen die Gasausbeute anwächst (siehe Abb. 136). Hochtemperaturteer entsteht durch Zersetzung von Urteer. Siehe hierzu Anlage XII.

Erhitzt man die Kohle unter *reichlicher Luftzufuhr*, so verbrennen zunächst ihre flüchtigen Bestandteile und danach ihr fester Kohlenstoff (über CO). Wenn bei dem Vorgang nicht ausreichend Luft zugeführt wird, dann können nicht alle brennbaren Teilchen eine Verbindung mit Sauerstoff eingehen, und sie finden sich unverbrannt im Abgas wieder. Um den überwiegenden Teil des vergasten Brennstoffes vor der Verbrennung zu bewahren, kann man den Prozeß absichtlich durch *Beschränkung der Luftzufuhr* so führen, daß nur so viel Gase verbrennen, wie zur Aufrechterhaltung der Temperaturen für die thermische Zersetzung nötig ist.

Beim *Vergasungsprozeß* ist die Aufgabe gestellt, die Unvollkommenheit der Verbrennung so weit zu treiben, daß ein Abgas mit möglichst hohem Heizwert entsteht. Im Prinzip hat man dem Brennstoff zunächst unter Fernhalten von Sauerstoff die flüchtigen Bestandteile (Schwelgase, Nebel von Schwelteer) zu entziehen und dann den rückständigen Koks mit Luftunterschuß zu vergasen.

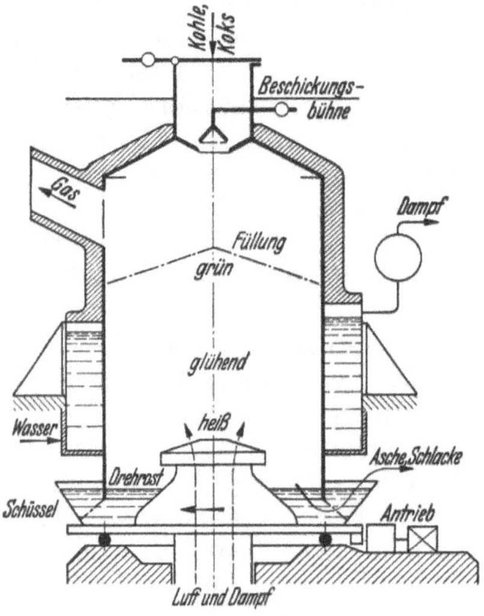

Vergasungsöfen. Man vergast feste Brennstoffe in sog. Gasgeneratoren. Es sind dies Schachtöfen mit einer lichten Weite bis etwa 3 m, die über einem feststehenden oder drehbaren Rost aufgerichtet sind. Die grundsätzliche Anordnung eines solchen Drehrostgenerators ist aus Abb. 127 ersichtlich. Er besteht im wesentlichen aus einem festverankerten runden Schacht und dem Drehrost mit Antrieb. Man füllt den Schacht von oben durch einen doppelten Verschluß, um Gasverluste bei der Beschickung zu vermeiden. Unten taucht der Schacht in eine mit Wasser gefüllte Schüssel ein, die sich gemeinsam mit dem pilzartigen Rost langsam (etwa 1 bis 10 U/h) dreht. Die Entgasungsluft tritt durch den Rost ein, und der Brennstoff brennt über dem Rost ab, wobei Temperaturen von etwa 900 bis 1000° C entwickelt werden. Der Rost selbst ist mit Asche bedeckt und so vor dem Verzundern geschützt. Die Asche und Schlacke (geschmolzene und wieder erstarrte Asche) wird unter dem Druck der darüber liegenden Kohle in die Wasservorlage gedrängt, abgelöscht und durch Drehung der Schüssel ausgetragen.

Abb. 127. Grundsätzliche Anordnung eines Drehrostgenerators.

Im oberen Teil des Schachtes befindet sich das Gasabzugsrohr. Die kalte oder angewärmte Verbrennungsluft wird entweder in den Vergasungsraum eingeblasen (Überdruck im Schacht, das gebildete Gas wird weggedrückt), oder das Gas wird abgesogen und zieht nach sich die Verbrennungsluft in den Schacht (Unterdruck im Schacht). Der Gang des Generators wird beim *Druckgasverfahren* durch Zumessung der Luft geregelt. Beim *Sauggasverfahren* regelt man durch Veränderung des Zuges.

Brennstoffe. Für die gewöhnlichen Gasgeneratoren kommen in erster Linie Brennstoffe mit geringem Teergehalt in Betracht, wie Kokse von Stein- und Braunkohlen, Anthrazit und Holzkohle. Bei Kohlen mit höherem Teergehalt, Holz und einigen industriellen Abfallstoffen muß man Vorsorge treffen, daß sich die Teerdämpfe im oberen Teil des Generators nicht niederschlagen. Sie sind durch Kühlen und Waschen aus dem Gas zu entfernen. Der gewonnene Schwelteer ist ein wertvolles Nebenerzeugnis. Im anderen Falle kann man die Generatoren auch für eine zweite Brennzone einrichten, in der die Teernebel zersetzt und vergast werden.

Während bei der Entgasung etwa $^3/_4$ bis $^5/_6$ der eingesetzten Kokskohle ausgebracht werden in der festen Form von Koks, können die Brennstoffe in den Generatoren praktisch bis auf den unverbrennlichen Rückstand (Asche, Schlacke) vergast werden. Das gewonnene Gas hat Bedeutung als *Kraftgas* für Verbrennungsmotoren und als *Heizgas* für Industrieöfen.

Thermischer Vorgang. Der eingefüllte Brennstoff rutscht langsam (mit etwa 20 bis 25 cm/h) dem Rost zu, wobei er sich erwärmt. Der feuchte (grüne) Brennstoff wird zunächst getrocknet und dann entgast. Die Flüchtigen entweichen zusammen mit dem Wasserdampf durch den Gasabzug. Über dem Rost befindet sich eine hohe Schicht von glühendem Entgasungsrückstand, hauptsächlich fixer Kohlenstoff und Asche. Der Kohlenstoff im unteren Bereich wird unter Luftzufuhr verbrannt, wobei der Luftsauerstoff verbraucht wird. Das aus der Brennzone aufsteigende Kohlendioxyd CO_2 kommt mit dem glühenden Kohlenstoff der oberen Schichten in Berührung und wird dort zum überwiegenden Teil zu Kohlenoxyd CO reduziert und tritt gemeinsam mit dem Luftstickstoff durch den darüber liegenden noch kälteren Brennstoff ebenfalls in den Gasabzug. Der gesamte Vorgang spielt sich in vier übereinander liegenden Schichten ab: der Trocknungszone, der Entgasungszone, der Reduktionszone und der Verbrennungszone. Darunter befindet sich noch eine Aschenzone.

Der Anlaß für die Spaltung des CO_2 besteht darin, daß glühender Kohlenstoff einen besonders starken Drang zur Oxydation hat. Er entzieht der durch den Rost eintretenden Vergasungsluft begierig den Sauerstoff und verbrennt über CO zu CO_2. Von einer gewissen Schichthöhe an ist nur mehr Stickstoff vorhanden. In den höheren Lagen wird dafür das Kohlendioxyd gezwungen, an die glühenden Kohlenstoffteilchen vermöge der größeren Affinität fortschreitend Sauerstoff abzugeben, bis das Gas vollständig zu CO reduziert ist. Der Kohlenstoff verbindet sich mit dem abgespaltenen Sauerstoff ebenfalls zu Kohlenoxyd.

Zur vollständigen Reduktion muß eine gewisse Schichthöhe eingehalten werden, die sich nach Art, Körnung und Feuchtigkeit des Brennstoffes richtet sowie nach dem Luftdruck. Bei feinen Körnungen hält man den Schacht auf etwa 1 bis 1,5 m über dem Rost gefüllt[1], bei gröberen Körnungen bis 2 m und etwas mehr. Den Schacht noch höher anzufüllen, ist zwecklos.

---

[1] Bei Sauggasbetrieb auch noch weniger (0,6 m und mehr), gemessen ab Rostspitze. 0,1—0,2 m Asche sind in dieser Schichthöhe eingeschlossen.

Beim Anfahren des Generators stellt sich die Höhe der glühenden Schicht zunächst so ein, wie Brennstoff und Sauerstoff vorhanden sind. Die Verbrennungswärme teilt sich den darüber liegenden Schichten durch Konvektion mit den Verbrennungsgasen mit. Der Brennstoff wird unter der aufwärts dringenden Erwärmung im sauerstoffarmen Gebiet entgast, und schließlich kommt das Gerüst aus fixem Kohlenstoff zum Glühen.

Verlauf und Geschwindigkeit der Reaktion $CO_2 + C \rightleftarrows 2\,CO$ sind von der Temperatur abhängig, daneben auch von Druck und Konzentration. Bei höherer Temperatur überwiegt der Zerfall und ist die Reaktionsgeschwindigkeit größer. Wenn schwerreagierende Brennstoffe, wie Zechenkoks, vergast werden, so beginnt die Reduktion bei 700 bis 800° C, bei Brennstoffen mit großer Reaktionsgeschwindigkeit, wie Schwelkoks und Holz, schon darunter. Die Reaktion unterbleibt bei zu geringer Temperatur und bei höherem Druck (Brennstoffschicht zu hoch) oder verläuft allmählich in umgekehrter Richtung.

Die Reduktion ist ein endothermer Vorgang. Aus der Verbrennungszone muß ständig Wärme nachgeführt werden. Das aus der Reduktionszone austretende Kohlenoxyd-Stickstoff-Gemisch wird in den oberen Zonen gekühlt und gibt dabei von seiner fühlbaren Wärme so viel ab, wie zur Verdampfung der Feuchtigkeit und zum Austrieb der Flüchtigen erforderlich ist. Damit die Wärmeentwicklung in der Brennzone nicht zu heftig wird und die Bauteile des Generators Schaden nehmen könnten, mischt man Wasserdampf zu der Vergasungsluft, der unter Bindung von Wärme zersetzt wird. Man erreicht dadurch auch, daß die Asche in der Brennzone nicht übermäßig schmilzt und die Luftzuführungsöffnungen verklebt. Vom Einfluß des Wasserdampfes auf die Gaszusammensetzung wird im folgenden noch die Rede sein.

Je nach Art des Brennstoffes und der Durchsatzleistung[1] (4 bis 40 t/24 h oder 100 bis 240 kg/m²h bei größeren Generatoren) kleidet man den Schacht vollständig mit Schamottemauerwerk aus oder versieht ihn in seinem heißeren unteren Teil mit einem Wassermantel, in dem Wasserdampf erzeugt werden kann (sog. Heißkühlung).

41. Vergasung von reinem Kohlenstoff.

Um den Einfluß der Trocknungsschwaden und der Entgasungsstoffe auf die Gaszusammensetzung auszuschalten, sollen zunächst die Umsetzungen von reinem Kohlenstoff betrachtet werden. Praktisch kommt die Vergasung von trockenem Zechen- und Gaskoks, die fast frei von flüchtigen Bestandteilen sind, indem sie in der brennbaren Substanz zu 96 vH und mehr aus Kohlenstoff bestehen, diesem theoretischen Prozeß sehr nahe, was in etwa auch bei der Vergasung von Holzkohle zutrifft.

Wenn man zunächst einmal annimmt, daß die chemischen Reaktionen uneingeschränkt in der gewünschten Richtung und hinreichend schnell verlaufen, so sind für die Berechnung der Umsetzung die Gesetze

[1] Festrostgaserzeuger leisten etwa ²/₃ von dem der Drehrostgaserzeuger.

von der Erhaltung der Masse (Stoffbilanz) und von der Erhaltung der Energie (Energiebilanz, 1. Hauptsatz) allein maßgebend. Über den Einfluß von Druck und Temperatur auf die (natürliche) Richtung des Vorganges (2. Hauptsatz) und den Umfang der Reaktionen unterrichtet der folgende Abschnitt 43.

Nach den Ausführungen über die Gesetzmäßigkeiten bei der Verbrennung in den Abschnitten 88 und 91 sowie nach Zahlentafel XXI von Teil A gilt für die *vollständige Verbrennung* von Kohlenstoff im Sauerstoffstrom

$$1\,\text{kmol C} + 1\,\text{kmol O}_2 = 1\,\text{kmol CO}_2 + 97000\,\text{kcal}.$$

Der Zusatz von 97000 kcal bedeutet, daß bei der Umsetzung von 1 kmol = 12 kg Kohlenstoff C eine Wärmemenge von 97000 kcal entbunden wird. Auf 1 kg C abgestellt lautet die Beziehung

$$\boxed{1\,\text{kg C} + 1{,}867\,\text{Nm}^3\,\text{O}_2 = 1{,}867\,\text{Nm}^3\,\text{CO}_2 + 8080\,\text{kcal}}\,. \quad (144)$$

Für den allgemeineren Fall, daß der Kohlenstoff mangels Sauerstoff unvollständig verbrannt wird, gelten die stöchiometrischen Beziehungen

$$1\,\text{kmol C} + \tfrac{1}{2}\,\text{kmol O}_2 = 1\,\text{kmol CO} + 29300\,\text{kcal}$$

oder

$$\boxed{1\,\text{kg C} + 0{,}934\,\text{Nm}^3\,\text{O}_2 = 1{,}867\,\text{Nm}^3\,\text{CO} + 2440\,\text{kcal}}\,. \quad (145)$$

Der Heizwert von 1 Nm^3 CO ist 3020 kcal. Wenn das Abgas von 1 kg C anstatt 1,867 Nm^3 CO_2 die gleiche Menge an CO enthält, so werden $8080 - 2440 = 1{,}867 \cdot 3020 = 5640$ kcal, also rund 70 vH weniger Wärme frei. Diese 5640 kcal bleiben als gebundene Wärme oder Heizwert im Abgas. Mit 3020 kcal/Nm^3 ist gleichzeitig die oberste Heizwertgrenze für derartige Generatorgase beschrieben.

Man bezeichnet das Verhältnis vom Heizwert im Gas (0° C, 760 Torr) zum Brennstoffheizwert als *Umwandlungszahl* η. Wenn V die Gasausbeute je kg Brennstoff und H_o den oberen Heizwert des Gases bedeutet, so gilt für die Umsetzung des reinen Kohlenstoffs mit Heizwert H

$$\boxed{\eta = \frac{V H_o}{H} = \frac{1{,}867 \cdot 3020}{8080} = 0{,}698 \approx 0{,}70}\,. \quad (146)$$

Da der Kohlenstoff vollständig im Verbrennungsgas enthalten ist, muß das Gas auch mit der gesamten Verbrennungswärme beladen sein, d. h. der Unterschied von $8080 - 5640 = 2440$ kcal/kg oder rund 30 vH der Verbrennungswärme findet sich als fühlbare Wärme des Gases wieder.

Vergasung mit Luft. Beim wirklichen Generatorprozeß wird nicht Sauerstoff, sondern Luft zur Umsetzung zugeführt. Die Vergasung mit Sauerstoff oder mit Sauerstoffzusatz zu Luft wendet man nur gelegentlich an, wenn Sauerstoff als Nebenerzeugnis zur Verfügung steht, wie im Anschluß an die Stickstoffgewinnung aus flüssiger Luft.

Bei Vergasung mit Luft hat man $L = O_2/0{,}21$ Nm³ an Stelle von O_2 Nm³ einzuleiten. Die Verbrennungsgleichungen heißen dann

$$1\,\text{kg}\,C + \frac{0{,}934}{0{,}21}\,\text{Nm}^3\,\text{Luft} = 1{,}867\,\text{Nm}^3\,CO + \frac{0{,}79}{0{,}21}\,0{,}934\,\text{Nm}^3\,N_2 + 2440\,\text{kcal}$$

oder

$$\boxed{1\,\text{kg}\,C + 4{,}445\,\text{Nm}^3\,\text{Luft} = 1{,}867\,\text{Nm}^3\,CO + 3{,}512\,\text{Nm}^3\,N_2 + 2440\,\text{kcal}} \qquad (147)$$

$$= 5{,}379\,\text{Nm}^3\,\text{Gas} + 2440\,\text{kcal}\,,$$

d. h. 1 kg Kohlenstoff gibt unter Zufuhr von 4,445 Nm³ Luft 5,379 Nm³ *theoretisches Luftgas*. Sowohl die gebundene als auch die fühlbare Wärme sind jetzt auf eine größere Gasmenge umzulegen. Der Heizwert ist nur mehr 5640/5,379 = 1050 kcal/Nm³ an Stelle von 3020 kcal/Nm³. Das theoretische Luftgas hat eine räumliche Zusammensetzung von rund $^1/_3$ CO und $^2/_3$ N_2, nämlich

$$CO = 100 \cdot 1{,}867/5{,}379 = 34{,}7\,\text{vH}$$

und

$$N_2 = 100 \cdot 3{,}512/5{,}379 = 65{,}3\,\text{vH}\,.$$

Es hat wiederum 2440 kcal an fühlbarer Wärme aufgespeichert, die sich aber auf den Luftstickstoff mit verteilen. Das Sauerstoffgas wäre, abgesehen von Dissoziationserscheinungen über 3000° C, warm, während theoretisches Luftgas zwischen 0° C und etwas über 1300° schon die 2440/5,379 = 454 kcal/Nm³ aufgenommen hat.

Zusatz von Wasser bei der Vergasung. Aus Gründen, die noch erläutert werden, geht die fühlbare Wärme des Generatorgases im allgemeinen durch Verteilung verloren. Es kommt darauf an, einen möglichst großen Teil der Verbrennungswärme des Kohlenstoffs im Generatorgas zu binden. Beim Zumischen von Wasserdampf zur Entgasungsluft erreicht man nicht nur eine Kühlung der Apparatur, sondern auch eine Bindung von fühlbarer Wärme.

Wenn Wasserdampf mit glühendem Kohlenstoff in Berührung kommt, so ergeht es ihm wie Kohlendioxyd. Der Wasserdampf wird unter Wärmebindung in Wasserstoff und Sauerstoff aufgespalten, und der Kohlenstoff vereinigt sich spontan mit dem Sauerstoff zu Kohlenoxyd. Die stöchiometrischen Beziehungen für den Zersetzungsvorgang lauten folgendermaßen:

$$1\,\text{kmol}\,H_2O = 1\,\text{kmol}\,H_2 + \tfrac{1}{2}\,\text{kmol}\,O_2 - 57590\,\text{kcal}$$

oder

$$\boxed{1\,\text{Nm}^3\,H_2O = 1\,\text{Nm}^3\,H_2 + \tfrac{1}{2}\,\text{Nm}^3\,O_2 - 2570\,\text{kcal}}\,. \qquad (148)$$

Der Zerfall des Wasserdampfes und die Reduktion des Kohlendioxyds spielen sich in derselben Temperaturhöhe ab. Im Wärmeaufwand von 2570 kcal/Nm³ ist kein Betrag für die fühlbare Wärme enthalten, d. h. die Spaltungsendstoffe H_2 und O_2 sind auf Dampftemperatur zurückgekühlt anzunehmen.

Man bezeichnet ein solches Gas, bei dem neben Luft noch Wasserdampf eingeleitet wird, als *Mischgas*. Die Dampfzufuhr ist begrenzt. Theoretisch kann man bestenfalls die gesamte fühlbare Wärme des Luftgases binden. Würde man das Mischgas mit der Dampftemperatur von etwa 100° C abziehen, so würden 2440 – 5,379 · 0,311 · 100 = 2273 kcal durch Wasserdampfspaltung zu binden sein, was 2273/2570 = 0,885 Nm^3 Dampf je kg C bedeutet.

Die Kühlung des Schachtes mit einem Wassermantel ist besonders wirksam, wenn man das Kühlwasser verdampft. Zur guten Ausnutzung des Temperaturgefälles (in der Brennzone herrschen rund 1000° C) wird man Dampf mit hohem Druck erzeugen und zur Vergasung minderwertigen Niederdruckdampf heranführen. Man kann aber auch den Manteldampf unmittelbar zur Entgasungsluft mischen, und man kann es so einrichten, daß gerade so viel Wasser verdampft wird, wie zum Dampfen notwendig ist. Praktisch ist man meist gehalten, mehr Manteldampf zu erzeugen.

Die fühlbare Wärme des Generatorgases wird bei der Mantelkühlung mit zum Anwärmen und Verdampfen des Kühlwassers herangezogen. In der Wärmerechnung hat das dieselbe Wirkung, als wenn man flüssiges Wasser mit der Entgasungsluft einspritzte. Im Grenzfall, wenn das Kühlwasser mit 0° C zugeführt wird und das Mischgas bei 0° C abgezogen wird, also keine fühlbare Wärme (gegen 0° C) mehr enthält, ist die Verdampfungswärme von 480 kcal/Nm^3 aufzuwenden und werden in (148) nicht 2570, sondern 2570 + 480 = 3050 kcal gebunden, also die dem oberen Heizwert von Wasserstoff entsprechende Menge.

Rechnerisch 1 Nm^3 Wasserdampf wiegt 18/22,4 = 0,804 kg. Mithin beträgt der größte Zusatz an flüssigem Wasser

$$\frac{2440}{3050}\,0{,}804 = 0{,}64\ \text{kg} \tag{149}$$

je kg C. Wenn man das Mischgas bei höheren Temperaturen als 0° C abzieht, wie es praktisch der Fall sein muß, kann man nicht soviel Wasserdampf zersetzen. Andererseits ist zu berücksichtigen, daß nur dann 2440 kcal/kg C fühlbare Wärme anfallen, wenn alles CO_2 zu CO reduziert wird. Ist die Reduktion unvollständig, so wird eine größere Wärmemenge frei und kann wiederum mehr Wasser zersetzt werden.

Im allgemeinen ist die *räumliche Zusammensetzung* des Mischgases

$$\boxed{CO + H_2 + CO_2 + N_2 = 1}\,, \tag{150}$$

wobei die Symbole gleichzeitig Raumanteile bedeuten. Die theoretische Zusammensetzung der verschiedenartigen Mischgase läßt sich in einfacher Weise aus der Sauerstoffbilanz berechnen. Der Stickstoffanteil N_2 im Gas besagt, daß mit der Vergasungsluft

$$\frac{21}{79}\,N_2\ Nm^3\ O_2/Nm^3\ \text{Gas}$$

zugeführt worden sein müssen. Wenn H_2 Anteile Wasserstoff im Gas sind, so bedeutet das:

$$\tfrac{1}{2}\,H_2\ \mathrm{Nm^3}\ O_2/\mathrm{Nm^3}\ \mathrm{Gas}$$

stammen aus dem Wasserzusatz. Da im Endgas

$$\tfrac{1}{2}\,CO + CO_2\ \mathrm{Nm^3}\ O_2/\mathrm{Nm^3}\ \mathrm{Gas}$$

vorhanden sind, ergibt sich die *Bilanz*

$$\boxed{\frac{21}{79}N_2 + \frac{1}{2}H_2 = \frac{1}{2}CO + CO_2}\,. \tag{151}$$

Um auf die Gasausbeute je kg C zu kommen, muß man bedenken, daß bei der unvollständigen Verbrennung von 1 kg C

$$V = \frac{1{,}867}{CO + CO_2}\ \mathrm{Nm^3\ Gas}$$

entstehen; siehe Abschnitt 90a, Teil A. Der *Heizwert* des Mischgases mit der Zusammensetzung nach (150) ist

$$H_o = 3020\,CO + 3050\,H_2$$

oder rund

$$\boxed{H_o = 3035\,(CO + H_2)} \tag{152}$$

oder

$$H_u = 3020\,CO + 2570\,H_2$$

in kcal/Nm³. Man erhält damit für die *Umwandlungszahl* analog (146) die Beziehung

$$\eta = V\frac{H_o}{H} = \frac{1{,}867\cdot 3035\,(CO + H_2)}{(CO + CO_2)\,8080}$$

oder

$$\boxed{\eta = 0{,}70\,\frac{CO + H_2}{CO + CO_2}}\,. \tag{153}$$

Im Idealfall, wenn alle fühlbare Wärme gebunden wird und $CO_2 = 0$ ist (theoretisches Mischgas), ist $\eta = 1$. Seine Zusammensetzung ist mit

$$CO = 0{,}40 \qquad H_2 = 0{,}17 \qquad CO_2 = 0 \qquad N_2 = 0{,}43$$

wesentlich günstiger als die des theoretischen Luftgases mit $CO = 0{,}347$ und $N_2 = 0{,}653$, also mit 0,57 gegenüber 0,35 an brennbarem Anteil. CO, H_2 und N_2 können mit den Gleichungen (150), (151) und (153) berechnet werden. Der Heizwert ergibt sich zu $H_o = 3035 \cdot 0{,}57 = 1730$ kcal/Nm³.

Die entwickelten Gleichungen gelten für Mischgase allgemein, auch für den Fall des theoretischen Luftgases ohne Gehalt an Wasserstoff. Die zur Erzeugung von 1 Nm³ Gas nötige Luftmenge ist

$$L = N_2/0{,}79 \tag{154}$$

in Nm^3, der Bedarf an Kohlenstoff ist

$$C = \frac{12}{22,4}(CO + CO_2) = 0,535\,(CO + CO_2), \tag{155}$$

und an Wasser wird benötigt

$$W = \frac{18}{22,4}\,H_2 = 0,804\,H_2 \tag{156}$$

je in kg.

Aus praktischen Gründen ist es wünschenswert, die Gasanteile zum Kohlendioxydgehalt CO_2 und zur Umwandlungszahl η einfach berechnen zu können. Von MOLLIER wurden folgende Formeln angegeben, die aus den Grundgleichungen (150), (151) und (153) nach einiger Umrechnung hervorgehen[1]:

$$\left.\begin{aligned}
&\text{a) an brennbaren Gasen} && H_2 + CO = \frac{8}{7}\,\frac{\eta}{3-\eta}\,(1 - CO_2)\,,\\
&\text{b) an Kohlenstoffoxyden} && CO + CO_2 = \frac{0,8}{3-\eta}\,(1 - CO_2)\,,\\
&\text{c) an Stickstoff} && N_2 = \frac{15}{7}\,\frac{1,4-\eta}{3-\eta}\,(1 - CO_2)\,,\\
&\text{d) an Wasserstoff}^{2} && H_2 = \frac{8}{7}\,\frac{\eta-0,7}{3-\eta}\,(1 - CO_2) + CO_2\,.
\end{aligned}\right\} \tag{157}$$

Der Luftbedarf in Nm^3 je kg Kohlenstoff wird dann zu

$$\frac{L}{C} = \frac{N_2}{0,79}\,\frac{1}{0,535\,(CO + CO_2)} = \frac{19}{3}\,(1,4 - \eta)\,. \tag{158}$$

---

[1] R. MOLLIER, Gleichungen und Diagramme zu den Vorgängen im Gasgenerator. Z. VDI Bd. 51 (1907) S. 532ff.

[2] Die Gl. (157) sind mit der Näherung

$$0,21 \approx 4/19 \quad \text{und} \quad 0,79 \approx 15/19$$

gebildet. Sie lassen sich umformen in

$$\begin{aligned}
38\,CO_2 + 23\,CO &= 7\,H_2 + 8\\
45\,CO_2 + 30\,CO + 7\,N_2 &= 15\\
45\,H_2 + 15\,CO + 38\,N_2 &= 30\\
30\,H_2 + 23\,N_2 &= 15\,CO_2 + 15
\end{aligned}$$

Siehe R. MOLLIER und F. MERKEL: Wärme. Hütte, des Ingenieurs Taschenbuch, I. Teil, S. 580. Berlin 1931. — Über die Vorgänge in Generatoren und ihre rechnerische Erfassung sind in neuerer Zeit zahlreiche Veröffentlichungen erschienen. In diesem Abschnitt soll nur von den grundsätzlichen Zusammenhängen die Rede sein. Vgl. hierzu auch W. GUMZ: Kurzes Handbuch der Brennstoff- und Feuerungstechnik, mit zahlreichen Literaturangaben. Berlin 1942. Vgl. ferner: „Braunkohlen-Anhaltszahlen", herausgegeben vom Rheinischen Braunkohlensyndikat, Köln, über Gaserzeuger, sowie Ruhrkohlenhandbuch, herausgegeben vom Rheinisch-Westfälischen Kohlensyndikat, über Vergasung von Ruhrbrennstoffen. Ferner: Regeln für Abnahmeversuche an Verbrennungsmotoren und Gaserzeugern einschließlich ihrer Abwärmeverwerter (DIN 1950).

Für Luftgas im besonderen mit $H_2 = 0$ ergeben sich die einfachen Beziehungen

$$\left.\begin{aligned} CO = 1{,}652\,(0{,}21 - CO_2) \qquad N_2 = 0{,}652\,(1 + CO_2) \\ \eta = 0{,}7\,\frac{0{,}21 - CO_2}{0{,}21 - 0{,}395\,CO_2} \end{aligned}\right\} \tag{159}$$

Wenn $\eta < 1$ ist, ist die fühlbare Wärme $Q > 0$, nämlich

$$Q = (1 - \eta)\,\frac{8080}{V}$$

in kcal/Nm³ oder

$$Q = \left[1 - 0{,}7\,\frac{CO + H_2}{CO + CO_2}\right]\frac{8080\,(CO + CO_2)}{1{,}867}$$

$$\boxed{Q = 4330\,(CO_2 + CO) - 3035\,(CO + H_2)} \tag{160}$$

mit (153). Die fühlbare Wärme wird vornehmlich durch den CO_2-Gehalt erhöht und durch den H_2-Gehalt erniedrigt. Der CO-Gehalt wirkt in geringerem Maße auf eine Erhöhung hin. Die Umwandlungszahl η ist fernerhin *Generatorwirkungsgrad* genannt. Sie gibt den Wirkungsgrad bei der Umwandlung von chemischer Energie im Kohlenstoff (bzw. im Brennstoff) zu chemischer Energie im Gas, also der Umsetzung von gebundener Energie in gebundene Energie an.

Wassergas. Wenn man mehr Wasser zuführt, als zur Bindung der fühlbaren Wärme nötig ist, also den Wirkungsgrad $\eta > 1$ werden läßt, erlischt der Generator. Um ein noch besseres Gas als das theoretische Mischgas auszubringen, muß man den Generator zusätzlich beheizen. Man kann aber auch im intermittierenden Betrieb arbeiten. Hierbei erhitzt man zunächst durch *Heißblasen* den Kohlenstoff mittels reichlicher Luftzufuhr zu heller Glut. Dabei wird ein CO-armes minderwertiges Gas erzeugt, das man abläßt oder für sich auffängt. In der Heißblaseperiode ist $\eta \ll 1$. Dann stellt man um und leitet Wasserdampf und Luft oder Wasserdampf ein (*Kaltblaseperiode*) bei $\eta > 1$, bis die Temperatur so weit abgesunken ist, daß die Reaktionsgeschwindigkeit zu klein wird. An das Kaltblasen (etwa 2—3 Minuten) schließt sich dann wieder das Heißblasen (etwa 1 Minute) an. Geblasen wird mit großer Luftgeschwindigkeit, während beim Gasen mit geringer Dampfgeschwindigkeit gearbeitet wird.

Das hochwertigste Gas erzielt man, wenn nur mit Wasserdampf kaltgeblasen wird. Die Perioden müssen dann entsprechend schnell aufeinanderfolgen bei hohem Kohlenstoffumsatz. Theoretisch ist dabei $CO_2 = 0$ und $N_2 = 0$. Reines Wassergas dieser Art besteht nach (151) aus

$$CO = 0{,}50 \qquad \text{und} \qquad H_2 = 0{,}50$$

mit einem oberen Heizwert von $H_o = 3035$ kcal/Nm³.

Wie man sich an (153) überzeugen kann, wird der Wirkungsgrad η für alle Wassergase ($N_2 = 0$) zu $\eta = 1{,}40$. Das bedeutet, daß dem Generator bei kontinuierlicher Betriebsweise 40 vH der Wärme des umgesetzten Kohlenstoffs noch von außen zugeführt werden müssen oder daß während der Heißblaseperiode 40 vH des Kokses zu verbrennen sind. Für Wassergas gilt einfach

$$H_2 = 0{,}5\,(1 + CO_2) \quad \text{und} \quad CO = 0{,}5\,(1 - 3\,CO_2) \qquad (161)$$

aus den Grundgleichungen für $N_2 = 0$.

Diagramme für Generatorgas. Die mögliche Zusammensetzung sowie Wirkungsgrad und Heizwert und, wenn man will, auch die fühlbare Wärme lassen sich aus einem Diagramm ablesen, in dem am besten der Wasserstoffgehalt über dem Gehalt an Kohlenoxyd aufgetragen wird; siehe hierzu Abb. 128. Die Zusammensetzung aller Luftgase wird durch die Abszisse $H_2 = 0$ dargestellt. Aus (150) und (151) erhält man für $H_2 = 0$ die Beziehung

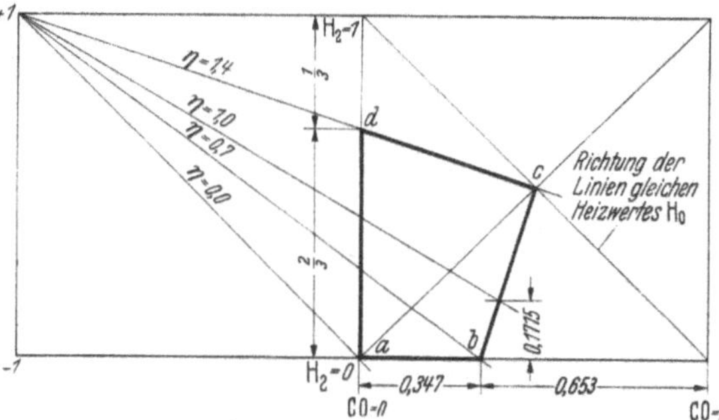

Abb. 128. Grundlinien zum Zeichnen des Generatorgasdiagrammes nach J. HOFFMANN, Journ. f. Gasbel. u. Wasservers. 1916, S. 189.

$$2\,CO + 3\,CO_2 + 0{,}468\,N_2 = 1. \qquad (162)$$

Wählt man darin zwei Größen, so ist auch die dritte festgelegt. Dabei ist $CO_{max} = 0{,}347$ bei $N_2 = 0{,}653$ und $CO_2 = 0$ (Eckpunkt *b*). Wenn $CO = 0$ ist, so ist $CO_{2\,max} = 0{,}21$ und $N_2 = 0{,}79$ (Eckpunkt *a*).

Alle Mischgase mit $CO_2 = 0$ folgen der linearen Beziehung

$$0{,}5\,CO + 1{,}5\,H_2 + 1{,}266\,N_2 = 1 \qquad (163)$$

und werden ebenfalls durch eine Gerade dargestellt. H_2 und CO nehmen die größten Werte an, wenn N_2 auch $= 0$ ist, nämlich bei Wassergas mit $CO = 0{,}5$ und $H_2 = 0{,}5$. Die Gerade endet in diesem Eckpunkt *c*. Zu zwei Werten liegt wieder der dritte fest.

Ebenso kann man auch unter der Bedingung verfahren, daß N_2 oder $CO = 0$ ist. Sind beide Null, so ergibt sich der vierte Eckpunkt *d* zu $H_2 = {}^2/_3$ und $CO_2 = {}^1/_3$. Aus den beiden Gleichungen (162) und (163) geht aber auch hervor, daß alle Linien $CO_2 =$ konst. und $N_2 =$ konst. ebenso wie die für $CO =$ konst. und $H_2 =$ konst. Parallele sein müssen. Das vervollständigte Diagramm ist in Abb. 129 wiedergegeben. Außerhalb des Linienzuges *abcd* gibt es keine Gaszusammensetzung, weil dabei mindestens einer der Gasanteile negativ sein müßte, was ohne Sinn ist.

Die Linien gleichen Wirkungsgrades η lassen sich mit (153) zeichnen. Für einen bestimmten CO_2-Gehalt (0,0; 0,1; 0,2) sind auch die Punkte $\eta = 0{,}1$; 0,2; 0,3 usw. bestimmt. (153) ist die Gleichung eines Strahlenbüschels, ausgehend vom Punkt $CO = -1$ und $H_2 = +1$. Bei $CO = 0$ und $H_2 = 0$, keine Wärmebindung, ist $\eta = 0$. Im Eckpunkt *c* bei $CO = H_2 = 0{,}5$ und $CO_2 = N_2 = 0$ ist $\eta = 1{,}4$. Dasselbe ist im Eckpunkt d bei $CO = 0$ und $H_2 = 2/3$ sowie $CO_2 = 1/3$ der Fall. Im Eckpunkt b ist $\eta = 0,7$.

Schließlich sind noch Linien gleichen oberen Heizwertes nach (152) eingetragen, die durch Parallele unter $-45°$ dargestellt werden. Für den Eckpunkt a findet man $H_o = 0$ und als Höchstwert für den Eckpunkt c, reines Wassergas, $H_o = 3035$ kcal/Nm³.

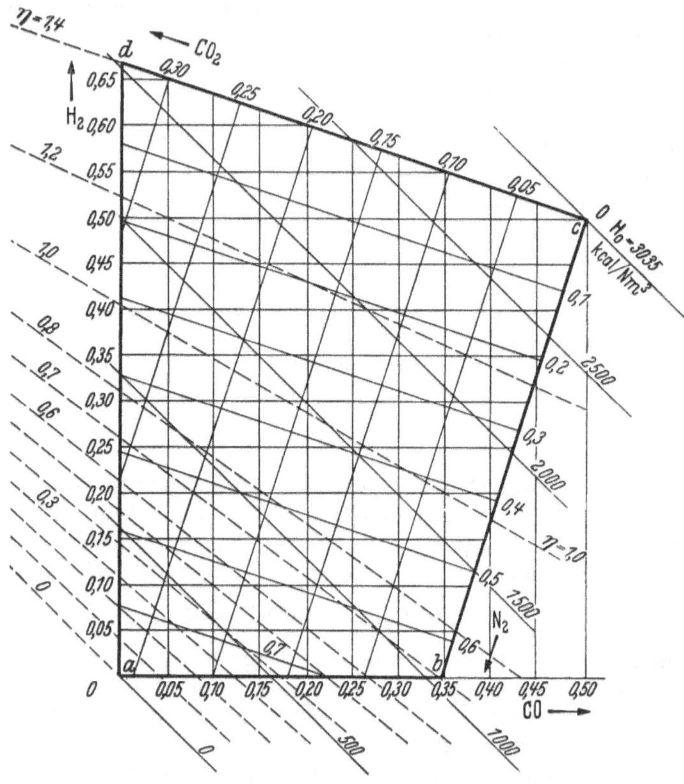

Abb. 129. HOFFMANNsches Generatorgasdiagramm für die Vergasung von reinem Kohlenstoff mit Luft und Wasserdampf (dem Kühlmantel als flüssiges Wasser zugeführt).

Das Diagrammfeld wird durch die Linie $\eta = 1$ geteilt, die zum theoretischen Mischgas gehört, bei dem die fühlbare Wärme Null ist. Unterhalb $\eta = 1$ liegt das Gebiet der kontinuierlichen Vergasungsprozesse und oberhalb davon das der periodischen Prozesse mit abwechselndem Heiß- und Kaltblasen (oder mit Wärmezufuhr). Man kann also nicht sagen, daß der CO_2-Gehalt im Gas ein Maß für die fühlbare Wärme abgibt und dadurch Wirkungsgrad und Heizwert bestimmt sind. Ein bestimmter Heizwert läßt sich sowohl mit größerem als auch mit geringerem CO_2-Gehalt erblasen. Um ein heizkräftiges Gas zu gewinnen, ist der Gehalt an Kohlenoxyd und Wasserstoff so hoch wie möglich einzustellen.

Trägt man die Zusammensetzung des Gases übereinander auf, so erhält man die erstmals von MOLLIER[1] angegebenen Diagramme Abb. 130 für Luftgas, Abb. 131 für Wassergas $\eta = 1,4$ und Abb. 133 für Mischgas $\eta = 1$. Man trägt die Gaszusammensetzung über dem CO_2-Gehalt auf.

Das beste *Luftgas* besteht aus 0,347 CO und 0,653 N_2, wobei $CO_2 = 0$ ist. Das ärmste Luftgas hat 0,21 CO_2 und 0,79 N_2 (vollkommene Verbrennung, Heizwert = 0). Die Gaszusammensetzung ändert sich linear mit der Änderung eines seiner Bestandteile. Ein Luftgas mit 10 vH CO_2 enthält z. B. 18,2 vH CO und 71,8 vH N_2, zusammen 100 vH.

Wassergas hat im besten Falle die Zusammensetzung $0,5\,CO + 0,5\,H_2$, im ungünstigsten Falle 0,67 H_2 und 0,33 CO_2 bei $N_2 = 0$. Siehe hierzu Abb. 131. Demnach ist ein Wassergas mit 10 vH CO_2 z. B. zusammengesetzt mit 55 vH H_2 und 35 vH CO. Den Generatorwirkungsgrad η kann man aus dem Gasdiagramm nach folgender Überlegung abgreifen: Nach (153) ist für CO = 0

$$\frac{\eta}{0,70} = \frac{H_2}{CO_2}.$$

Man zieht einen Strahl vom Ursprung aus durch den

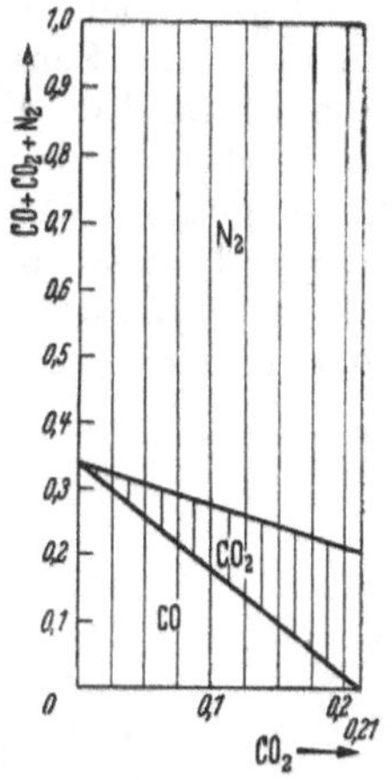

Abb. 130. MOLLIERsches Diagramm für Luftgas aus reinem Kohlenstoff.

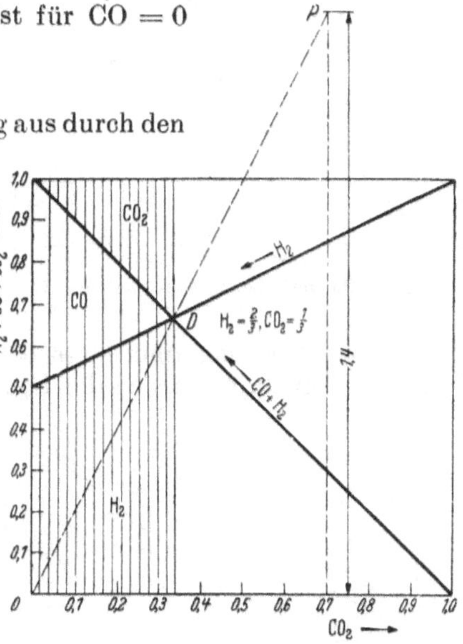

Abb. 131. MOLLIERsches Diagramm für Wassergas ($\eta = 1,4$) aus reinem Kohlenstoff.

Punkt D, der die Senkrechte durch $CO_2 = 0,70$ im Punkt P schneidet. η wird dann dem Werte nach durch den Abstand des Punktes P von der CO_2-Achse angegeben. Der η-Strahl schneidet die Senkrechte durch 0,7 bei 1,4. Die Zusammensetzung des Wassergases $\eta = 1,4$ ist auch aus Abb. 132 ersichtlich, ebenfalls der Bedarf an Wasser bzw. Wasserdampf. Danach hat z. B. ein Wassergas mit $H_0 = 2500$ kcal/Nm³ einen Gehalt von CO = 0,23 und $H_2 = 0,59$ sowie $CO_2 = 0,18$. Sein Dampfbedarf ist 0,475 kg/Nm³. Am einfachsten kann der CO_2-Gehalt eines Gasgemisches festgestellt werden, indem man eine Gasprobe mit einer starken Lauge

[1] MOLLIER, R.: Zit. S. 575. Z. VDI 1907, S. 532ff.

(z. B. KOH) wäscht und den absorbierten Anteil bestimmt (Gasanalyse mit Orsatapparat). Mit dem Diagramm Abb. 132 kann man dann die anderen Werte sofort angeben.

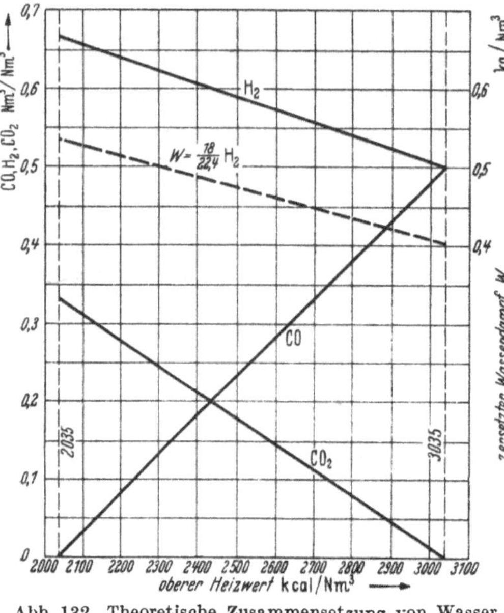

Abb. 132. Theoretische Zusammensetzung von Wassergas (η = 1,4).

Theoretisches Mischgas mit $\eta = 1$ (keine fühlbare Wärme) hat bei $CO_2 = 0$ einen Gehalt von 0,17 H_2, 0,40 CO und 0,43 N_2. Wenn CO = 0 ist, dann ist H_2 = 0,40, N_2 = 0,31 und CO_2 = 0,29. Die Linie CO + H_2 schwenkt etwas weniger auf als beim Wassergas (siehe Abb. 133). Sie geht durch den Schnittpunkt *E* der Verbindung zwischen Punkt *D* (H_2 = 0,667 und durch CO_2 = 0,333) und dem Punkt *F* (CO_2 = 0,21 und N_2 = 0,79). Der η-Strahl schneidet die Senkrechte durch 0,7 bei 1,0. Mit den schraffierten Feldern sind alle möglichen Mischgase mit $\eta = 1$ angegeben.

Ein Mischgasdiagramm für η = 0,6 z. B. ist in Abb. 134 dargestellt. Punkt *E* liegt dort, wo sich die Linien zwischen *D* und *F* sowie *P* und

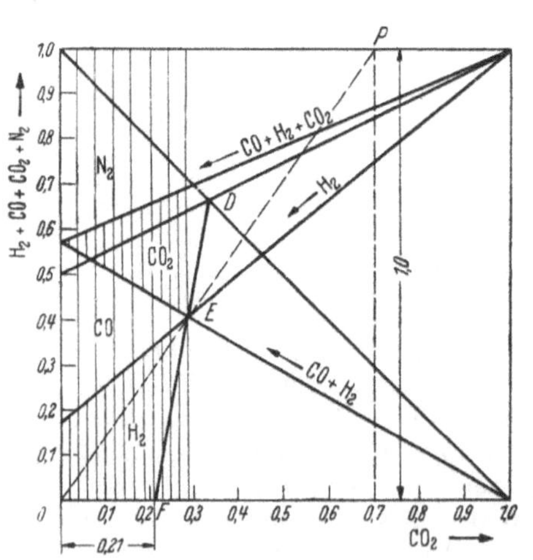

Abb. 133. MOLLIERsches Diagramm für theoretisches Mischgas (η = 1) aus reinem Kohlenstoff.

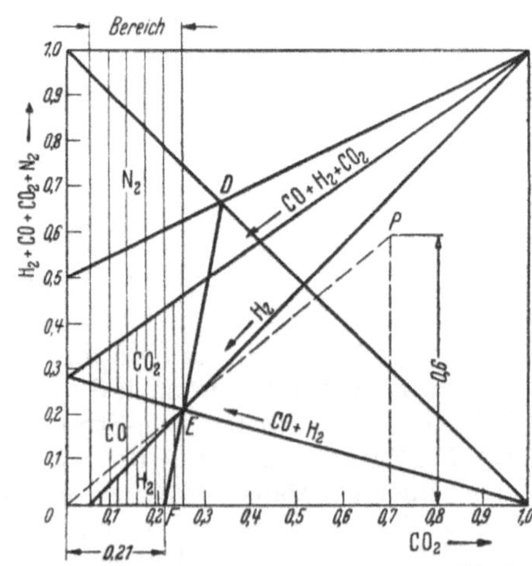

Abb. 134. MOLLIERsches Diagramm für Mischgase (η = 0,6) aus reinem Kohlenstoff.

dem Ursprung schneiden. Damit ergeben sich die Linie CO + H_2 und die anderen beiden Begrenzungslinien. Da H_2 keine negativen Werte annehmen kann, ist das Diagramm nur ab $CO_2 = 0,05$ gültig, wovon man sich leicht durch Vergleich mit Abb. 129 überzeugen kann. Die Linie $CO + H_2$ steigt proportional zum Heizwert an. Das hochwertigste Mischgas mit $\eta = 0,6$ hat rund 0,27 CO und 0,05 CO_2 sowie 0,68 N_2.

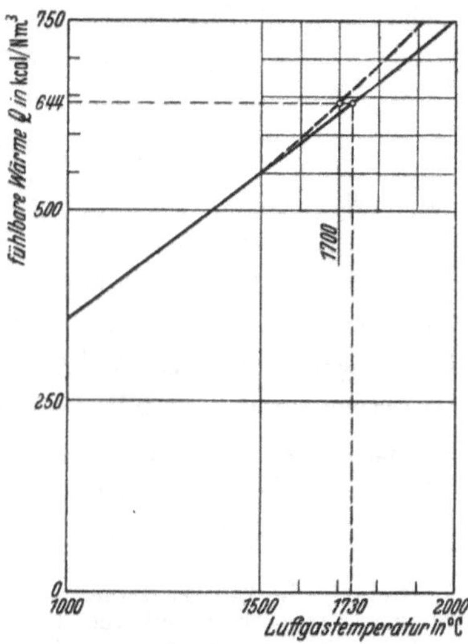

Abb. 135. Zu Beispiel 1, S. 581.

Beispiel 1. Wie ist ein Luftgas zusammengesetzt, das 20,4 vH CO enthält? Welchen Heizwert hat es und wie groß ist seine fühlbare Wärme? Wieviel Gas fällt je kg Koks mit 97 vH Kohlenstoffgehalt an und wie hoch ist der Wirkungsgrad der Umsetzung? Mit welcher Temperatur zieht das Luftgas ab?

$$CO = 0,204; \qquad H_2 = 0.$$

$$CO_2 + N_2 = 0,796;$$

$$\frac{21}{79} N_2 = 0,102 + CO_2.$$

Daraus $CO_2 = 0,087$ und $N_2 = 0,709$.

$$H_o = H_u = 0,204 \cdot 3020 = 616 \text{ kcal/Nm}^3;$$

$$Q = 4330\,(0,087 + 0,204) - 3020 \cdot 0,204 = 644 \text{ kcal/Nm}^3.$$

Die Kohlenstoffwärme ist etwa zur Hälfte gebunden und zur Hälfte fühlbar im Gas.

$$V = \frac{1,867\,c}{CO + CO_2} = \frac{1,867 \cdot 0,97}{0,204 + 0,087} = 6,22 \text{ Nm}^3\text{/kg Koks} \quad \text{mit} \quad c = 0,97 \text{ kg/kg}.$$

Es ist $8080 \cdot 0,97 = 6,22\,(616 + 644) = 7840$ kcal/kg Koks.

$$\eta = \frac{V H_o}{H} = \frac{6,22 \cdot 616}{7840} = 0,49.$$

Die Temperatur wird zweckmäßig zeichnerisch ermittelt. Man trägt die fühlbare Wärme in kcal/Nm³

$$\left\{CO\,[C_{pm\,CO}]_0^t + CO_2\,[C_{pm\,CO_2}]_0^t + N_2\,[C_{pm\,N_2}]_0^t\right\} t = Q$$

für verschiedene Temperaturen t über t auf. Zu $Q = 644$ kcal/Nm³ liest man in Abb. 135 die Temperatur $t = 1730\,°C$ ab, allerdings ohne Rücksicht auf Dissoziation des Kohlendioxyds (gestrichelte Linie).

Beispiel 2. Es wird ein Luftgas mit 12 vH CO_2 erblasen. Welches ist Zusammensetzung, Heizwert, Wirkungsgrad und fühlbare Wärme? Wie groß ist die Luftzufuhr je Nm³ Gas und je kg Kohlenstoff?

(159) $CO = 1,652 \cdot 0,09 = 0,149; \qquad N_2 = 0,652 \cdot 1,12 = 0,731;$

$$\eta = 0,7 \frac{0,09}{0,21 - 0,395 \cdot 0,12} = 0,388;$$

(154) $L = 0,731/0,79 = 0,926 \text{ Nm}^3\text{/Nm}^3;$

(158) $L/C = 19\,(1,4 - 0,388)/3 = 6,41 \text{ Nm}^3\text{/kg};$

$$H_o = 3035 \cdot 0,149 = 452 \text{ kcal/Nm}^3;$$

$$Q = 4330 \cdot 0,269 - 452 = 713 \text{ kcal/Nm}^3.$$

Beispiel 3. Bei einem Mischgasprozeß wird 8 vH CO_2 gefunden. Welches ist die Gaszusammensetzung bei $\eta = 80$ vH Wirkungsgrad und wie groß sind der obere und der untere Heizwert des Gases? Wieviel Luft und Wasser sind dem Generator je kg Kohlenstoffgehalt des Kokses zuzuführen und wieviel Gas fällt je kg Kohlenstoff an?

$CO_2 = 0{,}080$; $\eta = 0{,}80$; $CO + H_2 + N_2 = 0{,}920$; $0{,}266\,N_2 + 0{,}5\,H_2 = 0{,}5\,CO + 0{,}080$; $0{,}80 = 0{,}70\,(CO + H_2)/(CO + 0{,}080)$. Aus diesen drei Gleichungen findet man $CO = 0{,}254$; $H_2 = 0{,}128$ und $N_2 = 0{,}538$. Oder

$$(157)\quad H_2 = \frac{8}{7}\,\frac{0{,}1}{2{,}2}\,0{,}92 + 0{,}08 = 0{,}128;$$

$$CO + H_2 = \frac{8}{7}\,\frac{0{,}8}{2{,}2}\,0{,}92 = 0{,}382; \qquad CO = 0{,}254;$$

damit $N_2 = 0{,}538$.

$$H_o = 3035\,(0{,}254 + 0{,}128) = 1160\ \text{kcal/Nm}^3;$$

$$H_u = H_o - 480\,H_2 = 1160 - 480 \cdot 0{,}128 = 1099\ \text{kcal/Nm}^3.$$

Gasmenge: $V = 1{,}867/(CO + CO_2) = 1{,}867/(0{,}254 + 0{,}080) = 5{,}59\ \text{Nm}^3/\text{kg C}$;

Luftmenge: $L = 5{,}59\,N_2/0{,}79 = 5{,}59 \cdot 0{,}538/0{,}79 = 3{,}80\ \text{Nm}^3/\text{kg C}$;

Wassermenge: $W = 5{,}59\,H_2\,18/22{,}4 = 5{,}59 \cdot 0{,}128 \cdot 18/22{,}4 = 0{,}574\ \text{kg/kg C}$.

Beispiel 4. Bei einem Wassergas wurde $CO_2 = 0{,}10$ gemessen. Wie ist es zusammengesetzt? Mit (161) ist

$$H_2 = 0{,}5\,(1 + 0{,}1) = 0{,}55; \qquad CO = 0{,}5\,(1 - 0{,}3) = 0{,}35.$$

Beispiel 5. Ein Wassergas hat $H_o = 2200\ \text{kcal/Nm}^3$ oberen Heizwert. Wie ist es zusammengesetzt und welches ist der Wirkungsgrad? Es wird Koks mit 96 vH Kohlenstoff vergast. Wieviel Wärme wäre je kg Koks zuzuführen, wenn der Prozeß kontinuierlich ablaufen soll?

$H_o = 2200\ \text{kcal/Nm}^3$, $c = 0{,}96$ kg/kg und $N_2 = 0$. Aus

$$CO_2 + CO + H_2 = 1,$$

$$0{,}5\,H_2 - 0{,}5\,CO - CO_2 = 0,$$

$$2200 = 3035\,(CO + H_2)$$

errechnet man $CO = 0{,}083$ und $H_2 = 0{,}639$ und $CO_2 = 0{,}278$, vgl. auch Abb. 131 und 132. Es ist bei $N_2 = 0$ der Wirkungsgrad der Umsetzung $\eta = 1{,}40$. Die Gasmenge ist

$$V = 1{,}867 \cdot 0{,}96/(0{,}083 + 0{,}278) = 4{,}97\ \text{Nm}^3/\text{kg Koks}.$$

Es sind 40 vH der Brennstoffwärme zuzuführen, und zwar

$$(\eta - 1)\,8080\,c = 0{,}4 \cdot 8080 \cdot 0{,}96 = 3100\ \text{kcal/kg Koks}$$

oder $3100/4{,}97 = 625\ \text{kcal/Nm}^3$ Wassergas.

Beispiel 6. Ein Mischgas enthält 5 vH CO_2 und 29 vH CO. Wie verbessern sich Zusammensetzung und Heizwert, wenn je 5 kg Luft 1 kg Sauerstoff eingeblasen wird?

Bei $CO_2 = 0{,}050$ und $CO = 0{,}290$ ist $H_2 = 0{,}083$ und $N_2 = 0{,}577$. 5 kg Luft mit 1 kg O_2 gemischt gibt 35,3 RT O_2 auf 64,7 RT N_2. Zur Vergasung ist nicht das 1/0,21-, sondern nur das 1/0,353fache des Luftsauerstoffs an Luft nötig. Dadurch verringert sich der Stickstoffgehalt nach

$$\frac{0{,}21}{0{,}79}\,0{,}577 = \frac{0{,}353}{0{,}647}\,N_2'$$

auf $0{,}577 \cdot 0{,}487 = 0{,}281$. Die Zusammensetzung ist nunmehr, wiederum auf die Summe von 1,000 abgestellt, $CO_2 = 0{,}071$; $CO = 0{,}412$; $H_2 = 0{,}118$ und $N_2 = 0{,}399$. Der obere Heizwert wird von 1131 auf $1610\ \text{kcal/Nm}^3$ verbessert, bei entsprechend größerem Brennstoffverbrauch.

42. Vergasung technischer Brennstoffe.

Während die für die Vergasung von reinem Kohlenstoff entwickelten Formeln für die Vergasung von Hochtemperaturkoks ziemlich genau gelten können, zeigen Brennstoffe mit höherem Gehalt an Flüchtigen ein abweichendes Verhalten.

Das wirkliche Generatorgas enthält zunächst Wasserdampf aus der Feuchtigkeit des Brennstoffes. Diese wird in der obersten Schicht ausgetrieben und kommt nicht mit zur Reaktion. Außerdem wird ein Teil des eingeblasenen Wasserdampfes praktisch unzersetzt bleiben und die Gasfeuchtigkeit erhöhen. In den darunter liegenden Schichten wird der Brennstoff entgast. Die Schwelgase, etwa wie nach Abb. 136 zusammengesetzt, werden ab etwa 300° C entwickelt. Sie verleihen dem Generatorgas einen Gehalt an Methan (CH_4) und höheren Kohlenwasserstoffen (C_mH_n). Auch die Reduktion des Kohlendioxyds verläuft nicht vollständig. Bei der Mischgaserzeugung ist außerdem zu beachten, daß die Wassergasreaktion

$$CO_2 + H_2 \rightleftarrows CO + H_2O$$

je nach der Temperatur in der einen oder anderen Richtung verläuft. Die Umsetzung geht bei hohen Temperaturen bevorzugt nach rechts, bei niedrigeren Temperaturen nach links, siehe Abschnitt 43. Generatorgas enthält daher praktisch stets etwas CO_2, obwohl man große Schichthöhen wählt. Je größer der Wasserdampfanteil in der Luft-Dampf-Zufuhr ist, um so höher ist die Brennstoffschicht zu halten. Schließlich kann das Generatorgas noch Spuren von Sauerstoff enthalten. Seine Analyse lautet allgemein

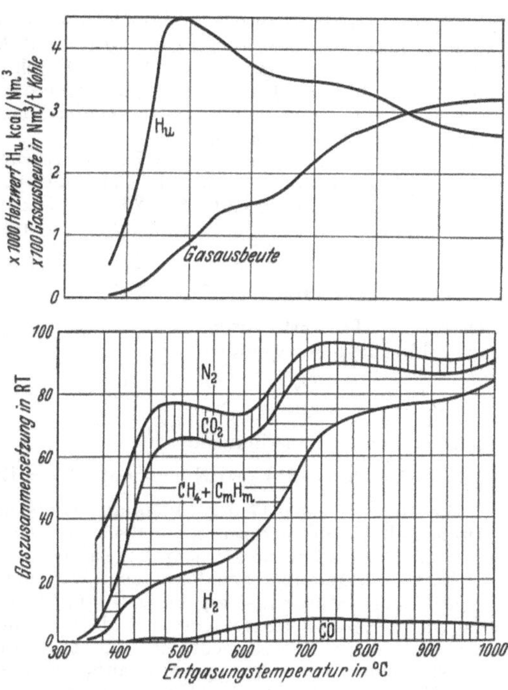

Abb. 136. Ausbeuten bei der Schwelung einer Kokskohle (Ruhr) mit 5 vH Wassergehalt (wasserfrei berechnet). Nach KARL: Über den Verlauf der Entgasung bei der trockenen Destillation von Steinkohle. Diss. Aachen 1931.

$$CO_2 + CO + H_2 + CH_4 + C_mH_n + O_2 + N_2 = 1\,.$$

Alles in allem weichen praktisch Gasausbeute und Zusammensetzung von der theoretischen ab. Der Gehalt an brennbaren Bestandteilen ist durch die unvollständigen Reaktionen begrenzt, wobei allerdings bei den üblichen Temperaturen der weitaus überwiegende Teil nach den theoretischen Reaktionen gebildet wird. Außerdem sind wirkliche Brennstoffe nicht einheitlich und wechseln in ihrer Reaktionsfähigkeit.

Einen Einblick in die Verhältnisse bei der wirklichen Vergasung von Braunkohlenkoks, der im Schwelverfahren hergestellt wurde, geben folgende Messungen[1]: Bei 2,1 m Schachtdurchmesser 15,72 t Koks mit $c = 0{,}653$ kg/kg (Rest Wasser, Asche, Flüchtige) in 24 Stunden entsprechend 189 kg/m²h Durchsatz ergab sich folgendes Gas:

CO_2	CO	H_2	CH_4	O_2	N_2
5,6	28,8	14,9	0,4	—	49,9 RT

mit einem unteren Heizwert von $H_u = 1304$ kg/Nm³. Nach Abb. 129 müßte ein Mischgas mit $CO_2 = 0{,}056$ und $CO = 0{,}288$ mit $H_2 = 0{,}09$ und $N_2 = 0{,}57$ zusammengesetzt sein. Der Wasserstoffgehalt ist durch die Flüchtigen wesentlich größer. Abb. 129 gilt hier nicht mehr. Aber man kann die Gaszusammensetzung annähernd berechnen, wenn man Menge und mittleren Heizwert der flüchtigen Bestandteile an Brennstoffproben bestimmt.

Messungen bei Vergasung von Hochtemperaturkoks ergaben dagegen nahezu Übereinstimmung mit den theoretischen Werten, weil dieser Brennstoff nur 1 bis 2 vH an Flüchtigen enthält. Bei 2,6 m Schachtdurchmesser, 27,47 t Koks mit $c = 0{,}823$ kg/kg in 24 h und 215,6 kg/m²h Durchsatz entstand ein Gas mit

CO_2	CO	H_2	CH_4	O_2	N_2
4,6	29,3	10,7	—	—	55,4 RT.

Der untere Heizwert wurde zu $H_u = 1164$ kcal/Nm³ bestimmt. Theoretisch ist nach Abb. 129 demgegenüber

CO_2	CO	H_2	N_2
4,6	30	10	55,4,

also praktisch übereinstimmend.

$H_0 = 3035 \cdot 0{,}40 = 1214$ kcal/Nm³ und $H_u = 1214 - 0{,}10 \cdot 480 = 1166$ kcal/Nm³.

Die Heizwerte bei Generatorgas aus Koks weichen nur wenig von den theoretischen ab. Bei der Vergasung von deutschen Braunkohlenbriketts liegt der brennbare Gehalt um 12 bis 25 vH über den Zahlen von Gas aus reinem Kohlenstoff. Dadurch ist der Heizwert wegen der höheren Kohlenwasserstoffe um 40 bis 45 vH höher. Vergast man Anthrazit, so ergeben sich um 15 bis 20 vH mehr brennbare Bestandteile, und der Heizwert ist um etwa 15 bis 20 vH höher. Die Gasausbeute ist dagegen beim praktischen Prozeß niedriger, weil ein Teil der fühlbaren Wärme vom festen Rückstand und von der Apparatur aufgenommen und nach außen weitergeleitet wird. Man rechnet mit einer Gesamtgaserzeugung[2] einschließlich der Flüchtigen je kg Reinkoks von 4,0 bis 4,6 Nm³ bei 0,4 bis 0,6 kg/kg Wasserdampfzusatz und 2,7 bis 3,1 Nm³ Luft/kg. Bei Anthrazit beträgt die praktische Gasausbeute 4,5 bis 4,8 Nm³/kg.

Beim Heizgasbetrieb läßt sich die fühlbare Wärme des Generatorgases unter Umständen zu einem Teil ausnützen, wenn Erzeugungsstätte und Ofen unmittelbar nebeneinander liegen. Bei Kraftgas ist das grundsätzlich nicht der Fall, weil es gewaschen werden muß, um es von Staub und Teer (auf unter 0,05 g/Nm³) zu befreien, weil sonst beim motorischen Prozeß Störungen gewiß wären. Die fühlbare Wärme geht bei der Gasreinigung verloren. Bei der Umwandlungszahl η handelt es sich dann um einen echten Wirkungsgrad, nämlich

$$\eta = \frac{\text{Heizwert des Gases}}{\text{Heizwert des Brennstoffes}} = V\frac{H_o}{H_o'}.$$

[1] Nach H. KOPPERS: Handbuch der Brennstofftechnik, S. 414. Essen 1937.

[2] Nach Ruhrkohlenhandbuch, 3. Aufl., S. 226. Springer, Berlin 1937.

Darin bedeutet H_0' den oberen Heizwert des Brennstoffes in kcal/kg und V die Gasausbeute in Nm³/kg Brennstoff sowie H_0 den oberen Heizwert des Generatorgases in kcal/Nm³. In Deutschland pflegt man überdies den Wirkungsgrad des Generators auf den unteren Heizwert zu beziehen.

Der Prozeß läßt sich mittels angewärmter Vergasungsluft und mittels Heißdampf noch verbessern. In der Praxis ist die richtige Zuteilung von Luft und Dampf und ihre Mischung nicht immer einfach. Der Betrieb muß laufend wenigstens durch CO_2-Messungen überwacht werden. Daneben ist es zweckmäßig, die Gasausbeute und die Gastemperatur zu messen sowie den Heizwert zu bestimmen. Mit dem Durchsatzgewicht an Brennstoff und mit Immediatanalysen wird die Gaserzeugung je kg Brennstoff kontrolliert. Es können Brennstoffe bis 50 vH Asche oder bis 50 vH Feuchtigkeit in großen Generatoren vergast werden, sofern der Brennstoff hinreichend reaktionsfähig ist.

Beispiel. An einer Gaskraftanlage werden folgende Werte gemessen:

Generator.

Brennstoff: Westfälischer Zechenkoks $H_o = 6202$ und $H = 6149$ kcal/kg mit

c	h	o	n	s	w	a
0,7474	0,0053	0,0081	0,0064	0,0122	0,0502	0,1704 kg/kg,

Schachtdurchmesser 0,6 m, Schachtquerschnitt $F = 0{,}283$ m²,

Koksverbrauch $K = 46{,}79$ kg/h,

Luftzufuhr $L = 133{,}5$ Nm³/h (trocken), Druckverfahren,

Zufuhr an Wasserdampf $D = 40{,}50$ kg/h von 2 at abs. und 150° C,

Wärmeinhalt $i = 661{,}6$ kcal/kg,

erzeugte Gasmenge $V_G = 192{,}8$ Nm³/h (trocken),

Füllungsänderung des Gasspeichers in der Versuchszeit $\Delta V = 0$ Nm³,

Gastemperatur im Austrittsstutzen des Generators $t_G = 580°$ C,

Gaszusammensetzung

CO'	H_2'	CH_4'	CO_2'	O_2'	N_2'
0,240	0,153	0,003	0,087	0,003	0,514.

Heizwerte $H_o = 1220$ kcal/Nm³; $H_u = 1144$ kcal/Nm³.

Gasmaschine.

Effektive Leistung $N_e = 59{,}6$ kW (durch Abbremsen bestimmt),

indizierte Leistung $N_i = 81{,}6$ kW (Drehzahl 170 U/min),

Kühlwassermenge Zylinderkopf $W_K = 620$ kg/h;
Zylindermantel $W_M = 1880$ kg/h;

Kühlwassertemperaturen: Eintritt $t_E = 11{,}7°$ C,
Austritt Kopf $t_K = 59{,}8°$ C und Mantel $t_M = 39{,}7°$ C.

Abgasanalyse $CO_2 = 0{,}141$; $O_2 = 0{,}056$;

Abgastemperatur $t_a = 440°$ C;

Raumtemperatur $t_u = 19°$ C.

Die Wärmebilanz ist zu berechnen, und der Wärmefluß sowie die Gaszusammensetzung sind bildlich darzustellen.

Wärmezufuhr Generator.

Koksdurchsatz $K = 46{,}79$ kg/h oder
Belastung $K/F = 46{,}79/0{,}283 = 165$ kg/m²h.
In Gasform übergeführte Kohlenstoffmenge

$$C = \frac{12}{22{,}4}(CO_2' + CO' + CH_4') = \frac{12}{22{,}4}(0{,}087 + 0{,}240 + 0{,}003)$$
$$= 0{,}1768 \text{ kg/Nm}^3 \quad \text{oder} \quad V_G C = 192{,}8 \cdot 0{,}1768 = 34{,}09 \text{ kg/h}.$$

Durch Unverbranntes in der Asche und Schlacke sowie durch Bildung von Ruß und Teerablagerungen gehen an Koks verloren $K - K' = 46{,}79 - 45{,}61 = 1{,}18$ kg/h, denn die vergaste Koksmenge ist

$$K' = V_G \frac{C}{c} = \frac{34{,}09}{0{,}7474} = 45{,}61 \text{ kg/h}.$$

Mithin

Wärmezufuhr im Koks $Q_K = K H_o = 46{,}79 \cdot 6202 = 290190$ kcal/h;
Wärmeverlust im Koks $Q_{Kv} = (K - K') H_o = 1{,}18 \cdot 6202 = 7320$ kcal/h.

Tatsächlich zersetzter Wasserdampf

$$D_z = \frac{18}{22{,}4}(H_2' + 2\,CH_4') = \frac{18}{22{,}4}(0{,}153 + 0{,}006) = 0{,}1278 \text{ kg/Nm}^3$$

oder $V_G D_z = 192{,}8 \cdot 0{,}1278 = 24{,}64$ kg/h.

Tatsächlich zugeführte Wassermenge
im Dampf $D = 40{,}50$ kg/h;
im Koks $K(w + 9\,h) = 46{,}79\,(0{,}0502 + 9 \cdot 0{,}0053) = 4{,}58$ kg/h;
gesamt $D_{ges} = 40{,}50 + 4{,}58 = 45{,}08$ kg/h.

Im Gas mitgenommener Wasserdampf

$$D_G = D_{ges} - V_G D_z = 45{,}08 - 24{,}64 = 20{,}44 \text{ kg/h}$$

oder

$$\frac{20{,}44}{0{,}804} = 25{,}42 \text{ Nm}^3\text{/h}.$$

Wärmezufuhr mit dem Dampf

$$Q_D = D(i - t_u) = 40{,}50\,(661{,}6 - 19) = 26020 \text{ kcal/h}.$$

Die Luft wird mit Umgebungstemperatur zugeführt ($Q_L = 0$).

Wärmeabfuhr Generator.

Gebundene Gaswärme $Q_G = V_G H_o = 192{,}8 \cdot 1220 = 235200$ kcal/h.

Wirkungsgrad des Generators

$$\eta = \frac{(V_G H_o)}{(K H_o) + Q_D} = \frac{235200}{290190 + 26020} = 0{,}744.$$

Fühlbare Gaswärme (mit Zahlentafel IV/V von Teil A)

$$[C_{pm}]_{t_u}^{t_G} = \sum r_i [C_{p\,mi}]_{t_u}^{t_G} = 7{,}526 \text{ kcal/kmol}\cdot\text{Grad},$$

$$Q_f = \left\{V_G [C_{pm}]_{t_u}^{t_G} + D_G [C_{pm}]_{t_u}^{t_G}\right\}(t_G - t_u)$$
$$= 192{,}8\,\frac{7{,}526}{22{,}4}\,561 + 25{,}42\,\frac{8{,}57}{22{,}4}\,561 = 41800 \text{ kcal/h}.$$

Die bei der Abkühlung des Generatorgases frei werdende Verdampfungswärme der Feuchtigkeit beträgt

$$Q_{Kond} = D_G\,480 = 25{,}42 \cdot 480 = 12200 \text{ kcal/h}.$$

Generatorbilanz.

Zufuhr

Q_K	$= 290190$ kcal/h	q_K	$= 91,77$ vH
Q_D	$= 26020$ kcal/h	q_D	$= 8,23$ vH
Q_{ges}	$= 316210$ kcal/h	q_{ges}	$= 100,00$ vH

Abfuhr (mit Restglied Q_R)

Q_G	$= 235200$ kcal/h	q_G	$= 74,38$ vH
Q_f	$= 41800$ kcal/h	q_f	$= 13,22$ vH
Q_{Kond}	$= 12200$ kcal/h	q_{Kond}	$= 3,86$ vH
Q_{Kv}	$= 7320$ kcal/h	q_{Kv}	$= 2,31$ vH
Q_R	$= 19690$ kcal/h	q_R	$= 6,23$ vH
Q_{ges}	$= 316210$ kcal/h	q_{ges}	$= 100,00$ vH

Wärmezufuhr Gasmaschine.

Gebundene Gaswärme $Q_G = V_G H_o = 235200$ kcal/h;
nutzbar $V_G H_u = 192,8 \cdot 1144 = 220550$ kcal/h;
nicht nutzbar $V_G(H_o - H_u) = 192,8 \cdot 76 = 14650$ kcal/h.

Wärmeabfuhr Gasmaschine.

Effektiv $Q_e = 860\,N_e = 860 \cdot 59,6 = 51200$ kcal/h;
indiziert $Q_i = 860\,N_i = 860 \cdot 81,6 = 70180$ kcal/h.
Mechanischer Verlust $Q_m = 860\,(N_i - N_e) = 18980$ kcal/h;
mechanischer Wirkungsgrad $\eta_m = N_e/N_i = 0,730$.
Kühlwasserwärme

$$Q_W = W_K(t_K - t_E) + W_M(t_M - t_E) = 620 \cdot 48,1 + 1880 \cdot 28,0 = 82460 \text{ kcal/h}.$$

Abgaswärme
Kennwerte des Brennstoffes

$$\sigma = \frac{0,5\,(\mathrm{CO}' + \mathrm{H_2}') + 2\,\mathrm{CH_4}' - \mathrm{O_2}'}{\mathrm{CO}' + \mathrm{CH_4}' + \mathrm{CO_2}'} = 0,606;$$

$$\nu = \frac{\mathrm{N_2}'}{\mathrm{CO}' + \mathrm{CH_4}' + \mathrm{CO_2}'} = 1,558.$$

Kohlenoxyd im Abgas (nach Abschnitt 90, Teil A)

$$\mathrm{CO} = \frac{0,21 - \mathrm{O_2} - 0,395\,\mathrm{CO_2}}{[0,79\,(\sigma - 1) + 0,21\,\nu] + 0,605} - \mathrm{CO_2} = 0,017.$$

Mindestluftbedarf

$$L_{\min} = \frac{1}{0,21}\,(0,5\,\mathrm{CO}' + 0,5\,\mathrm{H_2}' + 2\,\mathrm{CH_4}' - \mathrm{O_2}') = 0,952\ \mathrm{Nm^3/Nm^3};$$

Luftüberschußzahl

$$\lambda = \frac{0,21}{\sigma}\left[\frac{1 - 0,5\,\mathrm{CO}}{\mathrm{CO_2} + \mathrm{CO}} + \sigma - \nu - 1\right] = 1,496 \quad (\mathrm{H_2} \approx 0);$$

tatsächliche Luftmenge

$$L = \lambda L_{\min} = 1,496 \cdot 0,952 = 1,425\ \mathrm{Nm^3/Nm^3}.$$

Stickstoff im Abgas

$$\mathrm{N_2} = 1 - \mathrm{CO_2} - \mathrm{CO} - \mathrm{O_2} = 1 - 0,141 - 0,017 - 0,056 = 0,786;$$

zugeführter Stickstoff

$$N_2' + 0{,}79\,L = 0{,}514 + 0{,}79 \cdot 1{,}425 = 1{,}640\ \mathrm{Nm^3/Nm^3}$$

oder

$$1{,}640 \cdot 192{,}8 = 316{,}2\ \mathrm{Nm^3/h}.$$

Trockene Abgasmenge

$$V_{ta} = 316{,}2/0{,}786 = 402{,}3\ \mathrm{Nm^3/h};$$

Feuchtigkeit im Abgas

$$V_{fa} - V_{ta} = V_G\,(H_2' + 2\,CH_4') = 192{,}8\,(0{,}153 + 0{,}006) = 30{,}7\ \mathrm{Nm^3/h}.$$

Fühlbare Wärme des Abgases

$$Q_a = V_{ta}[C_{pm}]_{tu}^{ta}\,(t_a - t_u) + (V_{fa} - V_{ta})\,[C_{pm}]_{tu}^{ta}\,(t_a - t_u)$$

$$= 402{,}3\,\frac{7{,}612}{22{,}4}\,421 + 30{,}7\,\frac{8{,}39}{22{,}4}\,421 = 62440\ \mathrm{kcal/h}$$

mit

$$\sum r_i[C_{pmi}]_{tu}^{ta} = 7{,}612\ \mathrm{kcal/kmol\cdot Grad}.$$

Die gebundene Wärme im Abgas ist vernachlässigbar klein.

Wärmebilanz der Gasmaschine.

Zufuhr

Q_{ges}	= 316210 kcal/h	q_{ges} =	100 00 vH
Q_G	= 235200 kcal/h	q_G =	74,38 vH
$-V_G(H_o - H_u)$	= 14650 kcal/h	$q_{\Delta H}$ =	4,63 vH
$Q_G - Q_{\Delta H}$	= 220550 kcal/h	q =	69,75 vH

Abfuhr (mit Restglied Q_R)

Q_e	= 51200 kcal/h	q_e =	16,19 vH
Q_m	= 18980 kcal/h	q_m =	6,00 vH
Q_W	= 82460 kcal/h	q_W =	26,08 vH
Q_a	= 62440 kcal/h	q_a =	19,75 vH
Q_R	= 5470 kcal/h	q_R =	1,73 vH
$Q_G - Q_{\Delta H}$	= 220550 kcal/h	q =	69,75 vH

Der Wirkungsgrad der gesamten Anlage ist

$$\eta_{ges} = \frac{860\,N_e}{K\,H_o + D\,i} = \frac{51200}{316210} = 16{,}19\ \mathrm{vH}.$$

Mit Kraftgasanlagen dieser Größenordnung lassen sich bis 18 vH Gesamtwirkungsgrad erreichen, etwa 3 bis 4 vH (absolut) mehr als in Dampfkraftanlagen. Der wirtschaftliche Wirkungsgrad der Gasmaschine ist

$$\eta_w = \frac{860\,N_e}{V_G\,H_u} = \frac{51200}{220550} = 0{,}232.$$

Ein Wärmeflußbild der Gesamtanlage ist in Abb. 137 dargestellt. Es gewährt einen guten Einblick in die Verteilung der aufgewandten Wärmeenergie, von der nur 16,19 vH in effektiver Arbeit nutzbar gemacht werden. Für das wirkliche Generatorgas mit 74,4 vH Wirkungsgrad wurde Abb. 138 angelegt. Theoretisch müßte ein Mischgas aus reinem Kohlenstoff mit (157) zu $\eta = 0{,}74_4$ und $CO_2' = 0{,}087$ zusammengesetzt sein mit

$$CO' = 0{,}237 \text{ (gegen } 0{,}240)$$

und

$$H_2' = 0{,}107 \text{ (gegen } 0{,}153)$$

und

$$N_2' = 0{,}569 \text{ (gegen } 0{,}514).$$

Dann würden die dünnen Begrenzungslinien in Abb. 138 gelten. Praktisch ist ein gewisser kleiner Anteil von Kohlendioxyd nicht zu unterschreiten. Die wirkliche Zusammensetzung ist durch die dickeren Linien gekennzeichnet. Sie weicht besonders im H_2'-Gehalt ab, was damit erklärt werden könnte, daß die Koksmenge etwas zu groß gemessen wurde. Andererseits kann z. B. auch ein Fehler bei der Bestimmung des Wasserstoffgehaltes vorliegen. Das Diagramm macht solche Fehler sichtbar. Jedenfalls wird der Gesamtwirkungsgrad der Anlage in Wirklichkeit noch etwas höher gewesen sein.

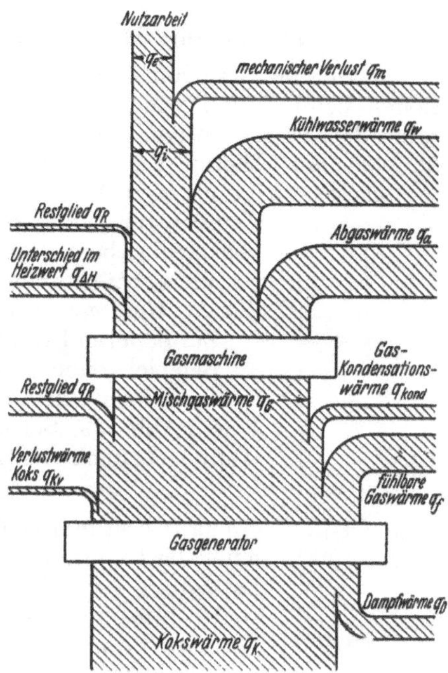

Abb. 137. Wärmeflußbild zum Beispiel S. 585 ff.

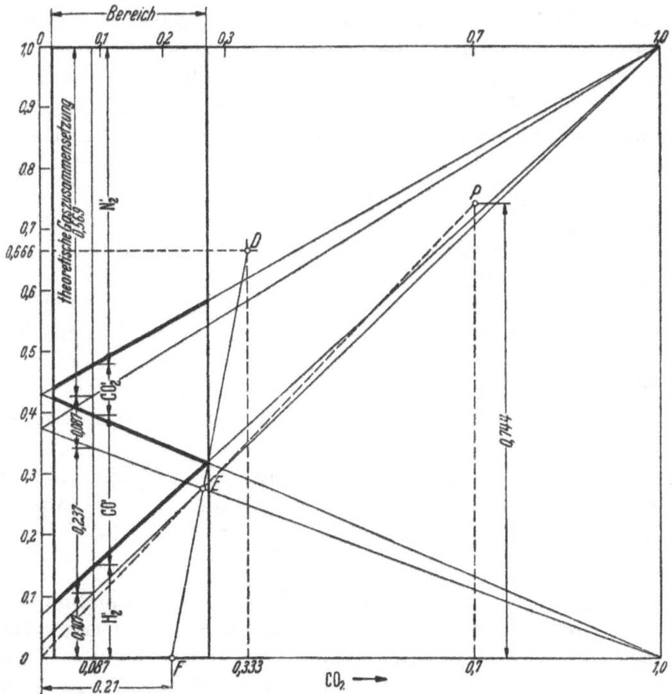

Abb. 138. Zusammensetzung eines Generatorgases mit $\eta = 0{,}744$.

43. Gleichgewicht bei chemischen Reaktionen.

Im vorigen Abschnitt wurde bemerkt, daß die chemischen Reaktionen beim Zerfall von Kohlendioxyd und Wasserdampf umkehrbar sind oder, besser gesagt, in der einen oder anderen Richtung verlaufen können. Bei höheren Temperaturen geht die Umsetzung in Richtung *Zerfall* (Dissoziation) und Wärmeaufnahme, während bei niedrigeren Temperaturen die Richtung *Aufbau* (Assoziation) und Wärmeabgabe bevorzugt wird. Je höher die Temperatur ist, um so stürmischer ist der Zerfall, also um so größer die *Reaktionsgeschwindigkeit*, und umgekehrt.

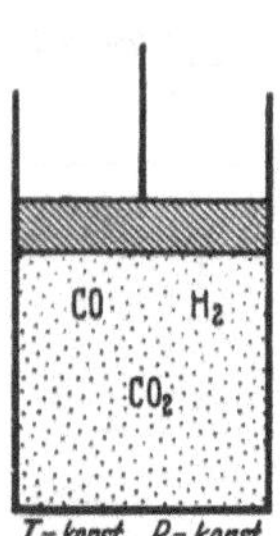

Abb. 139. In einem Idealzylinder befinden sich bei einer bestimmten Temperatur und bei einem bestimmten Druck eine Anzahl von Gasteilchen.

Zur näheren Erläuterung sei die Kohlendioxydreaktion als Beispiel genommen. In einem bestimmten Raum möge sich ein Gemisch aus CO_2, CO und O_2 befinden; siehe hierzu Abb. 139. Bei einer bestimmten hohen Temperatur stellt sich nach der Formel

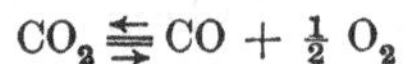

$$CO_2 \rightleftarrows CO + \tfrac{1}{2} O_2$$

ein ganz bestimmter Gleichgewichtszustand ein, d. h. von einer bestimmten Anzahl CO- und O_2-Teilchen ist eine bestimmte Anzahl in CO_2 verbunden. Bei jedem Gaszustand, also nicht nur abhängig von der Temperatur, sondern auch vom Druck (und im Gemisch mit anderen Gasen vom Teildruck), besteht ein bestimmtes Mengenverhältnis zwischen CO_2 und $CO + \frac{1}{2} O_2$. Ändert sich die Temperatur, oder allgemeiner der Gaszustand, so ändert sich auch das Mengenverhältnis.

Die chemische Reaktion hört dann auf, wenn die Neigung zum Zerfall und der Wille zum Aufbau im Gase gleich groß sind (Erreichen des *chemischen Gleichgewichts*). Die theoretische Annahme, daß die Reaktion (entweder) ganz in der einen (oder der anderen) Richtung verläuft, erfährt in der Natur eine merkliche Einschränkung. Man kann sich dem Grenzzustand des völligen Zerfalls (oder Aufbaus) überhaupt nur asymptotisch nähern. Im üblichen Bereich von Druck und Temperatur beim Generatorprozeß bleibt stets ein bestimmter (kleiner) Teil des Kohlendioxyds unzersetzt.

Auf die Gleichgewichtslage wirken Temperatur und Druck (wie bei der Überhitzung) in verschiedenem Sinne ein. Hohe Temperatur und niedriger Druck fördern den Zerfall des Kohlendioxyds. Unter dem üblichen Teildruck im Feuergas z. B. wird die Dissoziation von CO_2 merklich ab 1500° C. Bei atmosphärischem Druck ist der Umfang der Dissoziation geringer.

Begriff des thermodynamischen Potentials. Grundbedingung für den Ablauf eines umkehrbaren Prozesses ist, daß sich das gesamte System im Gleichgewichtszustand befindet, wobei die Beziehung

$$T\,ds = du + A\,dl$$

besteht. Ein Naturprozeß kann nur bei gestörtem Gleichgewicht ablaufen; er kommt zur Ruhe, wenn Gleichgewicht eintritt. Auch die chemischen Stoffe reagieren nur, wenn sie nicht im Gleichgewicht sind. Im natürlichen Streben nach Gleichgewicht äußert sich die Kraft zur

Überwindung der Reibung. Die allgemeine Bedingung für die Umsetzung lautet:

$$T\,ds > du + A\,dl.$$

Im Ablauf strebt der chemische Prozeß, immer langsamer werdend, dem Gleichgewichtszustand zu, wobei die Gleichgewichtsbedingungen aus dem Zustand des Gases herzuleiten sind. Der Übergang zur Gleichgewichtslage ist ein nichtumkehrbarer Vorgang. Gleichgewicht ist erreicht, wenn im Beispiel der Kohlendioxydreaktion

$$CO_2 = CO + \tfrac{1}{2}\,O_2$$

ist, d. h. keine Neigung zur Reaktion mehr besteht.

Wenn nun das Gasgemisch irgendwie auf eine bestimmte Temperatur gebracht wird und diese Temperatur bis zur Beseitigung der mit der Erwärmung verbundenen Gleichgewichtsstörung konstant gehalten wird, so erhält man mit $T\,ds = d(T\,s)$ und

$$d\,(T\,s) = du + A\,dl$$

die Gleichgewichtsbedingung

$$d(u - T\,s) + A\,dl = 0 \qquad (164)$$

für das Ende des natürlichen Vorganges. Den Ausdruck $u - Ts$ in kcal/kg bezeichnet man nach HELMHOLTZ als *freie Energie*[1], aus deren Überschuß gegenüber dem Gleichgewichtszustand die Richtkraft resultiert. Da $A\,dl = AP\,dv$ ist, so gilt auch

$$d(u - Ts) + A\,P\,dv = 0.$$

Eine andere Form von mechanischer Arbeit wird nicht geleistet.

Der Gleichgewichtszustand ist aber mit guter Annäherung auch durch einen bestimmten Druck P gekennzeichnet, wenn man daran denkt, die Dissoziation des Kohlendioxyds beim kontinuierlichen Betrieb eines Generators oder in den Zügen einer Feuerung festzustellen. Dann folgt als weitere Gleichgewichtsbedingung aus

$$d(Ts) = di - A\,v\,dP$$

und mit $dP = 0$

$$d(i - Ts) = 0. \qquad (165)$$

Diesen Ausdruck $i - Ts$ in kcal/kg nennt man *freie Enthalpie*[2] g oder nach GIBBS das *thermodynamische Potential* des Gemisches. Für einen Vorgang unter $T =$ konst. und $P =$ konst. heißt die Gleichgewichtsbedingung einfach

$$\boxed{dg = 0}\,. \qquad (166)$$

Das thermodynamische Potential ändert sich auf dem Wege oder in der Zeit bis zum Gleichgewichtszustand derart, daß es sich asymptotisch bis auf einen Kleinstwert $g =$ konst. $= g_{\min}$ verringert. Der Kleinstwert ist durch die Zustandsgrößen, hier durch Temperatur und Druck, bestimmt.

Es empfiehlt sich, das Verhältnis des thermodynamischen Potentials zur absoluten Temperatur

$$\varphi = -\frac{g}{T} = s - \frac{i}{T} \qquad (167)$$

[1] Abkürzung f. Für beliebige Mengen ist $F = U - TS$ in kcal zu schreiben (DIN 1345). TS ist die gebundene Energie.

[2] $g = u + Pv - Ts$. Für beliebige Mengen ist $G = U + PV - TS = I - TS$ zu schreiben (DIN 1345).

in die Rechnung einzuführen, das man nach PLANCK *Thermial* nennt. Es hat die Dimension kcal/kg · Grad. Auch das Thermial nimmt nach Einfahren in den Gleichgewichtszustand einen Grenzwert an.

Allgemein gilt mit

$$d\left(\frac{i}{T}\right) = \frac{1}{T} d i + i\left(-\frac{1}{T^2}\right) d T$$

die Beziehung

$$d\varphi = ds - \frac{di}{T} + \frac{i}{T^2} d T$$

und mit der allgemeinen Wärmegleichung für umkehrbare und nichtumkehrbare Vorgänge

$$T\,ds \geqq di - A\,v\,dP$$

auch

$$d\varphi \geqq d\left(s - \frac{i}{T}\right) = \frac{i}{T^2} d T - A \frac{v}{T} dP. \tag{168}$$

Wenn nun Temperatur T und Druck P unveränderlich sind, dann ist tatsächlich mit $dT = 0$ und $dP = 0$ auch

$$d\varphi \geqq 0$$

und im Gleichgewichtszustand

$$\boxed{d\varphi = 0}.$$

Massenwirkungsgesetz. Die Mengen der einzelnen versammelten Gase im Gemisch mögen in kmol ausgedrückt m_1, m_2, ... sein. Zusammen sind m kmol vorhanden. Aus der stöchiometrischen Gleichung geht hervor, in welchem Mengenverhältnis n_1, n_2, ... die einzelnen Gase auftreten. In der Gleichung

$$CO_2 = CO + \tfrac{1}{2} O_2$$

sind die Verhältniswerte $n_1 = 1$ bei CO_2, $n_2 = 1$ bei CO und $n_3 = \frac{1}{2}$ bei O_2. Die Gase reagieren nur, wenn sie noch nicht im Gleichgewicht sind. Im Falle von Dissoziation ist

$$CO_2 \rightarrow CO + \tfrac{1}{2} O_2.$$

Es sei vereinbart, daß die verschwindenden Mengen negativ und die entstehenden positiv angesetzt werden, also

$$n_1 = -1, \quad n_2 = +1, \quad n_3 = +\tfrac{1}{2}.$$

Das Thermial des Gemisches ist offenbar mit Φ in kcal/kmol · Grad

$$m\Phi = m_1\Phi_1 + m_2\Phi_2 + \cdots$$

oder auf 1 kg abgestellt mit dem scheinbaren Molekulargewicht M

$$\varphi = \frac{1}{mM}(m_1\Phi_1 + m_2\Phi_2 + \cdots) = \sum\left(\frac{m_i M_i}{mM}\varphi_i\right).$$

Durch Differentiation der Summe von den Produkten kann man die Richtung der Umsetzung bestimmen. Es ist

$$d\varphi = \frac{1}{mM}\left(\sum m_i\, d\Phi_i + \sum \Phi_i\, dm_i\right) \geqq 0. \tag{169}$$

Die Gleichgewichtsbedingung erhält man aus der Erkenntnis, daß $d\varphi$ und $d\varphi_i$ ebenso wie $d\Phi$ und $d\Phi_i$ Null sein müssen. Sie lautet

$$\sum(\Phi_i\, dm_i) = 0. \tag{170}$$

Bei der chemischen Reaktion stehen nun die umgesetzten Massen oder Mengen in den ganzzahligen Verhältnissen n_1 zu $n_2 \ldots$ Somit ist auch

$$\sum(\Phi_i n_i) = 0.$$

Das Thermial eines Gasanteils ergibt sich mit (168) zu

$$\varphi_i = \int \frac{i_i}{T^2} dT - \int AR \frac{dP}{P_i} = \int \frac{i_i}{T^2} dT - AR \ln P_i + C,$$

worin P_i der Teildruck des Gases in der Gasmischung ist. Setzt man nach Abschnitt 67c von Teil A den Teildruck P_i gleich $r_i P$ mit r_i als Raumanteil des Gases, so findet man nach Summation über alle n_i

$$0 = \sum(\Phi_i n_i) = \int \frac{\Sigma(n_i I_i)}{T^2} dT - MAR \ln P^{\Sigma n_i} - MAR \sum(r_i^{n_i}) + C'.$$

Schließlich ist mit $MAR = 1{,}987 \approx 2$ umgeformt über

$$2[\ln r_1^{n_1} + \ln r_2^{n_2} + \cdots] = 2 \ln(r_1^{n_1} r_2^{n_2} \cdots)$$

zu bilden

$$\boxed{2 \ln(r_1^{n_1} r_2^{n_2} \ldots) = \int \frac{n_1 I_1 + n_2 I_2 \cdots}{T^2} dT - 2 \ln P^{n_1 + n_2 + \cdots} + C'}. \quad (171)$$

Der unter dem Summenzeichen stehende Ausdruck $n_1 I_1 + n_2 I_2 \ldots$ ist die bei der vollständigen Umsetzung auftretende Reaktionswärme. Wärmeaufnahme ist positiv und Wärmeabgabe negativ einzusetzen. Im Falle, daß es sich um die Verbrennungswärme oder den Heizwert handelt, ist $\sum n_i I_i$ negativ. Andererseits ist die Bildungswärme beim Zerfall positiv zu nehmen. Die Reaktionswärme sei Q in kcal/kmol.

Im Beispiel der Kohlendioxyddissoziation ergibt sich dann folgender Zusammenhang: Es bedeuten die Symbole CO_2, CO und O_2 die Raumanteile im Gasgemisch aus CO_2, CO und O_2. Mit (171) ist wegen $n_1 = -1$, $n_2 = +1$ und $n_3 = +\frac{1}{2}$

$$2 \ln \frac{[CO][O_2]^{1/2}}{[CO_2]} = \int \frac{Q}{T^2} dT - 2 \ln P^{1/2} + C'.$$

x sei der Dissoziationsgrad des CO_2. Wenn x Teile zerfallen sind, dann sind noch $1 - x$ Teile CO_2 vorhanden. $x = 0$ bedeutet, daß das Gasgemisch nur aus CO_2 besteht. Bei $1 - x$ Teilen CO_2 sind demnach x Teile CO und $x/2$ Teile O_2 gebildet worden. Im Gemisch sind

CO_2	$1 - x$ Teile	oder anteilig	$2\frac{1-x}{2+x}$
CO	x Teile	oder anteilig	$2\frac{x}{2+x}$
O_2	$\frac{x}{2}$ Teile	oder anteilig	$\frac{x}{2+x}$
zus.	$\frac{2+x}{2}$		1

Es folgt

$$\ln \frac{(1-x)^2(2+x)}{x^3} = -\int \frac{Q}{T^2} dT + \ln P - C',$$

nachdem man zweckmäßig mit -1 erweitert, oder

$$\ln \frac{(1-x)^2 (2+x)}{x^3} = f(T) + \ln p + C''.$$

Für die Reaktionswärme ist die Bildungswärme des Kohlenoxyds einzusetzen. Bei 0° C wäre dies $Q = +67700$ kcal/kmol. Allein, es ist zu beachten, daß die Reaktion bei einer Temperatur von $t \gg 0°$ C vor sich geht. Mithin ist die Bildungswärme bei $t°$ C, nämlich

$$Q = H_t = I_t' - I_t$$

einzusetzen, wie über den Heizwert bei $t°$ C im Abschnitt 91 c, Abb. 232, Teil A, ausgeführt wurde[1]. Um die Konstante C'' bestimmen zu können, muß man die Gaszusammensetzung und die Reaktionswärme bei einem beliebigen Gleichgewichtszustand kennen. Die Auswertung der Gleichung ergibt den in Abb. 140 dargestellten Zusammenhang zwischen Dissoziationsgrad, Temperatur und Druck. Der Zerfall ist um so weitergehend, je höher die Temperatur ist, z. B. 8 vH bei 2000° C und 37 vH bei 2500° C unter atmosphärischem Druck. Bei niedrigerem Druck ist der Zerfall schon weiter fortgeschritten, während er bei höherem Druck weniger groß ist. Nach niedrigeren Temperaturen hin wird der Zerfall asymptotisch kleiner. Er hört von 1500° C an auf, merklich zu sein.

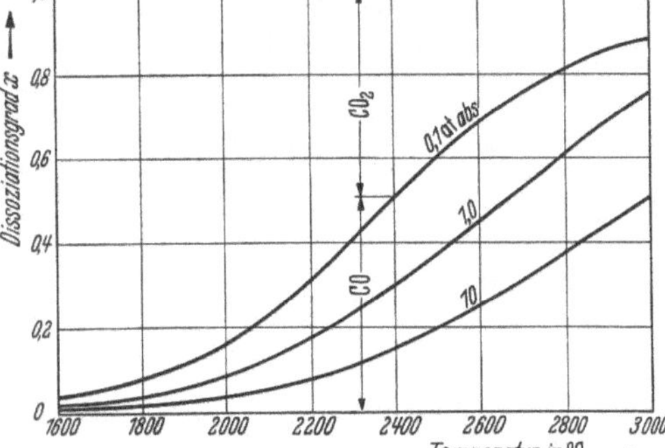

Abb. 140. Abhängigkeit des Dissoziationsgrades vom Kohlendioxyd von Temperatur und Druck.

Die Gleichgewichtsbeziehung (171) ist außerordentlich aufschlußreich[2]. Sie gestattet für einen bestimmten Gaszustand bei Kenntnis der Gaszusammensetzung und der zu Druck und Temperatur gehörigen Reaktionswärme Q den Umfang der Reaktion zu berechnen. JUSTI und seine Mitarbeiter[3], die die spezifische Wärme und damit auch den Wärmeinhalt der Gase auf spektroskopischem Wege neu und genauer bestimmten, unternahmen es, den Zerfall der wichtigsten technischen Gase, soweit sie nach Dissoziation trachten, bis zu mehreren 1000° C zu berechnen, so daß über diesen Vorgang heute zuverlässige Zahlenangaben vorliegen. Vgl. hierzu auch Abb. 233, Teil A.

---

[1] Bei den Vorzeichen ist zu beachten, daß es abweichend allgemein üblich ist, die Wärme*ab*gabe bei der Verbrennung mit *Heizwert* H zu bezeichnen und *positiv* zu nehmen. In (171) ist daher als Bildungswärme $Q = H$ und als frei werdende Reaktionswärme $Q = -H$ einzusetzen. Wenn bei der Verbrennung (wie bei Stickstoff zu Stickoxyd z. B.) Wärme *auf*genommen wird, so ist Heizwert H negativ und $Q = -H$ positiv.

[2] Siehe hierzu z. B. auch J. EGGERT: Lehrbuch der Physikalischen Chemie, S. 403ff. Leipzig 1937.

[3] JUSTI, E.: Spezifische Wärme, Enthalpie, Entropie und Dissoziation technischer Gase. Berlin (1938).

Ob der Zerfall zunimmt, wenn man die Temperatur oder den Druck steigert, kann man übrigens erkennen, wenn man (171) nach T oder P differentiiert. Es ist nach der Temperatur

$$2\,\frac{\partial \ln (p_1^{n_1} p_2^{n_2} \ldots)}{\partial T} = \frac{H_t}{T^2} = \frac{Q}{T^2} \tag{172}$$

oder

$$2\,\frac{\partial \ln \frac{[CO][O_2]^{1/2}}{[CO_2]}}{\partial T} = \frac{H_t}{T^2} > 0.$$

Wenn die Temperatur steigt ($\partial T > 0$), dann wird auch $\partial \frac{[CO][O_2]^{1/2}}{[CO_2]}$ größer, d. h. der Gehalt des Gasgemisches an CO_2 kleiner, während die Zerfallsprodukte CO und O_2 an Menge anwachsen. Je höher die Temperatur ist, um so geringer ist der CO_2-Gehalt und um so mehr wird Dissoziationswärme gebunden.

Nach dem Druck differentiiert ergibt sich

$$\frac{\partial \ln (p_1^{n_1} p_2^{n_2} \ldots)}{\partial P} = -\frac{n_1 + n_2 + \cdots}{P} \tag{173}$$

oder

$$\frac{\partial \ln \frac{[CO][O_2]^{1/2}}{[CO_2]}}{\partial P} = -\frac{-1 + 1 + \frac{1}{2}}{P} = -\frac{1}{2P} < 0.$$

Man kann daraus ablesen, daß $\frac{\partial [CO][O_2]^{1/2}}{[CO_2]}$ kleiner wird, wenn der Druck ansteigt ($\partial P > 0$). Bei höherem Druck ist der Zerfall nicht so groß. Das Gemischvolumen nimmt beim Zerfall wegen $n_1 < n_2 + n_3$ zu.

Allgemein gilt: Das chemische Gleichgewicht verschiebt sich mit steigender Temperatur nach größerer Wärmebindung und mit steigendem Druck nach geringerer Raumänderung hin. Das chemische Gleichgewicht ist dann unabhängig von der Temperatur, wenn die Reaktionswärme verschwindend klein ist, und es ist bei Gaszusammensetzungen mit Reaktion ohne Volumenänderung ($\sum n_i = 0$) unabhängig vom Druck.

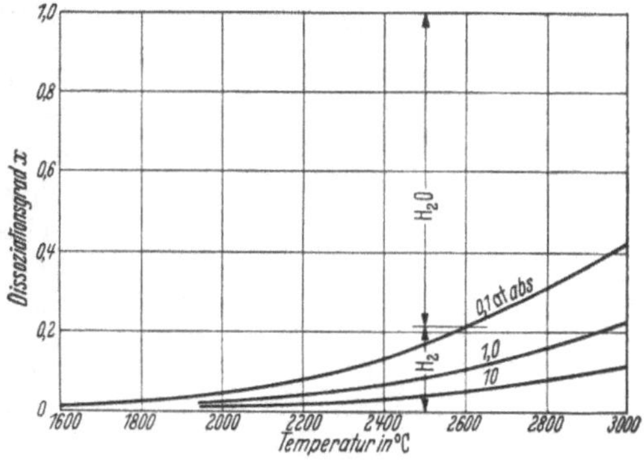

Abb. 141. Abhängigkeit des Dissoziationsgrade vom Wasserdampf von Temperatur und Druck.

Wasserdampfzersetzung. Von gleicher technischer Bedeutung ist die Kenntnis der Dissoziation des Wasserdampfes nach der Reaktionsgleichung

$$HO_2 \rightleftarrows H_2 + \tfrac{1}{2}\, O_2.$$

wonach wiederum $n_1 = -1$, $n_2 = +1$ und $n_3 = +\frac{1}{2}$ zu setzen sind. Es ergeben sich dieselben Verhältnisse wie beim Kohlendioxydzerfall.

Auch Wasserdampf wird um so stärker zersetzt, je höher die Temperatur und je kleiner der Druck ist. Der Dissoziationsgrad nach (171) ist in Abb. 141 dargestellt. Der Wasserdampf beginnt ebenfalls ab 1500° C merklich zu zerfallen. Der Kurvenverlauf ist ähnlich wie in Abb. 140, wenn auch nicht gerade so rasch mit der Temperatur ansteigend.

Luftgasgleichgewicht. Die Beziehung (171) gilt auch, wenn einer der Partner im festen Zustand ist wie glühender Kohlenstoff. Für die Reaktion gilt

$$C + CO_2 \rightleftarrows 2\,CO\,,$$

und die Verhältniszahlen sind $n_1 = 0$, $n_2 = -1$ und $n_3 = +2$, denn dem festen C ist praktisch das Volumen Null zuzuschreiben. Man findet

$$2 \ln \frac{[CO]^2}{[CO_2]} = \int \frac{2\,(H_{CO})_t - (H_C)_t}{T^2}\, d\,T - 2 \ln P + C'.$$

Daraus folgt mit

$$\frac{2\,\partial \ln \frac{[CO]^2}{[CO_2]}}{\partial T} = \frac{2\,(H_{CO})_t - (H_C)_t}{T^2} > 0,$$

daß die Reduktion mit der Temperatur zunimmt, und mit

$$\frac{\partial \ln \frac{[CO]^2}{[CO_2]}}{\partial P} = -\frac{1}{P} < 0,$$

daß sie mit Ansteigen des Druckes nachläßt. Die große Neigung des glühenden Kohlenstoffs, zu oxydieren, drückt sich im Kurvenverlauf Abb. 142 aus, nach dem das Kohlendioxyd schon bei verhältnismäßig niedrigen Temperaturen in wesentlichem Umfang reduziert wird. Die Temperaturen im Generatorschacht liegen mit 900 bis 1000° C so hoch, daß nur Spuren von CO_2 unzersetzt bleiben dürften. Es ist aber zu beachten, daß die Berührungszeit der CO_2-haltigen Gase mit der glühenden Schicht dabei größer sein muß als die durch die Reaktionsgeschwindigkeit bedingte Zeit. Die Berührungszeit ist abhängig von Schichthöhe und Zug bzw. Luftpressung. Beim praktischen Betrieb bleibt stets ein größerer Teil CO_2 unzersetzt, als dem chemischen Gleichgewicht bei der hohen Temperatur entspricht.

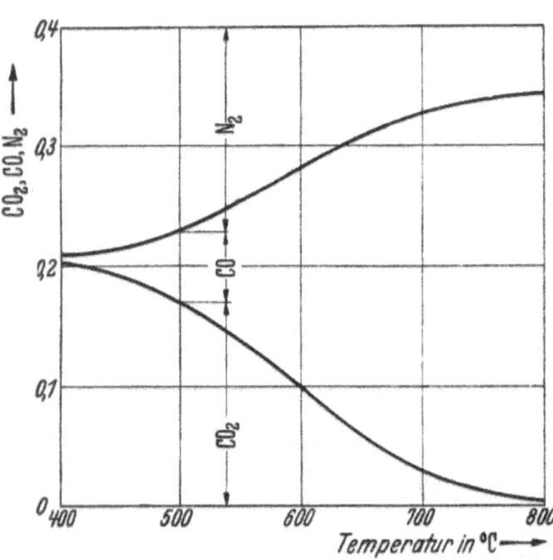

Abb. 142. Luftgasgleichgewicht in Abhängigkeit von der Temperatur bei gewöhnlichem Druck.

Wassergasgleichgewicht. Die Wassergasreaktion zwischen vier Gasen im Generator nach der Gleichung

$$CO_2 + H_2 \rightleftarrows CO + H_2O$$

hat die Eigentümlichkeit, daß $\sum n_i = 0$ ist. Demnach übt der Druck keinen Einfluß auf das chemische Gleichgewicht aus. Man findet

$$\ln K = \ln \frac{[CO][H_2O]}{[CO_2][H_2]} = \frac{1}{2} \int \frac{(H_{CO})_t - (H_{H_2})_t}{T^2} \, d\,T + C''.$$

Der Zusammenhang der Umsetzungszahl K mit der Temperatur ist aus Abb. 143 ersichtlich. Die Reaktion in Richtung der Aufspaltung von CO_2 und der Oxydation von H_2 geht wiederum in starkem Maße bei ziemlich niedrigen Temperaturen vor sich, was beim Generatorprozeß fühlbar wird. Daß die Temperatur verstärkend auf die Kohlendioxyddissoziation einwirkt, geht wieder aus

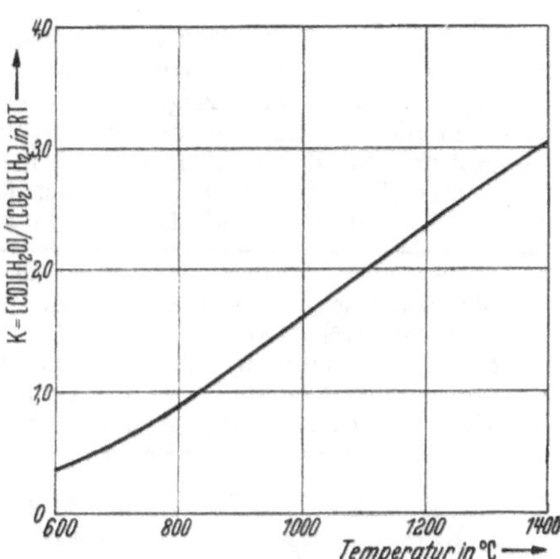

Abb. 143. Umsetzungszahl K für das Wassergasgleichgewicht abhängig von der Temperatur.

$$\frac{2 \cdot \partial \ln \frac{[CO][H_2O]}{[CO_2][H_2]}}{\partial T} = \frac{(H_{CO})_t - (H_{H_2})_t}{T^2} > 0$$

hervor. Danach nehmen $CO + H_2O$ zu, wenn $dT > 0$ ist.

Die bildlichen Darstellungen der Umsetzungsgrade Abb. 140 bis 143 sind von R. MOLLIER angegeben worden.

Beispiel. Es ist zu untersuchen, in welchem Sinne Temperatur und Druck auf die Verbrennung von Stickstoff zu Stickoxyd nach

$$N_2 + O_2 \rightleftarrows 2\,NO$$

einwirken.

Da $n_1 = -1$, $n_2 = -1$ und $n_3 = +2$ ist, also $\sum n_i = 0$ ist, hängt die Einstellung des Gleichgewichts nicht vom Drucke ab. Die Gleichgewichtsbedingung lautet

$$2 \ln \frac{[NO]^2}{[N_2][O_2]} = \int \frac{(H_{N_2})_t}{T^2} \, d\,T + C'.$$

Die Verbrennungswärme von Stickstoff ist mit $H_{N_2} = -1540$ kcal/kg negativ, d. h. bei der Verbrennung wird ebenso Wärme gebunden wie beim Zerfall von Kohlendioxyd oder Wasserdampf. Da Wärme zuzuführen ist, ist das Integral positiv einzusetzen. Die Ableitung nach der Temperatur ergibt sich zu

$$2 \, \frac{\partial \ln \frac{[NO]^2}{[N_2][O_2]}}{\partial T} = \frac{(H_{N_2})_t}{T^2} > 0.$$

Daraus folgt, daß der NO-Anteil im Gasgemisch zunimmt, wenn die Temperatur ansteigt ($\partial T > 0$), d. h. die Verbrennung ist um so vollkommener, je höher die Gemischtemperatur gehalten wird. Man macht bei der Stickoxyderzeugung von dieser Tatsache Gebrauch, indem man Stickstoff unter der Hitze des elektrischen Lichtbogens oxydiert.

Anhang.

Anlage I. *Dampfkessel. Druckstufen, Temperaturstufen, Leistungsstufen* (DIN 2901).

Die Vorteile, die durch Anwendung hoher Drücke, Temperaturen und großer Leistungen in der Dampftechnik erzielt werden können, haben zu einer ungeahnten Ausweitung dieses Gebietes geführt. Leider setzte damit auch eine Vielfältigkeit in der Wahl von Drücken, Temperaturen und Leistungen ein, die eine wirtschaftliche Fertigung im Kesselbau sehr erschwerte. Die inzwischen gesammelten Erfahrungen haben aber gezeigt, daß durch den Verbrauchszweck eine solche Vielfältigkeit nicht bedingt ist und daß nachstehende Druck-, Temperatur- und Leistungsstufen für die Bedürfnisse der Praxis genügen.

1. Druckstufen. Für die Druckstufenreihe ist der *Genehmigungsdruck*[1] maßgebend. Es gelten folgende Drücke[2] in kg/cm².

0,5	2	4	6	8	10	13	16	20	25	32	40	50	64	80	100	125	160	200	250

Die Reihe schließt sich eng an die für Rohrleitungen aufgestellte Reihe der Nenndrücke DIN 2401 an.

2. Temperaturstufen. Nachstehende Temperaturstufen gelten nur für Kessel mit Überhitzer. Der Reihe ist die Dampftemperatur unmittelbar am Überhitzer-Austrittsstutzen zugrunde gelegt; sie soll bei der höchsten Dauerleistung in °C betragen.

150	175	200	225	250	275	300	325	350	375	400	425	450	475	500

Bei Bedarf ist die Reihe von 25 zu 25° weiterzuentwickeln.

3. Leistungsstufen. Die Leistung des Kessels ist gekennzeichnet durch die Angabe der *Regelleistung* und der *höchsten Dauerleistung* (Grenzleistung). Die Regelleistung ist maßgebend für die Planung der Anlage durch den Betreiber. Die höchste Dauerleistung begrenzt den Gewährleistungsbereich des Herstellers.

Die Regelleistung liegt bei etwa 80 vH der höchsten Dauerleistung.

Höchste Dauerleistung in t/h

25	32	40	50	64	80	100	125	160	200	250

Die vorstehende Leistungsstufung bezieht sich nur auf Kessel großer Leistungen. Für Kessel von geringerer Leistung sind besondere Normen in Vorbereitung.

Die Brennstoffzuteileinrichtungen und sämtliche Gebläse werden für eine Leistung ausgelegt, die 10 vH über der höchsten Dauerleistung liegt, um die höchste Dauerleistung mit Sicherheit zu erreichen[3]. Im Betrieb soll die höchste Dauerleistung nur kurzweilig (etwa 30 Minuten) und nur in Notfällen überschritten werden.

[1] Der *Genehmigungsdruck* ist der nach den gesetzlichen Vorschriften höchstzulässige Dampfüberdruck in der Kesseltrommel. Bei trommellosen Kesseln gilt für Angebot und Planung als Genehmigungsdruck im Rahmen dieser Norm ein Druck, der 10 vH über dem Druck am Überhitzer-Austrittsstutzen liegt. Der endgültige Genehmigungsdruck des ausgeführten Kessels wird jedoch bei der Abnahme durch die staatliche Genehmigungsbehörde festgelegt. — Der *Arbeitsdruck* ist der tatsächlich im Betriebe eingehaltene Dampfüberdruck im Kessel. Er soll im allgemeinen etwa 5 vH unter dem Genehmigungsdruck bleiben, damit Abblasen der Sicherheitsventile bei den unvermeidlichen Druckschwankungen im Betrieb vermieden wird. — Der Druck am *Überhitzer-Austrittsstutzen* ist der für die dem Dampferzeuger nachgeschaltete Dampfanlage maßgebende Druck. Er liegt bei der höchsten Dauerleistung im allgemeinen 10 vH unter dem Genehmigungsdruck. Die mit der Kesselanlage in Verbindung stehenden dampfführenden Teile sind für den Genehmigungsdruck, die Teile hinter dem Überhitzer für den Genehmigungsdruck und für die höchste auftretende Dampftemperatur zu berechnen.

[2] Drücke in kg/cm² sind als Überdrücke (atü) zu verstehen. Neuerdings sind Bestrebungen im Gange, den Genehmigungsdruck ab 40 at Überdruck um 5 vH heraufzusetzen, um einen größeren Druckabfall im Überhitzer zulassen zu können.

[3] Dies ist so zu verstehen, daß bei der Bemessung des Gebläses ein Gasstrom zugrunde gelegt werden soll, der um 10 vH größer ist als derjenige, der bei der höchsten Dauerleistung mit dem dabei vorgegebenen CO_2-Gehalt erforderlich ist. Die den größeren Gasströmen entsprechenden höheren Zugverluste sind bei der Bemessung des Gebläses ebenfalls in Rechnung zu stellen.

Anlage II. *Schaltbilder für Wärmeanlagen.*

(Teilweise nach W. STENDER, VDI-Verlag 1928, und nach DIN 2429, Blatt 1—4.)

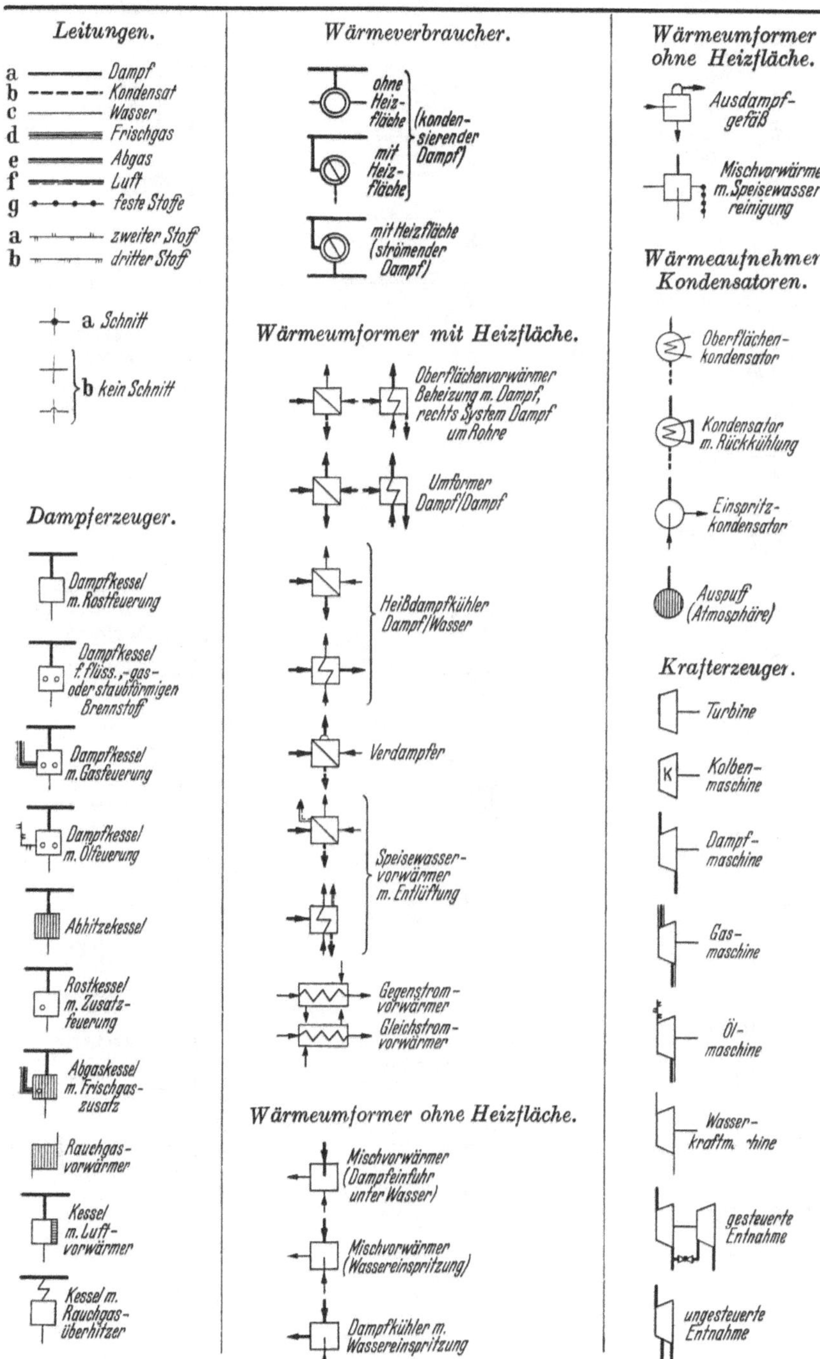

Krafterzeuger.

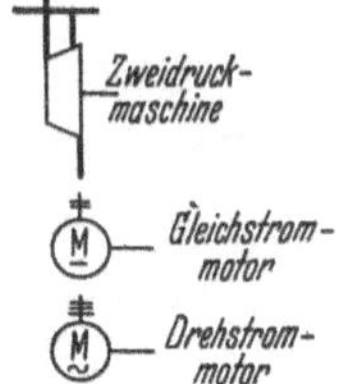

Kraftverbraucher.

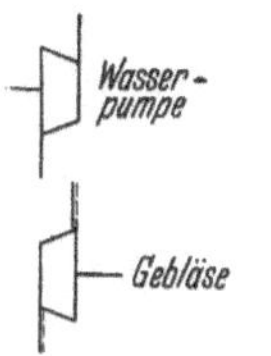

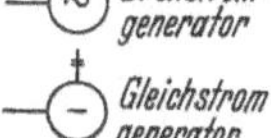

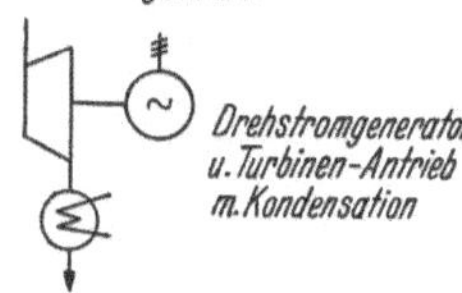

Abscheider.

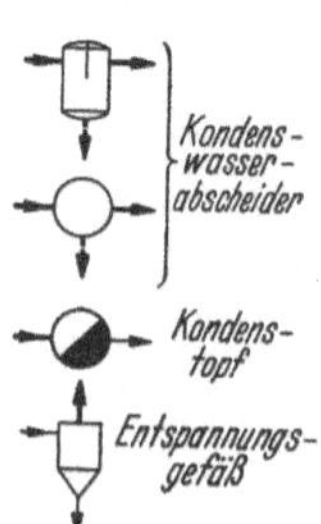

Meßgeräte.

Thermometer

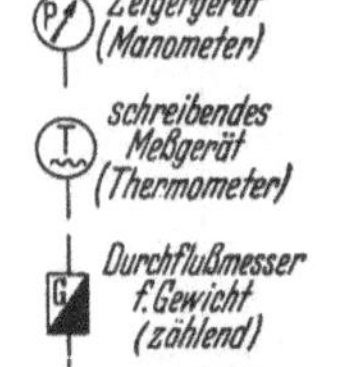

Speicher.

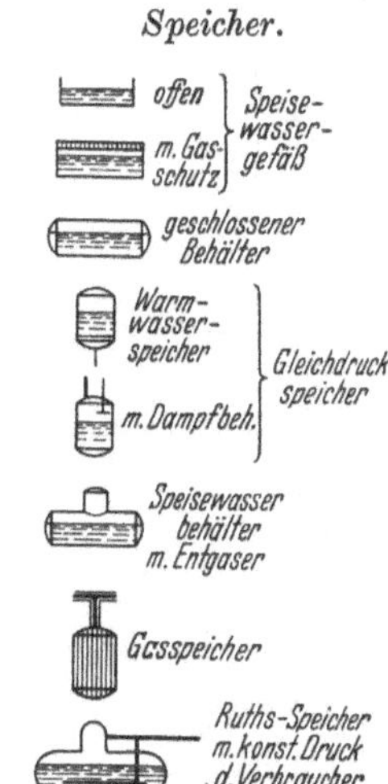

Betriebsfördereinrichtungen.

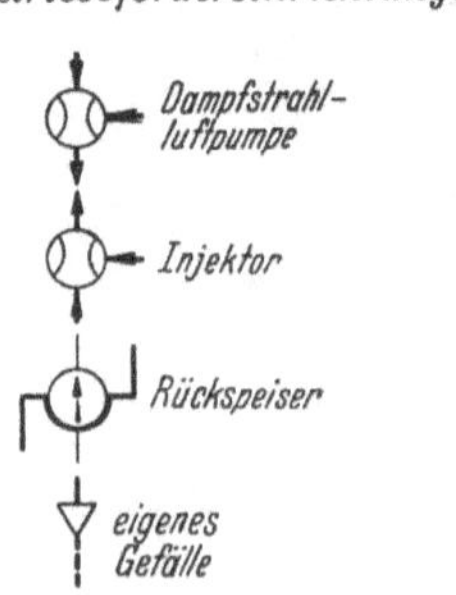

Betriebsförder-einrichtungen.

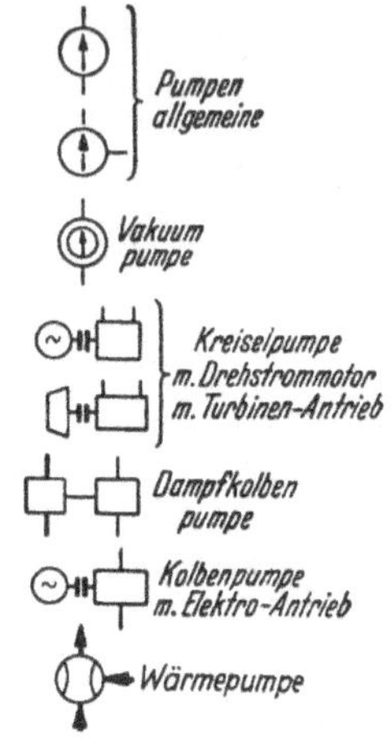

Rohrleitungselemente.

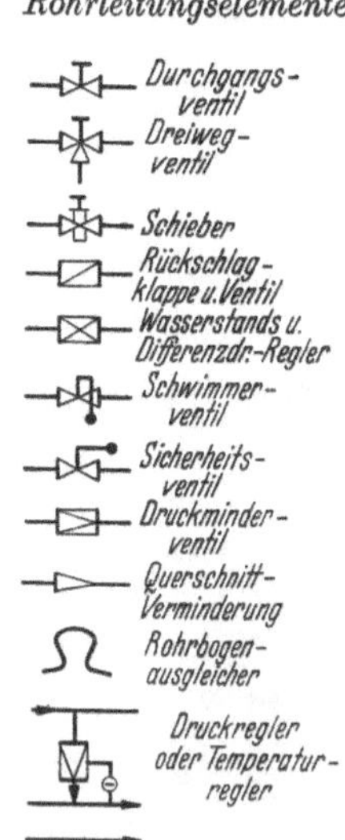

Zahlentafel III. *Gesättigter Dampf von Ammoniak*, NH_3 (nach MOLLIER-SCHMIDT).

Temperatur	Druck (at abs.)	Rauminhalt		Spezifisches Gewicht		Wärmeinhalt		Verdampfungswärme	Entropie		$r/T = s'' - s'$
	p	der Flüssigkeit v'	des Dampfes v''	der Flüssigkeit γ'	des Dampfes γ''	der Flüssigkeit i'	des Dampfes i''	$r = i'' - i'$	der Flüssigkeit s'	des Dampfes s''	
t °C	kg/cm²	m³/kg	m³/kg	kg/m³	kg/m³	kcal/kg	kcal/kg	kcal/kg	kcal/kg · Grad	kcal/kg · Grad	kcal/kg · Grad
—75	0,0765	0,001368	12,89	731	0,078	20,9	373,5	352,6	0,663	2,443	1,780
—70	0,111	0,001379	9,01	725	0,111	25,9	375,7	349,8	0,688	2,410	1,722
—65	0,160	0,001390	6.46	720	0,155	31,0	377,9	346,9	0,712	2,379	1,667
—60	0,223	0,001401	4,70	713	0,213	36,1	380,0	343,9	0,737	2,351	1,614
—55	0,308	0,001413	3,49	708	0,286	41,2	382,1	340,9	0,760	2,323	1,563
—50	0,417	0,001425	2,617	702	0,382	46,2	384,1	337,9	0,783	2,298	1,515
—45	0,556	0,001437	2,002	696	0,500	51,5	386,1	334,6	0,806	2,274	1,468
—40	0,732	0,001449	1,550	690	0,645	56,8	388,1	331,3	0,829	2,251	1,422
—35	0,950	0,001462	1,215	684	0,823	62,1	390,0	327,9	0,852	2,229	1,377
—30	1,219	0,001476	0,963	678	1,038	67,4	391,9	324,5	0,874	2,209	1,335
—25	1,546	0,001490	0,771	671	1,297	72,7	393,7	321,0	0,896	2,190	1,294
—20	1,940	0,001504	0,624	665	1,604	78,2	395,5	317,3	0,917	2,171	1,254
—15	2,410	0,001519	0,509	659	1,966	83,6	397,1	313,5	0,938	2,153	1,215
—10	2,966	0,001534	0,418	652	2,390	89,0	398,7	309,7	0,959	2,136	1,177
— 5	3,619	0,001550	0,347	645	2,883	94,5	400,1	305,6	0,980	2,120	1,140
0	4,379	0,001566	0,290	639	3,452	100,0	401,5	301,5	1,000	2,104	1,104
+ 5	5,259	0,001583	0,244	632	4,108	105,5	402,8	297,3	1,020	2,089	1,069
+10	6,271	0,001601	0,206	625	4,859	111,1	403,9	292,8	1,040	2,074	1,034
+15	7,427	0,001619	0,175	618	5,718	116,7	405,0	288,3	1,059	2,060	1,001
+20	8,741	0,001639	0,149	610	6,694	122,4	405,9	283,5	1,079	2,046	0,967
+25	10,225	0,001659	0,128	603	7,795	128,1	406,8	278,7	1,098	2,032	0,934
+30	11,895	0,001680	0,111	595	9,034	133,8	407,4	273,6	1,117	2,019	0,902
+35	13,765	0,001702	0,096	588	10,431	139,7	408,0	268,3	1,135	2,006	0,871
+40	15,850	0,001720	0,083	580	12,005	145,5	408,4	262,9	1,154	1,993	0,839
+45	18,165	0,001750	0,073	571	13,774	151,4	408,6	257,2	1,172	1,981	0,809
+50	20,727	0,001777	0,064	563	15,756	157,4	408,7	251,3	1,190	1,968	0,778

Zahlentafel IV. *Gesättigter Dampf von Kohlendioxyd,* CO_2 (nach MOLLIER-SCHMIDT).

Temperatur	Druck p	Rauminhalt der Flüssigkeit v'	Rauminhalt des Dampfes v''	Spezifisches Gewicht der Flüssigkeit γ'	Spezifisches Gewicht des Dampfes γ''	Wärmeinhalt der Flüssigkeit i'	Wärmeinhalt des Dampfes i''	Verdampfungswärme $r = i'' - i'$	Entropie der Flüssigkeit s'	Entropie des Dampfes s''	$r/T = s'' - s'$
t °C	at abs.	l/kg	l/kg	kg/m³	kg/m³	kcal/kg	kcal/kg	kcal/kg	kcal/kg·Grad	kcal/kg·Grad	kcal/kg · Grad
					Kohlendioxyd CO_2, fest — dampfförmig						
−100	0,142	0,627	2336	1594	0,428	10,9	150,7	139,8	0,5996	1,4070	0,8074
− 95	0,236	0,629	1442	1590	0,694	12,2	151,4	139,2	0,6074	1,3889	0,7815
− 90	0,379	0,632	920	1582	1,03	13,6	152,2	138,6	0,6150	1,3718	0,7568
− 85	0,596	0,635	598	1574	1,67	15,0	152.9	137,9	0,6224	1,3554	0,7330
− 80	0,914	0,639	398	1566	2,51	16,4	153,5	137,1	0,6299	1,3398	0,7099
− 75	1,37	0,643	269	1556	3.72	17,9	154,1	136,2	0,6376	1,3248	0,6872
− 70	2,02	0,647	185,4	1546	5,39	19,6	154,5	134,9	0,6459	1,3103	0,6644
− 65	2,93	0,652	129.3	1534	7,73	21,5	154,9	133,4	0,6551	1,2960	0,6409
− 60	4,18	0,657	91,2	1522	11,0	23,7	155,1	131,4	0,6655	1,2819	0,6164
− 56,6	5,28	0,661	72,2	1513	13,9	25,2	155,1	129,9	0,6725	1,2724	0,5999
						flüssig — dampfförmig					
− 56,6	5,28	0,849	72,2	1178	13,9	72,0	155,1	83,1	0,8885	1,2724	0,3839
− 55	5,66	0,853	67,6	1172	14,8	72,7	155,2	82,5	0,8917	1,2700	0,3783
− 50	6,97	0,867	55,407	1153,5	18,1	75,01	155,57	80,56	0,9020	1,2631	0,3611
− 45	8,49	0,881	45,809	1134,5	21,8	77,30	155,89	78,59	0,9120	1,2563	0,3445
− 40	10,25	0,897	38,164	1115,0	26,2	79,59	156,17	76,58	0,9218	1,2503	0,3285
− 35	12,26	0,913	32,008	1094,9	31,2	81,88	156,39	74,51	0,9314	1,2443	0,3129
− 30	14,55	0,931	27,001	1074,2	37,0	84,19	156,56	72,37	0,9408	1,2385	0,2977
− 25	17,14	0,950	22,885	1052,6	43,8	86,53	156,67	70,14	0,9501	1,2328	0,2827
− 20	20,06	0,971	19,466	1029,9	51,4	88,93	156,72	67,79	0,9594	1,2272	0,2678
− 15	23,34	0,994	16,609	1006,1	60,2	91,44	156,70	65,26	0,9690	1,2218	0,2528
− 10	26,99	1,019	14,194	980,8	70,5	94,09	156,60	62,51	0,9787	1,2163	0,2376
− 5	31,05	1,048	12,141	953,8	82,4	96,91	156,41	59,50	0,9890	1,2109	0,2219
0	35,54	1,081	10,383	924,8	96,3	100,00	156,13	56,13	1,0000	1,2055	0,2055
+ 5	40,50	1,201	8,850	893,1	113,0	103,10	155,45	52,35	1,0103	1,1985	0,1882
+ 10	45,95	1,166	7,519	858,0	133,0	106,50	154,59	48,09	1,0218	1,1917	0,1699
+ 15	51,93	1,223	6,323	817,9	158,0	110,10	153,17	43,07	1,0340	1,1835	0,1495
+ 20	58,46	1,298	5,258	770,7	190,2	114,00	151,10	37,10	1,0468	1,1734	0,1266
+ 25	65,59	1,417	4,167	705,8	240,0	118,80	147,33	28,53	1,0628	1,1585	0,0957
+ 30	73,34	1,677	2,990	596,4	334,4	125,90	140,95	15,05	1,0854	1,1351	0,0497
+ 31	74,96	2,156	2,156	463,9	463,9	133,50	133,50	0	1,1098	1,1098	0

Zahlentafel V. *Rauminhalt von 1 kg Kohlendioxyd in Litern bei verschiedenen Temperaturen und Drücken* (nach MOLLIER).

t °C	20	30	40	50	60	70	80	90	100	110	120	130	140	150 at abs.
—20	19,50	1,00	0,99	0,99	0,98	0,98	0,98	0,98	0,97	0,97	0,97	0,96	0,96	0,96
—10	21,15	1,04	1,03	1,03	1,02	1,01	1,01	1,00	1,00	0,99	0,99	0,98	0,98	0,98
0	22,65	13,15	1,09	1,08	1,07	1,06	1,05	1,04	1,03	1,03	1,02	1,02	1,01	1,00
10	24,05	14,40	9,40	1,17	1,15	1,13	1,12	1,11	1,09	1,08	1,07	1,06	1,05	1,04
20	25,30	15,50	10,45	7,45	1,29	1,26	1,23	1,20	1,18	1,16	1,15	1,13	1,12	1,10
30	26,50	16,50	11,40	8,35	6,10	3,97	1,48	1,38	1,32	1,29	1,26	1,23	1,21	1,19
40	27,70	17,45	12,20	9,20	6,90	5,27	3,80	2,29	1,67	1,51	1,43	1,37	1,33	1,31
50	28,85	18,35	13,00	9,90	7,60	6,06	4,76	3,65	2,76	2,09	1,77	1,62	1,53	1,46
60	—	19,25	13,80	10,55	8,25	6,64	5,40	4,44	3,56	2,91	2,45	2,04	1,84	1,71
70	—	20,05	14,50	11,10	8,80	7,16	5,94	4,99	4,21	3,52	3,02	2,62	2,29	2,03
80	—	20,85	15,10	11,70	9,40	7,63	6,44	5,47	4,69	4,03	3,48	3,06	2,74	2,44
90	—	21,65	15,75	12,20	9,90	8,12	6,87	5,90	5,10	4,45	3,92	3,47	3,10	2,80
100	—	22,40	16,35	12,70	10,40	8,60	7,30	6,32	5,50	4,83	4,29	3,83	3,44	3,13
110	—	23,15	16,95	13,20	10,85	9,00	7,66	6,69	5,85	5,19	4,64	4,16	3,75	3,44
120	—	23,85	17,55	13,70	11,30	9,40	8,04	7,06	6,20	5,52	4,94	4,48	4,04	3,72
130	—	24,50	18,05	14,20	11,70	9,75	8,43	7,36	6,51	5,82	5,20	4,76	4,30	3,96
140	—	25,10	18,55	14,70	12,10	10,10	8,75	7,68	6,80	6,10	5,44	5,00	4,52	4,16
150	—	25,70	19,00	15,20	12,40	10,40	9,00	8,00	7,08	6,35	5,65	5,22	4,69	4,32

Zahlentafel VI. *Gesättigter Dampf von Schwefeldioxyd*, SO_2 (nach MOLLIER).

Temperatur t °C	Druck p at abs.	Rauminhalt v'' m³/kg	Spezifisches Gewicht γ'' kg/m³	Wärmeinhalt der Flüssigkeit i' kcal/kg	Wärmeinhalt des Dampfes i'' kcal/kg	Verdampfungswärme r kcal/kg	Entropie der Flüssigkeit s' kcal/kg · Grad	Entropie des Dampfes s'' kcal/kg · Grad	$r/T = s'' - s'$ kcal/kg · Grad
−30	0,39	0,822	1,217	90,95	188,72	97,77	0,9649	1,3672	0,4023
−25	0,51	0,643	1,556	92,38	189,28	96,91	0,9707	1,3514	0,3907
−20	0,65	0,513	1,950	93,85	189,77	95,92	0,9766	1,3557	0,3791
−15	0,83	0,416	2,406	95,34	190,16	94,82	0,9824	1,3499	0,3675
−10	1,04	0,330	3,024	96,86	190,46	93,60	0,9883	1,3442	0,3559
− 5	1,29	0,270	3,708	98,42	190,69	92,27	0,9941	1,3385	0,3443
0	1,58	0,223	4,490	100,00	190,82	90,82	1,0000	1,3327	0,3327
+ 5	1,93	0,184	5,443	101,61	190,86	89,25	1,0059	1,3269	0,3210
+10	2,34	0,152	6,592	103,25	190,81	87,56	1,0117	1,3212	0,3094
+15	2,81	0,127	7,893	104,92	190,68	85,76	1,0176	1,3154	0,2978
+20	3,35	0,107	9,372	106,62	190,47	83,85	1,0234	1,3096	0,2862
+25	3,96	0,090	11,148	108,35	190,17	81,82	1,0293	1,3039	0,2746
+30	4,67	0,076	13,210	110,11	189,78	79,67	1,0351	1,2981	0,2629
+35	5,46	0,065	15,456	111,90	189,30	77,40	1,0410	1,2923	0,2513
+40	6,35	0,055	18,282	113,71	188,74	75,03	1,0468	1,2865	0,2397

$c = 0{,}3194 + 0{,}00117\,t,\qquad r/T = 0{,}3327 - 0{,}002324\,t.$
$s' = 1{,}00117\,t,\qquad v' = 0{,}0007.$

Zahlentafel VII. *Spezifisches Gewicht, Gefrierpunkt und spezifische Wärme von Kältesolen* (teilweise nach R. PLANK).

Kochsalz/Wasser.

Spezifisches Gewicht in kg/m³ (15° C)	1050	1100	1120	1140	1160
GT NaCl/100 GT	7,5	15,7	19,3	23,1	26,9
Gefrierpunkt in ° C	−4,6	−10,4	−13,2	−16,2	−19,4
Spez. Wärme in kcal/kg · Grad bei +20°	0,910	0,847	0,822	0,799	0,775
+10°	0,908	0,845	0,820	0,797	0,774
0°	0,906	0,842	0,818	0,795	0,772
−10°	—	0,840	0,816	0,793	0,770

Chlormagnesium/Wasser

Spezifisches Gewicht in kg/m³ (15° C)	1100	1120	1140	1160	1180
GT $MgCl_2$/100 GT	13,1	16,0	19,1	22,0	25,2
Gefrierpunkt in ° C	−10,3	−14,5	−19,9	−26,0	−32,2
Spez. Wärme in kcal/kg · Grad bei +20°	0,822	0,786	0,754	0,723	0,692
+10°	0,816	0,780	0,747	0,716	0,685
0°	0,811	0,774	0,740	0,710	0,679
−10°	0,807	0,768	0,734	0,708	0,673
−20°	—	—	—	0,698	0,667

Chlorkalzium/Wasser

Spez. Gewicht in kg/m³ (15° C)	1100	1120	1140	1160	1180	1200
GT $CaCl_2$/100 GT	13,0	15,9	18,8	21,7	24,9	28,0
Gefrierpunkt in ° C	−7,1	−9,1	−11,4	−14,2	−17,4	−21,2
Spez. Wärme in kcal/kg · Grad bei +20°	0,825	0,790	0,758	0,730	0,703	0,680
+10°	0,820	0,785	0,753	0,724	0,697	0,674
0°	0,814	0,779	0,747	0,718	0,691	0,668
−10°	—	—	0,741	0,712	0,685	0,662
−20°	—	—	—	—	—	0,656

Zahlentafel VIII. *Luft-Wasserdampf-Gemische.*

Temp.	Dampfdruck		Dampf-gehalt	Wärme-inhalt	Temp.	Dampfdruck		Dampf-gehalt	Wärme-inhalt
t	P'_D	h'_D	x' kg/kg	I' kcal/kg	t	P'_D	h'_D	x' kg/kg	I' kcal/kg
°C	kg/m²	Torr	(bei 1 at abs.)		°C	kg/m²	Torr	(bei 1 at abs.)	
−20	10,50	0,772	0,000654	−4,42	40	752,0	55,32	0,0506	40,7
−19	11,56	0,850	0,000720	−4,14	41	793,0	58,34	0,0536	42,8
−18	12,71	0,935	0,000792	−3,86	42	836,0	61,50	0,0568	45,1
−17	13,96	1,027	0,000870	−3,57	43	880,9	64,80	0,0601	47,4
−16	15,33	1,128	0,000955	−3,28	44	927,9	68,26	0,0637	49,9
−15	16,82	1,238	0,001048	−2,98	45	977,1	71,88	0,0674	52,3
−14	18,44	1,357	0,001150	−2,68	46	1028,4	75,65	0,0714	55,1
−13	20,19	1,486	0,001260	−2,37	47	1082,1	79,60	0,0755	58,0
−12	22,12	1,627	0,001379	−2,06	48	1138,2	83,71	0,0799	60,9
−11	24,20	1,780	0,001509	−1,75	49	1196,7	88,02	0,0846	64,2
−10	26,46	1,946	0,001650	−1,43	50	1257,8	92,51	0,0895	67,5
− 9	28,89	2,125	0,001801	−1,10	51	1321,6	97,20	0,0947	71,0
− 8	31,56	2,321	0,001969	−0,76	52	1388,1	102,1	0,1003	74,8
− 7	34,43	2,532	0,002149	−0,41	53	1457,5	107,2	0,1061	78,6
− 6	37,54	2,761	0,002343	−0,05	54	1529,8	112,5	0,1123	82,8
− 5	40,90	3,008	0,002552	+0,31	55	1605,1	118,0	0,1189	87,2
− 4	44,54	3,276	0,002781	0,69	56	1683,5	123,8	0,1259	92,1
− 3	48,48	3,566	0,003030	1,08	57	1765,3	129,8	0,1333	96,8
− 2	52,74	3,879	0,00330	1,48	58	1850,4	136,1	0,1412	102,0
− 1	57,32	4,216	0,00359	1,89	59	1939,0	142,6	0,1495	107,5
0	62,28	4,58	0,00390	2,33	60	2031	149,4	0,1585	113,3
1	66,94	4,93	0,00420	2,75	61	2127	156,4	0,1680	119,5
2	71,93	5,29	0,00451	3,18	62	2227	163,8	0,1783	126,3
3	77,23	5,69	0,00485	3,62	63	2330	171,4	0,1888	133,2
4	82,89	6,10	0,00520	4,07	64	2438	179,3	0,2005	141,0
5	88,90	6,54	0,00558	4,55	65	2550	187,5	0,2129	149,0
6	95,30	7,01	0,00598	5,03	66	2666	196,1	0,2260	157,4
7	102,10	7,51	0,00642	5,54	67	2787	205,0	0,2403	166,9
8	109,32	8,05	0,00688	6,06	68	2912	214,2	0,2559	177,0
9	116,99	8,61	0,00736	6,59	69	3042	223,7	0,2721	187,7
10	125,13	9,21	0,00788	7,14	70	3177	233,7	0,2897	199,0
11	133,76	9,84	0,00844	7,72	71	3317	243,9	0,3086	212
12	142,91	10,52	0,00902	8,32	72	3463	254,6	0,329	225
13	152,61	11,23	0,00964	8,93	73	3613	265,7	0,352	239
14	162,89	11,99	0,01030	9,58	74	3769	277,2	0,376	256
15	173,76	12,79	0,01100	10,2	75	3931	289,1	0,403	273
16	185,27	13,63	0,01174	10,9	76	4098	301,4	0,432	291
17	197,45	14,53	0,01254	11,6	77	4272	314,1	0,463	312
18	210,3	15,48	0,01337	12,4	78	4451	327,3	0,499	334
19	223,9	16,48	0,01425	13,2	79	4637	341,0	0,538	359
20	238,3	17,54	0,01519	14,0	80	4829	355,1	0,580	387
21	253,4	18,65	0,01618	14,8	81	5028	369,7	0,628	418
22	269,4	19,83	0,01724	15,7	82	5234	384,9	0,683	453
23	286,3	21,07	0,01833	16,6	83	5447	400,6	0,744	492
24	304,1	22,38	0,01951	17,6	84	5667	416,8	0,813	537
25	322,9	23,76	0,02077	18,6	85	5894	433,6	0,894	589
26	342,6	25,21	0,02209	19,6	86	6129	450,9	0,986	648
27	363,4	26,74	0,02347	20,7	87	6372	468,7	1,093	717
28	385,3	28,35	0,02493	21,9	88	6623	487,1	1,219	797
29	408,3	30,04	0,02649	23,2	89	6882	506,1	1,373	897
30	432,5	31,82	0,02814	24,3	90	7149	525,8	1,559	1017
31	458,0	33,70	0,02988	25,7	91	7425	546,1	1,794	1167
32	484,7	35,66	0,03169	27,1	92	7710	567,0	2,092	1359
33	512,8	37,73	0,03364	28,5	93	8004	588,6	2,491	1615
34	542,3	39,90	0,03569	30,0	94	8307	610,9	3,05	1976
35	573,3	42,18	0,0379	31,6	95	8619	633,9	3,88	2510
36	605,7	44,56	0,0401	33,3	96	8942	657,6	5,25	3390
37	639,8	47,07	0,0425	35,0	97	9274	682,1	7,94	5110
38	675,5	49,69	0,0451	36,8	98	9616	707,3	15,60	10040
39	712,9	52,44	0,0478	38,7	99	9969	733,2	198,2	127400
					100	10332	760,0	—	—

Unter Dampfdruck ist der Teildruck des Wasserdampfes im mit Wasserdampf gesättigten Luft-Wasserdampf-Gemisch zu verstehen, abhängig von der Sättigungstemperatur. Der Dampfgehalt und der Wärmeinhalt sind für 1 kg mit Wasserdampf gesättigter Luft zuzüglich dem Wasserdampf-Anteil angegeben, also für $1 + x'$ kg. Bei der Abkühlung fällt bei $t \geqq 0°$ C tropfbares Wasser aus, bei $t < 0°$ C festes gefrorenes Wasser (Eis). (Nach Angaben von R. Mollier.)

Zahlentafel IX. *Hilfstafel zur Berechnung des Wassergehaltes in feuchten Gasen (zu Zahlentafel VIII, jedoch für 760 Torr)*

Temperatur °C	Volumen des reinen trockenen Gases m³/Nm³	Volumen des feuchten gesättigten Gases in m³ je Nm³ Reingas	Wasserdampfgehalt des gesättigten Gases g/m³	1 Nm³ Gas enthält bei Erwärmung auf t° C und vollständiger Sättigung g Wasserdampf	Temperatur °C	Volumen des reinen trockenen Gases m³/Nm³	Volumen des feuchten gesättigten Gases in m³ je Nm³ Reingas	Wasserdampfgehalt des gesättigten Gases g/m³	1 Nm³ Gas enthält bei Erwärmung auf t° C und vollständiger Sättigung g Wasserdampf
1	2	3	4	5	1	2	3	4	5
−20	0,927	0,928	0,881	0,818	40	1,147	1,236	51,1	63,3
−19	0,930	0,931	0,968	0,901	41	1,150	1,246	53,7	66,9
−18	0,934	0,935	1,06	0,992	42	1,154	1,255	56,5	70,9
−17	0,938	0,939	1,16	1,09	43	1,158	1,265	59,4	75,0
−16	0,941	0,943	1,27	1,20	44	1,161	1,276	62,3	79,5
−15	0,945	0,947	1,39	1,31	45	1,165	1,286	65,4	84,2
−14	0,949	0,951	1,52	1,44	46	1,169	1,297	68,6	89,1
−13	0,952	0,954	1,66	1,58	47	1,172	1,309	72,0	94,2
−12	0,956	0,958	1,81	1,73	48	1,176	1,321	75,6	99,8
−11	0,960	0,962	1,97	1,89	49	1,180	1,334	79,3	105,6
−10	0,963	0,966	2,13	2,06	50	1,183	1,348	83,0	111,8
−9	0,967	0,970	2,31	2,25	51	1,187	1,361	86,8	118,1
−8	0,971	0,974	2,52	2,47	52	1,191	1,375	91,0	125,1
−7	0,974	0,978	2,75	2,69	53	1,194	1,390	95,2	132,4
−6	0,978	0,982	2,98	2,93	54	1,198	1,406	99,5	140,0
−5	0,982	0,986	3,23	3,19	55	1,202	1,423	104,3	148,3
−4	0,985	0,990	3,51	3,48	56	1,205	1,440	108,9	156,9
−3	0,989	0,994	3,81	3,79	57	1,209	1,458	113,9	166,0
−2	0,993	0,998	4,14	4,13	58	1,213	1,477	119,1	175,9
−1	0,996	1,002	4,48	4,49	59	1,216	1,497	124,4	186,2
0	1,000	1,006	4,85	4,88	60	1,220	1,519	130,2	197,4
1	1,004	1,010	5,24	5,28	61	1,223	1,542	135,8	209,4
2	1,007	1,014	5,62	5,69	62	1,227	1,565	141,9	222,0
3	1,011	1,019	6,00	6,11	63	1,231	1,590	148,0	235,0
4	1,015	1,023	6,39	6,54	64	1,234	1,616	154,4	249,3
5	1,018	1,027	6,80	6,98	65	1,238	1,644	161,1	264,8
6	1,022	1,031	7,25	7,48	66	1,242	1,674	167,9	280,9
7	1,026	1,036	7,76	8,04	67	1,245	1,706	175,2	298,8
8	1,029	1,040	8,25	8,62	68	1,249	1,740	182,8	318,0
9	1,033	1,045	8,81	9,21	69	1,253	1,776	190,5	338,1
10	1,037	1,050	9,40	9,87	70	1,256	1,814	198,1	359,2
11	1,040	1,054	10,03	10,56	71	1,260	1,856	206,0	382,2
12	1,044	1,059	10,67	11,30	72	1,264	1,901	214,3	407,7
13	1,048	1,063	11,36	12,08	73	1,267	1,949	223,1	435,0
14	1,051	1,068	12,08	12,90	74	1,271	2,001	232,2	464,8

15	1,055	1,073	12,82	13,77	75	1,275	2,057	241,8	497,2
16	1,059	1,078	13,64	14,70	76	1,278	2,118	251	532
17	1,062	1,082	14,50	15,70	77	1,282	2,186	261	570
18	1,066	1,088	15,40	16,75	78	1,286	2,259	271	612
19	1,070	1,093	16,31	17,84	79	1,289	2,339	282	659
20	1,073	1,099	17,29	19,01	80	1,293	2,428	293	711
21	1,077	1,104	18,36	20,27	81	1,297	2,526	304	768
22	1,081	1,109	19,46	21,58	82	1,300	2,636	316	833
23	1,084	1,115	20,60	22,95	83	1,304	2,758	328	904
24	1,088	1,121	21,80	24,43	84	1,308	2,897	340	984
25	1,092	1,127	23,04	25,96	85	1,311	3,053	353	1078
26	1,095	1,132	24,41	27,63	86	1,315	3,232	366	1184
27	1,099	1,138	25,83	29,40	87	1,319	3,439	379	1304
28	1,103	1,145	27,28	31,21	88	1,322	3,684	393	1447
29	1,106	1,152	28,80	33,15	89	1,326	3,971	407	1619
30	1,110	1,158	30,36	35,18	90	1,330	4,316	424	1825
31	1,114	1,165	32,00	37,28	91	1,333	4,739	438	2078
32	1,117	1,172	33,72	39,51	92	1,337	5,268	454	2395
33	1,121	1,179	35,65	42,00	93	1,341	5,950	470	2800
34	1,125	1,186	37,57	44,58	94	1,344	6,859	487	3342
35	1,128	1,194	39,60	47,32	95	1,348	8,130	505	4096
36	1,132	1,202	41,8	50,2	96	1,352	10,046	523	5250
37	1,136	1,210	44,0	53,2	97	1,355	13,235	542	7170
38	1,139	1,219	46,2	56,3	98	1,359	19,610	561	11000
39	1,143	1,227	48,6	59,7	99	1,363	38,784	580	22500
					100	1,366		598	

Es ist Spalte 2 $= (273 + t)/273 = T/273$.

Spalte 3 $= \frac{T}{273}\,\frac{10332}{P_G}$. P_G = Teildruck des Gases in kg/m² = 10332 — Sättigungsdruck des Wasserdampfes bei t° C in kg/m².

Spalte 4 = Spalte 5 : Spalte 3 $= 1000\,\gamma''$

Spalte 5 $= \gamma_{NG} \cdot x'_{760\,\text{Torr}} \cdot 10^3 = \frac{10332}{273}\,\frac{T}{P_G v''} \cdot 10^3$ mit γ_{NG} als Normkubikmetergewicht des Gases und v'' als Volumen des trockengesättigten Wasserdampfes bei t° C in m³/kg. $\gamma'' = 1/v''$ in kg/m³. $x'_{760\,\text{Torr}}$ = kg Dampf/kg reines Gas im gesättigten Zustand.

Anwendungsbeispiel. 300 Nm³ eines trockenen indifferenten Gases nehmen bei 30° C und 760 Torr einen Raum von 300 · 1,110 = 333 m³ ein. Nach völliger Sättigung hat das Gas bei 30° C und 760 Torr ein Volumen von 300 · 1,158 = 347,5 ≈ 347 m³. 1 m³ des reinen Gases bei 0° C und 760 Torr nimmt bei Erwärmung auf 30° C unter 760 Torr 35,18 g Wasser in Dampfform auf. 1 m³ des gesättigten Gases bei 30° C und 760 Torr enthält 30,36 g Wasserdampf. Es ist 347,4 · 30,36 = 300 · 35,18 = 10553 g in der gesamten Gasmenge. Der Wärmeinhalt (Enthalpie) des Wasserdampfes ist 30,36 (597 + 0,46 · 30)/1000 = 18,55 kcal/m³ oder 347,4 · 18,55 = 6640 kcal für die gesamte Dampfmenge, der Wärmeinhalt des Gases (oder Gasgemisches) ist $300\,\gamma_N\,[c_{pm}]\,t$. Mithin ist der Wärmeinhalt je m³ feuchten Gases bei 30° C

$$I' = \frac{300}{347}\,\gamma_N \cdot [c_{pm}]_0^{30} \cdot 30 + 18{,}55 \text{ kcal/m}^3.$$

Bei feuchter Luft z. B. ergibt sich

$$\frac{300}{347{,}4}\,1{,}293 \cdot 0{,}24 \cdot 30 + 18{,}55 = 26{,}59 \text{ kcal/m}^3.$$

In 1 m³ Feuchtluft sind 300 · 1,293 · (10332 − 432,5)/347,5 · 10332 = 1,080 kg Luft und wie oben 0,0304 kg Wasserdampf enthalten. Das spezifische Gewicht der feuchten Luft ist γ = 1,080 + 0,030 = 1,110 kg/m³. Ihr Wärmeinhalt ist I' = 26,59/1,110 = 23,9 kcal/kg bei 760 Torr gegen I' = 24,3 kcal/kg bei 1 at abs. oder 735,6 Torr lt. Zahlentafel VIII. Bei höherem Druck (760 > 735,6 Torr) führt bereits eine geringere Wasserdampfmenge je kg Luft zur Sättigung.

Zahlentafel X. *Gesättigter Wasserdampf. Temperaturtafel (nach VDI-Wasserdampftafeln 1937).*

Temperatur t °C	Druck p at abs.	Volumen in m³/kg Flüssigkeit v'	Volumen Dampf v''	Dampfgewicht γ'' kg/m³	Entropie in kcal/kg·Grad Flüssigkeit s'	Entropie Dampf s''	Wärmeinhalt in kcal/kg Flüssigkeit i'	Wärmeinhalt Dampf i''	Verdampfungswärme r kcal/kg
0	0,0062	0,0010	206,3	0,00485	0	2,1863	0	597,2	597,2
5	0,0089	0,0010	147,2	0,00680	0,0182	2,1551	5,0	599,4	594,4
10	0,0125	0,0010	106,4	0,00940	0,0361	2,1253	10,0	601,6	591,6
15	0,0174	0,0010	78,0	0,01282	0,0536	2,0970	15,0	603,8	588,8
20	0,0238	0,0010	57,8	0,01729	0,0708	2,0697	20,0	606,0	586,0
25	0,0323	0,0010	43,41	0,02304	0,0876	2,0436	25,0	608,2	583,2
30	0,0433	0,0010	32,93	0,03036	0,1042	2,0187	30,0	610,4	580,4
35	0,0573	0,0010	25,25	0,03960	0,1205	1,9947	35,0	612,5	577,5
40	0,0752	0,0010	19,55	0,05114	0,1366	1,9718	40,0	614,7	574,7
45	0,0977	0,0010	15,28	0,06544	0,1524	1,9498	45,0	616,8	571,8
50	0,1258	0,0010	12,05	0,08298	0,1679	1,9287	50,0	619,0	569,0
55	0,1605	0,0010	9,584	0,1043	0,1833	1,9085	54,9	621,0	566,1
60	0,2031	0,0010	7,682	0,1302	0,1984	1,8891	59,9	623,2	563,3
65	0,2550	0,0010	6,206	0,1611	0,2133	1,8702	64,9	625,2	560,3
70	0,3177	0,0010	5,049	0,1981	0,2280	1,8522	69,9	627,3	557,4
75	0,3931	0,0010	4,136	0,2418	0,2425	1,8349	74,9	629,3	554,4
80	0,4829	0,0010	3,410	0,2933	0,2567	1,8178	80,0	631,3	551,3
85	0,5894	0,0010	2,830	0,3534	0,2708	1,8015	85,0	633,2	548,2
90	0,7149	0,0010	2,361	0,4235	0,2848	1,7858	90,0	635,1	545,1
95	0,8619	0,0010	1,981	0,5045	0,2985	1,7708	95,0	637,0	542,0
100	1,033	0,0010	1,673	0,5977	0,3121	1,7561	100,0	638,9	538,9
105	1,232	0,0010	1,419	0,7045	0,3255	1,7419	105,1	640,7	535,6
110	1,461	0,0011	1,210	0,8265	0,3387	1,7282	110,1	642,5	532,4
115	1,724	0,0011	1,036	0,9650	0,3519	1,7150	115,2	644,3	529,1
120	2,025	0,0011	0,8914	1,122	0,3647	1,7018	120,3	646,0	525,7
125	2,367	0,0011	0,7701	1,299	0,3775	1,6895	125,3	647,7	522,4
130	2,754	0,0011	0,6680	1,496	0,3901	1,8772	130,4	649,3	518,9
135	3,192	0,0011	0,5817	1,719	0,4026	1,6652	135,5	650,8	515,3
140	3,685	0,0011	0,5084	1,967	0,4150	1,6539	140,6	652,5	511,9
145	4,237	0,0011	0,4459	2,243	0,4272	1,6482	145,8	654,0	508,2
150	4,854	0,0011	0,3924	2,548	0,4395	1,6320	150,9	655,5	504,6
155	5,540	0,0011	0,3464	2,887	0,4516	1,6214	156,1	656,9	500,8
160	6,302	0,0011	0,3068	3,260	0,4637	1,6112	161,3	658,3	497,0
165	7,146	0,0011	0,2724	3,671	0,4756	1,6012	166,5	659,6	493,1
170	8,076	0,0011	0,2426	4,122	0,4874	1,5914	171,7	660,9	489,2

175	9,101	0,0011	0,2166	4,617	0,4991	1,5818	176,9	662,1	485,2
180	10,23	0,0011	0,1939	5,157	0,5107	1,5721	182,2	663,2	481,0
185	11,46	0,0011	0,1739	5,749	0,5222	1,5629	187,5	664,3	476,8
190	12,80	0,0011	0,1564	6,392	0,5336	1,5538	192,8	665,3	472,5
195	14,27	0,0011	0,1410	7,094	0,5449	1,5448	198,1	666,2	468,1
200	15,86	0,0012	0,1273	7,857	0,5562	1,5358	203,5	667,0	463,5
205	17,59	0,0012	0,1151	8,687	0,5675	1,5270	208,9	667,7	458,8
210	19,46	0,0012	0,1043	9,585	0,5788	1,5184	214,3	668,3	454,0
215	21,48	0,0012	0,09472	10,56	0,5899	1,5099	219,8	668,8	449,0
220	23,66	0,0012	0,08614	11,61	0,6010	1,5012	225,3	669,2	443,9
225	26,01	0,0012	0,07845	12,75	0,6120	1,4926	230,8	669,5	438,7
230	28,53	0,0012	0,07153	13,98	0,6229	1,4840	236,4	669,7	433,3
235	31,24	0,0012	0,06530	15,31	0,6339	1,4755	242,1	669,7	427,6
240	34,14	0,0012	0,05970	16,75	0,6448	1,4669	247,7	669,6	421,9
245	37,24	0,0012	0,05465	18,30	0,6558	1,4584	253,5	669,4	415,9
250	40,56	0,0013	0,05006	19,98	0,6667	1,4499	259,2	669,0	409,8
255	44,10	0,0013	0,04591	21,78	0,6776	1,4413	265,0	668,4	403,4
260	47,87	0,0013	0,04213	23,74	0,6886	1,4327	271,0	667,8	396,8
265	51,88	0,0013	0,03870	25,84	0,6994	1,4240	277,0	666,9	389,9
270	56,14	0,0013	0,03557	28,11	0,7103	1,4153	283,0	665,9	382,9
275	60,66	0,0013	0,03272	30,57	0,7212	1,4066	289,2	664,8	375,6
280	65,46	0,0013	0,03010	33,22	0,7321	1,3978	295,3	663,5	368,2
285	70,54	0,0013	0,02771	36,09	0,7431	1,3888	301,6	661,9	360,3
290	75,92	0,0014	0,02552	39,18	0,7542	1,3797	308,0	660,2	352,2
295	81,60	0,0014	0,02350	42,56	0,7653	1,3706	314,4	658,3	343,9
300	87,61	0,0014	0,02163	46,24	0,7767	1,3613	321,0	656,1	335,1
305	93,95	0,0014	0,01991	50,22	0,7880	1,3516	327,7	653,6	325,9
310	100,6	0,0014	0,01830	54,64	0,7994	1,3415	334,6	650,8	316,2
315	107,7	0,0015	0,01682	59,46	0,8110	1,3312	341,7	647,8	306,1
320	115,1	0,0015	0,01544	64,79	0,8229	1,3206	349,0	644,2	295,2
325	123,0	0,0015	0,01415	70,68	0,8351	1,3097	356,5	640,4	283,9
330	131,2	0,0016	0,01295	77,20	0,8476	1,2982	364,2	636,0	271,8
335	140,0	0,0016	0,01183	84,55	0,8604	1,2860	372,3	631,1	258,8
340	149,0	0,0016	0,01076	92,90	0,8734	1,2728	380,7	625,6	244,9
345	158,5	0,0017	0,00976	102,4	0,8871	1,2586	389,6	619,3	229,7
350	168,6	0,0017	0,00880	113,6	0,9015	1,2433	398,9	611,9	213,0
355	179,2	0,0018	0,00788	127,0	0,9173	1,2263	409,5	603,2	193,7
360	190,4	0,0019	0,00696	143,6	0,9353	1,2072	420,9	592,8	171,9
365	202,2	0,0020	0,00606	165,0	0,9553	1,1833	434,2	579,6	145,4
370	214,7	0,0022	0,00500	200	0,9842	1,1506	452,3	559,3	107,0
374	225,2	0,0028	0,00365	274	1,04	1,09	488	523	35

Zahlentafel XI. *Durchflußzahlen* α *für Normdüsen und Normblenden unter Einrechnung der Berichtigungszahlen für (mittlere) Rohrrauhigkeit und für Kantenunschärfe bei normal-sorgfältiger Werkstattausführung* (nach DIN 1952 von 1943).

Öffnungsverhältnis $m = D_0^2/D_1^2$	für Normdüsen in einem lichten Rohrdurchmesser D_1 in mm von				
	50	100	200	300	400 und mehr
0,05	0,987	0,987	0,987	0,987	Zahlen wie bei 300 mm
0,10	0,989	0,989	0,989	0,989	
0,20	0,999	0,999	0,999	0,999	
0,30	1,017	1,017	1,017	1,017	
0,40	1,046	1,044	1,043	1,043	
0,45	1,065	1,062	1,061	1,060	
0,50	1,090	1,085	1,083	1,081	
0,55	1,120	1,115	1,112	1,108	
0,60	1,158	1,153	1,148	1,142	
0,65	1,204	1,198	1,192	1,183	

Diese Werte gelten bei Strömungen mit $Re = 2 \cdot 10^5$ und mehr. Bei der Normdüse ist Toleranzgrenze = Konstanzgrenze. Siehe Abb. 126.

Für Normblenden gilt:

m	50	100	200	300	400 und mehr
0,05	0,612	0,609	0,604	0,601	0,598
0,10	0,616	0,612	0,607	0,603	0,602
0,20	0,629	0,624	0,618	0,615	0,615
0,30	0,649	0,643	0,637	0,634	0,634
0,40	0,677	0,670	0,663	0,660	0,660
0,45	0,693	0,687	0,679	0,676	0,676
0,50	0,713	0,706	0,699	0,695	0,695
0,55	0,736	0,728	0,720	0,716	0,716
0,60	0,761	0,753	0,744	0,740	0,740
0,65	0,791	0,782	0,773	0,768	0,768
0,70	0,828	0,817	0,808	0,802	0,802

Diese Werte gelten bis $m = 0,3$ bei $Re = 10^5$ und mehr, bis $m = 0,5$ bei $Re = 2 \cdot 10^5$ und mehr und bis $m = 0,7$ bei $Re = 3 \cdot 10^5$ und mehr. Siehe Abb. 120.

Zahlentafel XII. *Brennbare technische Gase* (*Brenngase*) (DIN 1340).

Benennung.

Gruppe	Gewinnung	Art	Unterarten	Verbrennungswärme (früher: oberer Heizwert) kcal/m³ bei 0 °C und 760 mm QS etwa	Bemerkungen
Gase aus festen Brennstoffen	Durch Entgasung	Schwelgase	Holz-, Torf-, Braunkohlen-, Steinkohlen- und Schiefer-Schwelgas	3000 bis 8000 und höher	Schwelgase, früher auch Urgase genannt, entstehen bei Temperaturen unterhalb Rotglut (meist bei 450° bis 550°).
		Destillationsgase	Holzgas, Torfgas, Braunkohlengas, Steinkohlengas (Koksofengas)	4000 bis 6000	Destillationsgase entstehen bei Temperaturen oberhalb Rotglut.
	Durch Vergasung	Schwachgase	Gichtgas	700 bis 900	Gichtgas entweicht der Gicht des Hochofens und enthält außer Stickstoff vornehmlich Kohlenoxyd und Kohlensäure.
			Generatorgas	800 bis 1800	Generatorgas entsteht bei Vergasung eines Brennstoffes unter Zufuhr von Luft oder Luft und Dampf. Frühere Sonderbezeichnungen: Luftgas, Kraftgas, Siemensgas, Mischgas, Dowsongas (Halbwassergas).
			Mondgas	800 bis 1500	Mondgas entsteht bei Vergasung eines Brennstoffes unter reichlicher Zufuhr von überhitztem Wasserdampf und niedriger Reaktionstemperatur zwecks erhöhter Ammoniakgewinnung.
		Wassergase	Wassergas	2500 bis 2900	Wassergas oder blaues Wassergas, früher auch Koksgas genannt, entsteht durch Einblasen von Dampf in eine hocherhitzte Brennstoffschicht (Koks oder gasarme Brennstoffe). Sonderart: mit Ölgas oder Benzoldämpfen angereichertes Wassergas: karburiertes Wassergas.
			Kohlen-Wassergas	3200 bis 3500	Kohlen-Wassergas entsteht im Wassergasbetrieb als Gemisch von Wassergas mit Schwelgas. Sonderbezeichnung: Doppelgas.
Gase aus flüssigen Brennstoffen	Durch Verdampfung	Kaltluftgase	Benzin-Luftgas Benzol-Luftgas	2000 bis 3000	Kaltluftgase entstehen durch Beladen von Luft mit Dämpfen flüssiger Brennstoffe bei mäßigen Temperaturen. Sonderbezeichnungen: Aerogengas, Benoidgas, Pentairgas.
	Durch Zersetzung bei höheren Temperaturen	Spaltgase	Ölgas, Fettgas, Blasengas	4000 bis 17000	Spaltgase entstehen durch Überhitzung von Öl- oder Urteerdämpfen unter Luftabschluß. Sonderbezeichnungen: Pintschgas, Blaugas, Flüssiggas (die beiden letzteren sind bestimmte durch Verdichtung verflüssigbare Anteile von Ölgasen).
Naturgase	Entstehen ohne technische Einwirkung	Methangase	Erdgas, Methangas, Faulschlammgas	8000 bis 9000	Erdgas kommt natürlich vor, Methangas wird jedoch auch aus Koksofengas gewonnen.
Gase aus Nichtbrennstoffen	Ohne unmittelbare Verwendung von festen oder flüssigen Brennstoffen	Karbidgase	Azetylen	12000 bis 13000	Karbidgase werden aus Karbiden und Wasser erzeugt.
		Wasserstoff		3000 bis 3100	Wasserstoff wird durch Elektrolyse erzeugt oder durch Zersetzen von Kalziumhydrid (CaH_2) mit Wasser oder von Wasserdampf mit Metallen. (Er wird jedoch technisch auch aus Wassergas oder anderen gasförmigen Brennstoffen gewonnen.)

Allgemeine Betriebsbezeichnungen

Art	Unterart	Bemerkungen
Stadtgas	Steinkohlengas (Koksofengas), Braunkohlengas, Wassergas, Kohlenwassergas oder Gemische und Umwandlungsprodukte aus den oben genannten Gasen	Stadtgas — bisher vielfach Leuchtgas genannt — dient zur Versorgung von Gemeinden und Industrien aus einem der städtischen Gasversorgung dienenden Rohrnetz.
Ferngas		Gasfernversorgung liegt vor, wenn Gas von Großerzeugungsstätten auf weite Entfernungen unter erhöhtem Druck zugeleitet wird.
Rohgas		Rohgas ist ungereinigtes Gas (früher auch als Produktionsgas bezeichnet).
Betriebsgas		Teilweise gereinigtes Gas.
Reingas		Reingas — bei Generatorgas auch Kaltgas genannt — ist gereinigtes und von Nebenprodukten befreites, zu diesem Zwecke meist abgekühltes Gas.
Sauggas		Sauggas ist Generatorgas, das die Gasmaschine entsprechend ihrem Bedarf vom Generator ansaugt.

Zahlentafel XIII. *Umrechnungswerte.*

Drücke.

1 kg/m²	= 1 mm WS	= 0,07356 Torr	= $1 \cdot 10^{-4}$ kg/cm²
1 kg/cm²	= 10 m WS	= 735,56 Torr	= 10000 kg/m²
1 Torr	= 13,595 mm WS	= 13,595 kg/m²	= $13{,}595 \cdot 10^{-4}$ kg/cm²

Arbeit.

10^6 mkg	= 3,7037 PSh	= 2,7225 kWh	= 2342,5 kcal
10^3 kcal	= 1,5811 PSh	= 1,1623 kWh	= $426{,}9 \cdot 10^3$ mkg
1 PSh	= 270000 mkg	= 0,7351 kWh	= 632,47 kcal
1 kWh	= 367300 mkg	= 1,3604 PSh	= 860 kcal

Leistungen.

10^3 mkg/s	= 13,333 PS	= 9,8013 kW	= 2,3425 kcal/s
1 kcal/s	= 5,692 PS	= 4,184 kW	= 426,9 mkg/s
1 PS	= 75 mkg/s	= 0,7351 kW	= 0,1757 kcal/s
1 kW	= 102,03 mkg/s	= 1,3604 PS	= 0,2390 kcal/s

Zahlentafel XIV. *Zusammenstellung einiger Umrechnungswerte zwischen deutschem und englischem Maßsystem.*

Längen, Flächen, Räume, Gewichte.

1 mm = 0,03937 inches	1 inch³ = 16,3866 cm³
1 m = 3,28084 feet	1 foot³ = 0,02832 m³
1 cm² = 0,15500 inches²	1 Nm³ = 37,22 cubic feet 60° F 30″ dry
1 m² = 10,7642 feet²	1 cubic foot 60° F 30 inches dry = 0,02687 Nm³
1 cm³ = 0,06102 inches³	1 Nm³ = 1,054 m³ 60° F 30″ dry
1 m³ = 35,3166 feet³	1 m³ 60° F 30″ dry = 0,949 Nm³
1 inch = 25,39998 mm	1 kg = 2,20462 lbs
1 foot = 0,3048 m	1 lb = 0,45359 kg
1 inch² = 6,4516 cm²	
1 foot² = 0,0929 m²	

Drücke.

1 kg/m²	= 0,2048 pounds/foot²	1 kg/cm²	= 393,7 inches of Water
1 pound/foot²	= 4,8825 kg/m²	1 inch of Water	= 0,002527 kg/cm²
1 kg/cm²	= 28,959 inches Hg (Hg = Quecksilbersäule)		= 0,0360 pounds/inch²
1 inch Hg	= 0,490 pounds/inch²	1 pound/inch²	= 27,8 inches of Water
	= 0,03455 kg/cm²	1 Torr	= 0,01935 pounds/inch²
1 pound/inch²	= 2,042 inches Hg	1 pound/inch²	= 51,7 Torr

Spezifisches Gewicht, spezifisches Volumen.

1 kg/m³	= 0,06244 pounds/foot³	1 m³/kg	= 16,0153 feet³/pound
1 pound/foot³	= 16,0153 kg/m³	1 foot³/pound	= 0,06244 m³/kg

Zahlentafel XIV (Fortsetzung).

Arbeit und Leistung.

1 mkg	= 7,233 footpounds	1 PS	= 0,9863 HPs
1 footpound	= 0,13835 mkg	1 HP	= 1,0139 PS
1 mkg/s	= 0,01315 HPs	1 kW	= 1,3418 HPs
1 HP	= 76,040 mkg/s	1 HP	= 0,7453 kW

Wärme.

1 mkg	= 0,009302 BThU (British Thermal Unit)
1 BThU[1]	= 107,66 mkg
1 kcal	= 3,968 BThU
1 BThU	= 0,2521 kcal
1 kWh	= 3414,2 BThU
1 BThU	= $2{,}929 \cdot 10^{-4}$ kWh
1 kcal/m³	= 0,1123 BThU/foot³
1 BThU/foot³	= 8,900 kcal/m³
1 kcal/m³ · °C	= 0,0624 BThU/foot³ · °F
1 BThU/foot³ · °F	= 16,03 kcal/m³ · °C
1 kcal/Nm³	= 0,1067 BThU/foot³ 60° F 30″ dry
1 BThU/foot³ 60° F 30″ dry	= 9,375 kcal/Nm³
1 kcal/Nm³	= 0,10463 BThU/foot³ 60° F 30″ moist

1 BThU/foot³ 60° F 30″ moist = 9,570 kcal/Nm³
z. B. 1 Nm³ Wasserstoff H_2 ergibt bei vollkommener Verbrennung 3050 kcal (oberer Heizwert), was 0,10463 · 3050 = 319,1 BThU/foot³ 60° F 30″ satd. entspricht.
1 kcal/kg = 1,800 BThU/pound
1 BThU/pound = 0,556 kcal/kg
z. B. 1 kg Kohlenstoff C entwickelt bei vollkommener Verbrennung 8080 kcal, was 1,800 · 8080 = 14544 BThU/pound entspricht.
1 kcal/kg · °C = 0,999 BThU/pound · °F
1 BThU/pound · °F = 1,001 kcal/kg · °C
1 kcal = $3{,}97 \cdot 10^{-5}$ therms
1 therm = 25210 kcal
Mechanisches Wärmeäquivalent 1/A = 778 feetpounds/BThU = 427 mkg/kcal

Maße der Dampftechnik.

1 lb normal steam	= 0,383 kg Normaldampf[2]	1 boiler HP	= 0,929 m² Heizfläche
1 kg Normaldampf	= 2,61 lbs normal steam	1 m² Heizfläche	= 1,076 boiler HPs

---

[1] Schreibweise auch einfach BTU.
[2] Normaldampf = trockengesättigter Dampf von 1 at abs. aus Wasser von 0° C. Erzeugungswärme 639 kcal/kg. Die Angabe des Gewichtes an Normaldampf wird zu Vergleichzwecken benutzt.

Sachverzeichnis.

Abgase 372.
Abgasverlust 392, 455, 459.
Absolute Arbeitsfähigkeit 118.
Absolute Feuchtigkeit 550.
Absolute Temperatur 7, 126.
Absorption 349, 352.
Absorptionskältemaschine 507.
Abweichungen vom idealen Gaszustand 66, 401, 515.
Adiabate 95, 138, 142, 172, 207, 226.
Adiabatische Verbrennung 363.
Adiabatisches Wärmegefälle 231, 425.
Adiathermane Körper 350.
Ähnlichkeit 301, 340.
Aerodynamische Wärmekraftmaschine 468.
Aggregatzustand 13.
Allgemeine Wärmegleichung 51, 55, 126.
Allgemeine Zustandsänderungen 84.
Allgemeines Gasgesetz 36.
Anlaufeffekt 336.
Anstoßenergie 167.
Anzapfvorwärmung 444.
Anziehungskräfte 12, 14, 68.
Arbeitsdiagramme 53.
Arbeitsfähigkeit 118, 158, 162, 166, 236, 320, 525.
Arbeitsprozesse 472.
Armgase 301, 368, 417, 567.
Aspirations-Psychrometer 551.
Atomzahl 59.
Äußere mechanische Arbeit 51.
Äußere Verdampfungswärme 198.
Ausfluß 314.
Ausflußzahl 321.
Austauschprozesse 144, 471.

Barometer 4, 6.
Beharrungszustand 3, 322.
Bernouilli, Satz von 298, 557.
Besondere Kreisprozesse 108, 140.
Betriebsarbeit 158.
Bewegungsgleichungen 297.
Bezugsgerade 162.
Biotsche Zahl 333.
Blende 561, 610.
Boltzmannsches Gesetz 59, 128.
Boyle-Mariottesches Gesetz 39, 61.
Brennkammer, geschlossene 461.
Brennkammer, offene 463.
Brennstoffe 364, 413ff., 611.
Brennstoffkennzahlen 370, 415ff.
Buntesches Dreieck 376, 380.

Carnotscher Prozeß 112, 140, 169.
Chaos 126.
Chemische Reaktionen 590.
Clapeyronsche Gleichung 203.
Clausius-Rankinescher Kreisprozeß 422.

Daltonsches Gesetz 264, 273.
Dämpfe 183, 247.
Dampfkraftprozeß 420.
Dampf-Strahl-Kältemaschine 504.
Dampftafeln 195, 236, 252, 601ff., 608.
Dampfturbine 433, 449.
Dampfverbrauch 436.
Dampf-Wärmepumpe 510.
Detonation 364.
Diathermane Körper 350.
Dieselprozeß 116, 145, 149, 455.
Differentialer Drosseleffekt 181.
Diffuse Strahlung 353.
Dissoziation 386, 396.
Drosselgerät 557, 610.
Drosselung 176, 210, 235, 515.
Druckabfall 303, 311.
Düse 565, 610.
Dynamische Zähigkeit 28, 73, 222, 257, 268, 402, 409.
Dynamischer Druck 299.

Einzelwiderstände 312.
Elementaranalyse 365.
Emission 349.
Energiequanten 73.
Enthalpie 155, 591.
Enthalpiefall 231.
Entropie 122, 128, 130, 151, 202, 221.
Erzwungene Konvektion 332.
Eulersche Gleichgewichtsbedingung 299.
Explosion 364.

Fadenkorrektur 19.
Feste Brennstoffe 364, 415.
Feuchtigkeit 550.
Feuergase 385.
Feuerungstechnisches Optimum 394
Flammpunkt 361, 413.
Fluidität 224.

Flüssige Brennstoffe 367, 416.
Flüssigkeitsströmung 304.
Fouriersches Gesetz 323.
Fouriersche Zahl 333.
Freie Energie 591.
Freie Konvektion 340.
Fremdzündung 362.
Frequenz 73.

Gasanalyse 365.
Gas-Dampf-Mischungen 272.
Gasförmige Brennstoffe 368, 416, 417, 611.
Gasgenerator 567.
Gas-Kältemaschine 483.
Gaskonstante 41, 47, 55, 263, 401.
Gasmaschine 450.
Gasmischungen 262.
Gasometrische Skala 69.
Gasstrahlung 356.
Gasströmung 304.
Gasthermometer 69.
Gasturbine 460.
Gasverdichter 472.
Gasverflüssigung 512.
Gas-Wärmepumpe 510.
Gay-Lussacsches Gesetz 36, 61.
Gegenstromverfahren 331, 347.
Generatorgasprozeß 567.
Gerichtete Energie 126.
Gesetzliche Temperaturskala 69.
Gleichdruckverfahren 455, 463.
Gleichgewicht 591.
Gleichgewichtsstörungen 170, 590.
Gleichstromverfahren 331, 347.
Grashofsche Zahl 341.
Graue Körper 352.
Grenzkurven 186, 188, 196, 255.
Grenzschicht 71, 308, 331.
Gütegrad 429, 440, 478.

Haarhygrometer 550.
Hauptsatz, erster 62.
Hauptsatz, zweiter 118, 128, 165, 591.
Heißdämpfe 214, 247.
Heißkühlung 463, 570.
Heißluftmaschine 142.
Heizwert 381, 415ff.
Heterogenes Gemisch 258.
Hohlzylinder 328.
Homogenes Gemisch 258.
Hydraulischer Radius 337.

Idealer Gaszustand 15.
Idealzylinder 3, 106, 472.
Immediatanalyse 384.
Indikatordiagramm 427, 450, 456, 477.
Indizierter Druck 435, 471.
Indizierter Wirkungsgrad 429, 478, 503.
Initialzündung 362.
Innere Energie 51, 83, 198.
Innere mechanische Arbeit 166.
Innere Reibung 29, 167.
Innere Verdampfungswärme 198.
Intensität 118, 350.
Inversion 67, 180, 515.
i, s-Diagramm 161, 235, 496, 525.
Isobare 86, 134, 205.
Isochore 91, 135, 206.
Isotherme 93, 137, 205.
Isothermflächen 323.
Isothermische Strömung 304.
i, t-Diagramm 161, 245, 385, 517, 556.
I, x-Diagramm 161, 278, 552.

Kaltdämpfe 247, 488.
Kaltdampfmaschine 488, 495.
Kältemaschinen 483.
Kaltluftmaschine 142, 483.
Kapazität 118.
Kesselwirkungsgrad 437.
Kinematische Zähigkeit 30, 75, 226, 270, 403, 409.
Kinetische Gastheorie 59.
Kirchhoffsches Gesetz 352.
Kochsche Gleichungen 236.
Kohlensäure-Gefrieranlagen 531.
Kolbendampfmaschine 426, 449.
Kolbenverdichter 472.
Kompressionskältemaschine 483.
Kontinuitätsbedingung 296.
Kontraktion 321, 369, 376.
Kontraktionszahl 321.
Konvektion 323, 330.
Konvergenz der Temperatur 122.
Kraftprozesse 420.
Kreiselverdichter 481.
Kreisprozesse 106, 140, 169.
Kritischer Zustand 66, 183, 185, 243, 248.
Kühlgrenze 292, 545, 555.
Kühlturm 543.
Kühlzonenbreite 545.
Künstliche Brennstoffe 365, 415.

Lambertsches Gesetz 353.
Laminarströmung 305, 337.
Längenausdehnung 16.
Leidenfrostsches Phänomen 187.
Lewissches Gesetz 294, 553.
Liefergrad 477.
Linde-Verfahren 515.
Logarithmische Temperaturdifferenz 347.
Loschmidtsche Zahl 48.
Luftbedarf 370.
Luftfeuchtigkeit 550.
Luftgas 571.
Luftgasgleichgewicht 596.
Lufttrocknung 532.

Luftüberschußzahl 360, 370, 418.
Luftverdichter 472.
Luft-Wasserdampfgemische 274, 411, 532.

Massenwirkungsgesetz 592.
Mechanische Ähnlichkeit 301, 340.
Mechanischer Wirkungsgrad 440, 453, 458, 482, 500.
Mechanisches Wärmeäquivalent 62.
Mischgas 573.
Mischlufttrocknung 539.
Mischungen 258, 411.
Mischungsgerade 287, 539.
Mischungslücke 259.
Mittlere spezifische Wärme 25, 77, 221, 401, 404.
Mol 12.
Molekulargewicht 12, 263, 401.
Mollier-i, s-Diagramm 161, 230, 496.
Mollier-I, x-Diagramm 278, 552.
Molliersche Gleichungen 217, 575.
Molvolumen 48, 401.

Nasses Arbeiten 488.
Natürliche Brennstoffe 364.
Natürliche Richtung 121, 591.
Navier-Stokessche Gleichungen 300.
Nichtgraue Körper 353.
Nichtumkehrbare Kreisprozesse 169.
Nichtumkehrbare Vorgänge 121, 165.
Nichtumkehrbare Zustandsänderungen 171.
Normblende 561, 610.
Normdüse 565, 610.
Normung 448, 598.
Normzustand 8, 44, 158.
Nullpunktsentropie 153.
Nusseltsche Zahl 333.
Nutzarbeit 54, 159.

Ostwaldsches Dreieck 379.
Ottomotor 452.
Ottoprozeß 111, 144, 450.

Pecletsche Zahl 333.
Permanente Gase 16, 187.
Perpetuum mobile 171.
Phänomenologische Wärmelehre 10, 129.
Plancksches Strahlungsgesetz 351.
Polytrope 98, 139.
Prandtlsche Zahl 333.
Psychrometer 550.
Psychrometrische Differenz 550.

Quantentheorie 72.
Quasi-schwarzer Körper 355.

Randmaßstab 290.
Rauchgas 385.
Raumausdehnung 17, 19.
Reduktion des Barometerstandes 20.
Reflexion 349.
Regenerativvorwärmung 444.
Relative Feuchtigkeit 274.
Relativgewicht 45, 49.
Reibung 70, 122, 165.
Reibungsarbeit 168, 297, 303.
Reibungswärme 125, 165, 478.
Reichgase 301, 368, 417.
Reynoldssche Zahl 302.
Richmannsche Regel 259, 262.
Rückkühlanlagen 543.

Sattdampf 188.
Sättigungsgebiet 186, 188.
Sättigungsgrad 274.
Schädlicher Raum 428, 477.
Schallgeschwindigkeit 316.
Schaltbilder 599.
Scheinbare Raumausdehnungszahl 19.
Scheinbare Verbrennungstemperatur 390.
Scheinbares Molekulargewicht 263.
Schleifenbildung 147, 451.
Schleuderpsychrometer 551.
Schmelzpunkt 32.
Schmelzwärme 32.
Schwärzegrad 352.
Schwarzer Körper 352.
Selbstzündung 362.
Selektive Strahlung 353.
Siedepunkt 35.
Siedeverzug 187.
Siegertsche Formel 393.
Spezifische Kälteleistung 486, 521.
Spezifische Wärme 23, 76, 219, 256, 265.
Spezifisches Gewicht 20.
Stantonsche Zahl 333, 340.
Stationärer Zustand 3, 296, 322.
Statischer Druck 298.
Statistische Thermodynamik 195.
Stauscheibe 558.
Stefan-Boltzmannsches Gesetz 352.
Stickstoffthermometer 69.
Stöchiometrie 369.
Strömung im geraden Rohr 303.
Strömungswiderstand 302.
Sublimation 187, 246.
Sublimationswärme 35.
Sutherlandsche Formel 74.

Taupunkt 273, 282.
Teildruck 264, 275.
Temperaturgefälle 120, 166.
Temperaturleitfähigkeit 324, 412.
Theoretische Verbrennung 360.
Theoretische Verbrennungstemperatur 385.
Thermial 592.

Thermische Ähnlichkeit 340.
Thermische Zersetzung 361, 583.
Thermischer Wirkungsgrad 110, 114, 140, 167.
Thermodynamische Temperaturskala 69.
Thermodynamisches Potential 591.
Thomson-Joule-Effekt 180, 515.
Totaler Drosseleffekt 181.
Trockenanlagen 532.
Trockenes Arbeiten 495.
Trockengesättigter Dampf 185.
Turbulente Strömung 300, 306, 334.

Überhitzer 214, 425, 438.
Überhitzter Wasserdampf 214.
Überhitzung 215.
Umgebungsgerade 162, 525.
Umgebungszustand 122, 158.
Umkehrbare Kreisprozesse 106, 140.
Umkehrbare Vorgänge 121.
Umluftverfahren 527, 540.
Umrechnungswerte 612.
Unterkühlung 254, 493.
Unvollkommene Verbrennung 360, 377, 399, 571.

V. d. Waalssche Gleichung 68, 183, 215, 257.
Van t'Hoffsches Gesetz 386, 595.
VDI-Prozeß 434.
Verbandsformel 383.
Verbrennung 359.
Verbrennungsdreieck 376, 379.
Verbrennungsgleichungen 368.
Verbrennungsreife 361.
Verbrennungstemperatur 385.
Verbrennungsturbine 460.
Verbrennungswärme 380.
Verbundsystem 431, 479, 501.
Verdampfungswärme 35, 185, 197, 253, 260.
Verdichtungsdüse 318.
Verdunstung 183, 292, 543, 550.
Verdunstungszahl 293.
Verflüssigungsanlagen 512.
Vergasermotoren 452.
Vergasung 567.
Verlustloser Prozeß 426, 522.
Verpuffungsturbine 461.
Verpuffungsverfahren 450, 461.
Verteilungsstreben der Energie 120, 166, 179.
Viertaktverfahren 450.
Vollkommene Gase 15, 36.
Vollkommene Verbrennung 360, 372, 395.
Volumenänderung 369, 376.
Volumetrischer Wirkungsgrad 477.
Vorwärmung 443, 535.

Wahrscheinlichkeit 128, 129.
Wahrscheinlichkeitssätze 129.
Wandungsverluste 429, 477, 500.
Wärmediagramm 132, 186, 192, 228, 514.
Wärmedurchgangszahl 344.
Wärmeinhalt bei konstantem Druck 154, 277.
Wärmeleitung 323.
Wärmeleitzahl 323, 326, 412.
Wärmemitführung 322, 330.
Wärmemotor 450.
Wärmepumpen 509.
Wärmestrahlung 323, 349.
Wärmetheorem von Nernst 127.
Wärmeübergangszahl 293, 331, 355.
Wärmeverbrauch 441, 454.
Wasser-Dampf-Gemische 197, 411, 532, 550.
Wasserdampf-Strahl-Kältemaschine 504.
Wasserdampftafeln 195, 236, 608.
Wasserdampfzersetzung 572, 595.
Wassergas 576.
Wassergasgleichgewicht 596.
Wasserstoffthermometer 69.
Wellenlänge 351.
Widerstandsgleiche Rohrlänge 312.
Widerstandszahl 303, 308, 310, 337.
Wiensches Verschiebegesetz 351.
Wirkliche Gase 66.
Wirkungsgrade 436, 453, 458, 476.
Wirkungsquantum 73.
Wirtschaftlicher Wirkungsgrad 440.

Zähigkeit 28, 73, 222, 257, 268, 402, 409.
Zeit 127, 166.
Zerstreute Energie 126.
Zündgeschwindigkeit 363.
Zündgrenzen 363, 414.
Zündtemperatur 362, 413, 414.
Zustandsgrößen 10, 65, 123, 156.
Zweistoffanlagen 449.
Zweistoffgemische 259.
Zweitaktverfahren 452.
Zwischenüberhitzung 447.

Additional information of this book

(Leitfaden der technischen Wärmelehre nebst Anwendungsbeispielen; 978-3-642-53187-3) is provided:

http://Extras.Springer.com

Springer-Verlag / Berlin · Göttingen · Heidelberg

Berichtigung.

S. 16, 3. Z. v. u., statt: $\alpha(t_1 - t_2)$ **lies:** $\alpha(t_2 - t_1)$.

S. 78, Gl. (103), linke Seite, statt: $[c_{pm}]_0^t \cdot t - [c_{vm}]_0^t \cdot t =$ **lies:** $[c_{pm}]_0^t - [c_{vm}]_0^t =$.

S. 90, 5. Z. v. u., Mitte rechts, statt: (0,124) **lies:** (— 0,124).

S. 119, 14. Z. v. o., statt: Drucken **lies:** Druckenergie.

S. 163, 11. Z. v. o., statt: von 2 nach 0 **lies:** von 1 nach 0.

S. 234, 8. Z. v. u., Beispiel 3, statt: l'_{12} **lies:** $A\,l'_{12}$.

S. 248, Zahlentafel 42, statt: Diphenyloxyd C_6H_5OC **lies:** $C_6H_5OC_6H_5$.

S. 267, 7. Z. v. u., statt: des Luft-Gas-Gemisches **lies:** $\varkappa$ des Luft-Gas-Gemisches.

S. 319, Gl. (469), rechte Seite unter der Wurzel, statt: $\frac{n+1}{\varkappa+1}$ **lies:** $\frac{n-1}{\varkappa-1}$.

S. 340, 12. Z. v. u., statt: $w =$ **lies:** $f_w =$.

S. 401, Überschrift **Anhang** einsetzen.

S. 419, Zahlentafel XXI, im Kopf 4. und vorletzte Spalte, **lies:** H_0.

S. 557, Gl. (133), statt: $(u_2'^2 - u_1^2)$ **lies:** $(w_2'^2 - w_1^2)$.

S. 558, Gl. (136), statt: $u_2'^2 =$ **lies:** $w_2'^2 =$.

S. 560 Gl. (139), statt: $u_2^2 =$ **lies:** $w_2^2 =$.

Richter, Technische Wärmelehre.

Zeitfracht Medien GmbH
Ferdinand-Jühlke-Straße 7
99095 Erfurt, Deutschland
produktsicherheit@kolibri360.de